经典译丛·光学与光电子学

非线性光纤光学

（第五版）

Nonlinear Fiber Optics
Fifth Edition

〔美〕 Govind P. Agrawal 著

贾东方　葛春风　王肇颖　杨天新　译

李世忱　贾东方　审校

U0282813

电子工业出版社.
Publishing House of Electronics Industry
北京·BEIJING

内 容 简 介

光纤是20世纪的重大发明之一，其导光性能臻于完美，很难想象还会有更好的替代者。本书是光学、光子学和光纤通信领域的重要译著，主要内容包括脉冲在光纤中的传输、群速度色散、自相位调制、光孤子、偏振效应、交叉相位调制、受激喇曼散射、受激布里渊散射、四波混频、高非线性光纤、新型非线性现象、超连续谱产生等内容，科学归纳为非线性光纤光学，侧重于基本概念和原理，也涉及了一些应用。

全书理论严谨，处处结合实际例证，特别是紧密结合光纤非线性光学、光纤通信领域的新成果与新问题，图文并茂，说清讲透，且各章都附有习题，适合作为光学、物理学、电子工程等专业的本科生和研究生教学用书，同时对从事光通信产业的工程技术人员和从事光纤光学、非线性光学的科学家也是一本非常有用的参考书。

Nonlinear Fiber Optics, Fifth Edition
Govind P. Agrawal
ISBN: 9780123970237

版权贸易合同登记号　图字：01-2013-5964

图书在版编目（CIP）数据

非线性光纤光学：第五版／（美）戈文德·P. 阿戈沃（Govind P. Agrawal）著；贾东方等译 . —北京：电子工业出版社，2019.5
（经典译丛 . 光学与光电子学）
书名原文：Nonlinear Fiber Optics, Fifth Edition
ISBN 978-7-121-36403-7

Ⅰ . ①非… Ⅱ . ①戈… ②贾… Ⅲ . ①光纤通信－非线性光学 Ⅳ . ①TN929.11

中国版本图书馆CIP数据核字（2019）第 079703 号

责任编辑：马　岚
印　　刷：山东华立印务有限公司
装　　订：山东华立印务有限公司
出版发行：电子工业出版社
　　　　　北京市海淀区万寿路173信箱　邮编：100036
开　　本：787×1092　1/16　印张：28.5　字数：730千字
版　　次：2019年5月第1版（原著第5版）
印　　次：2023年4月第4次印刷
定　　价：99.00元

凡所购买电子工业出版社图书有缺损问题，请向购买书店调换。若书店售缺，请与本社发行部联系，联系及邮购电话：（010）88254888，88258888。
质量投诉请发邮件至 zlts@phei.com.cn，盗版侵权举报请发邮件至 dbqq@phei.com.cn。
本书咨询联系方式：classic-series-info@phei.com.cn。

Forward for the Fifth Edition

It is with pleasure that I write this forward for the Chinese translation of the fifth edition of my book entitled *Nonlinear Fiber Optics* and published in January 2013 by Academic Press, Elsevier. This new edition has expanded considerably from its previous editions and contains a new chapter devoted entirely to supercontinuum generation. In addition, all chapters were revised with new material in some of them.

The Optical Communication Group of Tianjin University is to be commended for undertaking this project and finishing it in a timely fashion. The same group translated the previous editions of my two books soon after they were published in English. I have heard from several colleagues that Chinese translation has been very well received by both the Chinese scientists and students. This is certainly a reflection of the quality of the translation. I am confident that the new translation will preserve the quality and will be liked by everyone as much as the previous editions.

I am pleased that my work is available to a wide audience in China, and I thank the translators and the Chinese publisher for making this possible. Thanks are also due to the U. S. Publisher, Academic Press, for granting the permission for this translation.

Govind P. Agrawal
Rochester, New York, USA
November 2013

——译文

很高兴为我的书 *Nonlinear Fiber Optics, Fifth Edition* 的中文版———《非线性光纤光学》（第五版）的出版作序。这本书的英文版是由 Academic Press 于 2013 年 1 月出版的，与前版相比，除了新增超连续谱产生一章，对其他章节的内容也做了很多扩充和更新。

天津大学光通信研究室的师生授权承接了这本书的中文翻译工作，并圆满完成了任务。该研究组还及时翻译了我的两本书 *Nonlinear Fiber Optics* 和 *Applications of Nonlinear Fiber Optics* 的前几版。我曾到访过中国，获知这本书自出版以来，已为中国广大科技人员和高校师生广泛接受和喜爱，这充分说明翻译工作是高质量的。我相信新的中文版一定会像前几个中文版那样保持它的高质量，并为每个读者所喜欢。

由于中译本的出版，我的著作在中国将有更多的读者，我感到很高兴。在此要感谢译者和中国电子工业出版社为此所做的努力，同时还要感谢美国的 Academic Press 对翻译工作的许可。

译 者 序

随着光纤通信系统向超高速超大容量超长距离的持续发展，以及光孤子通信系统的实用化，光纤非线性光学的重要性日益突出。光纤通信技术的发展史在很大程度上就是光纤非线性理论与技术的发展史。特别是自 2000 年以来，以光子晶体光纤为代表的高非线性光纤和大模面积光纤的出现，将光纤非线性效应的利用和抑制推到一个新的高度。除了在光纤通信领域的广泛应用，非线性光纤光学在光学相干层析、高精度频率计量等领域中也得到应用。

本书作者 Govind P. Agrawal 博士现任美国 Rochester 大学教授，在激光物理、非线性光学和光纤通信领域论著颇丰。我们将作者在此领域的名著 *Nonlinear Fiber Optics*，*Fifth Edition* 译成中文出版。本书的特色在于根据传输方程对光纤的各种非线性效应进行了科学归纳与剖析，把光纤对光脉冲的响应特性说清了，也讲透了。本书主要内容包括脉冲在光纤中的传输、群速度色散、自相位调制、光孤子、偏振效应、交叉相位调制、受激喇曼散射、受激布里渊散射、四波混频、高非线性光纤、新型非线性现象、超连续谱产生等内容，侧重于基本概念和原理，也涉及了一些应用。

我们于 1992 年翻译了作者在 1989 年所著的 *Nonlinear Fiber Optics*，由胡国绛、黄超译，李世忱审校。在此基础上，1999 年，余震虹、宋立军、王泰立翻译了作者在 1995 年所著的 *Nonlinear Fiber Optics*，*Second Edition*，但未通过出版社出版发行。2002 年，我们翻译了 *Nonlinear Fiber Optics*，*Third Edition* 和 *Applications of Nonlinear Fiber Optics*，两书合并为《非线性光纤光学原理及应用》并由电子工业出版社出版，由贾东方、余震虹、谈斌、胡智勇译，李世忱审校。2010 年，我们出版了 *Nonlinear Fiber Optics*，*Fourth Edition* 和 *Applications of Nonlinear Fiber Optics*，*Second Edition*，两书合并为《非线性光纤光学原理及应用》（第二版），同样由电子工业出版社出版。这本书由贾东方、余震虹、王肇颖、杨天新译，李世忱和贾东方审校。*Nonlinear Fiber Optics*，*Fifth Edition* 与前一版相比，除了新增超连续谱产生一章，几乎各章节都有所修订，第 8 章至第 12 章更新更多。新版本的翻译工作同样由天津大学光电子技术二室组织，由贾东方、葛春风、王肇颖和杨天新主译；全书由李世忱和贾东方审校统稿。

在本书的翻译过程中，对于一些涉及人名的术语，主要是根据本专业和业内人士的常用术语习惯来翻译的，如将 Raman 译成"喇曼"而不是"拉曼"，将 Michelson 译成"迈克尔逊"而不是"迈克耳孙"，将 Sagnac 译成"萨格纳克"而不是"萨奈克"，将 Poincaré 译成"邦加"而不是"庞加莱"，特此说明。读者可登录华信教育资源网（http://www.hxedu.com.cn），注册后下载由译者制作的教辅资料。

感谢 Govind P. Agrawal 教授对中文译本出版方面给予的合作。感谢电子工业出版社对翻译工作的大力支持，特别要衷心感谢本书的策划编辑和责任编辑马岚女士，没有她的帮助和辛勤付出，本书将难以顺利出版。由于译者学识所限，难免有疏漏乃至错误之处，恳请广大读者及专家不吝赐教，提出修改意见，我们将不胜感激。

前　言

　　自从本书的第一版于1989年出版以来，非线性光纤光学一直是一个活跃的研究领域，并得到持续的快速发展。20世纪90年代，推动这种惊人发展的一个主要因素是通过在石英光纤中掺入像铒、镱之类的稀土离子制成的光纤放大器和光纤激光器的出现。掺铒光纤放大器使光纤通信系统的设计产生了革命性变化，其中利用光孤子的通信系统正是从光纤的非线性效应中产生的。由于光放大器能补偿光信号在传输过程中遇到的所有损耗，因此可以使传输距离超过数千千米。同时，光放大器使波分复用（WDM）成为可能，于是导致了容量超过1 Tbps的光波系统的发展。非线性光纤光学在设计这种大容量光波系统中起了重要作用。实际上，对光波系统设计者来说，了解光纤中的各种非线性效应几乎是一个先决条件。

　　大约从2000年起，非线性光纤光学领域得到新的发展，并在近年来导致许多新型的应用。几种新型光纤，如微结构光纤、空芯光纤或光子晶体光纤被开发出来，它们的共同特征是其相对细的纤芯被包含大量空气孔的包层环绕着。这类光纤被归为高非线性光纤，它们中的非线性效应被显著增强，即使光纤长度只有几厘米，也能够观察到其中的非线性效应。与通信用的传统光纤相比，高非线性光纤的色散特性也有很大的不同。由于这些改变，微结构光纤表现出许多奇异的非线性效应，在光学相干层析、高精度频率计量学等领域中得到应用。

　　第五版旨在反映最新的科学成就，其独特之处是全面覆盖了非线性光纤光学学科。本书保留了第四版中的大部分内容，然而，为试图包括非线性光纤光学所有相关课题的最新研究成果，本书的内容增加了许多。主要变化是在第11章和第12章，尤其是将第12章分成两章，其中新增的第13章专门介绍超连续谱产生现象。因为光子晶体光纤的设计和其他微结构光纤的最新进展，在本版本中，第11章和第12章新增的内容较多。其他所有章节也做了不同程度的更新。例如，第2章新增一节来介绍多模光纤中的非线性效应。第6章到第10章详细介绍了偏振问题，因为它们非常重要。而且，由于偏振问题涵盖的研究领域不断取得进展，第8章到第10章的变化较大。

　　本书的潜在读者包括高年级本科生、攻读硕士和博士学位的研究生、致力于光纤产业的工程师和技术人员，以及从事光纤光学和光通信研究的科学家。此修订版可以作为研究生和高年级本科生的非线性光纤光学课程的教材，以及非线性光学、光纤光学或光通信课程的参考书。本书在每章的最后都提供了一定数量的习题，使之更适宜作为教材使用。

　　我要感谢对第五版的完成做出直接或间接贡献的所有人，特别是我的研究生，是他们的好奇心和求知欲使得本书在几方面有了改进。我的一些同事对本书第五版的出版也给予了不少帮助，他们不但阅读了手稿，而且还提出了有价值的意见或建议，在此向他们表示感谢。我还要感谢众多的读者，他们给我反馈了一些有用的信息。最后，我还要感谢我的妻子Anne，女儿Sipra，Caroline和Claire，感谢她们对我的工作的理解和支持。

Govind P. Agrawal

Rochester，NY

目　　录

第1章 导 论

本章将对光纤的特性进行综述，这对于理解后面各章讨论的非线性效应是很重要的。

1.1 节 简要回顾光纤光学领域内取得的进展。

1.2 节 讨论诸如光损耗、色散、双折射等光纤的基本特性。由于光纤的色散特性在利用超短光脉冲探索非线性效应的研究中的重要性，故对其给予了特别的重视。

1.3 节 简单介绍由折射率的强度相关性和受激非弹性散射引起的各种非线性效应，在这些非线性效应中，利用光纤作为非线性介质，对自相位调制（SPM）、交叉相位调制（XPM）、四波混频（FWM）、受激喇曼散射（SRS）、受激布里渊散射（SBS）等做了广泛研究。在后面的不同章节中，将分别对每一种非线性效应进行讨论。

1.4 节 综述本书各章所讨论的光纤中的非线性效应及其内容安排和材料组织。

1.1 历史的回顾

早在 19 世纪，人们就已经知道全内反射现象，这是引导光在光纤中传输的基础。全内反射现象发现的背后有段有趣的历史，读者可以参考有关文献[1]。虽然在 20 世纪 20 年代就制成了无包层的玻璃纤维[2~4]，但直到 20 世纪 50 年代，才知道使用包层能够改善光纤的特性，从而诞生了光纤光学这个领域[5~8]。当时光纤受益于介电包层的思想并不很明显，但它却有着不寻常的历史[1]。

这一领域在 20 世纪 60 年代发展十分迅速，当时的主要目的是利用玻璃光纤束传输图像[9]。这些早期的光纤按现在的标准看具有很高的损耗（大于 1000 dB/km）；然而这种情形到 1970 年发生了根本性的变化，与更早期的预见一致[10]，石英光纤的损耗降至 20 dB/km 以下[11]。随着光纤制造技术的进一步发展[12]，1979 年已将 1.55 μm 波长附近的损耗降至仅 0.2 dB/km 的水平[13]，而在这一波长区域，损耗大小的限制主要来自瑞利散射这个基本过程。

低损耗石英光纤的获得，不仅掀起了光纤通信领域的革命[14~16]，而且也促使了非线性光纤光学这个新领域的出现，最近的评述可参阅文献[17,18]。早在 1972 年，就有人研究了单模光纤中的受激喇曼散射和受激布里渊散射[19~21]，这些工作促进了诸如光感应双折射、参量四波混频和自相位调制等其他非线性现象的研究[22~26]。1973 年，有人提出了通过色散和非线性效应的互作用将会导致光纤支持类孤子脉冲这样一个重要结论[27]，后来于 1980 年在实验中观察到了光孤子[28]并在 20 世纪 80 年代导致了超短光脉冲的产生和控制方面的一些进展[29~33]。另一个同样重要的进展是将光纤用于光脉冲压缩和光开关[34~41]。1987 年，利用光纤非线性效应的压缩技术已产生了 6 fs 的脉冲[42]。一些综述文章和专著介绍了这一领域在 20 世纪 80 年代所取得的巨大进展[43~47]。

非线性光纤光学领域在 20 世纪 90 年代继续得到发展。当在光纤中掺入稀土元素并用其制作放大器和激光器时，又增添了一个新的研究内容。由于掺铒光纤放大器（EDFA）工作在 1.55 μm 波长附近，对光纤通信系统非常有用，因此引起了人们的极大关注[48]。EDFA 的使用导致了多信道光波系统设计上的革命[14~16]。2000 年以后，人们利用光纤中的两种非线性效应——受激喇曼散射和四波混频来研究和开发新型光纤放大器，这两种放大器不需要掺杂光纤，能够工作在任意波长区。事实上，喇曼放大器在现代通信系统中的应用已经相当普遍[49]。基于四波混频的光纤参量放大器因其在超快信号处理中的潜在应用亦受到人们关注[50]。

　　光纤放大器的出现同时加快了对光孤子的研究，并最终导致新型光孤子(如色散管理孤子和耗散孤子)概念的建立[51~54]。另一个重大进展是光纤光栅，光纤光栅始于 1978 年[55]，在 20 世纪 90 年代得到发展，并成为光波技术不可分割的一部分[56]。自从 1996 年以来，已经研究出了几种新型光纤(如光子晶体光纤、多孔光纤、微结构光纤及锥形光纤等)[57~61]，第 11 章将分别介绍它们。这类光纤在结构上的改变将影响其色散和非线性特性，尤其是使零色散波长移向可见光区。有些光纤具有两个零色散波长，于是在可见光和近红外区表现为反常色散。同时由于这类光纤的纤芯较细，其非线性效应大大增强，这种组合导致了各种各样的新型非线性效应(将在第 12 章中介绍)。能使入射光的频谱在相当短的光纤中展宽 100 倍以上的超连续谱现象将在第 13 章中讨论[62~64]。随着以上这些研究的进展，非线性光纤光学这一领域在进入 21 世纪以后已得到迅猛发展，并将在不远的将来继续得到发展。

1.2　光纤的基本特性

　　最简单的光纤是由折射率略低于纤芯的包层包裹着纤芯组成的，纤芯和包层的折射率分别记为 n_1 和 n_c，这样的光纤通常称为阶跃折射率光纤(step-index fiber)，以区别于纤芯折射率从中心轴到纤芯–包层分界面逐渐变小的渐变折射率光纤(graded-index fiber)[65~67]。图 1.1 给出了阶跃折射率光纤的横截面和折射率分布。描述光纤特性的两个参量分别是纤芯–包层相对折射率差 Δ，定义为

$$\Delta = \frac{n_1 - n_c}{n_1} \qquad (1.2.1)$$

以及由下式定义的归一化频率：

$$V = k_0 a (n_1^2 - n_c^2)^{1/2} \qquad (1.2.2)$$

式中，$k_0 = 2\pi/\lambda$，a 为纤芯半径，λ 为光波波长。实际上，还常用纤芯直径(core diameter)来表征纤芯尺寸的大小，习惯上简称为芯径。本书中若无特殊说明，芯径指的均是纤芯直径。

　　参量 V 决定了光纤中能容纳的模式数量。2.2 节将讨论光纤的模式，其中将表明，在阶跃折射率光纤中，如果 $V < 2.405$，则它只支持单模，满足这个条件的光纤称为单模光纤。单模光纤和多模光纤的主要区别在于纤芯半径，对于典型的多模光纤来说，其纤芯半径 $a = 25\ \mu m$，而 Δ 的典型值约为 3×10^{-3} 的单模光纤要求 $a < 5\ \mu m$。包层半径 b 的数值无太严格的限制，只要它大

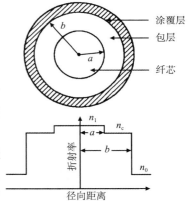

图 1.1　阶跃折射率光纤的横截面与折射率分布示意图

到足以把光纤模式完全封闭在纤芯内就满足要求，对单模和多模光纤，其标准值为 $b = 62.5\ \mu m$。因为研究非线性效应大多用单模光纤，除非特别说明，本文中所指光纤均为单模光纤。

1.2.1　材料和制造

　　用于制造低损耗光纤的材料是由熔融 SiO_2 分子合成的纯石英玻璃。纤芯和包层折射率的

差是通过在制造过程中选择掺杂物来实现的。掺杂 GeO_2 和 P_2O_5 可以提高纯石英的折射率，因而适合作为纤芯；而硼（B）和氟（F）用来作为包层的掺杂物，因为它们能减小石英的折射率。对于特殊的应用，还可以采用另外一些掺杂物。例如，为制作光纤放大器和激光器，可以利用 $ErCl_3$ 和 Nd_2O_3 这样的掺杂物，在石英光纤的纤芯中同时掺入稀土离子。

　　石英光纤的制造可以分为两个阶段[68]：第一阶段，利用气相沉积法制造具有所需折射率分布和相对纤芯-包层尺寸的圆柱体预制棒，典型的预制棒长 1 m，直径为 2 cm。第二阶段，利用精密进给装置，以适当的速度把预制棒推进到高温炉拉成纤维。在此过程中，纤芯-包层相对尺寸保持不变。预制棒制造和光纤拉制这两个阶段都采用了一些复杂的技术，以保证纤芯尺寸和折射率分布的均匀性[68~70]。

　　制造预制棒有几种方法，其中最常用的 3 种方法是改进化学气相沉积法（modified chemical vapor deposition，MCVD）、外气相沉积法（outside vapor deposition，OVD）和气相轴向沉积法（vapor-phase axial deposition，VAD）。图 1.2 给出了 MCVD 过程的示意图。在此过程中，在大约 1800 ℃ 高温下，$SiCl_4$ 和 O_2 混合气体通过熔融石英管，在其内壁沉积 SiO_2 层。为确保沉积的均匀性，多嘴火焰在石英管长度范围内来回移动。通过向石英管中加入氟来控制包层的折射率。当内壁形成了具有足够厚度的包层后，将 $GeCl_4$ 或 $POCl_3$ 蒸气加入到混合蒸气中以形成纤芯。当各层均沉积好后，提高火焰的温度，使石英管坍塌，形成所谓的固态棒状预制棒。

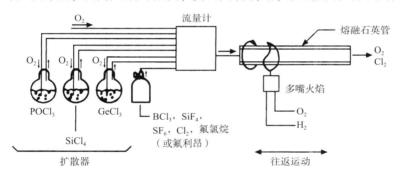

图 1.2　通常用于光纤制造的 MCVD 过程示意图[68]（©1985 Elsevier）

　　以上描述极其简单，只给出了制造光纤预制棒的大致过程，实际上光纤的制造需要涉及大量的技术细节，对此感兴趣的读者可参阅这方面的文献[68~70]。

1.2.2　光纤损耗

　　光纤的一个重要参量是光信号在光纤中传输时的功率损耗。若 P_0 是入射进光纤的功率，则透射功率为

$$P_T = P_0 \exp(-\alpha L) \qquad (1.2.3)$$

式中，α 是衰减常量（attenuation constant），或称为衰减系数（attenuation coefficient），它是光纤损耗的量度，L 是光纤长度。习惯上光纤的损耗通过下式用 dB/km 单位来表示（见附录 A 有关分贝单位的说明）：

$$\alpha_{dB} = -\frac{10}{L} \log\left(\frac{P_T}{P_0}\right) = 4.343\alpha \qquad (1.2.4)$$

上式可用于表征 α_{dB} 和 α 的关系。

　　正如所料，光纤损耗与光波长有关。图 1.3 给出了利用 MCVD 法制造的单模石英光纤的

损耗谱[68]，该光纤在 1.55 μm 处的损耗最小，约为 0.2 dB/km。显而易见，在较短波长处有较高的损耗，在可见光区损耗达几 dB/km 左右。然而值得注意的是，即使是 10 dB/km 的损耗，也仅仅对应于衰减常量 $\alpha \approx 2 \times 10^{-5}$ cm^{-1}，相对于大多数其他材料而言，这是一个惊人的低值。

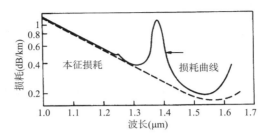

图 1.3　单模光纤的损耗曲线，虚线表示纯石英中由瑞利散射和吸收引起的本征损耗[68]（©1985 Elsevier）

有几个因素对图 1.3 中的损耗谱有贡献，其中主要是材料吸收和瑞利散射（Rayleigh scattering）。石英玻璃在紫外区存在电子共振，在波长超过 2 μm 的远红外区存在振动共振，但在 0.5~2 μm 波长区几乎没有吸收。然而，即使极少量的杂质也能在这一波长窗口造成显著的吸收。实际上影响光纤损耗的最重要的杂质是基态振动吸收峰在约 2.73 μm 处的氢氧根离子 OH^{-1}，其吸收峰波长的谐波对应于图 1.3 中 1.4 μm 附近的主吸收峰和 1.23 μm 附近的次吸收峰，因而在光纤制造过程中采取了特别的预防措施来保证 OH^{-1} 的浓度小于亿分之一[68]。目前石英光纤在 1.4 μm 附近的吸收峰也降至 0.5 dB 以下的水平，在所谓的"干"光纤中，该吸收峰实际上消失了[71]，这种在整个 1.3~1.6 μm 频谱区具有低损耗特性的光纤对光纤通信系统十分有用，到 2000 年已能够商用（又称为全波光纤）。

瑞利散射是一种基本的损耗机制，它是由于制造过程中沉积到熔融石英中的随机密度涨落引起的，导致折射率的局部起伏，使光向各个方向散射。瑞利散射损耗随 λ^{-4} 变化，因而主要对短波长区起作用，由于这种损耗对光纤来说是其本身固有的，因而它决定了光纤损耗的最终极限。本征损耗水平（如图 1.3 中的虚线所示）估计为（单位为 dB/km）

$$\alpha_R = C_R / \lambda^4 \tag{1.2.5}$$

式中，常量 C_R 在 0.7~0.9 dB/(km·μm^4) 范围，其具体值与纤芯的成分有关。因为在 $\lambda = 1.55$ μm 附近，$\alpha_R = 0.12 \sim 0.15$ dB/km，所以在此波长处石英光纤的损耗主要是由瑞利散射引起的。在有些玻璃中，α_R 能减小到约为 0.05 dB/km 的水平[72]，这种玻璃可用来制造超低损耗光纤。

可能造成光纤损耗的其他因素包括光纤弯曲和纤芯–包层界面处光的散射[65]。现代光纤在 1.55 μm 附近的损耗约为 0.2 dB/km。由于熔接和成缆损耗，用于光纤通信系统中的光缆的总损耗比此值略大一些。

1.2.3　色度色散

当一束电磁波与电介质的束缚电子相互作用时，介质的响应通常与光波频率 ω 有关，这种特性称为色度色散，简称色散，它表明了折射率 $n(\omega)$ 对频率的依赖关系。一般来说，色散的起源与介质通过束缚电子的振荡吸收电磁辐射的特征谐振频率有关，当远离介质谐振频率时，折射率 $n(\omega)$ 可用塞尔迈耶尔（Sellmeier）公式很好地近似[65]，

$$n^2(\omega) = 1 + \sum_{j=1}^{m} \frac{B_j \omega_j^2}{\omega_j^2 - \omega^2} \tag{1.2.6}$$

式中，ω_j 是谐振频率，B_j 为第 j 个谐振的强度，式(1.2.6)中的求和号包含了所有对相关的频率范围有贡献的介质谐振频率。对于光纤而言，B_j 和 ω_j 与纤芯成分有关[67]，实验上可通过取 $m=3$ 的式(1.2.6)与测得的色散曲线[73]拟合得到。对于块体熔融石英玻璃，这些参量值为[74]：$B_1=0.696\ 166\ 3$，$B_2=0.407\ 942\ 6$，$B_3=0.897\ 479\ 4$，$\lambda_1=0.068\ 404\ 3\ \mu m$，$\lambda_2=0.1\ 162\ 414\ \mu m$，$\lambda_3=9.896\ 161\ \mu m$，这里 $\lambda_j=2\pi c/\omega_j$，$c$ 为真空中的光速。图 1.4 给出了熔融石英的折射率 n 随波长的变化关系，在可见光区，n 大约为 1.46，但在 1.5 μm 波长附近此值将减小1%。

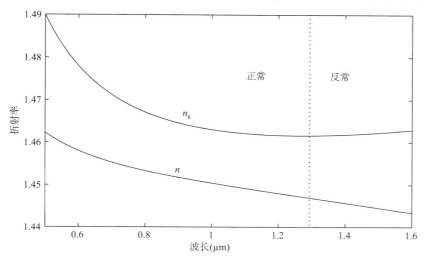

图 1.4　熔融石英的折射率 n 和群折射率 n_g 随波长的变化

由于光脉冲不同的频谱分量以不同的速度 $c/n(\omega)$ 传输，因而光纤色散在短光脉冲的传输中起关键作用，甚至当非线性效应不很严重时，色散感应的脉冲展宽对光通信系统也是有害的。正如后面章节所讨论的，在非线性区域，色散和非线性的结合将导致性质不同的结果。从数学意义上讲，光纤的色散效应是通过在脉冲频谱的中心频率 ω_0 附近将模传输常数 β 展开成泰勒级数来解释的，

$$\beta(\omega)=n(\omega)\frac{\omega}{c}=\beta_0+\beta_1(\omega-\omega_0)+\frac{1}{2}\beta_2(\omega-\omega_0)^2+\cdots \tag{1.2.7}$$

式中，

$$\beta_m=\left(\frac{d^m\beta}{d\omega^m}\right)_{\omega=\omega_0}\qquad m=0,1,2,\cdots \tag{1.2.8}$$

参量 β_1 和 β_2 与折射率 $n(\omega)$ 有关，它们的关系可由下式得到：

$$\beta_1=\frac{1}{v_g}=\frac{n_g}{c}=\frac{1}{c}\left(n+\omega\frac{dn}{d\omega}\right) \tag{1.2.9}$$

$$\beta_2=\frac{1}{c}\left(2\frac{dn}{d\omega}+\omega\frac{d^2n}{d\omega^2}\right) \tag{1.2.10}$$

式中，n_g 是群折射率，v_g 是群速度。图 1.4 给出了熔融石英的群折射率 n_g 随波长的变化关系，利用 $v_g=c/n_g$ 可以得到群速度。从物理意义上讲，光脉冲包络以群速度移动，而参量 β_2 表示群速度的色散，它是造成脉冲展宽的原因，这一现象称为群速度色散(group-velocity dispersion，GVD)，β_2 为群速度色散参量。实际情况下还常用到色散参量 $D=d\beta_1/d\lambda$，它和 β_2 及 n 的

关系为

$$D = \frac{\mathrm{d}\beta_1}{\mathrm{d}\lambda} = -\frac{2\pi c}{\lambda^2}\beta_2 = -\frac{\lambda}{c}\frac{\mathrm{d}^2 n}{\mathrm{d}\lambda^2} \tag{1.2.11}$$

图 1.5 给出了利用式 (1.2.6) 和式 (1.2.10) 得到的 β_2 和 D 随波长 λ 的变化关系。一个显著特征是，β_2 和 D 均在 1.27 μm 附近趋于零，而对于更长的波长则改变符号，这一波长称为零色散波长 (zero-dispersion wavelength)，记为 λ_{D}。然而，色散效应在 $\lambda = \lambda_{\mathrm{D}}$ 处并不能完全消除，因为在此波长附近的脉冲传输要求式 (1.2.7) 中应包括三次项，系数 β_3 称为三阶色散 (third-order dispersion, TOD) 参量，这种高阶色散效应能在线性[65] 和非线性区[75] 引起超短光脉冲的畸变。对于超短光脉冲，或入射脉冲波长 λ 与 λ_{D} 相差只有几纳米的情况，必须考虑三阶色散效应。

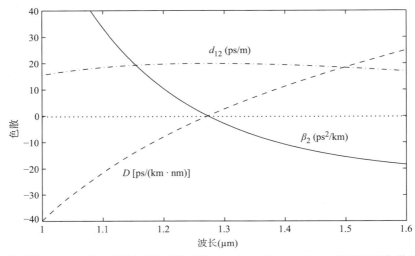

图 1.5　熔融石英中 β_2，D 和 d_{12} 随波长的变化曲线，β_2 和 D 均在 1.27 μm 附近的零色散波长处变为零

图 1.4 和图 1.5 所示曲线是针对块体熔融石英玻璃的结果。实际玻璃光纤的色散特性偏离了这些曲线，原因有两方面。首先，纤芯中有少量的掺杂物 GeO_2 和 P_2O_5，在这种情况下利用式 (1.2.6) 时，参量值的选取要因纤芯的掺杂量而异，即对于不同的掺杂量，式中所取参量值要与之对应[67]；其次，由于介电波导效应，其有效模折射率略低于纤芯的材料折射率 $n(\omega)$，因而减小了其本身对 ω 的依赖关系[65~67]，于是在考虑材料色散的基础上还要考虑到波导色散的贡献，二者之和才是总色散。通常，除了在 $\lambda = \lambda_{\mathrm{D}}$ 附近波导色散和材料色散可以相比拟，波导色散对 β_2 的贡献相当小。波导色散的主要作用是把 λ_{D} 稍微移向长波长一端。标准光纤的 $\lambda_{\mathrm{D}} \approx 1.31$ μm。图 1.6 给出了单模光纤总色散的测量结果[68]，图中绘出的是色散参量 D，它和 β_2 之间的关系用式 (1.2.11) 表示。

波导色散的一个有趣特性是，它对 D（或 β_2）的影响取决于光纤设计参量，如纤芯半径 a 和纤芯-包层折射率差 Δ。光纤的这一特性可用来把零色散波长 λ_{D} 位移到有最小损耗的 1.55 μm 附近，这种色散

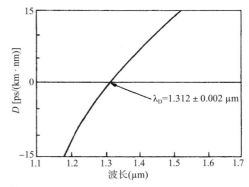

图 1.6　测量的单模光纤的色散参量 D 随波长的变化曲线[68]（©1985 Elsevier）

位移光纤（dispersion-shifted fiber）[76]在光通信系统中已有多种应用。商用色散位移光纤包括朗讯的真波光纤（TrueWave）、康宁的大有效面积光纤（Large Effective Area Fiber, LEAF）和阿尔卡特的特锐光纤（TeraLight）等，它们的区别在于 1.5 μm 波长区的零色散波长不同。在 1.6 μm 以上区域，有些光纤表现出具有大的正 β_2 值的群速度色散，这种光纤称为色散补偿光纤（dispersion-compensating fiber, DCF）。图 1.6 给出的曲线的斜率，称为色散斜率（dispersion slope），与三阶色散参量 β_3 有关。用于波分复用（wavelength-division-multiplexing, WDM）系统的小色散斜率光纤也在最近几年得到发展。

在较大波长范围内（1.3～1.6 μm）具有低色散值的色散平坦光纤（dispersion-flattened fiber, DFF）的设计已成为可能，这可以利用多包层实现。图 1.7 给出了两种多包层光纤的色散曲线，这两种光纤的纤芯外面分别有两层和四层包层，因此分别称为双包层光纤和四包层光纤。为了便于比较，图中还用虚线给出了单包层光纤的色散曲线。四包层光纤在 1.25～1.65 μm 波长范围内有较低的色散，$|D|$ 约为 1 ps/(km·nm)。利用波导色散还能够使光纤总的色散沿光纤长度方向变化，例如通过沿光纤长度方向逐渐减小芯径，可以制造出色散渐减光纤（dispersion-decreasing fiber, DDF）[78]。

根据色散参量 β_2 或 D 的符号，光纤中的非线性效应表现出显著不同的特征。若波长 $\lambda < \lambda_D$，则 $\beta_2 > 0$，称光纤表现为正常色散（normal dispersion）（见图 1.5）。在正常色散区，光脉冲的高频分量（蓝移分量）比低频分量（红移分量）传输得慢。相比之下，在 $\beta_2 < 0$ 的反常色散区情况正好相反。由图 1.5 可以看出，当光波长超过零色散波长（$\lambda > \lambda_D$）时，石英光纤表现为反常色散（anomalous dispersion）。由于在反常色散区，通过色散和非线性效应之间的平衡，光纤能支持光孤子，所以人们在非线性效应的研究中对反常色散区特别感兴趣。

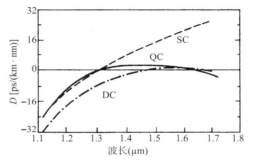

图 1.7　三种不同光纤的色散参量 D 随波长的变化曲线。SC、DC 和 QC 分别代表单包层、双包层和四包层光纤[77]（©1982 IEE）

色散的一个重要特性是，由于群速度失配，不同波长的脉冲在光纤中以不同的速度传输，这一特性导致了走离效应，它在涉及两个或更多个相互靠近脉冲的非线性现象的描述中起了重要作用。更具体地说，当传输得较快的脉冲完全通过传输得较慢的脉冲后，两脉冲之间的互作用将停止。这一特性用走离参量（walk-off parameter）d_{12} 描述，d_{12} 定义为

$$d_{12} = \beta_1(\lambda_1) - \beta_1(\lambda_2) = v_g^{-1}(\lambda_1) - v_g^{-1}(\lambda_2) \tag{1.2.12}$$

式中，λ_1 和 λ_2 分别为两脉冲的中心波长，在这些波长处的 β_1 由式（1.2.9）计算。对脉宽为 T_0 的脉冲，走离长度 L_W 可以定义为

$$L_W = T_0/|d_{12}| \tag{1.2.13}$$

图 1.5 给出了 $\lambda_2 = 0.8$ μm 时，利用式（1.2.12）得到的熔融石英的 d_{12} 随 λ_1 的变化。在正常色散区（$\beta_2 > 0$），长波长脉冲传输得较快，反常色散区的情况正好相反。例如，若 $\lambda_1 = 1.3$ μm 的脉冲和 $\lambda_2 = 0.8$ μm 的脉冲共同传输，它们将以约 20 ps/m 的速率彼此分开。对 $T_0 = 10$ ps 的脉冲，其对应的走离长度仅为 50 cm。群速度失配在涉及交叉相位调制的非线性效应中起着很重要的作用[47]。

1.2.4　偏振模色散

正如将要在第 2 章中讨论的，单模光纤能够支持沿两正交方向偏振的简并模，因而单模光

纤也并非真正的单模。在理想条件下（光纤表现为理想的圆柱对称性且不受应力），x 方向偏振的模式不会与正交的 y 方向偏振的模式耦合，然而对于真实的光纤而言，由于纤芯形状沿光纤长度方向随机变化，这种圆柱对称性将不复存在，结果破坏了模式简并，导致两偏振态的混合。应力感应的各向异性也能破坏这种简并性。从数学意义上讲，模传输常数 β 对于 x 和 y 方向的偏振模稍有不同，光纤的这个性质称为模式双折射。用一个无量纲的参量定义模式双折射度为[79]

$$B_m = \frac{|\beta_x - \beta_y|}{k_0} = |n_x - n_y| \tag{1.2.14}$$

式中，n_x 和 n_y 是两正交偏振态的模折射率。对于一个给定的 B_m 值，两模在光纤中传输时其功率周期性地交换，此周期为[79]

$$L_B = \frac{2\pi}{|\beta_x - \beta_y|} = \frac{\lambda}{B_m} \tag{1.2.15}$$

长度 L_B 称为拍长（beat length）。模折射率较小的轴称为快轴（fast axis），因为在此轴上光传输的群速度较大。同理，有较大模折射率的轴称为慢轴（slow axis）。

通常，由于纤芯形状和各向异性应力的起伏，标准光纤的 B_m 值沿光纤长度方向并不是一个常数，而是随机变化的，因而以固定偏振态进入光纤的光将以随机方式改变其偏振态。偏振态的改变通常对连续波（continuous-wave，CW）光无害，因为大部分光探测器不会对入射光偏振态的改变产生响应，但对于长距离、短脉冲传输的光通信系统，这一问题就不得不考虑了[16]。若入射脉冲激发两个偏振分量，由于群速度色散，这两个分量就会以不同的群速度在光纤中传输。由于光纤双折射的变化是随机的，群速度也随机变化，因此脉冲在光纤输出端变宽，这种现象称为偏振模色散（polarization-mode dispersion，PMD）。由于偏振模色散对长途光波系统非常重要，因而被广泛研究[80~82]。

脉冲展宽的程度可以通过两个偏振分量在光纤中传输时，二者之间的时间延迟 ΔT 来估计。对于给定的光纤长度 L 和常数双折射 B_m，ΔT 由下式给出：

$$\Delta T = \left| \frac{L}{v_{gx}} - \frac{L}{v_{gy}} \right| = L|\beta_{1x} - \beta_{1y}| = L(\Delta\beta_1) \tag{1.2.16}$$

式中，$\Delta\beta_1$ 与群速度失配有关。式（1.2.16）不能直接用来估计标准通信光纤的偏振模色散，因为这种光纤中的双折射是随机变化的，结果使两个偏振分量的传输时间趋于相等。实际上，对整个随机扰动取平均后，可由 ΔT 的均方根（root-mean-square，RMS）值表征偏振模色散，ΔT 的方差为[81]

$$\sigma_T^2 = \langle (\Delta T)^2 \rangle = 2(\Delta\beta_1 l_c)^2 [\exp(-L/l_c) + L/l_c - 1] \tag{1.2.17}$$

式中，$\Delta\beta_1 \equiv \Delta\tau/L$，$\Delta\tau$ 表示主偏振态的微分群延迟[80]，相关长度 l_c 定义为两个偏振分量能保持相关的长度，l_c 的典型值在 10 m 量级。若 $L > 0.1$ km，则可以认为 $l_c \ll L$，于是有

$$\sigma_T \approx \Delta\beta_1 \sqrt{2l_c L} \equiv D_p \sqrt{L} \tag{1.2.18}$$

式中，D_p 是偏振模色散参量，对于大多数光纤，D_p 的值在 $0.1 \sim 1$ ps$/\sqrt{km}$ 范围。由于与 $\sqrt{L}$ 有关，偏振模色散感应的脉冲展宽比群速度色散感应的脉冲展宽相对较小。然而，对工作在光纤零色散波长附近且长距离传输的高速光纤通信系统，偏振模色散成为一个限制因素[16]。

对于某些应用，希望光纤在传输光时不改变它的偏振态，这种光纤称为偏振保持光纤（polarization-maintaining fiber），简称保偏光纤[83~88]。通过改进设计，在这些光纤中故意引入大的双折射，因而微小且随机的双折射起伏不会严重影响光的偏振态。一种方案是打破圆柱对称性，故意把纤芯制成椭圆形的结构[88]，利用此种技术得到的双折射的典型值约为 10^{-6}。

另一种可替代的方案是利用应力感应双折射,使 B_m 可达 10^{-4}。在广泛采用的设计中,在预制棒制造阶段,在光纤纤芯的对边插入两根硅酸硼玻璃棒,在这种模式下,双折射度 B_m 依赖于应力感应元的位置和厚度。图 1.8 给出了对于 5 倍纤芯半径处的应力感应元的 4 种形状,B_m 是如何随其厚度 d 变化的[85],对于 $50 \sim 60$ μm 范围的 d 值,B_m 可达 2×10^{-4}。这类光纤通常

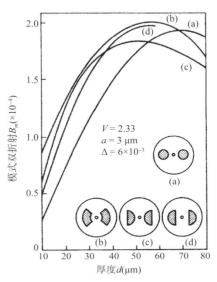

因其应力感应元的形状特征而称为"熊猫"光纤或"领结"光纤。使用保偏光纤时,在光信号进入光纤以前需要区分光纤的快慢轴,通过改变光纤结构可以实现这一目的。一种方法是将包层平坦化,利用此方法得到的平坦表面与光纤慢轴平行,根据包层形状,这种光纤称为"D 形光纤"[88],它使快慢轴的区分相对容易一些。若入射线偏振光的偏振方向与光纤的快轴或慢轴一致,则光在传输过程中其偏振态保持不变。相反,若入射光的偏振方向和快轴或慢轴成一夹角,则在传输过程中它将以式(1.2.15)给出的偏振拍长为周期,连续地周期性改变其偏振态。图 1.9 示意性地绘出了偏振态在双折射光纤的一个拍长内的变化情况,其偏振态在半拍长范围内从线偏振→椭圆偏振→圆偏振→椭圆偏振→相对入射线偏光旋转 90°的线偏振变化,另一半拍长重复上述过程,这样入射光在 $z = L_B$ 和它的整数倍处恢复其初始偏振态。偏振拍长的典型值约为 1 m,但对 B_m 值约为 10^{-4} 的高双折射光纤,其偏振拍长可减小到 1 cm。

图 1.8 双折射参量 B_m 在 4 种保偏光纤中随应力感应元的厚度 d 的变化曲线,插图中表明了不同的应力感应元的形状(阴影区)[85] (©1985 IEEE)

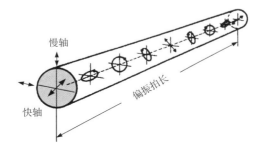

图 1.9 当线偏振光相对于慢轴成 45°角入射到保偏光纤中时,其偏振态沿光纤的演化

1.3 光纤非线性

在高强度电磁场中,任何介质对光的响应都会变成非线性的,光纤也不例外。简单地讲,介质非线性响应的起因与在施加给它的场的影响下束缚电子的非谐振运动有关,结果电偶极子感应的总极化强度 P 对于电场 E 是非线性的,但仍满足通常的关系式[89~92]

$$P = \epsilon_0 \left(\chi^{(1)} \cdot E + \chi^{(2)} : EE + \chi^{(3)} \vdots EEE + \cdots \right) \tag{1.3.1}$$

式中,ϵ_0 是真空中的介电常数,$\chi^{(j)} (j = 1, 2, \cdots)$ 为第 j 阶极化率,通常 $\chi^{(j)}$ 是 $j + 1$ 阶张量。线

性极化率$\chi^{(1)}$表示对$\boldsymbol{P}$的主要贡献，其影响可通过折射率n和1.2节讨论的衰减系数α包括在内。二阶极化率$\chi^{(2)}$对应于二次谐波产生及和频等非线性效应[90]，然而，$\chi^{(2)}$只在某些分子结构呈非反演对称的介质中才不为零。因为SiO_2是对称分子，所以石英玻璃的$\chi^{(2)}$等于零，光纤通常并不表现出二阶非线性效应。然而，电四极矩和磁偶极矩能产生弱的二阶非线性效应，纤芯中的缺陷或色心在某些条件下也能促进二次谐波产生。

1.3.1　非线性折射

光纤中的最低阶非线性效应起源于三阶极化率$\chi^{(3)}$，它是引起诸如三次谐波产生、四波混频及非线性折射等现象的原因[90]。然而，除非采取特别的措施实现相位匹配，涉及新频率产生的（三次谐波产生和四波混频）非线性过程在光纤中是不易发生的。因而，光纤中的大部分非线性效应起源于非线性折射，非线性折射指的是介质的折射率和入射光的强度有关。在最简单的形式中，折射率可以写为

$$\tilde{n}(\omega, I) = n(\omega) + n_2 I = n + \bar{n}_2 |E|^2 \tag{1.3.2}$$

式中，$n(\omega)$是式(1.2.6)给出的线性折射率部分，I是与光电场$\boldsymbol{E}$相联系的光纤内的光强，$\bar{n}_2$是与$\chi^{(3)}$有关的非线性折射率系数（nonlinear-index coefficient），两者之间的关系（推导过程见2.3.1节）为

$$\bar{n}_2 = \frac{3}{8n} \mathrm{Re}(\chi^{(3)}_{xxxx}) \tag{1.3.3}$$

式中，Re表示实部，并且假设光场是线偏振的，因而四阶张量只有一个分量$\chi^{(3)}_{xxxx}$对折射率有贡献。$\chi^{(3)}$的张量特性能通过非线性双折射影响光束的偏振特性，这些非线性效应将在第6章讨论。

折射率对光强的依赖关系导致了许多有趣的非线性效应，其中研究得最广泛的两种是自相位调制（self-phase modulation, SPM）和交叉相位调制（cross-phase modulation, XPM）。自相位调制指的是光场在光纤中传输时光场本身感应的相移，它的大小可以通过光场相位的变化得到，

$$\phi = \tilde{n} k_0 L = (n + \bar{n}_2 |E|^2) k_0 L \tag{1.3.4}$$

式中，$k_0 = 2\pi / \lambda$，L是光纤长度。与光强有关的非线性相移$\phi_{\mathrm{NL}} = \bar{n}_2 k_0 L |E|^2$是由自相位调制引起的。在其他方面，自相位调制导致超短脉冲的频谱展宽[26]，而在光纤的反常色散区，自相位调制与光孤子的形成有关[27]。

交叉相位调制指的是一个光场感应的不同波长、传输方向或偏振态的另一个光场的非线性相移。它的起源可以通过式(1.3.1)中的总电场$\boldsymbol{E}$来理解，

$$\boldsymbol{E} = \frac{1}{2}\hat{x}\left[E_1 \exp(-\mathrm{i}\omega_1 t) + E_2 \exp(-\mathrm{i}\omega_2 t) + \mathrm{c.c.}\right] \tag{1.3.5}$$

式中，c. c.表示复共轭，当频率为ω_1和ω_2且沿x方向偏振的两个光场同时在光纤中传输时，频率为ω_1的光场的非线性相移为

$$\phi_{\mathrm{NL}} = \bar{n}_2 k_0 L(|E_1|^2 + 2|E_2|^2) \tag{1.3.6}$$

这里忽略了在频率ω_1和ω_2以外产生极化的所有项，因为它们是非相位匹配的。式(1.3.6)中右边的两项分别由自相位调制和交叉相位调制引起。交叉相位调制的一个重要特性是，对于相同强度的光场，交叉相位调制对非线性相移的贡献是自相位调制的两倍。在其他方面，交叉相位调制与共同传输的光脉冲的不对称频谱展宽有关，第6章和第7章将讨论与交叉相位调制有关的非线性效应。

1.3.2　受激非弹性散射

从电磁场和电介质之间无能量交换这个意义上讲，由三阶极化率 $\chi^{(3)}$ 描述的非线性效应是弹性的；而在另一类非线性效应中，光场把部分能量转移给非线性介质，这就是受激非弹性散射。光纤中有两种重要的非线性效应属于受激非弹性散射，它们都和石英的振动激发模式有关，这就是众所周知的受激喇曼散射（stimulated Raman scattering，SRS）和受激布里渊散射（stimulated Brillouin scattering，SBS），它们也是最早研究的光纤中的非线性效应[19~21]。二者的主要区别是，在受激喇曼散射中参与的是光学声子，而在受激布里渊散射中参与的是声学声子。

在对受激喇曼散射和受激布里渊散射均适用的简单量子力学图像中，入射场（通常称为泵浦波）一个光子的湮灭，产生了一个低频光子（斯托克斯光子）和另一个具有适当能量与动量的声子，以保持能量与动量守恒。当然，如果入射光子能吸收一个具有适当能量和动量的声子，也可能在反斯托克斯频率处产生一个更高能量的光子。尽管受激布里渊散射和受激喇曼散射在起源上极为相似，但由于声学声子和光学声子不同的色散关系而导致两者之间存在一些基本的差别，其中最根本的区别在于单模光纤中的受激布里渊散射只发生在后向，而受激喇曼散射在前向和后向均能发生。

虽然光纤中受激喇曼散射和受激布里渊散射的完整描述较为烦琐，但斯托克斯波最初的形成可由简单的关系式来描述。对于受激喇曼散射，此关系式为

$$\frac{\mathrm{d}I_s}{\mathrm{d}z} = g_R I_p I_s \tag{1.3.7}$$

式中，I_s 为斯托克斯光强，I_p 为泵浦光强，g_R 为喇曼增益系数。对受激布里渊散射也有类似的表达式，用布里渊增益系数 g_B 代替 g_R 即可。对于石英光纤，g_R 和 g_B 均可通过实验测得。测得的石英光纤的喇曼增益谱非常宽，带宽达到 40 THz[19]，泵浦波长在 1.5 μm 附近时峰值增益 $g_R \approx 6 \times 10^{-14}$ m/W，斯托克斯频移约为 13.1 THz。相反，布里渊增益谱相当窄，带宽小于 100 MHz，泵浦波长在 1.5 μm 附近时，在斯托克斯频移约为 10 GHz 处产生峰值布里渊增益。对于窄带宽泵浦，峰值增益约为 6×10^{-11} m/W[20]；对于宽带宽泵浦，其峰值增益应除以 $\Delta\nu_p/\Delta\nu_B$ 因子，这里 $\Delta\nu_p$ 为泵浦光带宽，$\Delta\nu_B$ 为布里渊增益带宽。

受激喇曼散射和受激布里渊散射的一个重要特征是，它们都表现出类似阈值的行为，也就是说，只有当泵浦光强超过一定的阈值时，才发生从泵浦能量向斯托克斯能量的有效转移。对于受激喇曼散射，在 $\alpha L \gg 1$ 的单模光纤中，阈值泵浦光强为[21]

$$I_p^{th} \approx 16(\alpha/g_R) \tag{1.3.8}$$

I_p^{th} 的典型值约为 10 MW/cm^2，在泵浦功率约为 1 W 时能够观察到受激喇曼散射。对于受激布里渊散射，类似的计算表明，其阈值泵浦光强为[21]

$$I_p^{th} \approx 21(\alpha/g_B) \tag{1.3.9}$$

因为布里渊增益系数 g_B 比喇曼增益系数 g_R 大近三个数量级，故受激布里渊散射阈值的典型值约为 1 mW。受激喇曼散射和受激布里渊散射将分别在第 8 章和第 9 章中讨论。

1.3.3　非线性效应的重要性

石英光纤非线性折射率系数 n_2 的大部分测量值在 $2.2 \sim 3.4 \times 10^{-20}$ m^2/W 范围内（见第 11 章），这取决于纤芯的成分及输入的偏振态在光纤中能否保持不变[93]。这个值比其他大部分非线性

介质至少小两个数量级。类似地，在石英光纤中，喇曼增益系数和布里渊增益系数的测量结果表明，它们的值也比其他大多数常用非线性介质至少小两个数量级[47]。尽管熔融石英的固有非线性系数较小，但光纤中的非线性效应在相对较低的功率水平下就能观察到，这是由单模光纤的两个重要特性——具有小光斑尺寸（模场直径小于 10 μm）和在 1.0～1.6 μm 波长范围非常低的损耗（小于 1 dB/km）所决定的。

在块体介质中，非线性过程效率的品质因数是由 I_0 和 L_{eff} 的乘积 $I_0 L_{eff}$ 来表示的，这里 I_0 是光强，L_{eff} 是互作用区的有效长度[94]。若将入射光聚焦成半径为 w_0 的光斑，则 $I_0 = P_0/(\pi w_0^2)$，P_0 为入射光功率。显然，通过紧聚焦减小 w_0，可使 I_0 增大。然而，这将导致 L_{eff} 的值更小，因为聚焦长度随聚焦强度的增大而减小。对于高斯光束，L_{eff} 约为 $\pi w_0^2/\lambda$，I_0 与 L_{eff} 的积为

$$(I_0 L_{eff})_{bulk} = \left(\frac{P_0}{\pi w_0^2}\right)\frac{\pi w_0^2}{\lambda} = \frac{P_0}{\lambda} \tag{1.3.10}$$

它和光斑尺寸 w_0 无关。

在单模光纤中，光斑尺寸 w_0 由纤芯半径 a 决定，而且由于光纤的介电波导特性，光斑尺寸在整个光纤长度 L 内能保持不变，这种情况下互作用长度 L_{eff} 只受光纤损耗 α 的限制。利用 $I(z) = I_0 \exp(-\alpha z)$，其中 $I_0 = P_0/(\pi w_0^2)$，P_0 为耦合到光纤中的光功率，可得乘积 $I_0 L_{eff}$ 为

$$(I_0 L_{eff})_{fiber} = \int_0^L I_0 \exp(-\alpha z)\mathrm{d}z = \frac{P_0}{\pi w_0^2 \alpha}[1 - \exp(-\alpha L)] \tag{1.3.11}$$

比较式（1.3.10）和式（1.3.11）可以看出，对于足够长的光纤，光纤中非线性过程的效率通过下面的因子得到提高[96]：

$$\frac{(I_0 L_{eff})_{fiber}}{(I_0 L_{eff})_{bulk}} = \frac{\lambda}{\pi w_0^2 \alpha} \tag{1.3.12}$$

这里假定 $\alpha L \gg 1$。在可见光区，当 $\lambda = 0.53$ μm，$w_0 = 2$ μm，$\alpha = 2.5 \times 10^{-5}$ cm^{-1}（10 dB/km）时，增强因子约为 10^7；而在 1.55 μm 附近的波长区（$\alpha = 0.2$ dB/km），增强因子接近 10^9。光纤中非线性过程的效率的巨大增强因子，使光纤成为在相对较低的功率水平下观察各种非线性效应的一种合适的非线性介质。在一些需要短光纤（长度小于 0.1 km）的应用中，石英光纤的弱非线性成为一个难题，这可以利用所谓的高非线性光纤（highly nonlinear fiber，HNLF）[95] 来解决，高非线性光纤通过减小纤芯半径进而减小光斑尺寸 w_0。现在可以用 n_2 值比石英大的非线性材料制造光纤，用硅酸铅玻璃制造的光纤的 n_2 值约增大 10 倍[96]，在硫属化物光纤和其他非石英光纤中甚至测量到了更大的值（$n_2 = 4.2 \times 10^{-18}$ m^2/W）[97]。这些光纤正引起人们的关注，并且有可能对非线性光纤光学的发展起重要的推动作用[98~102]。

1.4　综述

本书旨在提供关于光纤中各种非线性现象的全面描述。概括地说，本书第 1 章到第 3 章提供了理解各种非线性效应所需的背景材料和数学工具；第 4 章到第 7 章讨论了导致光脉冲能量不变而频域和时域轮廓变化的非线性效应；第 8 章至第 13 章讨论了通过入射光波能量的转移导致新光波产生的非线性效应。为保持书的篇幅适中，非线性光纤光学的应用单独成册[103]。

第 2 章给出了在理论上理解光纤中的各种非线性现象所需的主要数学处理方法。从麦克斯韦方程组出发，利用非线性色散介质中的波动方程讨论了光纤模式，得到了脉冲包络振幅所满足的基本传输方程，强调了在此方程推导过程中所做的各种近似。然后，介绍了如何用数值方法求解基本传输方程，重点是分步傅里叶法，即通常所说的光束传输法。

第 3 章重点讨论了当输入功率和光纤长度使非线性效应可以忽略时光纤的色散效应，群速度色散的主要作用是展宽在光纤中传输的光脉冲。针对几种不同形状的脉冲，对群速度色散感应的脉冲展宽做了讨论，特别注意了作用于输入脉冲的频率啁啾效应。本章还讨论了在光纤零色散波长附近比较重要的高阶色散效应。

第 4 章讨论了折射率的强度相关性引起的自相位调制现象。自相位调制的主要作用是展宽在光纤中传输的光脉冲的频谱。若自相位调制和群速度色散共同影响光脉冲，则脉冲形状也会受影响。本章对有无群速度色散效应的自相位调制感应的频谱展宽的特点分几节进行了讨论，还考虑了高阶非线性效应和色散效应。

由于光孤子的基本特性及其在光纤通信中潜在的应用，在第 5 章专门对其做了讨论。本章首先考虑了调制不稳定性，强调了在光纤的反常群速度色散区发生的色散和非线性效应之间相互作用的重要性。然后引入基阶孤子和高阶孤子，并介绍了用于求解非线性薛定谔方程的逆散射法。对暗孤子也做了简要讨论。最后，探讨了高阶非线性效应和色散效应，特别强调了孤子的衰变。

第 6 章和第 7 章着重于交叉相位调制效应的介绍。交叉相位调制效应是当两个光场同时在光纤中传输时，通过折射率的强度相关性相互影响而产生的。交叉相位调制感应的非线性耦合，不仅在两个不同波长的光束入射到同一根光纤时能产生，而且在双折射光纤中同一光束的两正交偏振分量之间也会产生。后一种情况在第 6 章最先通过考虑诸如光克尔效应和双折射感应的脉冲整形等非线性现象来讨论。第 7 章重点讨论了不同波长的两个光场进入同一根光纤的情形，甚至在光纤的正常色散区，交叉相位调制感应的两个光场之间的耦合也能引起调制不稳定性。交叉相位调制与自相位调制、群速度色散效应结合起来考虑，还能引起非对称频域和时域的变化。再接着讨论了交叉相位调制感应的两个反向传输光场之间的耦合，特别强调了它在光纤陀螺仪中的重要应用。

第 8 章讨论了受激喇曼散射，这是一种泵浦波在光纤中传输时把能量转移给斯托克斯波（频率下移约 13 THz）的非线性现象，只有当泵浦功率超过阈值时才会产生这种现象。本章首先讨论了石英光纤的喇曼增益和喇曼阈值；后面两节分别描述了连续或准连续波泵浦及超短脉冲泵浦情形下的受激喇曼散射，在后一种情形下，自相位调制、交叉相位调制和群速度色散的结合产生了许多新的特征，这些特征在泵浦脉冲和喇曼脉冲经历正常群速度色散或反常群速度色散时有很大不同。8.4 节介绍了反常群速度色散的情形，并侧重介绍了光纤喇曼孤子激光器。最后一节讨论了光纤喇曼放大过程中的偏振效应。

第 9 章专门讨论了受激布里渊散射，这种非线性现象的产生类似于受激喇曼散射，但它们之间也有较大差别。受激布里渊散射把泵浦能量的一部分转移给反向传输的斯托克斯波，其频率下移仅 10 GHz 左右。由于布里渊增益带宽较窄（约为 10 MHz），受激布里渊散射只有在连续波泵浦或谱宽小于增益带宽的脉冲泵浦情况下才会有效发生。第 9 章首先讨论了石英光纤中布里渊增益的特性，然后通过考虑诸如布里渊阈值、泵浦消耗及增益饱和等重要特性，从理论上描述了受激布里渊散射。本章对受激布里渊散射的实验结果也进行了介绍，着重介绍了光纤布里渊放大器。9.4 节重点介绍了对纳秒脉冲非常重要的动力学特性，最后一节介绍了光纤布里渊激光器。

第 10 章讨论了光纤中的四波混频（four-wave mixing，FWM）现象，它是四个光波的非线性作用，只有当相位匹配条件满足时才能有效发生。本章首先介绍了与四波混频过程有关的参量增益，然后详细讨论了实现四波混频的相位匹配技术。10.5 节介绍了偏振效应的影响，最后一节介绍了四波混频的应用。

第 11 章着重介绍了近年来发展起来的高非线性光纤。11.1 节首先介绍了用于测量非线性参量值的各种技术，11.2 节至 11.5 节重点介绍了 4 种高非线性光纤及其特性，特别强调了光子晶体光纤和其他微结构光纤。11.6 节给出了对光脉冲的矢量处理的细节，这种处理方法对细芯光纤是必需的。

第 12 章和第 13 章重点介绍了随着高非线性光纤的出现而可能实现的一些奇异的非线性效应。第 12 章描述的现象包括孤子分裂和色散波产生，以及将脉冲频谱移向长波长的脉冲内喇曼散射，还介绍了通过四阶色散实现相位匹配的一类新型的四波混频现象。第 13 章全面介绍了超连续谱产生现象，因为超连续谱可以应用在不同领域（如生物医学成像和计量学）中，2000 年以后，这种现象受到极大关注并且未来会继续得到关注。

习题

1.1　对于损耗分别为 0.2 dB/km, 20 dB/km 和 2000 dB/km 的三种光纤，计算当光功率衰减到初始功率的 1/2 时光脉冲的传输距离，并计算三种光纤的衰减常量 α 的值（单位为 cm^{-1}）。

1.2　一根单模光纤在 $\lambda = 0.8$ μm 时测得 $\lambda^2(d^2n/d\lambda^2) = 0.02$，计算色散参量 β_2 和 D 的值。

1.3　计算 1.5 μm 处 β_2（单位为 ps^2/km）和 D [单位为 $ps/(km \cdot nm)$] 的值，其中模折射率以 $n(\lambda) = 1.45 - s(\lambda - 1.3 \ \mu m)^3$ 随波长变化，$s = 0.003 \ \mu m^{-3}$。

1.4　石英光纤掺杂有 7.9% 的锗，塞尔迈耶尔公式中的参数为[67]：$B_1 = 0.713 \ 682 \ 4$，$B_2 = 0.425 \ 480 \ 7$，$B_3 = 0.896 \ 422 \ 6$，$\lambda_1 = 0.061 \ 716 \ 7$ μm，$\lambda_2 = 0.127 \ 081 \ 4$ μm，$\lambda_3 = 9.896 \ 161$ μm，绘出 n，n_g 和 β_2 随波长的变化曲线，并说明与图 1.4 和图 1.5 中的值不同的原因。波长取值范围为 0.5 ~ 1.6 μm。

1.5　利用上题中的参量值，计算光纤零色散波长 λ_D 处的三阶及四阶色散 β_3 和 β_4 的值，并求输入波长比 λ_D 长 10 nm 时 β_2 和 D 的值。

1.6　一根 1 km 长的单模光纤的零色散波长为 1.4 μm，在 1.55 μm 处测得其 $D = 10 \ ps/(km \cdot nm)$。Nd:YAG 激光器产生的波长分别为 1.06 μm 和 1.32 μm 的两个光脉冲同时入射到光纤中，假设 β_2 在 1.0 ~ 1.6 μm 波长范围内线性变化，计算两个光脉冲从光纤另一端输出时的延迟。

1.7　证明 $D = -(\lambda/c)(d^2n/d\lambda^2)$。

1.8　试说明双折射和拍长的概念，为何光纤有一定的残余双折射并且其会沿长度方向随机变化？

1.9　光纤中偏振模色散的含义是什么？当光纤沿其长度方向随机改变双折射时，对光脉冲有何影响？

1.10　绘出保偏光纤的一种设计示意图，在什么条件下这种光纤能够保持其偏振态？当入射光与光纤慢轴成 10° 角线偏振时，偏振态如何变化？

1.11　式（1.3.2）中 n_2 与 $\bar{n}_2$ 的关系是什么？如果 $n_2 = 2.6 \times 10^{-20} \ m^2/W$，试求 $\bar{n}_2$ 的值（单位为 m^2/V^2）。

参考文献

[1] J. Hecht, *City of Light* (Oxford University Press, 1999).

[2] J. L. Baird, British Patent 285,738 (1928).

[3] C.W. Hansell, US Patent 1,751,584 (1930).

[4] H. Lamm, *Z. Instrumenten.* **50**, 579 (1930).

[5] A. C. S. van Heel, *Nature* **173**, 39 (1954).

[6] H. H. Hopkins and N. S. Kapany, *Nature* **173**, 39 (1954); *Opt. Acta* **1**, 164 (1955).

[7] B. O'Brian, US Patent 2,825,260 (1958).

[8] B. I. Hirschowitz, US Patent 3,010,357 (1961).

[9] N. S. Kapany, *Fiber Optics: Principles and Applications* (Academic Press, 1967).

[10] K. C. Kao and G. A. Hockham, *IEE Proc.* **113**, 1151 (1966).

[11] F. P. Kapron, D. B. Keck, and R. D. Maurer, *Appl. Phys. Lett.* **17**, 423 (1970).

[12] W. G. French, J. B. MacChesney, P. B. O'Connor, and G. W. Tasker, *Bell Syst. Tech. J.* **53**, 951 (1974).

[13] T. Miya, Y. Terunuma, T. Hosaka, and T. Miyashita, *Electron. Lett.* **15**, 106 (1979).

[14] R. Ramaswami, K. Sivarajan, and G. Sasaki, *Optical Networks: A Practical Perspective*, 3rd ed. (Morgan Kaufman, 2009).

[15] G. E. Keiser, *Optical Fiber Communications*, 4th ed. (McGraw-Hill, 2010).

[16] G. P. Agrawal, *Fiber-Optic Communication Systems*, 4th ed. (Wiley, 2010).

[17] R. H. Stolen, *J. Lightwave Technol.* **26**, 1021 (2008).

[18] G. P. Agrawal, *J. Opt. Soc. Am. B* **28**, A1 (2011).

[19] R. H. Stolen, E. P. Ippen, and A. R. Tynes, *Appl. Phys. Lett.* **20**, 62 (1972).

[20] E. P. Ippen and R. H. Stolen, *Appl. Phys. Lett.* **21**, 539 (1972).

[21] R. G. Smith, *Appl. Opt.* **11**, 2489 (1972).

[22] R. H. Stolen and A. Ashkin, *Appl. Phys. Lett.* **22**, 294 (1973).

[23] R. H. Stolen, J. E. Bjorkholm, and A. Ashkin, *Appl. Phys. Lett.* **24**, 308 (1974).

[24] K. O. Hill, D. C. Johnson, B. S. Kawaski, and R. I. MacDonald, *J. Appl. Phys.* **49**, 5098 (1974).

[25] R. H. Stolen, *IEEE J. Quantum Electron.* **11**, 100 (1975).

[26] R. H. Stolen and C. Lin, *Phys. Rev. A* **17**, 1448 (1978).

[27] A. Hasegawa and F. Tappert, *Appl. Phys. Lett.* **23**, 142 (1973).

[28] L. F. Mollenauer, R. H. Stolen, and J. P. Gordon, *Phys. Rev. Lett.* **45**, 1095 (1980).

[29] L. F. Mollenauer and R. H. Stolen, *Opt. Lett.* **9**, 13 (1984).

[30] L. F. Mollenauer, J. P. Gordon, and M. N. Islam, *IEEE J. Quantum Electron.* **22**, 157 (1986).

[31] J. D. Kafka and T. Baer, *Opt. Lett.* **12**, 181 (1987).

[32] M. N. Islam, L. F. Mollenauer, R. H. Stolen, J. R. Simpson, and H. T. Shang, *Opt. Lett.* **12**, 814 (1987).

[33] A. S. Gouveia-Neto, A. S. L. Gomes, and J. R. Taylor, Opt. *Quantum Electron.* **20**, 165 (1988).

[34] H. Nakatsuka, D. Grischkowsky, and A. C. Balant, *Phys. Rev. Lett.* **47**, 910 (1981).

[35] C. V. Shank, R. L. Fork, R. Yen, R. H. Stolen, and W. J. Tomlinson, *Appl. Phys. Lett.* **40**, 761 (1982).

[36] (a) B. Nikolaus and D. Grischkowsky, *Appl. Phys. Lett.* **42**, 1 (1983); (b) *Appl. Phys. Lett.* **43**, 228 (1983).

[37] A. S. L. Gomes, A. S. Gouveia-Neto, and J. R. Taylor, *Opt. Quantum Electron.* **20**, 95 (1988).

[38] N. J. Doran and D. Wood, *Opt. Lett.* **13**, 56 (1988).

[39] M. C. Farries and D. N. Payne, *Appl. Phys. Lett.* **55**, 25 (1989).

[40] K. J. Blow, N. J. Doran, and B. K. Nayar, *Opt. Lett.* **14**, 754 (1989).

[41] M. N. Islam, E. R. Sunderman, R. H. Stolen, W. Pleibel, and J. R. Simpson, *Opt. Lett.* **14**, 811 (1989).

[42] R. L. Fork, C. H. Brito Cruz, P. C. Becker, and C. V. Shank, *Opt. Lett.* **12**, 483 (1987).

[43] H. G. Winful, in *Optical-Fiber Transmission*, E. E. Basch, Ed. (SAMS Publishing, 1986).

[44] S. A. Akhmanov, V. A. Vysloukh, and A. S. Chirkin, *Sov. Phys. Usp.* **29**, 642 (1986).

[45] K. J. Blow and N. J. Doran, *IEE Proc.* **134** (Pt. J), 138 (1987).

[46] E. M. Dianov, P. V. Mamyshev, and A. M. Prokhorov, *Sov. J. Quantum Electron.* **15**, 1 (1988).

[47] R. R. Alfano, Ed., *The Supercontinuum Laser Source* (Springer, 1989).

[48] E. Desuvire, D. Bayart, B. Desthieux, and S. Bigo, *Erbium-Doped Fiber Amplifiers: Device and System Development* (Wiley, 2002).

[49] C. Headley and G. P. Agrawal, Eds., *Raman Amplification in Fiber Optical Communication Systems* (Academic Press, 2005).

[50] M. E. Marhic, *Fiber Optical Parametric Amplifiers, Oscillators and Related Devices* (Cambridge University Press, 2007).

[51] A. Hasegawa and M. Matsumoto, *Optical Solitons in Fibers* (Springer, 2002).

[52] Y. S. Kivshar and G. P. Agrawal, *Optical Solitons: From Fibers to Photonic Crystals* (Academic Press, 2003).

[53] N. Akhmediev and A. Ankiewicz, Eds., *Dissipative Solitons* (Springer, 2005).

[54] L. F. Mollenauer and J. P. Gordon, *Solitons in Optical Fibers: Fundamental and Applications* (Academic Press, 2006).

[55] K. O. Hill, Y. Fujii, D. C. Johnson, and B. S. Kawasaki, *Appl. Phys. Lett.* **32**, 647 (1978).

[56] R. Kashyap, *Fiber Bragg Gratings*, 2nd ed. (Academic Press, 2009).

[57] J. C. Knight, T. A. Birks, P. St. J. Russell, and D. M. Atkin, *Opt. Lett.* **21**, 1547 (1996).

[58] J. Broeng, D. Mogilevstev, S. B. Barkou, and A. Bjarklev, *Opt. Fiber Technol.* **5**, 305 (1999).

[59] T. M. Monro, D. J. Richardson, N. G. R. Broderick, and P. J. Bennett, *J. Lightwave Technol.* **17**, 1093 (1999).

[60] B. J. Eggleton, P. S. Westbrook, R. S. Windeler, S. Spälter, and T. A. Sreasser, *Opt. Lett.* **24**, 1460 (1999).

[61] M. Ibanescu, Y. Fink, S. Fan, E. L. Thomas, and J. D. Joannopoulos, *Science* **289**, 415 (2000).

[62] J. K. Ranka, R. S. Windeler, and A. J. Stentz, *Opt. Lett.* **25**, 25 (2000).

[63] T. A. Birks, W. J. Wadsworth, and P. St. J. Russell, *Opt. Lett.* **25**, 1415 (2000).

[64] J. M. Dudley and J. R. Taylor, Eds., *Supercontinuum Generation in Optical Fibers* (Cambridge University Press, 2010).

[65] D. Marcuse, *Light Transmission Optics* (Van Nostrand Reinhold, 1982), Chaps 8 and 12.

[66] A. W. Snyder and J. D. Love, *Optical Waveguide Theory* (Chapman and Hall, 1983).

[67] M. J. Adams, *An Introduction to Optical Waveguides* (Wiley, 1981).

[68] T. Li, Ed., *Optical Fiber Communications: Fiber Fabrication*, Vol. 1 (Academic Press, 1985).

[69] U. C. Paek, *J. Lightwave Technol.* **4**, 1048 (1986).

[70] B. J. Ainslie, *J. Lightwave Technol.* **9**, 220 (1991).

[71] G. A. Thomas, B. L. Shraiman, P. F. Glodis, and M. J. Stephan, *Nature* **404**, 262 (2000).

[72] M. Ohashi and K. Tsujikawa, *Opt. Fiber Technol.* **6**, 74 (2000).

[73] L. G. Cohen, *J. Lightwave Technol.* **3**, 958 (1985).

[74] I. H. Malitson, *J. Opt. Soc. Am.* **55**, 1205 (1965).

[75] G. P. Agrawal and M. J. Potasek, *Phys. Rev. A* **33**, 1765 (1986).

[76] B. J. Ainslie and C. R. Day, *J. Lightwave Technol.* **4**, 967 (1986).

[77] L. G. Cohen, W. L. Mammel, and S. J. Jang, *Electron. Lett.* **18**, 1023 (1982).

[78] V. A. Bogatyrjov, M. M. Bubnov, E. M. Dianov, and A. A. Sysoliatin, *Pure Appl. Opt.* **4**, 345 (1995).

[79] I. P. Kaminow, *IEEE J. Quantum Electron.* **17**, 15 (1981).

[80] C. D. Poole and J. Nagel, in *Optical Fiber Telecommunications III*, Vol. A, I. P. Kaminow and T. L. Koch, Eds. (Academic Press, 1997), Chap.6 .

[81] H. Kogelnik, R. M. Jopson, and L. E. Nelson, in *Optical Fiber Telecommunications*, Vol. 4A, I. P. Kaminow and T. Li, Eds. (Academic Press, 2002), Chap. 15 .

[82] J. N. Damask, *Polarization Optics in Telecommunications* (Springer, 2005).

[83] D. N. Payne, A. J. Barlow, and J. J. R. Hansen, *IEEE J. Quantum Electron.* **18**, 477 (1982).

[84] S. C. Rashleigh, *J. Lightwave Technol.* **1**, 312 (1983).

[85] J. Noda, K. Okamoto, and Y. Sasaki, *J. Lightwave Technol.* **4**, 1071 (1986).

[86] K. Tajima, M. Ohashi, and Y. Sasaki, *J. Lightwave Technol.* **7**, 1499 (1989).

[87] M. J. Messerly, J. R. Onstott, and R. C. Mikkelson, *J. Lightwave Technol.* **9**, 817 (1991).

[88] R. B. Dyott, *Elliptical Fiber Waveguides* (Artec House, 1995).

[89] N. Bloembergen, *Nonlinear Optics* (W.A. Benjamin, 1977), Chap. 1 .

[90] Y. R. Shen, *Principles of Nonlinear Optics* (Wiley, 1984).

[91] P. N. Butcher and D. N. Cotter, *The Elements of Nonlinear Optics* (Cambridge University Press, 1990).

[92] R. W. Boyd, *Nonlinear Optics*, 3rd ed. (Academic Press, 2008).

[93] G. P. Agrawal, in *Properties of Glass and Rare-Earth Doped Glasses for Optical Fibers*, D. Hewak, Ed. (IEE, 1998), pp. 17 – 21 .

[94] E. P. Ippen, in *Laser Applications to Optics and Spectroscopy*, Vol. 2,, S. F. Jacobs et al., Ed. (Addison-Wesley, 1975), Chap. 6 .

[95] T. Okuno, M. Onishi, T. Kashiwada, S. Ishikawa, and M. Nichimura, *IEEE J. Sel. Topics Quantum Electron.* **5**, 1385 (1999).

[96] M. A. Newhouse, D. L. Weidman, and D. W. Hall, *Opt. Lett.* **15**, 1185 (1990).

[97] X. Feng, A. K. Mairaj, D. W. Hewak, and T. M. Monro, *J. Lightwave Technol.* **23**, 2046 (2005).

[98] I. Kang, T. D. Krauss, F. W. Wise, B. G. Aitken, and N. F. Borrelli, *J. Opt. Soc. Am. B* **12**, 2053 (1995).

[99] R. E. Slusher, G. Lenz, J. Hodelin, J. Sanghera, L. B. Shaw, and I. D. Aggarwal, *J. Opt. Soc. Am. B* **21**, 1146 (2004).

[100] L. B. Fu, M. Rochette, V. G. Ta'eed, D. J. Moss, and B. J. Eggleton, *Opt. Express* **13**, 7637 (2005).

[101] K. S. Abedin, *Opt. Express* **13**, 10266 (2005).

[102] L. Brilland, F. Smektala, G. Renversez, T. Chartier, J. Troles, T. Nguyen, N. Traynor, and A. Monteville, *Opt. Express* **14**, 1280 (2006).

[103] G. P. Agrawal, *Application of Nonlinear Fiber Optics*, 2nd ed. (Academic Press, 2008).

第2章　脉冲在光纤中的传输

首先需要掌握非线性色散介质中电磁波的传输理论，才能理解光纤中的非线性现象。本章目的是得到描述单模光纤中光脉冲传输的基本方程。

2.1 节　介绍麦克斯韦方程组和一些重要概念，如线性感应极化和非线性感应极化，以及与频率有关的介电常数等。

2.2 节　介绍光纤模式的概念，并讨论单模条件。

2.3 节　在入射脉冲的频谱宽度远小于其中心频率及慢变包络近似的前提下，介绍非线性色散介质中脉冲传输的理论。

2.4 节　讨论如何用数值方法求解传输方程。

2.1　麦克斯韦方程组

同所有的电磁现象一样，光纤中光场的传输也服从麦克斯韦方程组，在国际单位制（或 SI，见附录 A）中，该方程组可以写成[1]

$$\nabla \times \boldsymbol{E} = -\frac{\partial \boldsymbol{B}}{\partial t} \tag{2.1.1}$$

$$\nabla \times \boldsymbol{H} = \boldsymbol{J} + \frac{\partial \boldsymbol{D}}{\partial t} \tag{2.1.2}$$

$$\nabla \cdot \boldsymbol{D} = \rho_{\mathrm{f}} \tag{2.1.3}$$

$$\nabla \cdot \boldsymbol{B} = 0 \tag{2.1.4}$$

式中，$\boldsymbol{E}$ 和 $\boldsymbol{H}$ 分别为电场强度矢量和磁场强度矢量；$\boldsymbol{D}$ 和 $\boldsymbol{B}$ 分别为电位移矢量和磁感应强度矢量；电流密度矢量 $\boldsymbol{J}$ 和电荷密度 ρ_{f} 表示电磁场的源，在光纤这种无自由电荷的介质中，显然，$\boldsymbol{J} = 0$，$\rho_{\mathrm{f}} = 0$。

当介质中传输的电磁场的强度 $\boldsymbol{E}$ 和 $\boldsymbol{H}$ 增大时，电位移矢量 $\boldsymbol{D}$ 和磁感应强度 $\boldsymbol{B}$ 也随之增大，它们之间通过物质方程（本构关系）[1]联系起来：

$$\boldsymbol{D} = \epsilon_0 \boldsymbol{E} + \boldsymbol{P} \tag{2.1.5}$$

$$\boldsymbol{B} = \mu_0 \boldsymbol{H} + \boldsymbol{M} \tag{2.1.6}$$

式中，ϵ_0 为真空中的介电常数，μ_0 为真空中的磁导率，$\boldsymbol{P}$ 和 $\boldsymbol{M}$ 分别为感应电极化强度和磁极化强度，在光纤这样的非磁性介质中 $\boldsymbol{M} = 0$。

描述光纤中光传输的波动方程可以从麦克斯韦方程组得到。其具体步骤是对方程(2.1.1)两边取旋度，并利用式(2.1.2)、式(2.1.5)和式(2.1.6)，用 $\boldsymbol{E}$ 和 $\boldsymbol{P}$ 消去 $\boldsymbol{B}$ 和 $\boldsymbol{D}$ 可得

$$\nabla \times \nabla \times \boldsymbol{E} = -\frac{1}{c^2}\frac{\partial^2 \boldsymbol{E}}{\partial t^2} - \mu_0 \frac{\partial^2 \boldsymbol{P}}{\partial t^2} \tag{2.1.7}$$

式中，c 为真空中的光速，并用到了关系 $\mu_0 \epsilon_0 = 1/c^2$。为完整描述光纤中光波的传输，还需要

感应极化强度 $\boldsymbol{P}$ 和电场强度 $\boldsymbol{E}$ 的关系。当光频与介质共振频率接近时，$\boldsymbol{P}$ 的计算必须采用量子力学方法。但在远离介质的共振频率处，$\boldsymbol{P}$ 和 $\boldsymbol{E}$ 的关系式可唯象地写成式(1.3.1)，我们感兴趣的 $0.5 \sim 2$ μm 波长范围内光纤的非线性效应正是这种情况。如果只考虑与 $\chi^{(3)}$ 有关的三阶非线性效应，则感应极化强度由两部分组成：

$$\boldsymbol{P}(\boldsymbol{r},t) = \boldsymbol{P}_{\mathrm{L}}(\boldsymbol{r},t) + \boldsymbol{P}_{\mathrm{NL}}(\boldsymbol{r},t) \tag{2.1.8}$$

式中，线性部分 $\boldsymbol{P}_{\mathrm{L}}(\boldsymbol{r},t)$ 和非线性部分 $\boldsymbol{P}_{\mathrm{NL}}(\boldsymbol{r},t)$ 与场强的普适关系为[2~4]

$$\boldsymbol{P}_{\mathrm{L}}(\boldsymbol{r},t) = \epsilon_0 \int_{-\infty}^{t} \chi^{(1)}(t-t') \cdot \boldsymbol{E}(\boldsymbol{r},t')\mathrm{d}t' \tag{2.1.9}$$

$$\boldsymbol{P}_{\mathrm{NL}}(\boldsymbol{r},t) = \epsilon_0 \int_{-\infty}^{t} \mathrm{d}t_1 \int_{-\infty}^{t} \mathrm{d}t_2 \int_{-\infty}^{t} \mathrm{d}t_3$$
$$\times \chi^{(3)}(t-t_1,t-t_2,t-t_3) \vdots \boldsymbol{E}(\boldsymbol{r},t_1)\boldsymbol{E}(\boldsymbol{r},t_2)\boldsymbol{E}(\boldsymbol{r},t_3) \tag{2.1.10}$$

在电偶极子近似下，这些关系式是有效的，并假设介质的响应是局域的。

方程(2.1.7)至方程(2.1.10)给出了处理光纤中三阶非线性效应的一般公式。由于它们比较复杂，需要做一些简化。最主要的简化是把式(2.1.8)中的非线性极化项 $\boldsymbol{P}_{\mathrm{NL}}(\boldsymbol{r},t)$ 处理成总感应极化强度的微扰，石英光纤中的非线性效应相对较弱，因而这是合理的。这样，第一步是在 $\boldsymbol{P}_{\mathrm{NL}}(\boldsymbol{r},t) = 0$ 时解方程(2.1.7)，由于此时方程(2.1.7)关于 $\boldsymbol{E}$ 是线性的，因此在频域中表示更为方便，即方程(2.1.7)变成

$$\nabla \times \nabla \times \widetilde{\boldsymbol{E}}(\boldsymbol{r},\omega) = \epsilon(\omega)\frac{\omega^2}{c^2}\widetilde{\boldsymbol{E}}(\boldsymbol{r},\omega) \tag{2.1.11}$$

式中，$\widetilde{\boldsymbol{E}}(\boldsymbol{r},\omega)$ 是 $\boldsymbol{E}(\boldsymbol{r},t)$ 的傅里叶变换，定义为

$$\widetilde{\boldsymbol{E}}(\boldsymbol{r},\omega) = \int_{-\infty}^{\infty} \boldsymbol{E}(\boldsymbol{r},t)\exp(\mathrm{i}\omega t)\mathrm{d}t \tag{2.1.12}$$

方程(2.1.11)中与频率有关的介电常数定义为

$$\epsilon(\omega) = 1 + \tilde{\chi}^{(1)}(\omega) \tag{2.1.13}$$

式中，$\widetilde{\chi}^{(1)}(\omega)$ 是 $\chi^{(1)}(t)$ 的傅里叶变换。因为 $\widetilde{\chi}^{(1)}(\omega)$ 通常是复数，$\epsilon(\omega)$ 也是复数，它的实部和虚部分别与折射率 $n(\omega)$ 和吸收系数 $\alpha(\omega)$ 有关，且定义如下：

$$\epsilon = (n + \mathrm{i}\alpha c/2\omega)^2 \tag{2.1.14}$$

利用式(2.1.13)和式(2.1.14)可以得到 $n(\omega)$ 和 $\alpha(\omega)$ 与 $\widetilde{\chi}^{(1)}(\omega)$ 的关系为

$$n(\omega) = 1 + \frac{1}{2}\mathrm{Re}[\tilde{\chi}^{(1)}(\omega)] \tag{2.1.15}$$

$$\alpha(\omega) = \frac{\omega}{nc}\mathrm{Im}[\tilde{\chi}^{(1)}(\omega)] \tag{2.1.16}$$

式中，Re 和 Im 分别代表实部和虚部，折射率 n 和吸收系数 α 的频率相关性已在 1.2 节中讨论过了。

求解方程(2.1.11)以前还可以进一步做两个简化：首先，由于光纤的损耗很小，$\epsilon(\omega)$ 的虚部相对于实部可以忽略，因而在下面的讨论中可用 $n^2(\omega)$ 代替 $\epsilon(\omega)$，后面可以微扰的方式将光纤损耗包括在内；其次，在阶跃折射率光纤的纤芯和包层中，由于折射率 $n(\omega)$ 与空间坐标无关，于是有

$$\nabla \times \nabla \times \boldsymbol{E} \equiv \nabla(\nabla \cdot \boldsymbol{E}) - \nabla^2 \boldsymbol{E} = -\nabla^2 \boldsymbol{E} \tag{2.1.17}$$

这里，用到了式(2.1.3)中的关系 $\nabla \cdot \boldsymbol{D} = \epsilon(\nabla \cdot \boldsymbol{E}) = 0$。通过这些简化，方程(2.1.11)变成下面的亥姆霍兹方程：

$$\nabla^2 \widetilde{\boldsymbol{E}} + n^2(\omega) \frac{\omega^2}{c^2} \widetilde{\boldsymbol{E}} = 0 \tag{2.1.18}$$

在下一节中，将通过解方程(2.1.18)得到阶跃折射率光纤中的光纤模式。

2.2 光纤模式

对任意频率 ω，光纤仅能容纳有限个导模，这些导模的电场强度 $\widetilde{\boldsymbol{E}}(\boldsymbol{r}, \omega)$ 的空间分布是满足适当边界条件的波动方程(2.1.18)的解。除此之外，光纤还能容纳非传导辐射模的连续谱。尽管辐射模在涉及束缚模和辐射模之间的能量转换问题时是至关重要的[5]，但它们在对非线性效应的讨论中起不到多大作用。光纤模式在很多参考书中均有涉及[5~7]，本节将简单做一介绍。

2.2.1 本征值方程

由于光纤的圆柱对称性，在柱坐标 ρ、ϕ 和 z 中，波动方程(2.1.18)可以很方便地表示为

$$\frac{\partial^2 \widetilde{\boldsymbol{E}}}{\partial \rho^2} + \frac{1}{\rho} \frac{\partial \widetilde{\boldsymbol{E}}}{\partial \rho} + \frac{1}{\rho^2} \frac{\partial^2 \widetilde{\boldsymbol{E}}}{\partial \phi^2} + \frac{\partial^2 \widetilde{\boldsymbol{E}}}{\partial z^2} + n^2 k_0^2 \widetilde{\boldsymbol{E}} = 0 \tag{2.2.1}$$

式中，$k_0 = \omega/c = 2\pi/\lambda$，$\widetilde{\boldsymbol{E}}(\boldsymbol{r}, \omega)$ 是电场强度 $\boldsymbol{E}(\boldsymbol{r}, t)$

$$\boldsymbol{E}(\boldsymbol{r}, t) = \frac{1}{2\pi} \int_{-\infty}^{\infty} \widetilde{\boldsymbol{E}}(\boldsymbol{r}, \omega) \exp(-i\omega t) d\omega \tag{2.2.2}$$

的傅里叶变换，对磁场强度 $\boldsymbol{H}(\boldsymbol{r}, t)$ 也有类似的关系式。因为 $\boldsymbol{E}$ 和 $\boldsymbol{H}$ 满足麦克斯韦方程组(2.1.1)到(2.1.4)，因而 6 个分量中只有 2 个是独立的，习惯上选择 $\widetilde{E}_z$ 和 $\widetilde{H}_z$ 作为独立分量，并用它们表示其他 4 个分量 $\widetilde{E}_\rho$、$\widetilde{E}_\phi$、$\widetilde{H}_\rho$ 和 $\widetilde{H}_\phi$。$\widetilde{E}_z$ 和 $\widetilde{H}_z$ 都满足方程(2.2.1)。关于 $\widetilde{E}_z$ 的波动方程容易用分离变量法求解，其通解为

$$\widetilde{E}_z(r, \omega) = A(\omega) F(\rho) \exp(im\phi) \exp(i\beta z) \tag{2.2.3}$$

式中，A 只和频率 ω 有关，β 是传输常数，m 是整数，$F(\rho)$ 是方程

$$\frac{d^2 F}{d\rho^2} + \frac{1}{\rho} \frac{dF}{d\rho} + \left(n^2 k_0^2 - \beta^2 - \frac{m^2}{\rho^2}\right) F = 0 \tag{2.2.4}$$

的解。对于纤芯半径为 a 的光纤，当 $\rho \leq a$ 时 $n = n_1$，当 $\rho > a$ 时 $n = n_c$。

方程(2.2.4)是众所周知的关于贝塞尔函数的微分方程，它在纤芯内的通解可写为

$$F(\rho) = C_1 J_m(p\rho) + C_2 N_m(p\rho) \tag{2.2.5}$$

式中，$J_m(x)$ 和 $N_m(x)$ 分别是贝塞尔函数和诺依曼函数，并且 p 被定义为 $p = (n_1^2 k_0^2 - \beta^2)^{1/2}$，常数 C_1 和 C_2 由边界条件决定。对于有物理意义的解，$N_m(p\rho)$ 在 $\rho = 0$ 且 $C_2 = 0$ 处有一奇点。常数 C_1 可吸收到式(2.2.3)中的 A 中，于是解可写为

$$F(\rho) = J_m(p\rho), \quad \rho \leq a \tag{2.2.6}$$

在包层区（$\rho \geq a$），解 $F(\rho)$ 应随 ρ 的增大按指数衰减，修正的贝塞尔函数 K_m 能表示这样的一个解，因此

$$F(\rho) = K_m(q\rho), \quad \rho \geq a \tag{2.2.7}$$

式中，$q = (\beta^2 - n_c^2 k_0^2)^{1/2}$。

采用同样的步骤可以得到磁场分量 $\widetilde{H}_z$。由电磁场的边界条件可知，$\widetilde{\boldsymbol E}$ 和 $\widetilde{\boldsymbol H}$ 在纤芯-包层界面处的切向分量是连续的，因而 $\widetilde{E}_z$、$\widetilde{H}_z$、$\widetilde{E}_\phi$ 和 $\widetilde{H}_\phi$ 在 $\rho=a$ 处，纤芯的内外有相同的值。这些场分量在 $\rho=a$ 处的等值性引导出一个本征值方程，其解决定了光纤模式的传输常数 β。因为其推导过程已众所周知[5~7]，直接写出本征值方程：

$$\left[\frac{J'_m(pa)}{pJ_m(pa)}+\frac{K'_m(qa)}{qK_m(qa)}\right]\left[\frac{J'_m(pa)}{pJ_m(pa)}+\frac{n_c^2}{n_1^2}\frac{K'_m(qa)}{qK_m(qa)}\right]=\left(\frac{m\beta k_0(n_1^2-n_c^2)}{an_1p^2q^2}\right)^2 \qquad (2.2.8)$$

式中，$'$ 表示对辐角的微分。在推导方程(2.2.8)的过程中用到了一个重要的关系式，

$$p^2+q^2=(n_1^2-n_c^2)k_0^2 \qquad (2.2.9)$$

通常，本征值方程(2.2.8)对每一个整数 m 有几个不同的解 β，习惯上把这些解用 β_{mn} 表示，其中 m 和 n 都取整数，每个本征值 β_{mn} 对应光纤所能支持的一种特定模式，式(2.2.3)给出对应的模场分布。已证明存在两类光纤模式[5~7]，称为 HE_{mn} 和 EH_{mn} 模。对 $m=0$，由于其电场或磁场的轴向分量趋于零，这些模式类似于平面波导的横电模（transverse-electric，TE）和横磁模（transverse-magnetic，TM）。然而，当 $m>0$ 时，光纤模式变为混合模，即电磁场的所有 6 个分量均不为零。

2.2.2　单模条件

对于给定的波长，特定光纤所容纳的模式数依赖于其设计参量，即纤芯半径 a 和纤芯-包层折射率差 n_1-n_c。对每个模式来说，一个重要的参量是它的截止频率，此频率由条件 $q=0$ 决定。对于一个给定的模式，其截止频率是由 $q=0$ 时式(2.2.9)中的 p 值决定的。定义归一化频率 V 是很有用的，它和 p 之间的关系为

$$V=p_c a=k_0 a(n_1^2-n_c^2)^{1/2} \qquad (2.2.10)$$

式中，p_c 通过令 $q=0$ 由式(2.2.9)得到。

本征值方程(2.2.8)可用来确定不同模式达到截止时的 V 值，虽然这个过程较为复杂，但也有文献对它进行过论述[5~7]。由于我们主要对单模光纤感兴趣，因此仅限于讨论允许光纤只支持一个模式的截止条件。单模光纤只支持称为基模的 HE_{11} 模，若参量 $V<V_c$，则其他所有模都将超过截止频率，这里 V_c 是零阶贝塞尔函数 $J_0(V_c)=0$ 的根，或 $V_c\approx2.405$。V 的实际值是一个关键设计参数，通常当 V/V_c 变小时，光纤的微弯损耗将增大，因而实际情况下一般将光纤的 V 值设计成接近 V_c。单模光纤的截止波长通过在式(2.2.10)中利用 $k_0=2\pi/\lambda_c$ 和 $V=2.405$ 得到。对于折射率差的典型值 $n_1-n_c=0.005$，当纤芯半径 $a=4\ \mu\mathrm{m}$ 时，截止波长 $\lambda_c=1.2\ \mu\mathrm{m}$，结果表明这样的光纤只有在波长 $\lambda>1.2\ \mu\mathrm{m}$ 时才能支持单模传输。实际上，只有纤芯半径小于 $2\ \mu\mathrm{m}$ 的光纤才能满足可见光区的单模条件。

2.2.3　基模特性

HE_{11} 模对应的场分布 $\boldsymbol E(\boldsymbol r,t)$ 有三个非零分量 E_ρ、E_ϕ 和 E_z（柱坐标），或 E_x、E_y 和 E_z（笛卡儿坐标）。在这些分量中，E_x 或 E_y 起主要作用，因而在较好的近似程度下，光纤基模是沿 x 方向还是沿 y 方向线偏振取决于是 E_x 还是 E_y 起主要作用。从这个意义上讲，单模光纤并非真正的单模，因为它能支持两个正交偏振的模式。符号 LP_{mn} 有时用来表示线偏振模，它们是方程(2.2.1)的近似解。在这套符号中，基模 HE_{11} 对应于 LP_{01} 模[6]。

理想条件下，单模光纤的两个正交偏振模是简并的（即它们有相同的传输常数）。实际上，诸如纤芯形状和大小沿光纤长度方向随机变化之类的不规则性轻微破坏了这种简并性，入射光的两个偏振分量在沿光纤传输的过程中发生随机混合，从而造成入射光偏振态的混乱。正如在1.2.4节中讨论的，当入射光的偏振方向和保偏光纤的一个主轴方向一致时，它在光纤中传输时能保持线偏振特性。假如入射光是沿光纤的一个主轴方向偏振的（比如沿 x 轴方向），则光纤基模 HE_{11} 的电场近似为

$$\widetilde{E}(\mathbf{r}, \omega) = \hat{x}\{A(\omega)F(x, y)\exp[i\beta(\omega)z]\} \tag{2.2.11}$$

式中，$A(\omega)$ 是归一化常数。纤芯内基模电场的横向分布为

$$F(x, y) = J_0(p\rho), \quad \rho \leqslant a \tag{2.2.12}$$

式中，$\rho = (x^2 + y^2)^{1/2}$ 是径向距离。在纤芯外，光场按指数规律衰减[5]，

$$F(x, y) = (a/\rho)^{1/2}J_0(pa)\exp[-q(\rho - a)], \quad \rho \geqslant a \tag{2.2.13}$$

这里，取式（2.2.7）中 $K_m(q\rho)$ 的渐近展开的首项作为近似，加入常数因子是为了保证 $F(x, y)$ 在 $\rho = a$ 处的等值性。式（2.2.11）中的传输常数 $\beta(\omega)$ 可通过解本征值方程（2.2.8）得到，它的频率相关特性不仅是因为 n_1 和 n_c 与频率有关，而且还因为 p 与频率有关，前者称为材料色散，后者称为波导色散。正如在1.3节中讨论的，除非光波长趋近于光纤的零色散波长，通常材料色散起主要作用。虽然在特定条件下能够得到 $\beta(\omega)$ 的近似解析表达式[5]，但通常需要方程（2.2.8）的数值解来对 $\beta(\omega)$ 赋值。有效模折射率 n_{eff} 与 β 有关系，$n_{\text{eff}} = \beta/k_0$。

实际上，由于使用式（2.2.12）和式（2.2.13）给出的模分布 $F(x, y)$ 处理问题较为棘手，光纤的基模通常采用高斯分布近似：

$$F(x, y) \approx \exp[-(x^2 + y^2)/w^2] \tag{2.2.14}$$

式中，宽度参量 w 通过曲线拟合或变分过程决定。图2.1给出了由式（2.2.10）定义的 w/a 与 V 的关系，并在 $V = 2.4$ 的特定值下给出了实际场分布与拟合高斯分布的比较，可见它们符合得很好[8]，特别是在 $V = 2$ 附近。从图2.1可见，对于 $V = 2$，有 $w \approx a$，它表明对 $V \approx 2$ 的通信光纤，纤芯半径可作为 w 的一个较好近似；但对于 $V < 1.8$，w 明显大于 a。当 $1.2 < V < 2.4$ 时，w 与 a 的关系可以近似表示为[8]

$$w/a \approx 0.65 + 1.619V^{-3/2} + 2.879V^{-6} \tag{2.2.15}$$

上式的精度在1%以内。由于上式采用单一光纤参量 V 来表示模场宽度，因此在实际应用中非常有价值。

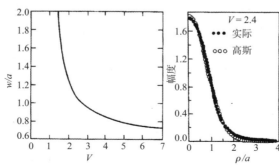

图2.1　由光纤基模拟合成高斯分布得到的模斑宽度参量 w 随光纤
参量 V 的变化，右图为 $V = 2.4$ 时的拟合结果[8]（©1978 OSA）

2.3　脉冲传输方程

光纤中大多数非线性效应的研究涉及脉宽范围约为 10 fs ~ 10 ns 的短脉冲的使用。当这样的光脉冲在光纤中传输时,色散和非线性效应将影响其形状和频谱。本节将推导光脉冲在非线性色散光纤中传输的基本方程。出发点是波动方程(2.1.7),利用方程(2.1.8)和方程(2.1.17),波动方程(2.1.7)可写成如下形式:

$$\nabla^2 E - \frac{1}{c^2}\frac{\partial^2 E}{\partial t^2} = \mu_0 \frac{\partial^2 P_L}{\partial t^2} + \mu_0 \frac{\partial^2 P_{NL}}{\partial t^2} \tag{2.3.1}$$

式中,感应极化强度的线性部分 P_L 和非线性部分 P_{NL} 分别通过式(2.1.9)和式(2.1.10)与电场强度 $E(r, t)$ 相联系。

2.3.1　非线性脉冲传输

在解方程(2.3.1)之前,有必要做几个假设来简化之。首先,把 P_{NL} 处理成 P_L 的微扰,这种处理是合理的,因为实际情况下折射率的非线性变化小于 10^{-6};其次,假定光场偏振态沿光纤长度方向不变,因而标量近似有效。尽管事实并非如此,除非采用保偏光纤,但实际上这种近似非常有效(见第 6 章);最后,假定光场是准单色的,即光场的中心频率 ω_0 和谱宽 $\Delta\omega$ 满足 $\Delta\omega/\omega_0 \ll 1$。因为 ω_0 约为 10^{15} s^{-1},所以最后一个假设对脉宽短到 0.1 ps 的脉冲是成立的。在慢变包络近似下,将电场的快变部分分离,写成

$$E(r, t) = \frac{1}{2}\hat{x}[E(r, t)\exp(-i\omega_0 t) + \text{c.c.}] \tag{2.3.2}$$

式中,$\hat{x}$ 为单位偏振矢量,$E(r, t)$ 为时间的慢变函数(相对于光学周期)。类似地,可把感应极化强度 P_L 和 P_{NL} 表示成

$$P_L(r, t) = \frac{1}{2}\hat{x}[P_L(r, t)\exp(-i\omega_0 t) + \text{c.c.}] \tag{2.3.3}$$

$$P_{NL}(r, t) = \frac{1}{2}\hat{x}[P_{NL}(r, t)\exp(-i\omega_0 t) + \text{c.c.}] \tag{2.3.4}$$

把式(2.3.3)代入式(2.1.9),可得线性极化强度 P_L 为

$$\begin{aligned}P_L(r, t) &= \epsilon_0 \int_{-\infty}^{\infty} \chi_{xx}^{(1)}(t-t')E(r, t')\exp[i\omega_0(t-t')]dt' \\ &= \frac{\epsilon_0}{2\pi}\int_{-\infty}^{\infty} \tilde{\chi}_{xx}^{(1)}(\omega)\tilde{E}(r, \omega-\omega_0)\exp[-i(\omega-\omega_0)t]d\omega\end{aligned} \tag{2.3.5}$$

式中,$\tilde{E}(r, \omega)$ 为 $E(r, t)$ 的傅里叶变换,其定义见式(2.1.12)。

把式(2.3.4)代入式(2.1.10)可得到极化强度的非线性分量 $P_{NL}(r, t)$。若假定非线性响应是瞬时作用的,则式(2.1.10)中 $\chi^{(3)}$ 的时间相关性可由三个 $\delta(t-t_1)$ 函数的积得到,这样式(2.1.10)简化为

$$P_{NL}(r, t) = \epsilon_0 \chi^{(3)} \vdots E(r, t)E(r, t)E(r, t) \tag{2.3.6}$$

瞬时非线性响应的假定相当于忽略了分子振动对 $\chi^{(3)}$ 的贡献(喇曼效应)。一般而言,电子和原子核对光场的响应都是非线性的,并且原子核响应比电子响应慢。对于石英光纤,振动或喇曼响应发生在 60 ~ 70 fs 的时间尺度内,这样,式(2.3.6)在脉宽大于 1 ps 时近似有效。2.3.2 节的讨论将包括喇曼效应的贡献。

把式(2.3.2)代入式(2.3.6)，发现 $P_{NL}(\boldsymbol{r},t)$ 有一项在 ω_0 处振荡，另一项在三次谐波 $3\omega_0$ 处振荡，后一项由于需要相位匹配，在光纤中通常被忽略。利用式(2.3.4)得出 $P_{NL}(\boldsymbol{r},t)$ 的表达式为

$$P_{NL}(\boldsymbol{r},t) \approx \epsilon_0 \epsilon_{NL} E(\boldsymbol{r},t) \tag{2.3.7}$$

式中，ϵ_{NL} 为非线性介电常数，由下式定义：

$$\epsilon_{NL} = \frac{3}{4} \chi^{(3)}_{xxxx} |E(\boldsymbol{r},t)|^2 \tag{2.3.8}$$

为得到慢变振幅 $E(\boldsymbol{r},t)$ 的波动方程，在频域中进行推导更为方便，但这一般是不可能的，因为 ϵ_{NL} 对场强的依赖关系，方程(2.3.1)是非线性的。一种处理方法是，在推导传输方程的过程中把 ϵ_{NL} 处理成常量[9]，从慢变包络近似和 P_{NL} 的微扰特性来看，这种方法是合理的。把式(2.3.2)至式(2.3.4)代入方程(2.3.1)，发现傅里叶变换

$$\widetilde{E}(\boldsymbol{r},\omega-\omega_0) = \int_{-\infty}^{\infty} E(\boldsymbol{r},t) \exp\left[i(\omega-\omega_0)t\right] dt \tag{2.3.9}$$

满足亥姆霍兹方程

$$\nabla^2 \widetilde{E} + \epsilon(\omega) k_0^2 \widetilde{E} = 0 \tag{2.3.10}$$

式中，$k_0 = \omega/c$，且介电常数

$$\epsilon(\omega) = 1 + \tilde{\chi}^{(1)}_{xx}(\omega) + \epsilon_{NL} \tag{2.3.11}$$

的非线性部分 ϵ_{NL} 由式(2.3.8)给定。与式(2.1.14)类似，可用介电常数定义折射率 $\bar{n}$ 和吸收系数 $\tilde{\alpha}$。然而，由于 ϵ_{NL} 的缘故，$\bar{n}$ 和 $\tilde{\alpha}$ 都与强度有关，习惯上引入

$$\tilde{n} = n + \bar{n}_2 |E|^2, \quad \tilde{\alpha} = \alpha + \alpha_2 |E|^2 \tag{2.3.12}$$

利用 $\epsilon = (\bar{n} + i\tilde{\alpha}/2k_0)^2$ 及式(2.3.8)和式(2.3.11)，可得出非线性折射率系数 $\bar{n}_2$ 和双光子吸收系数 α_2 为

$$\bar{n}_2 = \frac{3}{8n} \text{Re}\left(\chi^{(3)}_{xxxx}\right), \quad \alpha_2 = \frac{3\omega_0}{4nc} \text{Im}\left(\chi^{(3)}_{xxxx}\right) \tag{2.3.13}$$

像式(2.1.15)和式(2.1.16)那样，线性折射率 n 和吸收系数 α 与 $\tilde{\chi}^{(1)}_{xx}$ 的实部和虚部有关。对于石英光纤，α_2 相对较小，常被忽略。

方程(2.3.10)可利用分离变量法求解。假定解的形式为

$$\widetilde{E}(\boldsymbol{r},\omega-\omega_0) = F(x,y) \, \widetilde{A}(z,\omega-\omega_0) \exp(i\beta_0 z) \tag{2.3.14}$$

式中，$\widetilde{A}(z,\omega)$ 是 z 的慢变函数；β_0 是波数，它将随后确定。将方程(2.3.10)分离成两个关于 $F(x,y)$ 和 $\widetilde{A}(z,\omega)$ 的方程：

$$\frac{\partial^2 F}{\partial x^2} + \frac{\partial^2 F}{\partial y^2} + \left[\epsilon(\omega) k_0^2 - \tilde{\beta}^2\right] F = 0 \tag{2.3.15}$$

$$2i\beta_0 \frac{\partial \widetilde{A}}{\partial z} + \left(\tilde{\beta}^2 - \beta_0^2\right) \widetilde{A} = 0 \tag{2.3.16}$$

在推导方程(2.3.16)的过程中，由于假定 $\widetilde{A}(z,\omega)$ 为 z 的慢变函数，因而忽略了它的二阶导数项 $\partial^2 \widetilde{A}/\partial z^2$。与 2.2 节中用到的步骤类似，通过解光纤模式的本征值方程(2.3.15)，可以确定波数 $\tilde{\beta}$。方程(2.3.15)中的介电常数 $\epsilon(\omega)$ 近似为

$$\epsilon = (n + \Delta n)^2 \approx n^2 + 2n\Delta n \tag{2.3.17}$$

式中，Δn 为微扰，其表达式为

$$\Delta n = \bar{n}_2 |E|^2 + \frac{\mathrm{i}\bar{\alpha}}{2k_0} \tag{2.3.18}$$

方程(2.3.15)可用一阶微扰理论求解[10]。首先用 n^2 代替 ϵ 求解方程，得到模分布 $F(x, y)$ 和对应的波数 $\beta(\omega)$。对于单模光纤，$F(x, y)$ 对应于由式(2.2.12)、式(2.2.13)或高斯近似式(2.2.14)给出的光纤基模 HE_{11} 的模分布，然后将 Δn 的影响包括在方程(2.3.15)中。根据一阶微扰理论，Δn 不会影响模分布 $F(x, y)$，然而本征值 $\tilde{\beta}$ 将变为

$$\tilde{\beta}(\omega) = \beta(\omega) + \Delta\beta(\omega) \tag{2.3.19}$$

式中，

$$\Delta\beta(\omega) = \frac{\omega^2 n(\omega)}{c^2 \beta(\omega)} \frac{\iint_{-\infty}^{\infty} \Delta n(\omega) |F(x, y)|^2 \mathrm{d}x\,\mathrm{d}y}{\iint_{-\infty}^{\infty} |F(x, y)|^2\,\mathrm{d}x\,\mathrm{d}y} \tag{2.3.20}$$

这一步完成了一阶微扰 $\boldsymbol{P}_{\mathrm{NL}}$ 下方程(2.3.1)的形式解。利用式(2.3.2)及式(2.3.14)，$\boldsymbol{E}(\boldsymbol{r}, t)$ 可写为

$$\boldsymbol{E}(\boldsymbol{r}, t) = \frac{1}{2}\hat{x}\{F(x, y)A(z, t)\exp[\mathrm{i}(\beta_0 z - \omega_0 t)] + \mathrm{c.c.}\} \tag{2.3.21}$$

式中，$A(z, t)$ 是慢变脉冲包络，它的傅里叶变换 $\tilde{A}(z, \omega - \omega_0)$ 满足方程(2.3.16)，可写为

$$\frac{\partial \tilde{A}}{\partial z} = \mathrm{i}[\beta(\omega) + \Delta\beta(\omega) - \beta_0]\tilde{A} \tag{2.3.22}$$

这里用到了式(2.3.19)，并把 $\tilde{\beta}^2 - \beta_0^2$ 近似为 $2\beta_0(\tilde{\beta} - \beta_0)$。此方程的物理意义很明显，即脉冲沿光纤传输时，其包络内的每一个频谱分量都得到一个与频率和强度有关的相移。

对方程(2.3.22)求傅里叶逆变换，可得到时域中关于 $A(z, t)$ 的传输方程，然而很少能知道 $\beta(\omega)$ 的准确函数形式。为此，在载频 ω_0 附近把 $\beta(\omega)$ 展成泰勒级数，

$$\beta(\omega) = \beta_0 + (\omega - \omega_0)\beta_1 + \frac{1}{2}(\omega - \omega_0)^2 \beta_2 + \frac{1}{6}(\omega - \omega_0)^3 \beta_3 + \cdots \tag{2.3.23}$$

式中，$\beta_0 \equiv \beta(\omega_0)$，其他参量定义为

$$\beta_m = \left(\frac{\mathrm{d}^m \beta}{\mathrm{d}\omega^m}\right)_{\omega = \omega_0} \qquad m = 1, 2, \cdots \tag{2.3.24}$$

与此类似，将 $\Delta\beta(\omega)$ 展开为

$$\Delta\beta(\omega) = \Delta\beta_0 + (\omega - \omega_0)\Delta\beta_1 + \frac{1}{2}(\omega - \omega_0)^2 \Delta\beta_2 + \cdots \tag{2.3.25}$$

式中，$\Delta\beta_m$ 的定义与式(2.3.24)类似。

若脉冲谱宽满足条件 $\Delta\omega \ll \omega_0$，则展开式(2.3.23)中的三次项及更高次项可忽略，这些项的忽略与在方程(2.3.22)的推导过程中用到的准单色假设是一致的。对于某些特定的 ω_0 值，若 $\beta_2 \approx 0$（即在光纤的零色散波长附近），有必要包括三次项 β_3。在同样条件下，在式(2.3.25)中可利用近似 $\Delta\beta \approx \Delta\beta_0$。在方程(2.3.22)中做了上述简化后，利用

$$A(z, t) = \frac{1}{2\pi}\int_{-\infty}^{\infty}\tilde{A}(z, \omega - \omega_0)\exp[-\mathrm{i}(\omega - \omega_0)t]\mathrm{d}\omega \tag{2.3.26}$$

进行傅里叶逆变换。在傅里叶逆变换中，用微分算符 $\mathrm{i}(\partial/\partial t)$ 代替 $\omega - \omega_0$，于是可得到关于 $A(z, t)$ 的方程为

$$\frac{\partial A}{\partial z} + \beta_1 \frac{\partial A}{\partial t} + \frac{\mathrm{i}\beta_2}{2}\frac{\partial^2 A}{\partial t^2} = \mathrm{i}\Delta\beta_0 A \tag{2.3.27}$$

方程(2.3.27)右边的 $\Delta\beta_0$ 项是由式(2.3.20)并令 $\omega = \omega_0$ 得到的。尽管在光纤的纤芯和包层区域内 Δn 通常可以不同，但对于大多数实际的光纤来说，这两个区域中 Δn 的值几乎相同，因此可以将它提取到积分号外面。利用 $\beta(\omega) \approx n(\omega)\omega/c$ 并假设式(2.3.20)中的 $F(x,y)$ 在整个脉冲带宽内变化不大，方程(2.3.27)可写成

$$\frac{\partial A}{\partial z} + \beta_1 \frac{\partial A}{\partial t} + \frac{\mathrm{i}\beta_2}{2}\frac{\partial^2 A}{\partial t^2} + \frac{\alpha}{2}A = \mathrm{i}\gamma(\omega_0)|A|^2 A \qquad (2.3.28)$$

式中，非线性参量 γ 定义为

$$\gamma(\omega_0) = \frac{\omega_0 \bar{n}_2 \iint_{-\infty}^{\infty} |F(x,y)|^4 \mathrm{d}x\,\mathrm{d}y}{c \iint_{-\infty}^{\infty} |F(x,y)|^2 \mathrm{d}x\,\mathrm{d}y} \qquad (2.3.29)$$

方程(2.3.28)中的脉冲振幅 A 采用的是电场单位(V/m)，基于实际的原因，普遍将振幅 A 归一化，这样可使 $|A|^2$ 表示光功率。为此，我们引入 A' 使 $|A'|^2 = \epsilon_0 n c \mathcal{A}_m |A|^2/2$，其中 $\mathcal{A}_m = \iint |F(x,y)|^2 \mathrm{d}x\mathrm{d}y$ 是模面积。容易证明，如果非线性参量 γ 重新定义为

$$\gamma(\omega_0) = \frac{\omega_0 n_2}{c A_{\mathrm{eff}}}, \quad n_2 = \frac{2\bar{n}_2}{\epsilon_0 n c} \qquad (2.3.30)$$

并引入光纤的有效模面积(effective mode area)

$$A_{\mathrm{eff}} = \frac{\left(\iint_{-\infty}^{\infty} |F(x,y)|^2 \mathrm{d}x\,\mathrm{d}y\right)^2}{\iint_{-\infty}^{\infty} |F(x,y)|^4 \mathrm{d}x\,\mathrm{d}y} \qquad (2.3.31)$$

则 A' 也满足方程(2.3.28)。物理量 n_2 有时称为非线性克尔参量，单位为 m^2/W(见 11.1.1 节)，于是 γ 的单位为 $\mathrm{W}^{-1}/\mathrm{m}$。

计算非线性参量 γ 的数值需要用到光纤基模的模分布 $F(x,y)$。显然，A_{eff} 取决于光纤参量，如纤芯半径、纤芯-包层折射率差等。若光纤基模用式(2.2.14)给出的高斯分布近似表示，则 $A_{\mathrm{eff}} = \pi w^2$，宽度参量 w 取决于光纤的 V 参量，可由图 2.1 或式(2.2.10)得到。根据光纤设计的不同，在 1.5 μm 波长区，A_{eff} 的典型变化范围为 1～100 μm^2(见第 11 章)。因此，若取 $n_2 \approx 2.6 \times 10^{-20}$ m^2/W，则 γ 可在 1～100 W^{-1}/km 范围内变化。将在第 11 章中介绍的所谓的高非线性光纤，通过有意减小 A_{eff} 的值来增强非线性效应。

方程(2.3.28)描述了皮秒光脉冲在单模光纤中的传输，它和非线性薛定谔方程(nonlinear Schrödinger, NLS)有关联，并在一定条件下可以简化成非线性薛定谔方程。该方程通过 α 包括了光纤的损耗效应，通过 β_1 和 β_2 包括了光纤的色散效应，通过 γ 包括了光纤的非线性效应，其中参量 β_1 和 β_2 的物理意义已在 1.2.3 节中做了讨论。总之，脉冲包络以群速度 $v_g \equiv 1/\beta_1$ 移动，而群速度色散效应用 β_2 描述。群速度色散参量 β_2 可正可负，这取决于光波长 λ 是大于还是小于光纤的零色散波长 λ_D(见图 1.5)。在反常色散区($\lambda > \lambda_\mathrm{D}$)，$\beta_2$ 是负值，光纤中可以形成光孤子。对于标准石英光纤，在可见光区 β_2 约为 50 ps^2/km，而在 1.5 μm 附近 β_2 接近 -20 ps^2/km，且在 1.3 μm 附近改变符号。方程(2.3.28)右边的项表示自相位调制这种非线性效应。

2.3.2 高阶非线性效应

尽管传输方程(2.3.28)已成功地解释了许多非线性效应，但它仍然需要根据实验条件来修正。例如，方程(2.3.28)没有包括像受激喇曼散射和受激布里渊散射那样的受激非弹性散射效应(见 1.3.2 节)。若入射脉冲的峰值功率超过阈值，则受激喇曼散射和受激布里渊散射就会

把能量转移给与入射脉冲同向或反向传输的波长不同的一个新脉冲。通过交叉相位调制现象，两脉冲也会相互作用。当两个或多个不同波长的脉冲（其频率间隔大于单个脉冲谱宽）入射到光纤中时，也会发生类似的情况。光纤中多脉冲的同时传输由一组与方程(2.3.28)相似但包括了交叉相位调制及喇曼（或布里渊）增益贡献的方程组来描述。

对于脉宽接近或小于 1 ps 的超短光脉冲，方程(2.3.28)也需要修正[11~26]，因为这类脉冲的谱宽很大，在推导方程(2.3.28)的过程中所做的几个近似就出问题了。其中最重要的局限性是忽略了喇曼效应，对谱宽大于 0.1 THz 的脉冲，喇曼增益通过从同一脉冲的高频分量转移能量来放大其低频分量，这种现象有时称为脉冲内喇曼散射（intrapulse Raman scattering）。脉冲内喇曼散射的结果是，脉冲在光纤中的传输过程中，其频谱移向低频端（红端），这一特性称为喇曼感应频移（Raman-induced frequency shift, RIFS）[11]。脉冲内喇曼散射效应的物理起源与喇曼（振动）响应的延迟特性有关[12]。从数学意义上讲，就是在推导方程(2.3.28)时不能利用式(2.3.6)，而必须利用式(2.1.10)给出的非线性极化的一般形式。

对于由 $R(t)$ 决定的延迟喇曼响应的情况，式(2.1.10)中的非线性响应函数具有下面的对称形式[27~29]：

$$\chi^{(3)}(t_1, t_2, t_3) = \chi^{(3)}[R(t_1)\delta(t_2)\delta(t_3 - t_1) + \delta(t_1 - t_2)R(t_2)\delta(t_3) \\ + \delta(t_1)\delta(t_2 - t_3)R(t_3)] \tag{2.3.32}$$

式中，$R(t)$ 是归一化的，于是 $\int_{-\infty}^{\infty} R(t)\mathrm{d}t = 1$。将式(2.3.32)代入式(2.1.10)并通过式(2.3.2)引入慢变光场。与前面一样，如果忽略需要相位匹配的三次谐波项，只保留以频率 ω_0 振荡的那些项，则可以将式(2.3.4)的非线性极化写成下面的形式：

$$P_{\mathrm{NL}}(\boldsymbol{r}, t) = \frac{3\epsilon_0}{4}\chi^{(3)}_{xxxx}E(\boldsymbol{r}, t)\int_{-\infty}^{t} R(t-\tau)|E(\boldsymbol{r}, \tau)|^2\mathrm{d}\tau \tag{2.3.33}$$

因为当 $\tau > t$ 时，响应函数 $R(t-\tau)$ 必须为 0，所以式(2.3.33)的积分上限仅到 t。

在频域中仍可利用 2.3.1 节的分析，但此时折射率的微扰由下式给出为

$$\Delta n(\omega) = n_2(\omega)\int_0^{\infty} R(t')|E(\boldsymbol{r}, t-t')|^2\mathrm{d}t' + \frac{\mathrm{i}\alpha(\omega)}{2k_0} \tag{2.3.34}$$

这里，在利用式(2.3.33)之前做了变量代换 $t' = t - \tau$。$\Delta n(\omega)$ 的这种形式导致方程(2.3.22)中 $\Delta\beta(\omega)$ 的一个不同的表达式，当将频域中的这个表达式变换回时域中时，我们将 $\Delta\beta(\omega)$ 展开成式(2.3.25)所示的泰勒级数形式，并只保留 $\Delta\beta_0$ 和 $\Delta\beta_1$ 两项。通过将 γ 和 α 写成以下形式，可以将 n_2 和 α 的频率相关性考虑在内：

$$\gamma(\omega) = \gamma(\omega_0) + \gamma_1(\omega - \omega_0), \quad \alpha(\omega) = \alpha(\omega_0) + \alpha_1(\omega - \omega_0) \tag{2.3.35}$$

式中，$\gamma_1 = (\mathrm{d}\gamma/\mathrm{d}\omega)$ 且 $\alpha_1 = \mathrm{d}\alpha/\mathrm{d}\omega$，它们都在 $\omega = \omega_0$ 处赋值。对于短脉冲，保留展开式(2.3.23)中的多个项也是有用的。加上这些项后，可以得到如下广义脉冲传输方程[18]：

$$\frac{\partial A}{\partial z} + \frac{1}{2}\left(\alpha(\omega_0) + \mathrm{i}\alpha_1\frac{\partial}{\partial t}\right)A - \mathrm{i}\sum_{n=1}^{\infty}\frac{\mathrm{i}^n\beta_n}{n!}\frac{\partial^n A}{\partial t^n} \\ = \mathrm{i}\left(\gamma(\omega_0) + \mathrm{i}\gamma_1\frac{\partial}{\partial t}\right)\left(A(z, t)\int_0^{\infty} R(t')|A(z, t-t')|^2\mathrm{d}t'\right) \tag{2.3.36}$$

此方程中的积分项表示脉冲内喇曼散射引起的能量转移。如果将足够的高阶色散项包括在内，则方程(2.3.36)可以适用于几个光学周期宽的短脉冲[22~26]。例如，当处理将在第 13 章中讨论的光纤中的超连续谱产生问题时，有时要考虑到十二阶色散效应。

需要着重指出的是，方程(2.3.36)中的 γ_1 使 n_2 和 A_{eff} 的频率相关性自动包括在内。注意，$\gamma_1 = (\mathrm{d}\gamma/\mathrm{d}\omega)_{\omega=\omega_0}$，比值 γ_1/γ 包括下面三项：

$$\frac{\gamma_1(\omega_0)}{\gamma(\omega_0)} = \frac{1}{\omega_0} + \frac{1}{n_2}\left(\frac{\mathrm{d}n_2}{\mathrm{d}\omega}\right)_{\omega=\omega_0} - \frac{1}{A_{\text{eff}}}\left(\frac{\mathrm{d}A_{\text{eff}}}{\mathrm{d}\omega}\right)_{\omega=\omega_0} \tag{2.3.37}$$

式中，第一项是主要的，但在频谱宽度达 100 THz 甚至更大的超连续谱中，第二项和第三项变得比较重要[26]。若频谱展宽被限制在 20 THz 左右，则可以取 $\gamma_1 \approx \gamma/\omega_0$，这一近似在实际中经常用到。如果将包含导数 $\partial A/\partial t$ 的项综合起来考虑，可以发现 γ_1 项迫使群速度和光强有关，这将导致自变陡(self-steepening)现象的产生[33~37]。

非线性响应函数 $R(t)$ 应同时包括电子贡献和原子核贡献，假设电子贡献几乎是瞬时的，$R(t)$ 的函数形式可写成[15~20]

$$R(t) = (1-f_R)\delta(t) + f_R h_R(t) \tag{2.3.38}$$

式中，f_R 表示延迟喇曼响应对非线性极化 P_{NL} 的小数贡献，喇曼响应函数 $h_R(t)$ 的形式由光场感应的石英分子的振动决定。

2.3.3　喇曼响应函数及其作用

由于石英光纤的非晶体特性，计算 $h_R(t)$ 并不容易。注意，喇曼增益谱与 $h_R(t)$ 的傅里叶变换的虚部相关[15]，

$$g_R(\Delta\omega) = \frac{f_R\omega_0}{cn(\omega_0)}\chi_{xxxx}^{(3)}\mathrm{Im}\,[\tilde{h}_R(\Delta\omega)] \tag{2.3.39}$$

式中，$\Delta\omega = \omega - \omega_0$，Im 代表虚部，因此这为实际中计算 $h_R(t)$ 提供了一种间接实验方法。$\tilde{h}_R(\Delta\omega)$ 的实部可以通过克拉默斯-克勒尼希(Kramers-Kronig)关系从虚部得到[3]，对 $\tilde{h}_R(\Delta\omega)$ 进行傅里叶逆变换即可得到喇曼响应函数 $h_R(t)$。图2.2给出了(a)由实验测得的石英光纤的喇曼增益谱和(b)由其推测的 $h_R(t)$ 的时域形式[15]。

人们还尝试着给出喇曼响应函数的近似解析形式。假设在喇曼过程中只涉及石英分子的单一振动频率 Ω_R，$h_R(t)$ 则可以写成下面的形式[16]：

$$h_R(t) = \left(\tau_1^{-2} + \tau_2^{-2}\right)\tau_1 \exp(-t/\tau_2)\sin(t/\tau_1) \tag{2.3.40}$$

式中，$\tau_1 = 1/\Omega_R$，τ_2 是振动的阻尼时间。实际中，τ_1 和 τ_2 是两个可调节的参量，通过适当选取这两个参量的值，可以较好地拟合实际的喇曼增益谱。在 1989 年的一项研究中[16]，使用 $\tau_1 = 12.2$ fs，$\tau_2 = 32$ fs[16]。f_R 的值也可以由式(2.3.39)估算出，利用已知的峰值喇曼增益的数值，算出 f_R 约为 0.18[15~17]。

在使用关于 $h_R(t)$ 的式(2.3.40)时要小心，因为它是用单一洛伦兹线形作为实际喇曼增益谱的近似的，因而无法再现频率低于 5 THz 时在图2.2中看到的隆起。这个隆起称为玻色峰(Boson peak)，它是非晶材料的普遍特性，源于玻璃的振动不稳定性[30]。2006 年，提出 $h_R(t)$ 的一种改进形式，以包括这个隆起，这个改进形式是

$$h_R^{\text{new}}(t) = (1-f_b)h_R(t) + f_b\left[(2\tau_b - t)/\tau_b^2\right]\exp(-t/\tau_b) \tag{2.3.41}$$

式中，$f_b = 0.21$ 表示 $\tau_b \approx 96$ fs 的玻色峰的相对贡献；$f_R = 0.245$ 的值与喇曼增益谱拟合得相当好。喇曼响应函数的新形式为光纤中飞秒脉冲的喇曼感应频移的实验数据提供了更好的拟合[32]。

方程(2.3.36)和式(2.3.38)给出的响应函数 $R(t)$ 一起描述了超短脉冲在光纤中的演化。若忽略光纤损耗(即 $\alpha=0$),则脉冲演化过程中光子数保持不变,这一点证明了该方程的准确性[17]。当考虑到脉冲内喇曼散射时,脉冲能量就不再保持不变,这是因为部分脉冲能量被石英分子吸收,方程(2.3.36)包含了这种非线性损耗源。很容易看到,对于脉宽远大于喇曼响应函数 $h_R(t)$ 的时间尺度的光脉冲,方程(2.3.36)就能简化成更简单的方程(2.3.28)。注意,当 $t>1$ ps 时,$h_R(t)$ 近似为 0(见图2.2),这种脉冲的 $R(t)$ 可用 $\delta(t)$ 函数代替。另外,对于这种脉冲,高阶色散项 β_3、损耗项 α_1 和非线性项 γ_1 亦可忽略,因此方程(2.3.36)简化为方程(2.3.28)。

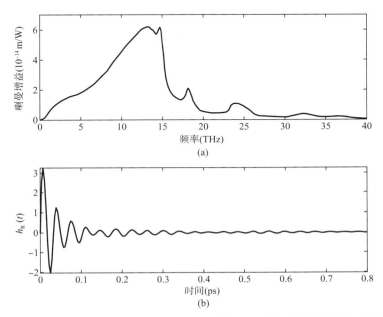

图 2.2　(a) 测量的石英光纤的喇曼增益谱;(b) 由增益数据推测的喇曼响应函数的时域形式[15](基于R. H. Stolen提供的喇曼增益数据)

对于包含多个光学周期的足够宽的脉冲(脉宽大于 100 fs),可以令 $\alpha_1=0$,$\gamma_1=\gamma/\omega_0$,并利用泰勒级数展开方程(2.3.36)中的 $|A(z,t-t')|^2$ 项,

$$|A(z,t-t')|^2 \approx |A(z,t)|^2 - t'\frac{\partial}{\partial t}|A(z,t)|^2 \qquad (2.3.42)$$

这样可使该方程大大简化。

若脉冲包络沿光纤是慢变的,则这种近似是合理的。定义非线性响应函数的一阶矩为

$$T_R \equiv \int_0^\infty tR(t)\mathrm{d}t \approx f_R\int_0^\infty th_R(t)\mathrm{d}t = f_R\frac{\mathrm{d}(\mathrm{Im}\,\widetilde{h}_R)}{\mathrm{d}(\Delta\omega)}\bigg|_{\Delta\omega=0} \qquad (2.3.43)$$

注意,$\int_0^\infty R(t)\mathrm{d}t = 1$,方程(2.3.36)可以近似为

$$\frac{\partial A}{\partial z} + \frac{\alpha}{2}A + \frac{\mathrm{i}\beta_2}{2}\frac{\partial^2 A}{\partial T^2} - \frac{\beta_3}{6}\frac{\partial^3 A}{\partial T^3} = \mathrm{i}\gamma\left(|A|^2A + \frac{\mathrm{i}}{\omega_0}\frac{\partial}{\partial T}(|A|^2A) - T_R A\frac{\partial|A|^2}{\partial T}\right) \qquad (2.3.44)$$

通过变换

$$T = t - z/v_g \equiv t - \beta_1 z \qquad (2.3.45)$$

引入以群速度 v_g 随脉冲移动的参照系(即所谓的延时系)。在推导方程(2.3.44)时，由于包含 T_R/ω_0 的二次项很小，故将其忽略不计。

方程(2.3.44)中三个高阶项的起因很容易理解。正比于 β_3 的项是由传输常数展开式(2.3.23)中的三次方项引起的，这一项决定了三阶色散效应。对于带宽较大的超短脉冲，该项变得很重要；正比于 ω_0^{-1} 的项源于式(2.3.20)中 $\Delta\beta$ 的频率相关性，它和脉冲沿的自变陡有关[33~37]；方程(2.3.44)中正比于 T_R 的最后一项源于延迟喇曼响应，是脉冲内喇曼散射引起的喇曼感应频移的产生原因[11]。利用式(2.3.39)和式(2.3.43)，并假设喇曼增益谱在载频 ω_0 附近随频率是线性变化的，则 T_R 与喇曼增益谱的斜率有关[12]，其数值已通过实验导出[38]：在 1.5 μm 波长附近，T_R 接近 3 fs。若脉宽小于 0.5 ps，则喇曼增益在整个脉冲带宽内并非完全是线性变化的，因此对于这样的短脉冲，能否使用方程(2.3.43)也将成为问题。

若脉冲宽度 $T_0 > 5$ ps，参量 $(\omega_0 T_0)^{-1}$ 和 T_R/T_0 很小(小于 0.001)，则方程(2.3.44)中的最后两项可以忽略。同时，对于这样的脉冲，三阶色散项的贡献也很小(只要载波波长不十分接近光纤零色散波长)，因此可以使用简化的方程

$$i\frac{\partial A}{\partial z} + \frac{i\alpha}{2}A - \frac{\beta_2}{2}\frac{\partial^2 A}{\partial T^2} + \gamma|A|^2 A = 0 \qquad (2.3.46)$$

此方程也可以利用式(2.3.45)给出的变换关系由方程(2.3.28)得到。在 $\alpha = 0$ 的特殊情况下，方程(2.3.46)称为非线性薛定谔方程，因为它与含有非线性势项的薛定谔方程类似(变量 z 起着时间量的作用)。由此进一步延伸，方程(2.3.44)称为广义非线性薛定谔方程。非线性薛定谔方程是非线性科学的一个基本方程，已被广泛用于孤子研究[39~45]。

方程(2.3.46)是研究光纤中三阶非线性效应的最简单的非线性方程。若光脉冲的峰值功率很高，则必须将式(1.3.1)中的五阶和更高阶项包括在内，这时非线性薛定谔方程需要做些修正。其中一个简单的方法是将方程(2.3.46)中的非线性参量 γ 用 $\gamma = \gamma_0(1 - b_s|A|^2)$ 代替，其中 b_s 是决定非线性开始饱和的功率的饱和参量。对于石英光纤，在大多数实际情况下 $b_s|A|^2 \ll 1$，因此可以使用方程(2.3.46)。若峰值强度接近 1 GW/cm^2，则 $b_s|A|^2$ 不可忽略。在方程(2.3.46)中利用 $\gamma = \gamma_0(1 - b_s|A|^2)$，由此得到的方程常称为三次–五次非线性薛定谔方程，因为该方程包含了振幅 A 的三次方和五次方项[44]。基于同样的原因，方程(2.3.46)称为三次非线性薛定谔方程。利用具有较大 n_2 值的材料制造的光纤(如硅酸盐和硫属化物光纤)，在较低的峰值功率下就容易出现饱和效应，三次–五次非线性薛定谔方程更适合这些光纤，而且该方程对纤芯用高非线性材料(如有机染料[46]和半导体[47])掺杂的光纤也适用。

方程(2.3.46)以不同形式出现在光学领域中[43]。例如，当变量 T 解释为空间坐标时，连续光在平面波导中的传输问题也可以用同样的方程描述。方程(2.3.46)中的 β_2 项决定了平面波导中光束的衍射，由于是同一方程描述的物理现象，将"空间衍射"和"时间色散"类比，将更能体现出其优越性。

2.3.4 延伸到多模光纤

在推导 2.3.1 节的非线性薛定谔方程时，实际假设在方程(2.3.14)中，输入脉冲的全部能量是由空间分布为 $F(x,y)$ 的光纤的单一模式携带的。在多模光纤的情况下，脉冲能量可能被分配到几个模式中，这时距离 z 处的电场有下面的一般形式：

$$\widetilde{E}(r,\omega) = \sum_m F_m(x,y,\omega)\widetilde{A}_m(z,\omega)\exp[i\beta_m(\omega)z] \qquad (2.3.47)$$

式中，$\boldsymbol{F}_m(x,y,\omega)$ 描述了特定模式的形状，β_m 是这个模式的传输常数，求和延伸到波导的全部导模上。作为进一步的推广，我们明确地给出模式分布的频率相关性，以解释光纤模式的矢量特性，这样就能在第 6 章中讨论偏振效应。正如前面讨论的，即使是单模波导，它也支持两个正交的偏振模式。

由于式 (2.3.7) 并不能对任意偏振的场都适用，将亥姆霍兹方程 (2.3.10) 重写成下面的形式：

$$\nabla^2 \widetilde{\boldsymbol{E}} + \frac{n^2\omega^2}{c^2}\widetilde{\boldsymbol{E}} = -\frac{\omega^2}{\epsilon_0 c^2}\widetilde{\boldsymbol{P}}_{\mathrm{NL}}(\boldsymbol{r},\omega) \tag{2.3.48}$$

式中，n 是折射率的线性部分。将式 (2.3.47) 代入这个方程中并注意到每个光纤模式满足方程

$$\nabla_{\mathrm{T}}^2 \boldsymbol{F}_m + n^2(\omega^2/c^2)\boldsymbol{F}_m = \beta_m^2 \boldsymbol{F}_m \tag{2.3.49}$$

式中，下标 T 表示 ∇^2 算符的横向部分。假设 $\widetilde{A}_m$ 随 z 是慢变的，并忽略它的二阶导数，可得

$$\sum_{m=1}^{M} 2\mathrm{i}\beta_m \frac{\partial \widetilde{A}_m}{\partial z}\boldsymbol{F}_m(x,y,\omega)\mathrm{e}^{\mathrm{i}\beta_m z} = -\frac{\omega^2}{\epsilon_0 c^2}\widetilde{\boldsymbol{P}}_{\mathrm{NL}}(\boldsymbol{r},\omega) \tag{2.3.50}$$

用 $\boldsymbol{F}_n^*$ 乘以上面的方程，在横向平面上积分并利用不同模式的正交特性，可以发现模式振幅满足

$$\frac{\partial \widetilde{A}_m}{\partial z} = \frac{\mathrm{i}\omega^2 \mathrm{e}^{-\mathrm{i}\beta_m z}}{2\epsilon_0 c^2 \beta_m} \frac{\iint \boldsymbol{F}_m^*(x,y,\omega)\cdot\widetilde{\boldsymbol{P}}_{\mathrm{NL}}(\boldsymbol{r},\omega)\,\mathrm{d}x\,\mathrm{d}y}{\iint \boldsymbol{F}_m^*(x,y,\omega)\cdot\boldsymbol{F}_m(x,y,\omega)\,\mathrm{d}x\,\mathrm{d}y} \tag{2.3.51}$$

式中，所有积分均从 $-\infty$ 到 $+\infty$。

利用 2.3.1 节列出的方法，可以将这个方程转化到时域中。如果不进行一些简化，这将是一项困难的工作。与前面一样，假设载频为 ω_0 的线偏振脉冲入射到多模光纤中，而且脉冲在该光纤中传输时保持其沿 x 轴的线偏振不变。另一个简化是，模式分布在脉冲宽度上的变化不太明显，这样 $\boldsymbol{F}_m(x,y,\omega)$ 可以用它在载频 ω_0 处的值代替。与在式 (2.3.23) 中类似，将方程 (2.3.51) 的指数项 $\mathrm{e}^{-\mathrm{i}\beta_m z}$ 中的 $\beta_m(\omega)$ 在载频 ω_0 附近展开成泰勒级数，但在分母中用 $\beta_m(\omega_0)$ 代替 $\beta_m(\omega)$。注意，在积分过程中将 $\omega-\omega_0$ 用 $\mathrm{i}\frac{\partial}{\partial t}$ 代替，可以得到以下关于 $A_m(z,t)$ 的时域方程：

$$\frac{\partial A_m}{\partial z} - \mathrm{i}\sum_{n=1}^{\infty}\frac{\mathrm{i}^n\beta_{mn}}{n!}\frac{\partial^n A_m}{\partial t^n} = \frac{\mathrm{i}\omega_0}{2\epsilon_0 c\bar{n}_m}\frac{\iint F_m^*(x,y)\hat{x}\cdot\boldsymbol{P}_{\mathrm{NL}}(\boldsymbol{r},t)\,\mathrm{d}x\,\mathrm{d}y}{\iint |F(x,y)|^2\,\mathrm{d}x\,\mathrm{d}y}\mathrm{e}^{-\mathrm{i}(\beta_{m0}z-\omega_0 t)} \tag{2.3.52}$$

式中，$\beta_{mn} = (\mathrm{d}^n\beta_m/\mathrm{d}\omega^n)_{\omega=\omega_0}$ 是有效模折射率为 $\bar{n}_m$ 的光纤第 m 个模式的 n 阶色散参量。

这时，需要指定非线性极化强度 $\boldsymbol{P}_{\mathrm{NL}}(\boldsymbol{r},t)$。为简化下面的讨论，利用式 (2.3.6) 给出的形式并且电场为

$$\boldsymbol{E}(\boldsymbol{r},t) = \hat{x}\sum_n F_n(x,y)A_n(z,t)\exp[\mathrm{i}(\beta_{n0}z-\omega_0 t)] \tag{2.3.53}$$

式中，只保留了在载频 ω_0 处振荡的那些项。将所得结果代入方程 (2.3.52) 中，可以得到

$$\frac{\partial A_m}{\partial z} - \mathrm{i}\sum_{n=1}^{\infty}\frac{\mathrm{i}^n\beta_{mn}}{n!}\frac{\partial^n A_m}{\partial t^n} = \sum_n\sum_p\sum_q \mathrm{i}\gamma_{mnpq}A_n^* A_p A_q \exp(\mathrm{i}\Delta\beta_{mnpq}z) \tag{2.3.54}$$

式中，$\Delta\beta_{mnpq} = \beta_{p0} + \beta_{q0} - \beta_{m0} - \beta_{n0}$ 是相位失配量，各个非线性系数被定义为

$$\gamma_{mnpq} = \frac{\omega_0 \bar{n}_2 \iint F_m^*(x, y) F_n^*(x, y) F_p(x, y) F_q(x, y) \mathrm{d}x\,\mathrm{d}y}{c \iint F_m^*(x, y) F_m(x, y) \mathrm{d}x\,\mathrm{d}y} \tag{2.3.55}$$

方程(2.3.54)右边出现的三重求和代表各个光纤模式之间的非线性耦合，耦合强度取决于参与四波混频(引起非线性耦合)的 4 个模式之间的交叠和相位失配的程度。容易看出，当光纤只支持一个单一模式时，这个方程采用方程(2.3.28)的形式。

2.4　数值方法

非线性薛定谔方程(2.3.44)或方程(2.3.46)是非线性偏微分方程，在一般情况下没有解析解，除非是能使用逆散射法的某些特殊情况[39]。因此，为理解光纤中的非线性效应，通常需要数值方法求解。为达到这一目的[48~76]，可采用许多数值方法，这些方法可分成两大类，即有限差分法和伪谱法。一般来说，在达到相同精度的条件下，伪谱法比有限差分法快一个数量级[56]。已广泛应用于研究脉冲在非线性色散介质中的传输问题的一种方法是分步傅里叶法(split-step Fourier method)[50, 51]，这种方法相对于大多数有限差分法有更快的速度，部分原因是因为采用了快速傅里叶变换(finite-Fourier-transform, FFT)算法[77]。本节将介绍用于研究光纤中脉冲传输问题的不同的数值方法，重点是分步傅里叶法及其改进。

2.4.1　分步傅里叶法

为理解分步傅里叶法的基本原理，把方程(2.3.44)改写成如下形式：

$$\frac{\partial A}{\partial z} = (\widehat{D} + \widehat{N}) A \tag{2.4.1}$$

式中，$\widehat{D}$ 是微分算符，表示线性介质的色散和吸收；$\widehat{N}$ 是非线性算符，决定脉冲传输过程中光纤非线性效应的影响。这两个算符分别为

$$\widehat{D} = -\frac{\mathrm{i}\beta_2}{2}\frac{\partial^2}{\partial T^2} + \frac{\beta_3}{6}\frac{\partial^3}{\partial T^3} - \frac{\alpha}{2} \tag{2.4.2}$$

$$\widehat{N} = \mathrm{i}\gamma \left(|A|^2 + \frac{\mathrm{i}}{\omega_0}\frac{1}{A}\frac{\partial}{\partial T}(|A|^2 A) - T_{\mathrm{R}}\frac{\partial |A|^2}{\partial T}\right) \tag{2.4.3}$$

一般来说，沿光纤的长度方向，色散和非线性是同时作用的。分步傅里叶法通过假定在传输过程中，光场每通过一小段距离 h，色散和非线性效应可以分别作用，从而得到一个近似结果。更准确地说，从 z 到 $z+h$ 的传输过程可以分两步进行：第一步，仅有非线性作用，方程(2.4.1)中的 $\widehat{D} = 0$；第二步，仅有色散作用，方程(2.4.1)中的 $\widehat{N} = 0$。该过程用数学形式表示为

$$A(z + h, T) \approx \exp(h\widehat{D}) \exp(h\widehat{N}) A(z, T) \tag{2.4.4}$$

按规定，指数算符 $\exp(h\widehat{D})$ 在傅里叶域内使用下式计算：

$$\exp(h\widehat{D})B(z, T) = F_{\mathrm{T}}^{-1} \exp[h\widehat{D}(-\mathrm{i}\omega)]F_{\mathrm{T}}B(z, T) \tag{2.4.5}$$

式中，F_{T} 表示傅里叶变换操作，$\widehat{D}(-\mathrm{i}\omega)$ 由式(2.4.2)通过用 $-\mathrm{i}\omega$ 代替算符 $\partial/\partial T$ 得到，ω 为傅里叶域中的频率。因为 $\widehat{D}(\mathrm{i}\omega)$ 恰好是傅里叶空间中的一个数，故可直接计算式(2.4.5)的值。快速傅里叶变换算法使式(2.4.5)的数值计算相当快[77]。正是由于这个原因，分步傅里叶法比大多数有限差分法快一到两个数量级[56]。

为估计分步傅里叶法的精度，如果假设 $\widehat{N}$ 与 z 无关，则方程(2.4.1)的一个正式的精确解为

$$A(z+h,T) = \exp[h(\widehat{D}+\widehat{N})]A(z,T) \tag{2.4.6}$$

这里，回忆两个非对易算符 $\hat{a}$ 和 $\hat{b}$ 的贝克-豪斯多夫(Baker-Hausdorff)公式[78]

$$\exp(\hat{a})\exp(\hat{b}) = \exp\left(\hat{a}+\hat{b}+\frac{1}{2}[\hat{a},\hat{b}]+\frac{1}{12}[\hat{a}-\hat{b},[\hat{a},\hat{b}]]+\cdots\right) \tag{2.4.7}$$

会有所帮助，式中 $[\hat{a},\hat{b}] = \hat{a}\hat{b}-\hat{b}\hat{a}$。比较式(2.4.4)与式(2.4.6)表明，分步傅里叶法忽略了算符 $\widehat{D}$ 和 $\widehat{N}$ 的非对易性。把 $\hat{a}=h\widehat{D}$，$\hat{b}=h\widehat{N}$ 代入式(2.4.7)，可得到源于对易子 $\frac{1}{2}h^2[\widehat{D},\widehat{N}]$ 的主要误差项。这样，就知道了分步傅里叶法精确到步长 h 的二次项。

采用一个与上面不同的过程使光脉冲在 z 到 $z+h$ 这一小区间传输，可改善分步傅里叶法的精度，在此过程中，由下式代替式(2.4.4)：

$$A(z+h,T) \approx \exp\left(\frac{h}{2}\widehat{D}\right)\exp\left(\int_z^{z+h}\widehat{N}(z')\mathrm{d}z'\right)\exp\left(\frac{h}{2}\widehat{D}\right)A(z,T) \tag{2.4.8}$$

此过程与上一过程的主要不同在于，非线性效应包含在小区间的中间而不是边界，由于式(2.4.8)中的指数算符的对称形式，该方法称为对称分步傅里叶法[79]。式(2.4.8)中间的指数项内的积分包含了与 z 有关的非线性算符 $\widehat{N}$，若步长 h 足够小，则它可近似表示为 $\exp(h\widehat{N})$，与式(2.4.4)类似。采用式(2.4.8)的对称形式的最重要的优点是，主要误差项来自式(2.4.7)中的双对易子，且它是步长 h 的三次项，这可以通过把式(2.4.7)两次用于式(2.4.8)来证明。

通过更精确地计算式(2.4.8)中的积分而不是用 $h\widehat{N}(z)$ 近似，分步傅里叶法的精度可进一步提高。一种简单的方法是采用梯形法则和近似积分[80]

$$\int_z^{z+h}\widehat{N}(z')\mathrm{d}z' \approx \frac{h}{2}[\widehat{N}(z)+\widehat{N}(z+h)] \tag{2.4.9}$$

然而，式(2.4.9)的具体计算不是简单的事情，因为 $\widehat{N}(z+h)$ 在中段 $z+h/2$ 处是未知的。这就需要用已知的初始值 $\widehat{N}(z)$ 代替 $\widehat{N}(z+h)$ 进行迭代，然后利用式(2.4.8)计算出 $A(z+h,T)$，反过来再用它计算 $\widehat{N}(z+h)$ 的新值。尽管这一迭代过程比较费时，但如果通过改进数值算法的精度使步长 h 增大，那么总的计算时间仍将缩短，实际上两次迭代就足够了。

分步傅里叶法的实现是相当直观的。如图 2.3 所示，光纤长度被分割成许多区间，而这些区间不必是等间距的。光脉冲按式(2.4.8)从一个区间到另一个区间传输，更准确地说，光场 $A(z,T)$ 在最初的 $h/2$ 距离上的传输只与色散有关，只需用到 FFT 算法和式(2.4.5)。在 $z+h/2$ 处，光场应乘以非线性项，以表示整个区间长度 h 上的非线性效应。最后，光场在剩下的 $h/2$ 距离上的传输也只与色散有关，从而得到 $A(z+h,T)$。实际上，假设非线性效应只集中在每个区间的中央（见图 2.3 中的虚线）。

实际情况下，分步傅里叶法能够运行得更快。为说明这一点，在连续的 M 个区间上运用式(2.4.8)，可得

$$A(L,T) \approx \mathrm{e}^{-\frac{1}{2}h\widehat{D}}\left(\prod_{m=1}^M \mathrm{e}^{h\widehat{D}}\mathrm{e}^{h\widehat{N}}\right)\mathrm{e}^{\frac{1}{2}h\widehat{D}}A(0,T) \tag{2.4.10}$$

式中，$L=Mh$ 是总的光纤长度，而且式(2.4.9)中的积分用 $h\widehat{N}$ 近似表示。于是，除了在第一

步和最后一步对色散的处理，所有中间步骤均可在整个区间 h 上执行。这一特点使快速傅里叶变换的次数大致减少一半，整个运行速度几乎加倍。注意，若用 $\hat{a} = h\hat{N}$ 和 $\hat{b} = h\hat{D}$ 代入式（2.4.7），还可以得到另一种不同的算法。在这种情况下，将式（2.4.10）用下式代替：

$$A(L, T) \approx e^{-\frac{1}{2}h\hat{N}} \left(\prod_{m=1}^{M} e^{h\hat{N}} e^{h\hat{D}} \right) e^{\frac{1}{2}h\hat{N}} A(0, T) \qquad (2.4.11)$$

这两种算法有相同的精度，实际情况下也容易实现（见附录 B）。为提高运算效率，还可以应用分步傅里叶法的更高版本[74]。对某些问题，适当选择沿 z 方向的步长也有助于减少运算时间[75]。

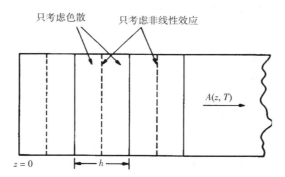

图 2.3　用于数值模拟的对称分步傅里叶法示意图。一根光纤被分成许多长为 h 的区间，在此区间内由虚线表示的中央位置处考虑光纤的非线性效应

　　分步傅里叶法已用于解决许多光学问题，包括大气中的波传输[80]、渐变折射率光纤[81]、半导体激光器[82]、非稳谐振腔[83]及波导耦合器[84]等。当将分步傅里叶法应用于连续光在用衍射代替色散的非线性介质中传输时，常称为光束传输法（beam-propagation method，BPM）[81~85]。

　　对于脉冲在光纤中传输的特殊情形，分步傅里叶法最早是在 1973 年开始应用的[40]，由于它比大多数有限差分法见效快[50]，已广泛用于研究光纤中的各种非线性效应[86~94]。虽然用此方法运算相对简捷，但需要小心选择 z 和 T 的步长，以保证所要求的精度[75]。最佳步长的选择依赖于问题的复杂程度，为此已提出了几条指导原则[95~98]。

　　不管什么时候应用分步傅里叶法，快速傅里叶变换的使用总是强加了一些周期性的边界条件，这在实际情况下是可以接受的（如果模拟时选择的时间窗口比脉冲宽度大得多）。典型的时间窗口是脉冲宽度的 10~20 倍。在有些问题中，一部分脉冲能量可能迅速扩散，很难避免它到达窗口的边界。当到达窗口某一边界的能量从窗口的另一边界自动再次进入时，就可能导致数值不稳定。通常使用一种"吸收窗口"，人为地吸收掉辐射到窗口边界上的能量，尽管这种方法并不能保持脉冲能量。一般来说，只要小心使用，分步傅里叶法就是一个很好的工具。分步傅里叶法的广义版本已有几个，它们保留了分步法的基本思想，但不是利用傅里叶级数展开，具体例子包括样条和小波[76]。

2.4.2　有限差分法

　　尽管分步傅里叶法通常用来分析光纤中的非线性效应，但当用非线性薛定谔方程模拟波分复用系统的性能时，耗时就会很大。在这样的系统中，时间分辨率应比波分复用信号的全部带宽小得多。对于 100 个信道的波分复用系统，带宽接近 10 THz，要求时间分辨率约为 10 fs；同时，时间窗口一般为 1~10 ns 宽，因此时域中的网格点超过 10^5，尽管每个快速傅里叶变换操作相当快,但由于大量 FFT 操作在一个大的阵列上进行,即使采用目前的计算机,完成这些计算也需要以小时(或天)来计。基于此原因,有限差分法继续受到关注。

已有几种不同的有限差分方案用于解非线性薛定谔方程[56, 65],其中比较常见的是克兰克–尼科尔森(Crank-Nicholson)格式及其变形、跳点(hopscotch)格式及其变形,以及蛙跳(leap-frog)格式。仔细比较有限差分法和分步傅里叶法后可以发现,后者仅在慢变场振幅下才有效[65]。然而,由于运算速度和精度在一定程度上取决于广义非线性薛定谔方程中包含的非线性项的个数和形式,因此很难推荐一种特定的有限差分方案。四阶龙格–库塔法也成功用于光纤内超连续谱的模拟[99]。

研究如此短的光脉冲的传输问题,必须采用广义非线性薛定谔方程(2.3.36),此时有限差分法就非常有用。超连续谱产生过程提供了这样的一个例子,此时我们更愿意在频域中解这个方程[100]。在这种情况下,必须在离散的频率栅格上解方程(2.3.22),耦合微分方程可以用有限差分法求解,这种方法的更多细节可以参阅文献[100]。其主要优点是,可以通过式(2.3.20)和式(2.3.34)将已知的光纤损耗 $\alpha(\omega)$、传输常数 $\beta(\omega)$ 和非线性参量 $n_2(\omega)$ 的频率相关性包括在内。

在利用非线性薛定谔方程研究光纤中的脉冲传输问题时有几条固有的限制,前面已经提到过慢变包络近似,若脉宽变得可与单个光学周期相比拟,那么慢变包络近似也可能不再成立;另一个则是完全忽略了后向传输波。如果在光纤内写入折射率光栅,由于布拉格衍射,一部分脉冲能量将被反射回去,这样的问题就需要同时考虑前向和后向传输波。其他的主要限制与忽略了电磁场的矢量特性有关,实质上完全忽略了偏振效应。正如在 1.2.4 节中看到的,光纤存在双折射,要包括双折射效应则需要考虑电场和磁场矢量的所有分量。

对于线性介质,用有限差分法直接在时域中求解麦克斯韦方程组[方程(2.1.1)至方程(2.1.4)]的算法已经研究了多年[101~103],最近这些算法已被扩展到非线性介质中[104~108]。在 1992 年提出的一种方法中[104],利用式(2.3.33)、式(2.3.38)及式(2.3.40)给出的喇曼响应函数形式,就可将非线性响应的延迟特性包括在内,该工作还通过单一共振频率将色散效应包括在内。在该方法的一个推广中,通过含三个谐振频率($m=3$)的塞尔迈耶尔公式(1.2.6)将色散效应包括在内[108]。从概念上讲,时域有限差分(finite-difference time-domain,FDTD)法和分步傅里叶法的主要差别是,前者在处理所有电磁分量时没有去除载频 ω_0,而在 2.3 节推导非线性薛定谔方程时则与此相反。基于此原因,时域有限差分法适用于任意宽度的脉冲(短到单个光学周期)。

由于时域有限差分法用最小数目的近似直接求解麦克斯韦方程组,所以非常精确。可是,精度的提高仅仅是以计算量的极大增加为代价的。可以按如下方式理解:因为分辨光载波需要的时间步长必须比光学周期小得多,通常应小于 1 fs;沿光纤长度的步长同样需要比光波长小得多,如此小的步长迫使你将总的光纤长度限制在 1 m 以内。所以当超短脉冲宽度($T_0 < 10$ fs)与光学周期相当时,才有必要使用这种时域有限差分法[108]。在非线性光纤光学的大部分应用中,脉冲都比光学周期宽得多,方程(2.3.36)及其近似形式,如方程(2.3.46),都可以为基本的麦克斯韦方程组提供一个相当精确的解。

习题

2.1　利用麦克斯韦方程组,把光纤纤芯内的场分量 E_ρ,E_ϕ,H_ρ 和 H_ϕ 用 E_z 和 H_z 表示,为简单起见,忽略式(2.1.8)中的非线性极化项。

2.2　通过阶跃折射率光纤的纤芯–包层界面的边界条件，推导本征值方程(2.2.8)，必要时可参阅文献[5～7]。

2.3　用本征值方程(2.2.8)推导光纤的单模条件。

2.4　有一根纤芯–包层相对折射率差 $\Delta = 0.005$ 的单模光纤，其截止波长为 $1\ \mu m$，计算此光纤的纤芯半径，假设纤芯折射率为 1.45。

2.5　定义单模光纤的限制因子 Γ 为纤芯内的模功率占总模功率的比，利用式(2.2.14)给出的光纤基模的高斯近似推导 Γ 的表达式。

2.6　当习题 2.4 中的光纤用于传输 $1.3\ \mu m$ 光时，估算光斑尺寸的半极大全宽度(FWHM)。

2.7　由式(2.3.6)推导式(2.3.7)，解释在 ϵ_{NL} 的定义中[见式(2.3.8)]因子 3/4 的起源，并证明由该式可以推导出 $\bar{n}_2$ 的表达式[见式(2.3.13)]。

2.8　用微扰理论解方程(2.3.15)，得到 ϵ_{NL} 为小量时传输常数 β 的一阶修正，并说明此修正可由式(2.3.20)给出。

2.9　运用式(2.3.26)的傅里叶变换，并结合方程(2.3.22)推导方程(2.3.28)。

2.10　当习题 2.4 中的光纤用于传输 $1.3\ \mu m$ 光时，求其有效模面积。

2.11　对式(2.3.40)给出的喇曼响应函数进行傅里叶变换，并绘出实部和虚部与频率的关系曲线，解释所得曲线的物理意义。

2.12　一根光纤的喇曼增益谱近似为半极大全宽度(FWHM)为 5 THz 的洛伦兹线形，其增益峰位于距脉冲载频的 15 THz 处，试推导此光纤的喇曼响应函数的表达式。

2.13　使用 MATLAB 软件编程，利用分步傅里叶法求解非线性薛定谔方程(2.3.46)(见 2.4.1 节)，假设入射脉冲为脉宽为 10 ps 的高斯脉冲，在 $\alpha = 0.2\ dB/km$，$\beta_2 = -20\ ps^2/km$，$\gamma = 10\ W^{-1}/km$ 的 100 km 长的光纤中传输。

2.14　将上题中的程序扩展，用来求解广义非线性薛定谔方程(2.3.44)。

参考文献

[1] P. Diament, *Wave Transmission and Fiber Optics* (Macmillan, 1990), Chap. 3.

[2] Y. R. Shen, *Principles of Nonlinear Optics* (Wiley, 1984), Chap. 1.

[3] P. N. Butcher and D. N. Cotter, *The Elements of Nonlinear Optics* (Cambridge University Press, 1990), Chap. 2.

[4] R. W. Boyd, *Nonlinear Optics*, 3rd ed. (Academic Press, 2008), Chap. 1.

[5] D. Marcuse, *Theory of Dielectric Optical Waveguides* (Academic Press, 1991), Chap. 2.

[6] A. W. Snyder and J. D. Love, *Optical Waveguide Theory* (Chapman and Hall, 1983), Chaps. 12–15.

[7] J. A. Buck, *Fundamentals of Optical Fibers*, 2nd ed. (Wiley, 2004), Chap. 3.

[8] D. Marcuse, *J. Opt. Soc. Am.* **68**, 103 (1978).

[9] H. A. Haus, *Waves and Fields in Optoelectronics* (Prentice-Hall, 1984), Chap. 10.

[10] P. M. Morse and H. Feshbach, *Methods of Theoretical Physics* (McGraw-Hill, 1953), Chap. 9.

[11] F. M. Mitschke and L. F. Mollenauer, *Opt. Lett.* **11**, 659 (1986).

[12] J. P. Gordon, *Opt. Lett.* **11**, 662 (1986).

[13] Y. Kodama and A. Hasegawa, *IEEE J. Quantum Electron.* **23**, 510 (1987).

[14] E. A. Golovchenko, E. M. Dianov, A. N. Pilipetskii, A. M. Prokhorov, and V. N. Serkin, *Sov. Phys. JETP. Lett.* **45**, 91 (1987).

[15] R. H. Stolen, J. P. Gordon, W. J. Tomlinson, and H. A. Haus, *J. Opt. Soc. Am. B* **6**, 1159 (1989).

[16] K. J. Blow and D. Wood, *IEEE J. Quantum Electron.* **25**, 2665 (1989).

[17] P. V. Mamyshev and S. V. Chernikov, *Opt. Lett.* **15**, 1076 (1990).

[18] S. V. Chernikov and P. V. Mamyshev, *J. Opt. Soc. Am. B* **8**, 1633 (1991).

[19] P. V. Mamyshev and S. V. Chernikov, *Sov. Lightwave Commun.* **2**, 97 (1992).

[20] R. H. Stolen and W. J. Tomlinson, *J. Opt. Soc. Am. B* **9**, 565 (1992).

[21] S. Blair and K. Wagner, *Opt. Quantum Electron.* **30**, 697 (1998).

[22] T. Brabec and F. Krausz, *Phys. Rev. Lett.* **78**, 3282 (1997).

[23] N. Karasawa, S. Nakamura, N. Nakagawa, M. Shibata, R. Morita, H. Shigekawa, and M. Yamashita, *IEEE J. Quantum Electron.* **37**, 398 (2001).

[24] A. Gaeta, *Phys. Rev. Lett.* **84**, 3582 (2000); *Opt. Lett.* **27**, 924 (2002).

[25] G. Chang, T. B. Norris, and H. G. Winful, *Opt. Lett.* **28**, 546 (2003).

[26] J. M. Dudley, G. Genty, and S. Coen, *Rev. Mod. Phys.* **78**, 1135 (2006).

[27] R. W. Hellwarth, *Prog. Quantum Electron.* **5**, 1 (1977).

[28] N. Tang and R. L. Sutherland, *J. Opt. Soc. Am. B* **14**, 3412 (1997).

[29] A. Martínez-Rios, Andrey N. Starodumov, Yu. O. Barmenkov, V. N. Filippov, and I. Torres-Gomez, *J. Opt. Soc. Am. B* **18**, 794 (2001).

[30] V. L. Gurevich, D. A. Parshin, and H. R. Schober, *Phys. Rev. B* **67**, 094203 (2003).

[31] Q. Lin and G. P. Agrawal, *Opt. Lett.* **31**, 3086 (2006).

[32] A. Podlipensky, P. Szarniak, N. Y. Joly, and P. St. J. Russell, *J. Opt. Soc. Am. B* **25**, 2049 (2008).

[33] F. DeMartini, C. H. Townes, T. K. Gustafson, and P. L. Kelley, *Phys. Rev.* **164**, 312 (1967).

[34] N. Tzoar and M. Jain, *Phys. Rev. A* **23**, 1266 (1981).

[35] D. Anderson and M. Lisak, *Phys. Rev. A* **27**, 1393 (1983).

[36] G. Yang and Y. R. Shen, *Opt. Lett.* **9**, 510 (1984).

[37] E. Bourkoff, W. Zhao, R. I. Joseph, and D. N. Christodoulides, *Opt. Lett.* **12**, 272 (1987).

[38] A. K. Atieh, P. Myslinski, J. Chrostowski, and P. Galko, *J. Lightwave Technol.* **17**, 216 (1999).

[39] V. E. Zakharov and A. B. Shabat, *Sov. Phys. JETP* **34**, 62 (1972).

[40] A. Hasegawa and F. Tappert, *Appl. Phys. Lett.* **23**, 142 (1973).

[41] M. J. Ablowitz and P. A. Clarkson, *Solitons, Nonlinear Evolution Equations and Inverse Scattering* (Cambridge University Press, 1992).

[42] C. Sulem and P.-L. Sulem, *Nonlinear Schrödinger Equations: Self-Focusing and Wave Collapse* (Springer, 1999).

[43] Y. S. Kivshar and G. P. Agrawal, *Optical Solitons: From Fibers to Photonic Crystals* (Academic Press, 2003).

[44] N. Akhmediev and A. Ankiewicz, Eds., *Dissipative Solitons* (Springer, 2005).

[45] L. F. Mollenauer and J. P. Gordon, *Solitons in Optical Fibers: Fundamental and Applications* (Academic Press, 2006).

[46] G. D. Peng, Z. Xiong, and P. L. Chu, *Opt. Fiber Technol.* **5**, 242 (1999).

[47] B. J. Inslie, H. P. Girdlestone, and D. Cotter, *Electron. Lett.* **23**, 405 (1987).

[48] V. I. Karpman and E. M. Krushkal, *Sov. Phys. JETP* **28**, 277 (1969).

[49] N. Yajima and A. Outi, *Prog. Theor. Phys.* **45**, 1997 (1971).

[50] R. H. Hardin and F. D. Tappert, *SIAM Rev. Chronicle* **15**, 423 (1973).

[51] R. A. Fisher and W. K. Bischel, *Appl. Phys. Lett.* **23**, 661 (1973); *J. Appl. Phys.* **46**, 4921 (1975).

[52] M. J. Ablowitz and J. F. Ladik, *Stud. Appl. Math.* **55**, 213 (1976).

[53] I. S. Greig and J. L. Morris, *J. Comput. Phys.* **20**, 60 (1976).

[54] B. Fornberg and G. B. Whitham, *Philos. Trans. Roy. Soc.* **289**, 373 (1978).

[55] M. Delfour, M. Fortin, and G. Payre, *J. Comput. Phys.* **44**, 277 (1981).

[56] T. R. Taha and M. J. Ablowitz, *J. Comput. Phys.* **55**, 203 (1984).

[57] D. Pathria and J. L. Morris, *J. Comput. Phys.* **87**, 108 (1990).

[58] L. R. Watkins and Y. R. Zhou, *J. Lightwave Technol.* **12**, 1536 (1994).

[59] M. S. Ismail, *Int. J. Comput. Math.* **62**, 101 (1996).

[60] K. V. Peddanarappagari and M. Brandt-Pearce, *J. Lightwave Technol.* **15**, 2232 (1997); J. Lightwave Technol. 16, 2046 (1998).

[61] E. H. Twizell, A. G. Bratsos, and J. C. Newby, *Math. Comput. Simul.* **43**, 67 (1997).

[62] W. P. Zeng, *J. Comput. Math.* **17**, 133 (1999).

[63] I. Daq, *Comput. Methods Appl. Mech. Eng.* **174**, 247 (1999).

[64] A. G. Shagalov, *Int. J. Mod. Phys. C* **10**, 967 (1999).

[65] Q. S. Chang, E. H. Jia, and W. Sun, *J. Comput. Phys.* **148**, 397 (1999).

[66] W. Z. Dai and R. Nassar, *J. Comput. Math.* **18**, 123 (2000).

[67] S. R. K. Iyengar, G. Jayaraman, and V. Balasubramanian, *Comput. Math. Appl.* **40**, 1375 (2000).

[68] Q. Sheng, A. Q. M. Khaliq, and E. A. Al-Said, *J. Comput. Phys.* **166**, 400 (2001).

[69] J. B. Chen, M. Z. Qin, and Y. F. Tang, *Comput. Math. Appl.* **43**, 1095 (2002).

[70] J. I. Ramos, *Appl. Math. Comput.* **133**, 1 (2002).

[71] X. M. Liu and B. Lee, *IEEE Photon. Technol. Lett.* **15**, 1549 (2003).

[72] W. T. Ang and K. C. Ang, *Numer. Methods Partial Diff. Eqs.* **20**, 843 (2004).

[73] M. Premaratne, *IEEE Photon. Technol. Lett.* **16**, 1304 (2004).

[74] G. M. Muslu and H. A. Erbay, *Math. Comput. Simul.* **67**, 581 (2005).

[75] O. V. Sinkin, R. Holzlöhner, J. Zweck, and C. R. Menyuk, *J. Lightwave Technol.* **21**, 61 (2003).

[76] T. Kremp and W. Freude, J. *Lightwave Technol.* **23**, 1491 (2005).

[77] J. W. Cooley and J. W. Tukey, *Math. Comput.* **19**, 297 (1965).

[78] G. H. Weiss and A. A. Maradudin, *J. Math. Phys.* **3**, 771 (1962).

[79] J. A. Fleck, J. R. Morris, and M. D. Feit, *Appl. Phys.* **10**, 129 (1976).

[80] M. Lax, J. H. Batteh, and G. P. Agrawal, *J. Appl. Phys.* **52**, 109 (1981).

[81] M. D. Feit and J. A. Fleck, *Appl. Opt.* **17**, 3990 (1978); *Appl. Opt.* **18**, 2843 (1979).

[82] G. P. Agrawal, *J. Appl. Phys.* **56**, 3100 (1984); *J. Lightwave Technol.* **2**, 537 (1984).

[83] M. Lax, G. P. Agrawal, M. Belic, B. J. Coffey, and W. H. Louisell, *J. Opt. Soc. Am. A* **2**, 732 (1985).

[84] B. Hermansson, D. Yevick, and P. Danielsen, *IEEE J. Quantum Electron.* **19**, 1246 (1983).

[85] L. Thylen, E. M. Wright, G. I. Stegeman, C. T. Seaton, and J. V. Moloney, *Opt. Lett.* **11**, 739 (1986).

[86] G. P. Agrawal and M. J. Potasek, *Phys. Rev. A* **33**, 1765 (1986).

[87] P. K. A. Wai, C. R. Menyuk, Y. C. Lee, and H. H. Chen, *Opt. Lett.* **11**, 464 (1986).

[88] G. P. Agrawal, *Phys. Rev. A* **44**, 7493 (1991).

[89] M. Margalit and M. Orenstein, *Opt. Commun.* **124**, 475 (1996).

[90] J. R. Costa, C. R. Paiva, and A. M. Barbosa, *IEEE J. Quantum Electron.* **37**, 145 (2001).

[91] B. R. Washburn, S. E. Ralph, and R. S. Windeler, *Opt. Express* **10**, 575 (2002).

[92] J. M. Dudley and S. Coen, *IEEE J. Sel. Topics Quantum Electron.* **8**, 651 (2002).

[93] G. Genty, M. Lehtonen, H. Ludvigsen, J. Broeng, and M. Kaivola, *Opt. Express* **10**, 1083 (2002).

[94] T. Hori, N. Nishizawa, T. Goto, and M. Yoshida, *J. Opt. Soc. Am. B* **21**, 1969 (2004).

[95] J. Van Roey, J. van der Donk, and P. E. Lagasse, *J. Opt. Soc. Am.* **71**, 803 (1981).

[96] L. Thylen, *Opt. Quantum Electron.* **15**, 433 (1983).

[97] J. Saijonmaa and D. Yevick, *J. Opt. Soc. Am.* **73**, 1785 (1983).

[98] D. Yevick and B. Hermansson, *J. Appl. Phys.* **59**, 1769 (1986); *IEEE J. Quantum Electron.* **25**, 221 (1989).

[99] J. Hult, *J. Lightwave Technol.* **25**, 3770 (2007); *J. Lightwave Technol.* **27**, 3984 (2009).

[100] J. M. Dudley and J. R. Taylor, *Supercontinuum Generation in Optical Fibers* (Cambridge University Press, 2010), Chap. 3.

[101] K. S. Yee, *IEEE Trans. Antennas Propag.* **14**, 302 (1966).

[102] A. Taflove and S. C. Hagness, *Computational Electrodynamics: The Finite-Difference Time-Domain Method*, 3rd ed. (Artech House, 2005).

[103] U. S. Inan and R. A. Marshall, *Numerical Electromagnetics: The FDTD Method* (Cambridge University Press, 2011).

[104] P. M. Goorjian, A. Taflove, R. M. Joseph, and S. C. Hagness, *IEEE J. Quantum Electron.* **28**, 2416 (1992).

[105] R. M. Joseph, P. M. Goorjian, and A. Taflove, *Opt. Lett.* **18**, 491 (1993).

[106] R. W. Ziolkowski and J. B. Judkins, *J. Opt. Soc. Am. B* **10**, 186 (1993).

[107] P. M. Goorjian and Y. Silberberg, *J. Opt. Soc. Am. B* **14**, 3523 (1997).

[108] S. Nakamura, N. Takasawa, and Y. Koyamada, *J. Lightwave Technol.* **23**, 855 (2005).

第 3 章　群速度色散

上一章表明，通过解脉冲传输方程可以研究群速度色散和自相位调制的联合作用对光纤中传输脉冲的影响。在考虑一般情况以前，先考虑群速度色散效应单独对沿光纤传输的脉冲演化的影响。本章通过把光纤处理成线性介质来讨论脉冲传输问题。

3.1 节　通过引入与群速度色散和自相位调制有关的两个长度尺度，讨论群速度色散效应相对非线性效应起主要作用的条件。

3.2 节　对几种不同的输入脉冲形状，包括高斯形和双曲正割形，讨论色散感应脉冲展宽，并讨论初始频率啁啾的影响。

3.3 节　讨论三阶色散效应对脉冲展宽的影响，同时给出能预见任意形状脉冲的色散感应展宽的解析理论。

3.4 节　讨论群速度色散效应如何限制光通信系统的性能，并如何在实际中利用色散管理克服这些影响。

3.1　不同的传输区域

2.3 节重点讨论了描述光脉冲在单模光纤中传输的非线性薛定谔方程。对脉宽大于 5 ps 的脉冲，可由方程(2.3.46)描述，

$$\mathrm{i}\frac{\partial A}{\partial z} = -\frac{\mathrm{i}\alpha}{2}A + \frac{\beta_2}{2}\frac{\partial^2 A}{\partial T^2} - \gamma|A|^2 A \tag{3.1.1}$$

式中，A 为脉冲包络的慢变振幅，T 是随脉冲以群速度移动的参照系中的时间量度($T = t - z/v_\mathrm{g}$)。方程(3.1.1)右边的三项分别描述了光脉冲在光纤中传输时的光纤损耗、色散效应和非线性效应。是色散还是非线性效应对脉冲在光纤中的演化起主要作用，取决于入射脉冲的初始宽度 T_0 和峰值功率 P_0。在此引入两个称为色散长度(dispersion length)L_D 和非线性长度(nonlinear length)L_NL 的长度尺度[1-3]。根据 L_D、L_NL 和光纤长度 L 的相对大小，脉冲演化过程可能有很大的不同。

引入一个对初始输入脉宽 T_0 归一化的时间尺度

$$\tau = \frac{T}{T_0} = \frac{t - z/v_\mathrm{g}}{T_0} \tag{3.1.2}$$

同时，利用下面的定义引入归一化振幅 U：

$$A(z,\tau) = \sqrt{P_0}\exp(-\alpha z/2)U(z,\tau) \tag{3.1.3}$$

式中，P_0 为入射脉冲的峰值功率，指数因子代表光纤的损耗。利用式(3.1.1)至式(3.1.3)，发现 $U(z,\tau)$ 满足方程

$$\mathrm{i}\frac{\partial U}{\partial z} = \frac{\mathrm{sgn}(\beta_2)}{2L_\mathrm{D}}\frac{\partial^2 U}{\partial \tau^2} - \frac{\exp(-\alpha z)}{L_\mathrm{NL}}|U|^2 U \tag{3.1.4}$$

式中，$\mathrm{sgn}(\beta_2) = \pm 1$，具体正负由群速度色散参量 β_2 的符号确定，且

$$L_D = \frac{T_0^2}{|\beta_2|}, \quad L_{NL} = \frac{1}{\gamma P_0} \qquad\qquad (3.1.5)$$

色散长度 L_D 和非线性长度 L_{NL} 为脉冲演化过程中色散和非线性效应哪个更重要提供了两个长度尺度。根据 L、L_D 及 L_{NL} 之间的相对大小，传输行为可分为以下四类。

当光纤长度 $L \ll L_D$ 且 $L \ll L_{NL}$ 时，色散和非线性效应都不起重要作用，这一点可以通过方程(3.1.4)右边两项在这种情况下可被忽略看出(这里假设脉冲有平滑的时域分布，因而 $\partial^2 U/\partial \tau^2$ 约为1)。结果，$U(z, \tau) = U(0, \tau)$，即脉冲在传输过程中保持其形状不变。在这个区域，除了由于吸收引起的脉冲能量的降低，光纤仅仅起到光脉冲传输通道的作用，对脉冲传输没有其他重要的影响，因而此区域对光通信系统是有用的。由于在光纤通信系统中 L 的典型值约为 50 km，如果脉冲无畸变传输，则 L_D 和 L_{NL} 应该大于 500 km。根据给定的光纤参量 β_2 和 γ 的值，由式(3.1.5)可以大致估算出 T_0 和 P_0 的值。对于标准通信光纤，在 $\lambda = 1.55$ μm 处，$|\beta_2| \approx 20$ ps^2/km，$\gamma \approx 2$ W^{-1}km^{-1}，把这些值代入式(3.1.5)可以得到，若 $T_0 > 100$ ps 且 $P_0 < 1$ mW，则对于 $L < 50$ km，色散和非线性效应均可忽略。然而，当入射脉冲变短变强时，L_D 和 L_{NL} 将变小。例如，对于 $T_0 \approx 1$ ps，$P_0 \approx 1$ W，L_D 和 L_{NL} 均为 0.1 km 左右。对于这样的光脉冲，若光纤长度超过 10 m，则必须同时考虑色散和非线性效应。

当光纤长度 $L \ll L_{NL}$，而 $L \approx L_D$ 时，方程(3.1.4)中的最后一项与其他两项相比可以忽略。在脉冲演化过程中，群速度色散起主要作用，非线性效应相对较弱。群速度色散效应对光脉冲传输的影响将在本章后面讨论。当光纤和脉冲参量满足如下关系时适用于以色散为主的区域:

$$\frac{L_D}{L_{NL}} = \frac{\gamma P_0 T_0^2}{|\beta_2|} \ll 1 \qquad\qquad (3.1.6)$$

粗略估计，若使用 $\lambda = 1.55$ μm 处光纤参量 γ 和 $|\beta_2|$ 的典型值，对于 1 ps 脉冲，应有 $P_0 \ll 1$ W。

当光纤长度 $L \ll L_D$，但 $L \approx L_{NL}$ 时，方程(3.1.4)的色散项与非线性项相比可忽略(只要脉冲有平滑的时域分布，使 $\partial^2 U/\partial \tau^2 \approx 1$)。在这种情况下，自相位调制对光脉冲的演化起主要作用，它将导致脉冲频谱的变化，此现象将在第4章中讨论。当

$$\frac{L_D}{L_{NL}} = \frac{\gamma P_0 T_0^2}{|\beta_2|} \gg 1 \qquad\qquad (3.1.7)$$

时，适用于非线性为主的区域。此条件对于脉宽相对较大($T_0 > 100$ ps)和峰值功率 P_0 约为 1 W 的脉冲容易满足。注意，在较弱的群速度色散效应下，自相位调制能导致脉冲整形。若脉冲前沿或后沿变陡，即使一开始满足式(3.1.7)的条件，色散项也会变得很重要。

当光纤长度 $L \geq L_D$，$L \geq L_{NL}$ 时，色散和非线性效应将共同对脉冲在光纤中的传输起作用。群速度色散和自相位调制效应的互作用与群速度色散或自相位调制单独起作用时相比，有不同的表现:在反常色散区($\beta_2 < 0$)，光纤能支持光孤子;在正常色散区($\beta_2 > 0$)，群速度色散和自相位调制可用于脉冲压缩。当群速度色散和自相位调制效应都比较重要时，方程(3.1.4)对理解光纤中脉冲的演化是很有帮助的，然而本章的重点是线性区域，下面的讨论也是针对参量值满足式(3.1.6)的脉冲。

3.2　色散感应的脉冲展宽

本节将通过令方程(3.1.1)中的 $\gamma = 0$，来考虑光脉冲在线性色散介质中传输时的群速度色散效应[4~17]。如果根据式(3.1.3)定义归一化振幅 $U(z, T)$，则 $U(z, T)$ 满足如下线性偏微分方程:

$$i\frac{\partial U}{\partial z} = \frac{\beta_2}{2}\frac{\partial^2 U}{\partial T^2} \tag{3.2.1}$$

此方程类似于描述连续光衍射的旁轴波动方程，并且当衍射仅在某个横向产生且 β_2 由 $-\lambda/(2\pi)$ 代替时，这两个方程相同，其中 λ 是光波长。因此，色散感应的时间效应与衍射感应的空间效应很相似[2]。

方程(3.2.1)很容易利用傅里叶变换法求解。若 $\widetilde{U}(z,\omega)$ 是如下 $U(z,T)$ 的傅里叶变换：

$$U(z,T) = \frac{1}{2\pi}\int_{-\infty}^{\infty} \widetilde{U}(z,\omega)\exp(-i\omega T)\mathrm{d}\omega \tag{3.2.2}$$

则它满足常微分方程

$$i\frac{\partial \widetilde{U}}{\partial z} = -\frac{1}{2}\beta_2\omega^2\widetilde{U} \tag{3.2.3}$$

其解为

$$\widetilde{U}(z,\omega) = \widetilde{U}(0,\omega)\exp\left(\frac{i}{2}\beta_2\omega^2 z\right) \tag{3.2.4}$$

式(3.2.4)表明，群速度色散改变了脉冲每个频谱分量的相位，且其改变量取决于频率和传输距离。尽管这种相位变化不会影响脉冲频谱，但却能改变脉冲形状。把式(3.2.4)代入式(3.2.2)，就可以得到方程(3.2.1)的通解为

$$U(z,T) = \frac{1}{2\pi}\int_{-\infty}^{\infty} \widetilde{U}(0,\omega)\exp\left(\frac{i}{2}\beta_2\omega^2 z - i\omega T\right)\mathrm{d}\omega \tag{3.2.5}$$

式中，$\widetilde{U}(0,\omega)$ 是入射光场在 $z=0$ 处的傅里叶变换，

$$\widetilde{U}(0,\omega) = \int_{-\infty}^{\infty} U(0,T)\exp(i\omega T)\mathrm{d}T \tag{3.2.6}$$

式(3.2.5)和式(3.2.6)适用于任意形状的输入脉冲。

3.2.1　高斯脉冲

作为一个简单的例子，考虑入射光场具有以下形式的高斯脉冲的情形[8]：

$$U(0,T) = \exp\left(-\frac{T^2}{2T_0^2}\right) \tag{3.2.7}$$

式中，T_0 是 3.1 节中引入的脉冲半宽度(在峰值强度的 $1/e$ 处)。实际上，习惯用半极大全宽度(full width at half maximum, FWHM)来代替 T_0。对于高斯脉冲，它们之间的关系为

$$T_{\mathrm{FWHM}} = 2(\ln 2)^{1/2}T_0 \approx 1.665T_0 \tag{3.2.8}$$

利用式(3.2.5)至式(3.2.7)，并对 ω 积分，同时利用著名的恒等式[18]

$$\int_{-\infty}^{\infty}\exp(-ax^2 \pm bx)\mathrm{d}x = \sqrt{\frac{\pi}{a}}\exp\left(-\frac{b^2}{4a}\right) \tag{3.2.9}$$

可得到沿光纤长度方向任一点 z 处的振幅为

$$U(z,T) = \frac{T_0}{(T_0^2 - i\beta_2 z)^{1/2}}\exp\left[-\frac{T^2}{2(T_0^2 - i\beta_2 z)}\right] \tag{3.2.10}$$

这样，高斯脉冲在传输过程中其形状保持不变，但宽度 T_1 随 z 增加，变为

$$T_1(z) = T_0[1 + (z/L_\mathrm{D})^2]^{1/2} \qquad (3.2.11)$$

式中，色散长度 $L_\mathrm{D} = T_0^2/|\beta_2|$。该式表明群速度色散展宽了高斯脉冲，其展宽程度取决于色散长度 L_D。对于给定的光纤长度，由于短脉冲有较小的色散长度 L_D，因而其展宽程度较大。在 $z = L_\mathrm{D}$ 处，高斯脉冲被展宽 $\sqrt{2}$ 倍。图 3.1(a) 通过绘出 $z/L_\mathrm{D} = 2$，4 时的 $|U(z, T)|^2$ 曲线，表明了由色散感应的高斯脉冲的展宽程度。

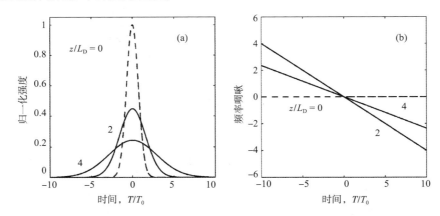

图 3.1　光纤中 $z = 2L_\mathrm{D}$ 和 $z = 4L_\mathrm{D}$ 处高斯脉冲的(a) 归一化强度 $|U|^2$ 和(b) 归一化频率啁啾 $\delta\omega T_0$ 随 T/T_0 的变化关系，虚线表示 $z = 0$ 处的输入脉冲

比较式(3.2.7)和式(3.2.10)可以看出，尽管入射脉冲是不带啁啾的(无相位调制)，但经光纤传输后变成了啁啾脉冲，把 $U(z, T)$ 写成如下形式就能清楚地看出这一点：

$$U(z, T) = |U(z, T)| \exp[\mathrm{i}\phi(z, T)] \qquad (3.2.12)$$

式中，

$$\phi(z, T) = -\frac{\mathrm{sgn}(\beta_2)(z/L_\mathrm{D})}{1 + (z/L_\mathrm{D})^2} \frac{T^2}{2T_0^2} + \frac{1}{2}\arctan\left(\mathrm{sgn}(\beta_2)\frac{z}{L_\mathrm{D}}\right) \qquad (3.2.13)$$

在任意距离 z 处，相位沿脉冲是按照二次曲线变化的，而且和脉冲是通过光纤的正常色散区还是反常色散区有关。

相位 $\phi(z, T)$ 的时间相关性意味着脉冲从中心频率 ω_0 到两侧有不同的瞬时频率，频率差 $\delta\omega$ 恰好是时间导数 $-\partial\phi/\partial T$，并由下式给出：

$$\delta\omega(T) = -\frac{\partial\phi}{\partial T} = \frac{\mathrm{sgn}(\beta_2)(z/L_\mathrm{D})}{1 + (z/L_\mathrm{D})^2} \frac{T}{T_0^2} \qquad (3.2.14)$$

式中，负号是由于在式(2.3.2)中选择了 $\exp(-\mathrm{i}\omega_0 t)$。式(3.2.14)表明，频率沿脉冲是线性变化的，也就是说，光纤施加给脉冲一个线性频率啁啾。啁啾 $\delta\omega$ 和 β_2 的符号有关。在正常色散区($\beta_2 > 0$)，脉冲前沿($T < 0$)的 $\delta\omega$ 为负且沿脉冲线性增大，而在反常色散区($\beta_2 < 0$)则正好相反，这种变化规律如图 3.1(b)所示。另外，由图 3.1(b)还可以看出，群速度色散施加于高斯脉冲的频率啁啾的确是线性变化的。

1.3 节提到，由于群速度色散效应，脉冲的不同频谱分量在光纤中以略微不同的速度传输，这样色散感应脉冲展宽就很好理解了。尤其是，在正常色散区($\beta_2 > 0$)红光分量比蓝光分量传得更快，而在反常色散区($\beta_2 < 0$)则正好相反。仅当所有频谱分量同时到达时，脉冲宽度才能保持不变，不同频谱分量在到达时间上的任何延迟都将导致脉冲展宽。

3.2.2　啁啾高斯脉冲

对于无初始啁啾的高斯脉冲，式(3.2.11)表明，色散感应脉冲展宽并不依赖于群速度色散参量 β_2 的符号。这样，对于一个给定的色散长度 L_D，无论在光纤的正常色散区还是反常色散区，脉冲有相同的展宽量。但若高斯脉冲带有初始频率啁啾，则这一结果就会发生变化[9]。对于线性啁啾高斯脉冲情形，入射场可写为[与式(3.2.7)对比]

$$U(0,T) = \exp\left[-\frac{(1+iC)}{2}\frac{T^2}{T_0^2}\right] \tag{3.2.15}$$

式中，C 为啁啾参量。通过式(3.2.12)可以发现，对于 $C>0$，从前沿到后沿瞬时频率线性增加(上啁啾)；对于 $C<0$，则正好相反(下啁啾)。根据 C 的正或负，通常称之为正啁啾或负啁啾。

C 的数值可通过高斯脉冲的谱宽来估算。把式(3.2.15)代入式(3.2.6)并利用式(3.2.9)，可得到 $\widetilde{U}(0,\omega)$ 的表达式为

$$\widetilde{U}(0,\omega) = \left(\frac{2\pi T_0^2}{1+iC}\right)^{1/2}\exp\left[-\frac{\omega^2 T_0^2}{2(1+iC)}\right] \tag{3.2.16}$$

由式(3.2.16)可得出频谱的半宽度(峰值强度的 $1/e$ 处)为

$$\Delta\omega = (1+C^2)^{1/2}/T_0 \tag{3.2.17}$$

在无啁啾的情况下($C=0$)，谱宽是傅里叶变换极限的，并满足关系 $\Delta\omega T_0 = 1$；显然，在有线性啁啾的情况下，谱宽增大了 $(1+C^2)^{1/2}$ 倍。通过测量 $\Delta\omega$ 和 T_0，可由式(3.2.17)估算 $|C|$。

为得到透射场，把式(3.2.16)中的 $\widetilde{U}(0,\omega)$ 代入式(3.2.5)，由式(3.2.9)经解析积分可得结果为

$$U(z,T) = \frac{T_0}{[T_0^2 - i\beta_2 z(1+iC)]^{1/2}}\exp\left(-\frac{(1+iC)T^2}{2[T_0^2 - i\beta_2 z(1+iC)]}\right) \tag{3.2.18}$$

这样，甚至啁啾高斯脉冲在传输过程中其形状仍保持为高斯形。在传输距离 z 后，其脉宽 T_1 与初始脉宽 T_0 的关系为[9]

$$\frac{T_1}{T_0} = \left[\left(1+\frac{C\beta_2 z}{T_0^2}\right)^2 + \left(\frac{\beta_2 z}{T_0^2}\right)^2\right]^{1/2} \tag{3.2.19}$$

脉冲啁啾参量也从 C 变成 C_1，于是有

$$C_1(z) = C + (1+C^2)(\beta_2 z/T_0^2) \tag{3.2.20}$$

定义归一化传输距离 $\xi = z/L_D$ 是有意义的，其中 $L_D \equiv T_0^2/|\beta_2|$ 是前面引入的色散长度。图 3.2 给出了(a)脉冲展宽因子 T_1/T_0 和(b)啁啾参量 C_1 在光纤反常色散区($\beta_2 < 0$)随 ξ 的变化关系。一方面，无啁啾($C=0$)脉冲以因子 $(1+\xi^2)^{1/2}$ 单调展宽并演化为负啁啾($C_1 = -\xi$)；另一方面，啁啾高斯脉冲可能被展宽，也可能被压缩，这取决于 β_2 和 C 是同号还是反号的。当 $\beta_2 C > 0$ 时，啁啾高斯脉冲被单调展宽，而且展宽速度比无啁啾高斯脉冲的快，原因在于色散感应的频率啁啾和输入啁啾同号，从而使总的啁啾量变大。

而当 $\beta_2 C < 0$ 时，色散感应的频率啁啾和输入啁啾符号相反。如图 3.2(b)和式(3.2.20)所示，C_1 在距离 $\xi = |C|/(1+C^2)$ 处变为零，脉冲变成无啁啾的，这就是图 3.2(a)所示的脉宽在开始时减小并在 $\xi = |C|/(1+C^2)$ 处达到最小值的原因。脉宽的最小值取决于输入啁啾参

量，其大小为

$$T_1^{\min} = \frac{T_0}{(1+C^2)^{1/2}} \tag{3.2.21}$$

既然脉冲达到最小宽度时 $C_1 = 0$，故此时脉冲是变换极限的，因而 $\Delta\omega_0 T_1^{\min} = 1$，其中 $\Delta\omega_0$ 是输入脉冲的谱宽。

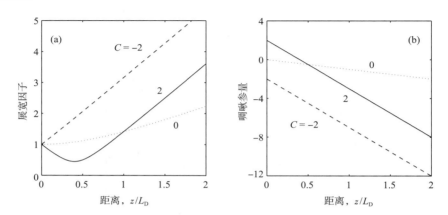

图 3.2　啁啾高斯脉冲在光纤反常色散区传输时，（a）展宽因子和（b）啁啾参量随传输距离的变化，虚线对应无啁啾高斯脉冲。对于正常色散（$\beta_2 > 0$），改变啁啾参量 C 的符号可得同样的结果

3.2.3　双曲正割脉冲

尽管许多激光器发射的脉冲都近似为高斯形，但通常还需要考虑其他脉冲形状，其中最有意义的是双曲正割脉冲，它与光孤子有固有的联系。一些锁模激光器发射的脉冲也是双曲正割形，这种脉冲的光场形式为

$$U(0, T) = \text{sech}\left(\frac{T}{T_0}\right) \exp\left(-\frac{iCT^2}{2T_0^2}\right) \tag{3.2.22}$$

式中，啁啾参量 C 决定着脉冲的初始啁啾，它与式（3.2.15）中的 C 类似。

利用式（3.2.5）、式（3.2.6）和式（3.2.22）就可以得到透射场 $U(z, T)$。然而，对于非高斯脉冲，式（3.2.5）中的积分很难得到解析结果。图 3.3 给出了对于无初始啁啾脉冲（$C = 0$）透射脉冲的强度[见图 3.3（a）]和啁啾曲线[见图 3.3（b）]的数值计算结果，图中的两条实线分别对应 $z = 2L_D$ 及 $z = 4L_D$ 处的脉冲形状或频率啁啾，虚线表示 $z = 0$ 处的脉冲形状或频率啁啾。比较图 3.1 和图 3.3 可以看出，对于高斯脉冲和双曲正割脉冲，色散感应脉冲展宽的定性特征近似一致。二者的主要区别是，对于双曲正割脉冲而言，色散感应的频率啁啾沿脉冲不再是纯粹线性变化的。值得注意的是，式（3.2.22）中的 T_0 并不是半极大全宽度（FWHM），二者的关系为

$$T_{\text{FWHM}} = 2\ln(1 + \sqrt{2})T_0 \approx 1.763 T_0 \tag{3.2.23}$$

若以 T_{FWHM} 为基准进行比较，则需用到关系式（3.2.23）。对于高斯脉冲来说，这样的关系式已由式（3.2.8）给出。

3.2.4　超高斯脉冲

至此，已经讨论了有较宽前后沿的脉冲形状。正如所预期的，色散感应展宽对脉冲沿的陡度是很敏感的。通常，有较陡前后沿的脉冲在传输过程中更容易展宽，因为这样的脉冲一开始就有较宽的谱宽。由直接调制的半导体激光器发射的脉冲就属于这一类，通常它不能近似为

高斯脉冲。超高斯形状可用来模拟较陡的前后沿在色散感应脉冲展宽中的作用。对于超高斯脉冲，式 (3.2.15) 可推广成下面的形式[16]：

$$U(0, T) = \exp\left[-\frac{1 + \mathrm{i}C}{2}\left(\frac{T}{T_0}\right)^{2m}\right] \tag{3.2.24}$$

式中，参量 m 决定了脉冲前后沿的陡度。对于 $m = 1$，就是啁啾高斯脉冲情形。对于较大的 m 值，就变成有更陡的前后沿的方形脉冲。如果上升时间 T_{r} 定义为从其峰值的 10% 上升到 90% 的这段时间，则 T_{r} 与参量 m 的关系为

$$T_{\mathrm{r}} = (\ln 9)\frac{T_0}{2m} \approx \frac{T_0}{m} \tag{3.2.25}$$

这样，参量 m 可通过测量 T_{r} 和 T_0 来确定。

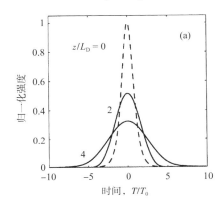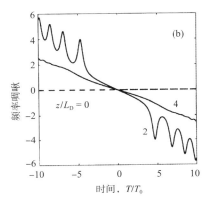

图 3.3　光纤中 $z = 2L_{\mathrm{D}}$ 和 $z = 4L_{\mathrm{D}}$ 处双曲正割脉冲的 (a) 归一化强度 $|U|^2$ 和 (b) 归一化频率啁啾 $\delta\omega T_0$ 随 T/T_0 的变化关系，虚线表示 $z = 0$ 处的输入脉冲

图 3.4 给出了 $m = 3$ 时的无初始啁啾 ($C = 0$) 超高斯脉冲在 $z = 2L_{\mathrm{D}}$ 和 $z = 4L_{\mathrm{D}}$ 处的脉冲形状和频率啁啾，其中用虚线表示 $z = 0$ 处的输入脉冲波形和啁啾。把它与图 3.1 所示的高斯脉冲 ($m = 1$) 相比较可知，两者之间的不同归因于超高斯脉冲有较陡的前后沿。尽管高斯脉冲在传输过程中保持其形状不变，但超高斯脉冲不仅展宽得更快且其形状也发生了畸变，啁啾曲线也远非线性的，并表现出高频振荡。超高斯脉冲更大的展宽可以通过其较高斯脉冲有更陡的前后沿，因而有更宽的谱宽来理解。因为群速度色散引起的每个频谱分量的延迟和它与中心频率 ω_0 的间隔有直接关系，所以更宽的频谱导致更快的脉冲展宽。

对于像图 3.4 中那些复杂的脉冲形状，半极大全宽度并不是脉冲宽度的真实量度。这种脉冲的脉宽由均方根 (root-mean-square, RMS) 宽度来更精确地描述，均方根宽度 σ 定义为[8]

$$\sigma = [\langle T^2\rangle - \langle T\rangle^2]^{1/2} \tag{3.2.26}$$

式中，

$$\langle T^n\rangle = \frac{\int_{-\infty}^{\infty} T^n |U(z, T)|^2 \mathrm{d}T}{\int_{-\infty}^{\infty} |U(z, T)|^2 \mathrm{d}T} \tag{3.2.27}$$

角括号表示在强度曲线上取平均。在一些特殊情况下，矩 $\langle T\rangle$ 和 $\langle T^2\rangle$ 可以解析求出。特别是对于超高斯脉冲，利用式 (3.2.5) 和式 (3.2.24) 至式 (3.2.27)，可以得到展宽因子 σ/σ_0 的解析表达式为[17]

$$\frac{\sigma}{\sigma_0} = \left[1 + \frac{\Gamma(1/2m)}{\Gamma(3/2m)}\frac{C\beta_2 z}{T_0^2} + m^2(1 + C^2)\frac{\Gamma(2 - 1/2m)}{\Gamma(3/2m)}\left(\frac{\beta_2 z}{T_0^2}\right)^2\right]^{1/2} \tag{3.2.28}$$

式中，$\Gamma(x)$是伽马函数。对于高斯脉冲（$m=1$），展宽因子可简化成由式（3.2.19）给出的形式。

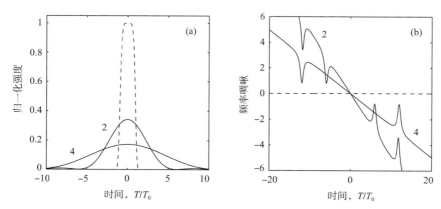

图 3.4　光纤中 $z=2L_D$ 和 $z=4L_D$ 处超高斯脉冲的（a）归一化强度$|U|^2$ 和（b）归一化频率啁啾$\delta\omega T_0$ 随T/T_0 的变化关系，虚线表示$z=0$处的输入脉冲

为弄清楚脉冲展宽和脉冲沿陡度的关系，图 3.5 给出了超高斯脉冲的展宽因子 σ/σ_0 随传输距离的变化关系，图中 3 条曲线分别对应于 $m=1,2,4$。$m=1$ 对应于高斯脉冲，m 越大则脉冲沿越陡。从式（3.2.25）可以看到上升时间反比于 m，显然具有更短上升时间的脉冲展宽得更快。图 3.5 中的曲线是在脉冲有初始啁啾且 $C=5$ 的情况下绘出的。在脉冲有初始啁啾的情况下，脉冲展宽程度依赖于 $\beta_2 C$ 的符号，其定性行为类似于图 3.2 所示的高斯脉冲（$m=1$）的情形，尽管对于超高斯脉冲而言，压缩因子要大大减小。

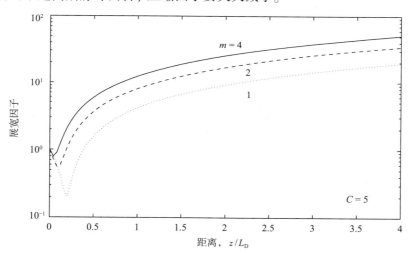

图 3.5　$C=5$ 的啁啾超高斯脉冲在光纤反常色散区传输时展宽因子 σ/σ_0
随z/L_D 的变化曲线。$m=1$ 对应高斯脉冲，m 越大则脉冲沿越陡

3.2.5　实验结果

利用直接调制半导体激光器发射的光脉冲，已在实验中观察到了啁啾脉冲的初始压缩现象。在一个实验中[10]，具有正啁啾（$C>0$）的波长为 1.54 μm 的入射脉冲在光纤的反常色散区（$\beta_2 \approx -20 \text{ ps}^2/\text{km}$）传输了 104 km 后，脉宽被压缩到原来的1/5。而在另一个实验中[11]，由半

导体激光器发射的波长为 1.21 μm 的负啁啾（$C<0$）脉冲，在光纤的正常色散区（$\beta_2 = 15\ \mathrm{ps}^2/\mathrm{km}$）传输 1.5 km 后，脉宽从 190 ps 减小到 150 ps；当光纤长度增加到 6 km 时，脉宽反而增大到 300 ps，这与图 3.2 所示的定性结果一致。在另一个实验中[15]，使用了增益开关分布反馈半导体激光器发射的波长为 1.3 μm 的脉宽更小的脉冲（初始 FWHM ≈ 26 ps），由于脉冲具有负啁啾（$C<0$），因此采用在 1.3 μm 处群速度色散为正的色散位移光纤（$\beta_2 \approx 12\ \mathrm{ps}^2/\mathrm{km}$）来压缩脉冲。脉冲在这种光纤中传输了 4.8 km 后，脉宽被压缩到原来的 1/3；进一步增加光纤长度，脉冲就开始展宽了。

在一些采用增益开关分布反馈半导体激光器作为孤子源的实验中，通过光纤的群速度色散压缩皮秒啁啾脉冲已显示出了优势[19~22]。尽管这种激光器发射的脉冲比较宽（脉宽 20~40 ps），远不是变换极限脉冲，但它通过一段适当长度的正色散光纤后，会产生近变换极限的压缩脉冲。这一方案在 1989 年得到验证[21]，实验将增益开关脉冲通过一段在 1.55 μm 工作波长处 $\beta_2 = 23\ \mathrm{ps}^2/\mathrm{km}$ 的 3.7 km 长的保偏色散位移光纤，获得了 3 GHz 重复频率的 14 ps 脉冲。在另一个实验中[22]，脉冲压缩之前用一个窄带光学滤波器控制增益开关脉冲的谱宽，然后用一台掺铒光纤放大器同时放大和压缩脉冲，可以产生 6~24 GHz 重复频率的 17 ps 脉宽的近变换极限光脉冲。1990 年，利用这种压缩技术已得到 3 ps 的短脉冲[23]。

在一个相关的方法中，将皮秒脉冲通过半导体激光放大器放大来产生啁啾脉冲，然后用反常色散光纤（$\beta_2<0$）压缩这种啁啾脉冲[24~26]。因为石英光纤在 1.5 μm 附近的波长区通常表现为反常色散，所以这种方法在这一波长区很有用。这个方案在 1989 年得到验证[24]，锁模半导体激光器输出波长为 1.52 μm 的 40 ps 脉冲，首先经半导体激光放大器放大，然后通过 18 km 长的光纤（$\beta_2 = -18\ \mathrm{ps}^2/\mathrm{km}$）传输，结果脉宽被压缩到原来的一半。这种压缩机制已用在将 16 Gbps 信号在标准通信光纤中传输 70 km 的实验中[25]。

3.3　三阶色散

上一节讨论的色散感应脉冲展宽是由正比于式（2.3.23）中的 β_2 的最低阶群速度色散项引起的。尽管在大多数实际情况下这一项的贡献是主要的，但有时也需要考虑由 β_3 描述的三阶色散（TOD）。例如，假如脉冲波长在光纤的零色散波长 λ_D 附近，即 $\beta_2 \approx 0$，则 β_3 项对群速度色散效应起主要作用[6]。对脉宽 $T_0<1$ ps 的超短脉冲，由于参量 $\Delta\omega/\omega_0$ 不够小，不能把展开式（2.3.23）中 β_2 以后的项舍去而简化之，因此即使 $\beta_2 \neq 0$，也需要考虑 β_3 项。

本节将讨论同时包括 β_2 和 β_3 两项的色散效应，同时仍然忽略非线性效应。忽略非线性效应的振幅 $A(z, T)$ 的传输方程可以令方程（2.3.44）中的 $\gamma = 0$ 得到。利用式（3.1.3），可得 $U(z, T)$ 满足下面的方程：

$$\mathrm{i}\frac{\partial U}{\partial z} = \frac{\beta_2}{2}\frac{\partial^2 U}{\partial T^2} + \frac{\mathrm{i}\beta_3}{6}\frac{\partial^3 U}{\partial T^3} \tag{3.3.1}$$

此方程也能利用 3.2 节的傅里叶变换法求解。由下式代替式（3.2.5）的透射场：

$$U(z, T) = \frac{1}{2\pi}\int_{-\infty}^{\infty} \widetilde{U}(0, \omega)\exp\left(\frac{\mathrm{i}}{2}\beta_2\omega^2 z + \frac{\mathrm{i}}{6}\beta_3\omega^3 z - \mathrm{i}\omega T\right)\mathrm{d}\omega \tag{3.3.2}$$

式中，入射场的傅里叶变换 $\widetilde{U}(0, \omega)$ 由式（3.2.6）给出。若入射场 $U(0, T)$ 是确定的，则式（3.3.2）可用来研究高阶色散效应。特别是，可用类似于 3.2 节中的方法来讨论高斯、超高斯或双曲正割脉冲。对于高斯脉冲，能得到用艾里（Airy）函数表示的解析解[6]，下面就首先考虑这种情形。

3.3.1 啁啾高斯脉冲的演化

对于啁啾高斯脉冲的情形，将式(3.2.16)中的 $\tilde{U}(0,\omega)$ 代入式(3.3.2)，并引入 $x = \omega p$ 作为新的积分变量，其中

$$p^2 = \frac{T_0^2}{2}\left(\frac{1}{1+\mathrm{i}C} - \frac{\mathrm{i}\beta_2 z}{T_0^2}\right) \tag{3.3.3}$$

于是可以得到下面的表达式：

$$U(z,T) = \frac{A_0}{\sqrt{\pi}}\int_{-\infty}^{\infty}\exp\left(-x^2 + \frac{\mathrm{i}b}{3}x^3 - \frac{\mathrm{i}T}{p}x\right)\mathrm{d}x \tag{3.3.4}$$

式中，$b = \beta_3 z/(2p^3)$。x^2 项可以用另一种变换 $x = b^{-1/3}u - \mathrm{i}/b$ 消掉。得到的积分结果可以用艾里函数 $\mathrm{Ai}(x)$ 表示为

$$U(z,T) = \frac{2A_0\sqrt{\pi}}{|b|^{1/3}}\exp\left(\frac{2p - 3bT}{3pb^2}\right)\mathrm{Ai}\left(\frac{p - bT}{p|b|^{4/3}}\right) \tag{3.3.5}$$

式中，p 和光纤及脉冲参量［见式(3.3.3)］有关。对于频谱中心恰好位于光纤零色散波长 $(\beta_2 = 0)$ 的无啁啾脉冲，有 $p = T_0/\sqrt{2}$。

正如所预期的，脉冲沿光纤长度方向的演化与 β_2 和 β_3 的相对大小有关。为比较方程(3.3.1)中 β_2 和 β_3 的相对重要性，引入了与三阶色散有关的色散长度，定义为

$$L_\mathrm{D}' = T_0^3/|\beta_3| \tag{3.3.6}$$

仅当 $L_\mathrm{D}' \leqslant L_\mathrm{D}$ 或 $T_0|\beta_2/\beta_3| \leqslant 1$ 时，三阶色散效应才起明显作用。对于 100 ps 的脉冲，若取 $\beta_3 = 0.1\ \mathrm{ps}^3/\mathrm{km}$，则这个条件意味着要求 $\beta_2 < 10^{-3}\ \mathrm{ps}^2/\mathrm{km}$，如此低的 β_2 值只有当 λ_0 与 λ_D 之差小于 0.01 nm 时才能实现。实际上，要在如此高的精度下使 λ_0 与 λ_D 匹配是很困难的，因此 β_3 的贡献与 β_2 的贡献相比通常可忽略，皮秒脉冲在光纤零色散波长附近的传输实验表明情况的确如此[27]。而对脉宽在飞秒范围的超短脉冲，情况就完全变了。例如，对于 $T_0 = 0.1\ \mathrm{ps}$，在 β_3 的贡献可忽略之前，β_2 可大到 $1\ \mathrm{ps}^2/\mathrm{km}$。由于在此 T_0 值下，L_D' 约为 10 m，因此可以通过将 100 fs 脉冲在几米长光纤中传输来从实验上研究三阶色散的影响。

图 3.6 给出了无初始啁啾高斯脉冲在 $\beta_2 = 0$（实线）和使 $L_\mathrm{D} = L_\mathrm{D}'$ 的某一 β_2 值（虚线）的两种情形下，$z = 5L_\mathrm{D}'$ 处的脉冲形状。尽管仅考虑 β_2 项对群速度色散的贡献时，高斯脉冲保持其形状不变（见图 3.1），但三阶色散会引起脉冲形状的畸变，在其中一个脉冲沿附近形成非对称的振荡结构。对于图 3.6 所示的 $\beta_3 > 0$ 的情形，振荡出现在脉冲的后沿；当 $\beta_3 < 0$ 时，振荡就会出现在脉冲的前沿。当 $\beta_2 = 0$ 时变成深度振荡，两个连续振荡之间的强度降为零。然而，即使有相当小的 β_2 值，这种振荡也会被显著衰减。对于图 3.6 所示的 $L_\mathrm{D} = L_\mathrm{D}'$ 的情形（$\beta_2 = \beta_3/T_0$），振荡几乎消失，脉冲后沿出现了一个长长的拖尾。对于满足 $L_\mathrm{D} \ll L_\mathrm{D}'$ 的更大的 β_2 值，由于三阶色散所起的作用很小，脉冲形状近似为高斯形。

方程(3.3.2)可用来研究其他形状脉冲的演化，尽管此时需要用数值方法完成傅里叶变换。例如，图 3.7 给出了无啁啾超高斯脉冲在零色散波长（$\beta_2 = 0$）处的演化过程，设它对应于式(3.2.24)中的 $m = 3$，$C = 0$。显然，因初始条件的不同，脉冲形状有较大的变化。实际中，通常我们只对色散感应脉冲展宽的程度感兴趣，而不关心具体的脉冲形状。由于半极大全宽度并不是图 3.6 和图 3.7 所示的脉冲宽度的真实量度，因而需利用式(3.2.26)定义的均方根

宽度 σ 来表示脉宽。对于高斯脉冲的情形，能够得到 σ 的一个简单解析表达式[9]，该表达式包含了 β_2 和 β_3 及初始啁啾 C 对色散展宽的影响[9]。

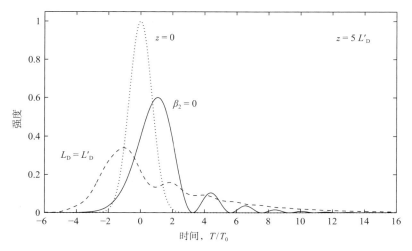

图 3.6　考虑高阶色散时输入高斯脉冲在 $z=5L'_{\mathrm{D}}$ 处的脉冲形状（点线）。
实线对应 $\lambda_0=\lambda_{\mathrm{D}}$，虚线为 $L_{\mathrm{D}}=L'_{\mathrm{D}}$ 而 β_2 为一有限值时的脉冲形状

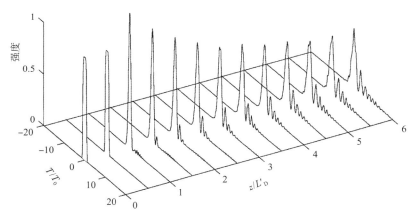

图 3.7　$\beta_2=0$ 且 $\beta_3>0$ 时 $m=3$ 的超高斯脉冲沿光纤的演化，
脉冲后沿附近的振荡结构是由三阶色散引起的

3.3.2　展宽因子

为从式(3.2.26)计算出 σ，首先需要通过式(3.2.27)计算 T 的 n 阶矩 $\langle T^n \rangle$。由式(3.3.2)可知 $U(z,T)$ 的傅里叶变换 $\widetilde{U}(z,\omega)$，因此在频域中计算 $\langle T^n \rangle$ 比较方便。利用脉冲强度 $|U(z,T)|^2$ 的傅里叶变换

$$\widetilde{I}(z,\omega)=\int_{-\infty}^{\infty}|U(z,T)|^2 \exp(\mathrm{i}\omega T)\mathrm{d}T \tag{3.3.7}$$

对它求 n 次微分，可得

$$\lim_{\omega \to 0}\frac{\partial^n}{\partial \omega^n}\widetilde{I}(z,\omega)=(\mathrm{i})^n \int_{-\infty}^{\infty}T^n|U(z,T)|^2\mathrm{d}T \tag{3.3.8}$$

联立式(3.3.8)和式(3.2.27)可得

$$\langle T^n \rangle = \frac{(-\mathrm{i})^n}{N_c} \lim_{\omega \to 0} \frac{\partial^n}{\partial \omega^n} \widetilde{I}(z, \omega) \tag{3.3.9}$$

式中，归一化常数 N_c 为

$$N_c = \int_{-\infty}^{\infty} |U(z, T)|^2 \mathrm{d}T \equiv \int_{-\infty}^{\infty} |U(0, T)|^2 \mathrm{d}T \tag{3.3.10}$$

由卷积定理可得

$$\widetilde{I}(z, \omega) = \int_{-\infty}^{\infty} \widetilde{U}(z, \omega - \omega') \widetilde{U}^*(z, \omega') \mathrm{d}\omega' \tag{3.3.11}$$

对式(3.3.9)求微分并进行极限运算，得到

$$\langle T^n \rangle = \frac{(\mathrm{i})^n}{N_c} \int_{-\infty}^{\infty} \widetilde{U}^*(z, \omega) \frac{\partial^n}{\partial \omega^n} \widetilde{U}(z, -\omega) \mathrm{d}\omega \tag{3.3.12}$$

对于啁啾高斯脉冲，$\widetilde{U}(z, \omega)$ 可由式(3.2.16)和式(3.3.2)得到，

$$\widetilde{U}(z, \omega) = \left(\frac{2\pi T_0^2}{1 + \mathrm{i}C} \right)^{1/2} \exp\left[\frac{\mathrm{i}\omega^2}{2} \left(\beta_2 z + \frac{\mathrm{i}T_0^2}{1 + \mathrm{i}C} \right) + \frac{\mathrm{i}}{6} \beta_3 \omega^3 z \right] \tag{3.3.13}$$

若对式(3.3.13)求二次微分，并把结果代入式(3.3.12)，就会发现对 ω 的积分能解析完成，$\langle T \rangle$ 和 $\langle T^2 \rangle$ 能通过该过程得到。将得到的 $\langle T \rangle$ 和 $\langle T^2 \rangle$ 的表达式代入式(3.2.26)，可得[9]

$$\frac{\sigma}{\sigma_0} = \left[\left(1 + \frac{C\beta_2 z}{2\sigma_0^2} \right)^2 + \left(\frac{\beta_2 z}{2\sigma_0^2} \right)^2 + (1 + C^2)^2 \frac{1}{2} \left(\frac{\beta_3 z}{4\sigma_0^3} \right)^2 \right]^{1/2} \tag{3.3.14}$$

式中，σ_0 为啁啾高斯脉冲的初始均方根宽度($\sigma_0 = T_0/\sqrt{2}$)。正如所预期的，对于 $\beta_3 = 0$，式(3.3.14)可简化成式(3.2.19)。

由式(3.3.14)可以得出几条有趣的结论。通常，β_2 和 β_3 都对脉冲展宽有影响，然而它们对啁啾参量的依赖关系有着本质的不同。尽管 β_2 的贡献依赖于 $\beta_2 C$ 的符号，但 β_3 的贡献与 β_3 和 C 的符号无关。这样，与图3.2所示的行为相反，在严格零色散波长处传输的啁啾脉冲并没有经历脉宽压缩过程。然而，即使偏离严格的零色散波长很小的量，也能导致初始脉冲压缩。图3.8对这一特性做了说明。图中的展宽因子是在 $C = 1$ 和 $L_D = L'_D$ 条件下，σ/σ_0 作为 z/L'_D 的函数绘出的。作为比较，零色散波长处($\beta_2 = 0$)的展宽因子用虚线给出。在反常色散区，由于 β_2 的贡献能够抵消 β_3 的贡献，结果在 $z \approx L'_D$ 处的色散展宽小于 $\beta_2 = 0$ 时的预期展宽。对于较大的 z 值，若满足 $z \gg L_D/|C|$，则式(3.3.14)可近似为

$$\sigma/\sigma_0 = (1 + C^2)^{1/2} [1 + (1 + C^2)(L_D/2L'_D)^2]^{1/2} (z/L_D) \tag{3.3.15}$$

这里用到了式(3.1.5)和式(3.3.6)。正如3.3.3节将要讨论的，对于较大的传输距离 z，均方根脉宽和传输距离之间的线性关系是对任意脉冲形状都适用的普遍规律。

将式(3.3.14)适当推广，可以把光源带宽的影响考虑在内[9]。任何光源的自发辐射都会导致振幅和相位的随机起伏，它可表示为中心频率为 ω_0 且有限带宽为 $\delta\omega$ 的源频谱[28]。若光源带宽 $\delta\omega$ 远小于脉冲带宽 $\Delta\omega$，则它对脉冲展宽的影响可以忽略。然而，对于许多光通信系统中所用的光源(如发光二极管)，这个条件是不满足的，这就需要考虑光源带宽的影响。对于高斯脉冲和高斯形源频谱的情形，式(3.3.14)的推广形式为[9]

$$\frac{\sigma^2}{\sigma_0^2} = \left(1 + \frac{C\beta_2 z}{2\sigma_0^2} \right)^2 + (1 + V_\omega^2) \left(\frac{\beta_2 z}{\sigma_0^2} \right)^2 + (1 + C^2 + V_\omega^2)^2 \frac{1}{2} \left(\frac{\beta_3 z}{4\sigma_0^3} \right)^2 \tag{3.3.16}$$

式中，$V_\omega = 2\sigma_\omega\sigma_0$，$\sigma_\omega$ 是高斯形源频谱的均方根宽度。该式描述了在相当普通的条件下线性色散介质中啁啾高斯脉冲的展宽，可以根据此式来讨论群速度色散效应对光波系统性能的影响[29]。

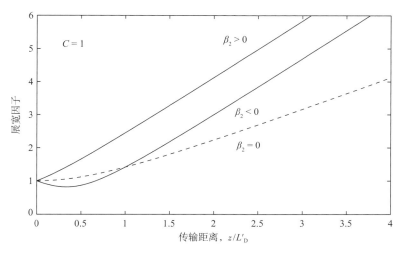

图 3.8　在 λ_D 附近，$L_D = L'_D$ 条件下啁啾高斯脉冲展宽因子随
传输距离 z/L'_D 的变化。虚线对应 $\lambda_0 = \lambda_D$ 情形（$\beta_2 = 0$）

3.3.3　任意形状脉冲

方程（3.3.1）在形式上与薛定谔方程相似，可用来得到包括了三阶和更高阶色散效应的、任意形状脉冲的均方根宽度的解析表达式[30]。为此，将方程（3.3.1）以算符形式写成

$$i\frac{\partial U}{\partial z} = \widehat{H}U \qquad (3.3.17)$$

式中，一般形式的算符 $\widehat{H}$ 包含所有阶色散，并由下式给出：

$$\widehat{H} = -\sum_{n=2}^{\infty}\frac{i^n}{n!}\left(\frac{\partial}{\partial T}\right)^n = \frac{\beta_2}{2}\frac{\partial^2}{\partial T^2} + \frac{i\beta_3}{6}\frac{\partial^3}{\partial T^3} + \cdots \qquad (3.3.18)$$

利用式（3.2.27），并假定 $U(z,T)$ 是归一化的，即 $\int_{-\infty}^{\infty}|U|^2 dT = 1$，$T$ 的一阶矩 $\langle T \rangle$ 和二阶矩 $\langle T^2 \rangle$ 随 z 的演化为

$$\frac{d\langle T \rangle}{dz} = i\int_{-\infty}^{\infty}U^*(z,T)[\widehat{H},T]U(z,T)dT \qquad (3.3.19)$$

$$\frac{d\langle T^2 \rangle}{dz} = i^2\int_{-\infty}^{\infty}U^*(z,T)[\widehat{H},[\widehat{H},T]]U(z,T)dT \qquad (3.3.20)$$

式中，$[\widehat{H},T] \equiv \widehat{H}T - T\widehat{H}$ 表示对易子。

将方程（3.3.19）和方程（3.3.20）解析积分后，可以得到下面一般性的表达式[30]：

$$\langle T \rangle = a_0 + a_1 z \qquad (3.3.21)$$

$$\langle T^2 \rangle = b_0 + b_1 z + b_2 z^2 \qquad (3.3.22)$$

式中，所有系数只与入射场 $U_0(T) \equiv U(0,T)$ 有关，并定义为

$$a_0 = \int_{-\infty}^{\infty}U_0^*(T)TU_0(T)dT \qquad (3.3.23)$$

$$a_1 = \mathrm{i} \int_{-\infty}^{\infty} U_0^*(T) [\widehat{H}, T] U_0(T) \mathrm{d}T \tag{3.3.24}$$

$$b_0 = \int_{-\infty}^{\infty} U_0^*(T) T^2 U_0(T) \mathrm{d}T \tag{3.3.25}$$

$$b_1 = \mathrm{i} \int_{-\infty}^{\infty} U_0^*(T) [\widehat{H}, T^2] U_0(T) \mathrm{d}T \tag{3.3.26}$$

$$b_2 = -\frac{1}{2} \int_{-\infty}^{\infty} U_0^*(T) [\widehat{H}, [\widehat{H}, T^2]] U_0(T) \mathrm{d}T \tag{3.3.27}$$

从物理意义上讲，$\langle T \rangle$ 描述了脉冲形状的不对称性，而 $\langle T^2 \rangle$ 则是脉冲展宽的量度。利用此方法可以计算出高阶矩 $\langle T^3 \rangle$ 和 $\langle T^4 \rangle$，它们分别描述了强度曲线的偏度和峰度。对于初始对称的脉冲，$a_0 = 0$；若三阶和更高阶色散忽略不计，易知 $a_1 = 0$，因此 $\langle T \rangle = 0$，脉冲在光纤中传输时能保持其对称性。注意，对于任意形状和啁啾的脉冲，即使考虑到三阶和高阶色散效应，方差 $\sigma^2 \equiv \langle T^2 \rangle - \langle T \rangle^2$ 也随光纤长度的平方而变化。

作为一个简单的例子，考虑 3.2.3 节中用数值方法讨论过的无啁啾双曲正割脉冲的情形，并且仅保留群速度色散效应（即 $m > 2$ 时 $\beta_m = 0$）。将 $U_0(T) = (2T_0)^{-1/2} \mathrm{sech}(T/T_0)$ 代入式（3.3.23）至式（3.3.27）中，易知 $a_0 = a_1 = b_1 = 0$，而

$$b_0 = (\pi^2/12) T_0^2, \quad b_2 = \beta_2^2/(3T_0^2) \tag{3.3.28}$$

注意，$\sigma_0^2 = b_0$，$\sigma^2 = b_0 + b_2 z^2$，展宽因子变为

$$\frac{\sigma}{\sigma_0} = \left[1 + \left(\frac{\pi \beta_2 z}{6\sigma_0^2} \right)^2 \right]^{1/2} \tag{3.3.29}$$

式中，$\sigma_0 = (\pi/\sqrt{12}) T_0$ 是入射脉冲的均方根宽度。对于高斯脉冲，展宽因子见式（3.3.14），如令该式中的 $C = 0$，$\beta_3 = 0$，可将所得结果与式（3.3.29）进行比较。注意，$\pi/6 \approx 0.52$，因此可以得出这样的结论：若以双曲正割脉冲和高斯脉冲的均方根宽度进行比较，这两种脉冲几乎以相同的速率展宽，并且表现出相同的定性行为。

以上分析很容易推广到啁啾脉冲的情形。对于啁啾高斯脉冲，式（3.3.23）至式（3.3.27）中的所有积分均可求出，同时得到式（3.3.14）给出的展宽因子。对于超高斯脉冲，若忽略三阶色散，则可得到式（3.2.28）。当 β_2 和 β_3 为有限值时，对于超高斯脉冲，可以用类似的方式得到 σ/σ_0，但表达式相当复杂[17]。

三阶色散效应使强度曲线变得不对称，并且引入了类似于图 3.6 所示的带有振荡结构的拖尾。$\langle T \rangle$ 的大小为这种不对称性提供了一个简单量度，如果仍以双曲正割脉冲为例，发现 $\langle T \rangle$ 的初始值为零，但以速率 $a_1 = \beta_3/(6T_0^2)$ 随 z 线性变化。对于高斯脉冲，也有相同的行为，只是 $\langle T \rangle$ 以不同的速率改变。这些结果与图 3.6 中数值计算的脉冲形状相吻合。由图 3.6 可见，若 $\beta_3 > 0$，则脉冲在后沿演化为一个长长的拖尾，结果导致 $\langle T \rangle > 0$。

由式（3.3.14）和式（3.3.29）得出的最重要的结论是：对于 $L \gg L_D$ 的较长的光纤，无论脉冲形状如何，群速度色散感应脉冲展宽都与 L/L_D 成比例。由于色散长度 $L_D \equiv T_0^2/|\beta_2|$ 正比于 T_0^2，因此当脉冲变短时，L_D 显著减小。例如，若 $T_0 = 10$ ps 的脉冲入射到 $|\beta_2| = 1$ ps^2/km 的色散位移光纤中，则 L_D 为 100 km；若脉宽减小为 $T_0 = 1$ ps，L_D 仅为 1 km，则该脉冲通过 100 km 长的光纤后，将展宽约 100 倍。由于在为越洋传输信息而设计的光纤通信系统中，L 超过数千千米，显然，群速度色散感应的脉冲展宽限制了大多数光波系统的性能，除非采用适当的色散管理方案。

3.3.4　超短脉冲测量

由于群速度色散和三阶色散效应能显著改变超短脉冲的形状和宽度，因此应考虑如何在实验中测量超短脉冲。对于脉宽超过 100 ps 的脉冲，利用高速光电探测器就可以直接测量脉冲的特性，用条纹相机可以测量 0.5 ps 的脉冲，然而大多数条纹相机工作在可见光区，尽管近年来条纹相机工作在红外区（达到 1.6 μm）已成为可能。

表征超短光脉冲的通用方法是基于二次谐波产生这种非线性现象的自相关技术（autocorrelation technique），其原理是将入射脉冲分为两路，把其中一路延迟后与另一路脉冲一起入射到非线性晶体上[31]，只有当两路脉冲在时间上交叠时才会在晶体内产生二次谐波信号。通过测量作为时延函数的二次谐波功率，就会产生其宽度与初始脉冲宽度有关的自相关迹，而这两种宽度间的精确关系取决于脉冲形状，若事先知道或能间接地推知脉冲形状，则用自相关技术就能精确测量出脉冲宽度。这种技术能测量几飞秒的脉宽，但不能提供脉冲形状的细节信息。事实上，即使脉冲形状是非对称的，自相关迹往往也是对称的。另一种技术是采用互相关，即用一个形状和宽度均已知的超短脉冲与一个原始脉冲在二次谐波晶体内相关，它在一定程度上可以解决自相关存在的问题。自相关和互相关技术也可以采用其他非线性效应，如三次谐波产生[32]和双光子吸收等[33]。然而，所有这些方法记录的都是强度相关曲线，不能提供脉冲内任何相位或啁啾变化的信息。

另一种感兴趣的技术称为频率分辨光学门（frequency-resolved optical gating，FROG），它是在 20 世纪 90 年代发展起来的，用它可以相当完美地解决上述问题[34~36]。频率分辨光学门不仅能测量脉冲形状，而且能提供光学相位和频率啁啾沿脉冲变化的信息。其工作原理是，记录一系列频谱分辨的自相关迹，然后由它们推测出脉冲的强度和相位分布。从数学意义上讲，FROG 的输出可以描述为

$$S(\tau, \omega) = \left| \int_{-\infty}^{\infty} A(L, t) A(L, t - \tau) \exp(i\omega t) dt \right|^2 \qquad (3.3.30)$$

式中，τ 是可变延迟，L 是光纤长度。实验上，将输入脉冲分为两路，将一路引入延迟 τ 后与另外一路在非线性晶体内复合，当 τ 从负值到正值变化时，就会记录下一系列的二次谐波谱。

FROG 技术已相当成功地用于表征光纤中脉冲的传输[37~42]。例如，图 3.9(a) 和图 3.9(b) 分别给出了峰值功率为 22 W 的 2.2 ps 脉冲通过 700 m 长的光纤后测得的 FROG 迹，以及还原的强度和相位分布曲线[37]。图 3.9(c) 和图 3.9(d) 是利用包含非线性项的非线性薛定谔方程进行数值模拟的结果，如此复杂的脉冲形状不可能仅从自相关迹和频谱测量中得出。

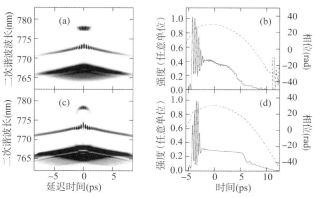

图 3.9　在 700 m 长的光纤输出端测量到的 (a) FROG 频谱图和 (b) 还原的强度分布曲线
（实线）、相位分布曲线（虚线）。(c) 和 (d) 是数值模拟结果[37]（©1997 OSA）

一种称为互相关 FROG 的技术，也能用于测量超短脉冲的强度和相位分布曲线[40]，它利用了一个参考脉冲，具体内容将在 12.2.2 节中讨论。另一种称为时间分辨光学门的技术，也能用于这种测量[43]。在该方法中，脉冲通过群速度色散可在一定范围内变化的色散介质（如光纤），我们可记录下许多不同群速度色散值下的自相关迹，利用这些自相关迹能推测出脉冲的强度和相位分布曲线。

3.4　色散管理

在光纤通信系统中，信息是通过编码的光脉冲序列在光纤中传输的，光脉冲的宽度由系统比特率 B 决定。我们并不希望出现脉冲的色散感应展宽，如果脉冲扩展到指定的比特隙（$T_B = 1/B$）之外，那么就会干扰探测过程并产生误码。显然，对于固定的传输距离 L，群速度色散限制了比特率 B[44]。对于 L 超过数千千米的长途系统，需要用光放大器补偿光纤损耗，这样色散问题变得相当严重。信息传输容量的一个有用的量度是比特率–距离积 BL，本节将讨论光纤的色散是如何限制 BL 积的，并且怎样利用色散管理技术做改进。

3.4.1　群速度色散引起的限制

首先考虑主要由光源的较大谱宽 σ_ω 引起脉冲展宽的情况。对于高斯脉冲，展宽因子可由式（3.3.16）得到。假定 β_3 项的贡献可以忽略，且 $C = 0$，$V_\omega \gg 1$，则均方根脉宽 σ 为

$$\sigma = \left[\sigma_0^2 + (\beta_2 L \sigma_\omega)^2\right]^{1/2} = \left[\sigma_0^2 + (DL\sigma_\lambda)^2\right]^{1/2} \tag{3.4.1}$$

式中，L 是光纤链路长度，σ_λ 是光源的均方根谱宽，色散参量 D 与群速度色散参量 β_2 的关系见式（1.2.11）。

利用展宽后的脉冲应保持在自身所在比特隙（$T_B = 1/B$）内这一准则，可以将 σ 与比特率联系起来。通常使用的准则[44]是 $4\sigma < T_B$；对于高斯脉冲，满足此条件意味着至少 95% 的脉冲能量仍保留在比特隙内，比特率则被限制在 $4B\sigma < 1$ 这一范围内。假定 $\sigma_0 \ll \sigma$，此条件变为

$$4BL|D|\sigma_\lambda < 1 \tag{3.4.2}$$

作为说明，考虑 $\sigma_\lambda \approx 2$ nm 的多模半导体激光器作为光源的情形[28]。若系统工作在标准通信光纤的 $\lambda = 1.55$ μm 波长附近，则 $D \approx 16$ ps/(km·nm)。对于这些参量值，式（3.4.2）要求 $BL < 8$ Gbps·km。对于 100 km 长的光纤，群速度色散限制了系统的比特率仅为 80 Mbps 的相当低的值。然而，若多模半导体激光器工作在零色散波长（1.3 μm）附近，则 $|D| < 1$ ps/(km·nm)，BL 积相应可增加到100 Gbps·km 以上。

在工作在 1.55 μm 附近的现代光纤通信系统中，利用零色散波长接近最小损耗波长的色散位移光纤（DSF）来减小群速度色散的影响，同时把半导体激光器设计成单纵模工作，这样光源的谱宽小于 100 MHz[28]。在这样的条件下，式（3.3.16）中的 $V_\omega \ll 1$，若进一步忽略 β_3 项，并设 $C = 0$，则式（3.3.16）可近似写为

$$\sigma = \left[\sigma_0^2 + (\beta_2 L/2\sigma_0)^2\right]^{1/2} \tag{3.4.3}$$

与式（3.4.1）比较，即可看出两者的主要差别，此处色散感应脉冲展宽取决于初始宽度 σ_0。实际上，优化选取 σ_0 可使 σ 达到最小，当 $\sigma_0 = (|\beta_2|L/2)^{1/2}$ 时，σ 达到最小值，即 $\sigma = (|\beta_2|L)^{1/2}$。由 $4B\sigma < 1$ 或

$$4B(|\beta_2|L)^{1/2} < 1 \tag{3.4.4}$$

可得到受限比特率。式 (3.4.4) 与式 (3.4.2) 的主要差别是 B 正比于 $L^{-1/2}$ 而不是 L^{-1}。图 3.10 比较了当 $D = 16$ ps/(km·nm) 且 σ_λ 分别为 0 和 1 nm 时，比特率随 L 的增加而减小的情形。当 $\sigma_\lambda = 0$ 时使用式 (3.4.4)。

如果光波系统精确工作在零色散波长，式 (3.3.16) 中的 $\beta_2 = 0$，并假定 $V_\omega \ll 1$ 和 $C = 0$，则可得脉宽为

$$\sigma = \left[\sigma_0^2 + \frac{1}{2} \left(\beta_3 L / 4\sigma_0^2 \right)^2 \right]^{1/2} \tag{3.4.5}$$

与式 (3.4.3) 相似，通过优化选取输入脉宽 σ_0 的值，可使 σ 达到最小值，最小值对应的 $\sigma_0 = (|\beta_3| L / 4)^{1/3}$，由条件 $4B\sigma < 1$ 可得受限比特率为[44]

$$B(|\beta_3| L)^{1/3} < 0.324 \tag{3.4.6}$$

在这种情况下，色散效应的影响是可接受的。对于典型的 $\beta_3 = 0.1$ ps³/km，当 $L = 100$ km 时，比特率可达 150 Gbps。因为比特率依赖于 $L^{-1/3}$，所以即使 L 增加 10 倍，比特率仍可达 70 Gbps。图 3.10 中的虚线给出了 $\beta_3 = 0.1$ ps³/km 时由式 (3.4.6) 得到的比特率随光纤长度的变化曲线。显然，工作在光纤的零色散波长附近，可以极大地改善光波系统的性能。

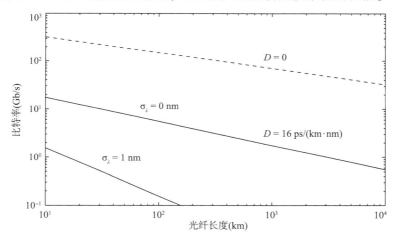

图 3.10　$\sigma_\lambda = 1$ nm 及 σ_λ 小到可忽略时受限比特率随光纤长度的变化，假设两种情况下标准光纤的色散值均为 16 ps/(km·nm)；虚线表示系统工作在零色散波长且 $\beta_3 = 0.1$ ps³/km 的情况

3.4.2　色散补偿

尽管从脉冲展宽的角度来看，工作在零色散波长是很必要的，但进行这样的设计之前，必须首先考虑其他因素。例如，在波分复用系统中，在光纤零色散波长处最多安排一个信道。另外，正如将要在第 10 章中讨论的，当群速度色散相当小时，会发生很强的四波混频现象，它迫使波分复用系统工作在远离光纤零色散波长处，这样每个信道都要有有限的 β_2 值，因此群速度色散感应的脉冲展宽要引起高度关注。色散管理技术为这一难题提供了解决方案，它组合了具有不同特性的光纤，使整个光纤链路的平均色散相当低，而每段光纤的群速度色散又足够大，以至于四波混频效应可以忽略[45]。实际中，通常采用周期等于放大器间距（典型值为 50 ~ 100 km）的周期色散图，放大器用来补偿每段中光纤的累积损耗。每对放大器之间恰好有两种光纤，这两种光纤的 β_2 的符号相反，二者结合使用可使平均色散降到很小的值，若平均群速度色散为零，则色散完全得到补偿。

这种色散补偿技术利用了方程(3.2.1)的线性特性。利用式(3.2.5)给出方程(3.2.1)的通解，能够很好地理解色散补偿的基本思想。对于由两段光纤组成的色散图，式(3.2.5)变为

$$U(L_{\mathrm{m}}, t) = \frac{1}{2\pi} \int_{-\infty}^{\infty} \widetilde{U}(0, \omega) \exp\left[\frac{\mathrm{i}}{2}\omega^2(\beta_{21}L_1 + \beta_{22}L_2) - \mathrm{i}\omega t\right] \mathrm{d}\omega \qquad (3.4.7)$$

式中，$L_{\mathrm{m}} = L_1 + L_2$ 是色散图周期，β_{2j} 是长为 L_j 的光纤段的群速度色散参量($j = 1, 2$)。利用 $D_j = -(2\pi c/\lambda^2)\beta_{2j}$，色散补偿条件可以写成

$$D_1L_1 + D_2L_2 = 0 \qquad (3.4.8)$$

若上式能够满足，则 $A(L_{\mathrm{m}}, t) = A(0, t)$，即经过每个色散图周期后，脉冲恢复到其初始宽度，尽管在每个周期内脉宽可能显著改变。

可以采用几种不同方式满足式(3.4.8)。若两段光纤长度相等($L_1 = L_2$)，则应有 $D_1 = -D_2$。具有大小相等、符号相反的群速度色散值的光纤可以通过在制造阶段适当位移光纤零色散波长来实现。但是，在现有光纤通信系统中已经敷设了大量标准光纤，由于这种光纤具有 $D \approx 16\ \mathrm{ps/(km \cdot nm)}$ 的反常群速度色散，因此可以利用相对短的色散补偿光纤(DCF)补偿标准光纤的色散，DCF 具有 $D < -100\ \mathrm{ps/(km \cdot nm)}$ 的正常群速度色散。其他几种器件(如光纤光栅)也能用于色散管理[29]。

3.4.3　三阶色散补偿

当单信道比特率超过 100 Gbps 时，每个比特通道必须采用超短脉冲(脉宽约为 1 ps)，而如此短的光脉冲的频谱已足够宽，以至于很难在脉冲整个带宽内补偿群速度色散(由于 β_2 与频率有关)。这个问题最简单的解决方法是利用能对 β_2 和 β_3 同时进行补偿的光纤或其他器件。

由式(3.3.2)可以得出色散管理条件，对于由长度分别为 L_1 和 L_2 的两种不同光纤组成的链路，宽带色散补偿条件由下式给出：

$$\beta_{21}L_1 + \beta_{22}L_2 = 0 \quad \text{且} \quad \beta_{31}L_1 + \beta_{32}L_2 = 0 \qquad (3.4.9)$$

式中，β_{2j} 和 β_{3j} 分别是长为 L_j 的光纤的群速度色散和三阶色散参量($j = 1, 2$)。在较宽波长范围内同时满足这两个条件一般比较困难，但对于 1 ps 的脉冲，在 4～5 nm 带宽内可以完全满足式(3.4.9)。特殊设计的色散补偿光纤[46]及光纤光栅、液晶调制器等其他器件也很容易满足这个要求。

现在已有利用同时对群速度色散和三阶色散补偿的技术实现高比特率(大于 100 Gbps)、传输距离约为 100 km 的实验报道[47~53]。在 1996 年的一个实验中[47]，将 100 Gbps 的信号传输了 560 km，放大器间距为 80 km。在后来的实验中[48]，在 2.5 ps 的时隙内利用 0.98 ps 的光脉冲实现了 400 Gbps 的比特率。若不对三阶色散进行补偿，则脉冲在传输 40 km 后展宽到 2.3 ps，并且出现了 5～6 ps 的长长的振荡尾(见图 3.6)。若对三阶色散进行部分补偿，则振荡尾消失，脉宽减至 1.6 ps。在另一个实验中[49]，设计出了在 170 GHz 带宽内具有 −15.8 ps/nm² 色散斜率的平面光波回路(PLC)，已用于工作波长处 $\beta_3 \approx 0.05\ \mathrm{ps/(km \cdot nm^2)}$ 的 300 km 长的色散位移光纤的三阶色散补偿。色散补偿器消除了长的振荡尾，将主峰宽度从 4.6 ps 降至 3.8 ps，相对于 2.6 ps 的输入脉宽，增加的宽度归因于偏振模色散效应。

色散补偿技术还用于飞秒光脉冲。对于脉宽 $T_0 = 0.1\ \mathrm{ps}$ 的脉冲，典型的三阶色散值 $\beta_3 = 0.1\ \mathrm{ps^3/km}$，三阶色散长度 L_{D}' 仅为 10 m，即使 β_2 完全得到补偿(平均色散为零)，这样的脉

冲在传输不到几米时也会发生严重畸变。然而，利用 $\beta_2 \approx 98$ ps^2/km 且 $\beta_3 \approx -0.5$ ps^3/km 的 445 m 长的色散补偿光纤补偿，可以将 0.5 ps 的脉冲（$T_0 \approx 0.3$ ps）传输 2.5 km[50]。由于 β_3 未能完全补偿，输出脉冲略有畸变。在后来的实验中[51]，用液晶调制器补偿残余 β_3 的影响，脉冲在 2.5 km 长的色散补偿光纤链路中传输后，形状几乎保持不变。在 1999 年的一个实验中[52]，利用同样方法但采用不同的色散补偿光纤（1.5 km 长），可以使 0.4 ps 的脉冲（$T_0 \approx 0.25$ ps）在光纤中传输 10.6 km，而脉冲形状几乎不变。液晶调制器的主要优点是可以作为可编程的脉冲整形器，甚至用它可以人为地增强群速度色散效应。作为例证，图 3.11 给出了 β_3 的有效值在 0.124 ~ −0.076 ps^3/km 变化时，2.5 km 长的群速度色散补偿光纤链路的输出脉冲形状[51]，只要非线性效应可以忽略，观察到的脉冲形状与式（3.3.2）预期的结果就可以相吻合。就系统水平而言，通过在整个光纤传输链路上同时补偿 β_2 和 β_3，已经能将单信道 640 Gbps（通过光时分复用产生）的信号传输 92 km[53]。

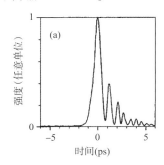 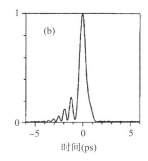

图 3.11　采用液晶调制器，β_3 的有效值在 0.124 ps^3/km（左图）至 −0.076 ps^3/km（右图）变化时，
实验观测到的 2.5 km 长的群速度色散补偿光纤链路的输出脉冲形状[51]（©1998 OSA）

当 β_2 和 β_3 接近补偿后，飞秒光脉冲的传输受由参量 β_4 决定的四阶色散效应的限制[54~56]。在 1999 年的一个实验中[54]，利用色散补偿光纤和可编程色散补偿器相结合，在 30 nm 宽的波长范围内同时对 β_2、β_3 和 β_4 进行了补偿，采用这种方案可使具有 22 nm 带宽的 0.2 ps 脉冲序列传输 85 km。在后来的实验中[55]，利用负斜率的色散补偿光纤将色散补偿到四阶，使 0.25 ps 的脉冲传输了 139 km，其中利用相位调制器适当对输入脉冲进行预啁啾。在 2001 年的一个实验中[56]，通过将色散补偿到四阶，用 380 fs 的脉冲将 1.28 Tbps 的信号在光纤中传输了 70 km。

习题

3.1　对于有效模面积为 40 μm^2 的色散位移光纤，在 1.55 μm 处测得 $D = 2$ ps/(km·nm)，分别计算（i）峰值功率为 100 mW 且宽为 10 ps 的光脉冲，（ii）峰值功率为 1 W 且宽为 1 ps 的光脉冲的色散长度和非线性长度。比较这两种情况下非线性效应的重要性。

3.2　计算由式（3.2.15）描述的啁啾高斯脉冲的时域和频域宽度（指的是 FWHM），选取 $C = 5$ 和 $T_0 = 50$ ps。

3.3　证明，对于任意宽度的无啁啾高斯脉冲，乘积 $\Delta v \Delta t$ 约等于 0.44，其中 Δt 和 Δv 分别代表脉冲的时域和频域宽度（指的是 FWHM）。

3.4　将习题 3.3 中的脉冲改为无啁啾双曲正割脉冲，证明其 $\Delta v \Delta t$ 约等于 0.315。

3.5　由式（3.2.24）推导超高斯脉冲的均方根（RMS）宽度的表达式。

3.6　证明当 $\beta_2 C < 0$ 时，啁啾高斯脉冲在单模光纤中要经过一个初始压缩过程。推导最小脉宽和达到最小脉宽时光纤长度的表达式。

3.7　对于脉宽（指的是 FWHM）为 1 ps 的无啁啾高斯脉冲，假设 $\beta_2 = 0$，$\beta_3 = 0.1$ ps^3/km，用数值方法计算式（3.3.2）的积分。绘出脉冲在 $L = 2$ km 和 $L = 4$ km 时的形状，若将 β_3 的符号反过来，则脉冲形状会有什么变化？

3.8　对于无啁啾双曲正割脉冲，重复习题 3.7 并与 $L = 2$ km 和 4 km 的高斯脉冲的情况进行比较。若将 β_3 的符号变成负的，则脉冲形状会有什么变化？

3.9　利用式（3.3.21）至式（3.3.27）计算无啁啾高斯脉冲的均方根宽度，保留式（3.3.18）中的 β_2 和 β_3 项，其余项忽略不计。

3.10　对于无啁啾高斯脉冲，用解析方法求式（3.3.30）中的积分。对于宽度（指的是 FWHM）为 1 ps 的高斯脉冲，绘出 $S(\tau, \omega)$ 的曲面图。

3.11　对于一段 60 km 长的单模光纤，估算工作在 1.3 μm 和 1.55 μm 波长时的受限比特率。假设输入脉冲为宽 50 ps（指的是 FWHM）的变换极限脉冲，在 1.3 μm 和 1.55 μm 处，β_2 分别为 0 和 -20 ps^2/km，β_3 分别为 0.1 ps^3/km 和 0。

3.12　一个光纤通信系统采用的是啁啾高斯脉冲，假定式（3.3.16）中的 $\beta_3 = 0$ 且 $V_\omega \ll 1$，试推导系统比特率的限制条件（用参量 C、β_2 和 L 表示）。

参考文献

[1] I. N. Sisakyan and A. B. Shvartsburg, *Sov. J. Quantum Electron.* **14**, 1146 (1984).

[2] S. A. Akhmanov, V. A. Vysloukh, and A. S. Chirkin, *Optics of Femtosecond Laser Pulses* (American Institute of Physics, 1992), Chap. 1.

[3] G. P. Agrawal, in *Supercontinuum Laser Source*, R. R. Alfano, Ed. (Springer, 1989), Chap. 3.

[4] C. G. B. Garrett and D. E. McCumber, *Phys. Rev. A* **1**, 305 (1970).

[5] H. G. Unger, *Arch. Elecktron. Uebertragungstech.* **31**, 518 (1977).

[6] M. Miyagi and S. Nishida, *Appl. Opt.* **18**, 678 (1979).

[7] D. Gloge, *Electron. Lett.* **15**, 686 (1979).

[8] D. Marcuse, *Appl. Opt.* **19**, 1653 (1980).

[9] D. Marcuse, *Appl. Opt.* **20**, 3573 (1981).

[10] K. Iwashita, K. Nakagawa, Y. Nakano, and Y. Suzuki, *Electron. Lett.* **18**, 873 (1982).

[11] C. Lin and A. Tomita, *Electron. Lett.* **19**, 837 (1983).

[12] D. Anderson, M. Lisak, and P. Anderson, *Opt. Lett.* **10**, 134 (1985).

[13] F. Koyama and Y. Suematsu, *IEEE J. Quantum Electron.* **21**, 292 (1985).

[14] K. Tajima and K. Washio, *Opt. Lett.* **10**, 460 (1985).

[15] A. Takada, T. Sugie, and M. Saruwatari, *Electron. Lett.* **21**, 969 (1985).

[16] G. P. Agrawal and M. J. Potasek, *Opt. Lett.* **11**, 318 (1986).

[17] D. Anderson and M. Lisak, *Opt. Lett.* **11**, 569 (1986).

[18] A. Jeffrey and D. Zwillinger, Eds., *Table of Integrals, Series, and Products*, 6th Ed. (Academic Press, 2003).

[19] A. Takada, T. Sugie, and M. Saruwatari, *J. Lightwave Technol.* **5**, 1525 (1987).

[20] K. Iwatsuki, A. Takada, and M. Saruwatari, *Electron. Lett.* **24**, 1572 (1988).

[21] K. Iwatsuki, A. Takada, S. Nishi, and M. Saruwatari, *Electron. Lett.* **25**, 1003 (1989).

[22] M. Nakazawa, K. Suzuki, and Y. Kimura, *Opt. Lett.* **15**, 588 (1990).

[23] R. T. Hawkins, *Electron. Lett.* **26**, 292 (1990).

[24] G. P. Agrawal and N. A. Olsson, *Opt. Lett.* **14**, 500 (1989).

[25] N. A. Olsson, G. P. Agrawal, and K. W. Wecht, *Electron. Lett.* **25**, 603 (1989).

[26] G. P. Agrawal and N. A. Olsson, *IEEE J. Quantum Electron.* **25**, 2297 (1989).

[27] D. M. Bloom, L. F. Mollenauer, C. Lin, D. W. Taylor, and A. M. DelGaudio, *Opt. Lett.* **4**, 297 (1979).

[28] G. P. Agrawal and N. K. Dutta, *Semiconductor Lasers*, 2nd ed. (Van Nostrand Reinhold, 1993), Chap. 6.

[29] G. P. Agrawal, *Lightwave Technology: Telecommunication Systems* (Wiley, 2005).

[30] D. Anderson and M. Lisak, *Phys. Rev. A* **35**, 184 (1987).

[31] J. C. Diels, *Ultrashort Laser Pulse Phenomena* (Academic Press, 1996).

[32] D. Meshulach, Y. Barad, and Y. Silberberg, *J. Opt. Soc. Am. B* **14**, 2122 (1997).

[33] D. T. Reid, W. Sibbett, J. M. Dudley, L. P. Barry, B. C. Thomsen, and J. D. Harvey, *Appl. Opt.* **37**, 8142 (1998).

[34] K. W. DeLong, D. N. Fittinghoff, and R. Trebino, *IEEE J. Quantum Electron.* **32**, 1253 (1996).

[35] D. J. Kane, *IEEE J. Quantum Electron.* **35**, 421 (1999).

[36] X. Gu, S. Akturk, A. Shreenath, Q. Cao, and R. Trebino, *Opt. Rev.* **11**, 141 (2004).

[37] J. M. Dudley, L. P. Barry, P. G. Bollond, J. D. Harvey, R. Leonhardt, and P. D. Drummond, *Opt. Lett.* **22**, 457 (1997).

[38] J. M. Dudley, L. P. Barry, P. G. Bollond, J. D. Harvey, and R. Leonhardt, *Opt. Fiber Technol.* **4**, 237 (1998).

[39] F. G. Omenetto, B. P. Luce, D. Yarotski, and A. J. Taylor, *Opt. Lett.* **24**, 1392 (1999).

[40] N. Nishizawa and T. Goto, *Opt. Express* **8**, 328 (2001).

[41] J. M. Dudley, F. Gutty, S. Pitois, and G. Millot, *IEEE J. Quantum Electron.* **37**, 587 (2001).

[42] C. Finot, G. Millot, S. Pitois, C. Bille, and J. M. Dudley, *IEEE J. Sel. Topics Quantum Electron.* **10**, 1211 (2004).

[43] R. G. M. P. Koumans and A. Yariv, *IEEE J. Quantum Electron.* **36**, 137 (2000); *IEEE Photon. Technol. Lett.* **12**, 666 (2000).

[44] G. P. Agrawal, *Fiber-Optic Communication Systems,* 4th ed. (Wiley, 2010).

[45] A. H. Gnauck and R. M. Jopson, in *Optical Fiber Telecommunications III*, I. P. Kaminow and T. L. Koch, Eds. (Academic Press, 1997), Chap. 7.

[46] C. C. Chang, A. M. Weiner, A. M. Vengsarakar, and D. W. Peckham, *Opt. Lett.* **21**, 1141 (1996).

[47] S. Kawanishi, H. Takara, O. Kamatani, T. Morioka, and M. Saruwatari, *Electron. Lett.* **32**, 470 (1996).

[48] S. Kawanishi, H. Takara, T. Morioka, O. Kamatani, K. Takiguchi, T. Kitoh, and M. Saruwatari, *Electron. Lett.* **32**, 916 (1996).

[49] K. Takiguchi, S. Kawanishi, H. Takara, K. Okamoto, and Y. Ohmori, *Electron. Lett.* **32**, 755 (1996).

[50] C. C. Chang and A. M. Weiner, *IEEE J. Quantum Electron.* **33**, 1455 (1997).

[51] C. C. Chang, H. P. Sardesai, and A. M. Weiner, *Opt. Lett.* **23**, 283 (1998).

[52] S. Shen and A. M. Weiner, *IEEE Photon. Technol. Lett.* **11**, 827 (1999).

[53] T. Yamamoto, E. Yoshida, K. R. Tamura, K. Yonenaga, and M. Nakazawa, *IEEE Photon. Technol. Lett.* **12**, 353 (2000).

[54] F. Futami, K. Taira, K. Kikuchi, and A. Suzuki, *Electron. Lett.* **35**, 2221 (1999).

[55] M. D. Pelusi, F. Futami, K. Kikuchi, and A. Suzuki, *IEEE Photon. Technol. Lett.* **12**, 795 (2000).

[56] T. Yamamoto and M. Nakazawa, *Opt. Lett.* **26**, 647 (2001).

第4章 自相位调制

非线性光学介质中，介质的折射率与入射光的光强有关，这一现象可通过自相位调制（self-phase modulation，SPM）体现出来，它将导致光脉冲的频谱展宽[1~9]。自相位调制是自聚焦的时域类比，自聚焦是连续光束的光斑在 $n_2 > 0$ 的非线性介质中变小的现象。自相位调制最早是在1967年通过光脉冲在充满二硫化碳的盒中传输时的瞬态自聚焦观察到的[1]。1970年，利用皮秒脉冲观察到了固体和玻璃中的自相位调制。最早用来观察自相位调制的光纤的纤芯内充满了二硫化碳液体[7]，这项工作促使 Stolen 和 Lin 对石英纤芯光纤中的自相位调制进行了系统的研究[9]。作为光纤中非线性光学效应的一个简单例子，本章将讨论自相位调制效应。

4.1节 考虑忽略群速度色散效应的纯自相位调制的情形，强调自相位调制感应的频谱变化。

4.2节 讨论群速度色散效应对自相位调制的影响，并着重讨论自相位调制感应的频率啁啾。

4.3节 介绍两种解析方法，并用来近似求解非线性薛定谔方程。

4.4节 介绍高阶非线性效应，如自变陡及脉冲内喇曼散射等。

4.1 自相位调制感应频谱变化

光纤中自相位调制的一般描述需要对2.3节得出的脉冲传输方程(2.3.44)求数值解。对于脉宽 $T_0 > 5$ ps 的脉冲，可以用更简单的方程(2.3.46)。若群速度色散效应对自相位调制的影响可以忽略，则方程(2.3.46)中的 β_2 项可设为零，方程可进一步简化。在3.1节中，通过引入长度尺度 L_D 和 L_{NL}[见式(3.1.5)]，讨论了群速度色散可被忽略的条件。通常此条件为，脉冲宽度及峰值功率的选择应使 $L_D \gg L > L_{NL}$，这里 L 是光纤长度。式(3.1.7)表明，对于具有较高峰值功率的脉冲($P_0 > 1$ W)，若其脉宽相对较宽($T_0 > 50$ ps)，则群速度色散效应可以忽略。

4.1.1 非线性相移

利用式(3.1.3)定义的归一化振幅 $U(z, T)$，传输方程(3.1.4)在 $\beta_2 = 0$ 的极限条件下变为

$$\frac{\partial U}{\partial z} = \frac{\mathrm{i}e^{-\alpha z}}{L_{NL}} |U|^2 U \tag{4.1.1}$$

式中，α 代表光纤损耗，非线性长度 L_{NL} 定义为

$$L_{NL} = (\gamma P_0)^{-1} \tag{4.1.2}$$

式中，P_0 是峰值功率，γ 与非线性折射率系数 $\bar{n}_2$ 有关[见式(2.3.29)]。用 $U = V \exp(\mathrm{i}\phi_{NL})$ 进行代换，并令方程(4.1.1)两边的实部和虚部分别相等，则有

$$\frac{\partial V}{\partial z} = 0, \quad \frac{\partial \phi_{NL}}{\partial z} = \frac{e^{-\alpha z}}{L_{NL}} V^2 \tag{4.1.3}$$

由于振幅 V 不沿光纤长度 L 变化，因此直接对相位方程进行解析积分，可以得到通解为

$$U(L, T) = U(0, T) \exp[\mathrm{i}\phi_{\mathrm{NL}}(L, T)] \qquad (4.1.4)$$

式中，$U(0, T)$ 是 $z = 0$ 处的场振幅，且

$$\phi_{\mathrm{NL}}(L, T) = |U(0, T)|^2 (L_{\mathrm{eff}}/L_{\mathrm{NL}}) \qquad (4.1.5)$$

式中，长度为 L 的光纤的有效长度为

$$L_{\mathrm{eff}} = [1 - \exp(-\alpha L)]/\alpha \qquad (4.1.6)$$

式（4.1.4）表明，自相位调制产生与光强有关的相移，但脉冲形状不受影响。式（4.1.5）中的非线性相移 ϕ_{NL} 随光纤长度 L 的增大而增大。由于光纤的损耗，有效长度 L_{eff} 比实际光纤长度 L 小一些。当光纤无损耗时，即 $\alpha = 0$，则 $L_{\mathrm{eff}} = L$。最大相移 $\phi_{\max}$ 出现在脉冲的中心，即 $T = 0$ 处。因为 U 是归一化的，所以 $|U(0, 0)| = 1$，因而

$$\phi_{\max} = L_{\mathrm{eff}}/L_{\mathrm{NL}} = \gamma P_0 L_{\mathrm{eff}} \qquad (4.1.7)$$

非线性长度 L_{NL} 的物理意义可从式（4.1.7）看出，它是 $\phi_{\max} = 1$ 时的有效传输距离。若取 $1.55\ \mu\mathrm{m}$ 波长区的非线性参量的典型值 $\gamma = 2\ \mathrm{W}^{-1}/\mathrm{km}$，则当 $P_0 = 10\ \mathrm{mW}$ 时，$L_{\mathrm{NL}} = 50\ \mathrm{km}$；进一步增大 P_0，L_{NL} 反而减小。

自相位调制感应的频谱变化是 ϕ_{NL} 的时间相关性的直接结果，它可以这样理解：瞬时变化的相位意味着沿光脉冲有不同的瞬时光频率，距离中心频率 ω_0 的差值 $\delta\omega$ 为

$$\delta\omega(T) = -\frac{\partial\phi_{\mathrm{NL}}}{\partial T} = -\left(\frac{L_{\mathrm{eff}}}{L_{\mathrm{NL}}}\right)\frac{\partial}{\partial T}|U(0, T)|^2 \qquad (4.1.8)$$

式中，负号是由于式（2.3.2）中选取了因子 $\exp(-\mathrm{i}\omega_0 t)$ 的缘故。$\delta\omega$ 的时间相关性称为频率啁啾（frequency chirping）。这种由自相位调制感应的频率啁啾随传输距离的增大而增大，换句话说，当脉冲沿光纤传输时，新的频率分量在不断产生。对于无初始啁啾的脉冲，这些自相位调制产生的频率分量展宽了频谱，使之超过了 $z = 0$ 处无啁啾脉冲的初始频谱宽度。

频率啁啾的定性特性取决于脉冲的形状。例如，考虑由式（3.2.24）给定的入射场为 $U(0, T)$ 的超高斯脉冲的情形，对于这样的脉冲，自相位调制感应啁啾 $\delta\omega(T)$ 为

$$\delta\omega(T) = \frac{2m}{T_0}\frac{L_{\mathrm{eff}}}{L_{\mathrm{NL}}}\left(\frac{T}{T_0}\right)^{2m-1}\exp\left[-\left(\frac{T}{T_0}\right)^{2m}\right] \qquad (4.1.9)$$

式中，$m = 1$ 则对应于高斯脉冲。对于较大的 m 值，入射脉冲的前后沿变得很陡，脉冲近似为矩形。图 4.1 给出了高斯脉冲（$m = 1$）和超高斯脉冲（$m = 3$）在 $L_{\mathrm{eff}} = L_{\mathrm{NL}}$ 时的非线性相移 ϕ_{NL} 及自相位调制感应频率啁啾 $\delta\omega$ 沿脉冲的变化。由于式（4.1.5）中的 ϕ_{NL} 正比于 $|U(0, T)|^2$，那么 ϕ_{NL} 的瞬时变化恒等于脉冲强度的瞬时变化。

图 4.1（b）所示的自相位调制感应啁啾 $\delta\omega$ 有几个有趣的特点：首先，$\delta\omega$ 在脉冲前沿附近是负的（红移），而在脉冲后沿附近则变为正的（蓝移）；其次，在高斯脉冲一个较大的中央区域内，啁啾是线性的且是正的（上啁啾）；第三，对于有较陡前后沿的脉冲，其啁啾显著增大；第四，与高斯脉冲不同，超高斯脉冲的啁啾仅发生在脉冲沿附近且不是线性变化的。主要一点是，啁啾沿光脉冲的变化在很大程度上取决于脉冲的确切形状。

4.1.2　脉冲频谱的变化

自相位调制感应频率啁啾可以使频谱展宽，也可以使频谱变窄，这取决于入射脉冲的啁啾方式。若入射脉冲是无啁啾的，则自相位调制总是导致频谱展宽。首先考虑这种情况。

从图 4.1 中的 $\delta\omega$ 峰值可估计出自相位调制感应频谱展宽的大小，更准确地说，可由式 (4.1.9) 求得 $\delta\omega$ 的最大值。令 $\delta\omega(T)$ 的时间导数为零，就可以得到最大值为

$$\delta\omega_{\max} = \frac{m\,f(m)}{T_0}\phi_{\max} \tag{4.1.10}$$

式中，$\phi_{\max}$ 由式 (4.1.7) 给出；$f(m)$ 定义为

$$f(m) = 2\left(1 - \frac{1}{2m}\right)^{1-1/2m}\exp\left[-\left(1 - \frac{1}{2m}\right)\right] \tag{4.1.11}$$

f 的数值仅仅随 m 的改变而稍有变化。当 $m=1$ 时，$f=0.86$，对于较大的 m 值，f 趋于 0.74。为了得出频谱展宽因子，需要知道脉宽 T_0 与初始谱宽 $\Delta\omega_0$ 的关系。对于无啁啾高斯脉冲，由式 (3.2.17) 可知，$\Delta\omega_0 = T_0^{-1}$，这里 $\Delta\omega_0$ 是 $1/e$ 半宽度。则 $m=1$ 时的式 (4.1.10) 变为

$$\delta\omega_{\max} = 0.86\,\Delta\omega_0\phi_{\max} \tag{4.1.12}$$

它表明频谱展宽因子近似由最大相移 $\phi_{\max}$ 的数值给定。

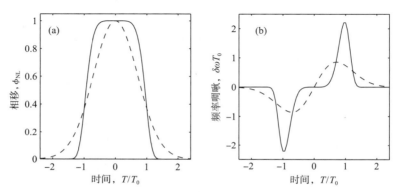

图 4.1　由自相位调制感应的高斯（虚线）和超高斯（实线）脉冲的（a）相移 ϕ_{NL} 和（b）频率啁啾 $\delta\omega$

对于超高斯脉冲，因为其频谱不是高斯形的，所以 $\Delta\omega_0$ 很难估计。但是，如果由式 (3.2.24) 得到上升时间 $T_r = T_0/m$，并假设 $\Delta\omega_0$ 近似等于 T_r^{-1}，那么式 (4.1.10) 表明超高斯脉冲的展宽因子仍近似由 $\phi_{\max}$ 给出。因为对于强脉冲或长光纤，$\phi_{\max}$ 趋于 100 是可以实现的，所以自相位调制可使频谱极大展宽。对于较强的超短脉冲，特别是当自相位调制同时伴随着其他非线性过程，如受激喇曼散射和四波混频时，脉冲频谱可展宽到 100 THz 甚至更多，这种极端的频谱展宽有时称为超连续谱产生（supercontinuum generation）[4]。

脉冲频谱 $S(\omega)$ 的实际形状可通过对式 (4.1.4) 进行傅里叶变换，并利用 $S(\omega) = |\tilde{U}(L,\omega)|^2$ 得到

$$S(\omega) = \left|\int_{-\infty}^{\infty} U(0,T)\exp[\,\mathrm{i}\phi_{\mathrm{NL}}(L,T) + \mathrm{i}(\omega - \omega_0)T\,]\mathrm{d}T\right|^2 \tag{4.1.13}$$

通常，脉冲频谱不仅依赖于脉冲的形状，而且与脉冲的初始啁啾有关。图 4.2 给出了最大相移 $\phi_{\max}$ 取不同值时无啁啾高斯脉冲的频谱。对于给定的光纤长度，由式 (4.1.7) 可知，$\phi_{\max}$ 随峰值功率 P_0 线性增大，这样图 4.2 中的频谱演化可通过增加峰值功率由实验观察到。图 4.3 给出了氩离子激光器发射的近高斯脉冲（$T_0 \approx 90$ ps）经芯径为 3.35 μm（参量 $V = 2.53$）的光纤传输 99 m 后，实验观察到的频谱[9]，频谱上标明了相应的 $\phi_{\max}$ 值，以便于和图 4.2 的计算频谱

比较。实验测得的频谱表现出不对称性，这是入射脉冲形状的不对称性造成的[9]。不过总体上讲，理论与实验还是符合得相当好。

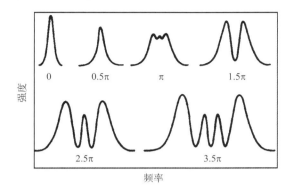

图 4.2　无啁啾高斯脉冲的自相位调制展宽频谱，图中标出了
脉冲峰值处的最大相移ϕ_{max}[9]（©1978 美国物理学会）

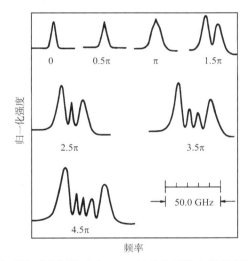

图 4.3　实验观察到的近高斯脉冲在 99 m 长的光纤输出端的频谱，每条频谱下面
标出了随峰值功率线性变化的最大相移ϕ_{max}[9]（©1978 美国物理学会）

图 4.2 和图 4.3 最显著的特征是，自相位调制感应频谱展宽在整个频率范围内伴随着振荡结构。通常，频谱由许多峰组成，且最外面的峰强度最大，峰的个数取决于ϕ_{max}且随之线性增加。振荡结构的起因可参考图 4.1 来理解，图 4.1 给出了自相位调制感应频率啁啾的时间相关性。通常，同样大小的啁啾出现在两个不同的T值处，这表明脉冲在这两个不同点有相同的瞬时频率。定性地说，这两点代表具有相同频率但不同相位的两个波，根据它们的相对相位差可发生相长或相消干涉，脉冲频谱的多峰结构正是由于这种干涉造成的[1]。从数学意义上讲，对于式（4.1.13）中的傅里叶积分，具有相同啁啾的两个T值处的贡献是主要的。由于这些贡献是复数量，其结果可能同相相长，也可能反相相消。实际上，可以用稳相法来得出适合于较大ϕ_{max}值的$S(\omega)$的解析表达式。该表达式表明，在自相位调制展宽的频谱中，峰的个数M近似由如下关系式给定[3]：

$$\phi_{max} \approx \left(M - \frac{1}{2}\right)\pi \qquad (4.1.14)$$

式(4.1.12)和式(4.1.14)可用来估计自相位调制感应的频谱展宽的程度[6]。为更精确地量度频谱展宽，必须利用均方根谱宽 $\Delta\omega_{\mathrm{rms}}$，其定义为

$$\Delta\omega_{\mathrm{rms}}^2 = \langle(\omega - \omega_0)^2\rangle - \langle(\omega - \omega_0)\rangle^2 \tag{4.1.15}$$

式中，角括号表示在由式(4.1.13)给定的自相位调制展宽频谱上的平均，更明确地说，

$$\langle(\omega - \omega_0)^n\rangle = \frac{\int_{-\infty}^{\infty}(\omega - \omega_0)^n S(\omega)\mathrm{d}\omega}{\int_{-\infty}^{\infty} S(\omega)\mathrm{d}\omega} \tag{4.1.16}$$

利用类似于 3.3 节给出的过程 可得到高斯脉冲的频谱展宽因子[10]

$$\frac{\Delta\omega_{\mathrm{rms}}}{\Delta\omega_0} = \left(1 + \frac{4}{3\sqrt{3}}\phi_{\mathrm{max}}^2\right)^{1/2} \tag{4.1.17}$$

式中，$\Delta\omega_0$ 是脉冲的初始均方根谱宽。

4.1.3　脉冲形状和初始啁啾的影响

如前面所述，若入射脉冲带有啁啾，则自相位调制展宽频谱的形状取决于入射脉冲的形状及初始啁啾[11~13]。图 4.4 比较了高斯脉冲($m = 1$)和超高斯脉冲($m = 2$)的频谱在 $50L_{\mathrm{NL}}$ 长度上的演化过程，它是将式(3.2.24)代入式(4.1.13)并进行数值积分得到的。在这两种情形下，都假定脉冲是无啁啾的($C = 0$)，光纤损耗忽略不计($\alpha = 0$)。两频谱之间的定性差别可参考图 4.1 来理解，图 4.1 给出了高斯和超高斯脉冲的自相位调制感应频率啁啾。对于超高斯脉冲，其频谱范围大约是高斯频谱的 3 倍，因为由式(4.1.10)给定的超高斯脉冲的最大啁啾大约是高斯脉冲的 3 倍。尽管图 4.4 中的两频谱都呈现出了多峰结构，但对于超高斯脉冲来说，大部分能量仍保留在中央峰内，这是由于在 $|T| < T_0$ 时超高斯脉冲有近乎均匀的光强，结果图 4.1 中央区域的啁啾几乎为零。图 4.4 中频谱演化的三角形形状意味着自相位调制感应的频谱展宽随距离线性增加。

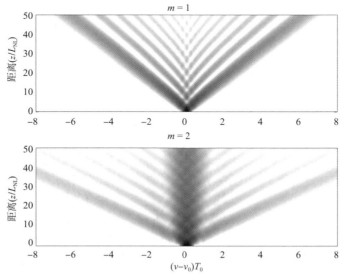

图 4.4　对于无啁啾($C = 0$)高斯($m = 1$)和超高斯($m = 2$)脉冲，当光纤长度在 $0 \sim 50L_{\mathrm{NL}}$ 变化时自相位调制感应的频谱展宽。频谱密度的灰度范围为 20 dB

　　初始频率啁啾也能导致自相位调制展宽脉冲频谱的急剧变化,图 4.5 对此进行了说明,它给出了 $\phi_{max} = 4.5\pi$ 时具有正、负啁啾参量 C 的高斯脉冲的频谱,显然啁啾参量的符号起关键作用。$C > 0$ 时,频谱展宽增大,同时振荡结构变得不很明显,如图 4.5(b)所示;但是,正如图 4.5(c)和图 4.5(d)清楚表明的那样,自相位调制会使负啁啾脉冲的频谱窄化(spectral narrowing)。当 $C = -20$ 时,频谱有一个中央主峰,并随 C 的减小而进一步变窄。这一特征可以由式(4.1.10)来理解,自相位调制感应频率啁啾在高斯脉冲的中央部分是线性的且是正的(随 T 的增加频率也增大),图 4.1 表明了这一点。当 $C > 0$ 时,它与初始啁啾叠加,导致振荡结构增强。当 $C < 0$ 时,除了脉冲沿附近,两啁啾的符号相反,结果使净啁啾减小。如果在高斯脉冲中心附近采用近似 $\phi_{NL}(t) \approx \phi_{max}(1 - t^2/T_0^2)$,则 $C = -2\phi_{max}$ 时自相位调制感应的频率啁啾就几乎被抵消掉。这一近似关系为在给定的 ϕ_{max} 值下得到最窄频谱提供了粗略估算 C 值的方法。

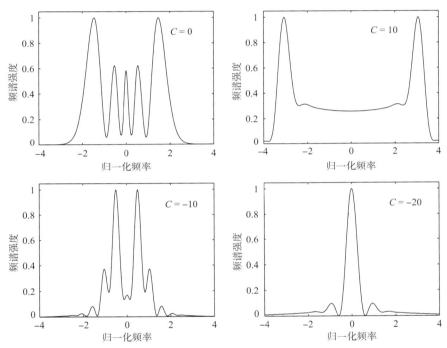

图 4.5　光纤长度和峰值功率满足 $\phi_{max} = 4.5\pi$ 且啁啾参量取不同值时高斯脉冲的输出频谱。与输入脉冲相比,$C > 0$ 时频谱变宽而 $C < 0$ 时频谱变窄

　　自相位调制感应的脉冲频谱窄化现象已在实验中观察到[11~13]。在 1993 年的一个实验中[11],工作在 0.8 μm 附近的锁模钛宝石激光器发出的 100 fs 脉冲在进入 48 cm 长的光纤之前用一棱镜对使脉冲产生啁啾。当峰值功率较低时,输入脉冲 10.6 nm 的谱宽几乎不变;但随着峰值功率的增大,谱宽逐渐变窄;当峰值功率为 1.6 kW 时,谱宽减到 3.1 nm。对于一定的峰值功率,输出谱宽也随光纤长度变化。当峰值功率为 1 kW 时,谱宽在光纤长为 28 cm 时达到最小值 2.7 nm,而对于更长的光纤,频谱再次被展宽。在 2000 年的一个实验中[12],当 110 fs 的负啁啾脉冲通过 50 cm 长的光纤时,频谱从 8.4 nm 压缩到 2.4 nm。图 4.6 给出了在不同平均功率下测量到的脉冲频谱。利用 FROG(frequency-resolved optical gating,频率分辨光学门)方法证明,压缩频谱脉冲的相位沿整个脉冲包络确实保持不变。若适当调节峰值功率,这一特性可导致变换极限脉冲的形成。对实验数据的定量模拟则需考虑群速度色散效应,这部分内容将在 4.2 节中讨论。

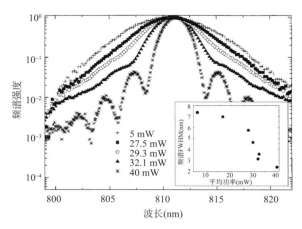

图 4.6　当 110 fs 的负啁啾脉冲通过 50 cm 长的光纤时观察到的输出频谱，插图
给出了频谱的半极大全宽度（FWHM）随平均功率的变化[12]（©2000 OSA）

4.1.4　部分相干效应

　　前面讨论的自相位调制感应的频谱变化仅对光脉冲才能够产生，因为从式(4.1.5)可以看到，非线性相移体现了脉冲形状在时域的变化。确实，对于连续波辐射，自相位调制感应啁啾[见式(4.1.8)]为零，这意味着连续光束在光纤中不发生任何频谱展宽，可是，这一结论的基础是假设入射光场是完全相干的。实际上，所有光束都是部分相干的，而激光束的相干度足够高，在大部分实际情况中部分相干的影响都可以忽略。例如，只要激光束的相干时间 T_c 远大于脉冲宽度 T_0，自相位调制感应的光脉冲的频谱展宽就几乎不受激光光源的部分时间相干的影响。

　　当相干时间比脉冲宽度更短时，必须考虑部分相干的影响[14~21]。当连续光束在光纤中传输时，自相位调制也能导致频谱展宽，这种展宽的物理原因可以这样理解：部分相干光的强度和相位存在起伏，自相位调制将强度的起伏转变成附加的相位起伏[见式(4.1.5)]，并使频谱展宽。或者说，当连续光束在光纤中传输时，自相位调制不断减小相干时间 T_c，使其相干性越来越低。

　　光纤输出端部分相干光的频谱可由维纳-辛钦（Wiener-Khintchine）定理得到[22]：

$$S(\omega) = \int_{-\infty}^{\infty} \Gamma(z, \tau) \exp(\mathrm{i}\omega\tau) \mathrm{d}\tau \tag{4.1.18}$$

式中，相干函数 $\Gamma(z, \tau)$ 定义为

$$\Gamma(z, \tau) = \langle U^*(z, T) U(z, T + \tau) \rangle \tag{4.1.19}$$

光纤中距离 z 处的光场 $U(z, T)$ 由式(4.1.4)给出，角括号表示对整个入射光场 $U(0, T)$ 起伏的总体平均。$U(0, T)$ 的统计特性取决于光源，对激光光源和非激光光源一般有很大不同。

　　对于热源来说，$U(0, T)$ 的实部和虚部均为高斯分布，式(4.1.19)的平均可解析求出。尽管通常在非线性光学实验中用到的激光光源与热源相差甚远，但考虑热场的情形仍具有指导意义。在这种特殊情形下，式(4.1.19)中的相干函数可按下式演化[15]：

$$\Gamma(Z, \tau) = \Gamma(0, \tau)[1 + Z^2(1 - |\Gamma(0, \tau)|^2)]^{-2} \tag{4.1.20}$$

式中，$Z = L_{\mathrm{eff}}/L_{\mathrm{NL}}$ 是归一化传输距离。对于完全相干场，$\Gamma(0, \tau) = 1$。式(4.1.20)表明，这样的场在光纤中传输时能保持完全相干特性；与之相反，部分相干场在光纤中传输时其相干性逐渐降低。这种相干性劣化可理解为自相位调制将强度起伏转变成附加的相位起伏，从而使相干性降低。

将式(4.1.20)代入式(4.1.18)中可以得到频谱。对于一些特殊情形，积分可解析求出[14]，但一般需要数值方法赋值(例如用 FFT 算法)。作为一个例子，图 4.7 给出了当输入相干函数是高斯形时，即

$$\Gamma(0, \tau) = \exp[-\tau^2/(2T_c^2)] \qquad (4.1.21)$$

其在几个不同传输距离处的频谱，式中 T_c 是入射场的相干时间。正如所预期的，相干时间伴随着自相位调制感应的频谱展宽而缩短。在光传输的距离等于非线性长度 L_{NL} 之前，频谱几乎没有展宽，但是在 $10L_{NL}$ 的距离上，频谱展宽了很多倍。与图 4.2 所示的完全相干脉冲的情形比较，其频谱形状有根本的区别，特别值得注意的是未出现多峰结构。

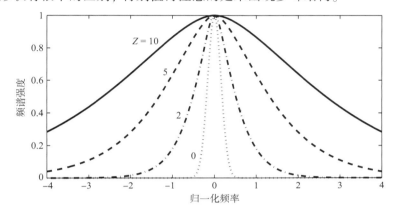

图 4.7　对不同的 Z 值，部分相干连续光的自相位调制感应
的频谱展宽，标识 $Z = 0$ 的曲线表示输入高斯频谱

人们也许会问，自相位调制感应的光脉冲的频谱展宽是如何受光源的部分相干性的影响的。数值模拟表明，当相干时间与脉冲宽度相当或小于脉冲宽度时，图 4.2 中的多峰结构的每一个峰开始展宽，结果原来分立的峰开始融合在一起。对于相干时间非常短的极限情况，多峰结构完全消失，频谱展宽的特征与图 4.7 所示的相似。使用受激喇曼散射(见第 8 章)作为部分相干光的源[16]，已在 1991 年的一个实验中首次观察到自相位调制感应的相干性劣化及相关的频谱展宽。在该实验中，输出脉冲的相干时间低于原值的 2/5。

4.2　群速度色散的影响

4.1 节讨论的自相位调制效应真实地描述了脉冲在光纤中的传输行为，但它只适用于脉宽较大($T_0 > 50$ ps)的脉冲，即脉冲的色散长度 L_D 较光纤长度 L 及非线性长度 L_{NL} 大得多。当脉冲变短并且其色散长度与光纤长度相当时，就需要考虑群速度色散和自相位调制的联合作用[8]。群速度色散和自相位调制之间的互作用产生了一些新的特点：在光纤的反常色散区，这两种现象共同作用的结果导致了光纤中光孤子的形成，有关这方面的内容将在第 5 章中讨论。在光纤的正常色散区，自相位调制和群速度色散的联合作用已在光脉冲压缩方面得到了应用。本节将在同时考虑自相位调制和群速度色散效应的情况下，讨论它们对脉冲形状和频谱的影响[23~34]。

4.2.1　脉冲演化

出发点是非线性薛定谔方程(2.3.46)或方程(3.1.4)，后者能写成如下归一化的形式：

$$i\frac{\partial U}{\partial \xi} = \text{sgn}(\beta_2)\frac{1}{2}\frac{\partial^2 U}{\partial \tau^2} - N^2 e^{-\alpha z}|U|^2 U \qquad (4.2.1)$$

式中，ξ 和 τ 分别为归一化距离变量和时间变量，定义为

$$\xi = z/L_D, \quad \tau = T/T_0 \tag{4.2.2}$$

参量 N 定义为

$$N^2 = \frac{L_D}{L_{NL}} \equiv \frac{\gamma P_0 T_0^2}{|\beta_2|} \tag{4.2.3}$$

N 的物理意义在第 5 章中将更为明了，这一无量纲参量的实际意义是，对于某一特定的 N 值，得出的方程(4.2.1)的解适用于多种实际情形，这可以通过式(4.2.3)来换算。例如，若选取 $T_0 = 1$ ps，$P_0 = 1$ W 时满足 $N = 1$，则当 $T_0 = 10$ ps，$P_0 = 10$ mW 或 $T_0 = 0.1$ ps，$P_0 = 100$ W 时，由式(4.2.3)知亦有 $N = 1$。由式(4.2.3)易知，N 决定着在脉冲演化过程中究竟是自相位调制还是群速度色散效应起主要作用。当 $N \ll 1$ 时，群速度色散起主要作用；而当 $N \gg 1$ 时，则自相位调制起主要作用；当 $N \approx 1$ 时，群速度色散和自相位调制起同样重要的作用。在方程(4.2.1)中，$\mathrm{sgn}(\beta_2) = +1$ 还是 -1 取决于群速度色散是正值($\beta_2 > 0$)还是负值($\beta_2 < 0$)。2.4.1 节中的分步傅里叶法能用来数值求解方程(4.2.1)。

图 4.8 给出了在光纤的正常色散区，无初始啁啾高斯脉冲的脉冲形状和频谱在 $N = 1$，$\alpha = 0$ 的情况下的演化过程。其定性行为与群速度色散或自相位调制单独作用的结果有明显的差异，特别是，与 $N = 0$(无自相位调制效应)的情形相比，脉冲展宽速度要快得多。这可以通过自相位调制产生的在脉冲前沿附近红移而在后沿附近蓝移的新的频率分量来理解：由于在正常色散区内，红移分量比蓝移分量传输得快，因此与仅由群速度色散感应的脉冲展宽相比，自相位调制导致脉冲展宽的速度加快；其次，由于此时自相位调制感应的相移 ϕ_{NL} 小于脉冲形状保持不变时的相移，它反过来也影响频谱展宽。确实，在不考虑群速度色散效应，且 $z = 5L_D$，$\phi_{max} = 5$ 时，预计会出现两个谱峰，而在图 4.8 中，当 $z/L_D = 5$ 时只有一个谱峰，这表明由于脉冲展宽使有效 ϕ_{max} 小于 π。

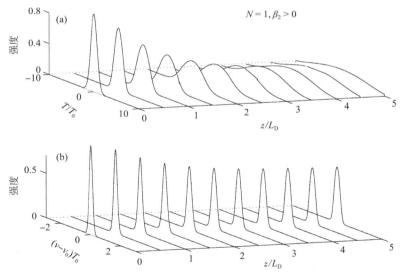

图 4.8　参量 $N = 1$ 的无初始啁啾高斯脉冲在光纤的正常色散区($\beta_2 > 0$)
传输时，在 $z = 5L_D$ 时的(a)脉冲形状和(b)频谱的演化

若脉冲在光纤的反常色散区传输，情况就不同了。图 4.9 给出了除群速度色散参量符号反相以外($\beta_2 < 0$)，其余条件与图 4.8 中的相同的情况下脉冲的形状和频谱。开始时脉冲的展宽

速度远小于无自相位调制的情形，而当 $z>4L_D$ 时基本达到了稳定态，同时频谱窄化，而不是预期的在无群速度色散时自相位调制感应的频谱展宽。这一行为可通过式(4.1.9)给定的自相位调制感应啁啾是正的，而 $\beta_2<0$ 时由式(3.2.14)给出的色散感应啁啾是负的来理解。当 $L_D=L_{NL}$（$N=1$）时，这两种啁啾的贡献在高斯脉冲的中心附近基本上相互抵消了。脉冲在传输过程中通过调整自身形状，尽可能使这两种相反的啁啾完全抵消。这样，群速度色散和自相位调制共同作用来维持无啁啾脉冲。上述情形对应孤子的演化过程，高斯脉冲的最初展宽是由于高斯曲线并非基阶孤子的特征形状。事实的确如此，若把输入脉冲选为双曲正割形[见 $C=0$ 时的式(3.2.22)]，则脉冲在传输过程中其形状和频谱均保持不变。当输入脉冲形状偏离双曲正割形时，群速度色散和自相位调制的联合作用使脉冲整形，演化成图 4.9 所示的双曲正割脉冲，有关这方面的问题将在第 5 章中详细讨论。

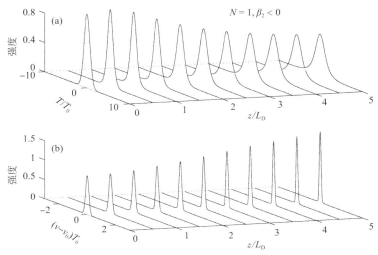

图 4.9　与图 4.8 有相同条件的高斯脉冲在光纤的反常色散
区($\beta_2<0$)传输时,其(a) 脉冲形状和(b) 频谱的演化

4.2.2　展宽因子

图 4.8 和图 4.9 表明，自相位调制的主要作用是改变了仅由群速度色散感应的脉冲展宽的速度。图 4.10 所示为 $N=1$ 的无啁啾高斯脉冲在光纤中传输时，脉冲展宽因子 σ/σ_0 随 z/L_D 的变化关系，这里 σ 是由式(3.2.26)定义的脉冲均方根宽度，σ_0 是其初始值。为了便于比较，图中用虚线给出了不考虑自相位调制效应($N=0$)时的展宽因子。由图可见，自相位调制在正常色散区加快了脉冲展宽速度，而在反常色散区则减慢了脉冲展宽速度。当 $\beta_2<0$ 时，脉冲展宽速度的减慢对于采用零色散波长在 1.3 μm 附近的标准光纤传输和 $\beta_2 \approx -20\ \mathrm{ps^2/km}$ 的 1.55 μm 光通信系统是有利的。这种系统的性能受色散的限制，对于 $C=-5$ 的啁啾脉冲，其比特率-距离积一般小于 100 Gbps·km。现已证明[29]，把入射脉冲的峰值功率提高到 20～30 mW，比特率-距离积几乎能提高一倍，这是由于在 $\beta_2<0$ 的情况下，自相位调制使脉冲窄化(见图 4.9)的结果。

为研究群速度色散和自相位调制的联合效应，通常需要对方程(4.2.1)求数值解。然而，即便是脉冲宽度的近似解析式，对于了解脉冲展宽速度与各物理参量的函数关系也是有益的。现在已有几种方法对方程(4.2.1)求近似解[35～42]，其中变分法早在 1983 年就已用到[35]，另一种所谓的矩方法(moment method)[40～42]也成功用于求解方程(4.2.1)。这两种方法将在4.3 节中讨论，它们假设脉冲在光纤中传输时能够保持一定形状，尽管其振幅、相位、宽度和

啁啾随传输距离 z 变化。矩方法的一个变形是将光纤损耗的影响考虑在内，这样不仅可以预测脉冲宽度，而且还能够预测频谱宽度和频率啁啾[41]。

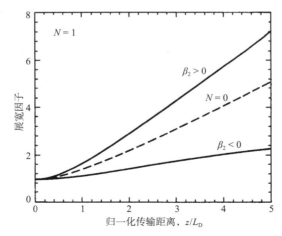

图 4.10　正常（$\beta_2 > 0$）和反常（$\beta_2 < 0$）群速度色散情况下高斯脉冲的展宽因子，在这两种情况下 N 均为 1，虚线表示无自相位调制（$N = 0$）的情况

另一种不同的方法是[38]，首先在忽略群速度色散效应的条件下求解非线性薛定谔方程，把所得结果作为初始条件，再对忽略自相位调制效应下的方程（4.2.1）求解。此方法类似于 2.4 节中的分步傅里叶法，只不过其步长等于光纤长度。均方根脉宽可按 3.3 节中讨论的方法解析求出，当无啁啾高斯脉冲在长度为 L 的光纤的输入端入射时，其展宽因子为[38]

$$\frac{\sigma}{\sigma_0} = \left[1 + \sqrt{2}\phi_{\max}\frac{L}{L_{\mathrm{D}}} + \left(1 + \frac{4}{3\sqrt{3}}\phi_{\max}^2 \right)\frac{L^2}{L_{\mathrm{D}}^2} \right]^{1/2} \qquad (4.2.4)$$

式中，$\phi_{\max}$ 为式（4.1.7）给出的自相位调制感应的最大相移。此表达式对于 $\phi_{\max} < 1$ 的情形相当精确。

还有一种方法是对方程（4.2.1）在频域中求解[39]。这种谱方法表明，自相位调制可被视为四波混频过程[25]，在此过程中两个泵浦光子湮灭，产生了两个频率分别向蓝端和红端位移的光子，这些新产生的频谱分量导致了自相位调制感应的脉冲频谱展宽。自相位调制频谱的振荡结构是由四波混频的相位匹配要求造成的（见第 10 章）。尽管描述频谱分量演化的方程通常需要数值求解，但若假设脉冲形状不发生显著变化，在一些情形下也能解析求解。

4.2.3　光波分裂

方程（4.2.1）表明，当 $N \gg 1$ 时，自相位调制相对群速度色散占主导地位，至少在脉冲演化的初期是这样的。实际上，通过引入一个新的长度量 $Z = N^2\xi = z/L_{\mathrm{NL}}$，方程（4.2.1）可以写为

$$\mathrm{i}\frac{\partial U}{\partial Z} - \frac{d}{2}\frac{\partial^2 U}{\partial \tau^2} + |U|^2 U = 0 \qquad (4.2.5)$$

这里光纤损耗忽略不计，$d = \beta_2/(\gamma P_0 T_0^2)$ 是一个小参量。利用变换

$$U(z, T) = \sqrt{\rho(z, T)}\exp\left(\mathrm{i}\int_0^T v(z, T)\mathrm{d}T \right) \qquad (4.2.6)$$

方程（4.2.5）描述的脉冲传输问题近似简化为流体动力学问题，变量 ρ 和 v 分别相当于流体密度和速度[43]，在光学范畴，这些变量代表脉冲的功率和啁啾分布。对于方形脉冲，脉冲传输问

题完全等同为一个与"溃坝"有关的问题，并可以用解析方法求解。这个解对采用非归零（non-return-to-zero，NRZ）码格式的光波系统非常有用，它能提供相当丰富的物理图像[44~46]。

近似解尽管比较有用，但不能用它解释光波分裂（optical wave breaking）现象[47~53]。可以证明，即使 N 很大，群速度色散也不能作为微扰处理，其原因是，由于大量的自相位调制感应频率啁啾作用于脉冲，即使较弱的色散效应也会引起显著的脉冲整形。在正常色散（$\beta_2 > 0$）情形下，脉冲的前后沿变陡，近似为矩形，同时在整个宽度上伴随着线性啁啾[23]，而正是此线性啁啾，使脉冲在通过色散延迟线时得到压缩。

群速度色散感应的脉冲整形在脉冲演化中有另外的作用。由于方程（4.2.1）中的二阶导数在脉冲沿附近变大，群速度色散感应脉冲整形增加了群速度色散的重要性，结果脉冲在其前后沿附近演化成精细结构。图4.11 给出了 $N = 30$ 时无初始啁啾高斯脉冲在时域和频域的演化过程，振荡结构在 $z/L_D = 0.06$ 处就已在脉冲沿附近出现了。随着 z 的进一步增大，引起了脉冲尾部的展宽。振荡结构在很大程度上取决于脉冲形状，图4.12 给出了无啁啾双曲正割脉冲在 $z/L_D = 0.08$ 处的脉冲形状和频谱。一个明显的特征是脉冲沿附近的快速振荡总是伴随着频谱中的边带。频谱的中央多峰结构也因群速度色散而有相当大的改变，尤其是谷底没有自相位调制单独作用时那样深。

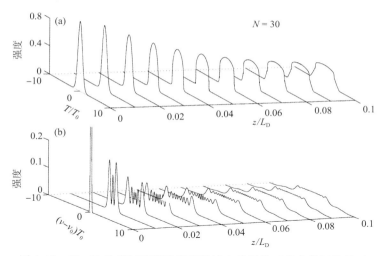

图 4.11　$N = 30$ 的无初始啁啾高斯脉冲在光纤的正常色散区传输时，在传输距离 $z = 0.1L_D$ 上的（a）时域和（b）频域演化

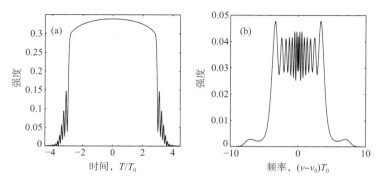

图 4.12　$N = 30$ 的无初始啁啾双曲正割脉冲在 $z = 0.08L_D$ 处的（a）形状和（b）频谱，脉冲沿附近的频谱边带和时域中的精细结构是光波分裂的结果

脉冲沿附近时域振荡的物理起因与光波分裂现象有关[47]。当脉冲在光纤中传输时，群速度色散和自相位调制都使脉冲产生了频率啁啾，但从式（3.2.14）和式（4.1.9）可以看到，尽管群速度色散感应啁啾在时间上是线性的，但自相位调制感应啁啾沿整个脉冲却远非线性的。由于复合啁啾的非线性特性，脉冲的不同部分以不同的速度传输[52]，特别是在正常色散区（$\beta_2 > 0$），脉冲前沿附近的红移光传输较快，超越了脉冲向前的尾部的非红移光；脉冲后沿附近的蓝移光则正好相反。在这两种情形下，脉冲前后沿附近各包含了两种不同频率的光，它们之间发生干涉，图4.11中脉冲前后沿附近的振荡正是这种干涉的结果。

光波分裂现象也可理解为四波混频过程（见第10章）。在脉冲的尾部，两个不同频率ω_1和ω_2的非线性混频产生了两个新的频率，分别为$2\omega_1 - \omega_2$和$2\omega_2 - \omega_1$，图4.12中的频谱边带就代表了这些新的频率分量，脉冲前后沿附近的时域振荡和频谱边带是同一现象的不同表现形式。值得注意的是，在反常群速度色散区不发生光波分裂，原因是脉冲的红移部分赶不上快速移动的向前的尾部，反而是脉冲尾部的能量发散，从而产生一个基座[52]。

图4.11和图4.12中的结果是在脉冲无初始啁啾（$C = 0$）的前提下给出的，但从实际激光光源发射的脉冲常常是带啁啾的，而啁啾参量C的符号和大小的不同会导致截然不同的演化图样[49]。图4.13给出了$N = 30$，$C = -20$的啁啾高斯脉冲的形状和频谱。与图4.12相比，图4.13中的脉冲形状和频谱有了显著不同，表明初始啁啾能在很大程度上改变脉冲的传输特性。对于一个初始啁啾脉冲，其形状近似变成三角形而非矩形，同时频谱的两个边翼中出现振荡结构，而中央类似于自相位调制的频谱结构（对于无啁啾脉冲的情况见图4.12）已基本消失。脉冲形状和频谱的这些变化可以定性地理解为初始正啁啾与自相位调制感应啁啾叠加的结果，因而对于啁啾脉冲，提前发生光波分裂。脉冲演化对光纤损耗也很敏感，为在理论和实验方面进行切合实际的比较，在数值模拟中需同时考虑啁啾和损耗。

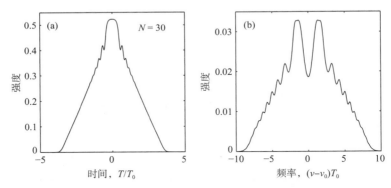

图4.13　啁啾参量$C = -20$的高斯脉冲在$z = 0.08L_D$处的
（a）形状和（b）频谱，输入峰值功率对应$N = 30$

4.2.4　实验结果

光纤中群速度色散和自相位调制的联合效应最早是通过将锁模染料激光器发射的波长为587 nm、脉宽（指的是FWHM）为5.5 ps的激光脉冲在光纤中传输70 m的实验中观察到的[23]。对于峰值功率为10 W（$N \approx 7$）的输入脉冲，输出脉冲近似为矩形且有正的线性啁啾。由于脉冲太短无法直接测量，脉冲形状是由自相关测量结果推测出来的（见3.3.4节）。在后来的实验中[26]，将工作在1.06 μm波长的Nd:YAG激光器发射的宽得多（FWHM ≈ 150 ps）的脉冲在光纤中传输了20 km。当输入脉冲的峰值功率从1 W增加到40 W时（对应的N值范围为20～150），输出脉冲被展宽,变得近似为矩形,然后在其前后沿附近出现了亚结构,其演化图样与图4.11类似。对于如此长的光纤,就需要考虑光纤损耗的影响,实验结果确实与方程(4.2.1)的预期非常一致。

　　光波分裂的证据可从下面的实验中看出[47],倍频 Nd:YAG 激光器发射的波长为 532 nm、峰值功率为 235 W 的 35 ps(指的是 FWHM)脉冲,经保偏光纤传输了 93.5 m。图4.14给出了实验观察到的输出脉冲的频谱,尽管在此实验中 $N \approx 173$,输出脉冲的频谱与图4.12所示频谱之间在形式上的相似性还是显而易见的。实际上,光波分裂现象是在试图解释图4.14中的边带时发现的。在1988年的一个实验中[50],用条纹相机和摄谱仪结合起来直接测量脉冲的频率啁啾,发现光波分裂的频谱边带确实和脉冲前后沿附近新频率的产生有关。在后来的实验中[51],用具有亚皮秒分辨率的互相关技术直接观察到光脉冲前后沿的快速振荡,实验结果与方程(4.2.1)的预期极为一致。

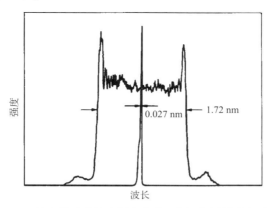

图4.14　35 ps 输入脉冲的输出频谱表明,自相位调制感应了频谱展宽,
为方便比较,还给出了初始脉冲频谱[47](© 1985 OSA)

4.2.5　三阶色散效应

　　若光波波长 λ_0 在零色散波长 λ_D 附近,则 $\beta_2 \approx 0$,这时必须将三阶色散效应对自相位调制感应频谱展宽的影响考虑在内[54~63]。令方程(2.3.43)中的 $\beta_2 = 0$,并忽略高阶非线性项就得到了其对应的传输方程。若通过式(3.3.6)引入色散长度 L_D',并定义归一化距离 $\xi' = z/L_D'$,可得

$$i \frac{\partial U}{\partial \xi'} = \text{sgn}(\beta_3) \frac{i}{6} \frac{\partial^3 U}{\partial \tau^3} - \bar{N}^2 e^{-\alpha z} |U|^2 U \tag{4.2.7}$$

式中,

$$\bar{N}^2 = \frac{L_D'}{L_{NL}} = \frac{\gamma P_0 T_0^3}{|\beta_3|} \tag{4.2.8}$$

与方程(4.2.1)相似,参量 $\bar{N}$ 决定了脉冲演化过程中三阶色散和自相位调制效应哪个更重要。当 $\bar{N} \ll 1$ 时,三阶色散起主要作用,而当 $\bar{N} \gg 1$ 时,自相位调制起主要作用。方程(4.2.7)亦可用2.4.1节的分步傅里叶法数值求解。在下面的讨论中假定 $\beta_3 > 0$,并忽略光纤损耗,即 $\alpha = 0$。

　　图4.15给出了在 $\bar{N} = 1$ 的情况下,无初始啁啾高斯脉冲在 $\xi' = 5$ 处的形状和频谱。此脉冲形状应与图3.6中无自相位调制效应($\bar{N} = 0$)时的脉冲形状对照起来看,自相位调制效应增加了脉冲后沿附近振荡峰的数目,同时振荡谷底的强度不为零。图4.15中的三阶色散对频谱的影响也很明显,在无三阶色散效应的情况下,由于图4.15中所取参量值满足 $\phi_{max} = 5$,其频谱也出现了两个对称的峰(与图4.2所示 $\phi_{max} = 1.5\pi$ 的情形类似)。三阶色散效应导致了频谱

的不对称性，但没有影响其双峰结构，这一结果与图4.8所示的正常色散情况下群速度色散阻碍频谱分裂形成了鲜明对比。

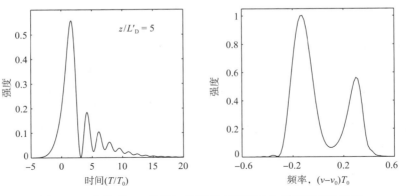

图 4.15　参量 $\overline{N}=1$ 的无初始啁啾高斯脉冲在严格零色散波长
处传输时，在 $z=5L'_D$ 处的（a）脉冲形状和（b）频谱

对于更大的 $\overline{N}$ 值，脉冲演化显示出不同的定性特点。例如，图4.16给出了 $\overline{N}=10$ 的无初始啁啾高斯脉冲在 $\xi'=0\sim0.2$ 范围内的形状和频谱，脉冲演化成具有深度调制的振荡结构。由于快速的时间变化，方程(4.2.7)中的三阶导数在局部变得较大，三阶色散效应对脉冲在光纤中的传输更为重要。此频谱图中最值得注意的特征是，脉冲能量集中在多个频带中，这是所有 $\overline{N}\geqslant1$ 时的脉冲所共有的特性。由于有一个频带位于光纤的反常色散区，此频带的能量能形成孤子[62]，另一个位于光纤正常色散区内的频带的能量随脉冲的传输将被色散掉。与孤子有关的特性将在第5章中进一步讨论，需要指出的一个要点是，由于自相位调制感应频谱展宽，即使一开始 $\beta_2\approx0$，脉冲也不会真正在零色散波长传输。实际上，脉冲通过自相位调制将产生其自身的 β_2。粗略地说，β_2 的有效值为

$$|\beta_2|\approx\beta_3|\delta\omega_{max}/2\pi| \tag{4.2.9}$$

式中，$\delta\omega_{max}$ 是由式(4.1.10)给出的最大啁啾。从物理意义上讲，β_2 是由自相位调制展宽频谱中最外面的主峰决定的。

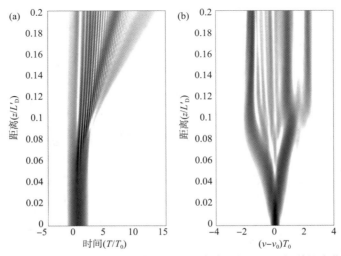

图 4.16　初始 $\overline{N}=10$ 的高斯脉冲在 $0.2L_D$ 的距离上的（a）脉冲形状和（b）频谱的演化。灰度范围为 20 dB

在色散管理光纤链路中，β_2 的值在局部较大，但平均值接近于零。在这样的光纤链路中，三阶色散效应起重要作用，尤其是对于较短的光脉冲[64]。频域和时域的演化取决于色散补偿光纤是置于标准光纤之前还是之后，即采用的是预补偿还是后补偿。对于后补偿情形，由于三阶色散的影响，脉冲会形成振荡尾并且频谱变窄，这些特征已通过 0.4 ps 脉冲在 2.5 km 长的色散补偿光纤链路中的传输实验得到验证。

4.2.6　光纤放大器中的自相位调制效应

在光纤放大器中，输入光场随着在光纤中的传输而得到放大。对于连续光输入，假设增益未达到饱和，则输入功率以因子 $G = \exp(gL)$ 按指数方式增大，其中 L 是放大器长度，g 是增益系数。对于光脉冲输入，由于脉冲能量按指数形式增加，因此自相位调制效应变强。若用 $-g$ 代替式（4.2.1）中的损耗参量 α，则可以清楚地看到这一点。在不考虑色散的情况下，4.1 节中的结果仍然有效，但式（4.1.7）中的有效长度定义为 $L_{\mathrm{eff}} = [\exp(gL) - 1]/g$，可能比实际的放大器长度 L 大得多，这取决于 gL 值。结果，放大器中自相位调制感应的频谱展宽和放大器增益有关，并被显著增强。

当考虑色散效应时，放大的影响取决于群速度色散的特性（即正常色散还是反常色散）。若 N 接近 1，则在反常色散区，脉冲被放大的同时也开始被压缩[65]，原因和脉冲传输的孤子特性有关（见第 5 章）。由于脉冲被放大，仅当脉宽 T_0 同步地减小时，才能维持 $N \approx 1$。在正常色散区，当 $g = 0$ 时脉冲迅速展宽，但当 $g > 0$ 时，脉冲渐近地演化成近抛物线形，同时保持线性啁啾特性，这一点已经得到证明[66~72]。实际上，若令非线性薛定谔方程（3.1.1）中的 $\alpha = -g$，则可用解析方法得到以下形式的渐近解[66]：

$$A(z, T) = A_{\mathrm{p}}(z)[1 - T^2/T_{\mathrm{p}}^2(z)]\exp[\mathrm{i}\phi_{\mathrm{p}}(z, T)] \tag{4.2.10}$$

上式在 $|T| \leqslant T_{\mathrm{p}}(z)$ 时成立；若 $|T| > T_{\mathrm{p}}(z)$，则 $A(z, T) = 0$。脉冲振幅 A_{p} 和宽度 T_{p} 及相位 ϕ_{p} 与光纤参量的关系为

$$A_{\mathrm{p}}(z) = \frac{1}{2}(gE_0)^{1/3}(\gamma\beta_2/2)^{-1/6}\exp(gz/3) \tag{4.2.11}$$

$$T_{\mathrm{p}}(z) = 6g^{-1}(\gamma\beta_2/2)^{1/2}A_{\mathrm{p}}(z) \tag{4.2.12}$$

$$\phi_{\mathrm{p}}(z, T) = \phi_0 + (3\gamma/2g)A_{\mathrm{p}}^2(z) - (g/6\beta_2)T^2 \tag{4.2.13}$$

式中，E_0 为输入脉冲能量。这个解的一个重要特性是，脉冲宽度 $T_{\mathrm{p}}(z)$ 随振幅 $A_{\mathrm{p}}(z)$ 线性变化，如式（4.2.12）所示。这样的一个解可称为自相似解[73]，正是由于这种自相似性，即使脉冲宽度和振幅按指数形式变化，脉冲也能保持其抛物线形状。

上述自相似解最值得注意的特性是，脉冲相位按时间 T 的二次方变化［见式（4.2.13）］，这意味着放大脉冲是线性啁啾的。从 4.1 节的讨论可知，仅当脉冲形状是抛物线形时，通过自相位调制作用才可能产生纯粹的线性啁啾。式（4.2.10）给出的解有一个令人感到惊奇的特性是，光波分裂现象在正常群速度色散区完全消失。研究发现[53]，抛物线代表了抑制光波分裂的唯一脉冲形状。光放大器使抛物线脉冲的产生变得比较容易，因为新的频率分量可以通过自相位调制连续产生，使脉冲在被放大的同时保持线性啁啾，同时脉冲宽度因色散效应增大。

式（4.2.10）至式（4.2.14）给出的自相似解的一个重要特征是，放大脉冲和输入脉冲能量有关，而和其他特性（如脉冲形状和脉宽）无关。抛物线脉冲已在光纤放大器正常色散区的皮秒或飞秒脉冲放大实验中观察到。图 4.17（a）是将能量为 12 pJ 的 200 fs 脉冲入射到增益为

30 dB 且长为3.6 m的掺镱光纤放大器时，在输出端观察到的强度和相位曲线（通过 FROG 迹推测出）[66]；图 4.17（b）是经过 2 m 长的无源光纤进一步传输后的强度和相位曲线，实验结果和通过解非线性薛定谔方程得到的数值解及对应抛物线脉冲的渐近解均吻合得相当好。正如图 4.17 中的虚线所示，观察到的强度分布曲线远不是双曲正割形。

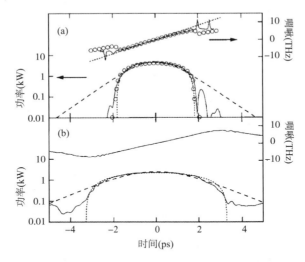

图 4.17　在（a）增益为 30 dB 的掺镱光纤放大器的输出端和（b）经 2 m 长无源光纤传输后
测量到的强度和啁啾曲线（实线）。圆圈是基于非线性薛定谔方程的数值模拟结果，
点线是渐近解，虚线是双曲正割脉冲的强度曲线[66]（©2000 美国物理学会）

　　向抛物线脉冲的自相似演化还可以在光纤喇曼放大器中观察到[69]。在这种放大器中，利用受激喇曼散射这种非线性现象放大输入脉冲（见 8.3.6 节）。在适当条件下，锁模掺镱光纤激光器也能发射抛物线脉冲[70]，抛物线脉冲的自相似特性对于利用掺镱光纤激光器和放大器产生高能量脉冲也很有用[74~77]。在 2011 年的一个实验中[78]，发现对于自相位调制感应的频谱压缩，抛物线形状是最好的。确实，通过自相位调制可以将负啁啾抛物线脉冲的频谱压缩到傅里叶变换极限的 20% 以内。

4.3　半解析方法

　　上一节基于非线性薛定谔方程的数值解的结果，是利用 2.4.1 节中的分步傅里叶法得到的。为了保证精度，采用数值解是必要的，但如果用半解析方式近似求解非线性薛定谔方程，就会得到相当丰富的物理内涵。本节将采用两种半解析方法求解非线性薛定谔方程（2.3.46）。利用 $A = \sqrt{P_0}e^{-\alpha z}U$，方程（2.3.46）可以写成以下形式：

$$i\frac{\partial U}{\partial z} - \frac{\beta_2}{2}\frac{\partial^2 U}{\partial T^2} + \gamma P_0 e^{-\alpha z}|U|^2 U = 0 \tag{4.3.1}$$

4.3.1　矩方法

　　矩方法早在 1971 年就在非线性光学中得到应用[79]。如果假设脉冲在光纤中传输时能够保持特定的形状，尽管其振幅、宽度和啁啾以连续方式变化，也可以利用矩方法近似求解方程（4.3.1）[80~82]。这一假设在一些限制条件下是可以满足的，例如，3.2 节中的高斯脉冲能在线性色散介质中保持其形状，尽管它的振幅、宽度和啁啾在传输过程中不断变化。即使非

线性效应相对较弱 $(L_{\rm NL} \gg L_{\rm D})$，脉冲仍能近似保持为高斯形状。与此类似，在 4.1 节中已看到，当非线性效应足够强以至于可以忽略色散效应时 $(L_{\rm NL} \ll L_{\rm D})$，脉冲也能保持其形状。在第 5 章中还将看到，即使 $L_{\rm NL}$ 和 $L_{\rm D}$ 相当，脉冲在一定条件下也能保持其形状。

矩方法的基本思想是，把光脉冲处理成能量、均方根宽度和啁啾分别为 $E_{\rm p}$、$\sigma_{\rm p}$ 和 $C_{\rm p}$ 的粒子，这些参量和 $U(z, T)$ 的关系为

$$E_{\rm p} = \int_{-\infty}^{\infty} |U|^2 {\rm d}T, \quad \sigma_{\rm p}^2 = \frac{1}{E_{\rm p}} \int_{-\infty}^{\infty} T^2 |U|^2 {\rm d}T \tag{4.3.2}$$

$$C_{\rm p} = \frac{\rm i}{E_{\rm p}} \int_{-\infty}^{\infty} T \left(U^* \frac{\partial U}{\partial T} - U \frac{\partial U^*}{\partial T} \right) {\rm d}T \tag{4.3.3}$$

当脉冲在光纤中传输时，这三个参量均发生变化。为了看清它们是如何随传输距离变化的，将式(4.3.2)和式(4.3.3)关于 z 取微分，并利用方程(4.3.1)，经过计算后可得 ${\rm d}E_{\rm p}/{\rm d}z = 0$，但 $\sigma_{\rm p}^2$ 和 $C_{\rm p}$ 满足

$$\frac{{\rm d}\sigma_{\rm p}^2}{{\rm d}z} = \frac{\beta_2}{E_{\rm p}} \int_{-\infty}^{\infty} T^2 {\rm Im} \left(U^* \frac{\partial^2 U}{\partial T^2} \right) {\rm d}T \tag{4.3.4}$$

$$\frac{{\rm d}C_{\rm p}}{{\rm d}z} = \frac{2\beta_2}{E_{\rm p}} \int_{-\infty}^{\infty} \left| \frac{\partial U}{\partial T} \right|^2 {\rm d}T + {\rm e}^{-\alpha z} \frac{\gamma P_0}{E_{\rm p}} \int_{-\infty}^{\infty} |U|^4 {\rm d}T \tag{4.3.5}$$

对于啁啾高斯脉冲，任意距离 z 处的光场 $U(z, T)$ 具有以下形式：

$$U(z, T) = a_{\rm p} \exp \left[-\frac{1}{2}(1 + {\rm i}C_{\rm p})(T/T_{\rm p})^2 + {\rm i}\phi_{\rm p} \right] \tag{4.3.6}$$

式中，4 个脉冲参量 $a_{\rm p}$、$C_{\rm p}$、$T_{\rm p}$ 和 $\phi_{\rm p}$ 都是 z 的函数，式(4.3.4)和式(4.3.5)中未出现相位 $\phi_{\rm p}$。尽管 $\phi_{\rm p}$ 随 z 变化，但它并不影响其他脉冲参量，可以忽略。峰值振幅和脉冲能量的关系为 $E_{\rm p} = \sqrt{\pi} a_{\rm p}^2 T_{\rm p}$，由于 $E_{\rm p}$ 不随 z 变化，因此可以用它的初始值 $E_0 = \sqrt{\pi} T_0$ 代替。宽度参量 $T_{\rm p}$ 与脉冲均方根宽度 $\sigma_{\rm p}$ 的关系为 $T_{\rm p} = \sqrt{2} \sigma_{\rm p}$。将式(4.3.6)代入方程(4.3.4)和方程(4.3.5)并积分，可以得到宽度 $T_{\rm p}$ 和啁啾 $C_{\rm p}$ 随 z 的变化关系为

$$\frac{{\rm d}T_{\rm p}}{{\rm d}z} = \frac{\beta_2 C_{\rm p}}{T_{\rm p}} \tag{4.3.7}$$

$$\frac{{\rm d}C_{\rm p}}{{\rm d}z} = (1 + C_{\rm p}^2) \frac{\beta_2}{T_{\rm p}^2} + \frac{\gamma P_0 T_0}{\sqrt{2} T_{\rm p}} {\rm e}^{-\alpha z} \tag{4.3.8}$$

这两个一阶微分方程可用来研究非线性效应如何改变脉冲宽度和啁啾。

利用方程(4.3.7)和方程(4.3.8)可以得到相当丰富的物理内涵。因为非线性参量 γ 仅在啁啾方程(4.3.8)中出现，所以自相位调制现象并不直接影响脉冲宽度。方程(4.3.8)右边两项分别源于色散和非线性效应，对于正常群速度色散($\beta_2 > 0$)，这两项符号相同，这种情形下自相位调制感应的啁啾和群速度色散感应的啁啾叠加，自相位调制效应有望增大脉冲展宽的速度。相反，对于反常群速度色散($\beta_2 < 0$)，方程(4.3.8)右边两项的符号相反，自相位调制效应使脉冲展宽减小，因为此时方程(4.3.7)中 $C_{\rm p}$ 的值更小。实际上，对方程(4.3.7)积分可以得到以下脉冲宽度和啁啾的普遍关系：

$$T_{\rm p}^2(z) = T_0^2 + 2 \int_0^z \beta_2(z) C_{\rm p}(z) {\rm d}z \tag{4.3.9}$$

该式清楚地表明，当 $\beta_2 C_{\rm p} < 0$ 时脉冲就会被压缩，这就是前面 3.2 节得到的结论。

4.3.2　变分法

变分法广泛应用于经典力学和其他许多领域[83~85]，早在 1983 年就用它来解决光纤中的脉冲传输问题[35]。从数学意义上讲，变分法利用了拉格朗日函数 $\mathcal{L}$，其定义为

$$\mathcal{L} = \int_{-\infty}^{\infty} \mathcal{L}_d(q, q^*) dT \tag{4.3.10}$$

式中，拉格朗日函数密度 $\mathcal{L}_d$ 是广义坐标 $q(z)$ 和 $q^*(z)$ 的函数，它们都随 z 变化。要使作用量函数 $\mathcal{S} = \int \mathcal{L}(z) dz$ 最小，$\mathcal{L}_d$ 需要满足欧拉-拉格朗日方程

$$\frac{\partial}{\partial T}\left(\frac{\partial \mathcal{L}_d}{\partial q_T}\right) + \frac{\partial}{\partial z}\left(\frac{\partial \mathcal{L}_d}{\partial q_z}\right) - \frac{\partial \mathcal{L}_d}{\partial q} = 0 \tag{4.3.11}$$

式中，q_T 和 q_z 分别表示 q 对 T 和 z 的导数。

变分法利用了这样一个事实，即非线性薛定谔方程(4.3.1)可以由拉格朗日函数密度导出，

$$\mathcal{L}_d = \frac{i}{2}\left(U^*\frac{\partial U}{\partial z} - U\frac{\partial U^*}{\partial z}\right) + \frac{\beta_2}{2}\left|\frac{\partial U}{\partial T}\right|^2 + \frac{1}{2}\gamma P_0 e^{-\alpha z}|U|^4 \tag{4.3.12}$$

式中，U^* 相当于方程(4.3.11)中的广义坐标 q。如果假设脉冲形状是事先知道的，可用几个参量描述，则式(4.3.10)的时间积分可以解析求出，这样就可以得到用这些脉冲参量表示的拉格朗日函数 $\mathcal{L}$。对于式(4.3.6)给出的啁啾高斯脉冲，可以得到

$$\mathcal{L} = \frac{\beta_2 E_p}{4T_p^2}(1 + C_p^2) + \frac{\gamma e^{-\alpha z} E_p^2}{\sqrt{8\pi}T_p} + \frac{E_p}{4}\left(\frac{dC_p}{dz} - \frac{2C_p}{T_p}\frac{dT_p}{dz}\right) - E_p\frac{d\phi_p}{dz} \tag{4.3.13}$$

式中，$E_p = \sqrt{\pi}a_p^2 T_p$ 为脉冲能量。

最后一步是使作用量函数 $\mathcal{S} = \int \mathcal{L}(z) dz$ 最小，利用这一步可以得到简化的欧拉-拉格朗日方程

$$\frac{d}{dz}\left(\frac{\partial \mathcal{L}}{\partial q_z}\right) - \frac{\partial \mathcal{L}}{\partial q} = 0 \tag{4.3.14}$$

式中，$q_z = dq/dz$，q 代表 4 个脉冲参量中的任意一个。若在方程(4.3.14)中利用 $q = \phi_p$，则可以得到 $dE_p/dz = 0$，这个方程表明，脉冲能量正像预期的那样保持为常数。在方程(4.3.14)中利用 $q = E_p$，可以得到以下关于相位 ϕ_p 的方程：

$$\frac{d\phi_p}{dz} = \frac{\beta_2}{2T_p^2} + \frac{5\gamma e^{-\alpha z} E_p}{4\sqrt{2\pi}T_p} \tag{4.3.15}$$

采用同样的步骤可得关于 T_p 和 C_p 的方程。实际上，在方程(4.3.14)中分别利用 $q = C_p$ 和 $q = T_p$，可发现脉冲宽度和啁啾分别满足前面利用矩方法得到的方程(4.3.7)和方程(4.3.8)。这样，就非线性薛定谔方程而言，利用这两种近似方法得到的结果完全相同。

4.3.3　具体解析解

作为矩方法或变分法的一个简单应用，首先考虑低能量脉冲在常数色散光纤中的传输情形，此时非线性效应可以忽略。考虑到 $(1 + C_p^2)/T_p^2$ 和脉冲的谱宽有关，在线性介质中不发生变化，因此可以用其初始值 $(1 + C_0^2)/T_0^2$ 代替，其中 T_0 和 C_0 是 $z = 0$ 处的输入值。由于方程(4.3.8)右边第二项可以忽略，容易对其积分并得到解为

$$C_p(z) = C_0 + \text{sgn}(\beta_2)(1 + C_0^2)z/L_D \tag{4.3.16}$$

式中，L_D 是色散长度。将此解代入式(4.3.9)，可以发现脉冲宽度以下式变化：

$$T_p^2(z) = T_0^2[1 + 2\text{sgn}(\beta_2)C_0(z/L_D) + (1 + C_0^2)(z/L_D)^2] \qquad (4.3.17)$$

易证，这些表达式与 3.2 节中通过直接求解脉冲传输方程得到的结果一致。

若不考虑色散效应($\beta_2 = 0$)，则方程(4.3.7)和方程(4.3.8)很容易求解。脉冲宽度 T_p 正如预期的那样保持在输入值 T_0 不变，然而啁啾参量因自相位调制而变化并由下式给出：

$$C_p(z) = C_0 + \gamma P_0(1 - \text{e}^{-\alpha z})/(\sqrt{2}\alpha) \qquad (4.3.18)$$

若输入脉冲是无啁啾的($C_0 = 0$)，则自相位调制效应对脉冲施加啁啾，这样 $C_p(L) = \phi_{\max}/\sqrt{2}$，其中 $\phi_{\max}$ 由式(4.1.8)给出。式(4.3.18)表明，自相位调制感应的频率啁啾总是正的，结果当输入脉冲是负啁啾时，自相位调制使总的净啁啾减小，并使频谱变窄，这与 4.1 节中的结论一致。

为在弱非线性条件下求解方程(4.3.7)和方程(4.3.8)，需要做两个近似。首先，假设光纤损耗可以忽略不计，即令 $\alpha = 0$；其次，非线性效应足够弱，任意距离 z 处的啁啾可以写为 $C_p = C_L + C'$，其中非线性部分 $C' \ll C_L$。容易看出，线性部分由式(4.3.16)给出，而非线性部分满足

$$\frac{\text{d}C'}{\text{d}z} = \frac{\gamma P_0}{\sqrt{2}}\frac{T_0}{T_p} \qquad (4.3.19)$$

用方程(4.3.19)除以方程(4.3.7)可得

$$\frac{\text{d}C'}{\text{d}T_p} = \frac{\gamma P_0 T_0}{\sqrt{2}\beta_2 C_p} \approx \frac{\gamma P_0 T_0}{\sqrt{2}\beta_2 C_L} \qquad (4.3.20)$$

由于 $C' \ll C_L$，因此上式中可用 C_L 代替 C_p。现在这个方程就容易求解了，其解可写为

$$C'(z) = \frac{\gamma P_0 T_0}{\sqrt{2}\beta_2 C_L}(T - T_0) \qquad (4.3.21)$$

一旦 $C_p = C_L + C'$ 已知，利用式(4.3.9)就可以求出脉冲宽度。

上述解析解仅当参量 $N^2 = L_D/L_{NL}$ 小于 0.3 时才能使用。但是，对于任意 N 值，方程(4.3.7)和方程(4.3.8)可以容易地用数值方法求解。图 4.18 给出了对于几个不同的 N 值，T_p/T_0 和 C_p 随 z/L_D 变化的曲线，其中假定输入脉冲是无啁啾的($C_0 = 0$)且在反常色散区($\beta_2 < 0$)传输。在不考虑非线性效应时($N = 0$)，脉冲迅速展宽并产生很大的啁啾；然而，当非线性效应增强且 N 变得更大时，脉冲展宽越来越小，最后甚至开始压缩，如图 4.18 中 $N^2 = 1.5$ 的情形。

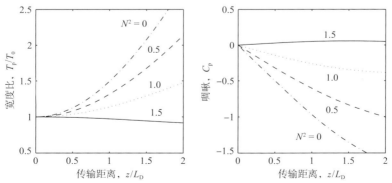

图 4.18　$\beta_2 < 0$ 时无啁啾高斯脉冲的脉宽 T_p 和啁啾参量 C_p 随 z/L_D 的演化

图 4.18 所示的行为可以通过自相位调制感应啁啾如下理解：从方程（4.3.8）可见，当 $\beta_2 < 0$ 时方程右边两项符号相反，结果自相位调制感应啁啾抵消了色散感应啁啾，从而减小了脉冲展宽。当非线性参量 N 取某个值时，这两项几乎抵消掉，脉冲宽度随传输距离的变化并不大。正如将在 5.2 节讨论的，这一特性指出了孤子形成的可能性。对于更大的 N 值，脉冲甚至可能被压缩，至少在传输初期是这样。对于正常色散的情形，方程（4.3.8）右边两项符号相同。由于自相位调制使色散感应啁啾增强，脉冲展宽比没有自相位调制时更快些。

4.4　高阶非线性效应

到目前为止，有关自相位调制的讨论都是基于简化的传输方程（2.3.46）进行的。对于脉宽 $T_0 < 1$ ps 的超短光脉冲，就需要用包括高阶非线性效应的方程（2.3.44）。如果利用式（3.1.3）定义归一化振幅 U，方程（2.3.44）就变成

$$\frac{\partial U}{\partial z} + i\frac{\mathrm{sgn}(\beta_2)}{2L_\mathrm{D}}\frac{\partial^2 U}{\partial \tau^2} = \frac{\mathrm{sgn}(\beta_3)}{6L_\mathrm{D}'}\frac{\partial^3 U}{\partial \tau^3} + i\frac{\mathrm{e}^{-\alpha z}}{L_\mathrm{NL}}\left(|U|^2 U + is\frac{\partial}{\partial \tau}(|U|^2 U) - \tau_\mathrm{R} U\frac{\partial |U|^2}{\partial \tau}\right) \quad (4.4.1)$$

式中，L_D、L_D' 和 L_NL 是第 3 章引入的 3 个长度尺度，分别定义为

$$L_\mathrm{D} = \frac{T_0^2}{|\beta_2|}, \quad L_\mathrm{D}' = \frac{T_0^3}{|\beta_3|}, \quad L_\mathrm{NL} = \frac{1}{\gamma P_0} \quad (4.4.2)$$

参量 s 和 τ_R 分别描述了自变陡和脉冲内喇曼散射效应，并定义为

$$s = \frac{1}{\omega_0 T_0}, \quad \tau_\mathrm{R} = \frac{T_\mathrm{R}}{T_0} \quad (4.4.3)$$

对于皮秒脉冲，自变陡和脉冲内喇曼散射都很小，但对于脉宽 $T_0 < 1$ ps 的超短脉冲，必须考虑这两项的影响。

4.4.1　自变陡效应

自变陡源于群速度对光强的依赖关系[86~89]，它对自相位调制的影响最先是在液态非线性介质中讨论的[2]，后来才延伸到脉冲在光纤中传输的情形[90~94]。自变陡导致了超短脉冲自相位调制展宽频谱的不对称性[95~101]。

在数值求解方程（4.4.1）前，首先考虑 $\beta_2 = \beta_3 = 0$ 的无色散情形，在这种特殊情形下，若令 $\tau_\mathrm{R} = 0$，则方程（4.4.1）有解析解[88]。为简单起见，忽略了光纤损耗（$\alpha = 0$），并定义归一化距离 $Z = z/L_\mathrm{NL}$，方程（4.4.1）变为

$$\frac{\partial U}{\partial Z} + s\frac{\partial}{\partial \tau}(|U|^2 U) = i|U|^2 U \quad (4.4.4)$$

将 $U = \sqrt{I}\exp(i\phi)$ 代入以上方程，并分离其实部和虚部，可得以下两个方程：

$$\frac{\partial I}{\partial Z} + 3sI\frac{\partial I}{\partial \tau} = 0 \quad (4.4.5)$$

$$\frac{\partial \phi}{\partial Z} + sI\frac{\partial \phi}{\partial \tau} = I \quad (4.4.6)$$

由于强度方程（4.4.5）与相位方程（4.4.6）已分离开来，很容易利用特征选择方法求解。其通解为[90]

$$I(Z, \tau) = f(\tau - 3sIZ) \quad (4.4.7)$$

这里用到了初始条件 $I(0, \tau) = f(\tau)$，其中 $f(\tau)$ 描述了 $z = 0$ 处的脉冲形状。式(4.4.7)表明，每个 τ 从其初始位置沿直线移动，且直线的斜率与光强有关，这一特点将导致脉冲畸变。例如，考虑高斯脉冲的情形，

$$I(0, \tau) \equiv f(\tau) = \exp\left(-\tau^2\right) \tag{4.4.8}$$

由式(4.4.7)可得在传输距离 Z 处的脉冲形状为

$$I(Z, \tau) = \exp\left[-(\tau - 3sIZ)^2\right] \tag{4.4.9}$$

$I(Z, \tau)$ 的时间隐含关系要求对每个 τ 求解，以得到给定的 Z 值处的脉冲形状。图 4.19 给出了当 $s = 0.01$ 时，在 $Z = 10$ 和 $Z = 20$ 两处脉冲形状的计算结果。随着脉冲在光纤中的传输，其峰值移向脉冲后沿，脉冲变得不对称，结果随传输距离 Z 的增加后沿变得越来越陡。从物理意义上讲，脉冲的群速度是强度相关的，于是脉冲峰的移动速度比两翼慢一些。

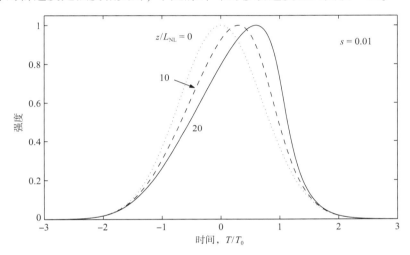

图 4.19　无色散情况下高斯脉冲的自变陡效应，虚线表示输入脉冲在 $z = 0$ 时的形状

脉冲的自变陡效应最终会产生光波冲击(optical shock)，它类似于在声波前沿产生的声波冲击[88]。通过令冲击位置处 $\partial I / \partial \tau$ 为无限大，则由式(4.4.9)可以得到冲击形成的距离，它可以表示为[91]

$$z_s = \left(\frac{e}{2}\right)^{1/2} \frac{L_{\mathrm{NL}}}{3s} \approx 0.39(L_{\mathrm{NL}}/s) \tag{4.4.10}$$

对于双曲正割脉冲，也有类似的关系式，只是需要改动一下数值系数(用 0.43 代替上式中的 0.39)。对于脉宽 T_0 为 1 ps 且峰值功率 P_0 约为 1 W 的皮秒脉冲，冲击发生在 z_s 约等于 100 km 处。然而，对于 $T_0 < 100$ fs，$P_0 > 1$ kW 的飞秒脉冲，$z_s < 1$ m。于是，即使在只有几厘米长的光纤中也会发生显著的脉冲自变陡效应。由于群速度色散效应，实际中不可能产生具有无限陡后沿的光波冲击。当脉冲沿变陡时，方程(4.4.1)中的色散项变得越来越重要，不能被忽略。冲击距离 z_s 也受光纤损耗 α 的影响，在无色散情形下，光纤损耗延迟了光波冲击的形成；若 $\alpha z_s > 1$，则冲击根本不会发生[91]。

自变陡也影响自相位调制感应的频谱展宽。在无色散情形下，相位 $\phi(z, \tau)$ 可以通过解方程(4.4.6)得到，然后代入下式计算频谱：

$$S(\omega) = \left| \int_{-\infty}^{\infty} [I(z, \tau)]^{1/2} \exp\left[i\phi(z, \tau) + i(\omega - \omega_0)\tau\right] \mathrm{d}\tau \right|^2 \tag{4.4.11}$$

图 4.20 给出了当 $s=0.01$，$sz/L_{NL}=0.2$ 时计算得到的频谱。最明显的特征是频谱的不对称性，即红移峰比蓝移峰更强；另一个明显的特征是蓝端(用受激喇曼散射的术语通常称为反斯托克斯端)比红端(斯托克斯端)有更大的自相位调制感应频谱展宽。这两个特征均可以用自变陡感应的脉冲形状的变化来定性理解。首先，由于脉冲形状的不对称导致了频谱的不对称；其次，由于自相位调制在脉冲后沿附近产生蓝移频率分量(见图 4.1)，较陡的脉冲后沿意味着蓝端有更大的频谱展宽。在不考虑自变陡的条件下($s=0$)，对于图 4.20 用到的参量值 $\phi_{max}\approx6.4\pi$，应该出现 6 峰对称谱。自变陡展宽了蓝端部分，高频峰振幅的下降是因为同样的能量分布到更宽的频谱范围上。

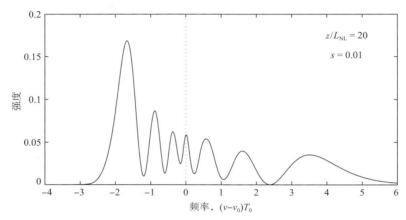

图 4.20　传输距离 $z=0.2L_{NL}/s$ 处的高斯脉冲的频谱，这里 $s=0.01$，L_{NL} 是非线性长度，
自变陡造成了自相位调制展宽频谱的不对称，群速度色散效应忽略不计

4.4.2　群速度色散对光波冲击的影响

当超短脉冲在石英光纤中传输时，群速度色散效应不能忽略，在图 4.20 中看到的频谱特征在很大程度上受群速度色散的影响[102~109]。在这种情况下，脉冲的演化可通过数值求解方程(4.4.1)来研究。图 4.21 给出了当无初始啁啾高斯脉冲在正常色散区($\beta_2>0$)传输且 $\beta_3=0$ 时，在 $z/L_D=0.2$ 和 $z/L_D=0.4$ 处的脉冲形状和频谱。由式(4.2.3)定义的参量 N 取 10，对应 $L_D=100L_{NL}$，在不考虑群速度色散的条件下($\beta_2=0$)，图 4.21 上半部分的脉冲形状和频谱简化为 $sz/L_{NL}=0.2$ 情形下的图 4.19 和图 4.20 所示的情形。直接比较发现，即使在传输距离只有色散长度的一小部分时($z/L_D=0.2$)，脉冲形状和频谱也明显受色散的影响。图 4.21 下半部分给出了 $z/L_D=0.4$ 处的脉冲形状和频谱，在该图上由群速度色散引起的定性变化是显而易见的。对于这样的 z/L_D 值，传输距离超过了由式(4.4.10)给出的冲击距离 z_s，而正是群速度色散通过展宽陡峭的后沿消除了冲击。这一特征可由图 4.21 中脉冲形状的不对称清楚地看出，尽管脉冲频谱没有表现出深度振荡(见无色散情形下的图 4.20)，蓝端更长的拖尾也是自变陡的表现。随着传输距离的进一步增加，脉冲被继续展宽，而频谱基本保持不变。

自变陡效应对脉冲演化的影响已通过脉冲在液体和固体中的传输实验观察到[4]，在这些实验中，蓝端比红端有更大的频谱展宽。在这些早期的实验中，群速度色散起较次要作用，并且观察到了类似于图 4.20 中的频谱结构。在光纤中，群速度色散效应足够强，预期能在实际中产生类似于图 4.21 中的频谱。在一个光脉冲压缩实验中[102]，波长为 620 nm 的 40 fs 光脉冲在 7 mm 长的光纤中传输。图 4.22 给出了在几个不同的峰值强度下，在光纤输出端观察到的频谱。可见，频谱展宽是不对称的，蓝端比红端有更长的拖尾，此特征正是由自变陡引起的。在本实验中，自变陡参量 $s \approx 0.026$。若取 $T_0 = 24$ fs（对于高斯脉冲，相当于 FWHM $= 40$ fs），则色散长度 $L_D \approx 1$ cm。假定有效模面积为 $10\ \mu m^2$，图 4.22 中最上面的频谱对应的峰值功率约为 200 kW，结果非线性长度 $L_{NL} \approx 0.16$ mm，$N \approx 7.7$。利用这些参量值，可用方程(4.4.1)模拟此实验。为再现图 4.22 所示的实验观察到的频谱的细节特征，通常必须将 β_3 项考虑在内[93]。由另一个在 11 mm 长的光纤中观察 620 nm 染料激光器发射的 55 fs 脉冲的不对称频谱展宽实验[103]，也得到了类似的结论。

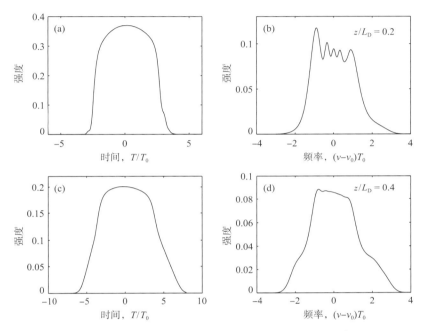

图 4.21　当高斯脉冲在光纤的正常色散区传输时在 $z/L_D = 0.2$（上部）和 $z/L_D = 0.4$（下部）处的脉冲形状和频谱，其余参量值为 $\alpha = 0$，$\beta_3 = 0$，$s = 0.01$ 和 $N = 10$

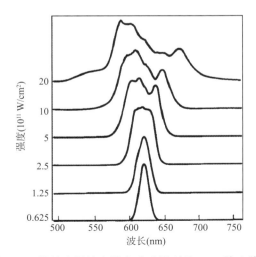

图 4.22　在 7 mm 长的光纤输出端实验观测到的 40 fs 输入脉冲的频谱，最上面的频谱对应 $N \approx 7.7$[102]（©1985 美国物理研究所）

4.4.3　脉冲内喇曼散射

到目前为止，所有讨论都忽略了导致脉冲内喇曼散射的方程(4.4.1)的最后一项。对于超短脉冲($T_0 < 1$ ps)在光纤中传输的情形，这一项变得相当重要，因此当模拟这样的超短脉冲在光纤中的演化时，必须将此项包括在内[105~111]。为研究脉冲内喇曼散射对超短脉冲的影响，需要对方程(4.4.1)数值求解，典型的是用分步傅里叶法。

图4.23给出了对于正常(左图)和反常(右图)色散两种情况，通过解方程(4.4.1)得到的无啁啾高斯脉冲在8个色散长度上的时域和频域演化，所用参量值为$N = 2$，$\tau_R = 0.03$，$s = 0$，$\beta_3 = 0$。由图可以看出，光纤的色散特性对脉冲的演化有着引人注目的影响。在正常色散情况下，脉冲迅速展宽，而它的频谱通过自相位调制展宽了两倍左右。相反，在反常色散情况下，光脉冲经历一个初始的窄化阶段，然后慢下来，从它的弯曲轨迹可以清楚地看到这一点。图4.23值得注意的特征是脉冲频谱中的喇曼感应频移(Raman-Induced Frequency Shift，RIFS)，它使脉冲频谱移向更长波长。这个特征是脉冲内喇曼散射的直接结果。正如在2.3.2节中讨论的，当输入脉冲的频谱较宽时，同一脉冲的高频分量会通过受激喇曼散射泵浦低频分量，结果将能量转移到红端。在$\beta_2 < 0$的情况下，因为较长波长处脉冲的群速度较小，脉冲慢下来，这种减速导致了图4.23所示的脉冲的弯曲轨迹。

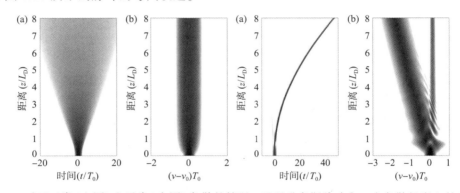

图4.23　对于正常(左图)和反常(右图)色散的情况，无啁啾高斯脉冲在8个色散长度上的(a)时域和(b)频域演化，所用参量值为$N = 2$，$\tau_R = 0.03$，$s = 0$，$\beta_3 = 0$。灰度范围为20 dB

对于正常色散的情形，频域和时域位移均由于输入脉冲因色散迅速展宽而显著减小。为得到脉冲内喇曼散射感应的频域位移的半解析表达式，将4.3节中的矩方法适当延伸是可行的[111]，为此需要引入两个新的矩，分别代表时域位移$q_p(z)$和频域位移$\Omega_p(z)$，并定义如下：

$$q_p(z) = \frac{1}{E_p} \int_{-\infty}^{\infty} T \, |U(z,T)|^2 \mathrm{d}T \tag{4.4.12}$$

$$\Omega_p(z) = \frac{i}{2E_p} \int_{-\infty}^{\infty} \left(U^* \frac{\partial U}{\partial T} - U \frac{\partial U^*}{\partial T} \right) \mathrm{d}T \tag{4.4.13}$$

按照4.3.1节介绍的方法，这两个矩满足

$$\frac{\mathrm{d}q_p}{\mathrm{d}z} = \beta_2 \Omega_p, \quad \frac{\mathrm{d}\Omega_p}{\mathrm{d}z} = -T_R \mathrm{e}^{-\alpha z} \frac{\gamma P_0 T_0}{\sqrt{2} T_p^3} \tag{4.4.14}$$

从物理意义上讲，喇曼项使脉冲中心位置的载频发生位移，这一频移Ω_p反过来使时域中的脉冲位置移动q_p，这是因为光纤色散导致群速度发生改变。

为了研究 Ω_p 是如何沿光纤长度方向演化的，需要将方程(4.4.14)、方程(4.3.7)和方程(4.3.8)联立求解。图 4.24 给出了当 $T_0 = 50$ fs 的啁啾高斯脉冲入射到正常色散[$D = -4$ ps/(km·nm)]光纤中时，喇曼感应频移 $\Delta\nu_R \equiv \Omega_p/2\pi$ 的演化过程。对于无啁啾脉冲的情形，$\Delta\nu_R$ 在大约 0.5 THz 时出现饱和，这种饱和行为与脉冲展宽有关。确实，通过对高斯脉冲施加啁啾使 $\beta_2 C < 0$，可以使频域位移增加。原因和 3.2.2 节的讨论有关，从那里可以看到这种啁啾高斯脉冲在迅速展宽之前要经历一个初始压缩阶段。

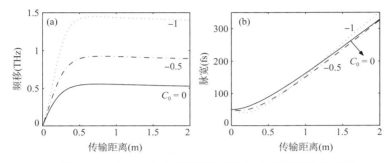

图 4.24　$T_0 = 50$ fs 的无啁啾高斯脉冲在光纤正常色散区
传输时，(a) 喇曼感应频移；(b) 脉宽的演化

图 4.25(a) 是 109 fs($T_0 \approx 60$ fs) 的脉冲以 7.4 kW 峰值功率入射到 6 m 长的光纤之后，实验记录的脉冲的频谱[109]。本实验用的光纤在 1260 nm 波长处有 $\beta_2 \approx 4$ ps²/km，$\beta_3 \approx 0.06$ ps³/km。图 4.25(b) 至图 4.25(d) 是在三种不同条件下，由方程(4.4.1)预期的结果。图 4.25(b) 同时忽略了自变陡和脉冲内喇曼散射，图 4.25(c) 仅将脉冲内喇曼散射考虑在内，图 4.25(d) 将两种效应均考虑在内。只有在模拟中将两种高阶非线性效应均考虑在内时，才能再现标记为 (A)~(E) 的所有实验特征。为了使理论和实验吻合得更好，将四阶色散考虑在内也是必要的，这时预测的脉冲形状甚至也与实验得到的互相关迹一致。

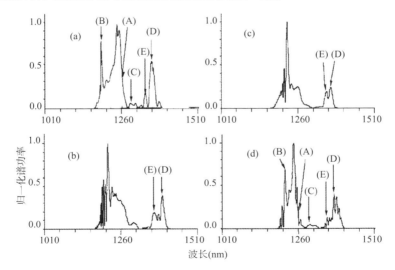

图 4.25　在 6 m 长的光纤输出端实验观测到的 109 fs 输入脉冲的(a) 频谱。由广义非线性薛定谔方程得到的预期结果：(b) $s = \tau_R = 0$；(c) $s = 0$，$\tau_R \neq 0$；(d) $s \neq 0$，$\tau_R \neq 0$。字母 (A)~(E) 标记出实验观察到的不同的频谱特征[109]（©1999 OSA）

在光纤中同时发生的自相位调制和其他非线性效应，如受激喇曼散射及四波混频，能将超短脉冲的频谱展宽至 100 THz 以上，这种极端的频谱展宽现象称为超连续谱产生，由于其潜在的应用价值，这种现象在近年来引起极大关注[112~114]。利用所谓的高非线性光纤（见第 11 章），已经能产生 1000 nm 的超连续谱。第 13 章将介绍超连续谱产生现象。

习题

4.1 波长为 1.06 μm 的 Q 开关 Nd:YAG 激光器产生能量为 1 nJ 且宽度为 100 ps（指的是 FWHM）的无啁啾高斯脉冲，它在长为 1 km，损耗为 3 dB/km 且有效模面积为 20 μm² 的光纤中传输，计算光纤输出端的最大非线性相移和频率啁啾。

4.2 利用式(4.1.13)绘出上题得到的啁啾输出脉冲的频谱，频谱峰的数目是否与式(4.1.14)预期的一致？

4.3 把习题 4.1 中的高斯脉冲改为双曲正割脉冲，其他条件不变，利用式(4.1.13)绘出啁啾输出脉冲的频谱，并简要评述脉冲形状对自相位调制感应频谱展宽的影响。

4.4 一光脉冲在长为 1 km，损耗为 1 dB/km 且有效模面积为 50 μm² 的光纤中传输，在 100 ps 范围内以 1 GHz/ps 的速率产生线性啁啾，确定此光脉冲的形状、宽度和峰值功率。

4.5 数值计算 $C = -15$、0 和 15 的超高斯脉冲($m = 3$)的自相位调制展宽频谱，假设其峰值功率满足 $\phi_{max} = 4.5\pi$，将得到的频谱与图 4.5 所示的频谱进行对比，指出主要的定性差别。

4.6 对于高斯统计的热场，求式(4.1.19)的值，证明相干函数确实如式(4.1.20)给出的那样。

4.7 用 2.4 节的分步傅里叶法数值求解方程(4.2.1)。若输入双曲正割脉冲 $U(0, \tau) = \mathrm{sech}(\tau)$，当 $N = 1$ 且 $\alpha = 0$ 时，则可得到类似于图 4.8 和图 4.9 中的曲线，将所得到的结果与高斯脉冲的情形进行比较，并定性地讨论二者的不同之处。

4.8 通过计算机编程，数值研究 $m = 3$ 的无啁啾超高斯脉冲的光波分裂现象，假设 $N = 30$、$\alpha = 0$，将所得的结果与图 4.11 和图 4.12 所示的结果进行比较。

4.9 将式(4.3.6)代入方程(4.3.4)和方程(4.3.5)后进行积分运算，得到方程(4.3.7)和方程(4.3.8)。

4.10 将振幅 $U(z, T) = a_p \mathrm{sech}(T/T_p) \exp(-iC_p T^2/2T_p^2)$ 的场代入方程(4.3.4)和方程(4.3.5)后进行积分运算，推导关于 T_p 和 C_p 的方程。

4.11 证明利用欧拉-拉格朗日方程(4.3.11)和方程(4.3.12)给出的 $\mathcal{L}_d$ 可以得到非线性薛定谔方程(4.3.1)。

4.12 利用式(4.3.12)给出的 $\mathcal{L}_d$ 和式(4.3.6)给出的 $U(z, T)$ 完成式(4.3.10)的积分，得到式(4.3.13)。

4.13 对于高斯脉冲，证明式(4.4.9)确实是方程(4.4.4)的解。用解析方法(如果可能)或数值方法计算 $sZ = 0.2$ 处的相位曲线 $\phi(Z, \tau)$。

4.14 用矩方法及参考文献[111]，推导高斯脉冲的 dq/dz 和 $d\Omega_p/dz$ 方程，并利用这两个方程得到喇曼感应频移 Ω_p 的近似表达式。

参考文献

[1] F. Shimizu, *Phys. Rev. Lett.* **19**, 1097 (1967).

[2] T. K. Gustafson, J. P. Taran, H. A. Haus, J. R. Lifsitz, and P. L. Kelley, *Phys. Rev.* **177**, 306 (1969).

[3] R. Cubeddu, R. Polloni, C. A. Sacchi, and O. Svelto, *Phys. Rev. A* **2**, 1955 (1970).

[4] R. R. Alfano and S. L. Shapiro, *Phys. Rev. Lett.* **24**, 592 (1970); *Phys. Rev. Lett.* **24**, 1217 (1970).

[5] Y. R. Shen and M. M. T. Loy, *Phys. Rev. A* **3**, 2099 (1971).

[6] C. H. Lin and T. K. Gustafson, *J. Quantum Electron.* **8**, 429 (1972).

[7] E. P. Ippen, C. V. Shank, and T. K. Gustafson, *Appl. Phys. Lett.* **24**, 190 (1974).

[8] R. A. Fisher and W. K. Bischel, *J. Appl. Phys.* **46**, 4921 (1975).

[9] R. H. Stolen and C. Lin, *Phys. Rev. A.* **17**, 1448 (1978).

[10] S. C. Pinault and M. J. Potasek, *J. Opt. Soc. Am. B* **2**, 1318 (1985).

[11] M. Oberthaler and R. A. Höpfel, *Appl. Phys. Lett.* **63**, 1017 (1993).

[12] B. R. Washburn, J. A. Buck, and S. E. Ralph, *Opt. Lett.* **25**, 445 (2000).

[13] M. T. Myaing, J. Urayama, A. Braun, and T. Norris, *Opt. Express* **7**, 210 (2000).

[14] J. T. Manassah, *Opt. Lett.* **15**, 329 (1990); *Opt. Lett.* **16**, 1638 (1991).

[15] B. Gross and J. T. Manassah, *Opt. Lett.* **16**, 1835 (1991).

[16] M. T. de Araujo, H. R. da Cruz, and A. S. Gouveia-Neto, *J. Opt. Soc. Am. B* **8**, 2094 (1991).

[17] H. R. da Cruz, J. M. Hickmann, and A. S. Gouveia-Neto, *Phys. Rev. A* **45**, 8268 (1992).

[18] J. N. Elgin, *Opt. Lett.* **18**, 10 (1993); *Phys. Rev. A* **47**, 4331 (1993).

[19] S. Cavalcanti, G. P. Agrawal, and M. Yu, *Phys. Rev. A* **51**, 4086 (1995).

[20] J. Garnier, L. Videau, C. Gouédard, and A. Migus, *J. Opt. Soc. Am. B* **15**, 2773 (1998).

[21] S. M. Pietralunga, P. Martelli, M. Ferrario, and M. Martinelli, *IEEE Photon. Technol. Lett.* **13**, 1179 (2001).

[22] L. Mandel and E. Wolf, *Optical Coherence and Quantum Optics* (Cambridge University Press, 1995).

[23] H. Nakatsuka, D. Grischkowsky, and A. C. Balant, *Phys. Rev. Lett.* **47**, 910 (1981).

[24] D. Grischkowsky and A. C. Balant, *Appl. Phys. Lett.* **41**, 1 (1982).

[25] J. Botineau and R. H. Stolen, *J. Opt. Soc. Am.* **72**, 1592 (1982).

[26] B. P. Nelson, D. Cotter, K. J. Blow, and N. J. Doran, *Opt. Commun.* **48**, 292 (1983).

[27] W. J. Tomlinson, R. H. Stolen, and C. V. Shank, *J. Opt. Soc. Am. B* **1**, 139 (1984).

[28] I. N. Sisakyan and A. B. Shvartsburg, *Sov. J. Quantum Electron.* **14**, 1146 (1984).

[29] M. J. Potasek and G. P. Agrawal, *Electron. Lett.* **22**, 759 (1986).

[30] A. Kumar and M. S. Sodha, *Electron. Lett.* **23**, 275 (1987).

[31] M. J. Potasek and G. P. Agrawal, *Phys. Rev. A* **36**, 3862 (1987).

[32] J. M. Hickmann, J. F. Martino-Filho, and A. S. L. Gomes, *Opt. Commun.* **84**, 327 (1991).

[33] A. Kumar, *Phys. Rev. A* **44**, 2130 (1991).

[34] P. Weidner and A. Penzkofer, *Opt. Quantum Electron.* **25**, 1 (1993).

[35] D. Anderson, *Phys. Rev. A* **27**, 3135 (1983).

[36] A. M. Fattakhov and A. S. Chirkin, Sov. *J. Quantum Electron.* **14**, 1556 (1984).

[37] D. Anderson, *IEE Proc.* **132** (Pt. J), 122 (1985).

[38] M. J. Potasek, G. P. Agrawal, and S. C. Pinault, *J. Opt. Soc. Am. B* **3**, 205 (1986).

[39] C. Pask and A. Vatarescu, *J. Opt. Soc. Am. B* **3**, 1018 (1986).

[40] D. Marcuse, *J. Lightwave Technol.* **10**, 17 (1992).

[41] P. A. Bélanger and N. Bélanger, *Opt. Commun.* **117**, 56 (1995).

[42] Q. Yu and C. Fan, *J. Quantum Electron.* **15**, 444 (1997).

[43] Y. Kodama and S. Wabnitz, *Opt. Lett.* **20**, 2291 (1995).

[44] Y. Kodama and S. Wabnitz, *Electron. Lett.* **31**, 1761 (1995).

[45] Y. Kodama, S. Wabnitz, and K. Tanaka, *Opt. Lett.* **21**, 719 (1996).

[46] A. M. Kamchatnov and H. Steudel, *Opt. Commun.* **162**, 162 (1999).

[47] W. J. Tomlinson, R. H. Stolen, and A. M. Johnson, *Opt. Lett.* **10**, 457 (1985).

[48] A. M. Johnson and W. M. Simpson, *J. Opt. Soc. Am. B* **2**, 619 (1985).

[49] H. E. Lassen, F. Mengel, B. Tromborg, N. C. Albertsen, and P. L. Christiansen, *Opt. Lett.* **10**, 34 (1985).

[50] J.-P. Hamaide and P. Emplit, *Electron. Lett.* **24**, 818 (1988).

[51] J. E. Rothenbeg, *J. Opt. Soc. Am. B* **6**, 2392 (1989); *J. Opt. Lett.* **16**, 18 (1991).

[52] D. Anderson, M. Desaix, M. Lisak, and M. L. Quiroga-Teixeiro, *J. Opt. Soc. Am. B* **9**, 1358 (1992).

[53] D. Anderson, M. Desaix, M. Karlsson, M. Lisak, and M. L. Quiroga-Teixeiro, *J. Opt. Soc. Am. B* **10**, 1185 (1993).

[54] K. J. Blow, N. J. Doran, and E. Cummins, *Opt. Commun.* **48**, 181 (1983).

[55] V. A. Vysloukh, *Sov. J. Quantum Electron.* **13**, 1113 (1983).

[56] G. P. Agrawal and M. J. Potasek, *Phys. Rev. A* **33**, 1765 (1986).

[57] P. K. A. Wai, C. R. Menyuk, Y. C. Lee, and H. H. Chen, *Opt. Lett.* **11**, 464 (1986).

[58] G. R. Boyer and X. F. Carlotti, *Opt. Commun.* **60**, 18 (1986); *Phys. Rev. A* **38**, 5140 (1988).

[59] P. K. A. Wai, C. R. Menyuk, H. H. Chen, and Y. C. Lee, *Opt. Lett.* **12**, 628 (1987).

[60] A. S. Gouveia-Neto, M. E. Faldon, and J. R. Taylor, *Opt. Lett.* **13**, 770 (1988).

[61] S. Wen and S. Chi, *Opt. Quantum Electron.* **21**, 335 (1989).

[62] P. K. A. Wai, H. H. Chen, and Y. C. Lee, *Phys. Rev. A* **41**, 426 (1990).

[63] J. N. Elgin, *Opt. Lett.* **15**, 1409 (1992).

[64] S. Shen, C. C. Chang, H. P. Sardesai, V. Binjrajka, and A. M. Weiner, *J. Quantum Electron.* **17**, 452 (1999).

[65] G. P. Agrawal, *Phys. Rev. A* **44**, 7493 (1991).

[66] M. E. Fermann, V. I. Kruglov, B. C. Thomsen, J. M. Dudley, and J. D. Harvey, *Phys. Rev. Lett.* **84**, 6010 (2000).

[67] V. I. Kruglov, A. C. Peacock, J. D. Harvey, and J. M. Dudley, *J. Opt. Soc. Am. B* **19**, 461 (2002).

[68] S. Boscolo, S. K. Turitsyn, V. Y. Novokshenov, and J. H. B. Nijhof, *Theor. Math. Phys.* **133**, 1647 (2002).

[69] C. Finot, G. Millot, S. Pitois, C. Billet, and J. M. Dudley, *J. Sel. Topics Quantum Electron.* **10**, 1211 (2004).

[70] F. Ö. Ilday, J. R. Buckley, W. G. Clark, and F. W. Wise, *Phys. Rev. Lett.* **92**, 213902 (2004).

[71] C. Billet, J. M. Dudley, N. Joly, and J. C. Knight, *Opt. Express* **13**, 323 (2005).

[72] C. Finot, G. Millot, and J. M. Dudley, *Fiber Integ. Opt.* **27**, 505 (2008).

[73] G. I. Barenblatt, *Scaling* (Cambridge University Press, 2003).

[74] J. Limpert, T. Schreiber, T. Clausnitzer, et al., *Opt. Express* **10**, 628 (2002).

[75] J. Buckley, F. Ö. Ilday, F. W. Wise, and T. Sosnowski, *Opt. Lett.* **30**, 1888 (2005).

[76] C. K. Nielsen, B. Ortaç, T. Schreiber, J. Limpert, R. Hohmuth, W. Richter, and A. Tünnermann, *Opt. Express* **13**, 9346 (2005).

[77] T. Schreiber, C. K. Nielsen, B. Ortac, J. Limpert, and A. Tünnermann, *Opt. Lett.* **31**, 574 (2006).

[78] E. R. Andresen, J. M. Dudley, D. Oron, C. Finot, and H. Rigneault, *Opt. Lett.* **36**, 707 (2011).

[79] S. N. Vlasov, V. A. Petrishchev, and V. I. Talanov, *Radiophys. Quantum Electron.* **14**, 1062 (1971).

[80] V. S. Grigoryan, C. R. Menyuk, and R. M. Mu, *J. Lightwave Technol.* **17**, 1347 (1999).

[81] C. J. McKinstrie, J. Santhanam, and G. P. Agrawal, *J. Opt. Soc. Am. B* **19**, 640 (2002).

[82] J. Santhanam and G. P. Agrawal, *J. Sel. Topics Quantum Electron.* **8**, 632 (2002).

[83] M. Struwe, *Variational Methods* (Springer, 1990).

[84] B. Malomed, in *Progress in Optics*, Vol. 43, E. Wolf, Ed. (North-Holland, 2002), Chap. 2.

[85] R. K. Nesbet, *Variational Principles and Methods in Theoretical Physics and Chemistry* (Cambridge University Press, 2003).

[86] L. A. Ostrovskii, *Sov. Phys. JETP* **24**, 797 (1967).

[87] R. J. Jonek and R. Landauer, *Phys. Lett.* **24A**, 228 (1967).

[88] F. DeMartini, C. H. Townes, T. K. Gustafson, and P. L. Kelley, *Phys. Rev.* **164**, 312 (1967).

[89] D. Grischkowsky, E. Courtens, and J. A. Armstrong, *Phys. Rev. Lett.* **31**, 422 (1973).

[90] N. Tzoar and M. Jain, *Phys. Rev. A* **23**, 1266 (1981).

[91] D. Anderson and M. Lisak, *Phys. Rev. A* **27**, 1393 (1983).

[92] E. A. Golovchenko, E. M. Dianov, A. M. Prokhorov, and V. N. Serkin, *JETP Lett.* **42**, 87 (1985); *Sov. Phys. Dokl.* **31**, 494 (1986).

[93] E. Bourkoff, W. Zhao, R. L. Joseph, and D. N. Christoulides, *Opt. Lett.* **12**, 272 (1987); *Opt. Commun.* **62**, 284 (1987).

[94] W. Zhao and E. Bourkoff, *J. Quantum Electron.* **24**, 365 (1988)

[95] R. L. Fork, C. V. Shank, C. Herlimann, R. Yen, and W. J. Tomlinson, *Opt. Lett.* **8**, 1 (1983).

[96] G. Yang and Y. R. Shen, *Opt. Lett.* **9**, 510 (1984).

[97] J. T. Manassah, M. A. Mustafa, R. R. Alfano, and P. P. Ho, *Phys. Lett.* **113A**, 242 (1985); *IEEE J. Quantum Electron.* **22**, 197 (1986).

[98] D. Mestdagh and M. Haelterman, *Opt. Commun.* **61**, 291 (1987).

[99] B. R. Suydam, in *Supercontinuum Laser Source*, R. R. Alfano, Ed, 2nd ed. (Springer, 2006), Chap. 6.

[100] X. Fang, N. Karasawa, R. Morita, R. S. Windeler, and M. Yamashita, *IEEE Photon. Technol. Lett.* **15**, 33 (2003).

[101] S. Nakamura, N. Takasawa, and Y. Koyamada, *J. Lightwave Technol.* **23**, 855 (2005).

[102] W. H. Knox, R. L. Fork, M. C. Downer, R. H. Stolen, and C. V. Shank, *Appl. Phys. Lett.* **46**, 1120 (1985).

[103] G. R. Boyer and M. Franco, *Opt. Lett.* **14**, 465 (1989).

[104] J. R. de Oliveira, M. A. de Moura, J. M. Hickmann, and A. S. L. Gomes, *J. Opt. Soc. Am. B* **9**, 2025 (1992).

[105] A. B. Grudinin, E. M. Dianov, D. V. Korobkin, A. M. Prokhorov, V. N. Serkin, and D. V. Khaidarov, *JETP Lett.* **46**, 221 (1987).

[106] W. Hodel and H. P. Weber, *Opt. Lett.* **12**, 924 (1987).

[107] V. Yanosky and F. Wise, *Opt. Lett.* **19**, 1547 (1994).

[108] C. Headley and G. P. Agrawal, *J. Opt. Soc. Am. B* **13**, 2170 (1996).

[109] G. Boyer, *Opt. Lett.* **24**, 945 (1999).

[110] B. R. Washburn, S. E. Ralph, and R. S. Windeler, *Opt. Express* **10**, 475 (2002).

[111] J. Santhanam and G. P. Agrawal, *Opt. Commun.* **222**, 413 (2003).

[112] R. R. Alfano, Ed., *Supercontinuum Laser Source*, 2nd ed. (Springer, 2006).

[113] J. M. Dudley, G. Genty, and S. Coen, *Rev. Mod. Phys.* **78**, 1135 (2006).

[114] J. M. Dudley and J. R. Taylor, *Supercontinuum Generation in Optical Fibers* (Cambridge University Press, 2010).

第5章 光 孤 子

在光纤的反常色散区，由于色散和非线性效应的相互作用，可产生一种非常引人注目的现象——光孤子。"孤子"（soliton）是一种特殊的波包，它可以传输很长距离而不变形。孤子在物理学的许多分支已得到广泛的研究，本章讨论的光纤中的孤子不仅具有基础理论研究价值，而且在光纤通信方面也有实际应用。本章将着重研究脉冲在光纤群速度色散和自相位调制同等重要且必须同时考虑的区域中的传输问题。

5.1 节 考虑调制不稳定性现象，表明由于存在自相位调制这种非线性效应，连续波在光纤中的传输显示出固有的不稳定性，并导致光纤反常色散区脉冲序列的生成。

5.2 节 讨论逆散射法，该方法可以用来获得波传输方程的孤子解，基阶和高阶孤子的特性也将在这一节中讨论。

5.3 节 讨论光纤中的其他孤子形式，特别强调了暗孤子。

5.4 节 讨论外界微扰对孤子的影响，所涉及的微扰包括光纤损耗、孤子放大和光放大器引入的噪声。

5.5 节 重点讨论高阶非线性效应，如自变陡效应和脉冲内喇曼散射等。

5.1 调制不稳定性

许多非线性系统都表现出一种不稳定性，它是由非线性和色散效应之间的互作用导致的对稳态的调制。这种现象称为调制不稳定性（modulation instability），在 20 世纪 60 年代，其在流体力学[1]、非线性光学[2~4]和等离子体物理学[5~7]等领域已有研究。光纤中的调制不稳定性需要反常色散条件，这种不稳定性表现为将连续或准连续的辐射分裂成一列超短脉冲[8~27]。本节作为孤子理论的引言讨论光纤中的调制不稳定性。

5.1.1 线性稳定性分析

下面考虑连续波在光纤中的传输问题，出发点是简化的传输方程（2.3.46）。如果忽略光纤的损耗，那么此方程可写成

$$\mathrm{i}\frac{\partial A}{\partial z} = \frac{\beta_2}{2}\frac{\partial^2 A}{\partial T^2} - \gamma|A|^2 A \tag{5.1.1}$$

在有关孤子的文献中，此方程称为非线性薛定谔方程。正如 2.3 节中所讨论的，$A(z, T)$ 表示光场包络的振幅，β_2 是群速度色散参量，γ 是引起自相位调制的非线性参量。在连续波情形下，振幅 A 在光纤的输入端 $z=0$ 处与 T 无关。假设 $A(z, T)$ 在光纤中传输时仍保持与时间无关，很容易获得方程（5.1.1）的稳态解为

$$\overline{A} = \sqrt{P_0}\exp(\mathrm{i}\phi_{\mathrm{NL}}) \tag{5.1.2}$$

式中，P_0 是 $z = 0$ 处的入射功率，$\phi_{NL} = \gamma P_0 z$ 是自相位调制感应的非线性相移。式(5.1.2)表明，连续波在光纤中传输时除了获得一个与功率有关的相移(和由于光纤损耗引起的功率减小)，保持不变。

然而，在得到这个结论之前，人们一定会问稳态解[见式(5.1.2)]在受到微扰时是否仍然稳定。为了回答这个问题，通过下式对该稳态引入微扰：

$$A = \left(\sqrt{P_0} + a\right)\exp(i\phi_{NL}) \tag{5.1.3}$$

下面利用线性稳定性分析检验微扰 $a(z, T)$ 的演化。将式(5.1.3)代入方程(5.1.1)，并使 a 线性化，得到

$$i\frac{\partial a}{\partial z} = \frac{\beta_2}{2}\frac{\partial^2 a}{\partial T^2} - \gamma P_0(a + a^*) \tag{5.1.4}$$

该线性方程很容易在频域求解，然而由于 a^* 项，频率为 Ω 和 $-\Omega$ 的傅里叶分量发生耦合，因此方程的解应有以下形式：

$$a(z, T) = a_1 \exp[i(Kz - \Omega T)] + a_2 \exp[-i(Kz - \Omega T)] \tag{5.1.5}$$

式中，K 和 Ω 分别是微扰的波数和频率。式(5.1.4)和式(5.1.5)提供了两个关于 a_1 和 a_2 的齐次方程，这组方程仅当 K 和 Ω 满足色散关系

$$K = \pm\frac{1}{2}|\beta_2\Omega|[\Omega^2 + \text{sgn}(\beta_2)\Omega_c^2]^{1/2} \tag{5.1.6}$$

时才具有一个非平凡解，其中 $\text{sgn}(\beta_2) = \pm 1$，具体正负取决于 β_2 的符号，

$$\Omega_c^2 = \frac{4\gamma P_0}{|\beta_2|} = \frac{4}{|\beta_2|L_{NL}} \tag{5.1.7}$$

非线性长度 L_{NL} 由式(3.1.5)定义，由于式(2.3.21)中的因子 $\exp[i(\beta_0 z - \omega_0 t)]$ 已提取出来，因此实际的微扰波数和频率应分别是 $\beta_0 \pm K$ 和 $\omega_0 \pm \Omega$。要记住这个因子，式(5.1.5)中的两项表示同时出现 $\omega_0 + \Omega$ 和 $\omega_0 - \Omega$ 两个不同的频率分量。后面将看到，当发生调制不稳定性时，这些频率分量对应于产生的两个频谱边带。

色散关系(5.1.6)表明，稳态的稳定性主要取决于光纤中传输的光波是处于光纤的正常群速度色散区还是反常群速度色散区。对于正常群速度色散的情形($\beta_2 > 0$)，波数 K 对所有的 Ω 都为实数，并且该稳态在受到微扰时仍是稳定的。相反，对于反常群速度色散的情形($\beta_2 < 0$)，K 在 $|\Omega| < \Omega_c$ 时变为虚数，微扰 $a(z, T)$ 随 z 指数增长[见式(5.1.5)]，结果连续波解[见式(5.1.2)]在$\beta_2 < 0$时具有固有的不稳定性。这种不稳定性之所以称为调制不稳定性，是因为它导致连续波的自发时域调制，并将连续波转变成脉冲序列。在其他许多非线性系统中也产生类似的不稳定性，通常称之为自脉动不稳定性[28~31]。

5.1.2 增益谱

令 $\text{sgn}(\beta_2) = -1$，$g(\Omega) = 2\text{Im}(K)$，利用式(5.1.6)可得到调制不稳定性的增益谱，式中因子 2 将 g 转化为功率增益。增益仅在 $|\Omega| < \Omega_c$ 时存在，并由下式给出：

$$g(\Omega) = |\beta_2\Omega|(\Omega_c^2 - \Omega^2)^{1/2} \tag{5.1.8}$$

图 5.1 给出了当光纤的 $\beta_2 = -5 \text{ ps}^2/\text{km}$ 时，在三个不同非线性长度(L_{NL} 为 1 km，2 km 及 5 km 时)下的增益谱。作为一个实例，若取 1.55 μm 波长附近的 $\gamma = 2 \text{ W}^{-1}/\text{km}$，则功率为 100 mW 时非线性长度 $L_{NL} = 5$ km。增益谱 $g(\Omega)$ 关于 $\Omega = 0$ 对称，在 $\Omega = 0$ 处为零。增益在由下式给出

的两个频率处具有最大值：

$$\Omega_{\max} = \pm \frac{\Omega_c}{\sqrt{2}} = \pm \left(\frac{2\gamma P_0}{|\beta_2|} \right)^{1/2} \qquad (5.1.9)$$

其最大值为

$$g_{\max} \equiv g(\Omega_{\max}) = \frac{1}{2} |\beta_2| \Omega_c^2 = 2\gamma P_0 \qquad (5.1.10)$$

这里利用了 Ω_c 与 P_0 的关系式(5.1.7)。峰值增益与群速度色散参量 β_2 无关，但它随入射功率线性增加，使 $g_{\max} L_{NL} = 2$。

在推导式(5.1.8)的过程中，忽略了光纤损耗参量 α 对调制不稳定性增益的影响。光纤损耗的主要影响是，由于功率沿光纤逐渐减小，因此增益也逐渐减小[9~11]。实际上，此时式(5.1.8)中的 Ω_c 应由 $\Omega_c \exp(-\alpha z/2)$ 代替。只要 $\alpha L_{NL} < 1$，就仍会发生调制不稳定性。如果一开始用方程(2.3.44)代替方程(5.1.1)，则高阶色散效应和高阶非线性效应，如自变陡和脉冲内喇曼散射，也可包括在内[14~16]。三阶色散 β_3（或任意奇数色散项）并不影响调制不稳定性的增益谱，自变陡的主要影响是减小增长率并使图5.1中产生增益的频率范围减小。

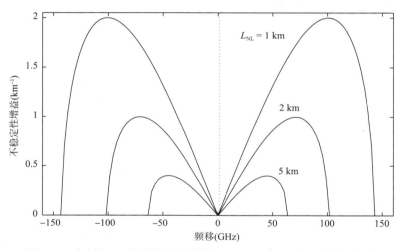

图 5.1　功率为 P_0 的连续光入射到 $\beta_2 = -5\ ps^2/km$ 的光纤中时，非线性长度 $L_{NL} = (\gamma P_0)^{-1}$ 取不同值时的调制不稳定性增益谱

正如将要在第10章中讨论的，调制不稳定性可以解释为由自相位调制实现相位匹配的四波混频过程。如果一束频率为 $\omega_1 = \omega_0 + \Omega$ 的探测波与频率为 ω_0 的连续波（泵浦波）同时在光纤中传输，那么只要 $|\Omega| < \Omega_c$，探测波将获得一个由式(5.1.8)给出的净功率增益。从物理意义上讲，由两个强泵浦光子产生另外两个不同的光子，其中一个是频率为 ω_1 的探测光子，另一个是频率为 $2\omega_0 - \omega_1$ 的闲频光子。这种探测波与强泵浦波一起入射的情形有时称为感应调制不稳定性。

即使只有泵浦波本身在光纤中传输，调制不稳定性也能导致连续波自发分裂成周期性的脉冲序列。在这种情况下，噪声光子（真空涨落）起到探测波的作用，并被调制不稳定性提供的增益放大[27]。由于最大的增益发生在频率 $\omega_0 \pm \Omega_{\max}$ 处，$\Omega_{\max}$ 由式(5.1.9)给出，这些频率分量得到最大的放大，所以自发(spontaneous)调制不稳定性的一个明显的特征是，在中心频率 ω_0 两边的 $\pm \Omega_{\max}$ 处产生两个对称的频谱边带。在时域中，连续波转变为一个周期性的脉冲序列，其周期为 $T_m = 2\pi/\Omega_{\max}$。

如前所述, 调制不稳定性通常仅发生在光纤的反常色散区。人们可能想知道, 在一定条件下, 在光纤正常色散区能否发生调制不稳定性。已经证明, 当两束波长不同或正交偏振的光同时传输, 产生了交叉相位调制时, 即使在光纤正常色散区也能发生调制不稳定性, 这种情形将在第 6 章和第 7 章中讨论。若介质响应缓慢, 即使是单个连续波在正常色散介质中也会变得不稳定[24]。如果光纤有两个零色散波长, 那么也会在 $\beta_2 > 0$ 时发生调制不稳定性, 色散平坦光纤就属于这种情形[25]; 采用细纤芯显著改变其色散特性的锥形光纤或其他微结构光纤, 也属于这种情形[26]。在这些光纤中, 在反常色散情形下, 调制不稳定性的增益谱甚至呈现出第二个峰。

5.1.3 实验结果

光纤反常色散区的调制不稳定性最早是在下面的实验中观察到的[12], 工作在 1.319 μm 的 Nd:YAG 激光器产生的 100 ps(指的是 FWHM)脉冲通过一段 $\beta_2 \approx -3$ ps²/km 的 1 km 长的光纤传输。图 5.2 是峰值功率 $P_0 = 7.1$ W 时在光纤输出端测量到的自相关迹和频谱。频谱边带的位置与式(5.1.9)的预期一致, 而且自相关迹中振荡峰之间的间隔也正如理论预期的与 Ω_{max} 成反比, 在图 5.2 中看到的次频谱边带也与考虑泵浦消耗效应时的理论预期一致。在这个实验中, 为避免受激布里渊散射, 必须用 100 ps 的脉冲而不是连续波(见第 9 章)。可是由于调制周期约为 1 ps, 所以相对较宽的 100 ps 输入脉冲仍能满足观察调制不稳定性的准连续条件。

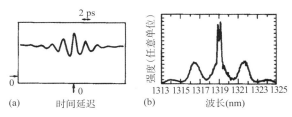

图 5.2　100 ps 的输入脉冲在 1 km 长的光纤输出端的自相关迹和频谱,
谱线对应的输入峰值功率为7.1 W[12] (©1986 美国物理学会)

在一个相关的实验中, 将一束弱连续探测波和强泵浦脉冲同时入射到光纤中, 以感应调制不稳定性[13]。探测波是从一台单纵模运转的半导体激光器获得的, 其波长可在泵浦波长附近的几纳米范围内调谐。连续探测波 0.5 mW 的功率与 $P_0 = 3$ W 的泵浦脉冲峰值功率相比是非常小的, 然而由于它的出现, 导致每个泵浦脉冲分裂成一个周期性的脉冲序列, 其周期反比于泵浦波和探测波之间的频率差, 而且周期可以通过改变探测激光器的波长来调节。图 5.3 给出了两个不同探测波长下的自相关迹。由于观察到的脉冲宽度小于 1 ps, 所以此技术可以用来产生亚皮秒脉冲, 而且重复频率可以通过改变探测波长来控制。

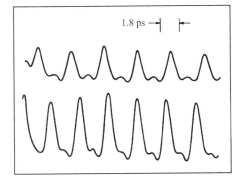

图 5.3　自相关迹表明在两个不同探测波长下感应了调制不稳定性, 通过调节产生探测波的半导体激光器的波长可改变调制周期[13] (©1986 美国物理学会)

当使用脉宽小于 100 ps 的光脉冲时, 调制不稳定性可通过自相位调制产生。如果自相位调制感应的频谱展宽足够大, 以至于超过 Ω_{max}, 则自相位调制产生的 Ω_{max} 附近的频率分量可起到探测波的作用, 并通过调制不稳定性放大, 这一现象称为自相位调制感应调制不稳定性。

用式（4.1.10）中的 $\delta\omega_{max}$ 并使 $\Omega_{max} \approx \delta\omega_{max}$，可以估计谱宽接近 Ω_{max} 时的光纤长度。对于高斯脉冲的情形，当

$$L \approx (2L_D L_{NL})^{1/2} \tag{5.1.11}$$

时，这一条件就会满足，其中 $L_D = T_0^2 / |\beta_2|$ 是 3.1 节引入的色散长度。方程（5.1.1）的数值解证实了自相位调制确实能够感应调制不稳定性[17]，特别是输入脉冲在频率 $\Omega_{max}/2\pi$ 处产生深度调制，并在此频率处频谱出现边带。这种自相位调制感应调制不稳定性也已在实验中观察到[17]。

5.1.4 超短脉冲产生

方程（5.1.1）稳态解的线性稳定性分析，仅仅提供了弱微扰随式（5.1.8）给出的功率增益的初始指数增长。显然，这种指数增长不可能无限地持续下去，因为频率分量 $\omega_0 \pm \Omega$ 的增长是以频率为 ω_0 的泵浦波的消耗为代价的。另外，边带 $\omega_0 \pm \Omega$ 最终变得足够强，微扰也变得足够大，线性稳定性分析不再适用。调制态的演化由非线性薛定谔方程（5.1.1）决定，解该方程的一种简单方法是像处理四波混频问题那样，在频域中求解[23]，这个问题将在第 10 章中详细讨论。这种方法的主要缺点是，不能处理位于 $\omega_0 \pm m\Omega$（$m = 2$，3，$\cdots$）的高阶边带产生问题，而当一阶边带（$m = 1$）变强时，这些高阶边带的产生是不可避免的。

用时域方法可以直接求解非线性薛定谔方程。对于加在连续波上的弱正弦调制情形，方程（5.1.1）的数值解表明，此连续波逐渐演化为以原有调制周期为间隔的短脉冲序列[8]。得到如此短的脉冲序列所需的光纤长度取决于初始调制深度，典型的长度约为 $5L_D$。继续传输时，多峰结构将产生畸变，最后又回到初始输入波形。对于稳态的任意周期调制情况，通过解方程（5.1.1）发现上述行为具有普遍性。以上场景表明，非线性薛定谔方程应存在周期解，其解的形式随传输距离变化。确实，非线性薛定谔方程的解是一个由周期性解组成的多参量族[32~40]，对于最一般的情况，这些解可以用雅可比椭圆函数的形式表示，而对于一些特殊情况，其解可用三角函数和双曲函数表示[37]。非线性薛定谔方程的特定一族周期解称为 Akhmediev 呼吸子[32]，近年来它在光学怪波和超连续谱产生领域引起关注[41~43]，更多细节可见 13.7.3 节。

从实用的角度考虑，调制不稳定性可用于产生短光脉冲序列，其重复频率可由外部控制。早在 1989 年，利用调制不稳定性就产生了重复频率为 2 THz 的 130 fs 脉冲[44]，从此这项技术就用于产生周期性超短脉冲序列，其重复频率比从锁模激光器所得脉冲的重复频率高得多。为此目的，一些实验采用了色散渐减光纤（dispersion-decreasing fiber，DDF）[45~47]，在这些实验中，通过两个光信号的拍频施加初始正弦调制。在 1992 年的一个实验中[46]，两台工作在连续状态且在 1.55 μm 附近波长略有不同的分布反馈（distributed feedback，DFB）半导体激光器的输出在光纤耦合器中复合，产生一个频率等于拍频的正弦调制信号，通过控制激光器的温度，频率可在 70~90 GHz 范围内调谐。在后来的实验中[47]，产生了重复频率在 80~120 GHz 可调的 250 fs 脉冲。具体实验方案是，利用光纤放大器将由两台分布反馈激光器得到的拍信号放大到约为 0.8 W，然后在 1.6 km 长的色散渐减光纤中传输，其中色散渐减光纤的群速度色散从 10 ps/(km·nm)减至 0.5 ps/(km·nm)。图 5.4 给出了重复频率为 114 GHz 的输出脉冲序列（脉宽 250 fs）和对应的频谱，由图可见频谱发生红移，这是因为对于如此短的脉冲，脉冲内喇曼散射的影响已比较大（见 5.5.4 节）。

就通过调制不稳定性产生脉冲序列而言，色散渐减光纤的使用并非是不可或缺的。在一个有趣的实验[48]中，将高色散与低色散光纤分段交接，产生梳状色散分布曲线。用双频光纤

激光器产生以等于纵模间隔(59 GHz)的频率调制的高功率信号，当这种调制信号入射到梳状色散光纤中时，就会输出重复频率为 59 GHz 的 2.2 ps 脉冲序列。在另一个实验中[49]，将高功率拍信号入射到 5 km 长的色散位移光纤中，产生了重复频率为 123 GHz 的 1.3 ps 周期性脉冲序列，实验结果与基于非线性薛定谔方程的数值模拟结果非常一致。

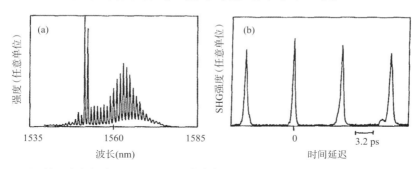

图 5.4　通过调制不稳定性产生的 114 GHz 脉冲序列的(a) 频谱和(b) 自相关迹。两个频谱主峰
分别对应入射到 1.6 km 长的色散渐减光纤中的两束连续波[47]（©1993 美国物理研究所）

以上方法的主要问题是，脉冲序列的建立需要相对长的光纤(约为 5 km)和相对高的入射功率(约为 100 mW)。这一问题可以通过将光纤封入谐振腔内解决，调制不稳定性提供的增益可以将这种器件变成自脉动激光器。早在 1988 年，就采用环形腔结构通过调制不稳定性产生脉冲序列[50]，此后，发生在谐振腔内的调制不稳定性就引起了人们的极大关注[51~55]。对于法布里-珀罗(Pabry-Perot)谐振腔，数学处理比较麻烦，因为对于两个反向传输的光场，必须采用一组耦合非线性薛定谔方程处理。已经证明，由于腔镜提供的反馈，调制不稳定性甚至可以发生在光纤正常色散区[52]，而且在光纤-空气界面产生的相当小的反馈(约为 4%)就足以激发调制不稳定性[53]，结果实际上不用任何腔镜就可以制造出自脉动光纤激光器。数值和解析结果均表明，利用功率约为 10 mW 的连续泵浦波，即可通过这种激光器产生重复频率在太赫兹(THz)范围的超短脉冲序列[54]。

5.1.5　调制不稳定性对光波系统的影响

调制不稳定性会影响用光放大器对光纤损耗进行周期性补偿的光通信系统的性能[56~67]。早在 1990 年，计算机模拟就表明，调制不稳定性对采用非归零码格式进行数据传输的系统是一个限制因素[56]，此后人们从数值模拟和实验两方面对调制不稳定性的影响进行了研究[63]。从物理意义上讲，放大器的自发辐射能提供种子光，进而通过感应调制不稳定性形成频谱边带，结果信号频谱被充分展宽，由于群速度色散感应的光脉冲展宽与其带宽有关，这种效应将使系统性能劣化。一个 10 Gbps 的光波系统的实验结果表明[62]，在传输距离仅为 455 km 时就造成了系统性能的严重劣化。正如我们所预期的，当利用色散补偿光纤(dispersion-compensating fiber, DCF)对群速度色散进行部分补偿时，系统性能得到了改善。

光波系统中光放大器的周期使用能通过另一种机制引起调制不稳定性并产生附加边带，边带里的噪声无论是在光纤正常色散区，还是在反常色散区，都会被放大[57]。这种新机制的根源在于平均功率 P_0 沿光纤链路出现周期性锯齿样的变化。为了更清楚地理解其物理意义，可查看式(5.1.4)，由于其中的 γP_0 项变成 z 的周期函数，所以 P_0 的周期性变化等效于制造了一个非线性折射率光栅，光栅周期等于放大器间距，典型值为 50~80 km。这种长周期光栅为位于 $\omega_0 + \Omega$ 和 $\omega_0 - \Omega$ 的两个边带提供了一种新的耦合机理，当微扰频率 Ω 满足布拉格条件时，就会生成两个边带。

延伸 5.1.1 节中的分析，就可以将 P_0 的周期性变化包括在内。用 $P_0 f(z)$ 代替式(5.1.4)中的 P_0，其中 $f(z)$ 是一个周期函数。将 $f(z)$ 按傅里叶级数展成 $f(z) = \sum c_m \exp(2\pi imz/L_A)$ 的形式，则增益峰值处的频率为[57]

$$\Omega_m = \pm \left(\frac{2\pi m}{\beta_2 L_A} - \frac{2\gamma P_0 C_0}{\beta_2} \right)^{1/2} \tag{5.1.12}$$

式中，整数 m 代表布拉格衍射级次，L_A 是放大器间距(光栅周期)，傅里叶系数 c_m 与光纤损耗 α 的关系为

$$c_m = \frac{1 - \exp(-\alpha L_A)}{\alpha L_A + 2im\pi} \tag{5.1.13}$$

当没有光栅或 $m = 0$ 时，Ω_0 仅对反常色散存在，与式(5.1.9)一致；而当 $m \neq 0$ 时，即使在正常色散区($\beta_2 > 0$)，调制不稳定性边带也可以产生。此行为从物理意义上可以理解为，当 $m \neq 0$ 时，非线性折射率光栅有助于满足四波混频所必需的相位匹配条件。

随着波分复用(wavelength-division multiplexing, WDM)技术的出现，色散管理技术被普遍采用，它通过周期性色散图从总体上降低群速度色散，而在局部群速度色散则保持较高值。β_2 的周期性变化形成另一个光栅，从而显著影响调制不稳定性。从数学意义上讲，这种情况与前面讨论过的情形类似，只是方程(5.1.4)中的 β_2(而不是 P_0)变成了 z 的周期函数。调制不稳定性的增益谱也用类似方法得到[61]。β_2 光栅不但产生新的边带，而且影响在图 5.1 中所看到的增益谱。在强色散管理情况下(相对大的群速度色散变化)，调制不稳定性增益的峰值和带宽均减小，这表明系统受调制不稳定性感应的噪声放大的影响不是很大。

对于一个由损耗 $\alpha = 0.22$ dB/km，色散 $D = 16$ ps/(km·nm) 和非线性参量 $\gamma = 1.7$ W^{-1}/km 的标准光纤构成的间距为 100 km 的 1000 km 光波系统，图 5.5 给出了色散补偿对调制不稳定性增益谱的影响[65]。在每段链路的末端用放大器补偿该段链路的总损耗，当未对色散进行补偿时，频谱呈现出多条边带；当在每段链路后对 95% 的色散进行补偿时，如曲线(a)所示，链路平均色散为 0.8 ps/(km·nm)，此时这些边带得到抑制，而且峰值增益显著减小；如曲线(b)所示，当光波系统链路由 $D = 0.8$ ps/(km·nm) 的均匀色散光纤构成时，调制不稳定性增益大得多。

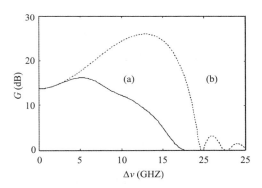

图 5.5　(a) 对于 1000 km 长的光纤链路，当 95% 的色散得到补偿且平均色散 $D = 0.8$ ps/(km·nm) 时预期的增益谱；(b) $D = 0.8$ ps/(km·nm) 的均匀色散光纤链路的增益谱[65]（©1999 IEEE）

调制不稳定性在几个方面影响波分复用系统的性能。研究表明，四波混频的共振增强对波分复用系统有害，特别是当信道间隔接近调制不稳定性增益最强的频率时，它使系统性能明显劣化[64]。积极的一面是，这种共振增强能用于低功率且高效的波长变换[68]。另外，由于在 $|\beta_2| = 0$ 附近不稳定增益变得相当小，因此调制不稳定性还可以用于测量零色散波长沿光纤的分布[69]。正如将在 11.1.4 节中讨论的，调制不稳定性还可以用来推算非线性参量 γ 的值[70]。

5.2 光孤子

光纤反常群速度色散区调制不稳定性的发生，暗示方程(5.1.1)在 $\beta_2 < 0$ 时有根本不同的特性。已经证明，此方程具有特殊的类脉冲解，这些解或者不沿光纤长度变化，或者具有周期性演化图样，这样的解称为光孤子。实际上，孤子的历史可以追溯到 1834 年，在这一年 Scott Russell 观察到有一大片水在河道内能无形变地传输几千米，下面是他在 1844 年出版的报告中的记载[71]。

> 我正观察着由两匹马拖着的小船沿狭窄的河道快速运动，突然小船停了下来——但在河道中运动着的一大片水并未停下来，而是以漩涡方式在船头聚集，然后突然把小船抛在后面，高速向前运动。设想这样一个大的孤立场景：一片圆形、光滑且轮廓分明的水体，沿河道一直向前运动，很明显其形状保持不变，速度也不会减小。我骑马追踪并赶上它，它仍然以每小时 8 或 9 英里①的速度向前运动，同时保持约 30 英尺②长的初始形状，但其高度逐渐减小，运动 1 或 2 英里后才在河道弯曲处消失。这样在 1834 年 8 月，我第一次看到了这种奇异的美丽现象，并把它称为波的平移。

这种波后来称为孤立波，直到逆散射法得到发展以后，人们才得以完全理解孤立波的特征[72]。术语"孤子"(soliton)是 1965 年杜撰出来的，目的是为了反映这些孤立波的类粒子本性，即在相互碰撞后能不受影响[73]。从此，人们在包括光学在内的很多物理学分支中都发现了孤子，并对其进行了研究[74~79]。在光纤领域，1973 年首次提出将孤子用于光通信[80]。到 1999 年，利用光孤子已经完成了几个现场实验[81]。近年来，"孤子"一词已经变得如此流行，以至于在 Internet 中搜索，会命中数千次。类似地，科学数据库揭示，每年发表的在题目中出现"孤子"一词的研究论文达数百篇。需要强调的是，在现代光学文献里，孤子和孤立波之间并非经常加以区分，将所有孤立波称为孤子是非常普遍的现象。

5.2.1 逆散射法

只有某些非线性波方程才能够用逆散射法求解[74]，非线性薛定谔方程(5.1.1)就属于这类特殊的方程。1971 年 Zakharov 和 Shabat[82]用逆散射法求解了非线性薛定谔方程，这种方法实质上与通常用于解线性偏微分方程的傅里叶变换法类似。逆散射法是将所研究的问题视为一个适当的散射问题，其势就是所要寻找的解。具体方法是，用 $z = 0$ 处的入射场得到初始的散射数据，然后通过解线性散射问题确定其沿 z 方向的演化，再由演化的散射数据重构传输场。因为逆散射法的细节可在许多参考文献中查到[74~79]，在此仅做简单介绍。

与第 4 章类似，为使方程(5.1.1)归一化，引入三个无量纲变量

$$U = \frac{A}{\sqrt{P_0}}, \quad \xi = \frac{z}{L_D}, \quad \tau = \frac{T}{T_0} \tag{5.2.1}$$

从而得到

$$i\frac{\partial U}{\partial \xi} = \text{sgn}(\beta_2)\frac{1}{2}\frac{\partial^2 U}{\partial \tau^2} - N^2|U|^2 U \tag{5.2.2}$$

式中，P_0 是脉冲峰值功率，T_0 是入射脉冲宽度，参量 N 定义为

---

① 1 英里 = 1.6093 km——编者注。

② 1 英尺 = 0.3048 m——编者注。

$$N^2 = \frac{L_\mathrm{D}}{L_\mathrm{NL}} = \frac{\gamma P_0 T_0^2}{|\beta_2|} \tag{5.2.3}$$

色散长度 L_D 和非线性长度 L_NL 由式(3.1.5)定义。本节忽略了光纤损耗，但在后面会将其包括在内。通过引入

$$u = NU = \sqrt{\gamma L_\mathrm{D}} A \tag{5.2.4}$$

可以消去方程(5.2.2)中的参量 N，该方程变成下面的非线性薛定谔方程的标准形式：

$$\mathrm{i}\frac{\partial u}{\partial \xi} + \frac{1}{2}\frac{\partial^2 u}{\partial \tau^2} + |u|^2 u = 0 \tag{5.2.5}$$

式中，已选取 $\mathrm{sgn}(\beta_2) = -1$，以关注反常群速度色散的情况。注意，方程(5.2.5)有个重要的比例关系成立，即如果 $u(\xi,\tau)$ 是此方程的一个解，则 $\epsilon u(\epsilon^2\xi, \epsilon\tau)$ 也是此方程的一个解，其中 ϵ 是一个任意的比例因子。这个比例关系的重要性将在后面显现出来。

在逆散射法中，与方程(5.2.5)相联系的散射问题是[75]

$$\mathrm{i}\frac{\partial v_1}{\partial \tau} + u v_2 = \zeta v_1 \tag{5.2.6}$$

$$\mathrm{i}\frac{\partial v_2}{\partial \tau} + u^* v_1 = -\zeta v_2 \tag{5.2.7}$$

式中，v_1 和 v_2 是被势场 $u(\xi,\tau)$ 散射的两波的振幅，ζ 是本征值，它与在标准傅里叶分析中的频率所扮演的角色类似，只是当 $u \neq 0$ 时，ζ 能够取复数值。如果注意到在无势场($u=0$)时，v_1 和 v_2 以 $\exp(\pm\mathrm{i}\zeta\tau)$ 变化，就容易看出这一特点。

方程(5.2.6)和方程(5.2.7)适用于所有 ζ 值，在逆散射法中，首先在 $\xi=0$ 时求解。对于一个已知的初始形式的 $u(0,\tau)$，通过解方程(5.2.6)和方程(5.2.7)可以得到初始的散射数据。直接散射问题可由反射系数 $r(\zeta)$ 来表征，此系数的作用类似于傅里叶分析中的傅里叶系数。束缚态(孤子)的形成对应于 $r(\zeta)$ 在复数 ζ 平面内的极点。这样，初始的散射数据由反射系数 $r(\zeta)$、复数极点 ζ_j 及留数 c_j 组成，如果存在 N 个这样的极点，则 $j = 1 \sim N$。尽管式(5.2.3)中的 N 并不要求一定是整数，但同样的符号用来表示极点的个数时，其整数值决定了极点的个数。

利用众所周知的方法可以得到散射数据沿光纤的演化[74]。用逆散射法由演化的散射数据可以重构所要的解 $u(\xi,\tau)$。一般情况下需要解复杂的线性积分方程，故这一步在数学上非常麻烦。然而，对于初始势 $u(0,\tau)$ 时 $r(\zeta)$ 变为零的这种特殊情况，解 $u(\xi,\tau)$ 可以通过解一组代数方程得到，这种情况对应于孤子的情形。孤子阶数由极点数目 N 或本征值 $\zeta_j(j=1 \sim N)$ 表征，其通解为[82]

$$u(\xi,\tau) = -2\sum_{j=1}^{N} \lambda_j^* \psi_{2j}^* \tag{5.2.8}$$

式中，

$$\lambda_j = \sqrt{c_j}\exp(\mathrm{i}\zeta_j\tau + \mathrm{i}\zeta_j^2\xi) \tag{5.2.9}$$

ψ_{2j}^* 通过解下列一组线性代数方程获得：

$$\psi_{1j} + \sum_{k=1}^{N} \frac{\lambda_j\lambda_k^*}{\zeta_j - \zeta_k^*}\psi_{2k}^* = 0 \tag{5.2.10}$$

$$\psi_{2j}^* - \sum_{k=1}^{N} \frac{\lambda_j^*\lambda_k}{\zeta_j^* - \zeta_k}\psi_{1k} = \lambda_j^* \tag{5.2.11}$$

本征值 ζ_j 一般为复数($2\zeta_j = \delta_j + \mathrm{i}\eta_j$)。从物理意义上讲，实数部分 δ_j 使孤子的第 j 个分量的群速度发生变化，为了使 N 阶孤子保持束缚态，所有分量必须以相同的群速度传输，即所有本征值 ζ_j 都位于平行于虚轴的一条直线上，也就是对于所有 j，有 $\delta_j = \delta$。这一特点也使式(5.2.9)给出的通解大大简化。后面将看到，参量 δ 表示孤子相对于载频 ω_0 产生的频移。

5.2.2 基阶孤子

基阶孤子($N=1$)对应于单个本征值的情形，之所以称为基阶孤子是因为其形状在传输过程中保持不变。令 $j=k=1$，可以从式(5.2.8)至式(5.2.11)得到基阶孤子的场分布。注意，$\psi_{21} = \lambda_1(1 + |\lambda_1|^4/\eta^2)^{-1}$，将其代入式(5.2.8)可得

$$u(\xi, \tau) = -2(\lambda_1^*)^2(1 + |\lambda_1|^4/\eta^2)^{-1} \tag{5.2.12}$$

用式(5.2.9)表示 λ_1，并结合 $\zeta_1 = (\delta + \mathrm{i}\eta)/2$，以及通过 $-c_1/\eta = \exp(\eta\tau_s - \mathrm{i}\phi_s)$ 引入参量 τ_s 和 ϕ_s，可以得到下面基阶孤子的一般形式：

$$u(\xi, \tau) = \eta\,\mathrm{sech}[\eta(\tau - \tau_s + \delta\xi)]\exp[\mathrm{i}(\eta^2 - \delta^2)\xi/2 - \mathrm{i}\delta\tau + \mathrm{i}\phi_s] \tag{5.2.13}$$

式中，η，δ，τ_s 和 ϕ_s 是表征孤子的 4 个任意参量。这样，光纤支持一个四参量族的基阶孤子，这 4 个参量共同满足条件 $N=1$。

从物理意义上讲，4 个参量 η，δ，τ_s 和 ϕ_s 分别表示孤子振幅、频率、位置和相位，由于常数绝对相位没有任何物理意义，相位 ϕ_s 可以不在讨论之列。但后面讨论一对孤子间的非线性互作用时，就要考虑此参量。参量 τ_s 表示孤子峰值位置，若适当选择时间原点使 $\xi = 0$ 时峰值位于 $\tau = 0$，则可设 $\tau_s = 0$，因此 τ_s 也可以略去。从式(5.2.13)中的相位因子也可清楚地看到，参量 δ 表示孤子相对载频 ω_0 的频移，利用载频部分 $\exp(-\mathrm{i}\omega_0 t)$，新频率变为 $\omega_0' = \omega_0 + \delta/T_0$。注意，频移还改变了孤子速度，使之偏离初始速度值 v_g。将 $\tau = (t - \beta_1 z)/T_0$ 代入式(5.2.13)并写成

$$|u(\xi, \tau)| = \eta\,\mathrm{sech}[\eta(t - \beta_1' z)/T_0] \tag{5.2.14}$$

可以更清楚地看到这一点，式中 $\beta_1' = \beta_1 + \delta|\beta_2|/T_0$。正如从物理学的角度所预期的，群速度($v_g = 1/\beta_1$)的改变是光纤色散的结果。

适当选取载频，可以从式(5.2.13)中消去频移量，这样基阶孤子可以用单参量族描述为

$$u(\xi, \tau) = \eta\,\mathrm{sech}(\eta\tau)\exp(\mathrm{i}\eta^2\xi/2) \tag{5.2.15}$$

式中，参量 η 不仅决定了孤子振幅，而且决定了孤子宽度。在实数单位中，孤子宽度以 T_0/η 随 η 变化，也就是说，反比于孤子振幅。孤子振幅和宽度的这种反比关系是孤子最重要的特征，相关内容将在后面介绍。选取 $u(0, 0) = 1$，这样 $\eta = 1$，从式(5.2.15)可得到基阶孤子的标准形式为

$$u(\xi, \tau) = \mathrm{sech}(\tau)\exp(\mathrm{i}\xi/2) \tag{5.2.16}$$

将上式直接代入方程(5.2.5)，可以证明这确实是非线性薛定谔方程的解。

不用逆散射法，通过直接求解非线性薛定谔方程也可以得到式(5.2.16)给出的解。这种方法假设非线性薛定谔方程存在一个形状可保持的解，其形式为

$$u(\xi, \tau) = V(\tau)\exp[\mathrm{i}\phi(\xi, \tau)] \tag{5.2.17}$$

式中，V 与 ξ 无关，式(5.2.17)表示在传输过程中形状能保持不变的基阶孤子。相位 ϕ 取决于 ξ 和 τ。若将式(5.2.17)代入方程(5.2.5)，并将其实部和虚部分离，可以得到关于 V 和 ϕ 的两个方程。相位方程表明，ϕ 应采取 $\phi(\xi, \tau) = K\xi - \delta\tau$ 的形式，其中 K 和 δ 是常数。若取

$\delta = 0$（无频移），则会发现 $V(\tau)$ 满足

$$\frac{\mathrm{d}^2 V}{\mathrm{d}\tau^2} = 2V(K - V^2) \tag{5.2.18}$$

在方程两边乘以 $2(\mathrm{d}V/\mathrm{d}\tau)$，并在 τ 上积分，可得

$$(\mathrm{d}V/\mathrm{d}\tau)^2 = 2KV^2 - V^4 + C \tag{5.2.19}$$

式中，C 是积分常数。利用边界条件，即 $|\tau| \to \infty$ 时，V 和 $\mathrm{d}V/\mathrm{d}\tau$ 均为零，故 $C = 0$。常数 K 由孤子峰值处 $V = 1$ 和 $\mathrm{d}V/\mathrm{d}\tau = 0$ 的条件决定，并假设出现在 $\tau = 0$ 处，由此可得 $K = \frac{1}{2}$，于是 $\phi = \xi/2$。对方程（5.2.19）简单积分，可得 $V(\tau) = \mathrm{sech}(\tau)$。通过这种简单的方法，同样得到了式（5.2.16）给出的解。

在光纤范畴，解（5.2.16）表明，如果脉宽 T_0 和峰值功率 P_0 满足式（5.2.3）中的 $N = 1$ 的一个双曲正割脉冲，入射到理想的无损耗光纤中，脉冲将无畸变地传输，在任意长的距离上都不会改变其形状。正是基阶孤子的这一特性，使其对光纤通信系统具有较大吸引力[80]。令式（5.2.3）中的 $N = 1$，可得到维持基阶孤子所需的峰值功率为

$$P_0 = \frac{|\beta_2|}{\gamma T_0^2} \approx \frac{3.11|\beta_2|}{\gamma T_{\mathrm{FWHM}}^2} \tag{5.2.20}$$

式中，孤子的半极大全宽度（FWHM）利用式（3.2.22）给出的 $T_{\mathrm{FWHM}} \approx 1.76 T_0$ 定义。对于色散位移光纤，1.55 μm 附近的典型值为 $\beta_2 = -1 \ \mathrm{ps}^2/\mathrm{km}$，$\gamma = 3 \ \mathrm{W}^{-1}/\mathrm{km}$，当 $T_0 = 1 \ \mathrm{ps}$ 时 P_0 约为 1 W；因为峰值功率 P_0 正比于 T_0^{-2}，当 $T_0 = 10 \ \mathrm{ps}$ 时 P_0 降至仅 10 mW。因此，即使对于 10 ps 宽的输入脉冲，在半导体激光器所能达到的功率水平下也能在光纤中形成基阶孤子。

5.2.3　二阶和高阶孤子

高阶孤子也由式（5.2.8）给出的通解描述。本征值 η_j 和留数 c_j 的不同组合一般将导致孤子形式变化无穷。假定孤子关于 $\tau = 0$ 是对称的，留数和本征值有以下关系[83]：

$$c_j = \frac{\prod_{k=1}^{N}(\eta_j + \eta_k)}{\prod_{k \neq j}^{N}|\eta_j - \eta_k|} \tag{5.2.21}$$

这一条件选出所有可能的孤子的一个子集，在这一子集中，在 $\xi = 0$ 处初始形状如下的孤子特别重要：

$$u(0, \tau) = N\mathrm{sech}(\tau) \tag{5.2.22}$$

式中，孤子阶数 N 是整数。由式（5.2.3）可得到发射 N 阶孤子所需的峰值功率，它是基阶孤子所需功率的 N^2 倍。对于二阶孤子（$N = 2$），由式（5.2.8）至式（5.2.11）可得到其场的分布。通过选取本征值 $\zeta_1 = \mathrm{i}/2$ 和 $\zeta_2 = 3\mathrm{i}/2$，可得到二阶孤子的场分布为[84]

$$u(\xi, \tau) = \frac{4[\cosh(3\tau) + 3\exp(4\mathrm{i}\xi)\cosh(\tau)]\exp(\mathrm{i}\xi/2)}{[\cosh(4\tau) + 4\cosh(2\tau) + 3\cos(4\xi)]} \tag{5.2.23}$$

此解的一个有趣特征是，$|u(\xi, \tau)|^2$ 是 ξ 的周期函数，其周期为 $\xi_0 = \pi/2$。实际上，所有高阶孤子都具有周期性。利用式（5.2.1）的定义 $\xi = z/L_{\mathrm{D}}$，实数单位中的孤子周期为

$$z_0 = \frac{\pi}{2} L_{\mathrm{D}} = \frac{\pi}{2} \frac{T_0^2}{|\beta_2|} \approx \frac{T_{\mathrm{FWHM}}^2}{2|\beta_2|} \tag{5.2.24}$$

三阶孤子在一个孤子周期上的周期性演化如图 5.6(a) 所示。当脉冲在光纤中传输时，开始时

脉冲宽度变窄，然后在 $z_0/2$ 处分裂成两个不同的脉冲，在孤子周期 $z=z_0$ 处又恢复成原来的形状。此过程在每个长度段 z_0 内重复进行。

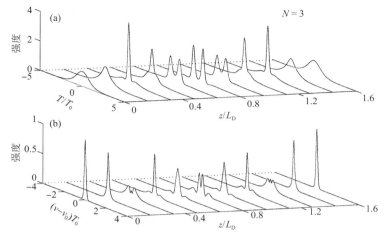

图 5.6　三阶孤子在一个孤子周期上的(a) 时域和(b) 频域演化。注意，
脉冲在 $z/L_D=0.5$ 附近发生分裂，最终恢复孤子的初始形态

　　观察图 5.6(b)所示的三阶孤子的频谱演化，对从物理意义上理解高阶孤子的周期性演化的起因是有帮助的。自相位调制和群速度色散之间的互作用导致了脉冲在时域和频域的变化，自相位调制产生一个正的频率啁啾，使孤子的前沿相对中心频率产生红移，孤子的后沿产生蓝移。从图 5.6(b)可清楚地看到，在 $z/L_D=0.3$ 处自相位调制产生具有典型振荡结构的频谱展宽。当不考虑群速度色散效应时，脉冲的形状保持不变。然而由于脉冲具有正啁啾，反常群速度色散将压缩脉冲(见 3.2 节)。因为啁啾仅在脉冲的中央部分近似为线性的，所以仅脉冲的中央部分变窄，但脉冲中央部分强度的迅速增加将导致频谱发生很大变化，如图 5.6(b)中 $z/L_D=0.5$ 处的频谱所示。正是群速度色散和自相位调制的这种相互作用，导致图 5.6 所示的周期演化图样。当孤子阶数较大时，演化过程将变得更为复杂。例如，图 5.7 给出了四阶($N=4$)孤子的演化，可以看出图 5.7(a)中脉冲在 $\xi=0.2$ 附近有一个初始窄化阶段，接着分裂成两三个脉冲，然后在 $\xi=\pi/2$ 处恢复成初始的脉冲形状。图 5.7(b)的频谱也显示出复杂的演化图样。

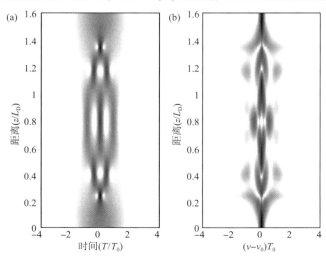

图 5.7　四阶孤子在一个孤子周期上的(a) 时域和(b) 频域演化，灰度范围为 20 dB

对于基阶孤子（$N=1$），群速度色散和自相位调制互相平衡，这样脉冲的形状和频谱沿光纤长度方向都不发生变化。而对于高阶孤子，一开始自相位调制起主要作用，但是群速度色散很快就起作用，并且导致图5.6和图5.7所示的脉冲窄化。孤子理论表明，当一个脉冲是双曲正割形并具有式（5.2.3）给定的峰值功率时，群速度色散和自相位调制两种效应的共同作用使脉冲发生周期性的演化，并在式（5.2.24）给出的孤子周期的整数倍处恢复到其初始形状。对于标准石英光纤，$1.55~\mu m$ 波长附近的典型色散值 $\beta_2 = -20~ps^2/km$，若 $T_0 = 1~ps$，则孤子周期约为 80 m；由于孤子周期与 T_0^2 成正比，当 $T_0 = 10~ps$ 时，孤子周期变为 8 km。对于 β_2 以 10 左右的倍数减小（$\approx -2~ps^2/km$）的色散位移光纤，在相同的 T_0 值下，z_0 将增大同样的倍数。

5.2.4　实验验证

早在1973年，Hasegawa 和 Tappert 就提出了在光纤中形成孤子的可行性[80]，可是由于缺乏波长大于 $1.3~\mu m$ 的合适的皮秒光脉冲，直到1980年才开始通过实验观察光纤中孤子的形成。在首次于光纤中观察到孤子的实验中[85]，利用一台锁模色心激光器获得 $1.55~\mu m$ 波长（光纤在此处损耗最小且表现为反常色散）附近的短脉冲（$T_{FWHM} = 7~ps$），然后将其入射到一段芯径为 $9.3~\mu m$ 的 700 m 长的单模光纤中传输，实验所用的光纤参量值为 $\beta_2 \approx -20~ps^2/km$ 和 $\gamma \approx 1.3~W^{-1}/km$。在式（5.2.20）中若取 $T_0 = 4~ps$，则激发基阶孤子所需的峰值功率约为 1 W。

本实验中，光脉冲峰值功率可在 0.3～25 W 范围内变化，在光纤输出端测量脉冲的形状和频谱。图5.8是在几个不同功率下测得的自相关迹和脉冲频谱，为便于比较，还给出了输入脉冲的自相关迹和频谱。实验测得的输入脉冲谱宽为 25 GHz，接近变换极限，这表明实验中所用的锁模脉冲是无啁啾的。在 0.3 W 的低功率水平下，光脉冲在光纤中要经历色散感应展宽，这与3.2节预期的一致。然而，随着输入功率的增加，输出脉冲稳定地变窄，并在 $P_0 = 1.2$ W 时脉宽和输入脉宽相同，此功率对应于形成基阶孤子的功率，和由式（5.2.20）得到的理论值 1 W 相当。尽管实验中有许多不确定因素，但实验值和理论值仍符合得非常好。

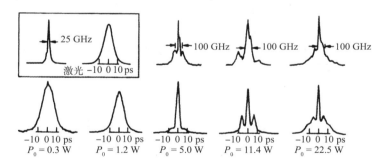

图5.8　对不同的输入峰值功率 P_0，光纤输出端的自相关迹（下部）和对应的频谱（上部）；输入脉冲的频谱和自相关迹如方框内所示[85]（©1980 美国物理学会）

在更高的功率下，输出脉冲波形发生急剧变化，演化成多峰结构。例如，峰值功率为 11.4 W 时自相关迹出现三峰结构，这种三峰结构对应脉冲的双重分裂，与图5.6所示的三阶孤子在 $z/z_0 = 0.5$ 附近的情形相似。实验观察到的频谱也表现出图5.6中 $z/z_0 = 0.5$ 附近所示的特征。本实验的孤子周期估计为 1.26 km，所以实验所用的 700 m 长的光纤对应在光纤输出端有 $z/z_0 = 0.55$，因为 11.4 W 的功率也差不多是基阶孤子功率的 9 倍，所以图5.8的数据确实对应于 $N=3$ 的孤子。这一结论被 $P_0 = 22.5$ W 时的自相关迹进一步证实，观察到的五峰结构对应激光脉冲的三重分裂，这与孤子理论中对四阶孤子（$N=4$）的预期一致（见图5.7）。

高阶孤子的周期特性意味着在孤子周期的整数倍长度上，脉冲将恢复其初始的形状和频谱。对二阶和三阶孤子已在 1983 年的实验中观察到这样的特性[86]，实验所用的光纤长度为 1.3 km，差不多对应于一个孤子周期。在另一个实验中，已观察到 $N=13$ 的高阶孤子，其初始窄化现象与图 5.6 所示的 $N=3$ 的情形相似[87]。通过在激光器腔内插入一个具有负群速度色散的光学器件，在工作于 620 nm 附近的可见光区的锁模染料激光器的腔内也能形成高阶孤子[88]，这种激光器在一定工作条件下还能发射非对称的二阶孤子，与逆散射理论预期的一致。

5.2.5　孤子稳定性

一个自然的问题是，如果初始脉冲形状或峰值功率不满足式(5.2.22)所要求的条件，从而输入脉冲并不对应于某个光孤子时，结果又将会怎样？同样人们也许会问，如果孤子在光纤中传输时受到扰动，它会如何变化？这些问题可以用孤子的微扰理论来回答，5.4 节将对此进行讨论。通常，为研究光纤中光脉冲的演化，必须数值求解非线性薛定谔方程(5.2.2)（见附录 B 的源代码）。

首先考虑峰值功率不能精确地使式(5.2.3)中的 N 为整数的情况。图 5.9 给出了通过数值求解非线性薛定谔方程得到的 $N=1.2$ 的双曲正割脉冲的演化过程，即使开始时脉冲宽度和峰值功率都不断变化，脉冲最终还是会渐近地演化为 $N=1$ 的更短的基阶孤子。已用微扰理论通过解析方法研究了这一行为[84]。因为具体细节相当烦琐，这里仅概述结果。从物理意义上讲，当脉冲沿光纤传输时，将自行调整其形状和脉宽以演化成孤子，在此过程中脉冲的一部分能量将被色散掉，这部分能量称为连续辐射。当 ξ 增加时，连续辐射与孤子分开，其振幅以 $\xi^{-1/2}$ 衰减。若 $\xi \gg 1$，则脉冲渐近地演化成阶数等于最接近初始值 N 的整数 $\widetilde{N}$ 的孤子。从数学意义上讲，若 $N = \widetilde{N} + \epsilon$，其中 $|\epsilon| < 1/2$，则该孤子部分对应的初始脉冲波形的形式为

$$u(0,\tau) = (\widetilde{N} + 2\epsilon)\mathrm{sech}[(1 + 2\epsilon/\widetilde{N})\tau] \qquad (5.2.25)$$

若 $\epsilon < 0$，则脉冲展宽；相反，若 $\epsilon > 0$，则脉冲变窄。当 $N \leqslant 1/2$ 时，则没有孤子形成。

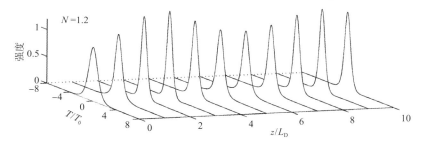

图 5.9　当 $z=0$ 处满足 $N=1.2$ 时，脉冲在 10 个色散长度上的时域
演化；当 N 渐近地接近 1 时，脉冲演化成更窄的基阶孤子

通过数值求解方程(5.2.5)，可以研究脉冲形状对孤子形成的影响。第 4 章中的图 4.8 给出了初始场为 $u(0,\tau) = \exp(-\tau^2/2)$ 的高斯脉冲的演化情况，即使 $N=1$，脉冲形状仍然沿光纤改变，因为它偏离了基阶孤子所要求的双曲正割形。图 4.8 的一个有趣特征是，脉冲自行调节其宽度，逐渐演化成一个基阶孤子，实际上到 $z/L_D = 5$，即对应大约三个孤子周期长度时，此演化过程基本完成。对诸如超高斯形之类的另外一些脉冲形状，也产生本质上类似的演化图样，尽管孤子的最终宽度及形成基阶孤子所需的光纤长度取决于输入脉冲的准确形状，但其定性行为是一样的。

由于激光源发射的脉冲通常是带啁啾的，因此还必须考虑脉冲初始频率啁啾对孤子形成的影响[89~94]。初始啁啾与自相位调制感应啁啾叠加，破坏了孤子所必需的群速度色散和自相位调制之间的精确平衡，因此不利于孤子形成。初始啁啾对孤子形成的影响可以通过数值求解方程(5.2.5)来研究，设输入振幅为

$$u(0,\tau) = N\mathrm{sech}(\tau)\exp(-\mathrm{i}C\tau^2/2) \tag{5.2.26}$$

式中，C 是 3.2 节中引入的啁啾参量。以平方形式变化的相位对应线性啁啾，对于正的 C 值，光学频率随时间增大（上啁啾）。

图 5.10 给出了基阶孤子（$N=1$）在相对低的啁啾下（$C=0.5$）的演化过程。脉冲在初始阶段的压缩主要源于正啁啾，即使无非线性效应，也会出现初始压缩现象；然后脉冲展宽，但最终被二次压缩，同时脉冲尾部和主峰逐渐分开；传输距离 $\xi>15$ 时，主峰演化成为孤子。若 C 为负值，也会有类似的行为发生。由于孤子在弱扰动下通常是稳定的，因此 $|C|$ 的值较小时有望形成孤子。然而当 $|C|$ 超过临界值 C_{cr} 时，孤子就会遭到破坏。对于 $N=1$，若 C 从 0.5 增至 2，则孤子根本不会形成。

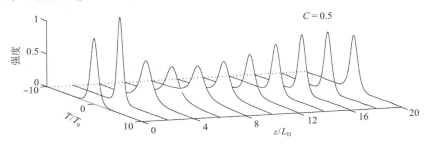

图 5.10　具有初始线性啁啾时孤子的形成，$N=1$，$C=0.5$

啁啾参量的临界值可以利用逆散射法得到[91~93]，更特别的是，将式(5.2.26)代入方程(5.2.6)和方程(5.2.7)后求解，就可以得到本征值 ζ。只要 ζ 的虚部为正值，孤子就会存在。啁啾参量的临界值取决于 N，$N=1$ 时的临界值约为 1.64；另外临界值还与式(5.2.26)中的相位因子的形式有关。从实用的角度考虑，初始啁啾应尽可能减小，必须这样做，因为尽管在 $|C|<C_{\mathrm{cr}}$ 时啁啾是无害的，但在孤子形成过程中仍有一部分能量以色散波（连续辐射）的形式流失掉[91]。例如，在图 5.10 中 $C=0.5$ 的情况下，仅有 83% 的输入能量转变成孤子；而对于 $C=0.8$，这部分能量降至 62%。

从上面的讨论可以清楚地看到，发射基阶孤子（$N=1$）所要求的入射脉冲的精确形状并不起决定作用，而且 N 值在 0.5~1.5 范围内时基阶孤子都能形成，即使输入脉冲的宽度和峰值功率在很宽的范围内变化[见式(5.2.3)]，也不妨碍孤子的形成。正是这种对于输入参量的精确值相对不敏感的特性，使孤子的实际应用成为可能[95~97]。然而，重要的是必须意识到，当输入参数严重偏离其理想值时，输入脉冲演化成基阶孤子的同时，一部分脉冲能量将以色散波的形式流失掉[98]。这样的色散波是不希望出现的，因为它不仅带来能量损耗，影响孤子通信系统的性能，还会干扰孤子自身并改变其特性[99]。在实际情况下，孤子在光纤中传输时将受到多种类型的扰动，例如光纤损耗、放大器噪声（如果有放大器用于补偿光纤损耗）、三阶色散及脉冲内喇曼散射等，这些扰动将在 5.4 节和 5.5 节中讨论。

5.3 其他类型的孤子

式(5.2.8)给出的孤子解并不是非线性薛定谔方程的唯一可能解,已经发现许多其他类型的解,这些解取决于光纤的色散和非线性特性。本节将讨论其中的几种,主要是暗孤子和双稳孤子。

5.3.1 暗孤子

暗孤子产生于光纤的正常群速度色散区,对应于方程(5.2.2)在 $\text{sgn}(\beta_2) = 1$ 时的解。早在 1973 年就发现了暗孤子,从此引起人们的极大关注[110~118]。这种孤子的强度轮廓是在均匀背景上的一个下陷,所以就用暗孤子(dark soliton)来描述这种形状,有时称 5.2 节讨论的光孤子为亮孤子(bright soliton),以示区别。改变方程(5.2.5)中二阶导数项的符号即可得到描述暗孤子的非线性薛定谔方程

$$i\frac{\partial u}{\partial \xi} - \frac{1}{2}\frac{\partial^2 u}{\partial \tau^2} + |u|^2 u = 0 \tag{5.3.1}$$

与亮孤子相似,也可以用逆散射法得到方程(5.3.1)的暗孤子解[101],其边界条件是,对于较大的 $|\tau|$ 值,$|u(\xi,\tau)|$ 趋于一个非零常数。也可以通过假设解的形式为 $u(\xi,\tau) = V(\tau)$ $\exp[i\phi(\xi,\tau)]$,然后解关于 V 和 ϕ 的常微分方程得到暗孤子。与亮孤子的主要区别是,在 $|\tau| \to \infty$ 时,$V(\tau)$ 变为一个常数(而非零),其通解可以写为[118]

$$u(\xi,\tau) = \eta[B\tanh(\zeta) - i\sqrt{1-B^2}]\exp(i\eta^2\xi) \tag{5.3.2}$$

式中,$\zeta = \eta B(\tau - \tau_s - \eta B\sqrt{1-B^2})$,参量 η 和 τ_s 分别代表背景振幅和下陷位置。与亮孤子类似,不失一般性,τ_s 可以选为零。与亮孤子不同的是,暗孤子的表达式中有一个新参量 B。从物理意义上讲,B 决定了下陷深度($|B| \le 1$),对于 $|B| = 1$,下陷中心的强度降为零;而 B 取其他值时,下陷不会趋于零。所以 $|B| < 1$ 时的暗孤子有时称为灰孤子(gray soliton),以强调这一特征。$|B| = 1$ 时的暗孤子称为黑孤子(black soliton)。

对于一给定的 η 值,方程(5.3.2)描述的是一族宽度随 B 的增大而减小的暗孤子,图 5.11 给出了这种暗孤子在不同 B 值时的强度和相位曲线。亮孤子的相位[见式(5.2.15)]在整个脉冲内为常数,而暗孤子的相位随总相移 $2\arcsin B$ 变化,即暗孤子是带啁啾的。对于黑孤子($|B| = 1$),啁啾使脉冲中心的相位突然改变π,$|B|$ 值越小,相位变化越平缓且变化越小。暗孤子具有与时间有关的相位或频率啁啾,这是它与亮孤子的一个主要差别,这个差别导致的结果是,高阶暗孤子不像 5.2.3 节中讨论的亮孤子那样形成束缚态或具有周期性演化图样。

暗孤子表现出几个有趣的特征[118]。首先考虑黑孤子,由式(5.3.2)并选取 $\eta = 1$ 及 $B = 1$ 可得其标准形式为

$$u(\xi,\tau) = \tanh(\tau)\exp(i\xi) \tag{5.3.3}$$

其中,在 $\tau = 0$ 处的相位突变π包含到振幅部分中。这样,一个在中心凹陷的双曲正切振幅的输入脉冲,在光纤的正常色散区传输时其形状保持不变。人们也许会问,与亮孤子相似,当输入功率超过 $N = 1$ 的限制时情况会怎么样?这个问题可以通过取输入脉冲形式为 $u(0,\tau) = N\tanh(\tau)$,数值求解方程(5.3.1)来回答。图 5.12 给出了 $N = 3$ 时的演化图样,读者可以将它与图 5.6 给出的三阶亮孤子的演化图样进行比较。图 5.12 中出现了两对灰孤子,随着传输距离的增加,它们逐渐远离中央的黑孤子,同时黑孤子的宽度减小[106]。上述行为可以理解为,假如形式为

$N\tanh(\tau)$ 的输入脉冲的宽度减小 N 倍，就会形成振幅为 $N\tanh(N\tau)$ 的基阶黑孤子，在此过程中，输入脉冲流失一部分能量，这部分能量形成灰孤子。由于群速度不同，这些灰孤子逐渐离开中央的黑孤子。灰孤子的对数是 $N'-1$，当 N 为整数时，$N'=N$；当 N 不为整数时，N' 是最接近 N 的下一个整数。一个重要特征是，对于 $N>1$，基阶暗孤子总能形成。

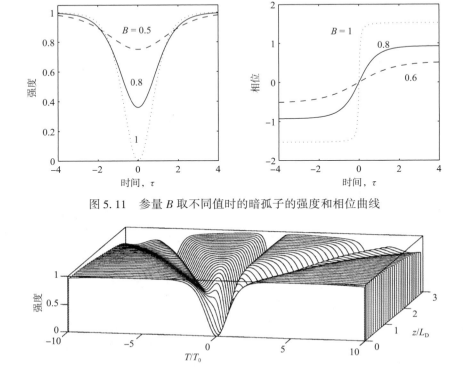

图 5.11　参量 B 取不同值时的暗孤子的强度和相位曲线

图 5.12　三阶暗孤子的演化表明中心下陷出现窄化，并形成两对灰孤子

　　仅当用有限的背景代替理想暗孤子的无限背景时，才能通过实验得到暗孤子。实际情况下，用中心有一个窄下陷的脉冲来激发暗孤子。数值计算结果表明，如果背景脉冲的宽度大于 10 倍以上孤子宽度，有限背景暗孤子与无限背景暗孤子的传输特性基本一致[105]。有几种方法用于产生具有窄中心下陷的光脉冲[102~104]，并用来观察光纤中的暗孤子。一个实验[102]将具有 5 ps 宽中心下陷的 26 ps 脉冲（$\lambda=595$ nm）入射到一段 52 m 长的光纤中。另一个实验[103]将具有 0.3 ps 宽中心下陷的相对较宽的 100 ps 脉冲（$\lambda=532$ nm）作为暗脉冲入射到一段 10 m 长的光纤中。由于在下陷宽度内脉冲的相位基本不变，所以尽管输入脉冲是偶对称的，仍不具有暗孤子那样的啁啾，然而输出脉冲表现出的特征仍与方程(5.3.1)的预期一致。

　　适于暗孤子发射的奇对称输入脉冲已用在 1988 年的一个实验中[104]。该实验利用一个空间掩模板和一个光栅对来修正输入脉冲的频谱，使其相位分布适合形成式(5.3.3)表示的暗孤子。输入脉冲由 620 nm 的染料激光器产生，脉宽为 2 ps，中心有 185 fs 的下陷。当功率较低时，中心下陷展宽；当峰值功率大到足以支持暗孤子时，中心下陷窄化到初始宽度，实验结果与方程(5.3.1)的理论预期非常一致。此实验所用光纤仅有 1.2 m 长。在 1993 年的一个实验中[110]，用 850 nm 波长钛宝石激光器产生的 36 ps 脉冲形成的 5.3 ps 暗孤子在光纤中传输了 1 km，后来采用同样的方法将 60 GHz 的暗孤子脉冲序列在光纤中传输了 2 km。这些实验结果表明，可以在相当长的光纤中产生和支持暗孤子传输。

20 世纪 90 年代，已有几种实用的方法用于产生暗孤子。其中一种方法是，采用一个近似矩形的电脉冲驱动马赫–曾德尔(Mach-Zehnder) 调制器来调制半导体激光器的连续光输出[108]。此方法的一个延伸是，将电调制信号加到马赫–曾德尔干涉仪的其中一条臂上。一种简单的全光方法是在光纤正常群速度色散区传输具有相对时间延迟的两路光脉冲[109]，这两路脉冲在光纤中传输时被展宽，并变成带啁啾的，同时脉冲形状演化为近似矩形。当这两路啁啾脉冲进入对方区域时，就会发生干涉，结果在光纤输出端形成一个孤立的暗孤子序列。在另一种全光方法中，利用拍信号在色散渐减光纤中的非线性变换来产生暗孤子序列[111]，这种方法与 5.1 节讨论的产生规则脉冲序列的方法类似，只是光纤的群速度色散沿其长度方向均为正值($\beta_2 > 0$)。利用这种方法产生了 100 GHz 的 1.6 ps 暗孤子序列，并在色散位移光纤中传输了 2.2 km(两个孤子周期)。将一个相位调制器非对称地置于光纤环形镜中所构成的光开关也能用来产生暗孤子[112]；在另一个实验中，利用梳状色散光纤产生了宽 3.8 ps 且重复频率为 48 GHz 的暗孤子脉冲序列[115]。

一个有趣的实验方案是，利用电子线路直接从电形式的非归零数据中产生编码的暗孤子序列[113]。首先，将非归零数据和时钟信号以一定的比特率经过一个"与"门，然后将产生的信号送到触发电路(上升沿触发信号)，用产生的电信号驱动马赫–曾德尔铌酸锂调制器，从而将半导体激光器的连续光输出变成一个编码的暗孤子序列。这种方法产生的暗孤子已用于数据传输，一个实验通过暗孤子将 10 Gbps 的信号传输了 1200 km[114]。在另一种相对简单的方法中，利用光纤光栅对锁模脉冲序列进行滤波[116]，这一方案已用于产生 6.1 GHz 的脉冲序列，并在 7 km 长的光纤中进行了传输[117]。

暗孤子现在仍是一个令人感兴趣的课题。数值模拟表明，在有噪声的情况下，暗孤子比亮孤子更稳定，并在有光纤损耗时发散得更慢。影响亮孤子应用的许多其他因素，如放大器感应的定时抖动及脉冲内喇曼散射等，对暗孤子的影响也更小一些。这些特性表明，暗孤子在光通信系统中具有潜在的应用价值[76]。

5.3.2　双稳孤子

本章讨论的问题是基于非线性极化的一种特定形式[见式(2.3.6)]，它导致折射率随模强度 I 线性增加，即 $\tilde{n}(I) = n + n_2 I$，折射率的这种强度相关性称为克尔(Kerr) 非线性。在很高的强度下，任何材料的非线性响应都会趋于饱和，因此必须将 $\tilde{n}(I)$ 的形式做些修正。对于石英光纤，克尔非线性在相当高的强度下发生饱和。然而，对用其他材料(如硫属化物玻璃) 制造的光纤或用其他非线性材料(如有机染料) 掺杂的石英光纤，非线性响应在实际的强度下即发生饱和，在此情况下，折射率对强度的变化为

$$\tilde{n}(I) = n + n_2 f(I) \tag{5.3.4}$$

式中，$f(I)$ 是模强度 I 的某个已知函数。

为适应式(5.3.4)，可将非线性薛定谔方程(5.2.5)做适当推广，写成下面的形式[119]：

$$i\frac{\partial u}{\partial \xi} + \frac{1}{2}\frac{\partial^2 u}{\partial \tau^2} + f(|u|^2)u = 0 \tag{5.3.5}$$

利用逆散射法，方程(5.3.5)通常是不可积的。然而利用 5.2 节中列出的方法，可以得到形状可保持的解。这种方法假设方程(5.3.5)存在 $u(\xi, \tau) = V(\tau)\exp(iK\xi)$ 形式的解，这里 K 是常数，V 与 ξ 无关。将这个解代入方程(5.3.5)，可发现 $V(\tau)$ 满足

$$\frac{d^2 V}{d\tau^2} = 2V[K - f(V^2)] \tag{5.3.6}$$

将方程(5.3.6)两边同乘以$2(\mathrm{d}V/\mathrm{d}\tau)$并在$\tau$上积分，可以对其求解。利用边界条件$|\tau|\to\infty$时$V=0$，可以得到

$$(\mathrm{d}V/\mathrm{d}\tau)^2 = 4\int_0^V [K - f(V^2)]V\mathrm{d}V \qquad (5.3.7)$$

对方程积分可得

$$2\tau = \int_0^V \left(\int_0^{V^2} [K - f(P)]\mathrm{d}P\right)^{-1/2} \mathrm{d}V \qquad (5.3.8)$$

式中，$P = V^2$。对于$f(P)$的一个给定的函数形式，若K已知，则利用式(5.3.8)可以确定孤子形状$V(\tau)$。参量K与定义为$E_s = \int_{-\infty}^{\infty} V^2\mathrm{d}\tau$的孤子能量有关，利用方程(5.3.8)，可发现$E_s$与波数$K$有关系[119]：

$$E_s(K) = \frac{1}{2}\int_0^{P_m} [K - F(P)]^{-1/2}\mathrm{d}P, \quad F(P) = \frac{1}{P}\int_0^P f(P)\mathrm{d}P \qquad (5.3.9)$$

式中，$F(0) = 0$，P_m定义为$F(P) = K$的最小的正根。方程(5.3.9)不止有一个解，这取决于函数$f(P)$。每个解有相同的能量E_s，不同的K值和P_m值。典型的是，仅有两个解对应于稳态孤子，这种孤子称为双稳孤子，自1985年发现它以来已对它进行了广泛研究[119~125]。对于给定的脉冲能量，双稳孤子能以两种不同的稳态传输，并且可以从一种状态切换到另一种状态[120]。对于某种特定形式的可饱和非线性，还发现了双稳孤子的解析形式[123]。由于需要的峰值功率极高，在光纤中尚未观察到双稳孤子。使用其他一些易饱和的非线性介质，可能更适宜产生双稳孤子。

5.3.3　色散管理孤子

　　非线性薛定谔方程(5.2.5)及其孤子解假设群速度色散参量β_2沿光纤是一个常量。正如在3.5节中讨论过的，在现代光纤通信系统的设计中，常采用色散管理技术。这种技术将不同特性的光纤组合，构成周期性色散图，每个周期内的平均群速度色散相当低，而沿光纤链路每一点的局部群速度色散相对较大。色散图周期一般为$50\sim60$ km，实际情况下只是将β_2符号相反的两种光纤组合，使平均色散降至一个较小的值。从数学意义上讲，方程(5.2.5)可以用方程

$$\mathrm{i}\frac{\partial u}{\partial\xi} + \frac{d(\xi)}{2}\frac{\partial^2 u}{\partial\tau^2} + |u|^2 u = 0 \qquad (5.3.10)$$

代替，式中$d(\xi)$是ξ的周期函数，周期$\xi_{\mathrm{map}} = L_{\mathrm{map}}/L_D$，$L_{\mathrm{map}}$是色散图的长度。

　　利用逆散射法，方程(5.3.10)看起来是不可积的，然而已发现该方程具有类脉冲的周期解，这些解称为色散管理孤子(dispersion-managed soliton)[126~129]。需要强调的是，在这部分内容中，"孤子"这一术语用得并不严格，因为色散管理孤子的特性与5.2节中讨论的亮孤子差别很大。不仅色散管理孤子的振幅和宽度周期性地振荡，而且其频率也会沿脉冲变化，也就是说，色散管理孤子是带啁啾的。另外，尽管脉冲两翼带有明显的振荡结构，但脉冲形状更接近高斯形，而不是在常数色散光纤中看到的亮孤子的双曲正割形。甚至更令人感到新奇的是，色散管理孤子可以在平均色散为正值的光纤链路中存在。由于色散管理孤子在光波系统中具有潜在的应用价值[130~132]，人们对它的研究兴趣还将持续下去。

5.3.4　光相似子

　　方程(5.3.10)对应于色散参量β_2沿光纤长度变化而非线性参量保持常数的情况。在最一

般的情况下，允许方程(2.3.46)中的所有光纤参量随 z 变化，这就导致所谓的非齐次非线性薛定谔方程：

$$i\frac{\partial A}{\partial z} - \frac{\beta_2(z)}{2}\frac{\partial^2 A}{\partial T^2} + \gamma(z)|A|^2 A = \frac{ig(z)}{2}A \tag{5.3.11}$$

式中，损耗参量 α 已被 $-g(z)$ 代替，以考虑到分布放大。近年来，这个方程的解已引起极大关注[133~139]，其中有些解描述了以自相似方式演化的脉冲，称为光相似子。这种情况与 4.2.6 节中遇到的情况类似，那里描述了脉冲在光纤放大器中的自相似演化，区别是那些相似子只能在一个渐近极限中形成。

方程(5.3.11)的相似子解并不需要渐近极限，因而它们是准确解。结果证实，如果 $g(z)$、$\beta(z)$ 和 $\gamma(z)$ 之间存在某种关系，则自相似变换将方程(5.3.11)简化为标准的齐次非线性薛定谔方程。于是，用这种变换可以将非线性薛定谔方程的任意孤子解映射为一个相似子，更特殊地，变换采用下面的形式[138]：

$$A(z,T) = a(z)U(\zeta,\chi)\exp[i\phi(z,T)] \tag{5.3.12}$$

式中，相似变量 χ 取决于 z 和 T，为

$$\chi(z,T) = [T - T_c(z)]/T_p(z) \tag{5.3.13}$$

物理量 $a(z)$、$T_p(z)$ 和 $T_c(z)$ 分别代表相似子的振幅、宽度和位置。这里，$\zeta(z)$ 是有效传输距离，仍有待确定。假设式(5.3.12)中的相位随时间的平方变化，并具有以下一般形式：

$$\phi(z,T) = C(z)T^2/(2T_0^2) + b(z)T + d(z) \tag{5.3.14}$$

这种相位对应一个线性啁啾脉冲，其中与 z 有关的啁啾参量为 $C(z)$，含 $b(z)$ 的线性项允许产生一个频移。为使啁啾参量 $C(z)$ 是无量纲的，引入了输入脉冲宽度 $T_0 = T_p(0)$。

将式(5.3.12)和式(5.3.14)代入方程(5.3.11)中，可以得到用来描述脉冲演化的参量的一组微分方程，如果脉冲和光纤参量满足下面的兼容性条件[133~138]：

$$g(z) = C(z)\frac{\beta_2(z)}{T_0^2} + \frac{d}{dz}\ln\left[\frac{\beta_2(z)}{\gamma(z)}\right] \tag{5.3.15}$$

则可以对这些方程求解。$U(\zeta,\chi)$ 满足标准非线性薛定谔方程：

$$i\frac{\partial U}{\partial \zeta} - \text{sgn}(\beta_2)\frac{1}{2}\frac{\partial^2 U}{\partial \chi^2} + |U|^2 U = 0 \tag{5.3.16}$$

只要兼容性条件式(5.3.15)得到满足，有效传输距离和脉冲的振幅、宽度和位置就分别为

$$\zeta(z) = D(z)[1 - C_0 D(z)]^{-1}, \quad A(z) = \sqrt{|\beta_2(z)|/[T_p^2(z)\gamma(z)]} \tag{5.3.17}$$

$$T_p(z) = T_0[1 - C_0 D(z)], \quad T_c(z) = T_{c0} - (C_0 T_{c0} + b_0)D(z) \tag{5.3.18}$$

式中，无量纲参量 $D(z) = T_0^{-2}\int_0^z \beta_2(z)\,\mathrm{d}z$ 表示在距离 z 上累积的总色散。与相位有关的参量随 z 以下面的形式演化：

$$C(z) = \frac{C_0}{1 - C_0 D(z)}, \quad b(z) = \frac{b_0}{1 - C_0 D(z)}, \quad d(z) = \frac{(b_0^2/2)D(z)}{1 - C_0 D(z)} \tag{5.3.19}$$

式中，C_0 是输入啁啾参量。

式(5.3.16)至式(5.3.19)表明，标准非线性薛定谔方程的任何孤子都可以映射为遵循非齐次非线性薛定谔方程[满足式(5.3.15)的兼容性条件]的一个相似子。由非线性薛定谔方程

的可积性推断[74]，所有这样的相似子必须是稳定的，即使当脉冲沿光纤传输时它们的宽度、振幅和啁啾是连续变化的。

作为一个简单的例子，考虑具有 z 相关增益但 β_2 和 γ 为常数值的光纤。1996 年首次研究了这种情况[140]，并得到了简单的兼容性条件 $g(z) = \beta_2 C(z)/T_0^2$。如果初始啁啾 $C_0 = 0$，为满足兼容性条件，光纤应没有增益或损耗。由于所有脉冲参量将变成与 z 无关的，我们恢复了标准孤子。另一方面，如果 $C_0 \neq 0$，则当光纤的增益（或损耗）随 z 以如下方式变化时：

$$g(z) = (C_0\beta_2/T_0^2)[1 - C_0 D(z)]^{-1} \tag{5.3.20}$$

兼容性条件仍可以得到满足[140]，式中 $D(z) = (\beta_2/T_0^2)z$ 随 z 线性变化。当 $C_0\beta_2 > 0$ 时需要增益。因此，对于增益按式（5.3.20）指示的方式沿光纤长度增加的光纤放大器，当 $\beta_2 < 0$ 时它支持亮相似子，当 $\beta_2 > 0$ 时它支持暗相似子。在这两种情况下，时域宽度以式（5.3.18）指示的方式随 z 的增加而减小。需要着重强调的是，实际中不能达到极限 $C_0 D(z) \rightarrow 1$，这不但因为它需要无限大的增益，而且还因为在达到这个极限之前方程（5.3.11）中未包含的高阶效应将使压缩过程终止。

式（5.3.20）中 $C_0\beta_2 < 0$ 的相反情况更有趣，因为在这种情况下相似子在有损耗（$g < 0$）光纤中形成，然而光纤损耗必须随 z 减小。图 5.13 给出了当选取 $b_0 = 0$ 且 $T_{c0} = 0$ 时，对于初始啁啾的两个值，亮相似子在 8 个色散长度上的演化。由于脉冲以相似子的形式在有损耗光纤的反常色散区传输，它的宽度和啁啾连续增加。值得注意的是，稳定相似子可以在有损耗的恒定色散光纤中形成。实际中，通过适当泵浦光纤（这样增益补偿了一部分总损耗），可以使光纤损耗变为 z 相关的。

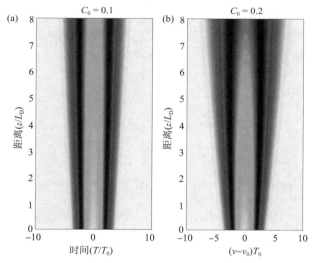

图 5.13　当输入脉冲具有（a）$C_0 = 0.1$ 和（b）$C_0 = 0.2$ 的初始啁啾时，
亮相似子在有损耗光纤的反常色散区 8 个色散长度上的演化

5.4　孤子微扰

正如在 5.2 节中看到的，如果输入脉冲具有合适的形状和峰值功率，使式（5.2.3）中 $N = 1$ 的条件得到满足，那么在光纤中可以形成光孤子。然而，实际中脉冲不会以理想的孤子形式传输，因为它们受未包含在标准非线性薛定谔方程（5.2.2）中的各种效应的扰动。用适当的微扰法可以研究这些扰动对孤子的影响。本节将首先讨论微扰法，然后将其用于因光纤损耗、周期性放大、放大器噪声和孤子互作用而引起的孤子微扰的研究。

5.4.1 微扰法

微扰非线性薛定谔方程可写成

$$i\frac{\partial u}{\partial \xi} + \frac{1}{2}\frac{\partial^2 u}{\partial \tau^2} + |u|^2 u = i\epsilon(u) \tag{5.4.1}$$

式中，$\epsilon(u)$ 是与 u 和 u^* 及其导数有关的微扰。在无微扰情况下（$\epsilon = 0$），非线性薛定谔方程的解已知并由式（5.2.13）给出，问题是当 $\epsilon \neq 0$ 时孤子会发生什么现象。为回答这一问题，已发展了几种微扰法[149~156]。这些方法均假定当孤子沿光纤传输时，孤子函数形式在出现微扰时保持不变，但 4 个孤子参量随 ξ 变化。这样，微扰非线性薛定谔方程的解可写为

$$u(\xi,\tau) = \eta(\xi)\text{sech}[\eta(\xi)(\tau - q(\xi))]\exp[i\phi(\xi) - i\delta(\xi)\tau] \tag{5.4.2}$$

式中，η，δ，q，ϕ 与 ξ 的关系待定。

用于孤子的微扰法包括绝热微扰法、扰动逆散射法、Lie 变换法和变分法[75]，所有这些方法都试图得到一个由 4 个常微分方程组成的关于 4 个孤子参量的方程组。例如，4.3.2 节的变分法早在 1979 年就用于孤子研究[157]。在这种方法中，方程（5.4.1）是利用拉格朗日函数密度

$$\mathcal{L}_{\text{d}} = \frac{i}{2}\left(u^*\frac{\text{d}u}{\text{d}\xi} - u\frac{\text{d}u^*}{\text{d}\xi}\right) + \frac{1}{2}\left(|u|^4 - \left|\frac{\text{d}u}{\text{d}\tau}\right|^2\right) + i(\epsilon^* u - \epsilon u^*) \tag{5.4.3}$$

由欧拉-拉格朗日方程得到的[158]。上式的拉格朗日函数密度除了源于微扰的最后两项，在形式上与式（4.3.12）相同。

与 4.3.2 节一样，对拉格朗日函数密度在 τ 上积分，用简化的欧拉-拉格朗日方程确定 4 个孤子参量是如何随 ξ 变化的。利用上述过程可以得到下面 4 个常微分方程组成的方程组[75]：

$$\frac{\text{d}\eta}{\text{d}\xi} = \text{Re}\int_{-\infty}^{\infty}\epsilon(u)u^*(\tau)\text{d}\tau \tag{5.4.4}$$

$$\frac{\text{d}\delta}{\text{d}\xi} = -\text{Im}\int_{-\infty}^{\infty}\epsilon(u)\tanh[\eta(\tau - q)]u^*(\tau)\text{d}\tau \tag{5.4.5}$$

$$\frac{\text{d}q}{\text{d}\xi} = -\delta + \frac{1}{\eta^2}\text{Re}\int_{-\infty}^{\infty}\epsilon(u)(\tau - q)u^*(\tau)\text{d}\tau \tag{5.4.6}$$

$$\frac{\text{d}\phi}{\text{d}\xi} = \text{Im}\int_{-\infty}^{\infty}\epsilon(u)\{1/\eta - (\tau - q)\tanh[\eta(\tau - q)]\}u^*(\tau)\text{d}\tau + \frac{1}{2}(\eta^2 - \delta^2) + q(\text{d}\delta/\text{d}\xi) \tag{5.4.7}$$

式中，Re 和 Im 分别代表实部和虚部。这组方程也可以用绝热微扰理论或基于逆散射法的微扰理论得到[149~156]。

5.4.2 光纤损耗

因为孤子的产生源于非线性效应和色散效应之间的平衡，若脉冲要维持其孤子特性，则必须保持峰值功率不变。光纤损耗造成孤子峰值功率沿光纤长度方向降低，因而是有害的，结果由于功率损耗，基阶孤子的宽度随传输距离的增加而增大。光纤损耗的数学处理是在方程（5.1.1）中加上一个损耗项，使其具有方程（2.3.46）的形式。利用 5.2 节引入的孤子单位，非线性薛定谔方程变为

$$i\frac{\partial u}{\partial \xi} + \frac{1}{2}\frac{\partial^2 u}{\partial \tau^2} + |u|^2 u = -\frac{i}{2}\Gamma u \tag{5.4.8}$$

式中，

$$\Gamma = \alpha L_{\mathrm{D}} = \alpha T_0^2/|\beta_2| \tag{5.4.9}$$

如果 $\Gamma \ll 1$，则损耗项可看成微扰，方程(5.4.8)可以用变分法求解。将 $\epsilon(u) = -\Gamma u/2$ 代入方程(5.4.4)至方程(5.4.7)并积分，可发现只有孤子振幅 η 和相位 ϕ 受光纤损耗的影响，并且沿光纤长度的变化为[141]

$$\eta(\xi) = \exp(-\Gamma\xi), \quad \phi(\xi) = \phi(0) + [1 - \exp(-2\Gamma\xi)]/(4\Gamma) \tag{5.4.10}$$

其中假设 $\eta(0) = 1$，$\delta(0) = 0$，$q(0) = 0$，而 δ 和 q 沿光纤均保持为零。

联想到孤子振幅和宽度成反比，故孤子振幅的减小将导致孤子展宽。事实上，如果将式(5.4.2)中的 $\eta(\tau - q)$ 改写为 T/T_1，并利用 $\tau = T/T_0$，则孤子宽度 T_1 以下面的指数形式沿光纤变化

$$T_1(z) = T_0 \exp(\Gamma\xi) \equiv T_0 \exp(\alpha z) \tag{5.4.11}$$

不能认为基阶孤子的宽度随 z 指数增加的规律在任意长度上都适用。由式(3.3.29)可以看出，只有当非线性效应可以忽略时，脉宽才随 z 线性增加。方程(5.4.8)的数值解表明，只有对满足 $\alpha z \ll 1$ 的 z 值，微扰解才是精确的[159]。图5.14给出了基阶孤子入射到 $\Gamma = 0.07$ 的光纤中时，展宽因子 T_1/T_0 随 ξ 的变化关系，直到 $\Gamma\xi \approx 1$ 时，微扰结果都是合理的。在 $\xi \gg 1$ 的区域，脉宽以低于线性介质中的速率线性增加[160]。高阶孤子表现为性质相似的渐近行为，然而在脉宽单调增加之前，出现了几次振荡[159]，这种振荡的起因在于高阶孤子的周期性演化。

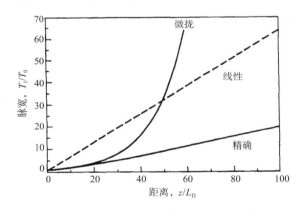

图5.14　基阶孤子在有损耗的光纤中脉宽随距离的变化，微扰理论的计算值也示于图中，虚线表示不存在非线性效应时的情况[159]（© 1985 Elsevier）

孤子如何才能在有损耗光纤中存在？一个令人感兴趣的方案是通过改变光纤的色散特性，恢复有损耗光纤中的群速度色散与自相位调制之间的平衡[161]。由于光纤损耗导致孤子能量降低，从而减弱了自相位调制效应，为了进行补偿，必须采用群速度色散值逐渐减小的光纤，故这种光纤称为色散渐减光纤。为了解究竟需要怎样的群速度色散曲线才能抵消光纤损耗的影响，将方程(5.4.8)做些改动，以考虑到群速度色散沿光纤长度的变化，同时利用 $u = v \exp(-\Gamma\xi/2)$ 来消去损耗项，结果得到下面的方程：

$$i\frac{\partial v}{\partial \xi} + \frac{d(\xi)}{2}\frac{\partial^2 v}{\partial \tau^2} + e^{-\Gamma\xi}|v|^2 v = 0 \tag{5.4.12}$$

式中，$d(\xi) = |\beta_2(\xi)/\beta_2(0)|$ 是归一化的局部群速度色散，距离 ξ 是对色散长度 $L_D = T_0^2/|\beta_2(0)|$ 归一化的，并利用光纤输入端的群速度色散值定义。

若利用变换 $\xi' = \int_0^\xi d(\xi)\mathrm{d}\xi$ 对 ξ 重新定标，则方程 (5.4.12) 变为

$$\mathrm{i}\frac{\partial v}{\partial \xi'} + \frac{1}{2}\frac{\partial^2 v}{\partial \tau^2} + \frac{\mathrm{e}^{-\Gamma\xi}}{d(\xi)}|v|^2 v = 0 \qquad (5.4.13)$$

若群速度色散曲线的选取使 $d(\xi) = \exp(-\Gamma\xi)$，则方程 (5.4.13) 简化为标准的非线性薛定谔方程，因此如果光纤群速度色散沿光纤长度以

$$|\beta_2(z)| = |\beta_2(0)|\exp(-\alpha z) \qquad (5.4.14)$$

的形式指数减小，则光纤损耗对孤子传输没有影响，利用式 (5.2.3) 可以很容易地理解这一结果。若孤子峰值功率 P_0 随 z 指数衰减，同时 $|\beta_2|$ 也以指数形式减小，则在光纤每一点，仍能满足 $N = 1$ 的要求。

具有近似指数形式群速度色散曲线的色散渐减光纤已经制造出来了[162]。制造这种色散渐减光纤的一种实用技术是在光纤拉制过程中用可控方式沿光纤长度方向减小芯径，芯径的变化改变了波导色散对 β_2 的贡献，降低了 β_2 的数值，典型的群速度色散值在 $20 \sim 40$ km 光纤长度内可以变化 10 倍，用这种技术实现的精度估计优于 0.1 $\mathrm{ps}^2/\mathrm{km}$[163]。在其他应用中，当输入脉冲在正常色散区传输且 β_2 随 z 以 $(1 + az)^{-1}$ 的方式减小时，色散渐减光纤可以产生抛物线脉冲，这里 a 是一个常数[164]。

5.4.3 孤子放大

正如以上所讨论过的，光纤损耗导致孤子展宽，这种损耗感应的展宽对很多应用来讲是不可接受的，尤其是当孤子用于光纤通信时。为了克服光纤损耗的影响，需要将孤子周期性地放大，从而使其能量恢复到初始值。现在已有两种不同方法用于孤子放大[141~148]，这就是所谓的集总放大方式和分布放大方式，其示意图如图 5.15 所示。在集总放大方式中[142]，孤子传输一定距离后，用光放大器将孤子能量放大到等于输入时的水平，从而使孤子重新调整其参数等于输入值。然而在这一调整阶段，一部分能量以色散波（连续辐射）的形式流失了。能量的色散部分是我们不希望出现的，而且经过多级放大以后，它们可以累积到较高的水平。

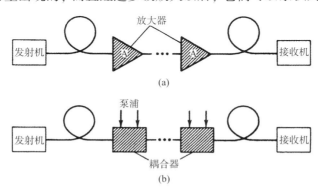

图 5.15　用于补偿光纤损耗的 (a) 集总放大示意图；(b) 分布放大示意图

这一问题可以通过减小放大器间距 L_A，使 $L_A \ll L_D$ 来解决。原因在于色散长度 L_D 决定了孤子对外界扰动响应的尺度，若放大器间距远小于这一尺度，则尽管有能量变化，孤子宽度在一个放大器间距内几乎不受影响。实际情况下，即使色散长度超过 100 km，条件 $L_A \ll L_D$ 也

将 L_A 限制在 20 ~ 40 km 范围内[142]。另外，在需要短孤子($T_0 < 10$ ps)的高比特率系统中，色散长度变得相当短，集总放大不再适用。

分布放大方式常常采用受激喇曼散射(见第 8 章)提供增益[143~146]。在这种方案中，泵浦光(频率由孤子载频上移约 13 THz)周期性地注入到光纤中。对于在 1.55 μm 波长区传输的孤子，可以利用工作在 1.45 μm 附近的高功率半导体激光器作为泵浦源，光纤喇曼放大要求泵浦功率超过 100 mW。因为喇曼增益是分布在整个光纤长度上的，所以可将孤子绝热地放大，同时保持 $N \approx 1$，这样就几乎完全消除了色散波的影响[145]。

喇曼放大方案的可行性最早在 1985 年的实验中得到验证[144]，该实验将 10 ps 宽的孤子脉冲在 10 km 长的光纤中进行传输。在无喇曼增益时，损耗感应展宽使孤子宽度增加了约 50%，这与式(5.4.11)预期的光纤损耗系数 $\alpha = 0.18$ dB/km，光纤长 $z = 10$ km 时的 $T_1/T_0 = 1.51$ 一致。喇曼增益是通过注入与孤子反向传输的由 1.46 μm 色心激光器发射的一束连续泵浦光获得的，泵浦功率调整到约为 125 mW，使喇曼增益恰好平衡了总共 1.8 dB 的光纤损耗。在 1988 年的一个实验中[146]，将 55 ps 宽的孤子通过一个 42 km 长的光纤环路循环 96 次，有效传输距离超过4000 km，而孤子宽度没有显著增加。

集总放大方式的使用始于 1989 年[147]。自从 1990 年掺铒光纤放大器能够商用以来，尽管它提供的是集总放大，但光纤损耗几乎无一例外地采用掺铒光纤放大器来补偿，直到 2002 年。2002 年以后，在长距离光波系统中使用分布喇曼放大变得更加盛行起来。

集总放大器的主要缺点是，两个相邻放大器之间的孤子能量可能相差 100 倍。为了理解孤子是如何在如此大的能量波动下继续存在的，用一个周期函数 $\widetilde{\Gamma}(\xi)$ 代替方程(5.4.8)中的 Γ，将集总放大器提供的增益包括在内，$\widetilde{\Gamma}(\xi)$ 除在放大器所在位置急剧变化以外，其他位置均有 $\widetilde{\Gamma}(\xi) = \Gamma$，利用变换

$$u(\xi, \tau) = \exp\left(-\frac{1}{2}\int_0^\xi \widetilde{\Gamma}(\xi)\mathrm{d}\xi\right)v(\xi, \tau) \equiv a(\xi)v(\xi, \tau) \qquad (5.4.15)$$

式中，$a(\xi)$ 包含快速变化，而 $v(\xi, \tau)$ 是 ξ 的慢变函数，将其代入方程(5.4.8)，可发现 $v(\xi, \tau)$ 满足

$$\mathrm{i}\frac{\partial v}{\partial \xi} + \frac{1}{2}\frac{\partial^2 v}{\partial \tau^2} + a^2(\xi)|v|^2 v = 0 \qquad (5.4.16)$$

注意，$a(\xi)$ 是 ξ 的周期函数，周期 $\xi_A = L_A/L_D$，其中 L_A 是放大器间距。在每个周期内，$a(\xi) \equiv a_0 \exp(-\Gamma\xi/2)$ 按指数衰减，并在每个周期的末端跳变到其初始值 a_0。

导引中心(guiding-center)孤子或路径平均(path-averaged)孤子[165]的概念利用了方程(5.4.16)中的 $a^2(\xi)$ 以周期方式快速变化的事实。若周期 $\xi_A \ll 1$，则孤子在一个与色散长度 L_D 相比很小的长度上几乎不发生变化。在一个孤子周期内，$a^2(\xi)$ 的变化是如此之快，以至于其作用是一个取平均的结果，因此可以用一个周期内的平均值代替 $a^2(\xi)$。在这种近似下，方程(5.4.16)简化为标准非线性薛定谔方程

$$\mathrm{i}\frac{\partial v}{\partial \xi} + \frac{1}{2}\frac{\partial^2 v}{\partial \tau^2} + \langle a^2(\xi)\rangle|v|^2 v = 0 \qquad (5.4.17)$$

取平均概念的实际重要性源于这样一个事实，即在 $\xi_A \ll 1$ 时，用方程(5.4.17)描述孤子的传输行为相当精确[75]。实际上，这种近似在 ξ_A 大到 0.25 时仍是比较合理的。

从实用的角度讲，路径平均孤子输入峰值功率 P_s 的选择应使方程(5.4.17)中的

$\langle a^2(\xi)\rangle = 1$。引入放大器增益 $G = \exp(\Gamma\xi_A)$，则峰值功率为

$$P_s = \frac{\Gamma\xi_A P_0}{1 - \exp(-\Gamma\xi_A)} = \frac{G\ln G}{G-1}P_0 \qquad (5.4.18)$$

式中，P_0 是无损耗光纤中的峰值功率，如果满足下面的两个条件，则孤子在周期性集总放大的损耗光纤中的演化就等同于在无损耗光纤中的演化：（ⅰ）放大器间距 $L_A \ll L_D$；（ⅱ）输入峰值功率要增大 $G\ln G/(G-1)$ 倍。例如，对于 50 km 的放大器间距和 0.2 dB/km 的光纤损耗，要求 $G = 10$ 和 $P_{in} \approx 2.56\, P_0$。

图 5.16 给出了路径平均孤子在 10 000 km 距离上的演化过程，假定孤子每 50 km 被放大一次。当孤子宽度对应于 200 km 的色散长度时，由于较好地满足条件 $\xi_A \ll 1$，即使经过 200 个集总放大器，孤子形状仍保持得较好。然而，如果色散长度降至 25 km，则由于损耗感应的扰动相当大，孤子遭到破坏。

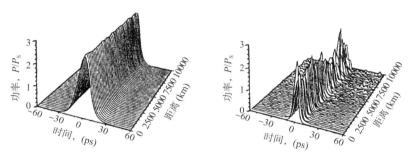

图 5.16　损耗管理孤子在 10 000 km 距离上的演化，$L_D = 200$ km（左图），
$L_D = 25$ km（右图）；$L_A = 50$ km，$\alpha = 0.22$ dB/km，$\beta_2 = -0.5$ ps^2/km

工作在平均孤子区要求满足条件 $\xi_A \ll 1$ 或 $L_A \ll L_D$，若利用 $L_D = T_0^2/|\beta_2|$ 将 L_D 与宽度 T_0 联系起来，则相应条件变为

$$T_0 \gg \sqrt{|\beta_2|L_A} \qquad (5.4.19)$$

孤子通信系统的比特率 B 通过 $T_B = 1/B = 2q_0 T_0$ 与 T_0 相关联，其中 T_B 是比特隙宽度，q_0 为一因子，通过它使 T_B 大于孤子宽度。这样条件（5.4.19）可以写成下面的形式：

$$B^2 L_A \ll (4q_0^2|\beta_2|)^{-1} \qquad (5.4.20)$$

这是孤子通信系统的一个简单设计标准。选取典型值 $\beta_2 = -0.5$ ps^2/km，$L_A = 50$ km 和 $q_0 = 5$，可得 $T_0 \gg 5$ ps，$B \ll 20$ Gbps。显然，光放大器在孤子放大上的应用严重限制了比特率和放大器间距。

光放大器用于恢复孤子能量的同时，也引入了自发辐射噪声，自发辐射效应在每个放大器输出端随机改变了式（5.4.2）中的 4 个孤子参量 η，δ，q 和 ϕ 的值[153]。正如所预期的，振幅起伏导致信噪比（SNR）劣化，然而若将孤子用于光纤通信中，频率起伏特别要引起注意。原因可以用式（5.4.2）解释，若孤子频率改变 δ，必将影响孤子在光纤中的传输速度。如果因为放大器噪声导致 δ 起伏，孤子在光纤中的传输时间也将变成随机性的，这种孤子在到达时间上的起伏称为戈登–豪斯（Gordon-Haus）抖动[166]。这种定时抖动通常限制了长途通信系统的性能，但实际情况下可以采用几种方法来降低定时抖动[95~97]。

5.4.4　孤子互作用

相邻比特或脉冲之间的时间间隔 T_B 决定了一个通信系统的比特率 $B(B = 1/T_B)$，于是确

定两个孤子在传输时究竟相距多远才能互不影响就变得很重要。迄今为止，人们已经利用解析方法和数值方法对两个孤子之间的互作用进行了研究[167~179]，本节将讨论孤子互作用的起因及对个体孤子的影响。

从物理意义上讲，很明显只有当两个孤子足够靠近以至于尾部出现交叠时，才开始相互影响。从数学意义上讲，总的场 $u = u_1 + u_2$，其中

$$u_j(\xi, \tau) = \eta_j \operatorname{sech}[\eta_j(\tau - q_j)] \exp(i\phi_j - i\delta_j\tau), \quad j = 1, 2 \tag{5.4.21}$$

注意，是 u 而不是单个 u_1 和 u_2 满足非线性薛定谔方程。实际上，将 $u = u_1 + u_2$ 代入方程(5.2.5)，可以得到孤子 u_1 满足的微扰非线性薛定谔方程

$$i\frac{\partial u_1}{\partial \xi} + \frac{1}{2}\frac{\partial^2 u_1}{\partial \tau^2} + |u_1|^2 u_1 = -2|u_1|^2 u_2 - u_1^2 u_2^* \tag{5.4.22}$$

将 u_1 和 u_2 互换，可以得到 u_2 满足的微扰非线性薛定谔方程。方程右边的两项可以处理成微扰，它是导致两个相邻孤子之间的非线性互作用的根源。

利用方程(5.4.4)至方程(5.4.7)可以研究微扰对 4 个孤子参量 η_j，q_j，δ_j 和 $\phi_j(j = 1, 2)$ 的影响，引入新变量

$$\eta_\pm = \eta_1 \pm \eta_2, \quad q_\pm = q_1 \pm q_2 \tag{5.4.23}$$

$$\delta_\pm = \delta_1 \pm \delta_2, \quad \phi_\pm = \phi_1 \pm \phi_2 \tag{5.4.24}$$

并经过代数运算，可以得到下面一组方程[155]：

$$\frac{d\eta_+}{d\xi} = 0, \quad \frac{d\eta_-}{d\xi} = \eta_+^3 \exp(-q_-)\sin\phi_- \tag{5.4.25}$$

$$\frac{d\delta_+}{d\xi} = 0, \quad \frac{d\delta_-}{d\xi} = \eta_+^3 \exp(-q_-)\cos\phi_- \tag{5.4.26}$$

$$\frac{dq_-}{d\xi} = -\delta_-, \quad \frac{d\phi_-}{d\xi} = \frac{1}{2}\eta_+\eta_- \tag{5.4.27}$$

以上忽略了关于 q_+ 和 ϕ_+ 的方程，因为它们的动态特性不影响孤子互作用。另外，η_+ 和 δ_+ 在孤子互作用期间保持为常量。将 $\eta_+ = 2$ 用于两个相互作用的基阶孤子，联立其余 4 个方程，可得

$$\frac{d^2 q}{d\xi^2} = -4e^{-2q}\cos(2\psi), \quad \frac{d^2\psi}{d\xi^2} = 4e^{-2q}\sin(2\psi) \tag{5.4.28}$$

这里引入了两个新变量 $q = q_-/2$ 和 $\psi = \phi_-/2$，利用逆散射法也可以得到同样的方程[168]。这些方程表明，两个孤子之间的相对间距 q 仅取决于它们的相对相位，两个孤子是吸引（靠近）还是排斥（离开）取决于 ψ 的初始值。

在相当一般的条件下，方程(5.4.28)可用解析方法求解[172]，若开始时两个孤子有相同的振幅和频率，则解析解为[75]

$$q(\xi) = q_0 + \frac{1}{2}\ln[\cosh^2(2\xi e^{-q_0}\sin\psi_0) + \cos^2(2\xi e^{-q_0}\cos\psi_0) - 1] \tag{5.4.29}$$

式中，q_0 和 ψ_0 分别是 q 和 ψ 的初始值。图 5.17 给出了对于具有不同相位的两个孤子，相对间距 $q(\xi)$ 是如何随光纤长度变化的。若 ψ_0 低于某个定值，则 q 周期性地变为零，这种所谓的"孤子碰撞"源于两个孤子之间的吸引力。若 $\psi_0 > \pi/8$，则 $q > q_0$，且 q 随 ξ 单调增加，这一特性可以通过两个孤子之间的排斥力来解释。$\psi_0 = 0$ 和 $\psi_0 = \pi/2$ 两种特殊情形分别对应初始时刻同相和反相的两个孤子，对于两个同相孤子（$\psi_0 = 0$），相对间距 q 随传输距离的周期性变化为

$$q(\xi) = q_0 + \ln|\cos(2\xi e^{-q_0})| \tag{5.4.30}$$

由于对于所有 ξ 值，均有 $q(\xi) \leqslant q_0$，所以两个同相孤子相互吸引。实际上，两个孤子在传输距离

$$\xi = \frac{1}{2}e^{q_0}\arccos(e^{-q_0}) \approx \frac{\pi}{4}\exp(q_0) \tag{5.4.31}$$

后，q 变为零。上式的近似形式对 $q_0 > 5$ 是正确的，两个孤子在这一距离上发生第一次碰撞。由于式(5.4.30)中 $q(\xi)$ 的周期性，两个孤子彼此周期性地分开和碰撞，其振荡周期称为碰撞长度，由式

$$L_{\text{col}} = \frac{\pi}{2}L_{\text{D}}\exp(q_0) \equiv z_0 \exp(q_0) \tag{5.4.32}$$

给定，其中 z_0 是式(5.2.24)给出的孤子周期。在 $q_0 > 3$ 时，这个表达式相当精确，数值模拟结果也证明了这一点[169]。通过逆散射理论可以给出一个更精确且对任意 q_0 值都成立的表达式[175]：

$$\frac{L_{\text{col}}}{L_{\text{D}}} = \frac{\pi \sinh(2q_0)\cosh(q_0)}{2q_0 + \sinh(2q_0)} \tag{5.4.33}$$

对于两个反相孤子 $(\psi_0 = \frac{\pi}{2})$，其相对间距随传输距离的变化为

$$q(\xi) = q_0 + \ln[\cosh(2\xi e^{-q_0})] \tag{5.4.34}$$

由于对于任意 x，都有 $\cosh(x) > 1$，显然 $q > q_0$ 且 q 随 ξ 单调增加。

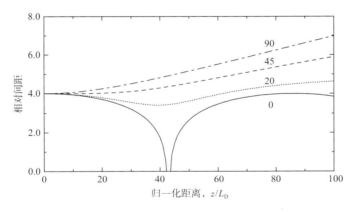

图 5.17 当 $q_0 = 4$ 时，几个不同初始相位差 ψ_0 (度)下两个互作用孤子的相对间距 q 随光纤长度的变化

正确理解非线性薛定谔方程的数值解大有裨益，为此尝试用下面的形式表示在光纤输入端一对具有不同振幅和相位的孤子：

$$u(0,\tau) = \text{sech}(\tau + q_0) + r\text{sech}[r(\tau - q_0)]e^{\text{i}\theta} \tag{5.4.35}$$

式中，r 是相对振幅，$\theta = 2\psi_0$ 是初始相位差，$2q_0$ 是两个孤子之间的初始间距。图 5.18 给出了参量 r 和 θ 在几个不同值下，初始间距 $q_0 = 3.5$ 的一个孤子对的演化过程。对于等振幅孤子 $(r = 1)$，正如微扰理论所预期的，两个孤子同相位 $(\theta = 0)$ 时彼此吸引，并沿光纤周期性地发生碰撞；当 $\theta = \pi/4$ 时，在经历一个初始吸引阶段后，两个孤子彼此分开，与图 5.17 中的结果一致；当 $\theta = \pi/2$ 时，两个孤子强烈地互相排斥，其间距也随传输距离单调增加；最后一种情形表明了孤子振幅的微小差别(选取 $r = 1.1$)的影响，此时两个孤子周期性地振荡，但彼此绝不会发生碰撞或分离。

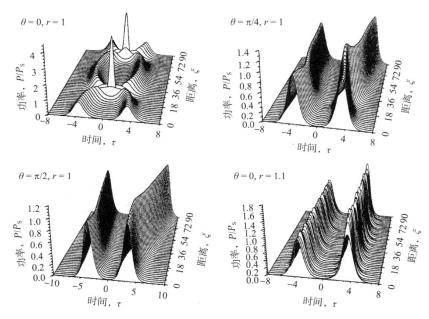

图 5.18　对于 4 个不同的相对振幅 r 和相对相位 θ，孤子对在 90 个色散长度上的演化表明了孤子互作用，这 4 种情形下的初始间距均为 $q_0 = 3.5$

从实际的角度考虑，是不希望发生相邻孤子之间的周期性离合的。一种避免孤子互作用的方法是增加孤子间距，使 $L_{\text{col}} \gg L_{\text{T}}$，其中 L_{T} 是传输距离。对于 $q_0 = 8$ 及典型的 $z_0 \approx 100 \text{ km}$，碰撞长度 $L_{\text{col}} \approx 3000 \, z_0$，因此 $q_0 = 8$ 对任何通信系统来讲已经足够大。有几种方法可以使孤子间距进一步减小，而不会产生破坏作用。孤子之间的互作用对它们的相对相位 θ 和相对振幅 r 相当敏感，如果两个孤子是同相的（$\theta = 0$）但振幅不同，则互作用依旧是周期性的，但不会对孤子造成破坏[175]。即使 $r = 1.1$，若 $q_0 > 4$，那么每个周期内孤子间距的变化也不会超过 10%。其他许多因素，如高阶效应[177]、限制带宽放大[178]和定时抖动[179]等也会改变孤子互作用，其中几种高阶效应将在下一节中讨论。

5.5　高阶效应

到现在为止，本章所考虑的光孤子特性都是以简化的非线性薛定谔方程(5.1.1)为基础的。当输入脉冲宽度 $T_0 < 5 \text{ ps}$ 时，必须像 2.3 节中讨论的那样包括高阶非线性和高阶色散效应，这就要用到广义非线性薛定谔方程(2.3.44)。若利用式(3.1.3)引入的归一化振幅 U，那么方程(2.3.44)可以采用以下形式：

$$\frac{\partial U}{\partial z} + \frac{\mathrm{i}\beta_2}{2}\frac{\partial^2 U}{\partial T^2} - \frac{\beta_3}{6}\frac{\partial^3 U}{\partial T^3} = \mathrm{i}\gamma P_0 \mathrm{e}^{-\alpha z}\left(|U|^2 U + \frac{\mathrm{i}}{\omega_0}\frac{\partial}{\partial T}(|U|^2 U) - T_{\mathrm{R}} U \frac{\partial |U|^2}{\partial T}\right) \quad (5.5.1)$$

5.5.1　脉冲参量的矩方程

一般而言，方程(5.5.1)必须用数值方法求解，但如果假设高阶效应足够弱，那么即使脉冲的参量值改变，脉冲也能保持自身形状，因此仍可以利用 4.3.1 节的矩方法获得一些物理内涵。在反常群速度色散区，$U(z, T)$ 可以采用下面的形式：

$$U(z,T) = a_p \mathrm{sech}\left(\frac{T - q_p}{T_p}\right) \exp\left[-\mathrm{i}\Omega_p(T - q_p) - \mathrm{i}C_p \frac{(T - q_p)^2}{2T_p^2} + \mathrm{i}\phi_p\right] \tag{5.5.2}$$

式中，a_p，T_p，C_p 和 ϕ_p 分别表示脉冲的振幅、宽度、啁啾和相位，另外还涉及了脉冲包络的时域位移 q_p 和脉冲频谱的频域位移 Ω_p。当脉冲在光纤中传输时，所有这6个参量都可能随 z 变化。

利用 4.3.1 节和 4.4.2 节中矩的定义及矩方法，可以得到下列一组关于脉冲参量演化的方程[180, 181]：

$$\frac{\mathrm{d}T_p}{\mathrm{d}z} = (\beta_2 + \beta_3\Omega_p)\frac{C_p}{T_p} \tag{5.5.3}$$

$$\frac{\mathrm{d}C_p}{\mathrm{d}z} = \left(\frac{4}{\pi^2} + C_p^2\right)\frac{(\beta_2 + \beta_3\Omega_p)}{T_p^2} + \frac{4T_0}{\pi^2 T_p}(\bar{\gamma} + \Omega_p/\omega_0)P_0 \tag{5.5.4}$$

$$\frac{\mathrm{d}q_p}{\mathrm{d}z} = \beta_2\Omega_p + \frac{\beta_3}{2}\Omega_p^2 + \frac{\beta_3}{6T_p^2}\left(1 + \frac{\pi^2}{4}C_p^2\right) + \frac{\bar{\gamma}P_0}{\omega_0}\frac{T_0}{T_p} \tag{5.5.5}$$

$$\frac{\mathrm{d}\Omega_p}{\mathrm{d}z} = -\frac{8T_R\bar{\gamma}P_0}{15}\frac{T_0}{T_p^3} + \frac{2\bar{\gamma}P_0}{3\omega_0}\frac{T_0 C_p}{T_p^3} \tag{5.5.6}$$

式中，$\bar{\gamma} = \gamma\exp(-\alpha z)$。与 4.3.1 节相同，此处忽略了相位方程。振幅 a_p 可以利用关系 $E_0 = 2P_0 T_0 = 2a_p^2(z)T_p(z)$ 确定，其中 E_0 是输入脉冲能量。

方程(5.5.3)至方程(5.5.6)清楚地表明，脉冲参量受方程(5.5.1)中的三个高阶项的影响很大。在考虑高阶项的影响之前，利用这些方程确定基阶孤子形成的条件。方程(5.5.3)表明，若啁啾参量 C_p 对于所有 z 均保持为零，则脉宽将不会变化。啁啾方程(5.5.4)相当复杂，但是若忽略高阶项和光纤损耗（$\alpha = 0$），则该方程可以简化为

$$\frac{\mathrm{d}C_p}{\mathrm{d}z} = \left(\frac{4}{\pi^2} + C_p^2\right)\frac{\beta_2}{T_p^2} + \frac{4\gamma P_0}{\pi^2}\frac{T_0}{T_p} \tag{5.5.7}$$

显然若 $\beta_2 > 0$，右边两项都是正的，即使最初时 $C_p = 0$，它也不会永远保持为零。但是，对于反常色散的情形（$\beta_2 < 0$），当初始脉冲参量满足条件 $\gamma P_0 T_0^2 = |\beta_2|$ 时，这两项就完全抵消了。从式(5.2.3)可知这一条件等同于 $N = 1$。

利用式(5.2.1)定义的无量纲变量 ξ 和 τ，将方程(5.5.1)归一化是有意义的，归一化非线性薛定谔方程为

$$\mathrm{i}\frac{\partial u}{\partial \xi} + \frac{1}{2}\frac{\partial^2 u}{\partial \tau^2} + |u|^2 u = \mathrm{i}\delta_3\frac{\partial^3 u}{\partial \tau^3} - \mathrm{i}s\frac{\partial}{\partial \tau}(|u|^2 u) + \tau_R u\frac{\partial |u|^2}{\partial \tau} \tag{5.5.8}$$

式中，假设脉冲在反常群速度色散区（$\beta_2 < 0$）传输，并且忽略了光纤损耗（$\alpha = 0$）。参量 δ_3，s 和 τ_R 分别描述了三阶色散、自变陡和脉冲内喇曼散射效应，它们的表达式为

$$\delta_3 = \frac{\beta_3}{6|\beta_2|T_0}, \quad s = \frac{1}{\omega_0 T_0}, \quad \tau_R = \frac{T_R}{T_0} \tag{5.5.9}$$

这3个参量都与脉冲宽度成反比，并且当 $T_0 \gg 1$ ps 时可以忽略，而对于飞秒脉冲，它们的影响就表现出来了。例如，对于以 1.55 μm 波长在标准石英光纤中传输的 50 fs（$T_0 \approx 30$ fs）脉冲，如果取 $T_R = 3$ fs，则有 $\delta_3 \approx 0.03$，$s \approx 0.03$，$\tau_R \approx 0.1$。

5.5.2　三阶色散

当光脉冲远离光纤的零色散波长传输时，三阶色散对孤子的影响很小，可以视为微扰。为了尽可能简单地研究三阶色散的影响，令方程(5.5.8)中的 $s = 0$，$\tau_R = 0$，同时把 δ_3 项视为微扰。从方程(5.5.3)至方程(5.5.6)可知，当 $C_p = 0$ 且 $T_p = T_0$ 时，频移 $\Omega_p = 0$。然而，脉冲的时域位置随 z 线性变化，

$$q_p(z) = (\beta_3/6T_0^2)z \equiv \delta_3(z/L_D) \tag{5.5.10}$$

于是三阶色散的主要作用是使孤子峰值随距离 z 线性位移。脉冲是延迟还是领先，取决于 β_3 的符号，当 β_3 为正时，三阶色散使孤子慢下来，孤子峰值以随距离线性增加的量延迟。对于皮秒脉冲，三阶色散感应的延迟在大多数光纤中可以忽略。若采用典型值 $\beta_3 = 0.1$ ps^3/km，$T_0 = 10$ ps，则传输 100 km 后的时域位移仅为 17 fs。然而，对于飞秒脉冲，时域位移变得相当大，例如当 $T_0 = 100$ fs 时，时域位移在孤子传输 1 km 后就达到 1.7 ps。

如果光脉冲在光纤零色散波长或其附近传输($\beta_2 \approx 0$)，那么又将发生什么呢？为理解这一区域的传输行为，人们已经做了大量工作[182~191]。对于高斯脉冲，已在 4.2.5 节通过数值求解方程(4.2.7)讨论了 $\beta_2 = 0$ 的情形。当用 $U(0, \xi') = sech(\tau)$ 作为 $z = 0$ 处的输入孤子时，也可以利用同样的方程(4.2.7)。图 5.19 给出了 $\tilde{N} = 2$ 的双曲正割脉冲的时域波形和频谱在 z/L_D' 为 $0 \sim 4$ 范围内的演化过程。

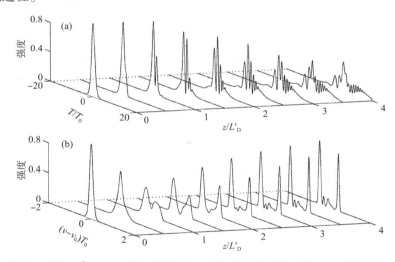

图 5.19　峰值功率满足 $\tilde{N} = 2$ 的双曲正割脉冲在零色散波长传输时的(a) 时域和(b) 频域演化

图 5.19 中的一个最显著的特征是频谱分裂为两个很好分辨的谱峰[182]，这两个峰对应于自相位调制展宽频谱中最外面的两个峰(见图 4.2)。由于红移峰位于反常群速度色散区，所以此谱带内的能量能形成孤子；而蓝移峰位于正常群速度色散区，所以这一谱带内的能量被色散掉。因为自相位调制在脉冲后沿附近产生蓝移分量，所以在传输过程中被色散掉的正是脉冲的后沿部分。图 5.19 中的脉冲波形表明，具有振荡结构的较长的后沿随着 ξ' 的增加逐渐与脉冲前沿分开。很重要的一点是，由于自相位调制感应的频谱展宽，即使开始时 $\beta_2 = 0$，输入脉冲也不是真正地在零色散波长传输。实际上，脉冲通过自相位调制产生自己的 $|\beta_2|$。式(4.2.9)给出了 $|\beta_2|$ 的有效值，由此可见，脉冲峰值功率越高，$|\beta_2|$ 的有效值越大。

　　一个有趣的问题是，在光纤零色散波长是否存在类孤子解。即便 $s = \tau_R = 0$，方程(5.5.8)看起来利用逆散射法也是不可积的。方程(5.5.8)的数值解表明[184]，当 $\tilde{N} > 1$ 时，一个双曲正割脉冲在 ξ' 约为 $10/\tilde{N}^2$ 的长度上演化成孤子，它包含约一半的脉冲能量，剩余的能量分布在脉冲后沿附近的振荡结构内，并在传输中被色散掉。孤子的这些特征也可以通过近似求解方程(5.5.8)来定量表示[184~188]。通常零色散波长处的孤子比位于反常群速度色散区的孤子所需的功率低，这可以通过比较式(5.2.3)和式(4.2.8)看出。为得到相同的 N 和 $\tilde{N}$，孤子在零色散波长传输所需的峰值功率比在反常群速度色散区传输所需的峰值功率小 $T_0 |\beta_2/\beta_3|$ 倍。

　　随着波分复用技术的出现，已经制造出在一定波长内 β_3 接近于零但 $|\beta_2|$ 保持为有限值的特种光纤，这样的光纤称为色散平坦光纤。利用色散平坦光纤，需要考虑四阶色散对孤子的影响，这时非线性薛定谔方程要采用以下形式：

$$i\frac{\partial u}{\partial \xi} + \frac{1}{2}\frac{\partial^2 u}{\partial \tau^2} + |u|^2 u = -\delta_4 \frac{\partial^4 u}{\partial \tau^4} \tag{5.5.11}$$

式中，$\delta_4 = \beta_4/(24|\beta_2|T_0^2)$。

　　若 $T_0 > 1$ ps，则参量 δ_4 相当小，其作用可以视为微扰。而对于超短脉冲，δ_4 可能比较大，微扰解不再正确。假定 $u(\xi, \tau) = V(\tau)\exp(iK\xi)$ 并求解关于 $V(\tau)$ 的常微分方程，可以发现方程(5.5.11)具有下面的形状可保持的孤立波解[192]：

$$u(\xi, \tau) = 3b^2 \mathrm{sech}^2(b\tau)\exp(8ib^2\xi/5) \tag{5.5.12}$$

式中，$b = (40\delta_4)^{-1/2}$。注意，脉冲振幅是 sech^2 形式的，而非标准亮孤子常用的 sech 形式的。必须强调的是，孤子振幅和宽度由光纤参量唯一决定，这样的具有固定参量的孤子有时称为自孤子。

　　三阶色散对二阶和高阶孤子的影响是比较显著的，因为它将导致孤子分裂成具有不同宽度的多个基阶孤子，这种现象称为孤子分裂[184]，将在 12.1 节中详细讨论。后面将清楚地看到，孤子分裂还可以由高阶非线性效应引起。

5.5.3　自变陡效应

　　自变陡现象已在 4.4.1 节中做了讨论，它使反常色散区形成的孤子呈现出几个新特点[193~197]。方程(5.5.3)至方程(5.5.6)通过包含 ω_0 的项表现出自变陡效应，其中最重要的特征是，即使 $T_R = 0$，自变陡也会导致孤子产生时域位移和频域位移。实际上，可以通过对方程(5.5.6)积分，得到以下形式的频域位移：

$$\Omega_p(z) = \frac{\gamma E_0}{3\omega_0}\int_0^z \frac{C_p(z)}{T_p^3(z)}e^{-\alpha z}\mathrm{d}z \tag{5.5.13}$$

式中，$E_0 = 2P_0T_0$ 是输入脉冲能量。一旦脉冲带有啁啾，其频谱就会因自变陡效应发生位移。若啁啾可以忽略，则频域位移相当小。即使 $\Omega_p = 0$，自变陡也会因为方程(5.5.5)中的最后一项而产生时域位移。若假设孤子能将其宽度保持到一阶近似（即基阶孤子的宽度），则对于长为 L 的光纤，孤子峰值的时域位移为

$$q_p(L) = \gamma P_0 L_{\mathrm{eff}}/\omega_0 = \phi_{\max}/\omega_0 \tag{5.5.14}$$

式中，L_{eff} 是有效光纤长度，$\phi_{\max}$ 是 4.1.1 节引入的最大自相位调制感应相移。注意，$\omega_0 = 2\pi/T_{\mathrm{opt}}$，其中 T_{opt} 是光学周期，因此即使 $\phi_{\max}$ 超过 10π，时域位移也相当小；然而，当 $\Omega_p \neq 0$ 时，时域位移显著增大。

当参量 s 取相对小的值时，以上分析是合理的；而当脉冲短到使 s 超过 0.1 时，必须使用数值方法。为突出参量 s 描述的自变陡效应，将方程(5.5.8)中的 δ_3 和 τ_R 设为零，则光纤中脉冲的演化由方程

$$\mathrm{i}\frac{\partial u}{\partial \xi} + \frac{1}{2}\frac{\partial^2 u}{\partial \tau^2} + |u|^2 u + \mathrm{i}s\frac{\partial}{\partial \tau}(|u|^2 u) = 0 \qquad (5.5.15)$$

描述。自变陡感应的时域位移如图 5.20 所示，它给出了在 $s = 0.2$ 和 $N = 1$ 时，对于输入脉冲 $u(0, \tau) = \mathrm{sech}(\tau)$，通过数值求解方程(5.5.15)绘出的 ξ 为 0, 5 和 10 时的脉冲波形。因为对于 $s \neq 0$，峰值移动的速度比两翼的慢，所以峰值被延迟并表现为向脉冲后沿位移。尽管脉冲在传输过程中稍有展宽（在 $\xi = 10$ 处约为 20%），但仍保持其孤子特征，这说明方程(5.5.15)具有孤子解，输入脉冲渐近地向孤子演化。这样的解确实存在，并且具有以下形式[158]：

$$u(\xi, \tau) = V(\tau + M\xi)\exp[\mathrm{i}(K\xi - M\tau)] \qquad (5.5.16)$$

式中，M 与载频的位移 Ω_p 有关，这种位移将导致群速度改变，图 5.20 所示的峰值延迟就是因为群速度变化引起的。$V(\tau)$ 的显式形式取决于 M 和 s[197]，当 $s = 0$ 时，$V(\tau)$ 简化为式(5.2.16)给出的双曲正割形式。还应注意到，方程(5.5.15)能够转化成可利用逆散射法积分的所谓衍生非线性薛定谔方程，其解在等离子体物理领域已有广泛的研究[198~201]。

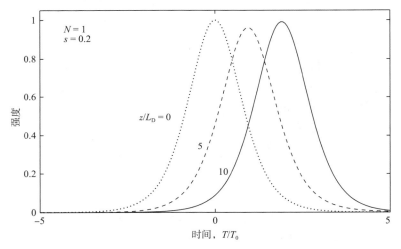

图 5.20　存在自变陡效应($s = 0.2$)时基阶孤子在 z/L_D 为 0, 5 和 10 时的脉冲形状。为
便于比较，用点线表示基阶孤子的初始形状，当 $s = 0$ 时实线、虚线与点线一致

自变陡效应对高阶孤子的影响非常显著，它导致高阶孤子分裂成若干个基阶孤子，这种现象称为孤子分裂[194]。图 5.21 给出了 $s = 0.2$ 时二阶孤子($N = 2$)的时域和频域演化过程。对于这个相对大的 s 值，两个孤子在 $2L_D$ 的距离内已互相分开，并且随着在光纤中的传输继续分离。对于较小的 s 值，除孤子分裂所需的距离较长以外，也有类似的行为发生。孤子分裂可以运用逆散射法，将自变陡项看成微扰来理解。在没有自变陡的情况下($s = 0$)，因为两个孤子以相同的速度传输(5.2.1 节中的本征值 ζ_j 具有相同的实部)，所以它们形成束缚态。自变陡效应将破坏这种简并，使两个孤子以不同的速度传输，结果它们互相分开，并且间距随传输距离线性增加[195]。图 5.21 中两个峰值的高度比大约等于 9，这与预期的比率$(\eta_2/\eta_1)^2$ 一致，其中 η_1 和 η_2 是 5.2.1 节中引入的本征值的虚部。三阶($N = 3$)或更高阶孤子表现出类似的分裂行为，尤其是三阶孤子将衰变成 3 个基阶孤子，其峰值高度也与由逆散射理论得到的结果一致。

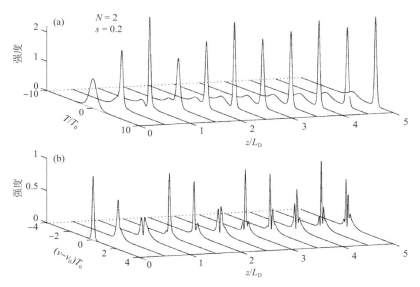

图 5.21　$s = 0.2$ 时二阶孤子($N = 2$)在 5 个色散长度上的(a)时域和(b)频域演化

5.5.4　脉冲内喇曼散射

在高阶非线性效应中,脉冲内喇曼散射起重要作用,它对孤子的影响由方程(5.5.8)的最后一项决定,并在 1985 年由实验观测到[202]。当考虑到孤子自频移(soliton self-frequency shift)这种新的现象时,显然需要将这一项包括在内。孤子自频移在 1986 年观察到[203],并用喇曼响应的延迟特性做了解释[204],从此脉冲内喇曼散射这种高阶非线性效应得到了广泛研究[205~223]。

首先考虑基阶孤子和矩方法。为突出脉冲内喇曼散射的影响,令方程(5.5.3)至方程(5.5.6)中的 $\beta_3 = 0$ 及 $\omega_0 \to \infty$。喇曼项的主要影响是,使按照方程(5.5.6)随光纤长度变化的孤子频移 Ω_p 产生位移。对该方程积分,可以得到[180]

$$\Omega_p(z) = -\frac{8T_R}{15}\gamma P_0 T_0 \int_0^z \frac{e^{-\alpha z}}{T_p^3(z)}\mathrm{d}z \tag{5.5.17}$$

脉冲宽度 $T_p(z)$ 沿光纤的演化用方程(5.5.3)描述。

如果光纤长度足够短,光纤损耗可以忽略,而且如果 Ω_p 足够小,方程(5.5.4)中的 Ω_p 项也可以忽略,则孤子能保持无啁啾状态($C_p \approx 0$),其宽度固定在输入值 T_0。只有在这样的限制条件下,我们可以用 z/T_0^3 代替式(5.5.17)中的积分(假设损耗不计),喇曼感应频移随距离以

$$\Omega_p(z) = -\frac{8T_R\gamma P_0}{15T_0^2}z \equiv -\frac{8T_R|\beta_2|}{15T_0^4}z \tag{5.5.18}$$

线性增加,这里利用了条件 $N = \gamma P_0 T_0^2/|\beta_2| = 1$。上式中的负号表明,载频被减小,即孤子频谱移向更长波长一侧(红端)。Ω_p 正比于 T_0^{-4} 这一关系最早是在 1986 年利用孤子微扰理论发现的[204],用它可以解释为什么喇曼感应频移仅对宽度等于或小于 1 ps 的超短脉冲才比较重要。然而必须记住,这种依赖关系仅对相对短的光纤长度才成立,因为孤子在这样短的长度上是无啁啾的。

从物理意义上讲,可以通过受激喇曼散射(见第 8 章)来理解红移现象,对于脉宽约为 1 ps 或更短的入射脉冲,其谱宽非常宽,使脉冲频谱的蓝移分量可作为泵浦光,通过喇曼增益有效

地放大同一脉冲的红移分量。此过程在光纤中持续进行，致使能量不断地从脉冲的蓝移分量转移到红移分量中，这种能量转移就表现为孤子频谱的红移，红移量随传输距离的增加而增大。从式（5.5.18）也可以看出，频移沿光纤线性增加，更重要的是，频移与 T_0^{-4} 成正比，这表明对于短脉冲，频移可能相当大。例如，当 $T_0 = 0.1$ ps（FWHM 约为 175 fs）的脉冲在 $\beta_2 = -20$ ps²/km 和 $T_R = 3$ fs 的标准光纤中传输时，孤子频率以约为 51 GHz/m 的速率改变，传输 100 m 后该孤子的频移约 5.1 THz。如果注意到这个孤子的初始谱宽（指的是 FWHM）小于 2 THz，因此这算是一个较大的频移。一般而言，对于脉宽小于 1 ps 的超短脉冲，不能忽略喇曼感应频移。

为理解 Ω_p 在一般情形下是如何演化的，必须利用方程（5.5.17）。作为数值模拟的一个实例，考虑初始宽度 $T_0 = 50$ fs（FWHM 约为 88 fs）的孤子在 $D = 4$ ps/(km·nm) 的 10 m 长的色散位移光纤中的传输情形。图 5.20 给出了 $\gamma = 2$ W⁻¹/km 时的喇曼感应频移 Ω_p 和脉冲宽度 T_p 沿光纤长度的演化[180]。对于 $T_0 = 50$ fs 的超短脉冲，必须考虑三阶色散的影响，这里取 $\beta_3 = 0.1$ ps³/km；取 $\alpha = 0.2$ dB/km 则将光纤损耗考虑在内，但对于 10 m 长的光纤而言，损耗的影响很小。图 5.22 中的实线给出了对应于标准孤子的 $C_0 = 0$ 的情形，脉冲宽度在开始时确实如预期的那样保持不变，但在传输 2 m 后，脉冲宽度因喇曼感应频移和三阶色散效应开始增加。

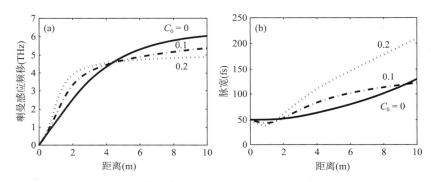

图 5.22　$T_0 = 50$ fs 的基阶孤子在 10 m 长的光纤中传输时（a）喇曼感应频移和（b）脉宽的演化，输入啁啾参量 C_0 从 0 变化到 0.2

在图 5.22 中看到的最重要的特征是，喇曼感应频移在脉冲演化的早期阶段线性增加，然后开始饱和，这种饱和特性背后的物理原因和孤子啁啾有关。对于无啁啾孤子（$C_0 = 0$），在大约 2 m 距离处，喇曼感应频移的大小变得与脉冲的谱宽（2 THz）相当，它开始通过对孤子施加啁啾来影响孤子，这从方程（5.5.4）中的最后一项可以清楚地看出来，在这种条件下，式（5.5.18）不再适用。图 5.22 中的虚线和虚点线表明，即使相当小的啁啾也会显著影响喇曼感应频移。当 C_p 取正值时，正如 $\beta_2 C_p < 0$ 时所预期的，脉冲开始时被压缩，然后在大约 1 m 处达到最小宽度后开始展宽。基于此原因，不但最初 Ω_p 增加的速度比无啁啾情形时快，而且由于脉冲展宽，Ω_p 在更小的值下就达到了饱和。需要着重指出的是，当 $C_p > 0$ 时，啁啾使喇曼感应频移增大；当 $C_p < 0$ 时，脉冲立即开始展宽，喇曼感应频移显著减小。

1986 年，利用从被动锁模色心激光器得到的 0.5 ps 脉冲观察到孤子的喇曼感应频移[203]，脉冲频谱在 0.4 km 长的光纤中位移了 8 THz。因为观察到的频谱位移是孤子自身引起的，故称孤子自频移[204]。然而，正如 4.4.3 节中讨论的，喇曼感应频移是一种普遍现象，对所有短脉冲都可以发生，不管它们是否以孤子形式传输[180]。如果脉冲能沿光纤保持其宽度不变，则喇曼感应频移可以达到较大值。近年来，喇曼感应频移引起相当大的关注，因为利用它可以产生波长在较宽范围内可调的飞秒脉冲，具体是通过简单地将脉冲在锥形光纤或其他微结构光纤中传输实现的[224~227]，这一点将在 12.2 节中做更详细的讨论。

对于高阶孤子的情形，必须数值求解广义非线性薛定谔方程(5.5.8)。为突出脉冲内喇曼散射效应，令方程(5.5.8)中的 $\delta_3 = 0$ 及 $s = 0$，则光纤中脉冲的演化由方程

$$i\frac{\partial u}{\partial \xi} + \frac{1}{2}\frac{\partial^2 u}{\partial \tau^2} + |u|^2 u = \tau_R u \frac{\partial |u|^2}{\partial \tau} \tag{5.5.19}$$

描述。图 5.23 给出了 $\tau_R = 0.01$ 时数值求解方程(5.5.19)得到的二阶孤子的时域和频域演化过程。脉冲内喇曼散射对高阶孤子的影响与自变陡类似，特别是，即使对于相当小的 τ_R 值，也能导致高阶孤子的分裂[211]。

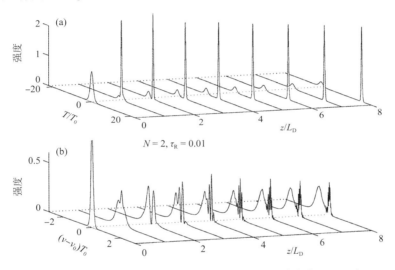

图 5.23 　$\tau_R = 0.01$ 时二阶孤子($N = 2$)的(a) 时域演化和(b) 频域演化，这表明脉冲内喇曼散射引起了孤子分裂

比较图 5.21 和图 5.23 可以看出这两种不同高阶非线性机制的相似和不同之处，其中一个重要区别是，在给定的长度上，与 s 相比，很小的 τ_R 就能引起孤子分裂。例如，如果在图 5.21 中选取 $s = 0.01$，则孤子通过 $z = 5L_D$ 的距离也不分裂，这一特征表明，τ_R 的影响相对于自变陡效应的影响实际上是占主导地位的。另一个重要区别是，在自变陡情形中，两个孤子都有延迟，而在喇曼情形中，低强度孤子看起来在频域和时域上都没有位移。这一特征与式(5.5.18)中的喇曼感应频移与 T_0^{-4} 成正比有关。第二个孤子比第一个孤子宽得多，于是它的频谱要以小得多的速率位移。

有人也许会问，方程(5.5.19)是否有类孤子解。已经证明，当将喇曼项包括在内后，该方程不存在类脉冲解，主要是因为所得到的微扰项是非哈密顿型的[154]。喇曼项的这一特性可以这样理解，由于脉冲的部分能量通过激发分子振动而耗散，喇曼感应频谱红移不能保持脉冲能量。然而，已经发现这时存在扭结拓扑孤子(能量无穷大)，并由下式给出[220]：

$$u(\xi, \tau) = [e^{-b\tau}\operatorname{sech}(b\tau)]^{1/2}\exp(ib^2\xi/2) \tag{5.5.20}$$

式中，$b = 3/(2\tau_R)$。图 5.24 通过对不同的 τ_R 值绘出的扭结孤子的强度曲线 $|u(\xi, \tau)|^2$ 给出

了冲击剖面，冲击的陡度取决于 τ_{R}，当 τ_{R} 减小时，冲击沿变陡。由于需要的功率太高，很难在实验中观察到这种光波冲击现象。

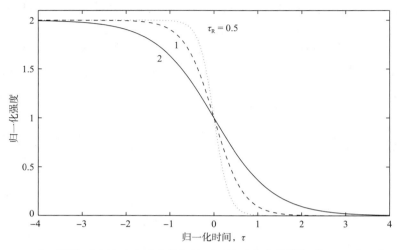

图 5.24 τ_{R} 取不同值时光波冲击形成的扭结孤子的强度曲线[220]（ⓒ1992 美国物理学会）

1990 年，利用群论方法发现了方程（5.5.19）的一个近似类孤子解[228]。如图 5.23 所示，这个解显示出二阶孤子经过分裂形成的基阶孤子频谱中的喇曼感应频移和对应的时间延迟，它具有以下形式：

$$u(\xi, \tau) \approx [1 + \epsilon(\tau')]\mathrm{sech}(\tau')\exp[\mathrm{i}\xi(\frac{1}{2} + b\tau - b^2\xi^2/3)] \tag{5.5.21}$$

式中，参量 b 和喇曼参量有关系 $b = 8\tau_{\mathrm{R}}/15/$，$\epsilon$ 表示对振幅的微小修正。新的时间变量在随孤子一起移动的参照系中，并被定义为 $\tau' = \tau - b\xi^2/2$。用原始变量 z 和 T 可以将这个解写成（忽略了小的 ϵ 项）

$$u(z, T) \approx \mathrm{sech}\left(\frac{T - T_{\mathrm{d}}(z)}{T_0}\right)\exp[\mathrm{i}\phi(z) - \mathrm{i}\Delta\Omega_{\mathrm{p}}(z)T] \tag{5.5.22}$$

式中，$\Delta\Omega_{\mathrm{p}}(z)$ 是式（5.5.18）给出的喇曼感应频移，$T_{\mathrm{d}}(z)$ 是孤子经历的延迟：

$$T_{\mathrm{d}}(z) = \frac{b}{2}\xi^2 T_0 = \frac{4T_{\mathrm{R}}}{15}\left(\frac{z}{L_{\mathrm{D}}}\right)^2 \tag{5.5.23}$$

在二阶或高阶孤子的情况下，这个解可以应用于经过孤子分裂后形成的每个基阶孤子，T_0 是这个孤子的宽度（不是输入脉宽）。

5.5.5   飞秒脉冲的传输

对于脉宽 $T_0 < 1$ ps 的飞秒脉冲，由于所有 3 个参量 δ_3，s 和 τ_{R} 均不可忽略，因此必须将方程（5.5.8）中的所有高阶项包括在内，这种超短脉冲在光纤中的演化可以通过数值求解方程（5.5.8）得到[229]。例如，图 5.25 给出了 $\delta = 0.03$，$s = 0.05$ 及 $\tau_{\mathrm{R}} = 0.1$ 时四阶孤子的脉冲形状和频谱在光纤中的演化过程，这些参量取值对一个在标准石英光纤的 1.55 μm 波长区传输的 50 fs（$T_0 \approx 28$ fs）的脉冲是适当的。孤子分裂在 $0.4L_{\mathrm{D}}$（$L_{\mathrm{D}} \approx 4$ cm）的长度内产生，随着传输距离的进一步增加，最短的基阶孤子以很快的速度向后沿移动，这种时域位移是由于孤子频谱的红移导致群速度减小造成的。将图 5.25 中的结果换成物理单位，则 50 fs 的脉冲仅传输约

8 cm 后，几乎就已经移动了 40 THz 或其载频的 20%。我们还可以看到频率蓝移的色散波的迹象[图 5.25(b)中的垂直线]，它们在时域上迅速扩展。

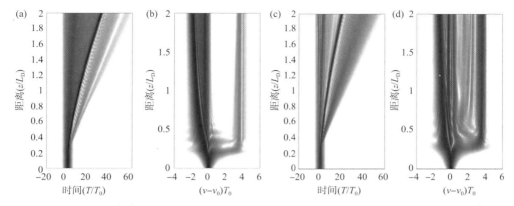

图 5.25 50 fs 的输入脉冲以四阶孤子($N=4$)形式入射到标准光纤中时，在 $2L_D$ 距离上的时域和频域演化。这些数值结果是用近似广义 NLS 方程(a 和 b)和精确广义 NLS 方程(c 和 d)得到的

方程(5.5.8)应小心使用，因为是近似结果[230]。正如在 2.3 节中所讨论的，更精确的近似应该用方程(2.3.36)，其中 $R(t)$ 是考虑到光纤非线性的时间相关响应。在一个简单的模型中，$R(t)$ 采用式(2.3.38)给出的形式，因此无论是电子(克尔效应)还是分子(喇曼效应)，对光纤非线性的贡献均考虑在内[212~215]。早在 1992 年，方程(2.3.36)就用于数值研究脉冲内喇曼散射是如何影响飞秒脉冲在光纤中的演化的[217~219]。例如，图 5.25(c)和图 5.25(d)利用这个更准确的方程(喇曼响应的形式由式(2.3.41)给出)给出了 50 fs 脉冲的演化过程。比较两种情况下的时域和频域演化，可以揭示方程(2.3.36)和方程(5.5.8)预测结果的相似性和差别。更具体地，尽管由这两个方程得到的定性结果相似，但还是有重要的定量差别，对这样短的光脉冲，为得到准确结果必须用方程(2.3.36)。

正如在图 5.25 中看到的，当输入峰值功率大到足以激发一个 $N>1$ 的高阶孤子时，脉冲频谱将演化成几个谱带，每个谱带对应一个从原始脉冲分裂出来的基阶孤子。1987 年，在实验中观察到了这样的演化图样[229]，该实验将峰值功率高达 530 W 的 830 fs 脉冲在光纤中传输了 1 km，最红端的谱峰对应着 12 m 处的最短(约为 55 fs)的孤子，而随着传输距离的进一步增加，孤子宽度增大。这些实验结果将在 12.1 节中进一步讨论。在一些非线性参量值较大的微结构光纤中，N 的值可以超过 10，而脉冲频谱可以延伸到 100 THz 以上，这种极端的频谱展宽称为超连续谱产生，将在第 13 章中讨论。

一个有趣的问题是，在一定条件下，方程(5.5.8)是否存在形状可保持的孤立波解？利用不同方法已经发现了几个这样的解[231~244]，在大多数情况下，仅对特定的参数组合才存在这种解。例如，当 $\tau_R=0$，$s=-2\delta_3$ 或 $s=-6\delta_3$ 时，发现了基阶或高阶孤子解[237]。从实际的角度考虑，方程(5.5.8)的这种解没有多少用处，因为很难找到参量值能满足这些限制条件的光纤。

若脉冲短于 20 fs，则方程(2.3.36)的使用也成为问题，因为在推导该方程的过程中，应用了慢变包络近似(见 2.3 节)。由于这样的短脉冲可以通过新式的锁模激光器产生，现已尝试对这种近似进行改进，同时仍用脉冲包络处理[245~247]。对仅包含几个光学周期的超短脉冲，必须抛弃脉冲包络概念，而是通过时域有限差分(finite-difference time-domain，FDTD)算法，直接求解麦克斯韦方程组[248~250]。然而，因为 FDTD 算法需要亚波长的分辨率，实际中这种方法被限制在光纤长度相当短（小于 1 cm）的情况。

习题

5.1　解方程(5.1.4)并推导调制不稳定性增益的表达式，得出增益的峰值和此增益发生时的频率。

5.2　将方程(5.1.4)扩展到包含四阶色散效应，推导调制不稳定性增益的表达式，并简单评述这种不稳定性的新特征。

5.3　考虑一个用光放大器对光纤损耗进行周期补偿的光波系统，求解这种情形下的方程(5.1.4)，并推导调制不稳定性增益的表达式，证明增益峰位于式(5.1.12)给定的频率处。

5.4　考虑式(5.1.4)中的 β_2 是周期函数的色散管理光纤链路，推导该链路调制不稳定性增益的表达式（可参阅文献[61]）。

5.5　一个工作在 1.55 μm 波长的 10 Gbps 孤子通信系统，使用 $D = 2$ ps/(km·nm) 的色散位移光纤，光纤有效模面积为 50 μm²，计算将脉宽为 30 ps（指的是 FWHM）的基阶孤子入射到光纤中所需的峰值功率和脉冲能量。

5.6　用直接代入法证明，式(5.2.16)给出的孤子解满足方程(5.2.5)。

5.7　利用 2.4.1 节的分步傅里叶法，通过 MATLAB 软件编程数值求解方程(5.2.5)。通过比较基阶孤子输入时的数值计算结果与解析解(5.2.16)，检验程序正确与否。

5.8　当输入脉冲如式(5.2.22)给出的形式时，用上题中的程序研究 N 分别为 0.2，0.6，1.0 和 1.4 时的传输过程，解释每种情形下表现出的不同特征。

5.9　当输入脉冲 $u(0, \tau) = 4 \operatorname{sech}(\tau)$ 时，通过数值求解非线性薛定谔方程(5.2.5)，绘出一个孤子周期上的脉冲形状和频谱，并将所得结果与图 5.6 所示结果进行对比，同时简述四阶亮孤子的新的定性特点。

5.10　输入 $u(0, \tau) = 4 \tanh(\tau)$ 的四阶暗孤子，通过数值求解方程(5.2.5)，绘出 3 个色散长度上的脉冲形状和频谱，并将所得结果与图 5.12 所示结果进行对比，同时简述四阶暗孤子的新的定性特点。

5.11　一个孤子通信系统将放大器间距设为 50 km，光纤损耗为 0.2 dB/km，当输入孤子参量 N 为多大时，才能保持基阶孤子状态？放大器增益应该是多大？这个系统是否有对比特率的限制？

5.12　利用式(5.4.35)给出的输入脉冲形状，数值研究孤子间的互作用，取 $r = 1$，$q_0 = 3$，θ 分别为 0，$\pi/4$，$\pi/2$ 和 π。将所得结果与图 5.18 所示结果进行对比。

5.13　一个孤子传输系统设计成以 $B = 5$ Gbps 的比特率在 5000 km 距离上传输信号，工作波长处的色散参量 $D = 2$ ps/(km·nm)。为保证相邻孤子在传输中无互作用，脉冲宽度（指的是 FWHM）应为多大？

5.14　参阅文献[180]，推导关于脉冲参量的矩方程(5.5.3)至(5.5.6)。

5.15　用直接代入法证明，式(5.5.12)给出的 $b = (40\delta_4)^{-1/2}$ 的解确实是方程(5.5.11)的解。

5.16　何谓脉冲内喇曼散射？为什么它能引起孤子载频的位移？利用方程(5.5.3)至方程(5.5.6)推导基阶孤子频移的表达式，假设 $\alpha = 0$，$\beta_3 = 0$，$C_p = 0$，同时忽略包含 ω_0 的自变陡项。

5.17　利用直接代入法证明，式(5.5.20)给出的解确实是方程(5.5.8)在 $\delta_3 = 0$，$s = 0$ 和 $N = 3/(4\tau_R)$ 时的解。

参考文献

[1] G. B. Whitham, *Proc. Roy. Soc.* **283**, 238 (1965); T. B. Benjamin and J. E. Feir, *J. Fluid Mech.* **27**, 417 (1967).

[2] L. A. Ostrovskii, *Sov. Phys. Tech. Phys.* **8**, 679 (1964); *Sov. Phys. JETP* **24**, 797 (1967).

[3] V. I. Bespalov and V. I. Talanov, *JETP Lett.* **3**, 307 (1966).

[4] V. I. Karpman, *JETP Lett.* **6**, 277 (1967).

[5] T. Taniuti and H. Washimi, *Phys. Rev. Lett.* **21**, 209 (1968).

[6] C. K. W. Tam, *Phys. Fluids* **12**, 1028 (1969).

[7] A. Hasegawa, *Phys. Rev. Lett.* **24**, 1165 (1970); *Phys. Fluids* **15**, 870 (1971).

[8] A. Hasegawa, *Opt. Lett.* **9**, 288 (1984).

[9] D. Anderson and M. Lisak, *Opt. Lett.* **9**, 468 (1984).

[10] B. Hermansson and D. Yevick, *Opt. Commun.* **52**, 99 (1984).

[11] K. Tajima, *J. Lightwave Technol.* **4**, 900 (1986).

[12] K. Tai, A. Hasegawa, and A. Tomita, *Phys. Rev. Lett.* **56**, 135 (1986).

[13] K. Tai, A. Tomita, J. L. Jewell, and A. Hasegawa, *Appl. Phys. Lett.* **49**, 236 (1986).

[14] P. K. Shukla and J. J. Rasmussen, *Opt. Lett.* **11**, 171 (1986).

[15] M. J. Potasek, *Opt. Lett.* **12**, 921 (1987).

[16] I. M. Uzunov, *Opt. Quantum Electron.* **22**, 529 (1990).

[17] M. J. Potasek and G. P. Agrawal, *Phys. Rev. A* **36**, 3862 (1987).

[18] V. A. Vysloukh and N. A. Sukhotskova, *Sov. J. Quantum Electron.* **17**, 1509 (1987).

[19] M. N. Islam, S. P. Dijaili, and J. P. Gordon, *Opt. Lett.* **13**, 518 (1988).

[20] F. Ito, K. Kitayama, and H. Yoshinaga, *Appl. Phys. Lett.* **54**, 2503 (1989).

[21] C. J. McKinstrie and G. G. Luther, *Physica Scripta* **30**, 31 (1990).

[22] G. Cappellini and S. Trillo, *J. Opt. Soc. Am. B* **8**, 824 (1991).

[23] S. Trillo and S. Wabnitz, *Opt. Lett.* **16**, 986 (1991).

[24] J. M. Soto-Crespo and E. M. Wright, *Appl. Phys. Lett.* **59**, 2489 (1991).

[25] M. Yu, C. J. McKinistrie, and G. P. Agrawal, *Phys. Rev. E* **52**, 1072 (1995).

[26] F. Biancalana, D. V. Skryabin, and P. St. J. Russell, *Phys. Rev. E* **68**, 046003 (2003).

[27] E. Brainis, D. Amans, and S. Massar, *Phys. Rev. A* **71**, 023808 (2005).

[28] R. W. Boyd, M. G. Raymer, and L. M. Narducci, Eds., *Optical Instabilities* (Cambridge University Press, 1986).

[29] F. T. Arecchi and R. G. Harrison, Eds., *Instabilities and Chaos in Quantum Optics* (Springer-Verlag, 1987).

[30] C. O. Weiss and R. Vilaseca, *Dynamics of Lasers* (Weinheim, 1991).

[31] G. H. M. van Tartwijk and G. P. Agrawal, *Prog. Quantum Electron.* **22**, 43 (1998).

[32] N. Akhmediev and V. I. Korneev, *Theor. Math. Phys.* **69**, 1089 (1986).

[33] N. N. Akhmediev, V. M. Eleonskii, and N. E. Kulagin, *Theor. Math. Phys.* **72**, 809 (1987).

[34] H. Hadachira, D. W. McLaughlin, J. V. Moloney, and A. C. Newell, *J. Math. Phys.* **29**, 63 (1988).

[35] L. Gagnon, *J. Opt. Soc. Am. B* **7**, 1098 (1990).

[36] D. Mihalache and N. C. Panoiu, *Phys. Rev. A* **45**, 673 (1992); *J. Math. Phys.* **33**, 2323 (1992).

[37] D. Mihalache, F. Lederer, and D. M. Baboiu, *Phys. Rev. A* **47**, 3285 (1993).

[38] S. Kumar, G. V. Anand, and A. Selvarajan, *J. Opt. Soc. Am. B* **10**, 697 (1993).

[39] N. N. Akhmediev, *Phys. Rev. A* **47**, 3213 (1993).

[40] A. M. Kamchatnov, *Phys. Rep.* **286**, 200 (1997).

[41] J. M. Dudley, G. Genty, F. Dias, B. Kibler, and N. Akhmediev, *Opt. Express* **17**, 21497 (2009).

[42] B. Kibler, J. Fatome,, C. Finot, et al., *Nature Phys.* **6**, 790 (2010).

[43] K. Hammani, B. Wetzel,, B. Kibler, et al., *Opt. Lett.* **36**, 2140 (2011).

[44] E. J. Greer, D. M. Patrick, and P. G. J. Wigley, *Electron. Lett.* **25**, 1246 (1989).

[45] P. V. Mamyshev, S. V. Chernikov, and E. M. Dianov, *IEEE J. Quantum Electron.* **27**, 2347 (1991).

[46] S. V. Chernikov, J. R. Taylor, P. V. Mamyshev, and E. M. Dianov, *Electron. Lett.* **28**, 931 (1992).

[47] S. V. Chernikov, E. M. Dianov, D. J. Richardson, R. I. Laming, and D. N. Payne, *Appl. Phys. Lett.* **63**, 293 (1993).

[48] S. V. Chernikov, J. R. Taylor, and R. Kashyap, *Electron. Lett.* **29**, 1788 (1993); *Electron. Lett.* **30**, 433 (1994); (c) *Opt. Lett.* **19**, 539 (1994).

[49] E. A. Swanson and S. R. Chinn, *IEEE Photon. Technol. Lett.* **6**, 796 (1994).

[50] M. Nakazawa, K. Suzuki, and H. A. Haus, *Phys. Rev. A* **38**, 5193 (1988).

[51] M. Nakazawa, K. Suzuki, H. Kubota, and H. A. Haus, *Phys. Rev. A* **39**, 5768 (1989).

[52] S. Coen and M. Haelterman, *Phys. Rev. Lett.* **79**, 4139 (1997).

[53] M. Yu, C. J. McKinistrie, and G. P. Agrawal, *J. Opt. Soc. Am. B* **15**, 607 (1998); *J. Opt. Soc. Am. B* **15**, 617 (1998).

[54] S. Coen and M. Haelterman, *Opt. Commun.* **146**, 339 (1998); *Opt. Lett.* **24**, 80 (1999).

[55] S. Coen, M. Haelterman, P. Emplit, L. Delage, L. M. Simohamed, and F. Reynaud, *J. Opt. Soc. Am. B* **15**, 2283 (1998); *J. Opt. B* **1**, 36 (1999).

[56] J. P. Hamide, P. Emplit, and J. M. Gabriagues, *Electron. Lett.* **26**, 1452 (1990).

[57] F. Matera, A. Mecozzi, M. Romagnoli, and M. Settembre, *Opt. Lett.* **18**, 1499 (1993); *Microwave Opt. Tech. Lett.* **7**, 537 (1994).

[58] M. Yu, G. P. Agrawal, and C. J. McKinistrie, *J. Opt. Soc. Am. B* **12**, 1126 (1995).

[59] M. Karlsson, *J. Opt. Soc. Am. B* **12**, 2071 (1995).

[60] N. Kikuchi and S. Sasaki, *Electron. Lett.* **32**, 570 (1996).

[61] N. J. Smith and N. J. Doran, *Opt. Lett.* **21**, 570 (1996).

[62] R. A. Saunders, B. A. Patel, and D. Garthe, *IEEE Photon. Technol. Lett.* **9**, 699 (1997).

[63] R. Q. Hui, M. O'Sullivan, A. Robinson, and M. Taylor, *J. Lightwave Technol.* **15**, 1071 (1997).

[64] D. F. Grosz, C. Mazzali, S. Celaschi, A. Paradisi, and H. L. Fragnito, *IEEE Photon. Technol. Lett.* **11**, 379 (1999).

[65] E. Ciaramella and M. Tamburrini, *IEEE Photon. Technol. Lett.* **11**, 1608 (1999).

[66] A. Kumar, A. Labruyere, and P. T. Dinda, *Opt. Commun.* **219**, 221 (2003).

[67] X. Tang and Z. Wu, *IEEE Photon. Technol. Lett.* **17**, 926 (2005).

[68] G. A. Nowak, Y. H. Kao, T. J. Xia, M. N. Islam, and D. Nolan, *Opt. Lett.* **23**, 936 (1998).

[69] S. Nishi and M. Saruwatari, *Electron. Lett.* **31**, 225 (1995).

[70] C. Mazzali, D. F. Grosz, and H. L. Fragnito, *IEEE Photon. Technol. Lett.* **11**, 251 (1999).

[71] J. Scott Russell, Report of 14th Meeting of the British Association for Advancement of Science (York, September 1844), pp. 311–390.

[72] C. S. Gardner, J. M. Green, M. D. Kruskal, and R. M. Miura, *Phys. Rev. Lett.* **19**, 1095 (1967); *Commun. Pure Appl. Math.* **27**, 97 (1974).

[73] N. J. Zabusky and M. D. Kruskal, *Phys. Rev. Lett.* **15**, 240 (1965).

[74] M. J. Ablowitz and P. A. Clarkson, *Solitons, Nonlinear Evolution Equations, and Inverse Scattering* (Cambridge University Press, 1991).

[75] H. Hasegawa and Y. Kodama, *Solitons in Optical Communications* (Oxford University Press, 1995).

[76] Y. S. Kivshar and G. P. Agrawal, *Optical Solitons: From Fibers to Photonic Crystals* (Academic Press, 2003).

[77] J. T. Taylor, P. L. Knight, and A. Miller, Eds., *Optical Solitons—Theory and Experiment* (Cambridge University Press, 2005).

[78] N. N. Akhmediev and A. A. Ankiewicz, Eds., *Dissipative Solitons* (Springer, 2005).

[79] L. F. Mollenauer and J. P. Gordon, *Solitons in Optical Fibers: Fundamental and Applications* (Academic Press, 2006).

[80] A. Hasegawa and F. Tappert, *Appl. Phys. Lett.* **23**, 142 (1973).

[81] P. Andrekson, *Laser Focus World* **35** (5), 145 (1999).

[82] V. E. Zakharov and A. B. Shabat, *Sov. Phys. JETP* **34**, 62 (1972).

[83] H. A. Haus and M. N. Islam, *IEEE J. Quantum Electron.* **21**, 1172 (1985).

[84] J. Satsuma and N. Yajima, *Prog. Theor. Phys. Suppl.* **55**, 284 (1974).

[85] L. F. Mollenauer, R. H. Stolen, and J. P. Gordon, *Phys. Rev. Lett.* **45**, 1095 (1980).

[86] R. H. Stolen, L. F. Mollenauer, and W. J. Tomlinson, *Opt. Lett.* **8**, 186 (1983).

[87] L. F. Mollenauer, R. H. Stolen, J. P. Gordon, and W. J. Tomlinson, *Opt. Lett.* **8**, 289 (1983).

[88] F. Salin, P. Grangier, G. Roger, and A. Brun, *Phys. Rev. Lett.* **56**, 1132 (1986); *Phys. Rev. Lett.* **6**, 569 (1988).

[89] R. Meinel, *Opt. Commun.* **47**, 343 (1983).

[90] E. M. Dianov, A. M. Prokhorov, and V. N. Serkin, *Sov. Phys. Dokl.* **28**, 1036 (1983).

[91] C. Desem and P. L. Chu, *Opt. Lett.* **11**, 248 (1986).

[92] K. J. Blow and D. Wood, *Opt. Commun.* **58**, 349 (1986).

[93] A. I. Maimistov and Y. M. Sklyarov, *Sov. J. Quantum Electron.* **17**, 500 (1987).

[94] A. S. Gouveia-Neto, A. S. L. Gomes, and J. R. Taylor, *Opt. Commun.* **64**, 383 (1987).

[95] L. F. Mollenauer, J. P. Gordon, and P. V. Mamyshev, *Optical Fiber Telecommunications III*, in I. P. Kaminow and T. L. Koch, Eds. (Academic Press, 1997), Chap. 12.

[96] E. Iannone, F. Matera, A. Mecozzi, and M. Settembre, *Nonlinear Optical Communication Networks* (Wiley, 1998).

[97] G. P. Agrawal, *Fiber-Optic Communication Systems*, 4th ed. (Wiley, 2010).

[98] J. P. Gordon, *J. Opt. Soc. Am. B* **9**, 91 (1992).

[99] M. W. Chbat, P. R. Prucnal, M. N. Islam, C. E. Soccolich, and J. P. Gordon, *J. Opt. Soc. Am. B* **10**, 1386 (1993).

[100] A. Hasegawa and F. Tappert, *Appl. Phys. Lett.* **23**, 171 (1973).

[101] V. E. Zakharov and A. B. Shabat, *Sov. Phys. JETP* **37**, 823 (1973).

[102] P. Emplit, J. P. Hamaide, F. Reynaud, C. Froehly, and A. Barthelemy, *Opt. Commun.* **62**, 374 (1987).

[103] D. Krökel, N. J. Halas, G. Giuliani, and D. Grischkowsky, *Phys. Rev. Lett.* **60**, 29 (1988).

[104] A. M. Weiner, J. P. Heritage, R. J. Hawkins, R. N. Thurston, E. M. Krischner, D. E. Leaird, and W. J. Tomlinson, *Phys. Rev. Lett.* **61**, 2445 (1988).

[105] W. J. Tomlinson, R. J. Hawkins, A. M. Weiner, J. P. Heritage, and R. N. Thurston, *J. Opt. Soc. Am. B* **6**, 329 (1989).
[106] W. Zhao and E. Bourkoff, *Opt. Lett.* **14**, 703 (1989); *Opt. Lett.* **14**, 808 (1989).
[107] R. N. Thurston and A. M. Weiner, *J. Opt. Soc. Am. B* **8**, 471 (1991).
[108] W. Zhao and E. Bourkoff, *Opt. Lett.* **15**, 405 (1990); *J. Opt. Soc. Am. B* **9**, 1134 (1992).
[109] J. E. Rothenberg and H. K. Heinrich, *Opt. Lett.* **17**, 261 (1992).
[110] P. Emplit, M. Haelterman, and J. P. Hamaide, *Opt. Lett.* **18**, 1047 (1993).
[111] D. J. Richardson, R. P. Chamberlain, L. Dong, and D. N. Payne, *Electron. Lett.* **30**, 1326 (1994).
[112] O. G. Okhotnikov and F. M. Araujo, *Electron. Lett.* **31**, 2187 (1995).
[113] M. Nakazawa and K. Suzuki, *Electron. Lett.* **31**, 1084 (1995).
[114] M. Nakazawa and K. Suzuki, *Electron. Lett.* **31**, 1076 (1995).
[115] A. K. Atieh, P. Myslinski, J. Chrostowski, and P. Galko, *Opt. Commun.* **133**, 541 (1997).
[116] P. Emplit, M. Haelterman, R. Kashyap, and M. DeLathouwer, *IEEE Photon. Technol. Lett.* **9**, 1122 (1997).
[117] R. Leners, P. Emplit, D. Foursa, M. Haelterman, and R. Kashyap, *J. Opt. Soc. Am. B* **14**, 2339 (1997).
[118] Y. S. Kivshar and B. Luther-Davies, *Phys. Rep.* **298**, 81 (1998).
[119] A. E. Kaplan, *Phys. Rev. Lett.* **55**, 1291 (1985); *IEEE J. Quantum Electron.* **QE-21**, 1538 (1985).
[120] R. H. Enns and S. S. Rangnekar, *IEEE J. Quantum Electron.* **23**, 1199 (1987); *Phys. Rev. A* **43**, 4047 (1991); (c) *Phys. Rev. A* **44**, 3373 (1991).
[121] R. H. Enns, S. S. Rangnekar, and A. E. Kaplan, *Phys. Rev. A* **35**, 446 (1987); *Phys. Rev. A* **36**, 1270 (1987).
[122] S. Gatz and J. Hermann, *J. Opt. Soc. Am. B* **8**, 2296 (1991); *Opt. Lett.* **17**, 484 (1992).
[123] W. Krolikowski and B. Luther-Davies, *Opt. Lett.* **17**, 1414 (1992).
[124] C. Deangelis, *IEEE J. Quantum Electron.* **30**, 818 (1994).
[125] A. Kumar, *Phys. Rev. E* **58**, 5021 (1998).
[126] N. J. Smith, N. J. Doran, W. Forysiak, and F. M. Knox, *J. Lightwave Technol.* **15**, 1808 (1997).
[127] L. F. Mollenauer and P. V. Mamyshev, *IEEE J. Quantum Electron.* **34**, 2089 (1998).
[128] R. M. Mu, C. R. Menyuk, G. M. Carter, and J. M. Jacob, *IEEE J. Sel. Topics Quantum Electron.* **6**, 248 (2000).
[129] S. K. Turitsyn, M. P. Fedourk, E. G. Shapiro, V. K. Mezentsev, and E. G. Turitsyna, *IEEE J. Sel. Topics Quantum Electron.* **6**, 263 (2000).
[130] M. Suzuki and N. Edagawa, *J. Lightwave Technol.* **21**, 916 (2003).
[131] E. Poutrina and G. P. Agrawal, *J. Lightwave Technol.* **20**, 790 (2002); *J. Lightwave Technol.* **21**, 990 (2003).
[132] A. Del Duce, R. I. Killey, and P. Bayvel, *J. Lightwave Technol.* **22**, 1263 (2004).
[133] V. N. Serkin and A. Hasegawa, *Phys. Rev. Lett.* **85**, 4502 (2000); *IEEE J. Sel. Topics Quantum Electron.* **8**, 418 (2002).
[134] V. I. Kruglov, A. C. Peacock, and J. D. Harvey, *Phys. Rev. Lett.* **90**, 113902 (2003); *Phys. Rev. E* **71**, 056619 (2005).
[135] B. Tian, W. R. Shan, C. Y. Zhang, G. M. Wei, and Y. T. Gao, *Eur. Phys. J. B* **47**, 329 (2005).
[136] S. A. Ponomarenko and G. P. Agrawal, *Phys. Rev. Lett.* **97**, 013901 (2006).
[137] V. I. Kruglov and J. D. Harvey, *J. Opt. Soc. Am. B* **23**, 2541 (2006).
[138] S. A. Ponomarenko and G. P. Agrawal, *Opt. Express* **15**, 2963 (2007).
[139] S. A. Ponomarenko and G. P. Agrawal, *J. Opt. Soc. Am. B* **29**, 983 (2008).
[140] J. D. Moores, *Opt. Lett.* **21**, 555 (1996).
[141] A. Hasegawa and Y. Kodama, *Proc. IEEE* **69**, 145 (1981); *Opt. Lett.* **7**, 285 (1982).
[142] Y. Kodama and A. Hasegawa, *Opt. Lett.* **7**, 339 (1982); *Opt. Lett.* **8**, 342 (1983).
[143] A. Hasegawa, *Opt. Lett.* **8**, 650 (1983); *Appl. Opt.* **23**, 3302 (1984).
[144] L. F. Mollenauer, R. H. Stolen, and M. N. Islam, *Opt. Lett.* **10**, 229 (1985).
[145] L. F. Mollenauer, J. P. Gordon, and M. N. Islam, *IEEE J. Quantum Electron.* **QE-22**, 157 (1986).
[146] L. F. Mollenauer and K. Smith, *Opt. Lett.* **13**, 675 (1988).
[147] M. Nakazawa, Y. Kimura, and K. Suzuki, *Electron. Lett.* **25**, 199 (1989).
[148] M. Nakazawa, K. Suzuki, and Y. Kimura, *IEEE Photon. Technol. Lett.* **2**, 216 (1990).
[149] V. I. Karpman and E. M. Maslov, *Sov. Phys. JETP* **46**, 281 (1977).
[150] D. J. Kaup and A. C. Newell, *Proc. R. Soc. London, Ser. A* **361**, 413 (1978).
[151] V. I. Karpman, *Sov. Phys. JETP* **50**, 58 (1979); *Physica Scripta* **20**, 462 (1979).

[152] Y. S. Kivshar and B. A. Malomed, *Rev. Mod. Phys.* **61**, 761 (1989).

[153] H. Haus, *J. Opt. Soc. Am. B* **8**, 1122 (1991).

[154] C. R. Menyuk, *J. Opt. Soc. Am. B* **10**, 1585 (1993).

[155] T. Georges and F. Favre, *J. Opt. Soc. Am. B* **10**, 1880 (1993).

[156] T. Georges, *Opt. Fiber Technol.* **1**, 97 (1995).

[157] A. Bonderson, M. Lisak, and D. Anderson, *Physica Scripta* **20**, 479 (1979).

[158] D. Anderson and M. Lisak, *Phys. Rev. A* **27**, 1393 (1983).

[159] K. J. Blow and N. J. Doran, *Opt. Commun.* **52**, 367 (1985).

[160] D. Anderson and M. Lisak, *Opt. Lett.* **10**, 390 (1985).

[161] K. Tajima, *Opt. Lett.* **12**, 54 (1987).

[162] V. A. Bogatyrjov, M. M. Bubnov, E. M. Dianov, and A. A. Sysoliatin, *Pure Appl. Opt.* **4**, 345 (1995).

[163] D. J. Richardson, R. P. Chamberlin, L. Dong, and D. N. Payne, *Electron. Lett.* **31**, 1681 (1995).

[164] T. Hirooka and M. Nakazawa, *Opt. Lett.* **29**, 498 (2004).

[165] A. Hasegawa and Y. Kodama, *Phys. Rev. Lett.* **66**, 161 (1991).

[166] J. P. Gordon and H. A. Haus, *Opt. Lett.* **11**, 665 (1986).

[167] V. I. Karpman and V. V. Solov'ev, *physica* **3D**, 487 (1981).

[168] J. P. Gordon, *Opt. Lett.* **8**, 596 (1983).

[169] K. J. Blow and N. J. Doran, *Electron. Lett.* **19**, 429 (1983).

[170] B. Hermansson and D. Yevick, *Electron. Lett.* **19**, 570 (1983).

[171] P. L. Chu and C. Desem, *Electron. Lett.* **19**, 956 (1983); *Electron. Lett.* **21**, 228 (1985).

[172] D. Anderson and M. Lisak, *Phys. Rev. A* **32**, 2270 (1985); *Opt. Lett.* **11**, 174 (1986).

[173] E. M. Dianov, Z. S. Nikonova, and V. N. Serkin, *Sov. J. Quantum Electron.* **16**, 1148 (1986).

[174] F. M. Mitschke and L. F. Mollenauer, *Opt. Lett.* **12**, 355 (1987).

[175] C. Desem and P. L. Chu, *Opt. Lett.* **12**, 349 (1987); *Electron. Lett.* **23**, 260 (1987).

[176] C. Desem and P. L. Chu, *IEE Proc.* **134** (Pt. J), 145 (1987).

[177] Y. Kodama and K. Nozaki, *Opt. Lett.* **12**, 1038 (1987).

[178] V. V. Afanasjev, *Opt. Lett.* **18**, 790 (1993).

[179] A. N. Pinto, G. P. Agrawal, and J. F. da Rocha, *J. Lightwave Technol.* **18**, 515 (1998).

[180] J. Santhanam and G. P. Agrawal, *Opt. Commun.* **222**, 413 (2003).

[181] Z. Chen, A. J. Taylor, and A. Efimov, *J. Opt. Soc. Am. B* **27**, 1022 (2010).

[182] G. P. Agrawal and M. J. Potasek, *Phys. Rev. A* **33**, 1765 (1986).

[183] G. R. Boyer and X. F. Carlotti, *Opt. Commun.* **60**, 18 (1986).

[184] P. K. Wai, C. R. Menyuk, H. H. Chen, and Y. C. Lee, *Opt. Lett.* **11**, 464 (1987); *Opt. Lett.* **12**, 628 (1987).

[185] M. Desaix, D. Anderson, and M. Lisak, *Opt. Lett.* **15**, 18 (1990).

[186] V. K. Mezentsev and S. K. Turitsyn, *Sov. Lightwave Commun.* **1**, 263 (1991).

[187] Y. S. Kivshar, *Phys. Rev. A* **43**, 1677 (1981); *Opt. Lett.* **16**, 892 (1991).

[188] V. I. Karpman, *Phys. Rev. E* **47**, 2073 (1993); *Phys. Lett. A* **181**, 211 (1993).

[189] Y. Kodama, M. Romagnoli, S. Wabnitz, and M. Midrio, *Opt. Lett.* **19**, 165 (1994).

[190] T. I. Lakoba and G. P. Agrawal, J. Opt. *Soc. Am. B* **16**, 1332 (1999).

[191] A. Peleg and Y. Chung, *J. Phys. A* **26**, 10029 (2003).

[192] M. Karlsson and A. Höök, *Opt. Commun.* **104**, 303 (1994).

[193] N. Tzoar and M. Jain, *Phys. Rev. A* **23**, 1266 (1981).

[194] E. A. Golovchenko, E. M. Dianov, A. M. Prokhorov, and V. N. Serkin, *JETP Lett.* **42**, 87 (1985); *Sov. Phys. Dokl.* **31**, 494 (1986).

[195] K. Ohkuma, Y. H. Ichikawa, and Y. Abe, *Opt. Lett.* **12**, 516 (1987).

[196] A. M. Kamchatnov, S. A. Darmanyan, and F. Lederer, *Phys. Lett. A* **245**, 259 (1998).

[197] W. P. Zhong and H. J. Luo, *Chinese Phys. Lett.* **17**, 577 (2000).

[198] E. Mjolhus, *J. Plasma Phys.* **16**, 321 (1976); *J. Plasma Phys.* **19**, 437 (1978).

[199] K. Mio, T. Ogino, K. Minami, and S. Takeda, *J. Phys. Soc. Jpn.* **41**, 265 (1976).

[200] M. Wadati, K. Konno, and Y. H. Ichikawa, *J. Phys. Soc. Jpn.* **46**, 1965 (1979).

[201] Y. H. Ichikawa, K. Konno, M. Wadati, and H. Sanuki, *J. Phys. Soc. Jpn.* **48**, 279 (1980).

[202] E. M. Dianov, A. Y. Karasik,, P. V. Mamyshev, et al., *JETP Lett.* **41**, 294 (1985).

[203] F. M. Mitschke and L. F. Mollenauer, *Opt. Lett.* **11**, 659 (1986).

[204] J. P. Gordon, *Opt. Lett.* **11**, 662 (1986).

[205] Y. Kodama and A. Hasegawa, *IEEE J. Quantum Electron.* **23**, 510 (1987).

[206] B. Zysset, P. Beaud, and W. Hodel, *Appl. Phys. Lett.* **50**, 1027 (1987).

[207] V. A. Vysloukh and T. A. Matveeva, *Sov. J. Quantum Electron.* **17**, 498 (1987).

[208] V. N. Serkin, Sov. Tech. Phys. Lett. 13, 320 (1987); *Sov. Tech. Phys. Lett.* **13**, 366 (1987).

[209] A. B. Grudinin, E. M. Dianov,, D. V. Korobkin, et al., *JETP Lett.* **46**, 221 (1987).

[210] A. S. Gouveia-Neto, A. S. L. Gomes, and J. R. Taylor, *IEEE J. Quantum Electron.* **24**, 332 (1988).

[211] K. Tai, A. Hasegawa, and N. Bekki, *Opt. Lett.* **13**, 392 (1988).

[212] R. H. Stolen, J. P. Gordon, W. J. Tomlinson, and H. A. Haus, *J. Opt. Soc. Am. B* **6**, 1159 (1989).

[213] K. J. Blow and D. Wood, *IEEE J. Quantum Electron.* **25**, 2665 (1989).

[214] V. V. Afansasyev, V. A. Vysloukh, and V. N. Serkin, *Opt. Lett.* **15**, 489 (1990).

[215] P. V. Mamyshev and S. V. Chernikov, *Opt. Lett.* **15**, 1076 (1990).

[216] B. J. Hong and C. C. Yang, J. *Opt. Soc. Am. B* **8**, 1114 (1991).

[217] P. V. Mamyshev and S. V. Chernikov, *Sov. Lightwave Commun.* **2**, 97 (1992).

[218] R. H. Stolen and W. J. Tomlinson, *J. Opt. Soc. Am. B* **9**, 565 (1992).

[219] K. Kurokawa, H. Kubota, and M. Nakazawa, *Electron. Lett.* **28**, 2050 (1992).

[220] G. P. Agrawal and C. Headley III, *Phys. Rev. A* **46**, 1573 (1992).

[221] Y. S. Kivshar and B. A. Malomed, *Opt. Lett.* **18**, 485 (1993).

[222] V. N. Serkin, V. A. Vysloukh, and J. R. Taylor, *Electron. Lett.* **29**, 12 (1993).

[223] N. Nishizawa and T. Goto, *IEEE Photon. Technol. Lett.* **11**, 325 (1999); *IEEE J. Sel. Topics Quantum Electron.* **7**, 518 (2001).

[224] M. E. Fermann, A. Galvanauskas, M. L. Stock, K. K. Wong, D. Harter, and L. Goldberg, *Opt. Lett.* **24**, 1428 (1999).

[225] X. Liu, C. Xu, W. H. Knox, J. K. Chandalia, B. J. Eggleton, S. G. Kosinski, and R. S. Windeler, *Opt. Lett.* **26**, 358 (2001).

[226] R. Washburn, S. E. Ralph, P. A. Lacourt, J. M. Dudley, W. T. Rhodes, R. S. Windeler, and S. Coen, *Electron. Lett.* **37**, 1510 (2001).

[227] K. S. Abedin and F. Kubota, *IEEE J. Sel. Topics Quantum Electron.* **10**, 1203 (2004).

[228] L. Gagnon and P. A. Bélanger, *Opt. Lett.* **9**, 466 (1990).

[229] P. Beaud, W. Hodel, B. Zysset, and H. P. Weber, *IEEE J. Quantum Electron.* **23**, 1938 (1987).

[230] M. Erkintalo, G. Genty, B. Wetzel, and J. M. Dudley, *Opt. Express* **18**, 25449 (2010).

[231] D. N. Christodoulides and R. I. Joseph, *Appl. Phys. Lett.* **47**, 76 (1985).

[232] L. Gagnon, *J. Opt. Soc. Am. B* **9**, 1477 (1989).

[233] A. B. Grudinin, V. N. Men'shov, and T. N. Fursa, *Sov. Phys. JETP* **70**, 249 (1990).

[234] M. J. Potasek and M. Tabor, *Phys. Lett. A* **154**, 449 (1991).

[235] M. Florjanczyk and L. Gagnon, *Phys. Rev. A* **41**, 4478 (1990); *Phys. Rev. A* **45**, 6881 (1992).

[236] M. J. Potasek, *J. Appl. Phys.* **65**, 941 (1989); *IEEE J. Quantum Electron.* **29**, 281 (1993).

[237] S. Liu and W. Wang, *Phys. Rev. E* **49**, 5726 (1994).

[238] D. J. Frantzeskakis, K. Hizanidis, G. S. Tombras, and I. Belia, *IEEE J. Quantum Electron.* **31**, 183 (1995).

[239] K. Porsezian and K. Nakkeeran, *Phys. Rev. Lett.* **76**, 3955 (1996).

[240] G. J. Dong and Z. Z. Liu, *Opt. Commun.* **128**, 8 (1996).

[241] M. Gedalin, T. C. Scott, and Y. B. Band, *Phys. Rev. Lett.* **78**, 448 (1997).

[242] D. Mihalache, N. Truta, and L. C. Crasovan, *Phys. Rev. E* **56**, 1064 (1997).

[243] C. E. Zaspel, *Phys. Rev. Lett.* **82**, 723 (1999).

[244] Z. Li, L. Li, H. Tian, and G. Zhou, *Phys. Rev. Lett.* **84**, 4096 (2000).

[245] T. Brabec and F. Krausz, *Phys. Rev. Lett.* **78**, 3282 (1997).

[246] J. K. Ranka and A. L. Gaeta, *Opt. Lett.* **23**, 534 (1998).

[247] A. V. Husakou and J. Herrmann, *J. Opt. Soc. Am. B* **19**, 2171 (2002).

[248] S. Nakamura, N. Takasawa, and Y. Koyamada, *J. Lightwave Technol.* **23**, 855 (2005).

[249] J. J. Hu, P. Shum, C. Lu, and G. Ren, *IEEE Photon. Technol. Lett.* **24**, 1970 (2007).

[250] I. Udagedara, M. Premaratne, I. D. Rukhlenko, H. T. Hattori, and G. P. Agrawal, *Opt. Express* **17**, 22124 (2009).

第6章 偏振效应

正如 2.3 节所讨论的，在推导非线性薛定谔方程时，一个主要简化是假设入射光在光纤中传输时其偏振态保持不变，但事实并非如此。这一章将集中讨论偏振效应，考虑由于交叉相位调制(XPM)这种非线性效应感应的光场两正交偏振分量之间的耦合。交叉相位调制常伴有自相位调制，它也可以发生在两个不同波长的光场之间，这种包含不同波长的非简并情形将在第 7 章中讨论。

- 6.1 节　首先讨论非线性双折射的起因，然后推导描述光场中两个正交偏振分量演化的耦合非线性薛定谔方程。
- 6.2 节　介绍交叉相位调制感应的非线性双折射的几个实际应用。
- 6.3 节　介绍非线性偏振态的变化和偏振不稳定性。
- 6.4 节　讨论发生在双折射光纤中的矢量调制不稳定性，并与 5.1 节中讨论的标量情形进行比较。即使在双折射光纤的正常色散区也可以发生矢量调制不稳定性。
- 6.5 节　讨论双折射对孤子的影响。
- 6.6 节　重点讨论光纤中沿光纤随机变化的双折射引起的偏振模色散(polarization-mode dispersion，PMD)及其对光波系统的意义。

6.1 非线性双折射

在 2.2 节中已经提到，所谓的单模光纤，实际上也并非真正意义上的单模，因为它能支持具有相同空间分布的两个正交偏振模。在理想光纤中(光纤在整个长度上保持严格的圆柱对称性)，这两个模式是简并的，或者说它们的有效折射率 n_x 和 n_y 相等。实际上，由于沿光纤长度方向存在纤芯形状的意外改变和各向异性应力，所有光纤均表现出一定程度的模式双折射(即 $n_x \neq n_y$)。而且，模式双折射度 $B_m = |n_x - n_y|$ 及 x 轴和 y 轴的取向，在大约 10 m 长度上就会随机改变，除非采取特殊的预防措施。

在保偏光纤中，施加的固有双折射要比由于应力和纤芯形状变化引起的随机双折射大得多，结果保偏光纤在整个长度上其双折射几乎是常数，这种双折射称为线性双折射。当光纤中的非线性效应变得重要时，足够强的光场能引起非线性双折射，其大小与光场强度有关。这种自感应偏振效应最早于 1964 年在块体非线性介质中观察到[1]，从此人们对此进行了广泛研究[2~10]。本节将在假定模式双折射为常数的条件下，讨论非线性双折射的起源，并介绍研究偏振效应所用的数学工具，线性双折射沿长度方向随机变化的光纤将在 6.6 节中介绍。

6.1.1 非线性双折射的起源

具有恒定模式双折射的光纤有两个主轴，若光沿这两个主轴方向入射，光纤能保持其线偏振态。根据偏振光沿这两个主轴方向传输速度的不同，可分别称之为慢轴和快轴，假定 $n_x > n_y$，

n_x 和 n_y 分别是沿慢轴和快轴的模折射率。当入射的低功率连续光的偏振方向与慢(或快)轴成一角度时,其偏振态沿光纤从线偏振到椭圆偏振再到圆偏振,然后在称为拍长(beat length)的长度上以周期性的方式回到线偏振态(见图1.9)。拍长定义为 $L_B = \lambda/B_m$,对于 B_m 约为 10^{-4} 的高双折射光纤,其偏振拍长约为 1 cm;而对于 B_m 约为 10^{-6} 的低双折射光纤,其偏振拍长约为 1 m。

假设电磁场的纵向(或者说轴向)分量 E_z 很小,与横向分量相比可以忽略,则任意偏振的光波的电场可以写为

$$\boldsymbol{E}(\boldsymbol{r}, t) = \frac{1}{2}(\hat{x}E_x + \hat{y}E_y)\exp(-\mathrm{i}\omega_0 t) + \text{c.c.} \tag{6.1.1}$$

式中,E_x 和 E_y 是载频为 ω_0 的光场的两偏振分量的复振幅。

将式(6.1.1)代入式(2.3.6),可以得到感应极化①的非线性部分 $\boldsymbol{P}_{NL}$。一般而言,三阶极化率是含81个元素的四阶张量,对于各向同性介质(如石英玻璃),仅有三个元素是相互独立的,三阶极化率可以写成下面的形式[10]:

$$\chi_{ijkl}^{(3)} = \chi_{xxyy}^{(3)}\delta_{ij}\delta_{kl} + \chi_{xyxy}^{(3)}\delta_{ik}\delta_{jl} + \chi_{xyyx}^{(3)}\delta_{il}\delta_{jk} \tag{6.1.2}$$

式中,δ_{ij} 是克罗内克(Kronecker)δ 函数,定义为 $\delta_{ij}=1$(若 $i=j$)或 $\delta_{ij}=0$(若 $i\neq j$)。将这一结果代入式(2.3.6),$\boldsymbol{P}_{NL}$ 可写成

$$\boldsymbol{P}_{NL}(\boldsymbol{r}, t) = \frac{1}{2}(\hat{x}P_x + \hat{y}P_y)\exp(-\mathrm{i}\omega_0 t) + \text{c.c.} \tag{6.1.3}$$

P_x 和 P_y 由下式给出:

$$P_i = \frac{3\epsilon_0}{4}\sum_j \left(\chi_{xxyy}^{(3)}E_iE_jE_j^* + \chi_{xyxy}^{(3)}E_jE_iE_j^* + \chi_{xyyx}^{(3)}E_jE_jE_i^*\right) \tag{6.1.4}$$

式中,i 和 j 都可以取 x 或 y。由各向同性介质的旋转对称性,可以得到以下关系式[10]:

$$\chi_{xxxx}^{(3)} = \chi_{xxyy}^{(3)} + \chi_{xyxy}^{(3)} + \chi_{xyyx}^{(3)} \tag{6.1.5}$$

式中,$\chi_{xxxx}^{(3)}$ 是在2.3节的标量理论中出现的张量元,将其用于式(2.3.13)可定义非线性折射率系数 $\bar{n}_2$。

式(6.1.5)中的三个分量的相对大小取决于对 $\chi^{(3)}$ 有贡献的物理机制。在石英光纤中,最主要的是电子贡献[4],且这三个分量几乎具有相同的大小。如果假定它们完全相等,则式(6.1.4)中的极化分量 P_x 和 P_y 可采用下面的形式:

$$P_x = \frac{3\epsilon_0}{4}\chi_{xxxx}^{(3)}\left[\left(|E_x|^2 + \frac{2}{3}|E_y|^2\right)E_x + \frac{1}{3}(E_x^*E_y)E_y\right] \tag{6.1.6}$$

$$P_y = \frac{3\epsilon_0}{4}\chi_{xxxx}^{(3)}\left[\left(|E_y|^2 + \frac{2}{3}|E_x|^2\right)E_y + \frac{1}{3}(E_y^*E_x)E_x\right] \tag{6.1.7}$$

式(6.1.6)和式(6.1.7)中的最后一项引起简并四波混频,其重要性将在后面讨论。

非线性分量 Δn_x 对折射率的贡献由式(6.1.6)中正比于 E_x 的项决定,记 $P_j = \epsilon_0\epsilon_j^{NL}E_j$,并有

$$\epsilon_j = \epsilon_j^L + \epsilon_j^{NL} = \left(n_j^L + \Delta n_j\right)^2 \tag{6.1.8}$$

式中,$n_j^L(j=x, y)$ 是折射率的线性部分,非线性贡献 Δn_x 和 Δn_y 为

---

① 电磁场感应的电介质的极化不能与该电磁场的偏振态混为一谈。"Polarization"这一术语确实容易引起误解,但由于历史原因,仍为大家所接受。

$$\Delta n_x = \bar{n}_2 \left(|E_x|^2 + \frac{2}{3}|E_y|^2 \right), \quad \Delta n_y = \bar{n}_2 \left(|E_y|^2 + \frac{2}{3}|E_x|^2 \right) \tag{6.1.9}$$

式中，$\bar{n}_2$ 是式（2.3.13）定义的非线性折射率系数。上式右边两项的物理意义是显而易见的：第一项产生自相位调制；第二项产生交叉相位调制，因为某一偏振分量获得的相移与另一个偏振分量的强度有关，这一项的出现导致光场的两个分量 E_x 和 E_y 之间发生了非线性耦合。非线性贡献 Δn_x 和 Δn_y 一般是不相等的，产生的非线性双折射的大小与入射光的强度和偏振态有关。对于连续波在光纤中传输的情形，非线性双折射表现为偏振椭圆的旋转[1]，这种现象称为非线性偏振旋转（nonlinear polarization rotation）。

6.1.2 耦合模方程

按照 2.3 节中的方法，可以得到描述两偏振分量沿光纤演化的传输方程。假定非线性效应对光纤模式无显著影响，E_x 和 E_y 的横向依赖关系可以通过分离变量看出，把电场写成

$$E_j(\boldsymbol{r}, t) = F(x, y) A_j(z, t) \exp(\mathrm{i}\beta_{0j}z) \tag{6.1.10}$$

式中，$F(x, y)$ 是光纤所支持的单模的空间分布，$A_j(z, t)$ 是慢变振幅，$\beta_{0j}(j = x, y)$ 是相应的传输常数。按类似于式（2.3.23）的方法，将与频率有关的传输常数展开，可将色散的影响包括在内。慢变振幅 A_x 和 A_y 满足下面的耦合模方程：

$$\begin{aligned}
&\frac{\partial A_x}{\partial z} + \beta_{1x}\frac{\partial A_x}{\partial t} + \frac{\mathrm{i}\beta_2}{2}\frac{\partial^2 A_x}{\partial t^2} + \frac{\alpha}{2}A_x \\
&= \mathrm{i}\gamma \left(|A_x|^2 + \frac{2}{3}|A_y|^2 \right) A_x + \frac{\mathrm{i}\gamma}{3}A_x^* A_y^2 \exp(-2\mathrm{i}\Delta\beta z)
\end{aligned} \tag{6.1.11}$$

$$\begin{aligned}
&\frac{\partial A_y}{\partial z} + \beta_{1y}\frac{\partial A_y}{\partial t} + \frac{\mathrm{i}\beta_2}{2}\frac{\partial^2 A_y}{\partial t^2} + \frac{\alpha}{2}A_y \\
&= \mathrm{i}\gamma \left(|A_y|^2 + \frac{2}{3}|A_x|^2 \right) A_y + \frac{\mathrm{i}\gamma}{3}A_y^* A_x^2 \exp(2\mathrm{i}\Delta\beta z)
\end{aligned} \tag{6.1.12}$$

式中，

$$\Delta\beta = \beta_{0x} - \beta_{0y} = (2\pi/\lambda)B_m = 2\pi/L_B \tag{6.1.13}$$

与光纤的线性双折射（模式双折射）有关。一般而言，由于 $\beta_{1x} \neq \beta_{1y}$，因此线性双折射导致两偏振分量具有不同的群速度。相反，对于具有同样波长 λ 的两个偏振分量，参量 β_2 和 γ 的值相同。

方程（6.1.11）和方程（6.1.12）中的最后一项与两偏振分量之间的相干耦合有关，并导致简并四波混频，它对偏振演化过程的重要性取决于相位匹配条件满足的程度（见第 10 章）。若光纤长度 $L \gg L_B$，则方程（6.1.11）和方程（6.1.12）中的最后一项经常改变符号，其平均贡献为零。基于此原因，在高双折射光纤中（L_B 约为 1 cm），四波混频项可以忽略。相反，在低双折射光纤中，尤其是短光纤中，必须保留这一项。在那种情形下，用下面定义的圆偏振分量重写方程（6.1.11）和方程（6.1.12），往往很方便：

$$A_+ = (\overline{A}_x + \mathrm{i}\overline{A}_y)/\sqrt{2}, \quad A_- = (\overline{A}_x - \mathrm{i}\overline{A}_y)/\sqrt{2} \tag{6.1.14}$$

式中，$\overline{A}_x = A_x\exp(\mathrm{i}\Delta\beta z/2)$，$\overline{A}_y = A_y\exp(-\mathrm{i}\Delta\beta z/2)$，$A_+$ 和 A_- 分别表示右旋和左旋圆偏振态（常记为 σ_+ 和 σ_-），这样可以将方程（6.1.11）和方程（6.1.12）简化为

$$\frac{\partial A_+}{\partial z} + \beta_1\frac{\partial A_+}{\partial t} + \frac{\mathrm{i}\beta_2}{2}\frac{\partial^2 A_+}{\partial t^2} + \frac{\alpha}{2}A_+ = \frac{\mathrm{i}\Delta\beta}{2}A_- + \frac{2\mathrm{i}\gamma}{3}\left(|A_+|^2 + 2|A_-|^2 \right)A_+ \tag{6.1.15}$$

$$\frac{\partial A_-}{\partial z} + \beta_1 \frac{\partial A_-}{\partial t} + \frac{\mathrm{i}\beta_2}{2}\frac{\partial^2 A_-}{\partial t^2} + \frac{\alpha}{2}A_- = \frac{\mathrm{i}\Delta\beta}{2}A_+ + \frac{2\mathrm{i}\gamma}{3}\left(|A_-|^2 + 2|A_+|^2\right)A_- \quad (6.1.16)$$

这里假定对于低双折射光纤有 $\beta_{1x} \approx \beta_{1y} \approx \beta_1$。注意，方程(6.1.11)和方程(6.1.12)中出现的四波混频项已被包含 $\Delta\beta$ 的线性耦合项代替。与此同时，当用圆偏振分量描述波传输时，交叉相位调制的相对强度从 2/3 变到 2。

6.1.3 椭圆双折射光纤

在推导方程(6.1.11)和方程(6.1.12)时，假定光纤是线性双折射的，即光纤具有两个主轴，在不考虑非线性效应时，线偏振光沿这两个主轴传输能保持其偏振态不变。尽管这是对于保偏光纤的理想情况，但是通过在拉制过程中旋转光纤预制棒，可以制造出椭圆双折射光纤(elliptically birefringent fiber)[11]。

对于椭圆双折射光纤，耦合模方程有较大改动，处理方法是将式(6.1.1)用下式代替：

$$\boldsymbol{E}(\boldsymbol{r}, t) = \frac{1}{2}(\hat{e}_x E_x + \hat{e}_y E_y)\exp(-\mathrm{i}\omega_0 t) + \mathrm{c.c.} \quad (6.1.17)$$

式中，$\hat{e}_x$ 和 $\hat{e}_y$ 是正交偏振本征矢，与前面用的单位矢量 $\hat{x}$ 和 $\hat{y}$ 的关系为[12]

$$\hat{e}_x = \frac{\hat{x} + \mathrm{i}r\hat{y}}{\sqrt{1+r^2}}, \quad \hat{e}_y = \frac{r\hat{x} - \mathrm{i}\hat{y}}{\sqrt{1+r^2}} \quad (6.1.18)$$

式中，参量 r 表示通过旋转预制棒引入的椭圆率。通常还要引入椭圆角 θ，二者之间的关系为 $r = \tan(\theta/2)$，θ 为 0 和 $\pi/2$ 时分别对应线性双折射光纤和圆双折射光纤。

按照与前面描述线性双折射光纤类似的过程，发现椭圆双折射光纤中的慢变振幅 A_x 和 A_y 满足下面的耦合模方程[12]：

$$\frac{\partial A_x}{\partial z} + \beta_{1x}\frac{\partial A_x}{\partial t} + \frac{\mathrm{i}\beta_2}{2}\frac{\partial^2 A_x}{\partial t^2} + \frac{\alpha}{2}A_x = \mathrm{i}\gamma\left[(|A_x|^2 + B|A_y|^2)A_x + C A_x^* A_y^2 \mathrm{e}^{-2\mathrm{i}\Delta\beta z}\right] \\ + \mathrm{i}\gamma D\left[A_y^* A_x^2 \mathrm{e}^{\mathrm{i}\Delta\beta z} + (|A_y|^2 + 2|A_x|^2)A_y \mathrm{e}^{-\mathrm{i}\Delta\beta z}\right] \quad (6.1.19)$$

$$\frac{\partial A_y}{\partial z} + \beta_{1y}\frac{\partial A_y}{\partial t} + \frac{\mathrm{i}\beta_2}{2}\frac{\partial^2 A_y}{\partial t^2} + \frac{\alpha}{2}A_y = \mathrm{i}\gamma\left[(|A_y|^2 + B|A_x|^2)A_y + C A_y^* A_x^2 \mathrm{e}^{2\mathrm{i}\Delta\beta z}\right] \\ + \mathrm{i}\gamma D\left[A_x^* A_y^2 \mathrm{e}^{-\mathrm{i}\Delta\beta z} + (|A_x|^2 + 2|A_y|^2)A_x \mathrm{e}^{\mathrm{i}\Delta\beta z}\right] \quad (6.1.20)$$

式中，参量 B，C 和 D 与椭圆角 θ 的关系为

$$B = \frac{2 + 2\sin^2\theta}{2 + \cos^2\theta}, \quad C = \frac{\cos^2\theta}{2 + \cos^2\theta}, \quad D = \frac{\sin\theta\cos\theta}{2 + \cos^2\theta} \quad (6.1.21)$$

对于线性双折射光纤($\theta = 0$)，$B = \frac{2}{3}$，$C = \frac{1}{3}$，$D = 0$，方程(6.1.19)和方程(6.1.20)分别简化为方程(6.1.11)和方程(6.1.12)。

对于高双折射光纤，方程(6.1.19)和方程(6.1.20)可大大简化。这种光纤的拍长 L_B 比典型的传输距离小得多，结果方程(6.1.19)和方程(6.1.20)中最后三项的指数因子剧烈振荡，平均起来对脉冲演化过程的影响较小。若将这三项忽略不计，则光脉冲在椭圆双折射光纤中的传输可以用下面一组耦合模方程描述：

$$\frac{\partial A_x}{\partial z} + \beta_{1x}\frac{\partial A_x}{\partial t} + \frac{\mathrm{i}\beta_2}{2}\frac{\partial^2 A_x}{\partial t^2} + \frac{\alpha}{2}A_x = \mathrm{i}\gamma(|A_x|^2 + B|A_y|^2)A_x \quad (6.1.22)$$

$$\frac{\partial A_y}{\partial z} + \beta_{1y}\frac{\partial A_y}{\partial t} + \frac{\mathrm{i}\beta_2}{2}\frac{\partial^2 A_y}{\partial t^2} + \frac{\alpha}{2}A_y = \mathrm{i}\gamma(|A_y|^2 + B|A_x|^2)A_y \qquad (6.1.23)$$

这两个方程将 2.3 节中推导的未考虑偏振影响的标量非线性薛定谔方程[见方程(2.3.27)]推广到矢量情形，称其为耦合非线性薛定谔方程。耦合参量 B 取决于椭圆角 θ[见式(6.1.21)]，当 θ 在区间 $[0, \pi/2]$ 取值时，B 从 $\frac{2}{3}$ 变化到 2。对于线性双折射光纤($\theta = 0$)，$B = \frac{2}{3}$，而对于圆双折射光纤($\theta = \pi/2$)，$B = 2$。还要注意，当 $\theta \approx 35°$ 时 $B = 1$，这种情形相当重要，因为仅当 $B = 1$ 和 $\alpha = 0$ 时，方程(6.1.22)和方程(6.1.23)才可以用逆散射法求解，后面将讨论这一点。

6.2　非线性相移

　　正如在 6.1 节中看到的，一个光波的两个正交偏振分量之间的非线性耦合以不同大小改变了两个分量的折射率，结果双折射光纤中的非线性效应是偏振相关的。本节将利用在高双折射光纤条件下得到的耦合非线性薛定谔方程，来研究交叉相位调制感应的非线性相移及其应用。

6.2.1　无色散交叉相位调制

　　研究超短脉冲在双折射光纤中的传输时，需要对方程(6.1.22)和方程(6.1.23)数值求解。在连续波辐射情形下，以上两方程可以解析求解。连续波解也适用于光纤长度 L 远小于色散长度 $L_D = T_0^2/|\beta_2|$ 和走离长度 $L_W = T_0/|\Delta\beta|$ 的脉冲，其中 T_0 是脉宽。这种情形适用于脉宽短至 100 ps 的脉冲，并且含有丰富的物理内涵，因此首先考虑这种情形。

　　忽略方程(6.1.22)和方程(6.1.23)中的时间导数项，可以得到下面两个更简单的方程：

$$\frac{\mathrm{d}A_x}{\mathrm{d}z} + \frac{\alpha}{2}A_x = \mathrm{i}\gamma(|A_x|^2 + B|A_y|^2)A_x \qquad (6.2.1)$$

$$\frac{\mathrm{d}A_y}{\mathrm{d}z} + \frac{\alpha}{2}A_y = \mathrm{i}\gamma(|A_y|^2 + B|A_x|^2)A_y \qquad (6.2.2)$$

这两个方程描述了双折射光纤中的无色散交叉相位调制效应，并将 4.1 节中的关于自相位调制的标量理论推广到矢量情形。利用

$$A_x = \sqrt{P_x}\,\mathrm{e}^{-\alpha z/2}\,\mathrm{e}^{\mathrm{i}\phi_x}, \quad A_y = \sqrt{P_y}\,\mathrm{e}^{-\alpha z/2}\,\mathrm{e}^{\mathrm{i}\phi_y} \qquad (6.2.3)$$

可对方程(6.2.1)和方程(6.2.2)求解。式中，P_x 和 P_y，ϕ_x 和 ϕ_y 分别是两偏振分量的功率和相位。很容易得出 P_x 和 P_y 不随 z 变化的结论，但相位 ϕ_x 和 ϕ_y 确实随 z 变化，其演化方程为

$$\frac{\mathrm{d}\phi_x}{\mathrm{d}z} = \gamma\mathrm{e}^{-\alpha z}(P_x + BP_y), \quad \frac{\mathrm{d}\phi_y}{\mathrm{d}z} = \gamma\mathrm{e}^{-\alpha z}(P_y + BP_x) \qquad (6.2.4)$$

由于 P_x 和 P_y 是常量，易得相位方程的解为

$$\phi_x = \gamma(P_x + BP_y)L_{\mathrm{eff}}, \quad \phi_y = \gamma(P_y + BP_x)L_{\mathrm{eff}} \qquad (6.2.5)$$

式中，有效光纤长度 $L_{\mathrm{eff}} = [1 - \exp(-\alpha L)]/\alpha$，与自相位调制情形下的定义方式相同[见式(4.1.6)]。

　　式(6.2.5)清楚表明，两个偏振分量都产生了非线性相移，其大小是自相位调制和交叉相位调制的贡献之和。实际上，真正感兴趣的量是下式给出的相对相移：

$$\Delta\phi_{\mathrm{NL}} \equiv \phi_x - \phi_y = \gamma L_{\mathrm{eff}}(1 - B)(P_x - P_y) \qquad (6.2.6)$$

当 $B = 1$ 时，相对相移为零，而当 $B \neq 1$ 时，若输入光以 $P_x \neq P_y$ 的方式入射，则两偏振分量之

间就存在相对非线性相移。例如，考虑 $B = \dfrac{2}{3}$ 的线性双折射光纤，若功率为 P_0 的连续线偏光与光纤慢轴成 θ 角入射，则 $P_x = P_0\cos^2\theta$，$P_y = P_0\sin^2\theta$，相对相移变为

$$\Delta\phi_{\text{NL}} = (\gamma P_0 L_{\text{eff}}/3)\cos(2\theta) \tag{6.2.7}$$

下面就讨论与 θ 有关的相移的几个应用。

6.2.2　光克尔效应

在光克尔效应中，用一束强泵浦光感应的非线性相移来改变弱探测光在非线性介质中的传输[4]，这种效应可用于制作响应时间为皮秒量级的光闸[6]。1973 年首次在光纤中观察到此效应[13]，从此引起人们的极大关注[14~25]。

克尔光闸的工作原理可参考图 6.1 来理解。在光纤输入端，泵浦和探测光都是线偏振光，偏振方向的夹角为 45°。在没有泵浦光的情况下，光纤输出端的正交检偏器将阻止探测光透过；有泵浦光时，由于泵浦光感应的双折射，使探测光的平行和垂直分量（相对于泵浦光偏振方向）的折射率发生轻微的变化，在光纤输出端两分量的相位差表现为探测光偏振态的改变，部分探测光将透过检偏器。探测光的透射率与泵浦光强有关，并且可通过简单地改变泵浦光强来控制它，特别是仅当波长等于泵浦波长的脉冲通过光纤时才能打开克尔光闸。由于可以通过波长不同的泵浦光对某一波长的探测光输出进行调制，所以这种器件也可称为克尔调制器，它在需要全光开关的光纤网络中有潜在的应用。

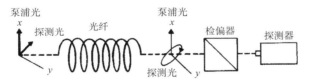

图 6.1　克尔光闸示意图，在光纤的输入端泵浦光和探测光是线偏振光并且夹角为 45°，当没有泵浦光时，检偏器阻止探测光通过

式(6.2.6)不能用来计算探测光的 x 分量和 y 分量的相位差，因为在克尔光闸内，泵浦光和探测光的波长不同。为此需采用另一种略有不同的方法，并暂且忽略光纤损耗；后面可用 L_{eff} 代替 L 将光纤损耗包括在内。探测光通过长为 L 的光纤后，其 x 和 y 分量之间的相位差为

$$\Delta\phi = (2\pi/\lambda)(\tilde{n}_x - \tilde{n}_y)L \tag{6.2.8}$$

式中，λ 为探测光波长，并且

$$\tilde{n}_x = n_x + \Delta n_x, \quad \tilde{n}_y = n_y + \Delta n_y \tag{6.2.9}$$

正如前面讨论过的，由于模式双折射，折射率的线性部分 n_x 和 n_y 一般不同，而由于泵浦光感应的双折射，折射率的非线性部分 Δn_x 和 Δn_y 也不相同。

考虑泵浦光沿 x 轴线偏振的情形。探测光的 x 分量与泵浦光平行，但二者波长不同，基于这个原因，相应的折射率改变 Δn_x 必须用 7.1 节的理论得到。如果忽略自相位调制的贡献，则有

$$\Delta n_x = 2n_2|E_{\text{p}}|^2 \tag{6.2.10}$$

式中，$|E_{\text{p}}|^2$ 是泵浦光强。当泵浦光和探测光正交偏振时，由于它们的波长不同，式(6.1.4)中仅第一项对 Δn_y 有贡献[9]。同样忽略自相位调制项，Δn_y 变成

$$\Delta n_y = 2n_2 b|E_{\text{p}}|^2, \quad b = \chi_{xxyy}^{(3)}/\chi_{xxxx}^{(3)} \tag{6.2.11}$$

如果 $\chi^{(3)}$ 的起因是纯电子的，则 $b = \frac{1}{3}$。联立式(6.2.8)至式(6.2.11)，相位差变成

$$\Delta\phi \equiv \Delta\phi_L + \Delta\phi_{NL} = (2\pi L/\lambda)(\Delta n_L + n_{2B}|E_p|^2) \qquad (6.2.12)$$

式中，$\Delta n_L = n_x - n_y$ 代表线性双折射，克尔系数 n_{2B} 为

$$n_{2B} = 2n_2(1 - b) \qquad (6.2.13)$$

注意，当 $\Delta\phi = 0$ 时，探测光被检偏器完全阻隔(见图6.1)；当 $\Delta\phi \neq 0$ 时，光纤相当于一个双折射相位片，部分探测光可以通过检偏器。探测光的透射率 T_p 与相位差 $\Delta\phi$ 之间的简单关系式为

$$T_p = \frac{1}{4}|1 - \exp(i\Delta\phi)|^2 = \sin^2(\Delta\phi/2) \qquad (6.2.14)$$

当 $\Delta\phi$ 为 π 或 π 的奇数倍时，克尔光闸的透射率变成100%；当相移为 π 的偶数倍时探测光被完全阻隔。

为了在实验上观察光克尔效应，一般使用保偏光纤以保证泵浦光的偏振态不变。线性双折射产生的常数相移 $\Delta\phi_L$ 可通过在图6.1中的检偏器前插入一个四分之一波片补偿，可是实际上由于温度和压力的变化，$\Delta\phi_L$ 出现起伏，所以必须连续地调节波片。另一种替代方法是，将两根相同的保偏光纤连接在一起，使它们的快轴(或慢轴)互成直角[18]，由于在第二段光纤中 Δn_L 改变符号，所以线性双折射产生的净相移被抵消了。

在理想条件下，克尔光闸的响应时间仅受克尔非线性响应时间的限制(对光纤而言，该值小于10 fs)，而实际上光纤色散将响应时间限制在 1 ps ~ 1 ns 范围，这取决于工作参数[14]。一个主要的限制因素是泵浦光和探测光之间的群速度失配。相对群延迟为

$$\Delta t_g = |L/v_{g1} - L/v_{g2}| \qquad (6.2.15)$$

对于100 m长的光纤，相对群延迟很容易超过1 ns，除非采取特殊的预防措施减小群速度失配。一种可行的方法是，选择泵浦波长和探测波长位于光纤零色散波长的对边。

光纤的模式双折射是限制响应时间的另一个因素。由于折射率差 Δn_L，探测光的两正交偏振分量以不同的速率传输，它们之间的相对延迟为 $\Delta t_p = L\Delta n_L/c$。对于 $\Delta n_L = 5 \times 10^{-5}$ 的100 m长的光纤，$\Delta t_p \approx 17$ ps。若用双折射更小的光纤，相对延迟还可以减小；将两根快轴互成直角的光纤熔接在一起，几乎可消除 Δt_p。群速度色散从根本上限制了响应时间，它使泵浦光脉冲在光纤中传输时被展宽。通过减小光纤长度或使泵浦波长更接近光纤零色散波长，响应时间可以减小到 1 ps 或更小。

令式(6.2.12)中的 $\Delta\phi_L = 0$(完全补偿)和 $\Delta\phi_{NL} = \pi$，可以估计出探测光100%透射所需的泵浦功率为

$$P_p = |E_p|^2 A_{eff} = \lambda A_{eff}/(2n_{2B}L) \qquad (6.2.16)$$

式中，A_{eff} 是有效模面积。另外，用有效长度 L_{eff} 代替 L 还可以将光纤损耗的影响包括在内。如果 $n_{2B} = 4.5 \times 10^{-16}$ cm²/W，$A_{eff} = 10$ μm²，$\lambda = 1.06$ μm，那么对于130 m长的光纤，泵浦功率 $P_p \approx 1$ W。增加光纤长度可减小泵浦功率，但由于式(6.2.15)的限制，必然导致响应时间减慢。在一个实验中[15]，测得 $L = 580$ m 且 $A_{eff} = 22$ μm² 的光纤的 $P_p = 0.39$ W。在另一个实验中[21]，光纤有效模面积减小到 2 μm²，用工作在 1.3 μm 的半导体激光器作为泵浦源，当泵浦功率仅为 27 mW 时就获得了 17° 的相移。对此实验估算 $P_pL = 11$ W·m，这表明如果马赫-曾德尔干涉仪的每条臂由 200 m 长的光纤构成，则泵浦功率约为 50 mW 时就足以使探测光100%透射。

用式(6.2.16)可以估计克尔系数 n_{2B}。大部分测量结果表明[13~21]，$n_{2B} \approx 4 \times 10^{-16}$ cm^2/W，实验误差约为 20%。如果取 $n_2 \approx 3 \times 10^{-16}$ cm^2/W 和 $b \approx 1/3$，那么这个值与式(6.2.13)是相符的。在允许独立测量式(6.2.11)表示的极化率比率的一个实验中[18]，测得参量 $b = 0.34$，这表明在石英光纤中，电子对 $\chi^{(3)}$ 的贡献是主要的，这与对块体玻璃所做的测量结果一致[5]。

在实际应用方面，全光克尔光闸已经用于光学取样[16]。图 6.2 是实验装置示意图，巴比涅-索累(Babinet-Soleil)补偿器用来补偿光纤的模式双折射，一段高双折射光纤作为检偏器，消光比约为 20 dB。高双折射光纤的损耗在 1.06 μm 泵浦波长处相当高，所以它也起到滤波器的作用。一个 0.84 μm 波长的激光二极管作为探测光源，取样探测输出是一个序列脉冲，其间隔和宽度由泵浦脉冲决定，在此实验中，泵浦脉冲很宽(约为 300 ps)。在另一个实验中[18]，用锁模 Nd:YAG 激光器输出的 85 ps 脉冲作为泵浦脉冲，对重复频率为 1.97 GHz 的 30 ps 的探测脉冲(由 1.3 μm 增益开关分布反馈半导体激光器获得)进行了解复用。

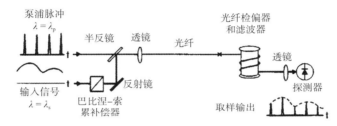

图 6.2　用于光学取样的全光克尔光闸原理图[16]（©1985 美国物理研究所）

在大多数克尔光闸实验中，通常需要用笨重的高功率激光器在石英光纤中实现光开关，因而这样的器件在实际中非常难以应用。式(6.2.16)清楚地表明，如果用高非线性材料制作的光纤代替石英光纤，可大大减小 $P_p L$ 值。硫属化物玻璃的非线性量 n_2 的值比石英的大 100 倍，所以硫属化物玻璃可作为这种材料。一些实验[22~24]已经证实，硫属化物玻璃光纤为制造实用的高速非线性克尔光闸提供了一个解决方案。在 1992 年的一个实验中[22]，用 1.319 μm 波长的锁模 Nd:YAG 激光器并结合脉冲压缩器，产生重复频率为 100 MHz 且脉宽为 2.5~40 ps 的泵浦脉冲，所用 As$_2$S$_3$ 硫属化物光纤的长度小于 1 m，以避免较大的损耗。尽管互作用长度如此之小，但光开关所需的泵浦功率仅约为 5 W。

后来的一个实验利用半导体激光器做泵浦源实现了全光开关功能[23]，它将分布反馈半导体激光器的增益开关脉冲经过压缩后，得到了重复频率为 100 MHz 的 8.2 ps 的泵浦脉冲，再利用掺铒光纤放大器将泵浦脉冲的峰值功率提高到 13.9 W。对于 1 m 长的光纤，开关信号脉冲与泵浦脉冲的宽度几乎相同，证明了这种超快开关的开关速度在皮秒量级。即使信号是 100 GHz 的脉冲序列，也可通过克尔效应实现开关，这说明克尔光闸在 100 Gbps 通信信道解复用方面具有潜在的应用前景。

克尔光闸还可以用于波长变换。表示信道比特的光脉冲起着泵浦脉冲的作用，只有当它出现时克尔光闸才能打开，结果得到的探测输出和泵浦信号有相同的比特模式，于是将比特信号从原信号波长变换到探测波长。在 2005 年的一个实验中[25]，利用一种新型的 Bi$_2$O$_3$ 光纤实现了 80 Gbps 的波长变换。由于这种光纤的非线性量值非常高($\gamma = 1100$ W^{-1}/km)，因此所用光纤的长度仅为 1 m，如此短的长度有助于减轻因局部线性双折射随温度波动而引起的器件性能的退化，从而制造出稳定的小型化波长变换器件。

6.2.3 脉冲整形

因为强脉冲感应非线性双折射，当脉冲通过光纤和检偏器时其透射率与强度有关，即使没有泵浦脉冲，也可以通过非线性双折射来调整脉冲自身形状。结果，这样的器件能阻隔脉冲低强度的尾部，而使其中央较强的部分通过。这种非线性偏振旋转现象可以用来消除一些压缩脉冲的低强度基座[26~28]，还可用来充当光纤光学逻辑门[29]及光纤激光器的被动锁模[30]。

强度鉴别器的工作原理与图6.1所示的克尔光闸相似，主要区别是前者不需要泵浦脉冲，信号脉冲本身产生非线性双折射，并且调整其自身的偏振态。为了从物理学的角度尽可能简单地理解这种器件的工作原理，可以忽略群速度色散的影响并利用6.2.1节的无色散交叉相位调制理论。考虑输入光与光纤的一个主轴（x轴）成θ角的线偏振情形，两偏振分量间的相对相移由式（6.2.7）给出。当$\theta \neq 0$时，这一相移使部分功率透过检偏器。注意，

$$A_x = \sqrt{P_0}\cos\theta\exp(i\Delta\phi_{NL}), \quad A_y = \sqrt{P_0}\sin\theta \qquad (6.2.17)$$

式中，$\Delta\phi_{NL}$是非线性相移。由于检偏器与x轴成（$\pi/2 + \theta$）角，所以总的透射场为$A_t = \sqrt{P_0}\sin\theta\cos\theta[1 - \exp(i\Delta\phi_{NL})]$，结果透射率$T_p$为[26]

$$T_p(\theta) = |A_t|^2/P_0 = \sin^2[(\gamma P_0 L/6)\cos(2\theta)]\sin^2(2\theta) \qquad (6.2.18)$$

其中用到了式（6.2.7）。对于光脉冲在光纤中传输的情形，乘积$\gamma P_0 L$与自相位调制感应的最大相移ϕ_{max}有关[见式（4.1.6）]，而ϕ_{max}与非线性长度L_{NL}有以下关系：

$$\phi_{max} = \gamma P_0 L = L/L_{NL} \qquad (6.2.19)$$

对于给定的角度θ，T_p与功率有关，所以产生脉冲整形效应。如果调节θ角使脉冲峰值透射率最大，两翼则由于功率相对较低而被消除，结果输出脉冲比输入脉冲窄，实验上已观察到这种行为[27]。θ的最佳值取决于峰值功率P_0。图6.3给出了对应于3个ϕ_{max}值，T_p随θ的变化关系，对于$\phi_{max} = 30$，当$\theta = 36.2°$时透射率可以接近90%。

脉冲整形的实验结果表明，观察到的现象并不总是与式（6.2.18）相符，特别是对于$\theta = 45°$，由该式预测$T_p = 0$，即当振幅分量E_x和E_y相等时，输入脉冲被检偏器阻隔，但实际情况并非如此。造成这种差别的原因可以追溯到方程（6.1.11）和方程（6.1.12）中所忽略的最后一项，更精确的理论应该包括这一项。对连续或准连续光情形，色散效应可以忽略。通过忽略时间导数项和损耗项，方程（6.1.11）和方程（6.1.12）可以解析求解，该解析解将在6.3节中给出。解析解的结果表明，对于高双折射光纤（$\Delta\beta L \gg 1$），除了在$\theta = 45°$附近，式（6.2.18）相当精确；而对于低双折射光纤，透射率与式（6.2.18）给出的结果出入较大。对于$\Delta\beta L = 2\pi$和$\phi_{max} = 6.5\pi$的情形，图6.4给出了T_p与θ的变化关系。与式（6.2.18）预期的结果比较，说明了包含线性双折射的重要性。从物理意义上讲，线性和非线性双折射都对折射率有贡献，二者互相竞争，应将它们都包括在内。

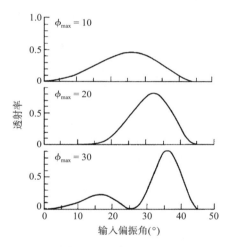

图6.3　对应ϕ_{max}分别为10，20和30的3个不同峰值功率，透射率T_p随输入偏振角θ的变化[26]（©1982 OSA）

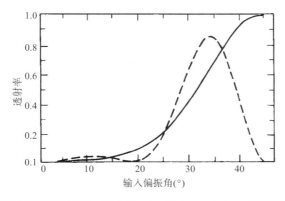

图 6.4　包括线性双折射效应时，对 $\Delta\beta L = 2\pi$ 和 $\phi_{\max} = 6.5\,\pi$，透射率 T_{p} 随输入偏振
角的变化关系，虚线表示 $\Delta\beta = 0$ 的情况[31]（©1985 美国物理研究所）

6.3　偏振态的演化

双折射光纤中非线性偏振效应的准确描述需要同时考虑模式双折射和自感应非线性双折射[31~47]，两偏振分量沿双折射光纤的演化用方程(6.1.11)和方程(6.1.12)或其变形决定。然而，讨论脉冲在双折射光纤中的传输之前，首先考虑在连续光或准连续光入射下偏振态的演化，这对后面讨论脉冲情形时是有益的。

6.3.1　解析解

用以圆偏振分量表示的方程(6.1.15)和方程(6.1.16)要比用方程(6.1.11)和方程(6.1.12)更为方便。在准连续情形下，包含时间导数的项可以设为零，若同时忽略光纤损耗，则方程(6.1.15)和方程(6.1.16)可简化为

$$\frac{\mathrm{d}A_+}{\mathrm{d}z} = \frac{\mathrm{i}\Delta\beta}{2}A_- + \frac{2\mathrm{i}\gamma}{3}(|A_+|^2 + 2|A_-|^2)A_+ \tag{6.3.1}$$

$$\frac{\mathrm{d}A_-}{\mathrm{d}z} = \frac{\mathrm{i}\Delta\beta}{2}A_+ + \frac{2\mathrm{i}\gamma}{3}(|A_-|^2 + 2|A_+|^2)A_- \tag{6.3.2}$$

首先考虑低功率情形，忽略非线性效应($\gamma = 0$)，所得的线性方程很容易求解。例如，假设输入光的功率为 P_0，并且是 σ_+ 偏振的，则其解为

$$A_+(z) = \sqrt{P_0}\cos(\pi z/L_B), \quad A_-(z) = \mathrm{i}\sqrt{P_0}\sin(\pi z/L_B) \tag{6.3.3}$$

式中，拍长 $L_B = 2\pi/(\Delta\beta)$，偏振态一般是椭圆偏振的，并且以拍长为周期做周期性演化。沿光纤任意一点的偏振椭圆的椭圆率和方位角为

$$e_{\mathrm{p}} = \frac{|A_+| - |A_-|}{|A_+| + |A_-|}, \quad \theta = \frac{1}{2}\arctan\left(\frac{A_+}{A_-}\right) \tag{6.3.4}$$

即使在非线性效应比较重要时，方程(6.3.1)和方程(6.3.2)也可以解析求解。为此，利用

$$A_\pm = \left(\frac{3\Delta\beta}{2\gamma}\right)^{1/2}\sqrt{p_\pm}\exp(\mathrm{i}\phi_\pm) \tag{6.3.5}$$

并得到归一化功率 p_+, p_- 和相位差 $\psi \equiv \phi_+ - \phi_-$ 满足的如下 3 个方程：

$$\frac{\mathrm{d}p_+}{\mathrm{d}Z} = 2\sqrt{p_+ p_-}\sin\psi \tag{6.3.6}$$

$$\frac{\mathrm{d}p_-}{\mathrm{d}Z} = -2\sqrt{p_+ p_-}\sin\psi \tag{6.3.7}$$

$$\frac{\mathrm{d}\psi}{\mathrm{d}Z} = \frac{p_- - p_+}{\sqrt{p_+ p_-}}\cos\psi + 2(p_- - p_+) \tag{6.3.8}$$

式中，$Z = (\Delta\beta)z/2$，这 3 个方程具有下面两个沿光纤保持为常数的量[44]：

$$p = p_+ + p_-,\quad \Gamma = \sqrt{p_+ p_-}\cos\psi + p_+ p_- \tag{6.3.9}$$

注意，p 通过 $p = P_0/P_{cr}$ 与入射到光纤中的总功率 P_0 相关，其中 P_{cr} 可以从式(6.3.5)得到，

$$P_{cr} = 3|\Delta\beta|/(2\gamma) \tag{6.3.10}$$

由于 p 和 Γ 两个运动常量的存在，方程(6.3.6)至方程(6.3.8)存在可用椭圆函数表示的解析解，其中 p_+ 的解为[34]

$$p_+(z) = \frac{1}{2}p - \sqrt{m|q|}\,\mathrm{cn}(x) \tag{6.3.11}$$

式中，$\mathrm{cn}(x)$ 是雅可比椭圆函数，其宗量为

$$x = \sqrt{|q|}(\Delta\beta)z + K(m) \tag{6.3.12}$$

式中，$K(m)$ 是四分之一周期，m 和 q 分别定义为

$$m = \frac{1}{2}[1 - \mathrm{Re}(q)/|q|],\quad q = 1 + p\exp(\mathrm{i}\psi_0) \tag{6.3.13}$$

这里 ψ_0 是 ψ 在 $z = 0$ 处的值，利用式(6.3.9)可将 $p_-(z)$ 和 $\psi(z)$ 用 $p_+(z)$ 表示。注意，$\theta = \psi/2$，因此沿光纤任意一点的偏振椭圆的椭圆率和方位角可由式(6.3.4)得到。

　　将偏振态的演化以轨迹形式在椭圆率–方位角相平面内表示出来非常有用。图 6.5 给出了(a) 低输入功率($p \ll 1$)和(b) 高输入功率($p = 3$)两种不同情形下的相空间轨迹。在低功率情形下，所有轨迹均是闭合的，表明偏振态按振荡方式演化[见式(6.3.3)]。然而，在 $p > 1$ 的功率下，一条分界线将相空间分成两个不同区域，在 $e_p = 0$ 和 $\theta = 0$ 附近(光靠近慢轴方向偏振)的区域，轨迹形成闭合轨道，偏振演化的定性行为与低功率情形下类似。然而在光靠近快轴偏振时，由于快轴对应不稳定的鞍点，偏振椭圆的非线性旋转导致了性质不同的行为。

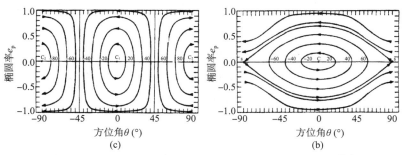

图 6.5　表示偏振态沿光纤演化的相空间轨迹。(a) $p \ll 1$；(b) $p = 3$[34]（©1986 OSA）

　　利用解析解可以找到相空间中的不动点，此不动点表示光在光纤中传输时不发生变化的偏振态。低于临界功率($p < 1$)时，沿慢轴和快轴($\theta = 0$，$\pi/2$)的线偏振态($e_p = 0$)代表两个稳定的不动点；等于临界功率($p = 1$)时，快轴不动点表现为叉式分岔；超过临界功率时，沿快轴

的线偏振态变得不稳定，但两个新的椭圆偏振态以不动点形式出现。这些新的偏振本征态将在下面用邦加球表示法讨论。

6.3.2 邦加球表示法

另一种描述光纤中偏振态演化的方法是邦加（Poincaré）球上的斯托克斯矢量旋转法[33]。在这种方法中，利用式（6.1.14）将方程（6.3.1）和方程（6.3.2）以线偏振分量表示更为方便，由此得到的方程为

$$\frac{\mathrm{d}\overline{A}_x}{\mathrm{d}z} - \frac{\mathrm{i}}{2}(\Delta\beta)\overline{A}_x = \frac{2\mathrm{i}\gamma}{3}\left(|\overline{A}_x|^2 + \frac{2}{3}|\overline{A}_y|^2\right)\overline{A}_x + \frac{\mathrm{i}\gamma}{3}\overline{A}_x^*\overline{A}_y^2 \tag{6.3.14}$$

$$\frac{\mathrm{d}\overline{A}_y}{\mathrm{d}z} + \frac{\mathrm{i}}{2}(\Delta\beta)\overline{A}_y = \frac{2\mathrm{i}\gamma}{3}\left(|\overline{A}_y|^2 + \frac{2}{3}|\overline{A}_x|^2\right)\overline{A}_y + \frac{\mathrm{i}\gamma}{3}\overline{A}_y^*\overline{A}_x^2 \tag{6.3.15}$$

这两个方程还可以利用方程（6.1.11）和方程（6.1.12）得到。

这里，引入 4 个称为斯托克斯参量的实变量，并分别定义为

$$S_0 = |\overline{A}_x|^2 + |\overline{A}_y|^2, \quad S_1 = |\overline{A}_x|^2 - |\overline{A}_y|^2$$
$$S_2 = 2\,\mathrm{Re}(\overline{A}_x^*\overline{A}_y), \quad S_3 = 2\,\mathrm{Im}(\overline{A}_x^*\overline{A}_y) \tag{6.3.16}$$

将方程（6.3.14）和方程（6.3.15）用这 4 个参量表示，可得

$$\frac{\mathrm{d}S_0}{\mathrm{d}z} = 0, \qquad \frac{\mathrm{d}S_1}{\mathrm{d}z} = \frac{2\gamma}{3}S_2 S_3 \tag{6.3.17}$$

$$\frac{\mathrm{d}S_2}{\mathrm{d}z} = -(\Delta\beta)S_3 - \frac{2\gamma}{3}S_1 S_3, \quad \frac{\mathrm{d}S_3}{\mathrm{d}z} = (\Delta\beta)S_2 \tag{6.3.18}$$

由式（6.3.16）很容易证明，$S_0^2 = S_1^2 + S_2^2 + S_3^2$。由方程（6.3.17）可知，$S_0$ 与 z 无关，所以连续光在光纤中传输时，斯托克斯矢量 S 的 3 个分量 S_1，S_2 和 S_3 在半径为 S_0 的球面上运动，此球称为邦加球，它提供了一种直观表示偏振态的方法。实际上，方程（6.3.17）和方程（6.3.18）可以写成一个单一的矢量方程形式[33]

$$\frac{\mathrm{d}S}{\mathrm{d}z} = W \times S \tag{6.3.19}$$

式中，矢量 $W = W_\mathrm{L} + W_\mathrm{NL}$，于是有

$$W_\mathrm{L} = (\Delta\beta, 0, 0), \quad W_\mathrm{NL} = (0, 0, -2\gamma S_3/3) \tag{6.3.20}$$

方程（6.3.19）包含了线性和非线性双折射，它描述了一般条件下连续波光场在光纤中的偏振态的演化。

图 6.6 给出了几种不同情形下邦加球上斯托克斯矢量的运动。在低功率下，非线性效应可以忽略（即 $\gamma = 0$），由于此时 $W_\mathrm{NL} = 0$，斯托克斯矢量以角速度 $\Delta\beta$（见图 6.6 中的左上球）绕 S_1 轴旋转，这种旋转等价于前面得到的由式（6.3.3）给出的周期解。若斯托克斯矢量一开始沿 S_1 轴取向，它将保持不变，这也可以从方程（6.3.17）和方程（6.3.18）的稳态（z 不变）解看出来，这是因为 $(S_0, 0, 0)$ 和 $(-S_0, 0, 0)$ 代表它们的不动点。斯托克斯矢量的这两个位置分别对应线偏振入射光位于慢轴和快轴的情形。

在各向同性光纤的纯非线性情形下（$\Delta\beta = 0$），$W_\mathrm{L} = 0$，斯托克斯矢量以角速度 $2\gamma S_3/3$ 绕 S_3 轴旋转（见图 6.6 中的右上球）。由于这种情形源于非线性双折射，故称其为自感应椭球旋转或非线性偏振旋转，其中两个不动点分别对应邦加球的北极和南极，并分别表示右旋和左旋圆偏振。

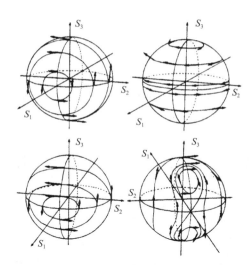

图 6.6　表示邦加球上斯托克斯矢量运动情况的轨迹。(a) 线性双折射情形（左上图）;
(b) $\Delta\beta = 0$ 的非线性情形（右上图）; (c) $\Delta\beta > 0$ 和 $P_0 > P_{cr}$ 的混合情形（下部）。
下部的左图和右图分别表示出了邦加球的前面和后面[33]（©1986 OSA）

在混合情形（同时考虑线性和非线性）下，斯托克斯矢量的行为和入射光功率有关。只要
$P_0 < P_{cr}$，非线性的影响很小，与线性情形下类似。当功率增大时，由于 W_L 沿 S_1 轴取向而 W_{NL}
沿 S_3 轴取向，邦加球上斯托克斯矢量的运动变得相当复杂，而且斯托克斯矢量绕 S_3 轴的非线
性旋转取决于 S_3 自身的大小。图 6.6 中下面的两个图给出了在 $P_0 > P_{cr}$ 时，斯托克斯矢量在邦
加球的前面和后面的运动。当输入光靠近慢轴偏振时（左球），这种情形与线性条件下类似，
而输入光靠近快轴偏振时（右球），情形有了根本的不同。

为理解这种不对称性，令方程(6.3.17)和方程(6.3.18)中 z 的导数为零，以找到不动点。不
动点的位置和个数取决于入射到光纤中的光功率 P_0。特别是，在式(6.3.10)定义的临界功率 P_{cr}
下，不动点的个数从 2 变到 4。当 $P_0 < P_{cr}$ 时，仅有两个不动点 $(S_0, 0, 0)$ 和 $(-S_0, 0, 0)$，与低功
率情形下完全相同。相反，若 $P_0 > P_{cr}$，则出现两个新的不动点。斯托克斯矢量在邦加球上的
新不动点处的分量为[46]

$$S_1 = -P_{cr}, \quad S_2 = 0, \quad S_3 = \pm\sqrt{P_0^2 - P_{cr}^2} \tag{6.3.21}$$

这两个不动点对应于椭圆偏振光并出现在图 6.6 中右下所示邦加球的后面，同时对应于沿快
轴线偏振光的不动点 $(-S_0, 0, 0)$ 变得不稳定，这等同于前面讨论过的叉式分岔。若入射光是
椭圆偏振的，但其斯托克斯矢量位于式(6.3.21)指示的位置，则偏振态在光纤内不发生变化。
当偏振态靠近新不动点时，斯托克斯矢量形成一个环绕椭圆偏振不动点的闭合环，这一行为对
应前面讨论的解析解。然而，若偏振态靠近不稳定的不动点 $(-S_0, 0, 0)$，则输入偏振态的微
小变化也会在输出端引起很大的变化，这一点将在下面讨论。

6.3.3　偏振不稳定性

偏振不稳定性表现为，当输入连续光的功率或偏振态有很小改变时，输出偏振态就有很大
的变化[33~35]。偏振不稳定性表明，保偏光纤的慢轴和快轴并不完全等价。

偏振不稳定性的起因可以从以下定性讨论中看出[34]。当入射光靠近慢轴方向偏振（若

$n_x > n_y$ 则为 x 轴)时,非线性双折射加上固有线性双折射,使光纤总的双折射增加。相反,当入射光靠近快轴方向偏振时,非线性双折射使总的双折射减小,而且减小量取决于入射功率,结果光纤双折射变得更小,有效偏振拍长 L_B^{eff} 增大。当入射功率达到某一临界值时,非线性双折射可以完全抵消线性双折射,L_B^{eff} 变成无限大。进一步增加入射功率,光纤又表现出双折射,但是慢轴和快轴所扮演的角色反转过来。当入射功率接近线性与非线性双折射达到平衡所需的临界功率时,输出偏振态明显发生变化。粗略地说,当入射峰值功率大到足以使非线性长度 L_{NL} 与固有偏振拍长 L_B 相比拟时,就会发生偏振不稳定性。

式(6.3.11)中的椭圆函数的周期决定了有效偏振拍长为[34]

$$L_B^{\text{eff}} = \frac{2K(m)}{\pi\sqrt{|q|}}L_B \tag{6.3.22}$$

式中,L_B 是低功率下的偏振拍长,$K(m)$ 是椭圆函数的四分之一周期,m 和 q 由式(6.3.13)给出,并可用归一化入射功率 $p = P_0/P_{\text{cr}}$ 表示。当不存在非线性效应时,$p = 0$,$q = 1$,则有

$$L_B^{\text{eff}} = L_B = 2\pi/|\Delta\beta| \tag{6.3.23}$$

图 6.7 给出了 $\theta = 0°$ 和 $\theta = 90°$ 时,L_B^{eff} 随 p 的变化关系。当 $\theta = 90°$,$P_0 = P_{\text{cr}}$ 时,因为线性双折射和非线性双折射完全抵消[35],有效偏振拍长变为无穷大,这就是偏振不稳定性的起因。L_B^{eff} 变为无穷大时的临界功率 P_{cr} 与邦加球上不动点的个数从 2 变到 4 时的临界功率相同,这样偏振不稳定性就可以用邦加球上椭圆偏振不动点的出现来解释,其实这两种观点是等效的。

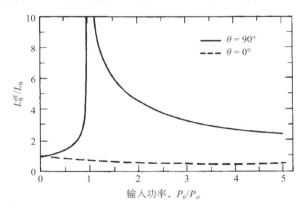

图 6.7　对光沿快轴(实线)和慢轴(虚线)偏振,有效偏振拍长随输入功率的变化关系[34] (©1996 OSA)

由于 L_B^{eff} 变化很大,当 P_0 接近 P_{cr} 并且入射光靠近快轴偏振时,输出偏振态发生剧烈变化。图 6.8 给出了对于几个 θ 值,透射率 T_p 随入射功率的变化关系,其中假设光纤输出端的检偏器阻隔了低强度光(见图 6.1)。当 $\theta = 0°$ 或 $\theta = 90°$ 时,T_p 对所有的入射功率都保持为零。若 θ 在慢轴附近变化较小,则 T_p 仍保持在零附近。但是当 θ 在快轴附近有一个很小的变化时,T_p 急剧变化。注意,当 θ 从 89° 变化到 90° 时,T_p 对输入偏振角极为敏感。图 6.8 虽然是在 $(\Delta\beta)L = 2\pi$ 或 $L = L_B$ 的条件下绘出的,但对于其他光纤长度,其定性结果仍然相同。

1986 年,在首次观察到偏振不稳定性的实验中[37],将波长为 532 nm 且脉宽为 80 ps 的脉冲通过一段 53 cm 长的光纤,测得光纤的固有偏振拍长 $L_B \approx 50$ cm。入射脉冲是右旋圆偏振光,并且在光纤输出端置一个圆检偏器,仅让左旋圆偏振光通过。当峰值功率超过临界值时,输出脉冲形状急剧变化。测得的临界功率和输出脉冲形状与理论预期结果一致。在后来的实

验中发现[44]，当入射信号在低双折射光纤的快轴附近偏振时，偏振不稳定性可使弱强度调制大大增强。在本实验中，200 ns 的入射脉冲由工作在 1.06 μm 波长的 Q 开关 Nd：YAG 激光器产生，由于激光器内的纵模拍频，脉冲强度表现为 76 MHz 的调制。当信号在光纤的慢轴附近偏振时，这些小幅度调制不受影响，但当入射脉冲在快轴附近偏振时，这些小幅度调制被放大 6 倍。实验结果与理论，特别是与包括了引起椭圆双折射的光纤扭曲的一般理论，在定性上符合得很好[44]。

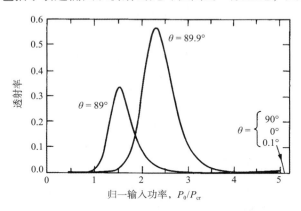

图 6.8   对不同的输入角，长度 $L = L_B$ 的双折射光纤透射率随输入功率的变化关系[34]（©1986 OSA）

图 6.8 所示的与功率有关的透射率在光开关中比较有用。偏振不稳定性感应的线偏振光的自开关现象已在石英光纤中得到验证[45]，另外还可以通过弱脉冲切换强光束的偏振态。对于孤子，也可以形成偏振开关[47]。可是在所有情形中，作为开关所需的入射功率相当大，除非用模式双折射很低的光纤。如果取式（6.3.10）中的 $\gamma = 10 \ \mathrm{W}^{-1}/\mathrm{km}$，对于偏振拍长 $L_B = 1 \ \mathrm{m}$ 的光纤，所需的 P_0 约为 1 kW。若使用高双折射光纤，则此值要大 100 倍甚至更多。基于此原因，如果实验中使用高双折射光纤，无需考虑偏振不稳定性的影响，因为在大多数实验中 P_0 小于 1 kW。

6.3.4   偏振混沌

如果光纤的线性双折射沿光纤长度被调制，则偏振不稳定性可导致输出偏振态的混沌。将光纤均匀地缠绕在圆筒上，可实现对双折射的调制。调制双折射也可在光纤制造过程中通过预制棒的周期性摆动或通过应力的周期性分布引入。人们对调制线性双折射对偏振态演化的影响已进行了研究[39~42]，本节将简单介绍利用缠绕光纤法引入调制双折射。

双折射光纤的缠绕会同时产生两种效应：第一，光纤主轴不再是固定的，而是以周期性的方式沿光纤长度旋转；第二，剪切应力产生正比于扭曲率的圆双折射。当这两种效应均包括在内时，方程（6.3.1）和方程（6.3.2）要采用下面的形式[44]：

$$\frac{\mathrm{d}A_+}{\mathrm{d}z} = ib_c A_+ + \frac{\mathrm{i}\Delta\beta}{2} e^{2\mathrm{i}r_t z} A_- + \frac{2\mathrm{i}\gamma}{3}(|A_+|^2 + 2|A_-|^2)A_+ \tag{6.3.24}$$

$$\frac{\mathrm{d}A_-}{\mathrm{d}z} = ib_c A_- + \frac{\mathrm{i}\Delta\beta}{2} e^{-2\mathrm{i}r_t z} A_+ + \frac{2\mathrm{i}\gamma}{3}(|A_-|^2 + 2|A_+|^2)A_- \tag{6.3.25}$$

式中，$b_c = hr_t/2\bar{n}$ 与圆双折射有关，r_t 是单位长度的扭曲率，$\bar{n}$ 是平均模折射率。对于石英光纤，参量 h 的值约为 0.15。上面的方程可以用来寻找不动点，这与 6.3.1 节中的无扭曲光纤的情形相同。超过临界功率，同样会找到 4 个不动点，结果偏振不稳定性仍会沿快轴产生，但临界功率变大。

通过使方程(6.3.1)和方程(6.3.2)中的参量 $\Delta\beta$ 为 z 的周期函数,即 $\Delta\beta = \Delta\beta_0[1 - i\epsilon\cos(b_m z)]$,也可以将双折射调制包括在内[42],其中 ϵ 是振幅,b_m 是调制的空间频率。由此得到的方程不能解析求解,但可以通过相空间或邦加球法近似研究偏振态的演化[39~42]。这种方法表明,邦加球上斯托克斯矢量的运动变得混沌,这是因为在经过模式双折射 $\Delta\beta$ 的每一个相继周期后,偏振不能恢复到初始状态。这种研究对估计参量值的范围很有用,因为如果光纤用做全光开关,为避免混沌开关,这些参量值必须保持在一定范围内。

6.4　矢量调制不稳定性

本节将 5.1 节中的调制不稳定性从标量情形推广到矢量情形,在此情形下,当连续光入射到双折射光纤中时,将同时激发两个偏振分量。与标量情形类似,可在光纤反常色散区产生矢量调制不稳定性。一个主要问题是,即使连续光的波长位于光纤正常群速度色散区,交叉相位调制感应的耦合是否会使连续态变得不稳定?早在 1970 年,人们就利用耦合非线性薛定谔方程预见了各向同性非线性介质(无双折射)中的矢量调制不稳定性[48]。从 1988 年开始,人们就在理论和实验两方面对双折射光纤中的矢量调制不稳定性进行了广泛研究[49~68]。由于矢量调制不稳定性在低双折射光纤和高双折射光纤中表现出不同的定性行为,因此要分别考虑这两种情形。

6.4.1　低双折射光纤

对于低双折射光纤的情形,研究调制不稳定性时必须保留方程(6.1.11)和方程(6.1.12)中的相干耦合项[49]。正如前面所述,利用光场的两个圆偏振分量写成的方程(6.1.15)和方程(6.1.16)将更为方便。这两个方程的稳态解或连续波解已在 6.3 节中给出,但由于解涉及到椭圆函数,因此利用它分析调制不稳定性相当复杂。若入射连续光的偏振态沿光纤某一主轴方向,则可使问题变得易于处理。

首先考虑偏振态沿快轴的情形($A_x = 0$)。由于在此情形下,还能发生 6.3 节中讨论的偏振不稳定性,因而人们尤其感兴趣。若不计光纤损耗($\alpha = 0$),则其稳态解为

$$\overline{A_\pm}(z) = \pm i\sqrt{P_0/2}\,\exp(i\gamma P_0 z) \tag{6.4.1}$$

式中,P_0 是入射功率,按照 5.1 节中的步骤,可以假定方程具有下列形式的解,以检验稳态的稳定性:

$$A_\pm(z,t) = \pm[i\sqrt{P_0/2} + a_\pm(z,t)]\exp(i\gamma P_0 z) \tag{6.4.2}$$

式中,$a_\pm(z, t)$ 是微扰,将式(6.4.2)代入方程(6.1.15)和方程(6.1.16),并使 a_+ 和 a_- 线性化,可以得到两个耦合线性方程。假设这两个方程具有下列形式的解:

$$a_\pm = u_\pm\exp[i(Kz - \Omega t)] + iv_\pm\exp[-i(Kz - \Omega t)] \tag{6.4.3}$$

式中,K 是波数,Ω 是微扰频率。这样可以得到关于 $u_\pm$ 和 $v_\pm$ 的 4 个代数方程,仅当微扰满足色散关系

$$[(K - \beta_1\Omega)^2 - C_1][(K - \beta_1\Omega)^2 - C_2] = 0 \tag{6.4.4}$$

时[49],方程组才有非平凡解。式中

$$C_1 = \frac{1}{2}\beta_2\Omega^2\left(\frac{1}{2}\beta_2\Omega^2 + 2\gamma P_0\right) \tag{6.4.5}$$

$$C_2 = \left(\frac{1}{2}\beta_2\Omega^2 + \Delta\beta - 2\gamma P_0/3\right)\left(\frac{1}{2}\beta_2\Omega^2 + \Delta\beta\right) \tag{6.4.6}$$

正如在 5.1 节中讨论的,如果对于某些 Ω 值,波数 K 的虚部不为零,则稳态解将变得不稳

定，这意味着此频率下的微扰将沿光纤指数增长，功率增益 $g = 2\mathrm{Im}(K)$。调制不稳定性的特性在很大程度上取决于入射功率 P_0 是低于还是高于式（6.3.10）给定的偏振不稳定性的阈值 P_{cr}，若 $P_0 < P_{cr}$，则调制不稳定性仅在光纤反常色散区发生，与 5.1 节的结果类似。交叉相位调制效应减小了式（5.1.9）给出的增益，但仍在同一 Ω 值处产生最大的增益（见图 5.1）。

由式（6.4.4）易推知，假设 $C_2 < 0$，在光纤正常色散区（$\beta_2 > 0$）仍会发生调制不稳定性。当频率在 $0 < |\Omega| < \Omega_{c1}$ 范围内时，即满足这一条件，式中

$$\Omega_{c1} = (4\gamma/3\beta_2)^{1/2}\sqrt{P_0 - P_{cr}} \tag{6.4.7}$$

于是只有当 $P_0 > P_{cr}$ 时，才能在光纤正常色散区发生调制不稳定性。当满足这一条件时，增益为

$$g(\Omega) = |\beta_2|\sqrt{(\Omega^2 + \Omega_{c2}^2)(\Omega_{c1}^2 - \Omega^2)} \tag{6.4.8}$$

式中，

$$\Omega_{c2} = (2\Delta\beta/\beta_2)^{1/2} \tag{6.4.9}$$

现在考虑连续光沿慢轴偏振的情形（$A_y = 0$），可以按照同样的步骤得到色散关系 $K(\Omega)$。实际上，如果改变 $\Delta\beta$ 的符号，则式（6.4.4）至式（6.4.6）仍然适用，调制不稳定性仍可以在光纤正常色散区发生，但增益仅在 $\Omega_{c2} < |\Omega| < \Omega_{c3}$ 频率范围内才存在，式中

$$\Omega_{c3} = (4\gamma/3\beta_2)^{1/2}\sqrt{P_0 + P_{cr}} \tag{6.4.10}$$

调制不稳定性增益为

$$g(\Omega) = |\beta_2|\sqrt{(\Omega^2 - \Omega_{c2}^2)(\Omega_{c3}^2 - \Omega^2)} \tag{6.4.11}$$

图 6.9 比较了入射光分别沿慢轴和快轴偏振时的增益谱，所用光纤的 $\beta_2 = 60 \ \mathrm{ps^2/km}$，$\gamma = 25 \ \mathrm{W^{-1}/km}$，拍长 $L_B = 5 \ \mathrm{m}$。对于这些参量值，当输入功率为 75.4 W 时，$p = 1$；当输入功率为 100 W 时，$p = 1.33$（见图 6.9 中的左图）；而输入功率为 200 W 时，$p > 2$（见图 6.9 中的右图）。图 6.9 中最值得注意的特征是，与图 5.1 的增益谱相比，当光沿快轴偏振时（$p > 1$），增益在 $\Omega = 0$ 附近不为零，这就是 6.3 节讨论的仅当入射光沿快轴偏振时才发生的偏振不稳定性的表现。当 $p < 2$ 时，沿慢轴偏振的连续光的增益更大，但是当 p 接近 2 时，这三个增益峰相当；当 p 超过 2 时，快轴增益谱在 $\Omega = 0$ 处出现一个凹陷，同时增益峰出现在有限的 Ω 值处。在这种情形下，无论连续光是沿慢轴还是沿快轴偏振，都将产生频谱边带。这种情形和 5.1 节中的标量情形类似，但出现的新特征是，这样的频谱边带甚至在双折射光纤的正常群速度色散区也能形成。所有这些特征都已经在实验中观察到[58]。

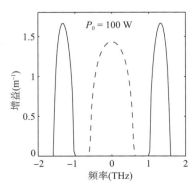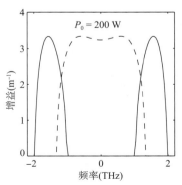

图 6.9　对于沿低双折射光纤（$L_B = 5 \ \mathrm{m}$）的慢轴（实线）或快轴（虚线）偏振的连续光，
在 100 W（左图）和 200 W（右图）功率、正常色散条件下调制不稳定性的增益谱

6.4.2 高双折射光纤

对于高双折射光纤，方程(6.1.11)和方程(6.1.12)中表示相干耦合(或四波混频)的最后一项可以忽略，这两个方程可以简化为 $B = \frac{2}{3}$ 时的方程(6.1.22)和方程(6.1.23)，并表现出另一种不同的调制不稳定性[51~54]。这一情形在数学意义上类似于第 7 章讨论的双波长情形。

为得到稳态解，可将方程(6.1.22)和方程(6.1.23)中的时间导数项设为零，同时忽略光纤损耗(即 $\alpha = 0$)，则稳态解为(见 6.2.1 节)

$$A_x(z) = \sqrt{P_x} \exp[i\phi_x(z)], \quad A_y(z) = \sqrt{P_y} \exp[i\phi_y(z)] \tag{6.4.12}$$

式中，P_x 和 P_y 是常量模功率，并且

$$\phi_x(z) = \gamma(P_x + BP_y)z, \quad \phi_y(z) = \gamma(P_y + BP_x)z \tag{6.4.13}$$

相移取决于两个偏振分量的功率。与低双折射光纤的情形形成对照，此解对与慢轴成任意角度偏振的连续光都是正确的。

为检验稳态的稳定性，假设与时间有关的解为

$$A_j = \left(\sqrt{P_j} + a_j\right)\exp(i\phi_j) \tag{6.4.14}$$

式中，$a_j(z, t)$($j = x$ 或 y)是微扰。将式(6.4.14)代入方程(6.1.22)和方程(6.1.23)，并使 a_x 和 a_y 线性化，所得线性方程组的解为

$$a_j = u_j \exp[i(Kz - \Omega t)] + iv_j \exp[-i(Kz - \Omega t)] \tag{6.4.15}$$

式中，$j = x$ 或 y，K 是波数，Ω 是微扰频率。

为简单起见，重点讨论入射连续光与慢轴成45°偏振的情形。此时两种偏振模式具有相同功率($P_x = P_y = P$)，这种情形下的色散关系可以写为[51]

$$[(K - b)^2 - H][(K + b)^2 - H] = C_X^2 \tag{6.4.16}$$

式中，$b = (\beta_{1x} - \beta_{1y})\Omega/2$ 是为了考虑群速度失配的影响而引入的量，

$$H = \beta_2\Omega^2(\beta_2\Omega^2/4 + \gamma P) \tag{6.4.17}$$

交叉相位调制耦合参量 C_X 定义为 $C_X = B\beta_2\gamma P\Omega^2$。如前面所述，对于某些 Ω 值，K 变为复数，这时就会发生调制不稳定性，其增益为 $g = 2\text{Im}(K)$。

从式(6.4.16)得到的最重要的结论是，无论群速度色散参量符号如何，总会发生调制不稳定性[51]。在正常群速度色散($\beta_2 > 0$)情形下，增益仅在 $C_X > |H - b|^2$ 时存在。图 6.10 给出了三个不同功率下的增益谱，其中所用光纤的参量值为 $\beta_2 = 60 \text{ ps}^2/\text{km}$，$\gamma = 25 \text{ W}^{-1}/\text{km}$，群速度失配为 1.5 ps/m。由图 6.10 可见，低功率下的增益谱相当窄，峰值位于 $\Omega_m = |\beta_{1x} - \beta_{1y}|/\beta_2$ 附近。随着峰值功率的增加，增益谱变宽，同时峰值发生红移。在图 6.10 中的所有三种情形下，当连续光在光纤中传输时，在频率大于 2.5 THz 时演化为时域调制。由于 Ω_m 取决于光纤的双折射，易于改变，这就为调制频率提供了一种调谐机制。一个令人意想不到的特征是，当入射功率超过临界值

$$P_c = 3(\beta_{1x} - \beta_{1y})^2/(4\beta_2\gamma) \tag{6.4.18}$$

时，调制不稳定性消失。另一个奇怪的特征是，当入射光靠近光纤主轴偏振时，调制不稳定性也消失了[52]。如果用通过光纤模式双折射实现相位匹配的四波混频过程来解释调制不稳定性(见第 10 章)，则可以定性地理解这两个特征。在正常群速度色散情形下，自相位调制和交叉相位调制感应的相移实际上加大了群速度色散感应的相位失配，而正是光纤双折射才抵消了

相位失配。这样，对于一个给定值的双折射，只有非线性相移保持在某个值以下，才能满足相位匹配条件，这就是式(6.4.18)中临界功率的起因。四波混频过程的一个有趣特征是，$\omega_0 - \Omega$处的低频边带沿慢轴偏振，而$\omega_0 + \Omega$处的高频边带沿快轴偏振，这也可以由10.3.3节中的相位匹配条件来理解。

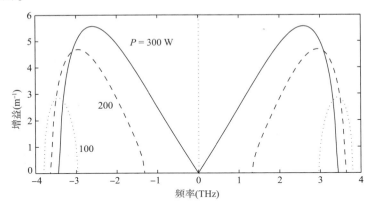

图6.10　入射光与高双折射光纤的慢轴成45°线偏振时，高双折射光纤正常色散区的调制不稳定性增益谱

6.4.3　各向同性光纤

显然，光纤的模式双折射对调制不稳定性的发生起重要作用。一个很自然的问题是，调制不稳定性能否在无双折射的($n_x = n_y$)各向同性光纤中发生。尽管这种光纤很难制造，但通过在拉制阶段旋转预制棒，可以制造出具有极低双折射($|n_x - n_y| < 10^{-8}$)的光纤。从基本原理的角度讲，这一问题也很有趣，早在1970年就进行了有关讨论[48]。

高双折射光纤的理论不能用于$\Delta\beta = 0$的情形，因为这时相干耦合项已被忽略掉。相反，低双折射光纤的理论在$\Delta\beta = 0$时仍是正确的，主要区别是$P_{cr} = 0$，因为各向同性光纤中不会发生偏振不稳定性。于是$\Omega_{c2} = 0$，$\Omega_{c1} = \Omega_{c3} \equiv \Omega_c$，式(6.4.8)中调制不稳定性的增益谱简化为

$$g(\Omega) = |\beta_2 \Omega| \sqrt{\Omega_c^2 - \Omega^2} \tag{6.4.19}$$

无论入射光是沿慢轴还是沿快轴偏振，这一结果与5.1节中的标量情形下的结果相同，它表明调制不稳定性的时域和频域特征与入射光的线偏振方向无关，这是对任何各向同性非线性介质都成立的结论。

当入射光是圆偏振或椭圆偏振的时，情况就不同了，下面就讨论这种情形。令方程(6.1.15)和方程(6.1.16)中的$\Delta\beta = 0$，为简单起见，同时令$\alpha = 0$，则方程简化为下面的耦合非线性薛定谔方程[48]：

$$\frac{\partial A_+}{\partial z} + \frac{\mathrm{i}\beta_2}{2}\frac{\partial^2 A_+}{\partial T^2} + \mathrm{i}\gamma'\left(|A_+|^2 + 2|A_-|^2\right)A_+ = 0 \tag{6.4.20}$$

$$\frac{\partial A_-}{\partial z} + \frac{\mathrm{i}\beta_2}{2}\frac{\partial^2 A_-}{\partial T^2} + \mathrm{i}\gamma'\left(|A_-|^2 + 2|A_+|^2\right)A_- = 0 \tag{6.4.21}$$

式中，$T = t - \beta_1 z$，$\gamma' = 2\gamma/3$，易得以上方程组的稳态解为

$$\overline{A}_\pm(z) = \sqrt{P_\pm}\exp(\mathrm{i}\phi_\pm) \tag{6.4.22}$$

式中，$P_\pm$是两个圆偏振分量的入射功率，$\phi_\pm(z) = \gamma'(P_\mp + 2P_\pm)z$是非线性相移。

与前面相同，利用

$$A_\pm(z,t) = [\sqrt{P_\pm} + a_\pm(z,t)]\exp(\mathrm{i}\phi_\pm) \qquad (6.4.23)$$

对稳态解进行扰动，式中 $a_\pm(z,t)$ 是微扰。将式(6.4.23)代入方程(6.4.20)和方程(6.4.21)中，并使 a_+ 和 a_- 线性化，可以得到两个耦合线性方程。假设方程存在式(6.4.3)形式的解，则可以得到关于 $u_\pm$ 和 $v_\pm$ 的 4 个代数方程，仅当微扰满足色散关系[48]

$$(K - H_+)(K - H_-) = C_X^2 \qquad (6.4.24)$$

时，方程组才有非平凡解，式中

$$H_\pm = \frac{1}{2}\beta_2\Omega^2\left(\frac{1}{2}\beta_2\Omega^2 + \gamma P_\pm\right) \qquad (6.4.25)$$

交叉相位调制耦合参量 C_X 定义为

$$C_X = 2\beta_2\gamma\Omega^2\sqrt{P_+P_-} \qquad (6.4.26)$$

发生调制不稳定性的一个必要条件是 $C_X^2 > H_+H_-$。由于 C_X 与 $\sqrt{P_+P_-}$ 有关，并且对于圆偏振光 C_X 为零，此条件下不会发生调制不稳定性；对于椭圆偏振光，调制不稳定性增益取决于式(6.3.4)定义的椭圆率 e_p。

6.4.4 实验结果

矢量调制不稳定性最早是在高双折射光纤的正常色散区观察到的[51~53]。在其中一个实验中[52]，将波长为 514 nm 且峰值功率为 250 W 的 30 ps 脉冲以偏振角45°入射到 10 m 长的光纤中，在光纤输出端，脉冲频谱出现间隔为 2.1 THz 的调制边带，并且自相关迹也表明存在 480 fs 的强度调制，观察到的边带间隔与理论计算值吻合得很好。在另一个实验中[51]，600 nm 波长的输入脉冲的脉宽仅为 9 ps，由于 18 m 长的光纤的群速度失配约为 1.6 ps/m，所以仅仅传输 6 m 后两个偏振分量就相互分开。在光纤输入端将速度较快的偏振分量延迟 25 ps 可解决走离问题。时域和频域测量结果表明，两偏振分量都产生了高频(约为 3 THz)调制，这与理论预期的一致，而且随着峰值功率的增加，调制频率下降。另外该实验还表明，入射光的每个偏振分量仅产生一个边带，这也与理论相符。在后来的一个实验中[53]，调制不稳定性是由光波分裂感应的时域振荡发展过来的(见 4.2.3 节)，这一行为可由图 4.13 来理解。注意，图中的光波分裂表现为频谱边带，如果这些边带在调制不稳定性增益曲线的带宽内，就可以作为调制不稳定性过程的种子光。

尽管从理论上预测，矢量调制不稳定性可在高双折射光纤的反常色散区发生，但在实验上更难以观察到这种现象[64]。原因在于这一区域还会发生 5.1 节中讨论的标量调制不稳定性，而且如果入射光沿主轴方向偏振，则标量调制不稳定性将占主导地位。在 2005 年的一个实验中，当入射光与主轴成45°角偏振时，可观察到清晰的矢量调制不稳定性迹象[66]。图 6.11 给出了当重复频率为 2.5 kHz 的 3.55 ns 脉冲(平均功率约为 1 mW)入射到 51 m 长的光纤中时，在光纤输出端观察到的频谱，其中光纤因双折射感应的微分群延迟为 286 fs/m。在图 6.11 中看到的中央多峰结构归因于标量调制不稳定性，但最外面的两个峰是由矢量调制不稳定性产生的，这两个峰分别对应沿光纤快轴和慢轴正交偏振的情形，这是矢量调制不稳定性独有的特征。

1995 年，在低双折射光纤中观察到了调制不稳定性[55]。实验用工作在 647 nm 波长的氪离子激光器发射的 60 ps 脉冲(峰值功率大于 1 kW)作为入射脉冲，所用光纤仅几米长，将其缠绕在一个直径较小的线轴上，用感应的应力来控制光纤的双折射。当入射脉冲沿慢轴偏振时，标志着调制不稳定性发生的两个边带具有同样的偏振态，且沿快轴偏振。通过简单地改变线轴大小，边带间隔可以在大约 20 nm 范围内变化，因为更小的线轴直径会产生更大的应力感应双折射，从而产生更大的边带间隔。这一思想的一种变形是，将光纤缠在两个线轴上，可以得到双折射值沿光纤长度周期性变化的光纤[56]。这种周期性变化可通过准相位匹配产生新的边带，与5.1 节中讨论的色散和非线性的周期性变化类似。

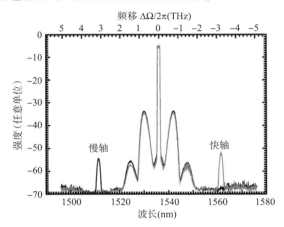

图 6.11　当泵浦光与主轴成 45°角偏振时，在 51 m 长的高双折射光纤的输出端观察到的频谱边带，深线和浅线分别对应沿快轴和慢轴偏振，中央多峰结构是标量调制不稳定性造成的[66]（©2005 OSA）

1998 年，利用泵浦–探测结构对低双折射光纤中的感应调制不稳定性进行了系统研究[58]，探测光为调制不稳定性过程提供了种子注入。在一系列实验中，泵浦光由工作在 575 nm 附近的染料激光器提供，脉宽足够大（4 ns），因此可以实现准连续运转。泵浦–探测光的波长间隔可调，以便研究不同区域的调制不稳定性。在光纤拉制过程中，快速旋转预制棒，因此固有双折射的平均值为零。将光纤缠绕在直径为 14.5 cm 的线轴上，可以引入大小可控制的低双折射，实验测得拍长为 5.8 m，对应仅 10^{-7} 的模式双折射。对于这样的光纤，发生调制不稳定性的临界功率[见式（6.3.10）] 估计为 70 W。

图 6.12 给出了在几种不同实验条件下测得的调制不稳定性边带。在所有情况下，泵浦功率为 112 W（1.6 P_{cr}），而探测功率保持为较低值（约为 1 W）。首先，考虑泵浦光沿快轴偏振的情形（见图 6.12 中的上部）。若泵浦–探测光间隔为 0.3 THz，则探测光频率落在调制不稳定性的增益谱带内（见图 6.9），结果泵浦光的频谱中出现一系列间隔为 0.3 THz 的边带；相反，若泵浦–探测光间隔为 1.2 THz，则探测光频率落在调制不稳定性的增益谱带外，不会发生调制不稳定性。当泵浦光沿慢轴偏振时（见图 6.12 中的下部），情况则正好相反，此时泵浦–探测 0.3 THz 的失谐将使探测光频率落在增益谱带外；仅当泵浦–探测光的失谐为 1.2 THz 时，才能形成调制不稳定性边带。这些实验结果与前面给出的理论相符。在时域中，泵浦脉冲形成深度调制，这对应于重复频率在太赫兹范围的一个暗孤子序列[58]。当调制不稳定性在高双折射光纤中发生时，也会形成暗孤子[59]。如果回想到光纤在正常群速度色散区仅能支持暗孤子（见第 5 章），那么以上暗孤子的形成就不足为奇了。

在所有这些实验中，光纤双折射起重要作用。正如前面讨论过的，矢量调制不稳定性能在各向同性光纤（$n_x = n_y$）中发生，这样其增益谱取决于入射连续光的偏振态。遗憾的是，制造无双折射的光纤比较困难，作为一种替代方法，已在双模光纤中观察到了调制不稳定性。在双模光纤中，入射光激发功率近似相等的两个光纤模式（LP_{01} 和 LP_{11}），且这两个模式具有相同的群速度[57]。在 1999 年的一个实验中[60]，通过以 25 cm 的曲率半径缠绕 50 m 长的"旋制"光纤，得到了近各向同性的光纤，其拍长约为 1 km，这意味着双折射小于 10^{-8}。因此，在 50 m 长度内，这种光纤几乎是各向同性的。当峰值功率为 120 W 的 230 ps 脉冲（$\lambda = 1.06\ \mu m$）入射到光纤中时，观察到了调制不稳定性边带。当线偏振光的偏振角在 90° 范围内变化时，记录到的频谱几乎相同。对于圆偏振光，边带消失。由于各向同性光纤没有优先方向，因此这一行为是预料之中的。而当入射光是椭圆偏振光时，频谱边带的强度随椭圆率变化，这也与理论相符。

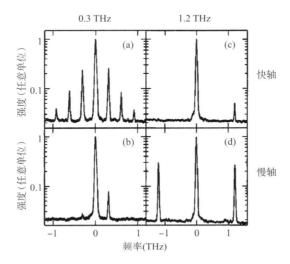

图 6.12　在低双折射光纤中观察到的调制不稳定性边带，泵浦光沿快轴（上部）或慢轴（下部）偏振，左列和右列的泵浦–探测光失谐分别是 0.3 THz 和 1.2 THz[58]（©1998 OSA）

6.5　双折射和孤子

第 5 章关于光孤子的讨论忽略了偏振效应，即暗含了假设光纤无双折射这一条件，给出的结果也适用于入射脉冲沿保偏光纤的某一主轴线偏振的高双折射光纤。本节将讨论入射脉冲与慢轴成一有限角度偏振时孤子的形成[69~83]。有两个重要问题：第一，在低双折射光纤中，孤子峰值功率可能超过发生偏振不稳定性的临界值[见式(6.3.10)]，偏振不稳定性反过来有可能影响沿快轴线偏振入射的孤子；第二，在高双折射光纤中，两个正交偏振分量间的群速度失配可能使这两个分量在光纤中分开。本节就将讨论这两个问题。

6.5.1　低双折射光纤

首先考虑低双折射光纤的情形。由于这种光纤中的群速度失配相当小，可认为方程(6.1.11)和方程(6.1.12)中的 $\beta_{1x} \approx \beta_{1y}$，并且当用光场的圆偏振分量代替线偏振分量时，要用方程(6.1.15)和方程(6.1.16)。利用 5.2 节引入的孤子单位，可以得到以下形式的耦合非线性薛定谔方程[69]：

$$\mathrm{i}\frac{\partial u_+}{\partial \xi} + \frac{\mathrm{i}}{2}\frac{\partial^2 u_+}{\partial \tau^2} + bu_- + \frac{2}{3}(|u_+|^2 + 2|u_-|^2)u_+ = 0 \qquad (6.5.1)$$

$$\mathrm{i}\frac{\partial u_-}{\partial \xi} + \frac{\mathrm{i}}{2}\frac{\partial^2 u_-}{\partial \tau^2} + bu_+ + \frac{2}{3}(|u_-|^2 + 2|u_+|^2)u_- = 0 \qquad (6.5.2)$$

式中，$b = (\Delta\beta)L_D/2$，光纤损耗忽略不计。归一化变量 ξ，τ 和 $u_{\pm}$ 定义为

$$\xi = z/L_D, \quad \tau = (t - \beta_1 z)/T_0, \quad u_{\pm} = (\gamma L_D)^{1/2} A_{\pm} \qquad (6.5.3)$$

式中，$L_D = T_0^2/|\beta_2|$ 是色散长度，T_0 是脉宽。这一方程组将 5.2 节中的标量非线性薛定谔方程推广到适用于低双折射光纤的矢量情形，并可以利用 2.4 节中的分步傅里叶法数值求解。

数值结果表明，偏振不稳定性对孤子的影响与 6.2.3 节中讨论的连续光情形类似，如果非线性长度 L_{NL} 大于偏振拍长 $L_B = 2\pi/\Delta\beta$，即使孤子沿快轴方向偏振，也能保持稳定。相反，如果 $L_{NL} \ll L_B$，则孤子沿慢轴方向偏振时能保持稳定，而沿快轴方向偏振时却不稳定。当 $L_{NL} \ll L_B$ 时，偏振方向靠近快轴发射的线偏振基阶孤子（$N = 1$）的演化情况如下[69]：由于偏振不稳定性的作用，在几个孤子周期内大部分脉冲能量由快模转移到慢模中，同时部分能量被色散掉。脉冲能量在两个模之间来回交换几次，这一过程与弛豫振荡相似，然而大部分入射能量最终出现在沿慢轴偏振的类孤子脉冲中。高阶孤子的情况则有些不同，经过初始窄化阶段后，高阶孤子分裂成若干个基阶孤子，这一行为与 5.5 节中讨论的类似。然后部分能量转移到慢模中，最终产生一个脉宽比入射脉宽更窄的沿慢轴偏振的基阶孤子。

连续光的偏振不稳定性条件可用来得到有关孤子周期的一个条件。如果利用式（6.3.10），则条件 $P_0 > P_{cr}$ 变为 $(\Delta\beta)L_{NL} < \frac{2}{3}$，式中 $L_{NL} = (\gamma P_0)^{-1}$ 是非线性长度。用 $\Delta\beta = 2\pi/L_B$，$N^2 = L_D/L_{NL}$ 和 $z_0 = (\pi/2)L_D$，这一条件可以写成 $z_0 < N^2 L_B/6$，数值结果与这一条件相吻合[69]。对于低双折射光纤，典型的 L_B 约为 1 m，这样仅当 $z_0 \ll 1$ m 时，偏振不稳定性才影响基阶孤子（$N = 1$），而实际中只有对飞秒脉冲（$T_0 < 100$ fs）才能实现这样小的 z_0 值。

6.5.2 高双折射光纤

在高双折射光纤中，入射脉冲快分量和慢分量之间的群速度失配不可忽略。如果输入偏振角 θ 偏离 0° 或 90°，这样的失配将使脉冲分裂成沿两个主轴偏振的两个分量。一个有趣的问题是，孤子是否也会发生这样的分裂行为？

通过数值求解方程（6.1.22）和方程（6.1.23）可以研究群速度失配效应。如果假设是反常色散（$\beta_2 < 0$），并且用 5.2 节中的孤子单位，则方程（6.1.22）和方程（6.1.23）变为

$$i\left(\frac{\partial u}{\partial \xi} + \delta\frac{\partial u}{\partial \tau}\right) + \frac{1}{2}\frac{\partial^2 u}{\partial \tau^2} + (|u|^2 + B|v|^2)u = 0 \qquad (6.5.4)$$

$$i\left(\frac{\partial v}{\partial \xi} - \delta\frac{\partial v}{\partial \tau}\right) + \frac{1}{2}\frac{\partial^2 v}{\partial \tau^2} + (|v|^2 + B|u|^2)v = 0 \qquad (6.5.5)$$

式中，u 和 v 分别是沿 x 轴和 y 轴线偏振的场分量的归一化振幅，并且

$$\delta = (\beta_{1x} - \beta_{1y})T_0/(2|\beta_2|) \qquad (6.5.6)$$

它描述了两偏振分量之间的群速度失配。归一化时间 $\tau = (t - \overline{\beta_1}z)/T_0$，其中 $\overline{\beta_1} = \frac{1}{2}(\beta_{1x} + \beta_{1y})$ 与平均群速度是逆相关的。为简单起见，忽略了光纤损耗，但也很容易将其包括在内。对于线性双折射光纤，交叉相位调制耦合参量 $B = \frac{2}{3}$。

当输入脉冲以偏振角 θ（从慢轴度量）入射时，为解方程（6.5.4）和方程（6.5.5），输入脉冲应具有以下形式：

$$u(0, \tau) = N\cos\theta\,\text{sech}(\tau), \quad v(0, \tau) = N\sin\theta\,\text{sech}(\tau) \qquad (6.5.7)$$

式中，N 为孤子阶数。当不存在交叉相位调制耦合时，两个偏振分量独自演化，并因群速度的不同彼此分开。中心问题是这种行为是如何受交叉相位调制影响的。对于不同的 N，θ 和 δ 值，取 $B = 2/3$，可以通过数值求解方程(6.5.4)和方程(6.5.5)回答这个问题[70~72]。

数值结果可概括如下：当两个模被同等地激发($\theta = 45°$)时，如果 N 超过取决于 δ 的临界值 N_{th}(例如，当 $\delta = 0.15$ 时 $N_{th} \approx 0.7$，当 $\delta = 0.5$ 时 $N_{th} \approx 1$)，则两分量仍被束缚在一起。作为一个实例，图 6.13 给出了 $N = 1$，$\delta = 0.2$ 时，脉冲的慢轴分量和快轴分量在 10 个色散长度上的时域和频域演化。起初这两个偏振分量以不同的速度移动，但不久它们被彼此捕获，并以几乎相同的速度运动，这种捕获行为是两个偏振分量在相反方向发生的频域位移的结果。图 6.14 清楚地给出了这种捕获行为，它比较了在 $z = 10L_D$ 处两个偏振分量的波形和频谱。正如图中所示，时域分布几乎重叠，但频谱向相反方向移动。对于较大的 δ 值，只要 $N > N_{th}$，也可以观察到类似的行为。甚至当 $N < N_{th}$ 时也可以形成孤子，但两个分量以各自不同的群速度传输，最后完全分开。

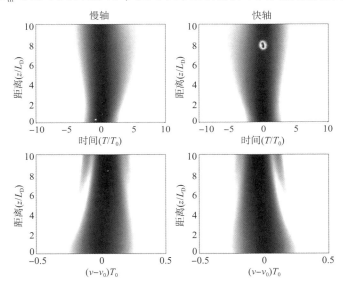

图 6.13　当 $\theta = 45°$，$N = 1$ 且 $\delta = 0.2$ 时，矢量孤子的两个偏振分量
在10个色散长度上的时域和频域演化，灰度范围为20 dB

当 $\theta \neq 45°$ 时，一开始两个模式的振幅不相等，在这种情况下，若 N 超过 N_{th}，则会产生和 δ 值有关的性质不同的演化模式。图 6.15 是除 θ 减小到 $30°$ 以使矢量孤子的慢轴分量占优势以外，其余条件完全与图 6.14 的条件相同时得到的结果。可以看出，弱脉冲(沿快轴偏振)仍会被沿慢轴偏振的强脉冲捕获，并且两个脉冲一起移动；然而，被捕获的脉冲将从中心移开，因为强脉冲一开始移动得较慢，而且在它捕获快轴分量之前已经移向右侧。还要注意到，因为交叉相位调制感应耦合的不对称特性，两个脉冲分量的频谱所受的影响也不同。

图 6.13 至图 6.15 的数值结果清楚地表明，在一定条件下，尽管两个正交偏振孤子的模折射率不同，它们仍以相同的群速度运动[当忽略交叉相位调制感应耦合($B = 0$)时，二者速度不同]，这种现象称为孤子捕获(soliton trapping)，由后面的讨论可以看到，它可用于光开关。孤子捕获的存在完全是因为交叉相位调制，正是交叉相位调制感应的两个偏振分量之间的非线性耦合，使两个孤子以相同的群速度传输。从物理意义上讲，为达到这种时间上的同步，两个孤子应在相反方向上移动它们的载频。更明确地说，沿快轴的孤子要慢下来，而沿慢轴的孤子要快起来。

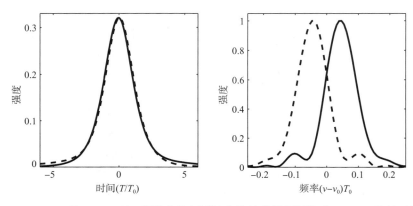

图 6.14　当 $N=1$，$\theta=45°$ 且 $\delta=0.2$ 时，慢轴分量（实线）和快轴分量（虚线）在 $z=10L_{\mathrm{D}}$ 处的时域和频域分布

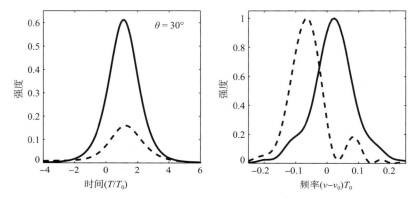

图 6.15　当 $N=1$，$\theta=30°$ 且 $\delta=0.2$ 时，慢轴分量（实线）和快轴分量（虚线）在 $z=10L_{\mathrm{D}}$ 处的时域和频域分布

　　因为孤子捕获需要交叉相位调制和线性双折射之间达到平衡，所以仅当入射脉冲的峰值功率或等价的孤子阶数 N 超过某一阈值 N_{th} 时才能发生，而 N_{th} 同时取决于偏振角 θ 和 δ。为近似求解方程（6.5.4）和方程（6.5.5）以得到 N_{th} 的解析表达式，人们已进行了各种尝试[74~82]。一种简单的方法是把交叉相位调制项处理成拉格朗日公式中的微扰。对于等振幅情形，选取式（6.5.7）中的 $\theta=45°$，则孤子捕获的阈值为[74]

$$N_{\mathrm{th}} = [2(1+B)]^{-1/2} + (3/8B)^{1/2}\delta \tag{6.5.8}$$

对于 $B=2/3$，由式（6.5.8）得到的值与 δ 值较小（小于 0.5）时的数值计算结果符合较好，而对于较大的 δ 值，阈值的一个很好的近似[82]为 $N_{\mathrm{th}} = [(1+3\delta^2)/(1+B)]^{1/2}$。

　　1989 年，在实验中首次观察到了孤子捕获现象[84]，该实验将从锁模色心激光器获得的 0.3 ps 脉冲入射到一段 20 m 长的单模光纤中，光纤模式双折射 $\Delta n \approx 2.4 \times 10^{-5}$，该值可导致 80 ps/km 的偏振色散。当取 $\delta=0.517$ 时，孤子周期为 $z_0=3.45$ m。当偏振角为 45° 时，测得两正交偏振分量的脉冲频谱间隔约为 1 THz。自相关迹表明，光纤输出端的两个脉冲正如孤子捕获所预期的，在时间上同步。在 2007 年的一个实验中，通过将两个不同波长的光脉冲入射到双折射光纤中，观察到两个孤子的碰撞[85]。

6.5.3　孤子牵引逻辑门

　　双折射光纤中交叉相位调制互作用的一个重要应用是导致了全光可级联超快逻辑门的实

现。1989 年，首次提出并证实了这一应用[86]，从此人们在理论和实验两方面对这种逻辑门的性能进行了广泛的研究[87~96]。

光纤光学逻辑门的基本工作原理源自前面讨论过的孤子捕获这种非线性现象，可以理解如下：在数字逻辑中，对每个光脉冲都指定一个时隙，时隙宽度由时钟速率决定。如果一个信号脉冲与一个正交偏振的控制脉冲一起入射到光纤中，而且控制脉冲足够强，那么在碰撞过程中可以捕获这个信号脉冲。这样，由于交叉相位调制互作用，两个脉冲的群速度发生变化，它们会被牵引到各自指定的时隙外。换句话说，光纤输入端有无信号脉冲决定了控制脉冲能否在指定的时隙内到达，这一时域位移构成了基本逻辑单元，并能完成非常复杂的逻辑操作。因为以孤子形式传输的控制脉冲通过交叉相位调制互作用被牵引到其时隙以外，所以此器件称为孤子牵引逻辑门。在网络结构中，输出信号脉冲可被丢弃，而控制脉冲成为下一个门的信号脉冲，因此开关可以采用级联方式。实际上，在网络中无论门的数目有多少，每个控制脉冲只能用于开关一次。

基于孤子捕获概念的各种逻辑门（如异或门、与门及或非门）都已经在实验中得到验证[86~90]。实验使用工作在 1.685 μm 波长的锁模色心激光器产生的飞秒光脉冲（脉宽约为 300 fs），两正交偏振的信号和控制脉冲入射到高双折射光纤中。在或非门实验中，通过合理安排实验条件，使在没有信号脉冲时，控制脉冲到达 1 ps 宽的指定时隙（逻辑"1"状态）；当出现一个或两个信号脉冲时，由于孤子牵引，控制脉冲位移 2~4 ps，错过了指定的时隙（逻辑"0"状态）。每个信号脉冲的能量为 5.8 pJ，控制脉冲在光纤输入端的能量是 54 pJ，而在输出端减小到 35 pJ，相对信号脉冲有 6 倍的能量增益。实验结果可以通过数值解方程(6.5.4)和方程(6.5.5)很好地解释[95]。自从 1989 年首次验证了这种逻辑门以来，现已取得了很大进展，并且已有人提出将孤子牵引逻辑门用于孤子环形网络[96]。

6.5.4　矢量孤子

孤子捕获现象说明，耦合非线性薛定谔方程也可具有精确的孤立波解，这种孤立波具有在双折射光纤中传输时其正交偏振分量的形状保持不变的特性，称为矢量孤子（vector soliton），以强调输入脉冲即使不沿光纤主轴入射，在光纤中传输时不仅保持强度波形不变，而且偏振态也保持不变的事实[97]。一个更普遍的问题是，对于具有不同宽度和不同峰值功率的两个正交偏振脉冲，尽管存在交叉相位调制感应的非线性耦合，是否仍存在无畸变传输的条件？

下面考虑高双折射光纤的情形。为得到方程(6.5.4)和方程(6.5.5)的孤子解，通过如下变换：

$$u = \tilde{u} \exp(\mathrm{i}\delta^2\xi/2 - \mathrm{i}\delta\tau), \quad v = \tilde{v} \exp(\mathrm{i}\delta^2\xi/2 + \mathrm{i}\delta\tau) \tag{6.5.9}$$

可使方程简化，所得方程与 δ 无关，可写为

$$\mathrm{i}\frac{\partial \tilde{u}}{\partial \xi} + \frac{1}{2}\frac{\partial^2 \tilde{u}}{\partial \tau^2} + (|\tilde{u}|^2 + B|\tilde{v}|^2)\tilde{u} = 0 \tag{6.5.10}$$

$$\mathrm{i}\frac{\partial \tilde{v}}{\partial \xi} + \frac{1}{2}\frac{\partial^2 \tilde{v}}{\partial \tau^2} + (|\tilde{v}|^2 + B|\tilde{u}|^2)\tilde{v} = 0 \tag{6.5.11}$$

当不存在交叉相位调制感应的耦合时（$B=0$），两个非线性薛定谔方程是解耦的，并具有 5.2 节讨论的独立的孤子解。若 $B\neq0$，则仅当参量 $B=1$ 时，方程(6.5.10)和方程(6.5.11)才可用逆散射法求解。1973 年，Manakov 得到了这样的解[98]，可以把解用最简单的形式写成

$$\tilde{u}(\xi, \tau) = \cos\theta\, \text{sech}(\tau)\exp(\text{i}\xi/2) \tag{6.5.12}$$

$$\tilde{v}(\xi, \tau) = \sin\theta\, \text{sech}(\tau)\exp(\text{i}\xi/2) \tag{6.5.13}$$

式中，θ 是一任意角度。与式(5.2.15)的比较表明，此解对应于一个矢量孤子，它在任何方面都与 5.2 节中的基阶孤子($N=1$)完全相同，θ 可视为偏振角。在 $B=1$ 的情况下，还发现了形式更复杂的矢量孤子[99]。

由矢量孤子解预计，当一个 $N=1$ 的线偏振双曲正割脉冲以任意偏振角入射到双折射光纤中时，假如光纤双折射使交叉相位调制参量 $B=1$，则脉冲形状和偏振态均可保持不变。可是，正如在6.1节中所讨论的，除非光纤经过特殊设计，否则实际情况下 $B\neq1$，特别是对于线性双折射光纤，$B=2/3$。因此，在许多文章中[100~125]，都对 $B\neq1$ 的情况下方程(6.5.10)和方程(6.5.11)的孤立波解进行了研究。从严格的数学意义上讲，这样的解不是孤子，可它表现出像孤子一样能保持形状不变的特性。

在等振幅的特殊情形下($\theta=45°$)，方程(6.5.10)和方程(6.5.11)的孤立波解为[106]

$$\tilde{u} = \tilde{v} = \eta\, \text{sech}[(1+B)^{1/2}\eta\tau]\exp[\text{i}(1+B)\eta^2\xi/2] \tag{6.5.14}$$

式中，η 表示孤子振幅。当 $B=0$ 时，此解简化为 5.2 节中的标量孤子；当 $B\neq0$ 时，它代表一个偏振方向与光纤主轴成45°角的矢量孤子。由于交叉相位调制互作用，矢量孤子比标量孤子窄 $(1+B)^{1/2}$ 倍。对于这种孤子，自相位调制和交叉相位调制的联合作用补偿了光纤的群速度色散。同时，为补偿偏振模色散，两偏振分量的载频必须不同，这可通过将式(6.5.14)代入式(6.5.9)看出。设 $\eta=1$，可得到矢量孤子的标准形式为

$$u(\xi, \tau) = \text{sech}[(1+B)^{1/2}\tau]\exp[\text{i}(1+B+\delta^2)\xi/2 - \text{i}\delta\tau] \tag{6.5.15}$$

$$v(\xi, \tau) = \text{sech}[(1+B)^{1/2}\tau]\exp[\text{i}(1+B+\delta^2)\xi/2 + \text{i}\delta\tau] \tag{6.5.16}$$

$u(\xi, \tau)$ 和 $v(\xi, \tau)$ 的唯一区别是，最后一项包含 $\delta\tau$ 乘积的相位项的符号不同，这一符号的改变反映了孤子两个分量的载频的位移方向相反。

式(6.5.14)给出的解仅代表在不同近似条件下求解方程(6.1.19)和方程(6.1.20)，在双折射光纤中发现的几种孤立波解中的一种。在其中一种解中[103]，两个分量不仅具有不对称的形状，而且还具有双峰结构；在另一种有趣的解中[104]，两个孤立波可形成束缚态，使偏振态在整个脉冲上不固定，而是随时间变化；在某些情形中[118]，偏振态甚至沿光纤长度周期性地演化。20 世纪 90 年代，还发现了其他几种孤立波解[114~125]，对此感兴趣的读者可以参阅文献[97]。

与调制不稳定性的情况类似，人们可能会问，矢量孤子能否存在于无双折射的各向同性光纤中？在这种情况下，应使用方程(6.5.1)和方程(6.5.2)并令 $b=0$，它们是以式(6.5.3)定义的圆偏振分量写成的。假设 $u_+ = U\exp(\text{i}p\xi)$ 和 $u_- = V\exp(\text{i}q\xi)$，可以得到这两个方程的孤立波解，这里 U 和 V 不随 ξ 变化，它们满足下面的方程组：

$$\frac{\text{d}^2 U}{\text{d}\tau^2} = 2pU - \frac{2}{3}(U^2 + 2V^2)U \tag{6.5.17}$$

$$\frac{\text{d}^2 V}{\text{d}\tau^2} = 2qV - \frac{2}{3}(V^2 + 2U^2)V \tag{6.5.18}$$

这两个方程有各种各样的解，这些解代表可以在各向同性光纤中存在的具有不同偏振特性的矢量孤立波[121~124]。最简单的解对应以下形式的圆偏振矢量孤子：

$$U(\tau) = \sqrt{6p}\, \text{sech}(\sqrt{2p}\tau), \quad V(\tau) = 0 \tag{6.5.19}$$

当 $q = p$ 时，可以获得以下形式的线偏振矢量孤子：

$$U(\tau) = V(\tau) = \sqrt{2p}\,\mathrm{sech}(\sqrt{2p}\tau) \tag{6.5.20}$$

它对应一个线偏振脉冲，其电场矢量可以位于垂直于光纤轴的平面内的任意角度。应强调的是，严格地讲，这些解只代表孤立波，在发生碰撞时它们的稳定性得不到保证。然而，普遍称它们为矢量孤子。

$U(\tau) > V(\tau) > 0$ 的椭圆偏振矢量孤子也可以在各向同性光纤中形成[121]，然而写出它们的解析形式是不可能的。它们的起源与孤子捕获现象有关，并且可以如下理解：在 $V \ll U$ 的情况下，可将式(6.5.19)给出的解 $U(\tau)$ 代入方程(6.5.18)中，由此得到的关于 $V(\tau)$ 的线性方程有两类束缚解，这些对称和不对称的解为[123]

$$V_s(\tau) = V_0\,\mathrm{sech}^s(\sqrt{2p}\tau), \qquad q_s = (4 - s)p \tag{6.5.21}$$

$$V_a(\tau) = V_0\,\mathrm{sech}^{s-1}(\sqrt{2p}\tau)\tanh(\sqrt{2p}\tau), \quad q_a = (5 - 3s)p \tag{6.5.22}$$

式中，$s = (\sqrt{17} - 1)/2 \approx 1.562$。只有当 $V_0^2 \ll 2p$ 时这两个解才是正确的，只要这个条件满足，快轴分量就会被同一脉冲强得多的慢轴分量捕获，它们形成一个束缚矢量孤子。注意到，对于对称分支 q_s 大于 p，但对于不对称分支 $q_a < p$。还有，对于这种矢量孤子，偏振态沿脉冲不是均匀的，而且具有随 τ 变化的椭圆率。而且，当脉冲沿光纤传输时，椭圆的轴以固定的速率 $q - p$ 旋转。

数值模拟表明，U 和 V 具有可比拟的大小的椭圆偏振矢量孤子也存在[121]。尽管在长距离上这种孤子的稳定性无法得到保证，但当它们对应对称分支时，可以稳定地传输数百个色散长度。相反，不对称分支上双驼峰矢量孤子的稳定性要差得多，在 $z < 100L_D$ 的距离上就会失去它们的稳定性[123]。除了这些类脉冲孤子，在正常色散的情况下还可以形成暗孤子[122]。近年来，各向同性克尔介质中的矢量孤子持续受到关注[126~130]。

6.6　随机双折射

正如在 6.1 节中提到的，除非使用保偏光纤，否则光纤中的模式双折射在约 10 m 的长度尺度内是随机变化的。由于一般的光波系统所用光纤的双折射都是随机变化的，因此研究光脉冲如何受光纤随机双折射变化的影响就变得十分重要。确实，当所谓的偏振模色散(polarization-mode dispersion，PMD)问题得到确认后，从 1986 年起，人们就对这一问题进行了广泛研究[131~137]。本节将重点讨论随机双折射效应。

6.6.1　偏振模色散

当连续光在双折射随机变化的光纤中传输时，通常是椭圆偏振的，而且在传输过程中偏振态沿光纤随机变化。从直觉上讲，这是显而易见的。而对于光脉冲的情形，同一脉冲不同部分的偏振态也可能不同，除非光脉冲以孤子形式传输。在光波系统中，通常不关心这种随机偏振变化，这是因为光接收机内部的光电探测器对入射光的偏振态是不敏感的（除非采用相干探测方案）。影响这种系统的不是随机偏振态本身，而是双折射随机变化感应的脉冲展宽，称为偏振模色散感应脉冲展宽。

由于偏振模色散具有统计特性，用解析方法处理偏振模色散问题一般相当复杂。1986 年，最早引入的一个简单模型[131]是将光纤分成许多段，在每一段中可以认为光纤双折射和主轴方位均保持不变，而在不同段之间是随机变化的。实际上，每一段光纤都可以视为一个相位片，并可以用琼斯矩阵表示[136]。这样，利用描述每一段光纤的单个琼斯矩阵相乘后得到的一个复合琼斯矩阵，就可以描述光脉冲的每一个频率分量在整个光纤中的传输。复合琼斯矩阵表明，任何光纤都存在两个主偏振态，脉冲沿这两个方向偏振时，尽管光纤双折射是随机变化的，但光纤输出端的偏振态对一阶偏振模色散是频率无关的，这两个主偏振态与保偏光纤的慢轴和快轴相当。确实，对这两个主偏振态，微分群延迟 ΔT（脉冲到达时间的相对时延）最大[133]。

主偏振态为计算 ΔT 的矩提供了一种简便算法[138]。偏振模色散感应的脉冲展宽用 ΔT 的均方根（RMS）值来表征，通过对随机双折射变化取平均可得到该值。已有几种方法用来计算这一平均值，这些方法采用了不同的模型[139~142]。已经证明，方差 $\sigma_T^2 \equiv \langle (\Delta T)^2 \rangle$ 在所有情形下都是相同的，并由下式给出[143]：

$$\sigma_T^2(z) = 2(\Delta\beta_1)^2 l_c^2 [\exp(-z/l_c) + z/l_c - 1] \tag{6.6.1}$$

式中，本征模色散 $\Delta\beta_1 = \mathrm{d}(\Delta\beta)/\mathrm{d}\omega$ 与沿两主偏振态的群速度的差有关；参量 l_c 是相关长度，定义为两偏振分量能保持相关的长度，典型值约为 10 m。

对满足 $z \ll l_c$ 的短距离情形，由式（6.6.1）可知 $\sigma_T = (\Delta\beta_1)z$，这和保偏光纤的预期值一致；若距离 $z > 1$ km，利用 $z \gg l_c$ 可较好地估计脉冲展宽。对于长度为 L 的光纤，σ_T 近似为

$$\sigma_T \approx \Delta\beta_1 \sqrt{2l_c L} \equiv D_p \sqrt{L} \tag{6.6.2}$$

式中，D_p 是偏振模色散参量，D_p 的测量值因光纤而异，一般在 $0.1 \sim 2$ ps/$\sqrt{\text{km}}$ 范围内[144]，目前设计的低 PMD 光纤的 D_p 值可以小到 0.05 ps/$\sqrt{\text{km}}$ [132]。由于式（6.6.2）中的 σ_T 与 $\sqrt{L}$ 成正比，偏振模色散感应的脉冲展宽与群速度色散感应的展宽相比小得多。如果利用典型值 $D_p = 0.1$ ps/$\sqrt{\text{km}}$，则对于长约100 km 的光纤，σ_T 约为 1 ps，对 10 ps 以上的脉宽可以忽略。然而，对于长距离、高比特率光波系统而言，偏振模色散将成为一个限制因素。

在实际应用中，还要考虑其他几个因素。在推导式（6.6.1）时，假定光纤链路无偏振相关损耗或增益，而偏振相关损耗会显著改变偏振模色散效应[145~152]。类似地，对于 D_p 值相对较小的光纤，必须考虑二阶偏振模色散效应。这种效应将导致光脉冲的附加畸变，人们已对其进行了研究[135]。

6.6.2 非线性薛定谔方程的矢量形式

正如前面所提到的，由于光纤双折射的随机变化，脉冲的偏振态沿脉冲一般是不同的，同时群速度色散将导致脉冲展宽。为了研究这些效应，需要将 6.1 节中推导的耦合非线性薛定谔方程（6.1.11）和方程（6.1.12）推广到双折射沿光纤长度随机变化的情形。将这两个方程用下面定义的归一化振幅 u 和 v 表示会更方便：

$$u = A_x \sqrt{\gamma L_D} \, \mathrm{e}^{\mathrm{i}\Delta\beta z/2}, \quad v = A_y \sqrt{\gamma L_D} \, \mathrm{e}^{-\mathrm{i}\Delta\beta z/2} \tag{6.6.3}$$

若采用孤子单位，并引入归一化的长度和时间

$$\xi = z/L_D, \quad \tau = (t - \bar{\beta}_1 z)/T_0 \tag{6.6.4}$$

式中，$\bar{\beta}_1 = \frac{1}{2}(\beta_{1x} + \beta_{1y})$，则方程（6.1.11）和方程（6.1.12）可以采用以下形式表示：

$$\mathrm{i}\left(\frac{\partial u}{\partial \xi} + \delta\frac{\partial u}{\partial \tau}\right) + bu + \frac{1}{2}\frac{\partial^2 u}{\partial \tau^2} + \left(|u|^2 + \frac{2}{3}|v|^2\right)u + \frac{1}{3}v^2 u^* = 0 \tag{6.6.5}$$

$$i\left(\frac{\partial v}{\partial \xi} - \delta\frac{\partial v}{\partial \tau}\right) - bv + \frac{1}{2}\frac{\partial^2 v}{\partial \tau^2} + \left(|v|^2 + \frac{2}{3}|u|^2\right)v + \frac{1}{3}u^2 v^* = 0 \qquad (6.6.6)$$

式中,

$$b = \frac{T_0^2(\Delta\beta)}{2|\beta_2|}, \quad \delta = \frac{T_0}{2|\beta_2|}\frac{d(\Delta\beta)}{d\omega} \qquad (6.6.7)$$

由于双折射 $\Delta\beta \equiv \beta_{0x} - \beta_{0y}$ 的随机起伏, δ 和 b 均沿光纤随机变化。

利用琼斯(Jones)矩阵, 方程(6.6.5)和方程(6.6.6)可以写成更紧凑的形式, 为此引入了琼斯矢量 $|U\rangle$ 和泡利(Pauli)矩阵[136]。

$$|U\rangle = \begin{pmatrix} u \\ v \end{pmatrix}, \quad \sigma_1 = \begin{pmatrix} 1 & 0 \\ 0 & -1 \end{pmatrix}, \quad \sigma_2 = \begin{pmatrix} 0 & 1 \\ 1 & 0 \end{pmatrix}, \quad \sigma_3 = \begin{pmatrix} 0 & -i \\ i & 0 \end{pmatrix} \qquad (6.6.8)$$

利用琼斯矢量 $|U\rangle$, 耦合非线性薛定谔方程变为[154]

$$i\frac{\partial|U\rangle}{\partial \xi} + \sigma_1\left(b|U\rangle + i\delta\frac{\partial|U\rangle}{\partial \tau}\right) + \frac{1}{2}\frac{\partial^2|U\rangle}{\partial \tau^2} + s_0|U\rangle - \frac{1}{3}s_3\sigma_3|U\rangle = 0 \qquad (6.6.9)$$

式中, 斯托克斯参量定义为[136]

$$s_0 = \langle U|U\rangle = |u|^2 + |v|^2, \quad s_1 = \langle U|\sigma_1|U\rangle = |u|^2 - |v|^2 \qquad (6.6.10)$$

$$s_2 = \langle U|\sigma_2|U\rangle = 2\,\mathrm{Re}(u^*v), \quad s_3 = \langle U|\sigma_3|U\rangle = 2\,\mathrm{Im}(u^*v) \qquad (6.6.11)$$

这些斯托克斯参量与 6.3.2 节中引入的描述邦加球上连续光的偏振态的参量类似, 主要区别是, 此处的斯托克斯参量与时间有关, 并且描述的是脉冲的偏振态。通过对时间积分 $S_j = \int_{-\infty}^{+\infty} s_j(t)\,dt (j = 0 \sim 3)$, 它们可以简化成 6.3.2 节中的参量。

在推导方程(6.6.9)的过程中, 假设光纤双折射是一个常量。由于主轴自身沿光纤以随机方式旋转, 因此只将该方程中的参量 δ 和 b 处理成随机变量是不够的。为了将这种随机旋转考虑在内, 在数值模拟中一般将光纤分成许多段, 每段光纤长 l_c 或更短, 同时在每段光纤末端通过变换 $|U'\rangle = \mathcal{R}|U\rangle$ 旋转琼斯矢量, 其中 $\mathcal{R}$ 是旋转矩阵, 其形式为

$$\mathcal{R} = \begin{pmatrix} \cos\theta & \sin\theta\,e^{i\phi} \\ -\sin\theta\,e^{-i\phi} & \cos\theta \end{pmatrix} \qquad (6.6.12)$$

式中, 两随机变量 θ 和 ϕ 分别均匀分布在 $[-\pi, \pi]$ 和 $[-\pi/2, \pi/2]$ 范围内。当然, 由于 $\Delta\beta$ 的随机性, b 和 δ 在段与段之间也是随机变化的。在一个简单但又比较精确的模型中, 将 $\Delta\beta$ 处理成高斯随机过程, 其一阶和二阶矩分别为

$$\overline{\Delta\beta(z)} = 0, \quad \overline{\Delta\beta(z)\Delta\beta(z')} = \sigma_\beta^2\exp(-|z - z'|/l_c) \qquad (6.6.13)$$

式中, σ_β^2 是方差, l_c 是双折射起伏的相关长度。

6.6.3　偏振模色散对孤子的影响

当不考虑非线性效应或对于低能量脉冲的情形, 可以忽略方程(6.6.9)中的最后两项, 由此得到的线性方程通常在频域中求解, 以研究偏振模色散是如何影响光脉冲的[133~137]。对于以孤子形式在光纤反常群速度色散区传输的脉冲, 不能在频域中求解, 因为非线性效应对孤子是绝对必要的。一个有趣的问题是, 交叉相位调制感应的耦合是如何改变双折射感应的偏振模色散效应的? 人们对这个问题已经进行了广泛研究, 其中主要集中在长途光波系统中[153~171]。

在常量双折射情形下, 从 6.5 节中可以看到, 孤子的两正交偏振分量能够以相同的速度传输,

尽管在功率较低时它们有不同的群速度。孤子是通过适当位移其载频来实现这种同步的，因此不难想象，孤子要通过同样的机制来避免出现分裂和偏振模色散感应的脉冲展宽。基于方程(6.1.11)和方程(6.1.12)的数值模拟表明[153]，只要偏振模色散参量足够小，满足条件 $D_p <$ 0.3 $\sqrt{|\beta_2|}$，情况的确如此。由于孤子的类粒子本性，它们抗随机变化的能力看起来相当强。

与连续光情形相同，三个分量分别为 s_1，s_2 和 s_3 的斯托克斯矢量在半径为 s_0 的邦加球面上运动，因此当光纤双折射随机变化时，斯托克斯矢量的末端在邦加球面上随机运动。重要的是，这种运动能够覆盖整个邦加球面的长度尺度，且能反映这一长度与色散长度相比如何。为回答这个问题，应从与孤子周期(或色散长度)相比，参量 b 随机变化的长度尺度这方面来考虑。

对于大部分光纤，b 的随机变化发生在约 10 m 的长度尺度上。由于它仅影响 u 和 v 的相位，显然这种变化不会影响 s_1，结果斯托克斯矢量绕 s_1 轴快速旋转。相反，光纤双折射轴取向的变化不会影响 s_3，这样斯托克斯矢量绕 s_3 轴旋转。这两种旋转的结合迫使斯托克斯矢量在约 1 km 的长度尺度上覆盖整个邦加球面。由于这个长度一般比色散长度短得多，故双折射的随机变化不会对孤子参量有太大影响，这与利用光放大器对光纤损耗周期性地补偿时产生的能量变化的情形类似(见 5.4 节)，因此可以采用类似的方法对方程(6.6.9)中的随机双折射变化取平均。方程(6.6.9)中的最后一项要求对 $s_3\sigma_1|U\rangle$ 取平均，如果利用恒等式 $|U\rangle\langle U| = s_1\sigma_1 + s_2\sigma_2 + s_3\sigma_3$，可得到这一平均值[136]为 $s_0|U\rangle/3$。

由式(6.6.7)和式(6.6.13)可知，$\bar{b} = 0$，含 σ_1 的两项沿光纤长度经常改变符号。如果只保留到一阶项，对双折射起伏求平均，则方程(6.6.9)简化为

$$i\frac{\partial|U\rangle}{\partial\xi} + \frac{1}{2}\frac{\partial^2|U\rangle}{\partial\tau^2} + \frac{8}{9}s_0|U\rangle = 0 \tag{6.6.14}$$

系数 $\frac{8}{9}$ 可吸收到 $|U\rangle$ 的归一化系数中去，相当于减小了非线性参量 γ，或增大了入射峰值功率 P_0。利用式(6.6.10)中的 $s_0 = |u|^2 + |v|^2$，方程(6.6.14)可用两个分量 u 和 v 写成

$$i\frac{\partial u}{\partial\xi} + \frac{1}{2}\frac{\partial^2 u}{\partial\tau^2} + (|u|^2 + |v|^2)u = 0 \tag{6.6.15}$$

$$i\frac{\partial v}{\partial\xi} + \frac{1}{2}\frac{\partial^2 v}{\partial\tau^2} + (|v|^2 + |u|^2)v = 0 \tag{6.6.16}$$

正如在 6.5.3 节中所讨论的，用逆散射法可以对这一组耦合非线性薛定谔方程积分[98]，方程具有式(6.5.12)和式(6.5.13)给出的基阶矢量孤子形式的解。此解表明，尽管随机双折射沿光纤变化，但平均起来看，基阶孤子仍能沿整个脉冲保持同样的偏振态。这是一个重大成果，它表明孤子确实具有类粒子本性。确实，孤子沿整个脉冲保持同样的偏振态，能承受住光纤双折射微小的随机变化[153]。基于方程(6.6.5)和方程(6.6.6)的大量数值模拟证明，即使在用光放大器周期性地补偿光纤损耗时，孤子也可以在很长的光纤中近似保持同样的偏振态[154]。

必须着重指出，与方程(6.6.15)和方程(6.6.16)相联系的矢量孤子代表着一种平均行为，矢量孤子的 5 个参量(振幅、频率、位置、相位和偏振角)，一般会因随机双折射的变化沿光纤长度方向产生起伏。微扰理论可以用于研究双折射感应的孤子参量的变化[155~159]，这与 5.4 节中用于研究标量孤子的微扰理论类似。例如，由于随机双折射产生的扰动，孤子振幅将减小，而宽度将增大。孤子展宽与色散波(连续辐射)的产生和由此引起的能量损耗有关。微扰理论还可以用于研究两正交偏振孤子的互作用[160]和定时抖动[162]，当放大器感应孤子偏振态出现起伏时，就会产生定时抖动。

从实际的角度讲，孤子偏振的均匀性对偏振复用有用。在此方案中，两正交偏振的比特流在时间上交错，如果交替出现的脉冲以孤子形式传输，而且最初是正交偏振的，那么就能将这种正交状态保持下去。偏振复用使孤子间隔可以变得更小（导致更高比特率），因为相邻孤子正交偏振时，其互作用减小。然而，大量数值模拟表明，仅当偏振模色散参量 D_p 的值相对较小时，偏振复用技术才能在实际中应用[161]；当 D_p 的值较大时，从整体上讲，同偏振的孤子可以提供更好的系统性能。

为量化同偏振的孤子抗偏振模色散的能力，在对方程（6.6.9）中最后的非线性项取平均时，必须保留双折射项。于是，必须求解下面的微扰矢量非线性薛定谔方程：

$$i\frac{\partial |U\rangle}{\partial \xi} + \frac{1}{2}\frac{\partial^2 |U\rangle}{\partial \tau^2} + \frac{8}{9}s_0|U\rangle = -\sigma_1\left(b|U\rangle + i\delta\frac{\partial |U\rangle}{\partial \tau}\right) \tag{6.6.17}$$

式中，考虑到光纤中的孤子经历的双折射感应相移和微分群延迟（differential group delay，DGD），分别引入随机变量 b 和 δ。该方程可以数值求解，也可以利用微扰法近似解析求解[164~171]。结果可以总结如下：当矢量孤子在光纤中传输时，它以色散波的形式流失一部分能量，其位置也以随机方式移动；能量损耗和峰值位置抖动是通过孤子的平均展宽表现出来的。

正如所预期的，光纤中任意一点的脉冲宽度取决于双折射沿光纤的统计分布。由于实际光纤中的双折射不是静态分布的，而是随环境因素（如应力和温度）变化的，因此脉冲宽度也随时间起伏。基于这个原因，偏振模色散效应通常通过脉冲的平均均方根宽度来量化。微扰理论表明，对于长度为 L 的光纤，孤子均方根宽度为[168]

$$\sigma_s^2 = \sigma_0^2 + (\pi^2/108)\sigma_T^2 \tag{6.6.18}$$

式中，σ_T 的定义见式（6.6.4），与线性情形（$\gamma = 0$）比较后表明，孤子情形下的脉冲展宽大大降低了。基于方程（6.6.17）的数值模拟结果证实了这一预见[168]。

无论是对于传统孤子还是色散管理孤子，都已经在实验中观察到偏振模色散效应对它们的影响[167]。实验结果表明，无论是在线性传输区还是在非线性传输区，光纤输出端的脉冲宽度都随时间起伏，但对于孤子而言，脉冲宽度的起伏范围大大减小了。如图 6.16 所示，这一起伏范围取决于微分群延迟的瞬时值，尽管对于线性脉冲，脉宽起伏范围随微分群延迟的增加而增大，但对于孤子来说它几乎保持为一个常数。正是这个特性表明，孤子具有抗双折射起伏的能力。必须强调的是，由于脉宽起伏的统计分布远不是高斯形的，因此用它的平均值和均方根值来量化图 6.16 中的数据是不充分的。曾用过一种集合变数法来寻找脉宽起伏的概率密度函数的解析表达式[169]，结果表明，交叉相位调制感应的孤子两正交分量间的耦合能使宽度分布大幅度窄下来。

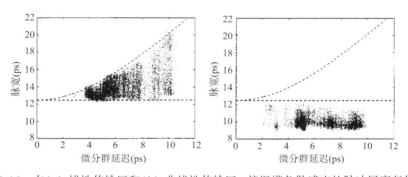

图 6.16　在（a）线性传输区和（b）非线性传输区，偏振模色散感应的脉冲展宽起伏随微分群延迟的变化，点线给出了线性情形下的起伏范围[167]（©2001 IEEE）

习题

6.1 推导出光束在高双折射光纤中传输时，折射率非线性部分的表达式。

6.2 证明利用方程(6.1.11)和方程(6.1.12)确实可以得到方程(6.1.15)和方程(6.1.16)。

6.3 证明峰值功率为 P_0 的连续光以偏振角 θ 在长为 L 的高双折射光纤中传输时，两线偏振分量的相对相移为 $\Delta\phi_{NL} = (\gamma P_0 L/3)\cos(2\theta)$，光纤损耗不计。

6.4 说明克尔光闸的工作原理，当光纤用做克尔介质时，是什么因素限制了此光闸的响应时间。

6.5 如何用光纤双折射消除光脉冲的低强度基座？

6.6 参阅文献[44]，用椭圆函数形式解方程(6.3.1)和方程(6.3.2)。

6.7 证明通过式(6.3.16)引入斯托克斯参量后，方程(6.3.14)和方程(6.3.15)可以写成方程(6.3.19)的形式。

6.8 何谓双折射光纤中的偏振不稳定性？并解释这种不稳定性的起源。

6.9 从方程(6.1.15)和方程(6.1.16)出发，推导发生在低双折射光纤中的调制不稳定性的色散关系 $K(\Omega)$，并讨论 $\beta_2 > 0$ 时增益存在的频率范围。

6.10 从方程(6.1.22)和方程(6.1.23)出发，推导发生在高双折射光纤中的调制不稳定性的色散关系 $K(\Omega)$，并讨论 $\beta_2 > 0$ 时增益存在的频率范围。

6.11 利用分步傅里叶法数值求解方程(6.5.4)和方程(6.5.5)，再现图6.14和图6.15所示的结果，并验证 $\delta = 0.2$ 和 $B = 2/3$ 时式(6.5.8)的准确性。

6.12 用直接代入法证明式(6.5.14)给出的解满足方程(6.5.4)和方程(6.5.5)。

6.13 解释孤子牵引逻辑门的工作原理，用这种技术怎样设计一个或非门？

6.14 说明光纤中偏振模色散的起因，为什么偏振模色散会引起脉冲展宽？对于孤子，是否会发生偏振模色散感应的展宽？

参考文献

[1] P. D. Maker, R. W. Terhune, and C. M. Savage, *Phys. Rev. Lett.* **12**, 507 (1964).

[2] G. Mayer and F. Gires, *Compt. Rend. Acad. Sci.* **258**, 2039 (1964).

[3] P. D. Maker and R. W. Terhune, *Phys. Rev. A* **137**, A801 (1965).

[4] M. A. Duguay and J. W. Hansen, *Appl. Phys. Lett.* **15**, 192 (1969).

[5] A. Owyoung, R. W. Hellwarth, and N. George, *Phys. Rev. B* **5**, 628 (1972).

[6] M. A. Duguay, in *Progress in Optics*, Vol. 14, E. Wolf, Ed. (North-Holland, 1976), Chap. 4.

[7] R. W. Hellwarth, *Prog. Quantum Electron.* **5**, 1 (1977).

[8] N. G. Phu-Xuan and G. Rivoire, *Opt. Acta* **25**, 233 (1978).

[9] Y. R. Shen, *The Principles of Nonlinear Optics* (Wiley, 1984).

[10] R. W. Boyd, *Nonlinear Optics*, 3rd ed. (Academic Press, 2008).

[11] R. Ulrich and A. Simon, *Appl. Opt.* **18**, 2241 (1979).

[12] C. R. Menyuk, *IEEE J. Quantum Electron.* **25**, 2674 (1989).

[13] R. H. Stolen and A. Ashkin, *Appl. Phys. Lett.* **22**, 294 (1973).

[14] J. M. Dziedzic, R. H. Stolen, and A. Ashkin, *Appl. Opt.* **20**, 1403 (1981).

[15] J. L. Aryal, J. P. Pocholle, J. Raffy, and M. Papuchon, *Opt. Commun.* **49**, 405 (1984).

[16] K. Kitayama, Y. Kimura, and S. Sakai, *Appl. Phys. Lett.* **46**, 623 (1985).

[17] E. M. Dianov, E. A. Zakhidov, A. Y. Karasik, M. A. Kasymdzhanov, F. M. Mirtadzhiev, A. M. Prokhorov, and P. K. Khabibullaev, *Sov. J. Quantum Electron.* **17**, 517 (1987).

[18] T. Morioka, M. Saruwatari, and A. Takada, *Electron. Lett.* **23**, 453 (1987).

[19] K. C. Byron, *Electron. Lett.* **23**, 1324 (1987).

[20] T. Morioka and M. Saruwatari, *IEEE J. Sel. Areas Commun.* **6**, 1186 (1988).

[21] I. H. White, R. V. Penty, and R. E. Epworth, *Electron. Lett.* **24**, 340 (1988).

[22] M. Asobe, T. Kanamori, and K. Kubodera, *IEEE Photon. Technol. Lett.* **4**, 362 (1992); *IEEE J. Quantum Electron.* **29**, 2325 (1993).

[23] M. Asobe, H. Kobayashi, H. Itoh, and T. Kanamori, *Opt. Lett.* **18**, 1056 (1993).

[24] M. Asobe, *Opt. Fiber Technol.* **3**, 142 (1997).

[25] J. H. Lee, K. Kikuchi, T. Nagashima, T. Hasegawa, S. Ohara, and N. Sugimoto, *Opt. Express* **13**, 3144 (2005).

[26] R. H. Stolen, J. Botineau, and A. Ashkin, *Opt. Lett.* **7**, 512 (1982).

[27] B. Nikolaus, D. Grischkowsky, and A. C. Balant, *Opt. Lett.* **8**, 189 (1983).

[28] N. J. Halas and D. Grischkowsky, *Appl. Phys. Lett.* **48**, 823 (1986).

[29] K. Kitayama, Y. Kimura, and S. Seikai, *Appl. Phys. Lett.* **46**, 317 (1985); *Appl. Phys. Lett.* **46**, 623 (1985).

[30] K. Tamura, E. P. Ippen, H. A. Haus, and L. E. Nelson, *Opt. Lett.* **18**, 1080 (1993).

[31] H. G. Winful, *Appl. Phys. Lett.* **47**, 213 (1985).

[32] B. Crosignani and P. Di Porto, *Opt. Acta* **32**, 1251 (1985).

[33] B. Daino, G. Gregori, and S. Wabnitz, *Opt. Lett.* **11**, 42 (1986).

[34] H. G. Winful, Opt. Lett. 11, 33 (1986).

[35] G. Gregori and S. Wabnitz, Phys. Rev. Lett. 56, 600 (1986).

[36] F. Matera and S. Wabnitz, Opt. Lett. 11, 467 (1986).

[37] S. Trillo, S. Wabnitz, R. H. Stolen, G. Assanto, C. T. Seaton, and G. I. Stegeman, *Appl. Phys. Lett.* **49**, 1224 (1986).

[38] A. Vatarescu, *Appl. Phys. Lett.* **49**, 61 (1986).

[39] S. Wabnitz, *Phys. Rev. Lett.* **58**, 1415 (1987).

[40] A. Mecozzi, S. Trillo, S. Wabnitz, and B. Daino, *Opt. Lett.* **12**, 275 (1987).

[41] Y. Kimura and M. Nakazawa, *Jpn. J. Appl. Phys.* **2**, 1503 (1987).

[42] E. Caglioti, S. Trillo, and S. Wabnitz, *Opt. Lett.* **12**, 1044 (1987).

[43] S. Trillo, S. Wabnitz, E. M. Wright, and G. I. Stegeman, *Opt. Commun.* **70**, 166 (1989).

[44] S. F. Feldman, D. A. Weinberger, and H. G. Winful, *Opt. Lett.* **15**, 311 (1990); (b) *J. Opt. Soc. Am. B* **10**, 1191 (1993).

[45] P. Ferro, S. Trillo, and S. Wabnitz, *Appl. Phys. Lett.* **64**, 2782 (1994).

[46] N. N. Akhmediev and J. M. Soto-Crespo, *Phys. Rev. E* **49**, 5742 (1994).

[47] Y. Barad and Y. Silberberg, *Phys. Rev. Lett.* **78**, 3290 (1997).

[48] A. L. Berkhoer and V. E. Zakharov, *Sov. Phys. JETP* **31**, 486 (1970).

[49] S. Wabnitz, *Phys. Rev. A* **38**, 2018 (1988).

[50] S. Trillo and S. Wabnitz, *J. Opt. Soc. Am. B* **6**, 238 (1989).

[51] J. E. Rothenberg, *Phys. Rev. A* **42**, 682 (1990).

[52] P. D. Drummond, T. A. B. Kennedy, J. M. Dudley, R. Leonhardt, and J. D. Harvey, *Opt. Commun.* **78**, 137 (1990).

[53] J. E. Rothenberg, *Opt. Lett.* **16**, 18 (1991).

[54] W. Huang and J. Hong, *J. Lightwave Technol.* **10**, 156 (1992).

[55] S. G. Murdoch, R. Leonhardt, and J. D. Harvey, *Opt. Lett.* **20**, 866 (1995).

[56] S. G. Murdoch, M. D. Thomson, R. Leonhardt, and J. D. Harvey, *Opt. Lett.* **22**, 682 (1997).

[57] G. Millot, S. Pitois, P. Tchofo Dinda, and M. Haelterman, *Opt. Lett.* **22**, 1686 (1997).

[58] G. Millot, E. Seve, S. Wabnitz, and M. Haelterman, *J. Opt. Soc. Am. B* **15**, 1266 (1998).

[59] E. Seve, G. Millot, and S. Wabnitz, *Opt. Lett.* **23**, 1829 (1998).

[60] P. Kockaert, M. Haelterman, S. Pitois, and G. Millot, *Appl. Phys. Lett.* **75**, 2873 (1999).

[61] E. Seve, G. Millot, and S. Trillo, *Phys. Rev. E* **61**, 3139 (2000).

[62] T. Tanemura and K. Kikuchi, *J. Opt. Soc. Am. B* **20**, 2502 (2003).

[63] F. Biancalana and D. V. Skryabin, *J. Opt. A* **6**, 301 (2004).

[64] B. Kibler, C. Billet, J. M. Dudley, R. S. Windeler, and G. Millot, *Opt. Lett.* **29**, 1903 (2004).

[65] E. Brainis, D. Amans, and S. Massar, *Phys. Rev. A* **71**, 023808 (2005).

[66] D. Amans, E. Brainis, M. Haelterman, P. Emplit, and S. Massar, *Opt. Lett.* **30**, 1051 (2005).

[67] R. J. Kruhlak, G. K. Wong,, J. S. Chen, et al., *Opt. Lett.* **31**, 1379 (2006).

[68] H. S. Chiu and K. W. Chow, *Phys. Rev. A* **79**, 065803 (2009).

[69] K. J. Blow, N. J. Doran, and D. Wood, *Opt. Lett.* **12**, 202 (1987).

[70] C. R. Menyuk, *IEEE J. Quantum Electron.* **23**, 174 (1987).

[71] C. R. Menyuk, *Opt. Lett.* **12**, 614 (1987).

[72] C. R. Menyuk, *J. Opt. Soc. Am. B* **5**, 392 (1988).

[73] A. D. Boardman and G. S. Cooper, *J. Opt. Soc. Am. B* **5**, 403 (1988); *J. Mod. Opt.* **35**, 407 (1988).

[74] Y. S. Kivshar, *J. Opt. Soc. Am. B* **7**, 2204 (1990).

[75] R. J. Dowling, *Phys. Rev. A* **42**, 5553 (1990).

[76] B. A. Malomed, *Phys. Rev. A* **43**, 410 (1991).

[77] D. Anderson, Y. S. Kivshar, and M. Lisak, *Phys. Scripta* **43**, 273 (1991).

[78] B. A. Malomed and S. Wabnitz, *Opt. Lett.* **16**, 1388 (1991).

[79] N. A. Kostov and I. M. Uzunov, *Opt. Commun.* **89**, 389 (1991).

[80] V. K. Mesentsev and S. K. Turitsyn, *Opt. Lett.* **17**, 1497 (1992).

[81] B. A. Malomed, *Phys. Rev. A* **43**, 410 (1991); *J. Opt. Soc. Am. B* **9**, 2075 (1992).

[82] X. D. Cao and C. J. McKinstrie, *J. Opt. Soc. Am. B* **10**, 1202 (1993).

[83] D. J. Kaup and B. A. Malomed, *Phys. Rev. A* **48**, 599 (1993).

[84] M. N. Islam, C. D. Poole, and J. P. Gordon, *Opt. Lett.* **14**, 1011 (1989).

[85] D. Rand, I. Glesk,, C.-S. Brés, et al., *Phys. Rev. Lett.* **98**, 053902 (2007).

[86] M. N. Islam, *Opt. Lett.* **14**, 1257 (1989); *Opt. Lett.* **15**, 417 (1990).

[87] M. N. Islam, C. E. Soccolich, and D. A. B. Miller, *Opt. Lett.* **15**, 909 (1990).

[88] M. N. Islam and J. R. Sauer, *IEEE J. Quantum Electron.* **27**, 843 (1991).

[89] M. N. Islam, C. R. Menyuk, C.-J. Chen, and C. E. Soccolich, *Opt. Lett.* **16**, 214 (1991).

[90] M. N. Islam, *Ultrafast Fiber Switching Devices and Systems* (Cambridge University Press, 2006).

[91] C.-J. Chen, P. K. A. Wai, and C. R. Menyuk, *Opt. Lett.* **15**, 477 (1990).

[92] C. R. Menyuk, M. N. Islam, and J. P. Gordon, *Opt. Lett.* **16**, 566 (1991).

[93] C.-J. Chen, C. R. Menyuk, M. N. Islam, and R. H. Stolen, *Opt. Lett.* **16**, 1647 (1991).

[94] M. W. Chbat, B. Hong, M. N. Islam, C. E. Soccolich, and P. R. Prucnal, *J. Lightwave Technol.* **12**, 2011 (1992).

[95] Q. Wang, P. K. A. Wai, C.-J. Chen, and C. R. Menyuk, *Opt. Lett.* **17**, 1265 (1992); *J. Opt. Soc. Am. B* **10**, 2030 (1993).

[96] J. R. Sauer, M. N. Islam, and S. P. Dijali, *J. Lightwave Technol.* **11**, 2182 (1994).

[97] Y. S. Kivshar and G. P. Agrawal, *Optical Solitons: From Fibers to Photonic Crystals* (Academic Press, 2003), Chap. 9.

[98] S. V. Manakov, *Sov. Phys. JETP* **38**, 248 (1974).

[99] Z.-Y. Sun, Y.-T. Gao, X. Yu, W.-J. Liu, and Y. Liu, *Phys. Rev. E* **80**, 066608 (2009).

[100] Y. Inoue, J. Plasma Phys. 16, 439 (1976); *J. Phys. Soc. Jpn.* **43**, 243 (1977).

[101] M. R. Gupta, B. K. Som, and B. Dasgupta, *J. Plasma Phys.* **25**, 499 (1981).

[102] V. E. Zakharov and E. I. Schulman, *Physica D* **4**, 270 (1982).

[103] D. N. Christoulides and R. I. Joseph, *Opt. Lett.* **13**, 53 (1988).

[104] M. V. Tratnik and J. E. Sipe, *Phys. Rev. A* **38**, 2011 (1988).

[105] N. N. Akhmediev, V. M. Elonskii, N. E. Kulagin, and L. P. Shilnikov, *Sov. Tech. Phys. Lett.* **15**, 587 (1989).

[106] T. Ueda and W. L. Kath, *Phys. Rev. A* **42**, 563 (1990).

[107] D. David and M. V. Tratnik, *Physica D* **51**, 308 (1991).

[108] S. Trillo and S. Wabnitz, *Phys. Lett.* **159**, 252 (1991).

[109] L. Gagnon, *J. Phys. A* **25**, 2649 (1992).

[110] B. A. Malomed, *Phys. Rev. A* **45**, R8821 (1992).

[111] M. V. Tratnik, *Opt. Lett.* **17**, 917 (1992).

[112] D. Kapor, M. Skrinjar, and S. Stojanovic, *J. Phys. A* **25**, 2419 (1992).

[113] R. S. Tasgal and M. J. Potasek, *J. Math. Phys.* **33**, 1280 (1992).

[114] M. Wadati, T. Iizuka, and M. Hisakado, *J. Phys. Soc. Jpn.* **61**, 2241 (1992).

[115] Y. S. Kivshar, *Opt. Lett.* **17**, 1322 (1992).

[116] Y. S. Kivshar and S. K. Turitsyn, *Opt. Lett.* **18**, 337 (1993).

[117] V. V. Afanasjev and A. B. Grudinin, *Sov. Lightwave Commun.* **3**, 77 (1993).

[118] M. Haelterman, A. P. Sheppard, and A. W. Snyder, *Opt. Lett.* **18**, 1406 (1993).

[119] D. J. Kaup, B. A. Malomed, and R. S. Tasgal, *Phys. Rev. E* **48**, 3049 (1993).

[120] J. C. Bhakta, *Phys. Rev. E* **49**, 5731 (1994).

[121] M. Haelterman and A. P. Sheppard, *Phys. Lett. A* **194**, 191 (1994).

[122] M. Haelterman and A. P. Sheppard, *Phys. Rev. E* **49**, 3389 (1994).

[123] Y. Silberberg and Y. Barad, *Opt. Lett.* **20**, 246 (1995).

[124] N. N. Akhmediev, A. V. Buryak, J. M. Soto-Crespo, and D. R. Andersen, *J. Opt. Soc. Am. B* **12**, 434 (1995).

[125] Y. Chen and J. Atai, *Phys. Rev. E* **55**, 3652 (1997).

[126] F. Lu, Q. Lin, W. H. Knox, and G. P. Agrawal, *Phys. Rev. Lett.* **93**, 183901 (2004).

[127] M. Delqué, T. Sylvestre,, H. Maillotte, et al., *Opt. Lett.* **30**, 3383 (2005).

[128] M. Delqué, G. Fanjoux, and T. Sylvestre, *Phys. Rev. E* **75**, 016611 (2007).

[129] Z.-B. Liu, X.-Q. Yan, W.-Y. Zhou, and J.-G. Tian, *Opt. Express* **16**, 8144 (2008).

[130] A. V. Kim and S. A. Skobelev, *Phys. Rev. A* **83**, 063832 (2011).

[131] C. D. Poole and R. E. Wagnar, *Electron. Lett.* **22**, 1029 (1986).

[132] F. Bruyère, *Opt. Fiber Technol.* **2**, 269 (1996).

[133] C. D. Poole and J. Nagel, in *Optical Fiber Telecommunications*, Vol. 3A, I. P. Kaminow and T. L. Koch, Eds. (Academic Press, 1997), Chap. 6.

[134] J. P. Gordon and H. Kogelnik, *Proc. Natl. Acad. Sci. USA* **97**, 4541 (2000).

[135] H. Kogelnik, R. M. Jopson, and L. E. Nelson, in *Optical Fiber Telecommunications*, Vol. 4A, I. P. Kaminow and T. Li, Eds. (Academic Press, 2002), Chap. 15.

[136] J. N. Damask, *Polarization Optics in Telecommunications* (Springer, 2005).

[137] G. P. Agrawal, *Lightwave Technology: Teleommunication Systems* (Wiley, 2005), Chap. 3.

[138] C. D. Poole, *Opt. Lett.* **13**, 687 (1988).

[139] F. Curti, B. Diano, G. De Marchis, and F. Matera, *J. Lightwave Technol.* **8**, 1162 (1990).

[140] C. D. Poole, J. H. Winters, and J. A. Nagel, *Opt. Lett.* **16**, 372 (1991).

[141] N. Gisin, J. P. von der Weid, and J.-P. Pellaux, *J. Lightwave Technol.* **9**, 821 (1991).

[142] G. J. Foschini and C. D. Poole, *J. Lightwave Technol.* **9**, 1439 (1991).

[143] P. K. A. Wai and C. R. Menyuk, *J. Lightwave Technol.* **14**, 148 (1996).

[144] M. C. de Lignie, H. G. Nagel, and M. O. van Deventer, *J. Lightwave Technol.* **12**, 1325 (1994).

[145] B. Huttner and N. Gisin, *Opt. Lett.* **22**, 504 (1997).

[146] A. El Amari, N. Gisin, B. Perny, H. Zbinden, and C. W. Zimmer, *J. Lightwave Technol.* **16**, 332 (1998).

[147] B. Huttner, C. Geiser, and N. Gisin, *IEEE J. Sel. Topics Quantum Electron.* **6**, 317 (2000).

[148] Y. Li and A. Yariv, *J. Opt. Soc. Am. B* **17**, 1821 (2000).

[149] D. Wang and C. R. Menyuk, *J. Lightwave Technol.* **19**, 487 (2001).

[150] R. M. Craig, *J. Lightwave Technol.* **21**, 432 (2003).

[151] C. Xie and L. F. Mollenauer, *J. Lightwave Technol.* **21**, 1953 (2003).

[152] M. Shtaif and A. Mecozzi, *IEEE Photon. Technol. Lett.* **16**, 671 (2004).

[153] L. F. Mollenauer, K. Smith, J. P. Gordon, and C. R. Menyuk, *Opt. Lett.* **14**, 1219 (1989).

[154] S. G. Evangelides, L. F. Mollenauer, J. P. Gordon, and N. S. Bergano, *J. Lightwave Technol.* **10**, 28 (1992).

[155] T. Ueda and W. L. Kath, *Physica D* **55**, 166 (1992).

[156] C. de Angelis, S. Wabnitz, and M. Haelterman, *Electron. Lett.* **29**, 1568 (1993).

[157] M. Matsumoto, Y. Akagi, and A. Hasegawa, *J. Lightwave Technol.* **15**, 584 (1997).

[158] D. Marcuse, C. R. Menyuk, and P. K. A. Wai, *J. Lightwave Technol.* **15**, 1735 (1997).

[159] T. L. Lakoba and D. J. Kaup, *Phys. Rev. E* **56**, 6147 (1997).

[160] C. de Angelis, P. Franco, and M. Romagnoli, *Opt. Commun.* **157**, 161 (1998).

[161] X. Zhang, M. Karlsson, P. A. Andrekson, and E. Kolltveit, *IEEE Photon. Technol. Lett.* **10**, 1742 (1998).

[162] S. M. Baker, J. N. Elgin, and H. J. Harvey, *Opt. Commun.* **165**, 27 (1999).

[163] C. Xie, M. Karlsson, and P. A. Andrekson, *IEEE Photon. Technol. Lett.* **12**, 801 (2000).

[164] Y. Chen and H. Haus, *Chaos* **10**, 529 (2000); *Opt. Lett.* **25**, 290 (2000).

[165] I. Nishioka, T. Hirooka, and A. Hasegawa, *IEEE Photon. Technol. Lett.* **12**, 1480 (2000).

[166] C. Xie, M. Karlsson, P. A. Andrekson, and H. Sunnerud, *IEEE Photon. Technol. Lett.* **13**, 121 (2001).

[167] H. Sunnerud, J. Li, C. Xie, and P. A. Andrekson, *J. Lightwave Technol.* **19**, 1453 (2001).

[168] C. Xie, M. Karlsson, P. A. Andrekson, H. Sunnerud, and J. Li, *IEEE J. Sel. Topics Quantum Electron.* **8**, 575 (2002).

[169] A. Levent, S. G. Rajeev, F. Yaman, and G. P. Agrawal, *Phys. Rev. Lett.* **90**, 013902 (2003).

[170] P. Kylemark, H. Sunnerud, M. Karlsson, and P. A. Andrekson, *IEEE Photon. Technol. Lett.* **15**, 1372 (2003).

[171] A. Hasegawa, *Physica D* **188**, 241 (2004).

第7章 交叉相位调制

到目前为止，本书讨论的都是仅有一束电磁波在光纤中传输的情况，当两束或更多束具有不同波长的光场同时在光纤中传输时，它们将通过光纤中的非线性效应发生互作用。通常，这样的互作用在适当的条件下通过不同的非线性现象能产生新波，如受激喇曼散射和受激布里渊散射、谐波产生及四波混频，这些问题将在第8章至第12章中介绍。克尔非线性效应能通过交叉相位调制（cross-phase modulation, XPM）使两个光场之间产生耦合，而在它们中间不会引起能量转移。实际上，当两个或更多个光场同时入射到光纤中时，交叉相位调制总是伴随着自相位调制。从物理学的角度讲，交叉相位调制的产生是因为非线性介质中光波的有效折射率不仅与此波的强度有关，而且还与同时传输的其他波的强度有关[1]。

交叉相位调制感应的多光场之间的耦合将在光纤中导致许多重要的非线性效应。

7.1 节 讨论具有不同波长的两束光波的耦合，在每束光波保持其偏振态不变的假设下，得到由两个非线性薛定谔方程组成的方程组。

7.2 节 利用此方程组讨论交叉相位调制感应的调制不稳定性，与6.4节中的分析类似，调制不稳定性可以发生在光纤正常色散区。

7.3 节 重点介绍通过交叉相位调制相互维持的孤子对。

7.4 节 讨论交叉相位调制对共同传输的超短脉冲波形和频谱的影响。

7.5 节 介绍光纤中交叉相位调制感应的耦合效应的几个应用。

7.6 节 介绍交叉相位调制的矢量理论，并用它讨论几种新效应，如偏振相关频谱展宽、脉冲捕获及光波分裂等。

7.7 节 将交叉相位调制的矢量理论推广到双折射光纤的情形。利用泵浦-探测结构揭示光纤双折射沿其长度方向的随机变化将导致脉冲内的退偏振现象。

7.1 交叉相位调制感应的非线性耦合

本节将2.3节的理论推广到两个光脉冲在单模光纤中传输的情形。一般而言，这两个光场不仅波长可能不同，而且偏振态也可能不同。为简单起见，首先考虑两个不同波长的光场是线偏振的，并且能在光纤中保持其偏振态的情形。任意偏振光束的情形将在7.6节和7.7节中讨论。

7.1.1 非线性折射率

在准单色近似条件下，将电场的快变部分分离，写成如下形式：

$$E(r,t) = \frac{1}{2}\hat{x}\left[E_1\exp(-i\omega_1 t) + E_2\exp(-i\omega_2 t)\right] + \text{c.c.} \tag{7.1.1}$$

式中，$\hat{x}$ 是偏振方向的单位矢量，ω_1 和 ω_2 是两脉冲的载频，并且假设对应的振幅 E_1 和 E_2 是时间的慢变函数(与一个光学周期相比),这与假设每个脉冲的谱宽满足条件 $\Delta\omega_j \ll \omega_j (j=1,2)$ 是等价的,此假设对脉宽大于 0.1 ps 的脉冲非常有效。慢变振幅 E_1 和 E_2 的变化由波动方程(2.3.1)描述,感应极化强度的线性和非线性部分分别由式(2.3.5)和式(2.3.6)给出。

为了看清交叉相位调制的起因,将式(7.1.1)代入式(2.3.6),可得非线性极化强度为

$$P_{NL}(\boldsymbol{r},t) = \frac{1}{2}\hat{x}[P_{NL}(\omega_1)e^{-i\omega_1 t} + P_{NL}(\omega_2)e^{-i\omega_2 t} + P_{NL}(2\omega_1 - \omega_2)e^{-i(2\omega_1 - \omega_2)t}$$
$$+ P_{NL}(2\omega_2 - \omega_1)e^{-i(2\omega_2 - \omega_1)t}] + c.c. \tag{7.1.2}$$

式中,4 个非线性极化强度分量与 E_1 和 E_2 有关,

$$P_{NL}(\omega_1) = \chi_{eff}(|E_1|^2 + 2|E_2|^2)E_1 \tag{7.1.3}$$

$$P_{NL}(\omega_2) = \chi_{eff}(|E_2|^2 + 2|E_1|^2)E_2 \tag{7.1.4}$$

$$P_{NL}(2\omega_1 - \omega_2) = \chi_{eff}E_1^2 E_2^* \tag{7.1.5}$$

$$P_{NL}(2\omega_2 - \omega_1) = \chi_{eff}E_2^2 E_1^* \tag{7.1.6}$$

其中用 $\chi_{eff} = \frac{3\epsilon_0}{4}\chi_{xxxx}^{(3)}$ 作为有效非线性参量。

式(7.1.2)中的感应非线性极化强度包含在新频率 $2\omega_1 - \omega_2$ 和 $2\omega_2 - \omega_1$ 处振荡的项,这两项源于第 10 章将讨论的四波混频现象。如果想有效地建立起新的频率分量,则必须满足相位匹配条件,本章中假设不满足相位匹配条件,因而四波混频项可忽略不计。剩下的两项表示非线性极化对折射率的贡献,这可通过将 $P_{NL}(\omega_j)$ 写成 $P_{NL}(\omega_j) = \epsilon_0\epsilon_j^{NL}E_j$ 的形式并将其与线性极化合在一起看出来,总的感应极化为 $P(\omega_j) = \epsilon_0\epsilon_j E_j (j=1,2)$,$\epsilon_j$ 的表达式为

$$\epsilon_j = \epsilon_j^L + \epsilon_j^{NL} = (n_j^L + \Delta n_j)^2 \tag{7.1.7}$$

式中,n_j^L 是折射率的线性部分,Δn_j 是三阶非线性效应感应的折射率的改变量。利用近似 $\Delta n_j \ll n_j^L (j=1,2)$,则折射率的非线性部分为

$$\Delta n_j \approx \epsilon_j^{NL}/2n_j^L \approx \bar{n}_2(|E_j|^2 + 2|E_{3-j}|^2) \tag{7.1.8}$$

非线性参量 $\bar{n}_2$ 的定义见式(2.3.13)。

式(7.1.8)表明,折射率不仅与光纤中某个光波自身的强度有关,而且还与共同传输的其他光波的强度有关[2~4]。当光波在光纤中传输时,会获得一个与强度有关的非线性相移

$$\phi_j^{NL}(z) = (\omega_j/c)\Delta n_j z = n_2(\omega_j/c)(|E_j|^2 + 2|E_{3-j}|^2)z \tag{7.1.9}$$

式中,$j=1,2$,第一项是产生第 4 章中讨论的自相位调制的原因,第二项源于共同传输的另一光波对该光波的相位调制,它是产生交叉相位调制的原因。式(7.1.9)右边的因子 2 表明,对于相同的光强,交叉相位调制的作用是自相位调制的两倍[1],其起因可追溯到式(2.3.6)中暗含的对三重和有贡献的项数,定性地讲,两光波频率不同时的项数比频率简并时的项数多一倍。早在 1984 年,人们就通过将两束连续光注入 15 km 长的光纤来测量交叉相位调制感应的相移[3]。不久以后,皮秒脉冲也用于观察交叉相位调制感应的频谱变化[4~6]。

7.1.2　耦合非线性薛定谔方程

按照 2.3 节的步骤可以得到两个光场的脉冲传输方程。假设非线性效应对光纤的模式影响不大,横向关系可以通过分离变量看出,把 $E_j(\boldsymbol{r},t)$ 写成

$$E_j(\boldsymbol{r},t) = F_j(x,y)A_j(z,t)\exp(i\beta_{0j}z) \tag{7.1.10}$$

式中，$F_j(x, y)$ 是第 j 个场的光纤模式的横向分布 $(j = 1, 2)$，$A_j(z, t)$ 是慢变振幅，β_{0j} 是载频 ω_j 对应的传输常数。按类似于式（2.3.23）的方法，把每个波的与频率相关的传输常数 $\beta_j(\omega)$ 用泰勒级数展开，并且仅保留到二次项，则可包含色散效应。对 $A_j(z, t)$ 所导出的传输方程为

$$\frac{\partial A_j}{\partial z} + \beta_{1j}\frac{\partial A_j}{\partial t} + \frac{i\beta_{2j}}{2}\frac{\partial^2 A_j}{\partial t^2} + \frac{\alpha_j}{2}A_j = \frac{in_2\omega_j}{c}\left(f_{jj}|A_j|^2 + 2f_{jk}|A_k|^2\right) \tag{7.1.11}$$

式中，$k \neq j$，$\beta_{1j} = 1/v_{gj}$，v_{gj} 是群速度，β_{2j} 是群速度色散系数，α_j 是损耗系数，重叠积分 f_{jk} 定义为

$$f_{jk} = \frac{\iint_{-\infty}^{\infty}|F_j(x, y)|^2|F_k(x, y)|^2 dx\, dy}{\left(\iint_{-\infty}^{\infty}|F_j(x, y)|^2 dx\, dy\right)\left(\iint_{-\infty}^{\infty}|F_k(x, y)|^2 dx\, dy\right)} \tag{7.1.12}$$

在多模光纤中，两束光可以以不同的光纤模式传输，这样重叠积分之间的差别可能很大；即使在单模光纤中，因为模式分布 $F_j(x, y)$ 与频率有关，所以 f_{11}，f_{22} 和 f_{12} 一般也不相同，但它们之间的差别很小，在实际中可以忽略。此时方程（7.1.11）可以写成下面形式的两个耦合非线性薛定谔方程[7~10]：

$$\frac{\partial A_1}{\partial z} + \frac{1}{v_{g1}}\frac{\partial A_1}{\partial t} + \frac{i\beta_{21}}{2}\frac{\partial^2 A_1}{\partial t^2} + \frac{\alpha_1}{2}A_1 = i\gamma_1(|A_1|^2 + 2|A_2|^2)A_1 \tag{7.1.13}$$

$$\frac{\partial A_2}{\partial z} + \frac{1}{v_{g2}}\frac{\partial A_2}{\partial t} + \frac{i\beta_{22}}{2}\frac{\partial^2 A_2}{\partial t^2} + \frac{\alpha_2}{2}A_2 = i\gamma_2(|A_2|^2 + 2|A_1|^2)A_2 \tag{7.1.14}$$

式中，非线性参量 γ_j 以与式（2.3.28）类似的形式定义为

$$\gamma_j = n_2\omega_j/(cA_{\text{eff}}), \qquad j = 1, 2 \tag{7.1.15}$$

式中，A_{eff} 是有效模面积（$A_{\text{eff}} = 1/f_{11}$），并假设两束光波的 A_{eff} 相同。对于传统的单模光纤，γ_1 和 γ_2 的值在 1.55 μm 波长区约为 2 W^{-1}/km，但对于设计成具有小 A_{eff} 的高非线性光纤，它们的值明显变大（见第 11 章）。一般情况下，两个脉冲不仅有不同的群速度色散系数，而且因为群速度不同，它们将以不同的速度传输。由于脉冲间的走离将限制交叉相位调制的互作用，所以群速度失配起着很重要的作用。可用式（1.2.13）定义走离长度 L_{w}，从物理意义上讲，它度量的是由于群速度失配导致两个交叠脉冲互相分开时的光纤长度。

7.2 交叉相位调制感应的调制不稳定性

这一节将 5.1 节的内容扩展到两束不同波长的连续光同时在光纤中传输的情形。与单光束相似，在光纤的反常色散区仍将发生调制不稳定性。主要问题是，当一束或两束光通过正常群速度色散区时，交叉相位调制感应的耦合是否会使连续态变得不稳定[11~20]？

7.2.1 线性稳定性分析

下面的分析与 6.4.2 节中的类似，主要区别是交叉相位调制感应的耦合更强，并且因为两束光的波长不同，它们的参量值 β_2 和 γ 也不同。通常，为得到稳态解，设方程（7.1.13）和方程（7.1.14）中的时间导数项为零。如果忽略光纤损耗，则此解为

$$\overline{A}_j(z) = \sqrt{P_j}\exp[i\phi_j(z)], \qquad \phi_j(z) = \gamma_j(P_j + 2P_{3-j})z \tag{7.2.1}$$

式中，$j = 1, 2$，P_j 是入射光功率，ϕ_j 是第 j 个场获得的非线性相移。

按照 5.1 节中的步骤，可通过假设一个与时间有关的解来检验稳态的稳定性，其形式为

$$A_j = \left(\sqrt{P_j} + a_j\right)\exp(\mathrm{i}\phi_j) \tag{7.2.2}$$

式中，$a_j(z, t)$ 是微扰。将式 (7.2.2) 代入方程 (7.1.13) 和方程 (7.1.14)，并使 a_1 和 a_2 线性化，则微扰 a_1 和 a_2 满足下面的两个耦合线性方程：

$$\frac{\partial a_1}{\partial z} + \frac{1}{v_{\mathrm{g1}}}\frac{\partial a_1}{\partial t} + \frac{\mathrm{i}\beta_{21}}{2}\frac{\partial^2 a_1}{\partial t^2} = \mathrm{i}\gamma_1 P_1(a_1 + a_1^*) + 2\mathrm{i}\gamma_1\sqrt{P_1 P_2}(a_2 + a_2^*) \tag{7.2.3}$$

$$\frac{\partial a_2}{\partial z} + \frac{1}{v_{\mathrm{g2}}}\frac{\partial a_2}{\partial t} + \frac{\mathrm{i}\beta_{22}}{2}\frac{\partial^2 a_2}{\partial t^2} = \mathrm{i}\gamma_2 P_2(a_2 + a_2^*) + 2\mathrm{i}\gamma_2\sqrt{P_1 P_2}(a_1 + a_1^*) \tag{7.2.4}$$

式中，最后一项是交叉相位调制造成的。

以上线性方程组的通解为

$$a_j = u_j \exp[\mathrm{i}(Kz - \Omega t)] + \mathrm{i}v_j \exp[-\mathrm{i}(Kz - \Omega t)] \tag{7.2.5}$$

式中，$j = 1, 2$，Ω 是微扰频率，K 是波数。式 (7.2.3) 至式 (7.2.5) 给出了关于 u_1，u_2，v_1 和 v_2 的 4 个齐次方程，仅当微扰满足下面的色散关系时，此方程组才有一个非平凡解：

$$[(K - \Omega/v_{\mathrm{g1}})^2 - f_1][(K - \Omega/v_{\mathrm{g2}})^2 - f_2] = C_{\mathrm{XPM}} \tag{7.2.6}$$

式中，

$$f_j = \frac{1}{2}\beta_{2j}\Omega^2\left(\frac{1}{2}\beta_{2j}\Omega^2 + 2\gamma_j P_j\right) \tag{7.2.7}$$

耦合参量 C_{XPM} 定义为

$$C_{\mathrm{XPM}} = 4\beta_{21}\beta_{22}\gamma_1\gamma_2 P_1 P_2 \Omega^4 \tag{7.2.8}$$

如果对某些 Ω 值，波数 K 的虚部不为零，则稳态解变得不稳定，微扰 a_1 和 a_2 表现为沿光纤长度指数增长。当不存在交叉相位调制耦合时（$C_{\mathrm{XPM}} = 0$），式 (7.2.6) 表明，5.1 节的结果可独立地应用于每个光波。

当存在交叉相位调制耦合时，式 (7.2.6) 是 K 的四次多项式，其根决定了 K 为复数的条件。一般情况下，可以用数值方法得到方程的这些根。如果两束光的波长非常接近，或者这两束光的波长位于零色散波长的对边（此时 $v_{\mathrm{g1}} \approx v_{\mathrm{g2}}$），则可以忽略群速度失配，这两种情形下方程的 4 个根为[11]

$$K = \Omega/v_{\mathrm{g1}} \pm \left\{\frac{1}{2}(f_1 + f_2) \pm [(f_1 - f_2)^2/4 + C_{\mathrm{XPM}}]^{1/2}\right\}^{1/2} \tag{7.2.9}$$

易证，仅当 $C_{\mathrm{XPM}} > f_1 f_2$ 时，K 才为复数。由式 (7.2.7) 和式 (7.2.8)，调制不稳定性的发生条件可写为

$$[\Omega^2/\Omega_{\mathrm{c1}}^2 + \mathrm{sgn}(\beta_{21})][\Omega^2/\Omega_{\mathrm{c2}}^2 + \mathrm{sgn}(\beta_{22})] < 4 \tag{7.2.10}$$

式中，$\Omega_{\mathrm{c}j} = (4\gamma_j P_j/|\beta_{2j}|)^{1/2}$，$j = 1, 2$。当条件 (7.2.10) 被满足时，由 $g(\Omega) = 2\mathrm{Im}(K)$ 可得到调制不稳定性的增益谱。

调制不稳定性条件[见式 (7.2.10)] 表明，只有当 Ω 在一定的范围内时，增益 $g(\Omega)$ 才存在；对这些频率下的微扰，稳态解[见式 (7.2.2)] 是不稳定的。由式 (7.2.10) 得出的最重要结论是，无论群速度色散系数是什么符号，都可以发生调制不稳定性。这样，对于单光束情形，调制不稳定性需要在反常群速度色散区发生（见 5.1 节），而对双光束情形，即使两个光束都通过正常群速度色散区，调制不稳定性也能够发生。$g(\Omega) > 0$ 的频率范围取决于 β_{21} 和 β_{22} 是都为正，都为负，还是一正一负。最小的频率范围对应于两束光都位于光纤正常色散区的情形。由于这种情形下的调制不稳定性完全由交叉相位调制引起，下面仅对此情形做进一步讨论。

图7.1 给出了两束光在石英光纤中传输时，交叉相位调制感应的调制不稳定性的增益谱。在 0.53 μm 附近的可见光区，选取式(7.2.7)中的 $\beta_{2j}=60\ \mathrm{ps^2/km}$，$\gamma_j=15\ \mathrm{W^{-1}/km}$。左图中忽略了群速度失配，不同的曲线对应于 0~2 范围内的不同功率比 P_2/P_1；右图给出了当两束光功率相同，参量 $\delta=|v_{g1}^{-1}-v_{g2}^{-1}|$ 在 0~3 ps/m 范围内变化时群速度失配的影响。这些结果表明，对于较小的 δ 值，交叉相位调制感应的调制不稳定性可以在正常群速度色散区发生。功率为 100 W 时的峰值增益约为 5 $\mathrm{m^{-1}}$，这意味着在数米长的光纤中就会发生调制不稳定性。

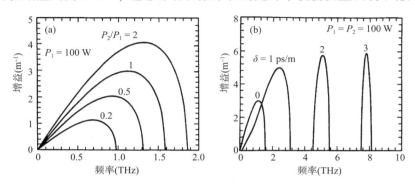

图 7.1 光纤正常色散区由交叉相位调制感应的(a) $\delta=0$，不同功率比下和(b) 相同功率，不同 δ 值下的调制不稳定性增益谱[11]（©1987 美国物理学会）

7.2.2 实验结果

在试图用实验观察正常色散区交叉相位调制感应的调制不稳定性时，主要集中在单光束的两偏振分量之间的交叉相位调制耦合(见 6.4 节)，对不同波长的双光束情形好像很难观察到这种不稳定性，原因是方程(7.1.13)和方程(7.1.14)忽略了四波混频项。当两光束的波长相差较大而不能实现相位匹配时，忽略四波混频是合理的[16-18]。但是，为了观察调制不稳定性，波长差应减小到 1 nm 甚至更小，这时四波混频基本上是相位匹配的，因此不能忽略。确实，一个包括所有阶群速度色散项的细致分析表明，在常规石英光纤的正常色散区不太可能发生交叉相位调制感应的调制不稳定性[18]，它可在特殊设计的色散平坦光纤中产生，此种光纤的两个正常色散区被中间一段反常色散区隔开。对这种光纤而言，即使两光束波长差 100 nm 或更大，群速度也可能实现匹配。

当一光束在正常群速度色散区传输而另一光束在反常群速度色散区传输时，实验已观察到交叉相位调制感应的调制不稳定性。1988 年，一个实验采用泵浦-探测结构[21]，1.06 μm 的泵浦脉冲在光纤正常群速度色散区传输，而 1.32 μm 的探测脉冲在光纤反常群速度色散区传输。当泵浦脉冲和探测脉冲同时入射进光纤时，由于交叉相位调制感应的调制不稳定性，使探测脉冲在泵浦脉冲峰值功率为 0.4 W 时产生间隔为 260 GHz 的调制边带。这种泵浦-探测结构的优点是，如果泵浦光束是强脉冲形式，而另一光束是一个弱连续信号，那么由于仅当泵浦光和信号同时出现时，弱连续信号才可由交叉相位调制感应的调制不稳定性放大，所以此弱连续信号可被转换成一个超短脉冲序列[8]。

在验证上述思想的一个实验中[22]，由 1.06 μm 波长的锁模 Nd:YAG 激光器获得 100 ps 的泵浦脉冲，由外腔半导体激光器提供弱连续信号(功率小于 0.5 mW)，其波长在 1.43~1.56 μm 范围内可调。光纤长 1.2 km，零色散波长在 1.273 μm 附近，这样在 1.06 μm 和 1.51 μm 处群速度基本相等。当 60 μW 功率的信号与泵浦脉冲(峰值功率大于 500 W)一起耦合进光纤时，信号频谱中出现边带，说明发生了交叉相位调制感应的调制不稳定性。实验结果与基于方程(7.1.13)和方程(7.1.14)的数值解定性相符，表明连续信号转换成了一个皮秒脉冲序列。

这种方法已经用于产生 10 GHz 的脉冲序列[23]。实验将 1543 nm 半导体激光器发出的连续信号与 1558 nm 锁模半导体激光器产生的 13.7 ps 泵浦脉冲(10 GHz 重复频率)一起入射到 11 km 长的色散位移光纤中，光纤零色散波长为 1550 nm，泵浦脉冲和信号的群速度基本相等。条纹相机的测量结果表明，交叉相位调制感应的调制不稳定性使连续信号转换成 7.4 ps 的脉冲序列。交叉相位调制互作用需要有泵浦脉冲，如果将泵浦脉冲编码使其携带数字信息，则信号脉冲将如实地复制泵浦脉冲携带的信息，这种器件对光通信系统中信号的波长变换非常有用。

7.3　交叉相位调制配对孤子

与 6.5.3 节中讨论的矢量孤子类似，交叉相位调制感应的调制不稳定性表明，耦合非线性薛定谔方程也可能具有配对孤子形式的孤立波解，此配对孤子通过交叉相位调制互作用保持其形状不变。实际上，早在 1977 年就开始了对耦合非线性薛定谔方程的孤立波解和周期解的研究[24~49]。因为这种解对应两个脉冲的强度分布曲线，并且总是成对产生的，所以在这里称它们为交叉相位调制配对孤子(也称共生孤子)。在 6.5.3 节有关矢量孤子的内容里已讨论了一些这样的解，但那时的条件是单个光波的两个偏振分量通过相同的群速度色散区(正常或反常)。这里讨论的是一般情形，两个孤子的载频可以不同，而且构成孤子对的两个孤子的群速度色散参量甚至可以有不同符号。

7.3.1　亮-暗孤子对

交叉相位调制配对孤子是方程(7.1.13)和方程(7.1.14)的特解，尽管脉冲相位可能随传输距离 z 变化，但其形状不随 z 改变。这样的解从严格的数学意义上讲并不是孤子，更准确地应该称它为孤立波。群速度失配是影响交叉相位调制配对孤子存在的最大障碍，如果适当选取两束光波的波长，使其位于零色散波长的对边，一束光波通过正常群速度色散区，另一束光波通过反常群速度色散区，这样有可能获得相同的群速度($v_{g1} = v_{g2}$)。人们确实就是在这样精确的工作条件下发现交叉相位调制配对孤子的[26~28]。

一个有趣的例子是亮-暗孤子对，它是在 $\beta_{21} < 0$ 和 $\beta_{22} > 0$ 的条件下形成的。如果光纤损耗忽略不计($\alpha_1 = \alpha_2 = 0$)，并且假设方程(7.1.13)和方程(7.1.14)中的群速度 $v_{g1} = v_{g2} = v_g$，则亮-暗孤子对由下式给出[26]：

$$A_1(z, t) = B_1 \tanh[W(t - z/V)] \exp[i(K_1 z - \Omega_1 t)] \tag{7.3.1}$$

$$A_2(z, t) = B_2 \operatorname{sech}[W(t - z/V)] \exp[i(K_2 z - \Omega_2 t)] \tag{7.3.2}$$

式中，孤子振幅由下式决定：

$$B_1^2 = (2\gamma_1 \beta_{22} + \gamma_2 |\beta_{21}|) W^2 / (3\gamma_1 \gamma_2) \tag{7.3.3}$$

$$B_2^2 = (2\gamma_2 |\beta_{21}| + \gamma_1 \beta_{22}) W^2 / (3\gamma_1 \gamma_2) \tag{7.3.4}$$

孤子波数 K_1 和 K_2 为

$$K_1 = \gamma_1 B_1^2 - |\beta_{21}| \Omega_1^2 / 2, \qquad K_2 = \beta_{22}(\Omega_2^2 - W^2) / 2 \tag{7.3.5}$$

孤子对的有效群速度为

$$V^{-1} = v_g^{-1} - |\beta_{21}| \Omega_1 = v_g^{-1} + \beta_{22} \Omega_2 \tag{7.3.6}$$

由式(7.3.6)可以清楚地看到，频移 Ω_1 和 Ω_2 的符号相反，且二者不能独立选取。参量 W 描述脉冲宽度，并通过式(7.3.3)和式(7.3.4)决定孤子振幅。这样，孤子对中的两个孤子具有相同的宽度和群速度、不同的形状和振幅，这使它们可通过交叉相位调制耦合相互依存，它们的形状实际上对应于第 5 章中讨论的亮孤子和暗孤子。这个孤子对的最突出特征是暗孤子在反常群速度色散区传输，而亮孤子在正常群速度色散区传输，与不考虑交叉相位调制的情形正好相反。这种独特的配对孤子的物理机制可理解如下：因为交叉相位调制的强度是自相位调制的两倍，假如交叉相位调制感应的啁啾与自相位调制感应的啁啾相反，它就可以抵消由自相位调制和正常群速度色散的联合作用感应的光脉冲的时域展宽。暗孤子可以产生这样的啁啾，同时交叉相位调制对暗孤子感应的啁啾使亮-暗孤子对以共生的方式相互维持。

7.3.2　亮-灰孤子对

为得到交叉相位调制耦合孤子对的更一般形式，假定

$$A_j(z, t) = Q_j(t - z/V) \exp[i(K_j z - \Omega_j t + \phi_j)] \tag{7.3.7}$$

式中，V 是孤子对的共同速度，Q_j 描述了孤子形状，K_j 和 Ω_j 分别表示两个孤子的传输常数和频移，ϕ_j 指相位（$j = 1, 2$）。解方程(7.1.13)和方程(7.1.14)，可以得到交叉相位调制耦合孤子对的更一般形式为[33]

$$Q_1(\tau) = B_1[1 - b^2 \text{sech}^2(W\tau)], \qquad Q_2(\tau) = B_2 \text{sech}(W\tau) \tag{7.3.8}$$

式中，$\tau = t - z/V$。参量 W 和 b 取决于孤子振幅 B_1 和 B_2 及光纤参量，其关系式为

$$W = \left(\frac{3\gamma_1\gamma_2}{2\gamma_1\beta_{22} - 4\gamma_2\beta_{21}}\right)^{1/2} B_2, \qquad b = \left(\frac{2\gamma_1\beta_{22} - \gamma_2\beta_{21}}{\gamma_1\beta_{22} - 2\gamma_2\beta_{21}}\right)^{1/2} \frac{B_2}{B_1} \tag{7.3.9}$$

对不同的光纤参量值和孤子振幅，传输常数 K_1 和 K_2 是固定的。亮孤子的相位是常数，而暗孤子的相位 ϕ_1 与时间有关。频移 Ω_1 和 Ω_2 与孤子对的速度有关［见式(7.3.6)］。

式(7.3.8)描述的交叉相位调制耦合孤子对的一个新特征是暗孤子是"灰"的，参量 b 控制着灰孤子的强度下陷深度，两个孤子具有相同的宽度 W，但振幅不同。另一个新特征是两个群速度色散参量可正可负，而孤子对仅在一定条件下存在。当 $\beta_{21} < 0$ 且 $\beta_{22} > 0$ 时，解总可能存在；当 $\beta_{21} > 0$ 且 $\beta_{22} < 0$ 时，解不存在。正如前面讨论过的，这些特征恰好与正常的设想相反，完全由交叉相位调制决定。若两个孤子都通过正常群速度色散区传输，则亮-灰孤子对可在 $\gamma_1\beta_{22} > 2\gamma_2\beta_{21}$ 时存在；与此类似，若两个孤子都通过反常群速度色散区传输，则亮-灰孤子对可在 $2\gamma_1|\beta_{22}| < \gamma_2|\beta_{21}|$ 时存在。

以上给出的孤子对解并非方程(7.1.13)和方程(7.1.14)的唯一可能解。对于不同参量值，此方程组也可以有由两个亮孤子或两个暗孤子组成的孤子对解[28]，并且即使在群速度不相等的情况下，依靠交叉相位调制维持的孤子对也可能存在，这是因为与双折射光纤中的孤子捕获类似（见6.5节），两个脉冲可以位移其载频使它们的群速度相等。寻找交叉相位调制配对孤子存在条件的一个简单方法是，将一假设适当解代入方程(7.1.13)和方程(7.1.14)中，然后看能否确定出有物理意义的孤子参量值[33~35]，如孤子振幅、宽度、群速度、频移和波数。例如，考虑式(7.3.1)和式(7.3.2)为假设解，并假设 $K_1 = K_2$，$\Omega_1 = \Omega_2$，因此频移相等。结果，若 $\beta_{21} < 0$ 且 $\beta_{22} > 0$，则假设解总是可能的。但如果 β_{21} 和 β_{22} 符号相同，则假设解仅在一定条件下才存在[35]。而且 $\Omega_1 = \Omega_2$ 这一条件可以放宽，以得到方程组的另一组孤立波解。另外，交叉相位调制配对孤子不能永远保证其稳定性，需要通过数值模拟来检验。

7.3.3 周期解

耦合非线性薛定谔方程(7.1.13)和方程(7.1.14)也存在周期解，这些解代表通过交叉相位调制感应的耦合，在光纤中可以无畸变传输的两脉冲序列。这样的一种周期解可以用椭圆函数表示，它是在两脉冲序列具有相同群速度，并且在光纤反常群速度色散区传输的特殊情形下于1989 年发现的[30]。到 1998 年，已发现了以椭圆函数的不同组合表示的 9 个周期解[44]，所有这些解都是在假定两脉冲序列有相同群速度且通过反常群速度色散区传输的条件下得出的。

实际上，人们对一个脉冲在反常群速度色散区传输，而另一个脉冲在正常群速度色散区传输的情形更感兴趣，因为可以通过合理选择光纤零色散波长实现两个脉冲群速度的匹配。针对这一情形，假设光纤损耗忽略不计，并引入归一化参量

$$\xi = z/L_D, \qquad \tau = (t - z/v_{g1})/T_0, \qquad A_j = \gamma_1 L_D u_j \qquad (7.3.10)$$

则方程(7.1.13)和方程(7.1.14)可以写成

$$i\frac{\partial u_1}{\partial \xi} - \frac{d_1}{2}\frac{\partial^2 u_1}{\partial \tau^2} + (|u_1|^2 + \sigma |u_2|^2)u_1 = 0 \qquad (7.3.11)$$

$$i\frac{\partial u_2}{\partial \xi} + \frac{d_2}{2}\frac{\partial^2 u_2}{\partial \tau^2} + (|u_2|^2 + \sigma |u_1|^2)u_2 = 0 \qquad (7.3.12)$$

式中，$d_j = |\beta_{2j}/\beta_{20}|$，$\beta_{20}$ 是用来定义色散长度的参考值，假设 u_1 在光纤正常群速度色散区传输；另外，假设 $\gamma_2 \approx \gamma_1$，当两束光波同线偏振时，参量 $\sigma = 2$，但当它们正交偏振时则有 $\sigma < 1$。

用 Hirota 方法求解耦合非线性薛定谔方程(7.3.11)和方程(7.3.12)，已得到几族用椭圆函数表示的周期解[49]。对 $\sigma > 1$，解具有下面的形式：

$$u_1(\xi, \tau) = r\sqrt{\frac{\sigma d_2 + d_1}{\sigma^2 - 1}} \mathrm{dn}(r\tau, p)[q\,\mathrm{dn}^{-2}(r\tau, p) \mp 1]\exp(iQ_1^\pm \xi) \qquad (7.3.13)$$

$$u_2(\xi, \tau) = r\sqrt{\frac{d_2 + \sigma d_1}{\sigma^2 - 1}} \frac{p^2 \mathrm{sn}(r\tau, p)\mathrm{cn}(r\tau, p)}{\mathrm{dn}(r\tau, p)}\exp(iQ_2^\pm \xi) \qquad (7.3.14)$$

式中，传输常数 Q_1 和 Q_2 分别为

$$Q_1^\pm = \frac{r^2}{\sigma^2 - 1}[\sigma(d_2 + \sigma d_1)(1 + q^2) \mp 2q(\sigma d_2 + d_1)] - \frac{r^2 d_1}{2}(1 \mp q)^2 \qquad (7.3.15)$$

$$Q_2^\pm = \frac{r^2}{\sigma^2 - 1}[(d_2 + \sigma d_1)(1 + q^2) \mp 2q\sigma(\sigma d_2 + d_1)] \qquad (7.3.16)$$

在以上这些式子中，sn 和 cn 及 dn 是模为 $p(0 < p < 1)$ 且周期为 $2K(p)/r$ 的标准雅可比椭圆函数[50]，其中 $K(p)$ 是一类完全椭圆积分，$q = (1 - p^2)^{1/2}$，r 是任意比例常数。两族周期解对应于分别选择式中上面和下面的符号。对每一族解，p 可以取 0 到 1 之间的任意值。

仅当 $\sigma > 1$ 时以上两族周期解才存在；当 $\sigma < 1$ 时，有以下单族周期解[49]：

$$u_1(\xi, \tau) = r\sqrt{\frac{\sigma d_2 + d_1}{1 - \sigma^2}} p\,\mathrm{sn}(r\tau, p)\exp(iQ_1 \xi) \qquad (7.3.17)$$

$$u_2(\xi, \tau) = r\sqrt{\frac{d_2 + \sigma d_1}{1 - \sigma^2}} p\,\mathrm{dn}(r\tau, p)\exp(iQ_2 \xi) \qquad (7.3.18)$$

式中，传输常数 Q_1 和 Q_2 分别为

$$Q_1 = -\frac{1}{2}r^2 d_1 q^2 + r^2(d_1 + \sigma d_2)/(1 - \sigma^2) \qquad (7.3.19)$$

$$Q_2 = \frac{1}{2}r^2 d_2(1+q^2) + r^2\sigma(d_1 + \sigma d_2)/(1-\sigma^2) \tag{7.3.20}$$

众所周知，任一雅可比椭圆函数的周期在极限 $p = 1$ 时变为无穷大，在这一极限条件下，上述周期解简化成本节前面讨论的亮-暗孤子对。应强调的是，周期解或孤立波解仅仅是"存在"，并不能保证可以在实验中观察到这种解。这种解的稳定性必须通过对解施加扰动，并长距离地传输扰动场来进行研究。数值模拟表明，所有周期解原则上都是不稳定的，但不稳定开始发生时的长度取决于扰动强度[49]。特别是对相对弱的扰动，周期解能够在数十个色散长度上继续存在。

7.3.4　多耦合非线性薛定谔方程

很容易将交叉相位调制配对孤子的概念推广到多分量孤子，即具有不同载频的多个脉冲在同一光纤中传输。实际上，在波分复用光波系统中，自然会发生这种情况[51]，此时就需要用下面的一组多耦合非线性薛定谔方程代替方程(7.1.13)和方程(7.1.14)：

$$\frac{\partial A_j}{\partial z} + \frac{1}{v_{gj}}\frac{\partial A_j}{\partial t} + \frac{\mathrm{i}\beta_{2j}}{2}\frac{\partial^2 A_j}{\partial t^2} = \mathrm{i}\left(\gamma_j|A_j|^2 + \sigma\sum_{k\neq j}\gamma_k|A_k|^2\right)A_j \tag{7.3.21}$$

式中，$j = -M \sim M$，分量的总数为 $2M+1$。无量纲参量 σ 表示交叉相位调制强度，当所有光波同线偏振时，$\sigma = 2$。对一定的参量值组合，这些方程既有周期解，又有孤子解[45~48]。本节将重点讨论具有多个分量的孤子解，这样的孤子通常称为多分量矢量孤子[52]。

利用 $j = 0$ 的中心分量作为参考，并引入式(7.3.10)表示的归一化变量 ξ，τ 和 u_j，可将方程(7.3.21)归一化，其中式(7.3.10)中的色散长度 $L_D = T_0^2/|\beta_{20}|$，β_{20} 取负值。于是，方程(7.3.21)可以写成

$$\mathrm{i}\left(\frac{\partial u_j}{\partial \xi} + \delta_j\frac{\partial u_j}{\partial \tau}\right) + \frac{d_j}{2}\frac{\partial^2 u_j}{\partial \tau^2} + \left(\gamma_j|A_j|^2 + \sigma\sum_{k\neq j}\gamma_k|A_k|^2\right)A_j = 0 \tag{7.3.22}$$

式中，$\delta_j = v_{gj}^{-1} - v_{g0}^{-1}$ 表示相对于中心分量的群速度失配，$d_j = \beta_{2j}/\beta_{20}$，参量 γ_j 已对 γ_0 做了归一化，因此是无量纲的。

通过寻找下面形式的解，可以得到方程(7.3.22)的孤立波解：

$$u_j(\xi, \tau) = U_j(\tau)\exp[\mathrm{i}(K_j\xi - \Omega_j\tau)] \tag{7.3.23}$$

式中，K_j 是传输常数，Ω_j 表示相对载频的频移。假如频移 $\Omega_j = (\beta_{2j}v_{gj})^{-1}$，$\lambda_j = K_j - \delta_j^2/(2d_j)$，易知 U_j 满足常微分方程

$$\frac{d_j}{2}\frac{\mathrm{d}^2 U_j}{\mathrm{d}\tau^2} + \left(\gamma_j|U_j|^2 + \sigma\sum_{k\neq j}\gamma_k|U_k|^2\right)U_j = \lambda_j U_j\left(K_j - \frac{1}{2}\beta_{2j}\Omega_j^2\right)U_j \tag{7.3.24}$$

对于 $j = 0$ 的中心分量，$d_0 = \gamma_0 = 1$。在没有交叉相位调制项时，这一分量具有标准孤子解 $U_0(\tau) = \mathrm{sech}(\tau)$。假设在有交叉相位调制项时，所有分量有同样的"双曲正割"形，但振幅不同，即 $U_n(\tau) = a_n\mathrm{sech}(\tau)$。将此解代入方程(7.3.24)，振幅 a_n 满足下面的代数方程：

$$a_0^2 + \sigma\sum_{n\neq 0}\gamma_n a_n^2 = 1, \qquad \gamma_n a_n^2 + \sigma\sum_{m\neq n}\gamma_m a_m^2 = d_n \tag{7.3.25}$$

对所有分量来说，只要参量 d_n 和 γ_n 接近于1，这一解就能描述具有几乎相等强度的 N 个分量的矢量孤子。在简并情形下，$d_n = \gamma_n = 1$，利用解析方法可得到孤子振幅为 $U_n = [1+\sigma(N-1)]^{-1/2}$，式中 N 是分量的总数[45]。并不能保证任一多分量矢量孤子的稳定性，对此需要仔细研究。对

多分量矢量孤子的稳定性感兴趣的读者可以参阅文献[52]，其中详细讨论了矢量孤子的稳定性。

7.4 频域和时域效应

这一节将考虑两个频谱无交叠的传输脉冲因交叉相位调制互作用引起的频域和时域的变化[53~59]。为简单起见，假设入射脉冲在传输过程中其偏振态保持不变，因此可忽略偏振的影响。方程(7.1.13)和方程(7.1.14)可描述这两个脉冲沿光纤的演化，其中包含了群速度失配效应、群速度色散效应、自相位调制效应及交叉相位调制效应。若忽略光纤损耗，则方程进一步简化为

$$\frac{\partial A_1}{\partial z} + \frac{\mathrm{i}\beta_{21}}{2}\frac{\partial^2 A_1}{\partial T^2} = \mathrm{i}\gamma_1(|A_1|^2 + 2|A_2|^2)A_1 \tag{7.4.1}$$

$$\frac{\partial A_2}{\partial z} + d\frac{\partial A_2}{\partial T} + \frac{\mathrm{i}\beta_{22}}{2}\frac{\partial^2 A_2}{\partial T^2} = \mathrm{i}\gamma_2(|A_2|^2 + 2|A_1|^2)A_2 \tag{7.4.2}$$

式中，

$$T = t - \frac{z}{v_{\mathrm{g1}}}, \qquad d = \frac{v_{\mathrm{g1}} - v_{\mathrm{g2}}}{v_{\mathrm{g1}}v_{\mathrm{g2}}} \tag{7.4.3}$$

T 是以速度 v_{g1} 和脉冲一起运动的参照系中的时间量度，参量 d 是两个脉冲之间群速度失配的量度。

通常，两个脉冲有不同的宽度，以波长为 λ_1 的第一个脉冲的宽度 T_0 作为参考，引入走离长度 L_{W} 和色散长度 L_{D} 为

$$L_{\mathrm{W}} = T_0/|d|, \qquad L_{\mathrm{D}} = T_0^2/|\beta_{21}| \tag{7.4.4}$$

根据 L_{W} 和 L_{D} 及光纤长度 L 相对大小的不同，两个脉冲的演化有很大差别。如果 L 相对 L_{W} 和 L_{D} 较小，则色散效应将不起重要作用，可以忽略。例如，如果两个脉冲的中心波长差在 10 nm 之内（$|d| < 1$ ps/m），则对于 $T_0 > 100$ ps 和 $L = 10$ m，就属于这种情况。在这种准连续条件下，7.3 节中的稳态解是适用的。如果 $L_{\mathrm{W}} < L$ 但 $L_{\mathrm{D}} \gg L$，则方程(7.4.1)和方程(7.4.2)中的二阶导数项可以忽略，但一阶导数项必须保留。在这种条件下，尽管脉冲形状不变，但群速度失配与非线性效应感应的频率啁啾的联合作用使频谱发生很大变化，这一般对应于 T_0 约为 100 ps，L 约为 10 m 和 $|d| < 10$ ps/m 的情形。最后，对于超短脉冲（$T_0 < 10$ ps），群速度色散项也应包括在内，这样交叉相位调制将同时影响脉冲的形状和频谱。这两种情形都将在下文中讨论。

7.4.1 非对称频谱展宽

首先考虑当 $L \ll L_{\mathrm{D}}$ 时，方程(7.4.1)和方程(7.4.2)中的二阶导数项可忽略的简单情形。假设 $L_{\mathrm{W}} < L$，通过参量 d 将群速度失配考虑在内，由于在无群速度色散时脉冲形状不变，因此方程(7.4.1)和方程(7.4.2)可解析求解。$z = L$ 处的通解为[55]

$$A_1(L, T) = A_1(0, T)\mathrm{e}^{\mathrm{i}\phi_1}, \qquad A_2(L, T) = A_2(0, T - dL)\mathrm{e}^{\mathrm{i}\phi_2} \tag{7.4.5}$$

式中，与时间有关的非线性相移由下式得到：

$$\phi_1(T) = \gamma_1\left(L|A_1(0, T)|^2 + 2\int_0^L |A_2(0, T - zd)|^2\,\mathrm{d}z\right) \tag{7.4.6}$$

$$\phi_2(T) = \gamma_2\left(L|A_2(0, T)|^2 + 2\int_0^L |A_1(0, T + zd)|^2\,\mathrm{d}z\right) \tag{7.4.7}$$

式(7.4.5)至式(7.4.7)的物理意义很清楚，当脉冲通过光纤时，由于折射率与强度有关，脉冲相位受到调制。对相位的调制来自两方面的贡献：式(7.4.6)和式(7.4.7)的第一项源于自相位调制（见4.1节），第二项源于交叉相位调制。由于群速度失配，交叉相位调制贡献沿光纤长度方向是变化的，总的交叉相位调制贡献可通过在光纤长度上的积分得到。

对于某些特殊的脉冲形状，式(7.4.6)和式(7.4.7)中的积分能够解析求出。作为一个说明，考虑两个具有相同宽度 T_0 的无啁啾高斯脉冲，其初始振幅为

$$A_1(0, T) = \sqrt{P_1} \exp\left(-\frac{T^2}{2T_0^2}\right), \qquad A_2(0, T) = \sqrt{P_2} \exp\left(-\frac{(T - T_d)^2}{2T_0^2}\right) \qquad (7.4.8)$$

式中，P_1 和 P_2 是峰值功率，T_d 是两个脉冲之间的初始时间延迟。将式(7.4.8)代入式(7.4.6)，可得

$$\phi_1(\tau) = \gamma_1 L \left(P_1 e^{-\tau^2} + P_2 \frac{\sqrt{\pi}}{\delta}[\mathrm{erf}(\tau - \tau_d) - \mathrm{erf}(\tau - \tau_d - \delta)]\right) \qquad (7.4.9)$$

式中，$\mathrm{erf}(x)$ 代表误差函数，且

$$\tau = T/T_0, \qquad \tau_d = T_d/T_0, \qquad \delta = dL/T_0 \qquad (7.4.10)$$

对于 $\phi_2(\tau)$，利用式(7.4.7)可得到类似的表达式。

正如4.1节所讨论的，与时间有关的相位是通过频谱展宽表现出来的。与纯自相位调制的情形类似，每个脉冲的频谱都将被展宽，并发展成多峰结构，但此时脉冲的频谱形状由自相位调制和交叉相位调制对脉冲相位的共同贡献决定。图7.2给出了选取 $\gamma_1 P_1 L = 40$，$P_2/P_1 = 0.5$，$\gamma_2/\gamma_1 = 1.2$，$\tau_d = 0$ 以及 $\delta = 5$ 时两个脉冲的频谱，这些参量值对应于下面的一个实验条件，即波长为 630 nm 且峰值功率为 100 W 的脉冲与波长为 530 nm 且峰值功率为 50 W 的脉冲一起入射到光纤中，初始时间延迟 $T_d = 0$，脉宽 $T_0 = 10$ ps，光纤长度 $L = 5$ m。图7.2最值得注意的特征是频谱不再对称，这完全是由交叉相位调制引起的。在没有交叉相位调制互作用时，两个频谱都是对称的，并且表现出较小的展宽。交叉相位调制贡献对脉冲2更大（$P_1 = 2P_2$），所以相对于脉冲1的频谱，脉冲2的频谱更不对称。

通过考虑交叉相位调制感应的频率啁啾，可以定性地理解图7.2所示的频谱特征。对脉冲1由式(7.4.9)可得

$$\Delta\nu_1(\tau) = -\frac{1}{2\pi}\frac{\partial\phi_1}{\partial T} = \frac{\gamma_1 L}{\pi T_0}\left[P_1 \tau e^{-\tau^2} - \frac{P_2}{\delta}\left(e^{-(\tau - \tau_d)^2} - e^{-(\tau - \tau_d - \delta)^2}\right)\right] \qquad (7.4.11)$$

对 $\tau_d = 0$ 和 $|\delta| \ll 1 (L \ll L_W)$，啁啾由下面的简单关系式给出：

$$\Delta\nu_1(\tau) \approx \frac{\gamma_1 L}{\pi T_0} e^{-\tau^2}[P_1 \tau + P_2(2\tau - \delta)] \qquad (7.4.12)$$

用类似的步骤可得到脉冲2的啁啾

$$\Delta\nu_2(\tau) \approx \frac{\gamma_2 L}{\pi T_0} e^{-\tau^2}[P_2 \tau + P_1(2\tau + \delta)] \qquad (7.4.13)$$

当 δ 为正值时，脉冲1的前沿部分啁啾较大，而对脉冲2情况正好相反。因为脉冲前沿和后沿分别携带红移和蓝移分量，所以脉冲1的频谱向红端位移，而脉冲2的频谱向蓝端位移，这正是图7.2所描述的情况。因为当 $P_1 > P_2$ 时，交叉相位调制贡献对脉冲2更大，所以脉冲2的频谱位移得更多。当 $P_1 = P_2$，$\gamma_1 \approx \gamma_2$ 时，两个脉冲的频谱互成镜像。

如果两个脉冲开始时没有交叠，但有一个相对的时间延迟，则频谱展宽的定性特征和上面

相比大不相同[55]。为了突出交叉相位调制效应，考虑 $P_1 \ll P_2$ 的泵浦–探测结构的情形。忽略自相位调制的贡献，由式(7.4.11)可得到泵浦脉冲对探测脉冲感应的啁啾为

$$\Delta v_1(\tau) = \mathrm{sgn}(\delta)\Delta v_{\max}\exp[-(\tau - \tau_d)^2] - \exp[-(\tau - \tau_d - \delta)^2] \tag{7.4.14}$$

式中，$\Delta v_{\max}$是交叉相位调制感应啁啾的最大值，由下式给出：

$$\Delta v_{\max} = \frac{\gamma_1 P_2 L}{\pi T_0 |\delta|} = \frac{\gamma_1 P_2 L_W}{\pi T_0} \tag{7.4.15}$$

注意，$\Delta v_{\max}$取决于走离长度 L_W，而不是实际光纤长度 L，这正是所预期的，因为只有两个脉冲交叠时才能发生交叉相位调制互作用。

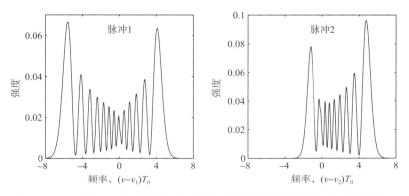

图 7.2　表现为交叉相位调制感应的非对称频谱展宽的两个脉冲的频谱。
参量值为 $\gamma_1 P_1 L = 40$，$P_2/P_1 = 0.5$，$\gamma_2/\gamma_1 = 1.2$，$\tau_d = 0$，$L/L_W = 5$

式(7.4.14)表明，如果 τ_d 和 δ 的符号相反，则由交叉相位调制感应的啁啾沿探测脉冲有很大的变化。结果，因 τ_d 和 δ 相对值的不同，探测脉冲频谱可具有性质不同的特征。例如，考虑泵浦脉冲比探测脉冲有更快的传输速度($\delta < 0$)，并且有初始时间延迟($\tau_d \geqslant 0$)的情形，对 $\delta = -4$，τ_d 分别为 0，2 和 4，图 7.3 给出了探测脉冲频谱及相位 ϕ_1 和啁啾 Δv_1。光纤长度 L 和泵浦峰值功率 P_2 的选取使 $\gamma_1 P_2 L = 40$ 和 $L/L_W = 4$。作为参考，对群速度失配 $d = 10$ ps/m 的 10 ps 泵浦脉冲，有 $L_W = 1$ m。当 $\tau_d = 0$ 时，图 7.3 中的探测脉冲频谱严重地不对称，并且向红端位移；当 $\tau_d = 2$ 时，探测脉冲频谱变成对称的；而当 $\tau_d = 4$ 时，探测脉冲频谱又变得不对称，并向蓝端位移。实际上，对于 $\tau_d = 0$ 和 $\tau_d = 4$，其频谱是关于中心频率 $v_1 = \omega_1/2\pi$ 互成镜像关系的。

考虑图 7.3 右边一列所示的交叉相位调制感应的啁啾，可以从物理意义上理解探测频谱。对于 $\tau_d = 0$，整个探测脉冲具有正啁啾，并且在脉冲的中心产生最大的啁啾。可是对于自相位调制情形正好相反(见图 4.1)，在脉冲前沿附近啁啾为负，中心部分为零，后沿附近为正。自相位调制和交叉相位调制两种情形的差别是因为群速度失配造成的。当 $\tau_d = 0$ 时，速度较慢的探测脉冲主要与泵浦脉冲的后沿作用，结果交叉相位调制感应的啁啾是正的，并且探测脉冲频谱仅有蓝移分量；当 $\tau_d = 4$ 时，泵浦脉冲正好在光纤的输出端赶上探测脉冲，其前沿与探测脉冲发生互作用，所以探测脉冲的啁啾为负，并且频谱移向红端；当 $\tau_d = 2$ 时，泵浦脉冲不仅有时间赶上探测脉冲，而且还对称地通过探测脉冲，所以在探测脉冲的中心啁啾为零，这与自相位调制情形相似，但整个探测脉冲上的啁啾量相对较小。结果，探测脉冲的频谱被对称地展宽，而尾部有一小部分能量。这种对称情况下的探测脉冲频谱与比率 L/L_W 的关系非常密切，对于

$\tau_d = 1$，如果 $L/L_W = 2$，则频谱较宽，并有很多精细结构；相反，如果 $L \gg L_W$，则探测脉冲频谱实际上保持不变。

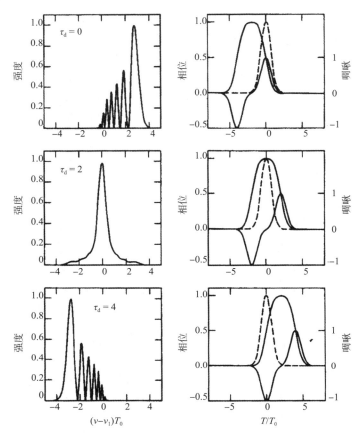

图 7.3　一个随运动较快的泵浦脉冲共同传输的探测脉冲频谱（左列）及交叉相位
调制感应的相位和啁啾（右列），虚线表示探测脉冲形状。三排分别对
应于泵浦脉冲的初始时间延迟 τ_d 为 0，2 和 4[55]（©1989 美国物理学会）

　　用泵浦-探测结构在实验中已观察到交叉相位调制感应的频谱展宽。一个实验[5]由工作在 1.51 μm 的色心激光器获得 10 ps 的泵浦脉冲，由光纤喇曼激光器产生 1.61 μm 的探测脉冲（见 8.2 节），走离长度约为 80 m，而色散长度超过 10 km。用时间-色散调谐改变两脉冲的有效时间延迟，当光纤长度从 50 m 增加到 400 m 时，对称的和非对称的探测脉冲频谱均被观察到。

　　另一个实验[54]用 Nd:YAG 激光器提供波长为 1.06 μm 的 33 ps 泵浦脉冲和波长为 0.53 μm 的 25 ps 探测脉冲，两个脉冲的时间延迟用马赫-曾德尔干涉仪调节。因为群速度失配相当大（$d \approx 80$ ps/m），所以走离长度仅约为 25 cm，对实验中所用的 1 m 长的光纤，$L/L_W = 4$。通过改变时间延迟 T_d 和泵浦脉冲峰值功率，记录下探测脉冲的频谱。由于多峰结构无法分辨，频谱表现为红移或蓝移，并且稍有展宽，这种由交叉相位调制感应的频谱位移称为感应频移[54]。

　　图 7.4 给出了感应频移随时间延迟 T_d 的变化关系，实线是由式（7.4.14）得到的理论预期结果，对于一个给定的时间延迟，频移可由最大的 $\Delta \nu_1(\tau)$ 得到，最大值发生在 $\tau = 0$ 附近。频移为

$$\Delta \nu_1 = \Delta \nu_{max}\{\exp(-\tau_d^2) - \exp[-(\tau_d + \delta)^2]\} \tag{7.4.16}$$

对实验所取的参量值,式中 $\delta \approx -4$,并且 $\tau_d = T_d/T_0$, $T_0 \approx 20$ ps。式(7.4.16)表明,当 $\tau_d = 0$ 和 $\tau_d = 4$ 时,产生最大的频移 $\Delta \nu_{\max}$;但是,当 $\tau_d = 2$ 时,频移为零,这些特征与实验结果一致。根据式(7.4.15),最大频移应随泵浦脉冲的峰值功率线性增加。正如图 7.4 所示,实验中也确实观察到了这种行为。交叉相位调制感应的探测脉冲波长的位移约为 0.1 nm/kW,它受走离长度的限制。如果将泵浦脉冲和探测脉冲的波长差减少到几纳米,频移可增大一个数量级或更多。交叉相位调制感应的频移对光通信有用。

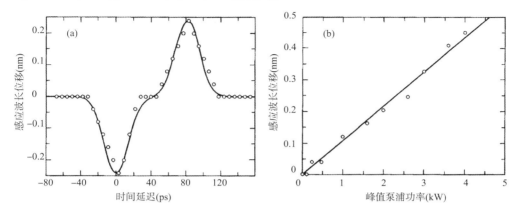

图 7.4　交叉相位调制感应的 0.53 μm 探测脉冲的波长位移随 1.06 μm 泵浦脉冲的(a)初始时间延迟 T_d 和(b)峰值功率的变化关系,小圆圈是实验数据,实线是理论值[54]（©1988 美国物理研究所）

7.4.2　非对称时域变化

在以上讨论中,假设色散长度 L_D 比光纤长度 L 大得多,结果两脉冲在光纤中传输时形状保持不变。当 L_D 与 L 或走离长度 L_W 相当时,交叉相位调制和自相位调制及群速度色散的联合作用可导致伴随着频域变化的时域变化。数值解方程(7.1.13)和方程(7.1.14)可以研究这些时域变化,为方便起见,按 4.2 节的方法定义

$$\xi = \frac{z}{L_D}, \qquad \tau = \frac{t - z/v_{g1}}{T_0}, \qquad U_j = \frac{A_j}{\sqrt{P_1}} \qquad (7.4.17)$$

引入归一化参量,将耦合振幅方程写成[55]

$$\frac{\partial U_1}{\partial \xi} + \mathrm{sgn}(\beta_{21}) \frac{\mathrm{i}}{2} \frac{\partial^2 U_1}{\partial \tau^2} = \mathrm{i} N^2 (|U_1|^2 + 2|U_2|^2) U_1 \qquad (7.4.18)$$

$$\frac{\partial U_2}{\partial \xi} \pm \frac{L_D}{L_W} \frac{\partial U_2}{\partial \tau} + \frac{\mathrm{i}}{2} \frac{\beta_{22}}{\beta_{21}} \frac{\partial^2 U_2}{\partial \tau^2} = \mathrm{i} N^2 \frac{\omega_2}{\omega_1} (|U_2|^2 + 2|U_1|^2) U_2 \qquad (7.4.19)$$

式中,参量 N 为

$$N^2 = \frac{L_D}{L_{NL}} = \frac{\gamma_1 P_1 T_0^2}{|\beta_{21}|} \qquad (7.4.20)$$

由于假设 $\alpha_j L \ll 1 (j = 1, 2)$,光纤损耗已被忽略。方程(7.4.19)中的第二项对应两个脉冲之间的群速度失配,正负号的选择取决于式(7.4.3)定义的参量 d 的符号。

为了突出交叉相位调制效应,考虑泵浦-探测结构是有用的。假设 $|U_2|^2 \ll |U_1|^2$,方程(7.4.18)和方程(7.4.19)中包含 $|U_2|^2$ 的项可忽略。这样,由方程(7.4.18)描述的泵浦脉冲的演化不受探测脉冲的影响,可是由于交叉相位调制效应,泵浦脉冲在很大程度上影响探测脉冲的演化。

方程(7.4.19)描述了交叉相位调制和群速度色散的联合作用对探测脉冲形状和频谱的影响。用2.4节中介绍的分步傅里叶法能够数值求解这两个方程。

对 $N=10$，$L_D/L_W=10$，$\omega_2/\omega_1=1.2$ 及 $\beta_{22}\approx\beta_{21}>0$，图7.5给出了 $\xi=0.4$ 处泵浦和探测脉冲的形状和频谱。两个脉冲在光纤输入端都为高斯形，脉宽相同，并且没有初始时间延迟。假设泵浦脉冲比探测脉冲传输得快（$d>0$），泵浦脉冲的形状和频谱具有自相位调制和群速度色散联合作用时的特征（见4.2节）。相反，探测脉冲的形状和频谱由交叉相位调制和群速度色散的联合作用决定。为便于比较，图7.6给出了在不考虑群速度色散时的探测脉冲和泵浦脉冲频谱。7.4.1节中已讨论过，在不考虑群速度色散的情况下，探测脉冲频谱向蓝端非对称展宽。群速度色散效应减小了不对称的程度，这时红移的频谱分量将携带一部分脉冲能量（见图7.5）。

从图7.5中看到，群速度色散最明显的影响是使探测脉冲的形状改变。当不存在群速度色散时，交叉相位调制仅影响光学相位，脉冲形状保持不变。但是当存在群速度色散时，由于交叉相位调制感应啁啾施加于探测脉冲上，所以探测脉冲的不同部分以不同的速度传输，从而导致结构复杂的非对称形状[55]。探测脉冲的后沿附近产生快速振荡，而前沿却受影响不大。这些振荡与4.2.3节中讨论的光波分裂现象有关，在那里，自相位调制和群速度色散的联合作用导致脉冲两翼的振荡（见图4.12）。这里，沿整个探测脉冲后沿的振荡正是由交叉相位调制和群速度色散的联合作用造成的。

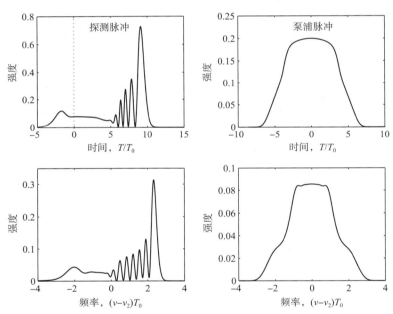

图7.5　探测脉冲和泵浦脉冲在 $\xi=0.4$ 处的形状（上部）和频谱（下部），虚线给出输入脉冲所在的位置；两个脉冲都是高斯形的且在 $\xi=0$ 处完全重叠[55]（©1989美国物理学会）

在图7.5中看到的特征可以定性地理解为，交叉相位调制感应的啁啾在脉冲中心最大（如图7.3最上面一排所示），频率啁啾和正常群速度色散的联合作用使探测脉冲的峰位相对其尾部慢下来，由于峰位滞后并与后沿相干涉，所以发生交叉相位调制感应光波分裂现象。同样，根据移动较快的泵浦脉冲主要与探测脉冲的后沿相互作用，也可理解上述行为。实际上，如果探测脉冲和泵浦脉冲的波长反过来，使移动较慢的泵浦脉冲主要与探测脉冲的前沿相互作用，则因为交叉相位调制感应的啁啾使探测脉冲的峰位相对其尾部运动加快，振荡将在脉冲前沿附近产生。对有色散的交叉相位调制，泵浦和探测脉冲间的初始时间延迟效应能导致与图7.3非常不同的定性特征。例如，即使泵浦脉冲以对称的方式扫过探测脉冲，当包括了群速　色散效应时，探测脉冲频谱也不再对称。

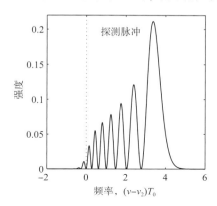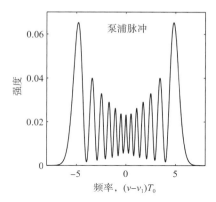

图 7.6　探测脉冲和泵浦脉冲的频谱，条件除忽略群速度色散效应以外，
与图7.5中的完全相同。由于脉冲形状不发生变化，所以没有示出

通过实验观察交叉相位调制感应的非对称时域效应需要利用飞秒脉冲，这是因为如果 $T_0 > 5$ ps，则 $L_D > 1$ km，而对典型值 $|d| \approx 10$ ps/m，$L_W \approx 1$ m。由于交叉相位调制仅在几个走离长度内发生，所以仅当 L_D 和 L_W 相当时，才能发生交叉相位调制和群速度色散之间的互作用。例如，当 $T_0 = 100$ fs 时，L_D 和 L_W 都变为10 cm左右，上面所讨论的时域效应在不超过 1 m 长的光纤内就能发生，可是对于这样短的脉冲必须包括高阶非线性效应。

7.4.3　高阶非线性效应

正如在 2.3 节和 5.5 节中所讨论的，对于飞秒光脉冲，必须考虑几种高阶非线性效应。实际中最重要的高阶非线性效应是由分子振动引起的喇曼效应。对单个脉冲在反常群速度色散区传输的情形，喇曼效应导致脉冲内喇曼散射，它表现为喇曼感应频移(见 5.5 节)。问题是，脉冲内喇曼散射是如何影响两个超短脉冲间的交叉相位调制互作用的[60~62]。

当考虑喇曼效应对非线性极化 P_{NL} 的贡献时，必须用式(2.3.38)代替式(2.3.6)。尽管仍可以按 7.1 节的步骤得到耦合振幅方程，但数学推导非常烦琐。用式(2.3.41)作为喇曼响应函数的函数形式，得到的方程可写成[61]

$$
\begin{aligned}
\frac{\partial A_j}{\partial z} + \frac{1}{v_{gj}}\frac{\partial A_j}{\partial t} + \frac{i\beta_{2j}}{2}\frac{\partial^2 A_j}{\partial t^2} + \frac{\alpha_j}{2}A_j &= i\gamma_j(1 - f_R)(|A_j|^2 + 2|A_m|^2)A_j \\
&+ i\gamma_j f_R \int_0^\infty ds\, h_R(s)\{[|A_j(z, t-s)|^2 + |A_m(z, t-s)|^2]A_j(z, t) \\
&+ A_j(z, t-s)A_m^*(z, t-s)\exp[i(\omega_j - \omega_m)s]A_m(z, t)\}
\end{aligned}
\tag{7.4.21}
$$

式中，$j = 1, 2$，$m = 3 - j$，参量 f_R 表示喇曼效应对非线性极化的贡献(约为18%)，$h_R(t)$ 是喇曼响应函数，其虚部通过式(2.3.41)与喇曼增益谱相联系。

尽管方程(7.4.21)很复杂，但各非线性项的物理意义非常明显。在方程(7.4.21)的右边，前两项代表电子响应对自相位调制和交叉相位调制的贡献，中间两项代表分子振动对自相位调制和交叉相位调制的贡献，最后一项代表因喇曼放大引起的两脉冲间的能量转移(见第 8 章)。

当设 $f_R = 0$ 而忽略喇曼贡献时，方程(7.4.21)简化为方程(7.1.13)和方程(7.1.14)。类似地，若忽略喇曼放大项，假设两脉冲宽度比喇曼响应时间（约为 50 fs）大得多且用 δ 函数替换 $h_R(t)$，则也可以得到方程(7.1.13)和方程(7.1.14)。

方程(7.4.21)表明，当喇曼贡献包括在内时，交叉相位调制感应的耦合效应以不同的方式影响超短光脉冲。最后一项代表的能量转移将在第 8 章有关受激喇曼散射的内容中讨论。方程(7.4.21)较新颖的部分是分子振动对自相位调制和交叉相位调制的贡献。与单脉冲情形相似，这部分贡献将导致载频位移，最重要的特征是这种频移是由脉冲内(intrapulse)和脉冲间(interpulse)的喇曼散射共同产生的。在孤子的讨论中，由于两个共同传输脉冲的交叠，除了有自频移，还伴随交叉频移[61]。自频移和交叉频移的符号既可以相同，也可以相反，这取决于载频差 $\omega_1 - \omega_2$ 是小于还是大于喇曼增益最大处的频率（见第 8 章）。这样，载频不同的两个脉冲间的交叉相位调制互作用既可以增强，也可以抑制每个脉冲单独传输时的自频移[7]。

7.5　交叉相位调制的应用

交叉相位调制这种非线性现象既有有利的一面，也有不利的一面，但其最直接的影响和多信道光波系统有关，这种系统的性能不可避免地受相邻信道之间交叉相位调制互作用的限制，而且还受所谓的信道内交叉相位调制的影响，信道内交叉相位调制源于属于同一信道的相邻脉冲的交叠[51]。本节主要讨论交叉相位调制的几个有价值的应用，如脉冲压缩和光开关。

7.5.1　交叉相位调制感应的脉冲压缩

众所周知，自相位调制感应啁啾可用于光脉冲压缩[63]。因为交叉相位调制也可对光脉冲施加频率啁啾，所以它也能用于脉冲压缩[64~70]。交叉相位调制感应脉冲压缩的一个明显的优点是，它不像自相位调制方法那样需要输入脉冲有较高的强度和能量。交叉相位调制可以压缩弱输入脉冲，因为频率啁啾是由共同传输的强泵浦脉冲产生的。但是，因为交叉相位调制感应的啁啾受走离效应的影响，它主要取决于泵浦-探测脉冲的初始相对时间延迟，所以在交叉相位调制感应脉冲压缩的实际应用中，需要小心控制泵浦脉冲参数，如脉宽、峰值功率、波长及相对于探测脉冲（信号脉冲）的初始时间延迟。

根据走离长度 L_W 和色散长度 L_D 的相对大小，可分成两种情况讨论。若对整个光纤 $L_D \gg L_W$，群速度色散效应可忽略，则这时光纤通过交叉相位调制感应啁啾，并且需要一个光栅对压缩啁啾脉冲，啁啾的大小和形式可以用式(7.4.11)分析。当泵浦脉冲比信号脉冲宽得多时，可在信号脉冲中产生近似线性的啁啾[66]。压缩因子取决于泵浦脉冲能量，并且很容易超过 10。

当 L_D 和 L_W 可以相比拟时，可以利用另一种脉冲压缩机制，这时同一根光纤既能产生交叉相位调制感应啁啾，又能通过群速度色散压缩脉冲。有趣的是，与自相位调制只能在反常群速度色散区产生压缩的情况相反，交叉相位调制即使在可见光区（正常群速度色散）也可能产生脉冲压缩，而不需要光栅对。对一组给定的泵浦和信号脉冲，可通过数值求解方程(7.4.18)和方程(7.4.19)来研究这种压缩器的性能[55]。一般而言，需要在泵浦脉冲和探测脉冲之间引入一个相对时间延迟 T_d，使传输较快的脉冲能赶上并通过传输较慢的脉冲。最大的压缩发生在距离 $|\tau_d|L_W$ 处，但在这一点脉冲质量并不一定最佳。

通常，需要在脉冲压缩强度和压缩质量之间进行权衡。例如，图 7.7 比较了泵浦脉冲和探测脉冲在距离 $z/L_D = 0.2$ 处的脉冲形状（实线）。在光纤输入端，两脉冲是脉宽相同的高斯脉冲

（虚线），波长比 $\lambda_1/\lambda_2=1.2$。然而，探测脉冲以 $\tau_d=-2.5$ 超前，其他参数为 $N=10$，$L_D/L_W=10$。正如所预期的，泵浦脉冲在光纤正常色散区被大幅度展宽；然而，探测脉冲被压缩了约 4 倍，除了脉冲前沿有一些小的自振，没有基座产生。如果初始泵浦脉冲比探测脉冲宽，那么即使这种自振也可被抑制，但对给定的泵浦功率要牺牲一点压缩量。当然，增加泵浦功率可得到更大的压缩因子。

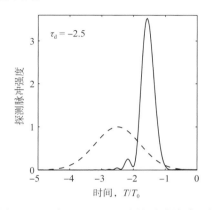 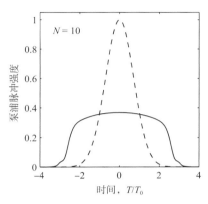

图 7.7　距离 $z/L_D=0.2$ 处的泵浦脉冲和探测脉冲的形状，虚线是 $z=0$ 处的输入脉冲形状，利用峰值功率满足 $N=10$ 的泵浦脉冲实现交叉相位调制感应的脉冲压缩

当交叉相位调制感应耦合由单光束的两个正交偏振分量引起时，交叉相位调制感应的脉冲压缩还可在光纤的正常群速度色散区发生[68]。1990 年的一个实验证实利用这种方法确实能实现脉冲压缩[67]，该实验使用偏振迈克尔逊干涉仪将 2 ps 的脉冲注入到 1.4 m 长的光纤（2.1 mm 拍长）中，两偏振分量的峰值功率和相对时间延迟可调。对 1.2 ps 的相对时间延迟，当强偏振分量的峰值功率为 1.5 kW 时，弱偏振分量被压缩约 6.7 倍。

当泵浦脉冲和信号脉冲都在光纤的正常群速度色散区传输时，由于群速度失配和与之相关的走离效应，压缩脉冲肯定不对称。当两脉冲的波长位于光纤零色散波长（对传统石英光纤约为 1.3 μm）的对边时，可使二者群速度基本相等，一种可行方案是用 1.06 μm 的泵浦脉冲压缩 1.55 μm 的信号脉冲。信号脉冲自身太弱不能形成光孤子，可是通过共同传输的泵浦脉冲，对其施加的交叉相位调制感应啁啾可能很强，这样信号脉冲在传输过程中会经历一个与高阶孤子相联系的初始压缩阶段[8]。

图 7.8 给出了当泵浦脉冲宽度与信号脉冲相同，但强度达到使式（7.4.18）中的 $N=30$ 时，信号脉冲和泵浦脉冲的演化过程。由于交叉相位调制感应的啁啾，信号脉冲在质量下降之前被压缩约 10 倍。压缩因子和脉冲质量都取决于泵浦脉冲的宽度和能量，而且可通过优化泵浦脉冲参数进行控制。尽管从严格意义上讲，信号脉冲从未形成孤子，但这种脉冲压缩方法还是与高阶孤子效应压缩相似。若使用色散位移光纤，即使泵浦和信号波长都在 1.55 μm 区，只要光纤零色散波长位于泵浦波长和信号波长的中间，就可以利用此方法压缩脉冲。在 1993 年的一个实验中[69]，用 12 ps 的泵浦脉冲将 10.6 ps 的信号脉冲压缩到 4.6 ps。泵浦和信号脉冲分别从工作在 1.56 μm 和 1.54 μm 的锁模半导体激光器获得，重复频率为 5 GHz，用光纤放大器将泵浦脉冲放大到 17 mW 的平均功率。此实验证明，在半导体激光器能够达到的功率水平上，可以实现交叉相位调制感应的脉冲压缩。

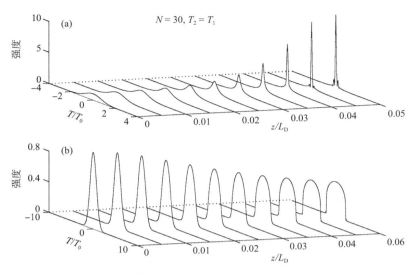

图 7.8　当峰值功率满足 $N=30$ 的泵浦脉冲在光纤正常色散区传输时，（a）信号
脉冲和（b）泵浦脉冲的时域演化，信号脉冲通过光纤反常群速度色散
区时，交叉相位调制会感应脉冲压缩[55]（©1989 美国物理学会）

7.5.2　交叉相位调制感应的光开关

交叉相位调制感应的相移还能用于光开关[63]。已有几种干涉仪结构利用交叉相位调制感应相移来实现超快光开关[71~83]。交叉相位调制感应开关的物理机制可通过一个普通的干涉仪来理解。一个弱信号脉冲等分到干涉仪的两条臂上，每条臂上获得的相移相同，最后通过相长干涉透射。当一个不同波长的泵浦脉冲入射到干涉仪的某一条臂上时，它将在此臂上通过交叉相位调制效应使信号脉冲的相位改变。如果交叉相位调制感应相移足够大（接近π），那么由于在输出端产生相消干涉，信号脉冲将不能被透射。这样，一个强泵浦脉冲就通过交叉相位调制感应相移实现了对信号脉冲的开关功能。

交叉相位调制感应的光开关效应在 1990 年得到了验证[73]。该实验用光纤环形镜作为萨格纳克干涉仪，用一个对 1.53 μm 波长分光比为 50∶50、对 1.3 μm 波长分光比为 100∶0 的双色光纤耦合器，可允许双波长工作。1.53 μm 波长的色心激光器提供低功率（约为 5 mW）连续信号。正如所预期的，在没有泵浦脉冲时，500 m 长的光纤环形镜起全反镜的作用，环内反向传输的信号获得相同的相移。当 1.3 μm 波长的 Nd∶YAG 激光器产生的 130 ps 泵浦脉冲在环内以顺时针方向注入时，泵浦脉冲和信号间的交叉相位调制互作用在反向传输的两路信号之间引入一个相位差。当泵浦脉冲的峰值功率足以引入一个π相移时，大部分信号功率从干涉仪透射。

交叉相位调制感应相移不仅取决于泵浦脉冲的脉宽和形状，而且还和群速度失配有关。在泵浦光和信号都为脉冲光的情况下，相移还取决于泵浦脉冲和信号脉冲之间的相对时间延迟。实际上，交叉相位调制感应相移的大小和持续时间可以通过初始时间延迟控制（见图 7.3）。要说明的主要一点是，当两个脉冲互相完全通过对方时，大部分信号脉冲上的相移相当均匀，实现了信号脉冲的完全开关。由于群速度失配，产生π相移所需的泵浦功率一般很高。

如果泵浦脉冲和信号脉冲正交偏振但波长相同，则可以大大减小群速度失配。而且，即使双折射引起脉冲走离，使交叉相位调制感应的相移小于π，还可以用交叉拼接方法累积相移[76]。此方法是将多段保偏光纤按快慢轴旋转 90° 的方式依次拼接构成光纤环形镜，结果在光纤环的每一小段中，泵浦脉冲和信号脉冲被迫相互扫过对方，交叉相位调制感应相移增加的倍数与拼接的段数相等。

7.5.3　交叉相位调制感应的非互易性

两束具有相同(或不同)波长的光波在光纤中沿相反方向传输时，前向波和后向波也可以通过交叉相位调制发生相互作用，这种互作用可导致新的定性特征。当用光纤构成一个非线性环形谐振腔时，这种特征表现为光学双稳性及其他一些不稳定性[84~95]。特别值得注意的是，交叉相位调制感应的非互易性可以影响光纤陀螺仪的性能[96~101]。

两个反向传输光波之间非互易性的起因可按 7.1 节的分析来理解。如果 A_1 和 A_2 分别是前向和后向传输波的振幅，则它们满足与方程(7.1.13)和方程(7.1.14)相似的耦合振幅方程

$$\pm \frac{\partial A_j}{\partial z} + \frac{1}{v_g}\frac{\partial A_j}{\partial t} + \frac{i\beta_2}{2}\frac{\partial^2 A_j}{\partial t^2} + \frac{\alpha}{2}A_j = i\gamma(|A_j|^2 + 2|A_{3-j}|^2)A_j \tag{7.5.1}$$

式中的正负号分别对应于 $j = 1, 2$。对连续波情形，此方程容易求解，为简单起见，忽略光纤损耗，此解为

$$A_j(z) = \sqrt{P_j}\exp(\pm i\phi_j) \tag{7.5.2}$$

式中，P_j 是峰值功率，非线性相移为

$$\phi_j = \gamma z(P_j + 2P_{3-j})$$

式中，$j = 1, 2$。如果 $P_1 \neq P_2$，则两个反向传输光波的相移 ϕ_1 和 ϕ_2 并不相同，这种非互易性是因为方程(7.5.1)中的交叉相位调制项中出现的因子 2 引起的。

交叉相位调制感应的非互易性对高精度光纤陀螺仪是有害的，这种仪器可用来测量每小时 $0.01°$ 的旋转率[102]。图 7.9 是光纤陀螺仪的设计示意图，其工作原理基于萨格纳克效应[103]，此效应在两个反向传输光波之间引入一个与旋转有关的相对相移，该相移为

$$\Delta\phi = \phi_1 - \phi_2 = \gamma L(P_2 - P_1) + S\Omega \tag{7.5.3}$$

式中，L 是光纤总长度，Ω 是旋转率，S 是比例因子(取决于光纤长度 L 及光纤环的半径[102])。如果功率 P_1 和 P_2 是常数，则式(7.5.3)中的交叉相位调制项影响不大。可是在实际情况中，功率可能会出现起伏。如果取 $\gamma \approx 10\ \text{W}^{-1}/\text{km}$ 和 $L \approx 100\ \text{m}$，那么即使两个反向传输光波之间的功率差为 1 μW，也可使 $\Delta\phi$ 改变约 1×10^{-6} 弧度，这个值典型地对应于每小时 $0.1°$ 的旋转率，这表明交叉相位调制将严重限制光纤陀螺仪的灵敏度，除非功率水平被控制在 10 nW 以内。

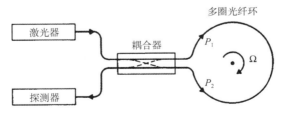

图 7.9　光纤陀螺仪的示意图，激光器发出的光通过一个 50:50 的耦合器分成两束，
沿多圈光纤环反向传输，旋转感应的相位差通过一个相敏探测器进行测量

有几种方案可以减轻交叉相位调制的影响，从而改善陀螺仪的性能。一种方案[97]是在两个反向传输光波未进入光纤环之前调制激光功率。因为光波的时间相关性，这种情形可通过用适当的边界条件解方程(7.5.1)来分析[101]。其结果表明，如果适当选取调制频率，那么非

互易效应可明显降低。从物理意义上可以理解为，仅当两个脉冲在时域上有交叠时，才产生交叉相位调制。其本质是，交叉相位调制感应的非互易性产生于反向传输光波之间的干涉。调制降低了反向传输光波之间的相干性，因而降低了这种干涉的效率。当然，利用有限相干时间的宽带光源也可得到相同的结果[98～100]。为此，热源和发光二极管都曾采用过[102]。

现在简单地讨论交叉相位调制对光学双稳性的影响。任何置于谐振腔内的非线性介质都能表现出双稳性[104]，光纤也不例外。如果为此做一个光纤环形腔，则不论光波沿顺时针方向还是逆时针方向传输，都能产生光学双稳性。当光波沿两个方向入射时，可产生一种有趣的现象。因为两个反向传输光波之间通过交叉相位调制感应耦合，所以这种器件可作为两个耦合的双稳系统，并且表现出许多新的定性特征[85～87]。尽管对光纤环形腔中单向传输的情形已观察到光学双稳性[88]，但双向传输情形在实验上还没有引起足够的重视。

两个反向传输光脉冲之间的交叉相位调制互作用一般非常弱，而且对超短脉冲情形可以忽略。原因是，即使同向传输的脉冲，随着相对群速度差的增加，交叉相位调制感应相移也会减小，见式(7.4.9)；而对于反向传输的脉冲，群速度失配更大，以至于两个脉冲几乎没有时间相互作用。然而，对非常强的脉冲，一些可测量的效应也能发生。例如，一个实验将峰值强度约为10 TW/cm² 的 0.7 ps 泵浦脉冲穿过 1 mm 厚的玻璃板，观察到了探测脉冲的频谱位移，这只能解释为反向传输的泵浦脉冲和探测脉冲之间发生了交叉相位调制互作用[105]。在光纤中，反向传输波之间的交叉相位调制互作用对光纤布拉格光栅非常重要。

7.6　偏振效应

本章到目前为止，假设通过交叉相位调制耦合的所有光场都能够保持其初始线偏振态。这一假设仅对各向同性光纤成立，而对双折射光纤便不再适用。即使在各向同性光纤中，如果入射光场不是线偏振的，那么交叉相位调制感应的非线性双折射也会导致偏振态的变化[106～108]。本节将介绍交叉相位调制的矢量理论，该理论适用于以不同偏振态入射并在光纤中传输的光场[107]。

7.6.1　交叉相位调制的矢量理论

正如6.6节所讨论的，利用琼斯矩阵形式可以比较简洁地表示偏振态。三阶非线性极化由式(2.3.6)给定，对于同时在光纤中传输的两个不同的光场，总的电场可以写为

$$E(r,t) = \frac{1}{2}[E_1 \exp(-i\omega_1 t) + E_2 \exp(-i\omega_2 t)] + \text{c.c.} \tag{7.6.1}$$

式中，E_j 是以频率 $\omega_j (j = 1, 2)$ 振荡的光场的慢变振幅。如果按照6.1.1节的方法，并利用式(6.1.2)表示三阶极化率，则 P_{NL} 可以写成

$$P_{NL} = \frac{1}{2}[P_1 \exp(-i\omega_1 t) + P_2 \exp(-i\omega_2 t)] + \text{c.c.} \tag{7.6.2}$$

式中，P_1 和 P_2 为

$$P_j = \frac{\epsilon_0}{4} \chi_{xxxx}^{(3)} [(E_j \cdot E_j)E_j^* + 2(E_j^* \cdot E_j)E_j + 2(E_m^* \cdot E_m)E_j \\ + 2(E_m \cdot E_j)E_m^* + 2(E_m^* \cdot E_j)E_m] \tag{7.6.3}$$

式中，$j \neq m$。在推导这一表达式时，利用了三阶极化率 $\chi^{(3)}$ 各分量之间的关系[见式(6.1.5)]，并假设这三个分量大小相同。

一个很好的近似是，忽略两个场矢量 E_1 和 E_2 的纵向分量，假设它们位于 x-y 平面内；对

表示在 x-y 平面内偏振的光的琼斯矢量，采用刃矢量表示更为方便[109]。光纤内任意一点 r 处的两个场可以写为

$$E_j(r,t) = F_j(x,y)|A_j(z,t)\exp(\mathrm{i}\beta_j z) \tag{7.6.4}$$

式中，$F_j(x,y)$ 表示光纤模式的横向分布，β_j 是载频 ω_j 处的传输常数。琼斯矢量 $|A_j\rangle$ 是二维列矢量，表示 x-y 平面内电场的两个分量。在这种符号中，$E_j^* \cdot E_j$ 和 $E_j \cdot E_j$ 分别与 $\langle A_j|A_j\rangle$ 和 $\langle A_j^*|A_j\rangle$ 有关。

按照 7.1.2 节的方法，可以得到如下矢量形式的耦合非线性薛定谔方程[107]：

$$\frac{\partial|A_1\rangle}{\partial z} + \frac{1}{v_{g1}}\frac{\partial|A_1\rangle}{\partial t} + \frac{\mathrm{i}\beta_{21}}{2}\frac{\partial^2|A_1\rangle}{\partial t^2} + \frac{\alpha_1}{2}|A_1\rangle = \frac{\mathrm{i}\gamma_1}{3}\left(2\langle A_1|A_1\rangle + |A_1^*\rangle\langle A_1^*|\right.$$
$$\left. + 2\langle A_2|A_2\rangle + 2|A_2\rangle\langle A_2| + 2|A_2^*\rangle\langle A_2^*|\right)|A_1\rangle \tag{7.6.5}$$

$$\frac{\partial|A_2\rangle}{\partial z} + \frac{1}{v_{g2}}\frac{\partial|A_2\rangle}{\partial t} + \frac{\mathrm{i}\beta_{22}}{2}\frac{\partial^2|A_2\rangle}{\partial t^2} + \frac{\alpha_2}{2}|A_2\rangle = \frac{\mathrm{i}\gamma_2}{3}\left(2\langle A_2|A_2\rangle + |A_2^*\rangle\langle A_2^*|\right.$$
$$\left. + 2\langle A_1|A_1\rangle + 2|A_1\rangle\langle A_1| + 2|A_1^*\rangle\langle A_1^*|\right)|A_2\rangle \tag{7.6.6}$$

式中，γ_j 由式(7.1.15)定义。按照惯例，$\langle A|$ 代表 $|A\rangle$ 的厄米特(Hermit)共轭，也就是说，它是一个对 $|A\rangle$ 的所有元素都取复数共轭的行矢量。内积 $\langle A|A\rangle$ 与 $|A\rangle$ 光场的功率有关。在推导耦合非线性薛定谔方程时，假设光纤没有任何双折射。正如 7.7 节中的处理方法，可以通过一种简单方式将实际光纤的残余双折射包括在内。

7.6.2　偏振演化

一般而言，方程(7.6.5)和方程(7.6.6)相当复杂，需要用数值方法求解。为了尽可能简单地研究交叉相位调制感应的偏振效应，本节做两个简化。首先，假设光纤长度 L 比与两个光波有关的色散长度短得多，群速度色散效应可以忽略；其次，采用泵浦-探测结构，假设探测功率 $\langle A_2|A_2\rangle$ 比泵浦功率 $\langle A_1|A_1\rangle$ 小得多，这样可以忽略探测波引起的非线性效应，因此方程(7.6.5)和方程(7.6.6)的右边可大大简化。若以和探测脉冲一起移动的坐标系作为参照系，并引入归一化时间 $\tau = (t - z/v_{g2})/T_0$，式中 T_0 是入射泵浦脉冲的宽度，则方程(7.6.5)和方程(7.6.6)简化为

$$\frac{\partial|A_1\rangle}{\partial z} + \frac{1}{L_W}\frac{\partial|A_1\rangle}{\partial\tau} = \frac{\mathrm{i}\gamma_1}{3}\left(2\langle A_1|A_1\rangle + |A_1^*\rangle\langle A_1^*|\right)|A_1\rangle \tag{7.6.7}$$

$$\frac{\partial|A_2\rangle}{\partial z} = \frac{2\mathrm{i}\gamma_2}{3}\left(\langle A_1|A_1\rangle + |A_1\rangle\langle A_1| + |A_1^*\rangle\langle A_1^*|\right)|A_2\rangle \tag{7.6.8}$$

式中，$L_W = (T_0 v_{g1} v_{g2})/|v_{g1} - v_{g2}|$ 是走离长度，光纤损耗忽略不计。

正如在第 6 章中看到的，利用邦加球上斯托克斯矢量的旋转，可以更直观地表示光场偏振态的演化。因此，对于泵浦和探测光场引入归一化的斯托克斯矢量[109]

$$p = \langle A_1|\sigma|A_1\rangle/P_0, \qquad s = \langle A_2|\sigma|A_2\rangle/P_{20} \tag{7.6.9}$$

式中，P_0 和 P_{20} 分别表示 $z=0$ 处泵浦脉冲和探测脉冲的峰值功率。泡利自旋向量 σ 用斯托克斯空间的单位矢量 $\hat{e}_j$ 定义为 $\sigma = \sigma_1\hat{e}_1 + \sigma_2\hat{e}_2 + \sigma_3\hat{e}_3$，式中三个泡利矩阵由式(6.6.8)给出。利用式(7.6.7)至式(7.6.9)，可以发现两个斯托克斯矢量满足[107]

$$\frac{\partial p}{\partial\xi} + \mu\frac{\partial p}{\partial\tau} = \frac{2}{3}p_3 \times p \tag{7.6.10}$$

$$\frac{\partial s}{\partial\xi} = -\frac{4\omega_2}{3\omega_1}(p - p_3) \times s \tag{7.6.11}$$

式中，$\xi = z/L_{NL}$ 是对非线性长度 $L_{NL} = (\gamma_1 P_0)^{-1}$ 归一化的距离，$\mu = L_{NL}/L_W$，$\boldsymbol{p}_3 = (\boldsymbol{p} \cdot \hat{e}_3)\hat{e}_3$ 是斯托克斯矢量 $\boldsymbol{p}$ 的第三个分量。只要 $\boldsymbol{p}_3 = 0$，$\boldsymbol{p}$ 就位于邦加球的赤道平面内，泵浦光场就是线偏振的。在推导方程(7.6.10)和方程(7.6.11)时，利用了下面的恒等式[109]：

$$|A\rangle\langle A| = \frac{1}{2}[\mathcal{I} + \langle A|\boldsymbol{\sigma}|A\rangle \cdot \boldsymbol{\sigma}] \tag{7.6.12}$$

$$|A^*\rangle\langle A^*| = |A\rangle\langle A| - \langle A|\sigma_3|A\rangle\sigma_3 \tag{7.6.13}$$

$$\boldsymbol{\sigma}(\boldsymbol{a} \cdot \boldsymbol{\sigma}) = \boldsymbol{a}\mathcal{I} + i\boldsymbol{a} \times \boldsymbol{\sigma} \tag{7.6.14}$$

式中，$\mathcal{I}$ 是单位矩阵，$\boldsymbol{a}$ 是任意斯托克斯矢量。

求解泵浦方程(7.6.10)相对容易，其解为

$$\boldsymbol{p}(\xi, \tau) = \exp[(2\xi/3)\boldsymbol{p}_3(0, \tau - \mu\xi)\times]\boldsymbol{p}(0, \tau - \mu\xi) \tag{7.6.15}$$

式中，$\exp(\boldsymbol{a}\times)$ 是一个算符，可以用级数展开[109]。从物理意义上讲，斯托克斯矢量 $\boldsymbol{p}$ 在邦加球上以速率 $2\boldsymbol{p}_3/3$ 绕垂直轴旋转。正如 6.3 节所讨论的，这种旋转是交叉相位调制感应的非线性双折射造成的，称为非线性偏振旋转。若开始时泵浦脉冲是线偏振或圆偏振的，则其偏振态沿光纤不会改变；而对于椭圆偏振的泵浦脉冲，当它在光纤中传输时，其偏振态将发生变化。而且，由于旋转率取决于光功率，在光纤输出端泵浦脉冲的不同部分具有不同的偏振态。这种脉冲内偏振效应对探测脉冲的演化有着深远的影响。

探测脉冲方程(7.6.11)表明，泵浦脉冲以 $\boldsymbol{p} - \boldsymbol{p}_3$ 为轴旋转探测脉冲的斯托克斯矢量，矢量 $\boldsymbol{p} - \boldsymbol{p}_3$ 位于邦加球的赤道平面内。结果，如果泵浦脉冲最初是圆偏振的，由于 $\boldsymbol{p} - \boldsymbol{p}_3 = 0$，则交叉相位调制效应变为偏振无关的；另一方面，若泵浦脉冲是线偏振的，即 $\boldsymbol{p}_3 = 0$，则 $\boldsymbol{p}$ 在斯托克斯空间内保持不变。然而，尽管这种情形下泵浦脉冲的偏振态不会改变，但探测脉冲的偏振态仍会通过交叉相位调制发生变化。而且对于探测脉冲的不同部分，交叉相位调制产生不同的偏振态，这取决于局部泵浦功率，结果造成沿探测脉冲的偏振是不均匀的。当泵浦脉冲为椭圆偏振时，因其自身的偏振态也沿光纤变化，交叉相位调制感应的偏振效应变得相当复杂。

例如，考虑在光纤输入端，泵浦脉冲为椭圆偏振而探测脉冲为线偏振的情形。假设两个脉冲都是高斯形的，则用琼斯矢量可以表示为

$$|A_1(0, \tau)\rangle = \begin{pmatrix} \cos\phi \\ i\sin\phi \end{pmatrix} P_0^{1/2} \exp\left(-\frac{\tau^2}{2}\right), \qquad |A_2(0, \tau)\rangle = \begin{pmatrix} \cos\theta \\ \sin\theta \end{pmatrix} P_{20}^{1/2} \exp\left(-\frac{\tau^2}{2r^2}\right) \tag{7.6.16}$$

式中，ϕ 是泵浦脉冲的椭圆角，θ 是探测脉冲的线偏振方向与 x 轴的夹角，$r = T_2/T_0$ 是探测脉冲相对于泵浦脉冲的宽度。图 7.10 给出了距离 $\xi = 20$ 处，泵浦脉冲的偏振态(实线)和探测脉冲的偏振态(虚线)在邦加球上是如何随 τ 演化的，其中假设 $\phi = 20°$，$\theta = 45°$，$r = 1$，$\mu = 0.1$($L_W = L/2$)。因为泵浦脉冲的偏振态绕 $\hat{e}_3$ 旋转，而且在邦加球上的轨迹是一个圆，因此变化方式较为简单；与此对照，探测脉冲偏振态的轨迹是一个复杂的图形，这表明探测脉冲不同部分的偏振态有很大的不同。这种偏振变化将影响交叉相位调制感应的啁啾。因此，与标量情形相比，探测脉冲的频谱生成更为复杂的结构，下面将讨论这种频谱效应。

7.6.3　偏振相关频谱展宽

通常，若泵浦脉冲不能保持其偏振态，则方程(7.6.8)必须用数值方法求解。正如前面所讨论的，若泵浦脉冲进入光纤时是线偏振或圆偏振的，则该方程就可以解析求解。为得到一些物理图像，首先考虑泵浦脉冲和信号脉冲在输入端都是线偏振但偏振方向成 θ 角的情形。令式(7.6.16)中的 $\phi = 0$，可以得到两个输入场的琼斯矢量。

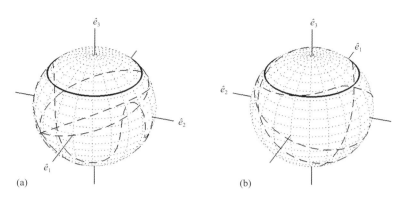

图 7.10　在距离 $\xi = 20$ 处邦加球上泵浦脉冲的偏振态(实线)和探测脉冲的偏振态(虚线)随 τ 的演化,(a)和
(b)分别给出邦加球的前面和后面,假设两脉冲都是高斯形的,脉宽相同但以不同的偏振态入射

在这种情形下,自相位调制不影响泵浦脉冲的偏振态,所以方程(7.6.8)的解析解为

$$
|A_2(z,\tau)\rangle = \begin{bmatrix} \cos\theta \exp(\mathrm{i}\phi_n) \\ \sin\theta \exp(\mathrm{i}\phi_n/3) \end{bmatrix} \sqrt{P_{20}} \exp\left(-\frac{\tau^2}{2r^2}\right) \tag{7.6.17}
$$

式中,$\phi_n(z,\tau) = 2\gamma_2 \int_0^z P_0(z',\tau - z/L_\mathrm{W})\mathrm{d}z'$ 是交叉相位调制感应的非线性相移。若不考虑群速度色散,则探测脉冲的形状没有变化。然而,探测脉冲的偏振态发生变化,并得到一个与时间有关的非线性相移,而且两个偏振分量相移的大小也不相同。尤其是,两个正交偏振分量的交叉相位调制感应相移是两个同偏振分量的交叉相位调制感应相移的 1/3,这是因为正交偏振造成交叉相位调制耦合效率的下降。显然,在上述条件下,两个分量的频谱展宽也不相同。

图 7.11 给出了探测脉冲 x 分量和 y 分量的(a)形状和(b)频谱,光纤长 $L = 20L_\mathrm{NL}$,假设 $\phi = 0$,$\theta = 45°$,$r = 1$,$\mu = 0.1(L_\mathrm{W} = L/2)$。与两正交偏振分量的情形相比,两同偏振分量的情形有更宽的频谱,并表现出更多的振荡。若在光电探测器前不放检偏器,则直接得到的总的频谱强度如图 7.11(b)中的实线所示。但是,所有谱峰的偏振态并不相同,认识到这一点非常重要。例如,最左边的峰是 x 偏振的,而中央的主峰大部分是 y 偏振的。这种偏振态频谱的不均匀性是直接由交叉相位调制感应的偏振效应造成的。

下面考虑泵浦脉冲最初以 $\phi = 20°$ 椭圆偏振,而探测脉冲保持线偏振的情形。这两个脉冲在 $\xi = 0$ 处的琼斯矢量由式(7.6.16)给出,利用这种形式数值求解方程(7.6.7)和方程(7.6.8),可以得到距离 $\xi = 20$ 处的探测脉冲的琼斯矢量 $|A_2(z,\tau)\rangle$,然后再利用傅里叶变换得到探测脉冲两个正交分量的频谱。图 7.12 给出了探测脉冲 x 分量(实线)和 y 分量(虚线)的形状和频谱,其中除了泵浦脉冲是椭圆偏振而不是线偏振的,其余条件与图 7.11 的完全相同。比较图 7.11(b)和图 7.12(b),自然会产生这样一种想法,泵浦脉冲偏振态的一个很小的变化究竟能引起探测脉冲频谱多大的改变? 图中看到的频谱不对称是群速度失配引起的走离效应的直接结果。

当泵浦脉冲椭圆偏振时,探测脉冲时域形状的变化最为明显。和泵浦脉冲是线偏振的情形对照,此时探测脉冲 x 分量和 y 分量的时域轮廓不再相同,并产生相当多的内在结构,尽管只要忽略群速度色散效应,x 分量和 y 分量的总功率保持不变。图 7.12(a)中两个偏振分量的脉冲形状呈现出多峰结构,但任意时间它们的总功率都等于输入功率。出现这一行为的物理原因和交叉相位调制感应的泵浦脉冲偏振态的改变有关。随着泵浦脉冲偏振态的演化,探测脉冲的偏振态也以复杂的方式改变，如图 7.10 所示。图 7.12（a）所示的时域结构就源于这一复杂的偏振行为。

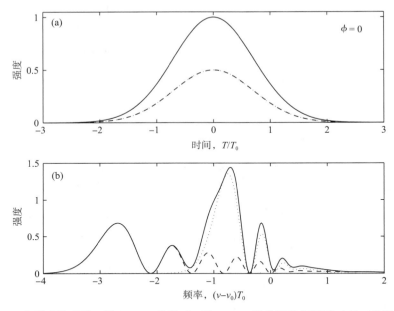

图 7.11　当泵浦脉冲沿 x 轴（$\phi=0$）偏振时，以 $\theta=45°$ 线偏振的探测脉冲的 x 分量（虚线）和 y 分量（点线）在 $\xi=20$ 处的（a）形状和（b）频谱，实线给出的是总的强度

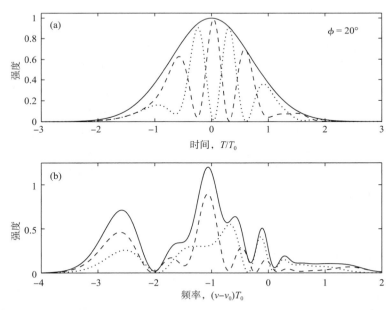

图 7.12　当泵浦脉冲椭圆偏振时（$\phi=20°$），以 $\theta=45°$ 线偏振的探测脉冲的 x 分量（虚线）和 y 分量（点线）在 $\xi=20$ 处的（a）形状和（b）频谱，实线给出的是总的强度

7.6.4　脉冲捕获和压缩

以上对偏振效应的讨论忽略了群速度色散效应，如果光纤比色散长度短得多，那么这是正确的。本节将放宽这一限制条件，重点讨论偏振相关的时域效应。当考虑群速度色散效应时，应保留

方程(7.6.5)和方程(7.6.6)中的二阶导数项。若仍然采用泵浦–探测结构，并忽略弱探测脉冲感应的非线性效应，则方程(7.6.7)和方程(7.6.8)包含一个附加项，并采用以下形式[107]：

$$\frac{\partial |A_1\rangle}{\partial \xi} + \mu \frac{\partial |A_1\rangle}{\partial \tau} + \frac{i\beta_{21}L_{NL}}{2T_0^2}\frac{\partial^2 |A_1\rangle}{\partial \tau^2} = \frac{i}{3}\left(3h_p - \boldsymbol{p}_3 \cdot \boldsymbol{\sigma}\right)|A_1\rangle \tag{7.6.18}$$

$$\frac{\partial |A_2\rangle}{\partial \xi} + \frac{i\beta_{22}L_{NL}}{2T_0^2}\frac{\partial^2 |A_2\rangle}{\partial \tau^2} = \frac{2i\omega_2}{3\omega_1}\left[2h_p + (\boldsymbol{p} - \boldsymbol{p}_3) \cdot \boldsymbol{\sigma}\right]|A_2\rangle \tag{7.6.19}$$

式中，$h_p(\xi, \tau) = \langle A_1(\xi, \tau)|A_1(\xi, \tau)\rangle/P_0$ 是泵浦脉冲的时域轮廓，它相对 $\xi = 0$ 处脉冲中心的"1"做了归一化处理，同时引入两个色散长度 $L_{Dj} = T_0^2/|\beta_{2j}|$（$j = 1, 2$）。在下面的讨论中，为简单起见，假设 $L_{D1} = L_{D2} \equiv L_D$，对于色散平坦光纤，或泵浦脉冲和探测脉冲波长相差不超过几纳米时，就可以归于这种情形。矢量非线性薛定谔方程(7.6.18)和方程(7.6.19)可以用分步傅里叶法数值求解。注意，这相当于解 4 个耦合非线性薛定谔方程。

　　与 7.4 节中介绍的标量情形类似，三个长度尺度，即非线性长度 L_{NL}、走离长度 L_W 和色散长度 L_D，决定着色散效应和非线性效应之间的相互作用。探测脉冲的时域演化在很大程度上取决于是正常群速度色散还是反常群速度色散。首先考虑反常群速度色散的情形，图 7.13 给出了当泵浦脉冲和探测脉冲最初都为高斯形，具有同样宽度且以 45°角线偏振时，探测脉冲在长度 $L = 50L_{NL}$ 上演化的实例。色散长度和走离长度分别选为 $L_D = 5L_{NL}$，$L_W = 10L_{NL}$。由于 $N^2 = L_D/L_{NL} = 5$，因此泵浦脉冲向二阶孤子演化。如图 7.14 所示，泵浦脉冲在 $\xi = 50$ 处被大幅度压缩，并表现出预期的二阶孤子的形状。另外，由于泵浦脉冲和探测脉冲间的群速度失配，泵浦脉冲向右侧移动。

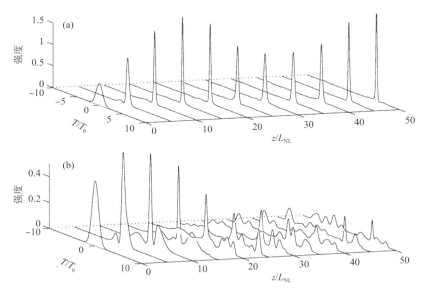

图 7.13　当泵浦脉冲沿 x 轴线偏振且探测脉冲与 x 轴成 45°线偏振时，与泵浦脉冲(a)同偏振和(b)正交偏振的探测脉冲分量的演化

　　由于探测脉冲的峰值功率较低，在不考虑交叉相位调制效应时，探测脉冲应会完全色散掉。然而，正如图 7.13 所示的，与泵浦脉冲偏振方向相同，并经历交叉相位调制感应啁啾的探测脉冲的 x 分量随泵浦脉冲移动，并以与泵浦脉冲相同的速度传输。这一特征与 6.5.2 节中讨论的双折射光纤中的孤子捕获现象类似：泵浦脉冲捕获了同偏振的探测脉冲的 x 分量，由

于交叉相位调制在二者之间的耦合作用，它们一起移动。交叉相位调制还能够压缩探测脉冲，这一特征可以由图7.14更清楚地看出来。图7.14表明，与泵浦脉冲同偏振的探测脉冲的 x 分量好像比泵浦脉冲压缩得更多，而且由于孤子捕获效应，二者几乎占据同一位置。探测脉冲的这种压缩增强和这样一个事实有关，即当泵浦脉冲和探测脉冲的偏振方向相同时，交叉相位调制感应的啁啾是正交偏振时的两倍。与此对照，探测脉冲的 y 分量由于未被与之正交偏振的泵浦脉冲捕获，最终会完全色散掉。

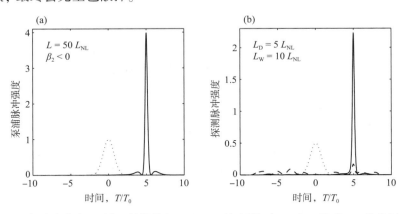

图7.14　当泵浦脉冲(a)沿 x 轴线偏振($\phi=0$)而探测脉冲(b)与 x 轴成45°线偏振时，两脉冲的 x 分量(实线)和 y 分量(虚线)在 $\xi=0$ 处(点线)和 $\xi=50$ 处的时域形状

如果泵浦脉冲是椭圆偏振的，则探测脉冲的 x 分量和 y 分量都将经历交叉相位调制感应的啁啾，但这一啁啾量取决于椭圆角。作为一个实例，图7.15给出了泵浦脉冲以 $\phi=20°$ 椭圆偏振的情形，其余所有参量值均与图7.13的完全相同。正如所预期的，探测脉冲的两个分量此时都被泵浦脉冲捕获，它们都随泵浦脉冲移动，同时得到压缩，而且两个探测脉冲分量之间还表现出一种周期性的功率转移。这一行为与泵浦脉冲椭圆偏振时发生的探测脉冲的复杂偏振演化有关(见图7.10)。

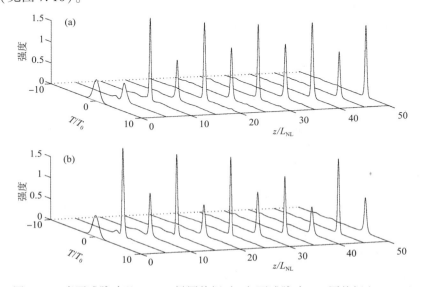

图7.15　当泵浦脉冲以 $\phi=20°$ 椭圆偏振时，与泵浦脉冲(a)同偏振和(b)正交偏振的探测脉冲分量的时域演化，其他参量值与图7.13的相同

7.6.5 交叉相位调制感应光波分裂

对于正常色散区的情形,情况则大不相同,因为这时泵浦脉冲不能演化为孤子。然而,如果三个长度尺度的选取满足 $L_{NL} \ll L_W \ll L_D$,那么仍有有趣的时域效应发生。在这样的条件下,一个相对小的色散就能导致交叉相位调制感应光波分裂,自相位调制感应光波分裂现象已在 4.2.3 节中做了介绍。与自相位调制情形类似,交叉相位调制感应光波分裂迫使探测脉冲分裂成多个部分,但与前者不同的是,这种分裂是以一种非对称方式进行的。

图 7.16 给出了在正常群速度色散区且群速度色散减小为使 $L_D = 100L_{NL}$,其余条件与图 7.13 的完全相同时,交叉相位调制感应的光波分裂。结果,参量 $N \equiv (L_D/L_{NL})^{1/2}$ 的值更大,等于 10。从图 7.16 可以看出,探测脉冲的 x 分量和 y 分量分别表现出不同的特点,同时这两个分量都以一种非对称的方式演化,这种非对称性和由走离长度($L_W = 10L_{NL}$)描述的走离效应有关。从物理意义上讲,因为最初泵浦脉冲和探测脉冲是交叠的,探测脉冲的前沿经历最大的交叉相位调制感应啁啾;泵浦脉冲和探测脉冲因走离效应而相互分开,同时泵浦脉冲被大幅度展宽,结果交叉相位调制感应啁啾在探测脉冲后沿附近大大减小。基于这个原因,仅在探测脉冲的前沿或后沿演化成振荡结构,这取决于泵浦脉冲是怎样离开探测脉冲的。

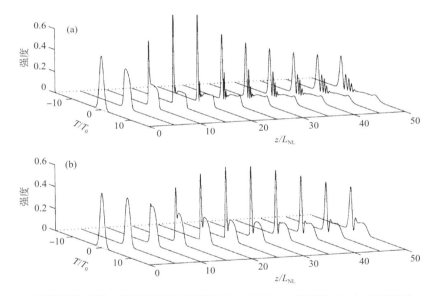

图 7.16　当泵浦脉冲沿 x 轴线偏振且探测脉冲与 x 轴成 45° 线偏振时,与泵浦脉冲(a)同偏振和(b)正交偏振的探测脉冲分量的时域演化,两脉冲均在正常色散区传输

对于图 7.16 中探测脉冲的两个偏振分量来说,光波分裂的细节相当复杂。在泵浦脉冲是线偏振的情况下,与之同偏振的探测脉冲分量比与之正交偏振的分量生成更多的振荡结构,这是因为对于前者,交叉相位调制感应的啁啾和频谱展宽更大些。这一特征能够通过实验验证,方法是在光电探测器前放一个检偏器,当旋转检偏器时观察振荡结构的变化。当泵浦脉冲椭圆偏振时,探测脉冲的偏振相关性会降低,这是因为探测脉冲两偏振分量的部分泵浦功率具有同一偏振态。尤其是当 $\phi = 45°$ 时,两个探测脉冲分量以几乎同样的方式演化。

7.7　双折射光纤中的交叉相位调制效应

在双折射光纤中，每个光波的两个正交偏振分量以不同的传输常数传输，这是因为它们的有效模折射率略有差别；另外，这两个分量通过交叉相位调制耦合，导致非线性双折射的产生[106~114]。本节介绍如何将线性双折射效应合并到琼斯矩阵形式中。

7.7.1　低双折射光纤

感应非线性极化仍可以写成式(7.6.3)的形式，但式(7.6.4)中的光场 E_j 应修正为

$$E_j(r,t) = F_j(x,y)[\hat{x}A_{jx}\exp(\mathrm{i}\beta_{jx}z) + \hat{y}A_{jy}\exp(\mathrm{i}\beta_{jy}z)] \tag{7.7.1}$$

式中，β_{jx} 和 β_{jy} 是载频为 ω_j 的光场的两正交偏振分量的传输常数。将式(7.7.1)写成以下形式是有用的：

$$E_j(r,t) = F_j(x,y)[\hat{x}A_{jx}\exp(\mathrm{i}\delta\beta_j z/2) + \hat{y}A_{jy}\exp(-\mathrm{i}\delta\beta_j z/2)]\exp(\mathrm{i}\bar{\beta}_j z) \tag{7.7.2}$$

式中，$\bar{\beta}_j = \frac{1}{2}(\beta_{jx}+\beta_{jy})$ 是两个传输常数的平均值，$\delta\beta_j$ 是它们的差。引入琼斯矢量 $|A_j\rangle$，并将式(7.7.2)写成式(7.6.4)的形式。其中 $|A_j\rangle$ 定义为

$$|A_j\rangle = \begin{pmatrix} A_{jx}\exp(\mathrm{i}\delta\beta_j z/2) \\ A_{jy}\exp(-\mathrm{i}\delta\beta_j z/2) \end{pmatrix} \tag{7.7.3}$$

现在，就可以利用 7.1.2 节中的方法得到耦合矢量非线性薛定谔方程。重要的是要记住，$\delta\beta_j(\omega)$ 本身是频率相关的，应与 $\bar{\beta}_j(\omega)$ 一起按泰勒级数展开。但是，实际中采用近似

$$\delta\beta_j(\omega) \approx \delta\beta_{j0} + \delta\beta_{j1}(\omega-\omega_j) \tag{7.7.4}$$

就足够了，式中 $\delta\beta_{j1}$ 在载频 ω_j 处赋值，它是造成两个正交偏振分量的群速度不同的原因。对于高双折射光纤，必须保留这一项，而当线性双折射较小时可以忽略。本节假设 $\delta\beta_{j1}$ 项可以忽略不计。

最终得到的适用于低双折射光纤的耦合非线性薛定谔方程与方程(7.6.5)和方程(7.6.6)完全相同，只是方程右边包含了一个附加的双折射项 $B_j = \frac{\mathrm{i}}{2}\delta\beta_{j0}\sigma_1|A_j\rangle\,(j=1,2)$，泡利矩阵 σ_1 考虑到双折射光纤中光场的 x 分量和 y 分量获得的相移不同，将双折射项写成以下形式是有用的：

$$B_j = \frac{1}{2}\mathrm{i}\omega_j b\sigma_1|A_j\rangle \tag{7.7.5}$$

式中，$b = (\bar{n}_x - \bar{n}_y)/c$ 是光纤模式双折射的量度。正如 6.6 节所讨论的，由于纤芯形状和尺寸沿光纤长度的随机变化，因此 b 在大部分光纤中是随机变化的，而且光纤主轴也在大约 10 m 的长度上以随机方式旋转。用 $\boldsymbol{b}\cdot\boldsymbol{\sigma}$ 代替式(7.7.5)中的矩阵 $b\sigma_1$，可以将这种随机波动考虑在内，式中 $\boldsymbol{\sigma}$ 是泡利自旋向量，$\boldsymbol{b}$ 是斯托克斯空间中的随机矢量。通常采用三维马尔可夫过程作为 $\boldsymbol{b}$ 的模型，其一阶矩和二阶矩分别为

$$\overline{\boldsymbol{b}(z)} = 0, \qquad \overline{\boldsymbol{b}(z)\boldsymbol{b}(z')} = \tfrac{1}{3}D_p^2\mathcal{I}\delta(z-z') \tag{7.7.6}$$

式中，D_p 是光纤的偏振模色散(polarization-mode dispersion, PMD)参量，$\mathcal{I}$ 是单位矩阵。

一个重要问题是，偏振模色散是如何影响光纤中两个共同传输的光脉冲之间的交叉相位调制耦合的？为回答这个问题，考虑泵浦-探测结构，忽略探测脉冲感应的非线性效应，但保留泵浦脉冲感应的非线性效应，这是有用的。选择和探测脉冲一起移动的坐标系作为参照系，忽略 β_2 项，由方程(7.6.5)和方程(7.6.6)可以推导出方程(7.6.7)和方程(7.6.8)，只是后两个方程

右边多了一个附加的双折射项。这两个修正后的方程可以写成[108]

$$\frac{\partial |A_1\rangle}{\partial z} + \frac{1}{L_W} \frac{\partial |A_1\rangle}{\partial \tau} = \frac{\mathrm{i}\omega_1}{2} \boldsymbol{b} \cdot \boldsymbol{\sigma} |A_1\rangle + \frac{\mathrm{i}\gamma_1}{3} \left(2\langle A_1|A_1\rangle + |A_1^*\rangle\langle A_1^*|\right)|A_1\rangle \qquad (7.7.7)$$

$$\frac{\partial |A_2\rangle}{\partial z} = \frac{\mathrm{i}\omega_2}{2} \boldsymbol{b} \cdot \boldsymbol{\sigma} |A_2\rangle + \frac{2\mathrm{i}\gamma_2}{3} \left(\langle A_1|A_1\rangle + |A_1\rangle\langle A_1 + |A_1^*\rangle\langle A_1^*|\right)|A_2\rangle \qquad (7.7.8)$$

以上耦合非线性薛定谔方程在本质上是随机的,因为方程中的双折射矢量 $\boldsymbol{b}$ 具有随机性。为将其简化,注意,即使光纤残余双折射的起伏使探测脉冲和泵浦脉冲的偏振态随机化,影响交叉相位调制过程的仅仅是它们的相对取向。由于泵浦脉冲和探测脉冲偏振态的随机化发生在比典型的非线性长度短得多的长度尺度(与双折射相关长度有关)上,因此可以通过采用一个泵浦脉冲偏振态固定不变的旋转坐标系,对随机偏振态的快速波动取平均。按照 6.6.2 节中的取平均过程并参阅文献[110],可以得到

$$\frac{\partial |A_1\rangle}{\partial z} + \frac{1}{L_W} \frac{\partial |A_1\rangle}{\partial \tau} = \mathrm{i}\gamma_e P_1 |A_1\rangle \qquad (7.7.9)$$

$$\frac{\partial |A_2\rangle}{\partial z} + \frac{\mathrm{i}}{2}\Omega \boldsymbol{b}' \cdot \boldsymbol{\sigma} |A_2\rangle = \frac{\mathrm{i}\omega_2}{2\omega_1}\gamma_e P_1 \left(3 + \hat{p} \cdot \boldsymbol{\sigma}\right)|A_2\rangle \qquad (7.7.10)$$

式中,$\Omega = \omega_1 - \omega_2$ 是泵浦–探测脉冲的频率之差,$P_1 = \langle A_1|A_1\rangle$ 是泵浦功率,$\hat{p} = \langle A_1|\boldsymbol{\sigma}|A_1\rangle/P_1$ 是邦加球上表示泵浦脉冲偏振态的斯托克斯矢量。有效非线性参量 $\gamma_e = 8\gamma/9$,以因子 8/9 减小是对泵浦脉冲偏振态的快速波动取平均的结果。残余双折射是通过矢量 $\boldsymbol{b}'$ 加进去的,它由邦加球上矢量 $\boldsymbol{b}$ 的随机旋转得到。由于这种旋转并没有改变 $\boldsymbol{b}$ 的统计特性,在下面的叙述中将 $\boldsymbol{b}'$ 上的"′"去掉。

　　泵浦脉冲方程(7.7.9)容易求解。其解表明,当泵浦脉冲逐渐从探测脉冲离开时,泵浦脉冲在时间上发生位移,但脉冲形状没有变化,即 $P_1(z, \tau) = P_1(0, \tau - z/L_W)$。总的探测脉冲功率也没有变化,这容易从方程(7.7.10)看出,探测脉冲功率 $P_2 = \langle A_2|A_2\rangle$ 满足 $\partial P_2/\partial z = 0$。然而,探测脉冲的两个正交偏振分量表现出复杂的动力学特性,这是因为它们的偏振态因交叉相位调制发生演化。对于泵浦脉冲和探测脉冲,引入下面的归一化斯托克斯矢量:

$$\hat{p} = \langle A_1|\boldsymbol{\sigma}|A_1\rangle/P_1, \qquad \hat{s} = \langle A_2|\boldsymbol{\sigma}|A_2\rangle/P_2 \qquad (7.7.11)$$

并将方程(7.7.10)在斯托克斯空间内写成[108]

$$\frac{\partial \hat{s}}{\partial z} = \left(\Omega \boldsymbol{b} - \gamma_e P_1 \hat{p}\right) \times \hat{s} \qquad (7.7.12)$$

方程右边两项表明,探测脉冲的偏振态在邦加球上绕某一轴旋转,该轴的方向不但随机变化(由 $\boldsymbol{b}$ 指定),而且旋转率也随 z 随机变化。

　　注意,方程(7.7.12)与描述固体中自旋密度运动的布洛赫(Bloch)方程是同构方程[108]。那里,P_1 相当于静磁场,而 $\boldsymbol{b}$ 源于原子核的弱磁场[111]。以与自旋退相干现象类似的方式,探测脉冲的偏振态随机地沿光纤演化,并将导致由交叉相位调制和偏振模色散联合产生的脉冲内退偏振现象。从物理意义上讲,泵浦脉冲和探测脉冲之间的交叉相位调制互作用使探测脉冲的偏振态沿泵浦脉冲的时域轮廓变化,光纤残余双折射的起伏将这一空间随机性转变成信号偏振态的时间随机性。泵浦脉冲和探测脉冲的偏振态因偏振模色散变成退相关的距离,用偏振模色散扩散长度 $L_{\mathrm{diff}} = 3/(D_p\Omega)^2$ 描述,当泵浦脉冲和探测脉冲相差 1 THz 时,若利用光纤偏振模色散参量的典型值 $D_p = 0.1\ \mathrm{ps}/\sqrt{\mathrm{km}}$,则这一距离小于 1 km。

利用探测脉冲的偏振态在两个不同时间的相对取向，或通过 $\cos\Psi = \hat{s}(z,\tau_1)\cdot\hat{s}(z,\tau_2)$，可以对脉冲内退偏振的程度进行量化。由于 $\cos\Psi$ 沿光纤长度起伏，用其平均值 d_i 作为脉冲内退偏振的量度。在不考虑交叉相位调制和偏振模色散时，因为 $\Psi=0$，平均值 $d_i=1$，故不发生起伏。当偏振模色散开始占主导地位时，d_i 趋于零。显然，仅在泵浦脉冲和探测脉冲交叠的区域，才能发生退偏振。例如，图7.17给出了当一个宽探测脉冲和一个高斯形的泵浦脉冲 $P_1(0,\tau)=P_0\exp(-\tau^2)$ 一同入射，且光纤长度 L 满足 $\gamma P_0 L=\pi$ 时，d_i 是如何沿探测脉冲变化的。光纤偏振模色散参量值满足 $L_{\mathrm{diff}}=L_{\mathrm{NL}}$。

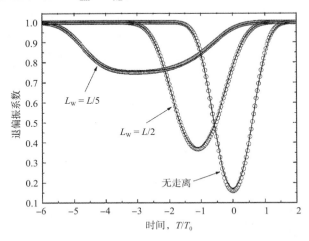

图7.17　当探测脉冲与高斯形泵浦脉冲同偏振入射时，脉冲内退偏振 d_i
沿探测脉冲的变化，光纤长度满足 $\gamma P_0 L=\pi$ [108]（©2005 OSA）

图7.17表现出几个显著特征。在不考虑走离效应时，d_i 仅在探测脉冲和泵浦脉冲交叠的时间区域内减小，随着走离效应的增强，这一区域变宽，同时 d_i 的大小增加。这一行为与7.4.1节中的讨论有关，那里发现交叉相位调制感应的啁啾受泵浦脉冲和探测脉冲之间的群速度失配的影响。随着泵浦脉冲因与探测脉冲速度不同而逐渐离开探测脉冲，它和探测脉冲的不同部分发生作用，因此使 d_i 减小的区域扩大。然而，交叉相位调制感应相移同时减小，结果交叉相位调制的影响降低，而且与不考虑走离时相比，d_i 减小的程度更轻一些。

7.7.2　高双折射光纤

在高双折射光纤中，两个正交偏振分量的折射率的差别已足够大，需要将其群速度的不同考虑在内。从数学意义上讲，式（7.7.4）中的 $\delta\beta_{j1}$ 项不能忽略。如果保留该式中的全部两项，则方程（7.6.5）和方程（7.6.6）中就会出现两个附加项，最终的耦合矢量非线性薛定谔方程可以写为

$$\frac{\partial|A_1\rangle}{\partial z}+\left(\frac{1}{v_{g1}}+\frac{1}{2}\delta\beta_{11}\sigma_1\right)\frac{\partial|A_1\rangle}{\partial t}+\frac{\mathrm{i}\beta_{21}}{2}\frac{\partial^2|A_1\rangle}{\partial t^2}+\frac{\alpha_1}{2}|A_1\rangle=\frac{\mathrm{i}}{2}\delta\beta_{10}\sigma_1|A_1\rangle+\frac{\mathrm{i}\gamma_1}{3}\times$$
$$(2\langle A_1|A_1\rangle+|A_1^*\rangle\langle A_1^*|+2\langle A_2|A_2\rangle+2|A_2\rangle\langle A_2|+2\langle A_2^*|\langle A_2^*|)|A_1\rangle \tag{7.7.13}$$

$$\frac{\partial|A_2\rangle}{\partial z}+\left(\frac{1}{v_{g2}}+\frac{1}{2}\delta\beta_{21}\sigma_1\right)\frac{\partial|A_2\rangle}{\partial t}+\frac{\mathrm{i}\beta_{22}}{2}\frac{\partial^2|A_2\rangle}{\partial t^2}+\frac{\alpha_2}{2}|A_2\rangle=\frac{\mathrm{i}}{2}\delta\beta_{20}\sigma_1|A_2\rangle+\frac{\mathrm{i}\gamma_2}{3}\times$$
$$(2\langle A_2|A_2\rangle+|A_2^*\rangle\langle A_2^*|+2\langle A_1|A_1\rangle+2|A_1\rangle\langle A_1|+2|A_1^*|\langle A_1^*|)|A_2\rangle \tag{7.7.14}$$

因为以上方程组包含了所有非线性项(相干的和不相干的),所以它们非常复杂。然而,在双折射光纤中,相干耦合项因为很少能满足相位匹配条件而可以忽略,这种情形下方程(7.7.13)和方程(7.7.14)可以大大简化。若进一步将以上两个方程用线偏振分量 A_{1x}, A_{1y}, A_{2x} 和 A_{2y} 表示,则可以得到下面的耦合非线性薛定谔方程[106]

$$\frac{\partial A_{1p}}{\partial z} + \frac{1}{v_{g1p}}\frac{\partial A_{1p}}{\partial t} + \frac{\mathrm{i}\beta_{21}}{2}\frac{\partial^2 A_{1p}}{\partial t^2} + \frac{\alpha_1}{2}A_{1p} \tag{7.7.15}$$
$$= \mathrm{i}\gamma_1(|A_{1p}|^2 + 2|A_{2p}|^2 + B|A_{1q}|^2 + B|A_{2q}|^2)A_{1p}$$

$$\frac{\partial A_{2p}}{\partial z} + \frac{1}{v_{g2p}}\frac{\partial A_{2p}}{\partial t} + \frac{\mathrm{i}\beta_{22}}{2}\frac{\partial^2 A_{2p}}{\partial t^2} + \frac{\alpha_2}{2}A_{2p} \tag{7.7.16}$$
$$= \mathrm{i}\gamma_2(|A_{2p}|^2 + 2|A_{1p}|^2 + B|A_{1q}|^2 + B|A_{2q}|^2)A_{2p}$$

式中, $p = x$, y, $q = x$, y, $p \neq q$ 且 $v_{gjp}^{-1} = v_{gj}^{-1} \pm \frac{1}{2}\delta\beta_{j1}(j=1,2)$。参量 B 由式(6.1.34)给定;对于线性双折射光纤, $B = 2/3$。当两光波沿光纤某个主轴偏振时($A_{1y} = A_{2y} = 0$),这两个方程简化为方程(7.1.13)和方程(7.1.14)。

当两束椭圆偏振的连续光波入射到高双折射光纤中时,为研究交叉相位调制感应的调制不稳定性,必须采用上面由 4 个方程组成的耦合非线性薛定谔方程组。此时出现的新特征是,式(7.2.6)给出的标量情形下的色散关系变为一个关于 K 的八次多项式,若其中一束光波沿光纤主轴方向偏振,则色散关系简化为 K 的六次多项式[106]。这种情形下交叉相位调制感应的调制不稳定性的增益谱不可避免地取决于另一束光波的偏振角。通常,当两束光波不沿同一主轴偏振时,增益谱的带宽和峰值将减小。

利用方程(7.7.15)和方程(7.7.16)还可以研究双折射光纤中是否存在通过交叉相位调制配对的矢量孤子。利用 7.3 节中讨论的方法,可以发现这样的孤子解确实存在[106]。根据参量取值,双折射光纤能维持由一对亮矢量孤子,或由一个暗矢量孤子和一个亮矢量孤子构成的孤子对。两个椭圆偏振光束之间的交叉相位调制互作用似乎有变化多端的有趣特征。

光纤在光信号处理中的实际应用经常要求器件对到来信号的偏振态是不敏感的[112~114]。在一种方法中,采用了具有圆双折射的扭曲光纤[112]。在另一种方法中,利用适当的设计甚至在线性双折射光纤中也实现了偏振无关[113]。在高双折射光纤中,通过优化泵浦和信号之间的波长间隔,也能实现偏振无关交叉相位调制[114]。

习题

7.1　当两束同偏振、不同波长的光在光纤中传输时,推导折射率的非线性部分的表达式。

7.2　由方程(7.1.13)和方程(7.1.14)出发,推导交叉相位调制感应调制不稳定性的色散关系式(7.2.6),并说明在何种条件下可以在光纤正常色散区发生调制不稳定性。

7.3　用 MATLAB 或其他语言编程,再现图 7.1 所示的增益曲线。

7.4　证明式(7.3.1)和式(7.3.2)给出的亮-暗孤子对确实满足耦合非线性薛定谔方程。

7.5　忽略带二阶导数的群速度色散项,解析求解方程(7.4.1)和方程(7.4.2)。

7.6　从式(7.4.5)给出的解出发,推导泵浦脉冲施加给与之共同传输的探测脉冲的交叉相位调制感应相移。假设两个脉冲都是双曲正割形的,宽度相同,同时入射。

7.7 利用上题的结果计算施加给探测脉冲的频率啁啾，当泵浦脉冲宽为 10 ps，峰值功率为 10 W 且光纤长 1 km 时，绘出啁啾曲线，假设对探测脉冲 $\gamma = 2$ W^{-1}/km，$d = 0.1$ ps/m。

7.8 假定探测脉冲和泵浦脉冲均为双曲正割形，利用图 7.3 的参量值绘出相应的曲线。

7.9 当 1.06 μm 的泵浦脉冲和 0.53 μm 的探测脉冲同时入射时（无初始时间延迟），交叉相位调制将使探测脉冲发生频移，试解释其原因。对于标准光纤，能否预测其频移的符号？

7.10 写出利用分步傅里叶法数值解方程(7.4.18)和方程(7.4.19)的计算机程序，再现图 7.5 所示的结果。

7.11 利用上题的程序研究交叉相位调制感应的脉冲压缩，再现图 7.8 所示的结果。

7.12 当总的光场是式(7.6.1)给出的形式时，利用石英光纤的三阶瞬时非线性响应推导式(7.6.3)。

7.13 利用方程(7.6.3)和方程(7.6.4)，推导矢量形式的非线性耦合方程(7.6.5)和方程(7.6.6)。

7.14 写出数值解方程(7.6.7)和方程(7.6.8)的计算机程序（用 MATLAB 或其他软件），并利用它再现图 7.10 和图 7.11 所示的结果。

7.15 写出数值解方程(7.6.18)和方程(7.6.19)的计算机程序（用 MATLAB 或其他软件），并利用它再现图 7.13 和图 7.14 所示的结果。

7.16 从方程(7.7.15)和方程(7.7.16)出发，推导交叉相位调制感应的调制不稳定性的色散关系，假设其中一连续光波沿光纤慢轴线偏振，而另一连续光波与慢轴成 θ 角线偏振。

7.17 利用上题中得到的色散关系，绘出偏振角 θ 为 $0°$、$20°$、$45°$、$70°$ 和 $90°$ 时调制不稳定性的增益谱，并从物理学的角度讨论所得的结果。

参考文献

[1] S. A. Akhmanov, R. V. Khokhlov, and A. P. Sukhorukov, in *Laser Handbook*, Vol. 2, F. T. Arecchi and E. O. Schulz-Dubois, Eds. (North-Holland, 1972), Chaps. E3.

[2] J. I. Gersten, R. R. Alfano, and M. Belic, *Phys. Rev. A* **21**, 1222 (1980).

[3] A. R. Chraplyvy and J. Stone, *Electron. Lett.* **20**, 996 (1984).

[4] R. R. Alfano, Q. X. Li, T. Jimbo, J. T. Manassah, and P. P. Ho, *Opt. Lett.* **14**, 626 (1986).

[5] M. N. Islam, L. F. Mollenauer, R. H. Stolen, J. R. Simpson, and H. T. Shang, *Opt. Lett.* **12**, 625 (1987).

[6] R. R. Alfano, P. L. Baldeck, F. Raccah, and P. P. Ho, *Appl. Opt.* **26**, 3491 (1987).

[7] D. Schadt and B. Jaskorzynska, *Electron. Lett.* **23**, 1090 (1987); *J. Opt. Soc. Am. B* **4**, 856 (1987); *J. Opt. Soc. Am. B* **5**, 2374 (1988).

[8] B. Jaskorzynska and D. Schadt, *IEEE J. Quantum Electron.* **24**, 2117 (1988).

[9] R. R. Alfano and P. P. Ho, *IEEE J. Quantum Electron.* **24**, 351 (1988).

[10] R. R. Alfano, Ed., *The Supercontinuum Laser Source*, 2nd ed. (Springer, 2006).

[11] G. P. Agrawal, *Phys. Rev. Lett.* **59**, 880 (1987).

[12] G. P. Agrawal, P. L. Baldeck, and R. R. Alfano, *Phys. Rev. A* **39**, 3406 (1989).

[13] C. J. McKinstrie and R. Bingham, *Phys. Fluids B* **1**, 230 (1989).

[14] C. J. McKinstrie and G. G. Luther, *Physica Scripta* **30**, 31 (1990).

[15] W. Huang and J. Hong, *J. Lightwave Technol.* **10**, 156 (1992).

[16] J. E. Rothenberg, *Phys. Rev. Lett.* **64**, 813 (1990).

[17] G. P. Agrawal, *Phys. Rev. Lett.* **64**, 814 (1990).

[18] M. Yu, C. J. McKinstrie, and G. P. Agrawal, *Phys. Rev. E* **48**, 2178 (1993).

[19] I. O. Zolotovskii and D. I. Sementsov, *Opt. Spectroscopy* **96**, 789 (2004).

[20] S. M. Zhang, F. Y. Lu, W. C. Xu, and J. Wang, *Opt. Fiber Technol.* **11**, 193 (2005).

[21] A. S. Gouveia-Neto, M. E. Faldon, A. S. B. Sombra, P. G. J. Wigley, and J. R. Taylor, *Opt. Lett.* **13**, 901 (1988).

[22] E. J. Greer, D. M. Patrick, P. G. J. Wigley, and J. R. Taylor, *Electron. Lett.* **18**, 1246 (1989); *Opt. Lett.* **15**, 851 (1990).

[23] D. M. Patrick and A. D. Ellis, *Electron. Lett.* **29**, 1391 (1993).

[24] Y. Inoue, *J. Phys. Soc. Jpn.* **43**, 243 (1977).

[25] M. R. Gupta, B. K. Som, and B. Dasgupta, *J. Plasma Phys.* **25**, 499 (1981).

[26] S. Trillo, S. Wabnitz, E. M. Wright, and G. I. Stegeman, *Opt. Lett.* **13**, 871 (1988).

[27] V. V. Afanasjev, E. M. Dianov, A. M. Prokhorov, and V. N. Serkin, *JETP Lett.* **48**, 638 (1988).

[28] V. V. Afanasjev, Y. S. Kivshar, V. V. Konotop, and V. N. Serkin, *Opt. Lett.* **14**, 805 (1989).

[29] V. V. Afanasjev, E. M. Dianov, and V. N. Serkin, *IEEE J. Quantum Electron.* **25**, 2656 (1989).

[30] M. Florjanczyk and R. Tremblay, *Phys. Lett.* **141**, 34 (1989).

[31] L. Wang and C. C. Yang, *Opt. Lett.* **15**, 474 (1990).

[32] V. V. Afanasjev, L. M. Kovachev, and V. N. Serkin, *Sov. Tech. Phys. Lett.* **16**, 524 (1990).

[33] M. Lisak, A. Höök, and D. Anderson, *J. Opt. Soc. Am. B* **7**, 810 (1990).

[34] J. T. Manassah, *Opt. Lett.* **15**, 670 (1990).

[35] P. C. Subramaniam, *Opt. Lett.* **16**, 1560 (1991).

[36] Y. S. Kivshar, D. Anderson, M. Lisak, and V. V. Afanasjev, *Physica Scripta* **44**, 195 (1991).

[37] V. Y. Khasilev, *JETP Lett.* **56**, 194 (1992).

[38] M. Wadati, T. Iizuka, and M. Hisakado, *J. Phys. Soc. Jpn.* **61**, 2241 (1992).

[39] D. Anderson, A. Höök, M. Lisak, V. N. Serkin, and V. V. Afanasjev, *Electron. Lett.* **28**, 1797 (1992).

[40] S. G. Dinev, A. A. Dreischuh, and S. Balushev, *Physica Scripta* **47**, 792 (1993).

[41] A. Höök, D. Anderson, M. Lisak, V. N. Serkin, and V. V. Afanasjev, *J. Opt. Soc. Am. B* **10**, 2313 (1993).

[42] A. Höök and V. N. Serkin, *IEEE J. Quantum Electron.* **30**, 148 (1994).

[43] J. C. Bhakta, *Phys. Rev. E* **49**, 5731 (1994).

[44] F. T. Hioe, *Phys. Lett. A* **234**, 351 (1997); *Phys. Rev. E* **56**, 2373 (1997); *Phys. Rev. E* **58**, 6700 (1998).

[45] C. Yeh and L. Bergman, *Phys. Rev. E* **60**, 2306 (1999).

[46] F. T. Hioe, *Phys. Rev. Lett.* **82**, 1152 (1999); *J. Phys. A* **36**, 7307 (2003).

[47] K. Nakkeeran, *Phys. Rev. E* **62**, 1313 (2000).

[48] E. A. Ostrovskaya, Y. S. Kivshar, D. Mihalache, and L. C. Crasovan, *IEEE J. Sel. Topics Quantum Electron.* **8**, 591 (2002).

[49] S. C. Tsang, K. Nakkeeran, B. A. Malomed, and K. W. Chow, *Opt. Commun.* **249**, 117 (2005).

[50] M. Abramowitz and I. A. Stegun, *Handbook of Mathematical Functions* (Dover, 1972), Chap. 16.

[51] G. P. Agrawal, *Lightwave Technology: Telecommunication Systems* (Wiley, 2005), Chap. 9.

[52] Y. S. Kivshar and G. P. Agrawal, *Optical Solitons: From Fibers to Photonic Crystals* (Academic Press, 2003), Chap. 9.

[53] J. T. Manassah, *Appl. Opt.* **26**, 3747 (1987).

[54] P. L. Baldeck, R. R. Alfano, and G. P. Agrawal, *Appl. Phys. Lett.* **52**, 1939 (1988).

[55] G. P. Agrawal, P. L. Baldeck, and R. R. Alfano, *Phys. Rev. A* **39**, 5063 (1989).

[56] T. Morioka and M. Saruwatari, *Electron. Lett.* **25**, 646 (1989).

[57] R. R. Alfano, P. L. Baldeck, P. P. Ho, and G. P. Agrawal, *J. Opt. Soc. Am. B* **6**, 824 (1989).

[58] M. Yamashita, K. Torizuka, T. Shiota, and T. Sato, *Jpn. J. Appl. Phys.* **29**, 294 (1990).

[59] D. M. Patrick and A. D. Ellis, *Electron. Lett.* **29**, 1391 (1993).

[60] A. Höök, *Opt. Lett.* **17**, 115 (1992).

[61] S. Kumar, A. Selvarajan, and G. V. Anand, *Opt. Commun.* **102**, 329 (1993).

[62] C. S. Aparna, S. Kumar, and A. Selvarajan, *Opt. Commun.* **131**, 267 (1996).

[63] G. P. Agrawal, *Applications of Nonlinear Fiber Optics* (Academic Press, 2008), Chap. 6.

[64] E. M. Dianov, P. V. Mamyshev, A. M. Prokhorov, and S. V. Chernikov, *Sov. J. Quantum Electron.* **18**, 1211 (1988).

[65] J. T. Manassah, *Opt. Lett.* **13**, 755 (1988).

[66] G. P. Agrawal, P. L. Baldeck, and R. R. Alfano, *Opt. Lett.* **14**, 137 (1989).

[67] J. E. Rothenberg, *Opt. Lett.* **15**, 495 (1990).

[68] Q. Z. Wang, P. P. Ho, and R. R. Alfano, *Opt. Lett.* **15**, 1023 (1990); *Opt. Lett.* **16**, 496 (1991).

[69] A. D. Ellis and D. M. Patrick, *Electron. Lett.* **29**, 149 (1993).

[70] M. Scaffardi, A. Bogoni, F. Ponzini, and L. Poti, *Opt. Commun.* **239**, 199 (2004).

[71] M. J. La Gasse, D. Liu-Wong, J. G. Fujimoto, and H. A. Haus, *Opt. Lett.* **14**, 311 (1989).

[72] T. Morioka and M. Saruwatari, *Opt. Eng.* **29**, 200 (1990).

[73] K. J. Blow, N. J. Doran, B. K. Nayar, and B. P. Nelson, *Opt. Lett.* **15**, 248 (1990).

[74] H. Vanherzeele and B. K. Nayar, *IEEE Photon. Technol. Lett.* **2**, 603 (1990).

[75] M. Jinno and T. Matsumoto, *IEEE Photon. Technol. Lett.* **2**, 349 (1990); *Opt. Lett.* **16**, 220 (1991).

[76] J. D. Moores, K. Bergman, H. A. Haus, and E. P. Ippen, *Opt. Lett.* **16**, 138 (1991); *J. Opt. Soc. Am. B* **8**, 594 (1991).

[77] H. Avrampoulos, P. M. W. French, M. C. Gabriel, H. H. Houh, N. A. Whitaker, and T. Morse, *IEEE Photon. Technol. Lett.* **3**, 235 (1991).

[78] H. Vanherzeele and B. K. Nayar, *Int. J. Nonlinear Opt. Phys.* **1**, 119 (1992).

[79] M. Jinno, *Opt. Lett.* **18**, 726 (1993).

[80] J. E. Rothenberg, *Opt. Lett.* **18**, 796 (1993).

[81] M. A. Franco, A. Alexandrou, and G. R. Boyer, *Pure Appl. Opt.* **4**, 451 (1995).

[82] P. M. Ramos and C. R. Pavia, *IEEE J. Sel. Topics Quantum Electron.* **3**, 1224 (1997).

[83] N. G. R. Broderick, D. Taverner, D. J. Richardson, and M. Ibsen, *J. Opt. Soc. Am. B* **17**, 345 (2000).

[84] G. P. Agrawal, *Appl. Phys. Lett.* **38**, 505 (1981).

[85] A. E. Kaplan, *Opt. Lett.* **6**, 360 (1981).

[86] A. E. Kaplan and P. Meystre, *Opt. Commun.* **40**, 229 (1982).

[87] G. P. Agrawal, *IEEE J. Quantum Electron.* **18**, 214 (1982).

[88] H. Nakatsuka, S. Asaka, H. Itoh, K. Ikeda, and M. Matsuoka, *Phys. Rev. Lett.* **50**, 109 (1983).

[89] K. Ikeda, *J. Phys.* **44**, C2-183 (1983).

[90] K. Otsuka, *Opt. Lett.* **8**, 471 (1983).

[91] Y. Silberberg and I. Bar-Joseph, *J. Opt. Soc. Am. B* **1**, 662 (1984).

[92] W. J. Firth, A. Fitzgerald, and C. Paré, *J. Opt. Soc. Am. B* **7**, 1087 (1990).

[93] C. T. Law and A. E. Kaplan, *J. Opt. Soc. Am. B* **8**, 58 (1991).

[94] R. Vallé, *Opt. Commun.* (81), 419 (1991); *Opt. Commun.* **93**, 389 (1992).

[95] M. Yu, C. J. McKinstrie, and G. P. Agrawal, *J. Opt. Soc. Am. B* **15**, 607 (1998).

[96] S. Ezekiel, J. L. Davis, and R. W. Hellwarth, *Opt. Lett.* **7**, 457 (1982).

[97] R. A. Bergh, H. C. Lefevre, and H. J. Shaw, *Opt. Lett.* **7**, 282 (1982).

[98] R. A. Bergh, B. Culshaw, C. C. Cutler, H. C. Lefevre, and H. J. Shaw, *Opt. Lett.* **7**, 563 (1982).

[99] K. Petermann, *Opt. Lett.* **7**, 623 (1982).

[100] N. J. Frigo, H. F. Taylor, L. Goldberg, J. F. Weller, and S. C. Rasleigh, *Opt. Lett.* **8**, 119 (1983).

[101] B. Crosignani and A. Yariv, *J. Lightwave Technol.* **LT-3**, 914 (1985).

[102] R. A. Bergh, H. C. Lefevre, and H. J. Shaw, *J. Lightwave Technol.* **LT-2**, 91 (1984).

[103] G. Sagnac, *Compt. Rend. Acad. Sci.* **95**, 708 (1913).

[104] H. M. Gibbs, *Optical Bistability: Controlling Light with Light* (Academic Press, 1985).

[105] B. V. Vu, A. Szoke, and O. L. Landen, *Opt. Lett.* **18**, 723 (1993).

[106] S. Kumar, A. Selvarajan, and G. V. Anand, *J. Opt. Soc. Am. B* **11**, 810 (1994).

[107] Q. Lin and G. P. Agrawal, *IEEE J. Quantum Electron.* **40**, 958 (2004).

[108] Q. Lin and G. P. Agrawal, *Opt. Lett.* **30**, 921 (2005).

[109] J. N. Damask, *Polarization Optics in Telecommunications* (Springer, 2005), Chap. 2.

[110] Q. Lin and G. P. Agrawal, *J. Opt. Soc. Am. B* **20**, 1616 (2003).

[111] D. Awschalom, D. Loss, and N. Samarth, Eds., *Semiconductor Spintronics and Quantum Computation* (Springer, 2002).

[112] T. Tanemura and K. Kikuchi, *J. Lightwave Technol.* **24**, 4108 (2006).

[113] F. Yaman, Q. Lin, and G. P. Agrawal, *IEEE Photon. Technol. Lett.* **18**, 2335 (2006).

[114] R. Salem, A. S. Lenihan, G. M. Carter, and T. E. Murphy, *IEEE J. Sel. Topics Quantum Electron.* **14**, 540 (2008).

第8章 受激喇曼散射

受激喇曼散射(stimulated Raman scattering, SRS)是光纤非线性光学中一个重要的非线性过程,它既可使光纤成为宽带喇曼放大器和可调谐喇曼激光器,也可使某信道中的能量转移到相邻信道中,从而严重地限制了多信道光波系统的性能。本章将从有利和不利两个方面,全面介绍光纤中的受激喇曼散射效应。

8.1 节 介绍受激喇曼散射的基本理论,重点讨论达到喇曼阈值所需的泵浦功率。

8.2 节 考虑连续和准连续条件下的受激喇曼散射,讨论光纤喇曼激光器和放大器的性能。

8.3 节 考虑在正常群速度色散区,泵浦脉冲宽度约为 100 ps 或更短时,超快受激喇曼散射的产生。

8.4 节 讨论产生于光纤反常群速度色散区的喇曼孤子效应。8.3 节和 8.4 节特别注意了走离效应及自相位调制和交叉相位调制效应。

8.5 节 重点介绍偏振效应。

8.1 基本概念

在任何分子介质中,自发喇曼散射将一小部分(一般约为 10^{-6})功率由一个光场转移到另一频率下移的光场中,频率下移量由介质的振动模式决定,此过程称为喇曼效应(Raman effect)[1],是喇曼在 1928 年发现的。喇曼效应的量子力学描述为,能量为 $\hbar\omega_p$ 的一个光子被分子散射成另一个能量为 $\hbar\omega_s$ 的低频光子,同时分子完成两个振动态之间的跃迁(见图 8.1)。从实际的角度看,入射光作为泵浦波产生称为斯托克斯波(Stokes wave)的频移光,因此喇曼散射起到一个分光器件的作用。1962 年,实验[2]观察到用强泵浦波产生的受激喇曼散射,在介质中斯托克斯波迅速增长,以至于大部分泵浦能量转移到斯托克斯波中,从此人们对多种分子介质中的受激喇曼散射进行了广泛的研究[3~7]。本节将介绍喇曼增益及喇曼阈值的基本概念,并给出描述光纤中受激喇曼散射的理论框架。

8.1.1 喇曼增益谱

在连续或准连续条件下,斯托克斯波的初始增长可描述为[7]

$$\frac{dI_s}{dz} = g_R I_p I_s \tag{8.1.1}$$

式中,I_s 是斯托克斯光强,I_p 是泵浦光强,g_R 是喇曼增益系数,它与自发喇曼散射截面有关[6],深而言之,g_R 与三阶非线性极化率的虚部有关。

喇曼增益系数 $g_R(\Omega)$ 是描述受激喇曼散射的最重要的量,其中 $\Omega \equiv \omega_p - \omega_s$ 代表泵浦波和斯托克斯波的频率差。在早期的受激喇曼散射实验中,测量的是石英光纤的喇曼增益系数,后来将结果不断改进[8~14]。g_R 通常取决于光纤纤芯的成分,对不同的掺杂物,g_R 有很大的变化。另外,g_R 还取决于泵浦波和斯托克斯波是同偏振的还是正交偏振的。图 8.2 给出了熔融石英的归

一化喇曼增益系数 g_R 与频移的变化关系[12]。泵浦波长 $\lambda_p = 1\ \mu m$ 时，归一化的 $g_R \approx 1 \times 10^{-13}$；而对于其他泵浦波长，$g_R$ 与 λ_p 成反比。石英光纤中喇曼增益的最显著特征是，$g_R(\Omega)$ 有一个很宽的频率范围（达 40 THz），并且在 13 THz 附近有一个较宽的峰，这一特征由石英玻璃的非晶体特性所致。在诸如熔融石英等非晶体材料中，分子的振动频率扩展成频带，这些频带彼此交叠并产生一个连续谱[15]。结果，与大多数分子介质在特定频率上产生喇曼增益的情况不同，石英光纤中的喇曼增益可在一很宽的范围内连续地产生。后面将看到，因为这一特性，光纤可用做宽带放大器。

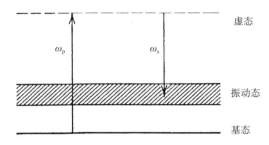

图 8.1　用量子力学的观点解释自发喇曼散射。能量为 $\hbar\omega_p$ 的一个泵浦光子将分子激发到一个虚态（图中虚线所示）后，自发产生一个能量为 $\hbar\omega_s$ 的光子

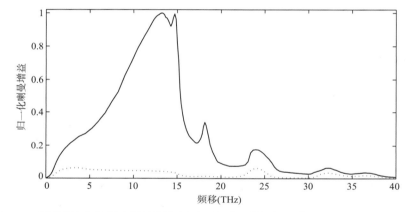

图 8.2　当泵浦波和斯托克斯波同偏振时，熔融石英的归一化喇曼增益（实线），点线是当泵浦波和斯托克斯波正交偏振时的模拟结果（感谢 R. H. Stolen 供图）

　　为了解受激喇曼散射过程是如何发生的，考虑一束频率为 ω_p 的连续泵浦波在光纤中的传输。如果一束频率为 ω_s 的探测波在光纤的输入端与泵浦波同时入射，则只要频率差 $\Omega \equiv \omega_p - \omega_s$ 位于图 8.2 所示喇曼增益谱的带宽内，探测波就会由于喇曼增益而被放大。如果光纤输入端仅有泵浦波入射，那么自发喇曼散射将起到探测波的作用，并在传输过程中被放大。因为自发喇曼散射在整个喇曼增益带宽内产生光子，所以所有频率分量都被放大，但对应 g_R 最大值的频率分量建立最快。对于熔融石英，g_R 的最大值所对应的频率由泵浦频率下移约 13.2 THz。当泵浦功率超过某一阈值时，此频率分量近似指数增长[16]。这样，受激喇曼散射将导致斯托克斯波的产生，其频率由喇曼增益峰决定，对应的频移称为喇曼频移（或斯托克斯频移）。斯托克斯波和泵浦波还是同偏振的，因为两束波正交偏振时的喇曼增益相当小（见图 8.2）。基于此原因，首先讨论斯托克斯波和泵浦波同偏振的情形。

8.1.2　喇曼阈值

　　考虑一束连续波入射进光纤的最简单情形。即便在这种情形下，也应将方程(8.1.1)进行修正，以将光纤损耗考虑在内。而且泵浦功率沿光纤并不能保持为一个常数, 应考虑泵浦波和斯托克斯波之间的非线性互作用。当这些效应均包括在内后, 受激喇曼散射过程用以下两个耦合方程描述:

$$\frac{\mathrm{d}I_\mathrm{s}}{\mathrm{d}z} = g_\mathrm{R} I_\mathrm{p} I_\mathrm{s} - \alpha_\mathrm{s} I_\mathrm{s} \tag{8.1.2}$$

$$\frac{\mathrm{d}I_\mathrm{p}}{\mathrm{d}z} = -\frac{\omega_\mathrm{p}}{\omega_\mathrm{s}} g_\mathrm{R} I_\mathrm{p} I_\mathrm{s} - \alpha_\mathrm{p} I_\mathrm{p} \tag{8.1.3}$$

式中, α_s 和 α_p 分别为斯托克斯频率和泵浦频率处的光纤损耗。正如将在 8.1.3 节中看到的, 此方程组可由 2.3 节的麦克斯韦方程组严格推导出, 也可以通过每个光束中光子的产生和湮灭过程唯象地写出。在没有损耗的情况下, 容易证明

$$\frac{\mathrm{d}}{\mathrm{d}z}\left(\frac{I_\mathrm{s}}{\omega_\mathrm{s}} + \frac{I_\mathrm{p}}{\omega_\mathrm{p}}\right) = 0 \tag{8.1.4}$$

此式仅仅说明, 在受激喇曼散射过程中, 泵浦和斯托克斯光束中的光子总数不变。

尽管受激喇曼散射的完整描述必须考虑到泵浦消耗, 但为了估计喇曼阈值可将其忽略[16]。如果忽略方程(8.1.3)中表示泵浦消耗的右边的第一项, 则此方程很容易求解。将此解代入方程(8.1.2), 可得

$$\mathrm{d}I_\mathrm{s}/\mathrm{d}z = g_\mathrm{R} I_0 \exp(-\alpha_\mathrm{p}z) I_\mathrm{s} - \alpha_\mathrm{s} I_\mathrm{s} \tag{8.1.5}$$

式中, I_0 是 $z=0$ 处的入射泵浦光强。方程(8.1.5)很容易求解, 其结果为

$$I_\mathrm{s}(L) = I_\mathrm{s}(0) \exp(g_\mathrm{R} I_0 L_\mathrm{eff} - \alpha_\mathrm{s} L) \tag{8.1.6}$$

式中, L 是光纤长度且

$$L_\mathrm{eff} = [1 - \exp(-\alpha_\mathrm{p} L)]/\alpha_\mathrm{p} \tag{8.1.7}$$

式(8.1.6)表明, 由于光纤损耗, 有效光纤长度由 L 减至 L_eff。

使用式(8.1.6)需要知道 $z=0$ 处的入射光强 $I_\mathrm{s}(0)$。实际上, 受激喇曼散射是从产生于整个光纤长度上的自发喇曼散射建立起来的。Smith 指出[16], 它等价于在光纤输入端的每个模式中注入一个假想光子, 所以可以按式(8.1.6)考虑每个能量为 $\hbar\omega$ 的频率分量的放大, 然后在整个喇曼增益谱范围内积分来计算斯托克斯功率, 即

$$P_\mathrm{s}(L) = \int_{-\infty}^{\infty} \hbar\omega \exp[g_\mathrm{R}(\omega_\mathrm{p} - \omega) I_0 L_\mathrm{eff} - \alpha_\mathrm{s} L]\mathrm{d}\omega \tag{8.1.8}$$

式中, 假设光纤只容纳一个模式。g_R 对频率的依赖关系如图 8.2 所示, 尽管并不知道 $g_\mathrm{R}(\Omega)$ 的函数形式, 但可用最速下降法近似计算式(8.1.8)中的积分, 因为积分的主要贡献来自增益峰值 $\omega = \omega_\mathrm{s}$ 附近的一个很窄区域, 结果为

$$P_\mathrm{s}(L) = P_\mathrm{s0}^\mathrm{eff} \exp[g_\mathrm{R}(\Omega_\mathrm{R}) I_0 L_\mathrm{eff} - \alpha_\mathrm{s} L] \tag{8.1.9}$$

式中, $z=0$ 处的有效入射功率为

$$P_\mathrm{s0}^\mathrm{eff} = \hbar\omega_\mathrm{s} B_\mathrm{eff}, \quad B_\mathrm{eff} = \left(\frac{2\pi}{I_0 L_\mathrm{eff}}\right)^{1/2} \left|\frac{\partial^2 g_\mathrm{R}}{\partial\omega^2}\right|_{\omega=\omega_\mathrm{s}}^{-1/2} \tag{8.1.10}$$

从物理意义上讲, B_eff 是中心位于 $\Omega_\mathrm{R} = \omega_\mathrm{p} - \omega_\mathrm{s}$ 处增益峰附近的斯托克斯辐射的有效带宽。尽管 B_eff 取决于泵浦光强及光纤长度, 但其数量级大小可由图 8.2 的主峰谱宽估算出。

喇曼阈值定义为, 在光纤的输出端斯托克斯功率与泵浦功率相等时的入射泵浦功率[16], 或

$$P_\mathrm{s}(L) = P_\mathrm{p}(L) \equiv P_0 \exp(-\alpha_\mathrm{p} L) \tag{8.1.11}$$

式中，$P_0 = I_0 A_{eff}$ 是入射泵浦功率，A_{eff} 是 2.3 节中定义的有效模面积。将式（8.1.9）代入式（8.1.11），并假设 $\alpha_s \approx \alpha_p$，则阈值条件变为

$$P_{s0}^{eff} \exp(g_R P_0 L_{eff}/A_{eff}) = P_0 \tag{8.1.12}$$

式中，P_{s0}^{eff} 通过式（8.1.10）还与 P_0 有关。方程（8.1.12）的解给出达到喇曼阈值所需的临界泵浦功率。假设喇曼增益谱为洛伦兹形，临界泵浦功率的一个较好的近似为[16]

$$\frac{g_R P_0^{cr} L_{eff}}{A_{eff}} \approx 16 \tag{8.1.13}$$

对后向受激喇曼散射可按类似的方法分析，这种情况下的阈值条件仍由式（8.1.13）给定，但是式中的数值因子 16 应换为 20。由于对给定的泵浦功率，首先达到前向受激喇曼散射的阈值，所以在光纤中一般观察不到后向受激喇曼散射。当然，喇曼增益可以用来放大后向传输的信号。注意，在推导式（8.1.13）时，假设泵浦波和斯托克斯波的偏振方向在光纤中保持不变；如果偏振方向发生变化，则喇曼阈值将增大 1 到 2 倍，特别是当偏振完全混乱时将增大 2 倍。

虽然在推导式（8.1.13）时做了各种近似，但用它仍能相当精确地估算喇曼阈值。对较长的光纤，如 $\alpha_p L \gg 1$，则 $L_{eff} \approx 1/\alpha_p$。当 $\lambda_p = 1.55$ μm 时，即接近于光纤损耗的最小值（约为 0.2 dB/km），$L_{eff} \approx 20$ km。如果用典型的 $A_{eff} = 50$ μm²，则由式（8.1.13）估算喇曼阈值为 $P_0^{cr} \approx 600$ mW。由于在单信道光纤通信系统中，入射到光纤中的典型功率值低于 10 mW，所以一般不会发生受激喇曼散射。然而，由于喇曼感应的信道间的功率转移，受激喇曼散射成为多信道光纤通信系统的一个限制因素。

实际中，观察受激喇曼散射要用高功率激光器。单模光纤的有效模面积在 20～80 μm² 范围，其与工作波长有关，如果用 $A_{eff} = 50$ μm² 作为典型值，泵浦波长在 1 μm 附近，则对 1 km 长的光纤，由式（8.1.13）可知阈值泵浦功率 $P_0^{cr} \approx 8$ W。由于这样的功率已经很容易达到（例如 Nd:YAG 激光器），所以利用连续或脉冲激光器很容易观察到受激喇曼散射。

由于上述理论忽略了泵浦消耗，所以无法解释超过喇曼阈值时斯托克斯波的增长。为将泵浦消耗效应包括在内，必须解方程（8.1.2）和方程（8.1.3）。正如 8.2.3 节将会讨论的，在 $\alpha_s = \alpha_p$ 的特殊情况下，此方程组可解析求解[17]。结果表明，式（8.1.13）给出的阈值条件仍然相当精确。一旦达到喇曼阈值，功率迅速由泵浦波转移到斯托克斯波中。从理论上讲，泵浦波功率可完全转移给斯托克斯波（不计光纤损耗）。实际上，如果斯托克斯波的功率变得很大并满足式（8.1.13），则它可作为泵浦波产生第二级斯托克斯波。此级联受激喇曼散射过程可相继产生多级斯托克斯波，其级数取决于入射泵浦功率。

8.1.3　耦合振幅方程

当用光脉冲泵浦时，需要修改受激喇曼散射的连续波理论，对于光纤几乎总是这种情形。实际上，对连续波情形，受激布里渊散射（stimulated Brillouin scattering, SBS）的阈值较低（见第 9 章），所以受激布里渊散射是主要的，而受激喇曼散射受到抑制。然而，当泵浦脉冲宽度小于 1 ns 时，几乎可以抑制受激布里渊散射。如果达到受激喇曼散射阈值，则与连续波泵浦情形类似，每个泵浦脉冲将在频率下移约 13 THz 的载频 ω_s 处产生一个斯托克斯（或喇曼）脉冲。

受激喇曼散射的完整动力学描述一般需要描述分子振动的运动方程[7]。假设介质是瞬时响应的，则描述可以大大简化[18]。因为图 8.2 中较宽的增益谱意味着喇曼响应时间肯定小于 100 fs，所以这种假设通常是合理的。除了脉宽约为 10 fs 的超短脉冲，喇曼响应时间一般比典

型的脉冲宽度小得多, 所以喇曼脉冲和泵浦脉冲之间的互作用由两个耦合振幅方程描述, 此方程包括喇曼增益、泵浦消耗、自相位调制、交叉相位调制和群速度色散效应, 可按 2.3 节中的方法推导。

统一的描述应包括式 (2.3.38) 给出的非线性响应函数 $R(t)$, 因此, 可以同时包括克尔效应和喇曼效应[19~23]。这种分析在一定程度上使问题复杂化了, 因为式 (2.3.33) 中的电场采用下面的形式:

$$E(r,t) = \frac{1}{2}\hat{x}\left\{A_p \exp[i(\beta_{0p}z - \omega_p t)] + A_s \exp[i(\beta_{0s}z - \omega_s t)]\right\} + \text{c.c.} \quad (8.1.14)$$

式中, ω_p 和 ω_s 分别是泵浦波和斯托克斯波的载频, β_{0p} 和 β_{0s} 是对应的传输常数, A_p 和 A_s 分别是泵浦脉冲和喇曼脉冲的慢变包络。经过烦琐的运算后, 可以得到下面两个方程[23]:

$$\frac{\partial A_p}{\partial z} + \frac{1}{v_{gp}}\frac{\partial A_p}{\partial t} + \frac{i\beta_{2p}}{2}\frac{\partial^2 A_p}{\partial t^2} + \frac{\alpha_p}{2}A_p = \\ i\gamma_p(1 - f_R)(|A_p|^2 + 2|A_s|^2)A_p + R_p(z,t) \quad (8.1.15)$$

$$\frac{\partial A_s}{\partial z} + \frac{1}{v_{gs}}\frac{\partial A_s}{\partial t} + \frac{i\beta_{2s}}{2}\frac{\partial^2 A_s}{\partial t^2} + \frac{\alpha_s}{2}A_s = \\ i\gamma_s(1 - f_R)(|A_s|^2 + 2|A_p|^2)A_s + R_s(z,t) \quad (8.1.16)$$

式中, v_{gj} 是群速度, β_{2j} 是群速度色散系数, $\gamma_j(j = p\text{ 或 }s)$ 是非线性系数 [由式 (7.1.15) 定义], 喇曼贡献 R_p 和 R_s 具有以下形式:

$$R_j(z,t) = i\gamma_j f_R A_j \int_{-\infty}^{t} h_R(t - t')\left[|A_j(z,t')|^2 + |A_k(z,t')|^2\right]dt' + i\gamma_j f_R A_k \times \\ \int_{-\infty}^{t} h_R(t - t')A_j(z,t')A_k^*(z,t')\exp[\pm i\Omega(t - t')]dt' \quad (8.1.17)$$

式中, j, $k = p$ 或 s, $j \neq k$, $\Omega = \omega_p - \omega_s$ 是斯托克斯频移, f_R 代表小数喇曼贡献 (见 2.3.2 节), 喇曼响应函数 $h_R(t)$ 是产生受激喇曼散射的原因。若加上正比于 β_3 的三阶导数项, 则可以将三阶色散也包括在内。另外, 若在式 (8.1.17) 中加上噪声项, 则还可以将自发喇曼散射包括在内[22]。

在脉冲宽度超过 1 ps 的皮秒区域, 方程 (8.1.15) 和方程 (8.1.16) 可大大简化[23], 原因在于 A_p 和 A_s 在喇曼响应函数 $h_R(t)$ 变化的时间尺度内几乎无变化, 因此可将 A_p 和 A_s 看成常量。对式 (8.1.17) 积分可得

$$R_j = i\gamma_j f_R[(|A_j|^2 + |A_k|^2)A_j + \tilde{h}_R(\pm\Omega)|A_k|^2 A_j] \quad (8.1.18)$$

式中, $\tilde{h}_R$ 是 $h_R(t)$ 的傅里叶变换, 当 $j = s$ 时, 选择负号。图 8.3 给出了当泵浦波和斯托克斯波彼此平行偏振或正交偏振时, $\tilde{h}_R(\Omega)$ 的实部 (相对 $\Omega = 0$ 的对称曲线) 和虚部 (不对称曲线), 所用数据与图 8.2 的相同。

从物理意义上讲, $\tilde{h}_R(\Omega)$ 的实部导致喇曼感应的折射率变化, 而虚部和喇曼增益有关。引入折射率系数和增益系数

$$\delta_R = f_R \text{Re}[\tilde{h}_R(\Omega)], \quad g_j = 2\gamma_j f_R \text{Im}[\tilde{h}_R(\Omega)] \quad (8.1.19)$$

则耦合振幅方程变为

$$\frac{\partial A_p}{\partial z} + \frac{1}{v_{gp}}\frac{\partial A_p}{\partial t} + \frac{i\beta_{2p}}{2}\frac{\partial^2 A_p}{\partial t^2} + \frac{\alpha_p}{2}A_p = \\ i\gamma_p\left[|A_p|^2 + (2 + \delta_R - f_R)|A_s|^2\right]A_p - \frac{g_p}{2}|A_s|^2 A_p \quad (8.1.20)$$

$$\frac{\partial A_s}{\partial z} + \frac{1}{v_{gs}}\frac{\partial A_s}{\partial t} + \frac{i\beta_{2s}}{2}\frac{\partial^2 A_s}{\partial t^2} + \frac{\alpha_s}{2}A_s = \tag{8.1.21}$$

$$i\gamma_s\left[|A_s|^2 + (2+\delta_R-f_R)|A_p|^2\right]A_s + \frac{g_s}{2}|A_p|^2 A_s$$

注意，当将喇曼感应的折射率变化包括在内时[20]，交叉相位调制因子是 $2+\delta_R-f_R$，而不是 2。参量 f_R 的值约为 0.18[10]。尽管喇曼感应的折射率变化 δ_R 相当小，但其和频率有关的特点能影响斯托克斯脉冲的群速度。

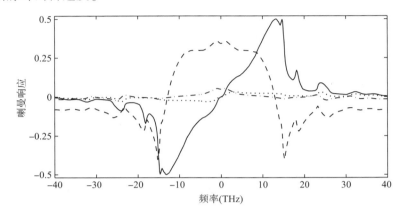

图 8.3　当泵浦波和斯托克斯波平行偏振（图中实线和虚线）或正交偏振时（图中点线和点虚线），$\tilde{h}_R(\Omega)$ 的虚部和实部

对于皮秒脉冲泵浦的受激喇曼散射，方程（8.1.20）和方程（8.1.21）的解将在 8.3 节中讨论。其中一个最重要的新特征是群速度失配，它将受激喇曼散射过程限制在泵浦脉冲和喇曼脉冲交叠的时间内。按照 7.4 节中的方法，引入走离长度为

$$L_W = T_0/|v_{gp}^{-1} - v_{gs}^{-1}| \tag{8.1.22}$$

式中，T_0 是泵浦脉冲宽度。对 $T_0 \approx 5$ ps，在可见光范围典型的 $L_W \approx 1$ m。若泵浦脉冲宽度 $T_0 > 1$ ns，则 $L_W > 200$ m，比通常用来观察受激喇曼散射的光纤长度更长。对这样的脉冲，群速度色散效应可以忽略，并且连续波理论对这种准连续波情形也近似有效。实际上，如果忽略时间导数项，并用 $I_j = |A_j|^2/A_{eff}(j=p$ 或 s），则可由方程（8.1.20）和方程（8.1.21）得到方程（8.1.2）和方程（8.1.3）。应当注意，方程（8.1.20）和方程（8.1.21）对飞秒泵浦脉冲不再适用，因为其谱宽已大于喇曼频移，这种情形将在 8.4 节中讨论。

8.1.4　四波混频效应

第 10 章中将讨论的四波混频这种非线性现象，被认为会影响任何介质中的受激喇曼散射[6]。人们对有关四波混频对光纤中受激喇曼散射的影响已做了广泛研究[24～32]。本节将定性地阐明一些有关特性。

为理解四波混频是如何影响受激喇曼散射的，重新考虑受激喇曼散射背后的物理学内涵会有所帮助。如图 8.1 所示，喇曼散射可视为泵浦光子的下转换过程，由此产生一个低频光子和一个与分子的某个振动模式有关的声子。另外，一个低频声子与泵浦光子复合产生一个高频光子的上转换过程也是可能的，但发生概率很小，因为上转换过程需要能量和动量均合适的声子。与高频光子有关的光波称为反斯托克斯波，其在频率 $\omega_a = \omega_p + \Omega$ 处与频率为 $\omega_s = \omega_p - \Omega$ 的

斯托克斯波一起产生，其中 ω_p 是泵浦频率。由于 $2\omega_p = \omega_a + \omega_s$，假如总动量守恒，由两个泵浦光子湮灭产生一个斯托克斯光子和一个反斯托克斯光子的四波混频过程是能够发生的。动量守恒要求导致相位匹配条件 $\Delta k = 2k(\omega_p) - k(\omega_a) - k(\omega_s) = 0$，其中 $k(\omega)$ 是传输常数。四波混频的发生需要满足这个相位匹配条件（见 10.1 节）。

由于 Ω 约为 10 THz，因此单模光纤中不容易满足相位匹配条件，所以在受激喇曼散射过程中很少能观察到反斯托克斯波。正如将在 10.3 节中所讨论的，当光纤群速度色散不太大时，相位匹配条件近似满足。这时，在方程（8.1.20）和方程（8.1.21）的基础上，必须加上描述反斯托克斯波传输以及其通过四波混频过程与斯托克斯波耦合的第 3 个方程。当忽略泵浦消耗时，这 3 个耦合方程可以近似求解[25]。结果表明，喇曼增益 g_R 和 Δk 有关，而且与图 8.2 中的值相比，g_R 根据 Δk 的值既可以增加也可以减小。特别是在 $\Delta k = 0$ 附近，g_R 变小，这表明在适当条件下，四波混频可以抑制受激喇曼散射。实验中确实观察到了受激喇曼散射被部分抑制的现象[25]。当泵浦功率 P_0 很高使 $|\Delta k| < 3g_R P_0$ 时，喇曼增益降低到原来的一半，而且观察到了反斯托克斯波的谱分量。这种四波混频过程也称为相干反斯托克斯喇曼散射（CARS），被广泛用于生物医学成像。

通过另一个实验也观察到四波混频对受激喇曼散射的影响[27]，喇曼脉冲的频谱表现为双峰结构，对应于图 8.2 中 13.2 THz 和 14.7 THz 处的两个峰。当泵浦功率较低时，13.2 THz 的峰是主要的，因为此峰的喇曼增益略大一些（约为 1%）。但是，当泵浦功率增大时，14.7 THz 的峰开始主导喇曼脉冲的频谱。这些结果可以这样理解，四波混频感应的喇曼增益下降是和频率有关的，当泵浦光强超过 1 GW/cm² 时，14.7 THz 峰的有效喇曼增益变大。

方程（8.1.20）和方程（8.1.21）忽略了光纤双折射的影响，将其考虑在内会大大增加受激喇曼散射分析的复杂性[28]。例如，若泵浦脉冲与光纤某个主轴成一角度偏振，则它将同时激发光纤的慢偏振模和快偏振模。若这两个模式的强度均超过喇曼阈值，则每个模式都能产生一个斯托克斯脉冲，这两个斯托克斯脉冲通过交叉相位调制与两个泵浦脉冲分量相互作用，此时必须如 7.1 节所讨论的，用包含所有非线性项的一组 4 个耦合方程适当替换方程（8.1.20）和方程（8.1.21）。若将反斯托克斯波也考虑在内，则情况会更加复杂，这时必须求解一组 6 个耦合方程。偏振效应将在 8.5 节中讨论。

当泵浦脉冲在光纤反常色散区传输时，必须考虑调制不稳定性和受激喇曼散射的相互影响。正如在 5.1 节中讨论的，调制不稳定性可以看成通过自相位调制实现相位匹配的四波混频过程（见 10.3 节），它产生频率为 $\omega_p + \Omega_m$ 和 $\omega_p - \Omega_m$ 的新波，其中 Ω_m 取决于泵浦功率，一般与喇曼频移 Ω 不同。于是，一个统一的分析应考虑频率为 ω_p，$\omega_p \pm \Omega_m$ 和 $\omega_p \pm \Omega$ 的 5 个波，而每个波又有两个正交的偏振分量，这就需要一组 10 个耦合振幅方程。由于超短泵浦脉冲的频谱比较宽，结果频率 Ω_m 和 Ω 都落在该带宽内，这时分析将变得更为简单。这种超短泵浦脉冲的传输用一组 2 个耦合方程来描述，其中包含了群速度色散、自相位调制、交叉相位调制、光纤双折射、四波混频和脉冲内喇曼散射效应。当连续泵浦波入射进光纤时，可通过对上述方程的线性稳定性分析得到有效增益谱[30]。

8.2 准连续受激喇曼散射

从首次在光纤中观察到受激喇曼散射起[9]，人们利用脉宽为 1～100 ns 的泵浦脉冲（这相当于准连续情形）对受激喇曼散射进行了广泛研究[33～49]。在单通受激喇曼散射中，每个泵浦脉冲在光纤一端入射，在另一端产生斯托克斯脉冲。而对于多通受激喇曼散射，将光纤放入谐振腔内，制成了可调谐光纤喇曼激光器。另一个应用是利用喇曼增益对信号进行放大。本节针对光纤中的受激喇曼散射过程，从这 3 个方面进行讨论。

8.2.1 单通喇曼产生

在石英光纤中，受激喇曼散射的首次实验是 1972 年在可见光区进行的，泵浦波是倍频 Nd：YAG 激光器产生的 532 nm 脉冲[8]。用芯径为 4 μm 的 9 m 长的单模光纤产生 545 nm 的斯托克斯波，大约需要 75 W 的泵浦功率。后来的实验[34]用 1.06 μm 的 Nd：YAG 激光器产生的 150 ns 红外泵浦脉冲来激发受激喇曼散射。在另一个实验中[36]，当泵浦功率为 70 W 时，在 1.12 μm 处观察到了一级斯托克斯线；当泵浦功率更高时出现了更高级斯托克斯线，因为这时的斯托克斯功率变得很大，足以泵浦下一级斯托克斯线。图 8.4 是泵浦功率约为 1 kW 时的频谱，5 条斯托克斯线清楚可辨，后一级斯托克斯线比前一级更宽，这种展宽是由几个相互竞争的非线性过程造成的，它限制了斯托克斯线的总数。在可见光区已产生了 15 级的斯托克斯线[39]。

这些实验都没有尝试分辨每条斯托克斯线的频谱细节。在后来的一个实验中[44]，由于分辨率很高，一级斯托克斯线的线形清晰可辨。该实验用一台锁模氩离子激光器（$\lambda_p = 514.5$ nm）产生的 1 ns 脉冲作为泵浦波，通过 100 m 长的光纤传输。图 8.5 是在三个泵浦功率下观察到的频谱，在 440 cm⁻¹（13.2 THz）处出现一个较宽的峰，并在 490 cm⁻¹（14.7 THz）处有一个较窄的峰。当泵浦功率增加时，较宽峰的峰值功率出现饱和，而较窄峰的峰值功率却持续增长。

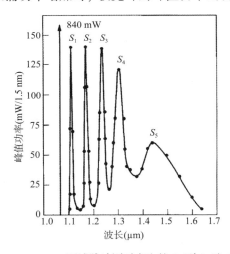

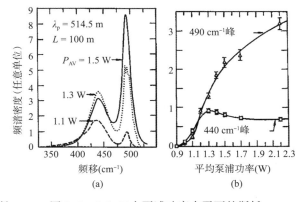

图 8.4　1.06 μm 泵浦脉冲同时产生的 S_1 到 S_5 这 5 级斯托克斯线，竖线表示残余泵浦，峰值功率由分辨率为 1.5 nm 的单色仪测得[36]（©1978 IEEE）

图 8.5　（a）三个泵浦功率水平下的斯托克斯频谱；（b）峰值功率随泵浦功率的变化[44]（©1984 IEEE）

斯托克斯频谱中的双峰结构可以通过图 8.2 来理解。图 8.2 中喇曼增益谱的主峰实际上是由两个峰组成的，两峰的位置与图 8.5 中斯托克斯频谱的两峰位置完全一致。一个详细的数值模型所预测的斯托克斯线形与实验观察到的频谱一致，此模型既包括了喇曼增益谱形状，同时也考虑了包含喇曼增益及自发喇曼散射过程的斯托克斯线的每个频谱分量在光纤中的传输[44]。

在图 8.5 中看到的谱线特征可以定性地理解如下：自发喇曼散射在整个喇曼增益谱的频率范围内产生斯托克斯波，经过一小段光纤后，这些弱信号以适当的增益系数得到放大，同时产生更多的自发光。当泵浦功率较低时，由于喇曼放大是指数放大过程，观察到的斯托克斯频谱看上去

像 $\exp[g_R(\Omega)]$ 曲线。随着泵浦功率的增加，440 cm^{-1} 处的高频峰将通过喇曼放大过程泵浦 490 cm^{-1} 处的低频峰，正如图 8.5 所示。最终，斯托克斯功率增大到足以产生二级斯托克斯线。尽管这个模型是基于连续波的受激喇曼散射理论，但它仍能定性地解释图 8.5 的特征，因为当泵浦脉冲宽度约为 1 ns 时，群速度色散效应不太明显；当泵浦脉冲宽度小于 1 ns 时，包括群速度色散效应，特别是包括导致脉冲走离的群速度失配效应就变得更加重要。8.3 节将讨论这些效应。

通过受激喇曼散射产生的斯托克斯波一般是带有噪声的，因为受激喇曼散射是通过产生于整个光纤长度上的自发喇曼散射建立的，结果即使泵浦脉冲具有恒定的宽度和能量，斯托克斯脉冲的宽度和能量也会出现闪光起伏。利用 Nd:YAG 激光器产生的重复频率为 1 kHz 的 Q 开关脉冲，可以定量地给出这种起伏的统计特性[48]。当泵浦脉冲的峰值功率超过喇曼阈值时，脉冲能量的相对噪声将急剧下降。当接近阈值功率时，脉冲能量近似指数形式分布，和量子噪声理论预期的一致[50]。然而，在激发二级斯托克斯线之前，一级斯托克斯线是近高斯形的，并且能量分布变得相当窄。另外，通过注入一个随机斯托克斯种子光，解方程(8.1.2)和方程(8.1.3)，可以模拟实验结果[49]。

8.2.2　光纤喇曼激光器

光纤中受激喇曼散射现象的一个重要应用就是导致了光纤喇曼激光器的出现[51~68]。这样的激光器可在很宽的频率范围上(约为 10 THz)调谐。图 8.6 是一个光纤喇曼激光器的示意图[54]，一段单模光纤放在由两个部分反射镜 M_1 和 M_2 构成的法布里–珀罗(F-P)腔内，此腔对通过受激喇曼散射在光纤内产生的斯托克斯波提供波长选择反馈。腔内的棱镜可调谐激光器波长，因为它使不同的斯托克斯波长在空间上色散，通过转动镜 M_2 则可选择波长。激光器的阈值对应于往返一次喇曼放大足以平衡腔内损耗时的泵浦功率，腔内损耗主要是腔镜的透射损耗和光纤两端的耦合损耗。如果假设往返一次损耗的典型值为 10 dB，则阈值条件为

$$G = \exp(2g_R P_0 L_{\mathrm{eff}}/A_{\mathrm{eff}}) = 10 \tag{8.2.1}$$

对长度为 L 的光纤，L_{eff} 由式(8.1.7)给出。如果光纤不是保偏的，则由于泵浦波和斯托克斯波之间的相对偏振混乱，使式(8.2.1)中的 g_R 减小一半[58]。比较式(8.1.13)与式(8.2.1)可以看出，光纤喇曼激光器的阈值泵浦功率比单通受激喇曼散射的阈值泵浦功率至少小一个数量级。

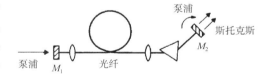

图 8.6　可调谐光纤喇曼激光器示意图[54]
(©1977 美国物理研究所)

1972 年，在光纤喇曼激光器的实验中[8]，由于用了较短的光纤($L = 1.9$ m)，阈值功率相当高(约为 500 W)。在后来的实验中[51~53]，使用较长的光纤(L 约为 10 m)，阈值功率降到约为 1 W，这使光纤喇曼激光器可用氩离子激光器泵浦，波长在 0.50~0.53 μm 范围内连续运转。通过保证多模泵浦波的谱宽远大于布里渊线宽来抑制受激布里渊散射(见 9.1 节)，利用腔内棱镜使激光波长在约 10 nm 宽的范围内可调。

当泵浦功率较高时，光纤内产生高级斯托克斯波，并被腔内棱镜空间色散。分别对每级斯托克斯波单独加上腔镜，可使光纤喇曼激光器同时运转在几个波长上，每个波长通过转动腔镜可独立调谐[52]。一个实验[56]用环形腔结构产生了 5 级可调谐的斯托克斯带。用 Nd:YAG 激光器作为泵浦源[57]，光纤喇曼激光器已能工作在 1.1~1.6 μm 范围的红外区，此波段对光纤通信很有用。

当光纤喇曼激光器用一序列脉冲泵浦时，每个喇曼脉冲往返一次后应与随后的一个泵浦

脉冲适当同步。在光纤喇曼激光器中很容易实现这种同步，原因是这种激光器可以在喇曼增益谱（见图8.2）峰值附近较宽范围的波长中，选择一个特定的波长以满足同步泵浦的需要，而且可通过简单地改变腔长来调谐激光波长。这种方法称为时间-色散调谐[54]，以区别于图8.6中的棱镜-色散调谐（通过棱镜提供的空间色散工作）。时间-色散调谐技术对在宽波长范围内调谐脉冲光纤喇曼激光器非常有效。调谐率可按下面的方法获得，如果腔长改变 ΔL，则时间延迟 Δt 可以通过波长改变 $\Delta \lambda$ 精确地补偿，即

$$\Delta t \equiv \Delta L/c = |D(\lambda)|L\Delta\lambda \tag{8.2.2}$$

式中，L 是光纤长度，D 是1.2.3节引入的色散参量，因而调谐率为

$$\frac{\Delta\lambda}{\Delta L} = \frac{1}{cL|D(\lambda)|} = \frac{\lambda^2}{2\pi c^2 L|\beta_2|} \tag{8.2.3}$$

式中，用到式（1.2.11）中 D 与群速度色散系数 β_2 的关系。调谐率与光纤长度 L 及波长 λ 有关，其典型值约为 1 nm/cm。在一个实验中[55]，取 $L = 600$ m 和 $\lambda = 1.12$ μm，得到 1.8 nm/cm 的调谐率和24 nm的调谐范围[55]。

用同步泵浦光纤喇曼激光器产生超短光脉冲已经引起人们的关注[60]。一般而言，当这种激光器的泵浦脉宽小于100 ps时，必须考虑群速度色散、群速度失配、自相位调制及交叉相位调制效应，这些效应将在8.3节中讨论。如果喇曼脉冲位于光纤的反常群速度色散区，则利用孤子效应可产生宽度约为100 fs或更短的脉冲，这种激光器称为光纤喇曼孤子激光器（将在8.4节中讨论）。

20世纪90年代，喇曼激光器的研究取得了显著进展。一个新特点是将腔镜集成到光纤中，目的是为了形成一个紧凑的器件。早期的方法是采用环形腔结构，即用光纤环和光纤耦合器构成一个低阈值的全光纤喇曼激光器[61]。随着光纤布拉格光栅的出现，利用它代替腔镜已成为可能[62]。另外，还可以利用熔锥光纤耦合器。一个有趣的方法是，采用三对光纤光栅或耦合器来构成三台喇曼激光器的三个腔，工作波长分别是 1.117 μm，1.175 μm 和 1.24 μm，分别对应于 $\lambda_p = 1.06$ μm 泵浦时的一级、二级和三级斯托克斯线[63]。所得的 1.24 μm 的喇曼激光器对放大 1.31 μm 的信号非常有用[64]。

若用硅酸磷光纤，则可以采用同样方法制作 1.48 μm 的喇曼激光器[65]，这种光纤的斯托克斯频移约为 40 THz。通过二级斯托克斯线，可将 1.06 μm 泵浦波转变为 1.48 μm 的激光辐射。采用此种技术，用双包层掺镱光纤激光器产生的波长为 1.06 μm 的 3.3 W 泵浦光，获得了 1 W 以上的输出功率。2000年后，随着掺镱光纤激光器的发展，已经可以获得高得多的泵浦功率[66~68]。2009年的一个实验[68]在 1120 nm 波长产生了 150 W 的线偏振连续输出，光学效率为 85%，该实验用 30 m 长的单模光纤作为增益介质。图8.7给出了实验装置示意图，其中两个光纤布拉格光栅作为反射镜构成激光腔。

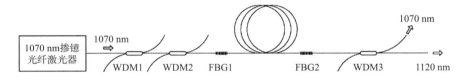

图8.7   高功率全光纤喇曼激光器的示意图[68]，两个光纤布拉格光栅作为反射镜构成法布里-珀罗腔。两个波分复用耦合器用来注入泵浦功率，而第三个波分复用耦合器将残余泵浦功率从输出激光中分离[68]（©2009 OSA）

利用双通结构和多模光纤，已制造出工作在可见光和紫外区且宽带可调的喇曼激光器[69]。用 Q 开关 Nd：YAG 激光器产生的峰值功率超过 400 kW 的 532 nm 的二次谐波作为泵浦波，泵浦 50 m 长的多模光纤（芯径 200 μm），实现了 540～970 nm 波长范围内的宽带可调且峰值功率超过 12 kW 的喇曼激光器。若用三倍频过程产生的 335 nm 波长的 Q 开关脉冲作为泵浦波，采用同样的技术可以在 360～527 nm 波长范围内调谐。由于受激喇曼散射产生的宽带光仅两次通过光纤，按传统观点，这种无腔激光器并不是真正的激光器。尽管如此，它们作为一种可调谐光源还是有用的。

8.2.3　光纤喇曼放大器

如果一个弱信号与一个强泵浦波同时在光纤中传输，并且其频率差位于喇曼增益谱带宽之内，则此弱信号可被该光纤放大。由于这种放大的物理机制是受激喇曼散射，所以称之为光纤喇曼放大器。早在 1976 年，光纤喇曼放大器就开始制造[70]，并在 20 世纪 80 年代得到进一步发展[71~85]，但直到 2000 年以后，光纤喇曼放大器开始普遍应用于光纤通信系统中，它们才算发展成熟。光纤喇曼放大器的实验装置除不需要腔镜以外，与图 8.6 类似。在前向泵浦结构中，泵浦波与信号同向传输；反之，在后向泵浦结构中，两者以相反的方向传输。

在连续或准连续条件下，光纤喇曼放大器提供的增益可由方程(8.1.2)和方程(8.1.3)得出。如果信号强度 $I_s(z)$ 比泵浦强度小得多，则泵浦消耗可以忽略，这样放大器输出端 $z = L$ 处的信号强度可由式(8.1.6)给出。因为没有泵浦波时，$I_s(L) = I_s(0)\exp(-\alpha_s L)$，所以放大器增益或放大倍数为

$$G_A = \exp(g_R P_0 L_{eff}/A_{eff}) \tag{8.2.4}$$

式中，$P_0 = I_0 A_{eff}$ 是放大器输入端的泵浦功率，有效长度 L_{eff} 由式(8.1.7)给出。如果采用典型参量值 $g_R = 1 \times 10^{-13}$ m/W，$L_{eff} = 100$ m，$A_{eff} = 10$ μm²，则当 $P_0 > 1$ W 时，信号被明显放大。图 8.8 是 G_A 随 P_0 变化的实验观察结果[71]，其中光纤长度为 1.3 km，用 1.017 μm 的泵浦波放大 1.064 μm 的信号。放大倍数 G_A 一开始随 P_0 指数增加，但当 $P_0 > 1$ W 时开始偏离指数曲线，这是由于泵浦消耗产生了增益饱和的缘故。图 8.8 中的实线是包括泵浦消耗后，数值解方程(8.1.2)和方程(8.1.3)得到的，此结果与实验数据非常一致。

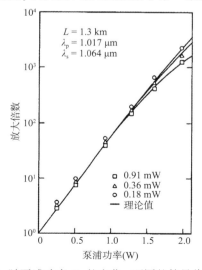

图 8.8　放大器增益 G_A 随泵浦功率 P_0 的变化，不同的符号代表三个输入信号功率值的实验数据，实线是取 $g_R = 9.2 \times 10^{-14}$ m/W 的理论值[71]（©1981 Elsevier）

　　假设泵浦波和信号在光纤中的损耗相同，即 $\alpha_s = \alpha_p \equiv \alpha$，通过解析方法求解方程(8.1.2)和方程(8.1.3)，可得到光纤喇曼放大器饱和增益 G_s 的一个近似表达式[17]。通过变换 $I_j = \omega_j F_j \exp(-\alpha z)$ $(j = p \text{ 或 } s)$，可以得到下面两个简单方程：

$$\frac{\mathrm{d}F_s}{\mathrm{d}z} = \omega_p g_R F_p F_s \mathrm{e}^{-\alpha z}, \quad \frac{\mathrm{d}F_p}{\mathrm{d}z} = -\omega_p g_R F_p F_s \mathrm{e}^{-\alpha z} \tag{8.2.5}$$

注意，$F_p(z) + F_s(z) = C$，C 是常数。关于 F_s 的微分方程可以通过在整个放大器长度上积分求解，结果为

$$G_s = \frac{F_s(L)}{F_s(0)} = \left(\frac{C - F_s(L)}{C - F_s(0)} \right) \exp(\omega_p g_R C L_{\mathrm{eff}} - \alpha L) \tag{8.2.6}$$

利用 $C = F_p(0) + F_s(0)$，放大器饱和增益为

$$G_s = \frac{(1 + r_0)\mathrm{e}^{-\alpha L}}{r_0 + G_A^{-(1+r_0)}} \tag{8.2.7}$$

式中，r_0 与光纤输入端的信号–泵浦功率比的关系为

$$r_0 = \frac{F_s(0)}{F_p(0)} = \frac{\omega_p}{\omega_s} \frac{P_s(0)}{P_0} \tag{8.2.8}$$

$G_A = \exp(g_R P_0 L_{\mathrm{eff}} / A_{\mathrm{eff}})$ 是小信号（未饱和）增益。

　　对 $\alpha = 0$ 时的几个不同 G_A 值，图 8.9 通过绘出 G_s/G_A 随 $G_A r_0$ 变化的曲线，表明了喇曼放大器的这种增益饱和特性。当 $G_A r_0 \approx 1$ 时，饱和增益减小一半。当放大信号的功率开始接近入射泵浦功率 P_0 时，即满足此条件。实际上，P_0 是光纤喇曼放大器饱和功率的一个很好的量度。因为典型的 $P_0 \approx 1$ W，所以光纤喇曼放大器的饱和功率比掺杂光纤放大器或半导体激光放大器的饱和功率高得多[79]。

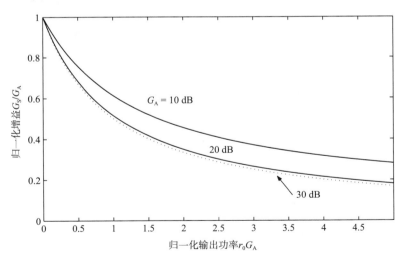

图 8.9　对几个不同的未饱和增益 G_A，光纤喇曼放大器的增益饱和特性

　　如图 8.8 所示，光纤喇曼放大器在泵浦功率约为 1 W 时，很容易将输入信号放大 1000 倍（30 dB 增益）[71]。1983 年的一个实验[73]用 2.4 km 长的单模光纤，将半导体激光器产生的 1.24 μm 信号放大 45 dB，该实验采用了前向泵浦结构。另一个实验[72]分别采用前向和后向泵浦结构，用工作在 1.32 μm 波长的 Nd:YAG 激光器产生的连续光作为泵浦波，放大 1.4 μm 的

信号,当泵浦功率为 1 W 时,得到 21 dB 的未饱和增益。在这两种泵浦结构中,放大器增益基本相同。

为了使光纤喇曼放大器性能最佳,泵浦波和信号的频率差应对应于图 8.2 中的喇曼增益峰。在近红外区,大部分实用的泵浦源是工作在 1.06 μm 或 1.32 μm 波长的 Nd∶YAG 激光器,这种激光器分别对 1.12 μm 和 1.40 μm 波长的信号产生最大的增益。然而,从光纤通信的角度考虑,我们最感兴趣的信号波长在 1.3 μm 和 1.5 μm 附近。如果用高级斯托克斯线作为泵浦波,仍可使用 Nd∶YAG 激光器。例如,由 1.06 μm 激光器产生的 1.24 μm 三级斯托克斯线作为泵浦波放大 1.3 μm 的信号。与此类似,1.32 μm 激光器产生的 1.4 μm 的一级斯托克斯线可作为泵浦波放大 1.5 μm 的信号。早在 1984 年,利用此种方案就得到了 20 dB 以上的放大倍数[74]。这些实验还表明泵浦波和探测波(信号)偏振方向匹配的重要性,因为对于正交偏振情形,受激喇曼散射几乎停止发生。用 1.34 μm 的 Q 开关激光器作为泵浦源,一段纤芯高掺锗的保偏光纤作为增益介质,仅需 3.7 W 的输入功率就可在 1.52 μm 处产生 20 dB 的增益[75]。

从实际的角度讲,我们感兴趣的量是所谓的开关比,其定义为泵浦开和关时的信号功率比,此比值可以通过实验测量。1.34 μm 泵浦的实验结果表明,对 1.42 μm 的一级斯托克斯线,其开关比大约为 24 dB;但当用一级斯托克斯线放大 1.52 μm 的信号时,开关比降到 8 dB。另外还发现,后向泵浦结构中的开关比要比前向泵浦结构的更小些[78]。如果光纤的输出通过一个让放大信号通过但减小自发辐射噪声带宽的光学滤波器,则一般可改善开关比。

光纤喇曼放大器一个吸引人的特征是它的宽带宽。用光纤喇曼放大器能同时放大波分复用光波系统的几个信道,这一特征在 1987 年的一个实验中已得到证实[80]。实验使用的信号是由三台工作在 1.57 ~ 1.58 μm 范围的分布反馈半导体激光器产生的,用 1.47 μm 的泵浦波同时将它们放大,在仅 60 mW 的泵浦功率下,就得到了 5 dB 的增益。理论分析表明,开关比和信道增益之间一般存在一种折中关系[81]。20 世纪 80 年代,用喇曼增益改善光通信系统的性能引起人们的极大关注[82~85],这种方法称为分布喇曼放大,因为它以分布方式补偿光纤在大约 100 km 长度上累积的损耗。1988 年,将分布喇曼放大用于 4000 km 的孤子传输[85]。

从光波系统应用的角度考虑,喇曼放大器的主要缺点是要求很高的泵浦功率。早期实验常用可调谐色心激光器作为泵浦源,这种激光器体积庞大,不适宜在实际中应用。事实上,随着 EDFA(掺铒光纤放大器)在 1989 年的出现,喇曼放大器在 1.55 μm 波长区的光波系统中已很少应用。20 世纪 90 年代,随着小型高功率半导体激光器的出现,光纤喇曼放大器的发展从根本上得到了复兴。早在 1992 年,一个实验就用 1.55 μm 半导体激光器泵浦光纤喇曼放大器[86],其中 140 ns 泵浦脉冲的峰值功率为 1.4 W,重复频率为 1 kHz。在 20 km 长的色散位移光纤中通过受激喇曼散射使 1.66 μm 的信号脉冲被放大了 23 dB 以上,信号脉冲的峰值功率可达 200 mW,足够用于光时域反射(optical time-domain reflection, OTDR)测量。光时域反射技术通常用于光纤网络的监测和维护[87]。

喇曼放大器在 1.3 μm 波长区的应用也引起了相当关注[88~93]。一种方法是在用于喇曼放大的光纤内写入三对光纤光栅[88],通过合理选择这些光栅的布拉格波长,使它们构成三台喇曼激光器的三个腔,工作波长分别是 1.117 μm,1.175 μm 和 1.24 μm,对应于 1.06 μm 泵浦波的一级、二级和三级斯托克斯线。这三台光纤喇曼激光器均采用二极管泵浦的掺钕光纤激光器通过级联受激喇曼散射泵浦,然后再用 1.24 μm 喇曼激光器泵浦喇曼放大器,以放大 1.3 μm 波长区的信号。采用同样的级联受激喇曼散射方式,利用波分复用耦合器代替光纤光栅,在 1.3 μm 波长区得到了 39 dB 的增益[89]。另一种不同方法是,石英光纤纤芯用锗高掺杂,这种光纤在仅 350 mW 泵浦功率下就可以提供 30 dB 的增益[90]，利用两台或更多台半导体激光器即可得到这样高的泵浦功率。两级喇曼放大器结构也已被采用，在这种结构中，将 2 km 长的掺铒光纤与 6 km 长的色散位移光纤（dispersion-shifted fiber, DSF）相连，构成环形结构[93]。这种喇曼放大器用1.24 μm喇曼激光器作为泵浦源，在 1.3 μm 波长区能提供 22 dB 的增益，噪声指数约为 4 dB。

喇曼放大器能用于拓展工作在 1.55 μm 波长区的波分复用光通信系统的带宽[94~96]。通常用于此波长区的掺铒光纤放大器的带宽在 40 nm 以下，而且为了利用全部 40 nm 带宽，需要采用增益平坦技术。对有 80 个或更多信道的大型波分复用系统，一般需要能在 70 ~ 80 nm 波长范围内提供均匀增益的光放大器。为满足这种需要，将掺铒和喇曼增益相结合构成的混合放大器得到发展。其中一个具体实例是[96]，将掺铒光纤放大器与利用 4 个泵浦模块（每个模块的入纤功率超过 150 mW）在 3 个不同波长（1471 nm，1495 nm 和 1503 nm）同时泵浦的两台喇曼放大器相结合，能在 1.53 ~ 1.61 μm 范围内提供近乎均匀的 30 dB 增益。

从大约 2000 年起，分布喇曼放大技术开始用于长途波分复用系统中光纤损耗的补偿[97~102]。在这种应用中，通过双向泵浦相对长跨距（80 ~ 100 km）的传输光纤来提供分布喇曼增益，而不是使用掺铒光纤放大器。2000 年，利用分布喇曼放大技术将信道间隔为 25 GHz 且单信道比特率为10 Gbps 的 100 个波分复用信道传输了 320 km，其中用 4 台半导体激光器后向泵浦每段80 km 长的光纤，将所有信道同时进行放大[97]。2004 年，利用分布喇曼放大技术，将单信道比特率为10 Gbps 的 128 个波分复用信道传输了 4000 km[101]。

随着高功率掺镱光纤激光器的出现，近年来用这种激光器作为泵浦光源已制造出高功率的喇曼放大器。在 2008 年的一个实验中[103]，用工作在 1120 nm 的掺镱光纤激光器泵浦 150 m 长的单模光纤，在 1178 nm 波长产生了 4.8 W 的连续功率，其中由分布反馈激光器获得的 1178 nm 信号被放大了 27 dB，同时保持了 10 MHz 的线宽。2010 年，通过将 3 台这样的喇曼放大器的输出相干地组合起来，输出功率可以增加到 60 W 以上，同时能保持窄线宽[104]。而且，通过将该输出进行外腔倍频后，可以得到波长等于 589 nm 的 50 W 连续功率。

8.2.4   喇曼串扰

同样是喇曼增益，一方面对光纤放大器和激光器有益，另一方面对波分复用系统有害，其原因是短波长信道可作为长波长信道的泵浦，将一部分脉冲能量转移到相邻信道中，这将导致信道间的喇曼串扰，大大影响了系统的性能[105~115]。

首先考虑一个两信道系统，短波长信道作为泵浦，两信道间的功率转移遵循方程（8.1.2）和方程（8.1.3）。如果假设两个信道的光纤损耗相同（$\alpha_s = \alpha_p$），则此方程组可解析求解，对于 1.55 μm 附近的典型信道间隔，这种假设是合理的。长波长信道的放大倍数 G_s 由式（8.2.7）给出，短波长信道的功率降低可由如下泵浦消耗因子给出：

$$D_p = \frac{I_p(L)}{I_p(0)\exp(-\alpha_p L)} = \frac{1 + r_0}{1 + r_0 G_A^{1+r_0}} \qquad (8.2.9)$$

式中，G_A 和 r_0 分别由式（8.2.4）和式（8.2.8）定义。图 8.10 通过对几个不同 r_0 值绘出的 D_p 随 G_A 变化的关系曲线，给出了泵浦消耗的特性。从这些曲线可得到喇曼感应的功率代价，其定义为：为了保持输出功率与无喇曼串扰时相同，所需泵浦功率的相对增加。功率代价可以写为（以 dB 表示）

$$\Delta_R = 10\log(1/D_p) \qquad (8.2.10)$$

1 dB 功率代价对应于 $D_{\mathrm{p}} \approx 0.8$。如果假设在光纤的输入端两信道功率相等($r_0 \approx 1$),$D_{\mathrm{p}} = 0.8$ 对应于 $G_{\mathrm{A}} \approx 1.22$,则对应于 1 dB 功率代价的输入信道功率可由式(8.2.4)得到。如果用 1.55 μm 光通信系统的典型值:$g_{\mathrm{R}} = 7 \times 10^{-14}$ m/W,$A_{\mathrm{eff}} = 50$ μm^2,$L_{\mathrm{eff}} \approx 20$ km,那么 $G_{\mathrm{A}} = 1.22$ 对应于 $P_0 = 7$ mW。对无规偏振的情形,喇曼增益减小一半,则 P_0 增加到 14 mW。功率代价的实验测量值与式(8.2.9)和式(8.2.10)的预期一致。

对多信道波分复用系统情况更加复杂,居中的信道不仅向长波长信道转移能量,同时也从短波长信道吸取能量。对于 M 个信道的系统,可通过解与方程(8.1.2)和方程(8.1.3)类似的 M 个耦合方程得到每个信道的输出功率[108]。由于最短波长信道将一部分能量转移到所有位于喇曼增益带宽内的信道中,所以此信道受喇曼感应串扰的影响最大;然而,它对每个信道转移能量的多少不同,这取决于对应相对波长间隔的喇曼增益的大小。一种方法是将图 8.2 的喇曼增益谱近似成三角形[105],结果表明对一个信道间隔为 10 nm 的 10 信道系统,为了保证功率代价低于 0.5 dB,每个信道的输入功率不能超过 3 mW。在一信道间隔约为 3 nm 的 10 信道系统实验中[106],当每个信道的输入功率小于 1 mW 时,的确没有观察到因喇曼串扰感应的功率代价。

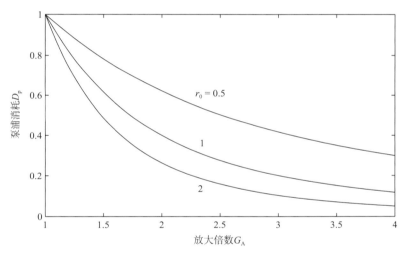

图 8.10 对于三个不同的 r_0 值,D_{p} 随 G_{A} 变化的泵浦消耗特性

以上讨论仅给出一种粗略估算喇曼串扰的方法,因为它忽略了这样一个事实,即不同信道的信号是由"0"和"1"比特的不同随机序列组成的。显然,这种码型效应将减小喇曼串扰。以上分析中忽略的群速度色散效应也能减小喇曼串扰,因为群速度失配将导致不同信道的脉冲的传输速度不同[109]。就一个实际的波分复用系统而言,还需要考虑色散管理的影响,并加上用光放大器隔开的多个光纤段的贡献[115]。

8.3 短泵浦脉冲的受激喇曼散射

8.2 节考虑的准连续波范围的受激喇曼散射适用于脉宽 $T_0 > 1$ ns 的泵浦脉冲,因为对这样的脉冲,式(8.1.22)定义的走离长度 L_{W} 一般大于光纤长度 L。可是对于脉宽小于 100 ps 的超短脉冲,通常 $L_{\mathrm{W}} < L$,这时群速度失配将限制受激喇曼散射,即使实际光纤长度 L 远大于 L_{W},受激喇曼散射也仅在 $z \approx L_{\mathrm{W}}$ 的长度上发生。同时,由于泵浦脉冲峰值功率相当高,自相位调制和交叉相位调制等非线性效应变得非常重要,它们将极大地影响泵浦脉冲和喇曼脉冲的演

化[116~138]。这一节将讨论光纤正常群速度色散区受激喇曼散射的实验和理论问题。反常群速度色散的情形将在 8.4 节中讨论，此时孤子效应变得很重要。在这两种情形下，假定脉冲宽度比喇曼响应时间（约为 50 fs）大得多，因此瞬态效应可以忽略。

8.3.1　脉冲传输方程

在群速度色散、自相位调制、交叉相位调制、脉冲走离和泵浦消耗都起重要作用的一般情形中，方程(8.1.20)和方程(8.1.21)应通过数值方法求解。在大多数实验中所用的光纤都较短，可忽略光纤损耗；假设 $\Omega = \Omega_R$，令 $\delta_R = 0$，同时以和泵浦脉冲一起移动的坐标系作为参照系，则方程具有如下形式：

$$\frac{\partial A_p}{\partial z} + \frac{i\beta_{2p}}{2}\frac{\partial^2 A_p}{\partial T^2} = i\gamma_p\left[|A_p|^2 + (2-f_R)|A_s|^2\right]A_p - \frac{g_p}{2}|A_s|^2 A_p \qquad (8.3.1)$$

$$\frac{\partial A_s}{\partial z} - d\frac{\partial A_s}{\partial T} + \frac{i\beta_{2s}}{2}\frac{\partial^2 A_s}{T^2} = i\gamma_s\left[|A_s|^2 + (2-f_R)|A_p|^2\right]A_s + \frac{g_s}{2}|A_p|^2 A_s \qquad (8.3.2)$$

式中，

$$T = t - z/v_{gp}, \quad d = v_{gp}^{-1} - v_{gs}^{-1} \qquad (8.3.3)$$

走离参量 d 表示泵浦脉冲和喇曼脉冲间的群速度失配，典型的 d 值为 2~6 ps/m。泵浦脉冲和喇曼脉冲的群速度色散参量 β_{2j}、非线性参量 γ_j 及喇曼增益系数 g_j（$j = p$ 或 s）稍有不同，因为它们载频间的喇曼频移约为 13 THz。泵浦脉冲和喇曼脉冲这些参量间的关系可以用波长比 λ_p/λ_s 表示为

$$\beta_{2s} = \frac{\lambda_p}{\lambda_s}\beta_{2p}, \quad \gamma_s = \frac{\lambda_p}{\lambda_s}\gamma_p, \quad g_s = \frac{\lambda_p}{\lambda_s}g_p \qquad (8.3.4)$$

引入 4 个长度尺度可以衡量方程(8.3.1)和方程(8.3.2)中各项的相对重要性。对脉宽为 T_0 和峰值功率为 P_0 的泵浦脉冲，这些量定义为

$$L_D = \frac{T_0^2}{|\beta_{2p}|}, \quad L_W = \frac{T_0}{|d|}, \quad L_{NL} = \frac{1}{\gamma_p P_0}, \quad L_G = \frac{1}{g_p P_0} \qquad (8.3.5)$$

色散长度 L_D、走离长度 L_W、非线性长度 L_{NL} 和喇曼增益长度 L_G 分别表示一个长度尺度，超过这些长度，群速度色散、脉冲走离、非线性（自相位调制和交叉相位调制）和喇曼增益效应变得比较重要，故其中最短的那个长度尺度将起主要作用。对 $T_0 < 10$ ps，典型的 L_W 约为 1 m，而 $P_0 > 100$ W 时，与 L_W 相比，L_{NL} 和 L_G 更小或与之相当；相比之下，$T_0 = 10$ ps 时，L_D 约为 1 km，所以对脉宽约为 10 ps 的短脉冲，群速度色散效应一般可以忽略。而对脉宽 T_0 约为 1 ps 或更短的脉冲，情况发生了变化，因为随着脉宽减小，L_D 减小得比 L_W 快，所以这时群速度色散效应对受激喇曼散射有很大影响，特别是在反常色散区。

8.3.2　无色散情形

当忽略了方程(8.3.1)和方程(8.3.2)中的二阶导数项时，此方程组可解析求解[135~138]。如果再忽略受激喇曼散射过程中的泵浦消耗，那么解析解具有较简单的形式。此假设在受激喇曼散射的初始阶段较合理并且可以得到物理图像，下面就较详细地讨论这种情形。所得到的解析解包括交叉相位调制和脉冲走离效应，但对不考虑走离效应的交叉相位调制效应的研究更早一些[117]。用 $\beta_{2p} = \beta_{2s} = 0$ 和 $g_p = 0$ 解方程(8.3.1)和方程(8.3.2)，可将两者都包括在内。对于泵浦脉冲，方程(8.3.1)的解为

$$A_p(z, T) = A_p(0, T) \exp[\mathrm{i}\gamma_p |A_p(0, T)|^2 z] \tag{8.3.6}$$

这里,假设 $|A_s|^2 \ll |A_p|^2$ 而忽略了交叉相位调制项。同样的原因,方程(8.3.2)中的自相位调制项也可忽略,其解为[126]

$$A_s(z, T) = A_s(0, T + zd) \exp\{[g_s/2 + \mathrm{i}\gamma_s(2 - f_R)]\psi(z, T)\} \tag{8.3.7}$$

式中,

$$\psi(z, T) = \int_0^z |A_p(0, T + zd - z'd)|^2 \, \mathrm{d}z' \tag{8.3.8}$$

式(8.3.6)表明,初始振幅为 $A_p(0, T)$ 的泵浦脉冲在传输过程中形状保持不变,自相位调制感应的相移对泵浦脉冲施加了一个频率啁啾,使其频谱被展宽(见 4.1 节)。相反,喇曼脉冲在光纤中传输时,其形状和频谱都发生了变化。时域中的变化是因为喇曼增益,而频域中的变化则是由于交叉相位调制所致。由于脉冲走离,这两种变化都取决于交叠因子 $\psi(z, T)$,它把光纤中两脉冲的相对间隔考虑在内。交叠因子 $\psi(z, T)$ 与脉冲形状有关,对于输入振幅为

$$A_p(0, T) = \sqrt{P_0} \exp(-T^2/2T_0^2) \tag{8.3.9}$$

的高斯形泵浦脉冲,式(8.3.8)的积分可以用误差函数表示,结果为

$$\psi(z, \tau) = [\mathrm{erf}(\tau + \delta) - \mathrm{erf}(\tau)](\sqrt{\pi} P_0 z/\delta) \tag{8.3.10}$$

式中,$\tau = T/T_0$,δ 是以走离长度为单位的传输距离,即

$$\delta = zd/T_0 = z/L_W \tag{8.3.11}$$

对于双曲正割形的泵浦脉冲,也能得到 $\psi(z, T)$ 的解析表达式[135]。在这两种情形下,喇曼脉冲通过受激喇曼散射被放大时,最初都被压缩,达到最小宽度后又开始展宽。由于喇曼脉冲通过交叉相位调制获得了频率啁啾,这种定性行为即使在考虑泵浦消耗时也同样存在[135~137]。

式(8.3.7)描述了一个弱信号脉冲与强泵浦脉冲一起注入光纤时的喇曼放大。从理论上讲,从噪声中建立起喇曼脉冲的情形更应该考虑,一般要用量子力学方法处理,与描述分子气体中受激喇曼散射的方法相似[50]。对于光纤而言,如果假设泵浦脉冲宽度比喇曼响应时间大得多而忽略瞬态效应,则描述方法可大大简化。这时,如果在方程(8.3.1)和方程(8.3.2)右边加上噪声项[常称之为朗之万(Langevin)力],则可以用它们处理这类从噪声中建立的喇曼脉冲问题。噪声项造成喇曼脉冲振幅、脉宽及能量的起伏,与分子气体中对受激喇曼散射的观察类似[22],如果要量化这些起伏,则必须包括噪声项。

噪声种子注入喇曼脉冲的平均特征(average feature)可用 8.1.2 节的理论描述,即在喇曼增益谱内的所有频率上,每个模式对应一个假想光子,由此得到光纤输入端的有效斯托克斯功率。式(8.1.10)给出了喇曼脉冲的输入峰值功率,但其形状仍不能确定。方程(8.3.1)和方程(8.3.2)的数值解表明,种子脉冲形状的不同,对光纤输出端的平均脉冲(average pulse)的形状和频谱影响不大。一个简单的近似是假设

$$A_s(0, T) = (P_{s0}^{\mathrm{eff}})^{1/2} \tag{8.3.12}$$

式中,P_{s0}^{eff} 由式(8.1.10)给出。作为一种替代方法,也可以选用峰值功率为 P_{s0}^{eff} 的高斯脉冲作为种子脉冲。

作为解析解(8.3.7)的一个简单应用,考虑宽度为 T_0 且峰值功率为 P_0 的短泵浦脉冲感应的受激喇曼散射的喇曼阈值[121]。光纤输出端($z = L$)喇曼脉冲的峰值功率为

$$P_s(L) = |A_s(L, 0)|^2 = P_{s0}^{\mathrm{eff}} \exp(\sqrt{\pi} g_s P_0 L_W) \tag{8.3.13}$$

上式用到了式(8.3.10)，其中 $\tau = 0$，$L/L_W \gg 1$。如果按与连续波情形相同的方法定义喇曼阈值，则当 $P_s(L) = P_0$ 时达到阈值。比较式(8.1.12)和式(8.3.13)表明，可用连续波的准则得到有效长度，取为

$$L_{\text{eff}} = \sqrt{\pi} L_W \approx T_{\text{FWHM}}/|d| \qquad (8.3.14)$$

特别是，如果由式(8.3.14)得到 L_{eff}，则可以用式(8.1.13)得到泵浦脉冲的临界峰值功率。这种变化是预料之中的，因为泵浦脉冲和喇曼脉冲之间的有效互作用长度由走离长度 L_W 决定。当两脉冲充分分开而不再明显交叠时，就停止发生受激喇曼散射。式(8.1.13)和式(8.3.14)表明，喇曼阈值与泵浦脉冲宽度有关，即与 T_{FWHM} 成反比。对于脉宽约为 10 ps(L_W 约为 1 m)的脉冲，阈值泵浦功率约为 100 W。

式(8.3.7)给出的解析解还可用来获得受激喇曼散射初始阶段的喇曼脉冲形状和频谱[126]。频谱的演化取决于交叉相位调制感应的频率啁啾，啁啾的变化情况在 7.4 节关于交叉相位调制感应的非对称频谱展宽中已讨论过(见图 7.3)。只要仍不考虑泵浦消耗，交叉相位调制感应的啁啾的定性特征与图 7.3 所示的就完全一样。然而，必须注意，在正常群速度色散区喇曼脉冲比泵浦脉冲传输得快，结果啁啾主要在喇曼脉冲的后沿附近产生。应该强调的是，当包括泵浦消耗效应时，脉冲的形状和频谱有较大的改变[123]。随着喇曼脉冲能量的增长，它一方面通过自相位调制对自身产生影响，另一方面通过交叉相位调制影响泵浦脉冲。

8.3.3　群速度色散效应

当光纤长度可与色散长度 L_D 相比拟时，必须包括群速度色散效应。群速度色散效应不能用解析方法描述，而需要用方程(8.3.1)和方程(8.3.2)的数值解来理解受激喇曼散射的演化。为此，可采用 2.4 节的分步傅里叶法，此方法要求用式(8.1.10)具体给出光纤输入端的喇曼脉冲。

为了数值求解，引入归一化变量，选择走离长度 L_W 作为沿光纤长度方向的长度尺度，定义

$$z' = \frac{z}{L_W}, \qquad \tau = \frac{T}{T_0}, \qquad U_j = \frac{A_j}{\sqrt{P_0}} \qquad (8.3.15)$$

并利用式(8.3.4)，则方程(8.3.1)和方程(8.3.2)变为

$$\frac{\partial U_p}{\partial z'} + \frac{\mathrm{i}L_W}{2L_D}\frac{\partial^2 U_p}{\partial \tau^2} = \frac{\mathrm{i}L_W}{L_{\text{NL}}}\left[|U_p|^2 + (2 - f_R)|U_s|^2\right]U_p - \frac{L_W}{2L_G}|U_s|^2 U_p \qquad (8.3.16)$$

$$\frac{\partial U_s}{\partial z'} - \frac{\partial U_s}{\partial \tau} + \frac{\mathrm{i}rL_W}{2L_D}\frac{\partial^2 U_s}{\partial \tau^2} = \frac{\mathrm{i}rL_W}{L_{\text{NL}}}\left[|U_s|^2 + (2 - f_R)|U_p|^2\right]U_s + \frac{rL_W}{2L_G}|U_p|^2 U_s \quad (8.3.17)$$

式中，长度 L_D，L_W，L_{NL} 和 L_G 由式(8.3.5)给出，参量 $r = \lambda_p/\lambda_s$，对 $\lambda_p = 1.06\ \mu\mathrm{m}$，$r$ 约为 0.95。

图 8.11 给出了在 $L_D/L_W = 1000$，$L_W/L_{\text{NL}} = 24$，$L_W/L_G = 12$ 的条件下，泵浦脉冲和喇曼脉冲在 3 个走离长度上的演化情况。输入泵浦脉冲为高斯形，作为种子注入的 $z = 0$ 处的斯托克斯脉冲由式(8.3.12)给出，其初始功率是泵浦功率的 2×10^{-7} 倍。利用式(8.3.5)和式(8.3.15)给出的长度尺度，图 8.11 所示的结果对于输入脉宽和泵浦波长在很宽范围内变化时都是适用的。选择 $L_W/L_G = 12$，即意味着

$$\sqrt{\pi} g_s P_0 L_W \approx 21 \qquad (8.3.18)$$

它所对应的峰值功率比喇曼阈值高 30%。

图 8.11 中的几个特征值得注意。经过一个走离长度后喇曼脉冲开始建立，由泵浦脉冲向喇曼脉冲的能量转移到 $z = 3L_W$ 时基本完成，然后由于群速度失配，这两个脉冲在物理意义上

已经分开。由于在正常群速度色散区喇曼脉冲比泵浦脉冲传输得快，所以用于产生受激喇曼散射的能量来自泵浦脉冲的前沿，在 $z = 2L_W$ 处清楚可见。由于泵浦消耗，能量转移导致泵浦脉冲在此处出现双峰结构，泵浦脉冲前沿附近的凹陷恰好对应喇曼脉冲的位置。继续传输，喇曼脉冲通过泵浦脉冲的前沿，泵浦脉冲前沿附近的小峰随之消失。在 $z = 3L_W$ 处，泵浦脉冲形状是不对称的，并且看起来比输入脉冲更窄，因为它仅剩下输入脉冲的后沿部分。喇曼脉冲也比输入脉冲窄，并且是不对称的，有很陡的前沿。

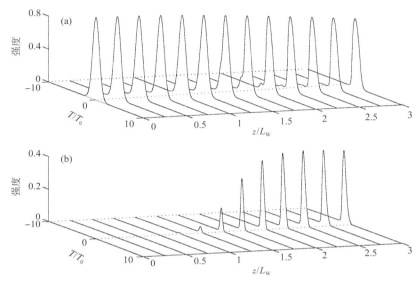

图 8.11　当 $L_D/L_W = 1000$，$L_W/L_{NL} = 24$，$L_W/L_G = 12$ 时，（a）泵浦脉冲和（b）喇曼脉冲在 3 个走离长度上的演化

　　由于自相位调制、交叉相位调制、群速度失配和泵浦消耗的联合作用，使泵浦脉冲和喇曼脉冲的频谱出现许多有趣的特征。图 8.12 给出了在 $z = 2L_W$（上部）和 $z = 3L_W$（下部）处泵浦脉冲和喇曼脉冲的频谱，这些频谱的不对称特性是由交叉相位调制感应的频率啁啾造成的。泵浦脉冲频谱的高频端出现一振荡结构，这是自相位调制的特征（见 4.1 节）。当不存在受激喇曼散射时，频谱是对称的，而且在低频端出现同样的振荡结构。由于低频分量产生于泵浦脉冲的前沿附近，泵浦脉冲前沿被消耗，所以主要是泵浦脉冲低频分量的能量被转移了，从图 8.12 的泵浦脉冲频谱中可清楚地看出这一点；喇曼脉冲频谱低频端很长的拖尾也部分基于同样的原因。在 $z = 2L_W$ 处，喇曼脉冲的频谱几乎没有什么特色，但在 $z = 3L_W$ 处，产生明显的内在结构，这是由于交叉相位调制和泵浦消耗的联合作用，使感应的频率啁啾的大小和符号沿喇曼脉冲迅速变化，因而导致了复杂的频谱形状[123]。

　　图 8.11 和图 8.12 所示的时域和频域特征，通过方程（8.3.16）和方程（8.3.17）中的长度尺度 L_G 和 L_{NL}，与输入脉冲的峰值功率有关。当峰值功率增加时，L_G 和 L_{NL} 以相同的倍数减小。数值结果表明，由于更大的喇曼增益，喇曼脉冲增长的速度及具有的能量都比图 8.11 所示的大。更重要的是，由于 L_{NL} 的减小，自相位调制和交叉相位调制对频率啁啾的贡献都增大，所以脉冲频谱比图 8.12 所示的更宽。一个有趣的特征是喇曼脉冲频谱比泵浦脉冲频谱宽，这是因为交叉相位调制对喇曼脉冲的影响比对泵浦脉冲的大。早在 1976 年就有人预言，交叉相位调制将增强喇曼脉冲的频率啁啾[116]。一个包括交叉相位调制但忽略群速度失配和泵浦消耗的理论研究表明[117]，喇曼脉冲的频谱宽度是泵浦脉冲的 2 倍。包括所有这些效应的数值结果表

明，喇曼脉冲的频谱宽度增大到泵浦脉冲的 3 倍，与下面讨论的实验观察结果一致。频率啁啾的直接测量结果也表明[132]，喇曼脉冲的啁啾比泵浦脉冲的强。

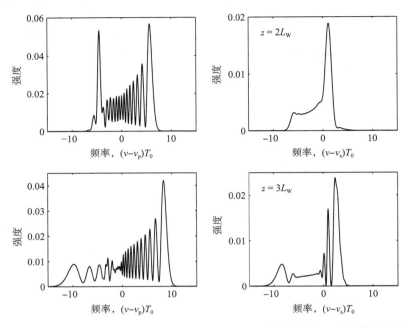

图 8.12　对应图 8.11 的参量值，$z = 2L_W$ 和 $z = 3L_W$ 处的喇曼脉冲（右列）和泵浦脉冲（左列）的频谱

8.3.4　喇曼感应折射率变化

迄今为止，我们忽略了喇曼感应的光纤模式折射率的变化。正如在式（8.1.19）和图 8.3 中看到的，参量 δ_R 不应该被忽略，因为它引起了折射率的变化。根据式（8.1.19）和式（8.1.21），喇曼感应的折射率变化 Δn_R 可以写成下面的形式：

$$\Delta n_R = (c/\omega_s)\gamma_s\delta_R|A_p|^2 = \frac{\text{Re}[\tilde{h}_R(\Omega)]}{\text{Im}[\tilde{h}_R(\Omega)]}\frac{c}{2\omega_s}g_s(\Omega)|A_p|^2 \qquad (8.3.19)$$

上式表明，喇曼感应折射率变化与泵浦功率呈线性关系，而且强烈依赖于喇曼响应的频率相关性。

式（8.3.19）的使用是受到限制的，因为对于石英光纤，$\tilde{h}_R(\Omega)$ 的任何解析形式都是未知的。利用式（2.3.40）给出的喇曼响应函数 $h_R(t)$ 的近似形式，可以得到相当丰富的物理图像。对该式取傅里叶变换，可得

$$\tilde{h}_R(\Omega) = \frac{\Omega_R^2 + \Gamma_R^2/4}{\Omega_R^2 - (\Omega + i\Gamma_R/2)^2} \approx \frac{\Omega_R/2}{(\Omega_R - \Omega) - i\Gamma_R/2} \qquad (8.3.20)$$

式中，$\Omega_R = 1/\tau_1$ 是振动谐振频率（喇曼频移），$\Gamma_R = 2/\tau_2$ 是分子振动的阻尼率。利用 $\Gamma_R/2 \ll \Omega_R$ 并假设 Ω 接近 Ω_R，可以得到上式的近似形式。将 $\tilde{h}_R(\Omega)$ 的这个函数形式代入式（8.3.19）中并将 $g_s(\Omega)$ 的频率相关性考虑在内，可得喇曼感应折射率变化为

$$\Delta n_R = \frac{c}{2\omega_s}\left(\frac{\delta}{1 + \delta^2}\right)g_s(\Omega_R)|A_p|^2 \qquad (8.3.21)$$

式中，$\delta = 2(\Omega_R - \Omega)/\Gamma_R$ 是归一化的失谐参量，$g_s(\Omega_R)$ 是 $\delta = 0$ 时喇曼增益的峰值。

尽管 Δn_R 本身相当小，但在喇曼增益峰附近它随 Ω 快速变化。脉冲的群速度与群折射率

是逆相关的, 它们有 $v_g = c/n_g$ 的关系, 其中 $n_g = n_t + \omega(\mathrm{d}n_t/\mathrm{d}\omega)$, 这里总折射率 n_t 包含 Δn_R。基于这个原因, Δn_R 随 δ 的快变能够相当地改变 n_g, 并影响脉冲的群速度。将光纤色散的贡献包括在内, 则群折射率为

$$n_g = n_{g0} + \left(\frac{cg_R P_0}{\Gamma_R A_{\text{eff}}}\right)\frac{1-\delta^2}{(1+\delta^2)^2} \tag{8.3.22}$$

式中, n_{g0} 是不考虑受激喇曼散射的群折射率, 此外我们还利用了 $g_s(\Omega_R) = g_R/A_{\text{eff}}$ 及 $P_0 = |A_p|^2$; 最后一项的贡献的峰值位于喇曼增益峰处($\delta = 0$)。于是, 当将斯托克斯频率调谐到与喇曼频移匹配时($\Omega = \Omega_R$), 因为喇曼感应的光纤模式折射率的变化, 可以预期斯托克斯脉冲的移动速度相当慢。

近年来, 在光学谐振附近光脉冲的减慢(所谓的慢光)已引起极大关注。这一现象将于 9.4.3 节中在受激布里渊散射(SBS)的背景下讨论, 因为与喇曼增益相比, 布里渊增益被更多地用于慢光产生。在 2005 年的一个实验中[139], 430 fs 脉冲在 1 km 长光纤中的喇曼放大产生了 370 fs 的相对延迟。由于用喇曼增益减慢光脉冲需要高泵浦功率和飞秒脉冲, 实际中不太可能采用。

正如在 8.3.3 节中看到的, 对于喇曼放大过程来说, 泵浦脉冲和斯托克斯脉冲之间的任何群速度失配都是不希望的, 因为这将导致两个脉冲的分离, 阻碍了能量从泵浦脉冲转移给斯托克斯脉冲。一个有趣的问题是, 利用慢光效应能否减小甚至消除走离效应? 当两个脉冲在可以提供喇曼增益的光纤中经历正常群速度色散时, 答案就是肯定的, 因为在这种情况下斯托克斯脉冲比泵浦脉冲移动得快[140]。显然, 斯托克斯脉冲的任何减慢都将减小群速度失配的影响, 然而只有对特定泵浦功率才能完全抵消群速度失配, 因为它要求喇曼感应的斯托克斯脉冲速度的减小, 以与泵浦脉冲的速度相匹配。在对应 $\Omega = \Omega_R$ 的 $\delta = 0$ 的情况下, 斯托克斯脉冲在长度为 L 的光纤中的相对减慢可以由式(8.3.22)得到, 为 $\Delta T = g_R P_0 L/(\Gamma_R A_{\text{eff}})$, 它应与群速度失配引起的相对延迟 $Ld = L\beta_2\Omega_R$ 相匹配, 这里 d 来自式(8.3.3), β_2 是泵浦波长处的群速度色散参数。令两个延迟相等, 可以得到完全消除走离效应需要的泵浦功率为

$$P_0 = \beta_2\Omega_R\Gamma_R A_{\text{eff}}/g_R \tag{8.3.23}$$

数值模拟验证了这一分析推理[140], 尽管因为泵浦消耗效应, 实际中很难实现走离效应的完全消除。作为慢光效应的另一个应用, 已发现交叉相位调制感应的频率啁啾还可以通过喇曼感应的斯托克斯脉冲群速度的变化用光学方法调谐[141]。

8.3.5　实验结果

在可见光和近红外区的很多实验中, 对超快受激喇曼散射的频域和时域特征进行了研究。一个实验[118]用 1.06 µm 波长的锁模 Nd:YAG 激光器输出的 60 ps 脉冲, 通过一段 10 m 长的光纤, 当泵浦功率超过喇曼阈值(约为 1 kW)时, 产生了喇曼脉冲。正如图 8.11 的结果所预期的, 泵浦和喇曼脉冲都比输入脉冲窄, 喇曼脉冲频谱(谱宽约为 2 THz)比泵浦脉冲频谱宽得多。另一个实验[125]定量地给出了交叉相位调制增强的喇曼脉冲频谱展宽。实验用 532 nm 的 25 ps 脉冲, 通过一段 10 m 长的光纤, 图 8.13 给出了在 4 个泵浦脉冲能量值下观测到的频谱, 其中位于 544.5 nm 处的喇曼频带的宽度大约为泵浦脉冲谱宽的 3 倍, 这正是理论所预期的, 是由交叉相位调制感应的频率啁啾导致的结果[117]。

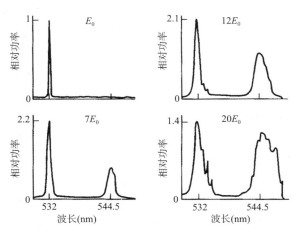

图 8.13　532 nm 的 25 ps 泵浦脉冲通过一段 10 m 长的光纤实验测得的频谱，
4 个频谱对应相对 E_0 归一化了的不同输入脉冲能量[125]（©1987 OSA）

受频谱仪分辨率的限制，图 8.13 中未能分辨出频谱的精细结构。另一个实验[124]分辨出了泵浦脉冲频谱的细节，实验用 1.06 μm 的 140 ps 输入脉冲通过一段 150 m 长的光纤，图 8.14 给出了在几个输入峰值功率下观测到的泵浦脉冲频谱。此实验中，喇曼阈值约为 100 W。当 $P_0 < 100$ W 时，频谱中出现自相位调制所具有的典型多峰结构（见 4.1 节）；可是当 $P_0 > 100$ W 时，泵浦脉冲频谱被展宽，并变得高度不对称。实际上，图 8.14 中峰值功率超过喇曼阈值时的两个频谱的特征与图 8.12 中频谱（左列）的特征在性质上基本相同。频谱的不对称是由交叉相位调制和泵浦消耗的联合效应造成的。

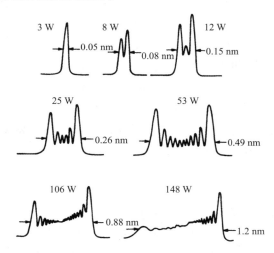

图 8.14　140 ps 的泵浦脉冲以不同的输入峰值功率通过一段 150 m 长光纤后
实验测得的泵浦脉冲频谱，喇曼阈值约为 100 W[124]（©1987 IEE）

另一个可导致泵浦脉冲频谱出现新的定性特征的现象是交叉相位调制感应的调制不稳定性。在 7.2 节中已经讨论了两个不同波长的脉冲从光纤输入端入射的情形，但即使第二个脉冲是通过受激喇曼散射从内部产生的，也能发生相同的现象。与在反常色散区发生调制不稳定性的情形类似（见 5.1 节），交叉相位调制感应的调制不稳定性是通过脉冲频谱中边带的出现表现出来的。

　　图 8.15 是一个观察到的泵浦脉冲和喇曼脉冲的频谱[133]，实验用 532 nm 的 25 ps 脉冲通过一段 3 m 长的光纤，光纤的芯径仅为 3 μm，以排除多模四波混频的可能性(见第 10 章)。泵浦脉冲频谱的中央峰含有大量的内在结构(见图 8.14)，但在此实验中未能分辨出来。两个边带为交叉相位调制感应的调制不稳定性提供了有力证据，边带的位置随光纤长度和泵浦脉冲的峰值功率变化。正如 7.2 节的理论所预期的，斯托克斯频谱中也出现了边带结构，尽管由于交叉相位调制感应的频谱展宽使其几乎分辨不清。

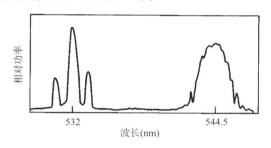

图 8.15　由交叉相位调制感应的调制不稳定性产生的泵浦和喇曼脉冲频谱中的边带[133]（©1988 Springer）

　　超快受激喇曼散射的时域测量结果表现出与图 8.11 类似的特征[119~122]。一个实验[120]将 615 nm 波长的染料激光器产生的 5 ps 脉冲通过一段 12 m 长的光纤，光纤芯径为 3.3 μm。图 8.16 为光纤输出端泵浦和喇曼脉冲的互相关迹。喇曼脉冲约比泵浦脉冲提前 55 ps 到达，这与 620 nm 处群速度的失配值一致。更重要的是，喇曼脉冲是不对称的，具有很陡的前沿和很长的后沿，这些特征都与图 8.11 所示的基本相同。另外一些实验直接用条纹相机[124]或高速光电探测器[131]记录脉冲波形，也得到了类似结果。

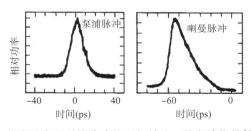

图 8.16　12 m 长的光纤输出端泵浦和喇曼脉冲的互相关迹，强度单位是任意的[120]（©1985 Elsevier）

　　在一个研究脉冲走离对受激喇曼散射影响的实验中[121]，波长为 532 nm 且宽为 35 ps 的泵浦脉冲的峰值功率在 140~210 W 范围内可变，光纤长度在 20~100 m 范围内变化。用高速 CdTe 光电探测器和取样示波器测量泵浦脉冲和喇曼脉冲的时域特性，结果表明，在最初 3~4 个走离长度内产生喇曼脉冲。对 20% 的能量转换，进入光纤两个走离长度后出现喇曼峰，并且泵浦脉冲峰值功率越高，喇曼峰越接近光纤输入端出现，这些结论与图 8.11 所示的数值结果一致。

　　迄今为止，只考虑了一级受激喇曼散射。当泵浦脉冲的输入峰值功率远大于喇曼阈值时，喇曼脉冲变得很强，可作为泵浦脉冲产生二级斯托克斯波。这种级联受激喇曼散射已在一个用波长为 615 nm，脉宽为 5 ps 且峰值功率为 1.5 kW 的激光脉冲作为泵浦脉冲的实验中观察到[120]。在近红外区，可以用 1.06 μm 的泵浦脉冲产生多级斯托克斯波。用纤芯内掺有 P_2O_5 的石英光纤可以大大提高受激喇曼散射过程的效率，因为 P_2O_5 玻璃具有相对大的喇曼增益系数[142~144]。

　　从实际的角度讲，超快受激喇曼散射限制了光纤-光栅压缩器的性能[145]，为保证最佳的性能，输入脉冲的峰值功率必须保持在喇曼阈值以下。这时由于泵浦脉冲和喇曼脉冲之间的交叉相位调制互作用，使频率啁啾的线性特征发生畸变，受激喇曼散射不仅作为一种损耗机制，而且还限制了脉冲压缩的质量[146]。可是，即使存在受激喇曼散射，也可以用频谱滤波技术来改善压缩脉冲的质量[131]。这种方法通过用一个不对称的谱窗选择一部分脉冲频谱，使被滤过的脉冲在整个宽度上具有近似线性的啁啾，这样即使在很强的受激喇曼散射区也能获得高质量的压缩脉冲，但这是以显著的能量损耗为代价的[135]。

8.3.6 同步泵浦光纤喇曼激光器

上一节重点考虑了单通受激喇曼散射。将光纤置于腔内（见图 8.6），一个单通受激喇曼散射结构可转变成光纤喇曼激光器。对于连续或准连续运转的情形（T_0 约为 1 ns），这种激光器已在 8.2.2 节中进行了讨论。这一节将讨论能产生脉宽小于 100 ps 的光脉冲的同步泵浦光纤喇曼激光器。在通常采用的方案中，泵浦脉冲宽度一般为 100 ps，由工作在 1.06 μm 的锁模 Nd:YAG 激光器产生。

图 8.17 对比了单通（实线）和多通（虚线）运转情况下光纤输出端的时域和频域特征，后者对应光纤喇曼激光器[128]。此实验中，光纤长 150 m，泵浦脉冲宽度约为 120 ps。对单通情形，由频谱可看出受激喇曼散射峰位于 1.12 μm 附近，对应的喇曼脉冲比泵浦脉冲提前 300 ps，这与走离效应的预期值一致。对于光纤喇曼激光器的谐振运转情形，当在 1.06 μm 处同步泵浦激光器时，频谱主峰位于 1.093 μm。光纤腔长改变 10 cm 时，利用时间-色散调谐技术使频谱主峰波长可在 50 nm 范围内调节 [见式(8.2.3)]。图 8.17 中的第二个谱峰对应于非谐振的二级斯托克斯线，时域中的三峰结构是泵浦脉冲和对应于两个喇曼频谱峰的两个喇曼脉冲叠加的结果。一级斯托克斯喇曼脉冲是主要的，因为它具有谐振特性。

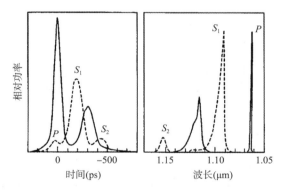

图 8.17 多通（虚线）和单通（实线）工作条件下光纤喇曼激光器的时域和频域输出[128]（©1987 Taylor & Francis）

由光纤喇曼激光器产生的脉冲宽度与泵浦脉宽（约为 100 ps）大致相同，可是由于自相位调制和交叉相位调制效应，输出脉冲带有啁啾。如果沿脉冲的大部分啁啾是线性的，那么可以用光纤-光栅压缩器将其压缩。一个重要的进展[60]是将光纤-光栅压缩器置于光纤喇曼激光器腔内，由此获得了 0.8 ps 的超短脉冲。调节光栅间距使其对环形腔内的一次完整往返提供一个很小的反常群速度色散，即光栅对不仅补偿了光纤的正常群速度色散，而且对在腔内循环的脉冲提供了一个净的反常群速度色散。用此方法已获得了 0.4 ps 的短脉冲[127]。而且，光纤喇曼激光器可在 1.07 ~ 1.12 μm 范围内调谐，在整个调谐范围内脉宽为 0.4 ~ 0.5 ps。这种性能是通过在光纤-光栅压缩器内放入一个光阑，进行频谱滤波实现的。

可调谐喇曼激光器已用于验证前向和后向泵浦结构的喇曼放大器对飞秒光脉冲的放

大[127]。在前向泵浦结构中，500 fs 的脉冲首先通过一段 100 m 长的光纤，由于自相位调制和群速度色散的作用，使其展宽至约为 23 ps。然后此展宽脉冲进入光纤喇曼放大器，放大器由仅 1 m 长的光纤构成，用 1.06 μm 的 50 ps 脉冲泵浦。放大的脉冲用光纤-光栅压缩器压缩，压缩脉冲比输入脉冲稍有展宽(约为 0.7 ps)，但是当用 150 kW 的脉冲泵浦时，飞秒脉冲能量被放大了 15 000 倍。实验证明，23 ps 输入脉冲的频率啁啾几乎不受喇曼放大过程的影响。这些特性表明，光纤中的超快受激喇曼散射不仅能产生飞秒脉冲，而且还能提供很高的峰值功率。

8.3.7　短脉冲喇曼放大

　　这一节将讨论在正常群速度色散区，短脉冲在喇曼放大器中被放大时会发生什么情况。已经证明，这种情形下脉冲将变成抛物线形，其输出脉宽和输入脉冲形状及宽度无关。正如在 4.2.6 节中讨论过的，抛物线脉冲在放大后能保持其抛物线形不变，但其脉宽和峰值功率与距离有一个比例关系，而比例系数又取决于放大器增益。从这个意义上讲，抛物线脉冲提供了自相似解的一个实例。抛物线脉冲有望在任何光纤放大器的正常群速度色散区形成，最早是在掺镱光纤放大器中观察到的[147~150]。

　　若对信号脉冲色散为正常色散，则还能在分布喇曼放大器中形成抛物线脉冲。事实上，到 2003 年，就已经预见并观察到了喇曼放大器中的抛物线脉冲[151~154]。在 2003 年的一个实验中[152]，用工作在 1455 nm 且能提供 2 W 功率的连续激光器作为喇曼放大器的泵浦源，10 ps 的信号脉冲由锁模光纤激光器得到。泵浦和信号脉冲一同入射到 5.3 km 长的光纤中，信号脉冲波长处的群速度色散参量值约为 5 ps²/km(正常群速度色散)，放大脉冲用频率分辨光学门(frequency-resolved optical gating, FROG)法测量。当能量为 0.75 pJ 的脉冲被放大 17 dB 时，由 FROG 迹推测出了脉冲形状和频率啁啾，发现脉冲形状近似为抛物线，而且沿整个脉冲宽度的啁啾几乎是线性的。

　　通过数值解方程(8.1.15)和方程(8.1.16)，可以预测脉冲形状和啁啾曲线。对于连续波泵浦，色散效应可以忽略，但必须包括非线性效应。图 8.18 给出了当输入的双曲正割脉冲被长 5.3 km 的喇曼放大器放大时，向抛物线脉冲演化的过程[152]。输出脉冲可以用抛物线很好地拟合，但用高斯曲线(虚线)或双曲正割曲线(点线)拟合时，偏差就比较大。输出脉冲的啁啾近似线性，预测的脉冲形状和啁啾曲线均与实验符合得很好。实验还证明，最终输出的脉冲特性和输入脉冲参量值无关，完全由喇曼放大器决定。当放大器的增益改变时，脉冲宽度和啁啾均发生变化，但其形状仍保持为抛物线形，同时沿脉冲的频率啁啾保持为近似线性。

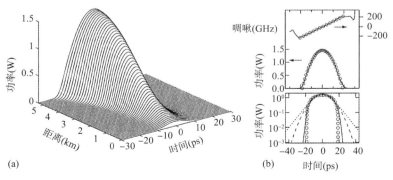

图 8.18　(a) 双曲正割输入脉冲在喇曼放大器的 5.3 km 长度上向抛物线脉冲演化；(b) 输出脉冲的强度和啁啾曲线(实线)及分别用抛物线和线性拟合的结果(圆圈)，下图是采用对数标度，用高斯曲线(虚线)和双曲正割曲线(点线)拟合的结果[152]（©2003 OSA）

8.4　孤子效应

当泵浦脉冲和喇曼脉冲的波长位于光纤的反常群速度色散区时，孤子效应将变得比较重要（见5.2.1节）。受激喇曼散射中的孤子效应在理论和实验两方面已经引起人们的极大关注[155~171]。当喇曼脉冲以孤子形式传输时，通常称其为喇曼孤子[170]。这种喇曼孤子必须与在分子气体中的瞬态受激喇曼散射过程形成的亮暗孤子对区分开，因为后者需要考虑参与瞬态受激喇曼散射过程的振动模式的动力学行为[172~174]。相反，这里讨论的喇曼孤子是在稳态受激喇曼散射过程中发生的。

8.4.1　喇曼孤子

如果条件适当，那么在光纤的反常色散区，几乎所有泵浦脉冲能量都可以转移给喇曼脉冲，它以基阶孤子在光纤中无畸变传输。数值结果表明[155]，如果以高阶孤子形式传输的泵浦脉冲在其达到最小宽度的距离上形成喇曼脉冲，那么上述情况是可实现的；相反，如果能量转移给喇曼脉冲的过程被延迟，发生在泵浦脉冲已经分裂成基阶孤子的距离上（见图5.6中$N=3$的情形），喇曼脉冲则不能形成基阶孤子，其能量很快被色散掉。

只要简单地改变方程(8.3.16)和方程(8.3.17)中二阶导数项的符号，即可用此方程组研究反常群速度色散区的超快受激喇曼散射。图8.19给出了泵浦和喇曼脉冲的演化过程，其中除$L_W/L_D=2$以外，其余条件与图8.11的条件完全相同。泵浦脉冲以高阶孤子形式沿光纤传输并得到压缩，同时还放大了喇曼种子光。由于在反常群速度色散情形下，泵浦脉冲向喇曼脉冲的能量转移发生在$z\approx L_W$附近，因此如果泵浦脉冲极其接近这一距离，那么其大部分能量将转移给喇曼脉冲，后者将形成宽度仅为输入泵浦脉冲一小部分的孤子。

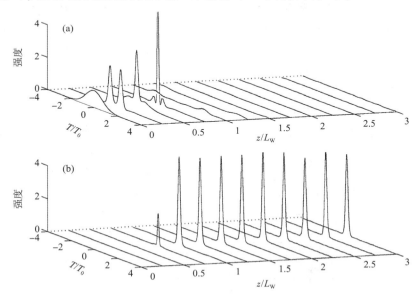

图8.19　当(a)泵浦脉冲和(b)喇曼脉冲均在光纤反常色散区传输时，两者在3个走离长度上的演化

为形成喇曼孤子，L_W应与色散长度L_D相当。在石英光纤中，只有对脉宽大约为100 fs的脉冲，L_W才能与L_D相当。而对这样的超短泵浦脉冲，泵浦和喇曼脉冲之间的区分已很模糊，

因为它们的频谱严重交叠。这可以由图 8.2 中喇曼增益峰对应的频谱间隔约为 13 THz，而 100 fs 脉冲的谱宽约为 10 THz 看出。方程(8.3.16)和方程(8.3.17)不能真实地描述采用飞秒泵浦脉冲的超快受激喇曼散射，特别是对反常群速度色散情形，因为这时输入脉冲在其初始传输阶段会大大窄化。

一个替代方法就是利用 2.3 节中的广义非线性薛定谔方程(2.3.44)，它通过正比于参量 T_R 的最后一项将喇曼增益效应包括在内。正如那里所讨论的，在图 8.2 的起点附近，T_R 与喇曼增益的斜率有关，此喇曼增益项对光纤中飞秒脉冲演化的影响已在 5.5.4 节中讨论过。图 5.23 给出了泵浦脉冲峰值功率对应于二阶孤子($N=2$)时的脉冲形状和频谱，可见在一个孤子周期内，输入脉冲分裂成两个脉冲。

同样的行为也可用脉冲内喇曼散射解释[156]，这种现象甚至在噪声感应的受激喇曼散射达到阈值前就能发生。其基本思想是，当入射到光纤中的脉冲作为高阶孤子传输时，在初始窄化阶段其宽度变窄、频谱展宽，展宽频谱的红端为喇曼放大提供了种子光，即脉冲的蓝分量通过自感应的受激喇曼散射泵浦红分量，这可在图 5.23 中清楚地看到。由于喇曼感应的频移[158]，频谱的主峰连续地向红端位移。在时域中，红移分量的能量以喇曼脉冲的形式出现，由于在光纤反常群速度色散区的红移分量传输较慢，因此喇曼脉冲滞后于输入脉冲。当脉宽为 100 fs 或更小时，方程(2.3.44)的使用就会出现问题，因为它没有考虑喇曼增益谱的形状(见图 8.2)，对于这样的超短脉冲，需用方程(2.3.36)，该方程将在第 13 章中有关超连续谱产生的部分用到。

只要孤子阶数 N 足够大，使输入脉冲频谱展宽(通过自相位调制)至大约 1 THz，即使对皮秒输入脉冲也能产生脉冲内喇曼散射现象。确实，在首次验证这个现象的实验中[156]，将 1.54 μm 的 30 ps 输入脉冲经一段 250 m 长的光纤传输，当输入脉冲峰值功率 P_0 在 50~900 W 范围内取 4 个不同值时，观测到的脉冲频谱如图 8.20 所示。当 P_0 为 80 W 时，红端出现一个较长的拖尾，本实验中这个功率值对应于 $N=30$。如果孤子周期为 $z_0=27$ km($T_0 \approx 17$ ps)，则如此高功率的孤子在 300 m 处大约能压缩 120 倍，压缩脉冲的谱宽约为 2 THz。图 8.20 还给出了最上面那个频谱的斯托克斯拖尾(由泵浦频率下移 1.6 THz)中的能量自相关迹，它对应于一个脉宽为 200 fs 的无基座喇曼孤子脉冲。

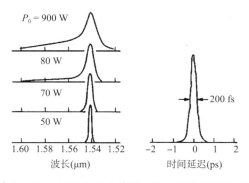

图 8.20 30 ps 的输入脉冲在 250 m 长的光纤中传输，输入峰值功率在 50~900 W 范围内 4 个不同值下的脉冲频谱，最上端频谱中斯托克斯拖尾的自相关迹如右图所示[156]（©1985 Nauka）

由于脉冲内喇曼散射提供了一种产生喇曼孤子的简便方法，并且其载波波长通过改变光纤长度或输入峰值功率可调，所以已引起人们的极大关注[156~163]。一个实验[160]用输出波长在 1.25~1.35 μm 范围内可调的染料激光器，使 0.83 ps 输入脉冲可在光纤(零色散波长约为 1.317 μm)的正常群速度色散区或反常群速度色散区传输。图 8.21(a)给出了峰值功率为 530 W

的 0.83 ps 输入脉冲通过150 m 长的单模光纤后的输出脉冲频谱，其中输入脉冲波长由 1.28 μm 变成 1.317 μm。对于 $\lambda_p = 1.28$ μm 的输入脉冲，由于光纤表现为正常群速度色散，尽管自相位调制感应的频谱展宽清楚可见，但并没有产生斯托克斯带。对于 $\lambda_p = 1.3$ μm 的输入脉冲，虽然输入波长小于零色散波长，但是由于自相位调制感应的频谱展宽，一大部分脉冲能量出现在反常群速度色散区，所以仍形成两个斯托克斯带。对于 $\lambda_p = 1.317$ μm 的输入脉冲，由于受激喇曼散射能更有效地向低频转移脉冲能量，因而斯托克斯带更强。

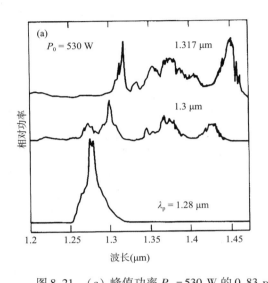 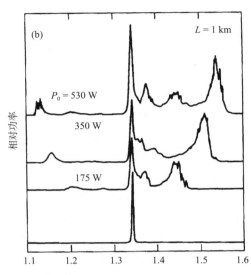

图 8.21　（a）峰值功率 $P_0 = 530$ W 的 0.83 ps 输入脉冲在 150 m 长的光纤输出端的脉冲频谱[160]；
　　　　　（b）几个不同峰值功率的0.83 ps输入脉冲在1 km长的光纤输出端的脉冲频谱（©1987 IEEE）

对于 $\lambda_p = 1.341$ μm 且光纤长度 $L = 1$ km 的情况，处于反常群速度色散区的 0.83 ps 输入脉冲频谱变化如图 8.21（b）所示。输出脉冲频谱随输入脉冲峰值功率的增长变化很大。$P_0 = 530$ W（最上面的曲线）时除了出现 3 个斯托克斯带，还出现一个占输入能量 5% ~ 10% 的反斯托克斯带。在时域中，每个分立的喇曼脉冲和一个斯托克斯带相联系。自相关测量表明[160]，这些喇曼脉冲的宽度约为 300 fs，脉宽在很大程度上取决于光纤长度。当输入脉冲宽度为 150 ps 时，得到的脉冲最窄，其脉宽约为 55 fs。当输入脉冲峰值功率增大到 5 kW 时，在 20 m 长的光纤中足以产生多级斯托克斯带。1.3 μm 附近的四级斯托克斯带作为泵浦波可产生一个扩展到 1.7 μm 的连续频谱。用两级压缩结构，脉宽可减小到 18 fs，仅包含三个光学周期。1987 年的这个实验已成为喇曼孤子形成和超连续谱产生的早期例证。随着高非线性光纤的出现，脉冲内喇曼色散现象在近几年引起极大关注[175~177]，有关内容将在第 13 章中详细介绍。

用工作在 1.32 μm 的锁模 Nd:YAG 激光器产生的 100 ps 脉冲作为泵浦脉冲，也产生了喇曼孤子。一个实验[162]用零色散波长接近 1.3 μm 的普通光纤，在 1.4 μm 附近产生了 100 fs 的喇曼脉冲。另一个实验[161]用同样的激光器和一段零色散波长为 1.46 μm 的色散位移光纤，以 1.407 μm 的一级斯托克斯波作为泵浦波，在光纤反常色散区产生了二级斯托克斯波（1.516 μm），与二级斯托克斯带相联系的喇曼脉冲的宽度为 130 fs。脉冲具有很宽的基座，仅约 30% 的能量以孤子形式存在。

当泵浦波长位于光纤反常群速度色散区时，调制不稳定性对喇曼孤子的形成起重要作用[170]。调制不稳定性的作用可以这样理解，当泵浦脉冲在反常群速度色散区传输时，调制不稳定性产生边带,低频边带(典型间隔约为 1 THz)落在喇曼增益谱的带宽内,可作为喇曼脉冲的种子光。当泵浦功率很高时,喇曼脉冲频谱变得如此之宽(约为 10 THz),即使输入泵浦脉冲的脉宽大于 100 ps,光纤中也能形成宽约为 100 fs 的喇曼孤子。一个实验[169]用 1.319 μm 波长的 Nd:YAG 激光器产生的150 ps 脉冲泵浦 25 m 长的掺 P₂O₅ 石英光纤,观察到了 60 fs 的喇曼孤子。为了提高调制频率,选择光纤零色散波长靠近泵浦波长。

在结束本节之前,再来看看方程(8.3.1)和方程(8.3.2)是否有可解释为喇曼孤子的孤立波解。早在 1988 年就发现[166],如果不考虑泵浦消耗,则在一定条件下可形成双曲正割形的类孤子喇曼脉冲;当考虑泵浦消耗时,尚未发现方程(8.3.1)和方程(8.3.2)有与 7.3.3 节中讨论的交叉相位调制配对孤子相似的类脉冲解。然而,正如在 5.5 节中讨论的,这些方程允许具有较陡前沿的类冲击解[178]。

8.4.2　光纤喇曼孤子激光器

喇曼孤子效应的一个重要应用是发展了一种新型激光器,称之为光纤喇曼孤子激光器[179~188]。这种激光器可产生脉宽约为 100 fs 的孤子形式的脉冲输出,但其波长对应一级斯托克斯波长,而且利用 8.2.2 节中讨论的时间-色散调谐技术,此波长在较大的范围内(约为 10 nm)可调。通常用到的是图 8.22 所示的环形腔结构,二色分光镜对泵浦波长高反射,对斯托克斯波长 λ_s 部分反射,用它将泵浦脉冲耦合进环形腔,同时提供激光输出。

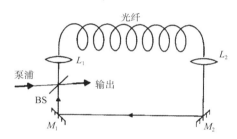

图 8.22　用于光纤喇曼孤子激光器的环形腔结构示意图,BS 是二色分光镜,M_1 和 M_2 是100% 的反射镜,L_1 和 L_2 是显微物镜

1987 年,在一个论证光纤喇曼孤子激光器的实验中[179],用工作在 1.48 μm 附近的锁模色心激光器产生的 10 ps 脉冲同步泵浦喇曼激光器,环形腔内有一段 500 m 长的保偏色散位移单模光纤,其零色散波长 λ_D 约为 1.536 μm。由于泵浦波长和喇曼波长近似相等地位于 λ_D 的对边($\lambda_s \approx 1.58$ μm),使泵浦和喇曼脉冲在相当长的一段光纤中交叠在一起。输出脉冲宽度约为 300 fs,并具有较低但很宽的基座。若试图消除基座,则应改变图 8.22 的环形腔,即将图中的光纤换成两段光纤,两者间的耦合可变,其中用一段 100 m 长的光纤提供喇曼增益,而另一段 500 m 长的光纤用于脉冲整形。由于耦合器使入射到第二段光纤中的泵浦功率降到喇曼阈值以下,所以在这段光纤中不会发生受激喇曼散射。当波长间隔对应于 11.4 THz(约为 90 nm)时,可能获得脉宽为 284 fs 的无基座脉冲。可是当波长间隔为 13.2 THz 时(对应于最大喇曼增益),相当一部分脉冲能量以很宽的基座形式出现,这一复杂的行为是由交叉相位调制效应造成的。

在后来的一些实验中[180~182],用工作在 1.32 μm 的锁模 Nd:YAG 激光器产生的 100 ps 脉冲同步泵浦光纤喇曼孤子激光器。这一波长区很有价值,因为可以用 $\lambda_D \approx 1.3$ μm 的普通光纤,而且泵浦和喇曼脉冲都接近光纤的零色散波长,所以它们能充分长距离地交叠,以提供所要求的喇曼增益（走离长度约为 300 m）。一个实验[180]用一段 1.1 km 长的非保偏光纤获得了 160 fs 的短脉冲，但输出脉冲含有较宽的基座，仅有 20% 的能量以喇曼孤子形式出现。另一个实验[181]用 $\lambda_D = 1.46$ μm 的色散位移光纤观测到约 200 fs 的光纤喇曼孤子，其中二级和三级斯托克斯线分别在 1.5 μm 和 1.6 μm 附近。这种级联受激喇曼散射过程还可用于通过 1.06 μm 的泵浦脉冲在 1.5 μm 附近产生喇曼孤子[183]，前三级斯托克斯带位于普通光纤的正常色散区（$\lambda_D > 1.3$ μm），第四级和第五级斯托克斯带形成一个 1.3 ~ 1.5 μm 的很宽谱带，它大约含有一半的输入能量。在 1.35 μm，1.4 μm，1.45 μm 和 1.5 μm 附近的频谱区中的输出脉冲自相关迹表明，基座中的能量随波长的增加而减小。实际上，1.5 μm 附近的输出脉冲几乎是无基座的。

　　尽管光纤喇曼孤子激光器可产生在许多应用中非常有用的飞秒孤子，但噪声问题限制了其应用。对一个同步泵浦的光纤喇曼孤子激光器的强度噪声的测量表明，噪声要比散粒噪声大 50 dB 以上[184]；脉冲的定时抖动也相当大，在 1.6 W 的泵浦功率下超过 5 ps。若考虑到喇曼感应频移（见 5.5 节）对这种激光器性能的影响，就可以理解为什么会有这么大的噪声。为了有效地实现同步泵浦，喇曼孤子在激光腔内往返一次的时间必须是泵浦脉冲间隔的整数倍。可是，喇曼感应频移使群速度发生改变，并以不可预见的方式使脉冲变慢，所以实际中很难达到同步。结果，光纤喇曼孤子激光器以与单通光纤喇曼放大器类似的方式产生脉冲，同样受有关噪声问题的困扰。

　　如果能消除喇曼感应频移，就可以有效地改善光纤喇曼孤子激光器的性能。已证明，通过合理选择泵浦功率和激光波长，可以抑制喇曼感应频移。在 1992 年的一个实验中[185]，用 1.32 μm 波长的 Nd:YAG 激光器输出的 200 ps 脉冲同步泵浦光纤喇曼孤子激光器，此激光器在 1.37 ~ 1.44 μm 波长范围内可调。在 1.41 ~ 1.44 μm 波长范围内喇曼感应频移被抑制，因为这时图 8.2 中的喇曼增益谱具有正的斜率。噪声测量表明，强度噪声和定时抖动都显著地减小[186]。从物理意义上讲，喇曼增益色散可以用来抵消方程（2.3.44）中最后一项的影响，而正是这一项导致了喇曼感应频移的产生。

　　很难使孤子激光器工作在 1.3 μm 以下波长，因为大部分光纤在 $\lambda < 1.3$ μm 时表现为正常群速度色散。为解决这一难题，通常采用光栅对，但使用光栅对会导致整个器件体积庞大。如果存在一种合适的光纤，能在喇曼激光器的输出波长处提供反常色散，那么就可以制造出小型的全光纤孤子激光器。最近几年，这种光纤已经可以得到，这就是所谓的微结构光纤或多孔光纤。在 2003 年的一个实验中[187]，在全光纤喇曼激光器的腔内用一段 23 m 长的多孔光纤，产生了波长为 1.14 μm 的 2 ps 输出脉冲。该激光器用掺镱光纤激光器输出的 17 ps 脉冲，同步泵浦 15 m 长的掺有 3% 锗的标准石英光纤，以提供喇曼增益。

　　在 1.6 μm 附近的波长区，可以利用色散位移光纤控制腔内色散，同时作为喇曼增益介质。在 2004 年的一个实验中[188]，利用这种光纤实现了小型的同步泵浦的光纤喇曼激光器，其输出波长在 1620 ~ 1660 nm 范围内可调。激光器环形腔内 2.1 km 长的光纤的零色散波长为 1571 nm，色散斜率约为 0.1 ps³/km。该激光器还可以用重复频率为 54.5 MHz 且能发射 110 ps 脉冲的增益开关半导体激光器泵浦，增益开关脉冲的平均功率可放大到 200 mW。这种光纤喇曼激光器可以在整个 40 nm 调谐范围内产生 0.5 ps 的脉冲。

8.4.3　孤子效应脉冲压缩

　　从某种意义上讲，喇曼放大器或喇曼激光器中光纤喇曼孤子的形成，都利用了高阶孤子脉冲压缩技术（见 5.2 节）。更一般地讲，喇曼放大可以用光纤的反常群速度色散对皮秒光脉冲同时进行放大和压缩。在 1991 年的一个实验中[189]，用掺铒光纤放大器将增益开关半导体激光器输出的 5.8 ps 脉冲放大到适合形成基阶孤子的能量水平，然后在 23 km 长的色散位移光纤中通过喇曼放大将其压缩到 3.6 ps。同时实现放大和压缩的物理机制可由表示孤子阶数 N 的式(5.2.3)理解。如果一个基阶孤子被绝热地放大，那么只要在该过程中孤子宽度随峰值功率 P_0 的增加以 $P_0^{-1/2}$ 变化，就可以维持 $N=1$ 的条件。

在许多实际情况中，光纤中的输入信号脉冲在喇曼放大过程中其强度不足以形成孤子，但这样的弱脉冲通过在受激喇曼散射过程中总会产生的交叉相位调制效应也可能实现脉冲压缩[190]。实际上，泵浦脉冲和信号脉冲是同时注入光纤中的，信号脉冲通过受激喇曼散射吸取泵浦脉冲能量并被放大。同时，它通过交叉相位调制与泵浦脉冲发生互作用，引入近似线性的频率啁啾，当存在反常群速度色散时，信号脉冲就会被压缩。正如 7.5 节关于交叉相位调制感应的脉冲压缩中讨论的，这种方案的有效性主要取决于泵浦脉冲和信号脉冲间的相对群速度失配。一个使群速度失配最小而交叉相位调制感应频率啁啾最大的简单方法是，选择光纤的零色散波长，使其位于泵浦和信号波长的中间。

基于方程(8.3.1)和方程(8.3.2)的数值模拟结果说明，当信号脉冲能量被放大 100 万倍时，可以得到 15 倍的压缩因子[190]。图 8.23 给出了当参量 N 取几个不同值时，(a) 压缩因子和(b) 放大倍数随传输距离 $\xi = z/L_D$ 的变化关系，N 与泵浦脉冲峰值功率 P_0 的关系为 $N = (\gamma_p P_0 L_D)^{1/2}$，$L_D$ 由式(8.3.5)定义。假设泵浦脉冲和信号脉冲均为高斯形，并且有相同的脉宽和传输速度。在最佳光纤长度下，脉冲获得最大程度的压缩，与高阶孤子效应压缩器的特征类似。这种行为很好理解，因为在最大压缩点，群速度色散将交叉相位调制感应的啁啾几乎减小到零(见 3.2 节)。从图 8.23 看到的主要一点是，弱输入脉冲被放大 50～60 dB 的同时，也被压缩 10 倍或更多。压缩脉冲的质量也相当好，没有出现基座和振荡结构。当泵浦脉冲和信号脉冲的脉宽或群速度不同时，脉冲压缩的定性特征基本相同，这使此项技术在实际中很有吸引力。在 1996 年的一个实验中，确实观察到了皮秒光脉冲的同时放大和压缩[191]。

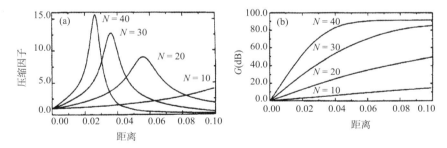

图 8.23　对于高斯形泵浦和信号脉冲，在不同 N 值下得到的压缩因子(左图)和放大倍数(右图)随归一化传输距离变化的关系曲线[190]（©1993 OSA）

8.5　偏振效应

到目前为止，在所用的标量方法中已经暗含了泵浦和信号是同偏振的，并在光纤中保持它们的偏振态不变这一假设。然而，除非在制造喇曼放大器时使用保偏光纤，否则大部分光纤中残余的不断起伏的双折射将以随机方式改变任何光场的偏振态，这就会导致 7.7.1 节中讨论的偏振模色散。这一节将介绍受激喇曼散射的矢量理论。已经证明，如果偏振模色散随时间变化，则放大信号会在一个宽范围内起伏，其平均增益也要比不存在偏振模色散时的预期值下降很多[192~195]。这些特征已经在实验中观察到[196~198]。

8.5.1 喇曼放大的矢量理论

出发点是式(2.1.10)，它给出了光纤材料(石英玻璃)中的感应三阶非线性极化强度与光场 $E(r,t)$ 的关系。对于标量情形，只有分量 $\chi^{(3)}_{xxxx}$ 和非线性响应相关，因此式(2.1.10)简化为式(2.3.33)；对于矢量情形，情况要复杂得多。利用式(2.3.32)和 $E(t)=\frac{1}{2}[E(t)\exp(-i\omega_0 t)+c.c.]$，非线性极化强度的慢变部分可以写为

$$P_i^{\mathrm{NL}}(t)=\frac{\epsilon_0}{4}\sum_j\sum_k\sum_l\chi^{(3)}_{ijkl}E_j(t)\int_{-\infty}^{t}R(t-t_1)E_k^*(t_1)E_l(t_1)\,dt_1 \qquad (8.5.1)$$

式中，E_j 是慢变场 E 的第 j 个分量。为简化符号，有意将空间坐标 r 省略。

非线性响应函数 $R(t)$ 的函数形式与式(2.3.38)给出的类似，可写为[5]

$$R(t)=(1-f_{\mathrm R})\delta(t)+f_a h_a(t)+f_b h_b(t) \qquad (8.5.2)$$

式中，$f_{\mathrm R}\equiv f_a+f_b$ 是石英原子核通过喇曼响应函数 $h_a(t)$ 和 $h_b(t)$ 附加的小数贡献，对 $h_a(t)$ 和 $h_b(t)$ 做了归一化处理，于是 $\int_0^\infty h_j(t)\,dt=1$ $(j=a,b)$。从物理意义上讲，h_a 和 h_b 表示相对强度分别为 f_a 和 f_b 的原子核响应的各向同性和各向异性部分。

$\chi^{(3)}$ 的张量特性在式(8.5.1)中起重要作用。对于石英光纤，三阶极化率的形式由式(6.1.2)给出，将它代入式(8.5.1)并利用式(8.5.2)，乘积 $\chi^{(3)}_{ijkl}R(t)$ 可以写为[5]

$$\chi^{(3)}_{ijkl}R(t)=\chi^{(3)}_{xxxx}\left[\frac{1-f_{\mathrm R}}{3}(\delta_{ij}\delta_{kl}+\delta_{ik}\delta_{jl}+\delta_{il}\delta_{jk})+\right.$$
$$\left. f_a h_a(t)\delta_{ij}\delta_{kl}+\frac{1}{2}f_b h_b(t)(\delta_{ik}\delta_{jl}+\delta_{il}\delta_{jk})\right] \qquad (8.5.3)$$

式中，$\chi^{(3)}_{ijkl}$ 的三个分量[见式(6.1.2)]的大小相等。

对于受激喇曼散射情形，应分别考虑泵浦波和斯托克斯波。按照7.6.1节的处理方法，将总电场 E 和感应极化强度 P_{NL} 写成下面的形式：

$$E(t)=\mathrm{Re}[E_p\exp(-i\omega_p t)+E_s\exp(-i\omega_s t)] \qquad (8.5.4)$$

$$P_{\mathrm{NL}}(t)=\mathrm{Re}[P_p\exp(-i\omega_p t)+P_s\exp(-i\omega_s t)] \qquad (8.5.5)$$

将式(8.5.4)代入式(8.5.1)中，可得到 P_p 和 P_s 与泵浦场和斯托克斯场的关系，结果为

$$P_j=\frac{3\epsilon_0}{4}\chi^{(3)}_{xxxx}\left[c_0(E_j\cdot E_j)E_j^*+c_1(E_j^*\cdot E_j)E_j+\right.$$
$$\left. c_2(E_m^*\cdot E_m)E_j+c_3(E_m\cdot E_j)E_m^*+c_4(E_m^*\cdot E_j)E_m\right] \qquad (8.5.6)$$

式中，$j\neq m$，$c_0=\frac{1}{3}(1-f_{\mathrm R})+\frac{1}{2}f_b$。其余系数定义为

$$c_1=\frac{2}{3}(1-f_{\mathrm R})+f_a+\frac{1}{2}f_b,\qquad c_2=\frac{2}{3}(1-f_{\mathrm R})+f_a+\frac{1}{2}f_b\tilde h_b(\Omega) \qquad (8.5.7)$$

$$c_3=\frac{2}{3}(1-f_{\mathrm R})+\frac{1}{2}f_b+f_a\tilde h_a(\Omega),\quad c_4=\frac{2}{3}(1-f_{\mathrm R})+\frac{1}{2}f_b+\frac{1}{2}f_b\tilde h_b(\Omega) \qquad (8.5.8)$$

式中，$\Omega=\omega_j-\omega_k$。在推导式(8.5.6)时，利用了关系 $\tilde h_a(0)=\tilde h_b(0)=1$。

按照7.6.1节的方法，引入琼斯矢量 $|A_p\rangle$ 和 $|A_s\rangle$。为简化分析，假设泵浦波和斯托克斯波都是连续或准连续波，可忽略色散效应，由此得到下面两个耦合矢量方程[193]：

$$\frac{\mathrm{d}|A_\mathrm{p}\rangle}{\mathrm{d}z} + \frac{\alpha_\mathrm{p}}{2}|A_\mathrm{p}\rangle + \frac{\mathrm{i}}{2}\omega_\mathrm{p}\boldsymbol{b}_l \cdot \boldsymbol{\sigma}|A_\mathrm{p}\rangle = \mathrm{i}\gamma_\mathrm{p}\left(c_1\langle A_\mathrm{p}|A_\mathrm{p}\rangle + c_0|A_\mathrm{p}^*\rangle\langle A_\mathrm{p}^*| + \right. \tag{8.5.9}$$
$$\left. c_2\langle A_\mathrm{s}|A_\mathrm{s}\rangle + c_3|A_\mathrm{s}\rangle\langle A_\mathrm{s}| + c_4|A_\mathrm{s}^*\rangle\langle A_\mathrm{s}^*|\right)|A_\mathrm{p}\rangle$$

$$\frac{\mathrm{d}|A_\mathrm{s}\rangle}{\mathrm{d}z} + \frac{\alpha_\mathrm{s}}{2}|A_\mathrm{s}\rangle + \frac{\mathrm{i}}{2}\omega_\mathrm{s}\boldsymbol{b}_l \cdot \boldsymbol{\sigma}|A_\mathrm{s}\rangle = \mathrm{i}\gamma_\mathrm{s}\left(c_1\langle A_\mathrm{s}|A_\mathrm{s}\rangle + c_0|A_\mathrm{s}^*\rangle\langle A_\mathrm{s}^*| + \right. \tag{8.5.10}$$
$$\left. c_2\langle A_\mathrm{p}|A_\mathrm{p}\rangle + c_3|A_\mathrm{p}\rangle\langle A_\mathrm{p}| + c_4|A_\mathrm{p}^*\rangle\langle A_\mathrm{p}^*|\right)|A_\mathrm{s}\rangle$$

式中,线性双折射效应通过双折射矢量 $\boldsymbol{b}_l$ 包括在内。

系数 c_2、c_3 和 c_4 含有式(8.5.2)中出现的两喇曼响应函数 $h_\mathrm{a}(t)$ 和 $h_\mathrm{b}(t)$ 的傅里叶变换,即 $\tilde{h}_\mathrm{a}(\Omega)$ 和 $\tilde{h}_\mathrm{b}(\Omega)$,其虚部可以用来定义相应的喇曼增益。对于斯托克斯场,g_a 和 g_b 为[5]

$$g_j = \gamma_\mathrm{s} f_j \mathrm{Im}[\tilde{h}_j(\Omega)], \qquad j = \mathrm{a, b} \tag{8.5.11}$$

式中,$\Omega = \omega_\mathrm{p} - \omega_\mathrm{s}$ 为喇曼频移,对石英光纤来说,$g_\mathrm{b}/g_\mathrm{a}$ 远小于 1。对于泵浦波方程(8.5.9),要用 $-\Omega$ 代替 Ω,这一符号改变使式(8.5.11)中的 g_j 为负。这正是所希望的结果,因为斯托克斯波的增益导致泵浦波的功率损耗。$\tilde{h}_\mathrm{a}(\Omega)$ 和 $\tilde{h}_\mathrm{b}(\Omega)$ 的实部导致折射率的微小变化,并且这种变化是不可避免的,且由克拉默斯-克勒尼希(Kramers-Kronig)关系支配。引入两个无量纲的参量 δ_a 和 δ_b 是有帮助的,它们定义为

$$\delta_j = (f_j/c_1)\mathrm{Re}[\tilde{h}_j(\Omega) - 1], \qquad j = \mathrm{a, b} \tag{8.5.12}$$

用琼斯矩阵形式写成的方程(8.5.9)和方程(8.5.10)看起来相当复杂,如果用泡利自旋向量 $\boldsymbol{\sigma}$ 在斯托克斯空间内重新写这两个方程,就可以大大简化。对于泵浦波和斯托克斯波,引入下面的斯托克斯矢量:

$$\boldsymbol{P} = \langle A_\mathrm{p}|\boldsymbol{\sigma}|A_\mathrm{p}\rangle, \quad \boldsymbol{S} = \langle A_\mathrm{s}|\boldsymbol{\sigma}|A_\mathrm{s}\rangle \tag{8.5.13}$$

利用式(7.6.12)至式(7.6.14)中的恒等式,可以得到下面两个描述邦加球上 $\boldsymbol{P}$ 和 $\boldsymbol{S}$ 的动力学行为的矢量方程:

$$\frac{\mathrm{d}\boldsymbol{P}}{\mathrm{d}z} + \alpha_\mathrm{p}\boldsymbol{P} = -\frac{\omega_\mathrm{p}}{2\omega_\mathrm{s}}[(g_\mathrm{a}+3g_\mathrm{b})P_\mathrm{s}\boldsymbol{P} + (g_\mathrm{a}+g_\mathrm{b})P_\mathrm{p}\boldsymbol{S} - 2g_\mathrm{b}P_\mathrm{p}S_3] + (\omega_\mathrm{p}\boldsymbol{b}_l + \boldsymbol{W}_\mathrm{p}) \times \boldsymbol{P} \tag{8.5.14}$$

$$\frac{\mathrm{d}\boldsymbol{S}}{\mathrm{d}z} + \alpha_\mathrm{s}\boldsymbol{S} = \frac{1}{2}[(g_\mathrm{a}+3g_\mathrm{b})P_\mathrm{p}\boldsymbol{S} + (g_\mathrm{a}+g_\mathrm{b})P_\mathrm{s}\boldsymbol{P} - 2g_\mathrm{b}P_\mathrm{s}P_3] + (\omega_\mathrm{s}\boldsymbol{b}_l + \boldsymbol{W}_\mathrm{s}) \times \boldsymbol{S} \tag{8.5.15}$$

式中,$P_\mathrm{p} = |\boldsymbol{P}|$ 为泵浦功率,$P_\mathrm{s} = |\boldsymbol{S}|$ 为斯托克斯功率,且有

$$\boldsymbol{W}_\mathrm{p} = \frac{2\gamma_\mathrm{p}}{3}[\boldsymbol{P}_3 + 2(1+\delta_\mathrm{b})\boldsymbol{S}_3 - (2+\delta_\mathrm{a}+\delta_\mathrm{b})\boldsymbol{S}] \tag{8.5.16}$$

$$\boldsymbol{W}_\mathrm{s} = \frac{2\gamma_\mathrm{s}}{3}[\boldsymbol{S}_3 + 2(1+\delta_\mathrm{b})\boldsymbol{P}_3 - (2+\delta_\mathrm{a}+\delta_\mathrm{b})\boldsymbol{P}] \tag{8.5.17}$$

矢量 $\boldsymbol{W}_\mathrm{p}$ 和 $\boldsymbol{W}_\mathrm{s}$ 说明了由自相位调制和交叉相位调制效应感应的邦加球上的非线性偏振旋转。

当泵浦和信号都为线偏振时,方程(8.5.14)和方程(8.5.15)可大大简化,因为 $\boldsymbol{P}$ 和 $\boldsymbol{S}$ 位于邦加球的赤道平面内,$P_3 = S_3 = 0$。在不考虑双折射时($\boldsymbol{b}_l = 0$),$\boldsymbol{P}$ 和 $\boldsymbol{S}$ 在传输过程中保持其初始偏振态不变。当泵浦和信号同偏振时,两增益项同相相加,喇曼增益有最大值 $g_\parallel = g_\mathrm{a} + 2g_\mathrm{b}$;与此对照,当泵浦和信号正交偏振时,两增益项反相相加,喇曼增益有最小值 $g_\perp = g_\mathrm{b}$。这两个增益分别对应于图 8.2 中的实线和虚线,用它们可以推导出退偏振比 $g_\perp/g_\parallel$。在 $\Omega/(2\pi) = 1$ THz 附近,这一比值的测量值约为 $1/3$;但在 $\Omega = \Omega_\mathrm{R}$ 的增益峰附近,这一比值减小到 0.05 以下[14]。

如果利用 $g_\perp/g_\parallel=1/3$ 及关系 $g_\parallel/g_\perp=2+g_a/g_b$，则当 Ω 值较小时有 $g_b=g_a$；然而，当 Ω 接近喇曼增益峰时，g_b 的贡献相当小。

对于圆偏振的情形，矢量 P 和 S 指向邦加球的北极或南极。这时，由方程(8.5.14)和方程(8.5.15)很容易推导出 $g_\parallel=g_a+g_b$ 和 $g_\perp=2g_b$，因此圆偏振的退偏振比 $g_\parallel/g_\perp$ 与线偏振的情形有很大不同，特别是对较小的 Ω 值，有 $g_b\approx g_a$，退偏振比应接近于 1。

下面考虑在起伏的残余双折射条件下解方程(8.5.14)和方程(8.5.15)。这种残余双折射起伏发生在比典型的非线性长度（大于 1 km）小得多的长度尺度（约为 10 m）上，结果 P 和 S 的末端分别以正比于 ω_p 和 ω_s 的高速率在邦加球上随机地运动。然而，受激喇曼散射过程仅取决于 P 和 S 的相对方位。为简化分析，采用 P 保持静止的旋转坐标系，并将注意力集中到 P 和 S 之间相对角度的变化上。方程(8.5.14)和方程(8.5.15)变为[193]

$$\frac{\mathrm{d}P}{\mathrm{d}z}+\alpha_p P=-\frac{\omega_p}{2\omega_s}[(g_a+3g_b)P_s P+(g_a+g_b/3)P_p S]-\bar{\gamma}_p S\times P \tag{8.5.18}$$

$$\frac{\mathrm{d}S}{\mathrm{d}z}+\alpha_s S=\frac{1}{2}[(g_a+3g_b)P_p S+(g_a+g_b/3)P_s P]-(\Omega b'+\bar{\gamma}_s P)\times S \tag{8.5.19}$$

式中，b' 是在邦加球上通过旋转 b_t 得到的，而且

$$\bar{\gamma}_j=(2\gamma_j/9)(4+3\delta_a+\delta_b),\quad \Omega=\omega_p-\omega_s \tag{8.5.20}$$

为进一步简化方程(8.5.18)和方程(8.5.19)，假设 $P_s\ll P_p$（这一条件在实际中总是满足的），从而忽略泵浦消耗和信号感应的交叉相位调制效应。这样泵浦方程(8.5.18)仅包含损耗项，容易对其积分得到

$$P(z)=\hat{p}P_{in}\exp(-\alpha_p z)\equiv\hat{p}P_p(z) \tag{8.5.21}$$

式中，$\hat{p}$ 是输入端泵浦波的偏振态。方程(8.5.19)中的 $\bar{\gamma}_s P\times S$ 项是泵浦波感应的放大信号的非线性偏振旋转，它不会影响喇曼增益，利用一个简单变换可以消除这一项，于是得到[193]

$$\frac{\mathrm{d}S}{\mathrm{d}z}+\alpha_s S=\frac{1}{2}[(g_a+3g_b)P_p S+(g_a+g_b/3)P_s P]-\Omega b\times S \tag{8.5.22}$$

式中，b 是 b' 通过旋转得到的，但未改变其统计特性。通常将 b 模拟成一个三维高斯过程，其一阶矩和二阶矩用光纤的偏振模色散参量 D_p 表示，由式(7.7.6)给出。随机微分方程(8.5.22)应在物理学范畴处理[199]。

注意，方程(8.5.22)中不改变 S 方向的项可以通过变换

$$S=s\exp\left\{\int_0^z\left[\frac{1}{2}(g_a+3g_b)P_p(z)-\alpha_s\right]\mathrm{d}z\right\} \tag{8.5.23}$$

消除，新的斯托克斯矢量 s 满足

$$\frac{\mathrm{d}s}{\mathrm{d}z}=\frac{1}{2}(g_a+g_b/3)P_p(z)s_0(z)\hat{p}-\Omega b\times s \tag{8.5.24}$$

式中，$s_0=|s|$ 是矢量 s 的大小。描述 s_0 沿光纤长度演化的方程可以用关系 $s_0^2=s\cdot s$ 得到，为

$$\frac{\mathrm{d}s_0}{\mathrm{d}z}=\frac{s}{s_0}\cdot\frac{\mathrm{d}s}{\mathrm{d}z}=(g_a+g_b/3)P_p(z)\hat{p}\cdot s \tag{8.5.25}$$

在推导方程(8.5.24)时，假设泵浦波和信号波传输方向相同（所谓的前向泵浦结构）。对于后向泵浦情形，方程(8.5.14)中的导数 $\mathrm{d}P/\mathrm{d}z$ 变为负的。按照上面的过程，假设 Ω 重新定义为 $\Omega=-(\omega_p+\omega_s)$，斯托克斯方程仍可以写成方程(8.5.14)的形式。如此大的 Ω 值加大了

方程(8.5.24)中的双折射项的贡献，正是由于这一特性，采用后向泵浦方案可以改善喇曼放大器的性能，有关内容将在后面介绍。

8.5.2　偏振模色散效应对喇曼放大的影响

偏振模色散是由光纤的残余双折射造成的，由于它具有统计特性，因此对光纤喇曼放大器的性能有较大影响。利用方程(8.5.24)可以计算放大器内任意长度处的放大信号功率 P_s 和它的偏振态。实际中，$b(z)$ 以动态方式沿光纤起伏，因为它受环境因素(如应力和温度)的影响。结果放大器输出端的放大信号 $P_s(L)$ 也出现起伏，这种起伏会影响光纤喇曼放大器的性能。本节将计算因偏振模色散导致起伏的放大信号的平均值和方差。

信号增益定义为 $G(L) = P_s(L)/P_s(0)$，其平均值 G_{av} 和信号功率起伏的方差 σ_s^2 可以利用下式计算：

$$G_{av} = \overline{P_s(L)}/P_s(0), \quad \sigma_s^2 = \overline{P_s^2(L)}/[\overline{P_s(L)}]^2 - 1 \tag{8.5.26}$$

为求长度为 L 的光纤喇曼放大器输出端的平均信号功率 $\overline{P_s(L)}$，需要对方程(8.5.25)中的 s_0 在 b 上取平均，计算出 $\overline{s_0}$ 的值。然而，这一平均值取决于 $\rho = \overline{s_0 \cos\theta}$，其中 θ 表示斯托克斯空间中泵浦波和信号波偏振方向的夹角。利用众所周知的方法[199]，可以得到以下两个耦合的确定方程[193]：

$$\frac{d\overline{s_0}}{dz} = \frac{1}{2}(g_a + g_b/3)P_p(z)\rho \tag{8.5.27}$$

$$\frac{d\rho}{dz} = \frac{1}{2}(g_a + g_b/3)P_p(z)\overline{s_0} - \eta\rho \tag{8.5.28}$$

式中，$\eta = 1/L_d = D_p^2\Omega^2/3$。扩散长度 L_d 是距离的一个量度，超过这个距离时，频率相差 Ω 的两个光场的偏振态变得不再相关。

方程(8.5.27)和方程(8.5.28)是两个线性一阶微分方程，很容易积分求解。当偏振模色散效应较大且 $L_d \ll L$ 时，ρ 在很短的一段光纤上就会减小为零，这时平均增益为

$$G_{av} = \exp\left[\frac{1}{2}(g_a + g_b/3)P_{in}L_{eff} - \alpha_s L\right] \tag{8.5.29}$$

与 $g_{\parallel} = g_a + 2g_b$ 的理想同偏振情形(无双折射)相比，偏振模色散将喇曼增益减小约一半[58]。从物理学的角度考虑，这是意料之中的。然而，必须强调的是，放大倍数 G_A 减小得更多，因为它随 g_a 和 g_b 是指数变化关系。

为求信号起伏的方差，需要先求放大信号的二阶矩 $\overline{P_s^2(L)}$。按照类似的求平均过程[193]，由方程(8.5.24)可以得到下面一组三个线性方程：

$$\frac{d\overline{s_0^2}}{dz} = (g_a + g_b/3)P_p(z)\rho_1 \tag{8.5.30}$$

$$\frac{d\rho_1}{dz} = -\eta\rho_2 + \frac{1}{2}(g_a + g_b/3)P_p(z)[\overline{s_0^2} + \rho_2] \tag{8.5.31}$$

$$\frac{d\rho_2}{dz} = -3\eta\rho_2 + \eta\overline{s_0^2} + (g_a + g_b/3)P_p(z)\rho_2 \tag{8.5.32}$$

式中，$\rho_1 = \overline{s_0^2\cos\theta}$，$\rho_2 = \overline{s_0^2\cos^2\theta}$。以上三个方程表明，信号起伏是由泵浦和信号的斯托克斯矢量之间相对角度 θ 的起伏造成的。

为说明偏振模色散对光纤喇曼放大器性能的影响，考虑用 1.45 μm 激光器以 1 W 功率泵浦的 10 km 长的光纤喇曼放大器。在信号波长 1.55 μm 附近，取 $g_a = 0.6$ W^{-1}/km，$g_b/g_a = 0.012$；

泵浦和信号波长处的光纤损耗分别取 0.273 dB/km 和 0.2 dB/km。图 8.24 给出了 G_{av} 和 σ_s 随偏振模色散参量 D_p 的变化关系，图中实线和虚线分别对应输入信号相对泵浦同偏振和正交偏振的情况，前向和后向两种泵浦方式的曲线也在图中给出。当 D_p 为零时，泵浦和信号保持其偏振态不变，与泵浦同偏振的信号得到 17.6 dB 的最大增益。与此对照，不管采用何种泵浦方式，与泵浦正交偏振的信号表现为 1.7 dB 的损耗。由于 g_b 是一个有限值，损耗不会恰好等于 2 dB。当偏振模色散参量值增大时，同偏振和正交偏振两种情形下的增益差别减小，并最终消失。

图 8.24 中信号起伏的幅度随偏振模色散参量值的增加迅速增大，达到一个峰值，然后随着 D_p 的进一步增加开始缓慢减小到零，这是因为偏振模色散产生的是一种平均效应。峰值出现的位置取决于泵浦方式和泵浦波的初始偏振态；峰值附近的噪声水平超过 40%。如果使用低偏振模色散光纤，则在某些工作条件下噪声水平可以超过 70%。后向泵浦的特征和前向泵浦的类似，但峰值移向更小的 D_p 值，这一位移是因为此时 $|\Omega| = \omega_p + \omega_s$ 的值大得多的缘故。由于扩散长度随 $|\Omega|^{-2}$ 变化，对于后向泵浦，有 $(\omega_p + \omega_s)/(\omega_p - \omega_s) \approx 30$，所以扩散长度大约减小到前向泵浦时的千分之一（$30^{-2}$）。更短的扩散长度导致对双折射起伏的快速平均，因而降低了噪声水平。

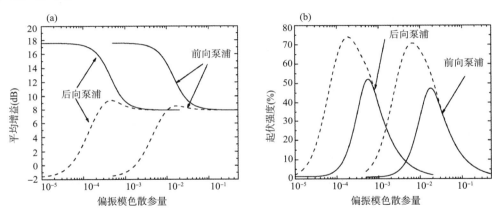

图 8.24　喇曼放大器输出端的(a) 平均增益和(b) 信号起伏的标准差随偏振模色散参量值的变化,实线和虚线分别对应信号与泵浦同偏振和正交偏振的情形[193]（©2003 OSA）

一个重要的问题是，从实用的角度讲，哪种泵浦方式更好一些呢？答案取决于 D_p 的值。对于 $D_p < 0.001$ ps/$\sqrt{\text{km}}$ 的光纤，前向泵浦是合适的选择。然而，大部分光纤的 $D_p > 0.01$ ps/$\sqrt{\text{km}}$，这时采用后向泵浦可以在实际中实现信号劣化最小的目标。另外，后向泵浦还可以降低光纤通信系统中喇曼增益的偏振相关性，因为光纤通信系统中输入信号自身的偏振态可能以随机方式随时间变化。

习题

8.1　何谓喇曼散射？试解释其起源。自发喇曼散射和受激喇曼散射的区别是什么？

8.2　忽略泵浦消耗，解方程(8.1.2)和方程(8.1.3)。当 1 μW 功率同强泵浦波一起入射到 1 km 长的光纤中时，计算输出端的斯托克斯功率，假定 $g_R I_p(0) = 2$ km^{-1}，$\alpha_p = \alpha_s = 0.2$ dB/km。

8.3　利用最速下降法完成式(8.1.8)的积分，并推导式(8.1.9)。

8.4　利用式(8.1.9)，推导式(8.1.13)给出的喇曼阈值条件。

8.5　假定 $\alpha_p = \alpha_s$，求方程(8.1.2)和方程(8.1.3)的解析解。

8.6　利用图 8.2 给出的喇曼增益，计算 1.55 μm 喇曼光纤激光器的阈值泵浦功率。假定激光腔由有效模面积为 40 μm² 的 1 km 长的光纤构成，取 $\alpha_p = 0.3$ dB/km，总的腔内损耗为 6 dB。

8.7　试解释通常用于同步泵浦喇曼激光器的时间-色散调谐技术，并估计习题 8.6 中激光器的调谐范围。

8.8　令 $\beta_{2p} = \beta_{2s} = 0$，求方程(8.3.1)和方程(8.3.2)的解析解。

8.9　利用习题 8.8 的结果，绘出经过 1 km 长的光纤进行喇曼放大后的输出脉冲的形状。假定 $\lambda_p = 1.06$ μm，$\lambda_s = 1.12$ μm，$\gamma_p = 10$ W^{-1}/km，$g_R = 1 \times 10^{-3}$ m/W，$d = 5$ ps/m，$A_{\text{eff}} = 40$ μm²，并且输入泵浦脉冲和斯托克斯脉冲为高斯形，脉宽(指的是 FWHM)均为 100 ps，峰值功率分别为 1 kW 和 10 mW。

8.10　利用分步傅里叶法数值解方程(8.3.16)和方程(8.3.17)，并再现图 8.11 和图 8.12 给出的结果。

8.11　在反常色散条件下解方程(8.3.16)和方程(8.3.17)，再现图 8.19 给出的结果。试解释为什么当走离长度和色散长度在大小上相当时，喇曼脉冲会形成孤子。

8.12　设计一个实验，将 50 ps(指的是 FWHM)高斯脉冲通过受激喇曼散射至少放大 30 dB(这样也得到了 10 倍的压缩因子)，并利用数值模拟验证你的设计。

8.13　利用式(8.5.1)，并考虑 6.1 节中讨论的 $\chi^{(3)}$ 的张量特性，推导式(8.5.3)。

8.14　从式(8.5.1)给出的非线性极化出发，推导耦合矢量方程(8.5.9)和方程(8.5.10)。

8.15　将方程(8.5.9)和方程(8.5.10)变换到斯托克斯空间，并证明泵浦和信号的斯托克斯矢量确实满足方程(8.5.14)和方程(8.5.15)。

参考文献

[1] C. V. Raman, *Indian J. Phys.* **2**, 387 (1928).

[2] E. J. Woodbury and W. K. Ng, *Proc. IRE* **50**, 2347 (1962).

[3] G. Eckhardt, R. W. Hellwarth, F. J. McClung, S. E. Schwarz, and D. Weiner, *Phys. Rev. Lett.* **9**, 455 (1962).

[4] W. Kaiser and M. Maier, in *Laser Handbook*, Vol. 2, F. T. Arecchi and E. O. Schulz-Dubois, Eds. (North-Holland, 1972), Chap. E2.

[5] R. W. Hellwarth, *Prog. Quantum Electron.* **5**, 1 (1977).

[6] Y. R. Shen, *The Principles of Nonlinear Optics* (Wiley, New York, 1984), Chap. 10.

[7] R. W. Boyd, *Nonlinear Optics*, 3rd ed. (Academic Press, Boston, 2008), Chap. 10.

[8] R. H. Stolen, E. P. Ippen, and A. R. Tynes, *Appl. Phys. Lett.* **20**, 62 (1972).

[9] R. H. Stolen and E. P. Ippen, *Appl. Phys. Lett.* **22**, 276 (1973).

[10] R. H. Stolen, J. P. Gordon, W. J. Tomlinson, and H. A. Haus, *J. Opt. Soc. Am. B* **6**, 1159 (1989).

[11] D. J. Dougherty, F. X. Kärtner, H. A. Haus, and E. P. Ippen, *Opt. Lett.* **20**, 13 (1995).

[12] R. H. Stolen, in *Raman Amplifiers for Telecommunications, Part 1*, M. N. Islam, Ed. (Springer, 2004), (Chap. 2.).

[13] X. Li, P. L. Voss, J. Chen, K. F. Lee, and P. Kumar, *Opt. Express* **13**, 2236 (2005).

[14] I. Mandelbaum, M. Bolshtyansky, T. F. Heinz, and A. R. Hight Walker, *J. Opt. Soc. Am. B* **23**, 621 (2006).

[15] R. Shuker and R. W. Gammon, *Phys. Rev. Lett.* **25**, 222 (1970).

[16] R. G. Smith, *Appl. Opt.* **11**, 2489 (1972).

[17] J. AuYeung and A. Yariv, *IEEE J. Quantum Electron.* **14**, 347 (1978).

[18] A. Picozzi, C. Montes, J. Botineau, and E. Picholle, *J. Opt. Soc. Am. B* **15**, 1309 (1998).

[19] C. R. Menyuk, M. N. Islam, and J. P. Gordon, *Opt. Lett.* **16**, 566 (1991).

[20] A. Höök, *Opt. Lett.* **17**, 115 (1992).

[21] S. Kumar, A. Selvarajan, and G. V. Anand, *Opt. Commun.* **102**, 329 (1993); *J. Opt. Soc. Am. B* **11**, 810 (1994).

[22] C. Headley and G. P. Agrawal, *IEEE J. Quantum Electron.* **31**, 2058 (1995).

[23] C. Headley and G. P. Agrawal, *J. Opt. Soc. Am. B* **13**, 2170 (1996).

[24] K. J. Blow and D. Wood, *IEEE J. Quantum Electron.* **25**, 2656 (1989).

[25] E. Golovchenko, P. V. Mamyshev, A. N. Pilipetskii, and E. M. Dianov, *IEEE J. Quantum Electron.* **26**, 1815 (1990); *J. Opt. Soc. Am. B* **8**, 1626 (1991).

[26] P. N. Morgan and J. M. Liu, *IEEE J. Quantum Electron.* **27**, 1011 (1991).

[27] P. V. Mamyshev, A. M. Vertikov, and A. M. Prokhorov, *Sov. Lightwave Commun.* **2**, 73 (1992).

[28] A. M. Vertikov and P. V. Mamyshev, *Sov. Lightwave Commun.* **2**, 119 (1992).

[29] S. Trillo and S. Wabnitz, *J. Opt. Soc. Am. B* **9**, 1061 (1992).

[30] E. Golovchenko and A. N. Pilipetskii, *J. Opt. Soc. Am. B* **11**, 92 (1994).

[31] R. Schulz and H. Harde, *J. Opt. Soc. Am. B* **12**, 1279 (1995).

[32] P. T. Dinda, G. Millot, and S. Wabnitz, *J. Opt. Soc. Am. B* **15**, 1433 (1998).

[33] C. Lin and R. H. Stolen, *Appl. Phys. Lett.* **28**, 216 (1976).

[34] C. Lin, L. G. Cohen, R. H. Stolen, G. W. Tasker, and W. G. French, *Opt. Commun.* **20**, 426 (1977).

[35] V. V. Grigoryants, B. L. Davydov, M. E. Zhabotinsky, V. F. Zolin, G. A. Ivanov, V. I. Smirnov, and Y. K. Chamorovski, *Opt. Quantum Electron.* **9**, 351 (1977).

[36] L. G. Cohen and C. Lin, *IEEE J. Quantum Electron.* **QE-14**, 855 (1978).

[37] V. S. Butylkin, V. V. Grigoryants, and V. I. Smirnov, *Opt. Quantum Electron.* **11**, 141 (1979).

[38] P.-J. Gao, C.-J. Nie, T.-L. Yang, and H.-Z. Su, *Appl. Phys.* **24**, 303 (1981).

[39] G. Rosman, *Opt. Quantum Electron.* **14**, 92 (1982).

[40] Y. Ohmori, Y. Sesaki, and T. Edahiro, *Trans. IECE Japan* **E66**, 146 (1983).

[41] R. Pini, M. Mazzoni, R. Salimbeni, M. Matera, and C. Lin, *Appl. Phys. Lett.* **43**, 6 (1983).

[42] M. Rothschild and H. Abad, *Opt. Lett.* **8**, 653 (1983).

[43] F. R. Barbosa, *Appl. Opt.* **22**, 3859 (1983).

[44] R. H. Stolen, C. Lee, and R. K. Jain, *J. Opt. Soc. Am. B* **1**, 652 (1984).

[45] C. Lin, *J. Lightwave Technol.* **LT-4**, 1103 (1986).

[46] A. S. L. Gomes, V. L. DaSilva, J. R. Taylor, B. J. Ainslie, and S. P. Craig, *Opt. Commun.* **64**, 373 (1987).

[47] K. X. Liu and E. Garmire, *IEEE J. Quantum Electron.* **27**, 1022 (1991).

[48] J. Chang, D. Baiocchi, J. Vas, and J. R. Thompson, *Opt. Commun.* **139**, 227 (1997).

[49] E. Landahl, D. Baiocchi, and J. R. Thompson, *Opt. Commun.* **150**, 339 (1998).

[50] M. G. Raymer and I. A. Walmsley, in *Progress in Optics*, Vol. 30, E. Wolf, Ed. (Elsevier, 1990), (Chap. 3).

[51] K. O. Hill, B. S. Kawasaki, and D. C. Johnson, *Appl. Phys. Lett.* **28**, 608 (1976); *Appl. Phys. Lett.* **29**, 181 (1976).

[52] R. K. Jain, C. Lin, R. H. Stolen, W. Pleibel, and P. Kaiser, *Appl. Phys. Lett.* **30**, 162 (1977).

[53] D. C. Johnson, K. O. Hill, B. S. Kawasaki, and D. Kato, *Electron. Lett.* **13**, 53 (1977).

[54] R. H. Stolen, C. Lin, and R. K. Jain, *Appl. Phys. Lett.* **30**, 340 (1977).

[55] C. Lin, R. H. Stolen, and L. G. Cohen, *Appl. Phys. Lett.* **31**, 97 (1977).

[56] R. H. Stolen, C. Lin, J. Shah, and R. F. Leheny, *IEEE J. Quantum Electron.* **14**, 860 (1978).

[57] C. Lin and W. G. French, *Appl. Phys. Lett.* **34**, 10 (1979).

[58] R. H. Stolen, *IEEE J. Quantum Electron.* **15**, 1157 (1979).

[59] M. Nakazawa, T. Masamitsu, and N. Ichida, *J. Opt. Soc. Am. B* **1**, 86 (1984).

[60] J. D. Kafka, D. F. Head, and T. Baer, in *Ultrafast Phenomena V*, G. R. Fleming and A. E. Siegman, Eds. (Springer, 1986), p. 51.

[61] E. Desurvire, A. Imamoglu, and H. J. Shaw, *J. Lightwave Technol.* **5**, 89 (1987).

[62] P. N. Kean, K. Smith, B. D. Sinclair, and W. Sibbett, *J. Mod. Opt.* **35**, 397 (1988).

[63] A. J. Stentz, *Proc. SPIE* **3263**, 91 (1998).

[64] S. V. Chernikov, N. S. Platonov, D. V. Gapontsev, D. I. Chang, M. J. Guy, and J. R. Taylor, *Electron. Lett.* **34**, 680 (1998).

[65] E. M. Dianov and A. M. Prokhorov, *IEEE J. Sel. Topics Quantum Electron.* **6**, 1022 (2000).

[66] S. A. Skubchenko, M. Y. Vyatkin, and D. V. Gapontsev, *IEEE Photon. Technol. Lett.* **16**, 1014 (2004).

[67] E. Bélanger, M. Bernier, D. Faucher, D. Cote, and R. Vallée, *J. Lightwave Technol.* **26**, 1696 (2008).

[68] Y. Feng, L. R. Taylor, and D. B. Calia, *Opt. Express* **17**, 23678 (2009).

[69] I. K. Ilev, H. Kumagai, and H. Toyoda, *Appl. Phys. Lett.* **69**, 1846 (1996); *Appl. Phys. Lett.* **70**, 3200 (1997).

[70] C. Lin and R. H. Stolen, *Appl. Phys. Lett.* **29**, 428 (1976).

[71] M. Ikeda, *Opt. Commun.* **39**, 148 (1981).

[72] Y. Aoki, S. Kishida, H. Honmou, K. Washio, and M. Sugimoto, *Electron. Lett.* **19**, 620 (1983).

[73] E. Desurvire, M. Papuchon, J. P. Pocholle, J. Raffy, and D. B. Ostrowsky, *Electron. Lett.* **19**, 751 (1983).

[74] M. Nakazawa, M. Tokuda, Y. Negishi, and N. Uchida, *J. Opt. Soc. Am. B* **1**, 80 (1984).

[75] M. Nakazawa, T. Nakashima, and S. Seikai, *J. Opt. Soc. Am. B* **2**, 215 (1985).

[76] N. A. Olsson and J. Hegarty, *J. Lightwave Technol.* **4**, 391 (1986).

[77] S. Seikai, T. Nakashima, and N. Shibata, *J. Lightwave Technol.* **4**, 583 (1986).

[78] K. Mochizuki, N. Edagawa, and Y. Iwamoto, *J. Lightwave Technol.* **4**, 1328 (1986).

[79] M. J. O'Mahony, *J. Lightwave Technol.* **6**, 531 (1988).

[80] N. Edagawa, K. Mochizuki, and Y. Iwamoto, *Electron. Lett.* **23**, 196 (1987).

[81] M. L. Dakss and P. Melman, *IEE Proc.* **135** (Pt. J), 96 (1988).

[82] K. Mochizuki, *J. Lightwave Technol.* **3**, 688 (1985).

[83] L. F. Mollenauer, R. H. Stolen, and M. N. Islam, *Opt. Lett.* **10**, 229 (1985).

[84] L. F. Mollenauer, J. P. Gordon, and M. N. Islam, *IEEE J. Quantum Electron.* **22**, 157 (1986).

[85] L. F. Mollenauer and K. Smith, *Opt. Lett.* **13**, 675 (1988).

[86] T. Horiguchi, T. Sato, and Y. Koyamada, *IEEE Photon. Technol. Lett.* **4**, 64 (1992).

[87] T. Sato, T. Horiguchi, Y. Koyamada, and I. Sankawa, *IEEE Photon. Technol. Lett.* **4**, 923 (1992).

[88] S. G. Grubb, *Proc. Conf. on Optical Amplifiers and Applications* (Optical Society of America, 1995).

[89] S. V. Chernikov, Y. Zhu, R. Kashyap, and J. R. Taylor, *Electron. Lett.* **31**, 472 (1995).

[90] E. M. Dianov, *Laser Phys.* **6**, 579 (1996).

[91] D. I. Chang, S. V. Chernikov, M. J. Guy, J. R. Taylor, and H. J. Kong, *Opt. Commun.* **142**, 289 (1997).

[92] A. Bertoni and G. C. Reali, *Appl. Phys. B* **67**, 5 (1998).

[93] D. V. Gapontsev, S. V. Chernikov, and J. R. Taylor, *Opt. Commun.* **166**, 85 (1999).

[94] H. Masuda, S. Kawai, K. Suzuki, and K. Aida, *IEEE Photon. Technol. Lett.* **10**, 516 (1998).

[95] H. Kidorf, K. Rottwitt, M. Nissov, M. Ma, and E. Rabarijaona, *IEEE Photon. Technol. Lett.* **11**, 530 (1999).

[96] H. Masuda and S. Kawai, *IEEE Photon. Technol. Lett.* **11**, 647 (1999).

[97] H. Suzuki, J. Kani, H. Masuda, N. Takachio, K. Iwatsuki, Y. Tada, and M. Sumida, *IEEE Photon. Technol. Lett.* **12**, 903 (2000).

[98] S. Namiki and Y. Emori, *IEEE J. Sel. Topics Quantum Electron.* **7**, 3 (2001).

[99] M. N. Islam, Ed., *Raman Amplifiers for Telecommunications*, Vol. 1 and 2 (Springer, 2004).

[100] J. Bromage, *J. Lightwave Technol.* **22**, 79 (2004).

[101] D. F. Grosz, A. Agarwal, S. Banerjee, D. N. Maywar, and A. P. Küng, *J. Lightwave Technol.* **22**, 423 (2004).

[102] C. Headley and G. P. Agrawal, Eds., *Raman Amplification in Fiber Optical Communication Systems* (Academic Press, 2005).

[103] Y. Feng, L. R. Taylor, and D. Bonaccini Calia, *Opt. Express* **16**, 10927 (2008).

[104] L. R. Taylor, Y. Feng, and D. B. Calia, *Opt. Express* **18**, 8540 (2010).

[105] A. R. Chraplyvy, *Electron. Lett.* **20**, 58 (1984).

[106] N. A. Olsson, J. Hegarty, R. A. Logan, L. F. Johnson, K. L. Walker, L. G. Cohen, B. L. Kasper, and J. C. Campbell, *Electron. Lett*, **21**, 105 (1985).

[107] A. R. Chraplyvy, *J. Lightwave Technol.* **8**, 1548 (1990).

[108] D. N. Christodoulides and R. B. Jander, *IEEE Photon. Technol. Lett.* **8**, 1722 (1996).

[109] J. Wang, X. Sun, and M. Zhang, *IEEE Photon. Technol. Lett.* **10**, 540 (1998).

[110] M. E. Marhic, F. S. Yang, and L. G. Kazovsky, *J. Opt. Soc. Am. B* **15**, 957 (1998).

[111] S. Bigo, S. Gauchard, A. Bertaina, and J. P. Hamaide, *IEEE Photon. Technol. Lett.* **11**, 671 (1999).

[112] A. G. Grandpierre, D. N. Christodoulides, and J. Toulouse, *IEEE Photon. Technol. Lett.* **11**, 1271 (1999).

[113] K.-P. Ho, *J. Lightwave Technol.* **18**, 915 (2000).

[114] X. Zhou and M. Birk, *J. Lightwave Technol.* **21**, 2194 (2003).

[115] T. Yamamoto and S. Norimatsu, *J. Lightwave Technol.* **21**, 2229 (2003).

[116] V. N. Lugovoi, *Sov. Phys. JETP* **44**, 683 (1976).

[117] J. I. Gersten, R. R. Alfano, and M. Belic, *Phys. Rev. A.* **21**, 1222 (1980).

[118] E. M. Dianov, A. Y. Karasik, P. V. Mamyshev, G. I. Onishchukov, A. M. Prokhorov, M. F. Stel'makh, and A. A. Fomichev, *JETP Lett.* **39**, 691 (1984).

[119] E. M. Dianov, A. Y. Karasik, P. V. Mamyshev, A. M. Prokhorov, and V. N. Serkin, *Sov. Phys. JETP* **62**, 448 (1985).

[120] B. Valk, W. Hodel, and H. P. Weber, *Opt. Commun.* **54**, 363 (1985).

[121] R. H. Stolen and A. M. Johnson, *IEEE J. Quantum Electron.* **QE-22**, 2154 (1986).

[122] P. M. W. French, A. S. L. Gomes, A. S. Gouveia-Neto, and J. R. Taylor, *IEEE J. Quantum Electron.* **QE-22**, 2230 (1986).

[123] D. Schadt and B. Jaskorzynska, *J. Opt. Soc. Am. B* **4**, 856 (1987).

[124] P. N. Kean, K. Smith, and W. Sibbett, *IEE Proc. Pt. J.* **134**, 163 (1987).

[125] R. R. Alfano, P. L. Baldeck, F. Raccah, and P. P. Ho, *Appl. Opt.* **26**, 3492 (1987).

[126] J. T. Manassah, *Appl. Opt.* **26**, 3747 (1987); J. T. Manassah and O. Cockings, *Appl. Opt.* **26**, 3749 (1987).

[127] E. M. Dianov, P. V. Mamyshev, A. M. Prokhorov, and D. G. Fursa, *JETP Lett.* **45**, 599 (1987); *JETP Lett.* **46**, 482 (1987).

[128] K. Smith, P. N. Kean, D. W. Crust, and W. Sibbett, *J. Mod. Opt.* **34**, 1227 (1987).

[129] M. Nakazawa, M. S. Stix, E. P. Ippen, and H. A. Haus, *J. Opt. Soc. Am. B* **4**, 1412 (1987).

[130] R. R. Alfano and P. P. Ho, *IEEE J. Quantum Electron.* **24**, 351 (1988).

[131] A. M. Weiner, J. P. Heritage, and R. H. Stolen, *J. Opt. Soc. Am. B* **5**, 364 (1988).

[132] A. S. L. Gomes, V. L. da Silva, and J. R. Taylor, *J. Opt. Soc. Am. B* **5**, 373 (1988).

[133] P. L. Baldeck, R. R. Alfano, and G. P. Agrawal, in *Ultrafast Phenomena VI*, T. Yajima et al., Eds. (Springer, 1988), p. 53.

[134] M. Kuckartz, R. Schultz, and A. Harde, *Opt. Quantum Electron.* **19**, 237 (1987); *J. Opt. Soc. Am. B* **5**, 1353 (1988).

[135] J. Hermann and J. Mondry, *J. Mod. Opt.* **35**, 1919 (1988).

[136] R. Osborne, *J. Opt. Soc. Am. B* **6**, 1726 (1989).

[137] D. N. Cristodoulides and R. I. Joseph, *IEEE J. Quantum Electron.* **25**, 273 (1989).

[138] Y. B. Band, J. R. Ackerhalt, and D. F. Heller, *IEEE J. Quantum Electron.* **26**, 1259 (1990).

[139] J. E. Sharping, Y. Okawachi, and A. L. Gaeta, *Opt. Express* **13**, 6092 (2005).

[140] G. Fanjoux and T. Sylvestre, *Opt. Lett.* **33**, 2506 (2008).

[141] G. Fanjoux and T. Sylvestre, *Opt. Lett.* **34**, 3824 (2009).

[142] K. Suzuki, K. Noguchi, and N. Uesugi, *Opt. Lett.* **11**, 656 (1986); *J. Lightwave Technol.* **6**, 94 (1988).

[143] A. S. L. Gomes, V. L. da Silva, J. R. Taylor, B. J. Ainslie, and S. P. Craig, *Opt. Commun.* **64**, 373 (1987).

[144] E. M. Dianov, L. A. Bufetov, M. M. Bubnov, M. V. Grekov, S. A. Vasiliev, and O. I. Medvedkov, *Opt. Lett.* **25**, 402 (2000).

[145] T. Nakashima, M. Nakazawa, K. Nishi, and H. Kubota, *Opt. Lett.* **12**, 404 (1987).

[146] A. S. L. Gomes, A. S. Gouveia-Neto, and J. R. Taylor, *Opt. Quantum Electron.* **20**, 95 (1988).

[147] K. Tamura and M. Nakazawa, *Opt. Lett.* **21**, 68 (1996).

[148] M. E. Fermann, V. I. Kruglov, B. C. Thomsen, J. M. Dudley, and J. D. Harvey, *Phys. Rev. Lett.* **26**, 6010 (2000).

[149] V. I. Kruglov, A. C. Peacock, J. D. Harvey, and J. M. Dudley, *J. Opt. Soc. Am. B* **19**, 461 (2002).

[150] J. Limpert, T. Schreiber, T. Clausnitzer, K. Zollner, H. J. Fuchs, E. B. Kley, H. Zellmer, and A. Tunnermann, *Opt. Express* **10**, 628 (2002).

[151] A. C. Peacock, N. G. R. Broderick, and T. M. Monro, *Opt. Commun.* **218**, 167 (2003).

[152] C. Finot, G. Millot, C. Billet, and J. M. Dudley, *Opt. Express* **11**, 1547 (2003).

[153] C. Finot, G. Millot, S. Pitois, C. Billet, and J. M. Dudley, *IEEE J. Sel. Topics Quantum Electron.* **10**, 1211 (2004).

[154] G. Q. Chang, A. Galvanauskas, H. G. Winful, and T. B. Norris, *Opt. Lett.* **29**, 2647 (2004).

[155] V. A. Vysloukh and V. N. Serkin, *JETP Lett.* **38**, 199 (1983).

[156] E. M. Dianov, A. Y. Karasik, P. V. Mamyshev, A. M. Prokhorov, V. N. Serkin, M. F. Stel'makh, and A. A. Fomichev, *JETP Lett.* **41**, 294 (1985).

[157] E. M. Dianov, A. M. Prokhorov, and V. N. Serkin, *Opt. Lett.* **11**, 168 (1986).

[158] F. M. Mitschke and L. F. Mollenauer, *Opt. Lett.* **11**, 659 (1986).

[159] V. N. Serkin, *Sov. Tech. Phys. Lett.* **13**, 366 (1987).

[160] P. Beaud, W. Hodel, B. Zysset, and H. P. Weber, *IEEE J. Quantum Electron.* **23**, 1938 (1987).

[161] A. S. Gouveia-Neto, A. S. L. Gomes, J. R. Taylor, B. J. Ainslie, and S. P. Craig, *Electron. Lett.* **23**, 1034 (1987).

[162] A. S. Gouveia-Neto, A. S. L. Gomes, and J. R. Taylor, Opt. Lett. 12, 1035 (1987); *IEEE J. Quantum Electron.* **24**, 332 (1988).

[163] K. J. Blow, N. J. Doran, and D. Wood, *J. Opt. Soc. Am. B* **5**, 381 (1988).

[164] A. S. Gouveia-Neto, A. S. L. Gomes, J. R. Taylor, and K. J. Blow, *J. Opt. Am. B* **5**, 799 (1988).

[165] A. S. Gouveia-Neto, M. E. Faldon, and J. R. Taylor, *Opt. Lett.* **13**, 1029 (1988); *Opt. Commun.* **69**, 325 (1989).

[166] A. Höök, D. Anderson, and M. Lisak, *Opt. Lett.* **13**, 1114 (1988); *J. Opt. Soc. Am. B* **6**, 1851 (1989).

[167] E. A. Golovchenko, E. M. Dianov, P. V. Mamyshev, A. M. Prokhorov, and D. G. Fursa, *J. Opt. Soc. Am. B* **7**, 172 (1990).

[168] E. J. Greer, D. M. Patrick, P. G. J. Wigley, J. I. Vukusic, and J. R. Taylor, *Opt. Lett.* **15**, 133 (1990).

[169] A. S. Gouveia-Neto, *J. Lightwave Technol.* **10**, 1536 (1992).

[170] E. M. Dianov, A. B. Grudinin, A. M. Prokhorov, and V. N. Serkin, in *Optical Solitons—Theory and Experiment*, J. R. Taylor, Ed. (Cambridge University Press, 1992), (Chap. 7).

[171] K. Chan and W. Cao, *Opt. Commun.* **158**, 159 (1998).

[172] K. Drühl, R. G. Wenzel, and J. L. Carlsten, *Phys. Rev. Lett.* **51**, 1171 (1983); *J. Stat. Phys.* **39**, 615 (1985).

[173] C. R. Menyuk, *Phys. Rev. Lett.* **62**, 2937 (1989).

[174] J. C. Englund and C. M. Bowden, *Phys. Rev. Lett.* **57**, 2661 (1986); *Phys. Rev. A* **42**, 2870 (1990); *Phys. Rev. A* **46**, 578 (1992).

[175] N. Nishizawa, Y. Ito, and N. Goto, *IEEE Photon. Technol. Lett.* **14**, 896 (2002).

[176] A. V. Husakou and J. Herrmann, *J. Opt. Soc. Am. B* **19**, 2171 (2002).

[177] K. S. Abedin and F. Kubota, *IEEE J. Sel. Topics Quantum Electron.* **10**, 1203 (2004).

[178] D. N. Christodoulides, *Opt. Commun.* **86**, 431 (1991).

[179] M. N. Islam, L. F. Mollenauer, R. H. Stolen, J. R. Simpson, and H. T. Shang, *Opt. Lett.* **12**, 814 (1987).

[180] J. D. Kafka and T. Baer, *Opt. Lett.* **12**, 181 (1987).

[181] A. S. Gouveia-Neto, A. S. L. Gomes, and J. R. Taylor, *Electron. Lett.* **23**, 537 (1987); *Opt. Quantum Electron.* **20**, 165 (1988).

[182] H. A. Haus and M. Nakazawa, *J. Opt. Soc. Am. B* **4**, 652 (1987).

[183] V. L. da Silva, A. S. L. Gomes, and J. R. Taylor, *Opt. Commun.* **66**, 231 (1988).

[184] U. Keller, K. D. Li, M. Rodwell, and D. M. Bloom, *IEEE J. Quantum Electron.* **25**, 280 (1989).

[185] M. Ding and K. Kikuchi, *IEEE Photon. Technol. Lett.* **4**, 927 (1992); *IEEE Photon. Technol. Lett.* **4**, 1109 (1992).

[186] M. Ding and K. Kikuchi, *Fiber Integ. Opt.* **13**, 337 (1994).

[187] C. J. S. de Matos, S. V. Popov, and J. R. Taylor, *Opt. Lett.* **28**, 1891 (2003).

[188] D. A. Chestnut and J. R. Taylor, *Opt. Lett.* **29**, 262 (2004).

[189] K. Iwaisuki, K. Suzuki, and S. Nishi, *IEEE Photon. Technol. Lett.* **3**, 1074 (1991).

[190] C. Headley III and G. P. Agrawal, *J. Opt. Soc. Am. B* **10**, 2383 (1993).

[191] R. F. de Souza, E. J. S. Fonseca, M. J. Hickmann, and A. S. Gouveia-Neto, *Opt. Commun.* **124**, 79 (1996).

[192] Q. Lin and G. P. Agrawal, *Opt. Lett.* **27**, 2194 (2002); *Opt. Lett.* **28**, 227 (2003).

[193] Q. Lin and G. P. Agrawal, *J. Opt. Soc. Am. B* **20**, 1616 (2003).

[194] E. S. Son, J. H. Lee, and Y. C. Chung, *J. Lightwave Technol.* **23**, 1219 (2005).

[195] S. Sergeyev, S. Popov, and A. T. Friberg, *Opt. Commun.* **262**, 114 (2006); *J. Opt. A: Pure Appl. Opt.* **9**, 1119 (2007).

[196] P. Ebrahimi, M. C. Hauer, Q. Yu, et al., *Proc. Conf. on Lasers and Electro-optics* (Optical Society of America, 2001), p. 143.

[197] S. Popov, E. Vanin, and G. Jacobsen, *Opt. Lett.* **27**, 848 (2002).

[198] A. B. dos Santos and J. P. von der Weid, *Opt. Lett.* **29**, 1324 (2004).

[199] C. W. Gardiner, *Handbook of Stochastic Methods*, 2nd ed. (Springer, 1985).

第9章　受激布里渊散射

受激布里渊散射(stimulated Brillouin scattering, SBS)是一种在输入功率远低于受激喇曼散射所要求的功率水平时，就能在光纤内发生的非线性过程。一旦达到布里渊阈值，受激布里渊散射将把绝大部分输入功率转移到后向斯托克斯波中。基于这个原因，受激布里渊散射限制了光通信系统的信道功率，同时它又可以作为光纤布里渊激光器和放大器。本章讨论光纤中的受激布里渊散射现象。

9.1 节　介绍受激布里渊散射的一些基本概念，侧重布里渊增益谱。

9.2 节　介绍连续波泵浦条件下的布里渊阈值，以及控制布里渊阈值的方法。

9.3 节　讨论光纤布里渊放大器及其特性。

9.4 节　着重讨论受激布里渊散射的动态特性，诸如受激布里渊散射感应的调制不稳定性和光学混沌等非线性现象。

9.5 节　介绍连续和脉冲运转的光纤布里渊激光器。

9.1　基本概念

自 1964 年首次观察到受激布里渊散射这种非线性现象以来，人们已对它进行了广泛的研究[1~10]。受激布里渊散射与受激喇曼散射类似，它是通过相对于入射泵浦波频率下移的斯托克斯波的产生来表现的，频移量由非线性介质决定。然而，它们两者之间存在着显著的不同，例如，单模光纤中由受激喇曼散射产生的斯托克斯波向前后两个方向传输，而由受激布里渊散射产生的斯托克斯波则仅后向传输；受激布里渊散射的斯托克斯频移(约为 10 GHz)比受激喇曼散射的频移小三个量级；受激布里渊散射的阈值泵浦功率与泵浦波的谱宽有关，对连续波泵浦或采用相对较宽的脉冲(大于 1 μs)泵浦，其阈值可低至约为 1 mW，而对脉宽小于 1 ns 的短泵浦脉冲，受激布里渊散射几乎不会发生。所有这些不同源于一个基本差别，即受激布里渊散射中参与的是声学声子，而受激喇曼散射中参与的是光学声子。

9.1.1　受激布里渊散射的物理过程

受激布里渊散射过程可以经典地描述为泵浦波和斯托克斯波通过声波进行的非线性互作用，泵浦波通过电致伸缩(electrostriction)产生声波，反过来声波调制介质的折射率[10]。泵浦波感应的折射率光栅通过布拉格衍射散射泵浦波，由于以声速 v_A 移动的光栅的多普勒位移，散射光产生了频率下移。同样，在量子力学中，这个散射过程可以看成一个泵浦光子的湮灭，同时产生了一个斯托克斯光子和一个声学声子。由于在散射过程中能量和动量必须守恒，因此三个波的频率和波矢之间有以下关系：

$$\Omega_B = \omega_p - \omega_s, \quad \boldsymbol{k}_A = \boldsymbol{k}_p - \boldsymbol{k}_s \tag{9.1.1}$$

式中，ω_p 和 ω_s 分别为泵浦波和斯托克斯波的频率，$\boldsymbol{k}_p$ 和 $\boldsymbol{k}_s$ 分别是泵浦波和斯托克斯波的波矢。

声波频率 Ω_B 和波矢 $\boldsymbol{k}_A$ 满足如下标准色散关系:

$$\Omega_B = v_A |\boldsymbol{k}_A| \approx 2v_A |\boldsymbol{k}_p| \sin(\theta/2) \tag{9.1.2}$$

式中, θ 为泵浦波与斯托克斯波之间的夹角, 其中用到了 $|\boldsymbol{k}_p| \approx |\boldsymbol{k}_s|$。式(9.1.2)表明, 斯托克斯波的频移与散射角有关。特别是, Ω_B 在后向 ($\theta = \pi$) 有最大值, 而在前向 ($\theta = 0$) 为零。在单模光纤中, 只有前、后向为相关方向, 因此受激布里渊散射仅发生在后向, 且后向布里渊频移为

$$\nu_B = \Omega_B/2\pi = 2n_p v_A/\lambda_p \tag{9.1.3}$$

上式用到了式(9.1.2)中的 $|\boldsymbol{k}_p| = 2\pi n_p/\lambda_p$, n_p 为泵浦波长 λ_p 处的有效模折射率。若取 $v_A = 5.96$ km/s, $n_p = 1.45$, 则对于石英光纤, 在 $\lambda_p = 1.55$ μm 处, $\nu_B \approx 11.1$ GHz。

尽管式(9.1.2)能准确预测在单模光纤中受激布里渊散射仅在后向发生, 但自发布里渊散射在前向也能发生, 这是由于声波的波导特性放宽了波矢选择定则, 结果前向产生了少量的斯托克斯波, 这一现象称为导向声波布里渊散射[11]。实际中, 斯托克斯频谱在 10 ~ 1000 MHz 频移范围内表现为多重线, 由于它非常弱, 本章就不再进一步讨论了。

9.1.2　布里渊增益谱

与受激喇曼散射的情形类似, 斯托克斯波的形成用峰值位于 $\Omega = \Omega_B$ 处的布里渊增益谱 $g_B(\Omega)$ 来表征。然而, 与受激喇曼散射情形相反, 受激布里渊散射的增益谱很窄(约为 10 MHz 而不是 10 THz), 这是因为谱宽与声波的阻尼时间有关, 而阻尼时间又和声子寿命有关。正如将在 9.4.1 节中看到的, 若假定声波是以 $\exp(-\Gamma_B t)$ 衰减的, 则布里渊增益谱具有如下洛伦兹形谱线分布[10]:

$$g_B(\Omega) = \frac{g_p(\Gamma_B/2)^2}{(\Omega - \Omega_B)^2 + (\Gamma_B/2)^2} \tag{9.1.4}$$

在 $\Omega = \Omega_B$ 处, 布里渊增益峰值为

$$g_p \equiv g_B(\Omega_B) = \frac{4\pi^2 \gamma_e^2 f_A}{n_p c \lambda_p^2 \rho_0 v_A \Gamma_B} \tag{9.1.5}$$

式中, $\gamma_e \approx 0.902$ 是石英的电致伸缩常数, $\rho_0 \approx 2210$ kg/m^3 是石英的密度[12], f_A 是因为声模和光模在光纤内未完全交叠而引起的受激布里渊散射增益的下降, 其定义见 9.4.1 节。增益谱的半极大全宽度(FWHM)与 Γ_B 的关系为 $\Delta\nu_B = \Gamma_B/(2\pi)$, 声子寿命 $T_B = \Gamma_B^{-1}$, 通常小于 10 ns。

早在 1950 年, 人们就对块体石英的布里渊增益进行了测量[13]。1979 年, 用氩离子激光器进行的测量表明[14], 在 $\lambda_p = 486$ nm 时, $\nu_B = 34.7$ GHz, $\Delta\nu_B = 54$ MHz。这些实验还揭示了, $\Delta\nu_B$ 取决于布里渊频移, 且其变化比理论预期的二次方关系(即 ν_B^2)略快。由式(9.1.3)应注意到, ν_B 和 λ_p 成反比, $\Delta\nu_B$ 与泵浦波长服从 λ_p^{-2} 的关系。布里渊增益曲线随 λ_p 的增大而变窄, 从而抵消了式(9.1.5)中增益的减小, 结果布里渊增益峰值几乎与泵浦波长无关。若把石英光纤的典型参量值代入式(9.1.5), 则可得 g_p 在 $3 \times 10^{-11} \sim 5 \times 10^{-11}$ m/W 范围, 此值比喇曼增益系数几乎大 3 个数量级(见 8.1 节)。

由于光模的导波特性和光纤纤芯中的掺杂, 使石英光纤的布里渊增益谱与观察到的块体石英的有显著不同[15~24], 图 9.1 给出了具有不同结构和纤芯掺锗(GeO_2)浓度的 3 种光纤的增益谱测量结果, 测量是利用工作在 1.525 μm 波长的外腔半导体激光器和分辨率为 3 MHz 的外差探测技术进行的[17]。图 9.1(a)所示光纤的纤芯近乎为纯石英(GeO_2 浓度为 0.3%/mol), 测得的布里渊频移为 $\nu_B \approx 11.25$ GHz, 若利用块体石英中的声速, 则它与式(9.1.3)预期的一

致。对于图9.1(b)和图9.1(c)所示光纤，其布里渊频移的减小几乎与 GeO_2 的浓度成反比，图9.1(b)所示光纤的布里渊频谱的双峰结构源于纤芯中 GeO_2 的不均匀分布[17]。

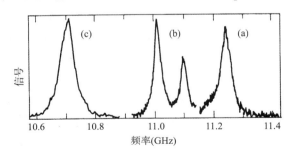

图9.1　$\lambda_p = 1.525\ \mu m$ 时三种光纤的布里渊增益谱。（a）石英芯光纤；
（b）凹陷包层光纤；（c）色散位移光纤[17]（©1986 IEE）

距今更近的测量表明[22~24]，布里渊增益谱与光纤设计的细节有很大关系，增益谱中可能含有多个峰，这些峰源于光纤支持的不同声模。早在1988年就观察到了三峰增益谱，并解释为这是由于声模在光纤纤芯和包层中的传输速度不同造成的[19]。在2002年的一个实验中[22]，记录下了4种不同类型光纤的布里渊增益谱，这些光纤不仅芯径不同，而且纤芯中 GeO_2 的掺杂浓度也不一样（从3.6%到20%）。增益谱呈现出5个峰，这和光纤的设计有关。主峰的布里渊频移也在9~11 GHz范围内变化；光纤纤芯中 GeO_2 的浓度越高，布里渊频移越小。例如，图9.2给出了在几个不同泵浦功率下，测量得到的纤芯掺有18% GeO_2 的色散补偿光纤（DCF）的增益谱。主峰在9.77 GHz处，而4个小峰也清晰可见，这些峰分别对应于光纤中不同的声模[23]。由于每个声模都有一个不同的声速 v_A，因此由式（9.1.3）可知，这些声模具有不同的布里渊频移。高泵浦功率下增益谱的变化和受激布里渊散射有关。

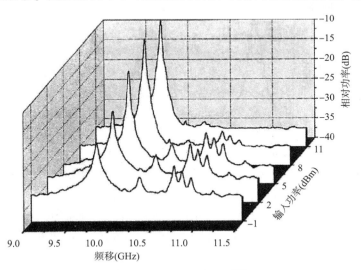

图9.2　色散补偿光纤的布里渊增益谱[22]（©2002 IEEE）

图9.1和图9.2中主增益峰的带宽对应于布里渊增益带宽 Δv_B，它和声子寿命有关。布里渊增益带宽比块体石英的预期值（在 $\lambda_p = 1.525\ \mu m$ 时，$\Delta v_B \approx 17$ MHz）大得多，其他实验也表明，石英光纤的布里渊增益带宽比块体石英的大[18~20]。其中一小部分带宽增加是由于光纤中声模的导波特性[15]，然而绝大部分是由于沿光纤长度方向的纤芯截面不均匀。光纤的数值孔径也在受激

布里渊散射增益谱的展宽中起作用[25]。由于这些因素对每一种光纤而言都是特有的，因而不同的光纤有不同的布里渊增益带宽 Δv_B，甚至在 1.55 μm 波长区能够超过 100 MHz。

表示布里渊增益的式(9.1.4)是在稳态条件下得到的，因而对谱宽 Δv_p 远小于布里渊增益带宽 Δv_B 的连续或准连续波泵浦(脉宽 $T_0 \gg T_B$)有效。对脉宽 $T_0 < T_B$ 的泵浦脉冲，与由式(9.1.5)得到的结果相比，布里渊增益显著减小[5]。确实，若脉宽比声子寿命短得多($T_0 < 1$ ns)，则布里渊增益就会减小到喇曼增益以下，这样的泵浦脉冲能通过受激喇曼散射产生前向传输的喇曼脉冲，有关内容可见 8.3 节。

即使是连续波泵浦，若其谱宽 Δv_p 超过了 Δv_B，则布里渊增益也会显著减小，在用多模激光器泵浦时，就会出现这种情况。对相位在比声子寿命 T_B 短的时间尺度上迅变的单模泵浦激光器，也会出现这种情况。详细的计算表明[26~28]，宽带泵浦条件下，布里渊增益取决于泵浦波的相干长度和受激布里渊散射互作用长度的相对大小，其中相干长度定义为 $L_{coh} = c/(n_p \Delta v_p)$，受激布里渊散射互作用长度 L_{int} 定义为斯托克斯波振幅有明显变化的长度。若 $L_{coh} \gg L_{int}$，则受激布里渊散射过程与纵模间隔超过 Δv_B 的泵浦激光器的模结构无关，且经过几个互作用长度后，布里渊增益近似与单模激光器泵浦的布里渊增益相同[26]；反之，若 $L_{coh} \ll L_{int}$，则布里渊增益显著减小。后一种情况通常适用于光纤，只要光纤损耗不太大，其互作用长度与光纤长度 L 相当。

由布里渊增益和泵浦频谱 $S_p(\omega_p)$ 的卷积可以得到宽带连续泵浦的有效布里渊增益 $g_B^{eff}(\omega_s)$，然而，正如将在 9.4.3 节中讨论的，受激布里渊散射增益伴随着折射率的变化，因此必须使用增益谱的复数形式 g_c，它的实部给出了受激布里渊散射增益：

$$g_c(\omega_s) = \int_{-\infty}^{\infty} \frac{g_p \Gamma_B/2}{\Gamma_B/2 + i(\omega - \omega_s - \Omega_B)} S_p(\omega - \omega_p) d\omega \tag{9.1.6}$$

式中，$S_p(\omega - \omega_p)$ 是归一化的，于是 $\int_{-\infty}^{\infty} S_p(\omega - \omega_p) d\omega = 1$。在泵浦激光器输出的是宽为 $\Delta \omega_p$ 的高斯形频谱的情况下，它具有以下形式：

$$S_p(\omega - \omega_p) = \frac{1}{\sqrt{\pi} \Delta \omega_p} \exp\left[-\frac{(\omega - \omega_p)^2}{(\Delta \omega_p)^2} \right] \tag{9.1.7}$$

将上式代入式(9.1.6)中并积分，将结果用补余误差函数表示[29]，可以得到

$$g_c(\omega_s) = g_p \sqrt{\pi} q\, e^{-(p+iq)^2} \text{erfc}(q - ip) \tag{9.1.8}$$

式中，$p = (\Omega_B + \omega_s - \omega_p)/\Delta \omega_p$ 和 $q = \Gamma_B/(2\Delta \omega_p)$ 是两个无量纲的数。注意到 $g_B = \text{Re}(g_c)$，可以得到

$$g_B^{eff}(\omega_s) = g_p \sqrt{\pi} q \exp(q^2 - p^2) \text{Re}[\text{erfc}(q - ip) e^{-2ipq}] \tag{9.1.9}$$

在 $q \ll 1$ 的极限下，布里渊增益谱变成近高斯形的，它与泵浦频谱有相同的宽度，即它以 $(2\Delta \omega_p)/\Gamma_B$ 的因子被展宽。同时，增益的峰值以同样的因子减小，这就是当 $\Delta \omega_p \gg \Gamma_B$ 时受激布里渊散射阈值以较大的倍数增加的原因。

9.2　准连续受激布里渊散射

与受激喇曼散射过程类似，光纤中受激布里渊散射的形成需要考虑泵浦波和斯托克斯波之间的互作用。本节将介绍一种适合连续或准连续波条件下的简单理论，并用其讨论布里渊阈值的概念。

9.2.1　布里渊阈值

在稳态条件下(适用于连续或准连续波泵浦)，受激布里渊散射过程用类似于方程(8.1.2)和方

程(8.1.3)的两个耦合方程描述。考虑到斯托克斯波与泵浦波的传输方向相反，它们之间唯一的区别是 $\mathrm{d}I_s/\mathrm{d}z$ 的符号不同。再做两个简化。首先，由于布里渊频移相对较小，则 $\omega_p \approx \omega_s$；其次，基于同样的理由，泵浦波和斯托克斯波有几乎相同的光纤损耗，即 $\alpha_p \approx \alpha_s \equiv \alpha$。由以上假设，则方程(8.1.2)和方程(8.1.3)变为

$$\frac{\mathrm{d}I_p}{\mathrm{d}z} = -g_B I_p I_s - \alpha I_p \tag{9.2.1}$$

$$-\frac{\mathrm{d}I_s}{\mathrm{d}z} = +g_B I_p I_s - \alpha I_s \tag{9.2.2}$$

在不考虑光纤损耗的情况下($\alpha = 0$)，易证 $\mathrm{d}(I_p - I_s)/\mathrm{d}z = 0$，即 $I_p - I_s$ 沿光纤保持为常量。

方程(9.2.1)和方程(9.2.2)暗含了反向传输的泵浦波和斯托克斯波沿相同方向线偏振，并且其偏振态在光纤中保持不变这一假设，当两光波沿保偏光纤其中一个主轴方向偏振时，就属于这种情形。

为估算布里渊阈值，可以忽略泵浦消耗。将 $I_p(z) = I_p(0)\mathrm{e}^{-\alpha z}$ 代入方程(9.2.2)，并对其在整个光纤长度 L 上积分，可以发现后向斯托克斯波的强度按下面的关系式指数增加：

$$I_s(0) = I_s(L)\exp(g_B P_0 L_{\mathrm{eff}}/A_{\mathrm{eff}} - \alpha L) \tag{9.2.3}$$

式中，$P_0 = I_p(0)A_{\mathrm{eff}}$ 为输入泵浦功率，A_{eff} 为有效模面积，有效光纤长度的定义见式(4.1.6)。

式(9.2.3)表明了一个在 $z = L$ 处入射的后向斯托克斯信号，是如何因受激布里渊散射产生的布里渊增益而增长的。实际上，通常没有这样的信号馈入(除非光纤作为布里渊放大器)，而斯托克斯波是从整个光纤中发生的自发布里渊散射提供的噪声中建立的。与受激喇曼散射类似，噪声功率等价于在增益恰好等于光纤损耗处，每个模式注入一个假想光子。按照8.1.2节的方法，利用下面的式子可估算布里渊阈值[7]：

$$g_B(\Omega_B)P_{\mathrm{cr}}L_{\mathrm{eff}}/A_{\mathrm{eff}} \approx 21 \tag{9.2.4}$$

式中，布里渊增益峰值由式(9.1.5)给出，P_{cr} 是临界泵浦功率。应强调的是，式(9.2.4)中的因子21是基于近似分析的结果[7]。近年来，通过将自发布里渊散射的分布特性考虑在内，已得到更准确的结果[30~32]。这些结果揭示，对于长光纤，式(9.2.4)中的21应减小到16左右。

为了估算受激布里渊散射的阈值功率，首先考虑在工作于 $1.55~\mu\mathrm{m}$ 附近的典型光通信系统中可能遇到的长光纤段($L > 50~\mathrm{km}$)。由于在这种条件下满足 $\alpha L \gg 1$，所以 $L_{\mathrm{eff}} = 1/\alpha$，$P_{\mathrm{cr}} = 21\alpha A_{\mathrm{eff}}/g_B$。若利用光纤参量的典型值，即 $A_{\mathrm{eff}} = 80~\mu\mathrm{m}^2$，$\alpha = 0.2~\mathrm{dB/km}$，$g_B = 5 \times 10^{-11}~\mathrm{m/W}$，则由式(9.2.4)可求出临界泵浦功率 P_{cr} 约为 2 mW。如此之低的布里渊阈值是光纤太长造成的。如果光纤很短，比如 $L = 1~\mathrm{m}$，则阈值功率将增大到 20 W。利用纤芯更粗因而有效模面积也更大的光纤，布里渊阈值甚至能增大更多。

9.2.2 偏振效应

由式(9.2.4)预测的布里渊阈值功率仅仅是一个近似值，而在实际中有多个因素能够造成有效布里渊增益的降低，其中一个重要因素是布里渊增益的偏振相关特性。与图8.2所示的喇曼增益不同，当泵浦波和斯托克斯波是正交偏振的线偏振光时，布里渊增益为零[33]。结果，若泵浦波和斯托克斯波以45°角线偏振入射到保偏光纤中，则有效受激布里渊散射增益将减小一半。

若光纤中存在残余双折射的起伏，情况将更加复杂。当只有泵浦波入射到这种光纤中时，发生在光纤后端面的自发布里渊散射可以作为斯托克斯波的种子光。然而，由于该种子光被

泵浦波放大，光纤的残余双折射将以随机方式改变泵浦波和斯托克斯波的偏振态，结果有效布里渊增益因为这种偏振变化而减小，受激布里渊散射阈值会变得更大。然而，通常泵浦波和斯托克斯波不能保持线偏振态，因而增强因子并不等于 2。

尽管完整的分析比较复杂，但仍可通过简单的物理论证估算增益衰减因子[34]。首先要注意的是，斯托克斯波是通过一个以声速移动的光栅的反射在后向产生的；其次，即使斯托克斯波和泵浦波有相同的偏振态，偏振态的旋向也会因反射而改变。从数学意义上讲，如果光波的方向反转，则斯托克斯矢量的垂直分量 s_3 将改变符号。这样，对任意偏振的泵浦波和斯托克斯波，受激布里渊散射效率由下面的式子决定：

$$\eta_{SBS} = \frac{1}{2}(1 + \hat{s} \cdot \hat{p}) = \frac{1}{2}(1 + s_1 p_1 + s_2 p_2 - s_3 p_3) \tag{9.2.5}$$

式中，$\hat{s} = (s_1, s_2, s_3)$ 和 $\hat{p}(p_1, p_2, p_3)$ 分别表示邦加球上斯托克斯波和泵浦波的单位矢量。由该式可以看出，对于同偏振和正交偏振的泵浦波和斯托克斯波，受激布里渊散射效率分别为 $1 - s_3^2$ 和 s_3^2。仅在泵浦波和斯托克斯波线性且正交偏振的特殊情形下（$s_3 = 0$），受激布里渊散射效率才降为零[33]。

若偏振态改变是由双折射起伏引起的，则 s_3 将随机变化，并取 $[-1, 1]$ 区间内所有可能的值。如果注意到 $s_1^2 + s_2^2 + s_3^2 = 1$ 且 3 个分量有相同的平均值，容易得到 s_3^2 的平均值为 1/3。于是对于同偏振情形，平均受激布里渊散射效率等于 2/3，因此应将方程（9.2.1）和方程（9.2.2）中的受激布里渊散射增益 g_B 以因子 2/3 减小。由于式（9.2.4）中的阈值功率与布里渊增益成反比，阈值将以因子 3/2 增加，也就是说，当邦加球上泵浦波的偏振态因双折射起伏而变得完全混乱时，受激布里渊散射阈值将增大 50%[34]。

9.2.3　控制受激布里渊散射阈值的方法

在推导受激布里渊散射阈值功率的表达式（9.2.4）时，假设沿整个光纤长度的纤芯截面是完美且均匀的圆形，而实际中这种情况相当少见。当对光纤纤芯掺杂以提高其折射率时，掺杂浓度沿纤芯径向的分布是不均匀的。掺杂浓度沿径向的变化将导致该方向声速的微小改变，结果受激布里渊散射阈值在一定程度上取决于制造光纤时的不同掺杂[35]。对于石英光纤，常用的纤芯掺杂元素是锗。在掺锗光纤的纤芯中心附近，声速以 $v_A = 5.944(1 - b_x x)$ km/s 减小，式中 $b_x = 0.0072$，x 代表掺锗的浓度（百分比）[23]。例如，锗掺杂 10%（重量）将使纤芯中心的声速减小 7.2%。由于这种径向效应，可能设计出受激布里渊散射阈值是标准阶跃折射率设计的两倍的折射率分布[36]。

光纤参量沿光纤长度的变化甚至有助于控制受激布里渊散射的阈值。原因在于后向传输的斯托克斯波沿光纤长度以指数形式增长。若这种指数增长被某种机制中断，则受激布里渊散射阈值被迫显著增大。例如，如果布里渊频移 v_B 沿光纤长度是不均匀的，则当频移量大于受激布里渊散射增益带宽时，由于布里渊增益大幅度下降，斯托克斯波将停止增长。由式（9.1.3）可以看出，v_B 与泵浦波长处的声速 v_A 及模折射率 n_p 都有关系，如果其中一个参量沿光纤长度变化，那么 v_B 就会发生位移。

模折射率 n_p 不仅取决于光纤参量值，如芯径和掺杂浓度，而且还与环境因素（如温度和应力）有关。为抑制受激布里渊散射而发展起来的几种方法就利用了这一特性[37~44]。例如，通过沿光纤长度方向有意改变芯径，受激布里渊散射阈值能增加两倍以上[39]。在这一思想的一个变形中，用不均匀掺杂的方法使 v_B 沿光纤长度变化[40]。在 1.55 μm 附近的波长区，这样的光纤的受激布里渊散射阈值超过 30 mW。在另一种方法中，通过在成缆过程中扭曲光纤，沿光纤施加一个正弦应变[38]。这种扭曲使 v_B 以分布方式周期性地位移，将布里渊增益带宽从 50 MHz 扩展到 400 MHz。由于增益 g_B 的峰值减小，阈值功率从 5 mW 增加到 30 mW 以上。沿光纤长度的温度梯度也能通过以分布方式位移 v_B 来增大受激布里渊散射阈值。在 1993 年的一个实验中[37]，沿 1.6 km 长的光纤分布有 37 ℃ 的温差，阈值功率可从 4.5 mW 增大到 10 mW。在 2001 年的一个实验中[42]，沿 100 m 长的光纤分布有 140 ℃ 的温差，受激布里渊散射阈值增加了 3 倍。

以上方法或者需要专门设计的光纤，或者在实际中实现起来比较麻烦。基于这个原因，一个常用的抑制受激布里渊散射的方法是，在泵浦波入射到光纤中之前调制它的相位。已经证明[45]，相位调制等效于沿光纤长度方向改变 Ω_B。实际中，利用电光相位调制器对泵浦波的相位进行正弦调制，调制频率 Δv_m 一般选择在 200 ~ 400 MHz 范围。由于有效布里渊增益以因子 $(1 + \Delta v_m / \Delta v_B)$ 减小，受激布里渊散射阈值以同样的因子增大。扫频扩展频谱技术作为相位调制技术的一个变形[46]，早在 1994 年就用在四波混频实验中[47]。利用相位调制技术、高比特率的伪随机比特模式或跳频啁啾[48~50]，甚至可能得到更大的增强因子。微波噪声源也已用于此目的[51]。

已经在几个方面对相位调制思想进行了延伸。一种方案利用保偏光纤并结合相位调制器在泵浦波的两正交偏振分量之间产生周期变化的微分相移，通过合理选择调制器参数，偏振度可以减小到零，从而产生退偏振光，并大大提升了受激布里渊散射阈值[52]。另外一种方案利用交叉相位调制这种非线性效应，对光纤中的连续泵浦波施加啁啾[53]。在这种情形中，波长不同的另外一束规则脉冲或伪随机脉冲序列和连续泵浦波一起入射进光纤，交叉相位调制感应的相移将调制连续波的相位，因为这一相移仅在副信道中存在一个脉冲的时间间隔内才能产生。

光纤光栅也能用于增大受激布里渊散射阈值。光纤布拉格光栅设计成对前向传输泵浦波透明，而通过受激布里渊散射产生的斯托克斯频谱完全落在它的阻带内[54]。结果，斯托克斯波被光栅反射并和泵浦波一起前向传输。新的斯托克斯波仍可在光纤段内产生，直到被光栅反射，但其功率大幅度降低，因为它不得不从噪声中产生，并在更短的长度上被放大。对于短光纤，在中间位置放一个光栅就足够了；但对于长光纤，需要使用多个光栅。将具有不同布里渊频移的多个光纤段组合起来，可以实现同样的想法[32]。

最近，掺镱光纤激光器和放大器已经用于产生高功率（大于 1 kW）连续波输出，以及能量大于 1 μJ 的 Q 开关脉冲[55~58]。受激布里渊散射常常是一个限制因素，因此对它的控制是必不可少的。由于受激布里渊散射阈值随光纤长度线性变化，因此采用高掺镱的短光纤。式（9.2.4）中的有效模面积 A_{eff} 随芯径的平方变化，采用大芯径光纤可以显著增大受激布里渊散射阈值。这一方法已被新式掺镱光纤激光器所采用。在 2004 年的一个实验中[56]，采用芯径为 40 μm 且有效模面积 A_{eff} 约为 900 μm² 的光纤，直接由掺镱光纤激光器产生 1.36 kW 的连续光。从此，已经实现了更高的功率。在这种高功率激光器和放大器中，采用各种各样的方案来抑制受激布里渊散射，除利用相对粗的纤芯以外，还通过不同的纤芯掺杂物[59]或包层中的空气孔[60]来改进光纤的结构，这样可以减小光模和声模之间的交叠。这样的改进将式（9.1.5）中的交叠因子降至 1 以下，并使受激布里渊散射阈值增加了 20 倍。

对于大芯径光纤，式（9.2.4）预测的受激布里渊散射阈值仅是一个近似值，因为在推导式（9.2.4）时假设光纤是单模光纤。芯径大于 25 μm 的光纤可以容纳数百个模式，不仅输入功率要在这么多光纤模式之间分配，而且每个泵浦模式也能对多个斯托克斯模式有贡献。因此，多模光纤的布里渊阈值是不容易估计的[61~64]。详细的分析表明，多模光纤的阈值泵浦功率要比式(9.2.4)预计的高,要乘以一个和光纤数值孔径及芯径有关的增强因子[62]。对于在 1.06 μm 附近波长的数值孔径为 0.2 的光纤,阈值泵浦功率预计以两倍因子增大。

9.2.4　实验结果

1972 年,在演示光纤中的受激布里渊散射的实验中[6],用工作波长为 535.5 nm 的氪激光器作为相对宽(约为 1 μs)的泵浦脉冲源。由于光纤的损耗很高(约为 1300 dB/km),实验中只用了一小段光纤($L = 5 \sim 20$ m)。对于 5.8 m 长的光纤,测得的布里渊阈值为 2.3 W;对于 20 m 长的光纤,阈值下降到 1 W 以下。若用有效模面积的估计值 $A_{\text{eff}} = 13.5$ μm^2,则此实验结果与式(9.2.4)十分吻合,布里渊频移 $v_{\text{B}} = 32.2$ GHz,也与式(9.1.3)相符。

对于发生在 5.8 m 长的光纤中的受激布里渊散射,图 9.3 给出了入射和透射泵浦脉冲及相应斯托克斯脉冲的波形。图中的振荡结构是由弛豫振荡引起的,其起因将在 9.4.4 节中讨论。60 ns 的振荡周期对应于在光纤中往返一次的时间。由于受激布里渊散射只把功率超过布里渊阈值的泵浦脉冲中央部分的能量转移给斯托克斯脉冲,因而斯托克斯脉冲比泵浦脉冲更窄,结果斯托克斯脉冲的峰值功率能超过泵浦脉冲的入射峰值功率。确实,由于斯托克斯脉冲强度如此增加,当其峰值功率远远大于入射脉冲峰值功率时,会使光纤遭到永久性损坏[6]。

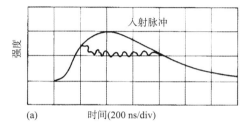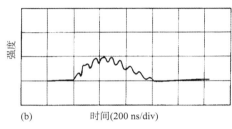

图 9.3　(a)入射和透射的泵浦脉冲;(b)5.8 m 长的光纤中由受激布里渊散射产生的斯托克斯脉冲[6] (©1972 美国物理研究所)

在大部分早期实验中,由于光纤损耗相当大,布里渊阈值相对较高(大于 100 mW)。如前面提到的,若用低损耗的长光纤,则布里渊阈值可低至 1 mW。一个实验[65]用波长为 0.71 μm 且连续运转的单纵模环形腔染料激光器泵浦损耗为 4 dB/km 的 4 km 长的光纤,测得其布里渊阈值为 30 mW。而在后来的实验中[66],利用波长为 1.32 μm 的连续 Nd:YAG 激光器泵浦,使阈值功率下降到了 5 mW。图 9.4 为实验装置示意图,图中的隔离器可阻止斯托克斯波进入激光器。在此实验中,连续泵浦波的频谱宽度为 1.6 MHz,远小于布里渊增益带宽;所用单模光纤长 13.6 km,损耗仅为 0.41 dB/km,因而其有效长度为 7.66 km。实验测量了不同入射泵浦功率下的透射功率和反射功率,图 9.5 给出了实验数据。在较低的入射功率下,反射信号只是简单地由光纤-空气界面处引起的 4% 的反射;当入射功率约为 5 mW 时达到布里渊阈值,表现为反射功率通过受激布里渊散射有了显著增大,同时由于泵浦消耗,透射功率下降;当入射功率超过 10 mW 时,透射功率达到约为 2 mW 的饱和功率水平,而受激布里渊散射的转换效率接近 65%。

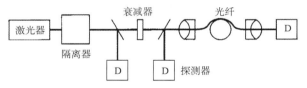

图 9.4　用于观察光纤中的受激布里渊散射效应的实验装置示意图[66] (©1982 IEE)

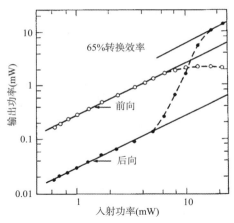

图 9.5　透射功率（前向）和反射功率（后向）随入射到 13.6 km 长的单模光纤中的功率的变化[66]（©1982 IEE）

在 1987 年的一个实验中[67]，利用 1.3 μm 的半导体激光器观察受激布里渊散射，该激光器采用了分布反馈机制，可发射谱宽约为 10 MHz 的单纵模光。连续泵浦光耦合到损耗为 0.46 dB/km 的 30 km 长的光纤中，光纤有效长度约为 9 km，当泵浦功率为 9 mW 时达到布里渊阈值。为检验泵浦激光器的带宽是否会影响受激布里渊散射阈值，用带宽只有 20 kHz 的 Nd∶YAG激光对其进行了测量，其结果实际上与半导体激光器得到的结果相同，这表明布里渊增益带宽 $\Delta\nu_B$ 远大于 15 MHz。如 9.1.2 节中提到的，由于光纤的非均匀性，其布里渊增益带宽比块体石英中的值（在 1.3 μm 处约为 22 MHz）增大了不少。另外，1.55 μm 附近的阈值功率可相当小（约为 1 mW），因为在此波长光纤的损耗相对较小（0.2 dB/km）。

在大多数受激布里渊散射实验中，必须在激光器和光纤之间使用光隔离器，以避免激光腔镜把斯托克斯信号反馈回光纤中。在无隔离器的情况下，有相当一部分斯托克斯功率被馈入光纤。在一个实验中[68]，约有 30% 的斯托克斯功率被反射回去而在前向出现。由于反馈，频谱中出现了好几级斯托克斯和反斯托克斯谱线。图 9.6 给出了在 53 m 长的光纤中发生受激布里渊散射时，其前向和后向的输出频谱。相邻两条谱线之间的间隔为 34 GHz，精确地对应 $\lambda_p = 514.5$ nm 时的布里渊频移。反斯托克斯分量则是由共同传输的泵浦波和斯托克斯波的四波混频产生的（见 10.1 节）。当低级斯托克斯波的功率高到满足式（9.2.4）给定的布里渊阈值条件时，就会产生更高级的斯托克斯波。即使利用光隔离器来抑制外反馈，光纤中的瑞利散射也可以为受激布里渊散射过程提供内反馈。在 1998 年的一个实验中[69]，当用 1.06 μm 的连续波泵浦 300 m长的高损耗光纤时，内反馈过程相当强，从而产生了激光。

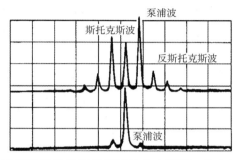

图 9.6　激光器和光纤间无隔离器时的输出频谱，前向（上图）和后向
（下图）均有多级斯托克斯波和反斯托克斯波[68]（©1980 Elsevier）

9.3 光纤布里渊放大器

与受激喇曼散射类似，受激布里渊散射在光纤中产生的增益能用来放大频率相对泵浦频率以等于布里渊频移的量位移的弱信号。当然，要通过受激布里渊散射使功率从泵浦波转移到信号中，泵浦波和输入信号必须以相反方向在单模光纤中传输。光纤布里渊放大器最早在 20 世纪 80 年代得到研究[70~81]，对光纤传感和其他一些应用比较有用。

9.3.1 增益饱和

当泵浦波和信号在光纤中反向传输时，如果其频率差等于布里渊频移(约为 10 GHz)，则大部分泵浦功率能转移到斯托克斯波中。一开始，信号功率按照式(9.2.3)以指数形式增长，然而当布里渊增益开始饱和时，增长速度就会减慢。考虑泵浦消耗，就需要解方程(9.2.1)和方程(9.2.2)，但其通解有些复杂[82]。然而，若忽略光纤损耗($\alpha = 0$)，则可以利用 $\mathrm{d}(I_\mathrm{p} - I_\mathrm{s})/\mathrm{d}z = 0$。设 $I_\mathrm{p} - I_\mathrm{s} = C$，其中 C 是常量，沿整个光纤长度对方程(9.2.2)积分可得

$$\frac{I_\mathrm{s}(z)}{I_\mathrm{s}(0)} = \left(\frac{C + I_\mathrm{s}(z)}{C + I_\mathrm{s}(0)}\right)\exp(g_\mathrm{B}Cz) \tag{9.3.1}$$

利用 $C = I_\mathrm{p}(0) - I_\mathrm{s}(0)$，可得斯托克斯光强 $I_\mathrm{s}(z)$ 为[4]

$$I_\mathrm{s}(z) = \frac{b_0(1 - b_0)}{G(z) - b_0}I_\mathrm{p}(0) \tag{9.3.2}$$

式中，$G(z) = \exp[(1 - b_0)g_0z]$，且有

$$b_0 = I_\mathrm{s}(0)/I_\mathrm{p}(0), \quad g_0 = g_\mathrm{B}I_\mathrm{p}(0) \tag{9.3.3}$$

参量 b_0 是受激布里渊散射效率的量度，它表明有多少输入泵浦功率转换成斯托克斯功率；参量 g_0 是受激布里渊散射过程的小信号增益。

对在 $z = L$ 处入射输入信号而在 $z = 0$ 处入射泵浦波的布里渊放大器，式(9.3.2)描述了布里渊放大器中的斯托克斯光强随光纤长度的变化规律。图 9.7(a)给出了对两个不同的输入信号，即 $b_\mathrm{in} = I_\mathrm{s}(L)/I_\mathrm{p}(0) = 0.001$ 和 $b_\mathrm{in} = 0.01$ 时斯托克斯功率的变化。$g_0L = 10$ 对应于未饱和放大增益为 e^{10} 或 43 dB。由于泵浦消耗的缘故，净增益小得多。尽管如此，对 $b_\mathrm{in} = 0.001$ 和 $b_\mathrm{in} = 0.01$，还是分别有 50% 和 70% 的泵浦功率转移给了斯托克斯波。还应注意的是，绝大部分的功率转移发生在光纤长度的前 20%。

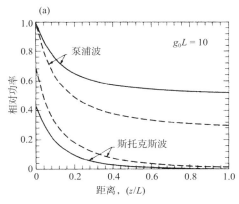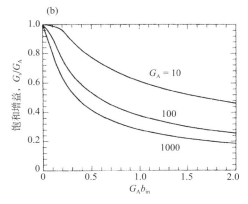

图 9.7 (a) 对于 $b_\mathrm{in} = 0.001$(实线)和 $b_\mathrm{in} = 0.01$(虚线)，归一化泵浦功率和斯托克斯功率沿光纤长度的演化；(b) 饱和增益随斯托克斯输出功率 $G_\mathrm{A}b_\mathrm{in}$ 的变化

如果定义放大器的饱和增益为

$$G_s = I_s(0)/I_s(L) = b_0/b_{in} \qquad\qquad (9.3.4)$$

并引入未饱和增益 $G_A = \exp(g_0 L)$，则可以利用式（9.3.2）得到光纤布里渊放大器的饱和特性。图 9.7(b) 通过在几个不同 G_A 值下绘出的 G_s/G_A 与 $G_A b_{in}$ 的关系曲线给出了增益饱和特性，读者应将此曲线图与表示喇曼放大器饱和特性的图 8.9 进行对比。对在 20～30 dB 范围内的 G_A，当 $G_A b_{in} \approx 0.5$ 时，饱和增益下降到 1/2（或 3 dB），当放大信号的功率是输入泵浦功率的 50% 左右时，就满足了这个条件。由于泵浦功率一般为 1 mW 左右，光纤布里渊放大器的饱和功率也约为 1 mW。

9.3.2　放大器设计和应用

如果一台半导体激光器工作在单纵模状态，且其谱宽远小于布里渊增益带宽，那么它可作为光纤布里渊放大器的泵浦源。分布反馈或外腔半导体激光器（ECL）[83] 最适宜泵浦光纤布里渊放大器。在 1986 年的一个实验中[70]，用两台线宽小于 0.1 MHz 的外腔半导体激光器分别作为泵浦和探测光源，这两台激光器均以连续方式运转且在 1.5 μm 附近的波长区可调。图 9.8 为实验装置示意图，泵浦激光器的输出经 3 dB 耦合器进入 37.5 km 长的光纤，探测激光器提供在光纤另一端入射的弱信号（约为 10 μW），为使布里渊增益达到最大，探测波长在布里渊频移（$\nu_B = 11.3$ GHz）附近可调。测得的放大倍数随泵浦功率指数增长，与式（9.3.4）预期的相符。若忽略增益饱和，则放大倍数可写为

$$G_A = I_s(0)/I_s(L) = \exp(g_B P_0 L_{eff}/A_{eff} - \alpha L) \qquad (9.3.5)$$

由于实验所用光纤较长，当泵浦功率仅为 3.7 mW 时，放大器增益约为 16 dB（$G_A = 40$）。

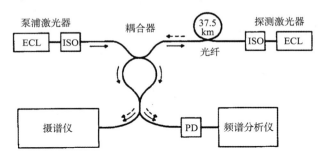

图 9.8　光纤布里渊放大器示意图，ECL，ISO 和 PD 分别表示外腔半导体激光器、光隔离器和光探测器，实箭头和虚箭头分别表示泵浦和探测激光的光径[70]（©1986 美国物理研究所）

只有当被放大信号的功率维持在饱和功率水平以下时，信号功率才随泵浦功率的增加而按指数规律增大。当

$$G_A(P_{in}/P_0) \approx 0.5 \qquad\qquad (9.3.6)$$

时，饱和增益 G_s 下降了 3 dB。G_A 在 20～30 dB 之间，式中 P_{in} 是被放大信号的输入功率。正如在 9.3.1 节中讨论的，光纤布里渊放大器的饱和功率约为 1 mW。尽管存在增益饱和，光纤布里渊放大器在泵浦功率低于 10 mW 时仍能提供 30 dB 的增益。然而，由于布里渊增益带宽 $\Delta\nu_B < 100$ MHz，因而这种放大器的带宽也低于 100 MHz，与带宽超过 5 THz 的喇曼放大器形成鲜明对比。实际上，信号与泵浦频率差应与布里渊频移 ν_B（在 1.55 μm 波长区约为 11 GHz）相匹配，精度要优于 10 MHz。鉴于此，布里渊放大器并不适合放大光纤通信系统中的信号。

布里渊放大器对选择放大是有利的[71~73]，在此类应用的一个实例中，有选择地放大调制信号的载波，而它的调制边带未被放大[84]。除了被放大的载波起参考信号的作用，其基本原理与零差探测类似，这就省略了必须与发射机实现相位锁定的本机振荡器（通常这是一个令人感到棘手的任务）。在验证这一方案的实验中[71]，即使调制频率低至 80 MHz，载波还是比调制边带多放大了 30 dB。通过合理设计，当比特率超过 100 Mbps 时很有可能将灵敏度提高 15 dB 甚至更高。若泵浦频率和载波频率的差值并不严格与布里渊频移匹配，则限制灵敏度提高的因素将是由泵浦波感应的非线性相移（一种交叉相位调制）。计算结果表明[70]，对于 0.1 rad 的相位稳定性，载波与泵浦频率差偏离布里渊频移必须在 100 kHz 以内。非线性相移还能在频率调制信号中引起不希望的振幅调制[75]。

窄带布里渊放大器的另一个应用是作为可调谐窄带光学滤波器，用于高密集多信道通信系统的信道选择[73]。若信道间隔超过布里渊增益带宽 Δv_B，而比特率却小于 Δv_B，则通过调谐泵浦光能选择一个特定的信道放大。1986 年，这一方案通过用可调谐色心激光器作为泵浦源得到了验证[73]。两个 45 Mbps 信道在 10 km 长的光纤中进行传输，泵浦频率调节到每个信道的布里渊频移附近，当泵浦功率为 14 mW 时，则每一信道被放大 20~25 dB。更重要的是，当信道间隔超过 140 MHz 时，每一信道均可以低误码率（小于 10^{-8}）探测。由于典型的 $\Delta v_B < 100$ MHz，信道间隔最小可达 1.5 Δv_B，而不会使相邻信道发生串扰。利用半导体激光器泵浦的布里渊增益已被用来作为窄带放大器[76]，放大比特率达 250 Mbps 的信号。

受激布里渊散射还被用来制作分布光纤传感器，它能够在相当长的距离上探测温度和应变的变化[85~94]。受激布里渊散射用于光纤传感器的基本思想很简单，很容易通过式(9.1.3)来理解。因为布里渊频移取决于光纤模式的有效折射率，一旦石英的折射率随局部环境的变化而改变，布里渊频移则发生变化。温度和应变都能改变石英的折射率，通过监控布里渊频移沿光纤长度方向的变化，就可能绘出较长距离上温度或应变的分布图，在此距离上探测到的受激布里渊散射信号具有很高的信噪比。

这一基本思想已经在几个分布传感实验中实现。在实验中，在光纤的两端分别注入波长可调的连续探测光（信号）和泵浦脉冲，仅当泵浦脉冲和信号的频率差正好等于布里渊频移时，连续信号才通过受激布里渊散射放大。泵浦脉冲发射和接收到探测信号增强之间的时间延迟，就说明了布里渊放大产生的精确位置。通过调节探测频率和测量时间延迟，即可得到整个光纤长度上的温度或应变的分布。一个实验[87]用两台二极管泵浦的 1.319 μm 波长的 Nd:YAG 激光器分别作为泵浦和探测光源，这两台激光器的频率差是通过温度调谐探测激光器的谐振腔调节的，用布拉格盒作为光开关产生 0.1~1 μs 的泵浦脉冲，对 22 km 长的光纤实现了 10 m 的空间分辨率和 1℃ 的温度分辨率。在后来的一个实验中[88]，将空间分辨率提高到 5 m，光纤长度增加到 32 km。对分布应变传感也得到相似的性能，利用布里渊损耗已实现了空间分辨率为 5 m 的 20 微应变分辨率[88]，甚至还可以利用单个光纤传感器同时测量温度和应变[89]。

9.4　受激布里渊散射动力学

由于受激布里渊散射过程中的介质响应时间由声子寿命决定，对于石英光纤，该值一般小于 10 ns，因此受激布里渊散射的动力学特性比受激喇曼散射更重要。仅当泵浦脉宽达 100 ns 或更宽时，准连续处理才是合理的。当脉冲宽度约为 10 ns 时，有必要考虑参与受激布里渊散射过程的声模的动力学特性。本节将重点讨论这种与时间有关的效应。

9.4.1 耦合振幅方程

耦合强度方程(9.2.1)和方程(9.2.2)只有在稳态条件下才是成立的。为了将受激布里渊散射的瞬态效应包括在内，需要利用以下物质方程[10]求解麦克斯韦波动方程(2.3.1)：

$$\frac{\partial^2 \rho'}{\partial t^2} - \Gamma_A \nabla^2 \frac{\partial \rho'}{\partial t} - v_A^2 \nabla^2 \rho' = -\epsilon_0 \gamma_e \nabla^2 (\boldsymbol{E} \cdot \boldsymbol{E}) \tag{9.4.1}$$

式中，$\rho' = \rho - \rho_0$ 是局部密度 ρ 相对平均密度 ρ_0 的变化，Γ_A 是阻尼系数，$\gamma_e = \rho_0 (d\epsilon/d\rho)_{\rho=\rho_0}$ 是9.1 节中引入的电致伸缩常数。式(2.3.1)中的非线性极化强度 $\boldsymbol{P}_{NL}$ 要增加一个与 ρ' 有关的附加项，即有

$$\boldsymbol{P}_{NL} = \epsilon_0 [\chi^{(3)} \vdots \boldsymbol{EEE} + (\gamma_e/\rho_0)\rho'\boldsymbol{E}] \tag{9.4.2}$$

式中，忽略了喇曼效应对非线性极化的贡献。

为简化下面的分析，假设所有场都沿 x 轴线偏振，并引入慢变场 A_p 和 A_s，则总的场可写为

$$\boldsymbol{E}(\boldsymbol{r},t) = \hat{x} \operatorname{Re}[F_p(x,y)A_p(z,t)\exp(ik_pz - i\omega_p t) + F_s(x,y)A_s(z,t)\exp(-ik_sz - i\omega_s t)] \tag{9.4.3}$$

式中，$F_j(x,y)$ 是泵浦波($j=p$)或斯托克斯波($j=s$)的模分布。同样，密度变化 ρ' 可以写为

$$\rho'(\boldsymbol{r},t) = \operatorname{Re}[F_A(x,y)Q(z,t)\exp(ik_Az - i\Omega t)] \tag{9.4.4}$$

式中，$\Omega = \omega_p - \omega_s$，$F_A(x,y)$ 是振幅为 $Q(z,t)$ 的声模的空间分布。若有多个声模参与受激布里渊散射过程，则式(9.4.4)中应是所有声模的和。下面考虑与布里渊增益谱中的主峰有关的声模。

利用式(9.4.1)至式(9.4.4)和式(2.3.1)，并采用慢变包络近似，可以得到下面的三个耦合振幅方程：

$$\frac{\partial A_p}{\partial z} + \frac{1}{v_g}\frac{\partial A_p}{\partial t} = -\frac{\alpha}{2}A_p + i\gamma(|A_p|^2 + 2|A_s|^2)A_p + i\kappa_1 A_s Q \tag{9.4.5}$$

$$-\frac{\partial A_s}{\partial z} + \frac{1}{v_g}\frac{\partial A_s}{\partial t} = -\frac{\alpha}{2}A_s + i\gamma(|A_s|^2 + 2|A_p|^2)A_s + i\kappa_1 A_p Q^* \tag{9.4.6}$$

$$\frac{\partial Q}{\partial t} + v_A\frac{\partial Q}{\partial z} = -\left[\frac{1}{2}\Gamma_B + i(\Omega_B - \Omega)\right]Q + i\kappa_2 A_p A_s^* \tag{9.4.7}$$

式中，$\Gamma_B = k_A^2 \Gamma_A$ 是声阻尼率。由于 A_p 是归一化的，因此 $|A_p^2|$ 表示功率。两个耦合系数定义为

$$\kappa_1 = \frac{\omega_p \gamma_e \langle F_p^2 F_A \rangle}{2n_p c\rho_0 \langle F_p^2 \rangle}, \quad \kappa_2 = \frac{\omega_p \gamma_e \langle F_p^2 F_A \rangle}{2c^2 v_A \langle F_A^2 \rangle A_{eff}} \tag{9.4.8}$$

式中，角括号表示在整个 x-y 域上的积分，考虑到布里渊频移相当小，我们使用 $F_s \approx F_p$，$\omega_s \approx \omega_p$，$n_s \approx n_p$。

方程(9.4.5)至方程(9.4.7)描述了一般条件下受激布里渊散射的动力学行为[95~103]，其中包括了自相位调制和交叉相位调制这两种非线性效应，但忽略了色散效应。由于脉冲宽度通常超过 1 ns，所以色散长度很大，群速度色散对受激布里渊散射几乎不起作用，因此忽略色散项是合理的。泵浦波和斯托克斯波的频率差也很小(约为 10 GHz)，因此两束波的 γ 值和 α 值近似相等。

对脉宽 $T_0 \gg T_B = \Gamma_B^{-1}$ 的泵浦脉冲，方程(9.4.5)至方程(9.4.7)可大大简化，因为声波振幅 Q 迅速衰减到其稳态值，方程(9.4.7)中的两个导数项可以忽略。若泵浦和斯托克斯脉冲的峰值功率相当低，则自相位调制和交叉相位调制效应也可以忽略。若定义功率 $P_j = |A_j|^2$($j=p$ 或 s)，那

么受激布里渊散射过程可用下面两个简单的方程描述：

$$\frac{\partial P_p}{\partial z} + \frac{1}{v_g}\frac{\partial P_p}{\partial t} = -\frac{g_B(\Omega)}{A_{eff}}P_p P_s - \alpha P_p \tag{9.4.9}$$

$$-\frac{\partial P_s}{\partial z} + \frac{1}{v_g}\frac{\partial P_s}{\partial t} = \frac{g_B(\Omega)}{A_{eff}}P_p P_s - \alpha P_s \tag{9.4.10}$$

式中，受激布里渊散射增益 $g_B(\Omega)$ 由式(9.1.4)给出。如果定义下面的声交叠因子[32]：

$$f_A = \frac{\left(\langle F_p^2 F_A\rangle\right)^2}{\langle F_p^2\rangle\langle F_A^2\rangle} = \frac{\left(\iint F_p^2(x,y)F_A(x,y)\mathrm{d}x\,\mathrm{d}y\right)^2}{\left(\iint F_p^2(x,y)\mathrm{d}x\,\mathrm{d}y\right)\left(\iint F_A^2(x,y)\mathrm{d}x\,\mathrm{d}y\right)} \tag{9.4.11}$$

则受激布里渊散射增益的峰值 $g_B(\Omega_B)$ 可由式(9.1.5)给出。因此，受激布里渊散射增益以因子 f_A 减小，f_A 的数值取决于光纤支持的光模和声模的交叠程度。当在光纤内光模和声模的空间分布占据的面积可以相比拟时，f_A 的数值接近 1。然而，如果光纤设计的目的是减小参与受激布里渊散射过程的光模和声模的交叠因子，f_A 的数值将大大减小[36]。在 2009 年的一项研究中，通过掺铝减小交叠因子，导致受激布里渊散射阈值泵浦功率增加了 4.3 dB[59]。

9.4.2　利用Q开关脉冲的受激布里渊散射

方程(9.4.5)至方程(9.4.7)适用于研究泵浦脉冲宽度小于 100 ns 的瞬态区域中的受激布里渊散射现象。从实际的角度讲，与泵浦脉冲的重复频率有关的两种情形比较重要，下面就讨论这两种情形。

第一种情形与光纤通信系统有关，这时泵浦脉冲重复频率大于 1 GHz，但每个脉冲宽度小于 100 ps。对光波信号来说脉冲序列是不均匀的，因为它是由"1"和"0"比特构成的伪随机序列，但是由于它的重复频率高，这种脉冲序列的影响与前面讨论的准连续波情形类似。泵浦脉冲间的时间间隔足够短，接连到来的脉冲能够以相干方式泵浦同一个声波（很少出现的长"0"比特序列除外）。伪随机脉冲序列的主要影响是，与连续波情形相比，布里渊阈值要增加到两倍左右，其准确值取决于比特率及调制格式。通过以超过 100 MHz 的频率调制光发射机的连续光的相位（编码前），受激布里渊散射阈值甚至能增大得更多[45]。相位调制除了通过增加光源的频谱带宽来降低有效布里渊增益，还能将连续光转换成脉宽为声子寿命一小部分（约为 0.5 ns）的光脉冲序列[98~100]。

第二种情形对应于高能量 Q 开关脉冲以相对低的重复频率(10 MHz 甚至更小)在相对短的光纤(约为 10 m)中的传输。这种情形下，每个泵浦脉冲产生的声波在下一个泵浦脉冲到来前，几乎完全被衰减掉。这种情形和高峰值功率掺镱光纤激光器的出现有关，当利用掺镱光纤放大器进一步增加脉冲能量时，受激布里渊散射常常成为一个限制因素。由于脉冲宽度一般约为 10 ns，因而受激布里渊散射的动力学特性起重要作用，必须数值求解方程(9.4.5)至方程(9.4.7)。

为说明受激布里渊散射的瞬态特性，假设宽度为 15 ns(指的是半极大全宽度)的高斯形泵浦脉冲入射到 1 m 长的光纤中。图 9.9(a)给出了当峰值功率取 0.2~1 kW 范围内的 3 个值时，透射泵浦脉冲和反射斯托克斯脉冲的波形，其中选取 $\lambda_p = 1.06$ μm，$A_{eff} = 50$ μm^2，$T_B = 5$ ns，$v_A = 5.96$ km/s 以及其他参量值，使稳态条件下的布里渊增益 $g_B = 5 \times 10^{-11}$ m/W[102]。对于连续波泵浦，式(9.2.4)预测的受激布里渊散射阈值为 21 W；然而当 $P_0 = 0.2$ kW 时，几乎看不到斯托克斯脉冲，这意味着对于 15 ns 的脉冲，受激布里渊散射阈值要比连续波泵浦情况下的高

10 倍以上。如果用脉冲能量表示，则受激布里渊散射阈值超过 5 μJ。当 P_0 为0.5 kW 和 1 kW 时，斯托克斯脉冲波形较好，峰值功率也比输入泵浦脉冲的高。

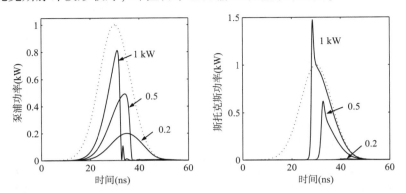

图 9.9　15 ns 高斯形泵浦脉冲入射到 1 m 长的光纤中。（a）透射泵浦脉冲；
（b）反射斯托克斯脉冲。虚线表示峰值功率为1 kW 的输入泵浦脉冲

由图 9.9 还可以看出其他几个特征。第一，斯托克斯脉冲远不是高斯形，表现出很陡的前沿，接着是更平缓的后沿。第二，斯托克斯脉冲的宽度也比输入泵浦脉冲的宽度 15 ns 小，透射泵浦脉冲表现出很陡的后沿，脉宽也变小。第三，当峰值泵浦功率为 1 kW 时，透射泵浦脉冲陡的后沿连着几个强度上小得多的次峰。所有这些特征可以从以下几个方面理解：（a）斯托克斯脉冲是在后向建立起来的，因此主要通过泵浦脉冲的后沿放大；（b）对 1 m 长的光纤，往返一次的时间大约为 10 ns；（c）15 ps 输入泵浦脉冲对应的长度大约等于 3 m。

泵浦脉冲的宽度也起关键作用。图 9.10 比较了当高斯形泵浦脉冲的宽度从 20 ns 减小到 10 ns 时，（a）透射泵浦脉冲和（b）反射斯托克斯脉冲的波形。尽管斯托克斯脉冲表现出不同的特征，但两种情形下透射泵浦脉冲的波形相似。重要的一点是，当泵浦脉冲变短时，转移给斯托克斯脉冲的能量越来越少；特别是当泵浦脉冲宽度比声子寿命还小时，受激布里渊散射最终停止发生。

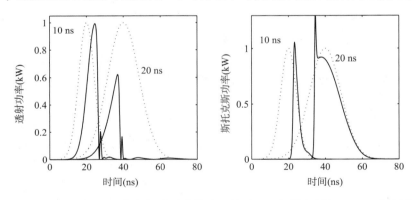

图 9.10　10 ns 或 20 ns 的高斯形泵浦脉冲入射到 1 m 长的光纤中。（a）透射泵浦
脉冲；（b）反射斯托克斯脉冲。每种情况下的输入泵浦脉冲用虚线标出

利用 Q 开关 Nd:YAG 激光器作为泵浦源进行实验研究，其表现出的特征与在图 9.9 至图 9.11 中看到的类似。图 9.11 给出了当重复频率为 10 Hz 的 14 ns 和 50 ns 的泵浦脉冲以不同峰值功率通过 0.5 m 长的光纤时，观察到的透射泵浦脉冲（实线）和反射斯托克斯脉冲（虚线）的波形[102]。实验结果与基于方程（9.4.5）至方程（9.4.7）的数值预测结果十分吻合。

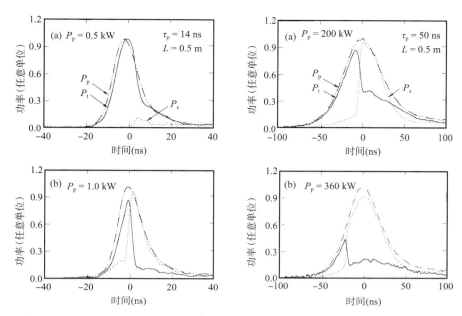

图 9.11 当 14 ns(左列)和 50 ns(右列)的输入泵浦脉冲(点虚线)通过 0.5 m 长的光纤时,在不同峰值功率下观察到的反射斯托克斯脉冲(点线)和透射泵浦脉冲(实线)[102] (©1999 JSAP)

一个有趣的问题是,方程(9.4.5)至方程(9.4.7)是否允许孤立波解存在,即每个泵浦脉冲产生一个后向传输的孤子形式的斯托克斯波 A_s。已经证明,在某些条件下泵浦波和斯托克斯波能够相互维持,以一个耦合亮-暗孤子对的形式存在[104~106],这与 7.3 节中讨论的交叉相位调制配对孤子类似。若令 $\gamma = 0$,忽略自相位调制和交叉相位调制项,假设 $\Omega = \Omega_B$ 并引入以下新变量:

$$Z = z/v_g, \quad B_a = -iv_g\kappa_1 Q, \quad B_j = (\kappa_1\kappa_2 v_g)^{1/2}A_j \tag{9.4.12}$$

式中,$j = p$,s,则方程(9.4.5)至方程(9.4.7)可以写成以下形式:

$$\frac{\partial B_p}{\partial t} + \frac{\partial B_p}{\partial Z} + \frac{\alpha v_g}{2}B_p = -B_s B_a \tag{9.4.13}$$

$$\frac{\partial B_s}{\partial t} + \frac{\partial B_s}{\partial Z} - \frac{\alpha v_g}{2}B_p = B_p B_a^* \tag{9.4.14}$$

$$\frac{\partial B_a}{\partial t} + \frac{\Gamma_B}{2}B_a = B_p B_s^* \tag{9.4.15}$$

已经证明,这三个方程具有下面耦合孤子形式的解[104]:

$$B_p(Z, t) = C_p[1 - b\tanh[p(Z + Vt)] \tag{9.4.16}$$

$$B_s(Z, t) = C_s \operatorname{sech}[p(Z + Vt)], \quad B_a(Z, t) = C_a \operatorname{sech}[p(Z + Vt)] \tag{9.4.17}$$

式中,b 是一个任意常量,其他参量定义为

$$C_p = \frac{1}{2}\Gamma_B\sqrt{\mu}, \quad C_s = b\sqrt{2/\mu - 1}C_p, \quad C_a = \sqrt{2 - \mu} \tag{9.4.18}$$

$$V = (1 - \mu)^{-1}, \quad p = (b\Gamma_B/2)(1 - \mu), \quad \mu = \alpha v_g/\Gamma_B \tag{9.4.19}$$

图 9.12 给出了当 $\mu = 0.1$ 和 $b = 0.95$ 时,受激布里渊散射耦合孤子的一个实例。在此例中,亮孤子形式的斯托克斯波以速度 $V \cdot v_g$ 后向移动,同时泵浦波以暗孤子形式前向移

动。方程(9.4.13)至方程(9.4.15)的另一个解表明，斯托克斯波能够以暗孤子而泵浦波以亮孤子的形式传输[105]。这样的孤子甚至能在无群速度色散($\beta_2 = 0$)和交叉相位调制效应($\gamma = 0$)时存在，因为它们依赖于孤立声波的存在。这种孤子称为布里渊孤子（Brillouin soliton），因为它们的存在和损耗无关，所以这是一例所谓的耗散孤子。人们已经在布里渊光纤环形激光器中观察到这样的孤子[104]。

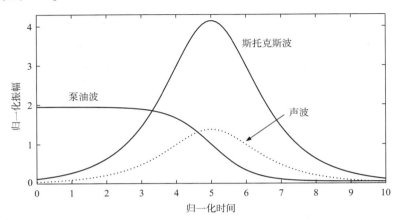

图9.12   对于 $\mu = 0.1$ 和 $b = 0.95$，泵浦波、斯托克斯波和声波形成布里渊孤子时的时域分布

9.4.3   受激布里渊散射感应的折射率变化

当泵浦和斯托克斯脉冲的载频恰好相差布里渊频移时($\Omega = \Omega_B$)，斯托克斯脉冲会落在布里渊增益峰值处，从而获得最大增益。然而，如果 $\Omega = \omega_p - \omega_s$，即使偏离 Ω_B 几兆赫，增益也会减小；同时由于受激布里渊散射感应的放大，折射率也有一个微小的改变，这可由方程(9.4.5)至方程(9.4.7)看出来。如果将方程(9.4.7)的稳态解代入方程(9.4.6)，则易知斯托克斯脉冲满足

$$-\frac{\partial A_s}{\partial z} + \frac{1}{v_g}\frac{\partial A_s}{\partial t} + \frac{\alpha}{2}A_s = i\gamma(|A_s|^2 + 2|A_p|^2)A_s + \frac{\kappa_1\kappa_2}{1+i\delta}|A_p|^2 A_s \qquad (9.4.20)$$

式中，$\delta = 2(\Omega - \Omega_B)/\Gamma_B$ 是归一化的失谐参量。

该方程中的最后一项代表受激布里渊散射对介质总极化率的贡献，我们可以将它写成 $(g_c/2)A_s$ 的形式并引入复数增益 g_c 为

$$g_c(\delta) = \frac{g_p|A_p|^2}{A_{eff}}\left(\frac{1}{1+i\delta}\right) \qquad (9.4.21)$$

式中，$g_p = g_B(\Omega_B)$ 是式(9.1.5)给出的布里渊增益的峰值。g_c 的实部和受激布里渊散射增益有关系 $g_B = \text{Re}(g_c)$，而它的虚部则给出了受激布里渊散射感应的折射率变化 $\Delta n_B = (c/2\omega_s)\text{Im}(g_c)$。由式(9.4.21)可以给出这一折射率变化为

$$\Delta n_B = \frac{cg_p|A_p|^2}{2\omega_s A_{eff}}\left(\frac{\delta}{1+\delta^2}\right) \qquad (9.4.22)$$

受激布里渊散射感应的折射率变化的物理起源在于因果关系的要求，因果关系将导致所谓的克拉默斯-克勒尼希（Kramers-Kronig）关系。根据这一关系，介质增益（或损耗）的变化总是伴随折射率的变化，尽管这一变化量可能相当小。例如，由式(9.4.22)易知，当 $\delta = 1$ 时折射率的变化最大，若取典型的参量值 $g_p \approx 5 \times 10^{-11}$ m/W，$A_{eff} = 50$ μm^2 及 $\lambda_s = 1.06$ μm，即使峰值功率为 1 W，折射率的最大变化量也小于 10^{-7}。

　　尽管 Δn_{B} 本身相当小，但在布里渊增益峰附近，它迅速地随 Ω 变化。如式(1.2.9)所指，脉冲群速度与 $\beta_1 = \mathrm{d}\beta/\mathrm{d}\omega = n_{\mathrm{g}}/c$ 成反比，其中群折射率 $n_{\mathrm{g}} = n_{\mathrm{t}} + \omega(\mathrm{d}n_{\mathrm{t}}/\mathrm{d}\omega)$。总折射率 n_{t} 应包括 Δn_{B}，基于这个原因，Δn_{B} 随 ω 的迅速变化能相当程度地改变 n_{g}，并影响脉冲的群速度。若将光纤色散的贡献也考虑在内，则群折射率为

$$n_{\mathrm{g}} = n_{\mathrm{g0}} + \left(\frac{cg_{\mathrm{p}}P_{\mathrm{p}}}{\Gamma_{\mathrm{B}}A_{\mathrm{eff}}}\right)\frac{1-\delta^2}{(1+\delta^2)^2} \tag{9.4.23}$$

式中，$P_{\mathrm{p}} = |A_{\mathrm{p}}|^2$ 是泵浦功率，n_{g0} 是不考虑受激布里渊散射增益时的群折射率。图9.13 给出了当选取前面引用的参量值 $n_{\mathrm{g0}} = 1.47$，$\Gamma_{\mathrm{B}} = 2 \times 10^8 (T_{\mathrm{B}} = 5 \text{ ns})$ 和 $P_{\mathrm{p}} = 1 \text{ W}$ 时，Δn_{B} 和 n_{g} 是如何在布里渊增益峰值附近变化的。在此功率下，折射率变化约为 10^{-8}，而增益峰值附近的群折射率约是其初始值 1.47 的两倍。这样，斯托克斯脉冲仅以无受激布里渊散射增益时预期速度的一半传输，并且通过增加峰值泵浦功率可能实现更大程度的速度减小。由式(9.4.23)可以清楚地看到，通过调节失谐量 δ 接近于 2，还能迫使斯托克斯脉冲以比其标称速度更快的速度传输。

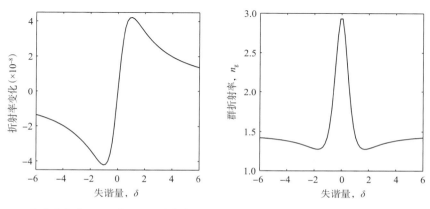

图9.13　泵浦功率为 1 W 时，(a) 受激布里渊散射感应的折射率变化；(b) 所得的群折射率

　　因为受激布里渊散射感应的群速度变化，斯托克斯脉冲通过长为 L 的光纤的时间 T_{r} 也发生变化。利用 $T_{\mathrm{r}} = L/v_{\mathrm{g}}$ 和式(9.4.23)，可得渡越时间为

$$T_{\mathrm{r}} = T_{\mathrm{f}} + \left(\frac{g_{\mathrm{p}}P_{\mathrm{p}}L}{\Gamma_{\mathrm{B}}A_{\mathrm{eff}}}\right)\frac{1-\delta^2}{(1+\delta^2)^2} \tag{9.4.24}$$

式中，$T_{\mathrm{f}} = n_{\mathrm{g0}}L/c$ 是不考虑受激布里渊散射增益时通过光纤的正常渡越时间。当 $\delta < 1$ 时，斯托克斯脉冲被延迟，但当 $\delta \approx 2$ 时被加快。由于在 $\delta = 0$ 时出现最大延迟，普遍将最大受激布里渊散射感应脉冲延迟定义为

$$T_{\mathrm{d}} = T_{\mathrm{r}} - T_{\mathrm{f}} = \frac{g_{\mathrm{p}}P_{\mathrm{p}}L}{\Gamma_{\mathrm{B}}A_{\mathrm{eff}}} = \frac{\ln G_{\mathrm{A}}}{\Gamma_{\mathrm{B}}} \tag{9.4.25}$$

式中，G_{A} 是信号被放大的倍数。由于这一延迟随泵浦功率呈线性变化，通过调节泵浦功率很容易实现可调谐的延迟。

　　近年来，光脉冲在光谐振附近的减慢或加速(经常称为慢光或快光)已经引起极大关注[107~109]。早期的慢光实验利用原子蒸气，但这种方法不适于实际的器件。利用光纤中的受激布里渊散射有实现紧凑器件的潜力，而且脉冲的延迟量是可以从外部控制的。基于这个原因，从 2005 年开始，人们利用受激布里渊散射来实现可调谐的光延迟[110~119]。在 2005 年的一个实验中[110]，用电光调制器调制 1552 nm 波长连续运转分布反馈激光器的输出，产

生两个间隔约为 11 GHz 的频谱边带，其中上边带作为连续泵浦波，而下边带用来产生 100 ns 的斯托克斯脉冲。当泵浦功率足够大，能够提供 30 dB 增益时，在 11.8 km 长的标准光纤中观察到大约 30 ns 的时间延迟。

经常用来表征慢光技术的有效性的品质因数是分数延迟 $\tau_d = T_d / T_0$，这里 T_0 是介质中脉冲的宽度[109]。在 2005 年的一个实验中[111]，当 15 ns 的斯托克斯脉冲在 0.5 km 长的光纤中被放大 40 dB 左右时，延迟了 20 ns，但延迟脉冲亦被显著展宽。在 2005 年的另一个实验中[112]，通过将四段光纤级联（每段长 1.1 km）使 40 ns 的斯托克斯脉冲延迟了 1500 ns，而且与输入脉冲相比，延迟脉冲被大大展宽。在这两个实验中，因为渡越时间（对于 1 km 长的光纤，约为 500 ns）只有很小的变化，观察到的群速度变化相当小。

受激布里渊散射慢光应用面临的一个难题与布里渊增益相当窄的带宽（一般小于 50 MHz）有关。2006 年，通过以 38 Mbps 的伪随机比特模式调制作为泵浦的半导体激光器的电流，解决了这个难题[113]。激光器电流的微小变化表现为泵浦频率的随机起伏，这样有效增益带宽可以增加到约 325 MHz。结果，2.7 ns 的脉冲在 6.7 km 长的色散位移光纤中可以延迟多达 3 ns。图 9.14 给出了在 3 个不同放大倍数下测量的斯托克斯脉冲的波形，这里放大倍数定义为 $G_A = \exp(g_p P_p L / A_{eff})$。当 $G_A = 30$ dB 时，斯托克斯脉冲位移了大约 3 ns。在 2007 年的一个实验中[114]，采用同样的技术产生 12 GHz 宽的受激布里渊散射增益谱，并用它将 75 ps 的脉冲延迟了 47 ps。尽管原理上这种器件可以用于 10 Gbps 的通信信道，但不利的是它依赖于比特模式。受激布里渊散射增益的频谱展宽受两个附加问题的不利影响：第一，这种技术需要高泵浦功率，因为式（9.4.25）中的峰值布里渊增益大大减小。第二，因为这个式子中 Γ_B 的有效值较大，可实现的脉冲延迟较小。

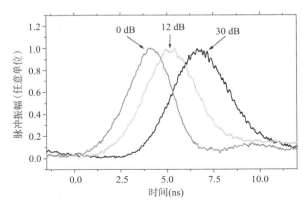

图 9.14   在对应放大倍数分别为 0，12 dB 和 30 dB 的 3 个泵浦功率下测量的输出斯托克斯脉冲的波形[113]（©2006 OSA）

两个泵浦的同时使用导致这个领域取得进一步的进展。在一种方法中[115]，两个泵浦频率位于信号频率 ω_s 的对侧，分别为 $\omega_1 = \omega_s + \Omega_B$，$\omega_2 = \omega_s - \Omega_B$。第一个泵浦通过受激布里渊散射增益放大信号，而第二个泵浦衰减它，这一衰减背后的原因是信号位于第二个泵浦的反斯托克斯侧。根据式（9.4.25），由两个泵浦提供的组合脉冲延迟为

$$T_d = \ln(G_1) / \Gamma_1 - \ln(G_2) / \Gamma_2 \tag{9.4.26}$$

式中，G_j 和 $\Gamma_j (j = 1, 2)$ 是两个泵浦引起的受激布里渊散射增益的峰值和有效带宽。如果选择泵浦功率使 $G_1 = G_2$，虽然信号没有净增益（或损耗），但通过使 $\Gamma_2 \gg \Gamma_1$，仍然可以实现较大的延迟。

在 2007 年的一个实验中[116]，用两个泵浦实现了有效带宽为 25 GHz 的受激布里渊增益谱。在这种情况下，两个泵浦的频谱以超过布里渊频移(约 11 GHz)的量被展宽。尽管第二个泵浦仍对信号提供了损耗，但是增益和损耗谱的交叠在一个宽带宽上产生信号增益。因为式(9.4.25)中 Γ_B 的值有较大增加，得到的 37 ps 脉冲的延迟被限制在 11 ps 以下。在 2007 年的另一个实验中[117]，用 3 个泵浦将 30 ns 的脉冲延迟了 120 ns，其中一个频率为 ω_p 的泵浦为信号提供增益，而频率为 $\omega_p \pm \delta$ 的两个泵浦用来在受激布里渊散射增益谱的两翼中引入损耗。需要指出的主要一点是，采用多个泵浦可以修饰受激布里渊散射的增益谱，因此能够优化由此产生的折射率的变化，以增加信号脉冲的时间延迟。

在所有这些实验中，因为所用光纤较长，观察到的群速度的变化远小于渡越时间，这意味着脉冲群速度的改变小于 10%。利用较短的高非线性光纤(见第 11 章)，可以将群速度减小一半以上。在 2007 年的一个实验中[118]，将 2 m 长的 BiO_2 光纤用于此目的，因为这种光纤的芯径相当小，其有效模面积 A_{eff} 只有 3 μm^2。在大约 400 mW 的泵浦功率下，将 200 ns 的脉冲延迟了大约 55 ns。注意，这种光纤的渡越时间只有 14 ns，这一延迟对应脉冲的群速度减小到原来的 1/5。

9.4.4　弛豫振荡

即使在泵浦脉冲宽度远大于 T_B 时，声动力学也几乎不起作用，受激布里渊散射的动态响应也表现出许多有趣的特征。已经证明，斯托克斯功率并不是单调地接近其稳态值的，而是表现为周期等于 $2T_r$ 的弛豫振荡，这里 $T_r = L/v_g$ 是长度为 L 的光纤的渡越时间[120]。对 1 μs 宽的泵浦脉冲，在图 9.3 中可以看到这样的弛豫振荡。在存在外反馈的情况下，弛豫振荡会转变为稳定振荡[121]，即泵浦波和斯托克斯波均能产生自感应强度调制。

尽管泵浦波和斯托克斯波的群速度 v_g 几乎相同，但由于它们是反向传输的，因而它们的相对速度为 $2v_g$，正是此有效群速度失配引发了弛豫振荡。获得此弛豫振荡的频率和衰减时间的一种简单方法是，按照类似于 5.1 节讨论调制不稳定性的过程，对式(9.3.2)给出的方程(9.4.10)和方程(9.4.11)的稳态解进行线性稳定性分析，通过假设光纤被封闭在谐振腔内并在光纤端面处应用合适的边界条件，即可包含外反馈的影响[121]。这种线性稳定性分析能得出由稳态变为非稳态的条件。

假设对稳态引入以 $\exp(-ht)$ 衰减的微扰，其中复数参量 h 可以通过方程(9.4.9)和方程(9.4.10)的线性化来确定。若 h 的实部为正，则扰动通过弛豫振荡随时间指数衰减，其振荡频率为 $\nu_r = \mathrm{Im}(h)/2\pi$；相反，若 h 的实部为负，则扰动随时间增大，稳态变为非稳态。在这种情况下，即使对连续波泵浦，受激布里渊散射也会导致泵浦光强和斯托克斯光强的时域调制。图 9.15 给出了有反馈时的受激布里渊散射稳定区和非稳定区，其中反馈作为增益因子 g_0L 的函数，而增益因子 g_0L 通过 $g_0 = g_B P_p/A_{eff}$ 与泵浦功率 P_p 相联系。参量 b_0 代表转换成斯托克斯功率的那部分泵浦功率占总泵浦功率的百分比。

图 9.16 给出了用数值方法解方程(9.4.9)和方程(9.4.10)得到的斯托克斯波和泵浦波光强的时域演化过程。对应 $g_0L = 30$ 的上面两个图表明，在无反馈时发生了弛豫振荡，振荡周期为 $2T_r$，T_r 为渡越时间。从物理意义上讲，弛豫振荡的起因可以这样来理解[120]：在光纤输入端附近，斯托克斯波的迅速增强消耗了大量泵浦波，导致增益下降，直到泵浦波的消耗部分通过光纤，然后增益重新恢复。上述过程重复进行，形成了振荡。

图 9.16 的下面两个图对应 $R_1R_2 = 5 \times 10^{-5}$ 的弱反馈情形，其中 R_1 和 R_2 为光纤两个端面的反射率，其增益系数 $g_0L = 13$ 处于布里渊阈值以下。尽管如此，由于反馈使布里渊阈值降低，在

这种低增益情况下还是产生了斯托克斯波。然而，由于图 9.15 所示的那种非稳定性，斯托克斯波没有达到稳态，代之以泵浦输出光强（$z = L$ 处）和斯托克斯输出光强（$z = 0$ 处）都表现为稳定振荡。更为有趣的是，若反馈增大到 $R_1 R_2 \geqslant 2 \times 10^{-2}$，则受激布里渊散射能达到稳态，这是因为在此反馈量下的 b_0 落在了图 9.15 中的稳定区。所有这些动态特性均已在实验中观察到了[121]。

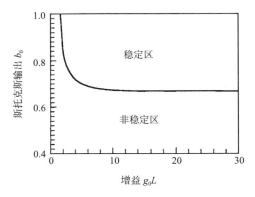

图 9.15　有反馈时受激布里渊散射的稳定区和非稳定区，实线表示相对斯托克斯光强的临界值 $[b_0 = I_s(0)/I_p(0)]$，此值以下稳定变为非稳定[121]（©1985 OSA）

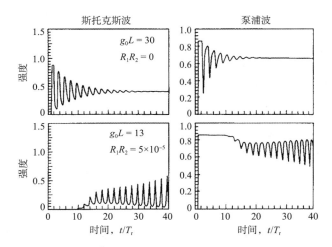

图 9.16　无反馈（上部）和有反馈（下部）时斯托克斯波（左列）和泵浦波（右列）的时域演化，光纤损耗对应 $\alpha L = 0.15$[121]（©1985 OSA）

9.4.5　调制不稳定性和混沌

当两反向传输的泵浦波同时出现时，即使它们的强度都未能达到布里渊阈值，也能发生另一种不稳定性[122~127]。这种不稳定性的根源在于受激布里渊散射感应的两反向传输泵浦波之间通过声波在频率为 ν_B 处的耦合，表现为在 $\nu_p \pm \nu_B$ 处自发形成了边模，ν_p 是泵浦频率[123]。在时域中，两泵浦波在频率 ν_B 处都产生了调制。除了发生在两反向传输的波之间，受激布里渊散射感应的调制不稳定性类似于 7.3 节讨论的交叉相位调制感应的调制不稳定性。不稳定性阈值取决于前向、后向输入泵浦光强 I_f 和 I_b，光纤长度 L 及参量 g_B，ν_B 和 $\Delta\nu_B$。

图 9.17 给出了当 $\Delta\nu_B/\nu_B = 0.06$ 和归一化光纤长度 $4\pi n \nu_B L/c$ 取几个不同值时，达到不稳定性阈值所需的前向泵浦光强 I_f（归一化形式）与光强比 I_b/I_f 的关系曲线。从图中可以看出，不稳

定性阈值明显小于布里渊阈值($g_B I_f L = 21$)，对特定的参量值，不稳定性阈值 $g_B I_f L$ 可小到 3。数值计算结果表明[126]，若布里渊增益带宽 Δv_B 与布里渊频移 v_B 相当，在光纤输出端泵浦光强的时域演化会遵循倍周期路径变为混沌。而且在带有倍周期分叉的散射光的频谱中出现了 v_B 的亚谐波。当后向泵浦波不是外加的，而是由反射器反馈前向泵浦波产生时，也可以预测到混沌演化[124]。

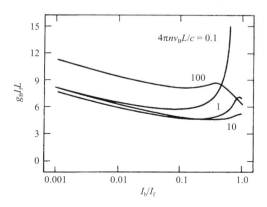

图 9.17　入射光强为 I_f 和 I_b 的反向传输泵浦波由受激布里渊散射感应的调制不稳定性的阈值，在
$\Delta v_B / v_B = 0.06$ 和几个不同的光纤长度下的归一化前向光强随 I_b / I_f 的变化[126]（©1988 OSA）

20 世纪 90 年代，为观察和表征光纤中受激布里渊散射感应的光学混沌，人们做了大量的努力[128~140]。一些实验观察到了发生在约 0.1 μs 时间尺度上的斯托克斯光强中的不规则涨落现象[128~130]。图 9.18 是一例实验观察到的斯托克斯功率中的涨落现象，实验中所用光纤长 166 m，连续泵浦功率超过受激布里渊散射阈值 50%（$P_0 = 1.5\ P_{cr}$）。这种涨落本质上是随机的还是混沌的，是个不易解决的问题，解释这些实验结果需要仔细考虑自发布里渊散射和光反馈的影响。直到 1993 年才确定，当光反馈被小心抑制后观察到的斯托克斯功率中的涨落，是因为自发布里渊散射引起的随机噪声造成的[137]，其数学描述需要在描述材料密度变化的方程(9.4.7)中，通过一个 Langevin 噪声源将自发布里渊散射包括在内[134]。这个随机模型能解释大部分实验观察到的特征[141]。

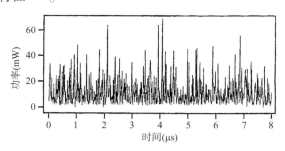

图 9.18　泵浦功率 $P_0 = 1.5\ P_{cr}$ 时在 166 m 长的光纤中由受激布里渊散
射产生的斯托克斯功率的涨落现象[137]（©1993 美国物理学会）

由于在玻璃–空气界面折射率的不连续性，外反射镜或光纤端面自然产生的光反馈使受激布里渊散射的动力学行为急剧变化。如本节前面所讨论过的，反馈使弛豫振荡不稳定，并产生重复频率为 $(2T_r)^{-1}$ 的周期输出，其中 T_r 是渡越时间。在一定的条件下，脉冲序列的包络表现为不规则的涨落，且此涨落产生的时间尺度远大于 T_r。一个实验[137]发现，这种涨落本质上是随机的，而且是由于泵浦波和光纤谐振腔之间相对相位的涨落造成的。另一个实验[138]在有限

的泵浦功率范围内观察到由准周期通向混沌，因为混沌是在泵浦功率约为 0.8 W 时观察到的，所以光纤的非线性在此实验中起一定的作用。基于方程(9.4.5)至方程(9.4.7)的数值模拟预测，如果非线性足够强，即使不存在反馈，只要包括了自相位调制和交叉相位调制，也能导致光学混沌[131～133]。当存在反馈时，甚至在自相位调制和交叉相位调制贡献可以忽略的低功率条件下，也预测到混沌的发生[140]。数值模拟结果表明，根据泵浦功率的不同，斯托克斯功率表现为周期性或准周期性振荡，并最终变为混沌。

9.5   光纤布里渊激光器

与 8.2 节中讨论的受激喇曼散射情形类似，把光纤置于谐振腔内，也可利用光纤中的布里渊增益制造光纤布里渊激光器。这种激光器早在 1976 年就被制造出，从此一直是一个活跃的研究课题[142～154]。光纤布里渊激光器有环形腔和 F-P(法布里-珀罗)腔结构，它们都有各自的优点。如图 9.19 所示，如果使用光纤定向耦合器构成环形腔，则不需要腔镜。

9.5.1   连续运转方式

由于谐振腔提供了反馈，激光振荡所需的阈值泵浦功率比由式(9.2.4)给定的值有明显下降。对于环形腔结构，利用边界条件 $P_s(L) = R_m P_s(0)$，阈值条件可以写为

$$R_m \exp(g_B P_{th} L_{eff}/A_{eff} - \alpha L) = 1 \qquad (9.5.1)$$

式中，L 是环形腔长度，R_m 是斯托克斯功率经每次往返后反馈回去的百分率，P_{th} 是泵浦功率的阈值。由于 L 的典型值为 100 m 或更短，光纤损耗在大多数实际情况下可以忽略不计。比较式(9.5.1)和式(9.2.4)会发现，对于同样的光纤长度，通常用 0.1～1 之间的一个值代替式(9.2.4)中的因子 21，此值取决于 R_m。

在 1976 年的一个连续运转光纤布里渊激光器实验中[142]，用 9.5 m 长的光纤构成环形腔结构，并用氩离子激光器泵浦。考虑到在 514.5 nm 的泵浦波长处光纤损耗较大(约为 100 dB/km)，故采用较短的光纤。另外，由于相对较高的往返损耗(约为 70%)，激光器的阈值功率超过100 mW。在 1982 年的一个实验中[146]，采用图 9.19 所示的全光纤环形腔使阈值功率下降到 0.56 mW，腔内往返损耗仅为 3.5%，如此低的损耗使环形腔内的输入泵浦功率增加了 30 倍。由于这种光纤布里渊激光器的阈值很低，工作波长为 633 nm 的 He-Ne 激光器就可以作为它的泵浦源；不久之后，用半导体激光器代替 He-Ne 激光器作为泵浦源，构成了小型的光纤布里渊激光器[147]。这类激光器常应用于感测惯量旋转的高精度激光陀螺仪中。

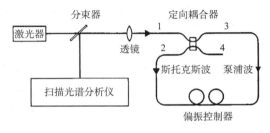

图 9.19   光纤布里渊环形激光器的示意图，定向耦合器将泵浦波注入环形腔内[146](©1982 OSA)

F-P 腔结构的光纤布里渊激光器与环形腔结构的激光器相比有不同的定性特征。这些差别的起因是，F-P 腔内同时存在前向和后向传输的泵浦波和斯托克斯波分量。当低级斯托克斯

波的功率达到布里渊阈值后，能通过级联受激布里渊散射过程产生更高级的斯托克斯波。同时，同向传输的泵浦波和斯托克斯波的四波混频产生了反斯托克斯分量，结果激光器输出频谱看起来出现了类似图 9.6 所示的结构，其中斯托克斯线和反斯托克斯线的数目取决于泵浦功率。在一个实验中[142]，当用波长为 514.5 nm 的连续氩离子激光器泵浦 F-P 腔内的 20 m 长的光纤时，观察到的谱线多达 14 条，其中 10 条出现在斯托克斯线一侧。相邻谱线的频率间隔为 34 GHz，与预期的布里渊频移相符。

为了避免通过级联受激布里渊散射产生多级斯托克斯线，大多数光纤布里渊激光器采用环形腔结构。布里渊环形腔激光器的性能取决于构成谐振腔的光纤长度 L（见图 9.19），因为光纤长度通过 $\Delta v_L = c/(\bar{n}L)$ 决定了纵模间隔，其中 $\bar{n}$ 是有效模折射率。对于短光纤（满足 $\Delta v_L > \Delta v_B$，其中 Δv_B 是布里渊增益带宽，典型值为 20 MHz），环形腔激光器可以单纵模方式稳定运转。现已能设计出低阈值[146]、能发射频谱较窄的连续光[149]的单纵模环形腔光纤布里渊激光器。与此相反，当 $\Delta v_L \ll \Delta v_B$ 时，光纤布里渊激光器工作在多纵模状态，并且纵模的个数随光纤长度增加。早在 1981 年，就有人指出这种激光器需要主动腔内稳定技术才能实现连续运转[145]。实际上，在某些条件下，激光输出会变得具有周期性，甚至是混沌的，这将在 9.5.2 节中讨论。

连续运转光纤布里渊激光器的一个重要应用是作为高度灵敏的激光陀螺仪[150~152]。激光陀螺仪在概念上和工作原理上都与光纤陀螺仪不同。有源激光陀螺仪用光纤环作为激光腔，而无源光纤陀螺仪用光纤环作为干涉仪。旋转率是通过测量反向传输激光束之间的频率差确定的。与无源光纤陀螺仪相似，光纤的非线性通过交叉相位调制感应的非互易性影响布里渊激光陀螺仪的性能，这也是形成误差的主要原因[151]。

20 世纪 90 年代以来，混合布里渊–掺铒光纤激光器的发展引起极大关注，这种激光器既可以同时工作在几个波长上，也可以工作在波长调谐范围较宽的单纵模状态[155~164]。其基本思想是[155]，将一台能在整个 40 nm 左右的带宽上提供增益的掺铒光纤放大器置于布里渊激光腔内，掺铒光纤放大器的增益控制在激光腔的阈值增益以下，当加上布里渊增益后，激光器将在窄布里渊带宽（30 MHz 左右）上达到阈值并产生一级斯托克斯线。然而，一级斯托克斯线可以作为泵浦波产生二级斯托克斯线。这一过程不断重复，就会产生波长间隔恰好等于布里渊频移 v_B（约为 11 GHz）的多波长激光输出。由于泵浦波和对应的斯托克斯波必须沿相反方向传输，当采用环形腔时，偶数级和奇数级的斯托克斯波反方向传输，结果任一方向的输出由间隔为 $2v_B$ 的激光模式组成。如果采用 F-P 腔，这一问题就能得到解决，因为所有波都沿两个方向传输。

早在 1998 年，就利用光纤环萨格纳克干涉仪作为 F-P 腔的一个腔镜，通过级联受激布里渊散射过程得到 34 条谱线的输出[156]。另一个腔镜 100% 反射，以保证所有激光模式均通过萨格纳克环输出。这一结构有一个额外的好处，即使受激布里渊散射只产生向注入泵浦波红端位移的斯托克斯线，多条反斯托克斯线也可以通过四波混频在萨格纳克环中产生。结果，激光器输出波长位于泵浦波长的两侧的模式。

对于某些应用来说，希望光纤布里渊激光器产生的频率梳可调，目前已有几种方法可以用于此目的。在 2004 年的一个实验中，利用由 18 cm 长保偏光纤制成的萨格纳克环作为光学滤波器来实现激光输出的调谐[159]。这样的可调谐滤波器选择掺铒光纤放大器产生的放大自发辐射的不同谱窗，而受激布里渊散射增益在每个谱窗内产生一个频率梳。该激光器产生了 12 个波长的输出，调谐范围为 14.5 nm。在 2005 年的一个实验中，实现了 60 nm 的调谐范围[161]，图 9.20 给出了该激光器谐振腔的设计示意图。由于嵌入的光环行器，两个光纤环起到腔镜的作用；受激布里渊散射增益是由波长在 1520～1620 nm 可调的外腔半导体激光器泵浦 8.8 km 长的单模光纤（SMF-28）提供的，而 10 m 长的掺铒光纤放大器用另一台 980 nm 的半导体激光器泵浦。该光纤布里渊激光器的调谐范围和产生的斯托克斯线的条数随两台泵浦激光器的相对功率而变化。

在一种有趣的结构中，受激布里渊散射泵浦波通过自种子注入从内部产生，仅需要一台用于泵浦掺铒光纤放大器的激光器[160]。图 9.21 给出了该激光器的设计示意图，其环形腔由一台 16 m 长的掺铒光纤放大器和用于产生受激布里渊散射增益的 5 km 长的标准光纤构成。利用保偏光纤构建的萨格纳克环作为一个腔镜，由于在每次往返过程中光通过 5 km 长的光纤两次，因此该腔镜使受激布里渊散射增益加倍。布里渊泵浦首先用掺铒光纤放大器的放大自发辐射提供的自种子注入产生，然后通过受激布里渊散射增益产生多条斯托克斯线。这样的激光器能产生 120 条斯托克斯线，它们的功率几乎相等，相互之间以布里渊频移 11 GHz 分开，共占据掺铒光纤放大器的增益带宽内 12 nm 的谱窗。

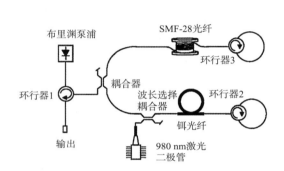

图 9.20　含有两个光纤环的光纤布里渊激光器的示意图[161]（©2005 OSA）

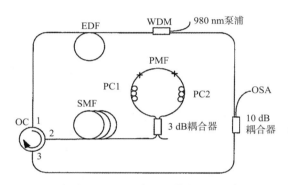

图 9.21　自种子注入光纤布里渊激光器的示意图。OC，PC，PMF 和 OSA 分别代表光环行器、偏振控制器、保偏光纤和光谱仪[160]（©2005 OSA）

9.5.2　脉冲运转方式

利用几种不同方法，能迫使长腔布里渊激光器发射脉冲序列。1978 年的一个实验[144]采用了主动锁模技术，将一个强度调制器置于激光器腔内。激光器输出脉宽约为 8 ns 且重复频率为 8 MHz（由腔长决定）的脉冲序列，这些脉冲源于腔内多个纵模的锁定。

在 F-P 腔内可以发生另一类锁模，通过级联受激布里渊散射在腔内产生多级斯托克斯线，由于弛豫振荡的周期等于腔内往返时间，它能为锁模过程提供种子光。确实，已在实验中观察到了这种光纤布里渊激光器通过自身实现的部分锁模现象[144]，但不太稳定，原因可由式（9.1.3）看出，因为布里渊频移与泵浦波长有关。在级联受激布里渊散射中，不同的斯托克斯波又作为下一级斯托克斯波的泵浦波，结果多级斯托克斯线之间的间隔并不精确相等，频率相差约 1 MHz。在 1989 年的一个实验中[148]，利用多模光纤实现了锁模，因为不同模式的有效折射率稍有不同（模式色散），用不同的光纤模式可产生等间隔的斯托克斯线。

利用锁模脉冲序列同步泵浦光纤布里渊激光器，可以产生短斯托克斯脉冲[153]。其基本思想非常简单：调整环形腔的长度，使往返一次的时间与泵浦脉冲的间隔精确相等。由于每个泵浦脉冲很短，不能有效地激发声波，但如果在声波消失之前下一个泵浦脉冲到达，那么多个泵浦脉冲的累加效应就可使声波振幅很大。当声波建立过程完成以后，随着每个泵浦脉冲的通过，短斯托克斯脉冲将通过瞬态受激布里渊散射产生。当用锁模 Nd:YAG 激光器产生的300 ps 脉冲泵浦环形腔光纤布里渊激光器时，产生了脉宽约为 200 ps 的斯托克斯脉冲。

即使在连续波泵浦条件下，长腔布里渊环形激光器也可以通过非线性自脉动机制产生脉冲序列。非线性自脉动机制的基础是这种激光器固有的不稳定性，不稳定性的根源在于9.4.4 节讨论的弛豫振荡。典型情况是，宽度在 20～30 ns 范围的脉冲以几乎等于纵模间隔 $\Delta\nu_L \equiv 1/t_r$ 的重复频率发射，t_r 为往返时间。

20 世纪90 年代，这种激光器的物理机制引起极大关注[165～169]。如果附以边界条件

$$A_s(L,t) = \sqrt{R}\, A_s(0,t), \quad A_p(0,t) = \sqrt{P_0} + \sqrt{R_p}\, A_p(L,t) \tag{9.5.2}$$

则可以用方程(9.4.5)至方程(9.4.7)描述布里渊环形激光器中的非线性动力学特性。式中，R 和 R_p 是斯托克斯波和泵浦波在环形腔内往返一次后的反馈量。在新式布里渊激光器中，利用光隔离器或光环行器代替定向耦合器(见图9.18)，以避免每往返一次的泵浦反馈，这样 $R_p = 0$。

色散和非线性效应都不会对布里渊激光器的自脉动阈值造成重要影响，于是可令方程(9.4.5)至方程(9.4.7)中的 $\Omega = \Omega_B$ 和 $\gamma = 0$，并忽略方程(9.4.7)中关于 z 的导数项。对所得的 3 个方程进行线性稳定性分析(类似于调制不稳定性的线性稳定性分析)后，预测连续态的稳定性取决于泵浦参量 $g_0 \equiv g_B P_0 / A_{eff}$，并定义为泵浦功率为 P_0 时的小信号增益。当将非线性效应和有限的介质响应时间 T_B 考虑在内以后，线性稳定性分析变得相当复杂。然而，一个简化的方法表明，只要泵浦功率 P_0 满足不等式[168]

$$\ln\left(\frac{1}{R}\right) < g_0 L < 3\ln\left(\frac{1+2R}{3R}\right) \tag{9.5.3}$$

连续态就是非稳定的。当 $g_0 L = \ln(1/R)$ 时，达到激光阈值，但是激光器并未发射连续光，直到 $g_0 L$ 超过式(9.5.3)预测的非稳定区。注意，当 R 接近 1 时，非稳定区收缩，因此容易得出在低损耗环形腔内，可以实现低阈值的稳定连续波运转的结论[146]。另一方面，当 $R \ll 1$(高损耗腔)时，可能实现连续波运转的泵浦功率变得相当高。例如，当 $R = 0.01$ 时，激光器在 $g_0 L = 4.6$ 处达到阈值，但只有当 $g_0 L > 10.6$ 时，才可能实现连续波运转。

基于方程(9.4.5)至方程(9.4.7)的数值解表明，激光器在非稳定区能发射一脉冲序列，但在靠近非稳定区边界时除外，这是因为在边界附近激光输出表现为周期性振荡，振荡频率取决于激光器所能容纳的纵模个数[168]。另外，连续态和周期态之间的过渡态出现在不同功率下，并取决于 P_0 是增大还是减小，从这一意义上说，在过渡区激光器表现为双稳行为。滞后回线的宽度取决于引起自相位调制和交叉相位调制的非线性参量 γ，若 $\gamma = 0$ 则不会发生双稳行为。

在自脉动区，激光器发射一个光脉冲序列。例如，图9.22 给出了斯托克斯和泵浦波振幅在多次往返的演化，激光输出(斯托克斯波)表现出瞬态特性[见图9.22(a)]，经过数百次往返后最终还是形成了规则脉冲序列[见图9.22(b)]，这样的脉冲几乎在每次往返时间内产生一次。发射的脉冲可表征为布里渊孤子。所有这些特征均已在实验中观察到[168]，实验采用两台布里渊激光器，其中一台用514.5 nm 波长的氩离子激光器泵浦，另一台用 1319 nm 波长的 Nd:YAG 激光器泵浦。所观察到的特征与方程(9.4.5)至方程(9.4.7)的数值解一致，特别是当泵浦功率满足不等式(9.5.3)时，这两台激光器均发射一脉冲序列，因此可以将布里渊环形腔激光器设计成能产生脉宽约为 10 ns 且重复频率约为1 MHz(由环形腔往返时间决定)的孤子序列。

在2002 年的一项研究中，将自脉动的起源归于光谱烧孔现象[169]。这是激光领域一个著名

的现象，当增益谱表现为非均匀加宽时，就会发生这种现象[170]。稳态条件下由方程(9.4.5)至方程(9.4.7)得到的受激布里渊散射增益谱被均匀加宽，并具有式(9.1.3)给出的宽为 Γ_B 的洛伦兹线形。然而由于光纤的数值孔径有限，布里渊频移 Ω_B 沿径向的微小波动将造成受激布里渊散射增益谱的非均匀加宽[25]。布里渊激光器中自脉动现象的这一解释是有争议的，因为光谱烧孔效应的发生并不总是要求非均匀加宽[171]。

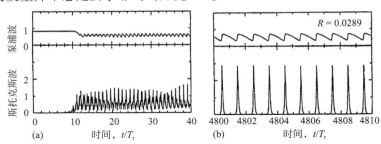

图 9.22　在自脉动区，斯托克斯(下部)和泵浦波(上部)振幅在多次往返的演化。（a）从噪声中初步形成的波形；（b）经4800次往返后完全形成的脉冲序列[168]（©1999 OSA）

当泵浦波不是沿保偏光纤的某个主轴线偏振时，自脉动的不稳定性还受光纤线性双折射的影响。这时，由于泵浦波的两正交偏振分量产生各自的斯托克斯波，应将方程(9.4.5)至方程(9.4.7)推广到一组 5 个方程。若旋转激光腔内的光纤，使输入和输出端的主轴不一致，则情况更为复杂。对于这一普遍情况，已经完成了详细的线性稳定性分析，结果表明这种布里渊激光器具有复杂的动力学行为[167]。实验结果和理论预测符合得很好。

习题

9.1　何谓布里渊散射？解释其起源。自发布里渊散射和受激布里渊散射的区别是什么？

9.2　利用相位匹配条件推导布里渊频移的表达式，为什么在单模光纤中仅能产生后向受激布里渊散射？

9.3　受激布里渊散射和受激喇曼散射的主要区别是什么？造成这些差别的原因是什么？是如何在实际中表现出来的？

9.4　估计芯径为 8 μm 的 40 km 的长光纤在 1.55 μm 处的受激布里渊散射阈值，在 1.3 μm 处时阈值如何变化？取 $g_B = 5 \times 10^{-11}$ m/W，并且 1.3 μm 和 1.55 μm 处的损耗分别取 0.5 dB/km 和 0.2 dB/km。

9.5　忽略泵浦消耗，解方程(9.2.1)和方程(9.2.2)，利用此解推导受激布里渊散射的阈值条件。

9.6　试说明怎样用布拉格光栅增加受激布里渊散射的阈值泵浦功率，还有什么其他方法能用于此目的？

9.7　将泵浦消耗考虑在内，解方程(9.2.1)和方程(9.2.2)，光纤损耗不计（$\alpha = 0$）。绘出 $g_0 L = 12$ 时 I_p 和 I_s 随 z/L 的变化曲线，假设 $z = L$ 处注入的斯托克斯功率分别为输入泵浦功率的 0.1%、1% 和 10%。

9.8　对于 20 km 长的光纤，取 $g_B I_p(0) = 1$ km^{-1}，$\alpha = 0.2$ dB/km，数值求解方程(9.2.1)和方程(9.2.2)。假定 $I_p(0) = 2$ MW/cm^2，$I_s(L) = 1$ kW/cm^2，绘出 I_p 和 I_s 随光纤长度变化的曲线。

9.9　假定泵浦脉冲和斯托克斯脉冲均为高斯形，初始半极大全宽度为 1 μs，数值解方程(9.4.9)和方程(9.4.10)。当受激布里渊散射发生在 10 m 长的光纤[假定 $g_B I_p(0) = 1$ m^{-1}]内时，绘出输出脉冲形状。

9.10　写出解方程(9.4.5)至方程(9.4.7)的程序，可忽略方程(9.4.7)中关于 z 的导数项。利用文献[102]中的参量值，再现图 9.9 和图 9.10 中的曲线。

9.11　用直接代入法证明，式(9.4.16)和式(9.4.17)给出的孤子解确实满足方程(9.4.13)至方程(9.4.15)。

9.12　利用方程(9.4.5)至方程(9.4.7)说明，受激布里渊散射增益改变了介质对斯托克斯波的有效折射率，推导通过长为 L 的光纤的渡越时间的表达式。利用失谐参量 $\delta = 2(\Omega - \Omega_B)/\Gamma_B$ 表示，其中 $\Omega = \omega_p - \omega_s$。

9.13　按照文献[168]的分析，推导不等式(9.5.3)。

参考文献

[1] R. Y. Chiao, C. H. Townes, and B. P. Stoicheff, *Phys. Rev. Lett.* **12**, 592 (1964).

[2] E. Garmire and C. H. Townes, *Appl. Phys. Lett.* **5**, 84 (1964).

[3] N. M. Kroll, *J. Appl. Phys.* **36**, 34 (1965).

[4] C. L. Tang, *J. Appl. Phys.* **37**, 2945 (1966).

[5] W. Kaiser and M. Maier, in *Laser Handbook*, Vol. 2, F. T. Arecchi and E. O. Schulz-Dubois, Eds. (North-Holland, 1972), Chap. E2.

[6] E. P. Ippen and R. H. Stolen, *Appl. Phys. Lett.* **21**, 539 (1972).

[7] R. G. Smith, *Appl. Opt.* **11**, 2489 (1972).

[8] D. Cotter, *J. Opt. Commun.* **4**, 10 (1983).

[9] Y. R. Shen, *The Principles of Nonlinear Optics* (Wiley, 1984), Chap. 11.

[10] R. W. Boyd, *Nonlinear Optics*, 3rd ed. (Academic Press, 2008), Chap. 9.

[11] R. M. Shelby, M. D. Levenson, and P. W. Bayer, *Phys. Rev. Lett.* **54**, 939 (1985); *Phys. Rev. B* **31**, 5244 (1985).

[12] A. Melloni, M. Frasca, A. Garavaglia, A. Tonini, and M. Martinelli, *Opt. Lett.* **23**, 691 (1998).

[13] R. S. Krishnan, *Nature* **165**, 933 (1950).

[14] D. Heiman, D. S. Hamilton, and R. W. Hellwarth, *Phys. Rev. B* **19**, 6583 (1979).

[15] P. J. Thomas, N. L. Rowell, H. M. van Driel, and G. I. Stegeman, *Phys. Rev. B* **19**, 4986 (1979).

[16] J. Stone and A. R. Chraplyvy, *Electron. Lett.* **19**, 275 (1983).

[17] R. W. Tkach, A. R. Chraplyvy, and R. M. Derosier, *Electron. Lett.* **22**, 1011 (1986).

[18] N. Shibata, R. G. Waarts, and R. P. Braun, *Opt. Lett.* **12**, 269 (1987).

[19] Y. Azuma, N. Shibata, T. Horiguchi, and M. Tateda, *Electron. Lett.* **24**, 250 (1988).

[20] N. Shibata, K. Okamoto, and Y. Azuma, *J. Opt. Soc. Am. B* **6**, 1167 (1989).

[21] T.-O. Sun, A. Wada, T. Sakai, and R. Yamuchi, *Electron. Lett.* **28**, 247 (1992).

[22] A. Yeniay, J.-M. Delavaux, and J. Toulouse, *J. Lightwave Technol.* **20**, 1425 (2002).

[23] Y. Koyamada, S. Sato, S. Nakamura, H. Sotobayashi, and W. Chujo, *J. Lightwave Technol.* **22**, 631 (2004).

[24] J. H. Lee, T. Tanemura, K. Kikuchi, T. Nagashima, T. Hasegawa, S. Ohara, and N. Sugimoto, *Opt. Lett.* **30**, 1698 (2005).

[25] V. I. Kovalev and R. G. Harrison, *Opt. Lett.* **27**, 2022 (2002).

[26] G. C. Valley, *IEEE J. Quantum Electron.* **22**, 704 (1986).

[27] P. Narum, M. D. Skeldon, and R. W. Boyd, *IEEE J. Quantum Electron.* **22**, 2161 (1986).

[28] E. Lichtman, A. A. Friesem, R. G. Waarts, and H. H. Yaffe, *J. Opt. Soc. Am. B* **4**, 1397 (1987).

[29] M. Abramowitz and I. A. Stegun, Eds., *Handbook of Mathematical Functions* (Dover, 1974), Chap. 7.

[30] S. Le Floch and P. Cambon, *J. Opt. Soc. Am. A* **20**, 1132 (2003).

[31] A. Kobyakov, S. A. Darmanyan, and D. Chowdhury, *Opt. Commun.* **260**, 46 (2006).

[32] A. Kobyakov, M. Sauer, and D. Chowdhury, *Adv. Opt. Photon.* **2**, 1 (2010).

[33] R. H. Stolen, *IEEE J. Quantum Electron.* **15**, 1157 (1979).

[34] M. O. van Deventer and A. J. Boot, *J. Lightwave Technol.* **12**, 585 (1994).

[35] J. Botineau, E. Picholle, and D. Bahloul, *Electron. Lett.* **31**, 2032 (1995).

[36] A. Kobyakov, S. Kumar, D. Q. Chowdhury, A. B. Ruffi n, M. Sauer, S. R. Bickham, and R. Mishra, *Opt. Express* **13**, 5338 (2005).

[37] Y. Imai and N. Shimada, *IEEE Photon. Technol. Lett.* **5**, 1335 (1993).

[38] N. Yoshizawa and T. Imai, *J. Lightwave Technol.* **11**, 1518 (1993).

[39] K. Shiraki, M. Ohashi, and M. Tateda, *Electron. Lett.* **31**, 668 (1995).

[40] K. Shiraki, M. Ohashi, and M. Tateda, *J. Lightwave Technol.* **14**, 50 (1996); *J. Lightwave Technol.* **14**, 549 (1996).

[41] K. Tsujikawa, K. Nakajima, Y. Miyajima, and M. Ohashi, *IEEE Photon. Technol. Lett.* **10**, 1139 (1998).

[42] J. Hansryd, F. Dross, M. Westlund, P. A. Andrekson, and S. N. Knudsen, *J. Lightwave Technol.* **19**, 1691 (2001).

[43] J. M. Chavez Boggio, J. D. Marconi, and H. L. Fragnito, *J. Lightwave Technol.* **23**, 3808 (2005).

[44] V. I. Kovalev and R. G. Harrison, *Opt. Lett.* **31**, 161 (2006).

[45] E. M. Dianov, B. Y. Zeldovich, A. Y. Karasik, and A. N. Pilipetskii, *Sov. J. Quantum Electron.* **19**, 1051 (1989).

[46] A. Hirose, Y. Takushima, and T. Okoshi, *J. Opt. Commun.* **12**, 82 (1991).

[47] K. Kikuchi and C. Lorattanasane, *IEEE Photon. Technol. Lett.* **6**, 992 (1994).

[48] M. E. Marhic, F. S. Yang, and L. G. Kazovsky, *Electron. Lett.* **32**, 2336 (1994).

[49] J. Hansryd, P. A. Andrekson, M. Westlund, J. Li, and P. O. Hedekvist, *IEEE J. Sel. Topics Quantum Electron.* **8**, 506 (2002).

[50] J. B. Coles, B.P.-P. Kuo, N. Alic, et al., *Opt. Express* **18**, 18138 (2010).

[51] A. Mussot, M. Le Parquier, and P. Szriftgiser, *Opt. Commun.* **283**, 2607 (2010).

[52] M. M. Howerton, W. K. Burns, and G. K. Gopalakrishnan, *J. Lightwave Technol.* **14**, 417 (1996).

[53] S. S. Lee, H. J. Lee, W. Seo, and S. G. Lee, *IEEE Photon. Technol. Lett.* **13**, 741 (2001).

[54] H. Lee and G. P. Agrawal, *Opt. Express* **11**, 3467 (2003).

[55] V. Philippov, C. Codemard, Y. Jeong, et al., *Opt. Lett.* **29**, 2590 (2004).

[56] Y. Jeong, J. K. Sahu, D. N. Payne, and J. Nilsson, *Opt. Express* **12**, 6088 (2004).

[57] Y. M. Huo, P. K. Cheo, and G. G. King, *Opt. Express* **12**, 6230 (2004).

[58] J. Limpert, F. Röser, S. Klingebiel, et al., *IEEE J. Sel. Topics Quantum Electron.* **13**, 537 (2007).

[59] M. D. Mermelstein, *Opt. Express* **17**, 16225 (2009).

[60] T. Sakamoto, T. Matsui, K. Shiraki, and T. Kurashima, *J. Lightwave Technol.* **27**, 4401 (2009).

[61] V. Pashinina, V. Sturmb, V. Tumorina, and R. Nollb, *Opt. Laser Technol.* **33**, 617 (2001).

[62] K. Tei, Y. Tsuruoka, T. Uchiyama, and T. Fujioka, *Jpn. J. Appl. Phys.* **40**, 3191 (2001).

[63] M. Sjöberg, M. L. Quiroga-Teixeiro, S. Galt, and S. Hård, *J. Opt. Soc. Am. B* **20**, 434 (2003).

[64] A. Mocofanescu, L. Wang, R. Jain, K. D. Shaw, A. Gavrielides, P. Peterson, and M. P. Sharma, *Opt. Express* **13**, 2019 (2005).

[65] N. Uesugi, M. Ikeda, and Y. Sasaki, *Electron. Lett.* **17**, 379 (1981).

[66] D. Cotter, *Electron. Lett.* **18**, 495 (1982).

[67] Y. Aoki, K. Tajima, and I. Mito, *Opt. Quantum Electron.* **19**, 141 (1987).

[68] P. Labudde, P. Anliker, and H. P. Weber, *Opt. Commun.* **32**, 385 (1980).

[69] A. A. Fotiadi and R. V. Kiyan, *Opt. Lett.* **23**, 1805 (1998).

[70] N. A. Olsson and J. P. van der Ziel, *Appl. Phys. Lett.* **48**, 1329 (1986).

[71] C. G. Atkins, D. Cotter, D. W. Smith, and R. Wyatt, *Electron. Lett.* **22**, 556 (1986).

[72] D. Cotter, D. W. Smith, C. G. Atkins, and R. Wyatt, *Electron. Lett.* **22**, 671 (1986).

[73] A. R. Chraplyvy and R. W. Tkach, *Electron. Lett.* **22**, 1084 (1986).

[74] N. A. Olsson and J. P. van der Ziel, *J. Lightwave Technol.* **5**, 147 (1987).

[75] R. G. Waarts, A. A. Friesem, and Y. Hefetz, *Opt. Lett.* **13**, 152 (1988).

[76] R. W. Tkach, A. R. Chraplyvy, R. M. Derosier, and H. T. Shang, *Electron. Lett.* **24**, 260 (1988); *IEEE Photon. Technol. Lett.* **1**, 111 (1989).

[77] A. A. Fotiadi, E. A. Kuzin, M. P. Petrov, and A. A. Ganichev, *Sov. Tech. Phys. Lett.* **15**, 434 (1989).

[78] R. W. Tkach and A. R. Chraplyvy, *Opt. Quantum Electron.* **21**, S105 (1989).

[79] A. S. Siddiqui and G. G. Vienne, *J. Opt. Commun.* **13**, 33 (1992).

[80] Y. Takushima and K. Kikuchi, *Opt. Lett.* **20**, 34 (1995).

[81] S. J. Strutz, K. J. Williams, and R. D. Esman, *IEEE Photon. Technol. Lett.* **13**, 936 (2001).

[82] L. Chen and X. Bao, *Opt. Commun.* **152**, 65 (1998).

[83] G. P. Agrawal and N. K. Dutta, *Semiconductor Lasers*, 2nd ed. (Van Nostrand Reinhold, 1993).

[84] J. A. Arnaud, *IEEE J. Quantum Electron.* **4**, 893 (1968).

[85] C. Culverhouse, F. Farahi, C. N. Pannell, and D. A. Jackson, *Electron. Lett.* **25**, 913 (1989).

[86] T. Kurashima, T. Horiguchi, and M. Tateda, *Opt. Lett.* **15**, 1038 (1990).

[87] X. Bao, D. J. Webb, and D. A. Jackson, *Opt. Lett.* **18**, 1561 (1993).

[88] X. Bao, D. J. Webb, and D. A. Jackson, *Opt. Commun.* **104**, 298 (1994); *Opt. Lett.* **19**, 141 (1994).

[89] T. R. Parker, M. Farhadiroushan, R. Feced, V. A. Handerek, and A. J. Rogers, *IEEE J. Quantum Electron.* **34**, 645 (1998).

[90] H. H. Kee, G. P. Lees, and T. P. Newson, *Opt. Lett.* **25**, 695 (2000).

[91] X. Bao, M. DeMerchant, A. Brown, and T. Bremner, *J. Lightwave Technol.* **19**, 1698 (2001).

[92] K. Hotate and M. Tanaka, *IEEE Photon. Technol. Lett.* **14**, 179 (2002).

[93] Y. T. Cho, M. N. Alahbabi, G. Brambilla, and T. P. Newson, *IEEE Photon. Technol. Lett.* **17**, 1256 (2005).

[94] W. Zou, Z. He, and K. Hotate, *J. Lightwave Technol.* **28**, 2736 (2010).

[95] G. N. Burlak, V. V. Grimal'skii, and Y. N. Taranenko, *Sov. Tech. Phys. Lett.* **32**, 259 (1986).

[96] J. Costes and C. Montes, *Phys. Rev. A* **34**, 3940 (1986).

[97] E. Lichtman, R. G. Waarts, and A. A. Friesem, *J. Lightwave Technol.* **7**, 171 (1989).

[98] A. Höök, *J. Opt. Soc. Am. B* **8**, 1284 (1991).

[99] A. Höök and A. Bolle, *J. Lightwave Technol.* **10**, 493 (1992).

[100] G. Grosso and A. Höök, *J. Opt. Soc. Am. B* **10**, 946 (1993).

[101] S. Rae, I. Bennion, and M. J. Carswell, *Opt. Commun.* **123**, 611 (1996).

[102] H. Li and K. Ogusu, *Jpn. J. Appl. Phys.* **38**, 6309 (1999); *J. Opt. Soc. Am. B* **18**, 93 (2002).

[103] K. Ogusu, *J. Opt. Soc. Am. B* **17**, 769 (2001); *Opt. Rev.* **8**, 358 (2001).

[104] E. Picholle, C. Montes, C. Leycuras, O. Legrand, and J. Botineau, *Phys. Rev. Lett.* **66**, 1454 (1991).

[105] Y. N. Taranenko and L. G. Kazovsky, *IEEE Photon. Technol. Lett.* **4**, 494 (1992).

[106] C. Montes, A. Mikhailov, A. Picozii, and F. Ginovart, *Phys. Rev. E* **55**, 1086 (1997).

[107] R. W. Boyd and D. J. Gauthier, in *Progress in Optics*, Vol. 43, E. Wolf, Ed. (Elsevier, 2002), Chap. 6.

[108] L. Thévenaz, *Nature Photon.* **2**, 474 (2008).

[109] G. M. Gehring, R. W. Boyd, Al. L. Gaeta, D. J. Gauthier, and A. E. Willner, *J. Lightwave Technol.* **26**, 3752 (2008).

[110] K. Y. Song, M. G. Herráez, and L. Thévenaz, *Opt. Express* **13**, 82 (2005).

[111] Y. Okawachi, M. S. Bigelow, J. E. Sharping, et al., *Phys. Rev. Lett.* **94**, 153902 (2005).

[112] K. Y. Song, M. G. Herráez, and L. Thévenaz, *Opt. Lett.* **30**, 1782 (2005).

[113] M. G. Herráez, K. Y. Song, and L. Thévenaz, *Opt. Express* **14**, 1395 (2006).

[114] Z. Zhu, A. M. C. Dawes, D. J. Gauthier, L. Zhang, and A. E. Willner, *J. Lightwave Technol.* **25**, 201 (2007).

[115] S. Chin, M. G. Herráez, and L. Thévenaz, *Opt. Express* **14**, 10684 (2006).

[116] K. Y. Song and K. Hotate, *Opt. Lett.* **32**, 217 (2007).

[117] T. Schneider, R. Henker, K.-U. Lauterbach, and M. Junker, *Opt. Express* **15**, 9606 (2007).

[118] C. J. Misas, P. Petropoulos, and D. J. Richardson, *J. Lightwave Technol.* **25**, 216 (2007).

[119] Y. Zhu, M. Lee, M. A. Neifeld, and D. J. Gauthier, *Opt. Express* **19**, 687 (2011).

[120] R. V. Johnson and J. H. Marburger, *Phys. Rev. A* **4**, 1175 (1971).

[121] I. Bar-Joseph, A. A. Friesem, E. Lichtman, and R. G. Waarts, *J. Opt. Soc. Am. B* **2**, 1606 (1985).

[122] B. Y. Zeldovich and V. V. Shkunov, *Sov. J. Quantum Electron.* **12**, 223 (1982).

[123] N. F. Andreev, V. I. Besapalov, A. M. Kiselev, G. A. Pasmanik, and A. A. Shilov, *Sov. Phys. JETP* **55**, 612 (1982).

[124] C. J. Randall and J. R. Albritton, *Phys. Rev. Lett.* **52**, 1887 (1984).

[125] P. Narum and R. W. Boyd, *IEEE J. Quantum Electron.* **23**, 1216 (1987).

[126] P. Narum, A. L. Gaeta, M. D. Skeldon, and R. W. Boyd, *J. Opt. Soc. Am. B* **5**, 623 (1988).

[127] K. Ogusu, *J. Opt. Soc. Am. B* **17**, 769 (2000).

[128] R. G. Harrison, J. S. Uppal, A. Johnstone, and J. V. Moloney, *Phys. Rev. Lett.* **65**, 167 (1990).

[129] A. L. Gaeta and R. W. Boyd, *Phys. Rev. A* **44**, 3205 (1991).

[130] M. Dämmig, C. Boden, and F. Mitschke, *Appl. Phys. B* **55**, 121 (1992).

[131] A. Johnstone, W. Lu, J. S. Uppal, and R. G. Harrison, *Opt. Commun.* **81**, 122 (1991).

[132] W. Lu and R. G. Harrison, *Europhys. Lett.* **16**, 655 (1991).

[133] W. Lu, A. Johnstone, and R. G. Harrison, *Phys. Rev. A* **46**, 4114 (1992).

[134] A. L. Gaeta and R. W. Boyd, *Int. J. Nonlinear Opt. Phys.* **1**, 581 (1992).

[135] C. Chow and A. Bers, *Phys. Rev. A* **47**, 5144 (1993).

[136] R. G. Harrison, W. Lu, D. S. Lim, D. Yu, and P. M. Ripley, *Proc. SPIE* **2039**, 91 (1993).

[137] M. Dämmig, G. Zimmer, F. Mitschke, and H. Welling, *Phys. Rev. A* **48**, 3301 (1993).

[138] R. G. Harrison, P. M. Ripley, and W. Lu, *Phys. Rev. A* **49**, R24 (1994).

[139] Y. Imai and H. Aso, *Opt. Rev.* **4**, 476 (1997).

[140] V. Leceeuche, B. Ségard, and J. Zemmouri, *Opt. Commun.* **172**, 335 (1999).

[141] A. A. Fotiadi, R. Kiyan, O. Deparis, P. Mégret, and M. Blondel, *Opt. Lett.* **27**, 83 (2002).

[142] K. O. Hill, B. S. Kawasaki, and D. C. Johnson, *Appl. Phys. Lett.* **28**, 608 (1976).

[143] K. O. Hill, D. C. Johnson, and B. S. Kawasaki, *Appl. Phys. Lett.* **29**, 185 (1976).

[144] B. S. Kawasaki, D. C. Johnson, Y. Fujii, and K. O. Hill, *Appl. Phys. Lett.* **32**, 429 (1978).

[145] D. R. Ponikvar and S. Ezekiel, *Opt. Lett.* **6**, 398 (1981).

[146] L. F. Stokes, M. Chodorow, and H. J. Shaw, *Opt. Lett.* **7**, 509 (1982).

[147] P. Bayvel and I. P. Giles, *Opt. Lett.* **14**, 581 (1989).

[148] E. M. Dianov, S. K. Isaev, L. S. Kornienko, V. V. Firsov, and Y. P. Yatsenko, *Sov. J. Quantum Electron.* **19**, 1 (1989).

[149] S. P. Smith, F. Zarinetchi, and S. Ezekiel, *Opt. Lett.* **16**, 393 (1991).

[150] F. Zarinetchi, S. P. Smith, and S. Ezekiel, *Opt. Lett.* **16**, 229 (1991).

[151] S. Huang, K. Toyama, P.-A. Nicati, L. Thévenaz, B. Y. Kim, and H. J. Shaw, *Proc. SPIE* **1795**, 48 (1993).

[152] S. Huang, L. Thévenaz, K. Toyama, B. Y. Kim, and H. J. Shaw, *IEEE Photon. Technol. Lett.* **5**, 365 (1993).

[153] T. P. Mirtchev and N. I. Minkovski, *IEEE Photon. Technol. Lett.* **5**, 158 (1993).

[154] P.-A. Nicati, K. Toyama, S. Huang, and H. J. Shaw, *Opt. Lett.* **18**, 2123 (1993); *IEEE Photon. Technol. Lett.* **6**, 801 (1994).

[155] D. Y. Stepanov and G. J. Cowle, *IEEE J. Sel. Topics Quantum Electron.* **3**, 1049 (1997).

[156] D. S. Lim, H. K. Lee, K. H. Kim, S. B. Kang, J. T. Ahn, and M. Y. Jeon, *Opt. Lett.* **23**, 1671 (1998).

[157] W. Y. Oh, J. S. Ko, D. S. Lim, and W. Seo, *Opt. Commun.* **201**, 399 (2002).

[158] J. C. Yong, L. Thévenaz, and B. Y. Kim, *J. Lightwave Technol.* **21**, 546 (2003).

[159] Y. J. Song, L. Zhan, S. Hu, Q. H. Ye, and Y. X. Xia, *IEEE Photon. Technol. Lett.* **16**, 2015 (2004).

[160] Y. J. Song, L. Zhan, J. H. Ji, Y. Su, Q. H. Ye, and Y. X. Xia, *Opt. Lett.* **30**, 486 (2005).

[161] M. H. Al-Mansoori, M. K. Abd-Rahman, F. R. M. Adikan, and M. A. Mahdi, *Opt. Express* **13**, 3471 (2005).

[162] M. H. Al-Mansoori, M. A. Mahdi, and M. Premaratne, *IEEE J. Sel. Topics Quantum Electron.* **15**, 415 (2009).

[163] M. H. Al-Mansoori and M. A. Mahdi, *J. Lightwave Technol.* **27**, 5038 (2009).

[164] Y. G. Shee, M. H. Al-Mansoori, A. Ismail, S. Hitam, and M. A. Mahdi, *Opt. Express* **19**, 1699 (2011).

[165] C. Montes, A. Mahmhoud, and E. Picholle, *Phys. Rev. A* **49**, 1344 (1994).

[166] S. Randoux, V. Lecoueche, B. Ségrad, and J. Zemmouri, *Phys. Rev. A* **51**, R4345 (1995); *Phys. Rev. A* **52**, 221 (1995).

[167] S. Randoux and J. Zemmouri, *Phys. Rev. A* **59**, 1644 (1999).

[168] C. Montes, D. Bahloul, I. Bongrand, J. Botineau, G. Cheval, A. Mahmhoud, E. Picholle, and A. Picozzi, *J. Opt. Soc. Am. B* **16**, 932 (1999).

[169] V. I. Kovalev and R. G. Harrison, *Opt. Commun.* **204**, 349 (2002).

[170] A. E. Siegman, *Lasers* (University Science Books, 1986).

[171] L. Stepien, S. Randoux, and J. Zemmouri, *Phys. Rev. A* **65**, 053812 (2002).

第10章 四波混频

第8章和第9章讨论的受激散射过程，与石英的分子振动或密度起伏有关，从这个意义上讲，光纤起主动作用。在另一类非线性现象中，除了作为几个光波发生互作用的媒介，光纤起被动作用。由于这类非线性过程在光纤中建立起之前，伴随对介质参量（如折射率）的调制，而且要求相位匹配，故称为参量过程。在这些参量过程中，四波混频（four-wave mixing, FWM）起主导作用。尽管四波混频对波分复用系统有害，在设计时必须减小它的影响，但它也有多种应用。

10.1 节 介绍四波混频的起源。
10.2 节 介绍四波混频的标量理论。
10.3 节 介绍相位匹配技术。
10.4 节 重点介绍参量放大。
10.5 节 介绍与四波混频有关的偏振效应。
10.6 节 介绍四波混频的部分应用。

10.1 四波混频的起源

四波混频过程起源于介质的束缚电子对电磁场的非线性响应。正如在2.3节中所讨论的，介质感应的极化包含线性极化和非线性极化，后者的大小由非线性极化率决定[1~5]。根据这些非线性过程取决于二阶极化率 $\chi^{(2)}$ 还是三阶极化率 $\chi^{(3)}$，可分为二阶或三阶参量过程。在偶极子近似下，对于各向同性介质，其二阶极化率 $\chi^{(2)}$ 为零。基于这个原因，诸如二次谐波产生等二阶参量过程不会在石英光纤内发生。实际中，由于存在电四极子和磁偶极子效应，这些二阶参量过程确实在石英光纤中发生了，但转换效率相当低。

三阶参量过程涉及4个光波的互作用，包括诸如四波混频、三次谐波产生等现象[1~5]。确实，在低损耗光纤可以实用不久，人们就开始对光纤中的四波混频现象进行研究[6~26]。四波混频的主要特点可以从式（1.3.1）中的三阶极化项来理解，

$$P_{\mathrm{NL}} = \epsilon_0 \chi^{(3)} \vdots EEE \tag{10.1.1}$$

式中，E 为电场强度，P_{NL} 为感应非线性极化强度。

通常，四波混频是偏振相关的，必须发展一种完整的矢量理论（见10.5节）来描述它。然而，首先考虑所有4个光场均沿双折射光纤的某个主轴线偏振，因而能保持其偏振态的标量情形，这样也能够得到相当丰富的物理图像。考虑振荡频率分别为 ω_1，ω_2，ω_3 和 ω_4 且沿同一 x 轴方向线偏振的4个连续光波，总电场可写成

$$E = \frac{1}{2}\hat{x} \sum_{j=1}^{4} E_j \exp[\mathrm{i}(\beta_j z - \omega_j t)] + \text{c.c.} \tag{10.1.2}$$

式中，传输常数 $\beta_j = \bar{n}_j \omega_j / c$，$\bar{n}_j$ 是模折射率。若将式（10.1.2）代入式（10.1.1），把 $\boldsymbol{P}_{\mathrm{NL}}$ 表示成和 $\boldsymbol{E}$ 相同的形式，

$$\boldsymbol{P}_{\mathrm{NL}} = \frac{1}{2}\hat{x} \sum_{j}^{4} P_j \exp[\mathrm{i}(\beta_j z - \omega_j t)] + \mathrm{c.c.}, \tag{10.1.3}$$

可以发现，$P_j (j = 1 \sim 4)$ 由许多包含三个电场积的项组成。例如，P_4 可以表示为

$$\begin{aligned} P_4 = \frac{3\epsilon_0}{4} \chi_{xxxx}^{(3)} \Big[& |E_4|^2 E_4 + 2(|E_1|^2 + |E_2|^2 + |E_3|^2)E_4 + \\ & 2E_1 E_2 E_3 \exp(\mathrm{i}\theta_+) + 2E_1 E_2 E_3^* \exp(\mathrm{i}\theta_-) + \cdots \Big] \end{aligned} \tag{10.1.4}$$

式中，θ_+ 和 θ_- 定义为

$$\theta_+ = (\beta_1 + \beta_2 + \beta_3 - \beta_4)z - (\omega_1 + \omega_2 + \omega_3 - \omega_4)t \tag{10.1.5}$$

$$\theta_- = (\beta_1 + \beta_2 - \beta_3 - \beta_4)z - (\omega_1 + \omega_2 - \omega_3 - \omega_4)t \tag{10.1.6}$$

式（10.1.4）中，含 E_4 的前四项是造成自相位调制和交叉相位调制的原因，其余项源于所有 4 个波的频率组合（和频或差频）。在四波混频过程中究竟有多少项是有效的，取决于由 θ_+ 和 θ_-（或其他类似量）支配的 E_4 和 P_4 之间的相位失配。

只有当相位失配几乎为零时，才会发生显著的四波混频过程。这就需要频率及波矢的匹配，后者通常称为相位匹配。用量子力学术语可以描述为，一个或几个光波的光子被湮灭，同时产生了几个不同频率的新光子，且在此参量作用过程中，净能量和动量是守恒的，这时就会发生四波混频过程。四波混频过程与第 8 章和第 9 章讨论的受激散射过程之间的主要区别是，在受激喇曼散射或受激布里渊散射中，相位匹配条件自动满足，这是非线性介质主动参与的结果；相反，在四波混频能够高效发生之前，要求选择特定的输入波长和光纤参量值，以满足相位匹配条件。

在式（10.1.4）中，有两类四波混频项。含 θ_+ 的项对应 3 个光子将能量转移给频率为 $\omega_4 = \omega_1 + \omega_2 + \omega_3$ 的一个新光子的情形，这一项是造成三次谐波（$\omega_1 = \omega_2 = \omega_3$）产生的原因。通常，很难满足使这些过程在光纤中高效发生的相位匹配条件。式（10.1.4）中含 θ_- 的项对应频率为 ω_1 和 ω_2 的两个光子的湮灭，同时产生频率为 ω_3 和 ω_4 的两个新光子的情形，即

$$\omega_3 + \omega_4 = \omega_1 + \omega_2 \tag{10.1.7}$$

对于此过程，相位匹配条件要求 $\Delta k = 0$，即

$$\Delta k = \beta_3 + \beta_4 - \beta_1 - \beta_2 = (\bar{n}_3 \omega_3 + \bar{n}_4 \omega_4 - \bar{n}_1 \omega_1 - \bar{n}_2 \omega_2)/c \tag{10.1.8}$$

式中，$\bar{n}_j$ 是频率为 ω_j 时的有效模折射率。

在 $\omega_1 \neq \omega_2$ 的一般条件下，要发生四波混频过程，必须入射两束泵浦波。人们对 $\omega_1 = \omega_2$ 的特殊情形更感兴趣，因为此时只需要一束泵浦波就可以激发四波混频过程。光纤中的四波混频通常采用这种简并情形。从物理意义上讲，它用类似于受激喇曼散射的方法来表示。频率为 ω_1 的强泵浦波产生两对称的边带，边带的频率分别为 ω_3 和 ω_4，其频移为

$$\Omega_{\mathrm{s}} = \omega_1 - \omega_3 = \omega_4 - \omega_1 \tag{10.1.9}$$

这里，假定 $\omega_3 < \omega_4$。事实上，直接与受激喇曼散射类比，ω_3 处的低频边带和 ω_4 处的高频边带分别称为斯托克斯带和反斯托克斯带。简并四波混频起初称为三波混频，因为在此非线性过程中只牵涉到 3 个不同频率[6]。然而，在此称之为四波混频，而把三波混频留给与 $\chi^{(2)}$ 有关的过程；同时，四光子混频这个名称也用于四波混频过程，二者意义完全相同[7]。借用微波领域的术语，也常把斯托克斯带和反斯托克斯带分别称为信号波和闲频波。

10.2 四波混频理论

简并四波混频把强泵浦波的能量转移给相对泵浦频率 ω_1 发生了上、下频移的两个波，其频移量 Ω_s 由式(10.1.9)给出。如果只有泵浦波入射到光纤中并且满足相位匹配条件，则频率为 ω_3 和 ω_4 的斯托克斯波和反斯托克斯波就能从噪声中产生，这与第 8 章和第 9 章中讨论的受激散射过程类似。另一方面，若频率为 ω_3 的弱信号也同泵浦波一起入射到光纤中，则此信号将被放大，同时产生频率为 ω_4 的闲频波，引起这种放大的增益称为参量增益。本节将详细讨论四波混频过程，推导参量增益的表达式，并对非简并情形($\omega_1 \neq \omega_2$)进行一般性的讨论。

10.2.1 耦合振幅方程

与以往的讨论一样，出发点仍是波动方程(2.3.1)，其中非线性极化强度 $\boldsymbol{P}_{\mathrm{NL}}$ 与总电场 $\boldsymbol{E}(\boldsymbol{r}, t)$ 的关系由式(10.1.1)给出。把式(10.1.2)和式(10.1.3)，连同线性极化强度的类似表达式一起代入波动方程，若假定满足准连续条件，可忽略场分量 $E_j (j = 1 \sim 4)$ 对时间的依赖关系；然而，利用 $E_j(\boldsymbol{r}) = F_j(x, y)A_j(z)$ 可以将空间依赖关系包括在内[12]，式中 $F_j(x, y)$ 为第 j 个场在光纤中传输时光纤模式的空间分布。对 $F_j(x, y)$ 积分，振幅 $A_j(z)$ 在光纤中的演化由以下耦合方程决定：

$$\frac{\mathrm{d}A_1}{\mathrm{d}z} = \frac{\mathrm{i}n_2\omega_1}{c}\left[\left(f_{11}|A_1|^2 + 2\sum_{k\neq 1}f_{1k}|A_k|^2\right)A_1 + 2f_{1234}A_2^*A_3A_4\mathrm{e}^{\mathrm{i}\Delta kz}\right] \quad (10.2.1)$$

$$\frac{\mathrm{d}A_2}{\mathrm{d}z} = \frac{\mathrm{i}n_2\omega_2}{c}\left[\left(f_{22}|A_2|^2 + 2\sum_{k\neq 2}f_{2k}|A_k|^2\right)A_2 + 2f_{2134}A_1^*A_3A_4\mathrm{e}^{\mathrm{i}\Delta kz}\right] \quad (10.2.2)$$

$$\frac{\mathrm{d}A_3}{\mathrm{d}z} = \frac{\mathrm{i}n_2\omega_3}{c}\left[\left(f_{33}|A_3|^2 + 2\sum_{k\neq 3}f_{3k}|A_k|^2\right)A_3 + 2f_{3412}A_1A_2A_4^*\mathrm{e}^{-\mathrm{i}\Delta kz}\right] \quad (10.2.3)$$

$$\frac{\mathrm{d}A_4}{\mathrm{d}z} = \frac{\mathrm{i}n_2\omega_4}{c}\left[\left(f_{44}|A_4|^2 + 2\sum_{k\neq 4}f_{4k}|A_k|^2\right)A_4 + 2f_{4312}A_1A_2A_3^*\mathrm{e}^{-\mathrm{i}\Delta kz}\right] \quad (10.2.4)$$

式中，波矢失配 Δk 由式(10.1.8)给出。重叠积分 f_{jk} 的定义见 7.1 节中的式(7.1.14)，这里新的重叠积分 f_{ijkl} 为[12]

$$f_{ijkl} = \frac{\langle F_i^* F_j^* F_k F_l\rangle}{[\langle|F_i|^2\rangle\langle|F_j|^2\rangle\langle|F_k|^2\rangle\langle|F_l|^2\rangle]^{1/2}} \quad (10.2.5)$$

式中，角括号代表对横向坐标 x 和 y 的积分。在推导方程(10.2.1)至方程(10.2.4)的过程中，只保留了近似相位匹配的项，并忽略了 $\chi^{(3)}$ 的频率依赖关系。参量 n_2 是前面在 2.3 节中首次定义的非线性折射率系数。

10.2.2 耦合振幅方程的近似解

方程(10.2.1)至方程(10.2.4)包含了自相位调制和交叉相位调制及泵浦消耗效应对四波混频过程的影响，从这个意义上讲，它们具有普遍性，有必要采用数值方法对它们精确求解。若假定泵浦波比其他波强得多，在四波混频过程中可以忽略泵浦消耗的影响，则可以得到相当丰富的物理图像。为进一步简化，假定所有重叠积分都近似相等，即

$$f_{ijkl} \approx f_{ij} \approx 1/A_{\text{eff}} \qquad i,j,k,l = 1,2,3,4 \qquad (10.2.6)$$

式中，A_{eff} 是在 2.3 节中引入的有效模面积，此假定对单模光纤是有效的。以下分析容易扩展到重叠积分不同的情形[12]。

利用下面的定义引入一个新的非线性参量：

$$\gamma_j = n_2\omega_j/(cA_{\text{eff}}) \approx \gamma \qquad (10.2.7)$$

式中，若忽略了 4 个光波频率之间的微小差别，则 γ 为一个平均值。容易求出关于泵浦场的方程（10.2.1）和方程（10.2.2）的解为

$$A_1(z) = A_1(0)\exp[i\gamma(P_1 + 2P_2)z] \qquad (10.2.8)$$

$$A_2(z) = A_2(0)\exp[i\gamma(P_2 + 2P_1)z] \qquad (10.2.9)$$

式中，$P_j = |A_j(0)|^2$，P_1 和 P_2 为 $z = 0$ 处的入射泵浦功率。这一解表明，在无泵浦消耗的近似下，泵浦波仅获得了一个由自相位调制和交叉相位调制感应的相移。

把式（10.2.8）和式（10.2.9）代入方程（10.2.3）和方程（10.2.4）中，可得到两个关于信号场和闲频场的线性耦合方程

$$\frac{\mathrm{d}A_3}{\mathrm{d}z} = 2i\gamma[(P_1 + P_2)A_3 + A_1(0)A_2(0)\mathrm{e}^{-i\theta}A_4^*] \qquad (10.2.10)$$

$$\frac{\mathrm{d}A_4^*}{\mathrm{d}z} = -2i\gamma[(P_1 + P_2)A_4^* + A_1^*(0)A_2^*(0)\mathrm{e}^{i\theta}A_3] \qquad (10.2.11)$$

式中，$\theta = [\Delta k - 3\gamma(P_1 + P_2)]z$。为解这两个方程，引入

$$B_j = A_j\exp[-2i\gamma(P_1 + P_2)z], \quad j = 3,4 \qquad (10.2.12)$$

利用式（10.2.10）至式（10.2.12），可得

$$\frac{\mathrm{d}B_3}{\mathrm{d}z} = 2i\gamma A_1(0)A_2(0)\mathrm{e}^{-i\kappa z}B_4^* \qquad (10.2.13)$$

$$\frac{\mathrm{d}B_4^*}{\mathrm{d}z} = -2i\gamma A_1^*(0)^*A_2(0)\mathrm{e}^{i\kappa z}B_3 \qquad (10.2.14)$$

式中，有效相位失配为

$$\kappa = \Delta k + \gamma(P_1 + P_2) \qquad (10.2.15)$$

方程（10.2.13）和方程（10.2.14）很容易求解。对方程（10.2.13）两边取微分，并利用方程（10.2.14）消去 B_4^*，可以得到下面的关于 B_3 的方程：

$$\frac{\mathrm{d}^2B_3}{\mathrm{d}z^2} + i\kappa\frac{\mathrm{d}B_3}{\mathrm{d}z} - (4\gamma^2P_1P_2)B_3 = 0 \qquad (10.2.16)$$

同样，可以得到关于 B_4^* 的方程。它们的通解为[12]

$$B_3(z) = (a_3\mathrm{e}^{gz} + b_3\mathrm{e}^{-gz})\exp(-i\kappa z/2) \qquad (10.2.17)$$

$$B_4^*(z) = (a_4\mathrm{e}^{gz} + b_4\mathrm{e}^{-gz})\exp(i\kappa z/2) \qquad (10.2.18)$$

式中，a_3，b_3，a_4 和 b_4 由边界条件确定，参量增益（parametric gain）g 取决于泵浦功率，定义为

$$g = \sqrt{(\gamma P_0 r)^2 - (\kappa/2)^2} \qquad (10.2.19)$$

这里，引入的参量 r 和 P_0 为

$$r = 2(P_1P_2)^{1/2}/P_0, \quad P_0 = P_1 + P_2 \qquad (10.2.20)$$

只有当泵浦波大部分未被消耗时，式(10.2.17)和式(10.2.18)给出的解才是正确的。通过求解完整的方程(10.2.1)至方程(10.2.4)，可将泵浦消耗包括在内，这样的解可用椭圆函数形式表示[27,28]，但由于较复杂，此处不予讨论。

10.2.3　相位匹配效应

上面推导参量增益时假定两泵浦波是有区别的。当两束泵浦波在频率、偏振态和空间模式上都不可区分时，前面描述的整个过程只需考虑式(10.1.2)中的三项即可。若选择 $P_1 = P_2 = P_0/2(r=1)$，而 κ[见式(10.2.15)]由

$$\kappa = \Delta k + 2\gamma P_0 \tag{10.2.21}$$

代替，则参量增益仍可以由式(10.2.19)给出。

图 10.1 给出了对几个特定的 γP_0 值，g 随 Δk 变化的情形。在 $\kappa = 0$ 或 $\Delta k = -2\gamma P_0$ 处有最大增益($g_{max} = \gamma P_0$)，增益存在的范围为 $0 > \Delta k > -4\gamma P_0$，这些特征可通过式(10.2.19)和式(10.2.21)来解释。增益峰偏离 $\Delta k = 0$ 应归因于自相位调制和交叉相位调制对相位失配的贡献，这可以由式(10.2.21)清楚地看出来。

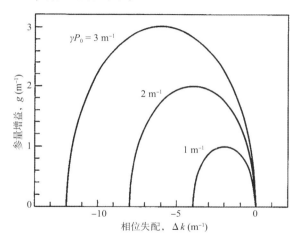

图 10.1　几个不同的泵浦功率 P_0 下参量增益随相位失配 Δk 的变化，增益峰偏离 $\Delta k = 0$ 是由于自相位调制和交叉相位调制效应引起的

比较参量增益与喇曼增益的峰值是有用的[7]。由式(10.2.19)可知，参量增益的最大值为(假定 $r=1$)

$$g_{max} = \gamma P_0 = g_P(P_0/A_{eff}) \tag{10.2.22}$$

式中，γ 由式(10.2.7)给出，在泵浦波长 λ_1 处 g_P 被定义为 $g_P = 2\pi n_2/\lambda_1$。令 $\lambda_1 = 1\ \mu m$，$n_2 \approx 2.7 \times 10^{-20}\ m^2/W$，则可得 $g_P \approx 1.7 \times 10^{-13}\ m/W$，读者应将此值与图 8.1 中喇曼增益 g_R 的峰值进行对比。与 g_R 相比，参量增益高出约 70%。结果表明，对四波混频过程，若实现相位匹配，则预计其阈值泵浦功率会比喇曼阈值低。实际中，对于长光纤，受激喇曼散射是主要的，这是由于芯径的变化造成难以在较长的光纤中保持相位匹配。

定义一个称为相干长度(coherence length)的长度尺度 $L_{coh} = 2\pi/|\Delta k|$，式中 Δk 为所能允许的最大波矢失配，只有在 $L < L_{coh}$ 时，才会发生显著的四波混频。即使满足这个条件，只要频移 Ω_s 位于喇曼增益带宽内(见第 8 章)，受激喇曼散射也会对四波混频过程产生显著的影响。人

们对受激喇曼散射和四波混频之间的相互影响已进行了广泛研究[29~36]。实际过程中的主要影响是通过受激喇曼散射使斯托克斯分量得到放大，产生不对称的频谱边带，下一节将进一步讨论这一特征，并给出有关实验结果。

10.2.4　超快四波混频过程

以上分析以方程(10.2.10)和方程(10.2.11)为基础，并假设所有光波是连续或准连续波，因此可忽略群速度色散效应。按照2.3节中的分析，并认为 $A_j(z)$ 是时间的慢变函数，则可以将群速度色散效应包括在内。假设所有4个光波沿双折射光纤的某个主轴方向偏振，则也可以忽略偏振效应。在方程(10.2.1)至方程(10.2.4)中将群速度色散效应和光纤损耗包括在内，等价于将导数 dA_j/dz 用

$$\frac{dA_j}{dz} \rightarrow \frac{\partial A_j}{\partial z} + \beta_{1j}\frac{\partial A_j}{\partial t} + \frac{i}{2}\beta_{2j}\frac{\partial^2 A_j}{\partial t^2} + \frac{1}{2}\alpha_j A_j \tag{10.2.23}$$

替换($j = 1 \sim 4$)，所得到的4个耦合非线性薛定谔方程描述了皮秒光脉冲的四波混频，其中包括了群速度色散、自相位调制和交叉相位调制效应。在一般条件下，这4个耦合非线性薛定谔方程很难解析求解，实际中常采用数值方法。参与四波混频过程的4个脉冲的群速度可能相差甚大，结果高效四波混频不仅要求相位匹配，还要求群速度匹配。

一个很自然的问题是，这4个耦合非线性薛定谔方程是否有孤子解，而且这些孤子就像交叉相位调制配对孤子一样相互依存。对特定的参量组合，这样的孤子确实存在，有时称为参量孤子或四波混频孤子。在三波和四波互作用中，已对其进行了研究[37~43]。例如，若假定4个脉冲满足相位匹配和群速度匹配条件，同时所有4个脉冲有相同的$|\beta_2|$值，适当选取群速度色散参量的符号，耦合非线性薛定谔方程组有以两个亮孤子和两个暗孤子形式存在的孤立波解[39]。

在强连续波泵浦下，可以认为泵浦波几乎没有消耗，此时泵浦方程存在解析解。假定一束功率为 P_0 的泵浦波在 $z = 0$ 处入射，发现信号和闲频波满足下面两个耦合非线性薛定谔方程：

$$\frac{\partial A_3}{\partial z} + \beta_{13}\frac{\partial A_3}{\partial t} + \frac{i}{2}\beta_{23}\frac{\partial^2 A_3}{\partial t^2} + \frac{1}{2}\alpha_3 A_3$$
$$= i\gamma(|A_3|^2 + 2|A_4|^2 + 2P_0)A_3 + i\gamma P_0 A_4^* e^{-i\theta} \tag{10.2.24}$$

$$\frac{\partial A_4}{\partial z} + \beta_{14}\frac{\partial A_4}{\partial t} + \frac{i}{2}\beta_{24}\frac{\partial^2 A_4}{\partial t^2} + \frac{1}{2}\alpha_4 A_4$$
$$= i\gamma(|A_4|^2 + 2|A_3|^2 + 2P_0)A_4 + i\gamma P_0 A_3^* e^{-i\theta} \tag{10.2.25}$$

式中，净相位失配 $\theta = (\Delta k + 2\gamma P_0)z$ 是考虑到泵浦波的自相位调制感应相移。数值结果表明，若泵浦波长与光纤零色散波长基本一致，并且信号波长与闲频波长相对泵浦波长等间距分布，使 $\beta_{13} = \beta_{14}$ 和 $\beta_{23} = -\beta_{24}$（群速度色散符号相反，但群速度相同），则与7.3节讨论的类似，方程组能维持"共生"孤子对[44]。这种共生孤子对与布里渊孤子类似，其要求参量增益和光纤损耗之间的平衡，称为耗散孤子。尽管有一个脉冲在光纤正常色散区传输，组成孤子对的两个孤子均是亮孤子。

当4个脉冲的载频间隔较大（大于5 THz）时，必须用多非线性薛定谔方程。在较小的频率间隔下（小于1 THz），更实际的是利用由方程(2.3.36)或方程(2.3.44)给出的单非线性薛定谔方程，并假定初始振幅为

$$A(0,t) = A_1(0,t) + A_3(0,t)\exp(-i\Omega_s t) + A_4(0,t)\exp(i\Omega_s t) \tag{10.2.26}$$

对方程求解。这里假定两泵浦波的频率是简并的，Ω_s 是式(10.1.9)给定的频移。这种方法自动包含了自相位调制、交叉相位调制和四波混频效应，常用于波分复用光波系统的模拟，唯一要求是数值模拟中采用的时间步长应比 $2\pi/\Omega_s$ 小得多。这种方法还可以将喇曼效应和双折射效应包括在内，为脉冲在光纤中传输时产生的各种非线性现象做了统一处理[34~36]。

10.3　相位匹配技术

由 10.2.2 节中给出的解可以看出，当相位失配 $\kappa=0$ 时，式(10.2.19)中的参量增益 g 达到最大值，其中 κ 由式(10.2.15)给定。本节将讨论实际中实现相位匹配的几种方法。

10.3.1　物理机制

相位匹配条件 $\kappa=0$ 可以写为

$$\kappa = \Delta k_{\mathrm{M}} + \Delta k_{\mathrm{W}} + \Delta k_{\mathrm{NL}} = 0 \tag{10.3.1}$$

式中，Δk_{M}，Δk_{W} 和 Δk_{NL} 分别代表由材料色散、波导色散和非线性效应对相位失配的贡献。若把有效折射率写成

$$\tilde{n}_j = n_j + \Delta n_j \tag{10.3.2}$$

则 Δk_{M} 和 Δk_{W} 的贡献可由式(10.1.8)得出，式中 Δn_j 是由波导效应引起的材料折射率 $n_j \equiv n_{\mathrm{M}}(\omega_j)$ 的变化。在简并四波混频情形下 $(\omega_1 = \omega_2)$，式(10.3.1)中的三项的贡献分别为

$$\Delta k_{\mathrm{M}} = [n_3\omega_3 + n_4\omega_4 - 2n_1\omega_1]/c \tag{10.3.3}$$

$$\Delta k_{\mathrm{W}} = [\Delta n_3\omega_3 + \Delta n_4\omega_4 - (\Delta n_1 + \Delta n_2)\omega_1]/c \tag{10.3.4}$$

$$\Delta k_{\mathrm{NL}} = \gamma(P_1 + P_2) \tag{10.3.5}$$

为实现相位匹配，它们中至少有一个必须为负值。

若利用展开式(2.3.23)，并有 $\beta_j = n_j\omega_j/c$ $(j = 1 \sim 4)$，则材料色散对相位失配的贡献 Δk_{M} 就可以用频移量 Ω_s [见式(10.1.9)]来表示。在此展开式中，保留到 Ω_s 的四次项，即得

$$\Delta k_{\mathrm{M}} \approx \beta_2\Omega_s^2 + (\beta_4/12)\Omega_s^4 \tag{10.3.6}$$

式中，β_2 和 β_4 为泵浦频率 ω_1 处的色散参量。若泵浦波长 $(\lambda_1 = 2\pi c/\omega_1)$ 离光纤零色散波长 λ_D 不太近，则可以认为 $\Delta k_{\mathrm{M}} \approx \beta_2\Omega_s^2$。由于当 $\lambda_1 < \lambda_D$ 时，$\beta_2 > 0$，因而 Δk_{M} 在可见光和近红外区为正的；如果在多模光纤中以不同的模式传输不同的波，则可使 Δk_{W} 为负的，这样就可在 $\lambda_1 < \lambda_D$ 时实现相位匹配。大多数早期的实验就是利用这种方法实现相位匹配的[6~11]。

在单模光纤中，所有的波有近乎相同的 Δn，因此 $\Delta k_{\mathrm{W}} = 0$。有三种方法可实现单模光纤中的相位匹配。第一，当泵浦波长超过 λ_D 时，Δk_{M} 变为负值，这就允许对 λ_D 附近的 λ_1 实现相位匹配。第二，当 $\lambda_1 > \lambda_D$ 时，通过改变泵浦功率来调整 Δk_{NL}，也能实现相位匹配。第三，当 $\lambda_1 < \lambda_D$ 时，利用保偏光纤的模式双折射也可能实现相位匹配，方法是让不同的波在与光纤某个主轴成不同角度的方向上偏振。所有这 3 种方法都将在本节中讨论。

10.3.2　多模光纤中的相位匹配

当波导贡献 Δk_{W} 是负值且完全补偿式(10.3.1)中的正值 $\Delta k_{\mathrm{M}} + \Delta k_{\mathrm{NL}}$ 时，在多模光纤中就能实现相位匹配，Δk_{W} 的大小取决于参与四波混频过程的 4 个波在光纤中的传输模式。2.2 节中的本征值方程(2.2.8)可以用来计算每个模式的 $\Delta n_j (j = 1 \sim 4)$，然后利用式(10.3.4)计算 Δk_{W}。

图 10.2 用实线给出了对纤芯半径为 5 μm，纤芯-包层折射率差为 0.006 的光纤，$|\Delta k_{\mathrm{W}}|$ 作为频移($\nu_{\mathrm{s}} = \Omega_{\mathrm{s}}/2\pi$)的函数的计算结果；虚线表示式(10.3.6)中 Δk_{M} 的二次项(即 $\beta_2\Omega_{\mathrm{S}}^2$)的变化。频移 ν_{s} 由实线和虚线的交点确定(假定 Δk_{NL} 可以忽略)。图 10.2 给出了两种不同的情形，其一是泵浦波在多模光纤中将功率分配给两个不同的光纤模式传输，如图 10.2(a)所示，其二是泵浦波以单一模式在光纤中传输，如图 10.2(b)所示。前者的频移约为 1～10 THz，而后者则为 100 THz 左右，频移的精确值与具体的光纤参量值有关。图 10.2 中的点线给出了当纤芯半径增加 10% 时的 ν_{s} 变化情况。通常，光纤模式的一些组合能满足相位匹配条件。

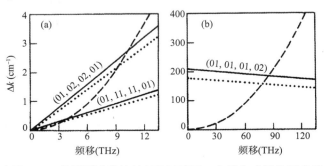

图 10.2　(a) 混合模；(b) 单模泵浦传输的相位匹配图。实线和虚线分别表示$|\Delta k_{\mathrm{W}}|$和 Δk_{M} 随频移的变化，点线是纤芯半径增加10%后的结果，光纤模式用LP_{mn}标注[7] (©1975 IEEE)

1974 年，在石英光纤中实现相位匹配的四波混频实验中[6]，将峰值功率约为 100 W 的 532 nm 的泵浦脉冲与在 565～640 nm 范围可调的染料激光器输出的约为 10 mW 的连续信号，一起入射到 9 cm 长的光纤中。四波混频在蓝光区产生了新的光波($\omega_4 = 2\omega_1 - \omega_3$)，在参量放大实验中称之为闲频波。图 10.3 给出了通过改变信号频率 ω_3 观察到的闲频波的频谱，5 个不同的峰对应满足相位匹配条件的不同光纤模式组合。两主峰不同的远场图样清楚地表明，闲频波是在不同的光纤模式中产生的。在此实验中，泵浦波是在一个单一光纤模式中传输的，正如图 10.2 所预期的，在 50～60 THz 相对较大的频移范围内实现了相位匹配。在另一个实验中[11]，频移高达 130 THz，此值对应于泵浦频率变化了 23%。

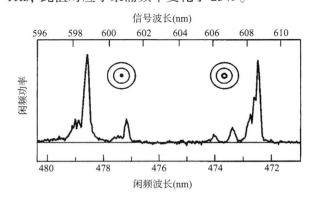

图 10.3　通过调节信号波长(上标度)得到的闲频功率随其波长的变化，两主峰对应的远场图样也在图中标明[6] (©1974 美国物理研究所)

若泵浦功率分配到两个不同的光纤模式中(见图 10.2)，就会发生频移小得多的($\nu_{\mathrm{s}} = 1～10$ THz)四波混频。该形式对光纤芯径的变化相对不敏感[7]，相干长度约为 10 m。当 ν_{s} 接近 10 THz 时，由于产生的斯托克斯线落在喇曼增益峰附近，因而能被受激喇曼散射放大，故喇曼过程就会干扰四波混频过程。在一个实验中[7]，峰值功率约为 100 W 的 532 nm 的泵浦脉冲在多模光纤中传输，由于喇曼放大的缘故，斯托克斯线总是比反斯托克斯线更强些。

当皮秒泵浦脉冲在多模光纤中传输时，四波混频过程不仅受受激喇曼散射的影响，而且也受自相位调制和交叉相位调制及群速度色散的影响。在 1987 年的一个实验中[26]，25 ps 的泵浦脉冲通过 15 m 长的在 532 nm 泵浦波长处支持 4 个模式的多模光纤，图 10.4 给出了当泵浦峰值光强增加到超过四波混频阈值光强（约为 500 MW/cm²）时，在光纤输出端观察到的频谱。在阈值以下时只观察到泵浦线，如图 10.4(a)所示；刚超过阈值时，观察到了 3 对频移在 1~8 THz 范围的斯托克斯线和反斯托克斯线，如图 10.4(b)所示，所有这些斯托克斯线和反斯托克斯线几乎有相同的强度，这表明在此泵浦功率下，受激喇曼散射还未起显著的作用。

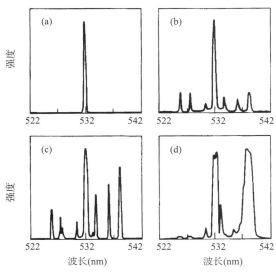

图 10.4　脉宽为 25 ps 的输入脉冲在光纤输出端的频谱，泵浦光强从(a)~(d)递增[26]（©1987 IEEE）

再略微增大泵浦功率，由于喇曼放大的结果，斯托克斯线比反斯托克斯线强得多，如图 10.4(c)所示；进一步增大泵浦功率，最接近喇曼增益峰值的斯托克斯线变得与泵浦线本身一样强，而反斯托克斯线几乎消失了，如图 10.4(d)所示。同时，由于自相位调制和交叉相位调制的影响，泵浦波和主斯托克斯线表现出自相位调制和交叉相位调制所特有的频谱展宽和分裂（见 7.4 节）。再进一步增大泵浦功率，将通过级联受激喇曼散射产生高级斯托克斯线。当泵浦光强为 1.5 GW/cm² 时，由于自相位调制、交叉相位调制、受激喇曼散射和四波混频的联合作用，展宽的多条斯托克斯线融合在一起，产生了从 530 nm 延展到 580 nm 的超连续谱。图 10.5 给出了在此条件下在光纤输出端观察到的频谱。在一定条件下，超连续谱能延展到一个很宽的范围（大于 100 nm），单模光纤中超连续谱的产生将在第 12 章中讨论。

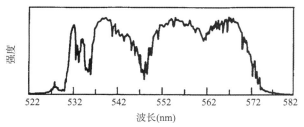

图 10.5　当泵浦光强增加到 1.5 GW/cm² 时观察到的超连续谱[26]（©1987 IEEE）

10.3.3　单模光纤中的相位匹配

在单模光纤中，除了零色散波长 λ_D 附近的波导贡献 Δk_W 和材料贡献 Δk_M 可以相比拟，对于相同偏振的波，式(10.3.1)中的 Δk_W 远小于 Δk_M。实现近似相位匹配的三种可能是：

（1）利用小频移和低泵浦功率来减小 Δk_M 和 Δk_{NL}；

（2）工作在零色散波长附近，使 Δk_W 几乎能抵消 $\Delta k_M + \Delta k_{NL}$；

（3）工作在反常群速度色散区，使 Δk_M 为负，则可用 $\Delta k_W + \Delta k_{NL}$ 抵消。

1.　近相位匹配的四波混频

图10.1所示的增益谱表明，即使式(10.3.1)中的相位不严格匹配(即 $\kappa \neq 0$)，也会发生显著的四波混频，允许的波矢失配量取决于光纤长度 L 和相干长度 L_{coh} 的相对大小。假定式(10.3.1)中 Δk_M 贡献起主要作用，利用 $L_{coh} = 2\pi/|\Delta\kappa|$ 和式(10.3.6)可得到相干长度与频移 Ω_s 的如下关系：

$$L_{coh} = \frac{2\pi}{|\Delta k_M|} = \frac{2\pi}{|\beta_2|\Omega_s^2} \tag{10.3.7}$$

在可见光区，β_2 约为 50 ps²/km，对于频移 $\nu_s = \Omega_s/2\pi$，即约为 100 GHz，则 L_{coh} 约为 1 km。如此长的相干长度表明，若光纤长度满足条件 $L < L_{coh}$，则会发生显著的四波混频现象。

在早期的一个实验中[8]，频率间隔在 1～10 GHz 范围的 3 个连续波通过 150 m 长的光纤传输，光纤的芯径为 4 μm，以保证在氩离子激光器的 514.5 nm 波长附近单模运转。四波混频产生了9个新频率，$\omega_4 = \omega_i + \omega_j - \omega_k$($i$, j, $k = 1$、2 或 3，且 $j \neq k$)。此实验还表明，四波混频能导致频谱展宽，其展宽量随入射功率的增大而增大。功率为 1.63 W 的多模氩离子激光经光纤传输后，其线宽由输入端的 3.9 GHz 增加到 15.8 GHz。当光在光纤中传输时，入射光的频谱分量通过四波混频产生了新的频率分量。实际上，4.1 节讨论的自相位调制感应的频谱展宽可以用四波混频过程来解释[45]。

从实际的角度讲，由于在多信道波分复用通信系统中，信道间隔一般在 10～100 GHz 范围，因此四波混频会造成信道之间的串扰。由于波分复用系统的出现，这一问题在20世纪90年代引起人们的极大关注[46~52]。在早期的一个实验中[25]，频率间隔约为 10 GHz 的 3 个连续波通过 3.5 km 长的光纤传输，通过改变频率间隔和输入功率，测量由四波混频产生的9个频率分量的功率值。图10.6给出了其中两个频率分量 f_{332} 和 f_{231} 的测量结果，这里用到了以下符号来标记：

$$f_{ijk} = f_i + f_j - f_k, \quad f_j = \omega_j/(2\pi) \tag{10.3.8}$$

在图10.6(a)所示的情况下，$f_3 - f_1 = 11$ GHz，$f_2 - f_1 = 17.2$ GHz，$P_1 = 0.43$ mW，$P_2 = 0.14$ mW，而 P_3 的变化范围为 0.15～0.60 mW。在图10.6(b)所示的情况下，当 $P_3 = 0.55$ mW 时，$f_3 - f_2$ 在 10～25 GHz 范围内变化，而其他参量值保持不变。

对频率分量 f_{231}，功率 P_4 随 P_3 线性变化；但对频率分量 f_{332}，则是平方关系。这在10.2节的理论中已预见到了，因为 f_{231} 是由非简并泵浦波引起的，而 f_{332} 则是由简并泵浦波引起的。频率分量 f_{231} 对应较大的功率是因为 f_{231} 和 f_{321} 是简并的，所测得的功率是由两个四波混频过程生的功率之和。最后，随着频率间隔的增大而使相位失配量增大，结果产生的功率 P_4 减小。图10.6的一个显著特征是，不足 1 mW 的输入功率产生了 0.5 nW 的四波混频功率。实际中，为了避免四波混频感应的系统性能劣化，信道输入功率一般应保持在 1 mW 以下[53]。

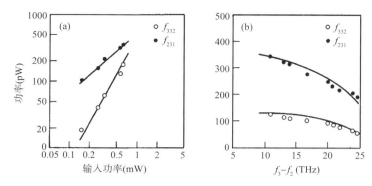

图 10.6　3.5 km 长的光纤输出端由四波混频产生的功率随(a)输入功率 P_3 和(b)频率间隔的变化[25]（©1987 IEEE）

2. 零色散波长附近的相位匹配

在光纤零色散波长附近，材料色散对相位失配的贡献 Δk_M 相当小。在 1.28 μm 附近，它由正值变为负值。波导色散对相位失配的贡献 Δk_W 取决于光纤的设计，但在 1.3 μm 附近一般为正值。在泵浦波长的有限范围内，对于频移 v_s 的某些特定值，Δk_M 能抵消 $\Delta k_W + \Delta k_{NL}$。图 10.7 给出了对于芯径为 7 μm，纤芯–包层折射率差为 0.006 的光纤，Δk_M 和 Δk_W 相互抵消的结果（假定 Δk_{NL} 可以忽略）。频移取决于泵浦波长 λ_1，其可在 1 ~ 100 THz 范围内变化，它对芯径和纤芯–包层折射率差的值也较为敏感。在给定的泵浦波长下，这两个参量可用来改变频移[16]。

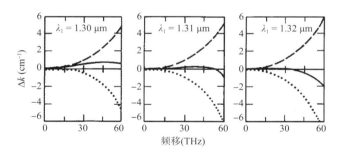

图 10.7　零色散波长附近三个不同泵浦波长 λ_1 下的相位匹配图，点线、虚线和实线分别表示 Δk_M 和 Δk_W 及它们的和[15]（©1981 OSA）

1980 年，在一个波长接近 1.3 μm 的四波混频实验中[14]，由 Q 开关 Nd∶YAG 激光器输出的 1.319 μm 波长的脉冲泵浦 30 m 长的光纤参量放大器，将 1.338 μm（$v_s = 3.3$ THz）波长的信号放大了 46 dB，同时在光纤输出端观察到了 3 对斯托克斯线和反斯托克斯线。这些等间隔的谱线（间隔为 3.3 THz）源于四波混频过程的级联。在此过程中，相继产生的谱线相互作用产生了新的频率。在后来的一个实验中[15]，四波混频过程可自发地进行，无须输入信号。波长为 1.319 μm 且峰值功率约为 1 kW（超过喇曼阈值）的锁模脉冲通过 50 m 长的光纤传输，图 10.8 给出了在光纤输出端观察到的频谱，其中分别位于 1.67 μm 和 1.09 μm 的斯托克斯线和反斯托克斯线源于四波混频过程；频移约为 48 THz，与在多模光纤中得到的频移相当。类似的实验表明[16]，当芯径从 7.2 μm 变到 8.2 μm 时，v_s 可在 3 ~ 50 THz 范围内变化。这种方案对实现通过 1.319 μm 波长的 Nd∶YAG 激光器泵浦的新型光源是有用的。

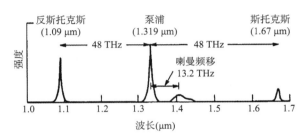

图 10.8 单模光纤输出频谱中，由四波混频产生的斯托克斯带和
反斯托克斯带，图中同时给出了喇曼带[15]（©1981 OSA）

3. 由自相位调制实现相位匹配

当泵浦波长位于反常群速度色散区，且显著偏离零色散波长 λ_D 时，Δk_M 就远远超过了 Δk_W，使实现相位匹配变得比较困难（见图 10.7）。然而，由于 $\Delta k_M + \Delta k_W$ 为负值，通过式（10.3.1）中非线性贡献 Δk_{NL} 来补偿是可能的。在这种情况下，频移 Ω_s 取决于输入泵浦功率。实际上，如果利用式（10.2.21）及式（10.3.6）的 $\Delta k \approx \Delta k_M \approx \beta_2 \Omega_s^2$，且当

$$\Omega_s = (2\gamma P_0 / |\beta_2|)^{1/2} \tag{10.3.9}$$

时，就实现了相位匹配（$\kappa = 0$），式中 P_0 为输入泵浦功率。这样，泵浦波在反常群速度色散区传输时，作为通过自相位调制实现相位匹配的四波混频的结果，将产生位于 $\omega_1 \pm \Omega_s$ 处的两个边带。这种情形已在 5.1 节有关调制不稳定性的内容中讨论过。在频域中，调制不稳定性可以通过四波混频解释；而在时域中，它源于稳态中弱扰动的不稳定增长。实际上，由式（5.1.9）给出的调制频率等于式（10.3.9）中的 Ω_s。图 5.2 所示的输出频谱提供了利用自相位调制实现相位匹配的实验证据，当泵浦功率 P_0 在 1～100 W 范围内变化时，频移在 1～10 THz 范围内变化，这一现象已用于将飞秒脉冲从 1.5 μm 波长区变换到 1.3 μm 波长区[54]。

式（10.3.9）的推导基于这样一个假设，即线性相位失配 Δk 主要由式（10.3.6）中的 β_2 项决定。当 $|\beta_2|$ 相对较小时，还要包含 β_4 项。这样通过解四次多项式

$$(\beta_4/12)\Omega_s^4 + \beta_2 \Omega_s^2 + 2\gamma P_0 = 0 \tag{10.3.10}$$

就可以得到频移 Ω_s。Ω_s 能在一个较大范围内变化，这与 β_2 和 β_4 的相对符号及大小有关。特别是，正如在 5.1.2 节中提到的，假如 $\beta_4 < 0$，当 $\beta_2 > 0$ 时还会发生调制不稳定性。色散平坦光纤就可以满足这一条件[55]。实际中，这一条件在锥形光纤或微结构光纤中很容易满足[56~59]。在这种 $\beta_4 < 0$ 且表现为正常色散的光纤中，由式（10.3.10）可以得到下面有关 Ω_s 的表达式：

$$\Omega_s^2 = \frac{6}{|\beta_4|}\left(\sqrt{\beta_2^2 + 2|\beta_4|\gamma P_0/3} + \beta_2\right) \tag{10.3.11}$$

图 10.9 给出了当 $\gamma P_0 = 10 \text{ km}^{-1}$ 时，频移 $\nu_s = \Omega_s/(2\pi)$ 是如何随 β_2 和 $|\beta_4|$ 变化的。在 $|\beta_4|\gamma P_0 \ll \beta_2^2$ 的条件下，这一频移可以简单表示为 $\Omega_s = (12\beta_2/|\beta_4|)^{1/2}$。对于 β_2 和 $|\beta_4|$ 的典型值，频移超过 25 THz，这表明通过四波混频过程能够放大与泵浦波长相隔 200 nm 以上的信号。

在第 12 章有关微结构光纤和光子晶体光纤的内容里将更详细地讨论这种四波混频。

10.3.4 双折射光纤中的相位匹配

单模光纤中一种重要的相位匹配技术是利用模式双折射，它源于两正交偏振传输波的不

同有效模折射率,其折射率差为

$$\delta n = \Delta n_x - \Delta n_y \tag{10.3.12}$$

式中,Δn_x 和 Δn_y 分别为对沿光纤慢、快轴方向偏振的光场折射率(材料折射率)的变化。要完整地描述双折射光纤中的参量增益,就需要用类似于 6.1 节的方法将 10.2 节的公式推广。四波混频的矢量理论将在 10.5 节中讨论,然而对于以下讨论的相位匹配条件,并不需要这个理论。

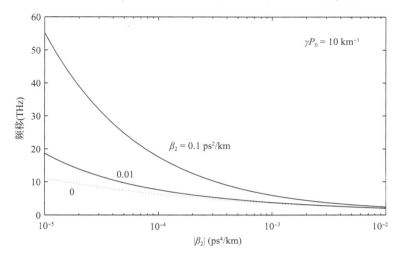

图 10.9　当四波混频过程通过色散平坦光纤中的自相位调制实现
相位匹配时,泵浦波和信号波间的频移随 $|\beta_4|$ 的变化

若假设这 4 个波中的每一个都沿保偏光纤的慢轴或快轴方向偏振,那么就可以利用 10.2 节中的标量理论。参量增益仍可由式(10.2.19)得到,只是参量 γ 和 κ 的定义要稍做改变。特别是,只要泵浦和信号是正交偏振的,γ 将减小到 1/3。与式(10.3.1)类似,相位失配 κ 仍包括三方面的贡献。然而,这里的波导贡献 Δk_W 受 δn 支配,非线性贡献 Δk_{NL} 也与式(10.3.5)不同。在以下的讨论中,假定 Δk_{NL} 与 Δk_M 和 Δk_W 相比可以忽略。

与前面类似,当 Δk_M 和 Δk_W 相互抵消时就达到了相位匹配,它们都是可正可负的。对 $\lambda_1 < \lambda_D$,在可见光范围内,由于式(10.3.6)中 β_2 是正的,因此 Δk_M 是正的。若泵浦波沿慢轴偏振而信号和闲频波沿快轴偏振,则可使波导贡献 Δk_W 为负,这可从式(10.3.4)看出。由于 $\Delta n_3 = \Delta n_4 = \Delta n_y$,$\Delta n_1 = \Delta n_2 = \Delta n_x$,则波导贡献变为

$$\Delta k_W = [\Delta n_y(\omega_3 + \omega_4) - 2\Delta n_x \omega_1]/c = -2\omega_1(\delta n)/c \tag{10.3.13}$$

这里用到了式(10.3.12)及 $\omega_3 + \omega_4 = 2\omega_1$。由式(10.3.6)和式(10.3.13),可得出 Δk_M 和 Δk_W 互相补偿时的频移 Ω_s 为[17]

$$\Omega_s = [4\pi \delta n/(\beta_2 \lambda_1)]^{1/2} \tag{10.3.14}$$

式中,$\lambda_1 = 2\pi c/\omega_1$。在泵浦波长 $\lambda_1 = 0.532~\mu m$ 处,$\beta_2 \approx 60~ps^2/km$,若利用光纤双折射的典型值 $\delta n = 1 \times 10^{-5}$,则频移 v_s 约为 10 THz。1981 年,在双折射光纤中的四波混频实验中[17],频移在10 ~ 30 THz 范围内,而且 v_s 的测量值与式(10.3.14)的预期值十分相符。

频移公式(10.3.14)是在特定的波偏振组合下推导出来的,即假定泵浦波 A_1 和 A_2 沿慢轴偏振,而 A_3 和 A_4 沿快轴偏振。根据 β_2 是正的还是负的,其他几种组合也可用于相位匹配。根据波的偏振方向,用 Δn_x 或 Δn_y 代替式(10.3.4)中的 $\Delta n_j(j = 1 \sim 4)$,由式(10.3.4)计算出

$\Delta k_{\rm W}$，进而由式(10.3.6)得到相应的频移。表10.1列出了双折射光纤中能实现相位匹配的 4 种过程及其相应的频移[31]，前两个过程的频移比其余两个过程至少小一个数量级。由于忽略了 δn 的色散效应(即 δn 与频率有关)，表10.1中给出的所有频移也只是近似值。若考虑到 δn 的色散效应，将使频移减小约 10%。其他一些相位匹配过程也已得到确认[20]，但由于石英光纤的各向同性特性，一般观察不到。

表 10.1　双折射光纤中相位匹配的四波混频过程和对应的频移，
符号 s 和 f 分别代表沿双折射光纤的慢轴和快轴偏振

过程	A_1	A_2	A_3	A_4	频移 $\Omega_{\rm s}$	条件
I	s	f	s	f	$\delta n/(|\beta_2|c)$	$\beta_2>0$
II	s	f	f	s	$\delta n/(|\beta_2|c)$	$\beta_2<0$
III	s	s	f	f	$(4\pi\delta n/(|\beta_2|\lambda_1))^{1/2}$	$\beta_2>0$
IV	f	f	s	s	$(4\pi\delta n/(|\beta_2|\lambda_1))^{1/2}$	$\beta_2<0$

从实用的角度看，表10.1中所列的 4 种过程可以分为两类：前两个过程对应泵浦功率同时分配给快模和慢模的情形，为第一类；与此对照，其余两过程对应泵浦波沿某一主轴方向偏振，为第二类。在第一类中，当选择 $\theta=45°$(θ 为泵浦波的偏振方向与慢轴的夹角)使泵浦功率被均分给两偏振模时，参量增益有最大值。尽管这样，由于参量增益对不同过程几乎一样，它们之间就会相互竞争。在一个实验中[21]，利用工作在 585.3 nm 的锁模染料激光器产生的 15 ps 脉冲泵浦，观察到了由过程 I 实现相位匹配的四波混频过程，这是因为在这一情形下，4 个波之间的群速度失配相对较小，此过程相对其他过程占优势。

图10.10给出了对输入峰值功率约为 1 kW 且脉宽为 15 ps 的泵浦脉冲，当泵浦偏振角 $\theta=44°$ 时，在 20 m 长的光纤的输出端观察到的频谱[21]。± 4 THz 附近的斯托克斯带和反斯托克斯带是由通过过程 I 实现相位匹配的四波混频产生的。正如所预期的，斯托克斯带沿慢轴偏振，而反斯托克斯带沿快轴偏振。泵浦脉冲和斯托克斯波的非对称展宽是由自相位调制和交叉相位调制的联合效应引起的(见7.4节)。斯托克斯带的局部增强是由于喇曼增益的缘故。频移约 13 THz 附近的峰也是受激喇曼散射引起的，对于 $\theta=44°$，泵浦脉冲沿慢轴的分量略强于快轴分量，因此 13 THz 处的喇曼峰是沿慢轴偏振的。将 θ 增加 $2°$，喇曼峰的偏振方向就会翻转到快轴上。10 THz 附近的小峰是由非简并四波混频过程($\omega_1\neq\omega_2$)引起的，即泵浦脉冲及斯托克斯带都起到泵浦波的作用，喇曼带为参量过程的发生提供了弱信号，在此过程中，只有当喇曼带沿慢轴偏振时才能实现相位匹配。确实，当 θ 增大到超过 $45°$ 时，喇曼带的偏振方向发生翻转，10 THz 附近的峰消失。

在单模光纤中，利用双折射来实现相位匹配还有一个附加的优点，即频移可在较大范围内(约为 4 THz)调谐，这是因为通过外部因素(如应力和温度)，可以改变光纤双折射的大小。在一个实验中[18]，在光纤上压一块平板以施加应力，当应力为 0.3 kg/cm 时，频移 $\nu_{\rm s}$ 的调谐范围可达 4 THz。在类似的一个实验中[19]，为给光纤施加应力，把光纤缠绕在圆柱筒上，通过改变筒径，频移 $\nu_{\rm s}$ 的调谐范围为 3 THz。由于双折射光纤的内在应力与温度有关，通过改变温度也可能实现频移的调谐。实验证明[22]，通过把光纤加热到 700 ℃，频移的调谐范围可达 2.4 THz。通常，由于频移取决于 δn，四波混频提供了一种测量光纤净双折射的简便方法[23]。

通过式(10.3.1)中的非线性贡献 $\Delta k_{\rm NL}$，四波混频过程的频移也取决于泵浦功率。在推导式(10.3.14)及表10.1中 $\Omega_{\rm s}$ 的表达式时，非线性贡献已被忽略掉了，但可用简单明了的方式把它包含在内。通常，$\Omega_{\rm s}$ 随泵浦功率的增大而减小。在一个实验中，$\Omega_{\rm s}$ 随泵浦功率的增加以

1.4% W^{-1} 的速率减小[24]。非线性贡献 Δk_{NL} 也可以用来满足相位匹配条件,这与双折射光纤中的调制不稳定性有关(见 6.4 节)。

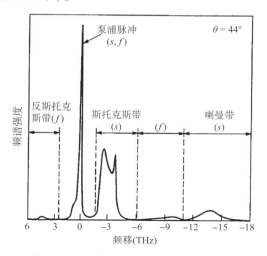

图 10.10 峰值功率约为 1 kW 且脉宽为 15 ps 的泵浦脉冲入射到长约 20 m 的双折射光纤中,产生的表明斯托克斯带和反斯托克斯带的输出谱,泵浦脉冲偏振方向与光纤慢轴的夹角为44°[21]($\copyright$1984 OSA)

10.4 参量放大

与喇曼增益类似,光纤中的参量增益可以用来制造光放大器。这种基于四波混频的光放大器称为光纤参量放大器(fiber-optic parametric amplifier,FOPA),若将其置于能周期性地提供反馈的光学谐振腔内,也可以称其为参量振荡器。尽管光纤参量放大器在 20 世纪 80 年代就得到研究[60~62],但在 1995 年后才引起更多的关注,因为它在光纤通信系统中具有潜在的应用[63~69]。本节将首先对参量放大的早期工作进行回顾,然后重点介绍新式光纤参量放大器中用到的单泵浦结构和双泵浦结构。

10.4.1 早期工作的回顾

在低损耗光纤可以实用不久,人们就用 10.3 节讨论的相位匹配技术制造光纤参量放大器。直到 2000 年,大部分实验都采用单泵浦结构,并利用简并四波混频的配置方案。在 1974 年的最初实验中[6],利用多模光纤实现相位匹配,532 nm 泵浦脉冲的峰值功率约为 100 W,而功率约为10 mW 的连续信号在 600 nm 附近可调。由于该实验中所用的光纤非常短(9 cm),放大器增益相当小。在 1980 年的一个实验中[14],利用接近光纤零色散波长的 1.319 μm 的泵浦脉冲来实现相位匹配(见图 10.7)。泵浦脉冲的峰值功率可在 30 ~ 70 W 范围内调节;1.338 μm 的连续波作为信号,和泵浦脉冲一同在 30 m 长的光纤中传输。为了确定放大倍数,测量了放大信号的功率。

图 10.11 给出了当输入信号功率 P_3 取三个不同值时,信号增益 G_s 随泵浦功率 P_0 的变化关系。G_s 对 P_0 偏离指数形式的增长关系,应归因于泵浦消耗造成的增益饱和。还应注意,当 P_3 从 0.26 mW 增加到 6.2 mW 时,G_s 大大减小;对于 0.26 mW 的输入信号,当 $P_0 = 70$ W 时,放大器增益高达 46 dB。如此大的增益值说明,如果相位匹配条件能够满足,则四波混频在构建光纤参量放大器方面具有很大的潜力。相位匹配条件严格限制了泵浦波和能够放大的信号之间的频移 Ω_s 的范围。

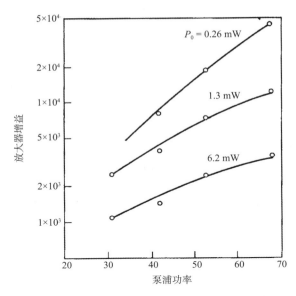

图 10.11   对不同的输入信号功率，参量放大器的增益 G_s 随泵浦功率的变化[14]（©1980 IEE）

利用光纤双折射实现相位匹配非常具有吸引力，因为可以通过施加外部应力或弯曲光纤来调节双折射，使之与 Ω_s 匹配。20 世纪 80 年代，利用这种方案实现相位匹配的光纤参量放大器得到验证。在其中一个实验中[60]，通过对光纤施加外部应力来调节 Ω_s 的值，将半导体激光器产生的 1.292 μm 波长的信号放大了 38 dB；而在另一个实验中[61]，利用 1.319 μm 的泵浦波，将分布反馈半导体激光器产生的 1.57 μm 波长的信号放大了 37 dB。

对光纤参量放大器兴趣的复苏可以追溯到 20 世纪 90 年代对调制不稳定性[55]和相位共轭[70]的研究。当时，人们意识到，通过选择泵浦波长 λ_p 接近光纤零色散波长 λ_D，可以设计出宽带光纤参量放大器。在这一思想的一个实现方案中[63]，用工作在 $\lambda_p \approx 1.54$ μm 附近的分布反馈半导体激光器作为泵浦光源，可调谐外腔半导体激光器提供信号，用于参量放大的色散位移光纤（$\lambda_D = 1.5393$ μm）长 200 m。当泵浦波长在 λ_D 附近变化时，光纤参量放大器带宽的变化相当明显，并在泵浦波长的失谐量满足 $\lambda_p - \lambda_D = 0.8$ nm 时达到最大；进一步的研究揭示，利用色散管理、双波长泵浦和高非线性光纤，可以在相当大的带宽上提供大于 40 dB 的信号增益[64~69]。由于光纤的快速非线性响应特性，这种光纤参量放大器很适合用在很多信号处理应用中[67]。

10.4.2   光纤参量放大器的增益谱和带宽

任何光放大器的最重要特性都是放大器能提供相对均匀增益的带宽，光纤参量放大器也不例外。通常，光纤参量放大器用一台或两台连续激光器泵浦。在双泵浦情形中，四波混频过程由方程(10.2.1)至方程(10.2.4)决定，并且完整描述参量放大过程需要对这几个方程进行数值求解。

假设泵浦消耗不太大，利用式(10.2.17)和式(10.2.18)给出的近似解析解，可以得到相当丰富的物理图像，这些近似解中的常数 a_3、b_3、a_4 和 b_4 由边界条件确定。假定信号和闲频波都在 $z = 0$ 处入射，可以发现常数 a_3 和 b_3 满足

$$a_3 + b_3 = B_3(0), \quad g(a_3 - b_3) = (i\kappa/2)(a_3 + b_3) + 2i\gamma A_1(0)A_2(0)B_4^*(0) \qquad (10.4.1)$$

由以上两式可以得到

$$a_3 = \frac{1}{2}(1 + i\kappa/2g)B_3(0) + iC_0 B_4^*(0), \quad b_3 = \frac{1}{2}(1 - i\kappa/2g)B_3(0) - iC_0 B_4^*(0) \qquad (10.4.2)$$

式中，$C_0 = (\gamma/g)A_1(0)A_2(0)$；用类似方法可以求出 a_4 和 b_4。将这些值代入式（10.2.17）和式（10.2.18）中，可得距离 z 处的信号和闲频波为

$$B_3(z) = \{B_3(0)[\cosh(gz) + (\mathrm{i}\kappa/2g)\sinh(gz)] + \mathrm{i}C_0 B_4^*(0)\sinh(gz)\}\mathrm{e}^{-\mathrm{i}\kappa z/2} \quad (10.4.3)$$

$$B_4^*(z) = \{B_4^*(0)[\cosh(gz) - (\mathrm{i}\kappa/2g)\sinh(gz)] - \mathrm{i}C_0 B_3(0)\sinh(gz)\}\mathrm{e}^{\mathrm{i}\kappa z/2} \quad (10.4.4)$$

当只有信号和泵浦波在 $z = 0$ 处入射时（大部分光纤参量放大器属于这种情形），上述解可以大大简化。令式（10.4.3）中的 $B_4^*(0) = 0$，可得信号功率 $P_3 = |B_3|^2$ 随 z 的变化关系为[12]

$$P_3(z) = P_3(0)[1 + (1 + \kappa^2/4g^2)\sinh^2(gz)] \quad (10.4.5)$$

式中，参量增益 g 由式（10.2.19）给定。同样，利用式（10.4.4）可以得到闲频功率 $P_4 = |B_4|^2$。另外应注意，由方程（10.2.13）和方程（10.2.14）可以得到 $\mathrm{d}(P_3 - P_4)/\mathrm{d}z = 0$，或 $P_4(z) = P_3(z) - P_3(0)$，利用这一关系可以得到

$$P_4(z) = P_3(0)(1 + \kappa^2/4g^2)\sinh^2(gz) \quad (10.4.6)$$

上式表明，在输入信号入射到光纤中后，几乎同时产生了闲频波，其功率最初按照 z^2 增加，但当传输距离满足 $gz > 1$ 后，信号和闲频波均按照指数形式增长。由于闲频波和信号一起沿光纤放大，在光纤参量放大器输出端几乎可以达到和信号同样的功率。实际上，同一四波混频过程可以用来放大弱信号，同时产生一个新波——闲频波。除了相位反转（或共轭），闲频波复制了输入信号的所有特征。相位共轭还能用于波分复用系统中的色散补偿和波长变换[53]。

由式（10.4.5）可以得到放大倍数，利用式（10.2.19）可将其写为

$$G_\mathrm{s} = P_3(L)/P_3(0) = 1 + (\gamma P_0 r/g)^2 \sinh^2(gL) \quad (10.4.7)$$

式中，参量 r 由式（10.2.20）给定，当单泵浦波用于参量放大时，$r = 1$。式（10.2.19）中的参量增益 g 随信号频率 ω_3 变化，因为它与相位失配 $\kappa \equiv \Delta k + \gamma(P_1 + P_2)$ 有关。这里，Δk 是式（10.1.8）给出的线性相位失配，它不仅和 ω_3 有关，而且和用于光纤参量放大器的泵浦频率及光纤的色散特性有关。于是，通过修饰光纤色散和适当选择泵浦频率，可以控制光纤参量放大器的带宽。

光纤参量放大器放大倍数的表达式（10.4.7）与光纤喇曼放大器放大倍数的表达式（8.2.4）相比，主要差别在于，参量增益与相位失配 κ 有关，若不满足相位匹配条件，则增益会变得相当小。在 $\kappa \gg \gamma P_0 r$ 的极限条件下，由式（10.2.19）和式（10.4.7）可得

$$G_\mathrm{s} \approx 1 + (\gamma P_0 r L)^2 \frac{\sin^2(\kappa L/2)}{(\kappa L/2)^2} \quad (10.4.8)$$

若相位失配相对较大，则信号增益相对较小，且随泵浦功率以 P_0^2 增长；另一方面，若相位严格匹配（$\kappa = 0$）且 $gL \gg 1$，则放大器增益随 P_0 指数增长，即

$$G_\mathrm{s} \approx \frac{1}{4}\exp(2\gamma P_0 r L) \quad (10.4.9)$$

放大器带宽 $\Delta\Omega_A$ 由式（10.4.7）确定，一般定义为 $G_\mathrm{s}(\omega_3)$ 相对峰值跌落 50% 所对应的 ω_3 的范围，它取决于多个因素，如光纤长度 L、泵浦功率 P_0 和泵浦结构。信号在 $\kappa = 0$ 时达到增益峰值，此时严格满足相位匹配条件。在单泵浦情形中，$\kappa = \Delta k + 2\gamma P_0$，其中 $\Delta k \approx \beta_2 \Omega_\mathrm{s}^2$，$\Omega_\mathrm{s} = |\omega_1 - \omega_3|$ 为式（10.3.9）给出的失谐量，于是增益峰值位于 $\Omega_\mathrm{s} = (2\gamma P_0/|\beta_2|)^{1/2}$ 处。

若光纤参量放大器所用光纤较长，则放大器带宽 $\Delta\Omega_A$ 由光纤长度本身设定，对应于最大相位失配 $\kappa_\mathrm{m} = 2\pi/L$，这是因为对于此 κ 值，G_s 大约减小一半。利用 $\kappa_\mathrm{m} = \beta_2(\Omega_\mathrm{s} + \Delta\Omega_A)^2 + 2\gamma P_0$，并认为 $\Delta\Omega_A \ll \Omega_\mathrm{s}$，可以得到放大器带宽为[12]

$$\Delta \Omega_A = \frac{\pi}{|\beta_2|\Omega_s L} = \frac{\pi}{L}(2\gamma P_0|\beta_2|)^{-1/2} \tag{10.4.10}$$

对于相对短的光纤，非线性效应本身限制了光纤参量放大器的带宽。正如在图 10.1 中看到的，当 $\kappa_m = 2\gamma P_0$ 时参量增益为零。利用这个值，光纤参量放大器带宽近似表示为

$$\Delta \Omega_A \approx \frac{\gamma P_0}{|\beta_2|\Omega_s} \equiv \left(\frac{\gamma P_0}{2|\beta_2|}\right)^{1/2} \tag{10.4.11}$$

作为一个粗略的估计，利用泵浦波长处 $\gamma = 2 \text{ W}^{-1}/\text{km}$，$\beta_2 = -1 \text{ ps}^2/\text{km}$ 的色散位移光纤，以及 1 W 连续泵浦波设计的光纤参量放大器，带宽仅有 160 GHz。式（10.4.11）表明，对于给定的泵浦功率，只能通过减小 $|\beta_2|$ 和增大 γ 来大幅度增加带宽。这也是新式光纤参量放大器设计中所采用的方法，即用 $\gamma > 10 \text{ W}^{-1}/\text{km}$ 的高非线性光纤，并选择泵浦波长接近光纤零色散波长以减小 $|\beta_2|$ 的值，从而可以增加光纤参量放大器的带宽。然而，当 $|\beta_2|$ 减小到 0.1 ps^2/km 以下时，必须考虑高阶色散效应的影响。已经证明，对于单泵浦和双泵浦的光纤参量放大器，如果合理优化泵浦波长，则带宽可以增加到 5 THz 以上，下面将分别考虑这两种泵浦结构。

10.4.3 单泵浦结构

在这种结构中，选择泵浦波长接近光纤零色散波长，使由 κ 决定的波矢失配最小。在 β_2 趋于零的极限条件下，$\beta(\omega)$ 的展开式中的高阶色散项变得比较重要。若将式（10.1.8）中的 Δk 用泰勒级数在泵浦波频率 ω_1 附近展开，则可以得到[63]

$$\Delta k(\omega_3) = 2\sum_{m=1}^{\infty} \frac{\beta_{2m}}{(2m)!}(\omega_3 - \omega_1)^{2m} \tag{10.4.12}$$

式中，色散参量在泵浦波长处赋值。此式是式（10.3.6）的推广，它表明只有偶数阶的色散参量对线性相位失配有贡献。显然，当信号波长接近泵浦波长时，Δk 由 β_2 支配；当信号波长远偏离泵浦波长时，高阶色散参量变得重要起来。光纤参量放大器的带宽取决于 Δk 为负且足以平衡非线性相位失配 $2\gamma P_0$ 的频谱范围。实际中，通过选择使 β_2 为很小负值而 β_4 为正值的泵浦波长，可以提高光纤参量放大器的带宽。

将 $\beta(\omega)$ 用泰勒级数在光纤零色散频率 ω_0 附近展开，定义 $\beta_{m0} = (\mathrm{d}^m\beta/\mathrm{d}\omega^m)_{\omega = \omega_0}$，若只保留到展开式的四阶项，则可以得到

$$\beta_2 \approx \beta_{30}(\omega_1 - \omega_0) + \frac{1}{2}\beta_{40}(\omega_1 - \omega_0)^2, \quad \beta_4 \approx \beta_{40} \tag{10.4.13}$$

据光纤参量 β_{30} 和 β_{40} 的值，可以选择泵浦频率 ω_1，使 β_2 和 β_4 符号相反。特别是对于大部分石英光纤而言，β_{30} 和 β_{40} 均为正值，因此应选择 $\omega_1 < \omega_0$。在这种工作条件下，光纤参量放大器带宽能超过 5 THz[63]。

作为一个实例，考虑下面的光纤参量放大器的设计。2.5 km 长的光纤的零色散波长为 1550 nm，$\beta_{30} = 0.1 \text{ ps}^3/\text{km}$，$\beta_{40} = 10^{-4} \text{ ps}^4/\text{km}$；光纤参量放大器用 0.5 W 的功率泵浦，当 $\gamma = 2 \text{ W}^{-1}/\text{km}$ 时，非线性长度为 1 km。图 10.12（a）给出了泵浦失谐量 $\Delta\lambda_p = \lambda_1 - \lambda_D$ 取几个不同值时的增益谱。点线是泵浦波长恰好等于光纤零色散波长的 $\Delta\lambda_p = 0$ 的情形，这种情形下的峰值增益约为 8 dB，增益带宽被限制在 40 nm。当泵浦失谐量为 −0.1 nm 时，表现为正常群速度色散，增益带宽减小到 20 nm 以下。与此对照，当泵浦向反常群速度色散一侧失谐时，峰值增益和带宽均增大，在这一区域，增益谱对 $\Delta\lambda_p$ 的精确值比较敏感。从实际的角度看，最佳位置是 $\Delta\lambda_p = 0.106$ nm 处，因为此时增益在一个宽频谱范围内几乎为常数。

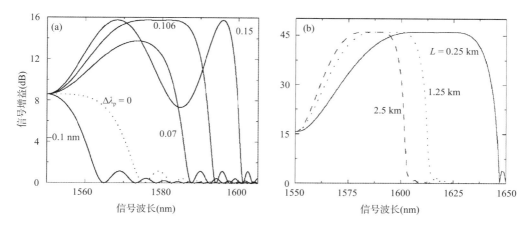

图 10.12 （a）对于几个不同的泵浦失谐量，单泵浦光纤参量放大器的增益谱；（b）对于不同的光纤
长度，单泵浦光纤参量放大器的增益谱，假设每种情况下均有 $\gamma P_0 L = 6$。每种情况下均
对泵浦波长进行了优化，由于光纤参量放大器增益谱的对称性，仅给出增益谱的一半

图 10.12(a) 的一个有趣特征是，最大增益发生在信号波长相对于泵浦波长的失谐量相对
较大时，这一特征与非线性对总相位失配 κ 的贡献有关。对于 $\Delta \lambda_p > 0$，线性相位失配为负，
其大小取决于信号波长；对于一定范围内的信号波长，非线性相位失配完全补偿了线性相位失
配，结果 $\kappa = 0$。当完全满足相位匹配条件时，如式（10.4.9）所示，光纤参量放大器增益随光
纤长度按指数方式增长，结果图 10.12(a) 中的增益峰是偏心的。

从实际的角度看，对于给定的泵浦功率 P_0，当然希望峰值增益和增益带宽均达到最大值。
既然式（10.4.9）中的峰值增益随 $\gamma P_0 L$ 按指数方式增加，那么可以通过增加光纤长度来提高峰
值增益。然而，当 $L \gg L_{NL}$ 时，式（10.4.10）给出的增益带宽与 L 成反比，增大带宽唯一的解决
方案是用尽可能短的光纤。当然，为了保持增益大小不变，缩短光纤长度的同时必须伴随着
γP_0 的相应增加。这一行为可以由图 10.12(b) 说明：当较大的 γP_0 与较小的光纤长度组合以
保持 $\gamma P_0 L = 6$ 固定不变时，增益带宽显著增大。图 10.12(b) 中的实线是由 250 m 长的光纤参量放
大器得到的，在泵浦波长每一侧各有 30 nm 的平坦增益范围。通过减小光纤的有效模面积，可以
增加非线性参量 γ 的值，这种 $\gamma > 10$ W^{-1}/km 的高非线性光纤（见第 11 章）已用来制造新式光纤
参量放大器。早在 2001 年，利用 $\gamma = 18$ W^{-1}/km 的 20 m 长的光纤，就实现了 200 nm 的增益带
宽[71]。当信号波长超过泵浦波长时，由于要求的泵浦功率已经足够高（约为 10 W），信号还会通
过受激喇曼散射过程得到放大。

增加光纤参量放大器带宽的另一种方案是，通过周期性色散补偿[65]或利用具有不同色散
特性的多段光纤[72]实现色散管理。图 10.13 给出了单泵浦光纤参量放大器在几个不同泵浦功
率下的增益谱。当 1563 nm 的泵浦波功率为 31.8 dBm（约为 1.5 W）时，光纤参量放大器的峰
值增益为 39 dB。通过将零色散波长分别为 1556.8 nm, 1560.3 nm 和 1561.2 nm 的三段光纤串
联，设计出 500 m 长的光纤参量放大器，其中每段光纤的 γ 值接近 11 W^{-1}/km，色散斜率约为
0.03 ps/(nm^2·km)。这种光纤参量放大器能同时放大多个波分复用信道[74]。

正如前面所讨论的，光纤参量放大器可以作为波长变换器使用，因为除了波长不同，从内部
产生的闲频波包含了与入射信号相同的信息[75]。1998 年，利用脉冲泵浦光源，在 40 nm 带宽内
实现了 28 dB 的峰值变换效率[64]。最近，利用 115 m 长的高非线性光纤制成的单泵浦光纤参
量放大器，在 24 nm 带宽上（整个泵浦调谐范围）实现了透明波长变换[76]。

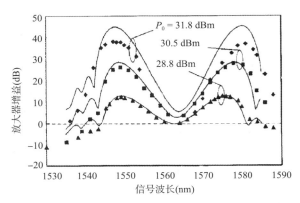

图 10.13　不同泵浦功率下测得的信号增益随信号波长的变化，实线给出的是理论预期结果[73]（©2001　IEEE）

　　光纤参量放大器的性能受几个因素的影响，在设计这类器件的过程中必须加以考虑[77~86]。例如，尽管光纤参量放大器得益于石英的超快非线性响应，但这种超快非线性响应对光纤参量放大器也有害，因为泵浦功率的起伏几乎同时转移给信号和闲频波。确实，光纤参量放大器中的噪声常常受泵浦功率起伏转移给放大信号的支配[77~80]。而且，在将泵浦波入射到光纤参量放大器中之前，通常用一台或两台掺铒光纤放大器对其进行放大，掺铒光纤放大器的放大自发辐射噪声也能使光纤参量放大器的性能显著劣化。实际中，常用光学滤波器隔离这种噪声。另外一种噪声源是自发喇曼散射，当信号或闲频波落在喇曼增益带宽内时，就会产生这种噪声[84]。尽管有以上这些噪声因素，在 2002 年的两个实验中，仍分别实现了增益为 27.2 dB 且噪声指数为 4.2 dB[81]，以及增益为 17 dB 且噪声指数为 3.7 dB[82] 的光纤参量放大器。如此低的噪声水平已经接近理想放大器的 3 dB 量子极限噪声。

　　影响光纤参量放大器的另一个因素是受激布里渊散射。正如在 9.2.2 节中看到的，长光纤（大于 10 km）的受激布里渊散射阈值在 5 mW 左右，而约为 1 km 长的光纤的受激布里渊散射阈值增加到 50 mW 左右。由于光纤参量放大器要求的泵浦功率接近 1 W，因此需要采用适当的方法提高受激布里渊散射的阈值，以抑制光纤参量放大器中的受激布里渊散射效应。实用的方法包括：（ⅰ）控制沿光纤长度方向的温度分布[76]；（ⅱ）以几个固定频率[73]或在一个宽频率范围内用随机比特格式[83]调制泵浦相位。泵浦相位调制通过展宽泵浦频谱来抑制受激布里渊散射，但不能过多地影响光纤参量放大器增益。实际情况下，由于相位失配参量 κ 取决于泵浦相位，因此使用这种方法会在一定程度上影响光纤参量放大器的增益[87]；而且，光纤内的色散效应将泵浦波的相位调制转变为振幅调制，结果信号和闲频波的信噪比均因不希望的功率起伏而降低[88]。泵浦相位调制还能导致闲频波频谱的展宽，使其是泵浦频谱宽度的两倍。当光纤参量放大器作为波长变换器时，人们比较关心闲频波的这种展宽。正如将在后面看到的，采用双泵浦光纤参量放大器可以避免出现这种展宽。

　　单泵浦光纤参量放大器面临的一个重要问题是，它们的增益谱在整个带宽内远不是均匀的（见图 10.12）。原因是在单泵浦光纤参量放大器中，很难在一个宽带宽内满足相位匹配条件。当信号波长接近泵浦波长时，由于线性贡献 $\Delta k \rightarrow 0$，在泵浦波长附近 $\kappa \approx 2\gamma P_0$。这一 κ 值相当大，导致信号仅以线性方式增强，$G = 1 + \gamma P_0 L$，结果增益谱在泵浦波长附近出现一个凹陷。尽管单泵浦光纤参量放大器的增益带宽可能达到 200 nm[71]，但增益谱仍高度不均匀，有用带宽被限制在增益谱的一个非常小的区域内。通过巧妙控制光纤色散，可以在一定程度上解决这一难题[72]。理论上,通过采用长度适当的几段光纤,并正确选择这些光纤段的色散特性,实现相当平坦的增益谱是可能的[89]。然而,这种方案实际上比较难以实现,因为很难准确知道光纤的色散特性,更可行的解决方案是利用下面讨论的双泵浦结构。

10.4.4　双泵浦结构

双泵浦光纤参量放大器利用非简并四波混频过程,并采用波长不同的两个泵浦光源[90~95]。通过适当选择泵浦波长,双泵浦光纤参量放大器能够在更宽的带宽内提供相当平坦的增益,而这对单泵浦光纤参量放大器来说是不可能的。双泵浦光纤参量放大器的参量增益由式(10.2.19)给出,利用式(10.2.20)中的 r,它可以写为

$$g(\omega_3) = [4\gamma^2 P_1 P_2 - \kappa^2(\omega_3)/4]^{1/2} \tag{10.4.14}$$

式中,$\kappa = \Delta k + \gamma(P_1 + P_2)$,$P_1$ 和 P_2 是输入泵浦功率,并假设忽略泵浦消耗。放大倍数与 g 的关系如式(10.4.7)所示,即

$$G_s = P_3(L)/P_3(0) = 1 + (2\gamma/g)^2 P_1 P_2 \sinh^2(gL) \tag{10.4.15}$$

与单泵浦光纤参量放大器类似,双泵浦光纤参量放大器的增益谱受线性相位失配 Δk 的频率相关性的影响。若引入 $\omega_c = (\omega_1 + \omega_2)/2$ 作为两泵浦波的中心频率,并令 $\omega_d = (\omega_1 - \omega_2)/2$,将 Δk 在 ω_c 附近展开,则可以得到[92]

$$\Delta k(\omega_3) = 2 \sum_{m=1}^{\infty} \frac{\beta_{2m}^c}{(2m)!} \left[(\omega_3 - \omega_c)^{2m} - \omega_d^{2m} \right] \tag{10.4.16}$$

式中,上标 c 表示色散参量在频率 ω_c 处赋值。该式与式(10.4.12)的差别在于 ω_d 项,仅当采用两个泵浦波时,这一项才有贡献。双泵浦光纤参量放大器相对单泵浦光纤参量放大器的主要优势是,可以用 ω_d 项控制相位失配。通过适当选择泵浦波长,有可能用这一项补偿非线性相位失配 $\gamma(P_1 + P_2)$,这样总相位失配 κ 可以在宽频谱范围上保持近似为零。

在双泵浦光纤参量放大器采用的最普遍结构中,使用波长差相对较大的两个泵浦波;同时中心频率 ω_c 接近光纤零色散频率 ω_0,这样当 ω_3 在一个宽范围内变化时,式(10.4.16)中的线性相位失配是一个常数。为得到一个相当宽的相位匹配范围,两个波长应以对称方式位于光纤零色散波长的对边[93]。利用这种安排,κ 能够在一个宽波长范围内减小到近似为零,结果这一范围内的增益谱几乎是平坦的。

上述讨论基于只有非简并四波混频过程 $\omega_1 + \omega_2 \rightarrow \omega_3 + \omega_4$ 对参量增益有贡献的假设。事实上,双泵浦光纤参量放大器的情况相当复杂,因为同时会发生与每个泵浦有关的简并四波混频过程。实际上,简并和非简并四波混频过程的结合除产生频率为 ω_4 的闲频波以外,还会产生其他 8 个闲频波,这一点已得到证明。这 8 个闲频波中,只有频率为 ω_5、ω_6、ω_7 和 ω_8 的 4 个闲频波对描述双泵浦光纤参量放大器的增益谱比较重要。这 4 个闲频波通过以下四波混频过程产生:

$$\omega_1 + \omega_1 \rightarrow \omega_3 + \omega_5, \quad \omega_2 + \omega_2 \rightarrow \omega_3 + \omega_6 \tag{10.4.17}$$

$$\omega_1 + \omega_3 \rightarrow \omega_2 + \omega_7, \quad \omega_2 + \omega_3 \rightarrow \omega_1 + \omega_8 \tag{10.4.18}$$

最后两个四波混频过程归因于通过信号和其中一个泵浦的拍频产生的动态折射率光栅的布拉格散射[93]。因为这两个过程能将信号功率转移给波长可以远离信号波长的闲频波,而不会加入额外的噪声,所以引起人们的关注[96~98]。除上述过程以外,所涉及的 8 个频率的几个其他组合也可以满足四波混频对能量守恒的要求。

　　若试图将所有隐含的四波混频过程均考虑在内，则双泵浦光纤参量放大器的完整描述会变得相当复杂[93]。幸运的是，与这些过程相联系的相位匹配条件差别很大。当两个泵浦波以对称方式位于光纤零色散波长的对边且距离较远时，式（10.4.17）和式（10.4.18）所示的四波混频过程仅在信号位于其中一个泵浦波附近时才会发生。基于此原因，这些四波混频过程并未影响通过 $\omega_1 + \omega_2 \rightarrow \omega_3 + \omega_4$ 过程产生的光纤参量放大器增益谱的中央平坦部分。图 10.14 比较了用全部 5 个闲频波进行数值计算得到的双泵浦光纤参量放大器的增益谱（实线）和利用这个单一非简并四波混频过程得到的光纤参量放大器的增益谱（虚线）。由图 10.14 可见，其他四波混频过程仅影响增益谱的两个边沿，使增益带宽下降 10% ~ 20%。数值计算中用到的光纤参量放大器的参量值为：$L = 0.5$ km，$\gamma = 10$ W^{-1}/km，$P_1 = P_2 = 0.5$ W，$\beta_{30} = 0.1$ ps^3/km，$\beta_{40} = 10^{-4}$ ps^4/km，$\lambda_1 = 1502.6$ nm，$\lambda_2 = 1600.6$ nm，$\lambda_D = 1550$ nm。

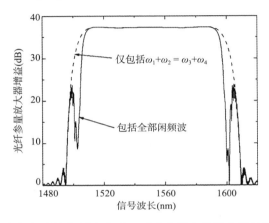

图 10.14　当 5 个闲频波均包括在内时双泵浦光纤参量放大器的增益谱（实线），
虚线是仅包括通过主要的非简并四波混频过程产生的单一闲频波的情形

　　双泵浦光纤参量放大器提供了几个自由度，使仅用一段光纤实现平坦增益谱成为可能。在 2002 年的一个实验中[95]，使用零色散波长为 1585 nm 且非线性参量 $\gamma = 10$ W^{-1}/km 的 2.5 km 长的高非线性光纤，利用波长分别为 1569 nm 和 1599.8 nm 的两个泵浦波。当泵浦功率分别为 220 mW 和 107 mW 时，这个光纤参量放大器在 20 nm 带宽上有 20 dB 的增益；将泵浦功率分别增加到 380 mW 和 178 mW 时，增益能够增加到 40 dB。由于在通过四波混频过程放大信号的同时，同一段光纤内还会发生受激喇曼散射过程，结果功率从短波长泵浦波转移到长波长泵浦波中，因此短波长泵浦波的输入功率更高一些。在 2003 年的一个实验中[99]，采用双泵浦光纤参量放大器实现了接近 40 nm 的增益带宽，图 10.15 给出了实验结果及理论拟合曲线。该实验中，波长为 1559 nm 和 1610 nm 的两个泵浦波的输入功率分别为 600 mW 和 200 mW；1 km 长的高非线性光纤的零色散波长为 1583.5 nm，$\beta_{30} = 0.055$ ps^3/km，$\beta_{40} = 2.35 \times 10^{-4}$ ps^4/km，$\gamma = 17$ W^{-1}/km。理论模拟包含了受激喇曼散射效应，它引起泵浦、信号和闲频波之间的喇曼感应功率转移。

　　除了在宽带宽上提供相对平坦的增益，双泵浦光纤参量放大器相对单泵浦光纤参量放大器还有其他几个优点。由于泵浦波长位于增益谱的两个边沿上，当信号波长位于增益谱的中央平坦区时，无须用光学滤波器滤除残余泵浦波。另外，当两个泵浦波以相等功率入射时，为了实现一定的增益，每个泵浦波所要求的功率将减小到单泵浦情形的 50%。实际情况下，较短波长的泵浦波需要更高的功率，以抵消两泵浦波间喇曼感应功率转移的影响，但它仍明显低于单泵浦光纤参量放大器所要求的值。

当双泵浦光纤参量放大器作为波长变换器使用时，它还有一个额外优点。尽管仍需要对泵浦波进行相位调制以抑制受激布里渊散射，但闲频波的频谱展宽不再是一个问题，因为可以巧妙控制两个泵浦波的相位，使用于波长变换的特定闲频波不会被展宽。例如，如果闲频 $\omega_4 \equiv \omega_1 + \omega_2 - \omega_3$ 用于波长变换，则两个泵浦波应反相调制[100]，这样总有 $\phi_1(t) + \phi_2(t) = 0$。在二进制相位调制中，两个比特流的相位要相差 π，以满足这一条件[101]。与此对照，若利用 ω_7 或 ω_8 的闲频波[见式(10.4.18)]进行波长变换，则两个泵浦波应同相调制[102]。

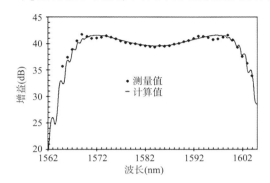

图 10.15 双泵浦光纤参量放大器的增益谱随信号波长的变化曲线，其中点线是测量值，实线是计算值[99]（©2003 IEE）

双泵浦结构的另一个优点是，可以通过控制两个泵浦波的偏振态来减轻参量增益对信号偏振态的依赖关系。由于四波混频过程本身是高度偏振相关的，这一问题会影响所有光纤参量放大器。在单泵浦光纤参量放大器中，有时使用偏振分集环路；而在双泵浦光纤参量放大器中，通过使用正交偏振的泵浦波，可以简单地解决这一问题。10.5 节将更详细地讨论偏振效应。

双泵浦光纤参量放大器还有几个缺点。前面已经提到，两个泵浦波间的波长差常常落在喇曼增益谱的带宽内。由于喇曼感应的功率转移，两个泵浦波沿光纤长度不能保持同样的功率，那么即使总泵浦功率保持不变，四波混频效率也会下降。实际情况下，在光纤输入端，应该使高频泵浦波的功率比低频的高。尽管喇曼感应的功率转移降低了光纤参量放大器增益，但这不会影响增益谱的形状，因为相位匹配条件取决于两个泵浦波的总功率，只要这两个泵浦波没有明显的消耗，总功率就能保持不变。在单泵浦光纤参量放大器中，如果光纤色散将相位调制转变为对泵浦波的振幅调制，那么用于抑制受激布里渊散射的泵浦波的相位调制将降低信号的信噪比[88]。若两个泵浦波在入射到光纤参量放大器中之前被放大，则放大过程中附加的噪声也将降低信号的信噪比[103]。

所有光纤参量放大器的一个主要限制源于实际光纤的纤芯远不是理想的圆柱体这一事实。实际上，在光纤制造过程中，纤芯形状和尺寸沿光纤长度以随机方式变化，这种非理想性使光纤零色散波长沿光纤长度方向也随机变化。由于相位匹配条件与零色散波长有关，参量增益对光纤的色散参量值极为敏感，即使光纤零色散波长发生小的变化（小于 0.1 nm），也会引起增益谱的较大变化[104]。一般而言，这种起伏的标准差 σ_λ 只是 λ_D（1550 nm 附近）的平均值的一小部分（小于 0.1%）。如果零色散波长起伏的相关长度 l_c 远小于光纤参量放大器所用光纤的长度，则 $\delta\lambda_D$ 的一阶矩和二阶矩为

$$\langle \delta\lambda_0 \rangle = 0, \quad \langle \delta\lambda_0(z)\delta\lambda_0(z') \rangle = D_\lambda^2 \delta(z - z') \tag{10.4.19}$$

式中，$D_\lambda = \sigma_\lambda \sqrt{l_c}$。

　　描述信号和闲频波沿光纤长度增长的方程（10.2.13）和方程（10.2.14）在色散出现起伏时仍是正确的，但方程中的相位失配参量 $\kappa(z)$ 变为 z 的随机函数。已经证明，光纤参量放大器增益的平均值 $G_{av} = \langle P_3(L)\rangle/P_3(0)$ 可以用解析方法得到[105]。然而，由于它代表的是一个总体平均值，因此得到的频谱和一个特定光纤参量放大器预期的频谱并不相符。实际情况下，对于一组光纤参量放大器的集合，增益谱将在一个宽范围内变化，尽管除了不可控的色散起伏，所有方面都相同。图 10.16（a）给出了通过数值求解随机方程（10.2.13）和方程（10.2.14）得到的增益谱，共求解 100 次，光纤参量放大器参量值与图 10.14 中用到的相同，只是通过将 $\delta\lambda_D$ 处理成满足式（10.4.19）的一个高斯随机变量，将色散起伏包含在内，并取 σ_λ = 1 nm，l_c = 5 m。显然，对于这一光纤参量放大器集合中的不同成员，即使色散起伏的均方根值 σ_λ 仅为 1 nm，放大信号也会在一个宽范围内起伏。

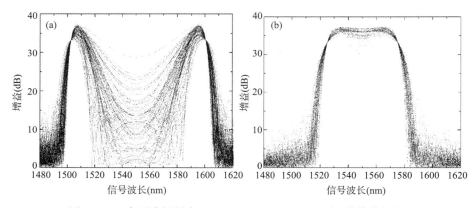

图 10.16　当泵浦间隔为（a）98 nm 和（b）50 nm 时，数值模拟得到的双泵浦光纤参量放大器的增益谱[105]（©2004 IEEE）

　　一个重要问题是，如何设计能够允许零色散波长在大约 1 nm 范围内变化的光纤参量放大器。答案是，两个泵浦波的波长间隔应减小到 50 nm 或者更小。当然，这会使总的增益谱变窄，光纤参量放大器带宽显著降低。然而，这个带宽减小的增益谱对色散起伏的容忍度更高，这在图 10.16（b）中可以清楚地看出来。图 10.16（b）是在两个泵浦波长分别为 1525.12 nm 和 1575.12 nm（间隔为 50 nm，而不是 98 nm）而其他条件完全与图 10.16（a）相同的情况下得到的。当然，泵浦间隔的最佳值取决于起伏的大小，若 $\sigma_\lambda > 1$ nm，则该值将进一步减小。需要指出的重要一点是，零色散波长的起伏限制了实际中光纤参量放大器的可用带宽。

10.4.5　泵浦消耗效应

　　到目前为止，假设泵浦消耗可以忽略；将泵浦消耗包括在内需要数值求解方程（10.2.1）至方程（10.2.4）[106]，尽管在特定条件下用椭圆函数表示的解析解也是可能的[27]。可以证明，当相位没有完全匹配时，功率甚至可以从信号波转移回到泵浦波中。信号波和闲频波是被放大还是被衰减与下式定义的相对相位 θ 有关：

$$\theta = \phi_1 + \phi_2 - \phi_3 - \phi_4 \qquad (10.4.20)$$

式中，ϕ_j 是振幅 A_j 的相位（$j = 1\sim4$）。

　　利用方程（10.2.13）和方程（10.2.14）可以得到关于 θ 的方程。利用 $B_j = \sqrt{P_j}\exp(i\phi_j)$，可以得到下面两个方程：

$$\frac{\mathrm{d}P_3}{\mathrm{d}z} = \frac{\mathrm{d}P_4}{\mathrm{d}z} = -4\gamma\sqrt{P_1 P_2 P_3 P_4}\sin\theta \qquad (10.4.21)$$

$$\frac{\mathrm{d}\theta}{\mathrm{d}z} = \kappa + 2\gamma\sqrt{P_1 P_2}\frac{(P_3 + P_4)}{\sqrt{P_3 P_4}}\cos\theta \qquad (10.4.22)$$

方程(10.4.21)清楚地表明,信号波和闲频波的增长是由 θ 角决定的,当 $\theta = -\pi/2$ 时能得到最大的放大。如果在输入端没有闲频波入射,则它将从噪声中产生,要预设其相位使 $\theta = -\pi/2$ 的要求在光纤参量放大器的前端附近自动满足。如果开始时 $\kappa = 0$(严格相位匹配),则方程(10.4.22)表明,θ 将保持其初始值 $-\pi/2$ 不变;然而,若 $\kappa \neq 0$,则 θ 将按方程(10.4.22)所示的那样沿光纤变化。

当泵浦功率由于泵浦消耗不再保持为常数时,即使在输入端 $\theta = -\pi/2$,相位失配也会沿光纤长度变化。只要 θ 变为正值并在 $0 \sim \pi/2$ 范围内,信号波和闲频波就都会被衰减,方程(10.4.21)清楚地表明了这一点。这一行为如图 10.17 所示,它给出了当光纤输入端 $\kappa = 0$,$P_1 = P_2 = 70$ W,$\theta = -\pi/2$ 时,相对相位 θ 和闲频功率 P_4 及泵浦功率 P_1 沿光纤长度的演化过程。图 10.17 中给出了两种情形:$P_3(0) = P_4(0) = 0.1$ μW(实线)和 $P_3(0) = 6$ mW,$P_4(0) = 0.1$ μW(虚线)。在前一种情形中,信号波和闲频波均从噪声中产生;第二种情形对应一个参量放大器。在这两种情形中,信号波和闲频波均被周期性地放大和衰减。这一行为可以这样理解:泵浦消耗改变了相对相位 θ,使之偏离了初始值 $-\pi/2$;重要的是,即使在相位完全匹配的情况下,也需要小心控制参量放大器所用光纤的长度。

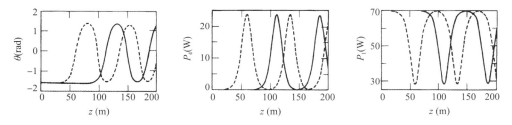

图 10.17 $\kappa = 0$ 时,相对相位 θ 和闲频功率 P_4 及泵浦功率 P_1 沿光纤长度方向的演化,$P_1 = P_2 = 70$ W,$P_4 = 0.1$ μW,$\theta = -\pi/2$,实线和虚线分别对应 $P_3 = 0.1$ μW 和 $P_3 = 6$ mW[106](©1987 IEEE)

上述讨论基于四波混频的连续波理论。当用短泵浦脉冲和信号脉冲时,有两种效应能够减小参与四波混频过程的 4 个波之间的参量互作用。首先,当泵浦脉冲在光纤中传输时,泵浦脉冲的频谱通过自相位调制效应被展宽;如果泵浦脉冲的谱宽超过放大器带宽,则参量增益就会减小,这与 9.1 节中讨论的布里渊增益的情形类似。其次,这 4 个脉冲间的群速度失配迫使它们彼此分开。这两种效应减小了发生四波混频的有效长度。如果这种走离效应和群速度色散效应可以忽略,则可以将连续波理论推广到脉冲情况,并可以获得用椭圆函数表示的解析解[107]。结果表明,即使在连续波泵浦的情况下,信号脉冲在放大过程中也会产生畸变,并且闲频脉冲远非输入信号的相位共轭波。

10.5 偏振效应

10.2 节的标量理论基于这样一个假设,即所有光波最初都是线偏振的,并在传输过程中保持其偏振态不变。实际情况下,输入泵浦波的偏振态可以选择,但输入信号波的偏振态常常是任意的。四波混频过程是高度偏振相关的，因为它要求 4 个互作用的光子满足角动量守恒条件。于是，光纤参量放大器的增益谱取决于输入信号和泵浦波的相对偏振态，而且可以在一个宽范围内变化。本节将重点讨论这种偏振效应。

1993 年，研究表明，利用偏振分集环路可以实现单泵浦光纤参量放大器的偏振无关工作，但其焦点集中在波长变换方面[108]。在 2002 年的一个实验中，利用这种方法构建的光纤参量放大器的偏振相关增益在 1 dB 以内[109]。在这一方案中，用一个偏振分束器将输入泵浦波分解成两个正交偏振分量，它们以相同的功率在含有非线性光纤的环内反向传输；信号波也被这个偏振分束器分解成两个正交偏振分量，每个偏振分量在环内被同偏振的泵浦波分量分别放大。经过一次往返后，放大信号波的两个偏振分量用同一个偏振分束器复合。

光纤参量放大器的双泵浦结构提供了一个附加的自由度，使其能够在没有偏振分集环路的情况下实现偏振无关运转[46]。1993 年，研究表明，如果两个泵浦波以正交的线偏振入射，则可使四波混频过程与信号的偏振态几乎无关[90]。这种方案常用于双泵浦光纤参量放大器，尽管它的使用能导致四波混频效率下降，从而使信号波和闲频波的增益大幅度减小。读者可能会问，通过选择两泵浦波的偏振态是正交但非线偏振的，能否提高四波混频过程的效率[110]。要回答这个问题，有必要发展一种有关四波混频的矢量理论，在这个理论中，两泵浦波和信号波的输入偏振态都可以是任意的[111]。

10.5.1　四波混频的矢量理论

对双泵浦光纤参量放大器的完整描述应同时包含简并和非简并四波混频过程。然而，正如前面讨论过的，当两泵浦波对称地位于光纤零色散波长的对边但又相距很远时，光纤参量放大器的增益谱呈现出一个中央平坦区域，这源于单个非简并四波混频过程（$\omega_1 + \omega_2 \rightarrow \omega_3 + \omega_4$）。由于实际中用到的是增益谱的平坦部分，因此在以下分析中只考虑这一非简并过程。与前面一样，假设泵浦功率比信号和闲频功率大得多，因此可以忽略泵浦消耗。

通常，应考虑式（8.5.1）给出的非线性极化强度的一般形式，这样可以合理地将喇曼贡献包含在内。为简化分析，忽略喇曼效应，并假设非线性极化强度由式（10.1.1）给出，式中的张量 $\chi^{(3)}$ 具有式（6.1.2）的形式，可以写为

$$\chi^{(3)}_{ijkl} = \frac{1}{3}\chi^{(3)}_{xxxx}\left(\delta_{ij}\delta_{kl} + \delta_{ik}\delta_{jl} + \delta_{il}\delta_{jk}\right) \tag{10.5.1}$$

对于非简并四波混频，总电场和非线性极化强度可以分解为

$$\boldsymbol{E} = \mathrm{Re}\left[\sum_{j=1}^{4}\boldsymbol{E}_j\exp(-\mathrm{i}\omega_j t)\right], \quad \boldsymbol{P}_{\mathrm{NL}} = \mathrm{Re}\left[\sum_{j=1}^{4}\boldsymbol{P}_j\exp(-\mathrm{i}\omega_j t)\right] \tag{10.5.2}$$

式中，Re 表示实部，$\boldsymbol{E}_j$ 是频率为 ω_j 的场的慢变振幅。

按照 8.5.1 节中的过程，将式（10.5.2）代入式（10.1.1）中，选出以频率 ω_1 和 ω_2 振荡的项，则泵浦频率处的非线性极化强度为

$$\boldsymbol{P}_j(\omega_j) = \frac{\epsilon_0}{4}\chi^{(3)}_{xxxx}\left[(\boldsymbol{E}_j\cdot\boldsymbol{E}_j)\boldsymbol{E}_j^* + 2(\boldsymbol{E}_j^*\cdot\boldsymbol{E}_j)\boldsymbol{E}_j + 2(\boldsymbol{E}_m^*\cdot\boldsymbol{E}_m)\boldsymbol{E}_j + 2(\boldsymbol{E}_m\cdot\boldsymbol{E}_j)\boldsymbol{E}_m^* + 2(\boldsymbol{E}_m^*\cdot\boldsymbol{E}_j)\boldsymbol{E}_m\right] \tag{10.5.3}$$

式中，j，$m = 1$ 或 2 且 $j\neq m$。利用同样的过程，可以得到信号波和闲频波频率处的非线性极化强度为

$$P_j(\omega_j) = \frac{\epsilon_0}{2} \chi_{xxxx}^{(3)} \big[(E_1^* \cdot E_1)E_j + (E_1 \cdot E_j)E_1^* + (E_1^* \cdot E_j)E_1$$
$$+ (E_2^* \cdot E_2)E_j + (E_2 \cdot E_j)E_2^* + (E_2^* \cdot E_j)E_2 \tag{10.5.4}$$
$$+ (E_m^* \cdot E_1)E_2 + (E_m^* \cdot E_2)E_1 + (E_1 \cdot E_2)E_m^* \big]$$

式中, j, $m = 3$ 或 4 且 $j \neq m$。在式(10.5.3)和式(10.5.4)中, 包含了两泵浦波的自相位调制和交叉相位调制效应, 但忽略了信号波和闲频波的自相位调制和交叉相位调制效应, 因为它们的功率相当低。

为考虑偏振态的变化, 将每个场用琼斯矢量 $|A_j(z)\rangle$ 表示为

$$E_j(r) = F_j(x, y)|A_j(z)\rangle \exp(\mathrm{i}\beta_j z) \tag{10.5.5}$$

式中, $F_j(x, y)$ 表示光纤模式的横向分布, β_j 是频率为 ω_j 的场的传输常数。正如在 10.2.1 节中看到的, 假设 4 个波的模分布近似相同, 这相当于假设 4 个波的有效模面积相同。

将式(10.5.3)至式(10.5.5)代入波动方程(2.3.1), 并按照 2.3.1 节的步骤, 可以发现 4 个场的琼斯矢量满足下面的方程组[111]:

$$\frac{\mathrm{d}|A_1\rangle}{\mathrm{d}z} = \frac{2\mathrm{i}\gamma}{3} \left(\langle A_1|A_1\rangle + \langle A_2|A_2\rangle + \frac{1}{2}|A_1^*\rangle\langle A_1^*| + |A_2\rangle\langle A_2| + |A_2^*\rangle\langle A_2^*| \right) |A_1\rangle \tag{10.5.6}$$

$$\frac{\mathrm{d}|A_2\rangle}{\mathrm{d}z} = \frac{2\mathrm{i}\gamma}{3} \left(\langle A_1|A_1\rangle + \langle A_2|A_2\rangle + \frac{1}{2}|A_2^*\rangle\langle A_2^*| + |A_1\rangle\langle A_1| + |A_1^*\rangle\langle A_1^*| \right) |A_2\rangle \tag{10.5.7}$$

$$\frac{\mathrm{d}|A_3\rangle}{\mathrm{d}z} = \frac{2\mathrm{i}\gamma}{3} \left(\langle A_1|A_1\rangle + |A_1\rangle\langle A_1| + |A_1^*\rangle\langle A_1^*| + \langle A_2|A_2\rangle + |A_2\rangle\langle A_2| + |A_2^*\rangle\langle A_2^*| \right) |A_3\rangle +$$
$$\frac{2\mathrm{i}\gamma}{3} \left(|A_2\rangle\langle A_1^*| + |A_1\rangle\langle A_2^*| + \langle A_1^*|A_2\rangle \right) |A_4^*\rangle\mathrm{e}^{-\mathrm{i}\Delta k z} \tag{10.5.8}$$

$$\frac{\mathrm{d}|A_4\rangle}{\mathrm{d}z} = \frac{2\mathrm{i}\gamma}{3} \left(\langle A_1|A_1\rangle + |A_1\rangle\langle A_1| + |A_1^*\rangle\langle A_1^*| + \langle A_2|A_2\rangle + |A_2\rangle\langle A_2| + |A_2^*\rangle\langle A_2^*| \right) |A_4\rangle +$$
$$\frac{2\mathrm{i}\gamma}{3} \left(|A_2\rangle\langle A_1^*| + |A_1\rangle\langle A_2^*| + \langle A_1^*|A_2\rangle \right) |A_3^*\rangle\mathrm{e}^{-\mathrm{i}\Delta k z} \tag{10.5.9}$$

对于单泵浦光纤参量放大器, 由于 $|A_2\rangle = 0$, 因而只保留第一个泵浦方程; 另外, 在信号波和闲频波方程中, 要用 $|A_1\rangle$ 代替 $|A_2\rangle$, 用 γ 代替 2γ。

10.5.2　参量增益的偏振相关性

矢量四波混频方程(10.5.6)至方程(10.5.9)描述了两泵浦波和信号波以任意偏振态入射进光纤的一般情形下的四波混频过程。该方程组非常复杂, 一般需要用数值方法求解。为研究四波混频效率和泵浦波偏振态的关系, 暂时忽略自相位调制和交叉相位调制项, 将注意力集中到决定闲频光子生成的选择定则上。自相位调制和交叉相位调制仅影响相位匹配条件, 它们的作用将在本节后面的内容中考虑。

从物理意义上讲, 四波混频的偏振相关性源于对各向同性介质中 4 个互作用光子的角动量守恒的要求。如果用 ↑ 和 ↓ 分别表示左旋和右旋圆偏振态, 分别用本征角动量(自旋) $+\hbar$ 和 $-\hbar$ 表示相应的光子, 则可以更简单地描述这一要求[112]。为描述任意偏振光场的四波混频过程, 将琼斯矢量分解为

$$|A_j\rangle = \mathcal{U}_j|\uparrow\rangle + \mathcal{D}_j|\downarrow\rangle \tag{10.5.10}$$

式中, $\mathcal{U}_j$ 和 $\mathcal{D}_j$ 分别表示自旋向上和自旋向下的第 j ($j = 1 \sim 4$) 个波的场振幅。利用这个展开

式，由方程(10.5.9)可以得到下面的描述两正交偏振态中闲频光子产生的方程(假设是严格相位匹配的)：

$$\frac{d\mathcal{U}_4}{dz} = \frac{4i\gamma}{3} \left[\mathcal{U}_1\mathcal{U}_2\mathcal{U}_3^* + (\mathcal{U}_1\mathcal{D}_2 + \mathcal{D}_1\mathcal{U}_2)\mathcal{D}_3^* \right] \qquad (10.5.11)$$

$$\frac{d\mathcal{D}_4}{dz} = \frac{4i\gamma}{3} \left[\mathcal{D}_1\mathcal{D}_2\mathcal{D}_3^* + (\mathcal{U}_1\mathcal{D}_2 + \mathcal{D}_1\mathcal{U}_2)\mathcal{U}_3^* \right] \qquad (10.5.12)$$

若交换下标 3 和 4，则可以得到信号光子产生所遵循的方程。

方程(10.5.11)和方程(10.5.12)的右边三项给出了泵浦和信号光子的不同组合如何产生闲频光子，并导致四波混频过程的选择定则。这两个方程的第一项对应两个泵浦光子和信号光子同偏振并产生具有同样偏振态的闲频光子的情形。从物理意义上讲，若两个泵浦光子都处于↑态，总角动量为 2 $\hbar$，则信号和闲频光子也必须处于同样的态，以保持角动量守恒。方程(10.5.11)的最后两项对应两个泵浦光子正交偏振且其总角动量为零的情形，为满足角动量守恒条件，信号和闲频光子也必须是正交偏振的。结果，处于↑$_3$ 态的信号光子只能与处于↓$_4$ 态的闲频光子发生耦合，反之亦然。这将导致两个可能的组合，↑$_3$ + ↓$_4$ 或 ↓$_3$ + ↑$_4$，二者几率相等。

任意偏振态的泵浦波是由振幅和相位不同的↑态和↓态的光子组成的，这种情形下方程(10.5.11)和方程(10.5.12)中所有 6 项都对四波混频有贡献。信号增益的偏振相关性是四波混频能沿不同路径产生的结果，必须如量子力学规定的那样，加上这些路径的几率幅，这样会造成相长干涉或相消干涉。例如，若两泵浦波是右旋圆偏振的，对于左旋圆偏振的信号波则没有四波混频发生，反之亦然。

在单泵浦结构中，两泵浦光子具有相同的偏振态，它们是不可区分的。若泵浦波是圆偏振的，则由方程(10.5.11)和方程(10.5.12)可知，只有第一项能产生闲频光子。对于线偏振泵浦波，只要满足选择定则，所有项都能产生闲频光子。然而，很容易得出这样一个结论，即单泵浦光纤参量放大器的信号增益总是偏振相关的。从物理意义上讲，通过信号的↑分量和↓分量来平衡四波混频效率是不可能的，除非采用偏振分集环路。

人们常对不管输入信号偏振态如何，总能产生相同信号增益的光纤参量放大器的结构感兴趣。方程(10.5.11)和方程(10.5.12)表明，通过两正交偏振的泵浦波就能实现这种结构。更特别的是，若两泵浦波分别是右旋和左旋圆偏振的，含 $\mathcal{U}_1\mathcal{U}_2$ 和 $\mathcal{D}_1\mathcal{D}_2$ 的项为零，则四波混频过程就会变成偏振无关的。如果两泵浦波是正交线偏振的，则可以证明 $\mathcal{U}_1\mathcal{D}_2 + \mathcal{D}_1\mathcal{U}_2 = 0$，剩下的两条路径具有同样的效率，使四波混频过程也是偏振无关的。然而，正如下面讨论的，这种结构的增益会大大降低。

为研究参量增益是如何随泵浦波的偏振态变化的，在两泵浦波是椭圆偏振且彼此正交的条件下求解方程(10.5.6)至方程(10.5.9)。注意，偏振椭圆在 x-y 平面内旋转时这些方程不变，可选择 x 轴和 y 轴分别沿频率为 ω_1 的泵浦波的偏振椭圆的两个主轴方向。若忽略方程(10.5.6)和方程(10.5.7)中的自相位调制和交叉相位调制项，则两泵浦波的琼斯矢量不随传输距离变化，而且有

$$|A_1(z)\rangle = \sqrt{P_1} \begin{pmatrix} \cos\theta \\ i\sin\theta \end{pmatrix}, \quad |A_2(z)\rangle = \sqrt{P_2} \begin{pmatrix} i\sin\theta \\ \cos\theta \end{pmatrix} \qquad (10.5.13)$$

式中，P_1 和 P_2 是输入功率，角度 θ 是表征椭圆率的量。

将式(10.5.13)代入方程(10.5.8)和方程(10.5.9)，仍忽略自相位调制和交叉相位调制项，则信号和闲频波按照以下方式演化：

$$\frac{\mathrm{d}|A_3\rangle}{\mathrm{d}z} = \frac{2\mathrm{i}\gamma}{3}\sqrt{P_1P_2}\mathrm{e}^{-\mathrm{i}\Delta kz}(\cos 2\theta\sigma_2 + 2\mathrm{i}\sin 2\theta\sigma_0)|A_4^*\rangle \qquad (10.5.14)$$

$$\frac{\mathrm{d}|A_4\rangle}{\mathrm{d}z} = \frac{2\mathrm{i}\gamma}{3}\sqrt{P_1P_2}\mathrm{e}^{-\mathrm{i}\Delta kz}(\cos 2\theta\sigma_2 + 2\mathrm{i}\sin 2\theta\sigma_0)|A_3^*\rangle \qquad (10.5.15)$$

式中,σ_0 是单位矩阵,泡利矩阵 σ_2 的定义见式(6.6.8)。这两个方程表明,四波混频过程与泵浦椭圆率 θ 有关。

尽管方程(10.5.14)和方程(10.5.15)具有矢量特性,但仍可以通过使常数矩阵 $\cos 2\theta\sigma_2$ $+2\mathrm{i}\sin 2\theta\sigma_0$ 对角化来对它们求解。当 $A_4(0)=0$ 时,信号波有下面的表达式:

$$|A_3(z)\rangle = |A_3(0)\rangle[\cosh(gz) + \mathrm{i}(\Delta k/2g)\sinh(gz)]\exp(\mathrm{i}K_ez) \qquad (10.5.16)$$

式中,K_e 与 Δk 有关,参量增益由下式给出:

$$g(\theta) = [(2\gamma/3)^2P_1P_2(1 + 3\sin^2 2\theta) - (\Delta k/2)^2]^{1/2} \qquad (10.5.17)$$

读者应将该式与式(10.2.19)进行对比,前者给出的 g 对应两个泵浦波同线偏振的情形。

由式(10.5.16)可以得出一个重要结论。由于在不考虑自相位调制和交叉相位调制效应时,任意偏振态的信号都放大同样的倍数,因此对于任意两正交偏振的泵浦波,非简并四波混频过程是偏振无关的。然而,四波混频效率通过 θ 取决于泵浦波的偏振态,参量增益与 θ 的关系见式(10.5.17)。图10.18 给出了当相位失配取两个不同值时,$g(\theta)$ 随 θ 的变化关系,其中 $g(\theta)$ 对 $g_m = 4\gamma\sqrt{P_1P_2}/3$ 做了归一化。当 $\theta = 45°$ 时(对应圆偏振泵浦波),参量增益达到最大值;当 $\theta = 0°$ 时(对应线偏振泵浦波),参量增益达到最小值。这一行为可以由方程(10.5.8)理解。注意,整个四波混频效率由该方程中含 $\langle A_1^*|A_2\rangle$ 的最后一项决定,当泵浦波是圆偏振的时,该项实现最大值,但当泵浦波是线偏振的时,该项为零。

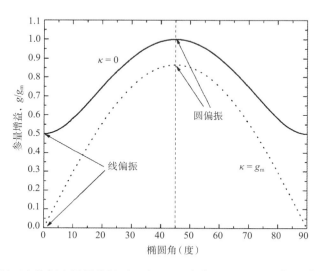

图 10.18 当两泵浦波以正交偏振态椭圆偏振时,对 $\kappa = 0$(实线)和 $\kappa \neq 0$(虚线),参量增益随椭圆角的变化

10.5.3 线偏振和圆偏振泵浦

本节将把两束泵浦波感应的自相位调制和交叉相位调制效应包括在内。由于自相位调制和交叉相位调制都能改变光场的偏振态,因此这种情形和前面相比有了很大变化。对琼斯矢量的两个分量,自相位调制和交叉相位调制会产生不同的相移,这种现象称为非线性偏振旋转

（nonlinear polarization rotation）。特别是，即使两束泵浦波最初在 $z = 0$ 时是正交偏振的，自相位调制和交叉相位调制也会使泵浦波的偏振态不再正交。

为研究这样的偏振变化，引入两束泵浦波的斯托克斯矢量

$$S_1 = \langle A_1 | \sigma | A_1 \rangle, \quad S_2 = \langle A_2 | \sigma | A_2 \rangle \tag{10.5.18}$$

并在斯托克斯空间里重写方程（10.5.6）和方程（10.5.7），式中 $\boldsymbol{\sigma} = \sigma_1 \hat{e}_1 + \sigma_2 \hat{e}_2 + \sigma_3 \hat{e}_3$ 是斯托克斯空间里的泡利自旋向量。这里，不妨回忆一下第 6 章学过的内容：斯托克斯矢量在邦加球球面上移动，线偏振光的斯托克斯矢量位于邦加球的赤道平面上，而圆偏振光的斯托克斯矢量指向邦加球的某一极。这里采用惯例，北极对应左旋圆偏振，南极对应右旋圆偏振；另外，正交偏振泵浦波是用邦加球上指向相反方向的两个斯托克斯矢量表示的。

对 S_1 和 S_2 取微分，并利用方程（10.5.6）和方程（10.5.7），发现两束泵浦波的斯托克斯矢量满足

$$\frac{\mathrm{d}S_1}{\mathrm{d}z} = \frac{2\gamma}{3} \left[(S_{13} + 2S_{23})\hat{e}_3 - 2S_2 \right] \times S_1 \tag{10.5.19}$$

$$\frac{\mathrm{d}S_2}{\mathrm{d}z} = \frac{2\gamma}{3} \left[(S_{23} + 2S_{13})\hat{e}_3 - 2S_1 \right] \times S_2 \tag{10.5.20}$$

式中，S_{j3} 是 S_j 的第三个分量（沿 $\hat{e}_3$ 方向）。这两个方程表明，自相位调制使斯托克斯矢量绕垂直方向发生旋转；与此对照，两个交叉相位调制项使斯托克斯矢量绕位于赤道平面内的一个矢量旋转。通过数值求解方程（10.5.19）和方程（10.5.20），可以研究泵浦波的偏振态是如何随传输距离变化的[111]。结果表明，仅当两束正交偏振的泵浦波在 $z = 0$ 时是线偏振或圆偏振的，才能在传输过程中保持它们的初始正交性不变。这还可以由方程（10.5.19）和方程（10.5.20）直接推断出来：当两束泵浦波线偏振时，$S_{12} = S_{23} = 0$；当它们圆偏振时，$\hat{e}_3 \times S_j = 0$。在这两种情形中，导数 $\mathrm{d}S_j / \mathrm{d}z = 0 (j = 1, 2)$，能确保两束泵浦波保持正交偏振。

采用同样的方法，可以看到信号波和闲频波的斯托克斯矢量如何受两束泵浦波感应的交叉相位调制效应的影响。能够证明，若两束泵浦波沿光纤保持正交偏振，则信号波和闲频波的偏振态不受它们的影响。从物理意义上讲，即使每束泵浦波都会引起邦加球上信号波的斯托克斯矢量的旋转，但当两束等功率的泵浦波正交偏振时，它们引起的旋转就会互相抵消。这样，正交偏振的两束泵浦波只有处于线偏振或圆偏振态时，才能提供偏振无关的增益。在这两种特殊的泵浦结构中，矢量问题简化为标量问题，可以解析求解。

通过解方程（10.5.8）和方程（10.5.9）可得到信号波和闲频波的解析解，进而得到信号增益的表达式

$$G_s \equiv \frac{\langle A_3(L) | A_3(L) \rangle}{\langle A_3(0) | A_3(0) \rangle} = 1 + \left(1 + \frac{\kappa^2}{4g^2} \right) \sinh^2(gL) \tag{10.5.21}$$

式中，κ 和 g 分别定义为

$$\kappa = \Delta k + r_\kappa \gamma (P_1 + P_2), \quad g = [(r_g \gamma)^2 P_1 P_2 - (\kappa/2)^2]^{1/2} \tag{10.5.22}$$

常数 r_κ 和 r_g 取决于两泵浦波是线偏振的还是圆偏振的。对于线偏振泵浦波，$r_\kappa = 1$，$r_g = 2/3$；对于圆偏振泵浦波，$r_\kappa = 2/3$，$r_g = 4/3$。

读者应将式（10.5.21）与式（10.4.5）进行对比，式（10.4.5）是在两泵浦波同线偏振，并在同一方向产生线偏振的信号和闲频波的标量情形下得到的。在这种情形下，等效为 $r_\kappa = 1$，$r_g = 2$。当信号波相对于同线偏振的两泵浦波正交偏振时，可以得到 $r_\kappa = 5/3$ 和 $r_g = 2/3$。r_κ 和

r_g 对不同泵浦结构的这种变化，表明四波混频效率可以显著变化，这取决于输入端泵浦波的偏振态。

图 10.19 给出了对于双泵浦的 500 m 长的光纤参量放大器，采用几个不同泵浦方案得到的增益谱，选取参量值 $\gamma = 10$ W^{-1}/km，$\lambda_D = 1580$ nm，$\beta_{30} = 0.04$ ps^3/km，$\beta_{40} = 1.0 \times 10^{-4}$ ps^4/km。当两泵浦波和信号波同线偏振时（点线），选择泵浦波长（1535 nm 和 1628 nm）和泵浦功率（$P_1 = P_2 = 0.5$ W），使光纤参量放大器在一个宽波长范围内提供 37 dB 的相当平坦的增益。当然，这个增益是高度偏振相关的。当信号波相对同偏振的两泵浦波正交偏振时，中央部分的增益近乎减小到零（细实线）；当采用正交线偏振的泵浦波时，增益谱仍然较宽且较平坦（虚线），但增益相对小一些（8.5 dB）；然而，正如图中实线所示，若两泵浦波分别为左旋和右旋圆偏振，则光纤参量放大器增益可以从 8.5 dB 增加到 23 dB。尽管上述讨论集中在对信号的放大上，但当光纤参量放大器用做波长变换器时，预计也有同样的行为发生，因为闲频功率 P_4 和信号功率 P_3 的关系为 $P_4(L) = P_3(L) - P_3(0)$。

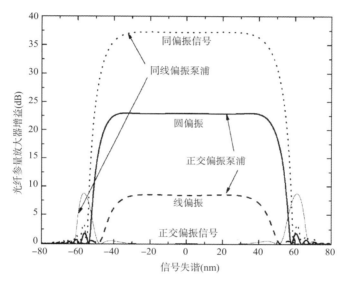

图 10.19　4 种不同方案下双泵浦光纤参量放大器的增益谱，泵浦波长为
1535 nm 和 1628 nm，泵浦功率为 $P_1 = P_2 = 0.5$ W[111]（©2004 OSA）

10.5.4　残余光纤双折射效应

正如 6.6 节所讨论的，大部分光纤表现出沿光纤长度随机变化并随时间起伏的残余双折射。这种双折射起伏会感应偏振模色散，并使在光纤中传输的任意光波的偏振态随机化。在四波混频过程中，4 个波偏振态的随机变化会影响角动量守恒，从而使光纤参量放大器的性能劣化[113]。这种偏振模色散效应已经在单泵浦和双泵浦光纤参量放大器中观察到了[67]。如果将四波混频的矢量理论进行适当扩展，把光纤的残余双折射包括在内，就可以用它来理解这些实验结果。

将四波混频的矢量理论扩展的方法是，在方程（10.5.6）至方程（10.5.9）的右边附加上一项 $[b_0 + b_1(\omega_j - \omega_r)\sigma_1]|A_j\rangle (j = 1 \sim 4)$，这样就将这些方程变成一组 4 个耦合随机方程[114]。这里，ω_r 是参考频率，实际中常选取 $\omega_r = \omega_1$，并采用偏振态不受双折射起伏影响的其中一个泵浦波作为参考。随机变量 b_0 和 b_1 通过两个不同机制影响四波混频：第一，b_0 使邦加球上所

有 4 个波的偏振态在同一方向旋转，这样能在整个增益带宽上以相同的量减小平均增益。第二，b_1 导致两束泵浦波、信号波和闲频波的偏振态以取决于其频率差 Ω 的速率彼此偏离。发生这样的偏振模色散感应偏离的长度尺度由扩散长度 $L_{\text{diff}} = 3(D_p\Omega)^{-2}$ 决定，其中 D_p 是光纤的偏振模色散参量。

　　与色散起伏的情形类似，对以不同方式实现的沿光纤的双折射分布，可以利用随机方程数值模拟光纤参量放大器的增益谱。通过对多次运行结果的总体平均，可以计算出任意信号波长处的平均增益。对单泵浦光纤参量放大器，平均增益还可以通过解析方法完成[115]。解析和数值结果都表明，双折射的随机起伏减小了光纤参量放大器的平均增益，使增益谱变形，从而危及增益谱的平坦性。对双泵浦光纤参量放大器，预计也有类似的行为发生。

　　作为一个实例，图 10.20(a) 给出了对于三个 D_p 值，偏振模色散对双泵浦光纤参量放大器平均增益谱的影响，参量取值与图 10.14 中的相同。更特别的是，在 1520.6 nm 和 1600.6 nm 两个波长用 0.5 W 的功率泵浦 0.5 km 长的光纤参量放大器，最初两束泵浦波和信号波是同偏振的。通过对沿光纤长度的 50 个不同的双折射分布取平均，得到了任意信号波长处的平均增益。为便于比较，图 10.20 中还给出了各向同性光纤的理想情形。与单泵浦光纤参量放大器的情形类似，b_0 的作用是以系数 8/9 减小非线性参量 γ 的值[116]。当 D_p 值较小时，γ 值减小使峰值增益降低，但频谱仍在中央区域保持其平坦特性。然而，当 $D_p > 0.1$ ps/$\sqrt{\text{km}}$时，频谱中心出现凹陷，如图 10.20(a) 所示。凹陷形成的原因如下：当信号频率接近某个泵浦频率时，该泵浦的贡献是主要的；然而，当信号频率移向中心时，两束泵浦波都不再与信号波平行，增益降低。

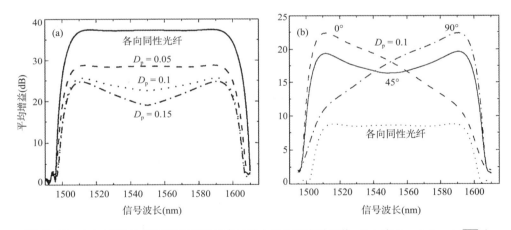

图 10.20　(a) 不同 D_p 值下双泵浦光纤参量放大器的平均增益谱；(b) 当 $D_p = 0.1$ ps/$\sqrt{\text{km}}$时，对信号的 3 个初始线偏振态，双泵浦光纤参量放大器的平均增益谱。在这两种情形中，同时给出了各向同性光纤的情况[114]（©2004 IEEE）

　　一个重要问题是，当两泵浦波正交偏振时（线偏振或圆偏振），偏振模色散是如何影响光纤参量放大器增益与信号偏振态无关这一特性的。正如前面指出的，由于偏振模色散效应，不同频率的光波将以不同的速率改变其偏振态。这种频率相关性导致的一个结果是，两泵浦波不再保持正交偏振，因此将产生在一定程度上与信号偏振态有关的增益。确实，已经在双泵浦光纤参量放大器中观察到这种行为[67]。对于 $D_p = 0.1$ ps/$\sqrt{\text{km}}$的特定值，图 10.20(b) 给出了信号波在 3 种不同偏振态下的平均增益谱。两束泵浦波以正交的线偏振态入射，信号波也是线偏振的，其偏振方向以 0°、45° 和 90° 相对波长较短的泵浦波倾斜。不考虑偏振模色散时的预期增益谱用点线示出。

图 10.20(b) 的特征非常明显。第一，在信号波长接近泵浦波长的地方，当信号偏振态改变时，增益的变化能够达到 12 dB；中央区域的变化小得多。造成这种行为的原因可以理解为，若信号波长接近泵浦波长，则其相对取向沿光纤不会有太大变化，结果信号得到最大增益或最小增益，这取决于最初信号波与那个泵浦波是平行偏振的还是垂直偏振的。第二，与没有双折射的各向同性光纤的情形相比，偏振模色散效应使增益大大加强。原因可以由图 10.19 理解，即当两束泵浦波正交偏振时，四波混频效率最低；然而，由于偏振模色散效应，两束泵浦波的偏振态沿光纤不再保持为正交状态，甚至偶尔还会变为平行偏振，这将导致所有信号波长处的增益变高。

对于用相对短（约为 100 m）的低偏振模色散光纤设计的光纤参量放大器，若两泵浦波的波长间隔小于 50 nm，则可忽略偏振模色散效应。在这种条件下，若 $D_\mathrm{p} < 0.1\ \mathrm{ps}/\sqrt{\mathrm{km}}$，扩散长度 L_diff 超过 1 km，则在整个光纤参量放大器长度上，所有波的偏振态都能保持其相对取向不变，即使它们由于随机双折射变化而在邦加球上以随机方式旋转，这样的旋转会将非线性参量 γ 的有效值减小到原来的 8/9。这一特征大大简化了四波混频的矢量处理，因为从实质上讲，该问题已经变为一个确定问题[117]。一个简单方法是，从关于总场的平均非线性薛定谔方程（称为 Manakov 方程）出发，并利用方程 (6.6.14)，得到以下关于琼斯矢量的一组 4 个确定方程：

$$\frac{\mathrm{d}|A_1\rangle}{\mathrm{d}z} = \frac{8\mathrm{i}\gamma}{9}\left(\langle A_1|A_1\rangle + \langle A_2|A_2\rangle + |A_2\rangle\langle A_2|\right)|A_1\rangle \tag{10.5.23}$$

$$\frac{\mathrm{d}|A_2\rangle}{\mathrm{d}z} = \frac{8\mathrm{i}\gamma}{9}\left(\langle A_1|A_1\rangle + \langle A_2|A_2\rangle + |A_1\rangle\langle A_1|\right)|A_2\rangle \tag{10.5.24}$$

$$\frac{\mathrm{d}|A_3\rangle}{\mathrm{d}z} = \frac{8\mathrm{i}\gamma}{9}\left(\sum_{j=1}^{2}\left(\langle A_j|A_j\rangle + |A_j\rangle\langle A_j|\right)\right)|A_3\rangle + \\ \frac{8\mathrm{i}\gamma}{9}\left(|A_2\rangle\langle A_1^*| + |A_1\rangle\langle A_2^*|\right)|A_4^*\rangle\mathrm{e}^{-\mathrm{i}\Delta kz} \tag{10.5.25}$$

$$\frac{\mathrm{d}|A_4\rangle}{\mathrm{d}z} = \frac{8\mathrm{i}\gamma}{9}\left(\sum_{j=1}^{2}\left(\langle A_j|A_j\rangle + |A_j\rangle\langle A_j|\right)\right)|A_4\rangle + \\ \frac{8\mathrm{i}\gamma}{9}\left(|A_2\rangle\langle A_1^*| + |A_1\rangle\langle A_2^*|\right)|A_3^*\rangle\mathrm{e}^{-\mathrm{i}\Delta kz} \tag{10.5.26}$$

式中，4 个琼斯矢量分别与两束泵浦波、信号波和闲频波有关。

若假设无泵浦消耗，则两个泵浦波方程能够解析求解。采用与式 (10.2.12) 类似的变换，引入两个新的琼斯矢量 $|B_3\rangle$ 和 $|B_4\rangle$，则余下两个方程中的自相位调制和交叉相位调制项可以消去。这两个新琼斯矢量满足

$$\frac{\mathrm{d}|B_3\rangle}{\mathrm{d}z} = \frac{8\mathrm{i}\gamma}{9}\left(|A_2\rangle\langle A_1^*| + |A_1\rangle\langle A_2^*|\right)|B_4^*\rangle\mathrm{e}^{-\mathrm{i}\kappa z} \tag{10.5.27}$$

$$\frac{\mathrm{d}|B_4^*\rangle}{\mathrm{d}z} = -\frac{8\mathrm{i}\gamma}{9}\left(|A_2\rangle\langle A_1^*| + |A_1\rangle\langle A_2^*|\right)|B_3\rangle\mathrm{e}^{\mathrm{i}\kappa z} \tag{10.5.28}$$

这两个方程将方程 (10.2.13) 和方程 (10.2.14) 推广到矢量情形。对于任意偏振态的两泵浦波和信号波，因为其相对取向沿光纤不发生变化，可以对以上两个方程求解。对于双泵浦光纤参

量放大器，信号波放大倍数为

$$G_s = \frac{1}{2}[(G_+ + G_-) + (G_+ - G_-)\cos(\theta_s)] \tag{10.5.29}$$

式中，θ_s 是信号波的斯托克斯矢量和矢量 $\hat{p}_1 + \hat{p}_2$（邦加球上）之间的输入角，这里 $\hat{p}_1$ 和 $\hat{p}_2$ 是两束泵浦波的输入斯托克斯矢量。两个增益分别定义为

$$G_\pm = |\cosh(g_\pm L) + (\mathrm{i}\kappa/2g_\pm)\sinh(g_\pm L)|^2 \tag{10.5.30}$$

$$g_\pm^2 = (8\gamma/9)^2 P_1 P_2 [1 \pm \cos(\theta_p/2)]^2 - (\kappa/2)^2 \tag{10.5.31}$$

式中，θ_p 是 $\hat{p}_1$ 和 $\hat{p}_2$ 之间的输入角。

对于两束泵浦波的任意输入偏振态，式（10.5.29）给出了双泵浦光纤参量放大器的放大倍数。令 $\kappa=0$，考虑严格相位匹配的情形。当两束泵浦波同偏振时（$\theta_p=0$），有 $g_-=0$，$G_-=1$，而 $G_+=\cosh^2(g_+L)$。由式（10.5.29）可以得出，G_s 因信号波偏振态的不同而在 1 到 G_+ 的范围内变化；当信号波与两束泵浦波正交偏振时，G_s 达到最小值 1。通过入射正交偏振的两束泵浦波（$\theta_p=\pi$），可以避免这种信号增益对偏振态的依赖关系。在这种情形下，有 $G_+=G_-$，G_s 变得与 θ_s 无关，也就是说，它不因信号偏振态的改变而变化。当然，因为 g_+ 值减小到 $\theta_p=0$ 时的一半，所以这种情形下 G_s 将显著减小。例如，如果所有波同偏振时信号放大 40 dB，则两束泵浦波正交偏振时信号仅放大 20 dB。

10.6　四波混频的应用

光纤中的四波混频是有利的还是有害的，取决于其具体应用在哪个方面。在波分复用系统中，四波混频能感应信道间的串扰，从而限制了波分复用系统的性能。实际情况下可以采用色散管理方案来避免四波混频感应串扰。在这种方案中，每个光纤段的色散足够大，因此在整个链路长度上不满足四波混频过程需要的相位匹配条件[53]。同时，四波混频还有许多应用[118]，如前面提到过的信号放大、相位共轭和波长变换等。除这些应用以外，四波混频还能用于光学取样、信道解复用、脉冲产生和高速光交换等领域[66]，而且还能通过压缩态来降低量子噪声，以及产生量子关联的光子对。本节将重点讨论这几种应用。

10.6.1　参量振荡器

也许，参量增益的最简单应用是用它制造激光器，即把光纤置于光学谐振腔内，并用适当的泵浦波泵浦。由于没有信号输入，信号波和闲频波最初是通过自发调制不稳定性（或四波混频）从噪声中产生的，频率由相位匹配条件决定。这两个波随后通过四波混频过程被放大，结果激光器同时发射信号波和闲频波，其频率对称地位于泵浦频率的对边。这种激光器称为参量振荡器（parametric oscillator），有时也用四光子激光器这个名称。在光纤中四波混频实现不久，就用于制造参量振荡器。早在 1980 年，利用 1.06 μm 波长泵浦的参量振荡器就实现了 25% 的转换效率[119]。在 1987 年的一个实验中[120]，利用锁模 Q 开关 Nd∶YAG 激光器产生的 100 ps 脉冲泵浦参量振荡器，得到了波长为 1.15 μm 且脉宽约为 65 ps 的激光输出。通过调节腔长，使每个激光脉冲经过一次往返后与下一个泵浦脉冲重合，从而实现了同步泵浦。

通过在反常色散区泵浦光纤，已制造出一种称为调制不稳定性激光器的新型参量振荡器。正如在 10.3.2 节中看到的，调制不稳定性可以用通过自相位调制实现相位匹配的四波混频过程来解释。调制不稳定性激光器最早出现在 1988 年[121]，它是用运转在 1.5 μm 波长的锁模色

心激光器(脉宽约为 10 ps)同步泵浦光纤环形腔(长约为 100 m)实现的。当腔长为 250 m 时，激光器在13.5 W的峰值功率下达到阈值，产生的信号波和闲频波的频移约为 2 THz，与 5.1 节的理论值一致。利用矢量调制不稳定性(见 6.4 节)，有可能使参量振荡器运转在可见光区[122]。

调制不稳定性激光器将连续泵浦波转变成一个短脉冲序列(而不是产生可调谐的连续信号)，从这个意义上讲，调制不稳定性激光器与传统参量振荡器不同。1999 年，用连续激光器(分布反馈光纤激光器)泵浦 115 m 长的环形腔，实现了这一目标。实验中，为抑制受激布里渊散射过程，对泵浦波的相位进行了调制。激光器在泵浦功率约 80 mW 时达到阈值；当泵浦功率超过阈值时，激光器发射重复频率为58 GHz的脉冲序列[123]，其频谱表现出间隔为 58 GHz的多峰结构，这是通过级联四波混频过程产生的。

在 1999 年的一个实验中，实现了调谐范围超过 40 nm 且中心位于泵浦波长处(1539 nm)的参量振荡器[124]。该激光器采用非线性萨格纳克干涉仪(环长为 105 m)作为光纤参量放大器，用运转在 1539 nm 的色心激光器产生的 7.7 ps 锁模脉冲泵浦。这种干涉仪结构可以将泵浦波从信号波和闲频波中分离出来，同时将信号波和闲频波放大。实际上，它起到带有内增益的 F-P 腔的一个腔镜的作用，腔的另一端的光栅将闲频波和信号波分开，这样 F-P 腔仅对信号波是谐振的。光栅还可以用来调谐激光波长。在重复频率为 100 MHz 的脉冲泵浦下，激光器可以发射 1.7 ps 的脉冲。

2001 年以后，普遍采用高非线性光纤制造参量振荡器[125~131]。这种器件能够以窄线宽连续运转；或用合适的泵浦光源泵浦，迫使它们发射短脉冲序列[130]。四波混频的使用对实现能够发射飞秒脉冲且在宽波长范围内可调的光纤参量振荡器是必不可少的。2005 年，利用图 10.21 所示的含有 65 cm 长的光子晶体光纤的环形腔，实现了 200 nm 以上的调谐范围[131]，12.3.4 节将更详细地介绍这种可调谐激光器。这类激光器的一个附加优点是，它们能发射两个不同波长的光子(信号光子和闲频光子)。从量子意义上讲，这两个波长不同的光子是关联的。正如后面将要讨论的，这种量子关联对几个应用很重要。

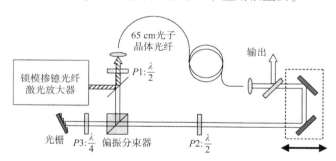

图 10.21　调谐范围超过 200 nm 的环形腔参量振荡器的示意图，
$P1, P2$ 和 $P3$ 代表三个消色差波片[131]($\copyright$2005 OSA)

10.6.2　超快信号处理

光纤中四波混频过程的超快特性源于光纤非线性的电本性，结果输入信号或泵浦功率的迅速变化几乎同时转移给光纤参量放大器输出。正是这一特性，使光纤参量放大器变成一个能对皮秒时间尺度响应的信号处理器件；而且，所有光纤参量放大器都产生一个或多个闲频波，闲频波复制了输入信号，只是波长不同而已。从实用的角度讲，这些闲频波代表信号的副本(除相位反转以外)，因此可以作为波长变换信号。

　　当光纤参量放大器作为光通信系统中的波长变换器时，将一个或两个连续泵浦波和信号一起入射，就能在所希望的波长处产生闲频波[132]。由于仅当泵浦波和信号同时出现时，才能通过四波混频产生闲频波，因此闲频波以与信号相同的由"1"、"0"比特构成的脉冲序列的形式出现。从效果上看，四波混频以完美的保真度将信号数据转移到闲频波上，它甚至能通过降低噪声水平来改善信号质量[133~135]，其原因与光纤参量放大器的非线性功率传递特性有关。图 10.22 给出了当信号输入功率在 30 dB 范围内变化时，在光纤参量放大器输出端测量到的功率[135]。其中（a）和（b）分别是输入信号和输出信号的时域波形，（c）和（d）是两个闲频波的时域波形。无论是对于"1"比特还是"0"比特，闲频波（d）都表现出更小的噪声，因此能够作为再生信号。显然，四波混频可以用于波分复用系统中信号的全光再生。

　　四波混频的另一个相关应用是对时分复用（time-division-multiplexed，TDM）信号解复用[136]。在时分复用信号中，不同信道的比特打包在一起，如果时域中有 N 个信道参与复用，这样属于特定信道的比特就会被 N 个比特分开。如果泵浦波是重复频率等于单信道比特率的光脉冲序列形式（也称光时钟），则可以对某一特定信道解复用。从物理意义上讲，仅当泵浦波和信号在时域中交叠时，才能产生闲频波，于是闲频波就复制了这一信道的比特模式。四波混频用于时分复用信号解复用，最早出现在 1991 年[137]。在 1996 年的一个实验中[138]，用1 ps 宽的时钟脉冲对 500 Gbps 的时分复用信号解复用，实现了每个信道 10 Gbps 的比特率。采用这一方案还可以放大同一光纤中解复用后的信道[139]。同样的方案还能用于信号脉冲的全光取样[140]，其基本思想是，采用比信号脉冲短的泵浦脉冲，使闲频脉冲在泵浦脉冲的时间窗口提供信号脉冲的取样。2005 年，利用四波混频技术实现了 60 nm 带宽上亚皮秒时间分辨率的全光取样[141]。

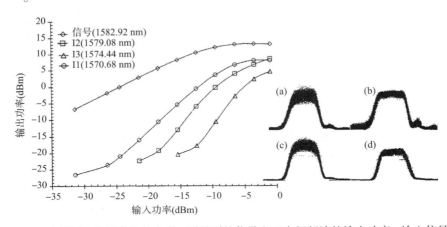

图 10.22　对于双泵浦光纤参量放大器，测量到的信号和三个闲频波的输出功率，输入信号（a）和
　　　　　输出信号（b），以及两个闲频波（c）和（d）的时域形状也在图中给出[135]（©2003 IEEE）

　　四波混频的一个有趣应用是通过泵浦调制将连续信号转变为一个高速脉冲序列[66]。在泵浦波入射到产生四波混频的光纤中之前，以所希望的频率对其进行正弦调制。由于信号增益对泵浦功率的指数依赖关系，信号主要在每个调制周期的中心部分被放大，并形成脉冲序列。2005 年，用这种方法产生的 40 GHz 短脉冲序列（宽约为 2 ps）被用于 160 Gbps 的信息传输[142]。

　　四波混频的另一个重要特性是，光纤参量放大器能作为光门使用，其开通时间由泵浦脉冲控制。这个特性已经用于比特率为 40 Gbps 的光开关[143]，其基本思想与时域解复用类似。在双泵浦光纤参量放大器中，其中一个泵浦波为连续光，另一个泵浦波仅在光门打开的时间间隙内开启。由于闲频波在两泵浦波和信号交叠时才产生，因此它含有信号的时间片，其宽度受第二个泵浦波控制。光纤参量放大器输出端的所有闲频波(及信号)都包含这些时间片，因此可以用单个泵浦在多个波长多点传送所选择的信号信息。在 2005 年的一个实验中，利用此方法从 40 Gbps 信号中选择单个比特或比特包(包交换)[143]。

10.6.3　量子关联和噪声压缩

四波混频过程中信号光子和闲频光子的同时产生，说明每个光子对在量子意义上是关联的。人们已经发现，这一关联有很多应用，其中包括通过一种所谓的"压缩态"现象来减小量子噪声[144~146]。压缩态是指在某些频率范围内噪声起伏减小到量子噪声以下的电磁场的特殊形态，光纤中压缩态的精确描述需要用量子力学的方法，用对应的湮灭算符代替信号波和闲频波的振幅 B_3 和 B_4。

从物理学的角度讲，压缩态可以理解为信号波和闲频波对其相对相位的某些值的衰减[62]。信号波和闲频波频率处的自发辐射产生具有随机相位的光子，根据它们之间的相对相位，四波混频将增加或减少特定的信号-闲频光子对数。相敏(自差或外差)探测方案表明，由于四波混频的结果，当本机振荡器的相位调整到与信号-闲频光子对的相对相位匹配，从而使特定的信号-闲频光子对数目减少时，噪声就会降至量子噪声水平以下。

在光纤中观察压缩态，由于诸如自发布里渊散射、受激布里渊散射等非线性过程的竞争而受到干扰。一个特别重要的噪声过程是导向声波引起的布里渊散射[147]。若由此现象产生的噪声超过了由四波混频期望的噪声下降，则不会产生压缩态。已有几种方法可以降低这一噪声源的影响[146]，其中一个简单的方法是将光纤浸在液氮中。确实，在 1986 年的一个实验中[148]，波长为 647 nm 的泵浦波通过 114 m 长的光纤后，观察到量子噪声水平下降了 12.5% 的压缩态。在此实验中，通过以比布里渊增益带宽大得多的频率调制泵浦波来抑制受激布里渊散射。图 10.23 给出了当本机振荡器的相位调整到有最小噪声时观察到的频谱，图中两个较大的峰是由导向声波引起的，压缩态出现在 45 MHz 和 55 MHz 附近的频谱带内。20 世纪 90 年代，还实现了其他几种类型的压缩态，尽管它们并不总是采用四波混频这一非线性过程[146]。

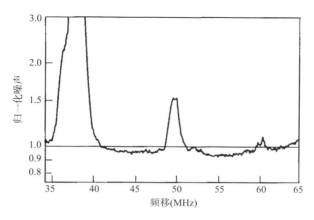

图 10.23　最小噪声检波条件下的噪声谱，水平线表示量子噪声水平，45 MHz 和 55 MHz 附近噪声的降低是因为光纤中发生的四波混频引起噪声压缩[148]（©1986 美国物理学会）

近年来，人们将更多的注意力集中到能发射单光子或纠缠光子对的光源上，因为这种光子对能用在与量子通信、量子密匙和量子计算等有关的一些应用中[149~159]。发生在光纤中的四波混频过程提供了在单个空间模式内产生关联光子对的一种简单方法。尽管可以采用弱信号和强泵浦波一同入射进光纤的单泵浦光纤参量放大器结构，但更实用的是单独入射泵浦波，利用自发四波混频过程从量子噪声中产生关联信号和光子。在这两种情形中，关联光子以满足四波混频条件 $\omega_3 + \omega_4 = 2\omega_1$ 的不同频率发射，其中 ω_1 为泵浦频率。如果希望有一个能以相同频率发射关联光子对的源，则可以采用双泵浦结构，利用非简并四波混频过程产生满足式（10.1.7）的信号光子和闲频光子。当将中心频率位于两泵浦频率中间的光学滤波器置于光纤输出端时，关联光子就会有相同的频率 $\omega_3 = \omega_4 = \dfrac{1}{2}(\omega_1 + \omega_2)$。

在几个实验中观察到，关联光子对源的质量会因为伴随自发四波混频过程中不可避免的自发喇曼散射而严重劣化，而且在实际中不能消除[150~155]。在单泵浦结构中，如果泵浦-信号失谐量相对较小（小于 1 THz），则喇曼散射相对较弱。然而，这一方法将光子对的可用带宽限制在泵浦波长附近。在另一种替代方法中，信号和闲频光子相对泵浦频率位移，使它们落在频移约为 13 THz 的主喇曼峰以外。确实，通过适当地匹配四波混频过程，实现了 30 THz 的频移[154]。然而，自发喇曼散射仍是一个限制因素，因为通过级联喇曼散射过程，相对泵浦频率位移 13.2 THz 的一级斯托克斯线可以作为泵浦波，产生频移为 26.4 THz 的二级斯托克斯线，依次类推。

在 2005 年的一个实验中[152]，用 1047 nm 波长的 Q 开关脉冲泵浦几米长的高非线性光纤。由于泵浦脉冲在光纤正常色散区传输，因此对于远离泵浦波长的信号和闲频光子，四波混频条件是能够满足的。图 10.24 给出了在光纤输出端观察到的通过四波混频产生的频谱，它表现为多峰结构，其中分别位于 834 nm 和 1404 nm 处的信号和闲频波峰对应实验中的关联光子对。这种光子对源的质量受位于 1400 nm 附近的五级喇曼散射峰的影响。尽管这很复杂，但利用光纤中的四波混频已经用于制造能发射具有高亮度的关联光子对源[159]。

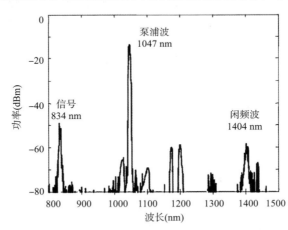

图 10.24　用 Q 开关脉冲在 1047 nm 处泵浦高非线性光纤时观察到的输出频谱[152]（©2005 OSA）

10.6.4　相敏放大

可以利用噪声压缩的思想来制造其增益取决于输入信号的相位的相敏放大器（PSA）[160~167]，这种光纤参量放大器能够以低于相位不敏感放大器施加的 3 dB 极限的噪声指数放大信号。而且，它们可以用来降低相位调制远程通信信道的噪声。然而，相敏放大的使用要求在输入端同时有信号和闲频场，并且它们的相对相位要锁定在一个固定值。在双泵浦结构的情况下，当信号频率恰好位于两个泵浦频率的中间时，在输入端不需要闲频波[162]。然而，这种简并结构的带宽有限，不适用于波分复用系统。

光纤参量放大器的相敏放大可以由 10.4.5 节中的方程(10.4.21)理解，该方程表明了信号增益是怎样依赖于定义为 $\theta = \phi_1 + \phi_2 - \phi_3 - \phi_4$ 的四个波的相位组合的。根据 θ 值的不同，信号可以被放大，也可以被衰减。在泵浦场和闲频场同时在输入端出现的一般情况下，光纤参量放大器的相位敏感性还可以由式(10.4.3)和式(10.4.4)给出的解明显看出来，这个解清楚地表明，当最初没有闲频波出现时光纤参量放大器的响应变成相位不敏感的。

相敏光纤参量放大器的实现不仅需要信号和闲频波都注入光纤参量放大器中(还有一个或两个泵浦波)，而且所有波的相对相位要锁定在一个共同的参考相位上，这样相位组合 θ 才能保持它的输入值。在一种方法中，用电光调制器产生相位锁定，然而这种方法受限于调制器的带宽，并将泵浦波和信号间的波长差限制在 1 nm 以下。另一种方法是，首先用一个传统的相位不敏感的光纤参量放大器产生闲频波，然后将它的输出送入相敏光纤参量放大器[163]。在这种情况下相位锁定是自动的，但必须保证有一种合适的机制来改变 θ。这种方案最早于2005 年采用，其示意图如图 10.25 所示，利用单模光纤通过波长相关的相移来改变 θ。2008年，它被用来以相敏方式同时放大波长不同的 3 个连续信号[164]。

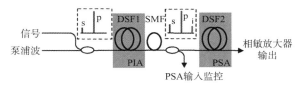

图 10.25　相敏放大器(PSA)的示意图，其中闲频波通过一台相位不敏感放大器(PIA)产生。DSF 和 SMF 分别代表色散位移光纤和单模光纤[163]（©2005 OSA）

相敏光纤参量放大器的一个重要应用是通过信号再生降低相位调制信道中的噪声。2006 年，数值研究表明它对 40 Gbps 比特率的信号有极好的再生能力[162]。多个实验已经证实，相敏光纤参量放大器可以用于此目的[165]。在 2010 年的一个实验中，在超过 20 nm 的带宽上实现了 40 Gbps 信号(DPSK 格式)的相敏放大[166]。2011 年，这种相敏光纤参量放大器提供了宽带放大，相对于利用掺铒光纤放大器的光纤链路，噪声指数改善了将近 6 dB[167]。

习题

10.1　利用式(10.1.1)至式(10.1.3)，给出类似于式(10.1.4)中的 P_4 的 P_3 的表达式。

10.2　考虑用一束连续泵浦波产生信号波和闲频波的四波混频过程，从式(10.1.1)出发，推导与方程(10.2.1)至方程(10.2.4)类似的描述此四波混频过程的 3 个非线性方程。

10.3　假定无泵浦消耗，解上题得到的方程组。求出信号波和闲频波的参量增益与泵浦功率和相位失配 Δk 的函数关系。

10.4　试说明自相位调制如何满足单模光纤中的四波混频所需的相位匹配条件。当泵浦和信号波长分别为 1.50 μm 和 1.51 μm 时，泵浦功率应为多大？假定 $\gamma = 5 \text{ W}^{-1}/\text{km}$，$\beta_2 = -2 \text{ ps}^2/\text{km}$。

10.5　当 1.55 μm 的泵浦光以与双折射光纤的慢轴成 40°角的偏振方向入射时，可以观察到自发四波混频现象，那么通过四波混频产生的信号和闲频波的波长是多少？偏振方向如何？假设 $\delta n = 2 \times 10^{-4}$，$\beta_2 = -2 \text{ ps}^2/\text{km}$。

10.6　从方程(10.2.13)和方程(10.2.14)出发，推导对于长为 L 的单泵浦光纤参量放大器，信号和闲频波功率的表达式。假定最初没有闲频波注入。

10.7　用单个激光器在 1552 nm 波长泵浦 1 km 长的参量放大器，假设光纤零色散波长为 1550 nm，$\gamma = 5$ W^{-1}/km，$\beta_3 = 0.05$ ps^3/km，$\beta_4 = 1.0 \times 10^{-4}$ ps^4/km。将四阶项包含在相位失配项中，并绘出在泵浦功率等于 0.4 W，0.6 W 和 0.8 W 时信号增益随泵浦-信号失谐量的变化。

10.8　试说明如何设计双泵浦光纤参量放大器，使之能在宽带宽上提供近似均匀的增益。

10.9　证明，对于双泵浦光纤参量放大器，线性相位失配确实可以写成式(10.4.16)的形式。

10.10　如何将四波混频用于波分复用系统的波长变换？从式(10.4.4)出发，推导双泵浦光纤参量放大器的波长变换效率的表达式。

10.11　将式(10.5.2)代入式(10.1.1)中，推导式(10.5.3)和式(10.5.4)。

10.12　利用式(10.5.3)至式(10.5.5)，推导方程(10.5.6)至方程(10.5.9)。

10.13　利用方程(10.5.11)和方程(10.5.12)证明，当两束泵浦波正交偏振时，四波混频过程与信号波的偏振态无关。当泵浦波线偏振时，确认对信号增益有贡献的项。

10.14　证明方程(10.5.14)和方程(10.5.15)的解由式(10.5.16)给出，其中 $g(\theta)$ 由式(10.5.17)给定。

10.15　说明由方程(10.5.27)和方程(10.5.28)，可以推导出由式(10.5.29)给定的信号增益 G_s 的表达式。

10.16　从式(10.4.3)出发，推导在长度为 L 的放大器的末端信号功率 $P_3 = |B_3|^2$ 随 $\theta = \phi_1 + \phi_2 - \phi_3 - \phi_4$ 的变化关系。当在输入端闲频功率等于信号功率时，计算相敏放大倍数的最大值和最小值。

参考文献

[1] J. A. Armstrong, N. Bloembergen, J. Ducuing, and P. S. Pershan, *Phys. Rev.* **127**, 1918 (1962).

[2] Y. R. Shen, *The Principles of Nonlinear Optics* (Wiley, 1984).

[3] M. Schubert and B. Wilhelmi, *Nonlinear Optics and Quantum Electronics* (Wiley, 1986).

[4] P. N. Butcher and D. Cotter, *Elements of Nonlinear Optics* (Cambridge University Press, 1990).

[5] R. W. Boyd, *Nonlinear Optics*, 3rd ed. (Academic Press, 2008).

[6] R. H. Stolen, J. E. Bjorkholm, and A. Ashkin, *Appl. Phys. Lett.* **24**, 308 (1974).

[7] R. H. Stolen, *IEEE J. Quantum Electron.* **11**, 100 (1975).

[8] K. O. Hill, D. C. Johnson, B. S. Kawasaki, and R. I. MacDonald, *J. Appl. Phys.* **49**, 5098 (1978).

[9] A. Säisy, J. Botineau, A. A. Azéma, and F. Gires, *Appl. Opt.* **19**, 1639 (1980).

[10] K. O. Hill, D. C. Johnson, and B. S. Kawasaki, *Appl. Opt.* **20**, 1075 (1981).

[11] C. Lin and M. A. Bösch, *Appl. Phys. Lett.* **38**, 479 (1981).

[12] R. H. Stolen and J. E. Bjorkholm, *IEEE J. Quantum Electron.* **18**, 1062 (1982).

[13] C. Lin, *J. Opt. Commun.* **4**, 2 (1983).

[14] K. Washio, K. Inoue, and S. Kishida, *Electron. Lett.* **16**, 658 (1980).

[15] C. Lin, W. A. Reed, A. D. Pearson, and H. T. Shang, *Opt. Lett.* **6**, 493 (1981).

[16] C. Lin, W. A. Reed, A. D. Pearson, H. T. Shang, and P. F. Glodis, *Electron. Lett.* **18**, 87 (1982).

[17] R. H. Stolen, M. A. Bösch, and C. Lin, *Opt. Lett.* **6**, 213 (1981).

[18] K. Kitayama, S. Seikai, and N. Uchida, *Appl. Phys. Lett.* **41**, 322 (1982).

[19] K. Kitayama and M. Ohashi, *Appl. Phys. Lett.* **41**, 619 (1982).

[20] R. K. Jain and K. Stenersen, *Appl. Phys. B* **35**, 49 (1984).

[21] K. Stenersen and R. K. Jain, *Opt. Commun.* **51**, 121 (1984).

[22] M. Ohashi, K. Kitayama, N. Shibata, and S. Seikai, *Opt. Lett.* **10**, 77 (1985).

[23] N. Shibata, M. Ohashi, K. Kitayama, and S. Seikai, *Opt. Lett.* **10**, 154 (1985).

[24] H. G. Park, J. D. Park, and S. S. Lee, *Appl. Opt.* **26**, 2974 (1987).

[25] N. Shibata, R. P. Braun, and R. G. Waarts, *IEEE J. Quantum Electron.* **23**, 1205 (1987).

[26] P. L. Baldeck and R. R. Alfano, *J. Lightwave Technol.* **5**, 1712 (1987).

[27] Y. Chen and A. W. Snyder, *Opt. Lett.* **14**, 87 (1989).

[28] Y. Chen, *J. Opt. Soc. Am. B* **6**, 1986 (1989); *J. Opt. Soc. Am. B* **7**, 43 (1990).

[29] J. K. Chee and J. M. Liu, *IEEE J. Quantum Electron.* **26**, 541 (1990).

[30] E. A. Golovchenko, P. V. Mamyshev, A. N. Pilipetskii, and E. M. Dianov, *IEEE J. Quantum Electron.* **26**, 1815 (1990); *J. Opt. Soc. Am. B* **8**, 1626 (1991).

[31] P. N. Morgon and J. M. Liu, *IEEE J. Quantum Electron.* **27**, 1011 (1991).

[32] G. Cappellini and S. Trillo, *Phys. Rev. A* **44**, 7509 (1991).

[33] S. Trillo and S. Wabnitz, *J. Opt. Soc. Am. B* **9**, 1061 (1992).

[34] E. A. Golovchenko and A. N. Pilipetskii, *J. Opt. Soc. Am. B* **11**, 92 (1994).

[35] P. Tchofo Dinda, G. Millot, and P. Louis, *J. Opt. Soc. Am. B* **17**, 1730 (2000).

[36] G. Millot, P. Tchofo Dinda, E. Seve, and S. Wabnitz, *Opt. Fiber Technol.* **7**, 170 (2001).

[37] Y. Inoue, *J. Phys. Soc. Jpn.* **39**, 1092 (1975).

[38] D. J. Kaup, A. Reiman, and A. Bers, *Rev. Mod. Phys.* **51**, 275 (1979).

[39] L. M. Kovachek and V. N. Serkin, *Sov. J. Quantum Electron.* **19**, 1211 (1989).

[40] C. J. McKinstrie, G. G. Luther, and S. H. Batha, *J. Opt. Soc. Am. B* **7**, 340 (1990).

[41] A. A. Zobolotskii, *Sov. Phys. JETP* **70**, 71 (1990).

[42] D. Liu and H. G. Winful, *Opt. Lett.* **16**, 67 (1991).

[43] I. M. Uzunov, *Opt. Quantum Electron.* **24**, 1491 (1992).

[44] S. Wabnitz and J. M. Soto-Crespo, *Opt. Lett.* **23**, 265 (1998).

[45] J. Botineau and R. H. Stolen, *J. Opt. Soc. Am.* **72**, 1592 (1982).

[46] K. Inoue, K. Nakanishi, K. Oda, and H. Toba, *J. Lightwave Technol.* **12**, 423 (1994).

[47] F. Forghieri, R. W. Tkach, and A. R. Chraplyvy, *J. Lightwave Technol.* **15**, 889 (1995).

[48] W. Zeiler, F. Di Pasquale, P. Bayvel, and J. E. Midwinter, *J. Lightwave Technol.* **17**, 1933 (1996).

[49] M. Nakajima, M. Ohashi, K. Shiraki, T. Horiguchi, K. Kurokawa, and Y. Miyajima, *J. Lightwave Technol.* **17**, 1814 (1999).

[50] M. Eiselt, *J. Lightwave Technol.* **17**, 2261 (1999).

[51] K.-D. Chang, G.-C. Yang, and W. C. Kwong, *J. Lightwave Technol.* **18**, 2113 (2000).

[52] S. Betti, M. Giaconi, and M. Nardini, *IEEE Photon. Technol. Lett.* **14**, 1079 (2003).

[53] G. P. Agrawal, *Lightwave Technology: Telecommunication Systems* (Wiley, 2005).

[54] Z. Su, X. Zhu, and W. Sibbett, *J. Opt. Soc. Am. B* **10**, 1053 (1993).

[55] M. Yu, C. J. McKinstrie, and G. P. Agrawal, *Phys. Rev. E* **52**, 1072 (1995).

[56] F. Biancalana, D. V. Skryabin, and P. St. J. Russell, *Phys. Rev. E* **68**, 046003 (2003).

[57] J. D. Harvey, R. Leonhardt, S. Coen, et al., *Opt. Lett.* **28**, 2225 (2003).

[58] W. J. Wadsworth, N. Joly, J. C. Knight, et al., *Opt. Express* **12**, 299 (2004).

[59] G. K. L. Wong, A. Y. H. Chen,, S. G. Murdoch, et al., *J. Opt. Soc. Am. B* **22**, 2505 (2005).

[60] M. Ohashi, K. Kitayama, Y. Ishida, and N. Uchida, *Appl. Phys. Lett.* **41**, 1111 (1982).

[61] J. P. Pocholle, J. Raffy, M. Papuchon, and E. Desurvire, *Opt. Eng.* **24**, 600 (1985).

[62] I. Bar-Joseph, A. A. Friesem, R. G. Waarts, and H. H. Yaffe, *Opt. Lett.* **11**, 534 (1986).

[63] M. E. Marhic, N. Kagi, T. K. Chiang, and L. G. Kazovsky, *Opt. Lett.* **21**, 573 (1996).

[64] G. A. Nowak, Y. Hao, T. J. Xia, M. N. Islam, and D. Nolan, *Opt. Lett.* **23**, 936 (1998).

[65] M. E. Marhic, F. S. Yang, M. C. Ho, and L. G. Kazovsky, *J. Lightwave Technol.* **17**, 210 (1999).

[66] J. Hansryd, P. A. Andrekson, M. Westlund, J. Li, and P. O. Hedekvist, *IEEE J. Sel. Topics Quantum Electron.* **8**, 506 (2002).

[67] S. Radic and C. J. McKinstrie, *Opt. Fiber Technol.* **9**, 7 (2003).

[68] F. Yaman, Q. Lin, and G. P. Agrawal, in *Guided-Wave Optical Components and Devices*, B. P. Pal, Ed. (Academic Press, 2005), Chap. 7.

[69] M. E. Marhic, *Fiber Optical Parametric Amplifiers, Oscillators and Related Devices* (Cambridge University Press, 2007).

[70] S. Watanabe and M. Shirasaki, *J. Lightwave Technol.* **14**, 243 (1996).

[71] M. Ho, K. Uesaka, M. Marhic, Y. Akasaka, and L. G. Kazovsky, *J. Lightwave Technol.* **19**, 977 (2001).

[72] K. Inoue, *Opt. Lett.* **19**, 1189 (1994).

[73] J. Hansryd and P. A. Andrekson, *IEEE Photon. Technol. Lett.* **13**, 194 (2001).

[74] T. Torounidis, H. Sunnerud, P. O. Hedekvist, and P. A. Andrekson, *IEEE Photon. Technol. Lett.* **15**, 1061 (2003).

[75] M. N. Islam and Ö. Boyraz, *IEEE J. Sel. Topics Quantum Electron.* **8**, 527 (2002).

[76] M. Westlund, J. Hansryd, P. A. Andrekson, and S. N. Knudsen, *Electron. Lett.* **38**, 85 (2002).

[77] X. Zhang and B. F. Jorgensen, *Opt. Fiber Technol.* **3**, 28 (1997).

[78] P. O. Hedekvist and P. A. Andrekson, *J. Lightwave Technol.* **17**, 74 (1999).

[79] P. Kylemark, P. O. Hedekvist, H. Sunnerud, M. Karlsson, and P. A. Andrekson, *J. Lightwave Technol.* **22**, 409 (2004).

[80] A. Durécu-Legrand, C. Simonneau, D. Bayart, A. Mussot, T. Sylvestre, E. Lantz, and H. Maillotte, *IEEE Photon. Technol. Lett.* **17**, 1178 (2005).

[81] J. L. Blows and S. E. French, *Opt. Lett.* **27**, 491 (2002).

[82] P. L. Voss, R. Tang, and P. Kumar, *Opt. Lett.* **28**, 549 (2003).

[83] K. K. Y. Wong, K. Shimizu, M. E. Marhic, K. Uesaka, G. Kalogerakis, and L. G. Kazovsky, *Opt. Lett.* **28**, 692 (2003).

[84] R. Tang, P. L. Voss, J. Lasri, P. Devgan, and P. Kumar, *Opt. Lett.* **29**, 2372 (2004).

[85] P. Kylemark, M. Karlsson, T. Torounidis, and P. A. Andrekson, *J. Lightwave Technol.* **25**, 612 (2007).

[86] S. Moro, A. Peric, N. Alic, B. Stossel, and S. Radic, *Opt. Express* **18**, 21449 (2010).

[87] A. Mussot, A. Durécu-Legrand, E. Lantz, C. Simonneau, D. Bayart, H. Maillotte, and T. Sylvestre, *IEEE Photon. Technol. Lett.* **16**, 1289 (2004).

[88] F. Yaman, Q. Lin, S. Radic, and G. P. Agrawal, *IEEE Photon. Technol. Lett.* **17**, 2053 (2005).

[89] L. Provino, A. Mussot, E. Lantz, T. Sylvestre, and H. Maillotte, *J. Opt. Soc. Am. B* **20**, 1532 (2003).

[90] R. M. Jopson and R. E. Tench, *Electron. Lett.* **29**, 2216 (1993).

[91] K. Inoue, *J. Lightwave Technol.* **12**, 1916 (1994).

[92] M. E. Marhic, Y. Park, F. S. Yang, and L. G. Kazovsky, *Opt. Lett.* **21**, 1354 (1996).

[93] C. J. McKinstrie, S. Radic, and A. R. Chraplyvy, *IEEE J. Sel. Topics Quantum Electron.* **8**, 538 (2002); *Opt. Lett.* 27, 1138 (2002).

[94] K. K. Y. Wong, M. E. Marhic, K. Uesaka, and L. G. Kazovsky, *IEEE Photon. Technol. Lett.* **14**, 911 (2002).

[95] S. Radic, C. J. McKinstrie,, A. R. Chraplyvy, et al., *IEEE Photon. Technol. Lett.* **14**, 1406 (2002).

[96] C. McKinstrie, J. Harvey, S. Radic, and M. Raymer, *Opt. Express* **13**, 9131 (2005).

[97] D. Méchin, R. Provo, J. D. Harvey, and C. J. McKinstrie, *Opt. Express* **14**, 8995 (2006).

[98] R. Provo, S. Murdoch, J. D. Harvey, and D. Méchin, *Opt. Lett.* **35**, 3730 (2010).

[99] S. Radic, C. J. McKinstrie, R. M. Jopson, J. C. Centanni, Q. Lin, and G. P. Agrawal, *Electron. Lett.* **39**, 838 (2003).

[100] M. Ho, M. E. Marhic, K. Y. K. Wong, and L. G. Kazovsky, *J. Lightwave Technol.* **20**, 469 (2002).

[101] T. Tanemura and K. Kikuchi, *IEEE Photon. Technol. Lett.* **15**, 1573 (2003).

[102] S. Radic, C. J. McKinstrie,, R. M. Jopson, et al., *IEEE Photon. Technol. Lett.* **15**, 673 (2003).

[103] F. Yaman, Q. Lin, G. P. Agrawal, and S. Radic, *Opt. Lett.* **30**, 1048 (2005).

[104] M. Karlsson, *J. Opt. Soc. Am. B* **15**, 2269 (1998).

[105] F. Yaman, Q. Lin, S. Radic, and G. P. Agrawal, *IEEE Photon. Technol. Lett.* **16**, 1292 (2004).

[106] A. Vatarescu, *J. Lightwave Technol.* **5**, 1652 (1987).

[107] X. Xiao, P. Shum, E. S. Nazemosadat, and C. Yang, *IEEE Photon. Technol. Lett.* **20**, 1231 (2008); *IEEE Photon. Technol. Lett.* **21**, 483 (2009).

[108] T. Hasegawa, K. Inoue, and K. Oda, *IEEE Photon. Technol. Lett.* **5**, 947 (1993).

[109] K. K. Y. Wong, M. E. Marhic, K. Uesaka, and L. G. Kazovsky, *IEEE Photon. Technol. Lett.* **14**, 1506 (2002).

[110] M. E. Marhic, K. K. Y. Wong, and L. G. Kazovsky, *Electron. Lett.* **39**, 350 (2003).

[111] Q. Lin and G. P. Agrawal, *J. Opt. Soc. Am. B* **21**, 1216 (2004).

[112] L. Mandel and E. Wolf, *Optical Coherence and Quantum Optics* (Cambridge University Press, 1995), Chap. 10.

[113] P. O. Hedekvist, M. Karlsson, and P. A. Andrekson, *IEEE Photon. Technol. Lett.* **8**, 776 (1996).

[114] F. Yaman, Q. Lin, and G. P. Agrawal, *IEEE Photon. Technol. Lett.* **16**, 431 (2004).

[115] Q. Lin and G. P. Agrawal, *Opt. Lett.* **29**, 1114 (2004).

[116] P. K. A. Wai and C. R. Menyuk, *J. Lightwave Technol.* **14**, 148 (1996).

[117] C. J. McKinstrie, H. Kogelnik, R. M. Jopson, S. Radic, and A. V. Kannev, *Opt. Express* **12**, 2033 (2004).

[118] G. P. Agrawal, *Applications of Nonlinear Fiber Optics*, 2nd ed. (Academic Press, 2008).

[119] K. O. Hill, B. S. Kawasaki, Y. Fujii, and D. C. Johnson, *Appl. Phys. Lett.* **36**, 888 (1980).

[120] W. Margulis and U. Österberg, *Opt. Lett.* **12**, 519 (1987).

[121] M. Nakazawa, K. Suzuki, and H. A. Haus, *Phys. Rev. A* **38**, 5193 (1988).

[122] J. E. Rothenberg, *Electron. Lett.* **28**, 479 (1992); *IEEE J. Quantum Electron.* **30**, 1463 (1994).

[123] S. Coen, M. Haelterman,, P. Emplit, et al., *J. Opt. Soc. Am. B* **15**, 2283 (1998); *J. Opt. B* **1**, 36 (1999).

[124] D. K. Serkland and P. Kumar, *Opt. Lett.* **24**, 92 (1999).

[125] M. E. Marhic, K. K. Y. Wong, L. G. Kazovsky, and T. E. Tsai, *Opt. Lett.* **27**, 1439 (2002).

[126] J. E. Sharping, M. Fiorentino, P. Kumar, and R. S. Windeler, *Opt. Lett.* **27**, 1675 (2002).

[127] S. Saito, M. Kishi, and M. Tsuchiya, *Electron. Lett.* **39**, 86 (2003).

[128] J. Lasri, P. Devgan, R. Y. Tang, J. E. Sharping, and P. Kumar, *IEEE Photon. Technol. Lett.* **15**, 1058 (2003).

[129] C. J. S. de Matos, J. R. Taylor, and K. P. Hansen, *Opt. Lett.* **29**, 983 (2004).

[130] P. S. Devgan, J. Lasri, R. Tang, V. S. Grigoryan, W. L. Kath, and P. Kumar, *Opt. Lett.* **30**, 528 (2005).

[131] Y. Deng, Q. Lin, F. Lu, G. P. Agrawal, and W. H. Knox, *Opt. Lett.* **30**, 1234 (2005).

[132] T. Tanemura, C. S. Goh, K. Kikuchi, and S. Y. Set, *IEEE Photon. Technol. Lett.* **16**, 551 (2004).

[133] E. Ciaramella and S. Trillo, *IEEE Photon. Technol. Lett.* **12**, 849 (2000).

[134] K. Inoue, *IEEE Photon. Technol. Lett.* **13**, 338 (2001).

[135] S. Radic, C. J. McKinstrie, R. M. Jopson, J. C. Centanni, and A. R. Chraplyvy, *IEEE Photon. Technol. Lett.* **15**, 957 (2003).

[136] G. P. Agrawal, *Fiber-Optic Communication Systems*, 4th ed. (Wiley, 2010).

[137] P. A. Andrekson, N. A. Olsson, J. R. Simpson, T. Tanbun-Ek, R. A. Logan, and M. Haner, *Electron. Lett.* **27**, 922 (1991).

[138] T. Morioka, H. Takara, S. Kawanishi, T. Kitoh, and M. Saruwatari, *Electron. Lett.* **32**, 832 (1996).

[139] P. O. Hedekvist, M. Karlsson, and P. A. Andrekson, *J. Lightwave Technol.* **15**, 2051 (1997).

[140] P. A. Andrekson, *Electron. Lett.* **27**, 1440 (1991).

[141] M. Westlund, P. A. Andrekson, H. Sunnerud, J. Hansryd, and J. Li, *J. Lightwave Technol.* **23**, 2012 (2005).

[142] T. Torounidis, M. Westlund, H. Sunnerud, B. E. Olsson, and P. A. Andrekson, *IEEE Photon. Technol. Lett.* **17**, 312 (2005).

[143] Q. Lin, R. Jiang, C. F. Marki, C. J. McKinstrie, R. Jopson, J. Ford, G. P. Agrawal, and S. Radic, *IEEE Photon. Technol. Lett.* **17**, 2736 (2005).

[144] D. F. Walls and G. J. Milburn, *Quantum Optics* (Springer, 1994).

[145] M. O. Scully and M. S. Zubairy, *Quantum Optics* (Cambridge University Press, 1997).

[146] A. Sizmann and G. Leuchs, in *Progress in Optics*, Vol. 39, E. Wolf, Ed. (Elsevier, 1999), Chap. 5.

[147] M. D. Levenson, R. M. Shelby, A. Aspect, M. Reid, and D. F. Walls, *Phys. Rev. A* **32**, 1550 (1985).

[148] R. M. Shelby, M. D. Levenson, S. H. Perlmutter, R. G. DeVoe, and D. F. Walls, *Phys. Rev. Lett.* **57**, 691 (1986).

[149] N. Gisin, G. Ribordy, W. Tittel, and H. Zbinden, *Rev. Mod. Phys.* **74**, 145 (2002).

[150] M. Fiorentino, P. L. Voss, J. E. Sharping, and P. Kumar, *IEEE Photon. Technol. Lett.* **14**, 983 (2002).

[151] X. Li, J. Chen, P. Voss, J. Sharping, and P. Kumar, *Opt. Express* **12**, 3737 (2004).

[152] J. G. Rarity, J. Fulconis, J. Duligall, W. J. Wadsworth, and P. St. J. Russell, *Opt. Express* **13**, 534 (2005).

[153] J. Fan, A. Dogariu, and L. J. Wang, *Opt. Lett.* **30**, 1530 (2005).

[154] J. Fan and A. Migdall, *Opt. Lett.* **30**, 3368 (2005).

[155] J. Fulconis, O. Alibart, W. J. Wadsworth, P. St. J. Russell, and J. G. Rarity, *Opt. Express* **13**, 7572 (2005).

[156] H. Takesue and K. Inoue, *Opt. Express* **13**, 7832 (2005).

[157] Q. Lin, F. Yaman, and G. P. Agrawal, *Opt. Lett.* **31**, 1286 (2006).

[158] J. Fulconis, O. Alibart, J. L. O'Brien, W. J. Wadsworth, and J. G. Rarity, *Phys. Rev. Lett.* **99**, 120501 (2007).

[159] J. Fan, A. Migdall, J. Chen, and E. A. Goldschmidt, *IEEE J. Sel. Topics Quantum Electron.* **15**, 1724 (2009).

[160] H. A. Haus and J. A. Mullen, *Phys. Rev.* **128**, 2407 (1962).

[161] C. J. McKinstrie and S. Radic, *Opt. Express* **12**, 4973 (2004).

[162] A. Bogris and D. Syvridis, *IEEE Photon. Technol. Lett.* **18**, 2144 (2006).

[163] R. Tang, J. Lasri, P. S. Devgan, V. Grigoryan, P. Kumar, and M. V asilyev, *Opt. Express* **13**, 10483 (2005).

[164] R. Tang, P. S. Devgan, V. S. Grigoryan, P. Kumar, and M. Vasilyev, *Opt. Express* **16**, 9046 (2008).

[165] K. Croussore and G. F. Li, *IEEE J. Sel. Topics Quantum Electron.* **14**, 648 (2008).

[166] J. Kakande, F. Parmigiani, M. Ibsen, P. Petropoulos, and D. J. Richardson, *IEEE Photon. Technol. Lett.* **22**, 1781 (2010).

[167] Z. Tong, C. Lundström,, P. A. Andrekson, et al., *Nature Photonics* **5**, 430 (2011).

第11章 高非线性光纤

正如本书前面的章节所述，光纤中发生的3种主要非线性效应，即自相位调制（SPM）、交叉相位调制（XPM）和四波混频（FWM），由式(2.3.30)定义的单一非线性参量 γ 决定。对大部分光纤而言，此值的大小约为 1 W^{-1}/km。20世纪90年代，人们意识到这种低 γ 值光纤作为非线性介质很难在实际中应用。为解决这一问题，人们已经开发了几种非线性参量值大于 10 W^{-1}/km 的光纤，统称其为高非线性光纤（highly nonlinear fiber, HNLF）。本章将主要介绍高非线性光纤的特性。首先，11.1节介绍测量非线性参量值的方法，然后，11.2节至11.5节关注已开发的用来增强非线性效应的4种光纤。在每种情况下还介绍了高非线性光纤的色散特性，因为每当它们用于实际应用时，高非线性光纤的色散特性起着重要作用。这种光纤奇异的色散特性和高 γ 值相结合，会产生一些奇特的非线性效应，有关内容将在第12章和第13章中介绍。11.6节讨论高非线性光纤的设计是如何改变细芯光纤非线性参量的有效值的。本章具体内容如下：

11.1节　介绍非线性参量的测量方法。
11.2节　介绍石英包层光纤。
11.3节　介绍空气包层锥形光纤。
11.4节　介绍微结构光纤。
11.5节　介绍非石英光纤。
11.6节　介绍脉冲在细芯光纤中的传输。

11.1　非线性参量

式(2.3.30)定义的非线性参量 γ 可写为 $\gamma = 2\pi n_2/(\lambda A_{\text{eff}})$，其中 λ 是光波长，A_{eff} 是式(2.3.31)定义的有效模面积，它取决于光纤的设计。通过适当设计，可以减小 A_{eff} 的值，从而增大 γ 值。另一方面，非线性折射率系数 n_2 与材料的三阶极化率有关［见式(2.3.13)］。对每种玻璃材料来说，这一参量值是固定的。因此，增大石英光纤非线性参量值的唯一实际方法是减小有效模面积 A_{eff}。利用非石英玻璃是设计高非线性光纤的另外一条途径，在介绍这种光纤的设计之前，有必要先介绍一下如何通过实验确定非线性折射率系数 n_2 的值。为实现这一目标，精确测量 γ 和 A_{eff} 的值是必要的。

11.1.1　n_2 的单位和数值

弄清楚 n_2 的单位对正确表达其数值非常重要[1]。式(2.3.12)中折射率的非线性部分可写为 $\delta n_{\text{NL}} = \bar{n}_2|E|^2$，在国际单位制中，电场 E 的单位为 V/m，由于 δn_{NL} 是无量纲的量，因此 $\bar{n}_2$ 的单位为 m^2/V^2。实际中，将非线性折射率记为 $\delta n_{\text{NL}} = n_2 I$ 的形式更为方便，其中 I 为光场强度，

它和 E 有以下关系：

$$I = \frac{1}{2}\epsilon_0 cn|E|^2 \qquad (11.1.1)$$

式中，ϵ_0 是真空介电常数（$\epsilon_0 = 8.8542 \times 10^{-12}$ F/m），c 是真空中的光速（$c = 2.998 \times 10^8$ m/s），n 是折射率的线性部分（对于石英光纤，$n \approx 1.45$）。参量 n_2 和 $\bar{n}_2$ 的关系为［见式(2.3.30)］：

$$n_2 = 2\bar{n}_2/(\epsilon_0 cn) \qquad (11.1.2)$$

因为 $\delta n_{NL} = n_2 I$ 是无量纲的，所以 n_2 的单位为 m^2/W。

对于几种块体玻璃的 n_2 值的广泛测量最早是在 20 世纪 70 年代进行的[2~7]。对于熔融石英玻璃，在 1.06 μm 波长测得 $n_2 = 2.73 \times 10^{-20}$ m^2/W（精度为 ±10%）[4]。当测量波长从 248 nm 变化至 1550 nm 时，熔融石英的非线性折射率系数 n_2 表现出其值随波长的增加而减小的色散[8]；然而，当波长从 800 nm 延伸到 1600 nm 时，n_2 随波长缓慢变化，在这一波长范围内它的值将减小 5% 左右。

石英光纤的 n_2 值的测量最早是在 1978 年完成的[9]，当时将工作在 515 nm 附近的氩离子激光器产生的 90 ps 光脉冲入射到光纤中，通过自相位调制感应的频谱展宽测量。尽管 γ 的测量值取决于几个因素，但本次实验获得的估计值 $n_2 = 3.2 \times 10^{-20}$ m^2/W 仍被几乎唯一地应用于光纤中各种非线性效应的许多研究。随着光纤通信系统的出现，1550 nm 附近波长区的非线性光纤光学变得重要起来。在 515 nm 处测得的 n_2 值（3.2×10^{-20} m^2/W）就不能用在 1550 nm 附近，因为由于 n_2 的频率相关性，其值在 1550 nm 附近至少要减小 10%。

20 世纪 90 年代，随着光纤的非线性效应变得日益重要，尤其是因为光纤制造商通常被要求标明其生产的光纤的 γ 值，人们对非线性参量 γ 的测量重新产生了兴趣[10]。为了测量不同类型光纤的 n_2 值，已经发展了几种实验方法[11~20]。这些测量方法利用了前面章节中介绍的非线性效应中的某一种。实际上，所有 3 种主要的非线性效应（自相位调制、交叉相位调制和四波混频）都被用于此目的。利用这些方法可以测量出 γ 的值，进而由它推导出 n_2 的值。表 11.1 总结了利用标准单模光纤（SMF）、色散位移光纤（DSF）和色散补偿光纤（DCF）得到的 1550 nm 波长区的几组实验结果，可以发现测量值在 $2.2 \times 10^{-20} \sim 3.9 \times 10^{-20}$ m^2/W 之间变化。n_2 值的不确定性不仅和 γ 值的测量误差有关，而且和研究人员根据模场直径估算的有效模面积 A_{eff} 的精度有关。本节的剩余部分将讨论几种不同的测量方法，并揭示即使对于同样的波长，采用不同测量方法也可能得到不同的 n_2 值的原因。

表 11.1　不同光纤的 n_2 的测量值

采用方法	波长 λ (μm)	光纤类型	n_2 的测量值 (10^{-20} m^2/W)	实验条件
自相位调制（SPM）法	1.319	石英纤芯	2.36	110 ps 脉冲[13]
	1.319	色散位移光纤	2.62	110 ps 脉冲[13]
	1.548	色散位移光纤	2.31	34 ps 脉冲[14]
	1.550	色散位移光纤	2.50	5 ps 脉冲[17]
	1.550	标准单模光纤	2.20	50 GHz 调制[18]
	1.550	色散位移光纤	2.32	50 GHz 调制[18]
	1.550	色散补偿光纤	2.57	50 GHz 调制[18]

（续表）

采用方法	波长 λ （μm）	光纤类型	n_2 的测量值 （10^{-20} m^2/W）	实验条件
交叉相位调制 （XPM）法	1.550	石英纤芯	2.48	7.4 MHz 调制[15]
	1.550	标准单模光纤	2.63	7.4 MHz 调制[15]
	1.550	色散位移光纤	2.98	7.4 MHz 调制[15]
	1.550	色散补偿光纤	3.95	7.4 MHz 调制[15]
	1.548	标准单模光纤	2.73	10 MHz 调制[19]
	1.548	标准单模光纤	2.23	2.3 GHz 调制[19]
四波混频 （FWM）法	1.555	色散位移光纤	2.25	两个连续激光[12]
	1.553	色散位移光纤	2.35	10 ns 脉冲[16]

11.1.2　自相位调制法

自相位调制（SPM）法利用了它对脉冲频谱的展宽作用（见 4.1 节），最早是在 1978 年采用的[9]。由式（4.1.17）可见，这一方法实际测量的是最大非线性相移 ϕ_{max}，它是一个无量纲的量，和 γ 成线性关系［见式（4.1.17）］。一旦确定了 γ 值，利用关系式 $n_2 = \lambda A_{eff}\gamma/(2\pi)$ 就可以估算出 n_2 的值。这种测量方法的精度与研究人员如何表征输入脉冲有关，因为自相位调制感应的频谱展宽对实验所用的光脉冲的形状非常敏感。

自相位调制法尽管包含多种不确定因素，但实际中常常被采用[20]。在 1994 年完成的一组测量中[13]，将工作在 1.319 μm 波长的 Nd:YAG 激光器产生的 110 ps 锁模脉冲入射到待测光纤中，在光纤输出端用一台扫描法布里-珀罗干涉仪测量其频谱。首先，通过调节输入功率使测得的频谱对应图 4.2 中的某一个频谱，这样 ϕ_{max} 就是 $\pi/2$ 的整数倍；然后，由测得的待测光纤的折射率分布计算出有效模面积，从而求出 n_2 的值。对于石英纤芯光纤（纤芯没有掺杂），n_2 的测量值为 2.36×10^{-20} m^2/W，其不确定度约为 5%。由于掺杂物的贡献，色散位移光纤（DSF）的 n_2 值更大一些（平均为 2.62×10^{-20} m^2/W）。如 6.6.3 节所讨论的，与对块体材料的测量结果相比，光纤的测量值是块体材料的 8/9，这是因为当入射脉冲在光纤中传输时，光纤不能保持它的线偏振态。

1998 年，采用同样方法在 1.55 μm 附近测量相对较长的色散位移光纤的 n_2 值[20]，实验装置如图 11.1 所示。将锁模光纤激光器产生的 51.7 ps 脉冲放大并滤波后入射到 20 km 长的待测光纤中，由于光纤较长，必须考虑脉冲宽度和峰值功率沿光纤长度的变化。为保证测量精度，待测光纤的色散和模式特性要分别进行定量测量，然后通过解非线性薛定谔方程对测得的频谱进行拟合，从而求得 γ 和 n_2 的值。实验测得 1.55 μm 波长附近的 n_2 值为 2.45×10^{-20} m^2/W，小于 1.3 μm 附近的 n_2 值，其中约 2% 的减小量源于 n_2 的频率相关性，剩余的变化可能与掺杂浓度或测量误差有关。

除由频谱展宽得出自相位调制感应相移以外，还可以将波长略有不同的两束激光通过光纤，由频谱的变化推算出自相位调制感应相移。这种方法不要求短光脉冲，利用连续激光器即可完成测量。在 1996 年的一个实验中[18]，利用两台连续半导体激光器（DFB 型），并通过控制激光器的温度稳定两者的波长差（0.3～0.5 nm）。结果，进入光纤中的光信号因相互干涉以约 50 GHz 的拍频正弦振荡，其振幅为

$$E_{in}(t) = Re[A_1\exp(-i\omega_1 t) + A_2\exp(-i\omega_2 t)] = Re[A_1\cos(\Delta\omega t)\exp(-i\omega_{av}t)] \quad (11.1.3)$$

式中，$\Delta\omega = \omega_1 - \omega_2$ 为拍频，$\omega_{av} = (\omega_1 + \omega_2)/2$ 为平均频率，并假设两光波具有相同的功率(即 $|A_1| = |A_2|$)。

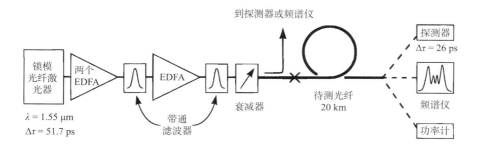

图 11.1　利用自相位调制感应的频谱展宽测量 n_2 的实验装置图[20]（©1998 IEEE）

当此拍信号在光纤中传输时，自相位调制感应相移也是和时间有关的。与 4.1.1 节讨论的类似，如果忽略光纤色散，则光纤输出端的总光场为

$$E_{out}(t) = \text{Re}\{A_1 \cos(\Delta\omega t) \exp(-i\omega_{av}t) \exp[i\phi_{max} \cos^2(\Delta\omega t)]\} \tag{11.1.4}$$

式中，$\phi_{max} = 2\gamma P_{av} L_{eff}$，$P_{av}$ 是入射信号的平均功率。对式(11.1.4)进行傅里叶变换，易知由于自相位调制感应的相移，光纤输出端的频谱在拍频的整数倍处出现峰值。峰值功率的比仅取决于 ϕ_{max}，并且它可以用来推算 n_2 的值。特别是，中心峰和第一边带的功率比为[18]

$$\frac{P_0}{P_1} = \frac{J_0^2(\phi_{max}/2) + J_1^2(\phi_{max}/2)}{J_1^2(\phi_{max}/2) + J_2^2(\phi_{max}/2)} \tag{11.1.5}$$

通过简单测量功率比，就可以利用上式得到 ϕ_{max} 的值，进而确定 γ 和 n_2 的值。对于标准通信光纤，n_2 值为 2.2×10^{-20} m^2/W。这一方法还曾用于具有不同掺杂浓度的色散位移光纤和色散补偿光纤的 n_2 值的测量(见表 11.1)，其主要局限性是不能测量长光纤，因为此时色散效应不能忽略。实际上，对于给定的光纤，为保证测量精度，光纤长度和激光器功率往往需要适当优化[21]。

自相位调制感应相移还可以用干涉法测量。在一个实验中，将待测光纤放在光纤环内，光纤环起到萨格纳克干涉仪的作用[17]。宽约 5 ps 的锁模脉冲注入光纤环后，在某一方向(如顺时针方向)获得一个较大的自相位调制感应相移，而在另外一个方向(逆时针方向)，通过一个99∶1 的耦合器减小峰值功率，使脉冲获得一个近乎线性的相移。在光纤环的输出端用自相关仪测量脉冲的自相关迹，推算出非线性相移，进而得到 n_2 的值。连续激光器也可以与萨格纳克干涉仪一起使用[22]，利用连续光可使这种测量方法得到简化，同时避免了色散带来的不确定性，其实验装置如图 11.2 所示。该干涉仪是不平衡的，入射光通过一个分光比为 82∶18 的光纤耦合器后，在两个相反方向获得的功率是不同的；对于不同的入射功率，可分别测量出对应的透射功率。当功率较高时，这种萨格纳克干涉仪的透射率将因为自相位调制感应相移而发生变化，这就提供了一种测量自相位调制感应相移的方法。对纤芯掺杂 20%(摩尔浓度)的锗的光纤，在 1064 nm 处测得其 n_2 值为 3.1×10^{-20} m^2/W。

自准直马赫-曾德尔干涉仪(MZI)也曾用于测量 n_2 的值[23]。在这一方案中，脉冲经过法拉第镜反射后两次通过 MZI，MZI 两臂的长度差足够大，结果两脉冲在 MZI 的输出端口被充分分开(间隔大于其脉宽)，从而不相互干扰。脉冲两次通过光纤，使自相位调制感应的非线性相

移得到累加。经过一次往返后，单脉冲既可能分别两次通过 MZI 的长臂或短臂，也可能通过长臂和短臂各一次，从而获得三种不同的时间延迟。在最后一种情况下，探测功率取决于干涉信号间的相位关系，因此可用来测量非线性相移。这种干涉仪之所以称为自准直干涉仪，是因为两路干涉信号通过的路径长度是自动匹配的。

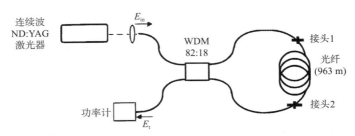

图 11.2　利用萨格纳克干涉仪和连续激光器测量 n_2 的实验装置图[22]（©1998 OSA）

11.1.3　交叉相位调制法

早在 1987 年，人们就利用交叉相位调制（XPM）感应相移来测量 n_2 的值[11]。1995 年的一个实验采用泵浦-探测结构，其中泵浦和探测信号均由连续光源获得[15]。图 11.3 给出了该实验的装置示意图，当泵浦光被低频（小于 10 MHz）调制时，探测信号的频谱因为交叉相位调制感应相移而出现调频边带。

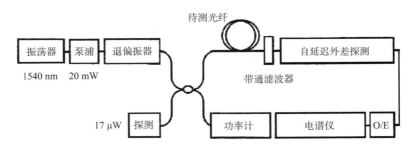

图 11.3　利用交叉相位调制感应相移测量 n_2 值的泵浦-探测结构[15]（©1995 OSA）

调频边带形成的理论与前面讨论的利用两连续激光的自相位调制情况类似。主要差别在于，这里利用调制器周期性地改变泵浦光的强度，结果通过交叉相位调制效应使探测信号产生的相移是时间相关的。如果再次忽略色散效应，则光纤输出端口的探测信号场可以写为

$$E_2(t) = \text{Re}\{A_2 \exp(-i\omega_2 t) \exp[ib\phi_{\max} \cos^2(2\pi f_m t)]\} \qquad (11.1.6)$$

式中，$\phi_{\max} = 2\gamma P_0 L_{\text{eff}}$，$f_m$ 是调制频率，P_0 是泵浦光的峰值功率，参量 b 的定义见式（6.2.11）。如果通过对式（11.1.6）进行傅里叶变换来计算探测信号的频谱，则会发现探测信号的频谱在 f_m 的整数倍处出现峰值，这是由交叉相位调制感应相移引起的。如前所述，两个相邻峰值的功率比取决于 $\phi_{\max}$，由此可以推算出 n_2 的值。

正如在 6.2.2 节中讨论的，交叉相位调制感应相移取决于泵浦光和探测光的相对偏振态，这通过参量 b 体现出来。如果这两束光在待测光纤中不能保持其偏振态，则必须确保测量值未受这种偏振效应的影响。实际中，泵浦光在进入光纤前要对其退偏振[15]。在这种条件下，泵浦光和探测光的偏振态是随机变化的，非线性相移的测量值对应 $b = 2/3$。在图 11.2 所示的实验装置中，波长相差 10 nm 左右的两连续光分别作为探测光和泵浦光，以相对低的频

率(7.36 MHz)调制泵浦光的强度。光纤内部的交叉相位调制效应将泵浦光的强度调制转变为探测光的相位调制,利用自延迟外差技术测量非线性相移随泵浦功率的变化。萨格纳克干涉仪也可以用来测量交叉相位调制感应相移,进而由此推算出 n_2 的值[24]。

用交叉相位调制法测量的几种光纤的 n_2 值列于表 11.1 中,它们都比用自相位调制法测量的值更大,造成这种差别的原因和脉宽大于 1 ns(或调制频率小于 1 GHz)时发生的电致伸缩对 n_2 的贡献有关,这一问题将在本节后面讨论。

11.1.4　四波混频法

四波混频(FWM)这种非线性现象也可以用来估计 n_2 的值。正如第 10 章所讨论的,四波混频能够产生边带,其强度和频率取决于非线性参量 γ 的值。当频率分别为 ω_1 和 ω_2 的两束连续光同时入射到光纤中时,若相位匹配条件近似满足,则光纤输出端的频谱在频率为 $2\omega_1 - \omega_2$ 和 $2\omega_2 - \omega_1$ 处产生两个主边带,这两个主边带的功率取决于泵浦功率和非线性参量 γ 的值。

在 1993 年的一个实验中[12],用光纤放大器将工作在 1.55 μm 附近且波长相差 0.8 nm 的两台 DFB 激光器的连续输出放大后,入射到 12.5 km 长的色散位移光纤中,实验装置如图 11.4 所示。为了抑制受激布里渊散射(SBS)效应,通过调制两台激光器的偏置电流,使其线宽超过 500 MHz。待测光纤在 1.55 μm 附近具有相对小的色散,$D = 0.063$ ps/(nm·km),以利于满足相位匹配条件。光纤的光斑尺寸为 8 μm,由此估计其有效模面积为 50 μm²。通过测量四波混频边带的功率,进而求出待测光纤的 n_2 值为 2.25×10^{-20} m²/W。

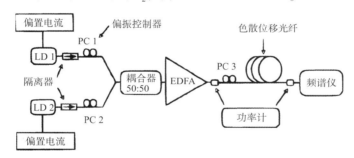

图 11.4　利用四波混频感应的边带测量 n_2 的实验装置图[12](©1993 IEEE)

调制不稳定性可以视为四波混频的一种特殊情形(见 10.3.2 节)。主要区别在于,前者仅需要一束泵浦光输入。正如在 5.1 节中讨论的,在光纤输出端出现频率位于 $\omega_0 \pm \Omega$ 的频谱边带,其中 ω_0 为泵浦频率。频移量 Ω 和边带强度取决于非线性参量 γ 的值,因此可以利用它们求 n_2 的值。在 1995 年的一个实验中[16],利用外调制方法调制工作在 1.553 μm 的 DFB 激光器,产生重复频率为 4 MHz、脉宽为 25 ns 的脉冲,经级联光纤放大器放大后入射到 10.1 km 长的色散位移光纤中,放大器的自发辐射噪声为调制不稳定性提供了种子光。结果,光纤输出端的频谱中出现两个边带,这与在图 5.2 中看到的类似。这两个边带的强度随脉冲峰值功率变化,由此可求出待测光纤的 n_2 值为 2.35×10^{-20} m²/W。

11.1.5　n_2 值的变化

正如在表 11.1 中所看到的,因光纤类型和测量方法而异,石英光纤的 n_2 值在 2.23×10^{-20} ~3.95×10^{-20} m²/W 的较宽范围内变化。为理解造成 n_2 的值变化如此之大的原因,首先要指出的是，石英光纤的纤芯和包层已掺杂有其他材料（如二氧化锗和氟），以保证两者的折射率有一个较小的差值（通常小于 1%）。这些掺杂足以影响 n_2 的测量值，因此对于纤芯掺杂不同的色散位移光纤，测量的 n_2 值也不尽相同。研究人员已对因石英光纤纤芯和包层的掺杂而造成的 n_2 值的变化做了量化[25~27]。

图 11.5 给出了 n_2 值是如何随光纤的掺杂量变化的[27]。掺杂水平用相对折射率差 $\Delta = (n_1^2 - n_0^2)/(2n_1^2)$ 来定量描述，其中 n_0 是纯石英的折射率，n_1 是掺有二氧化锗（实线）的光纤纤芯的折射率，或者是掺有氟的光纤包层的折射率。这些值可以用首次在 1978 年提出的经验关系来估计[28]。如图 11.5 中的直线所示，n_2 值随 Δ 几乎线性变化，因此对于纤芯掺锗的光纤来说，n_2 值增大；同样，对于包层掺氟的光纤来说，n_2 值减小。对这几种掺杂水平不同的光纤而言，实验测量的 n_2 值与 Δ 符合线性相关性。基于这一线性相关性，当对光纤纤芯掺锗使 $\Delta = 0.02$ 时，n_2 值有望超过 3.5×10^{-20} m²/W。这就是实际中色散补偿光纤（DCF）的情况，这种光纤是高掺杂的，其零色散波长（ZDWL）超过 1.6 μm。确实，对于这种色散补偿光纤，n_2 的测量值接近 4.0×10^{-20} m²/W[25]。

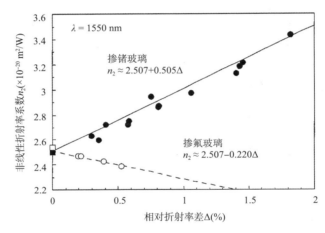

图 11.5　当纤芯掺锗（实心圆点）或包层掺氟（空心圆点）时 n_2 值随相对
折射率差 Δ 的变化，直线是线性拟合结果[27]（©2002 IEEE）

n_2 值的掺杂相关性并不能完全解释在表 11.1 中看到的 n_2 值的变化，实验中所用光纤的长度也能影响测量结果，这一点已得到证实。原因在于，光在大部分光纤中传输时并不能保持其偏振态，若光的偏振态沿光纤长度方向是随机变化的，与能保持入射光线偏振的块体样品相比，测量的 γ 的平均值将以因子 8/9 减小[29]（见 6.6.3 节）。如果利用标准关系 $\gamma = 2\pi n_2/(\lambda A_{\text{eff}})$ 求 n_2 的值，则得到的值将是真实值的 8/9。当然，只要简单地将该值乘以 9/8，就可以将偏振效应考虑在内。

n_2 的测量值还受所用光脉冲宽度的影响。已经证实，在连续或脉宽超过 10 ns 的准连续波条件下，测量的 n_2 值显著增大，其原因在于另外两种机制，即分子运动（喇曼散射）和通过电致伸缩引起的声波激发（布里渊散射）。这两种机制对 n_2 值也有贡献，但其相对大小取决于脉冲宽度大于还是小于相应过程的响应时间。基于这个原因，在比较采用不同脉宽的测量结果时要非常小心。

喇曼散射对非线性极化率的贡献已在 2.3.2 节中做了讨论。式（2.3.38）中的第一项和第二项分别表示电子（克尔效应）贡献和原子核（喇曼效应）贡献。当脉冲宽度远大于喇曼响应函

数 $h_R(t)$ 的持续时间时，可将 $h_R(t)$ 处理成 δ 函数，并且电子和原子核对 n_2 完全有贡献。实际上，对于脉宽大于 1 ps 的脉冲，就属于这种情况。与此相反，当脉宽小于 50 fs 时，喇曼贡献几乎为零。对于这样的超短脉冲，n_2 值以因子 $1 - f_R \approx 0.82$ 减小。由于表 11.1 中的最小脉宽约为 5 ps，因此所有情况下均包含了喇曼贡献。在 2005 年的一个实验中[30]，同时测量了电子贡献和喇曼贡献。对纤芯为纯石英的光纤，电子贡献的测量值为 1.81×10^{-20} $\mathrm{m^2/W}$（精度 $\pm 5\%$），此值表明，喇曼贡献实际上在 $18\% \sim 20\%$ 的范围。对喇曼极化率的更细致的处理表明，喇曼贡献的大小取决于光纤纤芯的掺杂浓度[31]。

电致伸缩对非线性折射率系数 n_2 的贡献源于光通过光纤时对声波的激发[32~34]，可以利用 9.4.1 节的理论估计该贡献的大小。声波造成介质密度的变化，其动力学行为可以用方程(9.4.1)描述。若玻璃密度的变化为 ρ'，则其造成介质介电常数的变化为 $\Delta \epsilon = (\mathrm{d}\epsilon/\mathrm{d}\rho)\rho'$。注意，$\epsilon = n^2$，于是折射率的变化为

$$\Delta n(t) = \frac{\Delta \epsilon}{2n} = \frac{\gamma_e}{2n\rho_0}\rho'(t) = \frac{\gamma_e}{2n\rho_0}\int_0^t R_a(t - t')|E(t')|^2\mathrm{d}t' \tag{11.1.7}$$

式中，$\gamma_e = \rho_0(\mathrm{d}\epsilon/\mathrm{d}\rho)$ 是 9.1 节引入的电致伸缩常数，ρ_0 是材料密度的稳态值，$R_a(t)$ 是通过解方程(9.4.1)得到的声响应函数。若利用 $E(t) = [E_0 f_p(t)]^{1/2}\exp(-\mathrm{i}\omega_0 t)$，其中 E_0 是峰值，$f_p(t)$ 描述了脉冲形状，则最终结果可以写为[32]

$$\Delta n(t) = n_2^A I_0 \int_0^t h_a(t - t')|f_p(t')|^2\mathrm{d}t' \tag{11.1.8}$$

式中，$n_2^A = \gamma_e^2/(8c\rho_0 n^2 v_A^2)$，$I_0$ 是脉冲峰值强度，$h_a(t)$ 是声响应函数 $R_a(t)$ 的归一化形式。利用 $\gamma_e = 1.5$，$\rho_0 = 2210\ \mathrm{kg/m^3}$，$v_A = 5.96\ \mathrm{km/s}$ 及 $n = 1.45$，可以得到 $n_2^A = 0.56 \times 10^{-20}$ $\mathrm{m^2/W}$，该值大约是石英纤芯光纤的非线性折射率系数 $n_2 = 2.2 \times 10^{-20}$ $\mathrm{m^2/W}$ 的 25%。在连续或准连续波条件下（脉宽大于 100 ns），$h_a(t)$ 可以用 δ 函数代替，于是声学贡献达到最大值，总的 n_2 值接近 2.76×10^{-20} $\mathrm{m^2/W}$。

以上讨论清楚地表明，利用连续光或长光脉冲测量，有望得到最大的 n_2 值。利用交叉相位调制法曾通过在 10 MHz ~ 3 GHz 范围内改变泵浦调制频率来研究电致伸缩贡献的频率相关性[34]。如表 11.1 所示，在 10 MHz（脉宽为 100 ns）时 n_2 的测量值为 2.73×10^{-20} $\mathrm{m^2/W}$，但当调制频率增大到 2.3 GHz 时（脉宽小于 1 ns），该测量值降至 2.23×10^{-20} $\mathrm{m^2/W}$。当比较不同实验测量的数据时，一定要牢记电致伸缩的贡献。

在估算非线性参量 γ 的值时，本书中 n_2 的标称值应该取多大呢？对宽度大于 10 ns 的脉冲，纯石英纤芯光纤的适当推荐值为 $n_2 = 2.75 \times 10^{-20}$ $\mathrm{m^2/W}$；当脉宽介于 1 ps ~ 1 ns 之间时，n_2 值减小到 2.2×10^{-20} $\mathrm{m^2/W}$[35~38]；对于飞秒脉冲，喇曼贡献更小一些，正如 2.3 节所讨论的，n_2 值将减小到 1.8×10^{-20} $\mathrm{m^2/W}$。对于纤芯掺有二氧化锗的光纤，n_2 值要更大些，增加量约为 0.5Δ，其中 Δ 为纤芯-包层相对折射率差（用百分数表示）。对于 $\Delta = 0.3\%$ 的标准光纤，n_2 值将增加 0.15 倍，在准连续波条件下此值接近 2.9×10^{-20} $\mathrm{m^2/W}$。

一个很自然的问题是，如何增强光纤内的非线性效应？可以通过对纤芯掺杂来提高 n_2 值，但这种方法在实际中最多将 n_2 值增大到原来的 2 倍左右。通过控制有效模面积可以更为有效地增强非线性效应，这种方法常用来增大高非线性光纤的非线性参量值。如何设计这种高非线性光纤将在后续几节中讨论。

11.2　石英包层光纤

增大非线性参量$[\gamma = 2\pi n_2 / (\lambda A_{\mathrm{eff}})]$值的一个简单方法是减小石英光纤的芯径和控制它的折射率分布，因为有效模面积A_{eff}取决于纤芯尺寸和掺杂水平，这两者决定了光模被限制在纤芯内的程度[39]。例如，色散位移光纤的芯径约为6 μm，有效模面积接近50 μm²，而标准光纤的有效模面积A_{eff}约为75 μm²。色散补偿光纤的A_{eff}接近20 μm²，因此其γ值约为标准光纤的4倍。尽管开发这类光纤的最初目的是为了控制光纤色散，但由于它们具有增强的非线性效应，20世纪90年代曾用于超连续谱产生和光纤喇曼放大器的制造[40~43]。

采用同样的方法还开发出了几种具有可控色散特性的新型高非线性光纤[44~47]，其中包括色散参量D的大小沿光纤长度方向减小的色散渐减光纤（dispersion-decreasing fiber）[44]，以及色散斜率降至0.0002 ps/(km·nm²)的色散平坦光纤（dispersion-flattened fiber）[45]。早在1999年，就制造出了$\gamma \approx 20$ W⁻¹/km的色散位移光纤[39]，方法是通过控制纤芯和包层的掺杂水平使光模被紧紧地限制在纤芯附近，这样有效模面积A_{eff}仅为10.7 μm²。而且，通过采用图11.6(a)所示的凹陷包层设计，可以在超过100 nm的波长范围内实现色散平坦。在这一设计中，通过掺氟使包围纤芯的内包层的折射率降至石英的折射率以下，其中内包层的直径起重要作用，可以用来控制光纤的色散特性。图11.6(b)给出了几种内包层半径b不同但纤芯和内包层半径比a/b（a为纤芯半径）恒为0.58的色散平坦光纤的色散曲线$D(\lambda)$。尽管这类光纤γ的值在1.55 μm波长处仅为3.2 W⁻¹/km左右，但它们所具有的低损耗(0.22 dB/km)、相对平坦色散及长度长(1 km或更长)的特性，使得它们仍然适用于非线性应用。

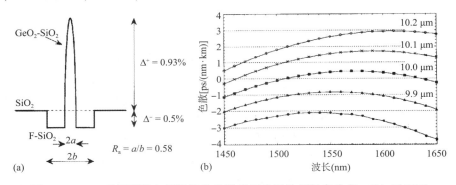

图11.6　(a) 采用凹陷包层设计的色散平坦光纤的折射率分布；(b) 对于不同的内包层直径,计算得到的色散随波长的变化[39]（©1999 IEEE）

大部分基于石英纤芯的高非线性光纤非线性参量γ的值在10~20 W⁻¹/km之间[45]。很难将γ值增大到超出此范围，因为不能以牺牲纤芯对光模的限制作用为代价而将芯径减小到很小的值，从式(1.2.2)定义的V参量很容易理解这一点。如果用$2n_1^2\Delta$近似代替$n_1^2 - n_c^2$，其中$\Delta = (n_1 - n_c)/n_1 \ll 1$是纤芯–包层相对折射率差，则参量$V$可以写为

$$V = (2\pi a n_1 / \lambda)\sqrt{2\Delta} \tag{11.2.1}$$

式中，n_1是纤芯折射率，n_c是包层折射率，λ是入射到光纤中的光波波长。单模光纤要求$V < 2.405$。若a减小，则V亦减小，纤芯对光模的限制越来越弱，光模向包层扩展；若减小a的同时增大Δ，使$a^2\Delta$为一个恒定值，则可以保持V的值不变。

如果利用有效模面积的定义[见式(2.3.31)]来计算非线性参量 γ 的值,则光模限制问题将更为明了[48]。正如 2.3.1 节所讨论的,如果模场分布 $F(x,y)$ 近似为宽为 w 的高斯函数[见式(2.2.14)],则有效模面积 $A_{\text{eff}} = \pi w^2$。因为模场半径 w 和 V 有关系 $w = a/\sqrt{\ln V}$[49],故非线性参量 γ 可写为

$$\gamma(V) = \frac{2n_2 \ln V}{\lambda a^2} = (4\pi n_1)^2 (n_2 \Delta/\lambda^3)\frac{\ln V}{V^2} \tag{11.2.2}$$

式中,用式(11.2.1)消去了纤芯半径。若令 $\mathrm{d}\gamma/\mathrm{d}V = 0$,则可发现当 $V = \sqrt{e} \approx 1.65$ 时 γ 取最大值。当芯径减至使 $V < 1.65$ 时,光模进一步向包层扩展,从而导致更小的 γ 值。对于光纤来说,典型的 $\Delta < 0.005$,即使取相对较大的值 $\Delta = 0.05$,由式(11.2.1)可得芯径 $2a \approx 0.7V\lambda$,这意味着在 1.55 μm 附近,芯径的最佳值接近 1.8 μm。利用式(11.2.2),求得石英包层高非线性光纤的 γ 值最大约为 21 W^{-1}/km。

11.3　空气包层锥形光纤

将芯径降至 2 μm 以下,同时又保证将光模限制在纤芯内的一个简单方法是用空气代替包层材料。由于空气包层的折射率 $n_c \approx 1$,石英纤芯光纤($\Delta = 0.31$)的纤芯-包层界面的折射率阶跃约为 0.45,即使芯径接近 1 μm,这种大折射率阶跃也可以将光模限制在纤芯内。

制造空气包层的细芯光纤不太容易。在一种早在 1993 年就用于增强自相位调制效应的方法中[50],将标准光纤石英包层的直径从 125 μm 逐渐减小到 2 μm 左右[51~56]。将光纤逐渐变细最早是在 20 世纪 70 年代实现的,当时通过加热和拉伸光纤来制作光纤耦合器[57]。可以用火焰加热,但近年来一般使用二氧化碳激光器加热[58~61]。当光纤吸收激光后,产生的热量使光纤软化,如果在光纤两端连接合适的重物,则其提供的外力就会拉动光纤并使其直径减小。在拉伸过程中连续监控光纤直径,在达到需要的直径时关掉激光器,最终获得在两个过渡区(它们围绕着一个 20~30 cm 长的中央区)内包层直径从 125 μm 减小到 2 μm 左右的光纤。作为一个实例,图 11.7 给出了(a)熔锥前的光纤,(b)过渡区及(c)熔锥的中央区的显微图[54]。必须强调的是,原光纤的纤芯在中央区变得如此之细,以至于不能再限制入射光,此时原光纤的包层作为纤芯来限制光,而周围空气起到包层的作用。

(a) $D = 125$ μm　　　　　　(b) 过滤区　　　　　　(c) $D = 2.7$ μm

图 11.7　(a) 熔锥前的光纤;(b) 过渡区;(c) 熔锥的中央区的显微图[54](©2004 OSA)

一个重要问题是,锥形光纤中央区的非线性参量 γ 的值有多大? 式(2.3.29)给出的 γ 的标准定义已不再适用,因为纤芯和包层的 n_2 值不同。这时要用到式(2.3.20),γ 应定义为

$$\gamma = \frac{2\pi}{\lambda}\frac{\iint_{-\infty}^{\infty} n_2(x,y)|F(x,y)|^4 \mathrm{d}x\,\mathrm{d}y}{\left(\iint_{-\infty}^{\infty}|F(x,y)|^2 \mathrm{d}x\,\mathrm{d}y\right)^2} \tag{11.3.1}$$

若模场分布近似为式(2.2.14)给出的高斯形，并利用 $F(x,y) = \exp(-\rho^2/w^2)$，其中 ρ 为径向坐标，w 为模场半径，则可以对上式解析积分。为简单起见，假设对于空气有 $n_2 = 0$，可以得到[48]

$$\gamma = \frac{2n_2}{\lambda w^2}[1 - \exp(-4a^2/w^2)] = \frac{2n_2}{\lambda a^2} \ln V \left(1 - \frac{1}{V^4}\right) \qquad (11.3.2)$$

式中，利用了关系式 $a/w \approx \sqrt{\ln V}$[49]。

这里，回忆 V 参量本身与纤芯半径的关系 $V = (2\pi a/\lambda)(n_1^2 - 1)^{1/2}$ 非常有必要，其中利用了空气包层的折射率 $n_c = 1$。例如，对纤芯直径(简称芯径)为 2 μm ($a = 1$ μm)的锥形光纤，若石英纤芯的折射率 $n_1 = 1.45$，则在 1 μm 附近 $V \approx 7$。由式(11.3.2)可得 $\gamma \approx 100$ W^{-1}/km。显然，芯径为 2 μm 的锥形光纤是一种高非线性光纤，其非线性参量 γ 的值是标准光纤的 50 倍，这种大 γ 值是空气包层引起的强模式限制作用的直接结果。若利用 $A_{\text{eff}} = \pi w^2 = \pi a^2/\ln V$，则芯径为 2 μm 的锥形光纤的有效模面积仅为 1.6 μm^2。需要着重指出的是，这种光纤支持多个模式，因为其参量 V 的值不满足单模条件 $V < 2.405$。

通过将芯径减至 2 μm 以下，锥形光纤的非线性参量 γ 的值还可以进一步增大，而且如果光纤被设计成 $V < 2.405$，则可以支持单模传输。式(11.3.2)清楚地表明，对于特定的 V 值，γ 可达到最大值。为此，用式(11.3.2)中的 V 表示 a，可以得到

$$\gamma(V) = \left(8\pi^2 n_2/\lambda^3\right)\left(n_1^2 - 1\right)\frac{\ln V}{V^2}\left(1 - \frac{1}{V^4}\right) \qquad (11.3.3)$$

式中，利用了空气包层的折射率 $n_c = 1$。令 $\mathrm{d}\gamma/\mathrm{d}V = 0$，可以发现 γ 在 $V \approx 1.85$ 时达到最大值[48]。若取 $n_1 = 1.45$，$\lambda = 1$ μm，则 γ 的最大值约为 370 W^{-1}/km。

锥形光纤的色散特性和普通光纤相比有很大区别，前者强烈依赖于它们的芯径。选取包层的折射率 $n_c = 1$，对锥形纤芯特定的半径 a 和折射率 $n_1(\omega)$，可以通过用数值方法解本征值方程(2.2.8)来研究锥形光纤的色散特性。另外，通过塞尔迈耶尔公式(1.2.6)可以将石英材料的色散包括在内。当 $m = 1$ 时，本征值方程(2.2.8)的解给出了光纤基模的传输常数 $\beta(\omega)$ 或有效折射率，它是 ω 的函数。利用 $\beta_m = (\mathrm{d}^m\beta/\mathrm{d}\omega^m)_{\omega = \omega_0}$，可以求得 m 阶色散参量，其中 ω_0 是入射到光纤中的光脉冲的载频。

图 11.8 给出了数值计算得到的芯径 $d = 2a$ 取不同值时，锥形光纤的二阶和三阶色散参量 β_2 和 β_3 随波长的变化关系曲线，主要目的是表明当芯径减至 3 μm 以下时，光纤零色散波长移向可见光波长。这一特性具有实际意义，因为它使光纤在 800 nm 的波长附近为反常色散，而钛宝石激光器可以提供这一波长的强超短脉冲。结果在 800 nm 波长处，锥形光纤内可形成光孤子。图 11.8(b)表明，锥形光纤的 β_3 也增大了，这一特性意味着锥形光纤的高阶色散效应已变得比较重要。

读者可能会问，锥形光纤的纤芯究竟能制成多细？若芯径减至 1 μm 以下，则锥形光纤的特性将如何变化？近年来，这种纳米光纤已引起人们的广泛关注，对其模场特性、色散特性和非线性特性已做了详细研究[62~66]。结果表明，当芯径约为传输波长的 75% 时，这种光纤的非线性参量 γ 达到最大值。图 11.9(a)给出了无量纲的量 $\gamma\lambda^3/n_2$ 随波长的变化曲线，图 11.9(b)给出了芯径 $d = 2a$ 取不同值时色散参量 $D(\lambda)$ 随波长的变化曲线，其中取石英纤芯的折射率为 $n_1 = 1.45$[65]。这些曲线通过数值模拟得到，并没有利用模场分布的高斯近似。虚线表示光模的平均场直径(MFD)，它在芯径为 0.74 λ 时达到最小值 0.816 λ，非线性参量 γ

也在这一点达到最大值, 且最大值按照 λ^{-3} 变化。若取 $n_2 = 2.6 \times 10^{-20}$ m²/W, 则 γ 的值在 $\lambda = 0.8$ μm 时接近 662 W⁻¹/km。

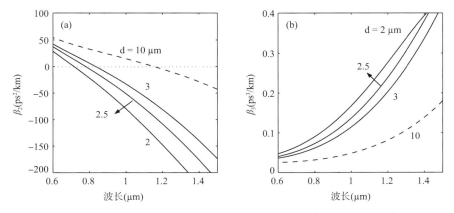

图 11.8　对于石英纤芯和空气包层的锥形光纤, 当芯径 d 取不同
值时, (a) 二阶色散和 (b) 三阶色散随波长 λ 的变化曲线

　　锥形光纤的色散特性对它的纤芯尺寸相当敏感。如图 11.9(b) 所示, 当芯径从 200 nm 变化到 800 nm 时, 色散参量的波长相关性表现出很大的不同。标准单模光纤在变细前的芯径为 8 μm, 零色散波长在 1.3 μm 附近。当波长比零色散波长短时, 这种光纤表现为正常群速度色散 [$D(\lambda) < 0$]。如图 11.8 所示, 锥形光纤的零色散波长变短; 当芯径接近 2.5 μm 时, 零色散波长在 800 nm 附近; 若芯径进一步减小, 则光纤表现出两个零色散波长; 当 $d = 800$ nm 时, 这一特性在图 11.9(b) 中表现得非常明显。这种光纤在覆盖几乎整个可见光区的波长窗口表现为反常色散, 但在这一波长窗口之外表现为正常色散。然而当 $d = 600$ nm 时, 反常色散窗口变窄; 当 $d = 400$ nm 时反常色散窗口消失。以上特征说明, 锥形光纤的色散特性对纤芯尺寸非常敏感, 可以通过改变芯径来修饰锥形光纤的色散特性。

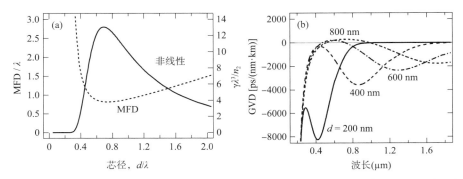

图 11.9　石英纤芯 ($n_1 = 1.45$)、空气包层的锥形光纤的 (a) 无量纲的量 $\gamma \lambda^3/n_2$ 和 (b) 群速度色散
参量 $D(\lambda)$ 随芯径 d 和波长的变化, 平均场直径 (MFD) 用虚线给出[65] (©2004 OSA)

　　锥形光纤的色散还受包围细芯的空气包层的影响, 因此将锥形光纤浸入液体 (如水) 中可以在一定程度上修饰其色散特性。在其中一组实验中[66], 用重水 (D₂O) 代替水 (H₂O), 因为 D₂O 的吸收峰可以从 H₂O 的 1440 nm 移到 1980 nm。图 11.10 给出了当芯径为 2.5 μm 的锥形光纤浸入重水时其色散谱的变化, 这时不仅光纤零色散波长移向红端, 而且色散值在 1~1.6 μm 的宽范围内几乎保持不变。如果用 1.06 μm 或 1.3 μm 的激光器泵浦光纤, 那么这

种色散修饰就比较可取了。许多其他有机溶液，如戊烷和己烷，也能用于色散修饰[67]。浸入不同液体中的锥形光纤链对某些应用也可能有所帮助。

11.4　微结构光纤

空气包层的细芯锥形光纤面临一个实际问题，即这种光纤较脆弱，不易处理，而且长度很难超过 30 cm。随着微结构光纤（用带有空气孔的石英包层包围着细石英纤芯）的出现，已在很大程度上解决了这一问题。基于这个原因，这种光纤还称为"多孔"光纤

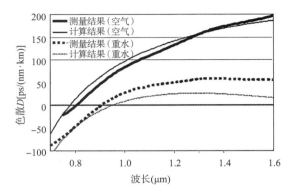

图 11.10　将芯径为 2.5 μm 的锥形光纤浸入空气和重水中测量和计算的色散谱[66]（©2005 OSA）

（holey fiber）；由于历史原因，也称为光子晶体光纤（photonic crystal fiber，PCF）。实际上，这种光纤最早是在 1996 年制成的，采用的是带有周期性空气孔阵列的光子晶体包层[68]。后来人们认识到，石英纤芯的光纤对空气孔周期性的要求不是那么严格，只要包层含有多个空气孔，能够有效地将其折射率减小到小于纤芯折射率即可[69~74]。在这种情况下，通过全内反射导引光的传输，其中空气孔用来减小包层的折射率。

11.4.1　设计和制造

图 11.11 给出了微结构光纤的 4 种设计[71]。在图 11.11(a) 所示的设计中，用一层空气孔环包围着细石英纤芯，这样可获得较高的纤芯–包层折射率差，包层的其余部分是用石英制成的。在图 11.11(b) 所示的设计中，用周期性排列的多层空气孔环包围着细纤芯，形成了光子晶体光纤结构。在图 11.11(c) 所示的设计中，包围细纤芯的空气孔的尺寸很大，纤芯几乎完全被空气环绕。因为从外观看它像一个柚子，因此这种设计有时称为"柚子"结构。在图 11.11(d) 所示的设计中，纤芯几乎被空气环绕，中间用很窄的石英桥连接纤芯和包层的其余部分，以维持其结构的完整性。在所有的设计中，空气孔的大小因光纤结构而异，可以从不到 1 微米变化到几微米。

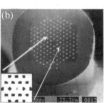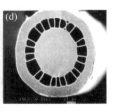

图 11.11　4 种类型微结构光纤的扫描电子显微图[71]（©2001 OSA）

制造微结构光纤的通用技术分为几步。首先在一个固体石英棒周围按六角形堆积多个纯石英毛细管（直径约 1 mm），制成预制棒[68]；然后用一个标准的光纤拉制装置将这个预制棒拉制成光纤，如图 11.12 左侧所示；最后在光纤外部加上聚合物涂覆层来保护光纤。在扫描电子显微镜（SEM）下观察，这种光纤表现为二维空气孔结构，空气孔环绕的中央区作为纤芯。图 11.12 右侧给出了几种光子晶体光纤的扫描电子显微图和几个光学近场图像。通过在预制棒阶段移走中

央的石英棒(见扫描电子显微图 G),可以用同样的技术制造空芯光纤。与 11.3 节中的锥形光纤相比,微结构光纤的长度可以相当长(可超过 1 km),同时还能沿长度方向保持均匀的特性。这种光纤像常规光纤一样易于处理,因为可以在光纤的包层外加上聚合物涂覆层;它们还能与其他光纤熔接,但熔接损耗通常超过 1 dB,除非采取特殊的预防措施。

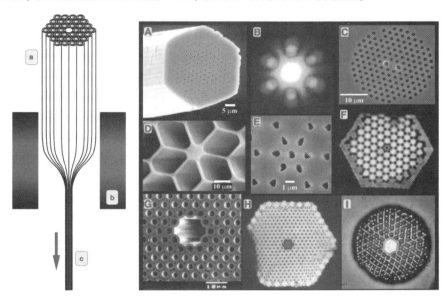

图 11.12　左侧:用来制造光子晶体光纤的拉丝装置的示意图:(a)预制棒,(b)熔炉,(c)拉丝;右侧:几种光子晶体光纤的扫描电子显微图和几个光学近场图像[73](©2003 AAAS授权使用)

另一种制造微结构光纤的技术是"挤压法"(extrusion technique)。在此方法中,预制棒是通过从直径为 1 ~ 2 cm 的固体玻璃棒中有选择地挤压材料制成的。更特别的是,将熔融的玻璃棒通过冲模压制出所需的空气孔图样。这种方法可以从任意块体材料中直接拉制出光纤,无论是晶体材料还是非晶体材料,而实际中常使用聚合物或复合玻璃。将已形成所需空气孔结构的预制棒通过光纤拉丝塔拉制成光纤,可分为两步进行:首先,将外径减小到大约 1/10;其次,将形成的细"茎"插入玻璃管中,然后进一步将尺寸减小到 1/100 以下。

所有微结构光纤都有一个共同的缺点,即损耗比普通光纤大得多[76]。当为了增大光纤的非线性参量 γ 的值而减小芯径时,损耗通常大于 1000 dB/km。如此高损耗的根源与这种光纤中的模式限制特性有关。更特别的是,纤芯和包层都由石英制成,光纤是通过包层中的空气孔将模式限制在纤芯中的,因此空气孔的数量和尺寸都会影响光模在这种波导中的传输。若芯径相对较大(大于 5 μm),则通过适当设计可使损耗减小到 1 dB/km 以下,但这是以非线性参量值的减小为代价的[77]。实质上,减小损耗和增大 γ 值两者之间需要权衡,大的 γ 值要求细芯,但这会引起更大的损耗。

11.4.2　模式和色散特性

微结构光纤或光子晶体光纤的模式和色散特性并不容易分析,因为这种光纤包层的折射率远不是均匀的。基于平面波展开法、多极算法、局域函数法和有限元法的数值方法,常用来解针对实际器件的几何形状的麦克斯韦方程[78~85]。所有计算方法的目的都是找到这种光纤支持的各个模式的传输常数 $\beta(\omega)$ 和有效模面积。

对于包层带有空气孔的周期性阵列的光子晶体光纤［结构如图 11.12 所示］，研究结果表明，有效模面积 A_{eff} 和空气孔环的数目几乎是无关的，尽管限制损耗因子 α_c 与其密切相关[84]。这两个参量还与比率 d/Λ 和 λ/Λ 有关，其中 d 是空气孔直径，Λ 是空气孔间距，λ 是光波波长。对含有 10 个空气孔环的光子晶体光纤，图 11.13 给出了 A_{eff}/Λ^2 与 d/Λ 和 λ/Λ 这两个比值的关系。虚线给出了比值 $\pi w^2/\Lambda^2$ 的变化关系，其中 w 是模场半径的均方根（RMS）值。尽管当 d/Λ 接近 1 时 $A_{eff} \approx \pi w^2$，但当 $d < \Lambda/2$ 时这一关系便不再成立。需要指出的重要一点是，在光纤参量值的较宽范围内 $A_{eff} \approx \Lambda^2$。因此，通过适当设

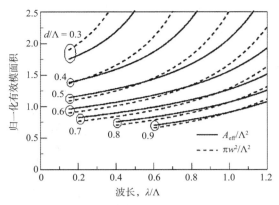

图 11.13　归一化有效模面积 A_{eff} 在比值 d/Λ 取不同值时随 λ/Λ 的变化曲线；为便于比较，图中用虚线给出了比值 $\pi w^2/\Lambda^2$ 的变化曲线[84]（©2003 OSA）

计，实现 $A_{eff} \approx 1\ \mu m^2$ 是可能的，这种光纤的非线性参量值超过 40 W^{-1}/km。

光子晶体光纤支持的光模数量也取决于这两个比值 d/Λ 和 λ/Λ[82]。有效包层折射率 n_{eci} 的概念十分有用，它代表空气孔导致包层区域中石英的折射率减小的程度。图 11.14(a) 给出了 n_{eci} 随 d/Λ 和 λ/Λ 的变化关系。正如所预期的，采用直径更大和间距更小的空气孔可以减小 n_{eci}，这样就能将光模限制得更紧。甚至还可以引入下面的有效 V 参量：

$$V_{eff} = (2\pi/\lambda)a_e \left(n_1^2 - n_{eci}^2 \right)^{1/2} \tag{11.4.1}$$

式中，光子晶体光纤的有效纤芯半径定义为 $a_e = \Lambda/\sqrt{3}$[85]，a_e 如此选择可使单模条件 $V_{eff} = 2.405$ 和标准光纤的一致。图 11.14(b) 中的实线给出了比值 d/Λ 和 λ/Λ 的参量空间中的单模条件。如图所示，当空气孔的尺寸较大时，光子晶体光纤可以支持多个模式。当 $d/\Lambda < 0.45$ 时，光子晶体光纤对所有波长只支持基模；这种光纤称为"无截止"单模光纤[68]。对于更大的 d/Λ 值，当 λ/Λ 小于临界值时，光子晶体光纤支持高阶模。

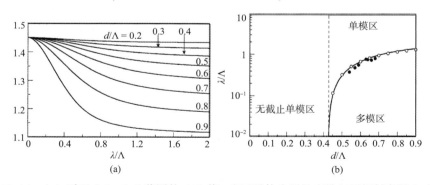

图 11.14　(a) 对于 0.2~0.9 范围的 d/Λ 值，光子晶体光纤的有效包层折射率随 λ/Λ 的变化关系；(b) 光子晶体光纤的 3 个工作区，实线对应条件 $V_{eff} = 2.405$，空心圆圈和实心圆圈分别给出数值模拟和实验数据[85]（©2005 IEEE）

光子晶体光纤的色散特性对空气孔直径 d 和空气孔间距 Λ 这两个参量也非常敏感。图 11.15 给出了当 Λ 分别为 1 μm 和 2 μm 时，对于不同的 d/Λ 值，色散参量 D 随波长的变化

关系[85]。注意，即使在 d 和 Λ 的变化相当小时，群速度色散的改变量也很大。这一特性表明，与锥形光纤相比，微结构光纤能允许更多的色散修饰。这种光纤的零色散波长可随 d 和 Λ 的变化而在 $0.5 \sim 1.5 \ \mu m$ 这一宽范围内变化。图 11.15 的一个重要特性是，这种光纤表现出两个零色散波长，其中一个零色散波长在可见光区，而另一个零色散波长超过 $1 \ \mu m$，这样在两者之间的频谱区域，光纤表现出反常群速度色散。后面将会看到，这一特性可用来观察许多新型的非线性效应。

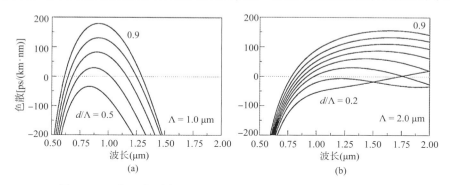

图 11.15　当 Λ 分别为 $1 \ \mu m$ 和 $2 \ \mu m$ 时，具有不同 d/Λ 值的光子晶体光纤的色散 D 随波长 λ 的变化[85]（©2005 IEEE）

　　11.3 节中讨论的熔融拉锥技术已经用来减小光子晶体光纤的芯径[86~88]。这种技术的主要优点是，如果在拉锥过程中能够保证包层中的空气孔结构不至于塌陷，那么利用它可以改变光子晶体光纤的色散和非线性特性。实际上，在保证空气孔不塌陷的前提下，可以将纤芯尺寸和空气孔直径减小到原来的一半。即使这种微小的变化，也可以显著改变大多数微结构光纤的特性，这是因为微结构光纤的色散特性对空气孔的尺寸和间距极为敏感。

11.4.3　空芯光子晶体光纤

　　包层中含有空气孔的周期性二维阵列的实芯光子晶体光纤的导波机制，通常被认为是传统的全内反射。在所谓的光子带隙光纤（photonic-bandgap fiber）中，空气孔的周期特性至关重要，因为它通过包层内折射率的周期变化将光模限制在纤芯内。对于空芯光子晶体光纤，导模是通过光子带隙实现的，因为空芯内不能发生全内反射。这种光子带隙光纤最早是在 1999 年实现的[89]，从此一直受到人们的关注[90~92]。

　　为什么空芯光子晶体光纤非常有用？一种可能性是用它们输运高光功率。由于纤芯内充满空气（它的 n_2 值大约是石英的 1/1000），所有非线性效应很可能弱得多。然而，与常规的石英光纤相比，这种光纤大部分具有相当高的损耗（约 1 dB/m），而且这种损耗取决于多个设计因素，包括空气孔的形状和间距。图 11.16 给出了通过测量得到的包层被设计成六边形晶格形式[93]的空芯光子晶体光纤的损耗谱，这种晶格由交错的三角形组成，这样每个交叉有四个最邻近的交叉。对于光子晶体光纤，六边形晶格的使用导致包层主要被空气填充，这样石英支柱的网状物占据不到 20% 的空间。

　　近年来，利用六边形晶格已将空芯光子晶体光纤的损耗降至 1 dB/km 左右（降低到了 1/1000）[94]，这些光纤采用相当大（直径 20 μm 或更大）的空芯结构，并将六边形晶格的间距增加到 10 μm 以上。因为这种光子晶体光纤主要由空气组成，它们中的非线性效应被大幅度降低。较细纤芯的光子晶体光纤表现出较高的损耗，但它们对一些应用仍比较有用，如利用它们的色散特性压缩脉冲[91]。

空芯光子晶体光纤当前的应用是，通过用适当的气体或液体替换纤芯内的空气，使之变成一种高非线性介质。早在 2002 年，就在这种光纤中通过用氢气替换空气来观察受激喇曼散射，结果表明喇曼阈值降低到了石英光纤的喇曼阈值的 $1/100$[93]。从此，已用各种各样的液体来增强不同的非线性效应[95~101]。要强调的要点是，这种光子晶体光纤纤芯内的液体提供了高非线性，而它的周期包层除了在长距离上导引光，还有助于控制光纤的色散特性。应强调的是，用液体填充光子晶体光纤的纤芯并不容易，有关细节读者可以参阅 2011 年的一篇综述[91]。

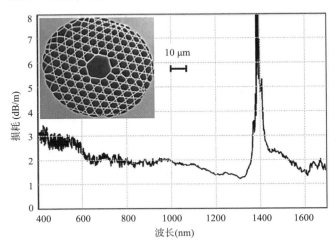

图 11.16　测量的六边形包层空芯光子晶体光纤的损耗与波长的关系，
1400 nm 附近的峰归因于残留的水分[75]（©2006 IEEE）

11.4.4　布拉格光纤

设计成包层区域具有空气孔的二维阵列图样的光子晶体光纤，要忍受多个空气-玻璃界面处的散射损耗，尤其是当空气孔的尺寸降至小于入射光的波长时。另一种称为布拉格光纤的光子晶体光纤就不存在这个问题，因为它们是全固态的。这种光纤需要具有相对大的折射率差的两种玻璃，用它们形成同心固体环形式的包层，其中每种玻璃的层次是交替排布的，以在径向产生一维周期结构。尽管这种布拉格光纤的设计是 20 世纪 70 年代提出的[102]，但直到 2000 年后，它们的发展才开始起飞。从此，利用各种材料已经开发了几种类型的布拉格光纤[103~109]。

图 11.17 给出了布拉格光纤的一个实例及沿其径向的折射率变化[105]。该光纤被设计成用多个环（其折射率交替取 n_1 和 n_2 的值）包围着一个粗中央石英纤芯的结构，通常中心环可以有不同的折射率，甚至包含空气，从而形成空芯布拉格光纤。图 11.17 的右侧给出了布拉格光纤的计算损耗随波长的变化，该光纤 125 μm 的石英纤芯被 7 个环（$n_1 = 1.45$，$n_2 = 2.05$）包围着。尽管布拉格光纤的损耗与不同层的相对厚度有很大的关系，但通过合理的设计，可以将它们在 1.55 μm 附近频谱区的损耗降至 1 dB/km 以下。

利用不同种类的材料已经开发出几种布拉格光纤。在所有情况下，光被限制在低折射率的中央纤芯（通常包含空气）中，这是因为与它同心的周围的环起到布拉格镜的作用，将大部分光反射回纤芯中。尽管这种结构表面上与中空金属波导类似，但包层的周期特性还能导致光子带隙的形成[103]。2002 年，利用聚合物和硫属化物玻璃组成包层的交替层来制作能够在 10 μm 附近波长传光的布拉格光纤[104]。2004 年，在图 11.17 所示的设计中采用了由硅和石英组成的交替层[105]。在这种光纤的一个全石英设计中，包层的所有交替层均采用石英作为基材,但通过用不同的材料对它们掺杂来改变它们的折射率。用这种方法可以在包层的相邻交替层间产生相当小的折射率对比度(小于 0.001)[106]。

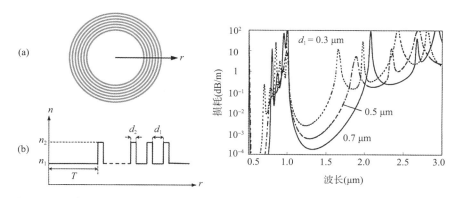

图 11.17　布拉格光纤的(a)横截面和(b)径向折射率的变化。布拉格光纤的计算损耗随波长的变化,该光纤125 μm的石英纤芯被7个环包围着,其中取$n_1 = 1.45$,$n_2 = 2.05$, $d_2 = 0.35$ μm, d_1 从0.3 μm变化到0.7 μm[105](©2004 OSA)

在另一种全石英设计中,布拉格光纤的中空纤芯被由石英和空气组成交替层的包层包围着[107],"空气环"通过纳米级的支撑桥与相邻的石英环相连。一个类似的设计是用聚甲基丙烯酸甲酯(PMMA)聚合物来代替石英[108]。在后来的设计中,用两种不同的聚合物(PMMA 和聚苯乙烯)来制作包层的交替环[109]。结果表明,在这种光纤中,3 个空气环足以提供对光模的限制。然而,注意到布拉格光纤支持的光模属于泄漏模的范畴,总是要遭受限制损耗的[110]。

布拉格光纤持续受到关注,尽管其主要应用好像是在其纤芯内传光,但也可以用在传感方面[111]。布拉格光纤中的非线性效应也已得到研究。在 2009 年的一个实验中[112],将 1067 nm 波长的 120 fs 脉冲入射到全石英布拉格光纤中,观察到大的频谱展宽现象。通过数值模拟还发现,如果光纤提供的正常色散沿其长度减小,那么锥形布拉格光纤可以将高斯脉冲变换成抛物线脉冲[113]。

11.5　非石英光纤

因为石英光纤的 n_2 值相当小,因此已用几种高非线性玻璃来制造光纤[114~128]。这些材料主要包括硅酸铅、硫属化物、氧化碲和氧化铋。本节将回顾一下到目前为止,在实现较大非线性参量 γ 的值方面所取得的进展。

众所周知,不同玻璃的非线性折射率系数 n_2 与材料的线性折射率 n 成比例,因为两者都取决于材料的密度;1978 年,首次提出了这二者之间的经验关系[28]。对于各种各样的玻璃,图 11.18 给出了这一经验关系[127]。如图所示,因玻璃材料和它的组分而异,n_2 值几乎能够变化 1000 倍或更多。折射率为 1.45 的石英玻璃仅处在这个范围的低值端,n_2 的最大值是用硫属化物玻璃实现的,这种玻璃的折射率接近 3.0。

11.5.1　硅酸铅光纤

硅酸铅玻璃是其中的一小部分硅原子被铅取代并形成 PbO 和 SiO2 分子的网状物的石英玻

璃。铅的加入增加了这种玻璃的折射率，根据铅的含量，折射率可在 $1.55 \sim 1.85$ 的范围变化。这种玻璃是由 Schott AG（一个德国公司）商品化的，并以它们的公司代码的方式被大家知道[129]。例如，SF6 和 SF11 玻璃的折射率在 1.75 左右（在 1550 nm 处），因为它们的铅含量相当高。由于 SF57 玻璃有更高的折射率（在 1550 nm 处接近 1.80），它经常用来制造光纤。

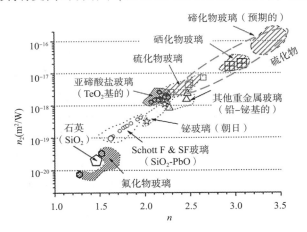

图 11.18   不同光学玻璃的非线性折射率系数 n_2 和线性折射率 n，

符号F和SF分别代表燧石和硅酸铅[127]（©2010 Elsevier）

    20 世纪 80 年代末期，硅酸铅光纤引起关注。对于纤芯内的折射率 $n = 1.774$ 的硫酸铅光纤[114]，在 1064 nm 波长测量它的 n_2 值为 2×10^{-19} m^2/W。因为 SF57 玻璃的 n_2 值几乎增加一倍，近年来这种硅酸铅玻璃已被用于制造几种微结构光纤[123~127]。为此可使用挤压法，因为这种玻璃的软化温度相对较低（约为 520 ℃）。γ 值取决于光纤的设计，可利用细芯来增大 γ 值。2003 年，实验测得芯径为 1.7 μm、有效模面积 $A_{eff} = 2.6$ μm^2 的多孔光纤的 γ 值为 640 W^{-1}/km，该值是通过测量自相位调制感应的非线性相移来估算的[123]。图 11.19（a）给出了对于 37 cm 长的多孔光纤，测量的非线性相移随输入功率的变化情况。图 11.19（b）给出了对于两种不同芯径的多孔光纤，色散参量 D 随波长的变化。正如在图 11.19 中看到的，硅酸铅光纤的色散特性与石英光纤的类似。虽然块体 SF57 玻璃的零色散波长接近 2 μm，但是当 SF57 玻璃光纤的芯径减小到 2 μm 以下时，其零色散波长将小于 1.3 μm。

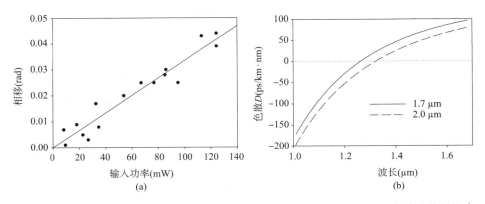

图 11.19   （a）自相位调制感应的非线性相移随输入功率的变化（圆点），实线是线性拟合

结果；（b）对于两个不同的芯径，色散参量 D 随波长的变化[123]（©2003 OSA）

使用挤压法还可以制成包层大部分由空气组成的多孔光纤。图 11.20(a)给出了芯径约为 950 nm 的多孔光纤横截面的扫描电子显微图[125]。由于纤芯和包层的折射率差相对较大，光模被紧紧地限制在纤芯内。图 11.20(b)给出了横截面内的模分布和强度等高线。由于这种细芯多孔光纤所用材料的 n_2 值是石英的 15 倍，因此当有效模面积 A_{eff} 约为 1 μm² 时，光纤的非线性参量值能超过 1000 W⁻¹/km。据预测，当芯径为 500 nm 时，1.06 μm 波长处的 γ 值高达 6000 W⁻¹/km。

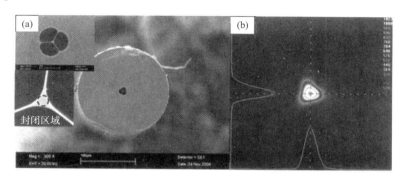

图 11.20　(a) 使用挤压法制造的多孔光纤横截面的扫描电子显微图，插图给出纤芯和包层区域的细节，虚圆圈表示直径为 950 nm 的纤芯;(b)测得的横截面内的模分布和强度等高线[125]（©2006 IEEE）

这种多孔光纤的色散特性还因芯径大小的不同而发生很大变化，而且需要用数值方法（如有限元法）进行研究[125]。图 11.21 给出了当芯径从 0.5 μm 变化到 1.4 μm 时，硅酸铅光纤的色散参量 D 随波长的变化关系。为便于比较，同时给出了 SF57 块体玻璃的材料色散曲线。波导色散使零色散波长从 2 μm 移到 1 μm 附近;当芯径减小到 1 μm 以下时，它对色散曲线的形状也有较大影响。更特别的是，近似抛物线形状的色散曲线使光纤在两个零色散波长（ZDWL）之间的谱窗内表现为反常群速度色散。与锥形光纤类似，当微结构光纤或多孔光纤的芯径减小到 600 nm 以下时，该谱窗就消失了。

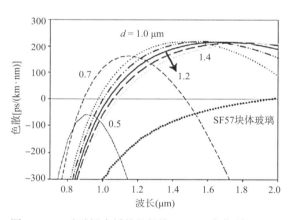

图 11.21　硅酸铅光纤的芯径从 0.5 μm 变化到 1.4 μm 时，色散参量 D 随波长的变化曲线。为便于比较，图中同时给出了 SF57 块体玻璃的色散曲线[125]（©2006 IEEE）

在中央纤芯外具有多层空气孔环的光子晶体光纤设计也用来制造硅酸铅光纤[127]，然而这种光纤要忍受多个空气-玻璃界面处的散射损耗，尤其是当空气孔的尺寸降至小于入射光的波长时。正如在 11.4.4 节中讨论的，布拉格光纤就不存在这个问题，因为它们是全固态的，这种光纤需要具有相对高折射率对比度的两种玻璃，以产生一维周期结构。2009 年，利用两种硅酸铅玻璃，即在 1550 nm 波长附近折射率为 1.53 的 Schott LLF1 和折射率为 1.76 的 Schott SF6，来制造低损耗布拉格光纤[126]。在 1550 nm 波长，这种光纤非线性参量的值为 γ = 120 W⁻¹/km，损耗只有 0.8 dB/m。

11.5.2 硫属化物光纤

自从 20 世纪 90 年代早期，硫属化物光纤就引起了人们的关注，因为其 n_2 值可以是石英光纤的 1000 倍或更多，这取决于光纤的组分[117~122]。硫属化物光纤是利用其组分，包括元素周期表中的氧族元素如硫(S)、硒(Se)和碲(Te)的玻璃制造的。早期实验利用 As_2S_3 玻璃，但在 2000 年选择了 As_2Se_3 材料，因为它的折射率较高。在 2000 年的一个实验中[120]，测得这种材料的 n_2 值是石英光纤的 500 倍。2004 年，在 1550 nm 附近的波长，利用纯度更高的同种材料制造的硫属化物光纤的 n_2 值增大到约 1000 倍[121]，因而非线性参量 γ 的值也相当大。

2004 年的一个实验使用了芯径为 7 μm、有效模面积约为 40 μm² 的 85 cm 长的光纤。图 11.22 给出了在 3 个不同峰值功率下 3.2 ps 脉冲的自相位调制展宽频谱，以及在 1540 nm 波长附近泵浦同一根光纤时测得的喇曼增益谱，观察到的频谱展宽与 $\gamma = 2450$ W^{-1}/km 的值相符。利用 $A_{eff} = 40$ μm²，可以推算出 n_2 的值为 2.4×10^{-17} m²/W，是石英光纤 n_2 值的 1000 倍。同时，当泵浦波长在 1540 nm 附近时，这种材料的喇曼增益系数 g_R 约为 5.1×10^{-11} m/W，该值约为石英光纤的 800 倍。

尽管硫属化物光纤的损耗相对较高，但由于其具有高非线性特性，在与非线性光纤光学有关的应用中引起了相当大的关注。利用这种光纤制作光纤光栅和非线性开关，可以大幅度减小所需的泵浦功率[118]。另外，通过减小芯径和采用包层带有空气孔的微结构，可以进一步增大 γ 的值[80]。2010 年，这种光纤在 1540 nm 附近的损耗可低至 0.35 dB/m，而它的非线性参量 γ 的值大于 2000 W^{-1}/km，表现出很强的非线性效应[128]。

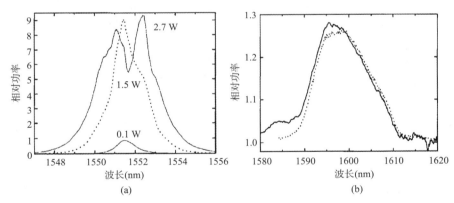

图 11.22   (a) 3.2 ps 脉冲分别在 0.1 W, 1.5 W 和 2.7 W 峰值功率下的自相位调制展宽频谱；(b)在 1540 nm 附近泵浦同一光纤时测得的喇曼增益谱,点曲线给出的是块体材料的情况[121]（©2004 OSA）

11.5.3 氧化铋光纤

1996 年，有人测量了氧化铋(Bi_2O_3)玻璃的三阶非线性，发现与石英玻璃相比，它的三阶非线性相当大[130]。2002 年，用氧化铋玻璃制造的光纤的非线性参量 γ 的值达到 64.2 W^{-1}/km，损耗为 0.8 dB/m[131]。不久以后，氧化铋光纤就引起极大关注，并利用它们制作各种非线性器件[132~138]。2004 年，当氧化铋光纤的芯径减小到 2 μm 以下时，在 1.55 μm 附近的波长 γ 值大于 1000 W^{-1}/km。图 11.23(a)给出了多孔氧化铋光纤的横截面，其芯径为 2.1 μm，细纤芯几乎完全被大空气孔包围。这种光纤的有效模面积估计只有 3.1 μm²。

对于这 3 种具有不同纤芯尺寸的光纤，通过测量自相位调制感应的非线性相移随输入功率的变化来估计非线性参量 γ 的值。图 11.23(b)给出了测量值和 ASR(air-suspended rod)模型的预测值，在 ASR 模型中，认为纤芯完全被空气包围。非线性参量 γ 的值从 460 W^{-1}/km 变化到 1100 W^{-1}/km，最大值是在光纤芯径为 2.1 μm 时达到的。理论模型预测，随着纤芯尺寸的进一步减小，γ 的值有可能接近 2000 W^{-1}/km。

氧化铋光纤已经用在与远程通信系统有关的各种应用中。因为它们的损耗相对较高(约为 1 dB/m)，因此光纤长度一般小于 2 m。在 2005 年的一个实验中[133]，仅需要 1 m 长的高非线性光纤就制成了可以工作在 80 Gbps 的基于四波混频的波长变换器。因为它们的高非线性特性，氧化铋光纤经常用于超连续谱产生[134]，这个非线性过程将在第 13 章中讨论。其他的应用包括参量放大、分插复用、可调谐脉冲延迟和全光信号再生[135~137]。用稀土元素如铒和镱对氧化铋光纤掺杂后，它们还可用来制作光放大器和激光器。在这种光纤内也可以制作布拉格光栅，最近利用这样的光栅实现了非线性光交换[138]。

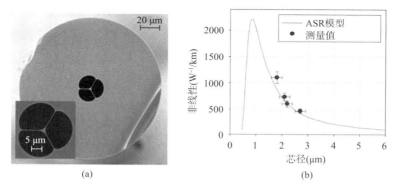

图 11.23　(a) 多孔氧化铋光纤的横截面，插图是放大图；(b) 对于 3 种这样的光纤，
γ 的测量值和 ASR(air-suspended rod)模型的预测值[132](©2004 OSA)

在另一类光纤中，用 TeO_2 玻璃代替 BiO_2 玻璃。亚碲酸盐玻璃的 n_2 值差不多是石英玻璃的 10 倍[115]，同时其峰值喇曼增益可达到石英玻璃的 30 倍[139]。在 2003 年的一个实验中[140]，利用含有 5% Na_2CO_3，20% ZnO 和 75% TeO_2 的亚碲酸盐玻璃制造微结构光纤，拉制的光纤的芯径为 7 μm。由于纤芯被 100 nm 粗的细线吊着，它几乎完全被空气环绕，导致光模受到很强的限制，有效模面积也仅为 21.2 $μm^2$。这种光纤的 γ 值估计为 48 W^{-1}/km。对于另一种亚碲酸盐光纤[124]，其有效模面积 A_{eff} 的值减小到 2.6 $μm^2$ 左右，在 1050 nm 附近的波长 γ 的测量值为 580 W^{-1}/km。因为它们的非线性应用，亚碲酸盐玻璃一直受到关注，并已用来制造具有 400 nm 小的芯径的微结构光纤[141]。

11.6　脉冲在细芯光纤中的传输

高非线性光纤(HNLF)的芯径经常要减小到接近或小于 1 μm，以增强这种光纤中的非线性效应。由于在这样的条件下纤芯尺寸变得可与光波长相比或更短，光纤中电场的纵向分量不能忽略，必须考虑光模的矢量特性。结果，当将电磁场的矢量特性完全包括在内时，非线性参量 γ 的值要比标量理论的预期值大[142~146]。本节要回顾 2.3 节的理论，用它来讨论脉冲在高非线性光纤中的传输。

11.6.1　矢量理论

按照 2.2 节的处理方法，我们假设对某种特定的高非线性光纤在频域中解麦克斯韦方程，以获得以下形式的每个光模的电场和磁场矢量：

$$\widetilde{\boldsymbol{E}}_m(\boldsymbol{r},\omega) = \boldsymbol{e}_m(x,y,\omega)\exp[\mathrm{i}\beta_m(\omega)z], \quad \widetilde{\boldsymbol{H}}_m(\boldsymbol{r},\omega) = \boldsymbol{h}_m(x,y,\omega)\exp[\mathrm{i}\beta_m(\omega)z] \tag{11.6.1}$$

式中，$\beta_m(\omega)$ 是第 m 个模式的传输常数。当光脉冲在这种光纤中传输时，它的电场 $\widetilde{\boldsymbol{E}}(\boldsymbol{r},\omega)$ 可以用这些模式展开（见 2.3.4 节）为

$$\widetilde{\boldsymbol{E}}(\boldsymbol{r},\omega) = \sum_m \boldsymbol{F}_m(x,y,\omega)\widetilde{A}_m(z,\omega)\exp[\mathrm{i}\beta_m(\omega)z] \tag{11.6.2}$$

式中，$\boldsymbol{F}_m = \boldsymbol{e}_m / \sqrt{N_m}$，$N_m$ 与用坡印廷矢量获得的频谱功率有关，有下面的形式[143]：

$$N_m(\omega) = \frac{1}{2}\left|\iint [\boldsymbol{e}_m(x,y,\omega) \times \boldsymbol{h}_m^*(x,y,\omega)] \cdot \hat{z}\,\mathrm{d}x\,\mathrm{d}y\right| \tag{11.6.3}$$

式中，$\hat{z}$ 是沿传输方向的单位矢量。

用同样的振幅 $\widetilde{A}_m(z,\omega)$ 可以将磁场以类似的方式展开。于是按照 2.3.4 节的处理方法，用非线性极化获得 $A_m(z,t)$ 的时域微分方程。由于有关细节在一些出版物中都可以找到[142~146]，这里仅概述最终的结果。在克尔极限下，可以利用式(2.3.6)给出的非线性极化的形式。如果只关注光纤的基模，则可以忽略模式的下标 m，发现 $A(z,t)$ 仍满足标准非线性薛定谔方程[见方程(2.3.28)]，但非线性参量 γ 需要改变，它可以写成 $\gamma = \omega_0 n_2^{\mathrm{eff}}/(cA_{\mathrm{eff}})$ 的形式，其中 n_2^{eff} 和 A_{eff} 的定义如下[143]：

$$n_2^{\mathrm{eff}} = \frac{\epsilon_0\omega_0 \iint n_2(x,y)n^2(x,y)[2|\boldsymbol{e}(x,y)|^4 + |\boldsymbol{e}^2(x,y)|^2]\mathrm{d}x\,\mathrm{d}y}{(3\mu_0 c)\left|\iint[\boldsymbol{e}(x,y) \times \boldsymbol{h}^*(x,y)] \cdot \hat{z}\,\mathrm{d}x\,\mathrm{d}y\right|^2} \tag{11.6.4}$$

$$A_{\mathrm{eff}} = \frac{\left|\iint[\boldsymbol{e}(x,y) \times \boldsymbol{h}^*(x,y)] \cdot \hat{z}\,\mathrm{d}x\,\mathrm{d}y\right|^2}{\iint\left|[\boldsymbol{e}(x,y) \times \boldsymbol{h}^*(x,y)] \cdot \hat{z}\right|^2 \mathrm{d}x\,\mathrm{d}y} \tag{11.6.5}$$

式中，光模的场是在脉冲固定的载频 ω_0 处计算的，为简化符号，这种相关性没有显示出来。

除包含光场的矢量特性以外，有效模面积的定义与它在式(2.3.31)中的定义类似。利用麦克斯韦方程决定的电场和磁场之间的关系，式(11.6.5)可以单独用电场写成：

$$A_{\mathrm{eff}} = \frac{\left|\iint[\beta|\boldsymbol{e}_t(x,y)|^2 + \mathrm{i}\boldsymbol{e}_t(x,y) \cdot \nabla_t e_z(x,y)]\mathrm{d}x\,\mathrm{d}y\right|^2}{\iint\left|\beta|\boldsymbol{e}_t(x,y)|^2 + \mathrm{i}\boldsymbol{e}_t(x,y) \cdot \nabla_t e_z(x,y)\right|^2 \mathrm{d}x\,\mathrm{d}y} \tag{11.6.6}$$

式中，e_z 是电场的纵向分量，$\boldsymbol{e}_t$ 是电场的横向部分。在 e_z 可以忽略的极限下，A_{eff} 简化成式(2.3.28)的定义。然而，对于芯径小于 1 μm 的高非线性光纤，根据 e_z 的相对重要性，A_{eff} 的值会有变化。利用式(11.6.4)计算的 n_2 的有效值也受光纤几何形状的影响，这个表达式可以用于中空或气体填充的光纤纤芯，只要在求积分值时利用纤芯区域内 n 和 n_2 的适当值即可。

图 11.24(a)给出了用矢量理论（灰色曲线）和标量理论（黑色曲线）计算的 γ 的值随高非线性光纤（它的 BiO_2 纤芯大部分被空气包围）芯径的变化[145]。这种光纤被制成具有 530 nm 的芯径，并通过测量非线性相移随入射功率 P_0 的变化来估计 γ 参量的值。图 11.24(b)给出了实验数据和由 $\phi_{\mathrm{NL}} = \gamma P_0 L_{\mathrm{eff}}$ 线性拟合的结果。图 11.24(a)中标记出 5200 W^{-1}/km 的测量值，与矢量理论的预测一致，但偏离标量理论的预测较大。通常，矢量效应可以将 γ 的值增大 70%，因此对芯径小于 1 μm 的高非线性光纤，应将矢量效应包含在内。

可以将矢量法延伸,以包含喇曼效应对非线性极化的贡献[144]。分析表明,喇曼增益也受细芯高非线性光纤中光模的矢量特性的影响。如果将这种光纤用于喇曼放大或受激喇曼散射起作用的其他应用中,那么延伸分析是有用的。

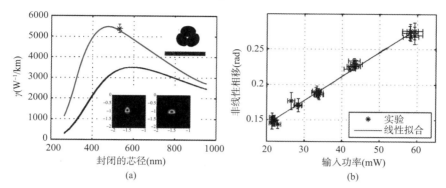

图 11.24　(a)用矢量理论(灰色曲线)和标量理论(黑色曲线)计算的非线性参量 γ 的值随 BiO_2 光纤(它的设计见顶部的插图)的芯径的变化,底部的插图给出了正交偏振的基模的近场图;(b)对于芯径为 530 nm 的 BiO_2 光纤,测量的非线性相移随输入功率的变化,用这些数据推算(a)中做标记的 γ 的值[145](©2009 IEEE)

11.6.2　频率相关的模式分布

在上面的描述中,假设在脉冲带宽上模式分布 $e_m(x,y,\omega)$ 相对它在载频 ω_0 时的值变化并不大。在脉冲传输过程中频谱被大大展宽或因为脉冲内喇曼散射而移向较长波长(当飞秒脉冲在细芯光子晶体光纤中传输时,这两种情况都容易发生),这个假设就是不可靠的。最近发现,一种新的非线性(称为几何非线性)在这种条件下变得比较重要[147]。

若模式分布随频率 ω 显著变化,则需将电场 $e_m(x,y,\omega)$ 在载频 ω_0 附近展开成泰勒级数形式:

$$e_m(x,y,\omega) = \sum_{n=0}^{\infty} \frac{1}{n!}\left(\frac{\omega-\omega_0}{\omega_0}\right)^n f_m^{(n)}(x,y) \tag{11.6.7}$$

式中, $f_m^{(n)} = \omega_0^n(\partial^n e_m/\partial\omega^n)$ 在 $\omega=\omega_0$ 处赋值。从 $F_m = e_m/\sqrt{N_m}$ 的方程(2.3.51)明显可以看出,这种展开使所得的模振幅 $A_m(z,t)$ 的时域方程大大复杂化了。即使我们将分析限制为光纤的单个模式,并忽略下标 m,广义非线性薛定谔方程(2.3.36)仍有无数个非线性项[147]:

$$\frac{\partial A}{\partial z} - i\sum_{n=1}^{\infty}\frac{i^n\beta_n}{n!}\frac{\partial^n A}{\partial t^n} = i\sum_{mnpq}\gamma^{mnpq}\left(1+\frac{i\partial_t}{\omega_0}\right)\left(\frac{i\partial_t}{\omega_0}\right)^m \phi^{npq}(z,t) \tag{11.6.8}$$

式中,为简化起见已忽略了损耗项,并利用了

$$\phi^{npq}(z,t) = \omega_0^{-(n+p+q)}[(i\partial_t)^n A(z,t)]\left(R(t)\otimes\{[(i\partial_t)^p A(z,t)][(-i\partial_t)^q A^*(z,t)]\}\right) \tag{11.6.9}$$

式中,符号 $\otimes$ 表示卷积, ∂_t 表示时间的偏导数。

非线性系数 γ^{mnpq} 取决于场导数 $f^{(n)}(x,y)$。当非线性响应如式(2.3.32)时, γ^{mnpq} 定义为[147]

$$\gamma^{mnpq} = \frac{\omega_0}{8cN^2}\iint dx\,dy\frac{\chi_{xxxx}^{(3)}(x,y)}{m!n!p!q!}$$
$$\times\left([f^{(m)}\cdot f^{(n)}][f^{(p)}\cdot f^{(q)}]+[f^{(m)}\cdot f^{(p)}][f^{(n)}\cdot f^{(q)}]\right. \tag{11.6.10}$$
$$\left.+[f^{(m)}\cdot f^{(q)}][f^{(n)}\cdot f^{(p)}]\right).$$

方程(2.3.36)中的单一非线性参量 γ 对应于 γ^{0000}。在方程(11.6.8)中的求和项中，m、n、p 和 q 的值大于零，目的是将模式分布的频率相关性考虑在内。由式(11.6.10)容易看出，γ^{mnpq} 满足对称关系，这大大减少了独立非线性系数的个数。如果限于一级修正，则需要单一参量 $\gamma_1 = \gamma^{1000} = \gamma^{0100} = \gamma^{0010} = \gamma^{0001}$。

图 11.25(a) 给出了设计成具有图 11.25(b) 中所示色散分布的光子晶体光纤的 γ_0 和 γ_1 的计算值随波长的变化。在 1 μm 附近的波长，比值 γ_1/γ_0 相当小，这表明方程(11.6.8)中的高阶非线性项起很小的作用。然而，在大于 2 μm 的波长，这一比值超过 0.25。结果，对于这些波长 γ_1 项对非线性演化的贡献很大。数值模拟揭示，在其他方面，它可以大大减小喇曼感应频移[147]。注意，要点是模式分布的频率相关性可能在实际中变得比较重要，这取决于光纤的设计。

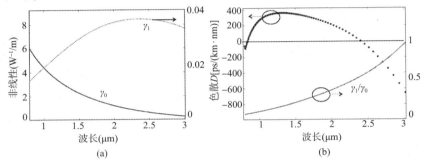

图 11.25　（a）设计成具有（b）中所示色散分布的光子晶体光纤的 γ_0 和 γ_1 的计算值随波长的变化；（b）色散和比值 γ_1/γ_0 随波长的变化[147]（©2010 美国物理学会）

习题

11.1　光纤折射率可以记为 $n = n_0 + n_2 I$，其中 $n_0 = 1.45$，$n_2 = 2.7 \times 10^{-20}$ m²/W，I 是光强。如果折射率用电场表示为 $n = n_0 + n_2^E |E|^2$，试求 n_2^E 的大小。

11.2　两台连续激光器发出的波长相差一个小量 $\Delta \lambda$ 的光在长为 L 的光纤中传输，推导在包含自相位调制感应相移的效应后光纤输出端频谱的表达式。为简单起见，假设两台激光器的输入功率相等，忽略光纤损耗和色散。

11.3　试解释为何由上题得到的频谱能用来估计非线性参量 γ 的值。另外，推导由式(11.1.5)给出的功率比的表达式。

11.4　讨论如何用交叉相位调制这种非线性现象推导出光纤的 γ 值。当采用泵浦 - 探测结构时，为什么对泵浦光退偏振比较重要？

11.5　当所用脉冲的宽度小于 1 ns 时，测量的 γ 值小了大约 20%，试解释造成 γ 值减小的物理过程。若采用飞秒脉冲测量 γ，又会怎么样？

11.6　通过将石英包层光纤的芯径减小到 1 μm 以下，不可能实现大 γ 值，试解释其原因。利用 $A_{eff} = \pi w^2$，式中 $w = a/\sqrt{\ln V}$，证明当 $V = \sqrt{e}$ 时，γ 达到最大值，其中光纤 V 参量的定义见式(11.2.1)。

11.7　对空气包层的锥形光纤，利用 $n_1 = 1.45$，$n_c = 1$ 和 $a = 1$ μm 解 2.2.1 节的本征值方程(2.2.8)，绘出 0.4 ~ 2 μm 波长范围内的 $\beta(\omega)$ 曲线。另外，绘出二阶和三阶色散参量（即 β_2 和 β_3）在这一波长范围的曲线，求出该光纤的零色散波长。

11.8　对于芯径小于 1 μm 的锥形光纤，重复上题，绘出类似图 11.9(b) 给出的色散曲线。

11.9　利用 $\exp(-\rho^2/w^2)$ 形式的高斯形模分布曲线，其中 $w = a/\sqrt{\ln V}$，a 是纤芯半径，推导锥形光纤用 V 参量表示的 γ 的表达式。证明当光纤被设计成 $V \approx 1.85$ 时，γ 达到最大值。

11.10　试解释中央纤芯由石英制成或含有空气两种情况下的微结构光纤的模限制机制。当包层含有空气孔的周期阵列时，在第二种情况下是如何限制光的？

参考文献

[1] P. N. Butcher and D. N. Cotter, *The Elements of Nonlinear Optics* (Cambridge University Press, 1990), Appendix 5.

[2] A. Owyoung, R. W. Hellwarth, and N. George, *Phys. Rev. B* **5**, 628 (1972).

[3] A. Owyoung, *IEEE J. Quantum Electron.* **9**, 1064 (1973).

[4] D. Milam and M. J. Weber, *J. Appl. Phys.* **47**, 2497 (1976).

[5] M. J. Weber, D. Milam, and W. L. Smith, *Opt. Eng.* **17**, 463 (1978).

[6] R. Adair, L. I. Chase, and S. A. Payne, *J. Opt. Soc. Am. B* **4**, 875 (1987).

[7] M. Asobe, K. Suzuki, T. Kanamori, and K. Kubodera, *Appl. Phys. Lett.* **60**, 1153 (1992).

[8] D. Milam, *Appl. Opt.* **37**, 546 (1998).

[9] R. H. Stolen and C. Lin, *Phys. Rev. A* **17**, 1448 (1978).

[10] G. P. Agrawal, in *Properties of Glass and Rare-Earth Doped Glasses for Optical Fibers*, D. Hewak, Ed. (INSPEC, IEE, London, 1998), pp. 17–21.

[11] M. Monerie and Y. Durteste, *Electron. Lett.* **23**, 961 (1987).

[12] L. Prigent and J. P. Hamaide, *IEEE Photon. Technol. Lett.* **5**, 1092 (1993).

[13] K. S. Kim, R. H. Stolen, W. A. Reed, and K. W. Quoi, *Opt. Lett.* **19**, 257 (1994).

[14] Y. Namihira, A. Miyata, and N. Tanahashi, *Electron. Lett.* **30**, 1171 (1994).

[15] T. Kato, Y. Suetsugu, M. Takagi, E. Sasaoka, and M. Nishimura, *Opt. Lett.* **20**, 988 (1995).

[16] M. Artiglia, E. Ciaramella, and B. Sordo, *Electron. Lett.* **31**, 1012 (1995).

[17] M. Artiglia, R. Caponi, F. Cisternino, C. Naddeo, and D. Roccato, *Opt. Fiber Technol.* **2**, 75 (1996).

[18] A. Boskovic, S. V. Chernikov, J. R. Taylor, L. Gruner-Nielsen, and O. A. Levring, *Opt. Lett.* **21**, 1966 (1996).

[19] A. Fellegara, M. Artiglia, S. B. Andereasen, A. Melloni, F. P. Espunes, and M. Martinelli, *Electron. Lett.* **33**, 1168 (1997).

[20] R. H. Stolen, W. A. Reed, K. S. Kim, and G. T. Harvey, *J. Lightwave Technol.* **16**, 1006 (1998).

[21] T. Omae, K. Nakajima, and M. Ohashi, *IEEE Photon. Technol. Lett.* **13**, 571 (2001).

[22] D. Monzón-Hernández, A. N. Starodumov, Yu. O. Barmenkov, I. Torres-Gómez, and F. Mendoza-Santoyo, *Opt. Lett.* **23**, 1274 (1998).

[23] C. Vinegoni, M. Wegumuller, and N. Gisin, *Electron. Lett.* **36**, 886 (2000).

[24] K. Li, Z. Xiong, G. D. Peng, and P. L. Chu, *Opt. Commun.* **136**, 223 (1997).

[25] T. Kato, Y. Suetsugu, and M. Nishimura, *Opt. Lett.* **20**, 2279 (1995).

[26] A. Wada, S. Okude, T. Sakai, and R. Yamauchi, *Electron. Commun. Jpn., Part I* **79**, 12 (1996).

[27] K. Nakajima and M. Ohashi, *IEEE Photon. Technol. Lett.* **14**, 492 (2002).

[28] N. L. Boling, A. J. Glass, and A. Owyoung, *IEEE J. Quantum Electron.* **14**, 601 (1978).

[29] S. V. Chernikov and J. R. Taylor, *Opt. Lett.* **21**, 1559 (1996).

[30] F. A. Oguama, H. Garcia, and A. M. Johnson, *J. Opt. Soc. Am. B* **22**, 426 (2005).

[31] A. Martínez-Rios, A. N. Starodumov, Y. O. Barmenkov, V. N. Filippov, and I. Torres-Gomez, *J. Opt. Soc. Am. B* **18**, 794 (2001).

[32] E. L. Buckland and R. W. Boyd, *Opt. Lett.* **21**, 1117 (1996).

[33] E. L. Buckland and R. W. Boyd, *Opt. Lett.* **22**, 676 (1997).

[34] A. Fellegara, A. Melloni, and M. Martinelli, *Opt. Lett.* **22**, 1615 (1997).

[35] A. Melloni, M. Martinelli, and A. Fellegara, *Fiber Integ. Opt.* **18**, 1 (1999).

[36] C. Mazzali, D. F. Grosz, and H. L. Fragnito, *IEEE Photon. Technol. Lett.* **11**, 251 (1999).

[37] A. Fellegara, A. Melloni, and P. Sacchetto, *Opt. Commun.* **162**, 333 (1999).

[38] S. Smolorz, F. Wise, and N. F. Borrelli, *Opt. Lett.* **24**, 1103 (1999).

[39] T. Okuno, M. Onishi, T. Kashiwada, S. Ishikawa, and M. Nishimura, *IEEE J. Sel. Topics Quantum Electron.* **5**, 1385(1999).

[40] T. Morioka, S. Kawanishi, K. Mori, and M. Saruwatari, *Electron. Lett.* **30**, 790 (1994).

[41] T. Okuno, M. Onishi, and M. Nishimura, *IEEE Photon. Technol. Lett.* **34**, 72 (1998).

[42] P. B. Hansen, G. Jacobovitz-Veselka, L. Gruner-Nielsen, and A. J. Stentz, *Electron. Lett.* **34**, 1136 (1998).

[43] Y. Emori, Y. Akasaka, and S. Namiki, *Electron. Lett.* **34**, 2145 (1998).

[44] K. Mori, H. Takara, and S. Kawanishi, *J. Opt. Soc. Am. B* **18**, 1780 (2001).

[45] T. Okuno, M. Hirano, T. Kato, M. Shigematsu, and M. Onishi, *Electron. Lett.* **39**, 972 (2003).

[46] J. W. Nicholson, A. K. Abeeluck, C. Headley, M. F. Yan, and C. G. Jørgensen, *Appl. Phys. B* **77**, 211 (2003).

[47] K.-W. Chung and S. Yin, *Microwave Opt. Technol. Lett.* **40**, 153 (2004).

[48] A. Zheltikov, *J. Opt. Soc. Am. B* **22**, 1100 (2005).

[49] A. W. Snyder and J. D. Love, *Optical Waveguide Theory* (Kluwer Academic, 1983).

[50] P. Dumais, F. Gonthier, S. Lacroix, J. Bures, A. Villeneuve, P. G. J. Wigley, and G. I. Stegeman, *Opt. Lett.* **18**, 1996 (1993).

[51] T. A. Birks, W. J. Wadsworth, and P. St. J. Russell, *Opt. Lett.* **25**, 1415 (2000).

[52] J. M. Harbold, F. O. Ilday, F. W. Wise, T. A. Birks, W. J. Wadsworth, and Z. Chen, *Opt. Lett.* **27**, 1558 (2000).

[53] J. Teipel, K. Franke, D. Türke, F. Warken, D. Meiser, M. Leuschner, and H. Giessen, *Appl. Phys. B* **77**, 245 (2003).

[54] F. Lu and W. H. Knox, *Opt. Express* **12**, 347 (2004).

[55] M. A. Foster and A. L. Gaeta, *Opt. Express* **12**, 3137 (2004).

[56] G. Brambilla, *J. Opt.* **12**, 043011 (2010).

[57] D. C. Johnson, B. S. Kawasaki, and K. O. Hill, *Fiber Integ. Opt.* **3**, 263 (1980).

[58] H. Yokota, E. Sugai, and Y. Sasaki, *Opt. Rev.* **4**, 104 (1997).

[59] T. E. Dimmick, G. Kakarantzas, T. A. Birks, and P. St. J. Russell, *Appl. Opt.* **38**, 6845 (1999).

[60] G. Kakarantzas, T. E. Dimmick, T. A. Birks, R. Le Roux, and P. St. J. Russell, *Opt. Lett.* **26**, 1137 (2001).

[61] L. C. Özcan, V. Tréanton, F. Guay, and R. Kashyap, *IEEE Photon. Technol. Lett.* **19**, 657 (2007).

[62] L. M. Tong, R. R. Gattass, J. B. Ashcom, S. L. He, J. Y. Lou, M. Y. Shen, I. Maxwell, and E. Mazur, *Nature* **426**, 816 (2003).

[63] L. M. Tong, J. Y. Lou, and E. Mazur, *Opt. Express* **12**, 1025 (2004).

[64] S. Leon-Saval, T. Birks, W. Wadsworth, P. St. J. Russell, and M. Mason, *Opt. Express* **12**, 2864 (2004).

[65] M. A. Foster, K. D. Moll, and A. L. Gaeta, *Opt. Express* **12**, 2880 (2004).

[66] C. M. B. Cordeiro, W. J. Wadsworth, T. A. Birks, and P. St. J. Russell, *Opt. Lett.* **30**, 1980 (2005).

[67] R. Zhang, J. Teipel, X. Zhang, D. Nau, and H. Giessen, *Opt. Express* **12**, 1700 (2004).

[68] J. C. Knight, T. A. Birks, P. St. J. Russell, and D. M. Atkin, *Opt. Lett.* **21**, 1547 (1996).

[69] N. G. R. Broderick, T. M. Monro, P. J. Bennett, and D. J. Richardson, *Opt. Lett.* **24**, 1395 (1999).

[70] J. Broeng, D. Mogilevstev, S. B. Barkou, and A. Bjarklev, *Opt. Fiber Technol.* **5**, 305 (1999).

[71] B. J. Eggleton, C. Kerbage, P. S. Westbrook, R. S. Windeler, and A. Hale, *Opt. Express* **9**, 698 (2001).

[72] T. P. White, R. C. McPhedran, C. M. de Sterke, L. C. Botten, and M. J. Steel, *Opt. Lett.* **26**, 1660 (2001).

[73] P. St. J. Russell, *Science* **299**, 358 (2003).

[74] J. K. Ranka and A. L. Gaeta, in *Nonlinear Photonic Crystals*, R. E. Slusher and B. J. Eggleton, Eds. (Springer, New York, 2003).

[75] P. St. J. Russell, *J. Lightwave Technol.* **24**, 4729 (2006).

[76] V. Finazzi, T. M. Monro, and D. J. Richardson, *J. Opt. Soc. Am. B* **20**, 1427 (2003).

[77] K. Nakajima, J. Zhou, K. Tajima, K. Kurokawa, C. Fukai, and I. Sankawa, *J. Lightwave Technol.* **17**, 7 (2005).

[78] D. Mogilevtsev, T. A. Birks, and P. St. J. Russell, *Opt. Lett.* **23**, 1662 (1998).

[79] A. Ferrando, E. Silvestre, J. J. Miret, P. Andrés, and M. V. Andrés, *Opt. Lett.* **24**, 276 (1999).

[80] T. M. Monro, D. J. Richardson, N. G. R. Broderick, and P. J. Bennett, *J. Lightwave Technol.* **18**, 50 (2000).

[81] F. Brechet, J. Marcou, D. Pagnoux, and P. Roy, *Opt. Fiber Technol.* **6**, 181 (2000).

[82] N. A. Mortensen, *Opt. Express* **10**, 341 (2002).

[83] Z. Zhu and T. G. Brown, *Opt. Express* **8**, 547 (2001); *Opt. Commun* **206**, 333 (2002).

[84] M. Koshiba and K. Saitoh, *Opt. Express* **11**, 1746 (2003).

[85] K. Saitoh and M. Koshiba, *J. Lightwave Technol.* **23**, 3580 (2005).

[86] E. C. Mägi, P. Steinvurzel, and B. J. Eggleton, *Opt. Express* **12**, 776 (2004).

[87] H. C. Nguyen, B. T. Kuhlmey, E. C. Mägi, et al., *Appl. Phys. B* **81**, 377 (2005).

[88] W. J. Wadsworth, A. Witkowska, S. G. Leon-Saval, and T. A. Birks, *Opt. Express* **13**, 6541 (2005).

[89] R. F. Cregan, B. J. Mangan, J. C. Knight, et al., *Science* **285**, 1537 (1999).

[90] A. R. Bhagwat and A. L. Gaeta, *Opt. Express* **16**, 5035 (2008).

[91] F. Benabid and P. J. Roberts, *J. Mod. Opt.* **58**, 87 (2011).

[92] J. C. Travers, W. Chang, J. Nold, N. Y. Joly, and P. St. J. Russell, *J. Opt. Soc. Am. B* **28**, A11 (2011).

[93] F. Benabid, J. C. Knight, G. Antonopoulos, and P. St. J. Russell, *Science* **298**, 399 (2002).

[94] F. Couny, F. Benabid, and P. S. Light, *Opt. Lett.* **31**, 3574 (2006).

[95] F. Benabid, F. Couny, J. C. Knight, T. A. Birks, and P. St. J. Russell, *Nature* **434**, 488 (2005).

[96] S. Yiou, P. Delaye,, A. Rouvie, et al., *Opt. Express* **13**, 4786 (2005).

[97] C. R. Rosberg, F. H. Bennet,, D. N. Neshev, et al., *Opt. Express* **15**, 12145 (2007).

[98] S. Lebrun, P. Delaye, R. Frey, and G. Roosen, *Opt. Lett.* **32**, 337 (2007).

[99] F. Couny and F. Benabid, *J. Opt. A* **11**, 103002 (2009).

[100] J. Bethge, A. Husakou,, F. Mitschke, et al., *Opt. Express* **18**, 6230 (2010).

[101] M. C. Huy, A. Baron, S. Lebtun, R. Frey, and P. Delaye, *J. Opt. Soc. Am. B* **27**, 1886 (2010).

[102] P. Yeh, A. Yariv, and E. Marom, *J. Opt. Soc. Am.* **68**, 1196 (1978).

[103] S. G. Johnson, M. Ibanescu,, M. Skorobogatiy, et al., *Opt. Express* **9**, 748 (2001).

[104] B. Temelkuran, S. D. Hart, G. Benoit, J. D. Joannopoulos, and Y. Fink, *Nature* **420**, 650 (2002).

[105] T. Katagiri, Y. Matsuura, and M. Miyagi, *Opt. Lett.* **29**, 557 (2004).

[106] S. Février, R. Jamier, J.-M. Blondy, et al., *Opt. Express* **14**, 562 (2006).

[107] G. Vienne, Y. Xu, C. Jakobsen, et al., *Opt. Express* **12**, 3500 (2004).

[108] A. Argyros, M. A. van Eijkelenborg, M. C. J. Large, and I. M. Bassett, *Opt. Lett.* **31**, 172 (2006).

[109] A. Dupuis, N. Guo, B. Gauvreau, et al., *Opt. Lett.* **32**, 2882 (2007).

[110] K. J. Rowland, S. Afshar V., and T. M. Monro, *J. Lightwave Technol.* **26**, 43 (2008).

[111] M. S. Ferreira, J. M. Baptista, P. Roy, et al., *Opt. Lett.* **36**, 993 (2011).

[112] H. T. Bookey, S. Dasgupta, N. Bezawada, et al., *Opt. Express* **17**, 17130 (2009).

[113] B. Nagaraju, R. K. Varshney, G. P. Agrawal, and B. P. Pal, *Opt. Commun.* **283**, 2525 (2010).

[114] M. A. Newhouse, D. L. Weidman, and D. W. Hall, *Opt. Lett.* **15**, 1185 (1990).

[115] J. S. Wang, E. M. Vogel, and E. Snitzer, *Opt. Mat.* **3**, 187 (1994).

[116] I. Kang, T. D. Krauss, F. W. Wise, B. G. Aitken, and N. F. Borrelli, *J. Opt. Soc. Am. B* **12**, 2053 (1995).

[117] M. Asobe, T. Kanamori, and K. Kubodera, *IEEE J. Quantum Electron.* **29**, 2325 (1993).

[118] M. Asobe, *Opt. Fiber Technol.* **3**, 142 (1997).

[119] T. Cardinal, K. A. Richardson, H. Shim, et al., *J. Non-Cryst. Solids* **256**, 353 (1999).

[120] G. Lenz, J. Zimmermann, T. Katsufuji, et al., *Opt. Lett.* **25**, 254 (2000).

[121] R. E. Slusher, G. Lenz, J. Hodelin, J. Sanghera, L. B. Shaw, and I. D. Aggarwal, *J. Opt. Soc. Am. B* **21**, 1146 (2004).

[122] L. B. Fu, M. Rochette, V. G. Ta'eed, D. J. Moss, and B. J. Eggleton, *Opt. Express* **13**, 7637 (2005).

[123] P. Petropoulos, H. Ebendorff-Heidepriem, V. Finazzi, et al., *Opt. Express* **11**, 3568 (2003).

[124] X. Feng, A. K. Mairaj, D. W. Hewak, and T. M. Monro, *J. Lightwave Technol.* **23**, 2046 (2005).

[125] J. Y. Y. Leong, P. Petropoulos, J. H. V. Price, et al., *J. Lightwave Technol.* **24**, 183 (2006).

[126] X. Feng, F. Poletti, A. Camerlingo, et al., *Opt. Express* **17**, 20249 (2009).

[127] X. Feng, F. Poletti, A. Camerlingo, et al., *Opt. Fiber Technol.* **16**, 378 (2010).

[128] M. El-Amraoui, J. Fatome, J. C. Jules, et al., *Opt. Express* **18**, 45478 (2010).

[129] Schott Optical Glass Catalogue; http://www.schott.com.

[130] N. Sugimoto, H. Kanbara, S. Fujiwara, K. Tanaka, and K. Hirao, *Opt. Lett.* **21**, 1637 (1996); *J. Opt. Soc. Am. B* **16**, 1904 (1999).

[131] K. Kikuchi, K. Taira, and N. Sugimoto, *Electron. Lett.* **38**, 166 (2002).

[132] H. Ebendorff-Heidepriem, P. Petropoulos, S. Asimakis, et al., *Opt. Express* **12**, 5082 (2004).

[133] J. H. Lee, K. Kikuchi, T. Nagashima, T. Hasegawa, S. Ohara, and N. Sugimoto, *Opt. Express* **13**, 3144 (2005); *Opt. Express* **13**, 6864 (2005).

[134] J. T. Gopinath, H. M. Shen, H. Sotobayashi, E. P. Ippen, T. Hasegawa, T. Nagashima, and N. Sugimoto, *J. Lightwave Technol.* **23**, 3591 (2005).

[135] J. H. Lee, T. Nagashima, T. Hasegawa, S. Ohara, N. Sugimoto, and K. Kikuchi, *J. Lightwave Technol.* **24**, 22 (2006).

[136] F. Parmigiani, S. Asimakis, N. Sugimoto, F. Koizumi, P. Petropoulos, and D. J. Richardson, *Opt. Express* **14**, 5038 (2006).

[137] M. P. Fok and C. Shu, *IEEE J. Sel. Topics Quantum Electron.* **14**, 587 (2008).

[138] I. V. Kabakova, D. Grobnic, S. Mihailov, et al., *Opt. Express* **11**, 5868 (2011).

[139] R. Stegeman, L. Jankovic, H. Kim, et al., *Opt. Lett.* **28**, 1126 (2003).

[140] V. V. R. K. Kumar, A. K. George, J. C. Knight, and P. St. J. Russell, *Opt. Express* **11**, 2641 (2003).

[141] M. Liao, X. Yan, Z. Duan, T. Suzuki, and Y. Ohishi, *J. Lightwave Technol.* **29**, 1018 (2011).

[142] F. Poletti and P. Horak, *J. Opt. Soc. Am. B* **25**, 1645 (2008).

[143] S. Afshar V. and T. M. Monro, *Opt. Express* **17**, 2298 (2009).

[144] M. D. Turner, S. Afshar V., and T. M. Monro, *Opt. Express* **17**, 11565 (2009).

[145] T. M. Monro, H. Ebendorff-Heidepriem, W. Q. Zhang, and S. Afshar V., *IEEE J. Quantum Electron.* **45**, 1357 (2009).

[146] B. A. Daniel and G. P. Agrawal, *J. Opt. Soc. Am. B* **27**, 956 (2010).

[147] F. Biancalana, T. X. Tran, S. Stark, M. A. Schmidt, and P. St. J. Russell, *Phys. Rev. Lett.* **105**, 093904 (2010).

第12章　新型非线性现象

随着在第 11 章中讨论的高非线性光纤的发展，已在实验中观察到一些新型的非线性效应，如极宽光谱产生(超连续谱产生)和喇曼感应频移，后者可实现对锁模激光器波长的调谐。这些非线性现象使光纤在诸如高精度计量学和光学相干层析等领域有了更多新的应用。本章将关注这几种新型的非线性效应，第 13 章将主要介绍超连续谱产生。

12.1 节　讨论孤子分裂和色散波。

12.2 节　再论 5.5 节曾讨论过的脉冲内喇曼散射。结果显示，当飞秒脉冲在高非线性光纤中传输时，孤子分裂和脉冲内喇曼散射这两种现象起重要作用。

12.3 节　讨论实际应用中如何利用高非线性光纤的色散修饰来增强四波混频(FWM)效应。

12.4 节　讨论光纤中的二次谐波产生。

12.5 节　讨论光纤中的三次谐波产生。

12.1　孤子分裂和色散波

正如 5.5 节所讨论的，当孤子在光纤中传输时，有几种高阶效应可以对其产生扰动，而且这种扰动取决于孤子的阶数 N，N 的定义首次出现在式(4.2.3)中。引入色散长度 $L_D = T_0^2/|\beta_2|$ 和非线性长度 $L_{NL} = 1/(\gamma P_0)$，用 N^2 表示它们的比值并由下式给出：

$$N^2 = \frac{L_D}{L_{NL}} = \frac{\gamma P_0 T_0^2}{|\beta_2|} \tag{12.1.1}$$

式中，T_0 是输入脉冲的宽度，P_0 是输入脉冲的峰值功率。当 N 超过 1.5 时，光脉冲就会以二阶或更高阶孤子的形式传输；如果受到三阶或更高阶色散的扰动，孤子就会经历分裂过程。尽管早在 20 世纪 80 年代就预测和观察到孤子分裂[1~5]，但直到 20 世纪 90 年代后期高非线性光纤出现后，孤子分裂才开始对飞秒脉冲在这种光纤中的演化起非常重要的作用。

12.1.1　二阶和高阶孤子的分裂

当用 5.2.1 节中的逆散射法解 N 取整数值的理想非线性薛定谔方程(5.2.2)时，式(5.2.8)给出的解由 N 个基阶孤子叠加而成，它们作为一个整体以周期方式演化。当 N 为非整数值时，孤子阶数等于最接近 N 的整数。逆散射法表明，单个基阶孤子的宽度和峰值功率与输入脉冲的宽度 T_0 和峰值功率 P_0 有以下关系[3]：

$$T_k = \frac{T_0}{2N + 1 - 2k}, \quad P_k = \frac{(2N + 1 - 2k)^2}{N^2} P_0 \tag{12.1.2}$$

式中，k 从 1 到 N 变化。只有当高阶孤子的组成部分，即基阶孤子以相同的群速度传输时，高阶孤子才能不受影响。

正如在 5.5 节中看到的，对于飞秒光脉冲，有几个高阶色散和非线性效应比较重要，当这种脉冲在光纤中传输时，这些高阶效应将对其产生扰动。最终，这些扰动将以高阶孤子形式传输的脉冲分裂成组成它的若干个基阶孤子,这种现象称为孤子分裂。作为一个例子,图 12.1 通过数值解广义非线性薛定谔方程(5.5.8),给出了三阶孤子($N=3$)在 $1.5L_D$ 的距离上的时域和频域演化过程。令该方程中的 $\delta_3 = 0.01$,$s = 0$ 和 $\tau_R = 0$,仅考虑三阶色散(TOD)引起的扰动。在频域演化图中可以清楚地看到孤子分裂的迹象,当脉冲传输到大约 $z = 0.4L_D$ 的距离时,在脉冲频谱的高频端(蓝端)突然出现一个新的谱峰,并且当传输距离大于这个值时形成频域条纹。在图 12.1(b)中时域条纹也很明显。

图 12.1 中所看到的时域和频域条纹的起因在于相干光场的干涉。正如两个频域上分开的相干光场相互干涉、产生时域调制,两个时域上分开的光脉冲产生频域调制。由于三阶色散,3 个基阶孤子以略微不同的速度运动,它们相互分开,而且这一间隔导致图 12.1(b)中所见的频域条纹。从数学角度讲,峰值位置以 t_s 分开的两个相同的光脉冲的频谱,可以通过取 $A(t) + A(t - t_s)$ 的傅里叶变换得到。频谱功率由 $P(\omega) = 2|\widetilde{A}(\omega)|^2[1 + \cos(\omega t_s)]$ 给出,其中 $\widetilde{A}(\omega)$ 是 $A(t)$ 的傅里叶变换。显然,频谱以频率 $1/t_s$ 被调制。图 12.1 的情况要更复杂,因为 3 个脉冲的峰值振幅不同,但起因都是一样的。

由图 12.1(a)的时域演化也可以清楚地看到孤子分裂的迹象。它表明,一部分脉冲能量以色散波的形式留在中心区域,而色散波要比中心区域的 3 个孤子传输得慢,并迅速扩张。色散波的产生将在本节后面讨论。另一个显著的特性是,分裂过程完成后 3 个基阶孤子传输的中心区域变宽,而且表现出时域条纹。这一特性还可以这样理解:由于 3 个孤子损失了能量,它们被展宽并相互分离(但还不能充分看到)。

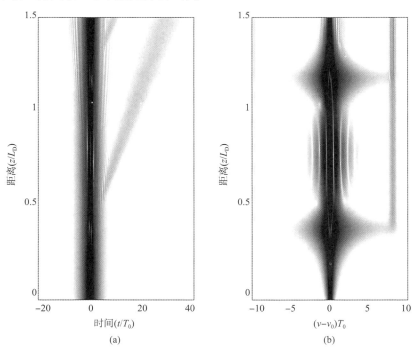

图 12.1　当三阶孤子($N=3$)仅受三阶色散的扰动($\delta_3 = 0.01$,$s = 0$,$\tau_R = 0$)时,它在距离 $z = 1.5L_D$ 上的(a) 时域和(b) 频域演化。使用了 70 dB 范围的分贝标度,使暗影表示功率较高的区域

在 1987 年的一个实验中[4],通过记录不同峰值功率的 830 fs 脉冲在 1 km 长的光纤输出端的频谱,观察到了高阶孤子的分裂现象。图 12.2(a)给出了 3 个峰值功率下的这些频谱和输入

脉冲的频谱。孤子分裂在这 3 种情况下均可发生，不过是在光纤中的不同位置处发生的，该过程产生多个基阶孤子，它们代表不同宽度和峰值功率的脉冲。由于脉冲内喇曼散射，每个脉冲的频谱移向较长波长，最短的脉冲具有最大的频谱位移。在 530 W 的最高峰值功率下，可以在图 12.2(a) 的长波长端(红端)看到 3 个清晰的峰，它们对应 3 个基阶孤子。由于脉冲内喇曼散射，最短的孤子位移了大约 200 nm。

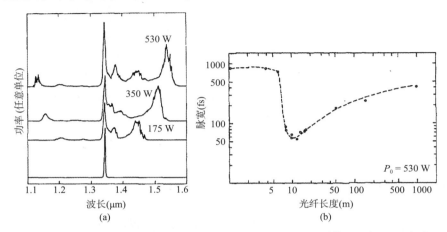

图 12.2　(a) 当 830 fs 入射脉冲的峰值功率 P_0 取 3 个不同值时，在 1 km 长的光纤的输出端测量的频谱；(b) 当 $P_0 = 530$ W 时，测量的脉宽随光纤长度的变化。注意孤子分裂发生后脉宽有一个突变[4]（©1987 IEEE）

　　通过测量与图 12.2(a) 最右边的谱峰相联系的脉冲的宽度，提供了孤子分裂的清晰迹象。正如在图 12.2(b) 中看到的，对于不同的光纤长度，自相关测量表明，在孤子分裂发生处(入射峰值功率为 530 W 时大约为 7 m)脉宽有一个突然的减小，从 830 fs 变成大约 50 fs。如果入射脉冲的孤子阶数超过 10，脉宽的这种减小就可以用式(12.1.2)来预测。将 $T_0 = 0.5$ ps，$P_0 = 530$ W，以及实验中用到的标准光纤的 γ 和 β_2 的典型值，代入式(12.1.1)中，就属于这种情况。注意最短脉冲的宽度随传输距离增加，原因是式(12.1.1)本身的群速度色散参量 β_2 和波长有关，当孤子的频谱向较长波长位移时，β_2 的值增加了，结果脉宽必须增加以维持孤子的 $N = 1$。

　　光纤中的几种效应，包括三阶色散、自变陡和脉冲内喇曼散射(见5.5节)，会对高阶孤子产生扰动。读者可能会问，在引发孤子分裂的过程中究竟哪个过程起主要作用？答案取决于在归一化的非线性薛定谔方程(5.5.8)中出现的 3 个参量 δ_3，s 和 τ_R 的相对大小。这 3 个参量的定义见式(5.5.9)，它们均与脉宽成反比，当脉冲较短时它们的值变得比较大。实际中自变陡参量 s 的值是最小的，它不太可能支配孤子分裂过程。在三阶色散参量 δ_3 可以引发孤子分裂之前，它应超过一个临界值，当 $N = 2$ 时这个临界值为 0.022，当 $N = 3$ 时该值减小到 0.006，而且随 N 的增加进一步减小[2]。显然，对于接近光纤零色散波长(ZDWL)入射的飞秒脉冲，δ_3 的值可以变得相当大。如果利用 $T_R = 3$ fs，对于 100 fs 的脉冲，喇曼参量 τ_R 值取 0.03。数值模拟表明，τ_R 值小到 0.001 时可以导致高阶孤子的分裂[5]。原因是，脉冲内喇曼散射使组分基阶孤子的频谱位移了不同的量，并迫使它们以不同的速度传输。正如前面提到的，这种速度变化将二阶或高阶孤子分裂成基阶孤子。

12.1.2　色散波产生

　　图 12.2(a) 的脉冲频谱清楚地表明了高阶孤子分裂现象，以及由此产生的组分基阶孤子

的喇曼感应频移。有些奇怪的是，在输入脉冲频谱的反斯托克斯侧出现一个或多个小振幅的峰。这种峰最初被解释成斯托克斯波和反斯托克斯波之间的一种四波混频[4]，但它的频率并不满足四波混频条件。确实，1986 年通过数值模拟发现，即使忽略喇曼效应且只包含三阶色散作为孤子的一种扰动，在短波长端仍可以形成谱峰[2]。这种蓝移峰也可以在图 12.1 中看到，那里我们还可以看到它作为色散波形式的时域中的迹象。对于飞秒脉冲，由于三阶色散不可避免，因此每当通过光纤传输短光脉冲时，它通常起重要作用。

重要的问题是，是什么物理过程产生了脉冲频谱短波长（反斯托克斯）侧的频谱分量？研究表明，任何基阶孤子（$N = 1$）受到二阶或高阶色散的扰动时，它会将一部分能量散布到特定频率的色散波中，这个特定频率由相位匹配条件决定，而且和四波混频过程的相位匹配条件有很大的不同。色散波是线性波，可以在任何线性介质中传输。但是，色散波的振幅可以忽略，直到满足适当的相位匹配条件。

在通过数值模拟确定通过三阶色散对孤子的扰动可以产生色散波不久，这一现象就引起极大关注[6~17]。这种辐射也称为切连科夫辐射（Cherenkov radiation）[11]或非孤子辐射（nonsolitonic radiation，NSR），它以一定的频率发射，在该频率处色散波的相速度与孤子的相速度实现了匹配。光纤中孤子和色散波之间的频移类似于块体介质中带电粒子发射切连科夫辐射的角度。

孤子因为受到扰动而辐射的色散波的频率可通过简单的相位匹配条件（即色散波和孤子必须以相同的相速度传输）得到[11]，回顾一下，频率为 ω 的光波的相位以 $\phi = \beta(\omega)z - \omega t$ 的形式变化。如果 ω 和 ω_s 分别是色散波和孤子的频率，在距离 z 处经过一个延迟 $t = z/v_g$ 后，它们的相位由下式给出[13]：

$$\phi(\omega) = \beta(\omega)z - \omega(z/v_g) \tag{12.1.3}$$

$$\phi(\omega_s') = \beta(\omega_s)z - \omega_s(z/v_g) + \frac{1}{2}\gamma P_s z \tag{12.1.4}$$

式中，v_g 是孤子的群速度。式（12.1.4）中的最后一项应归于只有孤子才有的非线性相移，它的起源与式（5.2.16）中出现的相位因子 $\exp(iz/2L_D)$ 有关系，其中 $L_D = L_{NL} = (\gamma P_s)^{-1}$。当满足下面的相位匹配条件时，这两个相位相等：

$$\beta(\omega) = \beta(\omega_s) + \beta_1(\omega - \omega_s) + \frac{1}{2}\gamma P_s \equiv \eta(\omega) \tag{12.1.5}$$

式中，我们利用了关系 $v_g = 1/\beta_1$。这个方程的解决定了孤子因为扰动而产生的一个或多个色散波的频率 ω。

在将相位匹配条件可视化的图解法中，对色散关系 $\beta(\omega)$ 已知的光纤，分别绘出方程（12.1.5）左边和右边所示的曲线。图 12.3 给出了 $\beta(\omega)$ 具有不同形式的两种情况，表明色散波可以在光纤的（a）正常群速度色散区和（b）反常群速度色散区产生[14]。虚抛物线所示的群速度色散参量 β_2 的频率相关性基于 $\beta(\omega)$ 在参考频率附近的泰勒级数展开，并保留到四阶项。点线表示孤子色散 $\eta(\omega)$，它与实曲线的交点决定了辐射频率 ω_r。从图 12.3 清楚可见，$\beta(\omega)$ 的形式对决定 ω_r 起重要作用。在一些情况下，还可以产生多个色散波。

对于色散关系的几个特定形式，相位匹配条件［即式（12.1.5）］还可能有解析解[11]。如果将 $\beta(\omega)$ 在孤子频率 ω_s 附近展开成泰勒级数，并保留到频移 $\Omega = \omega - \omega_s$ 的四次项，则由方程（12.1.5）可以得到下面的四次多项式：

$$\beta_2\Omega^2 + \frac{\beta_3}{3}\Omega^3 + \frac{\beta_4}{12}\Omega^4 - \gamma P_s = 0 \tag{12.1.6}$$

注意，P_s 是分裂后形成的基阶孤子的峰值功率，不是输入脉冲的峰值功率。同样，方程（12.1.6）中出现的色散参量在孤子中心频率 ω_s 附近取值，如果因为脉冲内喇曼散射使这个频率发生变化，那么色散波的频率也会发生变化。只有方程（12.1.6）中多项式的实数解才有物理意义。

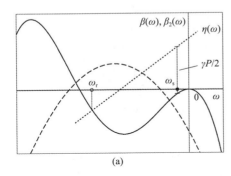
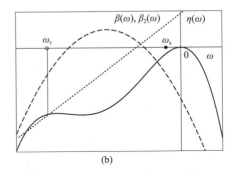

图 12.3　当辐射频率 ω_r 位于光纤的（a）正常群速度色散区和（b）反常群速度色散区时，相位匹配
条件的图解，实线、虚线和点线分别表示 $\beta(\omega)$，$\beta_2(\omega)$ 和 $\eta(\omega)$[14]（©2007 美国物理学会）

作为一个例子，考虑四阶色散忽略不计，因此可以令 $\beta_4 = 0$ 的最简单情况，由此得到的三次多项式提供了以下近似解[11]：

$$\Omega \approx -\frac{3\beta_2}{\beta_3} + \frac{\gamma P_s \beta_3}{3\beta_2^2} \tag{12.1.7}$$

对于在满足 $\beta_2 < 0$ 且 $\beta_3 > 0$ 的光纤反常色散区传输的孤子，色散波的频移是正的，结果非孤子辐射（NSR）以比孤子高的频率（或比孤子短的波长）发射，图 12.1 所示的结果就属于这种情况。确实，在该图中非孤子辐射的频率与式（12.1.7）的预测非常一致。对于 $\beta_3 < 0$ 的光纤，情况就变了，非孤子辐射可以在孤子频谱的长波长侧发射。需要着重强调的是，如果方程（12.1.6）中的四阶和高阶色散项不可忽略，则式（12.1.7）给出的频移只是近似值。

第二个例子，考虑方程（12.1.6）中的 β_3 可以设为零的特殊情况，这时孤子只受四阶色散的扰动。在这种情况下，两个色散波同时产生，它们相对孤子频率的位移为

$$\Omega_\pm \approx \pm(-12\beta_2/\beta_4)^{1/2} \tag{12.1.8}$$

式中忽略了 γ 项，因为实际中它相当小。对于在满足 $\beta_2 < 0$ 且 $\beta_4 > 0$ 的光纤反常色散区传输的孤子，两个解都是正实数，这意味着非孤子辐射可以在孤子频率的两侧发生。但是，对于这种光纤，如果 $\beta_4 < 0$ 则两个解都变成虚的，没有色散波产生。

通过数值方法解下面的广义非线性薛定谔方程，可以证实以上预测。如果利用该方程的归一化形式，即方程（5.5.8），并通过令 $s = \tau_R = 0$ 只保留色散扰动，它就具有下面的形式：

$$i\frac{\partial u}{\partial \xi} + \frac{1}{2}\frac{\partial^2 u}{\partial \tau^2} + |u|^2 u = i\delta_3 \frac{\partial^3 u}{\partial \tau^3} - \delta_4 \frac{\partial^4 u}{\partial \tau^4} \tag{12.1.9}$$

式中，最后一项表示四阶色散，两个归一化的色散参量定义为

$$\delta_3 = \frac{\beta_3}{6|\beta_2|T_0}, \quad \delta_4 = \frac{\beta_4}{24|\beta_2|T_0^2} \tag{12.1.10}$$

利用这两个参量，方程（12.1.6）中的多项式可以写成下面的归一化形式[17]：

$$\delta_4 f^4 + \delta_3 f^2 - \frac{1}{2} f^2 = \frac{1}{2}(2N-1)^2 \tag{12.1.11}$$

式中，$f = \Omega T_0$，式（12.1.7）中的 P_s 用式（12.1.2）中的 P_1 代替，假设对色散波的主要贡献来自于分裂后形成的最短的孤子。

图 12.4 通过以数值方法解 $\delta_3 = 0$ 且 $\delta_4 = 0.0005$ 的方程（12.1.9），给出了三阶孤子（$N = 3$）在 $3L_D/2$ 距离上的时域和频域演化，应将这个图与通过解 $\delta_3 = 0.01$ 且 $\delta_4 = 0$ 的相同方程得到的图 12.1 进行比较。与三阶色散的情况类似，在 $\xi = 0.3$ 的距离附近，四阶色散也能导致孤子分裂。然而，与三阶色散的情况相比，孤子分裂之后在原始脉冲频谱的蓝端和红端可以看到两个新谱峰的突然出现，而且这两个谱峰的频率与式（12.1.10）的预测一致。确实，如果忽略这个方程中的最后一项并令 $\delta_3 = 0$，则解由 $f = \pm(2\delta_4)^{-1/2}$ 给出，从而有 $f/2\pi = \pm 5.03$，与图 12.4（b）的结果非常一致。图 12.4（a）的时域演化表明同时产生了两个色散波，其中一个比输入脉冲传输得快，另一个比输入脉冲传输得慢。在 $z > 0.5L_D$ 的距离上还可观察到时域和频域条纹的形成，这些可以理解成具有不同传输速度和相移的 3 个基阶孤子和 2 个色散波之间干涉的结果。

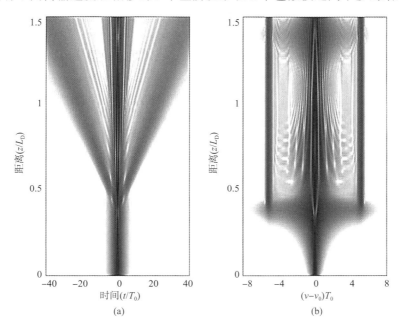

图 12.4　单独受到四阶色散（$\delta_4 = 0.0005$）扰动的三阶孤子（$N = 3$）在 $3L_D/2$ 的距离上的（a）时域和（b）频域演化，使用了 70 dB 范围的分贝标度，使暗影表示功率较高的区域

以上讨论清楚地表明，孤子分裂过程中色散波的产生对光纤色散关系 $\beta(\omega)$ 的细节非常敏感，有些情况下甚至有必要包括比四阶高的色散项。考虑多个高阶色散项的数值方法表明[16]，因对应色散参量正负号的不同，全部奇数阶色散项在脉冲载频的蓝端或红端产生单个非孤子辐射峰。与此相反，具有正号的偶数阶色散项总是在载频的两侧产生两个非孤子辐射峰。通常，非孤子辐射峰的频率和振幅不仅取决于光纤各阶色散参量值的大小，而且还取决于将在下面的章节中讨论的高阶非线性效应。

一个重要的问题是，在孤子分裂过程中有多少脉冲能量被转移到色散波中。尽管已有几个近似的解析方法用于此目的[6~11]，但准确答案要求广义非线性薛定谔方程的数值解[15]。图 12.5 给出了当一个二阶孤子经历分裂时，非孤子辐射谱带的峰值功率（相对于输入峰值功率）随三

阶色散参量 δ_3 的值的变化。较浅的曲线给出的是在 $\delta_4 = 0$ 条件下解方程(12.1.9)的结果，根据它能预测当 $\delta_3 > 0.02$ 时非孤子辐射峰值功率可以超过输入峰值功率的 1%。由于高阶非线性效应也能改变分裂过程，较深的曲线是通过解方程(2.3.36)得到的。可以清楚地看到，对于 δ_3 的任意值，将脉冲内喇曼散射包含在内可以降低非孤子辐射峰的幅度。下一节将更详细地讨论脉冲内喇曼散射对飞秒脉冲的影响。

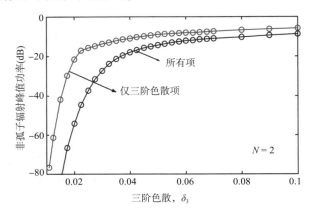

图 12.5　当二阶孤子经历分裂时，非孤子辐射峰值功率(相对于
输入峰值功率)随 δ_3 的变化[15]（©2009 美国物理学会）

12.2　脉冲内喇曼散射

正如在 5.5.4 节中讨论的，由于脉冲内喇曼散射，超短脉冲的频谱移向更长波长(红移)。这种频移是 1985 年前后最早在孤子领域中被注意到的，称为孤子自频移[18~20]。在 4.4.3 节中使用喇曼感应频移(RIFS)这个术语，是因为即使在不能形成孤子的光纤正常群速度色散区，仍能产生这种频移[21]。随着高非线性光纤的出现，发现在这种光纤中孤子的喇曼感应频移非常大。后来的实验揭示，在一定条件下还可以抑制喇曼感应频移。本节主要关注脉冲内喇曼散射这些奇异的方面。

12.2.1　通过孤子分裂增强的喇曼感应频移

在 1986 年的一个实验中[19]，将 560 fs 光脉冲以基阶孤子的形式在 0.4 km 长的光纤中传输，发现由于喇曼感应频移，其频谱位移了 8 THz。稍后发现，高阶孤子分裂可以产生大得多的喇曼感应频移[4]，这在图 12.2(a)中清晰可见，分裂后产生的最短孤子在 1 km 长的光纤中传输后其频谱位移了 20 THz。在传输过程中波长连续位移的孤子有时称为喇曼孤子。尽管喇曼孤子的特性在 20 世纪 90 年代即得到重视[22~27]，但直到 1999 年之后，喇曼感应频移才在微结构光纤或其他细纤芯光纤中观察到并得到研究[28~43]。

如果对 5.5 节中的广义非线性薛定谔方程(5.5.8)进行修正，将四阶色散的影响加进去，就可以用它来研究微结构光纤中的喇曼感应频移。如果忽略自变陡项($s = 0$)，那么该方程可以采用下面的形式：

$$i\frac{\partial u}{\partial \xi} + \frac{1}{2}\frac{\partial^2 u}{\partial \tau^2} + |u|^2 u = i\delta_3\frac{\partial^3 u}{\partial \tau^3} - \delta_4\frac{\partial^4 u}{\partial \tau^4} + \tau_R u\frac{\partial |u|^2}{\partial \tau} \qquad (12.2.1)$$

式中，$\tau_R = T_R/T_0$ 是一个无量纲的参量，$T_R \approx 3$ fs，见式(2.3.43)的定义。例如，图 12.6 通过

数值方法解 $\delta_3 = 0.01$，$\delta_4 = 0$ 和 $\tau_R = 0.04$ 的方程（12.2.1），给出了三阶孤子（$N = 3$）在距离 $3L_D/2$ 上的时域和频域演化。应将这个图与通过解 $\tau_R = 0$（这样没有喇曼效应）的相同方程得到的图 12.1 进行比较，这两个图的比较说明了脉冲内喇曼散射是如何影响脉冲演化的。对于 $\tau_R = 0.04$，色散波仍旧在输入频谱的蓝端产生，但其振幅要小得多，这与图 12.5 的结果一致。更重要的是，在图 12.6（a）中可以观察到，分裂过程后产生的最短的孤子与脉冲的主要部分分离，而且它的轨迹连续向右侧弯曲。从物理角度讲，如果孤子沿光纤传输时速度越来越慢，就可以发生这种现象。孤子的这一减速现象是由喇曼感应频移引起的，由于喇曼感应频移，最短孤子的频谱连续向红端移动。这种频谱位移确实可在图 12.6（b）中看到。还可以注意到，在 $\xi = 0.3$ 附近三阶孤子发生分裂后频谱是如何沿光纤长度振荡的。如前面一样，图 12.6 中的时域和频域条纹源于多个光脉冲的干涉。

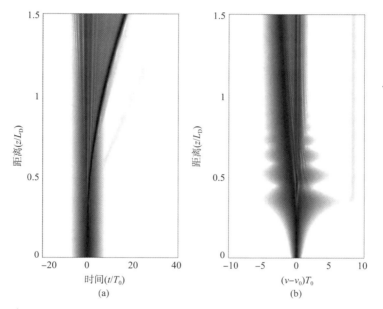

图 12.6　当 $\delta_3 = 0.01$，$\delta_4 = 0$ 和 $\tau_R = 0.04$ 时三阶孤子（$N = 3$）在 $3L_D/2$ 的距离上的（a）时域 和（b）频域演化，使用了70 dB范围的分贝标度，使暗影表示功率较高的区域

　　从实用的角度讲，重要的一点是喇曼感应频移如何取决于光脉冲和所用光纤的输入参数。5.5.4 节的理论可用来研究喇曼感应频移如何随这些参数变化。一般来说，当功率分布为 $P(t) = P_0 \mathrm{sech}^2(t/T_0)$ 的脉冲入射到光纤中并以基阶孤子形式传输时，要用式（5.5.17）。在光纤损耗和频率啁啾可忽略的情况下，脉宽维持近似不变，才能用式（5.5.18）。如果引入 $\Delta \nu_R = \Omega_p/(2\pi)$，则喇曼感应频移以下面的速率沿光纤线性增长：

$$\frac{\mathrm{d}\Delta \nu_R}{\mathrm{d}z} = -\frac{4T_R|\beta_2|}{15\pi T_0^4} = -\frac{4T_R(\gamma P_0)^2}{15\pi |\beta_2|} \tag{12.2.2}$$

式中，利用了式（12.1.1）的孤子条件。上式表明，喇曼感应频移产生较低频率的频谱（红移），它与 T_0 的四次方成反比，或者与 γP_0 的二次方成正比。$\Delta \nu_R$ 与孤子峰值功率的这种二次方关系，最初是在 1986 年的实验中观测到的[19]。

　　由式（12.2.2）可以得出，通过在高非线性光纤中传输具有更高峰值功率的更短的脉冲，可以使喇曼感应频移增大。利用非线性长度的定义 $L_{NL} = (\gamma P_0)^{-1}$，可以得出喇曼感应频移与

L_{NL}^{-2} 成比例的结论。例如，对 $P_0 = 100$ W 的 100 fs（指的是半极大全宽度）输入脉冲，若采用 $\beta_2 = -30$ ps²/km，$\gamma = 100$ W⁻¹/km 和 $L_{NL} = 10$ cm 的高非线性光纤，则频谱在光纤内以大约 1 THz/m 的速率位移。在这种条件下，若脉冲在传输过程中能保持 $N = 1$ 的基阶孤子条件，则通过 50 m 长的光纤后，其频谱可位移 50 THz。

式（12.2.2）不能应用于高阶孤子的传输。但是，如果用式（12.1.2）给出的值代替 T_0 和 P_0，则可以用该式估计分裂后基阶孤子的喇曼感应频移。即使如此，它只能提供喇曼感应频移的一个粗略估计，因为它的推导基于方程（2.3.34）给出的广义非线性薛定谔方程的近似形式。而且，它的使用要求给出参量 T_R 的一个数值。正如式（2.3.43）所揭示的，这一参量值取决于喇曼增益谱的斜率。图 12.7 的虚线表明，这种线性近似大大偏离了喇曼增益谱的实际形状，特别是对于具有相对宽频谱的短脉冲[43]。结果，对于短于 200 fs 的脉冲，该式高估了石英光纤中喇曼感应频移的速率，应使用实际的喇曼增益谱预测喇曼感应频移。另外一种方法是使用式（2.3.41）给出的喇曼增益谱的修正形式，它预测的结果与用实际喇曼增益谱得到的结果比较一致[39]。当脉冲比 100 fs 短时，应避免使用式（2.3.40），因为它大大高估了这种脉冲的喇曼感应频移。

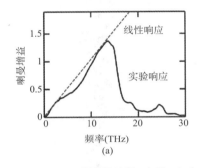
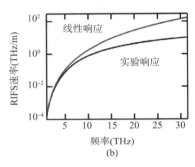

图 12.7　（a）喇曼增益谱（实线）和它的线性近似（虚线）；（b）两种情况下基阶孤子的喇曼感应频移（RIFS）随脉冲带宽的变化[43]（©2010 OSA）

在 2001 年的一个实验中[31]，将波长为 1300 nm 的 200 fs 脉冲入射到芯径为 3 μm 的 15 cm 长的锥形光纤中，实现了相当大的喇曼感应频移。图 12.8 给出了实验测量的输出频谱和自相关迹，以及通过数值方法解广义非线性薛定谔方程（2.3.34）得到的模拟结果。数值模拟用到的参量值与实验值一致，即 $L_{NL} = 0.6$ cm，$L_D = 20$ cm 和 $T_R = 3$ fs。同时，利用 $L_D' = 25$ m 将三阶色散的影响包括在内。本实验中，在 15 cm 的长度上产生的频移为 45 THz，即速率为 3 THz/cm，该值比式（12.2.2）或图 12.7 的预期大得多。这一差异的产生是因为在实验条件下，孤子阶数 N 已大于 1，输入脉冲一开始就以高阶孤子形式在光纤中传输。

图 12.8 的定性特征可以由 12.1 节讨论的孤子分裂来理解。回顾一下，孤子分裂将一个高阶孤子分裂成多个基阶孤子，这些孤子的宽度和峰值功率与 N 有式（12.1.2）所指的关系。当 $N = 2.1$ 时，通过分裂过程产生的两个基阶孤子的宽度分别为 $T_0/3.2$ 和 $T_0/1.2$。与较宽的孤子相比，较窄的孤子表现出大得多的喇曼感应频移，喇曼感应频移与孤子宽度 T_0 的四次方成反比[见式（12.2.2）]。例如，对于 $N = 2.1$，较窄孤子的增强因子约为 105。图 12.8 与这一情况相符，因为频谱位移了 250 nm 的喇曼孤子的宽度为 62 fs，约是 205 fs 输入脉宽的 1/3。数值模拟揭示，孤子在锥形光纤中传输不到 2 cm 即会发生分裂。超短孤子的频谱会快速地移向红端，如式（12.2.2）所指。传输 15 cm 后，频谱已经位移到 1550 nm 附近。这一理论预期的行为与实验数据定性相符。

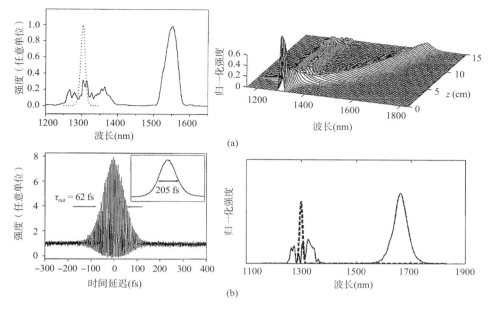

图 12.8 左列：在锥形光纤输出端测量的喇曼孤子的(a) 频谱和(b) 自相关迹；右列：数值模拟
　　　　得到的(a) 脉冲频谱的演化和(b) 输出频谱。虚线表示输入频谱[31]（©2001 OSA）

12.2.2 互相关技术

图 12.8 通过在光纤输出端观察到的脉冲频谱和在时域中脉冲宽度的自相关测量，给出了
孤子分裂的迹象。正如在图 12.6 中看到的，最短的孤子与其他孤子分离，因为当它的频谱移
向较长波长时，其速度被越来越多地减小。为了能够同时观察到时域和频域特性，实际中常用
3.3.4 节讨论的频率分辨光学门（FROG）的一种延伸技术，称为 X-FROG[44]，它通过非线性晶
体中的倍频或和频过程，实现输出脉冲和窄参考脉冲（带有可调谐时间延迟）的互相关。更精
确地讲，当这两个脉冲之间具有不同的延迟时，可以在晶体输出的位置记录下一组光谱。从数
学角度讲，互相关由下式给出：

$$S(\tau, \omega) = \left| \int_{-\infty}^{\infty} A(L, t) A_{\mathrm{ref}}(t - \tau) \exp(\mathrm{i}\omega t)\, \mathrm{d}t \right|^2 \tag{12.2.3}$$

式中，$A(L, t)$ 为长为 L 的光纤输出端的脉冲振幅，$A_{\mathrm{ref}}(t - \tau)$ 为被延迟一个可调谐量 τ 的参考
脉冲的振幅。实际中，通过将同一激光器的功率分成两部分来同时提供入射脉冲和参考脉冲，
而不是利用另一个飞秒脉冲源。

在另一种方法中，通过对输出频谱滤波，提取出喇曼孤子作为实现互相关的参考脉冲[53]。
在该实验中，工作在 1556 nm 的光纤激光器发射的 110 fs 脉冲入射到保偏光纤中，这种光纤在
激光波长处的色散值仅为 $-0.1\ \mathrm{ps}^2/\mathrm{km}$。输出光脉冲被分为两束，其中一束在到达 KTP 晶体
之前通过一个低通滤波器（截止波长为 1600 nm）和一个延迟线。对一定范围内的时间延迟，
用单色仪记录和频信号的频谱。

图 12.9 给出了当平均功率为 24 mW 且重复频率为 48 MHz 的 110 fs 脉冲入射到 10 m 和
180 m 长的光纤中，输出脉冲的 X-FROG 迹和频谱。对 10 m 长的光纤的情况（左列），喇曼孤
子与位于 1550 nm 附近的输入脉冲的残余部分相比，其频谱位移到 1650 nm 附近，并被延迟大
约3 ps。这一延迟是由伴随任意频谱位移的群速度变化引起的。最有趣的特性是，在 1440 nm

附近出现了在时域上与喇曼孤子交叠且位于光纤正常群速度色散区的辐射。对于 180 m 长的光纤的情况（右列），喇曼孤子的频移甚至更大，其频谱已接近 1700 nm。喇曼孤子相对残余输入脉冲也被延迟了大约 200 ps（未在图 12.9 中示出）。此时正常色散区的辐射出现在 1370 nm 附近，并在 4 ps 宽的窗口上进行了时域展开。

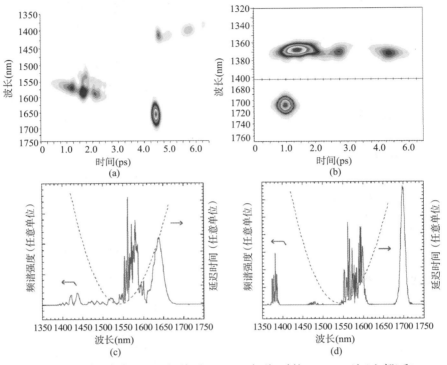

图 12.9　光纤长度为 10 m（左列）和 180 m（右列）时的 X-FROG 迹（上部）和频谱（下部），虚线表示时间延迟随波长的变化[53]（©2001 OSA）

　　非孤子辐射的群速度不必和喇曼孤子的群速度保持一致。但是，图 12.9 揭示，无论是在较短还是在较长的光纤中，两者在时域上都会有交叠，这种交叠与前面的 6.5.2 节中的双折射光纤部分讨论的孤子捕获现象有关。以不同速度传输的非孤子辐射和喇曼孤子一旦相互接近，就会通过交叉相位调制发生相互作用，这种相互作用改变了非孤子辐射的频谱，使两者开始以相同的速度传输。换句话说，喇曼孤子捕获了非孤子辐射，拖着它一起向前传输。这种捕获现象在 2002 年的一个实验中观察到[54]，该实验首先将非孤子辐射和孤子用低通和高通光滤波器分开，然后入射到 170 m 长的高非线性光纤中。由于孤子频谱通过喇曼感应频移发生位移，非孤子辐射频谱也随之位移，最后两者以相同的速度传输。这种捕获机制还用在超快光开关中[55]。

12.2.3　通过喇曼感应频移调谐波长

　　喇曼感应频移的一个重要应用是通过将飞秒光脉冲入射到高非线性光纤中来调谐锁模激光器的波长。波长调谐源于这样一个事实：式（12.2.2）中的喇曼感应频移与几个光纤参量（β_2，γ 和 z）和输入脉冲的峰值功率 P_0 有关。另外，光纤的色散参量 β_2 也和激光波长有关，如果脉冲源本身是可调谐的，则激光脉冲也可以改变。在这种方式中，可以利用喇曼感应频移在一个宽范围内将锁模激光器的波长向较长波长调谐。

在 2002 年的一个实验中[34]，使用了零色散波长（ZDWL）为 690 nm 的 60 cm 长的光子晶体光纤。图 12.10 给出了当波长为 782 nm、重复频率为 48 MHz 且宽度为 70 fs 的脉冲入射到该光纤中时，在不同平均功率水平下实验测量的输出频谱。当输入功率大到足以保证 $N > 1$ 时，就会产生喇曼孤子，并且其波长因光纤中的喇曼感应频移而连续变化。随着输入功率的增大，光纤输出端的总频移也会变大。输出频谱的形状大体呈双曲正割形，保持带宽为 18 nm 几乎不变。输入能量的 70% 都可以转换为喇曼孤子的能量。注意，当输入功率为 3.6 mW 时，出现了第二个喇曼孤子。如果输入脉冲的孤子阶数超过 2，就可以产生这个结果。通过优化光纤和脉冲的参数，可以实现更大的波长位移。

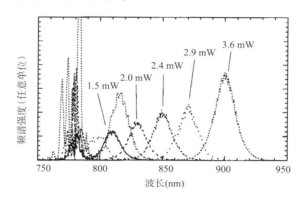

图 12.10　重复频率为 48 MHz 的 70 fs 脉冲入射到 60 cm 长的
光子晶体光纤中时的输出频谱[34]（©2002 IEEE）

尽管喇曼感应频移的调谐范围最初被限制在 100 nm 左右[28~30]，但不久之后就利用喇曼感应频移技术产生了宽可调谐的飞秒脉冲源[45~52]。早在 2001 年，就用 220 m 长的保偏光纤（芯径为 5.8 μm）从 1560 nm 到 2030 nm 调谐 110 fs 脉冲的波长[45]。显然，如果利用小芯径的微结构光纤移动脉冲的波长，则要求的长度短得多。而且，因为这种光纤的零色散波长（ZDWL）移向较短波长，它们可以和工作在 1 μm 附近或以下的其他锁模激光器一起使用。在 2002 年的一个实验中[46]，将芯径小于 2.5 μm 的 4.7 m 长的多孔光纤掺镱，用来放大 1.06 μm 的飞秒脉冲。当脉冲被放大时，因为喇曼感应频移，它们的频谱移向较长的波长。结果，通过改变入射功率，输出波长可以从 1060 nm 到 1330 nm 调谐。在 2005 年的一个实验中[47]，将掺镱光纤激光器产生的 2 ps 脉冲入射到芯径为 2 μm 的 1.5 m 长的微结构光纤中，实现了波长在 1030 ~ 1330 nm 范围可调谐的全光纤飞秒脉冲源。

在 2006 年的一个实验中[48]，利用 10 m 长的光子晶体光纤改变 66 fs 脉冲（波长的初始值为 1.05 μm）的波长，实现了大得多的调谐范围。该光子晶体光纤的芯径为 2.8 μm，非线性系数 $\gamma = 23 \text{ W}^{-1}/\text{km}$，并在 1.05 μm 的输入波长处表现出 $\beta_2 = -14.6 \text{ ps}^2/\text{km}$ 的反常色散。图 12.11 给出了对于几个不同的平均输入功率，在光子晶体光纤的输出端实验测量的输入波长的（a）长波长侧和（b）短波长侧的频谱。通过改变输入功率，输出波长可以从 1050 nm 到 1700 nm 调谐。一旦输入功率足够大，可以激发高阶孤子，就能观察到多个峰。同时，正如所预期的那样，一些脉冲能量以色散波的形式出现在较短波长。在 2008 年的一个实验中[51]，通过将 65 fs 的脉冲（由工作在 1245 nm 的锁模激光器获得）入射到零色散波长为 975 nm、长度仅为 70 cm 的光子晶体光纤中，将喇曼感应频移的调谐范围延伸到 910 nm。该光子晶体光纤在 1245 nm 处表现出 $|\beta_2| = 32 \text{ ps}^2/\text{km}$ 的反常色散，随着脉冲波长从 1245 nm 移到 2160 nm，色散值连续增加。因

为这种不断增加的色散，随着波长移到红外区，脉宽也不断增加。重要的一点是，使用喇曼感应频移可以提供一种飞秒脉冲源，其波长在大于 900 nm 的范围可调谐。

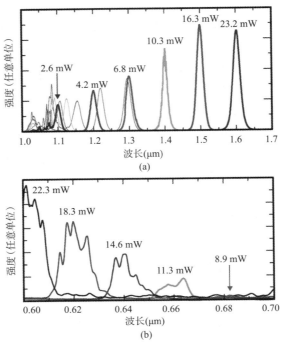

图 12.11　当 66 fs 的脉冲入射到 10 m 长的光子晶体光纤中时，对于几个平均入射功率，输入波长的(a)长波长侧和(b)短波长侧的输出频谱。功率值指示的是光子晶体光纤输出端的总功率[48]（©2006 IEEE）

12.2.4　双折射效应

当一个线偏振的输入脉冲与双折射光纤的慢轴成 θ 角入射时，会同时激发两个正交的偏振模式，因此超短脉冲在双折射光纤中的传输将导致一些新型的非线性效应[56~59]。如果这两个偏振模式中的脉冲峰值功率不同，那么孤子阶数参量 N 的值也会因此不同。结果，高阶孤子的分裂产生具有不同脉宽的正交偏振的喇曼孤子，同时它们的频谱也以不同的速度沿整个光纤移动。这样，单个光脉冲在非线性光纤的输出端会产生两个波长不同的喇曼孤子。

这一现象在 1999 年的实验中得到证实[56]。图 12.12(a)给出了当输入脉冲相对双折射为 7×10^{-4} 的 100 m 长的保偏光纤的慢轴成两个不同角度偏振时，记录下的频谱图。在该实验中，将波长为 1556 nm、平均功率为 11.2 mW 且重复频率为 48 MHz 的 180 fs 脉冲入射到保偏光纤中。当 $\theta < 24°$ 时，只沿慢轴观测到一个喇曼孤子，这是因为沿快轴偏振的模式功率太小，无法形成基阶孤子。当 $\theta = 36°$ 时，即可形成两个喇曼孤子，但由于沿快轴传输的孤子的峰值功率较低，其频移要比沿慢轴偏振的孤子小得多。当 θ 进一步增大时，两个喇曼孤子的频谱更加靠近，并在 $\theta = 45°$ 时完全交叠。这些特征都可以凭直觉预测到。图 12.12(b)给出了两个喇曼孤子的波长随 $\theta/2$ 的变化关系。这两个喇曼孤子在光纤中以不同的速度传输，当光纤双折射导致群延迟大于 3 ps/m 时，它们将以大于 320 ps 的间隔分离。当 $\theta > 66°$ 时，由于沿慢轴的输入功率过小，仅沿快轴形成喇曼孤子。

在 2002 年的一个实验中[57]，使用低双折射光纤观测到这种双波长脉冲对的一个有趣特性。当两个脉冲形成时，如果它们在时域上交叠并通过交叉相位调制相互作用，则较强的脉冲能够捕获较弱的脉冲。在这种捕获发生后, 脉冲对以共同的群速度一起移动。图 12.13(a)给出了在双折射为 3×10^{-4} 的 140 m 长的光纤的输出端, 捕获脉冲的 X-FROG 频谱图。在该实验中, 重复频率为 48 MHz 的 110 fs 脉冲在 1550 nm 附近的波长入射, 并且脉冲的大部分能量分布在沿光纤慢轴偏振的模式中。如图 12.13(a)所示, 这一模式的喇曼孤子的频谱中心在 1684 nm 附近。另一个模式由于其功率较低, 频移量也应较小, 但其频谱实际位于 1704 nm 附近。如此大的频移量是由于较低能量的脉冲被孤子捕获的缘故。图 12.13(b)给出了在 3 种光纤长度下测量到的两个分量的波长。显然, 一旦孤子捕获发生, 两个脉冲将一起移动, 它们的频移量也相同。

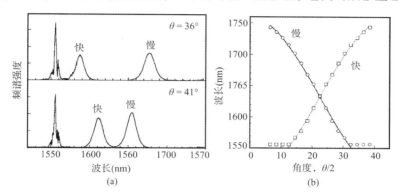

图 12.12   (a) 对于两个 θ 值, 在 110 m 长的光纤输出端测量的频谱, 这说明形成了两个正交偏振的喇曼孤子; (b) 测量的两个孤子的波长随角度 $\theta/2$ 的变化[56] (©1999 IEEE)

图 12.13(b)的一个出乎意料的特征是, 沿快轴偏振的被捕获脉冲的功率沿光纤长度呈指数增长, 这是因为沿慢轴偏振的孤子通过喇曼增益对被捕获的脉冲有放大作用。孤子作为泵浦波, 可将斯托克斯侧距离孤子 20 nm 的被捕获脉冲放大。对于正交偏振的泵浦波, 虽然喇曼增益并不太大, 但基于两个耦合广义非线性薛定谔方程的数值模拟表明, 孤子仍可以使被捕获脉冲得到足够放大, 最终使被放大脉冲的峰值功率可与孤子的峰值功率相比拟[57]。这种捕获机制通过有选择地从一个脉冲序列中“牵引”出一个脉冲, 可以用于超快光开关[58]。

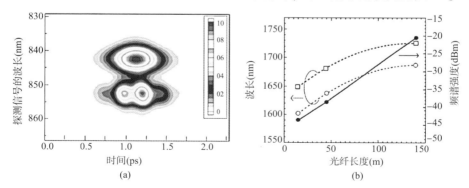

图 12.13   (a) 在 140 m 长的光纤的输出端被捕获脉冲的 X-FROG 频谱; (b) 对于 3 个不同的光纤长度, 测量的慢偏振分量(空心圆圈)和快偏振分量(方块)的波长, 实心圆圈给出中心波长处快偏振分量的功率[57] (©2002 OSA)

上述方法可用来产生两个以上的喇曼孤子, 其基本思想是从单一泵浦脉冲中产生多个具有不同峰值功率的脉冲。例如, 如果将脉冲首先通过长度较短、芯径较大的高双折射光纤(非线性效应可以忽略), 该脉冲将分裂成两个正交偏振的脉冲, 其时间间隔由该光纤的双折射设定。然后将这两个脉冲入射到主轴与第一根光纤的主轴成一定角度的高非线性双折射率光纤中，则每个脉冲都可以产生两个喇曼孤子，这样就形成了 4 个不同波长的孤子。利用时域复用或光纤的偏振模色散可产生具有不同振幅的某个脉冲的多个复制，而每个复制脉冲将在同一高非线性光纤中产生一个不同波长的喇曼孤子[59]。

12.2.5　喇曼感应频移的抑制

有人可能会问，在某些条件下，能否抑制孤子的喇曼感应频移。在喇曼感应频移这种现象发现不久，这个问题就引起了人们的关注。为解决这个问题，已经提出了几种方案[60~66]。1988 年，提出了用于抑制喇曼感应频移的孤子的限制带宽放大方案[60]，并在 1989 年的一个实验中得到验证[61]。其他可能的方案包括使用交叉相位调制[62]、频率相关增益[63] 或光谐振器[64]。最近，已利用光子晶体光纤[65]和光子带隙光纤[66]与众不同的色散特性来抑制喇曼感应频移。本节着重介绍使用光子晶体光纤来抑制喇曼感应频移。

正如在图 12.3 中看到的，当将四阶色散包括在内时，任何光纤的群速度色散参量 β_2 都具有抛物线形。根据设计的不同，有些微结构光纤有两个零色散波长（即群速度色散参量 $\beta_2 = 0$），其中一个位于可见光区，而另一个位于红外区。由三阶色散参量 β_3 决定的色散斜率在第一个零色散波长附近为正的，而在第二个零色散波长附近变为负的。β_3 符号的这种变化将改变在孤子分裂过程中产生的色散波的频率。正如在式(12.1.7)中看到的，对于在第二个零色散波长附近（此处 β_2 和 β_3 均取负值）的反常群速度色散区传输的孤子，非孤子辐射的频移 Ω 变为负的。结果，孤子损失一部分能量给某个波长的非孤子辐射，该波长位于第二个零色散波长更远处的红外区。研究表明，当孤子接近第二个零色散波长时，这个非孤子辐射的频谱反冲就抑制了喇曼感应频移[67]。

图 12.14(a) 给出了当波长为 860 nm 且峰值功率为 230 W 的 200 fs 脉冲入射到零色散($\beta_2 = 0$)波长分别为 600 nm 和 1300 nm 的光子晶体光纤中时，脉冲频谱的演化过程[65]。在以上实验条件下，入射脉冲形成一个四阶孤子($N = 4$)，经过分裂后产生 4 个基阶孤子。最短的基阶孤子的宽度只有 28.6 fs，并通过喇曼感应频移迅速移向红端；而其他孤子因宽度较大，频谱位移也较小。当最短的孤子在距离约为 1.25 m 处接近第二个 $\beta_2 = 0$ 的频率（图中垂直虚线所示）时，如图 12.14 所示，它的频谱突然停止位移，这清楚地表明，超过此点时喇曼感应频移被抑制。同时，在第二个零色散波长的红端出现了一个新的谱峰，它代表色散波；孤子将它的一部分能量转移给色散波。因为 β_3 的符号改变了，其频率比喇曼孤子的更小（波长更长）。

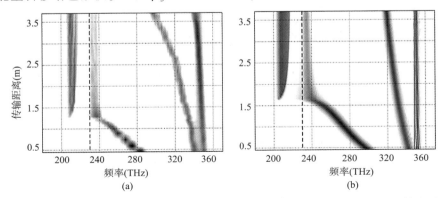

图 12.14　将峰值功率为 230 W 的 200 fs 脉冲入射到有两个零色散波长的光子晶体光纤中所产生的频谱随传输距离的变化。(a) 实验结果；(b) 数值模拟结果。阴影越暗表示功率越高，垂直虚线表示 $\beta_2 = 0$ 的第二个频率的位置[65]（©2003 AAAS）

用广义非线性薛定谔方程(2.3.36)模拟实验条件下光脉冲的传输[67]，所得的结果如图12.14(b)所示。由图可见，模拟结果与实验结果相当吻合，尽管一些定量的差别也比较明显。造成这些差别的主要原因和使用式(2.3.40)给出的喇曼响应函数 $h_R(t)$ 的近似形式有关，正如在2.3.2节中讨论的，这种近似采用单个洛伦兹分布曲线表示图8.1中的喇曼增益谱。若使用基于实际增益谱(见图2.2)的 $h_R(t)$，则实验结果和模拟结果会符合得更好。

问题是，为什么图12.14中第二个零色散波长附近发射的色散波能够抑制喇曼感应频移。为回答这个问题，需要理解因非孤子辐射造成的能量损失是如何影响孤子本身的[67]。能量守恒的要求迫使孤子将能量转移给非孤子辐射(带来能量损失)后稍微变宽，因为必须保持 $N=1$。实际上，如果孤子能量损失较慢，则这种展宽相对较小。更重要的是动量守恒的要求，这就意味着当非孤子辐射在正常群速度色散区发射时，孤子应进一步"反冲"，更多地进入反常群速度色散区[11]。这种频谱反冲机制是造成图12.14中喇曼感应频移被抑制的原因。在第一个零色散波长附近，因为喇曼感应频移迫使孤子的频谱偏离此波长，并且能量损失随 β_2 的增加而减小，因此频谱反冲可以忽略。然而，在第二个零色散波长附近，情况正好相反，喇曼感应频移使孤子的频谱接近此波长，孤子因把能量转移给非孤子辐射而造成的能量损失率急剧增加。由此产生的频谱反冲减小了喇曼感应频移，直至频谱反冲足够大到几乎可以抵消喇曼感应频移的稳态。X-FROG技术和数值模拟结果证实了以上物理场景[68]。矩方法也已用来研究第二个零色散波长附近的动量守恒[69]。所有结果证实，第二个零色散波长附近奇异的孤子动力学，以及高阶色散效应产生的非孤子辐射，是导致喇曼感应频移被抑制的原因。

在图12.14中看到的脉冲传输场景取决于输入脉冲的波长，因为它设定了色散参量的初始值。在一项研究中，宽度为110 fs的脉冲以接近1 m长的光子晶体光纤的第二个零色散波长(1510 nm附近)的波长入射[70]。图12.15给出了对于1400 nm、1510 nm和1550 nm这3个不同的输入波长，在光纤输出端测量的频谱随平均输入功率(脉冲重复频率为80 MHz)的变化关系。在图12.15(a)所示的情况下，喇曼孤子通过分裂产生，但其频谱却在1470 nm以外停止位移，这是因为喇曼感应频移被出现在1510 nm以外的光纤正常群速度色散区的非孤子辐射抑制了。在图12.15(b)所示的情况下，脉冲的一部分位于正常群速度色散区，未能形成孤子；其余部分在反常群速度色散区传输，随着功率的增加，其频谱移向较短波长。对输入功率的某个取值，孤子效应开始占据优势，频谱通过喇曼感应频移移向较长波长，形成类似逗号的形状(图中箭头所指)。在更高功率下，喇曼感应频移被频谱反冲机制阻止。在图12.15(c)所示的情况下，脉冲在正常群速度色散区传输，经历了由自相位调制感应的频谱展宽。在高功率下，频谱展宽得足够大，以至于脉冲的部分能量位于反常色散区，从而形成孤子。

正如11.4节所讨论的，一些微结构光纤表现出一个光子带隙(PBG)，仅当光波长落在这个带隙内时，光才能在纤芯内传输。尽管经常使用空芯光纤，但光子带隙光纤可以设计成实芯的。在2010年的一个实验中[66]，为研究喇曼感应频移现象，将波长为1200 nm的270 fs脉冲入射到这种光纤中。图12.16给出了当光纤长度从0.4 m变化到5 m时测量的输出频谱。高阶孤子分裂发生在光纤的前10 cm内，两个标记为 S_1 和 S_2 的最短孤子的频谱快速向较长波长位移。然而，在传输2.5 m后 S_1 的频谱接近光子带隙边缘，超过这个距离时停止位移，中心波长锁定在1510 nm。显然，在接近光子带隙边缘时喇曼感应频移几乎得到抑制。基于广义非线性薛定谔方程的数值模拟结果也证实了这些结果。

这类减小喇曼感应频移的物理解释与对图12.14的解释有很大不同。在图12.14中，孤子接近光子晶体光纤的零色散波长。对于光子带隙光纤，当孤子达到光子带隙边缘时，参量

β_2 和 γ 的值迅速改变。而且，β_2 的值增大，同时 γ 的值减小。结果，只有当孤子宽度大幅度增加时，式（12.1.1）中参量 N 的值保持接近 1 的要求才能得到满足。由于式（12.2.2）中喇曼感应频移的速率与 T_s^{-4}（这里 T_s 是局域孤子宽度）成比例，当孤子接近光子带隙边缘时，该速率会大幅度减小。确实，通过测量图 12.16 中的孤子的谱宽[66]，发现它几乎减小到原来的 1/8。这种频域收缩转变成 8 倍的时域展宽，喇曼感应频移的速率减小为不到原来的 1/4000。

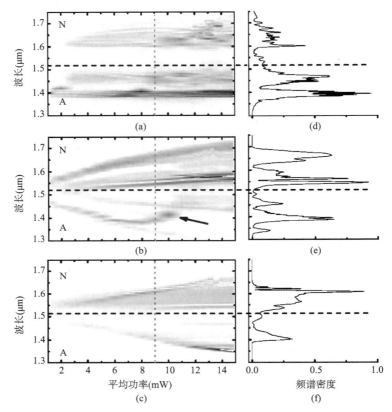

图 12.15　当波长分别为（a）1400 nm，（b）1510 nm 和（c）1550 nm 的 110 fs 脉冲入射到第二个零色散波长在1510 nm附近（水平虚线）的光子晶体光纤中时，测得的频谱随平均输入功率的变化。阴影越暗表示功率越高，（d）至（f）表示平均功率为9 mW时的频谱[70]（©2005 Elsevier）

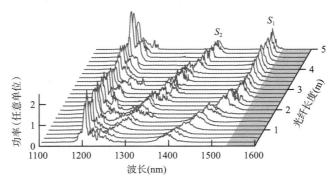

图 12.16　当将 270 fs 的脉冲入射到光子带隙光纤中时，在光纤长度从 0.4 m 变化到 5 m时测量的频谱。灰色阴影标出1535 nm处的带隙边缘[66]（©2010 OSA）

12.2.6　零色散波长附近的孤子动力学

图 12.14 清楚地表明，孤子在光纤零色散波长附近的反常色散区的演化很受式（12.2.1）中的三阶和四阶色散参量 δ_3 和 δ_4 的符号的影响。为研究零色散波长附近孤子的演化和喇曼感应频移的行为，已将矩方法应用于这个方程[14]。当 $|\delta_3|\neq 0$ 时，发现如果 $\delta_3 > 0$，则喇曼感应频移减小，因为 $|\beta_2|$ 增加时孤子宽度也相应增加。相反，当 $\delta_3 < 0$ 时，孤子宽度减小，喇曼感应频移速率增加，直到孤子波长接近零色散波长，在这里喇曼感应频移几乎被抑制。

正如在前面讨论的，为研究喇曼感应频移，方程（12.2.1）的使用也是有问题的，因为它通过单一参量 τ_R 近似包含了喇曼效应。准确的描述要求使用广义非线性薛定谔方程（2.3.36），采用归一化形式，该方程可以写成

$$i\frac{\partial u}{\partial \xi} + \frac{1}{2}\frac{\partial^2 u}{\partial \tau^2} + |u|^2 u + \sum_{n=3}^{\infty} i^n \delta_n \frac{\partial^n u}{\partial t^n} = i\left(1 + is\frac{\partial}{\partial \tau}\right) \times \left[u(\xi,\tau)\int_0^{\infty} R(\tau')|u(\xi,\tau-\tau')|^2 d\tau'\right]$$

$$(12.2.4)$$

式中，$s = \gamma_1/\gamma \approx (\omega_0 T_0)^{-1}$，已经忽略了光纤损耗。这个方程包括了所有阶色散，但在零色散波长附近，三阶和四阶色散参量 δ_3 和 δ_4 起着更关键的作用。

研究表明，即使相当小的 δ_4 值，也能显著影响分裂过程。例如，图 12.17 给出了 4 种情况下三阶孤子（$N=3$）的频域和时域演化：上部和下部对应 $\delta_3 = \pm 0.02$，而左列和右列对应 $\delta_4 = \pm 0.0002$，于是这 4 种情况涵盖了 β_3 和 β_4 的 4 种可能的符号组合。值得注意的是，当孤子在光纤零色散波长附近传输时，色散特性的微小变化对高阶孤子的演化有多大影响。

首先考虑图 12.17 上部所示的 $\beta_3 > 0$ 的情况。当 β_4 为正的但相对较小时，分裂在蓝端产生色散波（正如 $\beta_4 = 0$ 时所预期的），并且最短的孤子与其他孤子分离，因为持续增加的喇曼感应频移使它的速度减慢。从本节前面的讨论可以预测到这些特性。然而，如果 β_4 为负的，如图 12.17(b)所示，则色散波完全被抑制。同时，最短孤子的喇曼感应频移减小。现在考虑图 12.17 的下部所示的 $\beta_3 < 0$ 的情况。当 β_4 为正的且相对较小时，会出现两种情况：第一，正如式（12.1.7）所预期的，色散波在输入频谱的红端；第二，喇曼感应频移几乎被抑制，而且这种抑制伴随着在光纤零色散波长更远处的正常色散区非孤子辐射的较大增加。正如前面讨论的，喇曼感应频移的抑制与非孤子辐射压力引起的频谱反冲有关。在如图 12.17(d)所示的最后一种情况下，β_3 和 β_4 都为负的，这时可以看到两个色散波的出现，其中一个在蓝端，另一个在红端。还能注意到，显著的频谱变化源于光的干涉。

当光纤的 β_3 和 β_4 都为负的时，可以发生一种新现象[14]。在这种情况下，β_2 的频率相关性表现为一个倒转的抛物线，如图 12.3 所示。如果这个抛物线与频率轴相交，就会存在两个零色散波长，在这两个零色散波长之间的频谱区，光纤表现为正常色散，而在两侧的频谱区，光纤表现为反常色散。当经历喇曼感应频移的孤子接近其中一个零色散波长时，它可能隧穿整个正常色散区，并将它的大部分能量转移给第二个反常色散区中的一个新孤子。这种现象称为孤子频谱隧穿，最早是在 1993 年预测的[71]。随着微结构光纤的出现，孤子频谱隧穿在具有亚波长空气孔的光子晶体光纤的环境下再次引起关注[72]。

更系统的数值研究揭示，通过实验观察孤子频谱隧穿可能比较困难，因为这种现象对包层设计参数，如空气孔的直径和间距极为敏感[73]。例如，图 12.18 给出了两种多孔光纤的数值模拟，这两种光纤除了空气孔直径有 1% 的差别，其他所有方面完全相同（纤芯直径为 1.8 μm）。正

如在图中看到的，这一微小差别改变了光纤的色散特性，使一种光纤存在两个零色散波长，而另一种光纤没有零色散波长。结果，孤子频谱隧穿能在(a)情况下发生，而不能在(b)情况下发生。然而，对于这两种光纤，50 fs 脉冲在 15 m 长的距离上的频域演化看起来相似，在光纤输出端有几乎相同的频谱。由于在(b)部分的条件下不存在正常色散区，实际中很难精确地找到孤子频谱隧穿现象。

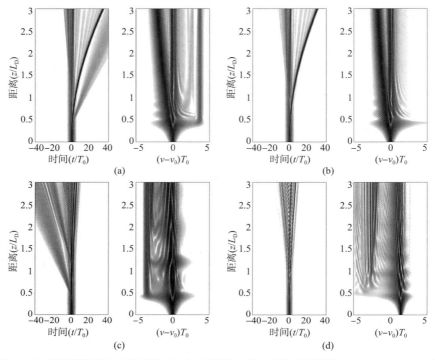

图 12.17　在 50 dB 的强度标度上三阶孤子在 $3L_D$ 的距离上的时域和频域演化。(a) $\delta_3 = 0.02$, $\delta_4 = 0.0002$；(b) $\delta_3 = 0.02$, $\delta_4 = -0.0002$；(c) $\delta_3 = -0.02$, $\delta_4 = 0.0002$；(d) $\delta_3 = -0.02$, $\delta_4 = -0.0002$

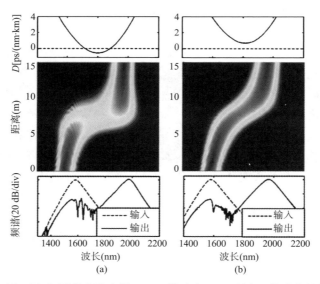

图 12.18　对于两个近似相同的多孔光纤，50 fs 脉冲在 15 m 距离上的非线性传输。上部两图所示为 $D(\lambda)$，中间两图所示为频谱演化，下部两图所示为输入和输出脉冲频谱的对比。在情况(a)中发生孤子频谱隧穿，但在情况(b)中未发生[73]（©2008 IEEE）

12.2.7　多峰喇曼孤子

图 12.17 所示的结果对应峰值功率为 P_0 的输入脉冲以 $N=3$ 的三阶孤子形式在光纤中传输。在 2007 年的一个实验中，脉冲以更高的峰值功率入射，在一定条件下，分裂后产生的两个喇曼孤子开始相互靠近，并形成一个束缚孤子对[74]。这种束缚态最早是在 1996 年发现的[75]，在实验中观察到它们之后，近年来已经得到进一步的研究[74~78]。

图 12.19(a) 所示为 110 fs 的脉冲以 8.5 kW 的峰值功率入射到光子晶体光纤中时（$N \approx 12$），实验记录的 45 cm 距离上的频谱。可以清楚地看到，最右边的两个喇曼孤子形成一个束缚孤子对，它们的频谱一起位移。图 12.19(b) 表明，这个束缚态能在 15 m 的距离上保持，尽管由于内部损耗，峰值振幅显著减小。基于方程(12.2.4)的数值模拟揭示，这种束缚孤子对的形成对输入峰值功率的准确值非常敏感。

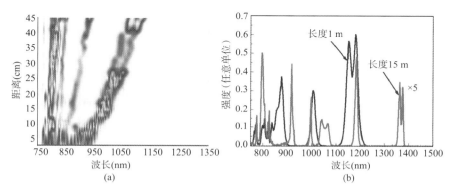

图 12.19　（a）当 110 fs 的脉冲以 8.5 kW 的峰值功率入射到 45 cm 的光子晶体光纤中时，实验得到的频谱；（b）1 m（深色）长和 15 m（浅色）长的光子晶体光纤的输出频谱[74]（©2007 OSA）

为理解多峰喇曼孤子的物理机制，最好关注方程(5.5.19)给出的更简单的理论模型，这里再次给出为

$$i\frac{\partial u}{\partial \xi} + \frac{1}{2}\frac{\partial^2 u}{\partial \tau^2} + |u|^2 u = \tau_R u \frac{\partial |u|^2}{\partial \tau} \tag{12.2.5}$$

这个方程只包括了二阶色散，完全忽略了高阶色散，并通过无量纲的参量 τ_R 将喇曼效应包括在内。尽管有这些限制，它对研究高阶孤子分裂后产生的各个基阶孤子的传输还是有用的。

正如在 5.5.4 节中提到的，1990 年，利用下面的变换近似解方程(12.2.5)[79]：

$$u(\xi, \tau) = f(\eta)\exp[i\xi(q + b\tau - b^2\xi^2/3)] \tag{12.2.6}$$

式中，$\eta = \tau - b\xi^2/2$ 是随孤子移动的参照系中的新时间变量。参量 b 取决于 q 和 τ_R，其关系为 $b = 32\,\tau_R q^2/15$。将 $u(\xi, \tau)$ 的以上形式，即式(12.2.6)代入方程(12.2.5)，发现 $f(\eta)$ 满足下面的二阶微分方程：

$$\frac{1}{2}\frac{\mathrm{d}^2 f}{\mathrm{d}\eta^2} = (q + b\eta)f - |f|^2 f + \tau_R f\frac{\mathrm{d}|f|^2}{\mathrm{d}\eta} \tag{12.2.7}$$

具有适当边界条件的该方程的解决定了 q 的本征值和脉冲形状 $f(\eta)$。文献[79]首次得到了 $q=1/2$ 时的单个喇曼孤子形式的近似解析解，它的函数形式由式(5.5.21)给出。1996 年，数值模拟发现，方程(12.2.7)还有两个喇曼孤子形式的解，这两个喇曼孤子具有不同的振幅，形成一个孤子对并作为一个整体移动。最近，研究发现振幅不同的多个喇曼孤子也可以形成一个多峰束缚态[78]。

图 12.20 给出了用数值方法得到的方程（12.2.5）的 4 个解的时域分布，其中取 $\tau_R = 0.1$。图 12.20(a) 的单峰解对应频谱和时域位置随 ξ 连续位移的喇曼孤子（见图 12.17），图 12.20(b) 的双峰解对应已在实验中观察到的孤子对（见图 12.19）。图 12.20 最显著的特征是，多个峰的振幅以恒定比率 r 减小，这一特征的起因与本征值方程（12.2.7）中的 $b\eta$ 项有关。如果忽略方程中的最后两个非线性项，则这个方程可以有效描述能量为 q 的单位质量粒子在类重力势 $U(\eta) = b\eta$ 中的运动，其中参量 b 扮演重力的角色[80]。这个类重力势在图 12.20 中用虚线示出，它就是导致峰值振幅应以恒定的比率 r 减小的原因，这里的 r 取决于 q 的值。这个类重力势导致的另一个结果是，图 12.20 中的所有解在脉冲前沿呈现出一个振荡结构（在线性标度下无法看到，因为它的振幅相当小）。原因容易由方程（12.2.7）理解，在脉冲前沿附近（此处最后两个非线性项忽略不计），该方程的解是艾里函数的形式[75]。

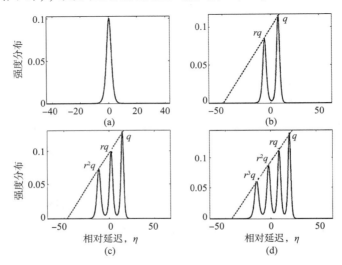

图 12.20　利用数值方法得到的 4 个孤子的时域分布，其中取 $\tau_R = 0.1$。虚线所示为类重力势，它强制相邻峰强度的比率 r 为常数[78]（©2010 OSA）

一个重要的问题与图 12.20 所示的多峰强度分布的稳定性有关。对于对应一个特定多峰强度分布的喇曼孤子，可以通过数值解方程（12.2.5）来检验它在长距离上的稳定性。对于图 12.20 所示的双峰、三峰和四峰结构，结果如图 12.21 所示。正如所见，尽管这些多峰喇曼孤子不是绝对稳定的，但在束缚态遭到破坏之前，它们可以传输数百个色散长度。

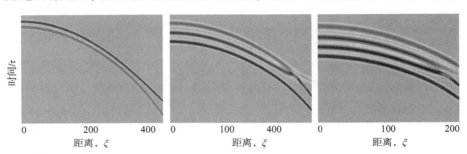

图 12.21　多峰喇曼孤子在数百个色散长度上的时域演化[78]（©2010 OSA）

12.3　四波混频

四波混频(FWM)现象已在第 10 章中详细讨论过。高非线性光纤奇异的色散特性将通过相位匹配条件来影响四波混频过程。例如，在 10.3.3 节中已经提到，若将高阶色散效应考虑在内，即使泵浦波长位于正常群速度色散区，仍存在相位匹配的可能性。本节将更详细地研究四波混频的这些特性。

高非线性光纤在诞生之后不久，就应用于四波混频的研究[81~88]。在 2001 年的一个实验中[81]，采用含有 6.1 m 长的微结构光纤的单泵浦结构，当峰值泵浦功率仅为 6 W 时，在 30 nm带宽上将信号放大了 13 dB。在 2002 年的一个实验中[83]，使用同种类型的 2.1 m 长的光纤，使光纤参量振荡器的调谐范围达到 40 nm，当泵浦脉冲峰值功率仅为 34.4 W 时，该激光器就达到了阈值。在另一个实验中[84]，在 1565 nm 波长处连续泵浦 100 m 长的高非线性光纤，并使用两个光纤光栅来构建谐振腔。此光纤参量振荡器在泵浦功率为 240 mW 时达到阈值，而且在80 nm的带宽上可调谐。在这些实验中，泵浦波长均位于光纤的反常群速度色散区，而信号和闲频波频率由 5.1 节中的式(5.1.9)来确定。

12.3.1　四阶色散的作用

如何理解微结构光纤中的四波混频现象，这个问题已受到极大关注[89~95]。正如10.3.3 节所讨论的，对于高非线性光纤，高阶色散效应常常变得很重要，因而应将其考虑在内。研究发现，所有偶数阶色散项都会影响相位匹配条件，其中四阶色散在设定信号和闲频波的频率中起着重要作用。如果考虑到所有偶数阶色散项，则式(10.3.10)的相位匹配条件变为

$$\sum_{m=2,4,\cdots}^{\infty} \frac{\beta_m(\omega_p)}{m!} \Omega_s^m + 2\gamma P_0 = 0 \tag{12.3.1}$$

式中，$\Omega_s = \omega_s - \omega_p$ 为信号频率相对于泵浦频率 ω_p 的频移。闲频波频率 ω_i 遵循四波混频条件 $\omega_i = 2\omega_p - \omega_s$。在反常群速度色散区($\beta_2 < 0$)，$m = 2$ 项起主要作用，频移由 $\Omega_s = (2\gamma P_0 / |\beta_2|^{1/2})$ 给出。在正常群速度色散区有 $\beta_4 < 0$，Ω_s 由式(10.3.11)给出。然而，如果 β_2 和 β_4 都为正的，则信号和闲频波频率由式(12.3.1)中的更高阶色散项决定。

需要着重强调的是，色散参量的值随泵浦频率而改变。如果目的是为了研究信号和闲频波频率如何随泵浦波长的微小变化而改变，则必须利用实际的色散曲线来得到这些参量值。图 12.22(a)给出了对于低双折射光子晶体光纤，测量的二阶色散参量 D 的值是如何随波长变化的[85]。用这些测量值来推算 β_2 和 β_4，进而由式(12.3.1)确定在 100 W 输入功率下信号波长和闲频波长随泵浦波长 λ_p 的变化关系，如图 12.22(b)中的实线所示。由于存在双折射，信号波长和闲频波长在光沿快轴和慢轴偏振时是不同的，如图 12.22(b)中的点线所示。作为对比，图 12.22(b)用虚线给出了低功率时的情况。

当泵浦波长 λ_p 超过光纤的零色散波长 λ_D 时，由于泵浦在反常色散区传输，信号波长和闲频波长比较接近泵浦波长。相反，在 $\lambda_p < \lambda_D$ 的正常色散区，它们会相差数百纳米，这时四阶色散是相位匹配所必需的。通过将波长为 647 nm 且峰值功率为 1 kW 的 70 ps 泵浦脉冲入射到参量振荡器腔内的 1 m 长的光纤中，观察到了这种高度非简并的四波混频现象。记录下的

频谱如图 12.23 所示，它表明了通过自发调制不稳定性作为种子注入的信号和闲频波的产生[85]。由于光纤双折射的存在，这两个波长会随泵浦波偏振态的变化而改变。

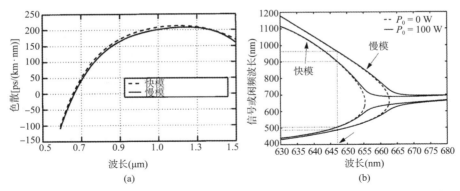

(a)　(b)

图 12.22　（a）光子晶体光纤的二阶色散参量的测量值随波长的变化（实线为光沿慢轴方向偏振，虚线为光沿快轴方向偏振）；（b）相位匹配曲线随泵浦波长的变化关系（虚线为低功率10 W，实线为高功率100 W，点线为在泵浦波长为 647 nm 时预测的信号和闲频波长）[85]（©2003 OSA）

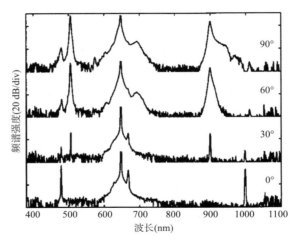

图 12.23　当泵浦波的偏振方向与光子晶体光纤慢轴的夹角取 4 个不同值时对应的输出频谱，其中泵浦波的波长、脉宽和峰值功率分别是 647 nm，70 ps 和 160 W[85]（©2003 OSA）

12.3.2　光纤双折射的作用

正如在图 12.23 中所见和 6.4 节所讨论的，光纤双折射能显著影响调制不稳定性现象背后的四波混频过程。而且，它也能导致所谓的偏振不稳定性。正如所预期的，由于高非线性光纤具有奇异的色散特性，因此和普通光纤相比，这两种不稳定性会有相当程度的改变。在一项研究中，在对两个正交偏振模式的耦合非线性薛定谔方程进行线性稳定性分析时，考虑到十二阶色散项来计算不稳定性增益[92]。对于具有两个零色散波长的细纤芯锥形光纤，研究了低双折射和高双折射两种情况，并发现了新的不稳定带。

在 2004 年的一个实验中[86]，将钛宝石激光器产生的波长在 650～830 nm 范围内可调的连续光，入射到双折射相对较低的 20 m 长的光子晶体光纤中来研究四波混频过程。此光纤在 755 nm 和 1235 nm 附近表现出两个零色散波长，对于两个正交的偏振模式，零色散波长是不同的，最初的设置对应快、慢模的波长分别在 755 nm 和 785 nm 附近。多台半导体激光器分别为四波混频过程提供波长为 975 nm, 1064 nm, 1312 nm 和 1493 nm 的种子光。图 12.24 给出了当泵浦光和种子光沿光纤某个主轴偏振时，测量到的相位匹配波长(如图中的方点所示)随泵浦波长的变化关系。实线是基于平均色散值的，因为不可能分开表征快模和慢模的色散。尽管定量结果与预期的不同，但定性结果还是与标量理论预期的非常一致。

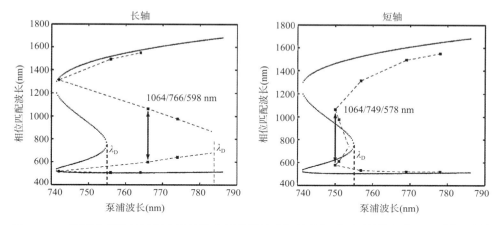

图 12.24　当泵浦光沿双折射光子晶体光纤的长轴或短轴偏振时，测得的相位匹配波长(虚线所示)随泵浦波长的变化曲线，实线表示基于平均色散值的理论预测[86]（©2004 OSA）

　　另一个实验在观察 4 m 长的微结构光纤中的矢量调制不稳定性之前，对该光纤的双折射进行了仔细表征[82]。图 12.25(a) 给出了将峰值功率为 90 W、波长为 624.5 nm 的纳秒脉冲入射到此光纤中，两个正交偏振模式被同等激发时测量到的频谱。在这种条件下，信号和闲频波长处的两个边带应该是正交偏振的，此特性已被实验证实。此外，图 12.25(b) 预测不稳定增益峰的频移为 3.85 THz，这与测量值 3.9 THz 非常吻合。由于实验中所用的微结构光纤具有相对大的非线性参量值（因为有效模面积只有 1.7 μm²）和相对大的双折射（约为 10^{-4}），因此在相当低的泵浦功率下实现如此大的边带频移是可能的。

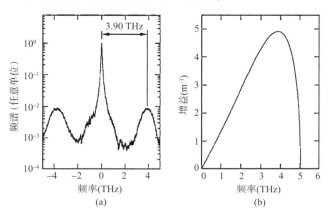

图 12.25　(a) 对于与 4 m 长的微结构光纤的慢轴成 45°角线偏振的 624.5 nm 准连续泵浦，测得的输出频谱中包含四波混频边带；(b) 用实际光纤参量值计算得到的理论增益曲线[82]（©2002 OSA）

　　正如在 10.6.3 节中讨论的，高非线性光纤中的四波混频提供了一种产生关联光子对的简单方法。关联光子对可应用于与量子密码学和量子计算有关的领域。然而，如果信号波、闲频波和泵浦波是同偏振的，那么该光子对源的质量就会被自发喇曼散射严重恶化。如果采用信号波、闲频波和泵浦波正交偏振的结构，那么此问题能够在很大程度上得到解决[94]。原因是对于正交偏振的泵浦波而言，喇曼增益几乎消失，而在无双折射的各向同性光纤中，四波混频效率只降低1/3。在通过光纤双折射实现相位匹配的四波混频过程中，有可能在不过多牺牲四波混频效率的前提下减小喇曼增益的影响。

正如前面提到过的，微结构光纤常常表现出两个零色散波长。此种光纤中的四波混频效应已被广泛研究，并发现了一些有趣的新特性[86]。假设由光纤的实际色散曲线获得每个泵浦波长处的色散参数，那么式(12.3.1)仍可用来计算满足相位匹配条件的信号和闲频波长。图12.26给出了当连续泵浦波的波长在芯径为1.8 μm的光子晶体光纤的第一个零色散波长附近变化20 nm时，相位匹配波长随泵浦波长的变化关系，假设入射泵浦功率为1 kW。此光纤的β_2与波长的关系亦在图12.26中示出，其中在755 nm和1235 nm处$\beta_2 = 0$。

这种光纤的一个新特性是，在一个固定泵浦波长下，有两组波长能同时满足相位匹配条件。例如，当泵浦波在接近755 nm附近的第一个零色散的正常群速度色散区传输时，有4个波长落在500～1500 nm范围内。在这一特殊情况下，四波混频过程产生的最长波长与泵浦波长相差600 nm以上。当泵浦波长在900 nm附近时，甚至会产生更大的波长位移。在1989年的一项研究中[96]，首次预言了这种多波产生过程，而且在1995年还发现，这种现象能在具有两个零色散波长的色散平坦光纤中发生[97]。

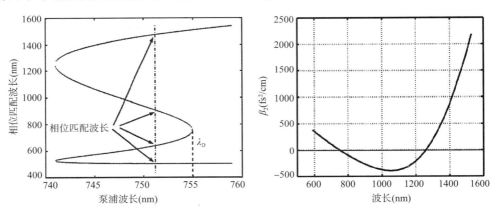

图12.26　光子晶体光纤的相位匹配曲线随泵浦波长的变化。光子晶体光纤的色散曲线如右图所示，零色散波长分别为755 nm和1235 nm，箭头标出当$\lambda_p = 752$ nm时同时满足相位匹配的4个波长[86]（©2004 OSA）

12.3.3　参量放大器和波长变换器

正如在10.4节中讨论的，四波混频可以用来制作参量放大器，而参量放大器还可以作为一个波长变换器使用（因为闲频波长是自动产生的）。光子晶体光纤(PCF)或其他微结构光纤的使用减小了所需的光纤长度（因为大的γ值），反过来这增加了这种放大器和波长变换器的带宽。基于这个原因，这些种类的光纤通常用来制作参量放大器和波长变换器[98~105]。

在2005年的一个实验中[98]，利用设计成在1550 nm附近具有相当小的三阶色散值的64 m长的光子晶体光纤，实现了偏振不敏感的波长变换。闲频波长可以从1535 nm到1575 nm调谐，当泵浦功率约为300 mW时，变换效率为−16 dB。由于采用了偏振分集方案，波长变换对输入信号的偏振态近乎是不敏感的。在2005年的另一个实验中[99]，采用7 m长的微结构光纤将光信号放大了 1000 倍，该实验使用了峰值功率接近 3.6 W 的 3.5 ps 泵浦脉冲。在 2007 年的一个实验中[102]，实现了 100 nm 的相当宽的增益带宽，均匀增益为 11 dB。在另一个实验中，仅需要 1 m 长的光纤就实现了从 1530 nm 到 1570 nm 的波长变换[103]。这是可以的，因为本实验中所用的微结构光纤是用氧化铋玻璃制造的，结果对于 3.2 μm² 的有效模面积，非线性参量 γ 具有 580 W⁻¹/km 的相当大的值。

最近，利用 100 m 长的光子晶体光纤实现了 1040 ~ 1090 nm 波长范围的参量放大[105]，放大器用 Q 开关 Nd:YAG 激光器产生的 450 ps 脉冲在 1064 nm 波长处泵浦。图 12.27 给出了 1081 nm 信号的放大倍数随峰值泵浦功率的变化关系，因为该光子晶体光纤的零色散波长在 1063 nm 附近，信号能以 40 dB 的因子被放大，如图 12.27 所示。由于在泵浦波长处群速度色散的值相当小（$\beta_2 = -0.21$ ps²/km），允许四波混频过程满足相位匹配条件。因为泵浦脉冲在光纤的反常群速度色散区传输，放大器带宽被限制到大约 50 nm；利用更短的光子晶体光纤可以将带宽增加到接近 100 nm[100]。正如图 12.22 中明显所示的，当泵浦波长位于正常群速度色散区并且光纤被设计成具有负的四阶色散值时，实现更大的带宽也是可能的。这种光纤已用来制作可调谐参量振荡器，这是下面将要讨论的主题。

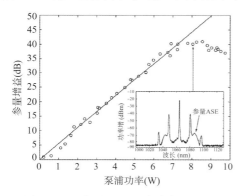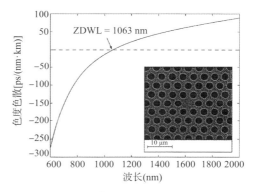

图 12.27　当用 450 ps 脉冲在 1064 nm 处泵浦 100 m 长的光子晶体光纤时，1081 nm 信号的放大倍数随峰值泵浦功率的变化。插图所示为在箭头标记的泵浦功率下测量的光谱，光子晶体光纤的设计和色散如右图所示[105]（©2009 美国物理研究所）

12.3.4　可调谐光纤参量振荡器

微结构光纤中四波混频的一个重要应用是实现被称为光纤参量振荡器的可调谐激光器[106~114]。在某些情况下，高非线性光纤正常群速度色散区的四波混频效应可以用来增大参量振荡器的调谐范围。在 2005 年的一个实验中[106]，利用含 65 cm 长的光子晶体光纤的环形腔结构的参量振荡器，获得了脉宽小于 0.5 ps 且调谐范围达 200 nm 的脉冲。此激光器用能输出 260 mW 平均功率的锁模掺镱光纤激光器发射的 1.3 ps 脉冲同步泵浦。图 12.28(a) 给出了当泵浦波长在相对窄的 25 nm 范围内变化时，信号和闲频波长是如何变化的。这些曲线是利用式(12.3.1)的相位匹配条件得到的，求和时只保留两项，并采用了实验中所用光子晶体光纤的 β_2 和 β_4 的特定值。理论上，此参量振荡器可通过在 20 nm 范围内改变泵浦波长，实现 300 nm 的调谐范围。实际上，由群速度失配引起的走离效应使可调范围被限制到 200 nm 左右。图 12.28(b) 中的虚线表明，对于 150 nm 的失谐量，泵浦和激光脉冲之间的走离超过 1 ps。

泵浦和激光脉冲之间在时域上走离的程度可以通过用较短的光纤或较长的泵浦脉冲来减小，它们有助于增加光纤参量振荡器的调谐范围。在 2007 年的一个实验中[107]，当将微结构光纤的长度减小到 3 cm 时，调谐范围显著增大（覆盖了一个倍频程）。相反，2007 年的另一个实验[108]用 40 m 长的光纤，但通过用更长的 4 ns 泵浦脉冲避免了走离问题。2008 年的一个实验[109]实现了非常宽的调谐范围，该实验利用两端带有端面耦合镜的 1.3 m 长的光子晶体光纤，构成了一个法布里-珀罗腔。在波长 $\lambda < 725$ nm 时，该光子晶体光纤表现出正常群速度色散，泵浦脉冲 8 ps 宽，但它们的波长可以从 705 nm 到 725 nm 调谐。图 12.29（a）显示，对于本实验用的光子晶体光纤，激光频率可以从 23 THz 到 164 THz 在泵浦频率的两侧调谐。结果，通过从 705 nm 到 725 nm 简单改变泵浦波长，信号（斯托克斯波）和闲频（反斯托克斯波）波长可以在一个宽范围内调谐。3 个脉冲对的相对走离如图 12.29（b）所示。当频移大于 60 THz 时，由于它超过了泵浦脉冲的宽度，因此对于大的频移输出功率大大减小。利用工作在 1550 nm 附近的泵浦源发射的 100 ps 泵浦脉冲，激光器的波长可以在从 1320 nm 延伸到 1820 nm 的宽范围内调谐[111]。

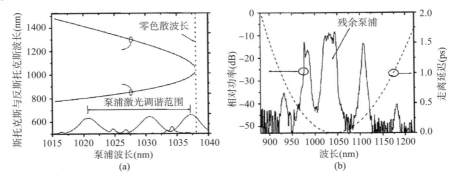

图 12.28　（a）零色散波长为 1038 nm 的光子晶体光纤的相位匹配曲线随泵浦波长的变化，泵浦激光器的调谐曲线也在图中给出；（b）走离延迟（虚线）随泵浦波长的变化，一种典型的输出频谱显示出信号和闲频波带在泵浦光的两侧[106]（©2005 OSA）

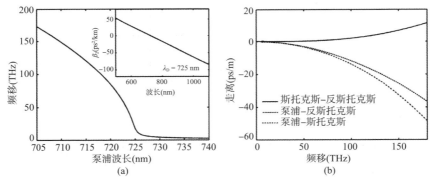

图 12.29　（a）对于零色散波长为 725 nm 的 1.3 m 长的光子晶体光纤，相位匹配曲线随泵浦波长的变化；插图所示为该光子晶体光纤的 $\beta_2(\lambda)$；（b）3 个脉冲对的时域走离随频移的变化[109]（©2008 OSA）

　　可调谐参量振荡器的近期工作已形成几个明显的方向[112~115]。2009 年，利用连续波泵浦实现了在 240 nm 范围内可调谐的激光器[112]。在该实验中，四波混频过程显著受喇曼增益的影响。在另一个极限中，2010 年的一个实验用波长在 1030 nm 附近的 400 fs 脉冲作为泵浦，产生了宽度小于 100 fs 的波长可调谐脉冲[113]。该实验所用光子晶体光纤的长度从 2 cm 变化到 6 cm，对于 2.7 cm 长的光子晶体光纤，斯托克斯脉冲的宽度只有 48 fs。与之相反，反斯托克斯脉冲的宽度接近 200 fs。在 2011 年的一个实验中[114]，目标是获得高输出功率，并且在从 1350 nm 延伸到 1790 nm 的宽波长范围内平均功率超过 1.9 W。在另一种方法中[115]，为调谐振荡器将光子晶体光纤加热到 500 ℃。

12.4　二次谐波产生

二次谐波产生（SHG）是一种普通的非线性现象，能用来产生可见光区和紫外区的光。严格地讲，二次谐波产生在石英光纤中不会发生，因为 SiO_2 分子表现为反演对称性，源于二阶极化率 $\chi^{(2)}$ 的所有非线性效应都不会发生。然而，几个早期实验表明，当 Nd:YAG 激光器产生的 1.06 μm 强泵浦脉冲在光纤中传输时，就会产生二次谐波[116~118]。转换效率约为 0.1% 的和频与二次谐波过程已经被观察到，如此高的转换效率是始料未及的。有几种机制能提供发生这些过程所需的有效 $\chi^{(2)}$，其中最重要的是纤芯–包层界面的表面非线性和源于电四极矩及磁偶极矩的非线性。详细计算表明[119]，这种非线性提供的最大转换效率也仅约为 10^{-5}，因此必然存在某些其他机制导致了石英光纤中的二次谐波产生现象。

这一机制的起源的线索是在 1986 年发现的，当时发现如果用泵浦光将某些光纤照射几个小时，则二次谐波功率就会大幅度增长。在其中一个实验中[120]，当平均功率为 125 mW 的 100 ps 泵浦脉冲在 1 m 长的光纤中传输时，二次谐波功率几乎随时间呈指数增长，并在 10 小时后开始饱和。光纤输出端 0.53 μm 脉冲的宽度约为 55 ps，其强度足以用来泵浦染料激光器，最大转换效率约为 3%。这一实验导致了对光纤中二次谐波产生的广泛研究[121~139]。结果表明，当用某些波长的强辐射对光纤曝光后，由于光纤的光敏特性，其光学特性将被永久性地改变。使纤芯折射率增大的掺杂物如锗和磷，能够增强光纤的光敏特性。在 1987 年的一个实验中[125]，用波长为 647.1 nm、峰值功率仅为 720 W 的 100 ps 脉冲将纤芯掺锗的光纤泵浦 20 分钟，就可以用于二次谐波产生过程。而在另一项研究进展中，发现如果弱二次谐波信号和泵浦脉冲一起入射，则光敏光纤能够在几分钟内制备完毕[122]。如果没有二次谐波种子光，那么同样的光纤甚至在 12 小时后也未能制备完毕。

12.4.1　物理机制

1987 年，人们提出几种物理机制来解释光纤中的二次谐波产生[121~124]。这些机制都是以某种实体（如色心或缺陷）沿光纤的周期性排序为基础的，相位匹配条件是自动满足的。在其中一种模型中，排序是通过三阶参量过程发生的，其中泵浦波和二次谐波（内部产生或外部施加）混合在一起，产生由下式给出的静态或直流极化（零频率）[122]：

$$P_{dc} = (3\epsilon_0/4)\mathrm{Re}[\chi^{(3)} E_p^* E_p^* E_{SH} \exp(\mathrm{i}\Delta k_p z)] \tag{12.4.1}$$

式中，E_p 是频率为 ω_p 的泵浦光场，E_{SH} 是频率为 $2\omega_p$ 的二次谐波种子光场。波矢失配 Δk_p 为

$$\Delta k_p = [n(2\omega_p) - 2n(\omega_p)]\omega_p/c \tag{12.4.2}$$

极化 P_{dc} 感应出一个极性沿光纤周期性变化的直流电场 E_{dc}，周期等于相位匹配周期 $2\pi/\Delta k_p$（对于 1.06 μm 的泵浦波长，约为 30 μm）。该电场使电荷重新排布，产生偶极子的一个周期性阵列。参与偶极子形成的物理实体可以是缺陷、陷阱或色心。主要的一点是，电荷的这种重新排布破坏了反演对称性，而且它是以相位匹配条件要求的正确周期为周期的。确实，偶极子以 $\chi^{(2)}$ 的有效值对光场产生响应，使光纤能够产生二次谐波。在最简单的情况下，$\chi^{(2)}$ 与 P_{dc} 成正比，于是

$$\chi^{(2)} \equiv \alpha_{SH} P_{dc} = (3\alpha_{SH}/4)\epsilon_0 \chi^{(3)} |E_p|^2 |E_{SH}|\cos(\Delta k_p z + \phi_p) \tag{12.4.3}$$

式中，α_{SH}是一个常数，其大小取决于引起$\chi^{(2)}$的微观过程；ϕ_p是取决于泵浦和二次谐波种子光初始相位的相移。由于$\chi^{(2)}$的周期特性，制备过程可以说是形成$\chi^{(2)}$光栅的过程。

直流电场E_{dc}通过$\chi^{(3)}$产生的这一简单模型有一个主要缺点[129]。在典型的实验条件下，若取$\chi^{(3)} \approx 10^{-22}(\text{m/V})^2$，则对于约 1 kW 的泵浦功率和约 10 W 的二次谐波种子光功率，由式（12.4.1）可以求得$E_{dc} \approx 1$ V/cm。这个值太小，无法对缺陷定位并形成$\chi^{(2)}$光栅。

为解决这一偏差，人们提出了几种可选择的机制。在其中一个模型中[133]，电荷离域化过程将$\chi^{(3)}$的大小提高了几个数量级，结果导致E_{dc}的相应增强。在另一个模型中[134]，自由电子通过缺陷的光致电离过程产生，并通过相干光伏效应产生强电场（E_{dc}约为10^5 V/cm）。在第三个模型中[135]，电离是通过多个多光子过程（涉及四个泵浦光子，两个二次谐波光子，或者两个泵浦光子和一个二次谐波光子）发生的。在该模型中，$\chi^{(2)}$光栅通过量子干涉效应产生，这种效应导致了电子注入过程取决于泵浦波和二次谐波的相对相位。这种电荷输运模型在定性结果上与观察到的大部分特征相符。

实际情况下实现的转换效率被限制到大约 1%[120]。在制备过程的初始阶段，二次谐波功率按指数方式增长，但随后发生饱和。一种可能性是，通过二次谐波产生的光会干涉$\chi^{(2)}$光栅的形成，因为它与原始光栅是反相的[122]。如果事实的确如此，那么在没有泵浦的情况下只让二次谐波通过光纤，就有可能将光栅擦除。确实，已经观察到了这种擦除行为[126]，擦除速率取决于入射到光纤中的二次谐波功率。在其中一个实验中[127]，当平均功率约为 2 mW 时，转换效率在 5 分钟内减小到原来的 1/10。尽管衰减不是指数形式的，但它与时间的关系遵循$(1 + Ct)^{-1}$形式，这里 C 为常数。而且，擦除过程是可逆的，也就是说，可以通过对光纤进行再处理，恢复其原始转换效率。这些观察结果与通过带电实体（如色心、缺陷或陷阱）的排序形成$\chi^{(2)}$光栅的模型一致。

12.4.2 热极化和准相位匹配

由于光敏光纤的转换效率有限，已经用准相位匹配技术来制造适合二次谐波产生的光纤。尽管准相位匹配技术早在 1962 年就提出来了[140]，但其直到 20 世纪 90 年代才得到发展，并且大部分准相位匹配用电光材料实现，如铌酸锂。早在 1989 年，这种技术就用在光纤中，称为电场感应二次谐波产生[141]。其基本思想相当简单，即通过外加直流场（而不是由光从内部感应的）产生一个有效$\chi^{(2)}$。然而，$\chi^{(2)}$沿光纤保持常量不变，在实际中并没有多大用处，因为大的相位失配是由式（12.4.2）中的Δk_p决定的。

准相位匹配技术通过沿样品周期性地反转$\chi^{(2)}$的符号，提高了二次谐波产生的效率[142]。当将这一技术用于光纤时，需要沿光纤长度周期性地反转电极。周期的选择应使$\chi^{(2)}$的符号在二次谐波功率流回到泵浦波中之前反转，即周期的大小应为$2\pi/\Delta k_p$。准相位匹配普遍与热极化结合使用，热极化可以在石英玻璃或光纤中永久性地产生相当大的$\chi^{(2)}$值[143~146]。尽管热极化自 1991 年就已经使用，但直到 2005 年，热极化产生$\chi^{(2)}$的准确物理机制还在争论之中[147~152]。最近对$\chi^{(2)}$对称性的测量提供了$\chi^{(2)}$源于$\chi^{(3)}$过程的令人信服的证据，以至于$\chi^{(2)}$的有效值由$\chi^{(2)}_{ijk} = 3\chi^{(3)}_{ijk} E^{dc}_l$给出，这里$E^{dc}_l$是通过热极化感应的沿 l 方向的直流电场[153]。

热极化要求沿光纤纤芯施加一个强直流电场，其持续时间从 10 分钟至几小时，使温度升高到 250 ℃ 至 300 ℃。若想沿整个光纤长度建立一个恒定值的 $\chi^{(2)}$，可以通过光纤包层内的两个孔插入电极，其中正电极应离光纤纤芯相当近，因为接近这一电极的负电荷层的形成在电荷输运和电离过程中起重要作用，而这被认为是形成感应 $\chi^{(2)}$ 的原因[146]。

准相位匹配技术要求在热极化过程中，沿光纤长度周期性地反转电场的极性。为制造这种周期性极化的石英光纤，光纤一侧的包层要刻蚀掉，形成 D 形光纤。光纤的平坦表面应非常接近光纤纤芯，典型距离为 5 μm[154]。然后利用标准的光刻技术，在平坦表面上制作带有图样的铝接触。对于 1.54 μm 的泵浦波长，要求的周期接近 56.5 μm。光纤的热极化会形成一个具有同样周期的 $\chi^{(2)}$ 光栅。

在 1999 年的一个实验中[154]，用波长为 1.532 μm、峰值功率达 30 kW 的 2 ns 脉冲泵浦这种准相位匹配光纤（长 7.5 cm），产生了平均转换效率达 21% 的 766 nm 二次谐波。图 12.30 给出了平均二次谐波功率和转换效率随平均泵浦功率的变化关系曲线，其中实线表示理论预期的线性和二次方拟合结果，插图为泵浦脉冲形状。准相位匹配的主要缺点是，$\chi^{(2)}$ 光栅的周期取决于泵浦波长，两者应精确匹配。即使泵浦波长有 1 nm 的失配，效率也会下降 50%。在微结构光纤可以应用不久，热极化技术就用在它上面[155]。微结构光纤的模式特性提供了在泵浦波长的更宽范围内实现二次谐波产生的可行性[156]，然而迄今实现的转换效率还相当低。

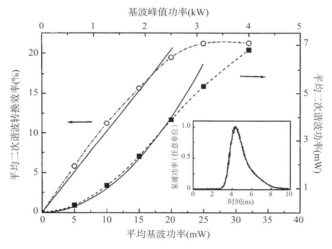

图 12.30　当重复频率为 4 kHz 的 2 ns 脉冲入射到热极化光纤中时，平均转换效率和二次谐波功率随平均泵浦功率（基波功率）的变化关系[154]（©1999 OSA）

近年来，为提高光纤中二次谐波产生过程的效率已经提出了几种方法[157~160]。在其中一种方法中[157]，泵浦激光器的波长可以通过 $\chi^{(2)}$ 光栅的机械压力在 45 nm 范围内调谐。在 2009 年的一个实验中[158]，利用较长（32 cm）的周期极化石英光纤产生了 236 mW 的二次谐波功率，平均转换效率约为 15%。在 2010 年的一个实验中[159]，通过非周期极化产生的 $\chi^{(2)}$ 光栅是带啁啾的。结果，当光栅周期（在其中一端为 66.5 μm）在光纤 10 cm 的长度上线性增加 1.5 μm 时，泵浦波长可以在 50 nm 的范围内调谐。可惜的是，二次谐波产生的效率随着啁啾的增加而迅速减小，因此这种技术可能不实用。双折射周期极化光纤的扭曲允许一种新式的相位匹配，而这在非扭曲光纤中是不能发生的[160]。特别是，通过二类相位匹配可以增强这种光纤中的二次谐波产生。

在 2000 年的一个实验中[161]，无须采用热极化和准相位匹配，就在 10 cm 长的微结构光纤中观察到了接近二次谐波波长的频谱峰。图 12.31 给出了当峰值功率为 250 W、波长为 895 nm 的 100 fs 脉冲入射到该光纤中时，在光纤输出端测量到的频谱。二次谐波峰与泵浦脉冲是正交偏振的，这意味着光纤双折射效应在本实验中起重要作用。在 2008 年的一个实验中[162]，用 50 fs 脉冲在 800 nm 处泵浦 60 cm 长的微结构光纤，产生了 400 nm 附近的蓝光，转换效率达 15%。这个蓝峰背后的物理机制相信为 $2\omega_p = \omega_s + \omega_i$ 形式的四波混频过程（而不是二次谐波产生过程），这里 ω_p 是泵浦频率，ω_s 是蓝峰频率，闲频频率 ω_i 对应太赫兹波。我们知道，在光纤中这种过程可以变成相位匹配的[163]。

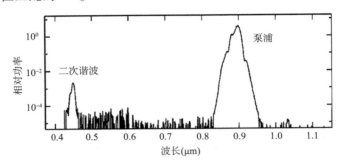

图 12.31　当峰值功率为 250 W、波长为 895 nm 的 100 fs 脉冲入射到 10 cm 长的微结构光纤中时，在光纤输出端测量到的频谱[161]（©2000 OSA）

2005 年，还在双模微结构光纤中观察到二次谐波产生[164]，它的转换效率虽然只有百分之几，但当将波长为 1060 nm、峰值功率为 6 kW 的 600 ps 脉冲入射到 2 m 长的光纤中时，已足以产生从 350 nm 延伸到 1750 nm 的超宽带超连续谱。这种宽带宽是由二次谐波感应的调制不稳定性引起的。本实验中二次谐波产生的起因可能与包层中大量空气孔引起的表面非线性有关，涉及太赫兹波的四波混频过程可能也起一定作用。

在模式相位匹配的情况下，基波和二次谐波在不同光纤模式中传输，在锥形多模光纤中已分析了这种方法，发现在可以超过 10 nm 的泵浦带宽上，通过适当的锥形区设计，可能得到相当高的转换效率[165]。在另一种不同的方法中，利用波长为 1064 nm、峰值功率接近 19 kW 的 Q 开关脉冲使掺锗光纤自极化，就足以产生强的二次谐波脉冲，这依次又通过级联喇曼过程（产生 9 个斯托克斯带）在可见光区产生宽带频谱[166]。四波混频过程在本实验中也起重要作用，因为 20 m 长的光纤在可见光区支持多个模式。

能在具有超细纤芯的光纤（所谓的石英纳米线）中产生二次谐波的另一种机制是表面偶极子的非线性响应[167~169]。然而，这种光纤中的二次谐波产生过程受表面均匀性程度的影响较大，至今尚未实现高转换效率。

12.4.3　二次谐波产生理论

下面从式（12.4.3）给出的 $\chi^{(2)}$ 出发，遵循标准步骤[140]来研究二次谐波产生。假设用频率为 ω_1 的光来制备光敏光纤，ω_1 一般与 ω_p 不同。泵浦光场 A_p 和二次谐波光场 A_h 满足下面的一组耦合振幅方程[121]：

$$\frac{\mathrm{d}A_p}{\mathrm{d}z} = \mathrm{i}\gamma_p(|A_p|^2 + 2|A_h|^2)A_p + \frac{\mathrm{i}}{2}\gamma_{SH}^* A_h A_p^* \exp(-\mathrm{i}\kappa z) \tag{12.4.4}$$

$$\frac{\mathrm{d}A_\mathrm{h}}{\mathrm{d}z} = \mathrm{i}\gamma_\mathrm{h}(|A_\mathrm{h}|^2 + 2|A_\mathrm{p}|^2)A_\mathrm{h} + \mathrm{i}\gamma_\mathrm{SH}A_\mathrm{p}^2\exp(\mathrm{i}\kappa z) \tag{12.4.5}$$

式中，γ_p 和 γ_h 的定义与式(2.3.28)类似，γ_SH 的表达式为

$$\gamma_\mathrm{SH} = (3\omega_1/4n_1c)\epsilon_0^2\alpha_\mathrm{SH}f_{112}\chi^{(3)}|E_\mathrm{p}|^2|E_\mathrm{SH}| \tag{12.4.6}$$

式中，f_{112} 是重叠积分因子(见 10.2 节)，$\kappa = \Delta k_\mathrm{p} - \Delta k$ 且 Δk 由式(12.4.2)给出，只是要用 ω_1 代替 ω_p。参量 κ 是 $\omega_1 \neq \omega_\mathrm{p}$ 时产生的残余波矢失配，正比于 γ_p 和 γ_h 的项应归于自相位调制和交叉相位调制，一般应包括在内。

方程(12.4.4)和方程(12.4.5)可以用 10.2 节的步骤求解。假设没有泵浦消耗($|A_\mathrm{h}|^2 \ll |A_\mathrm{p}|^2$)，则方程(12.4.4)的解为 $A_\mathrm{p}(z) = P_\mathrm{p}\exp(\mathrm{i}\gamma_\mathrm{p}P_\mathrm{p}z)$，其中 P_p 是入射泵浦功率。在方程(12.4.5)中引入 $A_\mathrm{h} = B_\mathrm{h}\exp(2\mathrm{i}\gamma_\mathrm{p}P_\mathrm{p}z)$，可得

$$\frac{\mathrm{d}B_\mathrm{h}}{\mathrm{d}z} = \mathrm{i}\gamma_\mathrm{SH}P_\mathrm{p}\exp(\mathrm{i}\kappa z) + 2\mathrm{i}(\gamma_\mathrm{h} - \gamma_\mathrm{p})P_\mathrm{p}B_\mathrm{h} \tag{12.4.7}$$

方程(12.4.7)很容易求解。由此可得二次谐波功率为

$$P_\mathrm{h}(L) = |B_\mathrm{h}(L)|^2 = |\gamma_\mathrm{SH}P_\mathrm{p}L|^2\frac{\sin^2(\kappa'L/2)}{(\kappa'L/2)^2} \tag{12.4.8}$$

式中，$\kappa' = \kappa - 2(\gamma_\mathrm{h} - \gamma_\mathrm{p})P_\mathrm{p}$。从物理角度讲，自相位调制和交叉相位调制改变了 κ，因此它们对相位匹配条件有贡献。

当转换效率大于 1% 时，无泵浦消耗的近似不再成立。研究结果表明，即使考虑泵浦消耗，方程(12.4.4)和方程(12.4.5)也能够解析求解。1962 年，首次得到椭圆函数形式的解[140]。椭圆函数的周期性意味着在二次谐波功率达到最大值后，功率又流回到泵浦波中。理论分析还预见了由自相位调制和交叉相位调制感应的参量混频不稳定性的存在[138]。不稳定性表现为频率转换过程的空间周期的加倍。由于在大多数实验条件下，泵浦消耗可以忽略，因此这种效应很难在光纤中观察到。

在推导式(12.4.8)时，假设 $\chi^{(2)}$ 光栅是沿整个光纤相干地产生的。如果制备阶段用的是谱宽较窄的连续泵浦波，那么情况确实如此。实际情况下，常用宽度约为 100 ps 的锁模脉冲泵浦，这种超短脉冲从两个方面影响光栅的形成。第一，泵浦和二次谐波脉冲的群速度失配导致它们在几个走离长度 L_W 内分开。若在式(1.2.13)中取适合于 1.06 μm 实验的 $T_0 \approx 80$ ps 和 $|d_{12}| \approx 80$ ps/m，则 $L_\mathrm{W} \approx 1$ m。这样，对于 100 ps 宽的泵浦脉冲，$\chi^{(2)}$ 光栅在大约 1 m 距离内就停止形成。第二，自相位调制感应的频谱展宽减小了 $\chi^{(2)}$ 光栅能够在其上相干地产生二次谐波的相干长度 L_coh。

研究结果表明，L_coh 是最终限制因素，因为在典型的实验条件下，$L_\mathrm{coh} < L_\mathrm{W}$。关于这一点可以这样理解，即每个泵浦频率以稍微不同的周期 $2\pi/\Delta k_\mathrm{p}$ 产生各自的光栅，其中 Δk_p 由式(12.4.2)给出。从数学角度讲，应对关于 P_dc 的式(12.4.1)在整个泵浦频谱范围内积分，以包括每个光栅的贡献。假设泵浦和二次谐波的频谱都是高斯形的，则有效直流极化变为[128]

$$P_\mathrm{dc}^\mathrm{eff} = P_\mathrm{dc}\exp[-(z/L_\mathrm{coh})^2], \quad L_\mathrm{coh} = 2/|d_{12}\delta\omega_\mathrm{p}| \tag{12.4.9}$$

式中，d_{12} 的定义见式(1.2.12)，$\delta\omega_\mathrm{p}$ 是频谱半宽度($1/e$ 点)。对 $|d_{12}| = 80$ ps/m 和 10 GHz 的谱宽(半极大全宽度)，$L_\mathrm{coh} \approx 60$ cm。

在用 1.06 μm 泵浦脉冲进行的大多数实验中，光纤输入端的谱宽约为 10 GHz，然而当泵浦脉冲沿光纤传输时，自相位调制会展宽其频谱[见式(4.1.6)和式(4.1.11)]。这种频谱展宽

大大减小了相干长度，预计 L_{coh} 约为 10 cm。若 $L_{coh} < L$，则应对式（12.4.8）做必要的修正。在一个简单的近似中[121]，用 L_{coh} 代替式（12.4.8）中的 L，这等同于当 $z \leqslant L_{coh}$ 时 $P_{dc}^{eff} = P_{dc}$；而当 $z > L_{coh}$ 时 $P_{dc}^{eff} = 0$。利用式（12.4.9）可以改进这一近似的精度，但需要将式（12.4.7）中的 γ_{SH} 乘以指数因子 $\exp[-(z/L_{coh})^2]$。若 $L_{coh} \ll L$，则对方程（12.4.7）积分可得[128]

$$P_2(\kappa) = (\pi/4)|\gamma_{SH} P_p L_{coh}|^2 \exp\left(-\frac{1}{2}\kappa^2 L_{coh}^2\right) \tag{12.4.10}$$

这也是一个近似表达式，因为它是以仅在准连续波条件下才成立的方程（12.4.4）和方程（12.4.5）为基础的。对于短泵浦脉冲，利用式（10.2.23）中偏导数的和代替空间导数，可以在方程（12.4.4）和方程（12.4.5）中包括群速度色散效应。

12.5　三次谐波产生

与二次谐波产生相比，若满足相应的相位匹配条件，则入射光的三次谐波很容易在石英光纤中产生，因为它源于导致四波混频和其他非线性效应的同一个三阶非线性过程。确实，已经在几个实验中观察到了三次谐波产生（THG），尽管由于在标准单模光纤中实现相位匹配比较困难，转换效率一般较低[170~176]。在 1993 年的一个实验中[172]，发现锗的掺杂浓度会影响三次谐波产生过程。其他掺杂元素，如铒或氮，也有助于提高三次谐波产生的转换效率，而且在 1997 年实现了高达 2×10^{-4} 的转换效率。

12.5.1　高非线性光纤中的三次谐波产生

研究表明，在高非线性光纤中更容易实现相位匹配条件。在 2000 年的一个实验中[161]，当将波长为 1064 nm 的 1 kW 脉冲入射到 50 cm 长的微结构光纤中时，在光纤的高阶模式中出现了三次谐波光。在 2001 年的一项研究中[177]，用光子晶体光纤产生三次谐波。从此，三次谐波产生这种非线性效应已引起人们的极大关注[178~190]。

为理解更容易在微结构光纤中观察到三次谐波产生的原因，首先考虑究竟是什么原因导致难以在标准石英光纤中实现相位匹配。对频率为 ω 的准连续波泵浦，相位匹配条件为

$$\Delta\beta \equiv \beta(3\omega) - 3\beta(\omega) = (3\omega/c)[\bar{n}(3\omega) - \bar{n}(\omega)] = 0 \tag{12.5.1}$$

式中，$\beta(\omega) \equiv \bar{n}(\omega)\omega/c$ 是传输常数，$\bar{n}(\omega)$ 是有效模折射率。对于基模，频率为 ω 和 3ω 的模折射率差别较大，因此三次谐波产生过程在单模光纤中不能实现相位匹配。然而，若光纤在三次谐波波长处支持多个模，则当三次谐波以特定的高阶模传输时，$\bar{n}(3\omega)$ 近似与 $\bar{n}(\omega)$ 匹配。但是，这种情况仅当差值 $\bar{n}(3\omega) - \bar{n}(\omega)$ 比纤芯-包层折射率差小时才能发生，而对大部分标准光纤而言，纤芯-包层折射率差很少能超过 0.01。

如图 1.4 所示，纯石英的折射率在三次谐波的波长处（在大部分实验中，此波长位于 300~500 nm 范围内）将增加 0.01 以上。由于没有一个束缚模式的有效折射率能大于包层折射率，因此在纤芯-包层折射率差为 0.01 甚至更小的光纤中，不能实现相位匹配。若通过提高纤芯掺锗浓度来增大折射率差值，则三次谐波产生就能实现相位匹配，这已在 1993 年的一个实验中观察到[172]。通过切连科夫型相位匹配（三次谐波在光纤泄漏模中传输），也能实现三次谐波产生[173]。然而，包层中带有空气孔的微结构光纤为三次谐波产生提供了最佳环境，因为其有效纤芯-包层折射率差能超过 0.1，特别是在空气孔较大的微结构光纤中。确实，在 2000 年

利用 50 cm 长的微结构光纤进行的实验中[161]，比较容易地观察到了三次谐波产生。正如所预期的，三次谐波出现在光纤的一个高阶模中。

对于超短脉冲的情况，三次谐波产生过程受在同一光纤中同时发生的其他非线性效应的影响。图 12.32(a) 给出了当波长为 1550 nm 的 170 fs 脉冲(重复频率为 80 MHz 时，平均功率为 45 mW) 入射到 95 cm 长的光子晶体光纤中时，在光纤输出端观察到的三次谐波的频谱[177]，其中 517 nm 波长的峰对应 1550 nm 泵浦脉冲的三次谐波。图 12.32(b) 给出的光纤输出端的泵浦脉冲频谱清楚地表明了第二个峰的起源，它对应通过泵浦脉冲的喇曼感应频移形成的喇曼孤子。571 nm 峰正是这个喇曼孤子产生的，它比另一个峰宽一些，这是由于喇曼孤子的频谱在光纤内连续位移造成的。观察到的远场图样(6 个亮裂纹包围着 1 个中心暗斑) 清楚地表明，三次谐波是在满足相位匹配条件的特定的高阶模中产生的。通常，飞秒泵浦脉冲产生的三次谐波谱是不对称的，并表现出大量内在结构[183]。频谱连续位移的喇曼孤子的形成对在相同光纤的高阶模中产生三阶谐波有很大帮助[185]。

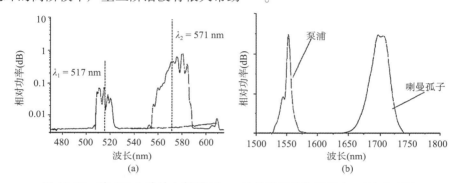

图 12.32　将 170 fs 脉冲入射到 95 cm 长的光子晶体光纤中，在(a) 三次
谐波附近和(b) 泵浦波长附近测得的频谱[177](©2001 OSA)

12.5.2　群速度失配效应

在具有宽频谱的短泵浦脉冲情况下，三次谐波产生过程的相位匹配更加复杂，因为群速度失配效应不能忽略。从物理角度讲，三次谐波脉冲的宽度与泵浦脉冲相当，但两者以不同的速度通过光纤。三次谐波脉冲只有在与泵浦脉冲交叠时，才能相干增长。实际上，对于频谱中心位于 ω_p 的泵浦脉冲，由于群速度失配效应，其三次谐波的频谱并不正好位于 $3\omega_p$ 处。

为理解这一特性，将式(12.5.1) 中出现的 $\beta(\omega)$ 用泰勒级数在 ω_p 附近展开，对 $\beta(3\omega)$ 也做类似的展开。若仅保留到展开式中的一次项，则有[183]

$$\Delta\beta = \Delta\beta_0 + \Delta\beta_1\Omega \tag{12.5.2}$$

式中，$\Omega = 3(\omega - \omega_p)$ 是三次谐波的频移，且有

$$\Delta\beta_0 = \beta(3\omega_p) - 3\beta(\omega_p), \quad \Delta\beta_1 = v_{gh}^{-1} - v_{gp}^{-1} \tag{12.5.3}$$

式中，v_{gj} 和 β_{2j} 分别表示频率为 ω_j 时的群速度和群速度色散，$j = p$ 时为泵浦脉冲，$j = h$ 时为三次谐波。显然，当三次谐波相对 $3\omega_p$ 有 $\Omega = -(\Delta\beta_0/\Delta\beta_1)$ 的频移时，满足条件 $\Delta\beta = 0$。该频移取决于群速度失配，而且根据相位匹配发生时的光纤模式可正可负。式(12.5.2) 并没有包括自相位调制和交叉相位调制的贡献，这两种非线性效应对相位匹配的贡献也能影响频移 Ω 的准确值。

如果式(12.5.2) 中的相位匹配条件对 Ω 的几个不同值都能满足，每个峰就对应一个不同

光纤模式中的三次谐波产生，那么三次谐波频谱中可能出现几个截然不同的谱峰[183]。在2006年的一个实验中[184]，通过将1240 nm 波长的60 fs 脉冲入射到芯径为4 μm 的8 cm 长的微结构光纤中，观察到了这一特性。图12.33 给出了对能量为0.5 nJ 的脉冲，在光纤输出端测量到的三次谐波的频谱。谱峰位于420 nm 附近，相对于1240 nm 的三次谐波（413.3 nm）位移了6 nm 以上，而且其他几个谱峰的位置相对这一波长位移了60 nm。理论模拟预测，三个高阶模 EH_{14}、TE_{04} 和 EH_{52}，分别为位于370 nm，420 nm 和440 nm 附近的谱峰提供了相位匹配。

当泵浦脉冲相对较宽时，只需将早期提出的用于二次谐波产生的简单理论稍做改动，就能够扩展到适用于三次谐波产生的情况。然而对于短泵浦脉冲的情况，必须通过采用式（10.2.23）给出的替换方法替换 $\mathrm{d}A/\mathrm{d}z$，以将色散效应包括在内。由此得到的方程组可以写为

$$\frac{\partial A_p}{\partial z} + \frac{1}{v_{gp}}\frac{\partial A_p}{\partial t} + \frac{\mathrm{i}\beta_{2p}}{2}\frac{\partial^2 A_p}{\partial t^2} = \mathrm{i}\gamma_p(|A_p|^2 + 2|A_h|^2)A_p + \frac{\mathrm{i}}{3}\gamma_{TH}^* A_h A_p^{*2}\mathrm{e}^{\mathrm{i}\Delta\beta_0 z} \quad (12.5.4)$$

$$\frac{\partial A_h}{\partial z} + \frac{1}{v_{gh}}\frac{\partial A_h}{\partial t} + \frac{\mathrm{i}\beta_{2h}}{2}\frac{\partial^2 A_h}{\partial t^2} = \mathrm{i}\gamma_h(|A_h|^2 + 2|A_p|^2)A_h + \mathrm{i}\gamma_{TH} A_p^3 \mathrm{e}^{-\mathrm{i}\Delta\beta_0 z} \quad (12.5.5)$$

式中，γ_j 是式（2.3.29）定义的非线性参量，β_{2j} 是群速度色散参量，$j = p$ 和 $j = h$ 分别对应泵浦脉冲和三次谐波。三次谐波的增长受 γ_{TH} 支配。

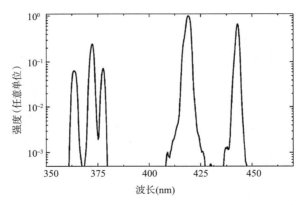

图12.33　当能量为0.5 nJ、波长为1240 nm 的60 fs 脉冲入射到8 cm 长的微结构光纤中时，测得的三次谐波频谱[184]（©2006 美国物理学会）

上述两个方程一般需要用数值方法求解。若忽略群速度色散、泵浦消耗及自相位调制和交叉相位调制项，则也可能存在解析解。若令 $T = t - z/v_{gp}$，引入与泵浦脉冲一起移动的参照系，则方程（12.5.5）可以简化为

$$\frac{\partial A_h}{\partial z} + \Delta\beta_1\frac{\partial A_h}{\partial T} = \mathrm{i}\gamma_{TH} A_p^3(T)\mathrm{e}^{-\mathrm{i}\Delta\beta_0 z} \quad (12.5.6)$$

式中，$A_p(T)$ 是输入端 $z = 0$ 处的泵浦脉冲振幅。该方程容易在频域中求解，由此得到三次谐波功率的表达式为[183]

$$|A_h(z,\Omega)|^2 = |\gamma_{TH}|^2\frac{\sin^2[(\Delta\beta_0 + \Delta\beta_1\Omega)z/2]}{(\Delta\beta_0 + \Delta\beta_1\Omega)^2} \times \left|\iint_{-\infty}^{\infty} A_p(\Omega - \Omega_1)A_p(\Omega_1 - \Omega_2)A_p(\Omega_2)\mathrm{d}\Omega_1\mathrm{d}\Omega_2\right|^2$$

$$(12.5.7)$$

显然，当 $\Omega = -(\Delta\beta_0/\Delta\beta_1)$ 时，三次谐波的增长最大，这与式（12.5.2）的预测值相同。对于给定的泵浦脉冲频谱，式（12.5.7）给出的解对计算三次谐波产生脉冲的频谱很有用。

12.5.3 光纤双折射效应

正如前面所看到的,光纤双折射影响四波混频的相位匹配条件,对于三次谐波产生同样如此。从本质上讲,双折射通过强迫每个模式的两个正交偏振分量具有稍微不同的模折射率,使光纤支持的模式数量加倍。结果,根据泵浦脉冲是沿慢轴还是沿快轴方向偏振,满足式(12.5.2)给出的相位匹配条件的三次谐波模式可能不同。

在 2003 年的一个实验中[180],将波长为 1550 nm 的 170 fs 脉冲入射到具有轻度椭圆纤芯的 20 cm 长的光纤中,观察到了这一特性。图 12.34 给出了当泵浦脉冲沿光纤慢轴或快轴偏振时,光纤输出端三次谐波的频谱随平均输入功率的变化关系。在这两种情况下,三次谐波产生过程都在 514 nm 附近产生一个谱带;当平均功率超过 16 mW 且泵浦脉冲沿快轴偏振时,还产生了中心在 534 nm 的第二个谱带;在足够高的输入功率下,只有第二个谱带出现。当然,当两个偏振模式都被泵浦脉冲激发时,两个谱带会同时出现。与图 12.32 所示的情况类似,534 nm 的谱带应归于喇曼孤子的三次谐波。

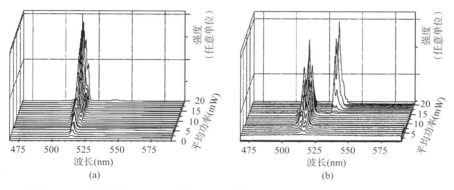

图 12.34 当波长为 1550 nm 的 170 fs 脉冲沿 20 cm 长的微结构光纤的(a)慢轴和(b)快轴入射时测得的三次谐波频谱[180](©2003 OSA)

2003 年,用芯径从 1.5 μm 变化到 4 μm 的双折射微结构光纤,对双折射效应进行了详细研究[181]。该实验用光参量振荡器作为泵浦源,它可提供波长在 1450~1650 nm 范围内可调谐、重复频率为 82 MHz 的 100 fs 脉冲,平均输入功率可在 5~80 mW 范围内变化。对芯径为 2.5 μm 的 6 cm 长的光纤,三次谐波频谱在 510 nm 和 550 nm 附近有两个谱峰,但当泵浦脉冲沿光纤的两个主轴偏振时,谱峰的波长位移了 5 nm 左右。每个谱峰都表现出双重线结构,它们的相对高度随入射到光纤中的平均功率变化。如图 12.34 所示,较长波长的三次谐波谱峰源于喇曼孤子,当泵浦脉冲进入光纤中一小段距离后,较大的喇曼感应频移将导致喇曼孤子与主泵浦脉冲分离。观察到的三次谐波谱峰的远场图样比较复杂,中心暗斑被 8 个裂纹环绕,它对应阶数相当高(大于 20)的光纤模式。理论模拟相当准确地预测出了观察到的图样。对于芯径为 1.5 μm 的光纤,相位匹配三次谐波产生所需的模式阶数高达 48。

最近发现,当将波长为 1550 nm 的 400 fs 脉冲入射到 30 cm 长的亚碲酸盐微结构光纤中时,二次谐波产生和三次谐波产生的效率可以显著增加[188]。当这种光纤的芯径接近 2.5 μm 时,它的非线性参量 γ 的值可以超过 1000 W^{-1}/km。用这个特性可以产生从 470 nm 延伸到 2400 nm 的超宽超连续谱。下一章将关注超连续谱产生这个主题。

习题

12.1 峰值功率为 100 W 的短脉冲以孤子形式在 $\gamma = 100$ W^{-1}/km 且 $\beta_2 = -10$ ps^2/km 的 10 m 长的高非线性光纤中传输，计算脉冲宽度（指的是半极大全宽度）、色散长度和非线性长度。

12.2 宽 150 fs（半极大全宽度）的四阶孤子在 $\gamma = 100$ W^{-1}/km 且 $\beta_2 = -10$ ps^2/km 的 10 m 长的光纤中发生分裂，计算产生的 4 个基阶孤子的宽度、峰值功率和喇曼感应频移。

12.3 切连科夫辐射或非孤子辐射的含义是什么？在什么条件下这一辐射是孤子发射的？假设孤子仅被三阶色散扰动。

12.4 利用式（12.3.11）绘出当 $\delta_3 = -0.01$，0 和 0.01 时三阶孤子的两个色散波的频率随 δ_4 变化的关系曲线。当入射脉冲宽 100 fs（半极大全宽度）并且光纤的 $\delta_4 = 0.001$ 时，估计这些频率的值。

12.5 将附录 B 中用来解方程（12.1.9）的 MATLAB 代码适当扩展，再现图 12.1 和图 12.4 给出的结果。

12.6 将上题中的 MATLAB 代码适当扩展，解包含喇曼项的方程（12.2.1），再现图 12.6 给出的结果。

12.7 试解释为何以孤子形式传输的超短脉冲的频谱会移向较长波长。如果脉冲在光纤的正常色散区传输，那么能否发生这种频谱位移？讨论你所给答案的逻辑。

12.8 解释频率分辨光学门（FROG）技术，并绘出典型的实验装置图。如何将这一技术扩展到使用互相关而不是自相关。

12.9 讨论在具有两个零色散波长的微结构光纤中，当孤子频谱接近第二个零色散波长时，喇曼感应频移为何会被抑制。

12.10 推导式（12.3.1）给出的相位匹配条件。考虑到四阶色散项，计算 $\beta_2 = 5$ ps^2/km，$\beta_4 = -1 \times 10^{-4}$ ps^4/km 和 $L_{NL} = 1$ cm 时的频移（用 THz 作为单位）。

12.11 讨论如何在光纤参量振荡器的腔内利用微结构光纤来延伸这种激光器的调谐范围。当用短脉冲泵浦这种光纤时，限制调谐范围的主要因素是什么？

12.12 试解释如何用热极化在光纤内产生二次谐波，详细描述所涉及的物理机制。

12.13 为什么在纤芯-包层折射率差为 0.01 或更小的标准光纤中，实现三次谐波产生的相位匹配比较困难？在微结构光纤中是如何解决这一难题的？

参考文献

[1] E. A. Golovchenko, E. M. Dianov, A. M. Prokhorov, and V. N. Serkin, *JETP Lett.* **42**, 87 (1985).

[2] P. K. A. Wai, C. R. Menyuk, Y. C. Lee, and H. H. Chen, *Opt. Lett.* **11**, 464 (1986).

[3] Y. Kodama and A. Hasegawa, *IEEE J. Quantum Electron.* **23**, 510 (1987).

[4] P. Beaud, W. Hodel, B. Zysset, and H. P. Weber, *IEEE J. Quantum Electron.* **23**, 1938 (1987).

[5] K. Tai, A. Hasegawa, and N. Bekki, *Opt. Lett.* **13**, 392 (1988).

[6] P. K. A. Wai, H. H. Chen, and Y. C. Lee, *Phys. Rev. A* **41**, 426 (1990).

[7] J. P. Gordon, *J. Opt. Soc. Am. B* **9**, 81 (1992).

[8] J. N. Elgin, *Phys. Rev. A* **47**, 4331 (1993).

[9] V. I. Karpman, *Phys. Rev. E* **47**, 2073 (1993).

[10] Y. Kodama, M. Romagnoli, S. Wabnitz, and M. Midrio, *Opt. Lett.* **19**, 165 (1994).

[11] N. Akhmediev and M. Karlsson, *Phys. Rev. A* **51**, 2602 (1995).

[12] J. N. Elgin, T. Brabec, and S. M. J. Kelly, *Opt. Commun.* **114**, 321 (1995).

[13] A. V. Husakou and J. Herrmann, *Phys. Rev. Lett.* **87**, 203901 (2001).

[14] E. N. Tsoy and C. M. de Sterke, *Phys. Rev. A* **76**, 043804 (2007).

[15] S. Roy, S. K. Bhadra, and G. P. Agrawal, *Phys. Rev. A* **79**, 023824 (2009).

[16] S. Roy, S. K. Bhadra, and G. P. Agrawal, *Opt. Lett.* **34**, 2072 (2009).

[17] S. Roy, S. K. Bhadra, and G. P. Agrawal, *Opt. Commun.* **282**, 3798 (2009).

[18] E. M. Dianov, A. Y. Karasik, P. V. Mamyshev, et al., *JETP Lett.* **41**, 294 (1985).

[19] F. M. Mitschke and L. F. Mollenauer, *Opt. Lett.* **11**, 659 (1986).

[20] J. P. Gordon, *Opt. Lett.* **11**, 6662 (1986).

[21] J. Santhanam and G. P. Agrawal, *Opt. Commun.* **222**, 413 (2003).

[22] G. P. Agrawal, *Opt. Lett.* **16**, 226 (1991).

[23] D. J. Richardson, V. V. Afanasjev, A. B. Grudinin, and D. N. Payne, *Opt. Lett.* **17**, 1596 (1992).

[24] J. K. Lucek and K. J. Blow, *Phys. Rev. A* **45**, 666 (1992).

[25] T. Sugawa, K. Kurokawa, H. Kubota, and M. Nakazawa, *Electron. Lett.* **30**, 1963 (1994).

[26] C. Hedaley and G. P. Agrawal, *J. Opt. Soc. Am. B* **13**, 2170 (1996).

[27] M. Golles, I. M. Uzunov, and F. Lederer, *Phys. Lett. A* **231**, 195 (1997).

[28] N. Nishizawa and T. Goto, *IEEE Photon. Technol. Lett.* **11**, 325 (1999).

[29] M. E. Fermann, A. Galvanauskas, M. L. Stock, K. K. Wong, D. Harter, and L. Goldberg, *Opt. Lett.* **24**, 1428 (1999).

[30] T. Hori, N. Nishizawa, H. Nagai, M. Yoshida, and T. Goto, *IEEE Photon. Technol. Lett.* **13**, 13 (2001).

[31] X. Liu, C. Xu, W. H. Knox, J. K. Chandalia, B. J. Eggleton, S. G. Kosinski, and R. S. Windeler, *Opt. Lett.* **26**, 358 (2001).

[32] R. Washburn, S. E. Ralph, P. A. Lacourt, J. M. Dudley, W. T. Rhodes, R. S. Windeler, and S. Coen, *Electron. Lett.* **37**, 1510 (2001).

[33] D. T. Reid, I. G. Cormack, W. J. Wadsworth, J. C. Knight, and P. St. J. Russell, *J. Mod. Opt.* **49**, 757 (2002).

[34] N. Nishizawa, Y. Ito, and T. Goto, *IEEE Photon. Technol. Lett.* **14**, 986 (2002).

[35] D. A. Chestnut and J. R. Taylor, *Opt. Lett.* **28**, 2512 (2003).

[36] A. Efi mov, A. J. Taylor, F. G. Omenetto, and E. Vanin, *Opt. Lett.* **29**, 271 (2004).

[37] K. S. Abedin and F. Kubota, *IEEE J. Sel. Topics Quantum Electron.* **10**, 1203 (2004).

[38] M. G. Banaee and J. F. Young, *J. Opt. Soc. Am. B* **23**, 1484 (2006).

[39] Q. Lin and G. P. Agrawal, *Opt. Lett.* **31**, 3086 (2006).

[40] J. H. Lee, J. van Howe, C. Xu, and X. Liu, *IEEE J. Sel. Topics Quantum Electron.* **14**, 713 (2008).

[41] Z. Chen, A. J. Taylor, and A. Efi mov, *J. Opt. Soc. Am. B* **27**, 1022 (2010).

[42] R. Pant, A. C. Judge, E. C. Magi, B. T. Kuhlmey, C. M. de Sterke, and B. J. Eggleton, *J. Opt. Soc. Am. B* **27**, 1894 (2010).

[43] M. Erkintalo, G. Genty, B. Wetzel, and J. M. Dudley, *Opt. Express* **18**, 25449 (2010).

[44] S. Linden, J. Kuhl, and H. Giessen, *Opt. Lett.* **24**, 569 (1999).

[45] N. Nishizawa and T. Goto, *IEEE J. Sel. Topics Quantum Electron.* **7**, 518 (2001).

[46] J. H. V. Price, K. Furusawa, T. M. Monro, L. Lefort, and D. J. Richardson, *J. Opt. Soc. Am. B* **19**, 1286 (2002).

[47] H. Lim, J. Buckley, A. Chong, and F. W. Wise, *Electron. Lett.* **40**, 1523 (2005).

[48] J. Takayanagi, T. Sugiura, M. Yoshida, and N. Nishizawa, *IEEE Photon. Technol. Lett.* **18**, 2284 (2006).

[49] A. V. Andrianov, S. V. Muraviov, A. V. Kim, and A. A. Sysoliatin, *JETP Lett.* **85**, 364 (2007).

[50] S. Kivistö, T. Hakulinen, M. Guina, and O. G. Okhotnikov, *IEEE Photon. Technol. Lett.* **19**, 934 (2007).

[51] M.-C. Chan, S.-H. Chia, T.-M. Liu, et al., *IEEE Photon. Technol. Lett.* **20**, 900 (2008).

[52] K. Wang and C. Xu, *Opt. Lett.* **36**, 842 (2011).

[53] N. Nishizawa and T. Goto, *Opt. Express* **8**, 328 (2001).

[54] N. Nishizawa and T. Goto, *Opt. Lett.* **27**, 152 (2002); *Opt. Express* **10**, 1151 (2002).

[55] N. Nishizawa and T. Goto, *Opt. Express* **11**, 359 (2003).

[56] N. Nishizawa, R. Okamura, and T. Goto, *IEEE Photon. Technol. Lett.* **11**, 421 (1999).

[57] N. Nishizawa and T. Goto, *Opt. Express* **10**, 256 (2002).

[58] N. Nishizawa, Y. Ukai, and T. Goto, *Opt. Express* **13**, 8128 (2005).

[59] M. Kato, *J. Lightwave Technol.* **24**, 805 (2006).

[60] K. J. Blow, N. J. Doran, and D. Wood, *J. Opt. Soc. Am. B* **5**, 1301 (1988).

[61] A. S. Gouveia-Neto, A. S. L. Gomes, and J. R. Taylor, *Opt. Lett.* **14**, 514 (1989).

[62] D. Schadt and B. Jaskorzynska, *J. Opt. Soc. Am. B* **5**, 2374 (1988).

[63] M. Ding and K. Kikuchi, *IEEE Photon. Technol. Lett.* **4**, 497 (1992).

[64] M. Ding and K. Kikuchi, *IEEE Photon. Technol. Lett.* **4**, 927 (1992).

[65] D. V. Skryabin, F. Luan, J. C. Knight, and P. St. J. Russell, *Science* **301**, 1705 (2003).

[66] O. Vanvincq, A. Kudlinski, A. Bétourné, Y. Quiquempois, and G. Bouwmans, *J. Opt. Soc. Am. B* **27**, 2328 (2010).

[67] F. Biancalana, D. V. Skryabin, and A. V. Yulin, *Phys. Rev. E* **70**, 016615 (2004).

[68] A. Efi mov, A. J. Taylor,, F. G. Omenetto, et al., *Opt. Express* **12**, 6498 (2004).

[69] E. N. Tsoy and C. M. de Sterke, *J. Opt. Soc. Am. B* **23**, 2425 (2006).

[70] N. Y. Joly, F. G. Omenetto, A. Efi mov, A. J. Taylor, J. C. Knight, and P. St. J. Russell, *Opt. Commun.* **248**, 281 (2005).

[71] V. N. Serkin, V. A. Vysloukh, and J. R. Taylo, *Electron. Lett.* **29**, 12 (1992).

[72] B. Kibler, P.-A. Lacourt, F. Courvoisier, and J. M. Dudley, *Electron. Lett.* **43**, 967 (2007).

[73] F. Poletti, P. Horak, and D. J. Richardson, *IEEE Photon. Technol. Lett.* **20**, 1414 (2008).

[74] A. Podlipensky, P. Szarniak, N. Y. Joly, C. G. Poulton, and P. St. J. Russell, *Opt. Express* **15**, 1653 (2007).

[75] N. Akhmediev, W. Królikovski, and A. J. Lowery, *Opt. Commun.* **131**, 260 (1996).

[76] A. Podlipensky, P. Szarniak, N. Y. Joly, and P. St. J. Russell, *J. Opt. Soc. Am. B* **25**, 2049 (2008).

[77] A. Hause and F. Mitschke, *Phys. Rev. A* **80**, 063824 (2009); *Phys. Rev. A* **82**, 043838 (2010).

[78] T. X. Tran, A. Podlipensky, P. St. J. Russell, and F. Biancalana, *J. Opt. Soc. Am. B* **27**, 1785 (2010).

[79] L. Gagnon and P. A. Bélanger, *Opt. Lett.* **9**, 466 (1990).

[80] A. V. Gorbach and D. V. Skryabin, *Phys. Rev. A* **76**, 063824 (2007).

[81] J. E. Sharping, M. Fiorentino, A. Coker, P. Kumar, and R. S. Windeler, *Opt. Lett.* **26**, 1048 (2001).

[82] G. Millot, A. Sauter, J. M. Dudley, L. Provino, and R. S. Windeler, *Opt. Lett.* **27**, 695 (2002).

[83] J. E. Sharping, M. Fiorentino, P. Kumar, and R. S. Windeler, *Opt. Lett.* **27**, 1675 (2002).

[84] M. E. Marhic, K. K. Y. Wong, L. G. Kazovsky, and T. E. Tsai, *Opt. Lett.* **27**, 1439 (2002).

[85] J. D. Harvey, R. Leonhardt, S. Coen, et al., *Opt. Lett.* **28**, 2225 (2003).

[86] T. V. Andersen, K. M. Hilligse, C. K. Nielsen, et al., *Opt. Express* **12**, 4113 (2004).

[87] W. Wadsworth, N. Joly, J. Knight, T. Birks, F. Biancalana, and P. Russell, *Opt. Express* **12**, 299 (2004).

[88] D. Amans, E. Brainis, M. Haelterman, and P. Emplit, *Opt. Lett.* **30**, 1051 (2005).

[89] W. H. Reeves, D. V. Skryabin, F. Biancalana, et al., *Nature* **424**, 511 (2003).

[90] F. Biancalana, D. V. Skryabin, and P. St. J. Russell, *Phys. Rev. E* **68**, 046603 (2003).

[91] A. V. Husakoua and J. Herrmann, *Appl. Phys. Lett.* **83**, 3867 (2003).

[92] F. Biancalana and D. V. Skryabin, *J. Opt. A* **6**, 301 (2004).

[93] A. V. Yulin, D. V. Skryabin, and P. St. J. Russell, *Opt. Lett.* **29**, 2411 (2004).

[94] Q. Lin, F. Yaman, and G. P. Agrawal, *Opt. Lett.* **31**, 1286 (2006).

[95] J. D. Harvey, S. G. Murdoch, S. Coen, R. Leonhardt, and D. mechin, *Opt. Quantum Electron.* **39**, 1103 (2007).

[96] R. A. Sammut and S. J. Garth, *J. Opt. Soc. Am. B* **6**, 1732 (1989).

[97] M. Yu, C. J. McKinstrie, and G. P. Agrawal, *Phys. Rev. E* **52**, 1072 (1995).

[98] K. K. Chow, C. Shu, C. L. Lin, and A. Bjarklev, *IEEE Photon. Technol. Lett.* **17**, 624 (2005).

[99] J. Fan, A. Dogariu, and L. J. Wang, *Appl. Phys. B* **81**, 801 (2005).

[100] A. Zhang and M. S. Demokan, *Opt. Lett.* **30**, 2375 (2005).

[101] S. Asimakis, P. Petropoulos, F. Poletti, et al., *Opt. Express* **15**, 596 (2006).

[102] T. Torounidis and P. Andrekson, *IEEE Photon. Technol. Lett.* **19**, 650 (2007).

[103] K. K. Chow, K. Kikuchi, T. Nagashima, T. Hasegawa, S. Ohara, and N. Sugimoto, *Opt. Express* **15**, 15418 (2007).

[104] M. E. Marhic, *Fiber Optical Parametric Amplifiers, Oscillators and Related Devices* (Cambridge University Press, 2007).

[105] T. Sylvestre, A. Kudlinski, A. Mussot, J.-F. Gleyze, A. Jolly, and H. Maillotte, *Appl. Phys. Lett.* **94**, 111104 (2009).

[106] Y. Deng, Q. Lin, F. Lu, G. P. Agrawal, and W. H. Knox, *Opt. Lett.* **30**, 1234 (2005).

[107] J. E. Sharping, M. A. Foster, A. L. Gaeta, J. Lasri, O. Lyngnes, and K. Vogel, *Opt. Express* **15**, 1474 (2007).

[108] G. K. L. Wong, S. G. Murdoch, R. Leonhardt, J. D. Harvey, and V. Marie, *Opt. Express* **15**, 2947 (2007).

[109] Y. Q. Xu, S. G. Murdoch, R. Leonhardt, and J. D. Harvey, *Opt. Lett.* **33**, 1351 (2008).

[110] J. E. Sharping, *J. Lightwave Technol.* **26**, 2184 (2008).

[111] Y. Zhou, K. K. Y. Cheung, S. Yang, P. C. Chui, and K. K. Y. Wong, *Opt. Lett.* **34**, 989 (2009); *IEEE Photon. Technol. Lett.* **22**, 1756 (2010).

[112] Y. Q. Xu, S. G. Murdoch, R. Leonhardt, and J. D. Harvey, *J. Opt. Soc. Am. B* **26**, 1351 (2009).

[113] C. Gu, H. Wei, S. Chen, W. Tong, and J. E. Sharping, *Opt. Lett.* **35**, 3516 (2010).

[114] Y. Q. Xu, K. F. Mak, and S. G. Murdoch, *Opt. Lett.* **36**, 1966 (2011).

[115] A. Kudlinski, A. Mussot, R. Habert, and T. Sylvestre, *IEEE J. Quantum Electron.* **47**, 1514 (2011).

[116] Y. Fujii, B. S. Kawasaki, K. O. Hill, and D. C. Johnson, *Opt. Lett.* **5**, 48 (1980).

[117] Y. Sasaki and Y. Ohmori, *Appl. Phys. Lett.* **39**, 466 (1981); *J. Opt. Commun.* **4**, 83 (1983).

[118] Y. Ohmori and Y. Sasaki, *IEEE J. Quantum Electron.* **18**, 758 (1982).

[119] R. W. Terhune and D. A. Weinberger, *J. Opt. Soc. Am. B* **4**, 661 (1987).

[120] U. Österberg and W. Margulis, *Opt. Lett.* **11**, 516 (1986); *Opt. Lett.* **12**, 57 (1987).

[121] M. C. Farries, P. S. J. Russel, M. E. Fermann, and D. N. Payne, *Electron. Lett.* **23**, 322 (1987).

[122] R. H. Stolen and H. W. K. Tom, *Opt. Lett.* **12**, 585 (1987).

[123] J. M. Gabriagues and H. Février, *Opt. Lett.* **12**, 720 (1987).

[124] N. B. Baranova and B. Y. Zeldovitch, *JETP Lett.* **45**, 12 (1987).

[125] B. Valk, E. M. Kim, and M. M. Salour, *Appl. Phys. Lett.* **51**, 722 (1987).

[126] A. Krotkus and W. Margulis, *Appl. Phys. Lett.* **52**, 1942 (1988).

[127] F. Ouellette, K. O. Hill, and D. C. Johnson, *Opt. Lett.* **13**, 515 (1988).

[128] H. W. K. Tom, R. H. Stolen, G. D. Aumiller, and W. Pleibel, *Opt. Lett.* **13**, 512 (1988).

[129] M.-V. Bergot, M. C. Farries, M. E. Fermann, L. Li, L. J. Poyntz-Wright, P. St. J. Russell, and A. Smithson, *Opt. Lett.* **13**, 592 (1988).

[130] T. E. Tsai, M. A. Saifi, E. J. Friebele, D. L. Griscom, and U. Österberg, *Opt. Lett.* **14**, 1023 (1989).

[131] E. V. Anoikin, E. M. Dianov, P. G. Kazansky, and D. Yu. Stepanov, *Opt. Lett.* **15**, 834 (1990).

[132] Y. E. Kapitzky and B. Ya. Zeldovich, *Opt. Commun.* **78**, 227 (1990).

[133] N. M. Lawandy, *Opt. Commun.* **74**, 180 (1989); *Phys. Rev. Lett.* **65**, 1745 (1990).

[134] E. M. Dianov, P. G. Kazansky, and D. Y. Stepanov, *Sov. Lightwave Commun.* **1**, 247 (1991); *Proc. SPIE* **1516**, 81 (1991).

[135] D. Z. Anderson, V. Mizrahi, and J. E. Sipe, *Opt. Lett.* **16**, 796 (1991).

[136] D. M. Krol and J. R. Simpson, *Opt. Lett.* **16**, 1650 (1991).

[137] V. Dominic and J. Feinberg, *Opt. Lett.* **17**, 1761 (1992); *Opt. Lett.* **18**, 784 (1993).

[138] R. I. MacDonald and N. M. Lawandy, *Opt. Lett.* **18**, 595 (1993).

[139] P. G. Kazansky, A. Kamal, and P. St. J. Russel, *Opt. Lett.* **18**, 693 (1993); *Opt. Lett.* **18**, 1141 (1993); *Opt. Lett.* **19**, 701 (1994).

[140] J. A. Armstrong, N. Bloembergen, J. Ducuing, and P. S. Pershan, *Phys. Rev.* **127**, 1918 (1962).

[141] R. Kashyap, *J. Opt. Soc. Am. B* **6**, 313 (1989); *Appl. Phys. Lett.* **58**, 1233 (1991).

[142] L. E. Myers and W. R. Bosenberg, *IEEE J. Quantum Electron.* **33**, 1663 (1997).

[143] R. A. Myers, N. Mukherjee, and S. R. J. Brueck, *Opt. Lett.* **16**, 1732 (1991).

[144] A. Okada, K. Ishii, K. Mito, and K. Sasaki, *Appl. Phys. Lett.* **60**, 2853 (1992).

[145] N. Mukherjee, R. A. Myers, and S. R. J. Brueck, *J. Opt. Soc. Am. B* **11**, 665 (1994).

[146] P. G. Kazansky and P. St. J. Russell, *Opt. Commun.* **110**, 611 (1994).

[147] A. L. Calvez, E. Freysz, and A. Ducasse, *Opt. Lett.* **22**, 1547 (1997).

[148] P. G. Kazansky, P. St. J. Russell, and H. Takabe, *J. Lightwave Technol.* **15**, 1484 (1997).

[149] V. Pruneri, F. Samoggia, G. Bonfrate, P. G. Kazansky, and G. M. Yang, *Appl. Phys. Lett.* **74**, 2423 (1999).

[150] M. Janos, W. Xu, D. Wong, H. Inglis, and S. Fleming, *J. Lightwave Technol.* **17**, 1039 (1999).

[151] C. Corbari, P. G. Kazansky, S. A. Slattery, and D. N. Nikogosyan, *Appl. Phys. Lett.* **86**, 071106 (2005).

[152] E. Franchina, C. Corbari, P. G. Kazansky, N. Chiodini, A. Lauria, and A. Paleari, *Solid State Commun.* **136**, 300 (2005).

[153] E. Y. Zhu, L. Qian, L. G. Helt, et al., *Opt. Lett.* **35**, 1530 (2010).

[154] V. Pruneri, G. Bonfrate, P. G. Kazansky, et al., *Opt. Lett.* **24**, 208 (1999).

[155] D. Faccio, A. Busacca, W. Belardi, et al., *Electron. Lett.* **37**, 107 (2001).

[156] T. M. Monro, V. Pruneri, N. G. R. Broderick, D. Faccio, P. G. Kazansky, and D. J. Richardson, *IEEE Photon. Technol. Lett.* **13**, 981 (2001).

[157] A. Canagasabey, C. Corbari, Z. Zhang, P. G. Kazansky, and M. Ibsen, *Opt. Lett.* **32**, 1863 (2007).

[158] A. Canagasabey, C. Corbari, A. V. Gladyshev, et al., *Opt. Lett.* **34**, 2483 (2009).

[159] A. Canagasabey, M. Ibsen, K. Gallo, et al., *Opt. Lett.* **35**, 724 (2010).

[160] E. Y. Zhu, L. Qian, L. G. Helt, et al., *J. Opt. Soc. Am. B* **27**, 2410 (2010).

[161] J. K. Ranka, R. S. Windeler, and A. J. Stentz, *Opt. Lett.* **25**, 796 (2000).

[162] L. Ji, P. Lu, W. Chen, et al., *J. Opt. Soc. Am. B* **25**, 513 (2008).

[163] K. Suizu and K. Kawase, *Opt. Lett.* **32**, 2990 (2007).

[164] V. Tombelaine, C. Lesvigne, P. Leproux, L. Grossard, V. Couderc, J.-L. Auguste, and J.-M. Blondy, *Opt. Express* **13**, 7399 (2005).

[165] S. Richard, *J. Opt. Soc. Am. B* **27**, 1504 (2010).

[166] V. Couderc, A. Tonello, C. Buy-Lesvigne, P. Leproux, and L. Grossard, *Opt. Lett.* **35**, 145 (2010).

[167] V. Grubsky and J. Feinberg, *Opt. Commun.* **274**, 447 (2007).

[168] G. Brambilla, F. Xu,, P. Horak, et al., *Adv. Opt. Photon.* **1**, 107 (2009).

[169] J. Lægsgaard, *J. Opt. Soc. Am. B* **27**, 1317 (2010).

[170] J. M. Gabriagues, *Opt. Lett.* **8**, 183 (1983).

[171] U. Österberg, *Electron. Lett.* **26**, 103 (1990).

[172] D. L. Nicácio, E. A. Gouveia, N. M. Borges, and A. S. Gouveia-Neto, *Appl. Phys. Lett.* **62**, 2179 (1993).

[173] J. Thøgersen and J. Mark, *Opt. Commun.* **110**, 435 (1994).

[174] J. M. Hickmann, E. A. Gouveia, A. S. Gouveia-Neto, D. C. Dini, and S. Celaschi, *Opt. Lett.* **20**, 1692 (1995).

[175] M. T. de Araujo, M. V. D. Vermelho, J. M. Hickmann, and A. S. Gouveia-Neto, *J. Appl. Phys.* **80**, 4196 (1996).

[176] I. A. Bufetov, M. V. Grekov, K. M. Golant, E. M. Dianov, and R. R. Khrapko, *Opt. Lett.* **22**, 1394 (1997).

[177] F. G. Omenetto, A. J. Taylor, M. D. Moores, et al., *Opt. Lett.* **26**, 1158 (2001).

[178] A. N. Naumov, A. B. Fedotov, A. M. Zheltikov, et al., *J. Opt. Soc. Am. B* **19**, 2183 (2002).

[179] L. Tartara, I. Cristiani, V. Degiorgioc, F. Carbone, D. Faccio, M. Romagnoli, and W. Belardi, *Opt. Commun.* **215**, 191 (2003).

[180] F. G. Omenetto, A. Efimov, A. J. Taylor, J. C. Knight, W. J. Wadsworth, and P. St. J. Russell, *Opt. Express* **11**, 61 (2003).

[181] A. Efimov, A. J. Taylor, F. G. Omenetto, J. C. Knight, W. J. Wadsworth, and P. St. J. Russell, *Opt. Express* **11**, 910 (2003).

[182] A. Efi mov, A. Taylor, F. Omenetto, J. Knight, W. Wadsworth, and P. Russell, *Opt. Express* **11**, 2567 (2003).

[183] A. M. Zheltikov, *J. Opt. Soc. Am. B* **22**, 2263 (2005); *Phys. Rev. A* **72**, 043812 (2005).

[184] A. A. Ivanov, D. Lorenc, I. Bugar, et al., *Phys. Rev. E* **73**, 016610 (2006).

[185] E. E. Serebryannikov, A. B. Fedotov, and A. M. Zheltikov, *J. Opt. Soc. Am. B* **23**, 1975 (2006).

[186] B. Kibler, R. Fischer, G. Genty, D. N. Neshev, and J. M. Dudley, *Appl. Phys. B* **91**, 349 (2007).

[187] A. Bétourné, Y. Quiquempois, G. Bouwmans, and M. Douay, *Opt. Express* **16**, 14255 (2008).

[188] G. Qin, M. Liao, C. Chaudhari, X. Yan, C. Kito, T. Suzuki, and Y. Ohishi, *Opt. Lett.* **35**, 58 (2010).

[189] K. Tarnowski, B. Kibler, C. Finot, and W. Urbanczyk, *IEEE J. Quantum Electron.* **47**, 622 (2011).

[190] K. Tarnowski, B. Kibler, and W. Urbanczyk, *J. Opt. Soc. Am. B* **28**, 2075 (2011).

第13章 超连续谱产生

正如我们在第 12 章中看到的，当光脉冲通过高非线性光纤传输时，其时域和频域演化不仅受诸如自相位调制(SPM)、交叉相位调制(XPM)、四波混频(FWM)和受激喇曼散射(SRS)等多种非线性效应的影响，而且还受这种光纤的色散性质的影响。所有这些非线性过程都能在脉冲频谱内产生新的频率。对足够强的脉冲，其频谱能变得很宽以至于频率范围超过 100 THz。这种极端的频谱展宽称为超连续谱产生(supercontinuum generation)，此现象大约于 1970 年最早在固体和气体非线性介质中被发现[1~3]。

光纤中的超连续谱最早是在 1976 年用染料激光器产生的 10 ns 脉冲中观察到的[4]。尽管这一主题在 20 世纪 80 年代和 90 年代期间受到一定的关注，但直到 2000 年以后随着微结构光纤和光子晶体光纤(PCF)的出现，才普遍利用光纤来产生超连续谱，其中最近几年的进展可以参阅几篇综述[5~7]。

13.1 节 讨论皮秒脉冲泵浦的超连续谱；
13.2 节 讨论飞秒脉冲泵浦的超连续谱；
13.3 节 关注当飞秒脉冲强到可以激发高阶孤子时产生超连续谱的物理机制；
13.4 节 讨论连续光泵浦的超连续谱；
13.5 节 关注偏振效应；
13.6 节 讨论超连续谱的相干性；
13.7 节 讨论光学怪波及其与超连续谱的关系。

13.1 皮秒脉冲泵浦

光纤中的超连续谱产生最早是在 1976 年，通过将染料激光器产生的 Q 开关脉冲(脉宽约为 10 ns)入射到 20 m 长的光纤中观察到的[4]，当峰值功率超过 1 kW 的脉冲入射到光纤中时，其输出频谱被展宽到 180 nm。在 1987 年的一个实验中[8]，将波长为 532 nm 且脉宽为 25 ps 的脉冲入射到能支持 4 个模式的 15 m 长的多模光纤中。如图 10.5 所示，由于自相位调制、交叉相位调制、受激喇曼散射和四波混频的联合效应，输出频谱被展宽到 50 nm 以上。当使用单模光纤时，也可以得到类似的特性[9]。确实，在 1987 年的一个实验中[10]，将脉宽为 830 fs 且峰值功率为 530 W 的脉冲入射到 1 km 长的单模光纤中，在光纤输出端产生了大于 200 nm 宽的频谱(见图 12.2)。后来用较长的脉冲得到了类似的结果[11,12]。

自 1993 年开始，用 1.55 μm 附近波长的皮秒脉冲序列泵浦单模光纤产生超宽连续谱，已作为能同时产生多波长脉冲序列的实用工具[13~25]。这种器件可作为波分复用光波系统的一种有用的光源。在 1994 年的一个实验中[14]，将 1553 nm 增益开关半导体激光器的输出放大后产生的重复频率为 6.3 GHz 且峰值功率为 3.8 W 的 6 ps 脉冲，在一段 4.9 km 长的光纤的反常色散区($|\beta_2| < 0.1$ ps²/km)传输。由此产生的超连续谱足够宽(大于 40 nm)，利用具有周期透射峰的光滤波器对其滤波，可得到 40 个波分复用信道，不同信道中的 6.3 GHz 脉冲序列几乎都

是由宽度在 5 ~ 12 ps 的近变换极限脉冲组成的。1995 年，利用此方法已可产生 200 nm 宽的超连续谱，由此获得 200 信道的波分复用光源[15]。

通过增大光滤波器每个透射峰的带宽，利用同样的方法甚至可得到更短的脉冲。事实上，当使用可变带宽的阵列波导光栅滤波器时，脉冲宽度可在 0.37 ~ 11.3 ps 范围内调谐[16]。1997 年，将超连续谱光源用于信道间隔为 600 GHz 的 7 信道波分复用系统实验，传输速率达到 1.4 Tbps[17]。在此实验中，采用时分复用技术使每个波分复用信道的速率达到 200 Gbps，最后利用光纤中的四波混频效应将 200 Gbps 的比特流解复用成单个信道的 10 Gbps 速率。

13.1.1　非线性机制

有人可能会问，究竟是哪种非线性机制导致了皮秒脉冲的频谱展宽。正如在 4.1.3 节中讨论过的，在光纤输出端，自相位调制效应能产生非常可观的频谱展宽。频谱展宽因子近似由式(4.1.12)给出的最大自相位调制感应相移 $\phi_{max} = \gamma P_0 L_{eff}$ 决定，其中 P_0 为脉冲峰值功率，L_{eff} 为光纤有效长度。对于实验参数的典型值，频谱展宽因子约为 10。鉴于皮秒脉冲的输入谱宽只有大约 1 nm，因此仅仅由自相位调制是不能产生超过 100 nm 的超连续谱的。

另一个产生新波长的非线性机制为受激喇曼散射。如果输入脉冲峰值功率 P_0 足够大，则受激喇曼散射将在长波长方向产生一个与脉冲频谱中心约有 13 THz 频移的斯托克斯频带。即使峰值功率不足以达到喇曼阈值，只要自相位调制将脉冲频谱展宽 5 nm 或更多，受激喇曼散射仍可放大长波长一侧的脉冲频谱。显然，受激喇曼散射能够通过有选择地在长波长一侧增加谱宽来影响超连续谱，从而使超连续谱变得不对称，但它不能在短波长一侧产生任何频率分量。

假如满足相位匹配条件，四波混频是一种能同时在脉冲频谱的两侧产生边带的非线性效应，它常常是光纤产生超连续谱的潜在原因，也是光纤的色散特性对超连续谱的形成起关键作用的原因。确实，由于超连续谱具有较大的带宽，群速度色散参量 β_2 不能被视为常量，并且在任何理论模型中，应通过包含更高阶的色散参量将这种波长相关性考虑在内。而且，如果色散参量能随光纤长度而改变，则可改进超连续谱产生过程。早在 1997 年，数值模拟就表明，如果 β_2 沿光纤长度增大，使光脉冲在光纤前端附近经历反常群速度色散，而在接近光纤后端时经历正常群速度色散，那么超连续谱的平坦性或均匀性就能得到很大改善[18]。1998 年，通过使用一种特殊结构的光纤(色散不仅随光纤长度减小，而且在 1.55 μm 附近的 200 nm 带宽内相对平坦)，产生了 280 nm 宽的超连续谱[19]，这表明色散平坦对超连续谱的产生起相当重要的作用。在 1998 年的一个实验中[20]，将 3.8 ps 脉冲在色散平坦光纤的正常色散区传输，得到了 20 dB 带宽为 325 nm 的超连续谱。

乍一看，如果光纤在其整个长度上都表现为正常群速度色散($\beta_2 > 0$)，那么用它来产生超连续谱似乎有些不可思议。然而，应当知道，对色散平坦光纤而言，即使 β_3 接近于零，由 β_4 支配的四阶色散仍起重要作用。正如在 10.3.3 节中讨论的和在图 10.9 中看到的，假如 $\beta_4 < 0$，甚至当 $\beta_2 > 0$ 时四频混频仍能满足相位匹配条件，并且其产生的信号和闲频带的频移大于 10 THz。在光纤正常群速度色散区，正是此四频混频过程产生了宽带超连续谱。事实上，当锁模光纤激光器产生的 0.5 ps 无啁啾脉冲通过 β_2 为小的正值的色散平坦光纤时，产生了 280 nm 宽(10 dB 带宽)且近乎平坦的超连续谱。即使采用锁模半导体激光器产生的 2.2 ps 脉冲，如果预先通过压缩使脉冲几乎是无啁啾的，那么也可产生 140 nm 宽的超连续谱。图 13.1 给出了当用 1.7 km 长的色散平坦光纤(在 1569 nm 处 $\beta_2 = 0.1$ ps²/km)来产生超连续谱时，在几个不同泵浦功率下测量到的脉冲频谱[21]。作为对比，输入频谱用虚线标在图中。频谱几乎是对称的，这一特性表明此实验中喇曼增益仅起了相当小的作用，自相位调制、交叉相位调制和四频混频的联合作用是造成图 13.1 中频谱展宽的主要原因。在 1999 年的一个实验中[22]，用这种超连续谱产生了 20 个不同波长的 10 GHz 脉冲序列，每个信道内的脉宽几乎相同。

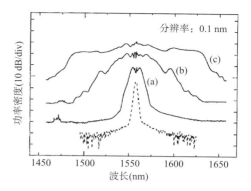

图 13.1　在平均功率为（a）45 mW，（b）140 mW 和（c）210 mW 时测得的超连续谱，虚线表示输入脉冲的频谱[21]（©1998 IEEE）

从作为多信道波分复用光源应用的角度，1.55 μm 附近的超连续谱并不需要过度展宽，真正重要的是超连续谱在其带宽内要平坦。在 2001 年的一个实验中[23]，用一段保偏色散平坦光纤产生了间隔为 25 GHz 的 150 个信道，所有信道的总带宽只有 30 nm。当然，如果超连续谱的带宽超过 200 nm，那么信道数将增加到 1000 个以上。确实，当超连续谱的带宽接近 200 nm 时，可以实现间隔只有 5 GHz 的 4200 信道的波分复用光源[24]。2003 年，这种波分复用光源能在 1425～1675 nm 频谱范围内提供间隔为 50 GHz 的信道，覆盖了 3 个主要的通信波段（S 波段、C 波段和 L 波段）[25]。

13.1.2　2000 年后的实验进展

直到 2000 年，大多数实验使用长光纤（长约为 1 km）产生超连续谱。然而，如果适当提高入射脉冲的峰值功率，用长度小于 10 m 的短光纤也可产生相当宽的超连续谱。在 2000 年的一个实验中[26]，当 1.3 ps 脉冲入射到具有标准非线性参量值（$\gamma = 2.3$ W^{-1}/km）的 4.5 m 长的色散位移光纤中时，产生了 140 nm 宽的超连续谱；当用具有更高非线性参量值（$\gamma = 9.9$ W^{-1}/km）的 4 m 长的光纤时，超连续谱的带宽增至 250 nm。图 13.2 给出了在这两种光纤的输出端测量到的超连续谱。如图所示，由于喇曼增益的贡献，斯托克斯（长波长）侧的功率密度更高些，但反斯托克斯侧的频谱则更加平坦。重要的是要认识到，频谱功率密度是以对数标度（单位为 dBm/nm）绘出的。由于超连续谱在线性标度中看起来很不均匀，所以实际中通常使用对数标度。

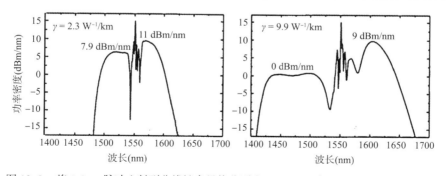

图 13.2　将 1.3 ps 脉冲入射到非线性参量值分别为 $\gamma = 2.3$ W^{-1}/km 和 $\gamma = 9.9$ W^{-1}/km 的两种短色散位移光纤中时所产生的超连续谱[26]（©2000 IEEE）

在先前的大多数研究中，通常使用波长接近 1.5 μm 的皮秒脉冲来激发超连续谱，以利用色散位移光纤在该波长处有相当低的色散值的特点。在光纤输出端得到的频谱从 1300 nm

延伸到 1700 nm，覆盖了整个红外区。随着在 700 nm 附近具有低色散的微结构光纤的出现，产生能够覆盖整个可见光区甚至近红外区的超连续谱也是可能的。文献[27]用零色散波长接近 675 nm 的光子晶体光纤（PCF）和一台用来产生 60 ps 脉冲的运转在 647.1 nm 波长的锁模氪离子激光器，对皮秒脉冲的超连续谱产生过程进行了系统研究。

图 13.3 给出了在 100~400 W 范围的 4 个不同峰值泵浦功率下，在 3 m 长的光纤的输出端测得的频谱[27]。由于本实验使用了 $\gamma \approx 150$ W^{-1}/km 的高非线性光纤，对 $P_0 = 100$ W 和 $L = 3$ m，非线性相移 $\gamma P_0 L$ 接近 180°。即使在 100 W 的峰值泵浦功率下（最内侧曲线），受激喇曼散射也能通过产生位于 666 nm 和 686 nm 的两个斯托克斯带（通过级联受激喇曼散射）来影响自相位调制展宽的脉冲频谱。通过相干反斯托克斯喇曼散射过程，还产生了位于 612 nm 和 629 nm 附近的反斯托克斯带。由于脉冲在光纤正常色散区[$D = -20$ ps/(km·nm)]传输，当峰值泵浦功率为 100 W 时，频谱相对较窄；当峰值泵浦功率为 230 W 时，在 525 nm 和 950 nm 附近出现两个四波混频感应的边带，由于这两个边带是正交偏振的，它们的相位匹配看起来是由光纤双折射提供的。

一个重要问题是，当峰值泵浦功率超过 200 W 时，究竟是什么机制产生了图 13.3 所示的近乎对称的超连续谱？答案是自相位调制、受激喇曼散射和四波混频综合作用的结果。首先，自相位调制展宽脉冲频谱，受激喇曼散射通过级联受激喇曼散射将频谱延伸到红端。然后，多个喇曼带作为泵浦，以对称方式产生斯托克斯带和反斯托克斯带。还应注意到，有些斯托克斯分量落在光纤的反常群速度色散区，这样它们可以形成孤子。在高泵浦功率下，它们的峰值功率变得足够高，以至于能通过调制不稳定性产生新的四波混频边带。四波混频边带的位置取决于泵浦功率，当泵浦功率增加时，边带相对泵浦的频移更大。当 $P_0 = 400$ W 时，多个谱带还通过交叉相位调制和受激喇曼散射相互影响，可产生近乎平坦的 500 nm 宽的超连续谱。基于广义非线性薛定谔方程的数值模拟也可以支持这个场景[27]。

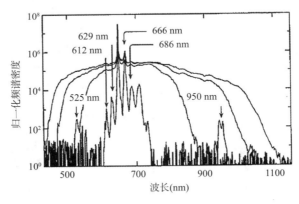

图 13.3 将峰值功率分别为 100 W（最内侧曲线），230 W，330 W 和 400 W 的 60 ps 脉冲入射到 3 m 长的光子晶体光纤中产生的超连续谱[27]（©2002 OSA）

近年来，从 Nd:YAG 微片激光器或掺镱光纤激光器发射的皮秒脉冲已经用来产生超连续谱光源，这种光源可以在超宽频谱范围内提供高亮度辐射[28~32]。在 2005 年的一个实验中[28]，将峰值功率为 50 kW（由光纤激光器获得）的 15 ps 脉冲入射到零色散波长在 1040 nm 附近的光子晶体光纤中，产生了从 400 nm 延伸到大于 1700 nm 的超连续谱，频谱密度大于 1 mW/nm。在 2006 年的一个实验中[30]，光子晶体光纤被制作成锥形，使得它的零色散波长沿其长度方向连续减小。当用 Nd:YAG 微片激光器发射的峰值功率约为 15 kW 的 600 ps 脉冲泵浦不同长度的锥形光子晶体光纤时，测量的频谱如图 13.4(a)所示；当用掺镱光纤激光器发射的峰值功率约为 50 kW 的 4 ps 脉冲泵浦不同长度的锥形光纤时，得到类似的频谱，如图 13.4(b)所示。在这两种情况下，当锥形光子晶体光纤的长度等于或大于 1 m 时，获得了高亮度的超连续谱。在 2010 年的一个实验中[32]，利用 3 m 长的光子晶体光纤获得了超宽超连续谱(从 0.4 μm 延伸到 2.3 μm)，输出功率为 39 W，频谱密度超过 30 mW/nm。

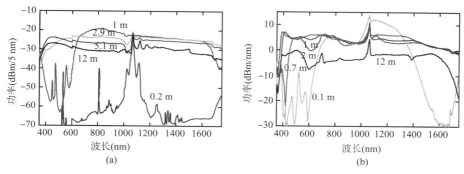

图 13.4　当用(a) 600 ps 脉冲和(b) 4 ps 脉冲泵浦时，测量的几个不同长度的光子晶体光纤的输出频谱[30](©2006 OSA)

13.2　飞秒脉冲泵浦

随着零色散波长位于可调谐钛宝石激光器工作的 800 nm 附近的细芯微结构光纤的出现，飞秒激光脉冲的应用变得实际起来。从 2000 年开始，由钛宝石激光器和其他锁模激光器产生的飞秒脉冲就用于超连续谱的产生，而且近年来它们的使用已变得相当普遍[33~54]。

13.2.1　微结构石英光纤

在 2000 年的一个早期实验中[33]，将波长为 770 nm 的 100 fs 脉冲入射到表现为反常色散的 75 cm 长的微结构光纤中来产生超连续谱。图 13.5 给出了当峰值功率约为 7 kW 的脉冲入射到此光纤中时，在光纤输出端观察到的频谱。即使对如此短的光纤，所得超连续谱不仅极宽(从 400 nm 延伸到 1600 nm)，而且在整个带宽内也很平坦(使用对数功率标度)。

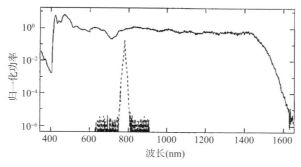

图 13.5　当能量为 0.8 nJ 的 100 fs 脉冲入射到零色散波长为 767 nm 的 75 cm 长的微结构光纤中时产生的超连续谱，虚线表示输入脉冲的频谱[33](©2000 OSA)

在 2000 年的另一个实验中[34]，用芯径为 2 μm 的 9 cm 长的锥形光纤也观察到类似的特性。图 13.6 给出了当平均泵浦功率从 60 mW 变化到 380 mW 时，观察到的 100 fs 脉冲的输出频谱。要着重指出的是，图13.1至图13.6中的光功率使用的是分贝标度，如果使用线性标度，则输出频谱会表现出更大的不均匀性。由于在分贝标度下无法应用FWHM（半极大全宽度）的概念，应如何标定这种超连续谱的宽度呢？通常使用20 dB谱宽，它定义为功率水平超过峰值的1%时的频率或波长范围。图13.5中的超连续谱跨越了两个倍频程，其20 dB谱宽超过1000 nm。

由图13.5和图13.6中的超连续谱的超宽和近乎对称的特性可以看出，有另外一种物理机制在飞秒脉冲泵浦的情况下起作用。实验中，在高峰值泵浦功率和反常色散的条件下，输入脉冲对应于高阶孤子，孤子阶数由参量N描述，由式（12.1.1）定义为

$$N^2 = \frac{L_D}{L_{NL}} = \frac{\gamma P_0 T_0^2}{|\beta_2|} \tag{13.2.1}$$

式中，$L_D = T_0^2/|\beta_2|$为色散长度，$L_{NL} = 1/(\gamma P_0)$为非线性长度。正如在12.1节和12.2节中讨论的，高阶孤子会明显地受到三阶色散和脉冲内喇曼散射的扰动，导致其分裂成多个更窄的基阶孤子。已经证实，如果N相对较大（大于10），孤子分裂现象可以产生类似于图13.5和图13.6所示的超连续谱[35]。在下面的章节中我们将讨论有关细节，这里关注实验结果。

2000年，观察到利用短光子晶体光纤产生的超连续谱，这导致了在2002年和2003年间对这一新生领域研究行为的爆炸[36~49]。研究发现，相对于光纤的零色散波长，泵浦波长的选择是产生超连续谱的一个关键因素[42]。当入射波长位于光纤的正常群速度色散区时，因为在这种条件下无法形成高阶孤子，频谱展宽被大大减小。在几个实验中，入射波长大于1000 nm。在2002年的一个实验中[43]，使用了可以产生抛物线脉冲的掺镱光纤激光器。在2002年的另一个实验中[44]，能量为750 pJ、波长为1260 nm的飞秒脉冲在接近锥形光纤的第二个零色散波长处入射，由此产生的超连续谱从1000 nm延伸到1700 nm。

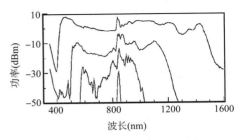

图13.6　束腰为2 μm的9 cm长的锥形光纤输出端的频谱，平均输出功率（从上至下）依次为380 mW，210 mW和60 mW。为了对比，输入频谱也在图中给出[34]（©2000 OSA）

在超连续谱的形成过程中，入射脉冲的初始宽度也起着重要作用。在2002年的一个实验中[45]，将短于20 fs的脉冲入射到芯径从1 μm变化到4 μm的蜘蛛网型光子晶体光纤中。由于光子晶体光纤的纤芯不是理想的圆形，光纤表现出一定的双折射，观察到的超连续谱的谱宽随入射光关于光纤慢轴的偏振角而显著变化。还发现输出频谱和入射脉冲频率啁啾的大小有关，当入射脉冲的频率啁啾是线性的时，相位随时间以$\phi(t) = \phi_0 + ct^2$的方式变化。当c取几个不同的值时，图13.7给出了在4.1 cm长的光纤的末端观察到的18 fs脉冲的输出频谱，无啁啾脉冲（$c=0$）的超连续谱最宽，在500 nm附近有一个明显的峰。在另一个实验中[46]，将波长为850 nm的200 fs脉冲入射到6 m长的光子晶体光纤（零色散波长为806 nm）中，观察到的频谱在长波长侧呈现出多个明显的峰，它们对应高阶孤子分裂后形成的喇曼孤子。在2003年的一个实验中[47]，使用比10 fs脉冲短的脉冲作为泵浦。

大部分这些实验使用笨重的钛宝石激光器作为飞秒脉冲源。2003年，利用锁模掺铒光纤激光器产生的200 fs脉冲实现了全光纤结构[48]。该实验还使用了γ值仅为10 W⁻¹/km的相对长（600 m）的石英光纤，观察到的超连续谱是倍频程的，因为它从1100 nm延伸到2200 nm。2004年，利用由三段具有不同色散和非线性特性的光纤组成的混合光纤，实现了平坦得多的超连续谱[50]。第一段是17 cm长的保偏光纤，第二段是4.5 cm长的色散位移光纤，第三段光

纤长 1 m 且在入射波长处表现为正常色散。在本实验中，将波长为 1560 nm 的 100 fs 脉冲（由锁模掺铒光纤激光器获得）入射到混合光纤中。图 13.8 给出了每段光纤末端的输出频谱和输入频谱。输出超连续谱从 1200 nm 延伸到 2100 nm。在 2005 年的一个实验中[52]，利用一段 5 m 长的高非线性保偏光纤，产生了从 1000 nm 延伸到 2500 nm 的超连续谱。

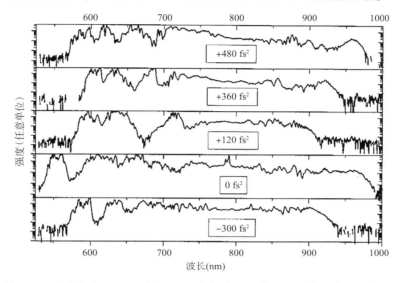

图 13.7　在芯径为 2.5 μm 的 4.1 cm 长的光子晶体光纤的输出端，观察到的
几个输入啁啾下的频谱，平均输入功率为 400 mW[45]（©2002 OSA）

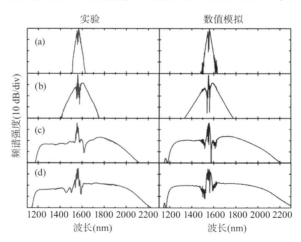

图 13.8　输入频谱（a）以及在第一段（b）、第二段（c）和第三段（d）光纤的末端观察到的频谱，100 fs
入射脉冲的峰值功率为 3.7 kW。对应的数值模拟频谱也在图中给出[50]（©2004 OSA）

近期的工作已集中到超连续谱产生的不同方面。对于实际应用而言，超连续谱的相干性[38]非常重要，具体内容将在另外的章节中讨论。将超连续谱延伸到可见光的蓝光区也很重要，为此已经提出了几种方法。具有纳米尺寸纤芯的光纤也已采用[53]。在 2010 年的一个实验中[54]，利用芯径为 600 nm 左右并在 509 nm 和 640 nm 具有两个零色散波长的 5 cm 长的锥形光子晶体光纤，将超连续谱延伸到蓝光区和紫外区。图 13.9 给出了当入射脉冲（宽度小于 50 fs）的峰值功率从 0.1 kW 增加到 4 kW 时观察到的输出频谱，其中 640 nm 的入射波长接近

光纤的第二个零色散波长。当峰值功率等于 0.2 kW 时孤子阶数 N 接近 50，当峰值功率大于 3 kW 时孤子阶数 N 超过 200。在这样高的峰值功率下观察到的超连续谱覆盖了整个可见光区，并进一步延伸到红外区和紫外区。

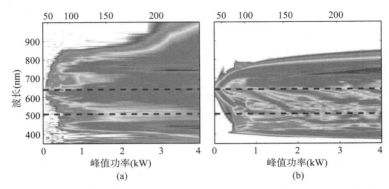

图 13.9　当波长为 640 nm 的入射脉冲（宽度小于 50 fs）的峰值功率从 0.1 kW 增加到 4 kW 时实验观察到的输出频谱（a）和数值模拟得到的频谱（b），两条水平虚线指示了 5 cm 长的锥形光子晶体光纤的零色散波长。顶部的标度给出了孤子阶数 N 的值[54]（©2010 OSA）

13.2.2　微结构非石英光纤

从 2003 年开始，将非石英光纤用于超连续谱产生，发现它们产生的频谱甚至比石英光纤产生的频谱宽[55~69]。在 2003 年的一个实验中[56]，用波长为 1560 nm、能量为 210 pJ 的 60 fs 脉冲泵浦 30 cm 长的氟化物光纤，产生的超连续谱从 350 nm 延伸到大于 1750 nm。测得的频谱之所以被限制在 1750 nm 以下，是所用频谱仪的测量范围限定的。2006 年，利用红外 HgCdTe 探测器克服了这一限制，可以测量到 3000 nm 的波长，而且发现即使对于只有 0.57 cm 长的光纤，频谱也可以延伸到超过这一限制[58]。

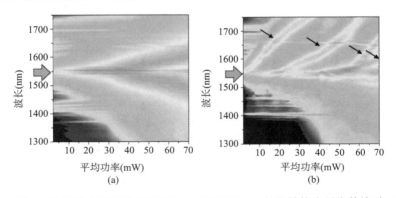

图 13.10　当 110 fs 脉冲在长度为（a）0.57 cm 和（b）70 cm 的微结构光纤中传输时，在光纤输出端记录的频谱随平均功率的变化。箭头指示出分裂后产生的孤子[58]（©2006 OSA）

图 13.10 给出了分裂过程的功率相关性的可视化视图，与在图 13.9 中看到的类似。在这个实验中[58]，将波长为 1550 nm、重复频率为 80 MHz 的 110 fs 脉冲入射到用硅酸铅玻璃（Schott SF6）制成的 2.6 μm 纤芯的光子晶体光纤中，硅酸铅玻璃的 n_2 值是石英玻璃的 10 倍。平均入射功率在 1~70 mW 范围内重复进行实验，图 13.10 给出了在整个入射功率范围内记录的频谱，其中图 13.10（a）所示图像所用光纤的长度只有 0.57 cm，图 13.10（b）所示图像所用

光纤的长度为 70 cm。在长光纤的情况下，可以清楚地看到在分裂（当 $P_{av} > 1$ mW 时发生）后具有不同喇曼感应频移（RIFS）的多个喇曼孤子的形成；当然，在输出端喇曼孤子的个数和入射功率有关。由图 13.10 显然可见，当 $P_{av} > 30$ mW 时最短喇曼孤子的波长超过 1800 nm；当 $P_{av} > 70$ mW 时它的波长应达到 3000 nm 以上。利用 HgCdTe 探测器确实在实验中观察到这一点。

图 13.10（a）所示频谱是在长度只有 0.57 cm 的硅酸铅光子晶体光纤的输出端观察到的，由于在这种情况下光纤长度比色散长度（约 40 cm）短得多，高阶孤子分裂不会发生。频谱近乎对称的特性还表明，从 350 nm 延伸到 3000 nm 的超连续谱主要是通过自相位调制过程形成的。尽管对于石英光纤没有观察到这一行为，但在这里观察到了，是因为非石英光纤的 γ 值大得多。正如将在后面看到的，与通过孤子分裂形成的超连续谱相比，主要通过自相位调制产生的超连续谱平坦得多，而且频谱是相干的。

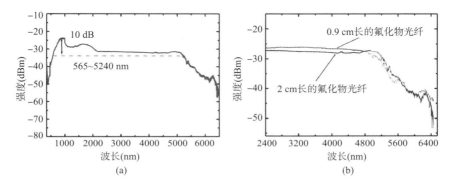

图 13.11　（a）在 20 mW 的平均功率（峰值功率约为 50 MW）下在 2 cm 长的氟化物光纤的输出端观察到的超连续谱，虚线标出的是 10 dB 带宽；（b）0.9 cm 和 2 cm 长的光纤产生的超连续谱在长波长区的对比[68]（©2009 美国物理研究所）

在 2006 年的一个实验中[59]，发现通过将石英光纤（长约 1 m）和几米长的氟化物光纤组合起来，可以将超连续谱延伸到 4500 nm，这一上限与在波长超过 4500 nm 时光纤显示出的强吸收一致。2009 年，用波长为 1450 nm 的 180 fs 脉冲泵浦 2 cm 长的氟化物光纤，实现了最大的带宽[68]。图 13.11（a）为在 20 mW 的平均功率（峰值功率约为 50 MW）下观察到的输出频谱，其中 10 dB 带宽从 565 nm 延伸到 5240 nm。图 13.11（b）比较了 0.9 cm 和 2 cm 长的光纤的长波长区，表明用较短的光纤实际上获得了与用较长光纤同样的带宽。当光纤长度小于 1 cm 时，孤子分裂和与之有关的现象（脉冲内喇曼散射和色散波辐射）可能不是产生超连续谱的主要机制，意识到这一点很重要。因为非线性参量 γ 的值大得多，所以自相位调制感应的频谱展宽本身可以产生超宽频谱[58]。

基于碲化物玻璃的光子晶体光纤也已用于超连续谱的产生。在 2008 年的一个实验中[62]，将波长为 1550 nm、能量为 1.9 nJ 的 100 fs 脉冲通过 0.8 cm 长的光子晶体光纤传输，当在低于峰值频谱功率 20 dB 的点测量时，输出频谱从 790 nm 延伸到 4870 nm。在 2008 年的另一个实验中[63]，用 120 fs 脉冲泵浦具有较大有效模面积（3000 μm^2）的 9 cm 长的微结构碲化物光纤，即使在这种情况下观察到的超连续谱也会从 900 nm 延伸到 2500 nm。在 2009 年的一个实验中[67]，用波长为 1557 nm 的 400 fs 脉冲泵浦 6 cm 长的六边形纤芯光纤，当脉冲能量接近 0.6 nJ 时，观察到的超连续谱从可见光区延伸到大于 2.4 μm。

最近，硫属化物光纤已在超连续谱产生领域引起关注。这些材料的克尔参数约为石英的 400

倍，而且对于芯径接近 0.5 μm 的光纤，其有效模面积可以减小到 0.5 μm² 以下。在 2008 年的一个实验中[64]，非线性参量 γ 的值为 93.4 W⁻¹/m，大约是标准石英光纤的 80 000 倍。用 250 fs 脉冲在 1550 nm 处泵浦 3 cm 长的光纤，图 13.12 给出了在几个不同峰值功率下观察到的输出频谱。注意，这些功率水平要比图 13.11 中用于氟化物光纤的功率水平低得多。然而，观察到的超连续谱从 1150 nm 延伸到 1650 nm，这个范围对于实际应用已经足够了。观察到的频谱形状与孤子分裂场景一致。在 2011 年的一个实验中[69]，当将 250 fs 的脉冲以不到 77 pJ 的能量入射到 5 cm 长的硫属化物光纤中时，超连续谱延伸到 2000 nm 以上。

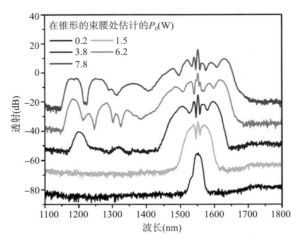

图 13.12　对于 250 fs 脉冲的几个不同峰值功率，在 3 cm 长的硫属化物光纤的输出端观察到的频谱，由于纤芯尺寸在纳米级，这种光纤的有效模面积只有 0.5 μm²[64]（©2008 OSA）

13.3　时域和频域演化

本节将更详细地讨论飞秒脉冲的时域及频域演化过程，重点是在光纤中产生超连续谱的各种物理现象，为此必须采用数值方法。首先讨论基于广义非线性薛定谔方程的模拟，然后关注孤子分裂、色散波、喇曼孤子和它们之间的非线性互作用。

正如在 5.1 节中看到的，N 阶孤子通过分裂产生宽度和峰值功率满足式（12.1.2）的 N 个基阶孤子，所有这些基阶孤子都比初始入射脉冲短，其中最短的孤子宽度为输入脉冲宽度的 $1/(2N-1)$。对于以 $N>5$ 的孤子形式传输的 100 fs 或更短的入射脉冲，分裂后产生的最短孤子的宽度小于 10 fs，而且它的频谱相当宽（大于 40 THz）。正如在 12.2 节中看到的，这种短脉冲明显受脉冲内喇曼散射的影响，随着它们在光纤中传输距离的增加，其频谱迅速向越来越长的波长位移。当 N 的值较大时，多个新的谱峰（它们对应不同宽度的多个孤子）将在初始脉冲频谱的长波长侧形成。同时，当 $\beta_3>0$ 时，通过分裂过程形成并受三阶和高阶色散扰动的超短孤子，将发射波长位于输入频谱的短波长侧的色散波形式的非孤子辐射。

唯一剩下的问题是，为什么不同的峰能融合到一起并形成宽带超连续谱？正如将在本节后面看到的，交叉相位调制和四波混频这些非线性现象提供了这个问题的答案。

13.3.1　超连续谱的数值模拟

超连续谱的产生过程可通过解 2.3.2 节中的广义非线性薛定谔方程来研究。为使超连续谱产生过程的模拟结果尽可能准确，必须考虑色散效应和脉冲内喇曼散射，采用方程(2.3.36)并通过加入高阶色散项将其进一步推广。最终得到的方程可以写为

$$\frac{\partial A}{\partial z} + \frac{1}{2}\left(\alpha + i\alpha_1 \frac{\partial}{\partial t}\right)A - i\sum_{m=2}^{M} i^m \frac{\beta_m}{m!} \frac{\partial^m A}{\partial t^m} = i\left(\gamma + i\gamma_1 \frac{\partial}{\partial t}\right) \times \left(A(z,t)\int_0^\infty R(t')|A(z,t-t')|^2 dt'\right)$$

$$(13.3.1)$$

式中，M 表示所包含色散项的阶数。假设 t 代表以输入脉冲的群速度移动的参照系中的时间，因此方程(13.3.1)中 $m=1$ 的项已被消掉。α_1 项应包括在内，因为在超连续谱的整个带宽上光纤损耗可能不是常数。然而，对短光纤而言，这两个损耗项都可以忽略。实际中常常使用近似 $\gamma_1 \approx \gamma/\omega_0$[见式(2.3.37)]，但这种处理方法并不总是合理的[70]。

将超短光脉冲入射到高非线性光纤中来产生超连续谱时，利用方程(13.3.1)模拟实验观察到的超连续谱的大多数特性相当成功，这已经得到证明[38~42]。实际中，解此方程的常用方法是采用 2.4.1 节中讨论的分步傅里叶法。当方程(13.3.1)中的 M 取不同值时，由此产生的差异并不总是很明显。通常，数值模拟时常取 $M=6$，尽管有时需取 $M=12$。实际上，若回想起在分步傅里叶法中，对色散的处理是忽略所有非线性项后在频域中进行的，数值模拟时就可以将所有阶色散项包括在内。在傅里叶域中，方程(13.3.1)中的求和项可以用下式替代：

$$\sum_{m=2}^{\infty} \frac{\beta_m}{m!}(\omega - \omega_0)^m \widetilde{A} = [\beta(\omega) - \beta(\omega_0) - \beta_1(\omega_0)(\omega - \omega_0)]\widetilde{A} \qquad (13.3.2)$$

式中，$\widetilde{A}(z,\omega)$ 是 $A(z,t)$ 的傅里叶变换，ω_0 为初始入射脉冲的中心频率。这种方法需要知道超连续谱可能覆盖的整个频率范围内的 $\beta(\omega)$。正如在 11.3 节中讨论过的，对于纤芯和包层折射率恒定的光纤，可以通过数值解本征值方程(2.2.8)得到传输常数 $\beta(\omega)$。此方法并不适用于包层中带有空气孔的微结构光纤。正如在 11.4 节中提到的，其他几种数值方法可以提供此类光纤的 $\beta(\omega)$。

作为高非线性光纤中超连续谱产生的一个相关实例，一项数值研究使用了芯径为 2.5 μm 的空气包层的锥形光纤[38]。对于此光纤，可通过解方程(2.2.8)得到与频率有关的传输常数 $\beta(\omega)$，进而通过泰勒级数展开求出各阶色散参量。此光纤的零色散波长在 800 nm 附近，如果假设用工作在 850 nm 波长的钛宝石激光器产生的 150 fs 脉冲来产生超连续谱，则该波长处的色散参量值为 $\beta_2 = -12.76 \text{ ps}^2/\text{km}$，$\beta_3 = 8.119 \times 10^{-2} \text{ ps}^3/\text{km}$，$\beta_4 = -1.321 \times 10^{-4} \text{ ps}^4/\text{km}$，$\beta_5 = 3.032 \times 10^{-7} \text{ ps}^5/\text{km}$，$\beta_6 = -4.196 \times 10^{-10} \text{ ps}^6/\text{km}$ 和 $\beta_7 = 2.570 \times 10^{-13} \text{ ps}^7/\text{km}$。更高阶色散项对结果的影响可以忽略。

非线性效应通过方程(13.3.1)右边的项包括在内。束腰为 2.5 μm 的锥形光纤非线性参量 γ 的值可由图 11.9 估算，大约为 100 W^{-1}/km。非线性响应函数 $R(t)$ 的形式由式(2.3.38)给出，为 $R(t) = (1-f_R)\delta(t) + f_R h_R(t)$，其中 $f_R = 0.18$。喇曼响应函数 $h_R(t)$ 有时用式(2.3.40)近似表示，但是，用图 2.2 中的振荡曲线可以改进数值模拟的精度，因为它考虑到了喇曼增益谱的实际形状。

在利用分步傅里叶法解方程(13.3.1)时，需要仔细考虑沿光纤长度的步长 Δz 和时间窗口的时间分辨率 Δt 的取值。由于使用快速傅里叶变换(FFT)算法，频谱窗口的大小由 $(\Delta t)^{-1}$ 决定。由于此窗口要宽到足以容纳全部超连续谱，因此如果超连续谱在 300 THz 以上，则 Δt 应不超过 3 fs。同时，在光纤的整个长度上，时间窗口也应宽到足以容纳脉冲所有部分。即使对飞秒脉冲，也应考虑由喇曼效应感应的脉冲群速度的变化，因此通常选取时间窗口大于 10 ps。

基于这个原因，对于 FFT 算法，在时域和频域中应取 10 000 个或更多个点。步长 Δz 应为最短非线性长度的很小一部分，在有些情况下，它要小于 10 μm，因此每厘米光纤长度上应含有 1000 个以上的步长。显然，使用数值模拟方法来分析光纤中超连续谱的形成是非常耗时的。然而，随着计算方法的不断改进，这样的模拟即使在个人电脑上也可以完成。

另一种方法是在频域中解方程（13.3.1），此时该方程简化为一大套常微分方程，可以用任何有限差分法求解。这种方法允许在 z 方向上有一个适合的步长，可以控制数值计算的精度，而且在有些情况下比分步傅里叶法快。读者可以参阅第 3 章的参考文献［7］，以获得更多细节。

图 13.13 给出了当峰值功率为 10 kW 的 150 fs（指的是半极大全宽度，即 FWHM）双曲正割脉冲入射到 10 cm 长的锥形光纤中时，其在时域和频域中的演化过程。如果将脉冲参量值选为 $T_0 = 85$ fs 和 $P_0 = 10$ kW，则色散长度和非线性长度分别为 57 cm 和 1 mm，此条件下孤子阶数 $N \approx 24$。如图 13.13（b）所示，脉冲经历了一个初始压缩阶段，这是高阶孤子的普遍特征，其频谱因自相位调制被展宽。然而在传输了大约 2 cm 之后，孤子由于受到高阶色散和非线性效应引起的扰动而产生分裂，孤子脉冲分裂成多个基阶孤子［35］。在距离 $z = 4$ cm 处，频谱有了质的变化，演化为典型的超连续谱。

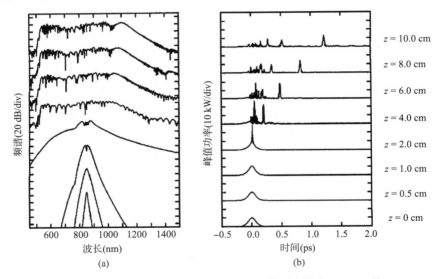

图 13.13　峰值功率为 10 kW 的 150 fs 脉冲入射到束腰为 2.5 μm 的 10 cm 长的锥形光纤中时的（a）频域和（b）时域演化［38］（©2002 IEEE）

造成频谱这一突变的原因可以通过 $z = 4$ cm 处的脉冲形状来理解，它呈现出一个已经从主脉冲分离出来的窄尖峰。正如在 12.2 节中所讨论的，这一分离是最短的基阶孤子的群速度变化造成的。由于脉冲内喇曼散射，基阶孤子的频谱向较长波长（斯托克斯侧）位移。随着孤子频谱的位移，由于群速度色散，它的群速度减小并从主脉冲分离出来。其他孤子也受喇曼感应频移的影响，但由于它们的频谱更宽且峰值功率更低，因而频移量也较小。在 $z = 10$ cm 处，它们最终也会像图 13.13（b）所示的那样从主脉冲分离出来。于是，超过 900 nm 的频谱展宽应归因于自相位调制和喇曼感应频移的共同作用。

在图 13.13 所示的超连续谱中，还在短波长（或反斯托克斯）侧产生了频谱分量。正如在 12.1 节中讨论的，切连科夫辐射或非孤子辐射是产生这种现象的原因［71］。由于存在三阶或高阶色散效应，每个喇曼孤子都以色散波的形式损失了部分能量。非孤子辐射的波长由式(12.1.5)给出的相位匹配条件决定。对于 $\beta_3 > 0$ 的光纤，位于 800 nm 以下的波长满足相位匹配条件。由于不同孤子对应的这一波长不同，在可见光区形成多个频谱尖峰，如图 13.13(a)所示。

13.3.2　交叉相位调制的作用

图 13.13 中的数值结果不能从物理上解释为什么不同的峰可以融合到一起并形成宽带超连续谱。研究表明，交叉相位调制和四波混频这两种非线性现象引起了这种融合。为理解它们的作用，我们需要意识到，即使喇曼孤子和色散波的频谱充分分离，它们在时域上仍可能有交叠，而喇曼孤子和色散波的任何时域交叠能引起它们的相互作用(通过交叉相位调制)。正如在 7.4 节中看到的，这种非线性相互作用能产生新的频谱分量，并以非对称的方式展宽色散波的频谱。基于这个原因，在高非线性光纤中超连续谱的形成过程中，交叉相位调制效应起重要作用[75~87]。

将喇曼孤子和色散波的时域交叠可视化的一个简单方法是，通过 12.2.2 节中讨论的 X-FROG 技术产生一个频谱图。图 13.14 给出了一个 $N = 6$ 的孤子在两个色散长度上的时域和频域演化，以及 $z = 2L_D$ 处的频谱图，这些数值结果是利用方程(13.3.1)的归一化形式[见方程(12.2.4)]得到的，并且只保留三阶色散项，因此需要单一参量($\delta_3 = 0.05$)。图 13.14(c)中的抛物线形虚线给出了导数 $d\beta/d\omega$(它与群速度呈负相关)随频率的变化。

图 13.14 为光纤中的超连续谱产生提供了丰富的物理内涵。图 13.14(a)和图 13.14(b)清楚地表明了当两个喇曼孤子的频谱移向斯托克斯侧时，它们是如何从主脉冲分离的；这两个图还表明，色散波在时域上扩散，但它们的频谱位于反斯托克斯侧。在图 13.14(c)的频谱图中看到的新特性是，两个喇曼孤子(深色目标)和两个色散波(浅色目标)在时域上交叠，并因此通过交叉相位调制、四波混频和它们相互作用。确实，我们甚至可以看到与最短喇曼孤子交叠的色散波的频谱展宽，最短喇曼孤子的频谱位移得最多，因为它的速度连续减小，在时域上的延迟也最大。

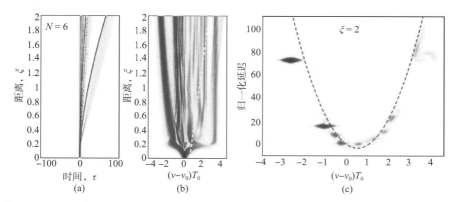

图 13.14　以六阶孤子形式入射的脉冲在 $0 \sim 2L_D$ 的距离上的(a) 时域演化,(b) 频域演化和(c) $z = 2L_D$ 处对应的频谱图。抛物线曲线(虚线)给出了群速度随频率的变化

在 2002 年的一个实验中[42]，清楚地观察到交叉相位调制感应的超连续谱内谱峰的展宽现象，在那里入射脉冲的峰值功率可以在一个很宽的范围内变化，使孤子阶数 N 既可以小于 1，也可以大于 6。图 13.15 给出了当钛宝石激光器产生的重复频率为 80 MHz，中心波长为 804 nm 且平均功率可在 $0.05 \sim 55$ mW 范围内变化的 100 fs 脉冲，入射到一段 5 m 长的微结构光纤中时，在光纤输出端观察到的频谱。脉冲在零色散波长为 650 nm 的光纤的反常色散区传输，在

804 nm 处 $\beta_2 = -57.5\ \text{ps}^2/\text{km}$，所以其色散长度约为 6 cm。在 1 mW 或更小的功率水平下，输出频谱显示出一定的自相位调制感应展宽，但它既没有移动频谱，也没有产生任何非孤子辐射，这是因为非线性效应充当了一个相对而言不是很重要的角色。当平均功率 $P_{av} > 4$ mW 时，孤子阶数超过 1，通过孤子分裂过程产生了一个甚至多个喇曼孤子，并在斯托克斯侧出现明显的谱峰，谱峰的个数取决于入射功率。当平均功率 $P_{av} = 16$ mW 时，出现了 3 个谱峰，同时每个喇曼孤子在可见光区产生一个非孤子辐射峰，它对应与这个特定孤子能实现相位匹配的一个不同的色散波。当平均功率 $P_{av} > 40$ mW 时，入射脉冲的孤子阶数 N 超过 5，由于交叉相位调制感应的孤子和色散波之间的耦合，不同的谱峰融合到一起，超连续谱开始形成。数值模拟证实，如果在计算中不把三阶和高阶色散效应包括在内，则不会在可见光区产生非孤子辐射峰。

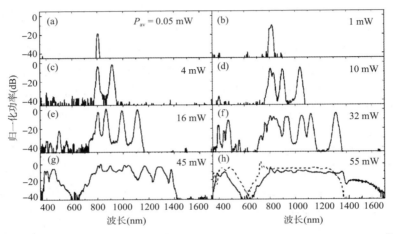

图 13.15　8 个平均功率不同的 100 fs 脉冲入射到 5 m 长的微结构光纤中时记录下的输出频谱[42]（©2002 OSA）

　　X-FROG 技术也已用在超连续谱产生的几个实验中[72~75]。在其中一种方法中，输出脉冲经过频谱滤波后与另一参考脉冲（有可调谐时间延迟）的互相关，作为在硅雪崩光电二极管中通过双光子吸收滤波的滤波器波长的函数被记录下来[74]。从数学角度讲，强度互相关由下式给出：

$$S(\tau, \omega_c) = \int_{-\infty}^{\infty} I_f(t, \omega_c) I_{ref}(t - \tau) dt \tag{13.3.3}$$

式中，$I_{ref}(t - \tau)$ 是时间延迟为 τ 的参考脉冲的强度，$I_f(t, \omega_c)$ 是经过滤波后输出脉冲的强度，

$$I_f(t, \omega_c) = \left| \int_{-\infty}^{\infty} \tilde{A}(\omega) H_f(\omega - \omega_c) e^{-i\omega t} d\omega \right|^2 \tag{13.3.4}$$

式中，$H_f(\omega - \omega_c)$ 是中心频率为 ω_c 的滤波器的传递函数。

　　图 13.16 给出了这样的频谱图的一个例子[74]，是用峰值功率为 2.5 kW 的 100 fs 脉冲通过一段 2 m 长的色散位移光纤产生的。对于 1.56 μm 的入射波长，光纤参量值为 $\beta_2 = -0.25\ \text{ps}^2/\text{km}$，$\gamma = 21\ \text{W}^{-1}/\text{km}$。图 13.16 的右侧给出了由 X-FROG 的测量结果推测的输出脉冲的频谱和时域轮廓。利用 X-FROG 数据还能够推测作为波长函数的群延迟和沿脉冲的频率啁啾。作为对重构过程准确性的检验，图 13.16(b) 还给出了从测得的频谱数据中还原得到的频谱图，以及推测的振幅和相位曲线（利用迭代相位还原算法），以便于比较。

　　在图 13.16 所示的频谱图中，有几个特点值得注意。第一，通过喇曼感应频移将频谱移向斯托克斯侧的两个孤子清晰可见，而反斯托克斯侧的频谱分量在时域上被极大地展宽，这是因为和它们相联系的色散波在光纤的正常群速度色散区传输，它们代表由于群速度色散效应而

被展宽的功率相对较低的脉冲。实际上，近似抛物线形的频谱图源于光脉冲在光纤中传输时通过群速度色散效应引入的形式为 $\beta_2 \omega^2 z / 2$ 的平方相位。第二，在光纤的正常群速度色散区，蓝移色散波与脉冲的中央部分相比，传输得更慢一些，结果是它们减慢了速度并开始和红移孤子在时域上发生交叠。此现象一旦发生，两者通过交叉相位调制发生非线性互作用，而且它们的频谱开始变化。正如在图 13.16 中看到的，孤子还可以捕获色散波。这种现象与6.5.2 节讨论的高双折射光纤中的孤子捕获相似，下面将对其进行进一步的讨论。

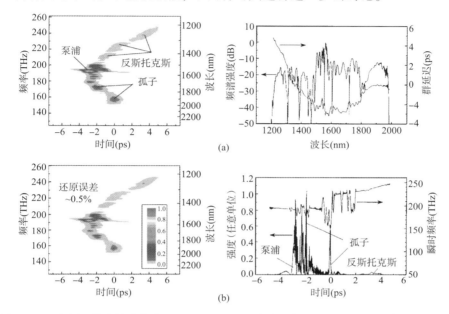

图 13.16　左侧：将峰值功率为 2.5 kW 的 100 fs 脉冲入射到 2 m 长的色散位移光纤中，
(a)实验得到的频谱图，(b)重构得到的频谱图。右侧：(a)测得的频谱和计算
得到的群延迟，(b)重构的输出脉冲的强度和啁啾曲线[74]（©2003 OSA）

13.3.3　交叉相位调制感应的捕获

喇曼孤子和色散波之间的交叉相位调制互作用还可以捕获那个色散波[83~87]。如果色散波在光纤的正常群速度色散区传输，该波与喇曼孤子之间的群速度失配就可以相当小，这取决于它们各自的波长。如果两者在时域上交叠，喇曼孤子就有可能捕获相邻的色散波，这样它们可以一起移动。

2004 年，在一项有关交叉相位调制效应对超连续谱产生的影响的研究中，发现交叉相位调制产生了波长向蓝端位移的另一个频谱峰，而且波长位移的大小取决于入射到光纤中的输入功率[77]。图 13.17(a)给出了当中心波长为 790 nm 且重复频率为 1 GHz 的 27 fs 脉冲通过 1.5 m 长的微结构光纤时，在不同平均功率下观察到的频谱。该微结构光纤有两个零色散波长，分别位于 700 nm 和 1400 nm 处。当平均功率 $P_{\mathrm{av}} = 53$ mW 时，喇曼孤子和非孤子辐射在图中清晰可见，而且随着功率的增加，两者的波长朝着相反的方向位移。当平均功率 $P_{\mathrm{av}} = 118$ mW 时，频谱中 1600 nm 附近的峰也代表了一个色散波，这个峰是在喇曼孤子接近光纤的第二个零色散波长时产生的。另外，由于 12.2 节中讨论过的喇曼感应频移抑制现象，频谱停止位移。

图 13.17(b)给出了当平均功率 $P_{\mathrm{av}} = 118$ mW 时，观察到的频谱及相位失配随最短的孤子及其色散波的波长的变化[与图 13.17(a)相比，纵坐标被放大了][77]。在 515 nm 处实现了相位匹配，此处的峰对应色散波。由于交叉相位调制，蓝端的峰位移了 60 nm 以上。基于广义非线性薛

定谔方程的数值模拟定性地再现了实验观测到的频谱特性，这对理解第二个峰是如何产生的也有帮助。在光纤中不同距离处的频谱图揭示，当孤子频谱向红端位移并开始和色散波交叠时，孤子就会慢下来；它们通过交叉相位调制互作用产生了蓝移峰。但是，由于群速度失配，两者最终彼此分离。本实验中，孤子捕获的这一特征现象并未发生。注意，在 1600 nm 附近产生的第二个色散波比孤子传输得快。由于色散波很快和孤子分离，交叉相位调制感应的谱峰在这种情况下并未产生。

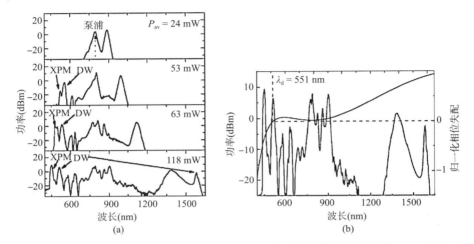

图 13.17　（a）在几个不同功率下实验测得的 1.5 m 长的光纤输出端的频谱；（b）平均功率 $P_{av} = 118$ mW 时放大了的频谱。色散波的相位失配也在图中给出[77]（©2004 OSA）

　　由于通过非孤子辐射产生的色散波的准确波长取决于所用光纤的色散特性，由此而产生的孤子和色散波之间的群速度失配取决于光纤和脉冲参量值。当这种失配不太大时，就能发生孤子捕获。在 2005 年的一项数值研究中，发现交叉相位调制耦合孤子对与 7.3 节中讨论的相似，可以在特定条件下在具有两个零色散长的光纤中形成[78]。图 13.18 给出了两种光子晶体光纤的频谱图，两者的唯一区别是，将直径为 1 μm 的空气孔的间距由左图的 1.2 μm 改为右图的 1.3 μm。

　　对图 13.18 所示的 1.2 μm 空气孔间距的情况，光纤的第二个零色散长在 1330 nm 附近。当峰值功率为 15 kW 且中心波长为 804 nm 的 13 ps 脉冲入射到这种光纤中时，喇曼孤子首先在可见光区发射非孤子辐射，然后在超过 1330 nm 的红外区发射非孤子辐射，因为喇曼感应频移在第二个零色散长附近被抑制。在红外区，辐射波的群速度接近孤子的群速度，因此两者通过它们之间的交叉相位调制感应耦合在距离 $z = 35$ cm 处形成了一个孤子对[78]。当 $z > 35$ cm 时，孤子对以一个整体移动，甚至在 $z = 60$ cm 处，色散波的时域宽度也没有大的变化，因为此波在光纤的反常群速度色散区传输。对于 1.3 μm 空气孔间距的第二种光纤，没有观察到这种现象，因为它的零色散长接近 1500 nm。

　　如果对于频率为 ω_d 的色散波，参量 $\beta_1 \equiv 1/v_g$ 可以写成

$$\beta_1(\omega_d) \approx \beta_1(\omega_s) + \beta_2(\omega_s)\Omega + \frac{1}{2}\beta_3(\omega_s)\Omega^2 \qquad (13.3.5)$$

式中，$\Omega = \omega_d - \omega_s$，$\omega_s$ 为孤子频谱的中心频率，同时仅保留至三阶色散项，则可以得到可能导致交叉相位调制感应的孤子配对的条件。显然，当 $\Omega = -2\beta_2/\beta_3$ 时，有 $\beta_1(\omega_d) = \beta_1(\omega_s)$。如果光纤满足这一条件，则色散波就能够被孤子捕获，两者通过交叉相位调制发生耦合，并以孤子对的形式一起移动。

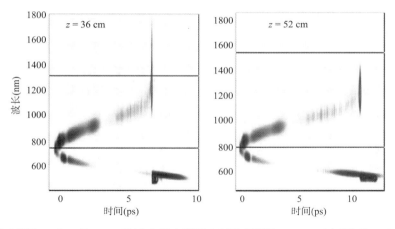

图 13.18 峰值功率为 15 kW 的 13 ps 脉冲分别入射到空气孔间距为 1.2 μm(左图)和 1.3 μm(右图)的两种 光子晶体光纤中时得到的频谱图,图中两水平线标出了每种光纤的零色散波长[78] (©2005 OSA)

通过将强主脉冲和波长不同的另一个脉冲同时入射到高非线性光纤中,也可以产生交叉相位调制效应[79~83]。这种配置允许采用更多的控制手段,如第二个脉冲可被延迟或提前,这样两者在光纤中传输一段距离后即可实现交叠。同样,也可以通过选择第二个脉冲的波长、脉宽和能量来实现对交叉相位调制的控制。实际中,为了便于实验,常把第二个脉冲的波长选择在主脉冲的二次谐波波长处。利用两个输入脉冲的主要优点在于,两者之间的交叉相位调制互作用将导致所产生的超连续谱在可见光区有相当大的频谱展宽。在一项数值研究中,提出了利用交叉相位调制产生蓝光的方法[81]。具体方案是将中心波长为 900 nm 且峰值功率为 1.7 kW 的 27 fs 脉冲,与中心波长为 450 nm 且峰值功率仅为 5.6 W 的 200 fs 脉冲一起在一段微结构光纤中传输,光纤零色散波长定在 650 nm 处,这样两个脉冲以几乎相同的群速度传输(导致产生增强的交叉相位调制互作用)。研究发现,第二个脉冲的宽度和相对时间延迟会影响可见光区的频谱。图 13.19 给出了在 80 cm 长的光纤输出端,由理论预测得到的蓝光区的频谱随 200 fs 脉冲的初始时间延迟[见图 13.19(a)],以及零时间延迟下二次谐波脉冲宽度的变化关系[见图 13.19(b)]。

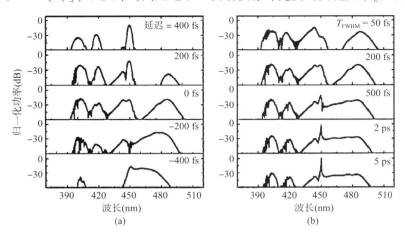

(a)　　　　　　　　　　　　(b)

图 13.19 峰值功率为 1.7 kW 的 27 fs 脉冲和峰值功率仅为 5.6 W 的波长为 450 nm 的 200 fs 二次谐波脉冲一起在微结构光纤中传输时预期的频谱。(a)频谱随 200 fs 脉冲初始时间延迟的变化;(b)零时间延迟下频谱随二次谐波脉冲宽度的变化[81] (©2005 OSA)

在 2005 年的一个实验中[83]，将中心波长为 1028 nm 的 30 fs 脉冲入射到一段 5 m 长的微结构光纤中，在有和没有弱二次谐波脉冲的条件下分别进行实验，用一个延迟线来调节两者的相对时间延迟。此光纤有两个零色散波长，分别位于 770 nm 和 1600 nm 处。图 13.20 比较了当泵浦脉冲单独传输[见图 13.20(a)]及与二次谐波脉冲一起传输时[见图 13.20(b)]，输出频谱随泵浦功率的变化关系。当只有泵浦脉冲入射时，通过形成向更长波长位移的喇曼孤子产生超连续谱，直至喇曼感应频移在 1600 nm 处的第二个零色散波长附近被抑制。在 1700 nm 附近的频谱区，喇曼孤子发射的非孤子辐射是清晰可见的，但超连续谱不会延伸到 900 nm 以下的频谱区。当波长为 514 nm 的二次谐波脉冲同时入射时，上述现象并未发生改变，这是由于二次谐波脉冲太弱，以至于不能影响主泵浦脉冲。然而，由于泵浦脉冲产生的交叉相位调制感应的相移对绿光脉冲（波长为 514 nm）产生啁啾，使从光纤输出的超连续谱在可见光区展宽，覆盖了从 350 nm 至 1700 nm 的较宽范围。在另一个实验中[79]，通过调节泵浦脉冲和二次谐波脉冲的功率比，有可能产生光滑且近似平坦、能够覆盖整个可见光区的超连续谱。显然，交叉相位调制可以作为一种工具，用来修饰所产生的超连续谱的特性。

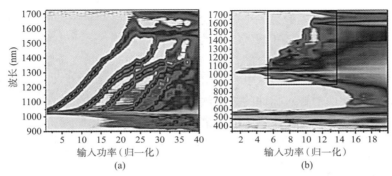

图 13.20　当 30 fs 入射脉冲在 5 m 长的光纤中(a) 独自传输及(b) 与弱二次谐波脉冲一起传输时，测得的频谱随输入功率的变化关系。黑色矩形指出了图 13.20(a) 覆盖的区域[83]（©2005 OSA）

13.3.4　四波混频的作用

正如在前面讨论的，高阶孤子分裂产生了多个喇曼孤子和多个色散波，它们具有明显的谱峰，覆盖了一个宽波长范围。显然，如果适当的相位匹配条件能得到近似满足，则每个喇曼孤子都可以作为泵浦通过四波混频与色散波相互作用，产生一个闲频波。这种四波混频过程已经在实验中观察到，它的理论也得到了发展[88~92]。研究表明，在超连续谱产生过程中存在两种不同的四波混频机制，对应的相位匹配条件由下式给出[91]：

$$\beta(\omega_3) + \beta(\omega_4) = \beta_s(\omega_3) + \beta_s(\omega_4), \quad \beta(\omega_3) - \beta(\omega_4) = \beta_s(\omega_3) - \beta_s(\omega_4) \qquad (13.3.6)$$

式中，$\beta_s(\omega)$ 和 $\beta(\omega)$ 分别是孤子和色散波的传输常数。正如 12.1 节中的式(12.1.5)所示，孤子的色散关系具有 $\beta_s(\omega) = \beta(\omega_s) + \beta_1(\omega - \omega_s) + \gamma P_s/2$ 的形式，其中 P_s 是孤子的峰值功率。与此形成对照，色散波的色散关系 $\beta(\omega)$ 和功率无关，但包含了随频率以二次方和三次方形式变化的项。闲频波的频率 ω_4 对应方程(13.3.6)的解。

第一个相位匹配条件对应传统的四波混频，其中两个泵浦光子来自孤子，它们被转换成信号光子和闲频光子。在这种情况下，闲频波的频率远离原始色散波的频率，因为它位于输入频谱的对边。在三阶色散为正的情况下，这种四波混频过程在孤子频率的斯托克斯侧产生新的频率分量，它在将超连续谱延伸到输入波长的红外侧中起重要作用。

第二个相位匹配条件对应布拉格散射型四波混频过程,其中孤子和色散波的拍频产生一个移动的折射率光栅,这个光栅产生闲频波。在这种情况下,闲频波的频率接近原始色散波的频率。在三阶色散为正的情况下,这种四波混频过程在色散波的反斯托克斯侧产生新的频率分量,它有助于将超连续谱向输入波长的蓝端延伸[90]。

几个实验已经表明,这两种四波混频过程都可以在光纤中发生。在 2005 年的一个实验中[89],将连续波与以孤子形式传输的光脉冲一起入射,正如方程(13.3.6)预测的,可观察到新频谱分量的产生。在 2006 年的一个实验中[91],将中心波长为 800 nm 的 200 fs 脉冲以 6.2 kW 的峰值功率入射到零色散波长为 820 nm 的 2 m 长的光子晶体光纤中,观察到了输出频谱沿光纤长度的演化。基于方程(13.3.1)的数值模拟与实验得到的频谱一致,实验频谱表明在可见光区产生了四波混频感应的谱峰。

图 13.21 给出了数值计算得到的在光纤中从 3 cm 到 2 m 的 6 个位置处的 6 个 X-FROG 频谱图,这些频谱图活灵活现地揭示了当飞秒脉冲在光纤中传输时超连续谱是如何产生的。在 3 cm 的距离处,只发生自相位调制感应的频谱展宽,而且整个频谱仍位于光纤的正常群速度色散区。随着进一步的传输,频谱展宽,在 $z = 9$ cm 处,有一个频谱旁瓣位于反常群速度色散区,它以高阶孤子形式传输。可以看出,在 $z = 20$ cm 处,形成了喇曼孤子和 700 nm 附近的色散波。进一步传输,喇曼孤子的频谱移向斯托克斯侧,四波混频建立。在 $z = 50$ cm 处,可以在 650 nm 波长附近看到四波混频带的清晰迹象。在 1.3 m 和 2 m 处,可以看到几个四波混频带,并且色散波被不同的喇曼孤子捕获。

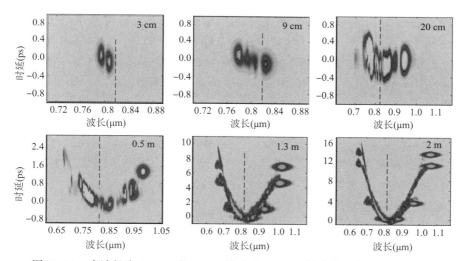

图 13.21　当波长为 800 nm 的 200 fs 脉冲以 6.2 kW 的峰值功率入射到光子晶体光纤中时,数值计算得到的其中6个位置处的X-FROG频谱图,垂直虚线标明了所用光子晶体光纤的零色散波长[91]（©2006 OSA）

13.4　连续（CW）或准连续（quasi-CW）光泵浦

使用皮秒或更短的脉冲对超连续谱的产生并不是不可或缺的。正如早先提到的,1976 年在超连续谱产生的最初实验中,使用的是 10 ns 宽的脉冲[4]。在 2003 年的一个实验中[94],将 Q 开关 Nd:YAG 激光器产生的峰值功率为 10 kW 的 42 ns 脉冲,入射到具有随机空气孔图样的 2 m 长的微结构光纤中来产生超连续谱。令人惊讶的是,在足够高的功率下,即使用连续激光也能产生超连续谱。早在 2003 年，就用连续激光来产生超连续谱，现在这种超连续谱源已经用在各种应用中[93~109]。本节首先讨论连续光泵浦超连续谱产生背后的非线性机制，然后回顾相关的实验进展。应该强调的是，以下讨论也适用于准连续光泵浦的情况，这种情况下采用的是宽度大于 1 ns 的光脉冲。

13.4.1 非线性机制

连续光泵浦超连续谱产生背后的物理机制是调制不稳定性现象，这是意料之中的[110~114]。正如在 5.1 节中看到的，当连续光在光纤的反常色散区传输时，调制不稳定性可以在特定的频率 $\omega_0 \pm \Omega_{max}$ 处产生，这里 ω_0 是连续光的频率。正如在式(5.1.9)中所见，频移 Ω_{max} 除了与光纤的色散和非线性参量有关，还与入射功率 P_0 有关，具体关系为

$$\Omega_{max} = \sqrt{\frac{2\gamma P_0}{|\beta_2|}} \tag{13.4.1}$$

对于自发调制不稳定性，这两个边带的形成是由连续光中的强度起伏引发的。

回顾 10.3.3 节的相关内容，调制不稳定性可以视为入射连续光作为泵浦波，与两个边带相联系的噪声场作为信号和闲频波的四波混频过程。两个边带的振幅一开始随距离 z 以 $\exp(2z/L_{NL})$ 的方式增长，这里 $L_{NL} = 1/(\gamma P_0)$ 是非线性长度。这种增长在时域中表现为 $P(z,t) = P_0 + p_m(z)\cos[\Omega_{max}t + \psi(z)]$ 形式的正弦振荡，振荡周期为 $T_m = 2\pi/\Omega_{max}$。只要两个边带中的功率相对总功率足够小(所谓的线性区)，指数增长就会持续下去。

一旦调制不稳定性过程进入非线性区，光场的演化可以仅通过数值解非线性薛定谔方程(5.1.1)来研究，这时需要对入射连续光加入噪声。图 13.22 给出了当入射功率等于 20 W 时，对于光纤 β_2 和 γ 参量的几个值，预测的 50 m 长的光纤输出端的时域功率变化。当 $\gamma = 5\ W^{-1}/km$ 时，非线性长度等于 10 m；当 γ 的值增加 10 倍时，非线性长度减小到 1 m。图 13.22(a)表明，泵浦光上出现明显的调制，比率 L/L_{NL} 应超过 10。由于非线性长度变短，调制变得越来越尖锐，并表现为以孤子形式在光纤的反常群速度色散区传输的不同宽度的短光脉冲序列形式。

通过一个简单的论证，可以估计这些孤子的平均宽度[114]。峰值功率为 P_s 的光孤子的能量与它的宽度 T_s 有关系 $E_s = 2P_sT_s$(见 5.2.2 节)，在一个调制周期 T_m 中，这个能量必须等于连续光的能量 P_0T_m。然而，对于基阶孤子，必须还有 $L_D = L_{NL}$ 或 $P_sT_s^2 = |\beta_2|/\gamma$。利用式(13.4.1)的 Ω_{max}，可以发现下面的简单关系:

$$T_s = \frac{T_m}{\pi^2} = \sqrt{\frac{2|\beta_2|}{\pi^2\gamma P_0}} = \frac{1}{\pi}\sqrt{2|\beta_2|L_{NL}} \tag{13.4.2}$$

该式表明，较小的 $|\beta_2|$ 值和较大的 γ 值有助于减小通过调制不稳定性形成的孤子的宽度，这与图 13.22 一致。如果调制不稳定性是通过入射一个边带频率的弱信号感应的，脉冲序列内的所有孤子将具有相同的宽度。然而，当调制不稳定性由噪声引起，属于自发型的时，脉宽将以图 13.22 所示的方式起伏。

超连续谱的形成按以下方式进行。首先，调制不稳定性将连续光转变成以基阶孤子形式传输的不同宽度和峰值功率的脉冲序列，由于喇曼感应频移和脉冲宽度有关，不同的孤子将它们的频谱以不同的量移向较长波长。同时，因为这些孤子受三阶色散的扰动，产生色散波形式的蓝移辐射。由于孤子移动它的频谱，只要经历反常群速度色散，孤子还会慢下来。结果，孤子与相邻的孤子和色散波会发生碰撞(时域上交叠)，并通过交叉相位调制和四波混频与它们

相互作用。研究表明，这种碰撞可以将能量转移给正在减慢的孤子，这进一步减小了它的宽度（以保持 $N=1$ 的条件），而且该孤子被更多地减慢，它的频谱也进一步移向较长波长。

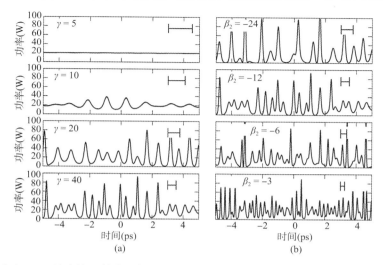

图 13.22　对于 20 W 的连续入射光，在 50 m 长的光纤输出端的时域结构。（a）$\beta_2 = -12$ ps^2/km，γ 可变；（b）$\gamma = 40$ W^{-1}/km，β_2 可变。bar 条显示了 T_m 的值[114]（©2010 剑桥大学出版社）

显然，根据上面的描述，入射连续光的噪声特性起关键作用，因为它引发了调制不稳定性。连续激光甚至只是部分相干的，因为本征相位起伏导致它的频谱宽度是有限的。任何数值模拟必须包括这种相位起伏[110~112]，而且由实验获得的频谱代表了光纤输出端的长时间平均结果，必须对数值模拟频谱执行总体平均。图 13.23 给出了以 4 W 的功率入射的连续光在 500 m 长的高非线性光纤（$\gamma = 10.6$ W^{-1}/km，$\beta_2 = -0.17$ ps^2/km，$\beta_3 = 0.0393$ ps^3/km）中的时域和频域演化[112]。深灰色曲线代表 50 个浅灰色频谱的总体平均，数值求解非线性薛定谔方程（13.3.1）可以得到这些结果。调制不稳定性在第一个 100 m 内发生，它导致快速的时域振荡和相对中心峰位移了大约 3.6 THz 的两个频谱边带。传输 300 m 后，可以看到不同宽度的不同孤子的明显迹象，它们通过脉冲内喇曼散射经历了大的红移。位于 $z=500$ m 处的两个时域尖峰（标记为 a 和 b）对应频谱位移最大的两个孤子。输入波长蓝端的多个峰对应色散波。

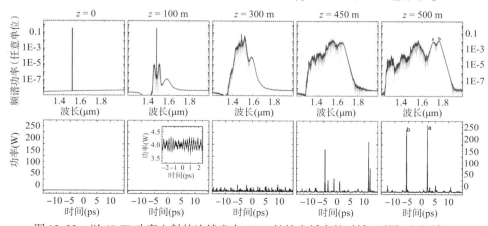

图 13.23　以 40 W 功率入射的连续光在 50 m 长的光纤中的时域（下图）和频域（上图）演化，深灰色曲线表示对50个浅灰色频谱的平均[112]（©2005 OSA）

13.4.2 实验进展

对任意一种产生超连续谱的方法而言，有两个最重要的因素，即能够使乘积 $\gamma P_0 L$ 超过 30 左右的高功率激光器和高非线性光纤，这里 P_0 是入射到长度为 L 的光纤中的连续光功率。对于 $\gamma = 100\ \mathrm{W}^{-1}/\mathrm{km}$ 的 100 m 长的光纤，在几瓦的泵浦功率下就能满足此条件，而这么高的泵浦功率很容易由新式高功率掺镱光纤激光器获得。在最初的 2003 年的实验中[93]，采用了 100 m 长的多孔光纤，并用掺镱光纤激光器在 1065 nm 处进行连续泵浦。当将 8.7 W 的连续光功率耦合到光纤中时，获得的超连续谱从 1050 nm 延伸到 1380 nm。

在 2004 年的一个实验中[98]，将光纤喇曼激光器产生的 1486 nm 连续光入射到长度分别为 0.5 km，1 km 和 1.5 km 的高非线性光纤中来产生超连续谱。光纤零色散波长小于 1480 nm，从而确保泵浦波长位于反常群速度色散区。当泵浦功率从 0.4 W 变化到 4 W 时，测量 3 种光纤的输出频谱。在每种情况下，当泵浦功率接近 4 W 时，输出频谱从 1200 nm 展宽到大于 1800 nm。频谱是高度不对称的，长波长侧的功率要高得多。正如前面讨论的，这种不对称是脉冲内喇曼散射有选择地将频谱向长波长侧延伸造成的。

2008 年的一个实验利用了 $\gamma = 43\ \mathrm{W}^{-1}/\mathrm{km}$ 的 20 m 长的光纤[103]，该光纤表现出两个零色散波长，分别位于 810 nm 和 1730 nm 附近。结果，在 1070 nm 的泵浦波长时色散相当大 [65 ps/(km·nm)]，但是当波长较长时色散值减小。图 13.24 给出了当 44 W 的连续光功率入射到该光纤中时，在光纤输出端观察到的超连续谱，超连续谱从 1050 nm 延伸到 1680 nm。更重要的是，输出功率接近 29 W，而且频谱功率密度超过 50 mW/nm，一直到 1400 nm。如果这种超连续谱光源用于生物医学成像，则这些特性非常有用。

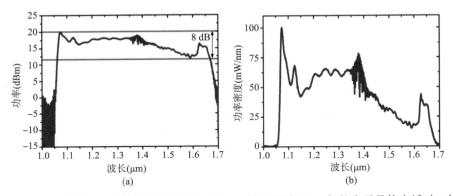

图 13.24　当用 44 W 的连续光功率在 1070 nm 波长泵浦 20 m 长的光子晶体光纤时，在光纤输出端观察到的频谱。(a) 半对数标度；(b) 线性标度[103]（©2008 OSA）

数值模拟再现了在图 13.24 中看到的大部分实验特征。更重要的是，它们清楚地显示出起重要作用的孤子碰撞的物理过程。图 13.25 给出了超连续谱的 X-FROG 频谱图[103]，可以清楚地看到通过调制不稳定性形成的孤子(圆形物体)，以及它们的不同频谱位移和不同速度(导致不同的延迟)。根据它们的时域交叠情况，这些孤子间的碰撞也很明显。最终，短孤子的频谱接近 1730 nm 附近的零色散波长，因为在大于 1730 nm 的波长发射的对应色散波(像雪茄的物体)感应的辐射压力，短孤子的频谱在此处停止位移。孤子与这些色散波的相互作用(碰撞)通过四波混频产生新的频谱分量[108]，这可在图 13.24 中 1900 nm 附近的波长区看到。

在可见光区中连续光泵浦超连续谱的形成也已引起关注[115~119]。这一点并不容易做到，

因为大多数实用的连续光源是在 1060 nm 附近发光的高功率掺镱光纤激光器，当这种激光器和零色散波长在 1000 nm 附近的合适光子晶体光纤一起使用时，观察到的超连续谱很少能延伸到 900 nm 以下。在 2006 年的一个实验中[30]，将锥形光子晶体光纤用于此目的，该光纤的芯径沿其长度方向减小，这样它的零色散波长也沿光纤长度方向减小。利用能发射纳秒脉冲的准连续光源（Nd:YAG 微片激光器）和不同长度的锥形光纤，产生了图 13.4（a）所示的超连续谱。如那里所见，当锥形光纤的长度超过 5 m 时，超连续谱从 350 nm 延伸到 1750 nm，而且具有较高的频谱密度。由于 $|\beta_2(z)|$ 的单调渐减，当闲频波长逐渐变短时，允许四波混频的相位匹配条件得到满足，因此将超连续谱延伸到可见光区是可能的。

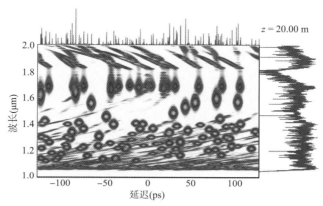

图 13.25　在图 13.24 中的超连续谱条件下数值计算的 X-FROG 频谱图[103]（©2008 OSA）

用连续光在 1060 nm 附近泵浦恒定芯径的光子晶体光纤，也可以产生小于 900 nm 的频谱分量。在 2008 年的一个实验中[115]，用在 1070 nm 波长发光的 50 W 的掺镱光纤激光器泵浦零色散波长为 1068 nm 的 100 m 长的光子晶体光纤，当功率较高时在光纤输出端观察到短于 900 nm 的波长。尽管在本实验中没有产生可见波长，但在超连续谱的这种延伸背后仍有四波混频的作用。在 2008 年的另一个实验中[116]，获得了更好的结果。该实验利用了两段级联的光子晶体光纤，一段是芯径恒定的 100 m 长的光子晶体光纤，另一段是 $|\beta_2|$ 随长度减小的 100 m 长的锥形光子晶体光纤。当用 12.5 W 的功率在 1064 nm 处泵浦时，输出频谱包含一个位于绿光区的宽峰，以及一个从 700 nm 延伸到 1300 nm 的超连续谱。

2009 年，利用锥形纤芯且掺有 GeO_2 的光子晶体光纤，产生了向 450 nm 波长延伸的连续光泵浦超连续谱[118]。图 13.26 比较了由均匀纤芯光子晶体光纤和纤芯掺有 GeO_2 的锥形纤芯光子晶体光纤（PCF）得到的频谱。在均匀纤芯光子晶体光纤的（a）情况下，在 1075 nm 波长入射的连续光功率为 70 W，超连续谱从 550 nm 延伸到大于 1750 nm，频谱功率变化小于 12 dB。在（b）情况下，50 m 长的均匀纤芯的光子晶体光纤后接外径从 135 μm 减小到 85 μm 的 130 m 长的光子晶体光纤。当用 45 W 的连续光功率泵浦时，超连续谱从 470 nm 延伸到大于 1750 nm，这样就覆盖了整个可见光区，从（c）中的白点也可以明显看出。当用棱镜将输出光色散开时，就会观察到像彩虹那样的频谱，如图 13.26 中的插图所示。这些结果清楚地表明，如果光子晶体光纤的设计适当，用 1060 nm 泵浦可以产生覆盖整个可见光区和近红外区的超宽超连续谱。

在 2012 年的一个实验中[120]，超连续谱甚至覆盖了紫外区，该实验用 355 nm 的 Q 开关脉冲泵浦光子晶体光纤，产生了从 350 nm 延伸到 470 nm 的超连续谱。这是值得注意的结果，因为光子晶体光纤在紫外区表现出大的正色散和强的吸收。发现超连续谱产生背后的物理机制是多模四波混频和级联受激喇曼散射。

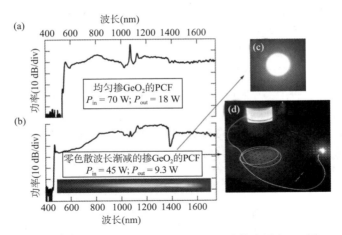

图 13.26　(a)用 70 W 的连续光功率泵浦均匀纤芯光子晶体光纤和(b)用 45 W 的连续光功率泵浦锥形纤芯光子晶体光纤时实验获得的频谱；插图给出了用棱镜对输出色散后的结果。(c)输出光斑和(d)光纤线轴的照片也在图中给出[118]（©2009 OSA）

13.5　偏振效应

基于方程(13.3.1)的数值模拟假设输入脉冲在光纤中传输时，其偏振态(SOP)保持不变。然而，正如在第 6 章中看到的，实际情况下这一假设常常是不正确的。在高双折射光纤中，如果输入脉冲的偏振方向与光纤某个主轴的方向一致，则输入脉冲的偏振态能够保持不变。然而，如果一开始它就与光纤主轴方向成一定角度，则输入脉冲会分裂为两个正交的偏振模式，而且由于这两个模式的群速度不同，两者将彼此分离。即使在理想的各向同性光纤中，两正交偏振光纤模式之间的交叉相位调制感应耦合引起的非线性偏振旋转也会影响孤子的分裂过程。重要的问题是，在高非线性光纤中，这一现象是如何影响超连续谱产生的[121~129]。

13.5.1　双折射微结构光纤

包层含有多个空气孔的微结构光纤一般没有圆形的纤芯。在这种光纤中，超连续谱的偏振相关性已在几个实验中观测到[121~123]。在 2002 年的一个实验中[45]，使用了包层中的空气孔具有六边形对称结构的光子晶体光纤，由于纤芯近似为圆形，这种光纤的双折射效应相对较弱。但是，人们发现超连续谱随输入脉冲偏振态的变化而改变，并且超连续谱的不同部分也表现为不同的偏振态，这表明光纤中两正交偏振的脉冲之间发生了非线性耦合。图 13.27 给出了当输入线偏振脉冲的偏振方向在 ±30° 范围内旋转时，记录下的超连续谱的变化情况，输入脉冲偏振方向的变化是通过旋转一段芯径为 2.5 μm 的 41 mm 长的光纤实现的。在该实验中，将钛宝石激光器发射的中心波长为 790 nm 的 18 fs 脉冲入射到光纤中。由图 13.27 可以清楚地看出，超连续谱的频谱细节对脉冲的输入偏振态十分敏感。

在 2008 年的一个实验中[128]，使用了一段具有椭圆形纤芯的高双折射微结构光纤(见图 13.28)。图 13.28 给出了所观察的超连续谱随角度 φ 的变化关系(输入脉冲偏振态的方向是从慢轴算起的)。此实验中，将平均功率为 300 mW、中心波长为 800 nm 的 15 fs 脉冲入射到有效模面积约为 2 μm² 的 12 cm 长的光纤中。对分别沿光纤快轴、慢轴方向偏振的光来说，光纤的零色散波长分别为 683 nm 和 740 nm。当光沿这两个轴偏振($\theta = 0°$ 或 90°)时，仅激发两个正交偏振模式之一。这两种情况下观察到的超连续谱的差异是由于光纤存在较大的双折射造成的，当脉冲在光纤中传输时，光纤在这两种情况下表现出不同的色散特性。

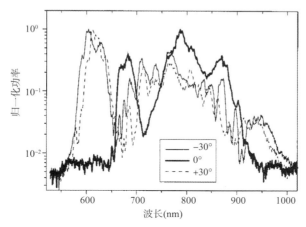

图 13.27　对于线偏振的 18 fs 输入脉冲的 3 个不同偏振方向，在光子晶体光纤输出端记录下的超连续谱[45]（©2002 OSA）

在图 13.28 中，如果 θ 的值介于 0° 和 90° 之间，因为脉冲能量沿慢轴和快轴分割，通常以不同的峰值功率激发两个模式。由于光纤双折射，两个正交偏振的脉冲以不同的群速度传输。然而，对宽度为 15 fs 的脉冲，由于走离长度小于 1 mm，这两个正交偏振的脉冲彼此迅速分离。由于这两个脉冲分开以后，不能再通过交叉相位调制产生相互作用，因此实验中交叉相位调制的影响可以忽略。由于并未在光电探测器之前放一个检偏器，因此所观察的频谱其实是沿光纤两个主轴分别产生的超连续谱的叠加[128]。通常，当 θ 从 0° 向 45° 增大时频谱的带宽减小，因为与 $\theta=0°$ 的情况相比，脉冲沿每个方向的峰值功率减小。正如所预期的，当 $\theta=45°$ 时频谱的带宽最小。

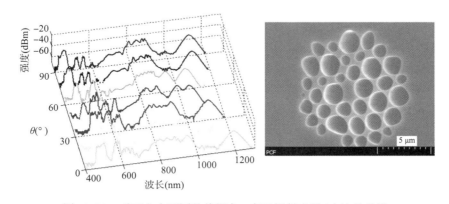

图 13.28　对于几个不同的偏振角，高双折射光纤（右边的显微照片）输出端的超连续谱[128]（©2008 美国物理学会）

13.5.2　近各向同性光纤

在近各向同性光纤中，情况则完全不同，两个正交偏振的脉冲以几乎相同的群速度传输，因此在光纤的大部分长度内，这两者是交叠的。这两个脉冲间的交叉相位调制感应耦合导致偏振态的复杂演化，光纤输出端的超连续谱的不同部分也表现出不同的偏振态[124]。如果输入脉冲不是线偏振的，则两个偏振模式都能被激发，即使在有着规则的圆形纤芯且不表现出双折射的理想各向同性光纤中，也能够发生这种非线性耦合现象[125]。非线性耦合的数学描述需要解形如方程(13.3.1)的两个耦合广义非线性薛定谔方程。利用在前面章节中定义的琼斯矢量和泡利矩阵，它们可被写成如下矢量形式：

$$\frac{\partial |A\rangle}{\partial z} + \frac{1}{2}\left(\alpha + i\alpha_1 \frac{\partial}{\partial t}\right)|A\rangle + \sum_{m=2}^{M} i^{m-1} \frac{\beta_m}{m!} \frac{\partial^m |A\rangle}{\partial t^m}$$
$$= \frac{i}{2}\left(\Delta\beta + i\Delta\beta_1 \frac{\partial}{\partial t}\right)\sigma_1|A\rangle + i\left(\gamma + i\gamma_1 \frac{\partial}{\partial t}\right)|Q(z,t)\rangle \tag{13.5.1}$$

式中，$|Q(z,t)\rangle$ 与光纤的三阶非线性响应有关。若忽略喇曼响应的各向异性部分，则有以下形式：

$$|Q(z,t)\rangle = \frac{2}{3}(1 - f_R)[\langle A|A\rangle]|A(z,t)\rangle + \frac{1}{3}(1 - f_R)[\langle A^*|A\rangle]|A^*(z,t)\rangle$$
$$+ f_R|A(z,t)\rangle\int_{-\infty}^{t} h_R(t - t')\langle A(z,t')|A(z,t')\rangle dt' \tag{13.5.2}$$

方程(13.5.1)通过参量 $\Delta\beta$ 和 $\Delta\beta_1$ 将双折射效应包括在内，此处 $\Delta\beta = \beta_{0x} - \beta_{0y}$ 由式(6.1.13)给出，而 $\Delta\beta_1 = \beta_{1x} - \beta_{1y}$ 是考虑到两个正交偏振脉冲群速度的差异。

基于方程(13.5.1)和方程(13.5.2)的数值模拟揭示，超连续谱中的一个具体频谱分量通常是椭圆偏振的，即使最初入射到光纤中的是线偏振脉冲。另外，不同频谱分量的偏振态的差异也很大。在一项研究中，定义椭圆率为

$$e_p(\omega) = \langle \tilde{A}(L,\omega)|\sigma_3|\tilde{A}(L,\omega)\rangle / \langle \tilde{A}(L,\omega)|\tilde{A}(L,\omega)\rangle \tag{13.5.3}$$

可用它作为偏振态沿超连续谱变化的一个简单量度[124]。这里，$|\tilde{A}(L,\omega)\rangle$ 是长为 L 的光纤输出端的频谱振幅，σ_3 是泡利矩阵，$\langle \tilde{A}(L,\omega)|\tilde{A}(L,\omega)\rangle$ 代表在频率 ω 处的总功率密度。举例来说，当峰值功率为 10 kW 的 100 fs 脉冲以与慢轴成 45° 的线偏振态入射到 6 cm 长的微结构光纤中时，其在时域和频域的演化过程如图 13.29 所示，实线和虚线分别表示 x 偏振分量和 y 偏振分量。其中微结构光纤的芯径为 2.2 μm，$\beta_2 = -13.5$ ps²/km，$\gamma = 80$ W⁻¹/km，$\Delta\beta = 1 \times 10^{-5}$。

图 13.29 的几个特点值得注意。首先，即使两个正交偏振的光脉冲在 $z = 0$ 处是相同的，但由于两者之间发生线性和非线性耦合，它们的演化过程也有很大的不同。特别是，两者之间的交叉相位调制感应耦合导致偏振态以一种复杂的方式沿整个超连续谱随波长变化。如果在记录频谱之前，将一个检偏器置于光纤输出端，那么所观察到的频谱特征就会随检偏器的旋转而改变，这正是在图 13.27 中看到的。改变入射脉冲的初始偏振态时，也有类似的行为发生。

13.5.3 各向同性光纤中的非线性偏振旋转

也许有人会问，偏振态沿超连续谱的变化能否在无双折射的理想各向同性光纤[此时方程(13.5.1)中的 $\Delta\beta$ 和 $\Delta\beta_1$ 为零]中发生？显然，如果输入光脉冲最初是线偏振的，由于各向同性光纤在各个方向上的特性相同，因此不会有偏振相关效应发生。但是，如果输入光脉冲是轻度椭圆偏振的，则两个正交模都将被激发，并且由于交叉相位调制感应耦合引起的非线性偏振旋转效应，它们的偏振态会以一种非线性的方式演化。在 2004 年的一项研究中[125]，基于方程(13.5.1)的数值模拟揭示，通过高阶孤子分裂过程产生的不同基阶孤子有不同的椭圆率，随着孤子的频谱通过喇曼感应频移沿光纤位移，椭圆率并未发生太大变化。与此

相反, 非孤子辐射的频谱分量的偏振态持续沿光纤演化。在给定的距离处, 无论是时域上还是频域上, 脉冲的偏振态都在邦加球上以一种复杂的方式变化着。这些特点表明, 孤子分裂过程本质上是一个矢量过程, 即使在各向同性光纤中也是如此。

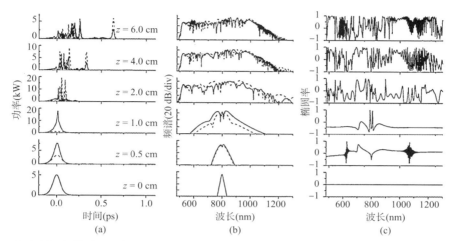

图 13.29　与光纤的慢轴成 45° 角线偏振的 100 fs 输入脉冲在 6 cm 长的微结构光纤中的 (a) 时域、(b) 频域和 (c) 椭圆率的演化, 实线和虚线分别代表 x 偏振分量和 y 偏振分量[124] (©2004 OSA)

作为一个实例, 图 13.30 给出了当孤子阶数 $N \approx 12$ 的 150 fs 脉冲以 1.4° 的椭圆角 (此时 y 方向偏振分量的能量还不到入射能量的 0.1%) 入射到一段 12 cm 长的锥形光纤中时, 脉冲在时域和频域的演化[125]。由图可见, 脉冲几乎保持线偏振状态, 直至它在 $z = 1.6$ cm 附近开始分裂。超过这个距离, 高阶孤子将发生分裂, 形成具有不同偏振态的多个基阶矢量孤子。最右边的孤子 (具有最大的喇曼感应频移) 接近线偏振, 但第二个、第三个和第四个孤子的椭圆角分别为 5.4°, 15.4° 和 16°。$t = 0$ 附近的时域结构中包含了剩余的泵浦脉冲能量, 并且表现出更为复杂的偏振特性。比较 $z = 12$ cm 处的标量图样和矢量图样表明, 孤子分裂的矢量特性还影响了单个孤子经历的时间延迟。这些结果表明, 对根据光纤和其他实验条件解释所观测到的数据, 方程 (13.5.1) 是不可或缺的。

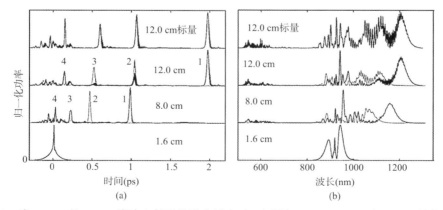

图 13.30　当 $N \approx 12$ 的 150 fs 脉冲入射到锥形光纤中时, 在距离 1.6 cm, 8 cm 和 12 cm 处的 (a) 时域和 (b) 频域图样, 为便于比较, 图中还给出了 $z = 12$ cm 处的标量情况。深色线和浅色线分别表示 x 偏振分量和 y 偏振分量, 注意频谱强度是在线性标度上绘出的[125] (©2004 APS)

13.6　超连续谱的相干性

通过将实验得到的超连续谱（见图 13.5 和图 13.6）和数值模拟得到的结果（见图 13.13）进行比较，发现前者比后者光滑得多。这一特点与大多数实验采用重复频率为 80 MHz 左右的脉冲序列，而数值模拟中往往只采用单个脉冲有关。对超连续谱进行的任何频谱测量，代表的都是许多脉冲的平均结果，由于大多数锁模脉冲激光器都表现出脉冲间的起伏，因此在图 13.13 中看到的精细结构在取平均的过程中被洗掉了。

从实际的角度考虑，如果超连续谱作为宽带光源应用于医学、计量学和其他领域，其相干性将变得很重要。基于这个原因，超连续谱的相干性问题引起了人们的极大关注[130~147]。第一个问题是，超连续谱的相干性究竟意味着什么？如果整个超连续谱是由在单模光纤中传输的脉冲产生的，那么其输出应该是空间相干的，但其时间相干性受单个输入脉冲能量、宽度和到达时间的起伏的影响，结果频谱相位可能在整个超连续谱的带宽内出现起伏。

13.6.1　频域相干度

衡量超连续谱相干性的一种较为适当的方法是引入相干度这个物理量。在标量描述中，相干度被定义为[38]

$$g_{12}(\omega) = \frac{\langle \widetilde{A}_1^*(L,\omega)\widetilde{A}_2(L,\omega)\rangle}{[\langle|\widetilde{A}_1(L,\omega)|^2\rangle\langle|\widetilde{A}_2(L,\omega)|^2\rangle]^{1/2}} \tag{13.6.1}$$

式中，$\widetilde{A}_1$ 和 $\widetilde{A}_2$ 是两相邻脉冲的傅里叶变换，角括号表示对全部脉冲的平均。实验上，可以通过一台迈克尔逊干涉仪使入射到光纤中的脉冲序列中的两个相邻脉冲发生干涉，并记录下作为波长的函数的所得频谱条纹的对比度，以测量相干度[136]。通过频谱分析仪的积分时间能自动执行总体平均。

如果偏振效应比较重要，则可以通过将量子噪声加到输入脉冲中（每个模式一个光子），重复解方程（13.3.1）或方程（13.5.1）来数值计算 $g_{12}(\omega)$[38]。这种方法表明，输出脉冲的波形和频谱因输入脉冲而异。另外，$g_{12}(\omega)$ 沿超连续谱变化较大，这取决于输入脉冲参量的平均值。特别是，相干性的劣化对输入脉冲的宽度极为敏感。图 13.31 给出了对 3 个不同脉宽得到的平均输出频谱和相干度 $g_{12}(\omega)$，假定每种情况下输入脉冲的峰值功率均为 10 kW，所用光纤的各个参量值与图 13.13 中的相同。显然，与 100 fs 脉冲相比，150 fs 脉冲产生的超连续谱的相干性更差一些。更重要的是，对脉宽为 50 fs 的脉冲，沿整个超连续谱都能保持相干。

为理解图 13.31 所示的特性，观察可知孤子阶数 N 与脉宽 T_0 呈线性关系，因此对脉宽为 50 fs 的脉冲来说，N 相对较小。同样，色散长度正比于 T_0^2，因此脉宽为 50 fs 的脉冲与脉宽为 150 fs 的脉冲相比，其色散长度（约为 63 mm）仅为后者的 1/9。由于峰值功率是固定不变的，所以在各种情况下，非线性长度 L_{NL} 都是 1 mm 左右。所得出的一条主要结论是，孤子分裂过程带有噪声是其本身固有的，因此它对输入脉冲的振幅和相位比较敏感。如果 N 值较小，则脉冲分裂成数目较少的几个基阶孤子，且受噪声的影响也较小。与此相反，如果在分裂过程中产生较多的基阶孤子，则噪声也会随之增大。以下事实可为这一结论提供某些支持，即人为地设定 $f_R = 0$ 而忽略喇曼效应，则脉冲越宽，相干性劣化得越厉害[38]。数值模拟也表明，即使对于脉宽为 150 fs 的脉冲，如果它在光纤的正常群速度色散区传输，则不会发生孤子分裂，因而仍能保持其相干性。

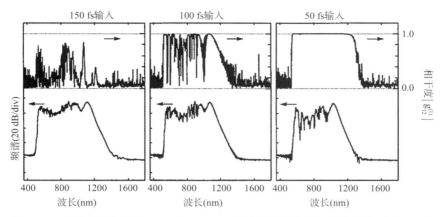

图 13.31　当峰值功率为 10 kW 的 850 nm 脉冲以不同的脉宽入射到光纤中时, 在
光纤输出端测得的平均频谱(下图)和相干度(上图)[38] (©2002 IEEE)

　　在几个实验中已经测量到超连续谱的相干性[133~137]。在其中一个实验中[136], 将 100 fs 的脉冲入射到 6 cm 长的锥形光纤中, 发现在输入脉冲的波长处光纤的群速度色散对超连续谱的产生起决定性作用。正如所预期的, 在正常群速度色散区, 因为没有发生孤子分裂, 相干性较高, 但超连续谱带宽也被限制到 200 nm; 接近零色散波长(约为 820 nm)时, 相干性沿超连续谱是不均匀的, 有的区域相干性高一些, 而有的区域相干性低一些; 在反常群速度色散区, 相干性在 860 nm 波长处严重劣化, 但在 920 nm 波长处却相当高。在这种情况下, 超连续谱从 500 nm 延伸到 1300 nm, 整个带宽上 g_{12} 的平均值约为 0.7。这些结果可以这样理解: 增加 β_2 与减小脉冲宽度的效果相同, 因为对于较大的 β_2, 孤子阶数 N 和色散长度 L_D 都将减小。通常, 当 L_D 的值较小时, 频谱相干性会得到改善, 因为在给定的入射功率下孤子阶数 N 与 $\sqrt{L_D}$ 成比例。

　　超连续谱伴随噪声的本性具有实际含义。例如, 它限制了基于超连续谱的频率梳的稳定性, 这种频率梳可用在计量学方面[138]。当用高非线性光纤展宽超短脉冲的频谱时, 这种噪声还从根本上限制了超短脉冲的压缩[139]。即使采用连续激光产生超连续谱, 连续激光的相干性也会影响光纤输出端的噪声。在一个实验中[140], 将 1480 nm 的低相干半导体激光器的输出放大到 1.6 W 后, 入射到 5 km 长的高非线性光纤中, 发现所得超连续谱的相对强度噪声(RIN)在大于 1 GHz 的带宽内增加了 15 dB/Hz 以上。光纤输出端的时域曲线常常表现出超过平均功率 50% 的功率起伏, 其标准差为 35%。基于方程(13.3.1)(已做了修正, 将自发喇曼噪声包括在内)的数值模拟表明, 孤子分裂起重要作用, 将导致强度噪声增加[142]。数值模拟结果还表明, 实验所得频谱的平坦特性是测量过程中对时间取平均的结果。

　　在 2006 年的一项研究中, 探讨了连续光的时间相干性对超连续谱的影响[143]。所用的两个光源一个是工作在 1480 nm 波长的掺铒光纤激光器, 另一个是工作在阈值以下的掺铒光纤激光器, 这样它的输出就由放大自发辐射(ASE)组成。在这两种情况下, 将连续光入射到高非线性光纤中之前, 用光滤波器调节相干时间 τ_c。对于从 9 ps 到 205 ps 范围的 4 个不同的相干时间, 图 13.32 给出了在光纤激光器的 3 个功率水平下, 在光纤输出端测量的频谱。注意, 当相干时间减小到 9 ps 左右时, 入射功率为 2.05 W 的超连续谱的平坦度有了改善。在放大自发辐射光源的情况下, 相干时间减小到 1 ps 以下, 观察到更平坦的超连续谱。在 2006 年的一项研究中[145], 发现对于连续光源相干时间的一个最佳值, 可以在实际中实现最好的性能。

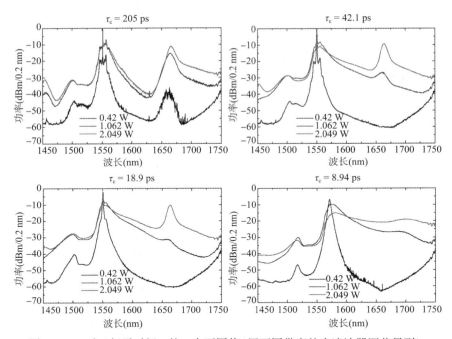

图 13.32　对于相干时间 τ_c 的 4 个不同值(用不同带宽的光滤波器调节得到)，

测量的连续激光器3个功率水平下的输出频谱[143]（©2006 OSA）

13.6.2　改善相干性的技术

改善超连续谱的相干性也是可能的，而且已经提出几种技术用于此目的[148~155]。在一个有趣的称为色散微管理(dispersion micro-management，DMM)的方法中，通过适当地让光纤变细，使色散沿光纤长度方向是不均匀的[149]。在该实验中，将波长为 920 nm 的 100 fs 脉冲入射到 3 段不同的光纤中来产生超连续谱，它们是芯径为 2.6 μm 的 80 cm 长的多孔光纤，芯径为 2.7 μm 的 6 cm 长的锥形光纤，以及在 1 cm 锥形区芯径从 3.3 μm 减小到 2.6 μm 的 2.3 cm 长的光子晶体光纤。图 13.33(a)给出了这 3 种光纤的输出频谱，在芯径沿长度方向减小的色散微管理光纤的情况下，得到的超连续谱平坦得多。图 13.33(b)所示的中心在锁模脉冲重复频率附近的强度噪声谱揭示，在色散微管理情况下，噪声本底减小到背景噪声以下。用中心波长为 580 nm、带宽为 25 nm 的光滤波器对超连续谱切片，输出为单峰形式，并且没有表现出任何噪声结构。

其他几个因素也可以改善超连续谱的相干性。在一项研究中[150]，发现对入射脉冲引入适当的啁啾有助于改善相干性。在另一项研究中[151]，发现当采用压缩技术减小输入脉冲的宽度时，相干性还受压缩的输入脉冲质量的影响。研究发现，用大模面积光纤压缩脉冲可以将超连续谱的相干性提高 10 dB，因为这种光纤中的非线性效应降低。在 2009 年的一项研究中[153]，提出使用金属涂覆的空芯光纤，这种光纤引发的等离子体可以改善超连续谱的相干性。利用以相对低的孤子阶数值($N < 10$)入射的飞秒脉冲，也有助于改善相干性[5]。

相干性劣化的根源一般与高阶孤子的分裂有关，因为高阶孤子分裂过程对输入脉冲的宽度和峰值功率的微小变化极为敏感[38]，于是出现了这样的结果：如果输入脉冲在孤子无法形成的光纤的正常群速度色散区入射，超连续谱的相干性就会得到显著改善。确实，早在 2005 年就在光子晶体光纤中预见了这个特性，该光子晶体光纤表现出两个零色散波长，其芯径沿光纤的长度方向逐渐变细,这样可以保证光脉冲总是经历正常色散[148]。然而,当光脉冲在光纤的正常群速度色散区传输时,得到的超连续谱并不很宽,带宽被限制到 400 nm 以下。这个问题在 2011 年得到解决,利用这种方法,采用色散经过适当修饰的光子晶体光纤,产生了宽带超连续谱。

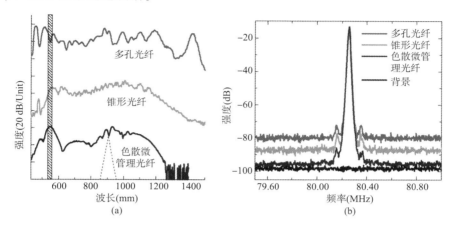

图 13.33　用文中描述的 3 种光纤产生超连续谱时,(a) 输出频谱和(b) 强度噪声谱的比较。(a) 中的竖条所示为滤波的位置[149]（©2005 OSA）

在 2011 年的一项研究中[154],适当设计两种光子晶体光纤,使它们在从 400 nm 延伸到 1500 nm 以上的波长区表现出正常色散。这两种光纤最重要的特性是,入射到它们中的飞秒脉冲不会展宽很多,尽管它们在光纤中经历正常色散。图 13.34(a) 给出了当用能量从 0.25 nJ 变化到 7.8 nJ 的 50 fs 脉冲在 1050 nm 波长处泵浦芯径为 2.3 μm 的 50 cm 长的光子晶体光纤时,在光纤输出端观察到的频谱。图 13.34(b) 给出了在 790 nm 波长处泵浦同样的光纤所得到的频谱。在这两种情况下,脉冲以最高能量入射时产生的超连续谱的带宽接近 800 nm,与在光纤的反常群速度色散区形成的超连续谱相比,这里产生的超连续谱相当平坦和光滑。

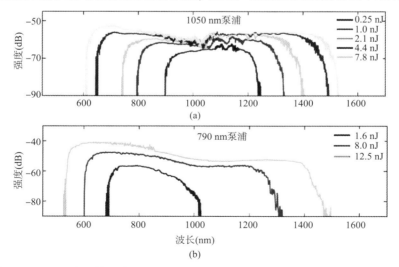

图 13.34　(a) 当用能量从 0.25 nJ 变化到 7.8 nJ 的 50 fs 脉冲在 1050 nm 波长处泵浦 50 cm 长的光子晶体光纤时,在光纤输出端观察到的频谱;(b) 在 790 nm 波长处泵浦同样的光子晶体光纤所得频谱[154]（©2011 OSA）

在 2011 年的另一项研究中[155]，利用了类似的光子晶体光纤设计。该光纤在一个宽波长区表现出正常色散，其最小色散值在 1064 nm 附近，这也是 400 fs 输入脉冲的中心波长。在 4 cm 长的这种光纤的末端，输出频谱表现出自相位调制展宽频谱的典型形状（见图 4.2）。当光纤长 1 m 时，超连续谱的带宽延伸到 800 nm，而且形状相当平坦和光滑。另外，可以将输出压缩到 26 fs，频谱的分量之间表现出较高的相干度。这种相干超连续谱对包括生物医学成像在内的各种应用非常有用。

13.6.3　频谱非相干孤子

正如我们在 13.5 节中看到的，在连续和准连续光泵浦的情况下，超连续谱产生的物理机制并不包括孤子分裂，而是通过调制不稳定性直接产生大量的不同宽度的基阶孤子，由此得到的超连续谱的相干性将不同于在图 13.31 中看到的那些。确实，最近的研究表明，热化过程的非相干性可以导致一种新型的频谱非相干孤子的形成[156~161]。

2008 年，在一项通过解只包含 β_2 色散项的较简单广义非线性薛定谔方程（13.3.1）的数值研究中，发现了频谱非相干孤子[156]。这种孤子不同于第 5 章中讨论的那些孤子，因为它们只在频域上受到约束（在时域上不受约束）。从这种孤子代表非相干场不平衡的稳态这个意义上讲，它们还是非相干的。频谱非相干孤子的存在需要受激喇曼散射，因为有限的非线性响应对它们的形成是必要的。

在 2009 年的一个实验中[158]，通过在 1033 nm 和 1209 nm 附近表现出两个零色散波长的光子晶体光纤中的超连续谱产生，首次观察到频谱非相干孤子。图 13.35 给出了当用 1064 nm 的 Q 开关脉冲泵浦该光子晶体光纤时，观察到的这些频谱随（a）光纤长度（$P_0 = 3.5$ kW）和（c）入射峰值功率（光纤长 40 m）的变化关系。在（a）中，我们注意到在光子晶体光纤的前几米内，脉冲频谱在输入频谱的两侧迅速展宽，大约经过 5 m 后在高频侧停止展宽。与此相反，因为喇曼感应频移，频谱保持在低频（斯托克斯）侧展宽并发展成为一个显著的峰，红移量大约为 100 THz。在（b）和（d）中这个峰用 S 标记，代表通过光场热化形成的频谱非相干孤子。对于实验中所用的光子晶体光纤，方程（13.3.1）的数值预测可以为这个解释提供支持。

应强调的是，在图 13.35 中看到的非相干区与 13.4 节中研究的相干区有很大不同，即使两种情况下都使用了连续或准连续光泵浦。非相干区需要的入射功率高得多，导致通过调制不稳定性产生的脉冲序列中的起伏也大得多，结果光场表现出混乱的动力学行为，孤子在其中不起重要作用[157]。实际中，还需要有两个分开不太远的零色散波长的光纤。这样，频谱展宽主要由产生一个对称的双峰超连续谱的热化过程支配，如图 13.36 的右边所示。对于含噪声的连续光，解方程（13.3.1）时没有考虑喇曼效应和自变陡效应[158]，将这两种效应考虑在内将产生更宽的不对称的超连续谱，如图 13.36 的左边所示，其中输入脉冲是 60 ps 的高斯脉冲。在低频侧，出现一个显著的谱峰，它对应一个频谱非相干孤子。

在图 13.36（c）中看到的双峰频谱是热化过程的一个特定标记，用基于动力波理论的热力学论证方法可以证实[157]。将喇曼效应考虑在内大大改变了这个频谱，因为它将蓝峰的能量转移给喇曼峰，如图 13.36（a）所示。同时，产生了频谱未从示于图 13.36（b）中的双峰结构完全分离的频谱非相干孤子，图 13.35（b）中的实验结果表现出类似的特性。2011 年，从实验和数值模拟两方面更系统地开展了对频谱非相干孤子的研究[161]。实验采用了在 910 nm 和 1152 nm 附近有两个零色散波长的 21 m 长的光子晶体光纤，在 1064 nm 的泵浦波长光纤色散值为 $\beta_2 = -3.5$ ps²/km。当峰值功率等于 1.32 kW 时，除了在低频边缘观察到与在图 13.36（b）所示的类似的三峰结构,在光纤末端观察到的超连续谱表现出与图 13.35(b)所示的类似的特性。这种结构可以解释成一个"离散"的频谱非相干孤子,它由含有两个边带(具有大约 13 THz 的喇曼频移)的一个中心峰组成[160]。数值模拟证实,在传输过程中这种三峰结构的频谱将移向红端,同时保持它的内在结构完整无缺。应强调的是,对频谱非相干孤子的研究仍处在初期阶段,为完整理解超连续谱的非相干区,还有大量工作要做。

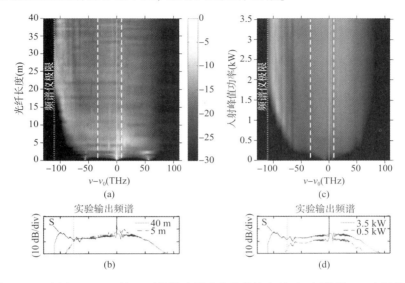

图 13.35 当用 1064 nm 的 Q 开关脉冲泵浦光子晶体光纤时,频谱随(a)光纤长度($P_0 = 3.5$ kW)和(c)入射峰值功率(光纤长 40 m)的变化关系;(b)和(d)所示为选择的频谱,并用 S 标记出频谱非相干孤子[158]($\copyright$2009 OSA)

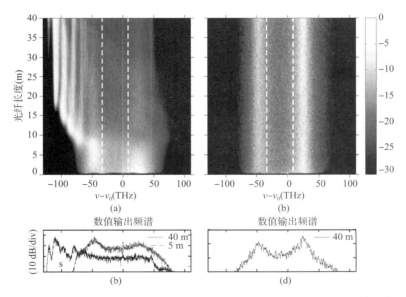

图 13.36 (a)当 60 ps 的高斯脉冲($P_0 = 3.5$ kW)入射到与图 13.35 所用相同的光子晶体光纤中时,超连续谱沿光纤长度的数值演化;(b)5 m 和 40 m 距离处的频谱,S 表明一个频谱非相干孤子;(c)与(a)相同,但不考虑喇曼效应和自变陡效应;(d)40 m 距离处的双峰频谱。竖直虚线指示光纤的两个零色散波长[158]($\copyright$2009 OSA)

13.7 光学怪波

近年来，已发现使光纤中的超连续谱劣化的同样的脉冲间起伏，可以引起光学版的海洋怪波，这是一种能在海洋中形成的不常见的巨大水波[162~164]。这种波以它们的"L形"统计为特征，反映了这样一个事实：大部分波具有较小的振幅，但具有非常大振幅的波也可以形成，虽然概率相当小。本节将关注超连续谱情况下的光学怪波。

13.7.1 脉冲间起伏的L形统计

术语"光学怪波"是 Solli 等人在 2007 年杜撰出来的，又称为光学畸形波。他们发现超连续谱在光纤中形成的过程中，脉冲间起伏可以引起 L 形统计，而这是海洋怪波的标志[165]。更准确地说，用皮秒脉冲产生的超连续谱的实测统计，为不常见的"畸形"输出脉冲提供了实验证据。与大部分其他输入脉冲相比，这种脉冲具有非常高的强度和非常大的喇曼感应频移。这个实验引起光学怪波这个新兴领域中的一阵忙乱[166~177]。

本章中用来解释超连续谱形成的是广义非线性薛定谔方程(13.3.1)，如果对于一个带有噪声的输入脉冲将该方程解多次，则可以产生光学怪波的 L 形统计。图 1.37(a)给出了当波长为 1060 nm 的 5 ps 脉冲入射到零色散波长为 1055 nm 的 20 m 长的光子晶体光纤中时，计算得到的频谱[166]。在计算时，色散项考虑到第十阶，非线性参量的值为 $\gamma = 15 \ W^{-1}/km$，平均峰值功率为 $P_0 = 100 \ W$，因此非线性长度约为 67 cm。由于色散长度接近 22 km，在这些模拟中孤子阶数相当高(N 约为 180)。从图 13.37(a)可以看出，任意波长的频谱功率可以有 20 dB(100 倍)甚至更多的起伏，即使在频域中输入脉冲仅包含量子噪声(通过在每个频率点增加一个光子实现)。图 13.37(b)给出了在对应最短喇曼孤子的频谱的长波长区的这种起伏的展开图。

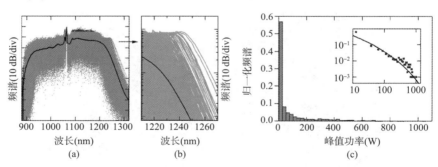

图 13.37　(a)对于带噪声的 5 ps 高斯脉冲的 1000 个取样，模拟得到的 20 m 长的光纤输出端的超连续谱(叠加的灰色曲线)，黑色曲线代表平均频谱；(b)1210 nm 以上波长的展开图；(c)最短喇曼孤子的峰值功率的直方图(株距为 25 W)，插图是相同数据的对数图[166]（©2008 OSA）

为表征这个长波长区中的功率起伏，通过对输出频谱滤波，将最短的喇曼孤子分离出来，因此它只包含大于 1210 nm 的波长。然后用所得光脉冲的峰值功率产生图 13.37(c)所示的直方图，直方图的株距(bin size)为 25 W。由直方图可以清楚地看到怪波的 L 形统计，高功率喇曼孤子只占极小的一部分。特别是，在 1000 个脉冲的集合中，最短喇曼孤子的峰值功率超过 1 kW 的情况仅出现一次。直方图的对数图如图 13.37(c)中的插图所示，其中实线对应 Weibull 分布，这种分布通常用来分析相对于平均数和中数有较大偏差的事件[178]。在用皮秒光脉冲完成的两个实验中[165,169]，也观察到峰值功率起伏的 L 形统计。脉冲的使用不是必要条件，即便用连续光泵浦来产生超连续谱，也能出现光学怪波[171]，它们的起源在于自发的或噪声感应的调制不稳定性。

13.7.2　控制怪波统计的技术

从实际的角度，光学怪波的大起伏是不希望的，因此有人会问是否有可能通过外部手段来控制这种起伏。在 2008 年的一项研究中，通过数值模拟发现，当以太赫兹频率对输入脉冲的时域分布进行弱调制时，怪波的产生可以被显著增强。研究还发现，通过沿光纤放置多个光滤波器（它们的通带彼此适当偏离，即所谓的滑频滤波器），光学怪波几乎可以得到抑制。

在 2008 年的一个实验中[167]，将皮秒泵浦脉冲和不同波长的种子脉冲一起入射到光纤中，演示了光学怪波的主动控制。这种技术利用了这样一个事实，即在泵浦脉冲相对较长的情况下，引发超连续谱产生的机制是调制不稳定性（见 13.4 节）。没有种子脉冲，自发调制不稳定性由频率为 $\omega \pm \Omega_{max}$ 的噪声分量引发，这里 ω_0 为泵浦脉冲的载频，Ω_{max} 是式（13.4.1）给出的频率，在该频率处调制不稳定性增益达到最大值。种子脉冲的作用是提供一个能以自己的频率引发感应调制不稳定性的输入，这样就避免了使用噪声作为种子注入。实验中，将波长为 1550 nm 的 3.7 ps 脉冲与波长为 1630 nm 的种子脉冲一起入射到 15 m 长的高非线性光纤中，为适当引发调制不稳定性，控制泵浦和探测脉冲之间的相对延迟是必要的。

结果表明，当有种子脉冲时超连续谱可以在较低的泵浦功率下产生，这正是 5.1 节的理论预期的，由种子脉冲的振幅要比典型噪声的振幅大得多的这个事实可以推断出来。而且，由于种子脉冲的振幅表现出很小的起伏，所得超连续谱的噪声更小，相干性更高。特别是，它没有显示出能引起光学怪波的极低概率事件。图 13.38 总结了实验结果[167]，其中图 13.38(a) 给出了中心波长为 1685 nm 的光滤波器在 10 nm 带宽内的平均功率随泵浦脉冲峰值功率 P_0 的变化，图 13.38(b) 比较了有种子脉冲（$P_0 = 130$ W）和无种子脉冲（$P_0 = 200$ W）两种情况下的怪波统计。当有种子脉冲时，对于给定的 P_0，最短喇曼孤子（超连续谱中红移最大的部分）的平均功率增加了 30 dB。同时，因为没有出现怪波事件，概率分布显著减小。干涉测量揭示，在有外部种子脉冲的情况下，超连续谱的相干性大大增强。在 2010 年的一个实验中[176]，由同一个光参量振荡器获得泵浦脉冲和种子脉冲，所得超连续谱显示，种子注入感应的噪声下降被大幅度减小。

在超连续谱中，脉冲间的起伏还可以通过适当设计产生超连续谱的光纤来控制。在 2010 年的一个实验中[177]，观察到频谱红移最大的最短喇曼孤子的功率起伏显著降低。因为实验采用了表现出一个阻带（其中一个带边位于 1600 nm 附近）的实芯光子带隙光纤，这种降低是可能的。因为这个特性，当最短孤子接近阻带边时红移几乎停止。结果是，此时峰值功率起伏的统计被改变，从 L 形分布（没有阻带时的预期结果）变为较窄的高斯形分布。

在 2010 年的另一个实验中[119]，发现当用来产生超连续谱的光子晶体光纤沿其长度方向逐渐变细时，脉冲间的起伏可以大大降低。当用波长为 1064 nm 的 600 ps 脉冲泵浦芯径均匀的 150 m 长的光子晶体光纤时，在超连续谱不同的频谱区，功率起伏的统计也不相同。特别是，仅在 650 nm 和 1650 nm 附近的两个边缘可观察到 L 形统计。在光子晶体光纤由一段 8 m 长的均匀区和一段 7 m 长的锥形区（其外径以近线性方式从 160 μm 减小到 65 μm）组成的情况下，沿超连续谱的整个带宽的功率起伏相当低（约 10%）。图 13.39 给出了均匀光子晶体光纤和锥形光子晶体光纤的(a)输出频谱和(b)shot-to-shot 功率变化对波长的依赖关系。这些结果表明，

光纤的色散特性大大影响功率起伏的统计，尤其是在超连续谱的两个边缘处，因为对于直径均匀的光纤，在此处$|\beta_2|$变得相当大，而锥形光子晶体光纤允许沿光纤长度方向调整$|\beta_2|$的值。

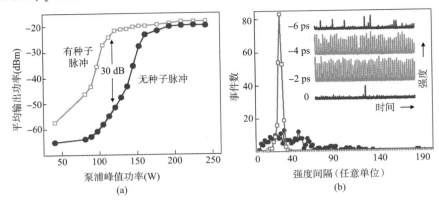

图 13.38　（a）有、无种子脉冲时中心波长为 1685 nm 的光滤波器在 10 nm 带宽内的平均功率随泵浦脉冲峰值功率P_0的变化；（b）有种子脉冲（方点）和无种子脉冲（圆点）两种情况下的怪波统计的比较。插图给出了在种子脉冲相对泵浦脉冲有不同的延迟时滤波后得到的脉冲序列[167]（©2008 美国物理学会）

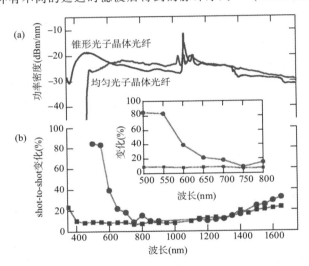

图 13.39　均匀光子晶体光纤和锥形光子晶体光纤的（a）输出频谱和（b）shot-to-shot 功率变化对波长的依赖关系，插图给出了可见光区的放大图[119]（©2010 OSA）

13.7.3　再论调制不稳定性

光学怪波还可以在其他几种非线性过程中出现，包括喇曼放大[168]和四波混频[170]。因此，若有人问这些波的背后是否有一个共同的起源，那是很自然的事。显示出光增益并能将功率从泵浦波转移给增益带宽内某个频率的噪声的任何非线性机制，似乎都能产生光学怪波。本节中，我们关注调制不稳定性现象（与四波混频有关）。关于这一点，Akhmediev 等人的近期工作值得注意[179~184]，它将光学怪波与非线性薛定谔方程的周期解和代数解联系起来。

正如在 5.1.1 节中讨论的，在反常色散区（$\beta_2 < 0$），因为调制不稳定性，非线性薛定谔方程的连续解是不稳定的。5.1.1 节中的分析被限制在线性区，其中连续态的任何周期调制被指

数放大，增益由式(5.1.8)给出。显然，这种增长不能永远持续下去，最终要受非线性效应的限制。1986 年，发现非线性薛定谔方程有一族周期解，它们解析地描述了这个非线性区[185]。非线性薛定谔方程(5.1.1)的这种解称为 Akhmediev 呼吸子(Akhmediev breather)，可以写成下面的形式[182]：

$$A(z,T) = \sqrt{P_0}e^{i\xi}\left[\frac{(1-4a)\cosh(b\xi) + ib\sinh(b\xi) + \sqrt{2a}\cos(\Omega T)}{\sqrt{2a}\cos(\Omega T) - \cosh(b\xi)}\right] \tag{13.7.1}$$

式中，Ω 是调制频率，$\xi = (z - z_c)/L_{NL}$，$L_{NL} = 1/(\gamma P_0)$ 是非线性长度。参量 a 和 b 定义为

$$a = \frac{1}{2}[1 - (\Omega/\Omega_c)^2], \quad b = \sqrt{8a(1-2a)} \tag{13.7.2}$$

式中，Ω_c 是式(5.1.7)给出的临界调制频率。从物理角度讲，a 支配了可以获得调制不稳定性增益的调制频率的范围，b 是那个增益的量度。注意 a 的值被限制在 $0 < a < 1/2$ 的范围。

容易看出，式(13.7.1)描述了一个随时间周期变化的解 $|A(z,T)|^2$，而且这个解在 z 上是受空间限制的，使每个脉冲的峰值在 $z = z_c$ 处。图 13.40 通过绘出 a 取 4 个值时 $|A|^2/P_0$ 随 ξ 和 $\Omega_{max}T$ 的变化关系，给出了这样的脉冲序列，这里 $\Omega_{max} = \Omega_c/\sqrt{2}$ 是调制不稳定性增益达到最大时的频率。当 a 向它的极限值 1/2 增大时，相邻脉冲的间隔增加，而且脉冲序列中的每个脉冲变短。正如在图 13.40 中看到的，当 $a = 0.48$ 时只有一个脉冲出现在绘图区域内，因为两个相邻脉冲的间隔相当大。在极限 $a = 1/2$ 处，脉冲序列简化为一个脉冲，该脉冲在 z 和 T 维度上是局域化的。20 世纪 80 年代发现了这个解，它具有非线性薛定谔方程的代数解的形式[186]，称为 Peregrine 孤子：

$$A(z,T) = \sqrt{P_0}e^{i\xi}\left[1 - \frac{4(1+2i\xi)}{1 + (\Omega_c T)^2 + 4\xi^2}\right] \tag{13.7.3}$$

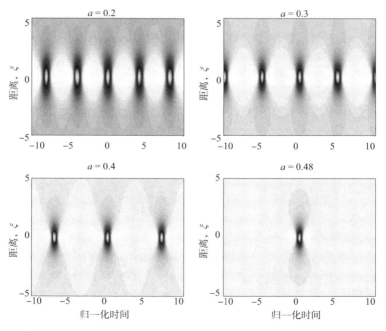

图 13.40　对于 a 的 4 个值，作为 ξ 和 $\Omega_{max}T$ 的函数的周期解 $|A|^2$ 的表面图，当 $a = 0.48$ 时绘图区域内只有一个脉冲

为理解 Peregrine 孤子是怎样与式(13.7.1)的周期解相联系的，由式(13.7.1)可注意到，对于 a 的所有值，周期脉冲序列中的单个脉冲在 $z = z_c$ 处被最大程度地压缩，令该式中的 $\xi = 0$，可以得到该点的功率 $P_c(T) = |A(z_c, T)|^2$，结果为

$$P_c(T) = P_0 \left[\frac{(1-4a) + \sqrt{2a}\cos(\Omega T)}{1 - \sqrt{2a}\cos(\Omega T)} \right]^2 \tag{13.7.4}$$

对于图 13.40 中用到的 a 的同样 4 个值，图 13.41 通过绘出 $P_c(T)$ 曲线给出了脉冲形状的变化，其中 $a = 0.48$ 时的点曲线与利用式(13.7.3)在 $\xi = 0$ 时得到的 Peregrine 孤子的形状几乎相同。在 2010 年的一个实验中[187]，通过将适当调制的连续光场在 900 m 长的高非线性光纤中传输，观察到了这类脉冲形状。因为它与 Akhmediev 呼吸子和 Peregrine 孤子相联系，调制不稳定性正再度引起关注[187~191]。

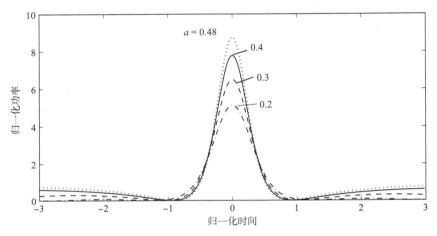

图 13.41　对于图 13.40 中用到的 a 的同样 4 个值所得的脉冲形状，
其中 $a = 0.48$ 时的点曲线接近 Peregrine 孤子的形状

当用噪声作为调制不稳定性的种子注入(所谓的自发调制不稳定性)时，Peregrine 孤子的存在可以用来理解光学怪波的起源。因为落在调制不稳定性增益谱内的任何频率的噪声分量都可以被放大，参量 a 可以取其范围 $0 < a < 1/2$ 中的任何值，但这种脉冲形成的概率相当小，因为当 a 趋于 1/2 时不稳定性增益大大降低。正如图 13.41 所示，在这种极限下脉冲的峰值功率大约为入射连续功率的 9 倍。发生在 $\xi = 0$ 的最短 Peregrine 孤子的宽度可以由式(13.7.4)估计，结果为

$$T_s \approx 1/\Omega_c = \frac{1}{2}\sqrt{|\beta_2|L_{NL}} \tag{13.7.5}$$

例如，如果用 $\beta_2 = -0.1\ \text{ps}^2/\text{km}$ 和 $L_{NL} = 1\ \text{m}$ 作为典型值，可得 $T_s = 5\ \text{fs}$。这个数值表明，噪声感应的调制不稳定性将连续光转换成随机脉冲序列，该脉冲序列中的脉冲宽度可以在一个宽范围内变化，有些脉冲甚至可以短于 10 fs。这些脉冲大部分以基阶孤子形式传输，当它们受到三阶色散的扰动时会产生色散波，同时频谱移向较长波长，最短孤子的频谱位移最大。这两个过程将窄输入频谱以较大的因子展宽，输出频谱是超连续谱的形式。这个论证暗示在连续或准连续光泵浦的情况下超连续谱的形成不需要高阶孤子分裂，而在飞秒脉冲泵浦的情况下高阶孤子分裂起必要作用。Dudley 等人的实验工作也支持这个解释[182]。

在 2011 年的一项研究中[191]，引入了高阶调制不稳定性的概念，它是由一阶不稳定性的非线性叠加引起的。在这个分析中，多 Darboux 变换的使用导致周期脉冲序列中每个脉冲的相继分裂。理论预测与实验和标准非线性薛定谔方程的直接数值模拟一致。三阶色散也影响这个过程，其作用不可忽略[188]。显然，当超出 5.1 节的线性稳定性分析的范围时，调制不稳定性将表现出丰富得多的动力学特性。

习题

13.1 考虑包层具有大的空气孔的微结构光纤。利用数值方法计算在 $0.4 \sim 2$ μm 波长范围的 $\beta(\omega)$，取 $n_1 = 1.45$，$n_c = 1$，芯径为 2.5 μm。利用多项式拟合推导各阶色散参量（到第八阶），并用它们绘出二阶、三阶和四阶色散参量随波长的变化关系。

13.2 写出解方程(13.3.1)的计算机代码，取色散参量的阶数 $M = 8$。利用式(2.3.38)给出的 $R(t)$ 将非线性效应包括在内，取 $f_R = 0.18$ 但忽略损耗。利用该代码研究以 10 kW 峰值功率入射到芯径为 2.5 μm 的 10 cm 长的光纤中时，100 fs 脉冲的时域和频域演化，使用上题中获得的色散参量值。需要绘出类似图 13.14 的那些图。

13.3 利用上题的代码研究在 850 nm 波长以 10 kW 峰值功率入射的 150 fs 脉冲在 10 cm 长的光纤中的演化，再现图 13.13 的结果。利用 13.1 节中给出的色散参量值。

13.4 利用式(13.3.2)，写出在频域中解方程(13.3.1)的计算机代码，并证实它给出的脉冲形状和频谱的结果与上题的相同。

13.5 利用式(12.2.3)计算上面两个问题中所得输出场 $A(L, t)$ 的频谱图，选取 $A_{ref}(t)$ 为 1 ps 宽的高斯脉冲。频谱图似乎应与图 13.14 中的频谱图相似，计算在这个频谱图中看到的不同孤子和色散波的宽度。

13.6 在超连续谱产生的情况下，交叉相位调制感应的色散波捕获的含义是什么？在上题获得的频谱图中，你看到这种现象的任何迹象了吗？

13.7 试解释为什么即使将连续光入射到高非线性光纤中也能产生超连续谱，讨论这种情况下涉及的所有非线性过程。在连续光泵浦的情况下孤子分裂起作用吗？证明你的答案是正确的。

13.8 参阅文献[103]，再现该文献中图 6 给出的频谱图。试说明对波长超过 1800 nm 的孤子发生了什么？

13.9 超连续谱的相干性的含义是什么？试说明如何在实验中测量及如何通过数值方法计算这种相干性。实际中如何改善相干性？

13.10 什么是海洋怪波？试解释为什么这个概念可以应用于光纤中的超连续谱产生。如何通过适当的光纤设计来控制这种光学怪波？

参考文献

[1] F. Shimizu, *Phys. Rev. Lett.* **19**, 1097 (1967).

[2] R. R. Alfano and S. L. Shapiro, *Phys. Rev. Lett.* **24**, 584 (1970).

[3] R. R. Alfano, Ed., *The Supercontinuum Laser Source*, 2nd ed. (Springer, 2006).

[4] C. Lin and R. H. Stolen, *Appl. Phys. Lett.* **28**, 216 (1976).

[5] J. M. Dudley, G. Genty, and S. Coen, *Rev. Mod. Phys.* **78**, 1135 (2006).

[6] G. Genty, S. Coen, and J. M. Dudley, *J. Opt. Soc. Am. B* **24**, 1771 (2007).

[7] J. M. Dudley and J. R. Taylor, *Supercontinuum Generation in Optical Fibers* (Cambridge University Press, 2010).

[8] P. L. Baldeck and R. R. Alfano, *J. Lightwave Technol.* **5**, 1712 (1987).

[9] B. Gross and J. T. Manassah, *J. Opt. Soc. Am. B* **9**, 1813 (1992).

[10] P. Beaud, W. Hodel, B. Zysset, and H. P. Weber, *IEEE J. Quantum Electron.* **23**, 1938 (1987).

[11] M. N. Islam, G. Sucha, I. Bar-Joseph, M. Wegener, J. P. Gordon, and D. S. Chemla, *J. Opt. Soc. Am. B* **6**, 1149 (1989).

[12] I. Ilev, H. Kumagai, K. Toyoda, and I. Koprinkov, *Appl. Opt.* **35**, 2548 (1996).

[13] T. Morioka, K. Mori, and M. Saruwatari, *Electron. Lett.* **29**, 862 (1993).

[14] T. Morioka, K. Mori, S. Kawanishi, and M. Saruwatari, *IEEE Photon. Technol. Lett.* **6**, 365 (1994).

[15] T. Morioka, K. Uchiyama, S. Kawanishi, S. Suzuki, and M. Saruwatari, *Electron. Lett.* **31**, 1064 (1995).

[16] T. Morioka, K. Okamoto, M. Ishiiki, and M. Saruwatari, *Electron. Lett.* **32**, 836 (1997).

[17] S. Kawanishi, H. Takara, K. Uchiyama, I. Shake, O. Kamatani, and H. Takahashi, *Electron. Lett.* **33**, 1716 (1997).

[18] K. Mori, H. Takara, S. Kawanishi, M. Saruwatari, and T. Morioka, *Electron. Lett.* **33**, 1806 (1997).

[19] T. Okuno, M. Onishi, and M. Nishimura, *IEEE Photon. Technol. Lett.* **10**, 72 (1998).

[20] M. Sotobayashi and K. Kitayama, *Electron. Lett.* **34**, 1336 (1998).

[21] Y. Takushima, F. Futami, and K. Kikuchi, *IEEE Photon. Technol. Lett.* **10**, 1560 (1998).

[22] Y. Takushima and K. Kikuchi, *IEEE Photon. Technol. Lett.* **11**, 324 (1999).

[23] E. Yamada, H. Takara, T. Ohara, et al., *Electron. Lett.* **37**, 304 (2001).

[24] K. Takada, M. Abe, T. Shibata, and T. Okamoto, *Electron. Lett.* **38**, 572 (2002).

[25] K. Mori, K. Sato, H. Takara, and T. Ohara, *Electron. Lett.* **39**, 544 (2003).

[26] Ö. Boyraz, J. Kim, M. N. Islam, F. Coppinger, and B. Jalali, *J. Lightwave Technol.* **18**, 2167 (2000).

[27] S. Coen, A. H. L. Chau, R. Leonhardt, et al., *J. Opt. Soc. Am. B* **19**, 753 (2002).

[28] A. B. Rulkov, M. Y. Vyatkin, A. B. Rulkov, M. Y. Vyatkin, and V. P. Gapontsev, *Opt. Express* **13**, 377 (2005).

[29] J. Teipel, D. Türke, H. Giessen, A. Zintl, and B. Braun, *Opt. Express* **13**, 1734 (2005).

[30] A. Kudlinski, A. K. George, J. C. Knight, et al., *Opt. Express* **14**, 5715 (2006).

[31] A. Roy, P. Leproux, P. Roy, J.-L. Auguste, and V. Couderc, *J. Opt. Soc. Am. B* **24**, 788 (2007).

[32] K. K. Chen, S. Alam, J. H. V. Price, et al., *Opt. Express* **18**, 5426 (2010).

[33] J. K. Ranka, R. S. Windeler, and A. J. Stentz, *Opt. Lett.* **25**, 25 (2000).

[34] T. A. Birks, W. J. Wadsworth, and P. St. J. Russell, *Opt. Lett.* **25**, 1415 (2000).

[35] A. V. Husakou and J. Herrmann, *Phys. Rev. Lett.* **87**, 203901 (2001).

[36] J. Herrmann, U. Griebner, and N. Zhavoronkov, *Phys. Rev. Lett.* **88**, 173901 (2002).

[37] J. M. Dudley, L. Provino, N. Grossard, et al., *J. Opt. Soc. Am. B* **19**, 765 (2002).

[38] J. M. Dudley and S. Coen, *IEEE J. Sel. Topics Quantum Electron.* **8**, 651 (2002).

[39] A. V. Husakou and J. Herrmann, *J. Opt. Soc. Am. B* **19**, 2171 (2002).

[40] A. L. Gaeta, *Opt. Lett.* **27**, 924 (2002).

[41] B. R. Washburn, S. E. Ralph, and R. S. Windeler, *Opt. Express* **10**, 575 (2002).

[42] G. Genty, M. Lehtonen, H. Ludvigsen, J. Broeng, and M. Kaivola, *Opt. Express* **10**, 1083 (2002).

[43] J. H. V. Price, W. Belardi, T. M. Monro, A. Malinowski, A. Piper, and D. J. Richardson, *Opt. Express* **10**, 382 (2002).

[44] J. M. Harbold, F. Ö. Ilday, F. W. Wise, et al., *Opt. Lett.* **27**, 1558 (2002).

[45] A. Apolonski, B. Povazay, A. Unterhuber, et al., *J. Opt. Soc. Am. B* **19**, 2165 (2002).

[46] A. Ortigosa-Blanch, J. C. Knight, and P. St. J. Russell, *J. Opt. Soc. Am. B* **19**, 2567 (2002).

[47] X. Fang, N. Karasawa, R. Morita, R. S. Windeler, and M. Yamashita, *IEEE Photon. Technol. Lett.* **15**, 233 (2003).

[48] J. W. Nicholson, M. F. Yan, P. Wisk, et al., *Opt. Lett.* **28**, 643 (2003).

[49] K. M. Hilligsoe, H. N. Paulsen, J. Thogersen, S. R. Keiding, and J. J. Larsen, *J. Opt. Soc. Am. B* **20**, 1887 (2003).

[50] T. Hori, J. Takayanagi, N. Nishizawa, and T. Goto, *Opt. Express* **12**, 317 (2004).

[51] K. Sakamaki, M. Nakao, M. Naganuma, and M. Izutsu, *IEEE J. Sel. Topics Quantum Electron.* **10**, 976 (2004).

[52] J. Takayanagi, N. Nishizawa, H. Nagai, M. Yoshida, and T. Goto, *IEEE Photon. Technol. Lett.* **17**, 37 (2005).

[53] R. R. Gattass, G. T. Svacha, L. Tong, and E. Mazur, *Opt. Express* **14**, 9408 (2006).

[54] S. P. Stark, A. Podlipensky, N. Y. Joly, and P. St. J. Russell, *J. Opt. Soc. Am. B* **27**, 592 (2010).

[55] J. Y. Y. Leong, P. Petropoulos, J. H. V. Price, et al., *J. Lightwave Technol.* **24**, 183 (2006).

[56] H. Hundertmark, D. Kracht, D. Wandt, et al., *Opt. Express* **11**, 3196 (2003).

[57] J. T. Gopinath, H. M. Shen, H. Sotobayashi, et al., *Opt. Express* **12**, 5697 (2004).

[58] F. G. Omenetto, N. A. Wolchover, M. R. Wehner, et al., *Opt. Express* **14**, 4928 (2006).

[59] C. Xia, M. Kumar, O. P. Kulkarni, et al., *Opt. Lett.* **31**, 2553 (2006).

[60] C. Xia, M. Kumar, M. Y. Cheng, et al., *Opt. Express* **15**, 865 (2007).

[61] J. H. V. Price, T. M. Monro, H. Ebendorff-Heideipreim, et al., *IEEE J. Sel. Topics Quantum Electron.* **13**, 750 (2007).

[62] P. Domachuk, N. A. Wolchover, M. Cronin-Golomb, et al., *Opt. Express* **16**, 7161 (2008).

[63] X. Feng, W. H. Loh, J. C. Flanagan, et al., *Opt. Express* **16**, 13651 (2008).

[64] D. I. Yeom, E. C. Mägi, M. R. E. Lamont, et al., *Opt. Lett.* **33**, 660 (2008).

[65] C. N. Xia, Z. Xu, M. N. Islam, et al., *IEEE J. Sel. Topics Quantum Electron.* **15**, 422 (2009).

[66] H. Hundertmark, S. Rammler, T. Wilken, R. Holzwarth, T. W. Hänsch, and P. St. J. Russell, *Opt. Express* **17**, 1919 (2009).

[67] M. S. Liao, C. Chaudhari, G. S. Qin, et al., *Opt. Express* **17**, 12174 (2009).

[68] G. Qin, X. Yan, C. Kito, et al., *Appl. Phys. Lett.* **95**, 161103 (2009).

[69] D. D. Hudson, S. A. Dekker, E. C. Mägi, et al., *Opt. Lett.* **36**, 1122 (2011).

[70] B. Kibler, J. M. Dudley, and S. Coen, *Appl. Phys. B* **81**, 337 (2005).

[71] N. Akhmediev and M. Karlsson, *Phys. Rev. A* **51**, 2602 (1995).

[72] N. Nishizawa and T. Goto, *Opt. Lett.* **27**, 152 (2002); *Opt. Express* **10**, 1151 (2002).

[73] J. Dudley, X. Gu, L. Xu, et al., *Opt. Express* **10**, 1215 (2002).

[74] T. Hori, N. Nishizawa, T. Goto, and M. Yoshida, *J. Opt. Soc. Am. B* **20**, 2410 (2003).

[75] T. Hori, N. Nishizawa, T. Goto, and M. Yoshida, *J. Opt. Soc. Am. B* **21**, 1969 (2004).

[76] L. Tartara, I. Cristiani, and V. Degiorgio, *Appl. Phys. B* **77**, 307 (2003).

[77] G. Genty, M. Lehtonen, and H. Ludvigsen, *Opt. Express* **12**, 4614 (2004).

[78] M. H. Frosz, P. Falk, and O. Bang, *Opt. Express* **13**, 6181 (2005).

[79] P. A. Champert, V. Couderc, P. Leproux, et al., *Opt. Express* **12**, 4366 (2004).

[80] S. O. Konorov, A. A. Ivanov, D. A. Akimov, et al., *New J. Phys.* **6**, 182 (2004).

[81] G. Genty, M. Lehtonen, and H. Ludvigsen, *Opt. Lett.* **30**, 756 (2005).

[82] C. Cheng, X. Wang, Z. Fang, and B. Shen, *Appl. Phys. B* **80**, 291 (2005).

[83] T. Schreiber, T. Andersen, D. Schimpf, J. Limpert, and A. Tünnermann, *Opt. Express* **13**, 9556 (2005).

[84] A. V. Gorbach and D. V. Skryabin, *Phys. Rev. A* **76**, 053803 (2007).

[85] J. C. Travers and J. R. Taylor, *Opt. Lett.* **34**, 115 (2009).

[86] A. C. Judge, O. Bang, and C. M. de Sterke, *J. Opt. Soc. Am. B* **27**, 2195 (2010).

[87] S. Roy, S. K. Bhadra, K. Saitoh, M. Koshiba, and G. P. Agrawal, *Opt. Express* **19**, 10443 (2011).

[88] A. Efi mov, A. J. Taylor, F. G. Omenetto, et al., *Opt. Express* **12**, 6498 (2004).

[89] A. Efi mov, A. V. Yulin, D. V. Skryabin, et al., *Phys. Rev. Lett.* **95**, 213902 (2005).

[90] D. V. Skryabin and A. V. Yulin, *Phys. Rev. E* **72**, 016619 (2005).

[91] A. V. Gorbach, D. V. Skryabin, J. M. Stone, and J. C. Knight, *Opt. Express* **14**, 9854 (2006).

[92] D. V. Skryabin and A. V. Gorbach, in *Supercontinuum Generation in Optical Fibers*, J. M. Dudley and J. R. Taylor, Eds. (Cambridge University Press, 2010), Chap. 9.

[93] A. V. Avdokhin, S. V. Popov, and J. R. Taylor, *Opt. Lett.* **28**, 1353 (2003).

[94] G. E. Town, T. Funaba, T. Ryan, and K. Lyytikainen, *Appl. Phys. B* **77**, 235 (2003).

[95] M. Prabhu, A. Taniguchi, S. Hirose, et al., *Appl. Phys. B* **77**, 205 (2003).

[96] J. W. Nicholson, A. K. Abeeluck, C. Headley, M. F. Yan, and C. G. Jørgensen, *Appl. Phys. B* **77**, 211 (2003).

[97] M. González-Herráez, S. Martín-López, P. Corredera, M. L. Hernanz, and P. R. Horche, *Opt. Commun.* **226**, 323 (2003).

[98] A. K. Abeeluck, C. Headley, and C. G. Jørgensen, *Opt. Lett.* **29**, 2163 (2004).

[99] J. H. Lee and K. Kikuchi, *Opt. Express* **13**, 4848 (2005).

[100] J. C. Travers, R. E. Kennedy, S. V. Popov, J. R. Taylor, H. Sabert, and B. Mangan, *Opt. Lett.* **30**, 1938 (2005).

[101] T. Sylvestre, A. Vedadi, H. Maillotte, F. Vanholsbeeck, and S. Coen, *Opt. Lett.* **31**, 2036 (2006).

[102] A. Mussot, M. Beaugeois, M. Bouazaoui, and T. Sylvestre, *Opt. Express* **15**, 11553 (2007).

[103] B. A. Cumberland, J. C. Travers, S. V. Popov, and J. R. Taylor, *Opt. Express* **16**, 5954 (2008).

[104] J. C. Travers, A. B. Rulkov, B. A. Cumberland, S. V. Popov, and J. R. Taylor, *Opt. Express* **16**, 14435 (2008).

[105] A. Kudlinski, G. Bouwmans, Y. Quiquempois, and A. Mussot, *Appl. Phys. Lett.* **92**, 141103 (2008).

[106] S. Martin-Lopez, L. Abrardi, P. Corredera, M. Gonzalez-Herraez, and A. Mussot, *Opt. Express* **16**, 6745 (2008).

[107] C. Guo, S. Ruan, P. Yan, E. Pan, and H. Wei, *Opt. Express* **18**, 11046 (2010).

[108] B. H. Chapman, J. C. Travers, S. V. Popov, A. Mussot, and A. Kudlinski, *Opt. Express* **18**, 24729 (2010).

[109] K. K. Y. Cheung, C. Zhang, Y. Zhou, K. K. Y. Wong, and K. K. Tsia, *Opt. Lett.* **36**, 160 (2011).

[110] A. Mussot, E. Lantz, H. Maillotte, R. Sylvestre, C. Finot, and S. Pitois, *Opt. Express* **12**, 2838 (2004).

[111] F. Vanholsbeeck, S. Martin-Lopez, M. González-Herráez, and S. Coen, *Opt. Express* **13**, 6615 (2005).

[112] S. M. Kobtsev and S. V. Smirnov, *Opt. Express* **13**, 6912 (2005).

[113] J. N. Kutz, C. Lynga, and B. J. Eggleton, *Opt. Express* **13**, 3989 (2005).

[114] J. C. Travers, in *Supercontinuum Generation in Optical Fibers*, J. M. Dudley and J. R. Taylor, Eds. (Cambridge University Press, 2010), Chap. 8.

[115] B. A. Cumberland, J. C. Travers, S. V. Popov, and J. R. Taylor, *Opt. Lett.* **33**, 2122 (2008).

[116] A. Kudlinski and A. Mussot, *Opt. Lett.* **33**, 2407 (2008).

[117] A. Kudlinski, G. Bouwmans, M. Douay, M. Taki, and A. Mussot, *J. Lightwave Technol.* **27**, 1556 (2009).

[118] A. Kudlinski, G. Bouwmans, O. Vanvincq, et al., *Opt. Lett.* **34**, 3631 (2009).

[119] A. Kudlinski, B. Barviau, A. Leray, C. Spriet, L. Héliot, and A. Mussot, *Opt. Express* **18**, 27445 (2010).

[120] T. Sylvestre, A. R. Ragueh, M. W. Lee, B. Stiller, G. Fanjoux, B. Barviau, A. Mussot, and A. Kudlinski, *Opt. Lett.* **37**, 130 (2012).

[121] P. A. Champert, S. V. Popov, and J. R. Taylor, *Opt. Lett.* **27**, 122 (2002).

[122] M. Lehtonen, G. Genty, H. Ludvigsen, and M. Kaivola, *Appl. Phys. Lett.* **82**, 2197 (2003).

[123] A. Proulx, J.-M. Ménard, N. Hô, J. M. Laniel, R. Vallée, and C. Paré, *Opt. Express* **11**, 3338 (2003).

[124] Z. M. Zhu and T. G. Brown, *J. Opt. Soc. Am. B* **21**, 249 (2004); *Opt. Express* **12**, 791 (2004).

[125] F. Lu, Q. Lin, W. H. Knox, and G. P. Agrawal, *Phys. Rev. Lett.* **93**, 183901 (2004).

[126] M. Tianprateep, J. Tada, and F. Kannari, *Opt. Rev.* **12**, 179 (2005).

[127] C. Xiong and W. J. Wadsworth, *Opt. Express* **16**, 2438 (2008).

[128] H. G. Choi, C. S. Kee, J. H. Sung, et al., *Phys. Rev. A* **77**, 035804 (2008).

[129] G. Manili, D. Modotto, U. Minoni, et al., *Opt. Fiber Technol.* **17**, 160 (2011).

[130] M. Nakazawa, K. Tamura, H. Kubota, and E. Yoshida, *Opt. Fiber Technol.* **4**, 215 (1998).

[131] K. R. Tamura, H. Kubota, and M. Nakazawa, *IEEE J. Quantum Electron.* **36**, 779 (2000).

[132] J. M. Dudley and S. Coen, *Opt. Lett.* **27**, 1180 (2002).

[133] K. L. Corwin, N. R. Newbury, J. M. Dudley, S. Coen, S. A. Diddams, K. Weber, and R. S. Windeler, *Phys. Rev. Lett.* **90**, 113904 (2003).

[134] N. R. Newbury, B. R. Washburn, K. L. Corwin, and R. S. Windeler, *Opt. Lett.* **28**, 944 (2003).

[135] X. Gu, M. Kimmel, A. P. Shreenath, R. Trebino, J. M. Dudley, S. Coen, and R. S. Windeler, *Opt. Express* **11**, 2697 (2003).

[136] F. Lu and W. H. Knox, *Opt. Express* **12**, 347 (2004).

[137] J. W. Nicholson and M. F. Yan, *Opt. Express* **12**, 679 (2004).

[138] B. R. Washburn and N. R. Newbury, *Opt. Express* **12**, 2166 (2004).

[139] J. M. Dudley and S. Coen, *Opt. Express* **12**, 2423 (2004).

[140] A. K. Abeeluck and C. Headley, *Appl. Phys. Lett.* **85**, 4863 (2004).

[141] I. Zeylikovich, V. Kartazaev, and R. R. Alfano, *J. Opt. Soc. Am. B* **22**, 1453 (2005).

[142] F. Vanholsbeeck, S. Martin-Lopez, M. González-Herráez, and S. Coen, *Opt. Express* **13**, 6615 (2005).

[143] J. H. Lee, Y.-G. Han, and S. B. Lee, *Opt. Express* **14**, 3443 (2006).

[144] S. M. Kobtsev and S. V. Smirnov, *Opt. Express* **14**, 3968 (2006).

[145] S. Martin-Lopez, A. Carrasco-Sanz, P. Corredera, L. Abrardi, M. L. Hernanz, and M. Gonzalez-Herraez, *Opt. Lett.* **31**, 3477 (2006).

[146] D. Türke, S. Pricking, A. Husakou, et al., *Opt. Express* **15**, 2732 (2007).

[147] G. Genty, M. Surakka, J. Turunen, and A. T. Friberg, *Opt. Lett.* **35**, 3057 (2010).

[148] P. Falk, M. H. Frosz, and O. Bang, *Opt. Express* **13**, 7535 (2005).

[149] F. Lu and W. H. Knox, *Opt. Express* **13**, 8172 (2005).

[150] S. M. Kobtsev, S. V. Kukarin, S. V. Smirnov, and N. V. Fateev, *Quant. Electron.* **37**, 1038 (2007).

[151] J. W. Nicholson, A. D. Yablon,, M. F. Yan, et al., *Opt. Lett.* **33**, 2038 (2008).

[152] G. Genty and J. M. Dudley, *IEEE J. Quantum Electron.* **45**, 1331 (2009).

[153] A. V. Husakou and J. Herrmann, *Opt. Express* **17**, 12481 (2009).

[154] A. M. Heidt, A. Hartung, G. W. Bosman, et al., *Opt. Express* **19**, 3775 (2011).

[155] L. E. Hooper, P. J. Mosley, A. C. Muir, W. J. Wadsworth, and J. C. Knight, *Opt. Express* **19**, 4902 (2011).

[156] A. Picozzi, S. Pitois, and G. Millot, *Phys. Rev. Lett.* **101**, 093901 (2008).

[157] B. Barviau, B. Kibler, S. Coen, and A. Picozzi, *Opt. Lett.* **33**, 2833 (2008).

[158] B. Barviau, B. Kibler, A. Kudlinski, A. Mussot, G. Millot, and A. Picozzi, *Opt. Express* **17**, 7392 (2009).

[159] B. Barviau, B. Kibler, and A. Picozzi, *Phys. Rev. A* **79**, 063840 (2009).

[160] C. Michel, B. Kibler, and A. Picozzi, *Phys. Rev. A* **83**, 023806 (2011).

[161] B. Kibler, C. Michel, A. Kudlinski, B. Barviau, G. Millot, and A. Picozzi, *Phys. Rev. E* **84**, 066605 (2011).

[162] C. Kharif and E. Pelinovsky, *Eur. J. Mech. B* **22**, 603 (2003).

[163] K. Dysthe, H. E. Krogstad, and P. Müller, *Annu. Rev. Fluid Mech.* **40**, 287 (2008).

[164] A. R. Osborne, *Eur. Phys. J. Special Topics* **185**, 225 (2010).

[165] D. R. Solli, C. Ropers, P. Koonath, and B. Jalali, *Nature* **450**, 1054 (2007).

[166] J. M. Dudley, G. Genty, and B. J. Eggleton, *Opt. Express* **16**, 3644 (2008).

[167] D. R. Solli, C. Ropers, and B. Jalali, *Phys. Rev. Lett.* **101**, 233902 (2008).

[168] K. Hammani, C. Finot, J. M. Dudley, and G. Millot, *Opt. Express* **16**, 16467 (2008).

[169] C. Lafargue, J. Bolger, G. Genty, F. Dias, J. M. Dudley, and B. J. Eggleton, *Electron. Lett.* **45**, 217 (2009).

[170] K. Hammani, C. Finot, B. Kibler, and G. Millot, *IEEE Photon. J.* **1**, 205 (2009).

[171] A. Mussot, A. Kudlinski, M. Kolobov, E. Louvergneaux, M. Douay, and M. Taki, *Opt. Express* **17**, 17010 (2009).

[172] M. Erkintalo, G. Genty, and J. M. Dudley, *Eur. Phys. J. Special Topics* **185**, 135 (2010).

[173] M. Taki, A. Mussot, A. Kudlinski, E. Louvergneaux, M. Kolobov, and M. Douay, *Phys. Lett. A* **374**, 691 (2010).

[174] G. Genty, C. M. de Sterke, O. Bang, F. Dias, N. Akhmediev, and J. M. Dudley, *Phys. Lett. A* **374**, 989 (2010).

[175] D. R. Solli, C. Ropers, and B. Jalali, *Appl. Phys. Lett.* **96**, 151108 (2010).

[176] D. R. Solli, B. Jalali, and C. Ropers, *Phys. Rev. Lett.* **105**, 233902 (2010).

[177] O. Vanvincq, B. Barviau, A. Mussot, G. Bouwmans, Y. Quiquempois, and A. Kudlinski, *Opt. Express* **18**, 17010 (2010).

[178] S. Coles, *An Introduction to Statistical Modeling of Extreme Values* (Springer, 2001).

[179] N. Akhmediev, A. Ankiewicz, and M. Taki, *Phys. Lett. A* **373**, 675 (2009).

[180] N. Akhmediev, A. Ankiewicz, and J. M. Soto-Crespo, *Phys. Rev. E* **80**, 026601 (2009).

[181] N. Akhmediev, J. M. Soto-Crespo, and A. Ankiewicz, *Phys. Lett. A* **373**, 2137 (2009); *Phys. Rev. A* **80**, 04318 (2009).

[182] J. M. Dudley, G. Genty, F. Dias, B. Kibler, and N. Akhmediev, *Opt. Express* **17**, 21497 (2009).

[183] A. Ankiewicz, J. M. Soto-Crespo, and N. Akhmediev, *Phys. Rev. E* **81**, 046602 (2010).

[184] N. Akhmediev and A. Ankiewicz, *Phys. Rev. E* **83**, 046603 (2011).

[185] N. Akhmediev and V. I. Korneev, *Theor. Math. Phys.* **69**, 1089 (1986).

[186] D. H. Peregrine, *J. Aust. Math. Soc. Ser. B* **25**, 16 (1983).

[187] B. Kibler, J. Fatome, C. Finot, et al., *Nature Phys.* **6**, 790 (2010).

[188] M. Droques, B. Barviau, A. Kudlinski, et al., *Opt. Lett.* **36**, 1359 (2011).

[189] K. Hammani, B. Kibler, C. Finot, et al., *Opt. Lett.* **36**, 112 (2011).

[190] K. Hammani, B. Wetzel, B. Kibler, et al., *Opt. Lett.* **36**, 2140 (2011).

[191] M. Erkintalo, K. Hammani, B. Kibler, et al., *Phys. Rev. Lett.* **107**, 253901 (2011)

附录A　单　位　制

本书中采用的是国际单位制(Système International，简记为 SI)。在该单位制中，长度、时间和质量的单位分别为米(m)、秒(s)和千克(kg)，对这几个单位加上前缀可以改变它们的大小。本书中很少要求质量的单位，但长度的单位可以从纳米(10^{-9} m)变化到千米(10^3 m)，这取决于处理的问题是与平面波导还是与光纤有关。类似地，时间量度从飞秒(10^{-15} s)变化到几秒。本书中其他的常用单位为：光功率——W，光强——W/m^2。这两个单位通过能量与基本单位相联系，因为光功率表示的是能流的变化率(1 W = 1 J/s)。能量还可以表示为 $E = h\nu = k_B T = mc^2$，其中 h 是普朗克常数，k_B 是玻尔兹曼常数，c 是光速。频率用赫兹表示(1 Hz = 1 s^{-1})。当然，由于光波的频率非常高，本书中大部分频率用 GHz 或 THz 作为单位。表 A.1 列出了一些物理常数的值，它们对解每一章后的习题有用。

无论是线性还是非线性光纤光学领域，通常都要用到分贝单位(缩写为dB)，许多领域的工程技术人员也常用这个单位。利用下面的一般定义，可以将任意比率 R 转化为分贝单位：

$$R \text{ (in dB)} = 10 \log_{10} R \qquad (\text{A.1})$$

分贝标度由于利用了对数特性，因此可以将较大的比率用更小的值表示。例如，10^9 和 10^{-9} 分别对应 90 dB 和 −90 dB。$R = 1$ 相当于 0 dB，比率小于 1 时用分

表 A.1　相关物理常数的数值

物 理 常 数	符　　号	数值和单位
真空介电常数	ϵ_0	8.85×10^{-12} F/m
真空磁导率	μ_0	$4\pi \times 10^{-7}$ H/m
真空中的光速	c	2.998×10^8 m/s
电子电荷	e	1.602×10^{-19} C
电子静止质量	m_e	9.109×10^{-31} kg
普朗克常数	h	6.626×10^{-34} Js
玻尔兹曼常数	k_B	1.381×10^{-23} J/K

贝单位表示为负值，并且比率为负值时不能用分贝单位表示。

分贝标度最常用的地方是表示功率比。例如，由于光纤损耗，任何一点的光功率相对入射端要降低，式(1.2.3)中的损耗参量 α 可以用分贝单位表示。式(1.2.4)给出了用 dB/km 作为单位表示的光纤损耗。若 1 mW 的信号经过 100 km 长的光纤传输后降至 1 μW，即功率衰减了 1000 倍，用式(A.1)表示为 −30 dB。将这一损耗分布在 100 km 光纤长度上为 0.3 dB/km。同理可定义任何元件的插入损耗。例如，光纤连接器的 1 dB 损耗意味着当信号通过连接器时，光功率减小 1 dB(约20%)。其他量(如光放大器的信噪比和放大倍数)也可用分贝单位表示。

若光纤通信系统的所有器件的光损耗都用分贝表示，则将发射和接收功率也用分贝标度就非常有用，这可以用下面定义的 dBm 单位实现：

$$\text{power (in dBm)} = 10 \log_{10} \left(\frac{\text{power}}{1 \text{ mW}} \right) \qquad (\text{A.2})$$

此处选择 1 mW 作为参考功率是为了方便起见；dBm 中的字母 m 提醒读者它是以 1 mW 作为参考功率的。在这一单位中，1 mW 的绝对功率相当于 0 dBm，而功率小于 1 mW 时，用此单位表示时为负值。例如，1 μW 的功率相当于 −30 dBm。与此对照，用于非线性光纤光学的强脉冲的峰值功率用此单位表示时为正值，这样，10 W 的峰值功率相当于 40 dBm。

附录 B 非线性薛定谔方程的源代码

2.4.1 节中的分步傅里叶方法可以用许多程序设计语言（如 C ++ 和 FORTRAN）实现。为此，软件包 MATLAB（MathWorks 公司产品）的使用已相当普遍。该附录列出的数值代码会对此书的读者有所帮助。需要强调的是，这一代码只是起参考作用，因为根据所研究问题的不同，代码中固定的几个参量可能要做些改动。

在解非线性薛定谔方程之前，先将其归一化通常是一个不错的选择。利用式(5.2.1)给出的归一化方案，非线性薛定谔方程(5.1.1)采用下面的形式：

$$\frac{\partial U}{\partial \xi} = -\frac{\mathrm{i}s}{2}\frac{\partial^2 U}{\partial \tau^2} + \mathrm{i} N^2 |U|^2 U \tag{B.1}$$

式中，$s = \mathrm{sgn}(\beta_2) = \pm 1$，光纤色散为正时 $s = 1$，光纤色散为负时 $s = -1$；N 与光纤和脉冲参量有以下关系：

$$N = \sqrt{\gamma P_0 T_0^2 / |\beta_2|} \tag{B.2}$$

对于方程(B.1)的任意数值解，输入振幅 $U(0, \tau)$ 采用下面的形式：

$$U(0,\tau) = f(\tau) \exp(-\mathrm{i}C\tau^2/2) \tag{B.3}$$

式中 $f(\tau)$ 代表脉冲形状，C 是啁啾参量。在下面的代码中，m 取整数：$m = 0$ 时 $f(\tau) = \mathrm{sech}(\tau)$，而当 $m > 0$ 时有

$$U(0,\tau) = \exp\left[-\frac{1}{2}(1+\mathrm{i}C)\tau^{2m}\right], \qquad m > 0 \tag{B.4}$$

它代表的是超高斯输入脉冲，$m = 1$ 时简化成高斯脉冲。下面的代码需要指定 s、N、m 和总光纤长度（以色散长度 L_D 为单位）的值。

附：分步傅里叶法解非线性薛定谔方程的源代码

```
%  This code solves the NLS equation with the split-step method
%     idu/dz-sgn(beta2)/2 d^2u/d(tau)^2 +N^2 * |u|^2 *u = 0
%  Written by Govind P. Agrawal in March 2005 for the NLFO book

% --Specify input parameters
clear all; %
distance = input;%
beta2 = input ;
N =1 ; % soliton order
mshape = input ;
chirp0 =0;  % input pulse chirp(default value)

% --set simulation parameters
nt =1024; Tmax =32;      % FFT points and window size
```

```
step_num = round (20 * distance * N^2);     % No. of z steps to
deltaz = distance/step_num; % step size in z
dtau = (2 * Tmax)/nt;     % step size in tau


%---tau and omega arrays
tau = (-nt/2: nt/2-1) * dtau;   % temporal grid
omega = (pi./Tmax).*[(0:nt/2-1) (-nt/2:-1)]; % frequency grid
% --Input Field profile
if mshape == 0
    uu = sech (tau).* exp(-0.5i * chirp0 * tau.^2);     % soliton
else    % super-Gaussian
    uu = exp(-0.5 * (1 + 1i * chirp0).* tau.^(2 * mshape));
end
%---Plot input pulse shape and spectrum
temp = fftshift (ifft(uu)).* (nt * dtau)/sqrt(2 * pi); % spectrum
figure;  subplot(2,1,1);
  plot(tau,abs(uu).^2,'--k'); hold on;
  axis([-20 20 0 inf]);
  xlabel ('Normalized Time');
  ylabel ('Normalized Power');
  title ('Input and Output Pulse Shape and Spectrum');
subplot(2,1,2);
  plot(fftshift(omega)./(2.*pi),(abs(temp)).^2,'k'); hold on ;
  axis([-5 5 0 inf]);
  xlabel ('Normalized Frequency');
  ylabel ('Spectral Power');
% --store dispersive phase shifts to speedup code
dispersion = exp(i * 0.5 * beta2 * omega.^2 * deltaz);     % phase factor
hhz = 1i * N^2 * deltaz; % nonlinear phase factor


% **********[Beginning of  MAIN Loop]***********
% scheme:1/2N->D->1/2N; first half step nonlinear
temp = uu.* exp(abs(uu).^2 * hhz /2);     % note hhz/2
for n = 1: step_num
  f_temp = ifft (temp).* dispersion;
  uu = fft (f_temp);
  temp = uu.* exp(abs(uu).^2 * hhz);
end
uu = temp.* exp(-abs(uu).^2 * hhz/2);  % Final field
temp;fftshift (ifft (uu)).* (nt * dtau)/sqrt (2 * pi); % Final spectrum
% **********[End of  MAIN Loop]***********
% ----Plot output pulse shape and spectrum
subplot(2, 1, 1)
  plot(tau, abs(uu).^2, '--k')
subplot(2, 1, 2)
```

```
plot (fftshift (omega)./(2.*pi), abs(temp).^2, 'k')
```

代码的输出结果如下所示。

1. 输入脉冲是普通的高斯脉冲

输入脉冲是普通的高斯脉冲，用 NLSE 程序验证 MATLAB 所出图像的性质。主要更改的是 distance、beta2 和 mshape 这几个参数，其中 distance = 4，beta2 = −1，mshape = 1。得出的 MATLAB 图像如下所示。

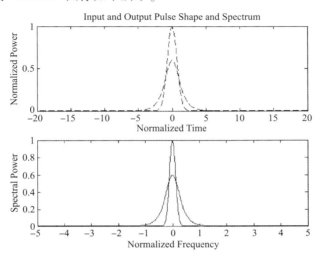

2. 输入脉冲是超高斯脉冲，m = 3

其中 distance = 2，beta2 = −1，mshape = 3。得出的 MATLAB 图像如下所示。

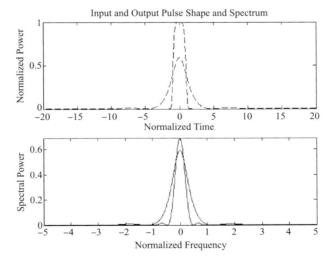

附录 C　缩　略　语

　　每一科学领域都有其自身的行话，非线性光纤光学也不例外。尽管已经试图避免过多地使用缩略语，但本书中仍出现了许多。当缩略语在每一章中第一次出现时，对其进行了注释，这样读者就无须在整本书中寻找该缩略语的意义。为了便于读者阅读，将全部缩略语按照字母顺序排列如下。

缩写	英文全称	中文名称
AM	amplitude modulation	幅度调制
ASE	amplified spontaneous emission	放大自发辐射
CVD	chemical vapor deposition	化学气相沉积
CW	continuous wave	连续波
DCF	dispersion-compensating fiber	色散补偿光纤
DFB	distributed feedback	分布反馈
DSF	dispersion-shifted fiber	色散位移光纤
EDFA	erbium-doped fiber amplifier	掺铒光纤放大器
FDTD	finite-difference time domain	时域有限差分
FFT	fast Fourier transform	快速傅里叶变换
FM	frequency modulation	频率调制
FOPA	fiber optic parametric amplifier	光纤参量放大器
FROG	frequency-resolved optical gating	频率分辨光学门
FWHM	full width at half maximum	半极大全宽度
FWM	four-wave mixing	四波混频
GVD	group-velocity dispersion	群速度色散
HNLF	high nonlinear fiber	高非线性光纤
LEAF	large-effective area fiber	大有效面积光纤
MCVD	modified chemical vapor deposition	改进的化学气相沉积
MZI	Mach-Zehnder interferometer	马赫-曾德尔干涉仪
NLS	nonlinear Schrödinger	非线性薛定谔
NRZ	nonreturn-to-zero	非归零
NSR	nonsolitonic radiation	非孤子辐射
PBG	photonic bandgap	光子带隙
PCF	photonic crystal fiber	光子晶体光纤
PMD	polarization-mode dispersion	偏振模色散
RIFS	Raman-induced frequency shift	喇曼感应频移
RIN	relative intensity noise	相对强度噪声
RMS	root mean square	均方根

SBS	stimulated Brillouin scattering	受激布里渊散射
SHG	second-harmonic generation	二次谐波产生
SNR	signal-to-noise ratio	信噪比
SOP	state of polarization	偏振态
SPM	self-phase modulation	自相位调制
SRS	stimulated Raman scattering	受激喇曼散射
TDM	time-division multiplexing	时分复用
THG	third-harmonic generation	三次谐波产生
TOD	third-order dispersion	三阶色散
WDM	wavelength-division multiplexing	波分复用
XPM	cross-phase modulation	交叉相位调制
YAG	yttrium aluminum garnet	钇铝石榴石
ZDWL	zero-dispersion wavelength	零色散波长

中英文术语对照表

A

acoustic response function 声响应函数
acoustic velocity 声速
acoustic wave 声波
   damping time of 阻尼时间
   guided acoustic wave 导向声波
adiabatic perturbation theory 绝热微扰理论
Airy function 艾里函数
Akhmediev breather Akhmediev 呼吸子
all-optical sampling 全光取样
amplifier 放大器
   Brillouin 布里渊
   erbium-doped fiber 掺铒光纤
   parabolic pulses in 抛物线脉冲
   parametric 参量
   phase-sensitive 相敏
   Raman 喇曼
   semiconductor optical 半导体光放大器
   SPM effects in 放大器中的自相位调制
   Yb-doped fiber 掺镱光纤
amplifier spacing 放大器间距
angular momentum conservation 角动量守恒
anisotropic stress 各向异性应力
annihilation operator 湮灭算符
anti-Stokes band 反斯托克斯带
attenuation constant 衰减常数
autocorrelation trace 自相关迹
avalanche photodiode 雪崩光电二极管

B

Babinet-Soleil compensator 巴比涅-索累补偿器
backward-pumping configuration 后向泵浦结构
Baker-Hausdorff formula 贝克-豪斯多夫公式
bandwidth 带宽
   amplifier 放大器
   Brillouin-gain 布里渊增益
   parametric amplifier 参量放大器
   pulse 脉冲
   Raman-gain 喇曼增益
   source 源
   spontaneous noise 自发噪声
   Stokes 斯托克斯
   supercontinuum 超连续

beat length 拍长
Bessel function 贝塞尔函数
biomedical imaging 生物医学成像
birefringence 双折射
   circular 圆双折射
   fluctuating 起伏
   linear 线性
   modal 模式
   modulated 调制
   nonlinear 非线性
   pump-induced 泵浦感应
   random 随机
   residual 残余
   stress-induced 应力感应
   temperature-induced 温度感应
   XPM-induced 交叉相位调制感应
Bloch equation 布洛赫方程
Boltzmann constant 玻尔兹曼常数
boundary condition 边界条件
Bragg condition 布拉格条件
Bragg diffraction 布拉格衍射
Bragg fiber 布拉格光纤
Bragg grating 布拉格光栅
Bragg mirror 布拉格镜
Brillouin amplifier 布里渊放大器
Brillouin gain 布里渊增益
Brillouin laser 布里渊激光器
   continuous-wave 连续波
   Fabry-Perot 法布里-珀罗
   multiwavelength 多波长
   pulsed 脉冲
   ring 环形
   self-seeded 自注入
   threshold of 阈值
   tunable 可调谐
Brillouin scattering 布里渊散射
   guided-acoustic-wave 导向声波
   spontaneous 自发
   stimulated 受激
Brillouin shift 布里渊频移
Brillouin threshold 布里渊阈值
   polarization effects on 偏振效应

C

chalcogenide glass 硫属化物玻璃

WDM systems and　波分复用系统
freak waves　光学怪波
frequency chirp　频率啁啾
frequency comb　频率梳
frequency shift　频移
　　cross-　交叉频移
　　Raman-induced　喇曼感应频移
　　soliton self　孤子自频移
frequency-resolved optical gating　频率分辨光学门
FROG technique　频率分辨光学门技术

G

gain bandwidth　增益带宽
gain saturation　增益饱和
Gaussian Pulse　高斯脉冲
　　glass　玻璃
　　bismuth-oxide　氧化铋
　　chalcogenide　硫属化物
　　lead-silicate　硅酸铅
　　SF57　SF57 玻璃
　　silica　石英玻璃
　　tellurite　亚碲酸盐
Gordon-Haus effect　戈登-豪斯效应
grating　光栅
　　array-waveguide　阵列波导
　　Bragg　布拉格
　　fiber　光纤
　　index　折射率
　　nonlinear　非线性
　　stop band of　阻带
group index　群折射率
group velocity　群速度
　　intensity-dependent　强度相关
　　matching of　匹配
group-velocity dispersion　群速度色散
group-velocity mismatch　群速度失配
　　anomalous　反常色散
　　normal　正常色散
　　GVD parameter　群速度色散参量
gyroscope　陀螺仪
　　fiber　光纤
　　laser　激光

H

harmonic generation　谐波产生
Helmholtz equation　亥姆霍兹方程
heterodyne detection　外差检测
Hirota method　Hirota 方法
homodyne detection　零差检测

I

idler wave　闲频波
inelastic scattering　非弹性散射
inhomogeneous broadening　非均匀展宽
intensity discriminator　强度鉴别器
intrapulse Raman scattering　脉冲内喇曼散射
inverse scattering method　逆散射法
inversion symmetry　反演对称性
isolator　隔离器

J

Jones matrix　琼斯矩阵
Jones vector　琼斯矢量

K

kagome lattice　笼目晶格
Kerr nonlinearity　克尔非线性
Kerr effect　克尔效应
Kerr shutter　克尔快门（光闸）
Kramers-Kronig relation　克拉默斯-克勒尼希关系
Kronecker delta function　克罗内克 δ 函数

L

Lagrangian　拉格朗日
Langevin noise　郎之万噪声
lasers　激光器
　　argonion　氩离子
　　Brillouin　布里渊
　　CO_2　二氧化碳
　　color-center　色心
　　DFB　分布反馈激光器
　　distributed feedback　分布反馈
　　double-clad　双包层
　　dye　染料
　　erbium-doped fiber　掺铒光纤
　　external-cavity　外腔
　　fiber　光纤
　　four-photon　四光子
　　gain-switched　增益开关
　　He-Ne　氦氖
　　Krypton-ion　氪离子
　　mode-locked　锁模
　　modulation-instability　调制不稳定性
　　Nd-fiber　钕光纤
　　Nd：YAG　掺钕钇铝石榴石
　　Q-switched　Q 开关
　　Raman　喇曼
　　Raman soliton　喇曼孤子
　　self-pulsing　自脉动

semiconductor　半导体
soliton　孤子
synchronously pumped　同步泵浦
Ti：sapphire　钛宝石
Xenon　氙
Yb-doped fiber　掺镱光纤
linear stability analysis　线性稳定性分析
lithographic technique　光刻技术
local oscillator　本机振荡器
logic gates　逻辑门
longitudinal modes　纵模
Lorentzian spectrum　洛伦兹形频谱
loss　损耗
　Brillouin　布里渊
　cavity　腔
　fiber　光纤
　microbending　微弯
　polarization-dependent　偏振相关
　round-trip　往返
lumped-amplification scheme　集总放大方案

M

Mach-Zehnder interferometer　马赫-曾德尔干涉仪
Mach-Zehnder modulator　马赫-曾德尔调制器
magnetic dipole　磁偶极子
Manakov equation　Manakov 方程
Markovian process　马尔可夫过程
Maxwell's equations　麦克斯韦方程组
　FDTD method for　时域有限差分法
Michelson interferometer　迈克尔逊干涉仪
mode　模式
　acoustic　声模
　fundamental　基模
　guided　导模
　HE_{11}　HE_{11}模
　higher-order　高阶模
　hybrid　混合模
　leaky　泄漏模
　linearly polarized　线偏振模
　LP_{01}　LP_{01}模
　LP_{11}　PL_{11}模
　Radiation　辐射模
　TE　TE 模
　TM　TM 模
mode-locking　锁模
　active　主动
　self-induced　自感应
modulation instability　调制不稳定性
　critical power for　临界功率
　effects of SRS　受激喇曼散射效应

experiments on　实验
gain spectrum of　增益谱
higher-order　高阶
induced　感应
SBS-induced　受激布里渊散射感应
SHG-induced　二次谐波产生感应
sidebands of　边带
SPM-induced　自相位调制感应
spontaneous　自发
supercontinuum　超连续
vector　矢量
XPM-induced　交叉相位调制感应
modulator　调制器
　amplitude　振幅
　electro-optic　电光
　$LiNbO_3$　铌酸锂
　liquid-crystal　液晶
　Mach-Zehnder　马赫-曾德尔
　phase　相位
moment method　矩方法
momentum conservation　动量守恒
multiphoton ionization　多光子电离
multiplexing　复用
　polarization-division　偏振复用
　time-division　时分复用
　wavelength-division　波分复用
multipole method　多极法

N

Neumann function　诺依曼函数
NLS equation　非线性薛定谔方程
　algebraic solutions of　代数解
　asymptotic solution of　渐近解
　coupled　耦合
　coupled vector　耦合矢量
　cubic　立方的
　generalized　广义的
　inverse scattering method for　逆散射法
　moment method for　矩方法
　numerical methods for　数值方法
　periodic solutions of　周期解
　quintic　五次的
　split-step method for　分步方法
　variational method for　变分法
　vector form of　矢量形式
noise　噪声
　intensity　强度
　quantum　量子
　Raman　喇曼
　spontaneous-emission　自发辐射

streak camera　条纹相机
stress-induced anisotropy　应力感应的各向异性
sum-frequency generation　和频产生
super-Gaussian pulse　超高斯脉冲
supercontinuum　超连续
    coherence properties of　相干性
    ctave spanning　倍频程
    CW pumping of　连续波泵浦
    femtosecond pumping of　飞秒泵浦
    flat　平坦
    FWM effects on　四波混频效应
    incoherent regime of　非相干区
    numerical modeling of　数值模拟
    picosecond pumping of　皮秒泵浦
    polarization effects on　偏振效应
    rogue waves in　怪波，畸形波
    XPM effects on　交叉相位调制效应
susceptibility　极化率
    linear　线性
    nonlinear　非线性
    Raman　喇曼
    second-order　二阶
    third-order　三阶
synchronous pumping　同步泵浦

T

Taylor series　泰勒级数
terahertz wave　太赫兹波
thermal poling　热极化
third-harmonic generation　三次谐波产生
third-order dispersion　三阶色散
third-order susceptibility　三阶极化率
three-wave mixing　三波混频
time-dispersion technique　时间–色散技术
time-division multiplexing　时分复用
time-resolved optical gating　时间分辨光学门

timing jitter　定时抖动
total internal reflection　全内反射
tunable optical delay　可调谐光延迟
two-photon absorption　双光子吸收

U

ultrafast signal processing　超快信号处理
undepleted-pump approximation　无泵浦消耗近似

V

V parameter　V参量
vacuum fluctuations　真空起伏
vacuum permeability　真空磁导率
vacuum permittivity　真空介电常数
vapor-phase axial deposition　气相轴向沉积
variational method　变分法
vectorial theory　矢量理论

W

walk-off length　走离长度
wave breaking　光波分裂
    suppression of　抑制
wave equation　波动方程
wave-vector mismatch　波矢失配
wavelength conversion　波长变换
wavelength-selective feedback　波长选择反馈
WDM　波分复用
WDM systems　波分复用系统
Weibull distribution　威布尔分布
Wiener-Khintchine theorem　维纳–辛钦定理

X

X-FROG technique　互相关频率分辨光学门技术

Z

zero-dispersion wavelength　零色散波长